# SEGURANÇA INTRÍNSECA

Blucher

Diego Henrique de Oliveira
Giovanni Hummel Borges
Ricardo Rossit
Roberval Bulgarelli

# SEGURANÇA INTRÍNSECA

## Equipamentos e instalações em atmosferas explosivas

*Segurança intrínseca: equipamentos e instalações em atmosferas explosivas*

Editora Edgard Blücher Ltda.

*Publisher* Edgard Blücher
*Editor* Eduardo Blücher
*Pré-produção* Aline Flenic
*Coordenação editorial* Rafael Fulanetti
*Coordenação de produção* Andressa Lira
*Produção editorial* Lidiane Pedroso Gonçalves
*Preparação de texto* Ana Lúcia dos Santos
*Diagramação* Roberta Pereira de Paula
*Revisão de texto* Maurício Katayama
*Capa* Leandro Cunha
*Imagem da capa* iStockphoto

**Blucher**

Rua Pedroso Alvarenga, 1245, 4º andar
04531-934 – São Paulo – SP – Brasil
Tel.: 55 11 3078-5366
**contato@blucher.com.br**
**www.blucher.com.br**

Segundo o Novo Acordo Ortográfico, conforme 6. ed. do *Vocabulário Ortográfico da Língua Portuguesa*, Academia Brasileira de Letras, julho de 2021.



Dados Internacionais de Catalogação na Publicação (CIP)
Angélica Ilacqua CRB-8/7057

Segurança intrínseca : equipamentos e instalações em atmosferas explosivas / Roberval Bulgarelli...[et al] – São Paulo : Blucher, 2024.
1018 p.

Outros autores: Giovanni Hummel Borges, Ricardo Rossit, Diego Henrique de Oliveira
Bibliografia
ISBN 978-85-212-2135-7

1. Instalações elétricas – Requisitos de segurança
I. Bulgarelli, Roberval

23-5006 CDD 621.31924

Índices para catálogo sistemático:
1. Instalações elétricas – Requisitos de segurança

# PREFÁCIO

A *segurança intrínseca* (Ex "i") é um tipo de proteção aplicada a equipamentos para instalação em áreas classificadas que evita a ignição de atmosferas explosivas formadas por gases inflamáveis ou poeiras combustíveis.

A proteção Ex "i", originalmente concebida na primeira década dos anos 1900, decorrente de explosões em minas subterrâneas de carvão, tem como filosofia a limitação da energia dos equipamentos e circuitos, de forma que não haja a possibilidade da existência de fontes de ignição, seja por centelhas ou por pontos de alta temperatura, que possam causar a explosão de uma atmosfera explosiva.

Esse tipo de proteção apresenta uma grande aplicação em diversos tipos de produtos "Ex", tanto para aplicações *fixas*, como móveis, portáteis e pessoais em áreas classificadas contendo gases inflamáveis ou poeiras combustíveis, incluindo instrumentos sensores, transmissores e atuadores, analisadores de processo, detectores de gases inflamáveis, transceptores de radiocomunicação, smartphones, câmeras fotográficas e de infravermelho, tablets, *wearables*, robôs, *switches*, roteadores de Wi-Fi, displays, IHM, lanternas portáteis, instrumentos de medição e aparelhos de testes.

A aplicação de produtos e instalações intrinsecamente seguros, em função dos seus benefícios proporcionados, como custos reduzidos, quando comparados com outros tipos de proteção "Ex", apresenta amplas e extensivas aplicações em diversos tipos de indústrias, com a presença de áreas classificadas, com instalações terrestres e marítimas, como de óleo e gás, petroquímica, química, sucroalcooleira, agropecuária, farmacêutica, automobilística, alimentícia, de fertilizantes, de postos de combustíveis, portuárias, de silos e armazéns de grãos e farelos e instalações portuárias para armazenamento e descarga de gases e líquidos inflamáveis ou de poeiras combustíveis.

O tipo de proteção Ex "i", por se basear em componentes e circuitos eletrônicos, apresenta um significativo desenvolvimento contínuo e grandes evoluções ao longo do tempo, com extensivas aplicações em sistemas de instrumentação e automação industrial em áreas classificadas, incluindo aplicações em redes Ethernet a dois fios intrinsecamente seguras (2-WISE), contribuindo para a elevação dos níveis de segurança, proteção e atendimento de requisitos normativos e legais dos equipamentos e das instalações em atmosferas explosivas.

Este Livro Ex "i" contém uma extensa divisão de capítulos, abordando de forma detalhada os diferentes aspectos dos equipamentos e das instalações intrinsecamente seguras, desde o histórico de evolução desse tipo de proteção ao longo do último século, incluindo o desenvolvimento dos conceitos de avaliação dos componentes dos produtos Ex "i", até as normas técnicas aplicáveis para dimensionamento, ensaios e certificação dos produtos, bem como para as atividades e serviços "Ex" de campo, que proporcionam a devida confiança de que os equipamentos e instalações Ex "i" estejam seguros quando em áreas classificadas contendo gases inflamáveis (zonas 0, 1 ou 2) ou poeiras combustíveis (zonas 20, 21 ou 22).

Sinalização de segurança de áreas classificadas contendo atmosferas explosivas formadas por gases inflamáveis ou poeiras combustíveis.

Esta obra foi escrita por profissionais com experiência consolidada sobre equipamentos e instalações intrinsecamente seguros, incluindo lições aprendidas e boas práticas sob pontos de vista de fabricação, ensaios de laboratório, certificação de conformidade e serviços de campo em áreas classificadas, que são de responsabilidade dos usuários finais ou dos proprietários das instalações de instrumentação, automação, telecomunicações e elétricas em atmosferas explosivas.

Dentre as principais motivações dos autores deste livro para a sua elaboração podem ser destacadas as significativas evoluções da automação de processos industriais e a convergência das áreas da tecnologia da informação (TI), da tecnologia de operação (TO) e tecnologia da automação (TA), dentro dos conceitos da "*Indústria 4.0*", com as constantes evolução e aplicação de novos sensores, atuadores e detectores, bem como de equipamentos pessoais e *wearables* intrinsecamente seguros, cada vez mais compactos e com mais recursos técnicos de comunicação.

Também serviu como motivação dos autores para a elaboração deste trabalho a "carência" desse tipo de material técnico sobre o tema "segurança intrínseca", em particular na literatura nacional, que possa servir como um "guia" de aplicação sobre produtos e instalações Ex "i".

Pode ser esperado, com a publicação deste livro, que o tipo de proteção "segurança intrínseca" venha a ser mais bem entendido e aplicado por parte de fabricantes, empresas de serviços de engenharia e usuários finais e proprietários de instalações "Ex", facilitando o surgimento de novos produtos Ex "i" no mercado, bem como proporcionando a sua maior e mais ampla aplicação, como o principal tipo de proteção "Ex", nas áreas de instrumentação, automação e telecomunicações, em novos projetos de instalações industriais, usufruindo dos benefícios proporcionados por esse tipo de proteção "Ex", em particular nos aspectos de segurança, facilidades de serviços de campo e integração com sistema de instrumentação e de automação.

As experiências, os conhecimentos, as boas práticas e as lições aprendidas dos autores, consolidadas neste livro, contribuem para que ele represente uma fonte compilada de informações para os profissionais envolvidos com equipamentos e instalações em áreas classificadas, em particular os fabricantes de produtos "Ex", os laboratórios de ensaios de produtos "Ex" e aqueles que trabalham com as atividades de projetos e montagens de instalações de instrumentação, automação e telecomunicações nessas áreas.

Essas áreas de aplicação de equipamentos e instalações "Ex", que se encontram em acelerado ritmo de evolução, acompanham o desenvolvimento da tecnologia e da integração dos sistemas de gestão de ativos "Ex", requeridos na Indústria 4.0 e na I2oT (*industrial internet of things*), desde a instrumentação de campo até as atividades de controle avançado, engenharia, controle e supervisão, em "nuvem", incluindo as crescentes e benéficas integração e convergência da tecnologia da informação (TI) com a tecnologia da operação (TO) e com a tecnologia de automação (TA).

Este livro tem como um de seus objetivos apresentar os detalhes de aplicação, funcionamento, dimensionamento, avaliação e ensaios de componentes eletrônicos e equipamentos intrinsecamente seguros e de equipamentos associados (Ex "i"), como as barreiras de segurança intrínseca, inclusive com isolação galvânica entre circuitos de campo e da barreira, aplicáveis no processo de certificação de conformidade "Ex". Tem também como objetivo abordar os requisitos de serviços de campo de equipamentos e instalações Ex "i" em áreas classificadas, incluindo as atividades de seleção, montagem, inspeção, manutenção e recuperação de equipamentos intrinsecamente seguros, de acordo com os requisitos apresentados nas normas técnicas brasileiras adotadas da série ABNT NBR IEC 60079 – *Atmosferas explosivas.*

A presente obra se destina aos profissionais interessados em aprofundar-se em requisitos sobre a segurança de equipamentos e instalações em áreas classificadas, incluindo técnicos, engenheiros e demais profissionais envolvidos nas atividades de fabricação, ensaios, avaliação da conformidade, certificação, comercialização, especificação técnica, seleção de produtos, montagem, inspeção, manutenção e recuperação de produtos e instalações "Ex". Foi concebida e elaborada de forma a servir como guia e material de consulta rotineira por parte de fabricantes de produtos "Ex", laboratórios de ensaios de produtos desse tipo, organismos de certificação de produtos "Ex", empresas de serviços de projeto, montagem, inspeção, manutenção e recuperação de produtos "Ex", bem como por parte usuários finais e proprietários desses equipamentos, tanto em instalações terrestres como marítimas.

Os autores deste livro registram os sinceros agradecimentos ao Sr. Rüdiger Röpke, pela sua participação, contribuição e trabalhos na elaboração da obra, bem como pela sua disponibilidade na análise e comentários do conteúdo, os quais colaboraram de forma significativa para a qualidade das informações apresentadas. Devem ser destacados o seu grande empenho para a implantação da tecnologia de segurança intrínseca no Brasil, deste a promoção junto aos fabricantes nacionais e aos usuários, o apoio incansável na normalização técnica brasileira e internacionais e na legislação brasileira aplicável, bem como na implantação dos primeiros laboratórios brasileiros de ensaios de equipamentos "Ex". Sempre disponibilizando seus conhecimentos ao longo de sua sólida carreira profissional, incluindo suas experiências e lições aprendidas, em especial relacionados ao tema equipamentos e instalações intrinsecamente seguras, tendo sido um dos precursores da aplicação deste tipo de proteção Ex "i" no Brasil.

# CONTEÚDO

# Capítulo 1

# Riscos de ignição de atmosferas explosivas em instalações da indústria de processo

**Sinopse**: este capítulo aborda as principais preocupações e ações mitigadoras relacionadas com a segurança de instalações industriais contendo áreas classificadas geradas pela presença de atmosferas explosivas formadas por gases inflamáveis ou poeiras combustíveis, a fim de ajudar a evitar a ocorrência de fontes que podem dar origem à ignição de atmosferas explosivas que possam estar presentes nessas instalações de processo.

As frequentes aplicações industriais com a presença de áreas classificadas contendo poeiras combustíveis ou gases inflamáveis, como instalações do tipo silo e armazéns de grãos, farelos e fertilizantes, indústria alimentícia e plantas de processamento de petróleo e petroquímicas, inclusive plataformas *offshore*, requerem a especificação de equipamentos elétricos, de instrumentação, de automação, de telecomunicações e mecânicos com características especiais de proteção, de forma a assegurar que esses equipamentos não representem uma fonte de risco, facilitando a ocorrência de um acidente que possa gerar uma explosão.

É representado na figura a seguir o *triângulo da explosão*, em que é mostrada a necessidade, para a ocorrência de uma ignição ou explosão de gases ou vapores inflamáveis, da existência simultânea do *oxigênio* (normalmente presente no ar ambiente), do material *combustível* ou *inflamável* (proveniente do processamento de substâncias explosivas como líquidos, gases ou vapores inflamáveis) e de *fonte de ignição* (representada por centelhas, faíscas ou pontos aquecidos, normalmente encontrados em equipamentos industriais elétricos e mecânicos), em uma mistura que pode ocasionar a *ignição* de uma atmosfera explosiva contendo gases inflamáveis.

**Figura 1.1 –** Triângulo da explosão de gases inflamáveis.

*Fonte*: Subcomitê SCB 003:031 – Atmosferas explosivas.

É representado na figura a seguir o *pentágono da explosão*, em que é mostrada a necessidade, para a ocorrência de uma ignição ou explosão de uma poeira combustível, da existência simultânea do *oxigênio* (normalmente presente no ar ambiente), do material *combustível* (proveniente do processamento de poeiras combustíveis), da *concentração* ou *dispersão* da nuvem de poeira combustível no ambiente, da existência de condições de *confinamento* da poeira no local da instalação e de *fonte de ignição* (representada por centelhas, faíscas ou pontos aquecidos, normalmente encontrados em equipamentos industriais elétricos e mecânicos), em uma mistura que possa ocasionar a *ignição* de uma atmosfera explosiva contendo poeiras combustíveis.

**Figura 1.2 –** Pentágono da explosão de poeiras combustíveis.

*Fonte*: Subcomitê SCB 003:031 – Atmosferas explosivas.

Para atenderem aos requisitos de segurança contra a ocorrência de uma explosão, como representado no triângulo da explosão ou no pentágono da explosão, os equipamentos de instrumentação, de automação, de telecomunicações ou mecânicos "Ex" para instalação em áreas classificadas contendo atmosferas explosivas formadas por gases inflamáveis ou poeiras combustíveis necessitam ser projetados, construídos, avaliados, ensaiados e certificados com tipos de proteção "Ex", além de serem adequadamente instalados e mantidos, de forma a não representarem fontes de risco de ignição da atmosfera explosiva existente no local da instalação.

De acordo com os requisitos apresentados na norma técnica brasileira adotada - ABNT NBR ISO 80079 -36 (Atmosferas explosivas - Parte 36: Equipamentos não elétricos para atmosferas explosivas - Métodos e requisitos básicos) –, existem treze possíveis fontes que podem causar a ignição de atmosferas explosivas de gases inflamáveis ou poeiras combustíveis, apresentadas a seguir:

1) superfícies quentes;
2) chamas ou gases aquecidos, incluindo partículas quentes;
3) faíscas geradas mecanicamente;
4) dispositivos elétricos (centelhas geradas eletricamente);
5) correntes parasitas ou proteção catódica de corrosão;
6) eletricidade estática;
7) descargas atmosféricas;
8) radiofrequência ou ondas eletromagnéticas;
9) radiação ótica;
10) radiação ionizante;
11) ultrassom;
12) compressão adiabática e ondas de choque;
13) reações exotérmicas, incluindo a autoignição de poeiras combustíveis.

A fim de que os equipamentos elétricos ou mecânicos a serem instalados em atmosferas explosivas não representem uma fonte de risco de ignição, eles devem ser projetados, construídos, ensaiados, certificados, instalados, inspecionados, mantidos e reparados de acordo com os requisitos normativos apresentados pelas normas técnicas brasileiras adotadas, elaboradas pelas Comissões de Estudo do Subcomitê SCB 003:031 (*Atmosferas explosivas*) da ABNT/CB-003 (*Eletricidade*), com base nas normas técnicas internacionais elaboradas pelo TC-31 da International Electrotechnical Commission (IEC).

São relacionadas a seguir medidas preventivas ou de mitigação que são consideradas no momento da execução de análises de riscos residuais e da gestão de riscos sobre equipamentos e instalações de processo em atmosferas explosivas, como nas sistemáticas *HAZID* (*Hazard Identification*), *HAZOP* (*Hazard and Operability Study*), *LOPA* (*Layer of Protection Analysis*), *FMEA* (*Failure Modes and Effects Analysis*), *FMECA* (*Failure Mode, Effects and Criticality Analysis*), *RCA* (*Root Cause Analysis*) ou *ALARP* (*As Low as Reasonably Practicable*).

Medidas preventivas para reduzir o risco e as consequências de explosão de materiais inflamáveis ou combustíveis têm como base três princípios, que são geralmente aplicados na seguinte ordem: 1) substituição; 2) controle; e 3) mitigação. Como exemplos das consequências de uma explosão, podem ser citadas as perdas ou os danos das instalações (patrimônio), ferimentos graves ou perda de vida de pessoas, e impactos negativos ao meio ambiente.

A abordagem da segurança por meio da *substituição* envolve, por exemplo, a troca de um material inflamável por outro que não seja inflamável ou que possua um *ponto de fulgor* mais elevado em relação à temperatura de processamento ou ambiente; ou que seja processado ou armazenado em uma temperatura mais baixa do que a do ponto fulgor. A "regra técnica para substâncias perigosas" da Alemanha - *Technische Regeln für Gefahrstoffe* - TRGS 722) - recomenda que seja considerada, para líquidos "puros" não halogenados, uma temperatura de, no mínimo, 5 K abaixo do ponto fulgor; e, para misturas de solvente, no mínimo, 15 K abaixo do ponto fulgor.

A abordagem de segurança por meio do *controle* envolve, por exemplo:

a) reduzir a quantidade de materiais inflamáveis ou combustíveis;

b) evitar ou minimizar as liberações de gases inflamáveis ou poeiras combustíveis;

c) controlar as liberações de gases inflamáveis ou poeiras combustíveis;

d) prevenir a formação de uma atmosfera explosiva;

e) coletar e conduzir as emissões; e

f) evitar a presença de fontes de ignição.

A abordagem da segurança por meio da *mitigação* envolve, dentro de uma sistemática de gestão de risco, por exemplo:

a) reduzir o número de pessoas expostas ao risco de uma eventual explosão;

b) implantar medidas para se evitar a propagação de uma explosão;

c) implantar um sistema de alívio para a pressão de uma eventual explosão;

d) implantar um sistema de supressão da pressão de uma eventual explosão;

Como medidas de prevenção de existência de fontes de ignição em áreas classificadas, podem ser citadas, dentre outras:

a) especificação e instalação de equipamentos elétricos ou mecânicos com tipos de proteção "Ex" adequados;

b) contratação de empresas de serviços "Ex" devidamente qualificadas, experientes, competentes e certificadas de acordo com as respectivas normas técnicas da série ABNT NBR IEC 60079;

c) alocação de pessoas devidamente treinadas, qualificadas, experientes, competentes e certificadas para a aplicação dessas mesmas normas técnicas, para a realização de suas atividades ou seus trabalhos em áreas classificadas, nos níveis de execução e de supervisão.

Uma vez que os princípios de substituição e controle tenham sido aplicados, é recomendado que as áreas classificadas remanescentes sejam definidas em zonas, de acordo com a possibilidade de uma atmosfera explosiva estar presente, considerando-se as normas técnicas ou os códigos industriais para classificação de áreas, como as normas técnicas brasileiras adotadas ABNT NBR IEC 60079-10-1 (*Classificação de áreas contendo gases inflamáveis*) ou ABNT NBR IEC 60079-10-2 (*Classificação de áreas contendo poeiras combustíveis*).

A classificação de áreas, que pode ser realizada em conjunto com metodologias de análises de risco, permite que os níveis de proteção de equipamentos (EPL – *Equipment Protection Level*) sejam determinados e, portanto, que os tipos de proteção "Ex" apropriados sejam especificados para cada local da instalação.

O objetivo de prover equipamentos de instrumentação, automação, telecomunicações, elétricos ou mecânicos com tipos específicos de proteção "Ex" para atmosfera explosiva é o de eliminar ou isolar, segregar ou conter as fontes de ignição que sejam capazes de provocar a explosão de uma atmosfera explosiva que possa estar presente no local da instalação. As medidas preventivas de controle para que as fontes de ignição sejam eliminadas, isoladas ou contidas faz com que seja evitada a ocorrência simultânea dos três componentes necessários para ocorrência de uma explosão (comburente, combustível e fonte de ignição).

Para tornar seguras as instalações de instrumentação, automação, telecomunicações, elétricas ou mecânicas em atmosferas explosivas, é necessário que os equipamentos "Ex", tanto fixos como portáteis ou pessoais, possuam algum tipo de proteção "Ex", normalizado pelas normas técnicas brasileiras adotadas das séries ABNT NBR IEC 60079 ou ABNT NBR ISO 80079.

Esses requisitos especiais de construção e certificação são aplicados de forma a evitar que os equipamentos e instalações "Ex" representem fontes de ignição, devido à geração de faíscas, centelhas ou pontos quentes com temperaturas acima da temperatura de ignição dos gases inflamáveis ou das poeiras combustíveis que estejam presentes no local da instalação.

Com esses recursos construtivos, bem como com a aplicação dos devidos procedimentos de classificação de áreas, projeto "Ex", seleção de equipamentos "Ex", montagem "Ex", inspeção "Ex", manutenção "Ex" e reparos e recuperação dos equipamentos "Ex", é evitado o indevido "fechamento" do triângulo da explosão, evitando, assim, a ocorrência de explosões em áreas classificadas.

Os equipamentos "Ex" instalados em áreas classificadas devem possuir requisitos específicos de fabricação, ensaios, avaliação, certificação, seleção, instalação, inspeção, manutenção e reparos, de forma a serem considerados seguros durante o ciclo total de vida das instalações "Ex".

Como exemplo de consequências de uma explosão de atmosferas explosivas, pode ser citado o acidente ocorrido em março de 2001 na Plataforma P-36, apresentada na Figura 1.3, que se encontrava instalada no campo de Roncador, na Bacia de Campos, litoral do Rio de Janeiro. A explosão resultou em afundamento e perda de toda a plataforma, além da perda de vida de onze pessoas. Na época, a P-36 era considerada a maior plataforma de petróleo em operação no Brasil. De acordo com o relatório oficial publicado pela Agência Nacional de Petróleo (ANP) em julho de 2001, o acidente foi causado por "não conformidades quanto a procedimentos operacionais, de manutenção e de projeto".

**Figura 1.3** – Plataforma P-36, Brasil, 2001.

*Fonte*: Jornal *O Dia*, 19/03/2001.

Embora o relatório oficial publicado pela ANP não aborde a análise da provável fonte de ignição que tenha provocado a segunda e maior explosão na plataforma, é considerada a hipótese de que a ignição tenha sido causada pelo elevador que estava sendo utilizado para levar as pessoas da equipe de resgate ao local do acidente. Aquela área, apesar de ser "não classificada", sem a previsão inicial da possibilidade de presença de atmosferas explosivas, apresentava, naquele momento, oriunda de perda de contenção de equipamento de processo, a indevida presença de *atmosfera explosiva*, formada por gases inflamáveis, existentes no local por causa da primeira explosão, que resultou em perda de contenção mecânica de tanques e tubulações de processo existentes (fonte: <https://www.gov.br/anp/pt-br/assuntos/exploracao-e-producao-de-oleo-e-gas/seguranca-operacional/incidentes/relatorios-de-investigacao-de-incidentes-1/arquivos-relatorios-de-investigacao-de-incidentes/relatorio-do-acidente-com-a-p-36/relatorio_p-36.pdf>).

Outro acidente catastrófico ocorreu em 2010, no Golfo do México, cercado pelas Américas Central e do Norte, com a explosão da Plataforma Deepwater Horizon, como mostrado na Figura 1.4, que resultou na morte de onze pessoas, além da destruição da plataforma e de um grande e contínuo vazamento no fundo do mar, com graves impactos negativos ao meio ambiente, gerando uma multa bilionária por parte da Guarda Costeira dos Estados Unidos (U. S. Coast Guard).

Após essa explosão, a U. S. Coast Guard emitiu uma série de documentos que constituíram uma mudança dos regulamentos para as instalações elétricas em atmosferas explosivas das unidades flutuantes que operam nas águas territoriais norte-americanas

No regulamento v. 80, n. 61, publicado na sua versão final em 31 de maio de 2015 pelo *Federal Register* dos Estados Unidos, a guarda costeira americana alterou de forma significativa o Documento 46 do CFR (*Code of Federal Regulations*), Parte 100 (*General Provisions*) e Parte 111 (*Electric Systems - General Requirements*). De acordo com o entendimento da guarda, nesse novo regulamento, com data para entrada em vigor em 2 de abril de 2018, os equipamentos "Ex" utilizados em unidades móveis marítimas e navios petroleiros que operam dentro da Bacia Continental dos Estados Unidos devem atender a requisitos de certificação de terceira parte, com certificação de equipamentos "Ex" com base no NEC Art. 500 ou em normas internacionais IEC.

**Figura 1.4** – Plataforma Deepwater Horizon, Estados Unidos, 2010.

Ainda de acordo o entendimento da guarda costeira americana, nessa revisão de 2015 do Regulamento, com base nas análises do acidente ocorrido em 2010 com a Plataforma Deepwater Horizon, dentre as medidas preventivas de proteção adotadas, passaram a ser aceitos equipamentos "Ex" que possuíssem certificação no âmbito internacional do Sistema IECEx, com base nas normas internacionais da série IEC 60079 (as quais são também adotadas no Brasil pela ABNT).

Na Figura 1.5, é mostrado o navio-plataforma FPSO (*floating, production, storage and offloading*) Cidade de São Mateus, localizado nos campos de Camarupim e Camarupim Norte, no litoral norte do estado do Espírito Santo, a cerca de 120 km da costa, cuja explosão, ocorrida em fevereiro de 2015, resultou na destruição de grande parte da embarcação e na morte de nove pessoas.

**Figura 1.5** – FPSO Cidade de São Mateus, Espírito Santo, Brasil, 2015.

O relatório elaborado pela ANP sobre esse grave acidente, divulgado em agosto de 2015, mostra que falhas no sistema de gerenciamento de segurança operacional e o não cumprimento de procedimento ligados ao controle de riscos foram as causas básicas do acidente. O documento revela que foram identificadas diversas falhas relacionadas a estocagem inadequada de condensado, degradação do sistema de cargas, equipes de trabalhadores despreparadas, operações equivocadas, equipamentos impróprios, exposição dos trabalhadores a risco, além da instalação e utilização de materiais inadequados em uma atmosfera explosiva.

De acordo com o relatório oficial de investigação da explosão, publicado pela Superintendência de Segurança Operacional e Meio Ambiente da ANP, foram identificadas 28 causas-raiz, as quais já estavam correlacionadas com os requisitos já anteriormente estabelecidos na Resolução ANP nº 43/2007, de 6 de dezembro 2007 – Sistema de Gerenciamento de Segurança Operacional (SGSO).

De acordo com o relatório oficial publicado pela ANP sobre esse acidente,

> Não foi possível determinar a fonte de ignição da explosão, no entanto, a equipe de investigação determinou uma fonte como a mais provável. Esta fonte de ignição foi introduzida no local de vazamento pela ação da equipe de resposta. O uso de mangueiras de incêndio não condutivas com jato d'água dentro de atmosfera explosiva é fato marcante da falta de entendimento dos riscos envolvidos e da possibilidade de geração de cargas eletrostáticas, tal qual indicam normas e demais boas práticas de engenharia. (ANP – Análise do acidente com a plataforma P-36 – Relatório da Comissão de Investigação ANP / DPC – julho/2001)

Esses tipos de acidentes em instalações contendo atmosferas explosivas evidenciam a necessidade prioritária da realização de treinamentos, qualificação e certificação das competências das pessoas envolvidas com a execução das atividades, de projeto, montagem, inspeção, manutenção e reparos dos equipamentos elétricos, de instrumentação, de automação, de telecomunicações e mecânicos "Ex" e das instalações "Ex".

A elaboração deste livro, com foco principal no tipo de proteção *segurança intrínseca*, teve como principais objetivos a disponibilização de um material de fonte de consulta, colaborando para a realização de processos de treinamentos e de certificações dos profissionais envolvidos com atmosferas explosivas, contribuindo para que acidentes como esses não voltem a acontecer devido a falhas humanas ocasionadas por falta de qualificação ou de certificação de suas competências pessoais "Ex", aplicáveis inclusive a equipamentos, circuitos e sistemas intrinsecamente seguros.

## 1.1 PRINCÍPIOS DE SEGURANÇA E DE PERCEPÇÃO DO RISCO EM ÁREAS CLASSIFICADAS

Para que uma instalação "Ex" seja considerada segura, existe a necessidade de que as seguintes atividades sejam executadas de forma correta, de acordo com os requisitos indicados nas normas citadas, ao longo do *ciclo total de vida* das instalações elétricas e mecânicas "Ex":

- classificação de áreas adequadas das áreas que processam gases inflamáveis ou poeiras combustíveis;
- projetos elétricos, de automação, de telecomunicação e mecânicos "Ex" adequados;
- seleção de equipamentos elétricos ou mecânicos "Ex" adequados;
- equipamentos "Ex" devidamente certificados (envolvendo fabricantes, laboratórios de ensaios e organismos de certificação "Ex");

- instalação adequada dos equipamentos e sistemas de instrumentação, de automação, de telecomunicações, elétricos ou mecânicos "Ex";
- comissionamento adequado dos equipamentos, sistemas e instalações "Ex";
- inspeção inicial "Ex" detalhada após cada nova montagem, reforma ou ampliação;
- partida (*gas-in* ou "*primeiro óleo*") e operação "Ex" adequadas;
- inspeções periódicas "Ex" adequadas e programadas;
- serviços de manutenção "Ex" adequados;
- serviços de reparo e recuperação de equipamentos "Ex" adequados;
- auditorias periódicas, de forma a verificar se todos os requisitos normativos estão sendo de fato realizados;
- contratação de empresas de serviços "Ex" devidamente qualificadas, experientes, competentes e certificadas de acordo com as respectivas normas técnicas das séries ABNT NBR IEC 60079 e ABNT NBR ISO 80079;
- alocação de pessoal devidamente treinado, qualificado, experiente, competente e certificado de acordo com as respectivas normas técnicas brasileiras adotadas das séries citadas, para a execução de suas atividades, nos níveis de execução e de supervisão;
- procedimentos adequados da *gestão da mudança*, sempre que houver necessidade de alteração do processo, dos procedimentos, das instalações, dos equipamentos ou das pessoas.

Somente dessa forma os usuários poderão ter a devida confiança de que as instalações "Ex" estão seguras, no caso de uma perda de contenção, liberação ou vazamento de substâncias inflamáveis ou combustíveis entrarem em contato com equipamentos elétricos ou mecânicos "Ex", sem a ocorrência de explosões. Como verificado, a segurança das instalações em atmosferas explosivas pode ser comparada a uma corrente metálica, na qual a resistência é determinada pelo seu "elo mais fraco", como representado na figura a seguir.

**Figura 1.6 –** A segurança dos equipamentos e das instalações em atmosferas explosivas é determinada pelo "elo mais fraco" de uma "corrente de segurança 'Ex'".

Todos os "elos" dessa "corrente de segurança" necessitam estar devidamente "fortes" e "resistentes", para que não ocorram explosões em casos de perdas de contenção, vazamentos ou liberações de gases inflamáveis ou poeiras combustíveis

Dentro dessa comparação, todos os "elos de segurança" que compõem a "corrente" em atmosferas explosivas devem estar devidamente "fortes", sendo as respectivas atividades executadas ou supervisionadas por profissionais ou empresas de serviços competentes, devidamente certificados.

Assim, para que a segurança das instalações elétricas em atmosferas explosivas seja garantida, é necessário que existam no mercado e que sejam contratadas somente empresas de prestação de serviços certificadas, que tenham evidenciado, por meio de um processo estruturado de certificação, suas competências para realizar as atividades dentro do seu escopo de prestação de serviços, à luz dos requisitos indicados nas normas técnicas brasileiras adotadas das séries ABNT NBR IEC 60079 e ABNT NBR ISO 80079.

## 1.2 O CICLO TOTAL DE VIDA EM ATMOSFERAS EXPLOSIVAS: DAS ATIVIDADES DE PROJETO ÀS INSPEÇÕES DE ROTINA

Para uma adequada gestão de riscos de instalações em atmosferas explosivas, todas as atividades relacionadas com classificação de áreas, projeto, seleção de equipamentos "Ex", montagem, inspeção, manutenção, reparos e auditorias em equipamentos e instalações em atmosferas explosivas devem ser realizadas de acordo com os requisitos normativos nas normas técnicas brasileiras adotadas aplicáveis das séries citadas.

As atividades indicadas a seguir indicam as normas técnicas a serem utilizadas em cada uma das etapas de uma instalação industrial contendo atmosferas explosivas, desde o seu projeto básico, com a elaboração inicial dos estudos de classificação de áreas, passando pelas etapas de montagem, comissionamento e inspeção inicial detalhada, até as atividades "rotineiras" de inspeções periódicas, manutenção e reparos ou recuperação de equipamentos e instalações. As principais ações de gestão de segurança em áreas classificadas e as principais normas técnicas aplicáveis são representadas na figura a seguir.

**Aplicação dos requisitos de classificação de áreas de gases inflamáveis e poeiras combustíveis**

Normas técnicas brasileiras ou internacionais sobre classificação, práticas recomendadas mundialmente utilizadas, códigos industriais ou normas próprias de empresas para seus processos específicos, como:

**ABNT NBR IEC 60079-10-1** – Atmosferas explosivas – Parte 10-1: Classificação de áreas – Atmosferas explosivas de gás;

**ABNT NBR IEC 60079-10-2** – Atmosferas explosivas – Parte 10-2: Classificação de áreas – Atmosferas de poeiras explosivas

**IEC 60092-502** – Instalações elétricas em navios – Parte 502: Navios petroleiros (*Tankers*) – Características especiais;

**EI 15** – *Model code of safe practice for the petroleum industry, Part 15: Area Classification Code for Petroleum Installations Handling Flammable Liquids (Energy Institute)*;

**API RP 505** – *Recommended Practice for Classification of Locations for Electrical Installations at Petroleum Facilities classified as Class I, Zone 0, Zone 1 and Zone 2 (American Petroleum Institute)*;

**IGEM/SR/25** – *Hazardous area classification of natural gas installations (Institution of Gas Engineers and Managers)*;

**NFPA 497** – *Recommended Practice for the Classification of Flammable Liquids, Gases, or Vapours and of Hazardous (Classified) Locations for Electrical Installations in Chemical Process Areas (National Fire Protection Association)*;

**NFPA 499** – *Recommended Practice for the Classification of Combustible Dusts and of Hazardous (Classified) Locations for Electrical Installations in Chemical Process Areas (National Fire Protection Association)*;

Aplicação dos requisitos de **projeto, montagem e comissionamento** (inspeção inicial **detalhada**)

Norma **ABNT NBR IEC 60079-14** – Atmosferas explosivas – Parte 14: Projeto, seleção e montagem de instalações elétricas;

Norma **ABNT NBR IEC 61892-7** – Instalações elétricas marítimas – Áreas classificadas.

Aplicação dos requisitos contínuos de **inspeção de rotina (por amostragem ou visual)** e **manutenção**:
Norma **ABNT NBR IEC 60079-17** – Atmosferas explosivas – Parte 17: Inspeção e manutenção de instalações elétricas.

Aplicação dos requisitos de **reparos, revisão ou recuperação**:
Norma **ABNT NBR IEC 60079-19** – Atmosferas explosivas – Parte 19: Reparo, revisão e recuperação de equipamentos.

**Figura 1.7** – Ações de gestão de segurança a serem executadas para o atendimento dos requisitos normativos e para a segurança durante o ciclo total de vida das instalações "Ex".

Na figura a seguir, são apresentadas de forma encadeada e integrada as atividades relacionadas com a segurança dos equipamentos e instalações em atmosferas explosivas, durante o seu ciclo total de vida, identificando as principais normas técnicas brasileiras adotadas pertinentes. São apresentadas as normas relacionadas com as atividades ou os serviços de classificação de áreas, projeto, seleção de equipamentos, montagem, inspeções iniciais detalhadas, inspeções periódicas de rotina e reparo, manutenção e recuperação de equipamentos elétricos, de instrumentação, de automação e de telecomunicações "Ex".

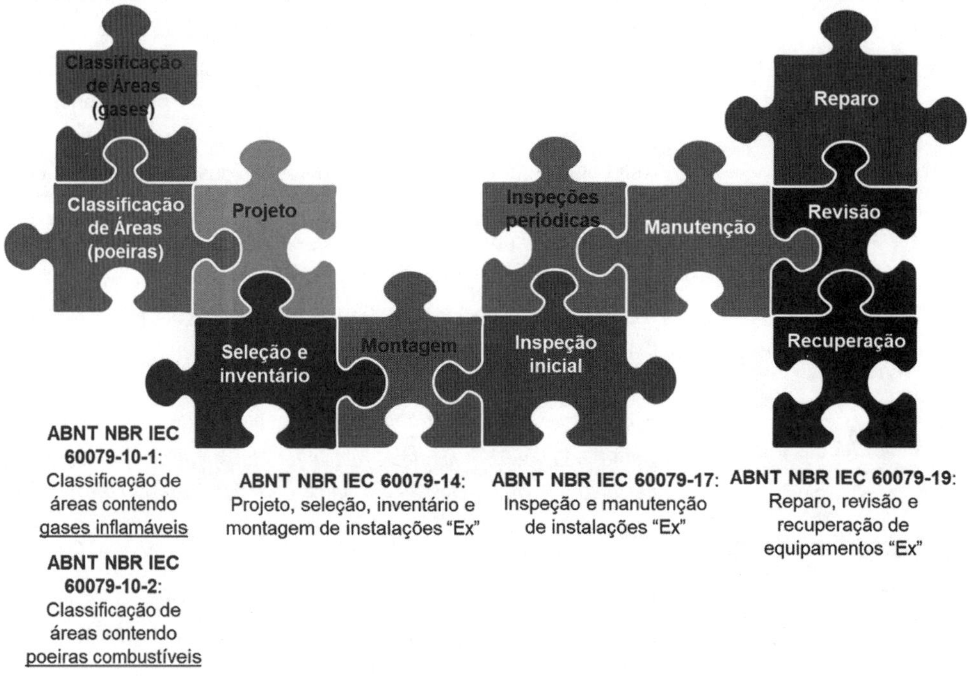


**Figura 1.8 –** Representação do ciclo total de vida dos equipamentos e instalações em atmosferas explosivas: das atividades de classificação de áreas e projeto às inspeções de rotina e recuperação de equipamentos de instrumentação, automação, telecomunicações, elétricos e mecânicos "Ex".

Capítulo **2**

# Termos e definições fundamentais envolvendo equipamentos e instalações elétricas e mecânicas em atmosferas explosivas

**Sinopse**: Este capítulo aborda os principais termos e definições relacionados com classificação de áreas, equipamentos e instalações elétricas mecânicas em atmosferas explosivas de gases inflamáveis ou poeiras combustíveis, em particular aqueles relacionados com equipamentos, circuitos e sistemas intrinsecamente seguros, com foco no escopo e no objetivo deste livro e baseado nas normas técnicas brasileiras adotadas das séries ABNT NBR IEC 60079 e ABNT NBR ISO 80079.

A ISO e a IEC mantêm bases de dados terminológicos contendo as definições de dezenas de milhares de termos técnicos, apresentadas em diversos idiomas, inclusive em português, para utilização na normalização técnica, disponíveis nos seguintes endereços:

- IEC Electropedia: <http://www.electropedia.org/>
- ISO Online browsing platform: <http://www.iso.org/obp>

Os termos e definições indicados a seguir são apresentados em ordem alfabética, para facilidade de localização pelos leitores.

Outros termos e definições sobre o tema "atmosferas explosivas" são especificados na norma técnica brasileira adotada ABNT NBR IEC 60050-426 – *Vocabulário eletrotécnico internacional – Parte 426: Atmosferas explosivas.*

**2-WISE (*2-wire intrinsically safe Ethernet system*):** sistema com dispositivos elétricos intrinsecamente seguro com base no padrão APL (*Advanced Physical Layer*), com valores-limite "universalmente padronizados" para parâmetros de segurança intrínseca para cada porta de dispositivo 2-WISE. Montagem de equipamentos interconectados com dispositivos 2-WISE, especificada em um documento descritivo do sistema, na qual os circuitos ou partes dos circuitos, destinados a ser instalados em atmosferas explosivas, são intrinsecamente seguros.

**2-WISE (dispositivo):** equipamento elétrico que inclui equipamentos intrinsecamente seguros ou dispositivos associados e que possui pelo menos uma porta de acordo com o padrão 2-WISE.

**2-WISE (porta de dispositivo auxiliar):** porta de um dispositivo 2-WISE que tem outras funções exceto de comunicação. Dispositivos 2-WISE com uma porta auxiliar podem incluir uma carga passiva ou introduzir sinal de perda de comunicação. Um protetor de surto de tensão é um exemplo desse tipo de dispositivo auxiliar.

**2-WISE (porta de fonte de alimentação/*power source port*):** porta de um dispositivo 2-WISE que, além de funções de comunicação, fornece alimentação em corrente contínua para um segmento com padrão APL.

**2-WISE (porta de carga/*power load port*):** porta de um dispositivo que, além de funções de comunicação, consome energia em CC a partir de um segmento com padrão APL.

**2-WISE (porta somente para comunicação/não alimentada):** porta que tem somente funções de comunicação e que, em operação normal, não gera ou consome um valor significativo de energia.

**2-WISE (sistema):** montagem de equipamentos interconectados com dispositivos 2-WISE, especificada em um documento descritivo do sistema, na qual os circuitos ou partes dos circuitos, destinados a serem instalados em atmosferas explosivas de gases inflamáveis ou de poeiras combustíveis, são intrinsecamente seguros.

**10BASE-T1L:** padrão de camada física (*layer* 1 do modelo OSI – *Open Systems Interconnection*) especificado na norma IEEE 802.3cg – *IEEE Standard for Ethernet – Amendment 5: Physical Layer Specifications and Management Parameters for 10 Mb/s Operation and Associated Power Delivery over a Single Balanced Pair of Conductors.*

**APL (*Advanced Physical Layer*):** camada física (*layer 1*) de acordo com o modelo OSI, com base no padrão 10BASE-T1L (IEEE 802.3cg), o qual é aplicado em redes Ethernet intrinsecamente seguras a dois fios (2-WISE).

**Nota**: de acordo com a norma internacional ISO/IEC 7498-1 (*Information technology – Open Systems Interconnection – Basic Reference Model: The Basic Model*), o modelo OSI é de rede de comunicação, referência da ISO/IEC, dividido em camadas de funções, com objetivo de representar um padrão para protocolos de comunicação entre os diversos sistemas em uma rede local (por exemplço, Ethernet), assegurando a comunicação entre dois sistemas computacionais (*end-to-end*). Esse modelo divide as redes de comunicação em sete camadas, de modo a se obterem camadas de abstração. Cada protocolo realiza uma funcionalidade assinalada a uma determinada camada. Esse modelo informa a funcionalidade de cada camada. O modelo OSI permite a comunicação entre dispositivos heterogêneos e define diretivas genéricas para a construção de redes de comunicação (seja de curta, média ou longa distância), independentemente da tecnologia utilizada. As camadas de funções (*layers*) são empilhadas na seguinte ordem ascendente:

1) camada física (*physical*);
2) camada de enlace de dados (*data link*);
3) camada de rede (*network*);
4) camada de transporte (*transport*);

5) camada de sessão (*session*);
6) camada de apresentação (*presentation*);
7) camada de aplicação (*application*).

APL (segmento): interconexão de uma porta de alimentação e uma porta de carga passiva, ou, alternativamente, duas portas somente de comunicação em um sistema 2-WISE.

Área classificada: área na qual uma atmosfera explosiva está presente, ou pode estar presente, em quantidades tais que requeiram precauções especiais para o projeto, fabricação de equipamentos "Ex", instalação, utilização, inspeção, manutenção e reparo ou recuperação de equipamentos elétricos, de instrumentação, de automação, de telecomunicações e mecânicos, ao longo do ciclo total de vida das instalações "Ex".

Atmosferas explosivas: misturas com o ar, sob condições atmosféricas, de substâncias inflamáveis ou combustíveis na forma de gases, vapores, poeiras, fibras ou partículas em suspensão, as quais, após a ignição, permitem a propagação autossustentada de uma explosão.

Avaliação de uma pessoa: processo que faz parte da avaliação que mede a competência do candidato por um ou mais meios, como exames escritos, orais, práticos ou por observação (ABNT NBR ISO/IEC 17024).

Barreira de segurança a diodo: equipamento incorporando diodos em paralelo ou cadeia de diodos (incluindo diodos Zener) protegidos por fusíveis ou resistores, ou uma combinação destes, fabricados como um equipamento individual em vez de parte de um equipamento maior.

Capacitância máxima do cabo (*Cc*): capacitância máxima do cabo de interligação, que pode ser conectada a um circuito intrinsecamente seguro sem invalidar a segurança intrínseca.

Capacitância máxima externa ($C_0$): valor máximo de capacitância que pode ser conectado aos terminais de conexão de um equipamento associado intrinsecamente seguro, sem invalidar o tipo de proteção "i".

Capacitância máxima interna (*Ci*): máxima capacitância equivalente interna de um equipamento, que é considerada existente nos seus terminais de ligação.

Certificado de conformidade: documento que assegura a conformidade de um produto, processo, sistema, pessoa ou organização com os requisitos especificados. Esse termo é equivalente ao termo *certificado*, como definido na norma técnica brasileira adotada ABNT NBR IEC 60079-0. O certificado pode ser uma declaração da conformidade do fornecedor ou o reconhecimento da conformidade pelo comprador ou certificação (como o resultado da ação de uma terceira parte), como definido nas normas técnicas brasileiras adotadas da Série ABNT NBR ISO/IEC 17000 – *Avaliação da conformidade* (ABNT NBR ISO/IEC 80079-34).

Certificado de conformidade "Ex": documento emitido por um organismo de certificação, que evidencia que o equipamento "Ex", a empresa de prestação de serviço "Ex" ou a pessoa com competências pessoais "Ex" atende aos requisitos especificados nas normas técnicas brasileiras adotadas das séries ABNT NBR IEC 60079 ou ABNT NBR ISO/IEC 80079, ou nos documentos operacionais aplicáveis.

Certificado de conformidade de equipamento "Ex" com sufixo "U": símbolo utilizado para designar um componente "Ex". Os componentes "Ex" cujos certificados possuem o sufixo "U" são destinados a serem parte de um equipamento "Ex" completo, e não a serem utilizados de forma isolada. Esses componentes necessitam de considerações adicionais na sua incorporação nos equipamentos, com a finalidade de comporem um equipamento "Ex" completo.

Certificado de conformidade de equipamento "Ex" com sufixo "X": símbolo utilizado para informar condições especiais de instalação ou utilização segura do equipamento "Ex" certificado. O sufixo "X" é utilizado como um meio de identificação das informações essenciais para a instalação, utilização e manutenção de equipamentos "Ex" contidas no certificado. Dessa forma, os documentos da certificação necessitam ser estudados antes que tais equipamentos "Ex" sejam instalados, inspecionados, mantidos, reparados, recuperados ou modificados.

Certificado de competências pessoais "Ex": documento emitido por um organismo de certificação reconhecido por um sistema de certificação de competências pessoais "Ex", que evidencia que a pessoa foi avaliada e atende aos critérios estabelecidos pelas unidades de competência "Ex" aplicáveis para as atividades desempenhadas.

Circuito intrinsecamente seguro: circuito protegido por uma barreira de segurança intrínseca no qual qualquer faísca ou efeito térmico produzido nas condições especificadas na norma técnica brasileira adotada ABNT NBR IEC 60079-11, que incluem as condições de operação normal e condições de falhas especificadas, não é capaz de causar a ignição de uma determinada atmosfera explosiva de gás inflamável ou poeira combustível.

Classe de temperatura: sistema de classificação de equipamentos "Ex", baseado na sua máxima temperatura de superfície, relacionada com a atmosfera explosiva específica para a qual o equipamento é destinado.

Componente hermeticamente selado "nC": componente que possui contatos que estabelecem ou interrompem um determinado circuito com capacidade de gerar uma ignição, mas no qual o mecanismo do contato é projetado e construído de forma que o componente não seja capaz de causar a ignição de uma atmosfera explosiva especificada.

Componente infalível: componente ou montagem de componentes que podem ser considerados não sujeitos a certos modos de falha, como especificado na norma técnica brasileira adotada ABNT NBR IEC 60079-11. A probabilidade de esses modos de falha ocorrerem em serviço ou armazenagem não é considerada, em função de ser muito baixa.

Conceito de entidade: método utilizado para determinar combinações aceitáveis entre equipamentos intrinsecamente seguros e equipamentos associados por meio da utilização de parâmetros intrinsecamente seguros, definidos para fins de conexões.

Conexão infalível: conexões, incluindo junções, fiação de interconexões e trilhas de placas de circuitos impressos, que não são consideradas, de acordo com a norma técnica brasileira adotada ABNT NBR IEC 60079-11, passíveis de se tornar circuito aberto em serviço ou armazenagem. A probabilidade de tais modos de falha ocorrerem em serviço ou em armazenagem é muito baixa, não havendo necessidade de ser considerada.

Controle de fonte de ignição Ex "b": tipo de proteção contra ignição onde dispositivos elétricos, eletrônicos ou mecânicos são utilizados em conjunto com equipamentos mecânicos, de forma a reduzir, automática ou manualmente, a possibilidade de uma fonte potencial de ignição se tornar uma fonte efetiva de ignição. Podem ser citados como exemplos desses dispositivos um sensor de nível para alarmar a perda de nível de óleo de lubrificação ou um sensor de temperatura para alarmar a existência de um mancal aquecido, ou um sensor de rotação para alarmar uma rotação acima do normal, de acordo com a norma técnica brasileira adotada ABNT NBR ISO 80079-37.

Corrente máxima de entrada (*Ii*): valor máximo de corrente (pico c.a. ou c.c.) que pode ser aplicado aos terminais de conexão de um equipamento associado intrinsecamente seguro sem invalidar o tipo de proteção Ex "i".

Corrente máxima de saída ($I_0$): corrente máxima (pico c.a. ou c.c.) no equipamento que pode ser liberada dos seus terminais de conexão do equipamento.

Desenhos relacionados: desenhos ou documentos não listados no certificado "Ex", mas relacionados aos desenhos de certificação, e utilizados, por exemplo, para a fabricação detalhada de partes componentes (ABNT NBR ISO/IEC 80079-34).

Dispositivo de campo "*Power*-i": dispositivo conectado a uma fonte "*Power*-i" por meio de um cabeamento *Power*-i. Dispositivos de campo "*Power*-i" podem ter conexões adicionais a outros dispositivos, como dispositivos que representam cargas do circuito "*Power-i*".

Dispositivo selado "nC": dispositivo construído de tal forma que não possa ser aberto durante a operação normal e efetivamente selado para evitar a entrada de uma atmosfera externa.

Distância de escoamento: menor distância ao longo da superfície de um material isolante sólido entre duas partes condutoras (IEC 60050-151:2001, 151-15-50).

Distância de isolamento no ar: distância entre duas partes condutoras em linha reta, seguindo o menor caminho entre essas partes condutoras (IEC 60050-441:1984, 441-17-31).

Distância de separação: distâncias entre partes condutoras de um circuito intrinsecamente seguro e um circuito não intrinsecamente seguro, ou distâncias entre diferentes circuitos intrinsecamente seguros, ou distâncias de um circuito e partes metálicas aterradas ou isoladas (ABNT NBR IEC 60079-11).

Documentação descritiva de sistema intrinsecamente seguro: documentação na qual os itens dos equipamentos elétricos, seus parâmetros elétricos e os parâmetros da fiação de interconexão são especificados (ABNT NBR ISO/IEC 80079-34).

Documentação do fabricante: documentos utilizados por um fabricante, mas não sujeitos à avaliação pelo organismo responsável pela verificação, quando da solicitação de um relatório de ensaio ou um certificado "Ex". Por exemplo, instruções de fabricação, desenhos relacionados, folha de dados e catálogos comerciais. A documentação do fabricante pode ser tanto em papel como em meio eletrônico.

Documentos da certificação: documentos ou desenhos relacionados no certificado ou no relatório de ensaio "Ex" (ABNT NBR ISO/IEC 80079-34).

Encapsulamento "m": tipo de proteção no qual as partes que são capazes de provocar a ignição de uma atmosfera explosiva por centelhamento ou aquecimento são encapsuladas em um composto, de tal modo que a atmosfera explosiva não possa sofrer ignição sob condições de operação ou instalação.

Energia mínima de ignição (MIE – *Minimum Ignition Energy*): energia mínima que pode causar a ignição de uma específica mistura com o ar de um gás inflamável ou de uma poeira combustível, medida de acordo com um procedimento de ensaio normalizado. Ver normas ASTM E582 (*Standard Test Method for Minimum Ignition Energy and Quenching Distance in Gaseous Mixtures, for gases and vapours*) e ABNT NBR ISO/IEC 80079-20-2 (*Características de poeiras – Métodos de ensaios de poeiras combustíveis*).

Equipamento associado: equipamento elétrico que contém circuitos intrinsecamente seguros e não intrinsecamente seguros e que é construído de forma que o circuito não intrinsecamente seguro não seja capaz de afetar adversamente os circuitos intrinsecamente seguros. Equipamentos associados podem ser equipamentos elétricos que possuem um outro tipo de proteção "Ex" relacionado na norma técnica brasileira adotada ABNT NBR IEC 60079-0 para utilização na atmosfera explosiva pretendida (zona, grupo, classe de temperatura e EPL), ou equipamento elétrico não totalmente protegido que, portanto, não é normalmente utilizado em atmosferas explosivas. Por exemplo, um registrador que não está instalado em uma área classificada contendo atmosfera explosiva de gás inflamável ou poeira combustível, mas que se encontra conectado a um termopar situado em uma atmosfera explosiva, em que somente o registrador possui circuito de entrada intrinsecamente seguro.

Equipamento de centelhamento padrão (para circuitos intrinsecamente seguros): aparelho utilizado para verificar, experimentalmente, que as centelhas elétricas de um circuito são incapazes de causar a ignição de uma atmosfera explosiva específica de gás ou vapor.

Equipamentos "Ex": equipamentos de instrumentação, automação, telecomunicações, elétricos ou mecânicos no qual medidas de projeto e construtivas foram aplicadas de forma a assegurar que as fontes de ignição efetivas foram mitigadas, de acordo com os requisitos do EPL proporcionado pelo equipamento.

Equipamentos elétricos "Ex": equipamentos que se baseiam em circuitos elétricos ou eletrônicos, incluindo equipamentos de instrumentação, de automação ou de telecomunicações "Ex".

Equipamento intrinsecamente seguro: equipamento elétrico no qual todos os circuitos são intrinsecamente seguros.

Equipamento simples: componente elétrico ou combinação de componentes de construção simples, com parâmetros elétricos bem definidos, compatíveis com a segurança intrínseca do circuito no qual é utilizado. Para mais detalhes de especificação e instalação de "equipamentos simples", ver requisitos especificados nas normas técnicas brasileiras adotadas ABNT NBR IEC 60079 - Parte 11 (*Tipo de proteção Ex "i"*), ABNT NBR IEC 60079-14 (*Projeto e montagem "Ex"*), ABNT NBR IEC 60079-25 (*Sistemas intrinsecamente seguros*) e ABNT NBR IEC 60079-47 (*2-WISE*).

Ethernet-APL (*Ethernet Advanced Physical Layer*): camada física avançada Ethernet para utilização pelos dispositivos de campo com dois fios, incluindo instrumentos e *switches* de campo.

Fabricante: organização, situada em uma localização ou localizações declaradas, que executa ou controla processos na fabricação, avaliação, manipulação e no armazenamento de um produto, os quais a tornam capazes de reconhecer a responsabilidade para a conformidade continuada do produto de acordo com os requisitos aplicáveis e de assumir todas as obrigações nesse contexto. O termo *fabricante* é utilizado em vez do termo "organização", como utilizado na ABNT NBR ISO 9001. Para efeitos deste livro, esses termos são usados como sinônimos (ABNT NBR ISO/IEC 80079-34).

Falha (de um equipamento intrinsecamente seguro): qualquer defeito de qualquer componente, escoamento, isolamento ou conexão entre componentes não definido como infalível pela norma técnica brasileira adotada ABNT NBR IEC 60079-11, do qual depende a segurança intrínseca do circuito.

Falha contável (de um equipamento intrinsecamente seguro): falha que ocorre em partes que afetam adversamente o tipo de proteção do equipamento elétrico que atende aos requisitos construtivos da norma técnica brasileira adotada ABNT NBR IEC 60079-11.

Falha não contável (de um equipamento intrinsecamente seguro): falha que ocorre em partes do equipamento elétrico que não atende aos requisitos construtivos da norma técnica brasileira adotada ABNT NBR IEC 60079-11.

Falhas esperadas: distúrbios ou mau funcionamento dos equipamentos "Ex" que podem normalmente ocorrer na prática.

Falhas raras: tipo de mau funcionamento que pode acontecer, mas apenas em casos raros. Duas falhas esperadas independentes previstas que, separadamente, não criam uma fonte de ignição, mas que, em combinação, criam uma fonte de ignição, são consideradas como falha rara.

FISCO: abreviação de Conceito de *Fieldbus* Intrinsecamente Seguro (*Fieldbus Intrinsically Safe Concept*). Arquitetura de sistema intrinsecamente seguro, alimentada pelo sistema e projetada de acordo com os requisitos aplicáveis especificados nas normas técnicas brasileiras adotadas ABNT NBR IEC 60079-11 e ABNT NBR IEC 60079-25, anteriormente especificados na norma técnica brasileira adotada ABNT NBR IEC 60079-27.

Fonte de alimentação linear: fonte de alimentação cuja corrente de saída disponível é determinada por um resistor. A tensão de saída diminui linearmente com o aumento da corrente de saída.

Fonte de alimentação não linear: fonte de alimentação na qual a tensão e a corrente de saída possuem uma relação não linear.

Fontes de ignição: equipamento, fonte de energia ou condições que constitui uma fonte de ignição para uma determinada atmosfera explosiva de gases inflamáveis ou de poeiras combustíveis. Podem ser citadas como possíveis fonte de ignição superfícies quentes, chamas, gases e partículas quentes, centelhas geradas mecanicamente, atrito, fontes elétricas, correntes elétricas de fuga, correntes elétricas de proteção catódica contra corrosão, eletricidade estática, descargas atmosféricas, ondas eletromagnéticas de radiofrequência, ondas eletromagnéticas incluindo radiação ótica, radiação ionizante, ultrassom, compressão adiabática, ondas de choque e reações exotérmicas.

Fonte "*Power*-i": fonte de alimentação para sistemas "*Power*-i" que, em caso de falha, corta a energia. A fonte pode operar em dois modos, o modo "*Power*-i" e o modo *shutdown*.

Gases ou vapores inflamáveis: gases ou vapores que, quando misturados com o ar, em determinadas concentrações, formam uma atmosfera explosiva de gás ou vapor.

Grau de poluição: número que caracteriza a poluição esperada do microambiente (definição 1.3.13 da IEC 60664-1). Para equipamentos intrinsecamente seguros, são considerados graus de poluição 1, 2, 3 e 4.

Grau de proteção proporcionado pelo invólucro (Códigos IP): classificação numérica de acordo com as normas técnicas brasileiras adotadas ABNT NBR IEC 60529 e ABNT NBR IEC 60034-5, precedida pelo símbolo IP, aplicada ao invólucro de um equipamento elétrico destinado a proporcionar proteção contra o ingresso de poeira ou água ao interior do invólucro.

HART (*Highway Addressable Remote Transducer*): protocolo de comunicação padronizado sobre sinais analógicos do tipo 4 a 20 mA.

IEEE 802.3 cg: *IEEE Standard for Ethernet – Amendment 5: Physical Layer Specifications and Management Parameters for 10 Mb/s Operation and Associated Power Delivery over a Single Balanced Pair of Conductors.* Norma sobre rede Ethernet 10 Mb/s a dois fios, incluindo o padrão 10BASE-T1L, publicada em 07/11/2019.

IIoT: *Industrial Internet of Things* (Internet Industrial das coisas).

Imersão em líquido Ex "k": tipo de proteção em que as fontes potenciais de ignição são tornadas não efetivas ou separadas de atmosferas explosivas por meio de sua submersão total em um líquido de proteção, ou por submersão parcial e recobrimento contínuo das superfícies ativas dessas fontes de ignição com um líquido de proteção, de forma que uma atmosfera explosiva que possa estar presente acima do líquido de proteção, ou no lado externo do invólucro do equipamento "Ex", não possa entrar em ignição, de acordo com a norma técnica brasileira adotada ABNT NBR ISO 80079-37.

Indutância máxima do cabo (*Lc*): indutância máxima do cabo de interligação que pode ser conectada a um circuito intrinsecamente seguro sem invalidar a segurança intrínseca.

Indutância máxima externa ($L_0$): valor máximo de indutância que pode ser conectado aos terminais de conexão de um equipamento associado intrinsecamente seguro sem invalidar o tipo de proteção "i".

Indutância máxima interna (*Li*): máxima indutância equivalente interna de um equipamento que é considerada existente nos seus terminais de ligação.

Invólucro com respiração restrita "nR": invólucro projetado para restringir a entrada de gases, vapores e névoas, mesmo em condições de "respiração", quando pode existir a ocorrência de vácuo em seu interior.

Invólucro pressurizado Ex "p": tipo de proteção que impede o ingresso de uma atmosfera explosiva externa no interior de um invólucro, por meio da manutenção de uma sobrepressão de ar no interior do invólucro, acima da pressão da atmosfera externa.

Invólucro à prova de explosão Ex "d": tipo de proteção no qual as partes que podem causar a ignição de uma atmosfera explosiva de gás ou vapor são montadas no interior de um invólucro capaz de resistir à pressão desenvolvida durante uma explosão da mistura explosiva no interior do invólucro e não propagar os gases quentes oriundos dessa explosão para a atmosfera explosiva externa.

Isolação galvânica: conjunto dentro do equipamento que permite transferir o sinal ou a potência entre dois circuitos sem que haja qualquer conexão elétrica entre ambos. A isolação galvânica frequentemente utiliza elementos magnéticos, como transformadores ou relés, ou elementos optoacoplados.

Limite inferior de inflamabilidade ou de explosividade (LII ou LIE): concentração de gás ou de vapor inflamável no ar, abaixo da qual uma atmosfera explosiva de gás ou vapor não é suscetível de ser inflamada.

Limite superior de inflamabilidade ou explosividade (LSI ou LSE): concentração de gás ou de vapor inflamável no ar, acima da qual uma atmosfera explosiva de gás ou vapor não é suscetível de ser inflamada.

Nível de proteção de equipamento – EPL (*Equipment Protection Level*): nível de proteção proporcionado pelos equipamentos elétricos ou mecânicos "Ex", atribuído em conjunto pelo organismo de certificação, laboratório de ensaio e fabricante, com base na probabilidade de este se tornar uma fonte de ignição, distinguindo as diferenças entre atmosfera explosiva de gases inflamáveis (G), de poeiras combustíveis (D) e atmosfera explosiva em minas subterrâneas de carvão (M). Os níveis de proteção proporcionados pelos equipamentos "Ex" podem ser "a" (muito alto), "b" (alto) ou "c" (elevado). Os EPL proporcionados pelos equipamentos "Ex" podem ser: Ga, Gb, Gc, Da, Db, Dc, Ma ou Mb. O EPL a ser proporcionado pelos equipamentos "Ex" a serem instalados podem ser alternativamente especificados com base em uma avaliação de risco específica para uma instalação "Ex" em particular, de acordo com a norma técnica brasileira adotada

ABNT NBR IEC 60079-14. Os EPL a serem proporcionados pelos equipamentos "Ex" a serem instalados podem ser indicados na documentação de classificação de áreas, de acordo com as normas técnicas brasileiras adotadas ABNT NBR IEC 60079-10-1 e ABNT NBR IEC 60079-10-2.

Modo "*Power*-i": modo de operação da fonte "*Power*-i" disponibilizando a potência de saída nominal "*Power*-i". Neste modo, os valores de tensão e corrente permitidos podem exceder os valores das curvas e tabelas especificados na norma técnica brasileira adotada ABNT NBR IEC 60079-11.

Montagem de componentes infalíveis: montagem de componentes que é considerada não sujeita a certos modos de falha, de acordo com o especificado na norma técnica brasileira adotada ABNT NBR IEC 60079-11. A probabilidade de tais modos de falha ocorrer em serviço ou armazenagem não é considerada por ser muito baixa.

PHY: conjuntos de dispositivos, componentes e circuitos eletrônicos físicos requeridos para implementar as funções da camada física do padrão 10BASE-T1L.

Pessoa competente "Ex": pessoa que pode demonstrar uma combinação de conhecimentos e habilidades, de forma a realizar, de maneira efetiva, eficiente e segura, atividades em áreas classificadas, de acordo com os requisitos legais e normativos aplicáveis. As competências pessoais "Ex" são especificadas por atividades a serem executadas ou supervisionadas, por exemplo, classificação de áreas, projeto, seleção de equipamentos, instalação, manutenção, testes de campo, inspeção, reparos, recuperação ou auditorias de equipamentos ou instalações de automação, de telecomunicações, de instrumentação, elétricas ou mecânicas em áreas atmosferas explosivas.

Poeiras combustíveis: pequenas partículas sólidas, de tamanho nominal de 500 μm ou menor, podendo estar suspensas no ar, que se depositam sob o efeito de seu próprio peso e que podem entrar em combustão, em condições normais de temperatura e pressão.

"*Power*-i": conceito intrinsecamente seguro quando o nível de proteção tem por base a limitação de tensão e corrente e adicionalmente por limitação de duração de centelha controlada eletronicamente. Sistemas *Power*-i contêm dispositivos e cabeamentos "*Power*-i". Sistemas "*Power*-i" englobam circuitos elétricos que, no modo "*Power*-i", operam com valores de tensão e corrente que podem exceder os valores definidos na norma técnica brasileira adotada ABNT NBR IEC 60079-11.

Prensa-cabo "Ex": acessório (no sentido de um "equipamento" ensaiado separadamente do invólucro "Ex" ao qual será conectado), com certificado de conformidade próprio, destinado a ser montado em um invólucro "Ex" durante a instalação. Equipamento que permite a entrada de um ou mais cabos elétricos ou de fibra óptica no interior de um equipamento elétrico, de instrumentação, de automação ou de telecomunicações, de forma a manter o tipo de proteção "Ex" aplicável do invólucro.

Produto "Ex": equipamentos "Ex", sistemas de proteção, dispositivos de segurança, componentes "Ex" e suas combinações, bem como os softwares e serviços.

Projetista de sistema intrinsecamente seguro: pessoa responsável pela documentação descritiva do sistema, com a competência necessária para realizar as tarefas pertinentes e autorizada a assumir as responsabilidades em nome do empregador.

Potência máxima de entrada ($Pi$): valor máximo de potência que pode ser aplicado aos terminais de conexão de um equipamento associado intrinsecamente seguro sem invalidar o tipo de proteção "i".

Potência máxima de saída ($P_0$): potência elétrica máxima que pode ser liberada pelo equipamento.

Proteção por invólucro contra ignição de poeiras Ex "t": tipo de proteção segundo o qual todo equipamento elétrico ou eletrônico é protegido por um invólucro para evitar a ignição de uma camada ou nuvem de poeira combustível presente no ambiente.

Relação máxima entre indutância e resistência do cabo (*Lc/Rc*): valor máximo da relação entre a indutância ($L_c$) e a resistência ($R_c$) do cabo de interligação que pode ser conectado a um circuito intrinsecamente seguro sem invalidar a segurança intrínseca.

Relação máxima entre indutância e resistência interna (*Li/Ri*): valor máximo da relação entre a indutância (*Li*) e a resistência (*Ri*) do equipamento, que é considerado existente nos terminais de conexão externa de um equipamento elétrico.

Relação máxima entre indutância e resistência externa ($L_0/R_0$): valor máximo da relação entre a indutância (*L*o) e a resistência (*R*o) de qualquer circuito externo que pode ser conectado aos terminais de conexão de um equipamento elétrico, sem invalidar o tipo de proteção "i".

Revestimento isolante: material isolante tal como verniz ou película aplicada na superfície da montagem. Revestimento isolante e material da placa de circuito impresso formam um sistema de isolamento que pode ter propriedades semelhantes ao de um isolante sólido (definição 3.5 da IEC 60664-3).

Revestimento protetor: material isolante elétrico aplicado como um revestimento em placas de circuito impresso montadas para produzir uma fina camada protetora em sua superfície com o objetivo de criar uma barreira de proteção contra efeitos de deterioração causados por condições ambientais (Definição 2.1 da IEC 61086-1).

Segurança aumentada Ex "e": tipo de proteção empregada em equipamentos elétricos ou eletrônicos aos quais medidas adicionais são aplicadas de modo a ampliar-se a segurança do equipamento em relação à possibilidade de ocorrência de temperaturas excessivas, arcos elétricos e centelhas em serviço normal ou sob condições anormais especificadas.

Separação infalível: separação entre partes eletricamente condutivas que é considerada não sujeita a curtos-circuitos. A probabilidade de tais modos de falha ocorrer em serviço ou armazenagem não é considerada por ser muito baixa.

Separação ou isolamento infalível: separação ou isolamento entre partes eletricamente condutivas que é considerada não sujeita a curto-circuito. A probabilidade de tais modos de falha ocorrer em serviço ou armazenagem não é considerada por ser muito baixa.

Segurança construtiva Ex "c": tipo de proteção contra ignição em que medidas construtivas são aplicadas de forma a prover proteção contra a possibilidade de ignição a partir de fontes quentes, faíscas de origem mecânicas ou compressão adiabática gerada por partes móveis, de acordo com a norma técnica brasileira adotada ABNT NBR ISO 80079-37.

Segurança construtiva Ex "h": tipo de proteção aplicável de forma genérica a equipamentos mecânicos "Ex", projetados, avaliados e ensaiados de acordo com os requisitos da Norma Técnica Brasileira adotada ABNT NBR ISO 80079-36.

Segurança intrínseca "i": tipo de proteção com base na restrição da energia elétrica dos equipamentos e fiação de interconexão exposta a atmosferas explosivas de gás inflamável ou poeira combustível a um nível abaixo daquele que possa causar a ignição por centelhamento ou aquecimento da atmosfera explosiva presente no ambiente.

Serviços de inspeção de equipamentos e instalações "Ex": ações que incluem um cuidadoso exame, avaliação e testes de um equipamento ou instalação "Ex", realizado com ou sem a sua desmontagem, ou com o auxílio de desmontagem parcial, se requerido, complementado por meios como medições, de forma a chegar a uma conclusão confiável das condições de segurança contra o risco de um equipamento, dispositivo ou sistema "Ex" se tornar uma fonte de ignição.

Serviços de manutenção de equipamentos e instalações "Ex": ações efetuadas para manter um equipamento "Ex" nas condições compatíveis com os requisitos das especificações aplicáveis, de modo a executar suas funções originais requeridas, de acordo com os requisitos da norma técnica brasileira adotada ABNT NBR IEC 60079-17. As atividades de manutenção "Ex" são consideradas as combinações de quaisquer ações realizadas para manter um equipamento, dispositivo ou sistema "Ex" ou restituí-lo às condições nominais de operação.

Serviços de reparo de equipamentos "Ex": ações de restaurar um equipamento "Ex" defeituoso às suas condições de serviço e de acordo com as normas pertinentes, com base nos requisitos da norma técnica brasileira adotada ABNT NBR IEC 60079-19.

Serviços de recuperação de equipamentos "Ex": meios de reparo de um equipamento "Ex" envolvendo, por exemplo, a remoção ou adição de material para recuperar componentes que tenham sofrido danos permanentes, de forma a recuperar esses equipamentos ou componentes à condição de serviço, com base nas normas pertinentes, de acordo com os requisitos da norma técnica brasileira adotada ABNT NBR IEC 60079-19.

Sistema elétrico intrinsecamente seguro: montagem de itens interligados de equipamentos elétricos, descritos na documentação do sistema, na qual os circuitos ou partes deles são circuitos intrinsecamente seguros dimensionados para utilização em uma atmosfera explosiva.

Sistema elétrico intrinsecamente seguro certificado: sistema elétrico intrinsecamente seguro para o qual um certificado tenha sido emitido, confirmando que o sistema elétrico está de acordo com os requisitos especificados na norma técnica brasileira adotada ABNT NBR IEC 60079-25.

Sistema elétrico intrinsecamente seguro não certificado: sistema elétrico intrinsecamente seguro para o qual o conhecimento dos parâmetros dos itens de equipamento elétrico intrinsecamente seguro certificado, equipamento associado certificado, equipamento simples e o conhecimento dos parâmetros físicos e elétricos da fiação de interconexão permitem a inequívoca verificação de que a segurança intrínseca é atendida.

Temperatura de ignição (camada de poeira combustível): menor temperatura de uma superfície quente na qual ocorre a ignição de uma camada de poeira de espessura especificada sobre essa superfície quente.

Temperatura de ignição (gases inflamáveis): menor temperatura de uma superfície aquecida, a qual, sob condições especificadas na norma técnica brasileira adotada ABNT NBR ISO/IEC 80079-20-1, provoca a ignição de uma substância inflamável na forma de uma mistura de gás ou vapor com o ar.

Temperatura de ignição (nuvem de poeira combustível): menor temperatura da parede interna quente de um forno na qual ocorre a ignição de uma nuvem de poeira no ar contida dentro do forno. A temperatura de ignição de uma nuvem de poeira pode ser determinada pelo método de ensaio indicado na norma técnica brasileira adotada ABNT NBR ISO/IEC 80079-20-2.

Tensão máxima eficaz alternada ou contínua (*Um*): tensão máxima que pode ser aplicada aos terminais de energia não limitada do equipamento associado sem invalidar o tipo de proteção "i". Isso adicionalmente se aplica à máxima tensão que pode ser aplicada aos terminais de conexão não intrinsecamente seguros do equipamento intrinsecamente seguro, por exemplo, conexões para carga de equipamentos alimentados por bateria, onde a carga é feita somente em áreas não classificadas. O valor "*Um*" pode ser diferente para diferentes configurações dos terminais de conexão, podendo ser diferentes para tensões c.a e c.c.

Tensão máxima de entrada (*Ui*): valor máximo de tensão (pico c.a. ou c.c.) que pode ser aplicado aos terminais de conexão de um equipamento associado intrinsecamente seguro sem invalidar o tipo de proteção "i".

Tensão máxima de saída ($U_0$): tensão máxima (pico de c.a. ou c.c.) que pode estar presente nos terminais de conexão do equipamento na aplicação de qualquer tensão acima da máxima.

Tensão nominal de isolação: valor de tensão eficaz definida pelo fabricante para o equipamento ou para parte dele, caracterizando a capacidade especificada (aplicação contínua) de sua isolação (Definição 1.3.9.1 da norma internacional IEC 60664-1). A tensão nominal de isolação não é necessariamente igual à tensão nominal do equipamento, que é diretamente relacionada ao desempenho funcional.

Tipos de proteção "Ex": medidas específicas e normalizadas aplicadas aos equipamentos de automação, instrumentação, telecomunicações, elétricos ou mecânicos "Ex", de forma a evitar a indevida ignição de uma atmosfera explosiva de gás inflamável ou de poeira combustível que possa estar presente ao seu redor, especificadas nas normas técnicas brasileiras adotadas das séries ABNT NBR IEC 60079 e ABNT NBR ISO 80079.

Usuário de equipamentos ou instalações "Ex": uma organização ou uma pessoa que é o proprietário dos equipamentos ou das instalações "Ex", primariamente responsável pelas atividades de classificação de áreas, seleção, projeto, instalação, inspeção, manutenção, reparo, recuperação, auditorias e gestão de ativos "Ex", não sendo um fabricante dos equipamentos de automação, de instrumentação, de telecomunicações, elétricos ou mecânicos "Ex" ou uma empresa de prestação de serviços "Ex".

Zona 0: área na qual uma atmosfera explosiva de gás ou vapor está presente continuamente, por longos períodos ou frequentemente, requerendo a instalação de equipamentos "Ex" com EPL Ga.

Zona 1: área na qual uma atmosfera explosiva de gás ou vapor pode estar presente eventualmente em condições normais de operação, requerendo a instalação de equipamentos "Ex" com EPL Ga ou Gb.

Zona 2: área na qual não se espera que uma atmosfera explosiva de gás ou vapor ocorra em operação normal; porém, se ocorrer, permanece somente por um curto período, requerendo a instalação de equipamentos "Ex" com EPL Ga, Gb ou Gc.

Zona 20: área na qual uma atmosfera explosiva, na forma de uma nuvem de poeira combustível no ar, está presente continuamente, por longos períodos ou frequentemente, requerendo a instalação de equipamentos "Ex" com EPL Da.

Zona 21: área na qual uma atmosfera explosiva, na forma de uma nuvem de poeira combustível no ar, pode estar presente eventualmente em condições normais de operação, requerendo a instalação de equipamentos "Ex" com EPL Da ou Db.

Zona 22: área na qual não se espera que ocorra uma atmosfera explosiva em operação normal na forma de uma nuvem de poeira combustível no ar; porém, se ocorrer, permanece somente por um curto período, requerendo a instalação de equipamentos "Ex" com EPL Da, Db ou Dc.

Capítulo **3**

# Conceitos de classificação de áreas: zonas, grupos e classes de temperatura

**Sinopse**: este capítulo aborda os principais conceitos relacionados à classificação de áreas contendo gases inflamáveis ou poeiras combustíveis. São abordados os requisitos de zonas, grupos e classes de temperatura que devem estar indicados na respectiva documentação. São também citadas neste capítulo as principais normas técnicas nacionais, internacionais ou estrangeiras relacionadas ao tema "classificação de áreas", bem como bancos de dados internacionais contendo informações sobre propriedades físico-químicas de gases inflamáveis e poeiras combustíveis que são consideradas na elaboração da documentação de classificação de áreas.

Áreas classificadas são áreas onde existe a possibilidade de formação de atmosferas explosivas de gases inflamáveis ou de poeiras combustíveis. Este capítulo não pretende ser um guia para a classificação de áreas, mas vai abordar somente os conceitos básicos sobre o tema, conhecimento necessário no contexto deste livro.

O processo de classificação de áreas é uma avaliação do risco da presença, da característica, da origem, da permanência e da extensão de atmosferas explosivas. O objetivo dessa avaliação é facilitar a escolha dos equipamentos adequados para essas áreas, porque, quanto mais alto o risco, mais precauções devem ser tomadas para que os equipamentos e as instalações não se transformem em fontes de ignição para a atmosfera explosiva.

A classificação de áreas define, dependendo da probabilidade da presença da atmosfera explosiva, com base na norma técnica brasileira adotada ABNT NBR IEC 60079-10-1, as Zonas 0, 1 e 2 para atmosferas explosivas formadas por gases e líquidos inflamáveis, e, com base na norma técnica brasileira adotada ABNT NBR IEC 60079-10-2, as Zonas 20, 21 e 22 para atmosferas explosivas formadas por poeiras combustíveis.

As zonas são definidas da seguinte forma:

- ZONA 0: área classificada na qual uma atmosfera explosiva de gás inflamável está continuamente presente ou por longos períodos ou frequentemente;
- ZONA 20: área classificada na qual uma atmosfera explosiva, na forma de nuvem de poeira combustível, está presente no ar continuamente, por longos períodos de tempo ou frequentemente;
- ZONA 1: área classificada na qual uma atmosfera explosiva de gás inflamável pode ocorrer ocasionalmente em condições normais de operação;
- ZONA 21: área classificada na qual uma atmosfera explosiva na forma de nuvem de poeira combustível no ar pode ocorrer eventualmente em condições normais de operação;
- ZONA 2: área classificada na qual uma atmosfera explosiva de gás inflamável não é prevista em condições normais de operação, mas, caso ocorra, persistirá somente por um curto período;
- ZONA 22: área classificada na qual uma atmosfera explosiva, na forma de nuvem de poeira combustível no ar, não é esperada em operação normal, mas, se ocorrer, permanecerá apenas por um breve período de tempo.

Como a classificação de áreas envolve diversos aspectos, desde as características dos produtos inflamáveis ou combustíveis presentes na instalação que podem formar a atmosfera explosiva até as características dos equipamentos do processo, as normas aplicáveis recomendam que se forme um grupo multidisciplinar para elaborar a documentação de classificação de área.

A primeira questão que deve ser avaliada por esse grupo multidisciplinar é que, mesmo processando líquidos ou poeiras inflamáveis, existe realmente a possibilidade de formação de uma atmosfera explosiva em caso de liberação dessas substâncias. Se para líquidos inflamáveis é assegurado que as temperaturas ambiente e de processamento ficam bem abaixo do ponto de fulgor (a literatura sugere um DT de 15 K), não existe possibilidade de formação de atmosfera explosiva.

Para poeiras inflamáveis, a granulometria e o teor de umidade também podem inibir a formação da atmosfera explosiva, mas, nesse caso, é recomendado levantar as características da poeira combustível por meio de ensaios de amostras representativas colhidas em cada caso de aplicação.

Uma vez constatado que há possibilidade de formação da atmosfera explosiva, é recomendado pelas normas citadas listar os produtos e as suas características, como limites de explosividade inferior e superior, densidade, volatilidade, granulometria, temperatura de ignição e energia de ignição. A norma técnica brasileira adotada ABNT NBR ISO/IEC 80079-20-1 contém uma ampla base de dados sobre gases e líquidos inflamáveis, enquanto a norma técnica brasileira adotada ABNT NBR ISO/IEC 80079-20-2 descreve os métodos de ensaio para se determinarem as características e propriedades físico-químicas de poeiras combustíveis.

As fontes de liberação e o respectivo grau contínuo, primário ou secundário especificados nas normas ABNT NBR IEC 60079-10-1 e ABNT NBR IEC 60079-10-2 devem ser identificados e listados. Com essas informações, as Zonas 0, 1 ou 2 para gases e líquidos inflamáveis ou Zonas 20, 21 ou 22 para poeiras combustíveis já podem ser definidas.

As extensões dessas zonas dependem das quantidades, pressões e com qual taxa de vazão os produtos inflamáveis ou combustíveis podem ser liberados, e da possibilidade de diluição por meio da ventilação natural ou forçada. As normas e práticas recomendadas sobre classificação de áreas contêm informações e "ferramentas" para estimar a liberação e a diluição e contêm também exemplos que podem ajudar na delimitação das extensões das zonas.

A norma técnica brasileira adotada ABNT NBR IEC 60079-10-1 apresenta como referência, no seu Anexo "Códigos industriais e normas estrangeiras", entre outros documentos, algumas "práticas recomendadas" que podem ser utilizadas na classificação de áreas, como a NFPA 497 (*Recommended practice for the classification of flammable liquids, gases or vapors and of hazardous (classified) locations for electrical installations in chemical process areas*) e o API RP 505 (*Recommended practice for classification of locations for electrical installations at petroleum facilities classified as Class I, Zone 0, Zone 1, and Zone 2*).

É importante avaliar se as premissas aplicadas nessas práticas recomendadas podem servir como base para o caso específico de aplicação de classificação de áreas, uma vez que algumas dessas práticas listadas são destinadas para aplicações em ambientes industriais específicos, como instalações da indústria petroquímica e da indústria do petróleo e gás.

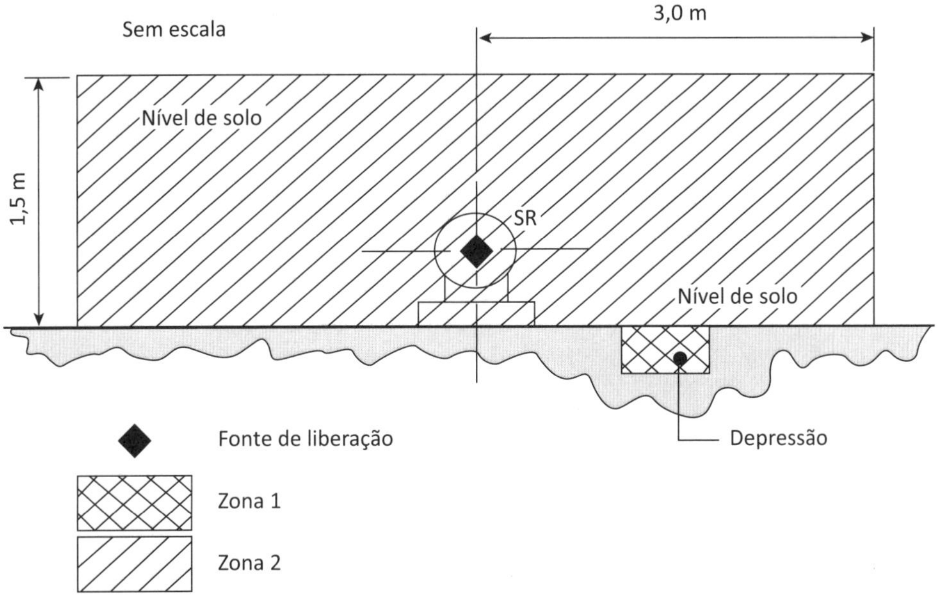


**Figura 3.1 –** Exemplo de desenho de elevação de classificação de áreas decorrente da instalação de uma bomba industrial com selo mecânico, ao nível do solo, em ambiente externo.

*Fonte*: norma ABNT NBR IEC 60079-10-1.

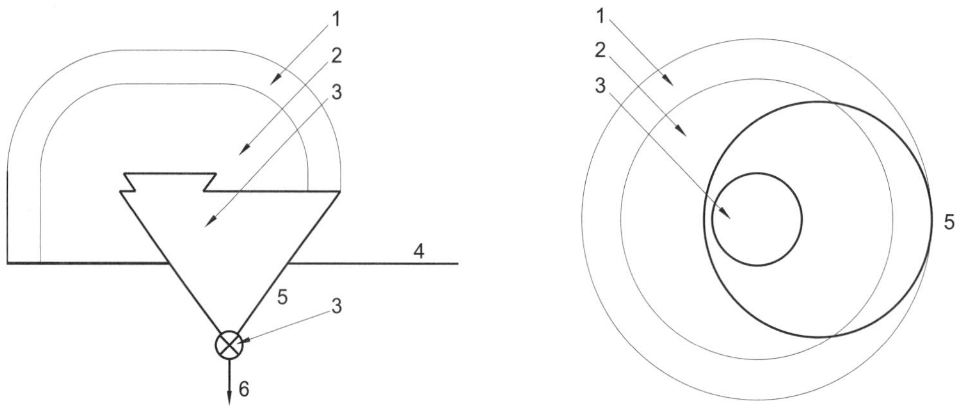


Legenda: (1) Zona 22; (2) Zona 21; (3) Zona 20; (4) piso; (5) funil de descarga dos sacos contendo poeiras combustíveis; (6) encaminhamento do produto para o processo, por meio de uma válvula rotativa.

**Figura 3.2** – Exemplo de desenhos de elevação e planta de classificação de área de uma estação de esvaziamento de sacos contendo poeiras combustíveis no interior de um ambiente sem ventilação de extração.

*Fonte*: norma ABNT NBR IEC 60079-10-2.

As figuras a seguir apresentam exemplos de desenhos de classificação de áreas elaborados na forma "tradicional" em CAD 2D e na forma de modelos tridimensionais, em maquetes eletrônicas em CAD 3D, nas quais são mostradas as "nuvens" de extensões de classificação de áreas ao redor das fontes de liberação e dos equipamentos de processo, contendo informações de zonas, grupos, classes de temperatura, temperatura de ignição ou mesmo os níveis de proteção de equipamentos (EPL) requeridos pelos equipamentos "Ex" para cada local da instalação.

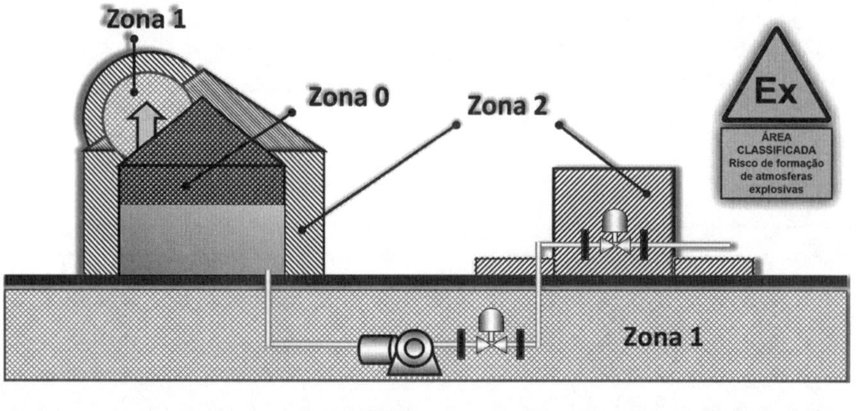


**Figura 3.3** – Exemplo de desenho de classificação de áreas contendo atmosferas explosivas de gases inflamáveis com a indicação das extensões de diferentes zonas.

*Fonte*: arquivos pessoais dos autores.

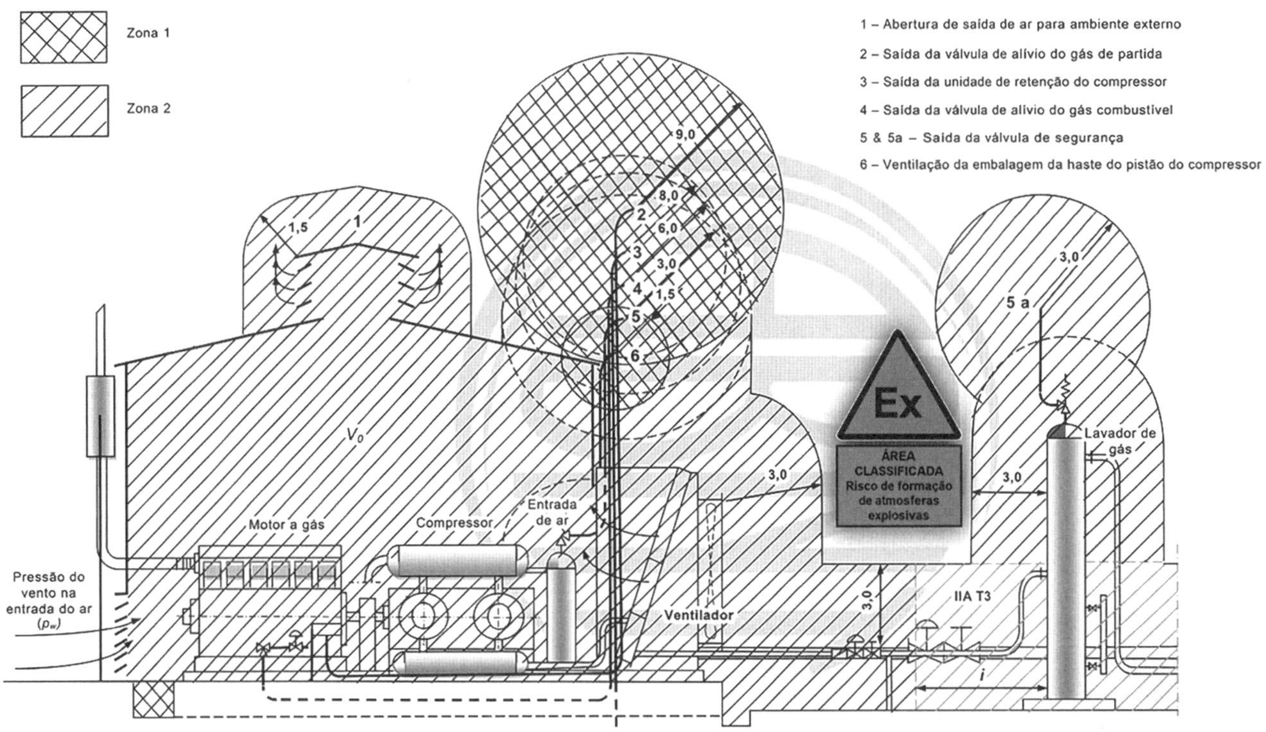


**Figura 3.4** – Exemplo de desenho de elevação apresentando extensões de classificação de áreas ao redor de equipamentos de processo contendo gases inflamáveis.

*Fonte*: ABNT NBR IEC 60079-10-1.

**Figura 3.5** – Exemplo de maquete eletrônica obtida por modelamento em CAD 3D, apresentando equipamentos de processo que contém líquidos ou gases inflamáveis, ao redor dos quais são modeladas as "nuvens" de extensões de classificação de áreas, com a identificação de zonas, grupos e classes de temperatura e EPL requeridos a serem proporcionados pelos equipamentos "Ex".

*Fonte*: arquivos pessoais dos autores.

**Figura 3.6** – Exemplo de maquete eletrônica obtida por modelamento em CAD 3D apresentando equipamentos de processo que contém líquidos ou gases inflamáveis, ao redor dos quais são modeladas as "nuvens" de extensões de classificação de áreas, com a identificação de zonas, grupos e classes de temperatura e EPL requeridos a serem proporcionados pelos equipamentos "Ex".

*Fonte*: arquivos pessoais dos autores.

A documentação de classificação deve definir, além da classificação em zonas e as respectivas extensões, o grupo do equipamento requerido, o nível de proteção de equipamento (EPL) e a classe de temperatura para gases e líquidos inflamáveis, ou, para áreas com a presença de poeiras combustíveis, a temperatura máxima que uma superfície exposta à atmosfera explosiva do equipamento "Ex" pode atingir.

Para facilitar a especificação, a seleção e o projeto de equipamentos de instrumentação, automação, telecomunicações, elétricos ou mecânicos "Ex" para instalação ou utilização em áreas classificadas, foram criados grupos de equipamentos adequados para áreas que têm em comum o agente causador da atmosfera explosiva. A ABNT NBR IEC 60079-0 (*Atmosferas explosivas - Parte 0: Equipamentos - Requisitos gerais*) define os grupos e subgrupos como segue:

- Grupo I: equipamentos para a aplicação em minas de carvão suscetíveis ao gás metano (grisu).
- Grupo II: equipamentos para a aplicação em áreas com a atmosfera explosiva formado por gás ou vapor, áreas outras, que não minas suscetíveis ao grisu. Este grupo ainda é subdividido de acordo com a natureza da atmosfera explosiva de gás para o qual é destinado.
  - ▷ Grupo IIA, cujo gás representativo é o propano;
  - ▷ Grupo IIB, cujo gás representativo é o etileno;
  - ▷ Grupo IIC, cujo gás representativo é o acetileno.

Sob o ponto de vista de critérios de seleção de equipamentos "Ex", de acordo com a classificação de áreas do local da instalação, os equipamentos "Ex" marcados como do grupo IIB também são adequados para aplicações que requerem equipamentos do grupo IIA, e, similarmente, equipamentos marcados como do grupo IIC são adequados para aplicações que requerem equipamentos do grupo IIA ou do grupo IIB.

O Anexo "Valores tabulados" da norma técnica brasileira adotada ABNT NBR IEC 80079-20-1 indica, para os gases e vapores inflamáveis listados, o grupo de equipamentos exigido para o respectivo produto inflamável.

- Grupo III: equipamentos para a aplicação em áreas com a atmosfera explosiva formada por poeiras, áreas outras, que não minas suscetíveis ao grisu. Este grupo também ainda é subdividido de acordo com a natureza da atmosfera explosiva de poeira para o qual ele é destinado.
  - ▹ **Grupo IIIA**: equipamentos para áreas com fibras combustíveis;
  - ▹ **Grupo IIIB**: equipamentos para áreas com poeiras não condutivas;
  - ▹ **Grupo IIIC**: equipamentos para áreas com poeiras condutivas.

Sob o ponto de vista de critérios de **seleção** de equipamentos "Ex", de acordo com a classificação de áreas do local da instalação, os equipamentos "Ex" marcados como do grupo IIIB também são adequados para aplicações que requerem equipamentos do grupo IIIA, e, similarmente, equipamentos "Ex" marcados como do grupo IIIC são adequados para aplicações que requerem equipamentos do grupo IIIA ou do grupo IIIB.

As superfícies quentes podem ser uma fonte de ignição de uma atmosfera explosiva; por isso informações a respeito dos limites da temperatura de superfícies dos equipamentos de instrumentação, automação, telecomunicações, elétricos ou mecânicos "Ex" para áreas classificadas devem constar na documentação de classificação de áreas. A forma de apresentar esse limite de temperatura de superfícies quentes difere para os grupos de equipamentos.

Para equipamentos "Ex" do grupo I, informações sobre as temperaturas de superfícies dos equipamentos não fazem parte da marcação "Ex". Como nesse ambiente somente existem dois agentes causadores para a atmosfera explosiva, o gás grisu e a poeira de carvão, a norma ABNT NBR IEC 60079-0 estabelece o limite de 150 °C para superfícies sujeitas a acúmulo de camada de poeira de carvão e de 450 °C para superfícies onde não é provável que se forme uma camada de poeira de carvão.

Para equipamentos "Ex" do grupo II, foram criadas as classes de temperatura T1 até T6, que fazem parte da marcação dos equipamentos "Ex". A relação entre a classe de temperatura, a máxima temperatura de uma superfície exposta à atmosfera explosiva e a temperatura de autoignição do gás ou vapor está apresentada na tabela a seguir, que também indica as classes de temperatura permitida para equipamentos "Ex" em relação à classe de temperatura estabelecida pela documentação de classificação de áreas.

**Tabela 3.1 –** Relação entre a classe de temperatura, a temperatura máxima de superfície para os equipamentos "Ex" do grupo II e a temperatura de autoignição do gás ou vapor inflamável

| Classes de temperatura | Temperatura máxima de superfície do equipamento "Ex" (°C) | Temperatura de ignição do gás ou vapor (°C) | Classe de temperatura do equipamento "Ex" permitida |
|---|---|---|---|
| T1 | 450 | > 450 | T1/T2/T3/T4/T5/T6 |
| T2 | 300 | > 300 | T2/T3/T4/T5/T6 |
| T3 | 200 | > 200 | T3/T4/T5/T6 |
| T4 | 135 | > 135 | T4/T5/T6 |
| T5 | 100 | > 100 | T5/T6 |
| T6 | 85 | > 85 | T6 |

*Fonte*: Normas ABNT NBR IEC 60079-0 e ABNT NBR IEC 60079-14.

Para equipamentos do grupo III, a temperatura máxima de superfície exposta à atmosfera explosiva formada por poeira faz parte da marcação na forma de TXXX °C, com XXX representando o valor da máxima temperatura de superfície. Para poeiras, existem duas temperaturas que devem ser observadas: a temperatura mínima de ignição de uma nuvem de poeira e a temperatura mínima de ignição de uma camada de poeira, sendo a última também chamada de temperatura de incandescência, porque, a partir dessa temperatura, existe a possibilidade de formação de ninhos de brasa dentro de uma camada de poeira, como mostrado na Figura 3.7.

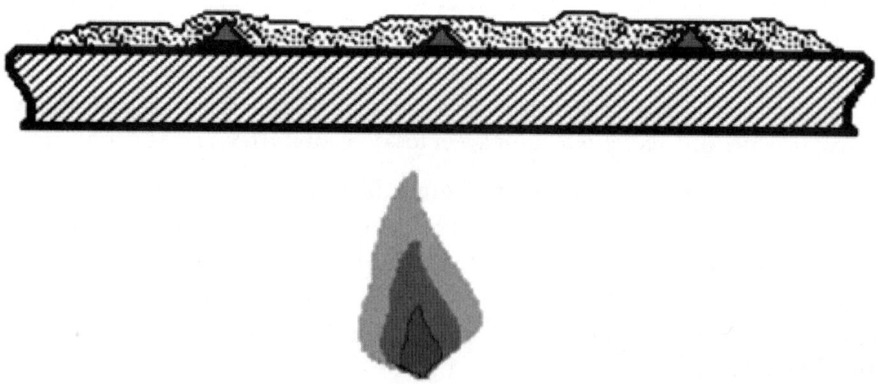

**Figura 3.7** – Formação de "brasa" no interior de uma camada de poeira combustível sob superfície quente.

Essa situação é extremamente crítica porque, se tal camada for levada a uma condição de formar uma nuvem de poeira combustível, por exemplo, devido ao movimento de ar, ela já tem a fonte de ignição "embutida" no seu interior, e uma explosão da nuvem será quase inevitável.

A temperatura mínima de ignição para poeiras depende não somente do tipo (material) da poeira, mas também da granulometria, da umidade da poeira e, para a temperatura de incandescência, ainda da espessura da camada de poeira. Para ilustrar isso, citamos o fato de que, no banco de dados *GESTIS-STAUB*, do IFA (instituto alemão que cuida da segurança ocupacional), existem mais de dez inserções para o açúcar. Esse banco de dados apresenta as características físico-químicas de mais de 7 mil produtos combustíveis.

Perante esse cenário, é recomendável avaliar a necessidade de se determinarem as características da poeira combustível, como temperaturas de ignição, energia mínima de ignição e limite inferior de explosividade, com base em amostras representativas pelos métodos da ABNT NBR ISO/IEC 80079-20-2 (*Atmosferas explosivas - Parte 20-2: Características dos materiais - Procedimentos de ensaios de poeiras combustíveis*), ou recorrer a bancos de dados com características de poeiras, por exemplo o *GESTIS-STAUB* (GESTIS-DUST-EX - *Dust Ex Database - Combustion Explosion Characteristics of Dusts, do* IFA - *Institute for Occupational Safety and Health of the German Social Accident Insurance*: <https://staubex.ifa.dguv.de/?lang=e>).

A norma técnica brasileira adotada ABNT NBR IEC 60079-14 determina que a temperatura de superfície do equipamento não deve ser maior do que ⅔ da temperatura da ignição da nuvem e deve ser 75 K menor do que a temperatura de incandescência determinada para uma camada de 5 mm.

Para camadas com espessura até 50 mm, a temperatura máxima de superfície permitida deve ser reduzida exponencialmente. A Figura 3.8 demonstra a correlação entre a temperatura máxima permitida e a espessura da camada.

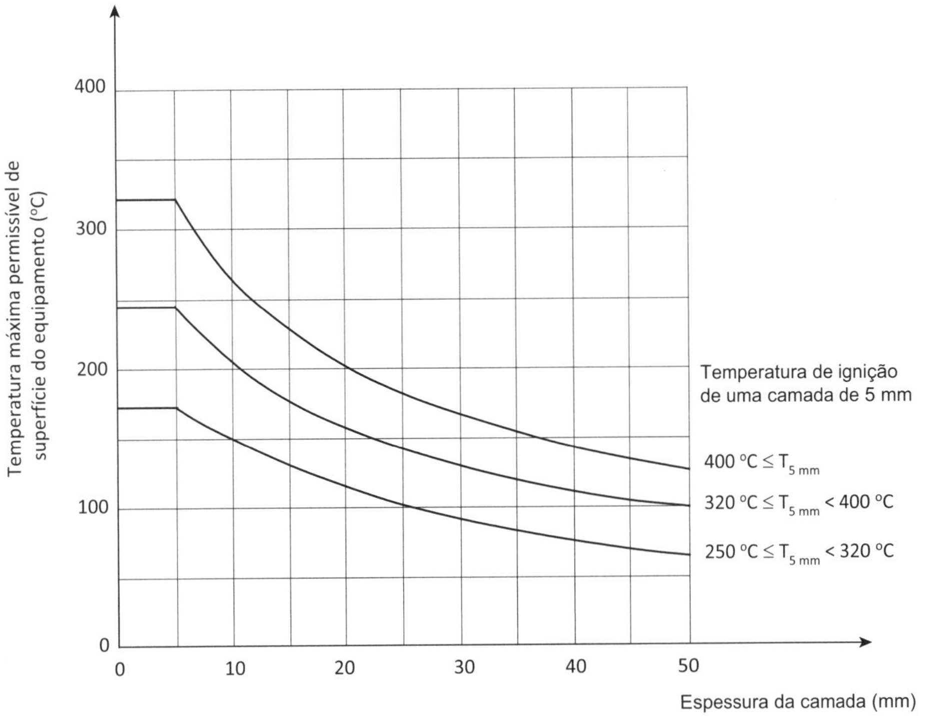


**Figura 3.8** – Correlação entre a temperatura de superfície máxima permitida e a espessura da camada de poeira.

*Fonte*: Norma ABNT NBR IEC 60079-14.

Quando camadas de poeira com espessuras maiores de 50 mm não são "evitáveis", é indicada na norma ABNT NBR IEC 60079-14 a necessidade de utilização de equipamentos com certificação "Ex", com EPL Da, bem como a necessidade da determinação da temperatura de superfície do equipamento "Ex", com a presença da espessura esperada de poeira combustível. O equipamento "Ex" deve ser marcado de acordo com sua temperatura máxima de superfície nesta condição. Mesmo nesses casos, a temperatura de incandescência da poeira combustível deve ser 75 K menor do que a temperatura experimentalmente determinada.

Com relação à sinalização de segurança das áreas classificadas, as normas técnicas brasileiras adotadas ABNT NBR IEC 60079-14 (*Instalações elétricas em atmosferas explosivas*) e ABNT NBR IEC 61892-7 (*Instalações elétricas marítimas fixas e moveis – Áreas classificadas*) recomendam que áreas classificadas sejam sinalizadas e apresentem uma padronização de placa de sinalização para essa finalidade, como indicado na Figura 3.9.

**Figura 3.9** – Exemplo de padronização de formato e conteúdo de placa de sinalização de segurança de áreas classificadas.

*Fonte*: normas ABNT NBR IEC 60079-14 e ABNT NBR IEC 61892-7.

A padronização de formato, cor e conteúdo especificada naquelas normas para a placa de sinalização "Ex" tem por objetivo alertar as pessoas que estão envolvidas com a execução ou supervisão de atividades em áreas classificadas sobre o risco de formação de atmosferas explosivas no local de trabalho, advertindo sobre a necessidade de se seguirem os procedimentos de segurança e de trabalho, os requisitos indicados nas análises de risco e os requisitos das respectivas permissões de trabalho.

A instalação de placas de sinalização de segurança em áreas classificadas é também destinada a alertar as pessoas envolvidas na execução ou supervisão de trabalhos em instalações "Ex" sobre o risco de eventual geração de uma fonte de ignição a partir de equipamentos elétricos centelhantes ou equipamentos mecânicos faiscantes, por exemplo, causadas por atrito ou cargas eletrostáticas, ou devidas à eventual geração de superfícies quentes.

Em função de seu conteúdo e possibilidade ampla de aplicação, tendo como base as especificações e cores de sinalização indicadas na norma internacional ISO 3864-1 (*Graphical symbols - Safety Colours and Safety Signs - Part 1: Design Principles for Safety Signs and Safety Markings*), essa padronização de placa de sinalização "Ex" pode ser utilizada em instalações "Ex" marítimas e terrestres.

Capítulo 4

# Conceito de nível de proteção de equipamento "Ex" – EPL (*Equipment Protection Level*) – proporcionado pelos equipamentos elétricos e mecânicos "Ex"

**Sinopse**: este capítulo aborda o conceito dos níveis de proteção de equipamentos (EPL), os motivos e objetivos dessa especificação e a sua significância para a fabricação, certificação e seleção de equipamentos "Ex" de instrumentação, automação, telecomunicações, elétricos e mecânicos destinados para instalação ou utilização em áreas classificadas.

O conceito do EPL (*Equipment Protection Level*) foi introduzido de forma generalizada na normalização técnica internacional sobre atmosferas explosivas, estabelecida nas séries IEC 60079 e ISO 80079, em meados da década de 2000, com a publicação, em 2007, da Edição 5.0 da Norma IEC 60079-0 (*Atmosferas explosivas - Parte 0: Requisitos gerais*). Um conceito semelhante já havia sido introduzido no âmbito da União Europeia com a Diretiva 94/9 (ATEX), que define as "*categorias*" (1, 2 ou 3) dos equipamentos de instrumentação, automação, telecomunicações, elétricos e mecânicos "Ex".

A ideia por trás desse conceito de EPL é separar as responsabilidades dos fabricantes dos produtos "Ex" das responsabilidades dos usuários finais e dos proprietários dos equipamentos e das instalações "Ex".

Cabe aos fabricantes dos produtos "Ex" informar, por meio da definição do EPL indicada nos equipamentos "Ex" certificados disponibilizados no mercado, qual é a probabilidade e em que circunstâncias o equipamento "Ex" fornecido pode representar uma fonte de ignição para uma atmosfera explosiva. Não cabe aos fabricantes dos produtos "Ex" ou aos fornecedores fazerem na sua documentação referência à zona do local de instalação ou utilização do produto "Ex" certificado (como Zonas 0, 1, 2, 20, 21 ou 22).

Cabe aos usuários dos produtos "Ex" e aos proprietários das instalações "Ex" analisar as suas instalações em relação à possibilidade da formação de uma atmosfera explosiva elaborando a documentação de classificação de área com base, dentre outras, nas normas técnicas brasileiras adotadas ABNT NBR 60079-10-1 ou ABNT NBR 60079-10-2. Para mais informações, ver o Capítulo 3 deste livro – "Conceitos de classificação de áreas: zonas, grupos e classes de temperaturas".

Os usuários devem decidir, após análises de risco, sobre o EPL requerido a ser proporcionado pelos equipamentos "Ex" de instrumentação, automação, telecomunicações, elétricos e mecânicos a serem instalados ou utilizados em áreas classificadas. Para mais informações sobre as análises de risco que podem ser executadas, devem ser consultadas, dentre outras, as normas técnicas brasileiras adotadas ABNT NBR IEC 60079-10-1, ABNT NBR IEC 60079-10-2 e ABNT NBR IEC 60079-14.

A designação de EPL proporcionado por um equipamento "Ex" é informada na marcação dos equipamentos "Ex" com um "código" formado por duas letras, na forma EPL Xx. A primeira letra (em *maiúsculo*) indica em qual ambiente ou grupo o equipamento "Ex" pode ser aplicado, com os seguintes significados:

- M: indica aplicação em minas subterrâneas de carvão suscetíveis à presença de grisu – equipamentos do grupo I;
- G: indica aplicação em áreas com atmosfera explosiva de gás – equipamentos do grupo II;
- D: indica aplicação em áreas com atmosfera explosiva de poeira combustível – equipamentos do grupo III.

A segunda letra (em *minúsculo*) indica o nível de proteção propriamente dito que o equipamento "Ex" proporciona para o tipo de ambiente contendo áreas classificadas (minas subterrâneas de carvão, gases inflamáveis ou poeiras combustíveis), indicado pela primeira letra. As letras têm o seguinte significado:

- **a:** indica um equipamento que possui um nível de proteção "muito alto", o qual não é uma fonte de ignição em operação normal, durante mau funcionamento previsto ou durante maus funcionamentos raros;
- **b:** indica um equipamento que possui um nível de proteção "alto", o qual não é uma fonte de ignição em operação normal ou durante maus funcionamentos previstos;
- **c:** indica um equipamento que possui um nível de proteção "elevado", o qual não é uma fonte de ignição em operação normal e que pode ter alguma proteção adicional para assegurar que ele permaneça como uma fonte de ignição "inativa" em caso de ocorrência regular prevista (por exemplo, falha de uma lâmpada).

Devido às condições dos ambientes de minas subterrâneas de carvão, não existe para equipamentos do grupo I o EPL "Mc". As definições para EPL "Ma" e "Mb" têm requisitos adicionais para a possibilidade de ocorrência de surtos de gás grisu.

Nas normas das séries ABNT NBR IEC 60079 e ABNT NBR ISO 80079, que especificam os requisitos para seleção, projeto e fabricação de equipamentos "Ex" para instalação ou utilização em áreas classificadas, existem requisitos específicos para o atendimento dos três níveis de proteção ("a", "b" ou "c") para cada tipo de proteção "Ex" normalizada.

É importante entender que o atendimento das normas técnicas para os tipos de proteção "Ex" para as diversas partes, subpartes ou componentes que são utilizadas para a fabricação dos equipamentos "Ex" aos requisitos normativos de um determinado tipo de proteção e nível de proteção não necessariamente assegura o mesmo EPL para o equipamento "Ex" "completo" que esteja sob avaliação ou certificação.

Por exemplo, um equipamento intrinsecamente seguro que atende, com seus circuitos, a todos os requisitos do nível de proteção "a" pode ser marcado Ex "ia", mas pode ter um invólucro de material plástico que não atende aos requisitos relativos a evitar a formação ou acúmulo de cargas eletrostáticas para o nível de proteção "a", atendendo somente aos requisitos para o nível de proteção "b". Nesse caso, o equipamento "completo", incluindo seus circuitos e invólucro, é marcado com EPL "Gb".

Em caso de equipamentos "Ex" com tipos de proteção combinados, o determinante para o EPL é o nível de proteção "mais baixo" da combinação dos tipos de proteção.

Por exemplo, uma fonte para um circuito intrinsecamente segura prevista para instalação em uma área classificada pode atender aos requisitos referentes ao tipo de proteção Ex "ia" para os circuitos intrinsecamente seguros; e os requisitos referentes "ec", para a parte não intrinsecamente segura. Nesse caso, o equipamento "completo", incluindo circuitos Ex "i" e não Ex "i", seria marcado com EPL "Gc".

Os diversos níveis de proteção proporcionados pelos equipamentos "Ex" devem ser capazes de funcionar em conformidade com os parâmetros operacionais estabelecidos pelo fabricante para aquele nível de proteção.

A tabela a seguir descreve a proteção proporcionado pelo EPL em relação ao risco de ignição de uma atmosfera explosiva presente.

**Tabela 4.1 –** Descrição da proteção proporcionada pelo EPL contra o risco de ignição

<table>
<tr><th>Nível de proteção proporcionado contra o risco de ignição</th><th>Nível de proteção do equipamento (EPL) grupos I, II ou III</th><th>Desempenho da proteção do equipamento "Ex"</th><th>Condições de operação do equipamento "Ex"</th></tr>
<tr><td rowspan="3">Muito Alto</td><td>EPL Ma<br>Grupo I – Minas</td><td rowspan="3">Dois meios independentes de proteção asseguram operação segura, mesmo quando da ocorrência de duas falhas, independentemente uma da outra.</td><td rowspan="3">Equipamento continua funcionando quando a atmosfera explosiva está presente.</td></tr>
<tr><td>EPL Ga<br>Grupo II – Gases</td></tr>
<tr><td>EPL Da<br>Grupo III – Poeiras</td></tr>
<tr><td rowspan="3">Alto</td><td>EPL Mb<br>Grupo I – Minas</td><td>Meios de proteção asseguram operação segura, mesmo em severas condições operacionais.</td><td>Equipamento desenergizado quando atmosfera explosiva estiver presente.</td></tr>
<tr><td>EPL Gb<br>Grupo II – Gases</td><td rowspan="2">Meios de proteção asseguram operação segura, mesmo em caso de avarias frequentes ou defeitos de funcionamento habitualmente considerados.</td><td rowspan="2">Equipamento continua funcionando com a presença da atmosfera explosiva eventual operacional e por curto tempo.</td></tr>
<tr><td>EPL Db<br>Grupo III – Poeiras</td></tr>
<tr><td rowspan="2">Elevado</td><td>EPL Gc<br>Grupo II – Gases</td><td rowspan="2">Meios de proteção asseguram operação segura quando funcionarem dentro dos parâmetros operacionais estabelecidos pelo fabricante.</td><td rowspan="2">Equipamento pode continuar funcionando por curto tempo com a presença da atmosfera explosiva liberada acidentalmente.</td></tr>
<tr><td>EPL Dc<br>Grupo III – Poeiras</td></tr>
</table>

*Fonte*: Norma ABNT NBR IEC 60079-0/2008 – Anexo D: Introdução de um método alternativo de avaliação de risco incluindo os "níveis de proteção de equipamento" (EPL) para equipamentos "Ex".

Essas informações podem ajudar os usuários de produtos "Ex" ou proprietários de instalações "Ex" a avaliar qual o EPL necessário para os equipamentos "Ex" a serem instalados em um determinado ambiente industrial contendo áreas classificadas.

Na avaliação de risco para determinar o EPL necessário, é importante levar em consideração, além da possibilidade da presença da atmosfera explosiva, outros fatores, como a possibilidade de poder desligar os equipamentos "Ex", a necessidade de manter determinados equipamentos "Ex" em operação mesmo na ocorrência de determinados eventos, a possibilidade de retirar as pessoas da área de perigo ou ações que permitem limitar a expansão da atmosfera explosiva ou mesmo eliminá-la em tempo hábil.

Para ilustrar como proceder em uma avaliação de risco podemos imaginar a seguinte situação: uma área em uma unidade marítima classificada como Zona 2, devido à possibilidade da presença de uma atmosfera explosiva em caso de falhas nos equipamentos de processo (por exemplo, vazamento em um flange), sem avaliação mais pormenorizada um EPL "Gc" seria suficiente. No entanto, levando-se em consideração que o ambiente é uma unidade marítima que não permite retirar tão facilmente as pessoas da área da liberação do gás inflamável e a necessidade de manter alguns equipamentos energizados mesmo quando não for possível interromper o vazamento em tempo hábil, pode-se indicar a necessidade de que esses equipamentos possuam EPL "Gb" ou "Gc". Equipamentos "Ex" que podem se enquadrar nessa exigência são, por exemplo, luminárias de emergência, rádio de comunicação de emergência ou bombas que podem transferir o produto inflamável para fora da área do risco.

Como método "tradicional" em relação ao método "alternativo" de seleção de EPL com base em análises de risco, os usuários de equipamentos "Ex" podem se basear na tabela a seguir.

**Tabela 4.2 –** Níveis de proteção de equipamento (EPL) quando somente as zonas são identificadas

| Zona | Níveis de proteção de equipamentos (EPL) adequados para a instalação | Grupo |
|---|---|---|
| 0 | Ga | II<br>Gases inflamáveis |
| 1 | Ga ou Gb | |
| 2 | Ga, Gb ou Gc | |
| 20 | Da | III<br>Poeiras combustíveis |
| 21 | Da ou Db | |
| 22 | Da, Db ou Dc | |

*Fonte*: Norma ABNT NBR IEC 60079-14.

Com relação ao aspecto de seleção de EPL proporcionado pelos equipamentos "Ex" independentemente da zona do local da instalação, pode ser citado o requisito especificado nas normas técnicas brasileiras adotadas ABNT NBR IEC 61892-1 e ABNT NBR IEC 61892-7, sobre instalações em áreas classificadas de unidades marítimas fixas ou móveis. Nessa normas, é requerida a instalação de equipamentos "Ex" com EPL "Gc", mesmo em áreas não classificadas, em caso de equipamentos de instrumentação, automação, telecomunicações ou elétricos que necessitem permanecer em operação (alimentados por sistemas ininterruptos de alimentação segura, com base em baterias de acumuladores), em caso de *shutdown* geral de emergência, como nos eventos de grandes vazamentos de gás.

De acordo com aquelas normas, uma autoridade apropriada, como a ANP, a guarda costeira, a Marinha do Brasil, a Secretaria do Trabalho ou a Sociedade Classificadora Naval, pode requerer, inclusive, que os equipamentos "Ex", nesses casos, atendam aos requisitos de EPL "Gb" ou "Gc". Esse tipo de requisito pode ser considerado como um exemplo de que as análises de risco podem requerer a especificação de equipamentos "Ex" que proporcionem um EPL diferente daquele indicado na Tabela 4.2, ou seja, diferente do método de seleção "tradicional", em que somente as zonas tenham sido levadas em consideração (sem a elaboração de uma análise de risco em particular).

O EPL faz parte da marcação dos equipamentos "Ex", elétricos e mecânicos, destinados à instalação ou utilização em áreas classificadas contendo gases inflamáveis ou poeiras combustíveis. Mais detalhes sobre esse assunto são apresentados no Capítulo 28 "Marcações tradicional e digital de equipamentos de automação, instrumentação, telecomunicações e elétricos 'Ex'").

Um exemplo de marcação de equipamento Ex "i" (sensor intrinsecamente seguro) incluindo a indicação do EPL proporcionado pelo produto "Ex" é apresentado na figura a seguir.

**Figura 4.1 –** Exemplo de marcação de equipamento sensor Ex "i" incluindo a indicação do EPL proporcionado.

*Fonte*: SENSE Eletrônica.

Um exemplo de marcação de equipamento associado [Ex "i"] incluindo a indicação do EPL proporcionado é apresentado na figura a seguir.

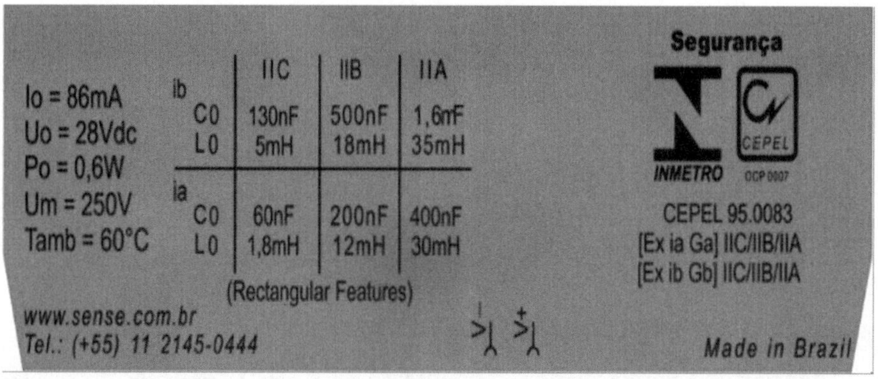


**Figura 4.2 –** Exemplo de marcação de equipamento associado [Ex "i"], incluindo a indicação do EPL proporcionado.

*Fonte*: SENSE Eletrônica.

# Capítulo 5

# Evolução das normas técnicas nacionais e internacionais sobre atmosferas explosivas

**Sinopse:** este capítulo aborda aspectos e registros históricos relacionados com a evolução das normas técnicas internacionais da IEC sobre o tema "atmosferas explosivas", elaboradas desde a década de 1940, bem como das normas técnicas nacionais relacionadas com o tema, elaboradas desde a década de 1960. São abordados também aspectos relacionados com a convergência normativa "Ex", tendo como base as normas técnicas internacionais das Séries IEC 60079 e ISO 80079, bem como a devida adoção dessas normas técnicas internacionais como normas técnicas nacionais por parte de diversos países, inclusive pelo Brasil. Da mesma forma, são abordados os benefícios da convergência normativa internacional "Ex" sobre os sistemas de avaliação da conformidade, para os quais essas normas internacionais "Ex" servem de base normativa "padronizada".

## 5.1 HISTÓRICO DAS NORMAS TÉCNICAS BRASILEIRAS SOBRE O TEMA "ATMOSFERAS EXPLOSIVAS"

As normas brasileiras sobre equipamentos e instalações em atmosferas explosivas relacionadas com o segmento "Ex" vêm sendo publicadas no Brasil desde a década de 1960. O início da elaboração de normas da ABNT sobre atmosferas explosivas ocorreu em 1968, com a publicação do projeto de norma P-EB-239 (*Equipamentos com invólucros à prova de explosão*), posteriormente publicado em 1990 como NBR 5363. Em 1969, foi publicado pela ABNT o projeto experimental de norma P NB-158 (*Instalações elétricas em ambientes com líquidos, gases ou vapores inflamáveis*), apresentado na figura a seguir.

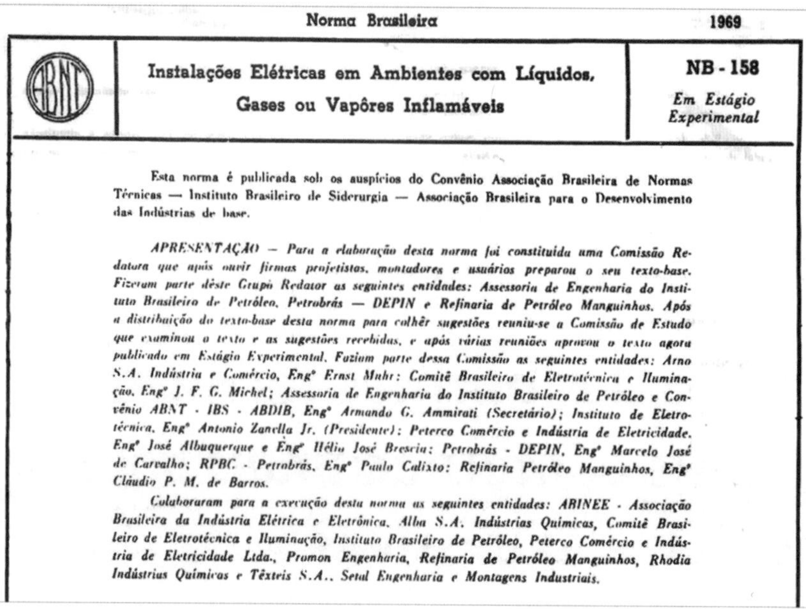

Norma Brasileira 1969

ABNT

**Instalações Elétricas em Ambientes com Líquidos, Gases ou Vapôres Inflamáveis**

**NB - 158**

*Em Estágio Experimental*

Esta norma é publicada sob os auspícios do Convênio Associação Brasileira de Normas Técnicas — Instituto Brasileiro de Siderurgia — Associação Brasileira para o Desenvolvimento das Indústrias de base.

*APRESENTAÇÃO — Para a elaboração desta norma foi constituida uma Comissão Redatora que após ouvir firmas projetistas, montadores e usuários preparou o seu texto-base. Fizeram parte dêste Grupo Redator as seguintes entidades: Assessoria de Engenharia do Instituto Brasileiro de Petróleo, Petrobrás — DEPIN e Refinaria de Petróleo Manguinhos. Após a distribuição do texto-base desta norma para colhêr sugestões reuniu-se a Comissão de Estudo que examinou o texto e as sugestões recebidas, e após várias reuniões aprovou o texto agora publicado em Estágio Experimental. Fazium parte dessa Comissão as seguintes entidades: Arno S.A. Indústria e Comércio, Engº Ernst Muhr: Comitê Brasileiro de Eletrotécnica e Iluminação, Engº J. F. G. Michel; Assessoria de Engenharia do Instituto Brasileiro de Petróleo e Convênio ABNT - IBS - ABDIB, Engº Armando G. Ammirati (Secretário); Instituto de Eletrotécnica, Engº Antonio Zanella Jr. (Presidente): Peterco Comércio e Indústria de Eletricidade, Engº José Albuquerque e Engº Hélio José Brescia: Petrobrás - DEPIN, Engº Marcelo José de Carvalho; RPBC - Petrobrás, Engº Paulo Calixto: Refinaria Petróleo Manguinhos, Engº Cláudio P. M. de Barros.*

*Colaboraram para a execução desta norma as seguintes entidades: ABINEE - Associação Brasileira da Indústria Elétrica e Eletrônica, Alba S.A. Indústrias Químicas, Comitê Brasileiro de Eletrotécnica e Iluminação, Instituto Brasileiro de Petróleo, Peterco Comércio e Indústria de Eletricidade Ltda., Promon Engenharia, Refinaria de Petróleo Manguinhos, Rhodia Indústrias Químicas e Têxteis S.A., Setal Engenharia e Montagens Industriais.*

**Figura 5.1 –** Projeto de norma experimental ABNT NB-158 (*Instalações elétricas em ambientes com líquidos, gases ou vapores inflamáveis*) (1969).

O Projeto de Norma em Estágio Experimental ABNT NB-158, contendo dez páginas, abordava os seguintes temas: Objetivo, Terminologia, Classificação de áreas e substâncias inflamáveis, Uso de equipamentos elétricos em áreas classificadas (requisitos para uso em *Divisão I* ou em *Divisão II*): Transformadores e capacitores, Medidores; Instrumentos e relés; Eletrodutos, Caixas e conexões; Vedação; Equipamentos de manobra, controle e proteção; Transformadores de controle e resistores; Motores e geradores; Luminárias; Cargas de baixa potência; Equipamentos fixos e portáteis; Cordões flexíveis; Tomadas e pinos para tomadas; Isolamento de condutores; Sinalização, alarmes, controle remoto, comunicações e instrumentação; Aterramento, Equivalência de Proteção (entre à prova de explosão e segurança intrínseca) e Apêndice I (Valores experimentais de pressão e teor de mistura).

Aquele projeto de norma experimental de 1969 seria posteriormente cancelado com a publicação, em 1977, da norma ABNT NBR 5418 – *Instalações elétricas em atmosferas explosivas*, a qual seria finalmente cancelada e substituída, em 2006, pela norma técnica brasileira adotada idêntica ABNT NBR IEC 60079-14.

No início do ano de 1979, foi criada dentro do Comitê Técnico CT 65 (Medição, controle e automação de sistemas industriais) do Comitê Brasileiro de Eletricidade e Iluminação (Cobei) a Comissão de Estudo CE 65.3 (Segurança Intrínseca), sob a coordenação do Sr. Alberto Uribe (Empresa Setal). O Comitê Técnico CT 65 do Cobei teve como objetivo atuar como um Comitê "Espelho" do TC 65 (*Industrial-process measurement, control and automation*) da IEC.

Naquela comissão de estudo, foi elaborado um documento sobre o tipo de proteção segurança intrínseca (Ex "i"), com o objetivo de demonstrar para as empresas seguradoras do Brasil que essa tecnologia era tão segura quanto os equipamentos com tipo de proteção "à prova de explosão" (Ex "d").

Em 6 de novembro de 1979, foi organizado pelo Instituto Brasileiro de Petróleo e Gás (IBP), na Cidade de Salvador (BA), o 1º Simpósio de Segurança Intrínseca do Brasil. Dentro da programação daquele simpósio, foi apresentado o trabalho "Implantação e regulamentação da segurança intrínseca no Brasil – vantagens e desvantagens", em nome da

Comissão de Estudo CE 65.3 do Cobei. São autores desse trabalho: Alberto Uribe (Setal), Frederico Nogueira (Promon Engenharia), Gerard Delmée (Abinee), Ricardo Koch (Techint), Rüdiger Röpke (Basf) e Alfredo Restrepo (JPE), como mostrado na folha de rosto do mencionado trabalho, indicado na figura a seguir.

IMPLANTAÇÃO E REGULAMENTAÇÃO
DA SEGURANÇA INTRÍNSECA NO BRASIL:
VANTAGENS E DESVANTAGENS

PAINEL DO 1º SIMPÓSIO DE SEGURANÇA INTRÍNSECA
SALVADOR, 6 DE NOVEMBRO DE 1979.
RELATOR: ALFREDO E. RESTREPO
DA COMISSÃO DE ESTUDOS CE.65.3
DO COBEI / ABNT

AUTORES: COMISSÃO DE ESTUDOS CE.65.3

- Engº Alberto L. J. Uribe, Presidente, Setal Instr. Industriais
- Engº Frederico Nogueira, Secretário, Promon Engenharia
- Engº Gerard J. Delmée, Engematic /Abinee
- Engº Ricardo Koch, Techint
- Engº Rüdiger Röepke, Basf
- Engº Alfredo E. Restrepo, Jaakko Pöyry Engenharia

**Figura 5.2** – Trabalho sobre a implantação e regulamentação da segurança intrínseca no Brasil, apresentado pela Comissão de Estudo CE 65.3 do Cobei, no 1º Simpósio de Segurança Intrínseca (Salvador-BA, 1979).

É transcrito a seguir um resumo dos principais tópicos apresentados naquele pioneiro trabalho no Brasil sobre o tema "segurança intrínseca".

> Nos Últimos 15 anos, com o uso crescente de Instrumentação e Sistemas Eletrônicos nos Projetos e Instalações de Unidades Químicas e Petroquímicas, apresentaram-se os seguintes problemas:
>
> 1. A automação e medição nos parques de tancagem, terminais e operações de transferência, exigiam que os instrumentos e instalações oferece sem um nível de proteção e segurança mais elevado do que aquele proporcionado pelo sistema tradicional "à prova de explosão", em especial pela presença das zonas ou divisões "0".
> 2. A falta de equipamentos (instrumentos e acessórios associados) certificados adequadamente para uso nas áreas classificadas nos grupos "A" (Acetileno) e "B" (Hidrogênio) do NEC Art. 500. Note-se a importância cada vez maior que o hidrogênio pode vir a ter como alternativa futura na crise energética que se avizinha assim como sua presença em muitos processos catalíticos e de transformação.
> 3. O custo significativo que passou a representar o uso das técnicas tradicionais "à prova de explosão" e "sobrepressão por purga" nos grandes centros petroquímicos.

4. Os custos e os problemas de operação que a manutenção das técnicas "tradicionais" dos tipos de proteção "Ex" causavam.

Cabe aqui fazer menção ao seguinte ponto: o parágrafo único do Capítulo 5 da P-NB 158, de 1969 "Instalações Elétricas em Ambientes com Líquidos, Gases ou Vapores Inflamáveis" diz textualmente: "considera-se equivalente à proteção oferecida pelo invólucro à prova de explosão (Ex "d"), aquela resultante do uso com invólucro com sobrepressão interna (Ex "p") (P-NB-169) ou de equipamento com segurança intrínseca (Ex "i")."

Atuação do IBP: Ciente da problemática exposta, a Comissão de Instrumentação do IBP, incluiu em 28 de abril de 1978, nas recomendações aprovadas no 29º Seminário de Instrumentação, realizado em Curitiba as seguintes recomendações:

- Coordenar esforços técnicos do Comitê Técnico CT. 65 (Medição, controle e automação de sistemas industriais) e o Comitê Técnico CT. 31 (Atmosferas explosivas) do COBEI na estruturação de normas brasileiras no campo da Segurança Intrínseca.

- Atuar junto a entidades oficiais para legalização e estabelecimento de prioridades para esta tecnologia;

- Comunicar-se com entidades seguradoras, e especialmente o IRB (Instituto de Resseguros do Brasil), no sentido de esclarecer e definir métodos de reconhecimento da Segurança Intrínseca.

O IBP tem continuado seus esforços sobre as recomendações acima, como é provado pela organização do presente simpósio (1979), pela constante divulgação em revistas e pela sua atuação na Comitê Técnico CT.65.

**Segurança intrínseca - vantagens e desvantagens**

**Vantagens**

1. Num sistema intrinsecamente seguro, a segurança é obtida pelo projeto do sistema, e não pela adição subsequente de "medidas de proteção". A segurança existe durante toda da vida do equipamento, durante a manutenção e a despeito desta.
2. Num sistema intrinsecamente seguro os custos relativos a: material auxiliar de instalação e à instalação (ver Figura II: Pag. 8 da ISA RP 12.6) são sensivelmente menores aos custos dos sistemas de proteção equivalentes "à prova de explosão" (Ex "d") e "sobrepressão por purga" (Ex "p").
3. Sistemas intrinsecamente seguros podem ser verificados, calibrados ou substituídos sem necessidade de desenergizar circuitos ou de medidas de prevenção usuais no uso de outras técnicas de proteção.
4. Maior confiabilidade contra falhas "ocultas" na montagem (defeitos nas roscas, falta de massa nas unidades de secagem, danificação do isolamento) que são frequentes nas instalações do tipo "à prova de explosão", e que comprometem a segurança destas, especialmente durante os serviços de testes e de "start-up".

**Desvantagens**

As desvantagens mais sérias que o uso da técnica de "segurança intrínseca" no Brasil seriam mais decorrentes da atual "situação" brasileira:

1. Falta de reconhecimento e aceitação por parte das seguradoras.
2. Falta de organismos reconhecidos para testes, certificação e inspeção de equipamentos e instalações.

Necessidade de segregação da fiação dos circuitos de sistemas de "Segurança Intrínseca" dos circuitos de outros sistemas, tanto no campo, como nas réguas de terminais e na fiação interna nos quadros e painéis, o que exige maiores cuidados na execução do projeto, da montagem e na inspeção das instalações.

Em paralelo às iniciativas realizadas pelo Comitê Técnico CT-65 e pelo IBP relacionadas com a implantação e regulamentação no Brasil da segurança intrínseca, em 1979 foi oficialmente criado no Cobei o Comitê Técnico CT-31, responsável pela elaboração, de forma coordenada e consensada entre as empresas envolvidas no assunto, de normas técnicas sobre o tema "equipamentos e instalações em atmosferas explosivas". A Ata da primeira reunião do Comitê Técnico CT 31 do Cobei, realizada no dia 6 de junho de 1979, é apresentada na figura a seguir.

ASSOCIAÇÃO BRASILEIRA DE NORMAS TÉCNICAS

COMITÊ BRASILEIRO DE ELETRICIDADE-CB-3

CT-31 - EQUIPAMENTO E INSTALAÇÕES ELÉTRICAS PARA ATMOSFERAS EXPLOSIVAS

ATA DA 1a.REUNIÃO

DATA: 06/06/79. INÍCIO 9.00h. TÉRMINO 12.00h. DURAÇÃO 3.00h.

LOCAL: COBEI/SP

PRESIDENTE: Sérgio Rausch

PRÓXIMA REUNIÃO: Dia 05/07/79 às 9.00 horas no COBEI/SP

| 1. | PARTICIPANTES | EMPRESAS |
|---|---|---|
| 1.1 | Presentes | |
| | Luiz Ricardo Cobo | TECHINT |
| | Rudger Ropke | BASF BRASILEIRA |
| | Sérgio Rausch | PROMOM ENGENHARIA |
| | Francisco L.Vieira | IE-USP |
| | Luiz Denzeler | PETERCO |
| | Paulo Calixto | ULTRATEC S/A |
| | José Luiz P.C.Dias | ASEA LTDA |
| 1.2 | Ausentes Justificados | |
| | Hortêncio P.da Silva | DOW QUÍMICA |

2. EXPEDIENTE

2.1 A instalação desta comissão destina-se a revisar e atualizar o projeto P-NB-158 de 1969 e emiti-lo como Norma Brasileira.

2.2 Face à existência de normas para instalações em ambientes explosivos de origuem européia e americana, sendo a sua utilização adotada conforme as exigências de cada usuário, foram convidadas para integrar esta CT, firmas projetistas, fabricantes, institutos e laboratórios oficiais e usuários de diferentes origens, afim de se estabelecer um consenço sobre a revisão da P-NB-158.

2.3 A P-NB-158 será dividida em 2 normas, 1 para Classificação de Áreas em Ambientes Explosivos, e outra para Instalações Elétricas em Ambientes Explosivos.

2.4 A norma de Classificação de Áreas será agora mais abrangente, não se limitando aos líquidos, gases e vapores inflamáveis, como a de 1969, porém incorporando também os Grupos 2(pós) e Grupos 3 (fibras).

2.5 Basicamnete, a norma de Classificação adotará a definição de zonas do IEC, sendo complementada por exemplos e gráficos da API para facilitar e ilustrar as definições.

2.6 O Engº José Luiz P.Costa Dias, da ASEA providenciará a tradução da IEC 79.10, já no estilo definido pela NB-0 de 1978.

2.7 Os demmis elemntos providenciarão as ilustrações, gráficos, exemplos e adendos, das mais diferentes origens, afim de, na próxima reunião, serem discutidos e incorporados ao texto.

2.8 Tendo em vista a diferença de orientações e escolas seguidas pelos diversos usuários, a CT-31 solicita à Secretaria do COBEI renovar o convite, especialmente às firmas e entidades que não se fizerem representar nesta 1a.reunião.(Rel. Anexa)

3. PRÓXIMA REUNIÃO

Data: 05/07/79 às 9.00 horas

Local: COBEI/SP

**Figura 5.3 –** Ata da primeira reunião do Comitê Técnico CT 31 do Cobei, realizada em 6 de junho de 1979.

Durante as décadas de 1960 e 1990, foram elaboradas ou atualizadas pelos integrantes do Comitê Técnico CT-31 do Cobei e publicadas pela ABNT diversas normas "Ex", relacionadas a seguir, as quais foram canceladas e substituídas pelas respectivas Normas da Série ABNT NBR IEC 60079:

- NBR 5363 – Equipamentos elétricos para atmosferas explosivas – Tipo de proteção "d" - Especificação (1968/1990);
- NBR 5418 – Instalações elétricas em ambientes com líquidos, gases ou vapores inflamáveis (1969/1995);
- NBR 5420 – Invólucro com sobrepressão interna para equipamentos elétricos (1977/1992);
- NBR 6146 – Invólucros de equipamentos elétricos – Proteção (1980);
- NBR 8370 – Equipamento e instalações elétricas para atmosferas explosivas – Terminologia (1984);
- NBR 8447 – Equipamentos elétricos para atmosferas explosivas – Construção e ensaio de equipamentos elétricos de segurança intrínseca e do equipamento associado – Especificação (1984);
- NBR 8601 – Equipamentos elétricos imersos em óleo para atmosferas explosivas – Especificação (1984);
- NBR 8368 – Equipamentos elétricos para atmosferas explosivas – Temperatura máxima de superfície – Classificação (1984);
- NBR 8444 – Misturas de vapores ou gases com o ar – Determinação da temperatura de ignição - Método de ensaio (1984);
- NBR 9518 – Equipamentos elétricos para atmosferas explosivas – Requisitos gerais – Especificação (1986);
- NBR 9883 – Equipamentos elétricos para atmosferas explosivas – Segurança aumentada – Tipo de proteção "e" – Especificação (1987);
- NBR 9884 – Máquinas elétricas girantes – Graus de proteção proporcionados pelos invólucros – Especificação (1987).

A partir do início dos anos 2000, dentro da organização e das diretivas normativas do Comitê Técnico ABNT/CB-003 (*Eletricidade*), as normas brasileiras "Ex" elaboradas entre as décadas de 1960 e 1990 foram sendo gradativamente canceladas e substituídas por normas técnicas que representam a adoção das respectivas normas internacionais das Séries IEC 60079 ou da ISO 80079, devidamente harmonizadas e idênticas às respectivas normas internacionais, publicadas nas Séries ABNT NBR IEC 60079 e ABNT NBR ISO 80079.

Foram publicadas ou atualizadas pela ABNT desde o início dos anos 2000 mais de cem normas técnicas brasileiras adotadas sobre atmosferas explosivas das Séries ABNT NBR IEC 60079 (*Atmosferas explosivas*) e ABNT NBR ISO/IEC 80079 (*Equipamentos mecânicos "Ex"*), com o mesmo nível de atualização em relação às respectivas normas internacionais das Séries IEC 60079 e ISO/IEC 80079.

Os coordenadores do Subcomitê SCB 003:031 (*Atmosferas explosivas*) da ABNT/CB-003 (*Eletricidade*), desde a sua fundação, em 6 de junho de 1979 são mostrados na figura a seguir.

**Figura 5.4** – Coordenadores do Subcomitê SCB 003:031 – Atmosferas explosivas, desde a sua fundação, em 6 de junho de 1979. Da direita para a esquerda: Sérgio Rausch (de 1979 a 1990), Dácio Jordão (de 1991 a 2002) e Roberval Bulgarelli (de 2003 até o presente momento).

Desde 2005, com a adoção e o alinhamento das normas técnicas brasileiras com as normas internacionais elaboradas pelo TC 31 da IEC, foram publicadas pela ABNT diversas novas normas sobre requisitos de instalações "Ex", que inexistiam até então na normalização brasileira. Muitas dessas normas representaram publicações inéditas em termos de normas técnicas brasileiras, contribuindo para a elevação do nível de qualidade, desempenho e certificação de empresas de prestação de serviços "Ex", de competências pessoais "Ex" e de equipamentos "Ex", resultando em níveis mais elevados de segurança e confiabilidade das instalações industriais "Ex" nacionais e das pessoas envolvidas com áreas classificadas.

Essas "famílias" de normas técnicas "Ex" abrangem os aspectos de segurança relacionados com instalações elétricas e mecânicas em atmosferas explosivas, sob o enfoque dos equipamentos, das instalações, dos serviços e das pessoas envolvidas.

Essas normas técnicas "Ex" incluem requisitos sobre a fabricação e ensaios de equipamentos "Ex", requisitos de classificação de áreas, serviços de projeto, montagem, inspeção, manutenção de instalações "Ex", bem como os serviços de reparo, revisão, recuperação e modificação de equipamentos "Ex". Elas abrangem também os requisitos de competências pessoais dos profissionais que executam ou supervisionam atividades em áreas classificadas contendo gases inflamáveis ou poeiras combustíveis.

As normas técnicas brasileiras elaboradas pelas Comissões de Estudo do Subcomitê SCB 003:031 (*Atmosferas explosivas*) da ABNT/CB-003 (*Eletricidade*) e publicadas pela ABNT sobre o tema "atmosferas explosivas" têm apresentado uma grande evolução ao longo das últimas décadas, em termos de publicação de novas normas e atualização de normas existentes, tendo como abordagem a harmonização, alinhamento e equivalência com as respectivas normas técnicas internacionais elaboradas pelo TC 31 da IEC.

No presente momento, as normas das séries ABNT NBR IEC 60079 e ABNT NBR ISO/IEC 80079 estão em contínuo processo de revisão e de atualização pela ABNT, acompanhando o ciclo de revisões e atualizações a que são sujeitas as respectivas normas internacionais das respectivas séries IEC 60079 e ISO 80079, elaboradas pelo TC 31 da IEC.

Dessa forma, a cada período da ordem de cinco anos, as normas internacionais das Séries IEC 60079 e ISO/IEC 80079 são revisadas e atualizadas, em um processo que é acompanhado pelas comissões de estudo do Subcomitê SCB 003:031. Essas comissões analisam, emitem comentários e votam no processo de aprovação das novas edições que são periodicamente publicadas pela IEC.

Após a realização desses trabalhos, as comissões atuam também para a devida revisão e atualização das respectivas normas nacionais das séries ABNT NBR IEC 60079 e ABNT NBR ISO/IEC 80079. Esse ciclo de revisão representa uma característica de grande importância, no sentido de que as normas brasileiras adotadas "Ex" estejam sempre no mesmo estágio de atualização em relação aos atuais requisitos internacionais.

As comissões de estudo SCB 003:031 possuem como missão participar do processo de elaboração, comentários, revisão, atualização e publicação das novas edições das normas técnicas internacionais elaboradas pelo TC 31 da IEC. Faz parte também de sua missão elaborar, revisar e manter atualizadas, harmonizadas e idênticas com as respectivas normas internacionais da IEC as normas técnicas brasileiras da ABNT referentes aos equipamentos elétricos e mecânicos (não elétricos), a serviços e instalações "Ex" em que exista o risco devido à possibilidade de presença de atmosferas explosivas de gases, vapores, névoas inflamáveis ou poeiras combustíveis.

## 5.2 A EVOLUÇÃO DAS NORMAS TÉCNICAS BRASILEIRAS SOBRE ATMOSFERAS EXPLOSIVAS

Seguindo a tendência normativa mundial dos países-membros da IEC, incluindo o Brasil, as normas que envolvem certificação de conformidade de equipamentos e instalações "Ex" são normas idênticas às da IEC. Dentro desse contexto, o Brasil é um membro participante do TC 31, com direitos e deveres de apresentar comentários para as melhorias das normas e participar do processo de revisão, atualização, votação e aprovação das normas internacionais "Ex", dentro do atual mundo globalizado abrangido pela IEC.

Durante esse processo de elaboração e aprovação das normas internacionais, as empresas, as instituições e os profissionais brasileiros têm a oportunidade de conhecer e envolver-se com todos os assuntos tratados, bem como de participar de sua evolução, contribuindo com comentários e sugestões para o aprimoramento dessas normas técnicas internacionais "Ex".

Esses comentários são baseados nas boas práticas, lições aprendidas, experiências e no *know-how* de fabricantes, organismos de certificação de produtos e de pessoas, laboratórios de ensaios, empresas usuárias de equipamentos e instalações em áreas classificadas e diversas outras instituições brasileiras envolvidas nesse ramo de especialidade técnica industrial "Ex".

A política de normalização da ABNT sobre participação na elaboração das normas internacionais "Ex" elaboradas pelo TC 31 da IEC e de publicação das respectivas normas adotadas idênticas das Séries ABNT NBR IEC 60079 e ABNT NBR ISO 80079, aplicada ao longo das últimas duas décadas, tem por objetivo harmonizar as normas nacionais com a normalização internacional, de forma a padronizar os requisitos e procedimentos para a classificação de áreas, fabricação, ensaios, marcação, certificação, projeto, seleção, montagem, inspeção e manutenção de instalações "Ex", reparos, revisão e recuperação de equipamentos elétricos "Ex", competências pessoais "Ex" e equipamentos mecânicos (não elétricos) "Ex".

Essa harmonização faz com que sejam aplicáveis no Brasil os mesmos requisitos e níveis de segurança, desempenho, qualidade e confiabilidade que são aplicados internacionalmente, no atual mundo globalizado no qual o Brasil está integrado.

As normas técnicas "Ex" brasileiras elaboradas entre as décadas de 1960 e 1990 eram caracterizadas pela incorporação dos "melhores" requisitos e práticas de diferentes normas estrangeiras, elaboradas em outros países, como partes de requisitos indicados em normas da NEMA, NEC, ANSI, API, ISA, UL, e até mesmo da IEC. Deve ser ressaltado que, naquele período, havia a grande predominância de utilização, no Brasil, das técnicas "norte-americanas" (oriundas do NFPA, NEC e do API), as quais foram utilizadas como base no surgimento da indústria do petróleo no Brasil, a partir das décadas de 1930 e 1940, incluindo a utilização do *know-how* de empresas de engenharia do petróleo dos Estados Unidos.

Aquelas normas brasileiras "Ex" publicadas entre 1960 e 1990 ficaram conhecidas como normas do tipo "*Frankenstein*", em alusão ao personagem da ficção literária que é trazido de volta à vida pela "costura" de diversas partes de diferentes pessoas e por uma descarga elétrica. Aquelas normas técnicas "Ex" eram também elaboradas a partir da "costura" de diversas partes de diferentes outras normas estrangeiras sobre eletricidade, oriundas de diversos países. Pelas características particulares daquela época, aquelas normas representavam requisitos que não eram alinhados com nenhum outro país, fazendo que produtos brasileiros apresentassem custos mais elevados para a sua fabricação e maiores prazos de colocação no mercado.

Ao longo do período entre as décadas de 1960 e 1990 as normas brasileiras publicadas sobre o tema "Ex", não apresentavam uma devida harmonização, equivalência ou adoção das respectivas normas técnicas internacionais, o que somente veio a ocorrer ao longo da primeira década dos anos 2000. Naquele período, foram publicadas pela ABNT algumas normas brasileiras sobre atmosferas explosivas que, apesar de serem baseadas em normas da Série IEC 79, ainda possuíam alguns requisitos com base no NEC Art. 500, representando alguns eventuais "conflitos" de critérios de especificação de equipamentos "Ex" e de instalações em atmosferas explosivas entre as duas entidades.

Outra característica marcante das normas "Ex" nacionais das décadas de 1960 a 1990 era que elas permaneciam sem revisão ou atualização por muito tempo, muitas vezes por mais de dez ou vinte anos, independentemente da evolução tecnológica existente no mercado e na comunidade técnica internacional.

Dentro daquele contexto normativo, social e de governo, no ano de 1970, o Brasil foi apontado pela Organização Internacional do Trabalho (OIT) como o país "campeão mundial" em número de acidentes de trabalho. Em função de demandas feitas pela OIT para o governo brasileiro naquela época, no sentido de que este tomasse alguma providência a fim de reverter essa posição de "destaque mundial negativo", foram iniciadas, pelo Ministério do Trabalho, ações para a elaboração das Normas Regulamentadoras (NR), as quais viriam a ser finalmente publicadas oito anos depois, em 1978, incluindo a NR-10 (*Instalações e serviços em eletricidade*).

Dentro daquele panorama, nas décadas de 1970 e 1980, foram também iniciados no Brasil os esforços para a certificação compulsória de equipamentos elétricos "Ex", em função do elevado número de explosões e de acidentes fatais que ocorriam em particular nas plataformas de perfuração e de produção de petróleo na Bacia de Campos (RJ), decorrentes de falsificação de equipamentos "Ex" e da falsificação de certificados de conformidade "Ex". O primeiro regulamento brasileiro sobre certificação de equipamentos elétricos para atmosferas explosivas foi publicado em 1991.

A partir dos anos 2000, com o maior nível de acesso à informação e com o amadurecimento da conscientização das sociedades brasileira e internacional, as normas técnicas brasileiras têm sido continuamente revisadas, de forma a alinhar-se com as boas práticas internacionais e o estado da arte em termos de tecnologias e segurança em áreas classificadas.

O histórico e a evolução das normas técnicas brasileiras adotadas sobre "Atmosferas Explosivas" das Séries ABNT NBR IEC 60079 e ABNT NBR ISO/IEC 80079, elaboradas e mantidas atualizadas pelas comissões de estudo do Subcomitê SCB 003:031 e publicadas pela ABNT desde 2005, são apresentados na figura a seguir.

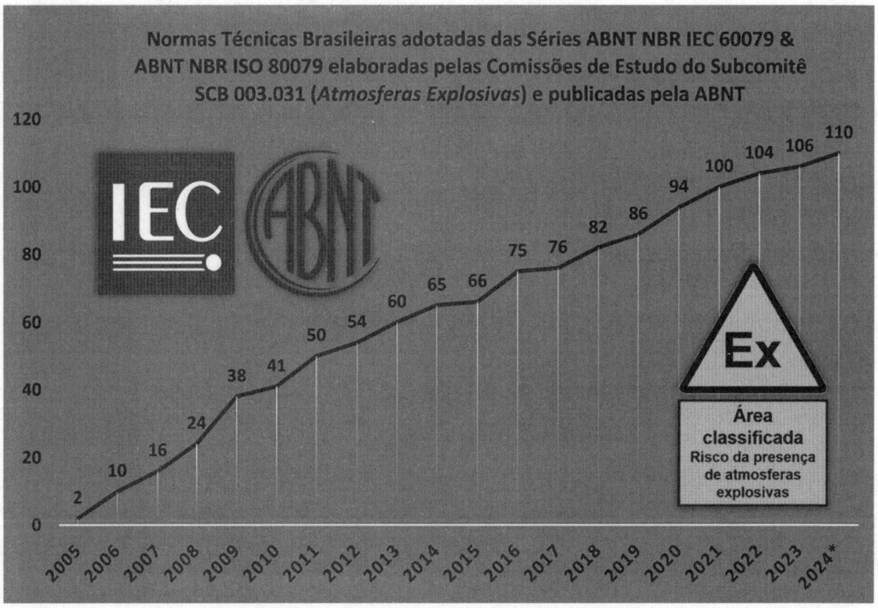


**Figura 5.5** – Evolução de elaboração ou atualização das normas técnicas brasileiras adotadas sobre "atmosferas explosivas" pelos participantes das Comissões de Estudo do Subcomitê SCB 003:031 da ABNT.

Esse ritmo constante de evolução da normalização técnica "Ex" brasileira da ABNT, harmonizada com a normalização técnica "Ex" internacional da IEC, é possível como fruto e resultado dos esforços e trabalhos voluntários realizados pelos membros participantes das comissões de estudos do Subcomitê SCB 003:031, as quais são as responsáveis pela elaboração e atualização dessas normas técnicas "Ex" para a ABNT.

A tabela a seguir apresenta as normas técnicas brasileiras adotadas idênticas das Séries ABNT NBR IEC 60079 e ABNT NBR ISO 80079 sobre atmosferas explosivas que foram publicadas pela ABNT nos últimos anos, com o mesmo nível de atualização em relação às respectivas normas internacionais da Série IEC 60079, as quais foram previamente analisadas, comentadas e aprovadas pelas Comissões de Estudo do SCB 003:031 da ABNT/CB-003 (*Eletricidade*):

**Tabela 5.1** – Normas técnicas brasileiras adotadas idênticas das Séries ABNT NBR IEC 60079 e ABNT NBR ISO 80079 sobre o tema "atmosferas explosivas" elaboradas pelas Comissões de Estudo do Subcomitê SCB 003:031 e publicadas pela ABNT

| Norma ABNT NBR IEC ou ABNT NBR ISO "Ex" | Título |
|---|---|
| **ABNT NBR IEC 60079-0** | Atmosferas explosivas – Parte 0: Equipamentos – Requisitos gerais |
| **ABNT NBR IEC 60079-1** | Atmosferas explosivas – Parte 1: Proteção de equipamento por invólucro à prova de explosão "d" |
| **ABNT NBR IEC 60079-2** | Atmosferas explosivas – Parte 2: Proteção de equipamento por invólucro pressurizado "p" |
| **ABNT NBR IEC 60079-5** | Atmosferas explosivas – Parte 5: Imersão em areia "q" |
| **ABNT NBR IEC 60079-6** | Atmosferas explosivas – Parte 6: Proteção de equipamento por imersão em líquido "o" |
| **ABNT NBR IEC 60079-7** | Atmosferas explosivas – Parte 7: Proteção de equipamentos por segurança aumentada "e" |
| **ABNT NBR IEC 60079-10** | Atmosferas explosivas – Parte 10: Classificação de áreas (Cancelada e substituída pela ABNT NBR IEC 60079-10-1) |
| **ABNT NBR IEC 60079-10-1** | Atmosferas explosivas – Parte 10-1: Classificação de áreas – Atmosferas explosivas de gás |
| **ABNT NBR IEC 60079-10-2** | Atmosferas explosivas – Parte 10-2: Classificação de áreas – Atmosferas de poeiras explosivas |
| **ABNT NBR IEC 60079-11** | Atmosferas explosivas – Parte 11: Proteção de equipamento por segurança intrínseca "i" |
| **ABNT NBR IEC 60079-13** | Atmosferas explosivas – Parte 13: Proteção de equipamentos por ambiente pressurizado "p" e ambientes artificialmente ventilados "v" |
| **ABNT NBR IEC 60079-14** | Atmosferas explosivas – Parte 14: Projeto, seleção e montagem de instalações elétricas em atmosferas explosivas |
| **ABNT NBR IEC 60079-15** | Atmosferas explosivas – Parte 15: Proteção de equipamento por tipo de proteção "n" |
| **ABNT IEC TR 60079-16** | Equipamentos elétricos para atmosferas explosivas – Parte 16: Ventilação artificial para proteção de casas de analisadores |
| **ABNT NBR IEC 60079-17** | Atmosferas explosivas – Parte 17: Inspeção e manutenção de instalações elétricas |
| **ABNT NBR IEC 60079-18** | Atmosferas explosivas – Parte 18: Proteção de equipamento por encapsulamento "m" |
| **ABNT NBR IEC 60079-19** | Atmosferas explosivas – Parte 19: Reparo, revisão e recuperação de equipamentos |
| **ABNT NBR IEC 60079**-20 | Equipamentos elétricos para atmosferas explosivas – Parte 20: Dados de gases e vapores inflamáveis, referentes à utilização de equipamentos elétricos (Cancelada e substituída pela IEC 60079-20-1 em janeiro de 2010) |
| **ABNT NBR IEC 60079-20-1** | Atmosferas explosivas – Parte 20-1: Características dos materiais para classificação de gases e vapores – Dados e métodos de ensaios (Cancelada e substituída pela ABNT NBR ISO/IEC 80079-20-1 em julho de 2020) |
| **ABNT NBR ISO/IEC 80079-20-1** | Atmosferas explosivas – Parte 20-1: Características dos materiais para classificação de gases e vapores – Dados e métodos de ensaios |
| **ABNT NBR ISO/IEC 80079-20-2** | Atmosferas explosivas – Parte 20-2: Características dos materiais – Procedimentos de ensaios de poeiras combustíveis |

(*continua*)

**Tabela 5.1** – Normas técnicas brasileiras adotadas idênticas das Séries ABNT NBR IEC 60079 e ABNT NBR ISO 80079 sobre o tema "atmosferas explosivas" elaboradas pelas Comissões de Estudo do Subcomitê SCB 003:031 e publicadas pela ABNT (*continuação*)

| Norma ABNT NBR IEC ou ABNT NBR ISO "Ex" | Título |
|---|---|
| **ABNT NBR IEC 60079-25** | Atmosferas explosivas – Parte 25: Sistemas elétricos intrinsecamente seguros |
| **ABNT NBR IEC 60079-26** | Atmosferas explosivas – Parte 26: Equipamento com elementos de separação ou níveis de proteção combinados |
| **ABNT NBR IEC 60079-27** | Atmosferas explosivas – Parte 27: Conceito de *Fieldbus* Intrinsecamente Seguro (FISCO) (Cancelada e substituída pela IEC 60079-11/2011) |
| **ABNT NBR IEC 60079-28** | Atmosferas explosivas – Parte 28: Proteção de equipamentos e de sistemas de transmissão que utilizam radiação óptica |
| **ABNT NBR IEC 60079-29-1** | Atmosferas explosivas – Parte 29-1: Detectores de gás – Requisitos de desempenho |
| **ABNT NBR IEC 60079-29-2** | Atmosferas explosivas – Parte 29-2: Detectores de gás – Procedimentos de seleção, instalação, utilização e manutenção |
| **ABNT NBR IEC 60079-29-3** | Atmosferas explosivas – Parte 29-3: Detectores de gás – Requisitos gerais sobre segurança funcional de sistemas fixos de detecção de gases |
| **ABNT NBR IEC 60079-29-4** | Atmosferas explosivas – Parte 29-4: Detectores de gás – Requisitos gerais e métodos de ensaios para equipamentos de processo |
| **ABNT NBR ISO/IEC 62990-1** | *Workplace Atmospheres – Part 1: Gas detectors – Performance requirements of detectors for toxic gases* |
| **ABNT NBR IEC 60079-30-1** | Atmosferas explosivas – Parte 30-1: Traceamento elétrico resistivo – Requisitos gerais e de ensaios. (Cancelou e substituiu a ABNT NBR IEC 62086-1, de 4 de setembro de 2006). Cancelada em função da publicação da IEC/IEEE 60079-30-1 em 2015 |
| **ABNT NBR IEC 60079-30-2** | Atmosferas explosivas – Parte 30-2: Traceamento elétrico resistivo – Guia de aplicação para projeto, instalação e manutenção (Cancelou a NBR 15462 publicada em 5 de março de 2007). Cancelada em função da publicação da IEC/IEEE 60079-30-2 em 2015 |
| **ABNT NBR IEC 60079-31** | Atmosferas explosivas – Parte 31: Proteção de equipamento contra ignição de poeira por invólucro "t" |
| **ABNT IEC TS 60079-32-1** | Atmosferas explosivas – Parte 32-1: Riscos eletrostáticos – Orientações |
| **ABNT NBR IEC 60079-32-2** | Atmosferas explosivas – Parte 32-2: Riscos eletrostáticos – Ensaios |
| **ABNT NBR IEC 60079-33** | Atmosferas explosivas – Parte 33: Tipo de proteção especial "s" |
| **ABNT NBR ISO/IEC 80079-34** | Atmosferas explosivas – Parte 34: Aplicação de sistemas de gestão da qualidade para a fabricação de produtos "Ex" |
| **ABNT NBR IEC 60079-35-1** | Atmosferas explosivas – Parte 35-1: Lanternas para capacetes para utilização em minas sujeitas a grisu – Requisitos gerais de construção e ensaios (Cancelou e substituiu a IEC 62013-1 em março de 2011) |
| **ABNT NBR IEC 60079-35-2** | Atmosferas explosivas – Parte 35-2: Lanternas para capacetes para utilização em minas sujeitas a grisu – Desempenho e outros requisitos relacionados com a segurança (Cancelou e substituiu a IEC 62013-2 em março de 2011) |

(*continua*)

**Tabela 5.1 –** Normas técnicas brasileiras adotadas idênticas das Séries ABNT NBR IEC 60079 e ABNT NBR ISO 80079 sobre o tema "atmosferas explosivas" elaboradas pelas Comissões de Estudo do Subcomitê SCB 003:031 e publicadas pela ABNT (*continuação*)

| Norma ABNT NBR IEC ou ABNT NBR ISO "Ex" | Título |
|---|---|
| **ABNT NBR ISO 80079-36** | Atmosferas explosivas – Parte 36: Equipamentos não elétricos para utilização em atmosferas explosivas – Métodos e requisitos básicos (Tipo de proteção Ex "h") |
| **ABNT NBR ISO 80079-37** | Atmosferas explosivas – Parte 37: Equipamentos não elétricos para utilização em atmosferas explosivas – Tipos de proteção não elétricos: segurança construtiva "c", controle de fonte de ignição "b" e imersão em líquido "k" |
| **ABNT NBR ISO 80079-38** | Atmosferas explosivas – Parte 38: Equipamentos não elétricos para utilização em atmosferas explosivas – Equipamentos e componentes em atmosferas explosivas em minas subterrâneas |
| **ABNT IEC TS 60079-39** | Atmosferas explosivas – Parte 39: Sistemas intrinsecamente seguros com limitação de duração de centelha eletronicamente controlada: "*Power-i*" |
| **ABNT IEC TS 60079-40** | Atmosferas explosivas – Parte 40: Requisitos para processo de selagem entre fluidos inflamáveis de processo e sistemas elétricos |
| **ABNT NBR ISO 80079-41** | Atmosferas explosivas – Parte 41: Equipamentos não elétricos para utilização em atmosferas explosivas – Compressores alternativos com combustão interna |
| **ABNT IEC TS 60079-42** | Atmosferas explosivas – Parte 42: Dispositivos elétricos de segurança para o controle de fontes potenciais de ignição de equipamentos "Ex" |
| **ABNT IEC TS 60079-43** | Atmosferas explosivas – Parte 43: Equipamentos em condições adversas de serviço |
| **ABNT IEC TS 60079-44** | Atmosferas explosivas – Parte 44: Competências pessoais "Ex" |
| **ABNT IEC TS 60079-46** | Atmosferas explosivas – Parte 46: Conjuntos de equipamentos pré-montados |
| **ABNT IEC TS 60079-47** | Atmosferas explosivas – Parte 47: Proteção de equipamentos pelo conceito de Ethernet em 2 fios intrinsecamente segura (*2-WISE - 2-Wire Intrinsically Safe Ethernet concept*) |
| **ABNT IEC TS 60079-48** | Atmosferas explosivas – Parte 48: Equipamentos eletrônicos portáteis – Guia para utilização de equipamentos sem certificação para áreas classificadas |
| **ABNT NBR ISO/IEC 80079-49** | Atmosferas explosivas – Parte 49: Corta-chamas – Requisitos de desempenho, métodos de ensaio e limites de utilização |
| **ABNT NBR ISO/IEC 80079-50** | Atmosferas explosivas – Parte 50: Dispositivos de alívio de explosão |
| **ABNT NBR IEC 61892-7** | Unidades marítimas fixas e móveis – Instalações elétricas – Parte 7: Áreas classificadas |

## 5.3 ALINHAMENTO E ADOÇÃO DAS NORMAS TÉCNICAS "Ex" NACIONAIS COM AS NORMAS INTERNACIONAIS DA IEC

Os requisitos sobre equipamentos, serviços e competências pessoais para instalações em atmosferas explosivas são indicados nas normas das séries ABNT NBR IEC 60079 e ABNT ISO 80079 (*Atmosferas explosivas*), elaboradas pelo TC 31 (*Equipment for Explosive Atmospheres*) da IEC.

A IEC é a maior entidade normativa mundial, possuindo um acervo de mais de 10 mil normas, contando com os trabalhos de 20 mil especialistas na área de eletrotecnologia e reunindo mais de 170 países, englobando 99% da população e da geração de eletricidade mundial, como indicado na figura a seguir.

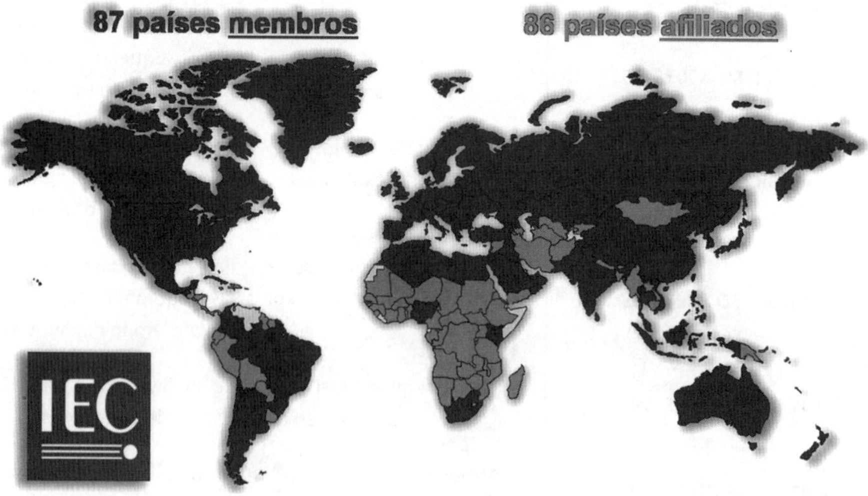


**Figura 5.6 –** A "família" IEC – países participantes dos processos de elaboração e atualização das normas técnicas internacionais da IEC sobre eletrotecnologia.

Todas as normas técnicas brasileiras adotadas das séries ABNT NBR IEC 60079 e ABNT NBR ISO 80079 são idênticas em conteúdo técnico, estrutura e apresentação e sem desvios técnicos nacionais em relação às respectivas normas internacionais elaboradas pelo TC 31 da IEC.

Com essa abordagem e essa diretriz normativa, são aplicáveis no Brasil os mesmos requisitos de gestão da segurança, gestão da qualidade, confiabilidade, eficiência, desempenho, disponibilidade e gestão de competências pessoais que são consensados por todos os países participantes do TC 31 da IEC e que são aplicados por todos os países que adotam as normas internacionais da IEC como normas técnicas "nacionais".

Do ponto de vista histórico de normalização brasileira "Ex", pode-se verificar que as normas nacionais sobre atmosferas explosivas, publicadas nas décadas de 1960, 1970, 1980 e 1990, permaneciam sem as devidas atualizações ou as necessárias revisões por parte da ABNT, por um período de cerca de vinte anos. Em função dessa falta de revisões ou de atualizações durante esse longo período, as normas técnicas brasileiras "Ex" se encontravam, no início dos anos 2000, em situação de significativa defasagem em relação às respectivas normas técnicas internacionais do TC 31 da IEC, em comparação com os mais recentes e atualizados requisitos técnicos, de gestão de segurança, gestão da qualidade e gestão de competências pessoais "Ex" que eram indicados nas normas internacionais "Ex" da Série IEC 60079.

Decorrente dos trabalhos de revisão e atualização realizados pelas comissões de estudo do Subcomitê SCB 003:031 (*Atmosferas explosivas*) da ABNT/CB-003 (*Eletricidade*), aquelas "antigas" normas "Ex" da ABNT foram devidamente canceladas e substituídas pelas atuais normas técnicas brasileiras adotadas das séries ABNT NBR IEC 60079 e ABNT NBR ISO 80079.

Deve ser ressaltado que as comissões de estudo do Subcomitê SCB 003:031 da ABNT e que representam o Brasil perante o TC 31 da IEC não são meras "tradutoras" das normas técnicas internacionais "Ex" publicadas pelo TC 31 da IEC. Pelo contrário, em função de o Brasil ocupar posição de membro tipo "P" (participante) do TC 31 da IEC, as comissões de estudo do Subcomitê SCB 003:031 da ABNT/CB-003 têm o dever e o direito de acompanhar e de participar de todo o processo de elaboração, revisão, comentários, aprovação e publicação de todas as normas técnicas internacionais das séries IEC 60079 (*Atmosferas explosivas*) e ISO/IEC 80079 (*Equipamentos mecânicos "Ex"*).

Durante esse processo de participação internacional, as empresas, as instituições e os profissionais brasileiros têm a importante e responsável oportunidade de conhecer as normas técnicas internacionais "Ex", de participar de sua evolução e desenvolvimento, bem como de contribuir com comentários e sugestões para o aprimoramento daquelas normas internacionais "Ex", tendo como base as experiências e as lições aprendidas pelas empresas e instituições brasileiras envolvidas neste ramo de especialidade técnica industrial "Ex".

Uma vez aprovadas no âmbito internacional da IEC, incorporando os comentários e as boas práticas consensadas pelos diversos países do TC 31, inclusive as do Brasil, as normas passam a ser aplicadas por todos os países integrantes da IEC, inclusive no Brasil, onde são elaboradas as respectivas versões para o português pelas Comissões de Estudo do Subcomitê SCB 003:031 – *Atmosferas explosivas* e publicadas pela ABNT.

Para estabelecer esta sistemática no âmbito das normas brasileiras, o documento ABNT DIRETIVA 3 – Adoção de documentos técnicos internacionais apresenta os requisitos para a adoção de normas técnicas internacionais da IEC e da ISO na normalização brasileira da ABNT, apresentada na figura a seguir (documento disponível em: <https://transparencia.caubr.gov.br/arquivos/ABNT_DIRETIVA_3_2017.pdf>).

ABNT
DIRETIVA 3

Primeira edição
Dezembro/2017

**Adoção de Documentos Técnicos Internacionais**

*Adoption of International Technical Documents*

**Figura 5.7** – Diretiva 3 da ABNT – Alinhamento e harmonização da normalização técnica brasileira com a adoção da normalização técnica internacional da IEC e da ISO.

De acordo com a ABNT DIRETIVA 3, os documentos técnicos internacionais são amplamente adotados no mundo e aplicados por fabricantes, organizações de comércio, compradores, consumidores, laboratórios de ensaio, autoridades e outras partes interessadas. Destaca-se, ainda, que esses documentos brasileiros adotados geralmente refletem a melhor experiência da indústria, dos pesquisadores, dos consumidores e das entidades regulamentadoras em todo o mundo, bem como cobrem as necessidades comuns em vários países.

Os documentos técnicos internacionais constituem uma das mais importantes bases para a remoção das barreiras técnicas ao comércio. Isso é explicitamente reconhecido no Acordo sobre Barreiras Técnicas ao Comércio (*Technical Barriers to Trade* - TBT), da Organização Mundial do Comércio (OMC). Por essas razões, de acordo com a ABNT, é importante que seja feito todo o esforço possível para se adotarem e utilizarem os documentos técnicos internacionais e, consequentemente, eliminar documentos técnicos ABNT conflitantes. Somente por meio do desenvolvimento de um enfoque global os benefícios da normalização podem ser plenamente obtidos.

Outro benefício para a sociedade brasileira desse tipo de política normativa nacional da ABNT de adoção das normas técnicas internacionais é que, toda vez que ocorre a publicação de uma nova edição de uma norma "Ex" pela IEC, a respectiva norma técnica ABNT NBR IEC "Ex" brasileira é também devidamente revisada, fazendo com que a normalização brasileira "Ex" esteja sempre no mesmo nível de atualização em relação à normalização internacional.

## 5.4 A PARTICIPAÇÃO DA SOCIEDADE NA ELABORAÇÃO DAS NORMAS TÉCNICAS BRASILEIRAS "Ex"

O interesse da sociedade nos processos de elaboração e de atualização das normas técnicas brasileiras adotadas sobre atmosferas explosivas pode ser verificado pelo nível de participação nas reuniões mensais das Comissões de Estudo do Subcomitê SCB 003:031 – Atmosferas explosivas. De acordo com os procedimentos da ABNT, em uma comissão de estudo existe a necessidade da participação de membros representantes dos diferentes segmentos da sociedade, incluindo produtores, consumidores e neutros.

O Subcomitê SCB 003:031 da ABNT/CB-003 inclui a participação de dezenas de profissionais envolvidos em equipamentos e instalações elétricas e mecânicas em atmosferas explosivas, representantes de dezenas de empresas, entidades, associações e organismos de certificação de pessoas, sistemas e produtos brasileiros.

Encontram-se representadas nas comissões de estudo do Subcomitê SCB 003:031 empresas das áreas de consultoria, instituições de ensino, provedores de treinamento, fabricantes de equipamentos "Ex", laboratórios de ensaios de equipamentos elétricos e mecânicos "Ex", empresas seguradoras, sociedades classificadoras navais, empresas de serviços "Ex" (classificação de áreas, projeto, montagem, inspeção, reparo e recuperação), empresas usuárias de instalações e equipamentos "Ex" das áreas petróleo e gás, química, petroquímica, de alimentos, siderúrgica, farmacêutica, sucroalcooleira e portuária, bem como organismos de certificação "Ex" de pessoas, de produtos e de serviços reconhecidos nacional e internacionalmente.

São também representadas empresas usuárias de serviços de classificação de áreas, projeto, montagem, inspeção, manutenção e reparo de equipamentos elétricos e mecânicos para atmosferas explosivas de gases inflamáveis e de poeiras combustíveis.

Essa participação demonstra o interesse desses representantes da sociedade brasileira no desenvolvimento das normas técnicas adotadas brasileiras "Ex". Esse interesse tem como base os aspectos de segurança, requisitos legais, competitividade de mercado, atualização tecnológica e elevação dos níveis de segurança das instalações "Ex", contribuindo para a melhoria das normas técnicas internacionais do IEC e nacionais da ABNT sobre atmosferas explosivas.

## 5.5 AS APLICAÇÕES DAS NORMAS TÉCNICAS "Ex" NO ÂMBITO LEGAL E NOS MERCADOS NACIONAL E INTERNACIONAL

As normas técnicas internacionais da IEC representam o estado atual da arte em termos de conhecimentos aplicáveis aos requisitos de segurança, confiabilidade, desempenho e qualidade dos equipamentos, serviços, instalações e competências pessoais.

No segmento relacionado com atmosferas explosivas, as normas internacionais da IEC e as respectivas normas nacionais adotadas das Séries ABNT NBR IEC 60079 e ABNT NBR ISO/IEC 80079 representam não somente um fator importante sob o aspecto econômico, mas também de conformidade legal para os equipamentos elétricos "Ex", bem como para as empresas de prestação de serviços "Ex" e sobre os requisitos de competências pessoais "Ex".

Em nível mundial, as normas técnicas da IEC sobre atmosferas explosivas constituem a base para os sistemas internacionais de certificação "Ex" do IECEx – *IEC System for Certification to Standards Relating to Equipment for Use in Explosive Atmospheres.* O IECEx é um sistema da IEC sem fins lucrativos (de acordo com seus estatutos e regras disponíveis para acesso público), com a participação de 33 países (incluindo o Brasil), tendo o objetivo de elaborar e manter programas internacionais de avaliação da conformidade sobre atmosferas explosivas para o ciclo total de vida das instalações "Ex". Nesses sistemas são utilizadas exclusivamente normas técnicas internacionais da IEC e da ISO.

Em nível nacional, as normas técnicas brasileiras adotadas da Série ABNT NBR IEC 60079 sobre atmosferas explosivas, alinhadas e harmonizadas com as respectivas normas internacionais da IEC, constituem a base para o sistema nacional de certificação de equipamentos elétricos "Ex", elaborado pelo Inmetro.

Deve ser ressaltado que somente a certificação de equipamentos para atmosferas explosivas, como existente no Brasil desde 1991, é insuficiente para garantir a segurança das instalações "Ex" e das pessoas que nelas trabalham. Tendo como base o grande número de não conformidades que são encontradas durante as inspeções feitas nas instalações "Ex", pode ser verificado que a segurança fica comprometida sempre que os equipamentos "Ex" são indevidamente especificados, instalados, inspecionados, mantidos ou reparados, durante o longo tempo em que estes permanecem instalados em áreas de risco, com possibilidade de vazamentos de substâncias inflamáveis e de explosões.

Dessa forma, para garantir a segurança das instalações elétricas em atmosferas explosivas, bem como dos trabalhadores envolvidos nas indústrias das áreas de óleo e gás, petroquímica, sucroalcooleira, farmacêutica, de grãos e de outras áreas, é necessário que haja uma abordagem de todo o ciclo de vida das instalações "Ex". Essa abordagem do ciclo de vida constitui a base para os sistemas internacionais de certificação do IECEx.

De forma a fornecer a base para um regulamento comum mundial para o setor "Ex", foi elaborado pelas Nações Unidas, em 2011, juntamente com o IECEx, um documento do tipo CRO (Objetivos de Regulamentos Comuns), intitulado "Marco Regulatório Comum para Equipamentos Utilizados em Ambientes de Atmosferas Explosivas", indicado na figura a seguir (documento disponível em: <https://www.unece.org/fileadmin/DAM/trade/wp6/SectoralInitiatives/EquipmentForExplosiveEnvironment/SIEEE_CRO_PORTUGESE.pdf>).

Esse documento é baseado na abordagem do ciclo total de vida das instalações, o que requer a execução correta de diversas atividades envolvidas, incluindo projeto, classificação de área, seleção, instalação, inspeção, manutenção e reparos dos equipamentos "Ex".

As Nações Unidas têm apoiado e incentivado a aplicação dos requisitos de certificação de equipamentos elétricos e mecânicos "Ex", de competências pessoais "Ex" de empresas de serviços "Ex" do IECEx na legislação de cada país. De acordo com o Marco Regulatório Comum para atmosferas explosivas, publicado pelas Nações Unidas, esses três esquemas internacionais de certificação "Ex" do IECEx podem ser utilizados para o alinhamento de regulamentos "nacionais" existentes em cada país com essas práticas internacionalmente harmonizadas sobre o assunto "Ex".

Qualquer dos países-membros que ainda não possuam programas de legislação no setor de atmosferas explosivas podem utilizar o modelo elaborado e proposto pelas Nações Unidas como base para a sua legislação local países que já possuam esses tipos de programas regulatórios podem considerar a convergência regulatória mundial gradual dos modelos existentes para o novo modelo internacional proposto, de forma a assegurar um processo suave de transição. Uma vez que o modelo comum tiver sido adotado na legislação nacional dos diversos países-membros, o setor passará a operar sob um regulamento comum unificado em todos os países participantes.

**Figura 5.8** – Apoio e incentivo das Nações Unidas na aplicação dos sistemas internacionais sobre certificação "Ex" do IECEx, elaborados com base nas Normas IEC 60079 e ISO 80079.

O Brasil possui organismos de certificação brasileiros reconhecidos internacionalmente pelo IECEx no esquema de certificação de equipamentos "Ex", no esquema de certificação de competências pessoais "Ex" e no esquema de certificação de empresas de serviços "Ex", os quais são disponíveis no Brasil para a obtenção de certificação internacional por parte dos fabricantes brasileiros de equipamentos elétricos, eletrônicos e mecânicos "Ex", das empresas de serviços "Ex" e dos profissionais "Ex".

Já foram emitidos por esses organismos de certificação brasileiros diversos certificados de conformidade internacionais IECEx para diversos fabricantes brasileiros de equipamentos elétricos e eletrônicos "Ex", interessados em exportar seus produtos para o mercado internacional. Foram emitidos também certificados internacionais IECEx para empresas brasileiras de prestação de serviços de reparo e recuperação de equipamentos "Ex" e para profissionais brasileiros em relação à certificação das suas competências pessoais.

A legislação brasileira sobre requisitos de certificação de equipamentos elétricos "Ex" prevê a possibilidade de emissão, por um organismo de certificação com acreditação nacional, de um certificado de conformidade "Ex" nacional, tendo como base a análise de um relatório de ensaio (ExTR) emitido por um laboratório de ensaio "Ex" reconhecido pelo IECEx. Esse processo, denominado *fast-track*, dispensa a desnecessária repetição de ensaios que já foram realizados anteriormente, por laboratórios "Ex" reconhecidos, utilizando-se os mesmos procedimentos de ensaios e os mesmos critérios de aceitação, especificados em normas internacionais (e nas respectivas normas nacionais adotadas) da Série IEC 60079.

Ainda nesse âmbito econômico e legal, é importante verificar que, de acordo com um comunicado emitido em 2013 pela National Electrical Manufacturers Association (NEMA) sobre esse assunto "Ex", foi reconhecido que o sistema IECEx é importante para a indústria norte-americana, a qual necessita ter seus produtos ensaiados de acordo com as normas internacionais da IEC, para fins de avaliação da conformidade.

De acordo com a NEMA, antes da existência do sistema IECEx, as companhias norte-americanas interessadas na exportação de seus produtos e equipamentos elétricos "Ex" para a Comunidade Europeia e para países de outros continentes se deparavam com incertezas com relação à aceitação ou não, pelos organismos de certificação e pelas autoridades de avaliação daqueles países, dos resultados de ensaios que haviam sido realizados pelos laboratórios de ensaios reconhecidos nos Estados Unidos (como os testes realizados pela UL ou pela FM).

De acordo com a NEMA, os esquemas de avaliação da conformidade de produtos "Ex" elaborados por consenso internacional no sistema IECEx contribuem para a redução dos custos e da "confusão" existente sobre os diferentes sistemas de avaliação da conformidade dos diversos países que se baseiam nas normas da IEC, em relação a países que possuem outras normas técnicas "locais" como o NEC e a NEMA. Sob o ponto de vista da NEMA, conforme indicado no comunicado emitido em 08/2013, o sistema IECEx é utilizado globalmente para a troca de relatórios de ensaios e de certificados para os produtos "Ex" certificados de acordo com as normas IEC.

A NEMA se mostra "preocupada" no sentido de que uma eventual "falha" ou um "atraso" em referenciar a aceitação do IECEx no sistema legal dos Estados Unidos pode colocar os fabricantes norte-americanos de equipamentos de instrumentação, automação, telecomunicações e elétricos para atmosferas explosivas em uma posição de desvantagem competitiva no mercado internacional. De acordo com a NEMA, outras Agências regulatórias norte-americanas, como a Food and Drug Administration (FDA) e a Federal Communications Commission (FCC) já se posicionaram totalmente abertas na aceitação de documentos como os relatórios de ensaios (ExTR) e os certificados de conformidade (ExCoC) emitidos dentro do Sistema IECEx.

Além disso, após a conclusão das análises das causas do grave acidente ocorrido em 2010 com a explosão da plataforma Deepwater Horizon, no Golfo do México, que resultou na morte de onze pessoas e em uma multa ambiental de mais de US$ 40 bilhões, a Guarda Costeira dos Estados Unidos (USCG) revisou em 2015 a legislação norte-americana sobre instalações "Ex" na bacia continental dos Estados Unidos. Desde 2 de abril de 2018, aquela legislação passou a aceitar equipamentos com certificação internacional IECEx.

De acordo com a USCG, existe uma devida confiança em relação aos equipamentos com certificação IECEx, uma vez que estes são certificados com base em normas técnicas internacionais das Séries IEC 60079 e ISO 80079, com certificação emitida sempre por organismo de certificação "independente" (terceira parte).

Nesse sentido, foi elaborado em conjunto entre a ISO e a IEC, em 2015, o documento "Using and Referencing ISO and IEC Standards to Support Public Policy". Nesse documento, são destacados os principais benefícios e as razões para a existência de regulamentos nacionais alinhados e harmonizados com as normas técnicas internacionais da IEC e da ISO.

O entendimento sobre a necessidade de adoção de normas técnicas internacionais é também manifestado pela Confederação Nacional da Indústria (CNI), no documento "Normalização: Conhecendo e aplicando na sua empresa – Projeto de sensibilização e capacitação da indústria em normalização, metrologia e avaliação da conformidade", disponível em: <https://www.portaldaindustria.com.br/publicacoes/2012/9/normalizacao-conhecendo-e-aplicando-na-sua-empresa/>.

Pode ser verificado, do ponto de vista normativo, legal e de mercado, que o Brasil, por meio do Inmetro, da ABNT e de outros segmentos da sociedade, está devidamente alinhado e atuante na aplicação das recomendações da IEC, da ISO, das Nações Unidas e do IECEx sobre certificação em atmosferas explosivas, tendo como base as normas técnicas internacionais da IEC e ISO e as respectivas normas brasileiras adotadas pela ABNT.

## 5.6 CONSIDERAÇÕES SOBRE A EVOLUÇÃO DAS NORMAS TÉCNICAS BRASILEIRAS ADOTADAS SOBRE O TEMA "Ex"

O maior envolvimento com as normas técnicas internacionais permitiu que tivesse sido alcançado pela normalização brasileira da ABNT o mesmo nível de equivalência e atualização com relação às normas internacionais da IEC. O fato de a normalização brasileira adotar e estar totalmente alinhada, atualizada e idêntica às respectivas normas internacionais contribui para a elevação dos níveis de segurança, confiabilidade, tecnologia e qualidade dos equipamentos, instalações, serviços e competências pessoais "Ex" do Brasil.

Essa característica das normas brasileiras "Ex" adotadas foi de fundamental importância para o ingresso do Brasil no sistema internacional de certificação "Ex" da IEC, o IECEx, em que são aplicados sistemas de certificação de equipamentos, empresas de prestação de serviços e de competências pessoais para atmosferas explosivas, sob o ponto de vista da segurança, ao longo do ciclo total de vida das instalações elétricas e mecânicas "Ex".

Pode ser verificado que estão sendo realizadas no Brasil, nos Estados Unidos e em outros países do mundo diversas ações no sentido de aumentar a abrangência dos sistemas de certificação em atmosferas explosivas, bem como de sua convergência normativa internacional da IEC sobre instalações elétricas "Ex".

Ações como essa são necessárias no sentido de elevar os níveis de segurança das instalações industriais elétricas, de instrumentação, de telecomunicações e mecânicas em áreas classificadas contendo atmosferas explosivas, tanto terrestres como marítimas, bem como das pessoas que nelas trabalham.

Com base nos atuais esforços e trabalhos que estão sendo realizados nos âmbitos de normas técnicas adotadas brasileiras, pode ser esperada uma elevação nos níveis de segurança e de conformidade das instalações elétricas nacionais em atmosferas explosivas.

Como consequências do nível atual de evolução normativa "Ex" nacional, vários setores da sociedade brasileira passam a usufruir dos benefícios de todos os processos que são baseados em normalização, incluindo a elevação dos níveis de segurança, qualidade, eficiência, tecnologia de produtos, serviços e de competências pessoais, resultando em melhores níveis de qualidade de vida e de proteção ao meio ambiente das instalações "Ex" brasileiras.

Capítulo **6**

# Principais normas técnicas e tipos de proteção "Ex" aplicados à instrumentação e à automação em atmosferas explosivas

**Sinopse**: este capítulo apresenta um resumo das características construtivas e de aplicação dos principais tipos de proteção "Ex" e as respectivas normas técnicas brasileiras adotadas da Série ABNT NBR IEC 60079, aplicáveis a equipamentos e instalações de instrumentação e automação em áreas classificadas contendo gases inflamáveis ou poeiras combustíveis.

Com a evolução da tecnologia e com o desenvolvimento da automação industrial, inclusive em áreas classificadas, é cada vez maior a quantidade de equipamentos "Ex" utilizados como sensores, atuadores, transmissores, posicionadores, analisadores, *switches* e conversores de sinal, aplicados a sistemas de instrumentação e automação "Ex".

Muitos equipamentos portáteis e pessoais "Ex" também são utilizados em sistemas de automação em áreas classificadas, incluindo dispositivos do tipo RFID, tablets, smartphones, *wearables*, PDA, transceptores e robôs, todos certificados para utilização em áreas classificadas.

Existe, atualmente, uma grande aplicação de sistemas de automação com redes Ethernet em atmosferas explosivas, com a utilização também de unidades terminais remotas de PLC e DCS em áreas classificadas, com novas tecnologias que permitem novas abordagens de automação e segurança das instalações, utilizando a segurança intrínseca de forma generalizada, além de outros tipos de proteção "Ex".

Existe também a aplicação de sistemas *wireless* para instrumentos instalados em dutos e áreas de tancagem em refinarias de petróleo e terminais de derivados, o que facilita a sua integração ao sistema de automação, sem a necessidade da grande quantidade de cabos e circuitos físicos de interligação, os quais são de elevado custo de instalação e manutenção.

Até alguns anos atrás, somente os sistemas de automação de refinarias de petróleo, unidades petroquímicas, indústria química, farmacêutica e até alimentícia eram baseados em DCS e SIS. No presente momento, os atuais navios do tipo FPSO também utilizam sistemas do tipo DCS, PLC, SIS, analisadores de processo, IHM, redes *wireless* e redes Wi-Fi, instalados em áreas classificadas, fazendo com que estejam no mesmo nível de automação das instalações terrestres mais modernas e de grande porte.

Temos também uma ampla utilização de equipamentos certificados do tipo PDA, tablets, *wearables, drones*, notebooks, *smartwatches, smartbands* e smartphones em áreas classificadas, tornando esses dispositivos "Ex" de utilização comum e diária por parte do pessoal envolvido com as atividades de operação, manutenção e inspeção de equipamentos e instalações em atmosferas explosivas contendo gases inflamáveis ou poeiras combustíveis.

Como pode ser verificado, a "Indústria 4.0" tem chegado sem barreiras ou restrições técnicas em áreas classificadas, tanto em instalações terrestres como marítimas.

Com relação às normas técnicas brasileiras publicadas pela ABNT ou normas internacionais publicadas pela IEC, mais diretamente aplicáveis a equipamentos e sistemas de instrumentação e automação em atmosferas explosivas, nas quais a segurança intrínseca é aplicável de forma generalizada, podem ser citadas as seguintes:

## ABNT NBR IEC 60079-1 – Atmosferas explosivas – Parte 1: Proteção de equipamento por invólucro à prova de explosão "d"

Essa norma técnica brasileira adotada da Série ABNT NBR IEC 60079 contém requisitos específicos para a fabricação e ensaios de equipamentos elétricos com o tipo de proteção por invólucro à prova de explosão Ex "d", destinados para utilização em atmosferas explosivas contendo gases inflamáveis.

Esse tipo de proteção Ex "d" pode ser utilizado, dentre outras aplicações, em válvulas solenoides, que são equipamentos muito importantes nas áreas de instrumentação e automação, como em malhas de *shutdown*.

Pode ser utilizado também em componentes centelhantes em invólucros plásticos, como disjuntores, contatores e relés, que são frequentemente utilizados em painéis locais de circuitos de distribuição e controle em sistemas de instrumentação e automação em áreas classificadas, e, ainda, em combinação com outros tipos de proteção, como em equipamentos Ex "d" com invólucros plásticos e contendo terminais com o tipo de proteção Ex "e".

## ABNT NBR IEC 60079-2 – Atmosferas explosivas - Parte 2: Proteção de equipamento por invólucro pressurizado "p"

Essa norma técnica brasileira adotada da Série ABNT NBR IEC 60079 apresenta os requisitos específicos para a fabricação e ensaios de equipamentos elétricos com invólucros pressurizados do tipo de proteção Ex "p", destinados para instalação em atmosferas explosivas de gases inflamáveis ou de poeiras combustíveis.

A norma ABNT NBR IEC 60079-2 inclui requisitos para o equipamento e seus associados, incluindo dutos de entrada e de exaustão, e para os equipamentos de controle auxiliar necessários para assegurar a pressurização ou diluição estabelecida e mantida.

A proteção por meio de pressurização é subdividida em três níveis de proteção ("pxb", "pyb" e "pzc"), que são definidos com base no nível de proteção requerido do equipamento (Mb, Gb, Db, Gc ou Dc), se existir o potencial para uma liberação interna ao invólucro e se o equipamento dentro do invólucro pressurizado for capaz de causar ignição.

Podem ser citados como exemplos "típicos" de equipamentos com invólucros pressurizados os painéis locais de controle, utilizados para funções de automação de grandes máquinas ou para a instalação, em seu interior, de unidades terminais de remotas de PLC ou DCS.

Esse tipo de aplicação do tipo de proteção Ex "p" permite que seja levada para as áreas classificadas a instalação de uma parte significativa de sistemas digitais de automação de controle de processo, contribuindo para uma redução de cabos entre os sensores, atuadores e posicionadores e os pontos de I/O e simplificação de projeto e de montagem "Ex".

Outra aplicação frequente de invólucros pressurizados Ex "p" é para permitir a instalação de analisadores de processo em áreas classificadas, para análise de correntes de processo e interface ou atuação direta no sistema digital de controle de processo, reduzindo os tempos de correção das variáveis de processo e contribuindo para uma melhor estabilidade e qualidade dos produtos.

## ABNT NBR IEC 60079-7 – Atmosferas explosivas – Parte 7: Proteção de equipamento por segurança aumentada "e"

Essa norma técnica brasileira adotada da Série ABNT NBR IEC 60079 especifica os requisitos para o projeto, fabricação, ensaios e marcação de equipamentos elétricos e componentes "Ex" com tipo de proteção de segurança aumentada Ex "e", destinados à utilização em atmosferas explosivas contendo gases inflamáveis.

Os equipamentos elétricos e os componentes "Ex" do tipo de proteção "e" podem proporcionar nível de proteção "eb" (EPL "Mb" ou "Gb") ou nível de proteção "ec" (EPL "Gc"). Esse tipo de proteção Ex "e" é frequentemente utilizado na fabricação de unidades terminais remotas de automação "Ex" e em caixas de junção de circuitos de automação, bem como em combinação com outros tipos de proteção, inclusive o tipo de proteção Ex "i", como nos casos de unidades terminais remotas de sistemas de automação instalados em áreas classificadas.

## ABNT NBR IEC 60079-11 – Atmosferas explosivas – Parte 11: Proteção de equipamento por segurança intrínseca "i"

Essa norma técnica brasileira adotada da Série ABNT NBR IEC 60079 especifica os requisitos para a fabricação e ensaios de equipamentos intrinsecamente seguros Ex "i" atribuídos à utilização em atmosferas explosivas e equipamentos associados, os quais se destinam a conexão com circuitos intrinsecamente seguros que entram em atmosferas explosivas de gases inflamáveis ou poeiras combustíveis.

Inclui os requisitos de FISCO - conceito de *fieldbus* intrinsecamente seguro –, que eram anteriormente especificados na norma ABNT NBR IEC 60079-27.

## ABNT NBR IEC 60079-18 – Atmosferas explosivas – Parte 18: Proteção de equipamento por encapsulamento "m"

Essa norma técnica brasileira adotada da Série ABNT NBR IEC 60079 apresenta requisitos específicos para fabricação, ensaios e marcação de equipamentos elétricos, partes de equipamentos elétricos e componentes "Ex" com o tipo de proteção por encapsulamento Ex "m", destinados à utilização em atmosferas explosivas de gases inflamáveis ou de poeiras combustíveis.

Esse tipo de proteção Ex "m" pode ser utilizado, dentre outras aplicações, em válvulas solenoides, que são equipamentos muito importantes na área de instrumentação e automação, como em malhas de *shutdown*, bem como em combinação com outros tipos de proteção, por exemplo, equipamentos Ex "m" com terminais Ex "e".

## ABNT NBR IEC 60079-25 – Atmosferas explosivas – Parte 25: Sistemas elétricos intrinsecamente seguros

Essa norma técnica brasileira adotada da Série ABNT NBR IEC 60079 estabelece os requisitos específicos para fabricação e avaliação de sistemas elétricos intrinsecamente seguros, tipo de proteção "i", destinados a serem utilizados, integralmente ou em parte, em locais onde é requerida a utilização de equipamento certificados para os Grupos I, II ou III. Inclui os requisitos de FISCO intrinsecamente seguro, que eram anteriormente especificados na norma ABNT NBR IEC 60079-27.

## ABNT NBR IEC 60079-28 – Atmosferas explosivas – Parte 28: Proteção de equipamentos e de sistemas de transmissão que utilizam radiação óptica

Essa norma técnica brasileira adotada da Série ABNT NBR IEC 60079 especifica os requisitos, ensaios e marcação de equipamentos que emitem *radiação óptica*, destinados à utilização em atmosferas explosivas. Também abrange equipamentos localizados fora da atmosfera explosiva ou protegidos por um tipo de proteção "Ex" relacionado na ABNT NBR IEC 60079-0, mas que geram radiação óptica que possa ingressar em uma atmosfera explosiva. A norma abrange os Grupos I, II e III, e EPL Ga, Gb, Gc, Da, Db, Dc, Ma e Mb.

Equipamentos ópticos, por exemplo, na forma de lâmpadas, lasers, *LED* e fibras ópticas, são cada vez mais utilizados em sistemas de comunicação, inspeção, sensoriamento e medições. No processamento de materiais, são utilizadas radiações ópticas com elevada irradiância. Quando essas instalações são realizadas no interior ou próximo às atmosferas explosivas, a radiação desses equipamentos pode passar por meio dessas atmosferas.

Dependendo das características da radiação, esta pode ser capaz de causar a ignição de uma atmosfera explosiva presente no ambiente. A presença ou a ausência de um elemento absorvente adicional da radiação, como partículas, influencia significantemente a ignição.

A norma ABNT NBR IEC 60079-28 descreve precauções e requisitos a serem considerados quando utilizado equipamento que transmite radiação óptica em atmosferas explosivas de gases ou poeiras. Também apresenta um método de ensaio, que pode ser utilizado em casos especiais para verificar que um feixe não é capaz de causar ignição sob as condições de ensaio selecionadas, se o limite dos valores ópticos não puder ser garantido por avaliação ou medição da intensidade do feixe.

Na maioria dos casos o equipamento óptico está associado a equipamentos elétricos, e, quando o equipamento elétrico estiver localizado em uma área classificada, outras partes das normas técnicas brasileiras adotadas da série ABNT NBR IEC 60079 também serão aplicáveis.

Essa norma apresenta requisitos para a mitigação dos riscos relacionados a ignição por radiações ópticas, presente por exemplo em *switches*, ópticos, conversores eletro-ópticos e em fibras ópticas, utilizados em sistemas de automação.

## ABNT NBR IEC 60079-29-1 – Atmosferas explosivas – Parte 29-1: Detectores de gás – Requisitos de desempenho de detectores para gases inflamáveis

Essa norma técnica brasileira adotada da Série ABNT NBR IEC 60079 especifica os requisitos gerais para projeto, fabricação, ensaios e desempenho, e descreve os métodos de ensaio que se aplicam a equipamentos portáteis, transportáveis e fixos para detecção e medições de concentrações de gases ou vapores inflamáveis no ar.

## ABNT NBR IEC 60079-29-2 – Atmosferas explosivas – Parte 29-2: Detectores de gases – Seleção, instalação, utilização e manutenção de detectores para gases inflamáveis e oxigênio

Essa norma técnica brasileira adotada da Série ABNT NBR IEC 60079 estabelece orientações e práticas recomendadas para a seleção, instalação, utilização segura e manutenção de equipamentos eletricamente operados do grupo II, destinados a serem utilizados em aplicações industriais e comerciais seguras, para a detecção e medição de gases inflamáveis, atendendo aos requisitos da ABNT NBR IEC 60079-29-1.

## ABNT NBR IEC 60079-29-3 – Atmosferas explosivas – Parte 29-3: Detectores de gás – Orientações sobre segurança funcional de sistemas fixos de detecção de gases

Essa norma técnica brasileira adotada da Série ABNT NBR IEC 60079 apresenta orientações para o projeto e a implantação de sistemas fixos de detecção de gás, incluindo equipamentos de detecção de gás associados ou periféricos, para a detecção de gases ou vapores inflamáveis e oxigênio, quando utilizados em uma aplicação relacionada à segurança, de acordo com as normas IEC 61508 (*Functional Safety of Electrical/Electronic/Programmable Electronic Safety-Related Systems*) e IEC 61511 (*Functional Safety – Safety Instrumented Systems for the Process Industry Sector*). Essa norma ABNT NBR IEC 60079-29-3 também é aplicável à detecção de gases tóxicos.

## ABNT NBR IEC 60079-29-4 – Atmosferas explosivas – Parte 29-4: Detectores de gás – Requisitos de desempenho de detectores de caminho aberto para gases inflamáveis

Essa norma técnica brasileira adotada da Série ABNT NBR IEC 60079 especifica os requisitos de desempenho de um equipamento para a detecção e medição de gases ou vapores inflamáveis em ar, por meio da medição da absorção espectral em um caminho óptico extenso, variando tipicamente de um metro até alguns quilômetros.

## ABNT IEC TS 60079-39 – Atmosferas explosivas – Parte 39: Sistemas intrinsecamente seguros com limitação de duração de centelha controlada eletronicamente ("*Power i*")

Essa norma técnica brasileira adotada da Série ABNT NBR IEC 60079 especifica os requisitos para projeto, ensaios, instalação e manutenção de equipamentos e sistemas *Power*-i que aplicam limitação da duração da centelha controlada eletronicamente para manter um nível adequado de segurança intrínseca.

Mais informações sobre esse tipo de proteção "Ex" são apresentadas neste livro, no Capítulo 30.

## ABNT IEC TS 60079-40 – Atmosferas explosivas – Parte 40: Requisitos para selagem do processo entre fluidos inflamáveis do processo e sistema elétricos

Essa parte da série de normas técnicas brasileiras adotadas ABNT NBR IEC 60079 apresenta requisitos específicos para a selagem do processo entre um fluido de processo contendo uma substância inflamável e um sistema elétrico, no qual a ocorrência de uma falha poderia permitir a migração do fluido do processo diretamente para as partes do sistema de fiação.

## ABNT IEC TS 60079-47 – Atmosferas explosivas – Parte 47: Proteção de equipamentos pelo conceito de *Ethernet* intrinsecamente segura a dois fios (2-WISE)

Essa parte da série de normas técnicas brasileiras adotadas ABNT NBR IEC 60079 especifica os requisitos para a fabricação, marcação e documentação de equipamentos, sistemas e instalações para utilização do conceito de *Ethernet* intrinsecamente segura a dois fios (2-WISE – *2-Wire Intrinsically Safe Ethernet*), de acordo com as especificações da camada física (*layer* 1 do modelo OSI) para *Ethernet* a dois fios no padrão 10BASE-T1L definidas na IEEE 802.3cg (*IEEE Standard for Ethernet – Amendment 5: Physical Layer Specifications and Management Parameters for 10 Mb/s Operation and Associated Power Delivery over a Single Balanced Pair of Conductors*).

A ABNT IEC TS 60079-47 apresenta listagens "simples" de especificação de conjunto de parâmetros "universais" a serem aplicados de forma padronizada para todos os componentes da rede, para a configuração das portas dos dispositivos "Ex" conectados aos segmentos e troncos 2-WISE, assegurando a interoperabilidade e a adequação de parâmetros de entidade ou de limitação entre os componentes dos circuitos.

Os requisitos para a fabricação e a instalação de equipamentos e sistemas 2-WISE são apresentados nas Normas ABNT NBR IEC 60079-11, ABNT NBR IEC 60079-14 e ABNT NBR IEC 60079-25, exceto pelos requisitos modificados pela ABNT IEC TS 60079-47.

As partes que compõem um equipamento 2-WISE podem ser protegidas por tipos de proteção "Ex", como Ex "e" ou Ex "t", apresentados na norma técnica brasileira adotada ABNT NBR IEC 60079-0, que sejam adequados para o EPL requerido pela classificação de área do local da instalação pretendida. Nessas circunstâncias, os requisitos da ABNT IEC TS 60079-47 são aplicáveis somente para os circuitos intrinsecamente seguros dos equipamentos 2-WISE.

Mais informações sobre esse tipo de proteção "Ex" são apresentadas neste livro, no Capítulo 31.

# Capítulo 7

# Características dos principais tipos de proteção para equipamentos de instrumentação, automação e elétricos "Ex"

**Sinopse**: este capítulo descreve as características dos principais tipos de proteção aplicados para equipamentos elétricos, de instrumentação, de automação e de telecomunicações "Ex", incluindo os equipamentos intrinsecamente seguros (Ex "i") e os equipamentos associados [Ex "i"]. Diversos equipamentos com tipo de proteção Ex "i" são fabricados incorporando a "combinação" de diversos outros tipos de proteção "Ex", cujas principais características são também apresentadas neste capítulo.

## 7.1 CARACTERÍSTICAS DOS TIPOS DE PROTEÇÃO PARA EQUIPAMENTOS ELÉTRICOS E MECÂNICOS "Ex"

São apresentadas neste capítulo as principais características técnicas dos tipos de proteção "Ex" mais frequentemente utilizados em equipamentos elétricos e mecânicos para instalação em áreas classificadas contendo gases inflamáveis ou poeiras combustíveis. O tipo de proteção Ex "i" é frequentemente utilizado em combinação com outros tipos de proteção, o que justifica a apresentação, neste livro, das principais características de outros tipos de proteção "Ex", incluindo os tipos de proteção Ex "d", Ex "e", Ex "m", Ex "op" e Ex "t".

Deve ser ressaltado que, em muitos casos, os equipamentos "Ex" não possuem apenas um "único" tipo de proteção, sendo compostos por diversos tipos "combinados", por exemplo, invólucros pressurizados contendo barreiras de segurança intrínseca (marcação Ex p [Ex i]) ou equipamentos com proteção por invólucro contra ignição de poeira contendo barreiras de segurança intrínseca (marcação Ex t [Ex i]); ou invólucros à prova de explosão com entradas indiretas contendo barreiras de segurança intrínseca (marcação Ex de [Ex i]), ou equipamentos contendo dispositivos intrinsecamente seguros associados e dispositivos associados com proteção óptica associada (marcações Ex e [Ex i] [Ex op]); ou equipamentos com invólucros de segurança aumentada contendo barreiras de segurança intrínseca com proteção adicional para instalação em área classificada (marcação Ex de [Ex i]) ou equipamento com invólucros de segurança aumentada contendo componentes encapsulados e barreira de proteção de segurança intrínseca (marcação Ex e mb [Ex ib]).

Na figura a seguir, é apresentado um exemplo de um equipamento "Ex" para monitoração de posição de válvulas, incorporando três tipos de proteção "combinados": Ex eb / Ex mb / Ex [ib Gb].

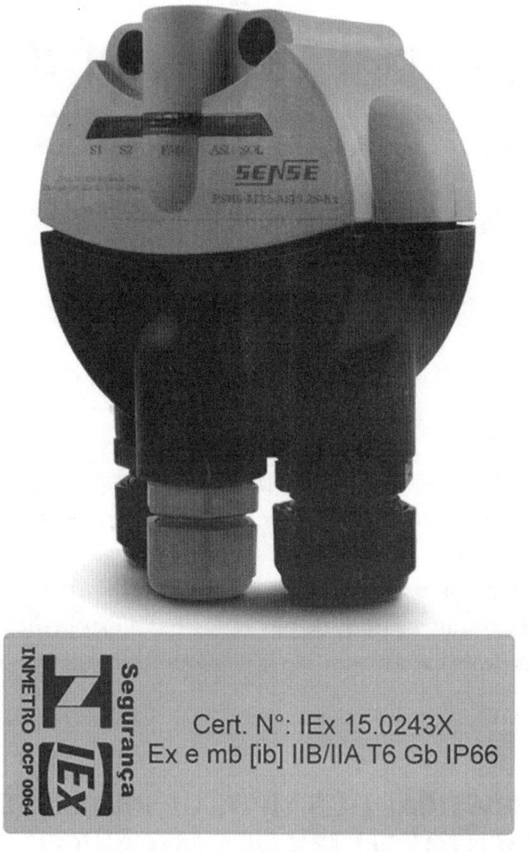


**Figura 7.1 –** Exemplo de equipamento "Ex" incorporando três tipos de proteção "Ex" "combinados": segurança aumentada, encapsulamento e segurança intrínseca. Marcações Ex eb/Ex mb/Ex [ib Gb].

*Fonte*: Sense Sensores e Instrumentos.

Na figura a seguir, é apresentado um exemplo de marcação de um equipamento "Ex" contendo três tipos de proteção "combinados": Ex eb/Ex mb/Ex [ib Gb].

**Figura 7.2** – Exemplo de marcação de equipamento "Ex" incorporando três tipos de proteção "Ex" "combinados": segurança aumentada, encapsulamento e segurança intrínseca. Marcações Ex eb/Ex mb/Ex [ib Gb].

*Fonte*: Sense Sensores e Instrumentos.

A abordagem das informações apresentadas neste capítulo tem como foco principal os requisitos de instalação, sob o ponto de vista dos usuários dos equipamentos e das instalações, bem como das empresas e dos profissionais envolvidos com as atividades de projeto, seleção de equipamentos, montagem, inspeção, manutenção, reparo e recuperação de equipamentos e instalações "Ex".

## 7.2 TIPOS DE PROTEÇÃO "Ex" NORMALIZADOS NAS NORMAS DAS SÉRIES ABNT NBR IEC 60079 E ABNT NBR ISO 80079

Os equipamentos de instrumentação, automação, telecomunicações, elétricos ou mecânicos, para serem instalados em áreas classificadas contendo atmosferas explosivas formadas por gases inflamáveis ou poeiras combustíveis, necessitam ter características específicas de proteção "Ex". Essas características de proteção são denominadas *tipos de proteção "Ex"*, normalizadas nas normas técnicas brasileiras adotadas das Séries ABNT NBR IEC 60079 e ABNT NBR ISO/IEC 80079 – *Atmosferas explosivas.*

Os tipos de proteção "Ex" mais comumente aplicados a equipamentos "Ex" industriais são:

- Ex "ia", "ib", "ic" – Segurança intrínseca – Normas ABNT NBR IEC 60079 – Parte 11 (*Equipamentos Ex "i"*), Parte 25 (*Sistemas Ex "i"*), Parte 39 (*"Power-i"*) e Parte 47 (*2-WISE*);
- Ex "eb"/Ex "ec" – Segurança aumentada – Norma ABNT NBR IEC 60079-7;
- Ex "ma"/Ex "mb"/Ex "mc" – Proteção de equipamentos por encapsulamento "m"– Norma ABNT NBR IEC 60079-18;
- Ex "nC", Ex "nR" – Não centelhante – Norma ABNT NBR IEC 60079-15;
- Ex "pzc"/Ex "pxb"/Ex "pyb" – Invólucros pressurizados – Norma ABNT NBR IEC 60079-2;
- Ex "db" – Invólucro à prova de explosão com entrada direta – Norma ABNT NBR IEC 60079-1;
- Ex "db eb" – Invólucro à prova de explosão com entrada indireta por caixa de terminais de segurança aumentada – Normas ABNT NBR IEC 60079-1 e ABNT NBR IEC 60079-7;

- Ex "t" – Proteção de equipamento contra ignição de poeira por invólucro "t" – Norma ABNT NBR IEC 60079-31;
- Ex "v" – Proteção de equipamento por ambiente pressurizado "p" e por ambiente artificialmente ventilado "v" – Norma ABNT NBR IEC 60079-13;
- Ex "op" – Proteção óptica – Norma ABNT NBR IEC 60079-28;
- Ex "h" – Proteção para equipamentos mecânicos "Ex" – Norma ABNT NBR ISO 80079-36;
- Ex "b" – Proteção por controle de fontes de ignição – Norma ABNT NBR ISO 80079-37;
- Ex "c" – Proteção construtiva para equipamentos mecânicos "Ex" – Norma ABNT NBR ISO 80079-37;
- Ex "k" – Proteção por imersão em líquido – Norma ABNT NBR ISO 80079-37.

## 7.3 PROTEÇÃO POR SEGURANÇA INTRÍNSECA – TIPO DE PROTEÇÃO "i"

Os requisitos de fabricação, dimensionamento, avaliação, ensaios e certificação de equipamentos e sistemas com o tipo de proteção por segurança intrínseca (Ex "i") consistem no principal tema de abordagem deste livro.

Além disso, são também apresentados, com detalhes, requisitos para a as atividades de seleção, montagem, inspeção, manutenção e reparos de produtos intrinsecamente seguros.

Esses assuntos específicos relacionados com produtos intrinsecamente seguros (Ex "i") e equipamentos intrinsecamente seguros associados ([Ex "i"]) são abordados em diversos outros capítulos deste livro.

Na figura a seguir, é apresentado um exemplo de uma barreira de segurança intrínseca com isolação galvânica (equipamento associado), para proteção de equipamentos intrinsecamente seguros (Ex "i") instalados em áreas classificadas de minas subterrâneas de carvão (grupo I), contendo gases inflamáveis (grupo II) ou contendo poeiras combustíveis (grupo III), com marcações [Ex ia Ma] I, [Ex ia Ga] IIC e [Ex ia Da] IIIC.

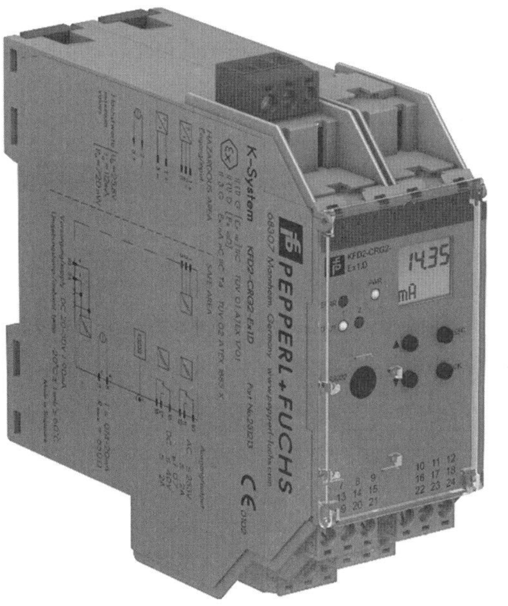


**Figura 7.3 –** Exemplo de equipamento intrinsecamente seguro associado com marcações [Ex ia Ma] I, [Ex ia Ga] IIC e [ia Da] IIIC.

*Fonte*: Pepperl + Fuchs Brasil.

Na figura a seguir, é apresentado um exemplo de um painel de controle e automação contendo barreiras de segurança intrínseca (equipamentos associados), com isolação galvânica, com marcações [Ex ia Ma] I, [Ex ia Ga] IIC e [Ex ia Da] IIIC, protegidas por outros tipos de proteção combinados, como Ex "d" (invólucros plásticos), Ex "e" e Ex "m", adequadas para instalação em áreas classificadas contendo gases inflamáveis ou poeiras combustíveis.

**Figura 7.4 –** Exemplo de painel de controle e automação contendo barreiras de segurança intrínseca com marcações [Ex ia Ma] I, [Ex ia Ga] IIC e [Ex ia Da] IIIC, protegidas por outros tipos de proteção combinados, como Ex "d" (invólucros plásticos), Ex "e" e Ex "m".

*Fonte*: Pepperl + Fuchs Brasil.

Na figura a seguir, é apresentado um exemplo de equipamentos de sistema de medição e pesagem em indústria química, com painel local de medição e controle, com proteção por segurança intrínseca, adequado para instalação em áreas classificadas como Zona 1 (Ex ib IIC Gb) e Zona 21 (Ex ib IIIC Db).

**Figura 7.5** – Exemplo de equipamentos de sistema de medição e pesagem em indústria química, com painel local de medição e controle, com proteção por segurança intrínseca, adequado para instalação em áreas classificadas Zona 1 (Ex ib IIC Gb) e Zona 21 (Ex ib IIIC Db).

*Fonte*: Mettler Toledo.

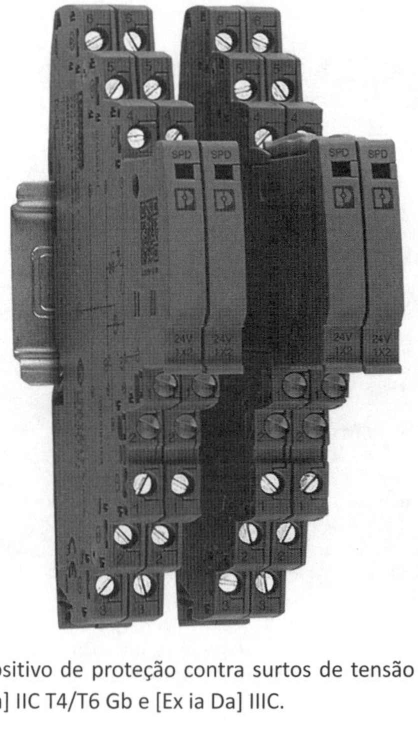

**Figura 7.6** – Exemplo de dispositivo de proteção contra surtos de tensão em circuitos intrinsecamente seguros, marcações Ex ib [ia Ga] IIC T4/T6 Gb e [Ex ia Da] IIIC.

*Fonte*: Phoenix Contact do Brasil.

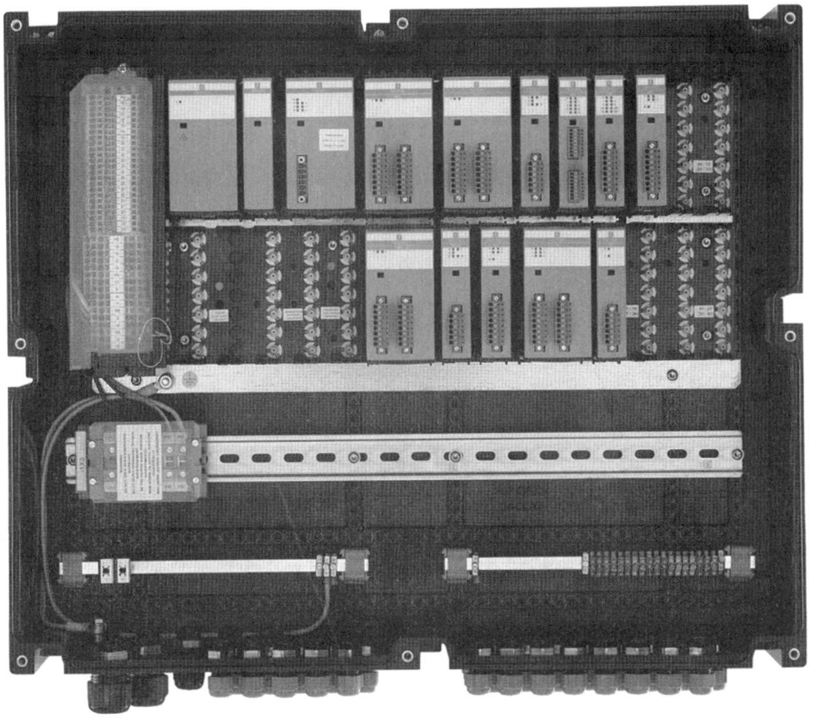

**Figura 7.7** – Exemplo de painel "Ex" do tipo Unidade Terminal Remota (RTU) para a distribuição de circuitos de automação, com invólucro externo em plástico, com marcação Ex "eb" e Ex "tb", contendo fontes de alimentação, módulos de redes de comunicação de dados e módulos de entrada e saída (I/O) intrinsecamente seguros ([Ex "i"]), combinados com os tipos de proteção Ex "db eb IIC Gb", adequados para instalação em áreas classificadas do Grupo IIC (Acetileno) e Grupo IIIC (Poeiras condutivas).

*Fonte*: P+F Brasil.

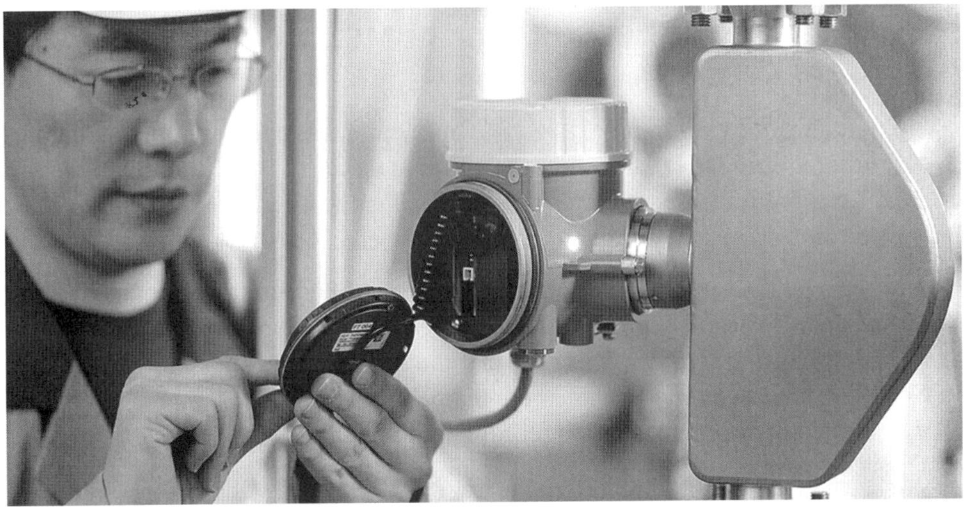

**Figura 7.8** – Exemplo de instalação de campo de instrumento para medição de massa, do tipo *Coriolis*, com tipo de proteção por segurança intrínseca, marcações Ex db eb ia [ia Ga] IIC T1-T6 Gb e Ex tb [ia Da] IIIC T* Db, para integração com o sistema digital de controle de processo (DCS).

*Fonte*: E+H: – Endress+Hauser Controle e Automação Ltda.

**Figura 7.9** – Exemplo de barreiras de segurança intrínseca, marcação [Ex ia] IIC, do tipo com isolação galvânica, mostrando detalhes de montagem em *backplane*, contendo conexões para alimentação elétrica e detalhes de conexão de multicabos dos circuitos não Ex "i" para interligação com o sistema digital de controle de processo (DCS).

*Fonte*: Phoenix Contact do Brasil.

Ao longo dos demais capítulos deste livro sobre o tema "segurança intrínseca", são apresentados detalhes sobre os requisitos de projeto, dimensionamento, fabricação, avaliação, ensaios, certificação, especificação técnica, instalação, inspeção, manutenção, recuperação e gestão de equipamentos e instalações com tipo de proteção Ex "i".

## 7.4 PROTEÇÃO POR SEGURANÇA AUMENTADA – TIPO DE PROTEÇÃO "e"

Os equipamentos com tipo de proteção Ex "e" são fabricados com medidas adicionais de proteção para reduzir, com um elevado grau de certeza, a possibilidade de ocorrência de temperaturas excessivas e de arcos e centelhas no interior ou no exterior desses equipamentos elétricos, as quais não ocorrem em operação normal.

Deve ser ressaltado que uma atmosfera explosiva contendo gases inflamáveis presente no local da instalação pode eventualmente ingressar no interior do invólucro Ex "e", fazendo, dessa forma, com que exista um elevado grau de segurança contra a possibilidade de ocorrência de pontos quentes com temperaturas acima da temperatura limite e da ocorrência fontes de ignição no interior do equipamento e em partes expostas a atmosferas explosivas.

A figura a seguir mostra uma representação do tipo de proteção "segurança aumentada".

**Figura 7.10 –** Representação do tipo de proteção segurança aumentada – Ex "e".

Em caso de ocorrência de eventuais situações previstas de sobrecarga, os equipamentos Ex "e" devem atender a requisitos específicos sobre tópicos, como conectores, fiação, componentes, distâncias de isolação no ar e distâncias medidas sobre os materiais isolantes (distâncias de escoamento), impactos mecânicos, resistência à vibração e grau de proteção contra ingresso de água e poeira no interior do invólucro.

Essa técnica de proteção por segurança aumentada é aplicável a equipamentos elétricos que não geram centelhas ou temperaturas elevadas em condições normais de operação e sob algumas condições anormais, especificadas na respectiva norma.

Podem ser citados com exemplos "típicos" de equipamentos nos quais é normalmente aplicado o tipo de proteção segurança aumentada Ex "e", eventualmente incluindo a combinação com outros tipos de proteção: motores de indução trifásicos com rotor em gaiola de esquilo, transformadores de potência, transformadores de corrente (eletromagnéticos e com bobina de Rogowski) e transformadores de tensão, instrumentos de medição, luminárias, caixas de terminais, de junção e de conexão para equipamentos elétricos e invólucros de equipamentos e painéis elétricos, de instrumentação, de automação e de telecomunicações.

Sob o ponto de vista histórico, o tipo de proteção de equipamentos para instalação em atmosferas explosivas por segurança aumentada foi desenvolvido durante a década de 1940, na Alemanha, sendo inicialmente normalizado na norma alemã VDE 0170 – Parte 6; posteriormente na norma europeia CENELEC EN 50019, em 1977; e no presente momento definido na norma brasileira ABNT NBR IEC 60079-7.

Em 1906, já havia sido publicado pelo diretor do laboratório de pesquisa para minas de carvão BVS (*Bergbau Versuchsstrecke - Mining Test Facility*), da Alemanha, o resultado de um estudo investigativo que fundamentalmente descrevia os princípios de proteção de invólucro à prova de explosão e outras técnicas de proteção de equipamentos para instalação em atmosferas explosivas, como imersão em óleo e a segurança aumentada.

No final da década de 1940, após a Segunda Guerra Mundial, o Instituto de Física e Técnica da Alemanha (*Physikalisch Technische Bundesanstalt* – PTB, na época ainda denominado *Physikalisch-Technische Reichsanstalt* – PTR), realizou uma pesquisa completa para a implantação de desenvolvimentos adicionais para este conceito de proteção de equipamentos "Ex", os quais já haviam sido incluídos na primeira edição da norma alemã VDE 0170-6 sobre o tipo de proteção segurança aumentada (*erhöhte sicherheit*, em alemão).

Essas pesquisas determinaram as medidas necessárias para se evitar o risco da ocorrência de faíscas ou temperaturas superficiais excessivas de equipamentos elétricos destinados a instalação em áreas classificadas contendo gases inflamáveis, por meio da utilização de dispositivos especiais de terminais para a fixação de cabos, maiores distâncias de isolação e de escoamento, alta qualidade de materiais isolantes, bem como de sistemas de limitação e de monitoração de temperatura.

Essa técnica de segurança aumentada não é aplicável a equipamentos elétricos que geram centelhas em condições normais de operação, como disjuntores, chaves, relés e botoeiras, para os quais são aplicáveis outros tipos de proteção, como os invólucros plásticos à prova de explosão e terminais externos em segurança aumentada. A maior ênfase nessas pesquisas do PTB sobre a segurança aumentada foi dada aos motores elétricos. Participaram desses estudos e pesquisas, juntamente com o PTB, alguns tradicionais fabricantes de motores elétricos, como Siemens, AEG e Loher.

Do ponto de vista construtivo, muitos equipamentos com tipo de proteção Ex "e" se distinguem "visualmente" de outros equipamentos industriais para aplicação em áreas não classificadas somente pela sua marcação. Por esse motivo, um grande desafio, quando do lançamento desse tipo de proteção Ex "e", na década de 1950, foi convencer as autoridades e os usuários dos diversos países da Europa e de outros continentes de sua aplicação segura, mesmo em áreas classificadas do tipo Zona 1, com base na normalização na qual os fabricantes de equipamentos "Ex" da Alemanha e o PTB tinham estado ativamente envolvidos ao longo das décadas anteriores.

Os resultados das pesquisas realizadas pelo PTB permaneceram por algumas décadas como uma técnica de proteção "Ex" particularmente utilizada pela Alemanha e posteriormente pelos demais países europeus. A letra inicial "e", proveniente do termo em alemão *erhöhte sicherheit*, ou "segurança aumentada", tornou-se o símbolo internacional do tipo de proteção Ex "e", o qual foi reconhecido com a publicação da primeira edição da Norma IEC 79-7, elaborada pelo TC-31 da IEC em 1969.

Equipamentos nos quais arcos ou centelhas ou altas temperaturas possam ocorrer durante operação normal (como disjuntores, contatores, relés e chaves de força) não podem ser fabricados somente com esse tipo de proteção Ex "e", uma vez que essa técnica de proteção se baseia no conceito da prevenção da geração de centelhas.

A técnica da segurança aumentada provê aos equipamentos um nível de proteção de equipamento EPL Gb ou EPL Gc, o que os torna seguros para instalação em áreas classificadas do tipo Zona 1 ou Zona 2, respectivamente. Dessa forma, com o nível de proteção Gb, os equipamentos Ex "eb" podem ser instalados até mesmo em locais onde a presença de atmosferas explosivas possa ocorrer em condições normais de operação dos equipamentos de processo.

A norma técnica brasileira adotada ABNT NBR IEC 60079-7 – *Atmosferas explosivas – Parte 7: Proteção de equipamentos por segurança aumentada "e"* estabelece os requisitos normativos para projeto, avaliação, fabricação e ensaios desses tipos de equipamentos "Ex".

As medidas de projeto de fabricação fazem com que os equipamentos Ex "e" não se tornem uma fonte de ignição, mesmo na eventual ocorrência de uma falha de operação. Esse requisito é atingido principalmente pelas seguintes medidas de segurança:

- evitar influências externas, por meio do grau de proteção mínimo IP54 (norma ABNT NBR IEC 60529), invólucros resistentes a impactos e entradas de cabos especiais;
- evitar a ocorrência de centelhas e arcos, por meio de distâncias aumentada de isolação e de escoamento, requisitos especiais para materiais isolantes (por exemplo, redução da temperatura) e por meio de requisitos especiais para os terminais para fixação de cabos (por exemplo, por proteção contra autoafrouxamento);
- evitar temperaturas capazes de causar uma ignição, por meio do projeto de fabricação dos equipamentos, de forma que não ocorra aquecimento não permitido, mesmo em casos de sobrecarga, por meio de monitoração de temperatura dos enrolamentos e desligamento (*trip*) automático.

### 7.4.1 REQUISITOS ESPECÍFICOS DE TERMINAIS PARA CONEXÕES ELÉTRICAS EM EQUIPAMENTOS Ex "e"

Dependendo de suas aplicações específicas, os terminais para conexões elétricas são subdivididos em terminais para conexões *externas* aos equipamentos Ex "e" (*conexões de campo*) e terminais para conexões *internas* (*conexões de fábrica* para a fiação no interior dos equipamentos), bem como subdivididas em conexões permanentes ou desconectáveis. Cada tipo de terminal deve, sempre que aplicável, atender aos seguintes requisitos:

a) ser construído de forma que os condutores não possam deslizar para locais fora de suas posições destinadas durante as operações de aperto dos respectivos parafusos ou após a inserção do cabo;

b) prover meios para evitar um autoafrouxamento das conexões durante operação em serviço;

c) ser fabricado de forma que um contato seja assegurado sem a ocorrência de danos aos condutores que poderiam prejudicar a capacidade desses condutores de desempenharem suas funções, mesmo nos casos de utilização de condutores multiencordoados, em terminais destinados a conexão de condutores singelos;

d) proporcionar uma força positiva de compressão para assegurar uma pressão de contato em serviço;

e) ser construído de forma que o contato proporcionado não possa ser prejudicado por alterações de temperatura que possam ocorrer em serviço;

f) não ser especificado para acomodar mais do que um condutor individual no ponto de conexão, a menos que tenha sido especificamente projetado e avaliado para operar dessa forma;

g) se for destinado à fixação de condutores encordoados, empregar um meio que proteja os condutores e que assegure uma distribuição uniforme de pressão sobre o cabo.

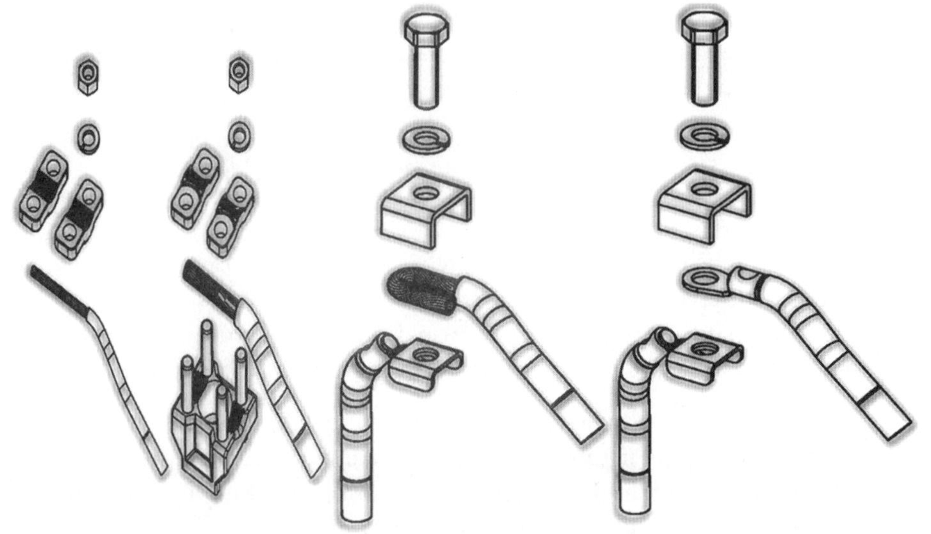

**Figura 7.11** – Exemplos de terminais com requisitos construtivos de arruelas de compressão e placas para distribuição de força de aperto do parafuso para o tipo de proteção Ex "eb".

*Fonte*: acervos pessoais dos autores.

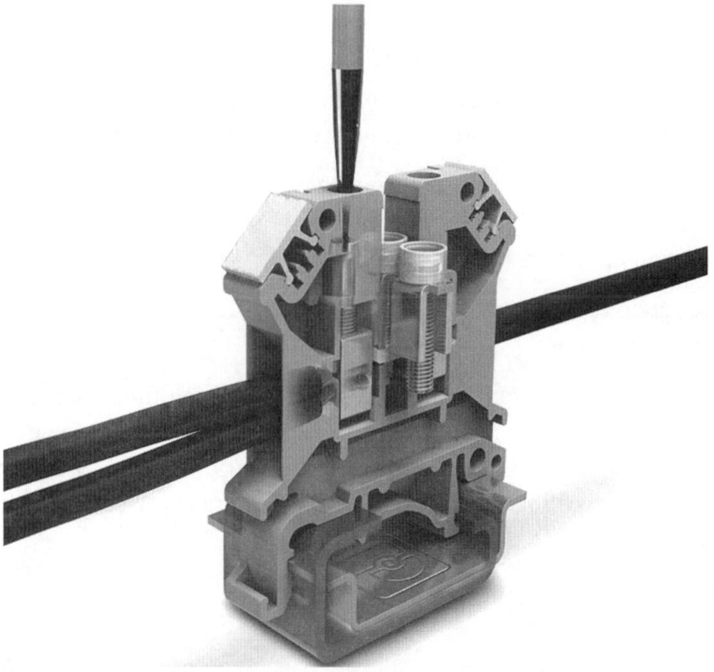

**Figura 7.12** – Exemplo instalação de cabos em terminal com requisitos construtivos de acordo com o tipo de proteção Ex "eb". Conexão de cabos por meio de parafusos.

*Fonte*: Phoenix Contact do Brasil.

**Figura 7.13 –** Exemplo régua de bornes terminais com requisitos construtivos de acordo com o tipo de proteção Ex "eb". Conexão de cabos por meio de molas.

*Fonte*: Phoenix Contact do Brasil.

A figura a seguir apresenta um conjunto de caixas de junção com invólucros plásticos (poliéster reforçado com fibra de vidro), réguas de terminais e prensa-cabos com o tipo de proteção segurança aumentada – Ex "e".

**Figura 7.14 –** Exemplo de caixas de junção com invólucros plásticos, réguas de terminais e prensa-cabos com tipo de proteção Ex "eb" (segurança aumentada).

*Fonte*: acervos pessoais dos autores.

A figura a seguir apresenta um painel de distribuição de circuitos com proteção combinada Ex "d" e Ex "e", com invólucros plásticos (poliéster reforçado com fibra de vidro), contendo componentes centelhantes (disjuntores com certificação sufixo "U") do tipo à prova de explosão (com invólucros plásticos) e réguas de terminais com o tipo de proteção segurança aumentada. Contém também invólucro metálico à prova de explosão com tampa roscada e entrada indireta por meio de caixa de junção metálica do tipo Ex "e".

**Figura 7.15** – Exemplo de painel de distribuição de circuitos com invólucros plásticos contendo componentes centelhantes à prova de explosão (em invólucro plástico), com marcação Ex db eb IIC Gb (U), réguas de terminais e prensa-cabos do tipo Ex "eb" (segurança aumentada).

*Fonte*: acervos pessoais dos autores.

A figura a seguir apresenta um painel de distribuição de circuitos com invólucros metálicos em aço inoxidável, réguas de terminais e prensa-cabos com o tipo de proteção Ex "e" (segurança aumentada).

**Figura 7.16** – Exemplo de painel de distribuição de circuitos com invólucros metálicos em aço inoxidável e réguas de terminais do tipo Ex "e" (segurança aumentada).

*Fonte*: acervos pessoais dos autores.

A figura a seguir apresenta caixas de junção com invólucros plásticos, réguas de terminais e prensa-cabos do tipo Ex "e" e circuitos intrinsecamente seguros (cabos com capa externa na cor azul-claro).

**Figura 7.17 –** Exemplo de caixas de junção com invólucros plásticos, réguas de terminais e prensa-cabos do tipo Ex "e" e circuitos intrinsecamente seguros.

*Fonte*: acervos pessoais dos autores.

**Figura 7.18 –** Exemplo de caixa de terminais com tipo de proteção "segurança aumentada" (Ex "eb"), com invólucro externo em plástico (poliéster reforçado com fibra de vidro). Marcação completa da caixa de junção "Ex", incluindo réguas de bornes internas "Ex" e invólucro externo "Ex": Ex ec IIC T6 Gb/Ex tb IIIC T85°C Db IP66.

*Fonte*: Schmersal do Brasil Eletroeletrônica Industrial Ltda.

**Figura 7.19 –** Exemplo de monitor de posição de válvula diafragma, com tipo de proteção segurança aumentada (Ex "ec") e proteção por invólucro contra ignição de poeira combustível (Ex "tc"), com vista externa e interna. Marcações: Ex ec IIC T6 Gc e Ex tc IIIB T85°C Dc.

*Fonte*: Sense Sensores e Instrumentos.

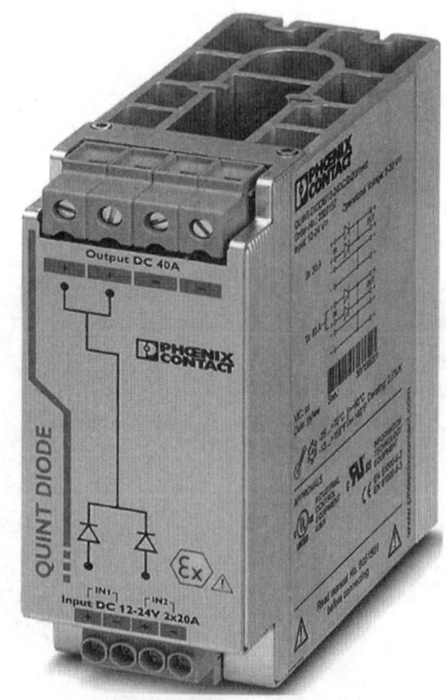


**Figura 7.20 –** Exemplo de fonte de alimentação CA/CC e conversor ou CC/CC "Ex" para montagem em trilho tipo DIN, grau de proteção IP 20, para instalação em áreas classificadas contendo gases inflamáveis, com tipo de proteção "segurança aumentada" (Ex "ec"), combinada com tipos de proteção Ex "ic"/segurança intrínseca (potenciômetro de ajuste da tensão de saída) e Ex "nC"/equipamento hermeticamente selado (relés eletromecânicos de sinais de saída). Marcação completa da fonte de alimentação "Ex": Ex ec ic nC IIC T4 Gc.

*Fonte*: Phoenix Contact do Brasil.

**Figura 7.21** – Exemplo de caixa de junção "Ex" para instalação em áreas classificadas, com invólucro externo em material não metálico (poliéster reforçado com fibra de vidro ou outros tipos de resina), contendo réguas de bornes terminais do tipo "segurança aumentada". Bornes terminais e prensa-cabos na cor azul claro para facilidade de identificação visual de circuitos intrinsecamente seguros. Marcações completas da caixa de junção (*junction box*): Ex eb IIC T6 Gb / Ex tb IIIC T85 °C Db.

*Fonte*: Tramontina Eletrik.

### 7.4.2 CONSIDERAÇÕES SOBRE O TIPO DE PROTEÇÃO *SEGURANÇA AUMENTADA* (Ex "e") – Ex "eb" E Ex "ec"

1) Um dos principais objetivos do desenvolvimento do conceito de proteção Ex "e" foi o de evitar a necessidade de utilização dos invólucros metálicos do tipo "à prova de explosão", os quais são comparativamente mais pesados, mais caros e que apresentam maiores dificuldades de execução dos serviços "Ex" de instalação, montagem, inspeção e reparos em áreas classificadas.

2) As pesquisas e o desenvolvimento do tipo de proteção "segurança aumentada", iniciados na década de 1940, tiveram por objetivo disponibilizar no mercado equipamentos "Ex" que pudessem ser considerados mais seguros, levando em consideração a redução da possibilidade de ocorrências de "falhas", "desvios" ou de "não conformidades" de montagem ou manutenção, em comparação aos invólucros metálicos Ex "d", devido, inclusive, à ocorrência de falhas humanas nos serviços "Ex" de campo em atmosferas explosivas.

3) Os tipos de proteção por "segurança aumentada" Ex "eb" e Ex "ec" podem ser considerados como uma das técnicas de proteção "Ex" mais efetivas, do ponto de vista econômico e de segurança, quando utilizadas de forma individual ou em combinação com outros tipos de proteção "Ex", juntamente com os componentes centelhantes do tipo "à prova de explosão" (proteção combinada Ex "db eb IIC Gb U") e a segurança intrínseca (Ex "i").

4) Todos os tipos de proteção "Ex" podem ser considerados "seguros", porém, somente se os respectivos equipamentos de instrumentação, automação, telecomunicações, elétricos ou mecânicos "Ex" tiverem sido devidamente instalados, inspecionados, mantidos ou reparados, ao longo do seu ciclo total de vida. Por esses motivos, devem ser especificados equipamentos "Ex" que proporcionem serviços de campo mais simples, sob o ponto de vista dos usuários e dos proprietários dos equipamentos "Ex", os quais são os responsáveis pela segurança de suas instalações.

5) O tipo de proteção Ex "ec" incorporou os requisitos até então apresentados na norma ABNT NBR IEC 60079-15, aplicáveis a equipamentos não centelhantes, com tipo de proteção Ex "nA". Como o "antigo" tipo de proteção Ex "nA" se baseava nas mesmas filosofias e conceitos de proteção sobre equipamentos "Ex" que normalmente não apresentam fontes de centelhas ou de altas temperaturas, os requisitos indicados naquela norma internacional IEC 60079-15 eram muito similares aos requisitos do tipo de proteção Ex "e". Dessa forma, foi aprovada pelos países participantes do TC-31 da IEC, incluindo o Brasil, a incorporação dos requisitos do tipo de proteção Ex "nA" na Edição 5.0 (2015) da IEC 60079-7, com um nível de proteção de equipamento "diferenciado": EPL Gc.

6) O nível de proteção Ex "eb" é proporcionado para equipamentos e componentes elétricos, como terminais, condutores, bobinas, transformadores, lâmpadas e baterias, mas não para componentes eletrônicos. Até a edição publicada pela ABNT em 2018 da norma técnica brasileira adotada ABNT NBR IEC 60079-7, esse tipo de proteção é aplicável a equipamentos elétricos com nível de proteção "eb" com tensão nominal que não excedam 11 kV (eficaz ou c.c.).

7) O nível de proteção Ex "ec" é proporcionado para equipamentos e componentes elétricos como terminais, condutores, bobinas, transformadores, lâmpadas e baterias, incluindo componentes eletrônicos. A atual edição da norma técnica brasileira adotada ABNT NBR IEC 60079-7 se aplica a equipamentos elétricos com nível de proteção "ec", com tensão nominal que não exceda 15 kV (eficaz ou c.c.).

8) Os equipamentos e invólucros com tipo de proteção Ex "e" possuem características simplificadas de fabricação e requisitos simplificados de serviços de campo de instalação e de manutenção, não requerendo as mesmas características e procedimentos "complexos" de instalação, inspeção, manutenção e reparos que são normalmente aplicáveis para os invólucros metálicos com juntas flangeadas e aparafusadas com tipo de proteção Ex "d" (à prova de explosão), como a necessidade de instalação de unidades seladoras à prova de explosão para eletrodutos, niples e uniões macho/fêmea à prova de explosão, ou prensa-cabos à prova de explosão.

9) Para instalações em atmosferas explosivas que requeiram chaves ou disjuntores com corrente nominal acima de 250 A/25 kA, invólucros metálicos à prova de explosão com tampas *roscadas* e com entradas *indiretas* devem ser utilizados. No entanto, a utilização de equipamentos com os conceitos combinados de proteção Ex "e" com o encapsulamento de dispositivos centelhantes (como chaves de comando, disjuntores, chaves de controle, chaves de força e contatores) em invólucros plásticos Ex "d" podem ser considerados como uma opção mais adequada e com requisitos mais simplificados de instalação, inspeção e manutenção em áreas classificadas, quando comparados com os "tradicionais" invólucros à prova de explosão metálicos com juntas planas fixadas por parafusos.

## 7.5 PROTEÇÃO DE EQUIPAMENTOS POR TIPO DE PROTEÇÃO Ex "nC" E Ex "nR"

A norma técnica brasileira adotada ABNT NBR IEC 60079-15 especifica os requisitos para fabricação, ensaios e marcação de equipamentos elétricos para o grupo II com tipo de proteção "n" para instalação em áreas classificadas contendo gases inflamáveis, aplicáveis a equipamentos elétricos com tensão nominal não superior a 15 kV c.a. eficaz ou c.c.

Aquela norma é aplicável a equipamentos elétricos não centelhantes e a equipamentos elétricos com partes ou circuitos que produzam arcos ou centelhas, ou ainda que possuam superfícies quentes, as quais, se não fossem protegidas de uma forma especificada naquela norma, poderiam ser capazes de causar ignição em atmosferas de gases inflamáveis existentes no ambiente.

O tipo de proteção Ex "n" é aplicado a equipamentos elétricos que, em operação normal e em certas ocorrências normalmente esperadas e especificadas, não sejam capazes de provocar a ignição em uma atmosfera explosiva de gases inflamáveis em seu entorno.

Os dispositivos de interrupção em invólucro Ex "nC" incorporam contatos elétricos centelhantes contidos em invólucros construídos para resistir, sem sofrer danos, a explosões internas de gases inflamáveis, que podem entrar no invólucro, sem permitir danos ou propagação das explosões internas à atmosfera externa de gás ou vapor. Os dispositivos hermeticamente selados Ex "nC" são equipamentos selados, por exemplo por meio de solda ou por fusão do corpo metálico, não permitindo que a atmosfera externa acesse seu interior.

Os componentes não acendíveis "nC" incorporam contatos elétricos que estabelecem ou interrompem um circuito com capacidade de ignição, mas com o mecanismo do contato projetado e construído de forma que o componente não seja capaz de causar a ignição de uma atmosfera explosiva específica. Por sua vez, os dispositivos selados "nC" são construídos de forma que não podem ser abertos durante o serviço normal e são efetivamente selados para impedir a entrada de uma atmosfera externa.

Os invólucros com respiração restrita "nR" são projetados para restringir a entrada de gases, vapores e névoas no interior de seu invólucro.

A figura a seguir mostra uma representação do tipo de proteção Ex "n".

**Figura 7.22 –** Representação do tipo de proteção Ex "n".

Até o ano de 2018, existia o tipo de proteção Ex "nA" (não acendível), aplicável a equipamentos que não geram centelhas ou pontos quentes de alta temperatura em condições normais de operação, de acordo com a norma técnica brasileira ABNT NBR IEC 60079-15. O tipo de proteção "nA" foi incorporado na norma técnica brasileira adotada ABNT NBR IEC 60079-7/2018 (tipo de proteção Ex "e" – segurança aumentada), com nível de proteção Gc (elevado), de acordo com o tipo de proteção Ex "ec".

A figura a seguir mostra um exemplo de barreira de segurança intrínseca (equipamento associado, com isolação galvânica) com tipos de proteção associados Ex "nA" e [Ex "ia"], com marcações Ex nA [ia Ga] IIC T4 Gc e [Ex ia Da] IIIC.

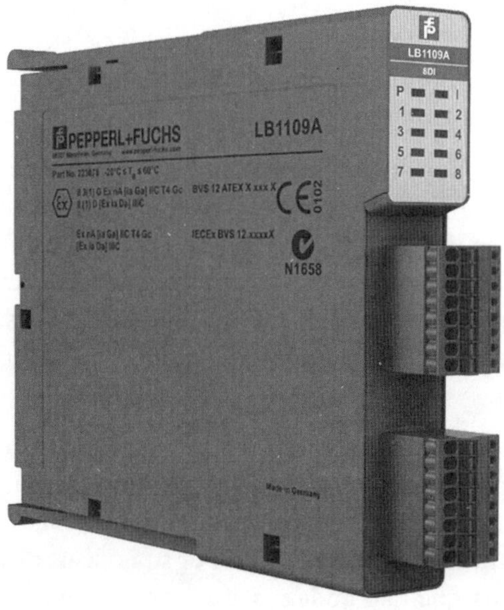


**Figura 7.23 –** Exemplo de barreira de segurança intrínseca (equipamento associado, com isolação galvânica) com tipos de proteção associados Ex "nA" e [Ex "ia"], com marcações Ex nA [ia Ga] IIC T4 Gc e [Ex ia Da] IIIC.

*Fonte*: P+F Brasil.

A figura a seguir mostra um exemplo de uma plaqueta de marcação de equipamento para pesagem industrial para áreas classificadas contendo gases inflamáveis ou poeiras combustíveis, com tipos de proteção Ex "nA", Ex "ec" ou Ex "tc", com marcações Ex nA IIC T6 Gc, Ex ec IIC T6 Gc ou Ex tc IIIC T85 °C Dc.

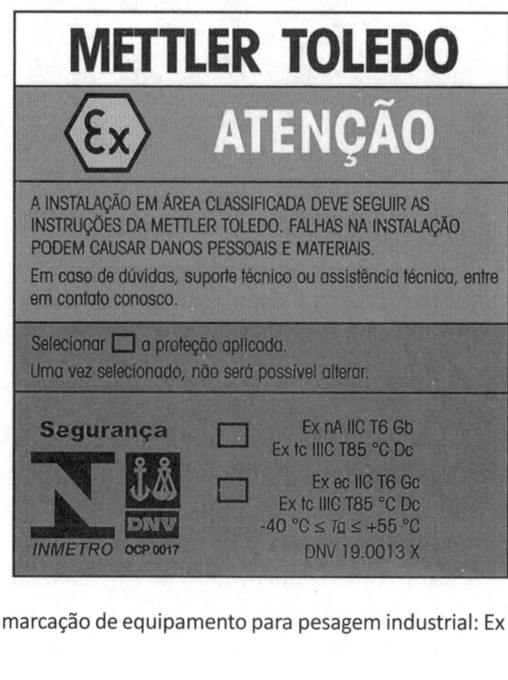


**Figura 7.24 –** Exemplo de marcação de equipamento para pesagem industrial: Ex nA IIC T6 Gc, Ex ec IIC T6 Gc ou Ex tc IIIC T85 °C Dc.

*Fonte*: Mettler Toledo.

A figura a seguir mostra um exemplo de sensor de válvula diafragma com tipos de proteção Ex "nA" (não acendível) e Ex "tc" (proteção por invólucro contra ignição de poeiras combustíveis), com marcações Ex nA IIC T6 Gc e Ex tc IIIB T85 °C Dc.

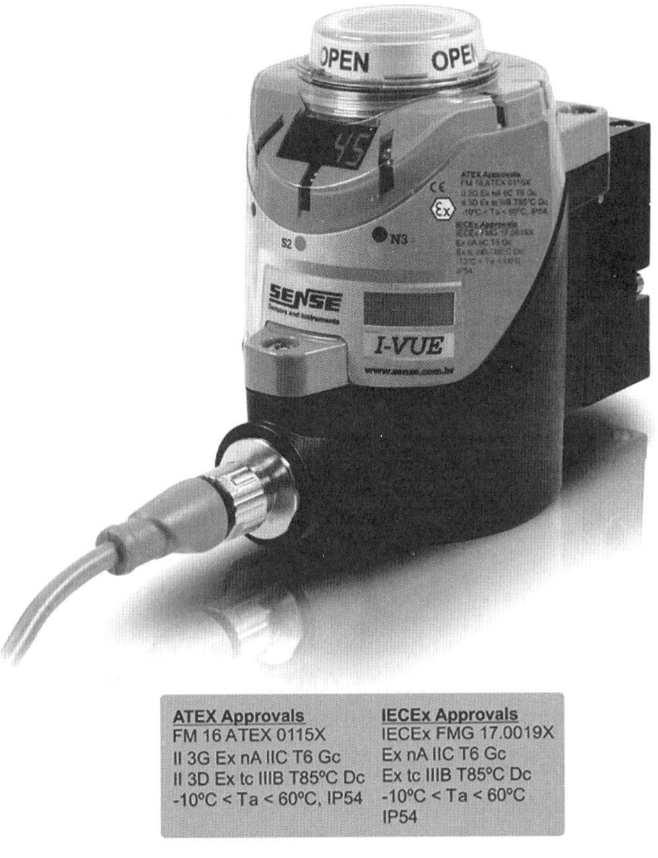


**Figura 7.25 –** Exemplo de sensor de válvula diafragma, adequada para instalação em áreas classificadas contendo gases inflamáveis ou poeiras combustíveis, com tipos de proteção Ex "nA" ou Ex "t".

*Fonte*: Sense Sensores e Instrumentos.

## 7.6 PROTEÇÃO DE EQUIPAMENTO POR INVÓLUCRO PRESSURIZADO – TIPO DE PROTEÇÃO "p"

Tipo de proteção que consiste em manter, no interior do invólucro, uma pressão positiva de ar, superior à pressão atmosférica. Se houver presença de mistura inflamável ao redor do equipamento, esta não entra em contato com suas partes internas que possam causar ignição. A pressão interna é mantida com ou sem a renovação contínua do ar de pressurização (ventilação). A figura a seguir mostra uma representação do tipo de proteção Ex "p" - invólucro pressurizado.

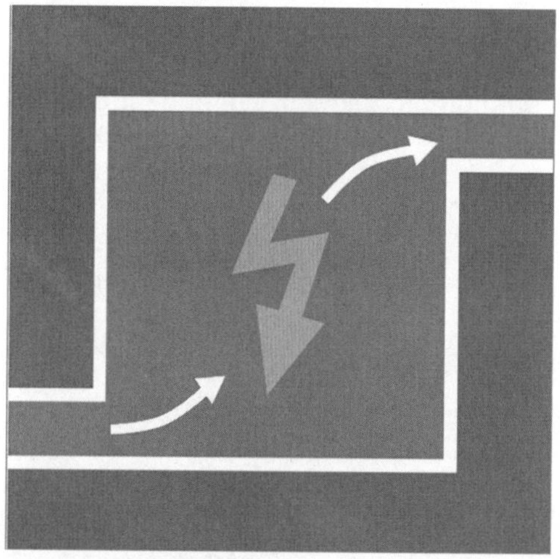

**Figura 7.26** – Representação do tipo de proteção de equipamento por invólucro pressurizado – Ex "p".

Existem três tipos básicos de pressurização de invólucros, de acordo com a norma ABNT NBR IEC 60079-2: Ex pzc, Ex pxb e Ex pyb:

- pressurização pzc: equipamento com pressurização estática instalado em área classificada Zona 2 (EPL Gc) ou Zona 22 (EPL Dc). Interior do equipamento considerado como área não classificada;
- pressurização pxb: equipamento com pressurização estática instalado em área classificada Zona 1 (EPL Gb) ou Zona 21 (EPL Db). Interior do equipamento considerado como área não classificada;
- pressurização pyb: equipamento com pressurização e ventilação instalado em área classificada Zona 1 (EPL Gb) ou Zona 21 (EPL Db). Interior do equipamento considerado como Zona 2 ou Zona 22, considerando-se a operação do sistema de ventilação instalado no equipamento.

Como exemplos de aplicação do tipo de proteção Ex "p", podem ser citados os painéis locais de proteção e distribuição de circuitos, painéis locais de controle e automação, analisadores de processo e motores de alta tensão.

A figura a seguir apresenta um painel de automação instalado em área classificada com invólucro pressurizado.

**Figura 7.27 –** Exemplo de painel de automação instalado em área classificada com invólucro pressurizado - Ex "p".

*Fonte*: acervos pessoais dos autores.

A figura a seguir apresenta um painel de controle de pressurização associado ao invólucro pressurizado.

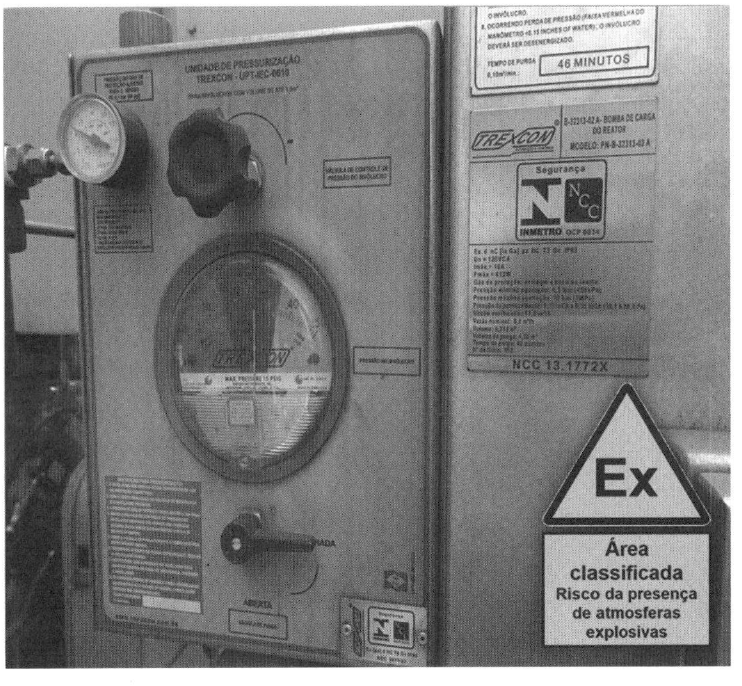


**Figura 7.28 –** Exemplo de painel de controle de pressurização associado ao invólucro pressurizado – Ex "p".

*Fonte*: acervos pessoais dos autores.

## 7.7 PROTEÇÃO DE EQUIPAMENTO CONTRA IGNIÇÃO DE POEIRA POR INVÓLUCRO – TIPO DE PROTEÇÃO "t"

Os equipamentos com proteção Ex "t" se caracterizam por possuírem um tipo de proteção para atmosferas com poeiras combustíveis, em que o equipamento elétrico possui um invólucro que provê proteção contra ingresso de poeira ao seu interior, bem como possui meios de limitar as temperaturas de superfície, de forma que sejam inferiores à temperatura de ignição da poeira combustível que possa estar presente no local da instalação.

A figura a seguir mostra uma representação do tipo de proteção Ex "t" - proteção de equipamento contra ignição de poeira por invólucro.

**Figura 7.29** – Representação do tipo de proteção de equipamento contra ignição de poeira por invólucro – Ex "t".

Com relação ao nível de proteção provido pelo equipamento "Ex", denominado de EPL, como já visto, o tipo de proteção "t" é dividido em três níveis de proteção, com base no risco de o equipamento elétrico se tornar uma fonte de ignição em uma atmosfera explosiva de poeira. Equipamentos com proteção contra ignição por poeira Ex "t" podem proporcionar os seguintes níveis de proteção: nível de proteção "ta" (EPL Da), nível de proteção "tb" (EPL Db) e nível de proteção "tc" (EPL Dc).

Fazendo-se uma comparação simplificada entre os EPL e os tipos de proteção, para fins de instalação em atmosferas explosivas de poeira combustível (grupo III), de forma similar com as atuais e "tradicionais" definições indicadas da norma técnica brasileira adotada ABNT NBR IEC 60079-14, com base em zonas (sem levar em consideração nenhuma avaliação adicional de risco), tem-se os seguintes critérios de seleção de EPL de equipamento com relação à classificação de áreas:

- Equipamentos com EPL Da – são adequados para instalação em áreas classificadas de poeiras dos tipos Zona 20, Zona 21 e Zona 22.
- Equipamentos com EPL Db – são adequados para instalação em áreas classificadas de poeiras dos tipos Zonas 21 e Zona 22.

- Equipamentos com EPL Dc – são adequados para instalação somente em áreas classificadas de poeiras do tipo Zona 22.

Os equipamentos com tipo de proteção Ex "t" se caracterizam por possuírem um grau de proteção mínimo IP55 ou IP65, de acordo com a norma ABNT NBR IEC 60529 (*Grau de proteção para invólucro de equipamentos elétricos*) ou a norma ABNT NBR IEC 60034-5 (*Grau de proteção para máquinas elétricas girantes*). Devem ser atendidos também, ou complementarmente, os requisitos aplicáveis da norma ABNT NBR IEC 60079-0, por exemplo, os ensaios de resistência térmica.

Esses graus de proteção indicam que o invólucro do equipamento elétrico Ex "t" possui vedações, gaxetas ou juntas bastante eficientes, fabricadas de forma que evitam o ingresso da poeira que possa estar presente no local de instalação para o seu interior, evitando, dessa forma, os riscos de ocorrência de baixa isolação ou de correntes de fuga.

A relação entre nível de proteção do equipamento Ex "t" (EPL), zona de classificação de áreas contendo poeiras combustíveis, grupo de equipamento e grau de proteção (IP) é indicada na tabela a seguir.

**Tabela 7.1 –** Tipo de proteção Ex "t": relação entre nível de proteção do equipamento (EPL), grupo do equipamento "Ex", grau de proteção (IP) e as zonas de áreas classificadas contendo poeiras combustíveis (grupo III)

| Nível de proteção de equipamento (EPL) | Zona de aplicação | Grupo IIIC | Grupo IIIB | Grupo IIIA |
|---|---|---|---|---|
| ta | Zona 20 | IP6X | IP6X | IP6X |
| tb | Zona 21 | IP6X | IP6X | IP5X |
| tc | Zona 22 | IP6X | IP5X | IP5X |

Além da característica de elevado grau de proteção, outra característica fundamental dos equipamentos Ex "t" é a de terem a sua temperatura máxima de superfície determinada por projeto. A fim de que os equipamentos Ex "t" não representem uma fonte de ignição para as camadas de poeiras combustíveis que podem se acumular sobre seus invólucros, essa temperatura máxima de superfície deve ser menor do que a temperatura de ignição da poeira combustível que pode estar presente no local da instalação.

Na figura a seguir, é mostrado um exemplo de uma chave de segurança com marcação Ex tb IIIC T 85 °C Db (proteção por invólucro contra ignição de poeira combustível), para parada de emergência de esteira transportadora, instalada em área classificada do grupo IIIB (poeiras não condutivas).

**Figura 7.30** – Exemplo de chave de segurança com o tipo de proteção Ex tb IIIC T 85 °C Db, instalada em área classificada do grupo IIIB.

*Fonte*: acervos pessoais dos autores.

Na figura a seguir, são apresentados alguns exemplos de tomadas industriais de força com marcação Ex tb IIIC T 85 °C Db, com invólucros em poliéster reforçado com fibra de vidro, instaladas em área classificada contendo poeiras combustíveis.

**Figura 7.31** – Exemplos de tomadas industriais de força com marcação Ex tb IIIC T 85 °C Db, com invólucros em poliéster reforçado com fibra de vidro, instaladas em área classificada do grupo III.

*Fonte*: acervos pessoais dos autores.

Na figura a seguir, é apresentado um sistema de pesagem "fiscal", com base em células de carga, com marcação Ex "tb", instalado em área classificada contendo poeiras combustíveis, para sistema de carregamento portuário de grãos ou farelo de soja, sorgo, milho ou fertilizantes.

**Figura 7.32** – Exemplo de sistema de pesagem com base em células de carga, com marcação Ex "tb", instalado em área classificada contendo poeiras combustíveis do grupo IIIB.

*Fonte*: acervos pessoais dos autores.

Na figura a seguir, é apresentado um exemplo de marcação de equipamento para sistema de medição e pesagem industrial em áreas classificadas contendo gases inflamáveis ou poeiras combustíveis, com marcações Ex ic IIC T4 Gc, Ex ec IIC T4 Gc, Ex tc IIIC T100 °C Dc, Ex ia IIC T4 Gb ou Ex ib IIIC T100 °C Db.

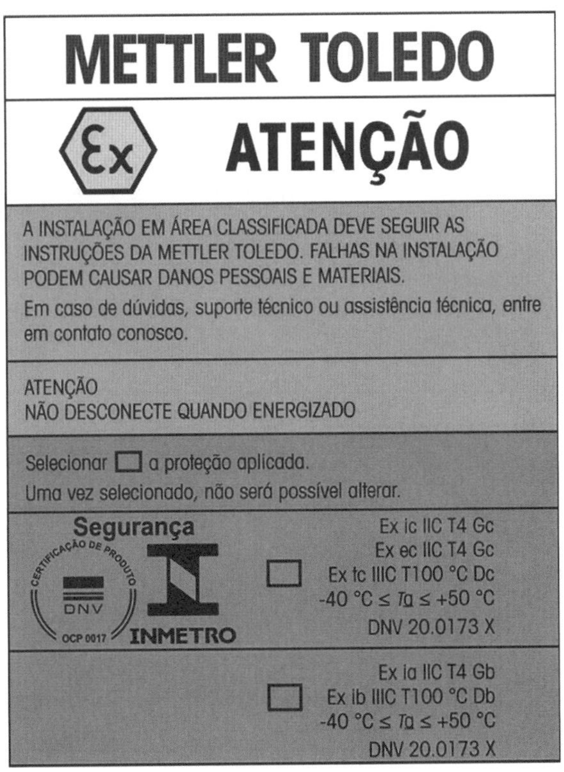


**Figura 7.33** – Exemplo de marcação de equipamento para sistema de medição e pesagem industrial em áreas classificadas com marcações Ex ic IIC T4 Gc, Ex ec IIC T4 Gc, Ex tc IIIC T100 °C Dc, Ex ia IIC T4 Gb ou Ex ib IIIC T100 °C Db.

*Fonte*: Mettler Toledo.

### 7.7.1 EQUIPAMENTOS MAIS COMUNS QUE UTILIZAM O TIPO DE PROTEÇÃO Ex "t"

Podem ser citados como os tipos mais comuns de equipamentos com tipos de proteção Ex "t": instrumentos sensores e transmissores, invólucros para painéis elétricos de distribuição de força, invólucros para botoeiras de comando locais, caixas de junção, invólucros para painéis de instrumentação e de automação, roteadores de Wi-Fi, invólucros para câmeras e "*pan-tilt*" de circuitos fechados de TV (CFTV), motores de indução ou síncronos trifásicos de baixa e de alta tensão, luminárias industriais LED (lineares e não lineares), plugues e tomadas industriais para áreas classificadas de poeiras combustíveis. Esses equipamentos com o tipo de proteção Ex "t" são os mais comuns em função de suas características construtivas e de aplicação em áreas classificadas do grupo III.

É usual que fabricantes de equipamentos "Ex", durante a etapa de projeto, considerem o atendimento dos requisitos do tipo de proteção Ex "t" (para poeiras combustíveis) juntamente com o atendimento dos requisitos de outros tipos de proteção "Ex" para atmosfera explosiva de gases inflamáveis, por exemplo, Ex "e" (segurança aumentada) ou Ex "m" (encapsulamento) ou Ex "i" (segurança intrínseca). Dessa maneira, o equipamento se torna adequado para instalação em áreas classificadas com a presença de atmosferas explosivas de gás e de poeira.

Existem ainda outros tipos de proteção "Ex" que são também adequados para utilização em áreas classificadas contendo poeiras combustíveis, como Ex "op" (proteção óptica), Ex "p" (proteção por involucro pressurizado) e Ex "s" (proteção especial). A marcação de equipamentos com esses tipos de proteção "Ex" deve indicar o EPL "D" (*Dust*).

Na figura a seguir, é mostrado um exemplo de uma válvula solenoide, adequada para instalação em áreas classificadas contendo gases inflamáveis ou poeiras combustíveis, com tipos de proteção Ex "i" ou Ex "t".

**Figura 7.34** – Exemplo de válvula solenoide adequada para instalação em áreas classificadas contendo gases inflamáveis ou poeiras combustíveis, com tipos de proteção Ex "i" ou Ex "t".

*Fonte*: Sense Sensores e Instrumentos.

Na figura a seguir, é mostrado um exemplo de um sensor indutivo ou capacitivo, adequado para instalação em áreas classificadas contendo poeiras combustíveis, com tipo de proteção Ex "t".

**Figura 7.35 –** Exemplo de sensor indutivo ou capacitivo analógico, adequado para instalação em áreas classificadas contendo poeiras combustíveis, com marcação Ex tb IIIC T100 °C Db IP65.

*Fonte*: Sense Sensores e Instrumentos.

Na figura a seguir, é mostrado um exemplo de um sensor magnético para cilindros pneumáticos, adequado para instalação em áreas classificadas contendo poeiras combustíveis, com tipo de proteção Ex "t".

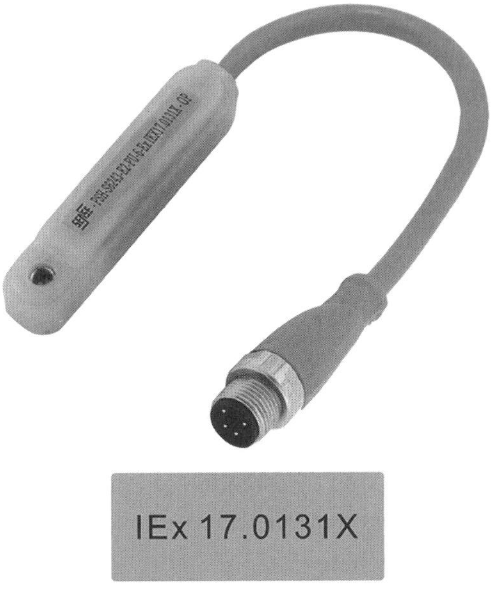


**Figura 7.36 –** Exemplo de sensor indutivo ou capacitivo analógico, adequado para instalação em áreas classificadas contendo poeiras combustíveis, com marcação Ex tb IIIC T100 °C Db IP66/IP67.

*Fonte*: Sense Sensores e Instrumentos.

## 7.8 EQUIPAMENTOS COM ENCAPSULAMENTO – TIPO DE PROTEÇÃO "m"

Equipamentos com o tipo de proteção por encapsulamento (Ex "m") têm como característica as partes constituintes que forem capazes de provocar a ignição em uma atmosfera explosiva por centelhamento ou aquecimento serem totalmente encapsuladas em um composto ou outro invólucro não metálico com adesão, de modo a evitar-se a ignição de uma atmosfera explosiva de gases inflamáveis ou de camada de poeira combustível, sob as condições especificadas de operação ou de instalação.

A figura a seguir mostra uma representação do tipo de proteção Ex "m" - proteção de equipamento por encapsulamento.

**Figura 7.37** – Representação do tipo de proteção de equipamento por encapsulamento – Ex "m".

De acordo com a norma técnica brasileira adotada ABNT NBR IEC 60079-18 (*Atmosferas explosivas - Parte 18: Proteção de equipamento por encapsulamento "m"*), equipamentos protegidos por encapsulamento não devem representar uma fonte de ignição nas seguintes circunstâncias:

- Ex ma: em qualquer condição anormal especificada de operação e instalação - Zona 0 / Zona 20 - EPL Ga/Da;
- Ex mb: em condições de falhas especificadas de operação e instalação - Zona 1 / Zona 21 - EPL Gb/Db;
- Ex mc: em condições normais de operação e instalação - Zona 2 / Zona 22 - EPL Gc/Dc.

Uma aplicação frequente do tipo de proteção Ex "m" é nas válvulas solenoides, cuja bobina é protegida por encapsulamento, e os terminais e o invólucro são do tipo Ex "e" (segurança aumentada), com marcação Ex e mb IIC T6 Gb.

A figura a seguir mostra um exemplo de instalação de campo de uma válvula solenoide com tipo de proteção Ex "mb", com bornes terminais com tipo de proteção Ex "eb", para conexão dos cabos do circuito externo de alimentação.

**Figura 7.38 –** Exemplo de válvula solenoide com marcação Ex e mb IIC T6 Gb – tipos de proteção combinados: encapsulamento (Ex "m") e segurança aumentada (Ex "e").

*Fonte*: acervos pessoais dos autores.

A figura a seguir mostra um exemplo de monitor de posição de válvula com tipos de proteção combinados: Ex "m" (proteção por encapsulamento), Ex "e" (segurança aumentada) e [Ex "i"] (equipamento associado intrinsecamente seguro).

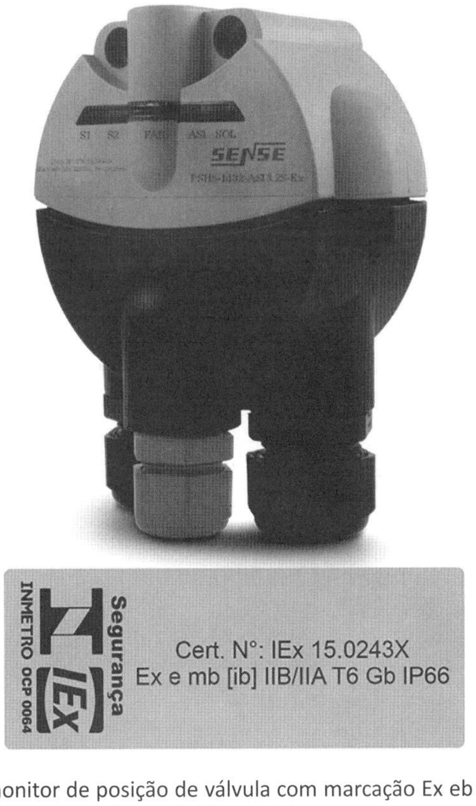


**Figura 7.39 –** Exemplo de monitor de posição de válvula com marcação Ex eb mb [ib Gb] IIB/IIA T6 Gb IP 66. Tipos de proteção combinados: encapsulamento (Ex "m") e segurança aumentada (Ex "e") e segurança intrínseca ([Ex "ib"]).

*Fonte*: Sense Sensores e Instrumentos.

A figura a seguir mostra um exemplo de sensor de rotação com tipo de proteção Ex "m" (proteção por encapsulamento), com marcação Ex ma IIC T6 Ga.

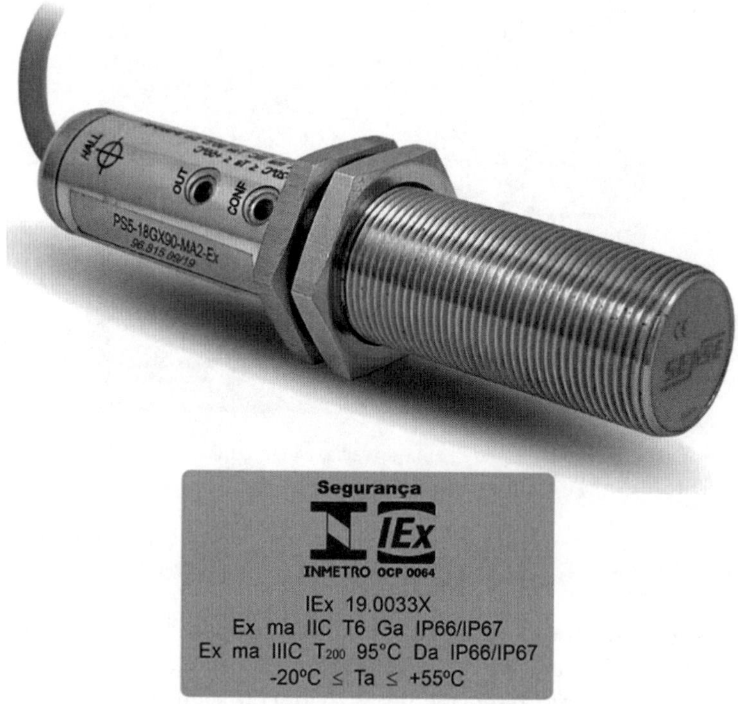


**Figura 7.40** – Exemplo de sensor de rotação protegido por encapsulamento com marcação Ex ma IIC T6 Ga.

*Fonte*: Sense Sensores e Instrumentos.

## 7.9 INVÓLUCROS À PROVA DE EXPLOSÃO – TIPO DE PROTEÇÃO "d"

Equipamentos à prova de explosão são aqueles nos quais as partes internas centelhantes que podem causar a ignição de uma atmosfera explosiva de gases inflamáveis são confinadas no interior de um invólucro que é capaz de suportar a pressão desenvolvida durante uma explosão interna de uma mistura explosiva e que também impede a propagação dessa explosão interna para a atmosfera explosiva de gás externa, existente ao redor do equipamento Ex "d".

A figura a seguir mostra uma representação do tipo de proteção de equipamento por invólucro à prova de explosão (Ex "d").

**Figura 7.41** – Representação de equipamento com tipo de proteção por invólucro à prova de explosão – Ex "d".

### 7.9.1 NORMA BRASILEIRA ADOTADA PELA ABNT SOBRE REQUISITOS DOS EQUIPAMENTOS COM INVÓLUCROS PLÁSTICOS OU METÁLICOS COM TIPO DE PROTEÇÃO "À PROVA DE EXPLOSÃO"

A norma técnica brasileira adotada ABNT NBR IEC 60079-1, inicialmente publicada em 2007, contém requisitos específicos para fabricação e ensaios de equipamentos elétricos com o tipo de proteção por invólucro à prova de explosão "d", destinados exclusivamente para utilização em atmosferas explosivas de gases inflamáveis (grupo II).

A norma ABNT NBR IEC 60079-1 especifica requisitos sobre projeto, construção, avaliação, ensaios de tipo, ensaios de rotina, critérios de aceitação, documentação e marcação para equipamentos com tipo de proteção Ex "d". Essa norma suplementa e modifica os requisitos gerais da norma ABNT NBR IEC 60079-0 (requisitos gerais para equipamentos "Ex").

O tipo de proteção de equipamento por invólucros à prova de explosão "d" proporciona de forma frequente o nível de proteção de equipamento (EPL) Gb ("db"), embora em casos específicos possa proporcionar nível de proteção EPL Ga (como sensores sinterizados de gases "da") ou nível de proteção EPL Gc (como termostatos "dc").

### 7.9.2 EXEMPLOS DE EQUIPAMENTOS ELÉTRICOS COM INVÓLUCROS METÁLICOS E PLÁSTICOS DO TIPO À PROVA DE EXPLOSÃO

Podem ser citados como exemplos de equipamentos industriais que utilizam invólucros à prova de explosão, para instalação em áreas classificadas: luminárias, botoeiras, painéis de distribuição de circuitos de força, iluminação, aquecimento e tomadas, câmeras para circuitos fechados de TV, motores elétricos, tomadas e plugues industriais, acionamento para válvulas motorizadas e invólucros para instrumentos centelhantes.

Essa tecnologia de invólucros à prova de explosão deve ser aplicada nos casos de existência de componentes ou dispositivos elétricos centelhantes instalados no interior do invólucro, como disjuntores, chaves seccionadoras, botões de comando, relés e contatores. A existência de dispositivos elétricos que geram centelhas em condições normais de operação requer a necessidade de acondicionamento deles no interior de um invólucro "à prova de explosão".

A figura a seguir mostra um exemplo de um Centro de Controle de Motores (CCM) do tipo à prova de explosão composto por diversos invólucros metálicos, com juntas flangeadas e tampas aparafusadas, com entradas diretas de cabos por meio de eletrodutos.

**Figura 7.42** – Exemplo de Centro de Controle de Motores composto por invólucros metálicos do tipo "à prova de explosão" com tampas flangeadas aparafusadas que requerem a instalação de dezenas de parafusos de fixação.

*Fonte*: acervos pessoais dos autores.

A figura a seguir mostra uma vista interna de um invólucro Ex "d" com junta flangeada e tampa aparafusada (equipamento visto sem a tampa), no qual pode ser verificado o "volume interno vazio" existente no interior do equipamento, em especial ao redor dos componentes instalados. Pode ser verificada também a quantidade de furos para fixação da tampa, necessária para suportar a pressão resultante de uma eventual explosão interna, de forma que não seja indevidamente propagada para o lado externo do invólucro.

Durante as inspeções "Ex" que são realizadas em equipamentos e instalações em áreas classificadas, podem ser encontrados equipamentos com invólucros metálicos do tipo "à prova de explosão" fabricados em alumínio, com juntas flangeadas, com a presença de roscas espanadas, devido às frequentes atividades de abertura e fechamento das tampas e à necessidade frequente de aperto, algumas vezes de forma excessiva, dos parafusos de aço utilizados para a fixação das tampas aos invólucros.

Esse tipo de "desvio", que compromete a segurança dos equipamentos Ex "d" com invólucros em alumínio, originalmente certificados e as instalações dos locais onde se encontram instalados, é decorrente do fato de que os parafusos utilizados para a fixação das tampas são, geralmente, fabricados com aço-carbono ou aço inoxidável, que possuem uma maior dureza e resistência mecânica quando comparado com as propriedades mecânicas do alumínio, que é um metal mais "macio" e com menor resistência mecânica.

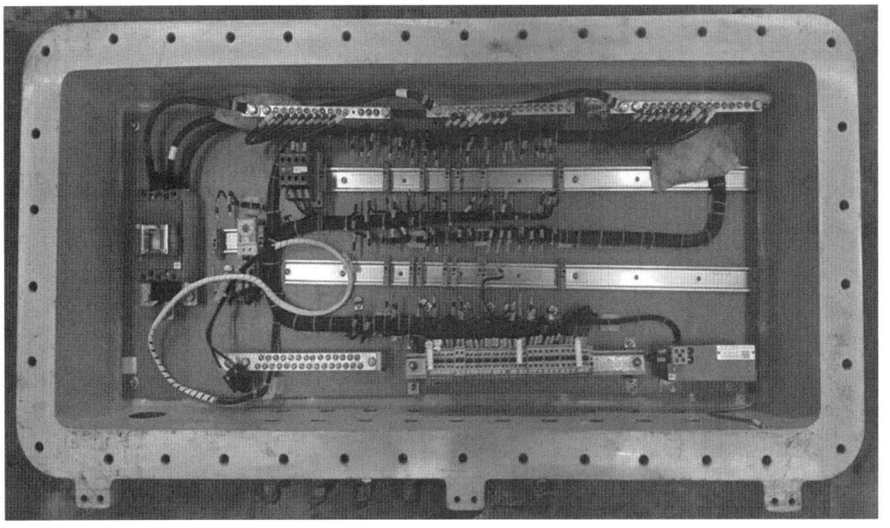

**Figura 7.43 –** Exemplo de vista interna de um invólucro metálico Ex "d" com junta flangeada e tampa aparafusada fixada por meio de 36 parafusos (equipamento visto sem a tampa).

*Fonte*: acervos pessoais dos autores.

Deve ser ressaltado que, nos furos roscados dos invólucros em alumínio em que as roscas estejam indevidamente espanadas, não ocorre o devido aperto, na junta flangeada, entre a tampa e o invólucro Ex "d", podendo ocasionar, em um evento de explosão interna, a ocorrência de um maior *interstício* no ponto de espanamento da rosca, o qual pode exceder o interstício máximo especificado na norma técnica brasileira adotada ABNT NBR IEC 60079-1 (*Atmosferas explosivas – Parte 1: Proteção de equipamento por invólucro à prova de explosão "d"*).

O objetivo de manter os interstícios dentro dos limites especificados na norma ABNT NBR IEC 60079-1 é o de evitar que uma eventual explosão que possa ocorrer no lado interno do invólucro Ex "d" venha a ser indevidamente propagada para o lado externo do invólucro, o que poderia ocasionar a ignição de toda a atmosfera explosiva possivelmente presente nas instalações, resultando em acidente com consequências potencialmente catastróficas.

Para equacionar esse tipo de problema construtivo em invólucros metálicos em alumínio, muitos fabricantes de equipamentos "Ex" investem, em seus processos de fabricação, na melhoria em termos de instalação de componentes mecânicos denominados *insertos metálicos roscados*, fabricados em aço inoxidável, nos locais dos furos roscados onde serão fixados os parafusos para aperto das tampas flangeadas dos invólucros em alumínio do tipo "à prova de explosão" (Ex "d"). A utilização desses insertos metálicos roscados em aço inoxidável tem por objetivo fazer com que as roscas dos parafusos de fixação das tampas nas juntas flangeadas não exerçam força de aperto diretamente nas "frágeis" roscas em alumínio, evitando o seu desgaste e o seu consequente espanamento.

É apresentado na figura a seguir um exemplo de instalação de insertos metálicos roscados, fabricados em aço inoxidável, utilizados para a fixação de parafusos de aperto de tampas ou recuperação de roscas em invólucros metálicos de equipamentos do tipo "à prova de explosão" (Ex "d") fabricados em alumínio, com tampas flangeadas.

**Figura 7.44 –** Exemplo de instalação de inserto metálico roscado fabricado em aço inoxidável, utilizado para proteção de roscas em furos roscados de equipamentos com invólucros metálicos Ex "d", fabricados em alumínio, com juntas flangeadas.

*Fonte*: Sense Sensores e Instrumentos.

De forma a reduzir o volume interno dos invólucros Ex "d", tem sido utilizada, a partir da década de 1990, a técnica de injeção em plástico (em vez da técnica de fundição em areia) para "enclausurar" os componentes centelhantes, como contatos elétricos, disjuntores, contatores, relés e sinaleiros. Os invólucros em plástico utilizados para a proteção desses componentes faz com que sejam mínimos os espaços vazios entre eles e o componente centelhante interno, o que contribui significativamente para reduzir o volume da atmosfera explosiva que pode estar presente no interior do componente, fazendo com que as pressões de explosão sejam também reduzidas de forma significativa. Essas menores pressões de explosão tornam mais simples a fabricação de invólucros externos plásticos que atendem aos requisitos do tipo de proteção Ex "d", como os ensaios de pressão de referência e o ensaio de não propagação.

Estão disponíveis no mercado, desde a década de 1990, componentes centelhantes individualmente certificados, montados no interior de invólucros plásticos do tipo "à prova de explosão" (Ex "db"), com terminais de segurança aumentada (Ex "eb"), com proteções *combinadas* Ex "db eb IIC" (U). Utilizando-se essa técnica de fabricação, são reduzidos os espaços "vazios" disponíveis a serem ocupados por gases inflamáveis no interior do invólucro plástico, fazendo com que ele possa suportar a pressão de uma explosão interna, inclusive do gás acetileno, sem deixar que essa explosão se propague para o meio externo.

A figura a seguir mostra uma vista em corte de um exemplo de componente centelhante (disjuntor) montado no interior de invólucro plástico do tipo à prova de explosão, com terminais e invólucro plástico com tipo de proteção Ex "e" (segurança aumentada). Marcação Ex de IIC Gb, com certificação com sufixo "U" (componente "Ex").

**Figura 7.45 –** Exemplo de vista em corte de um componente centelhante (disjuntor) montado no interior de invólucro plástico do tipo "à prova de explosão" e com terminais do tipo "segurança aumentada" – Marcação Ex db eb IIC Gb (U).

*Fonte*: acervos pessoais dos autores.

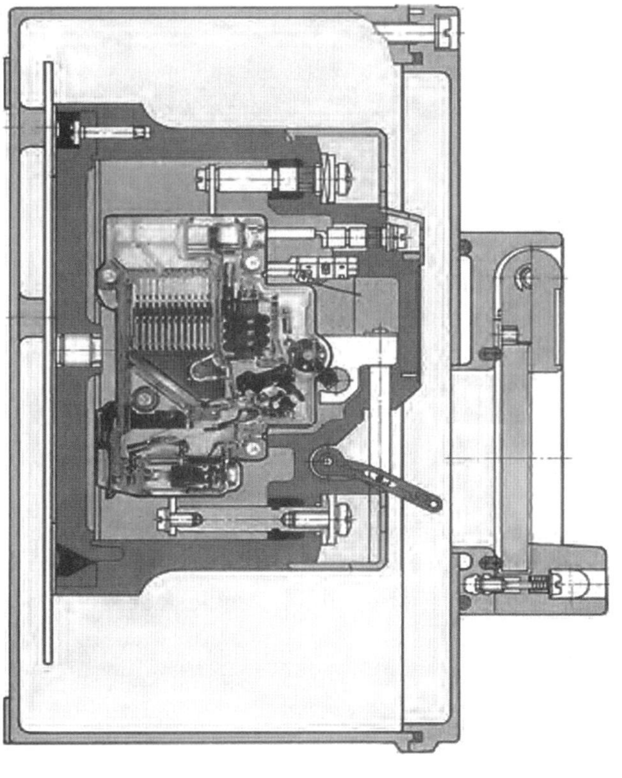

**Figura 7.46 –** Vista em corte de exemplo de componente centelhante (disjuntor industrial "comum") montado no interior de um invólucro plástico do tipo "à prova de explosão" (Ex "db"), contendo terminais do tipo "segurança aumentada" (Ex "eb"). Marcação do componente individualmente certificado: Ex db eb IIC Gb (U).

*Fonte*: *R. Stahl Ex-Magazine 2014*: Controlling and distribution panels for hazardous areas and the technology development over the last 40 years.

Dentre os principais benefícios que esses produtos com tipos de proteção combinados Ex "db eb IIC Gb" apresentam para os proprietários dos equipamentos "Ex" e para os usuários de instalações "Ex", os quais são os responsáveis pela segurança dessas instalações industriais, podem ser destacados, dentre outros, o fato de dispensar a necessidade de instalação de unidades seladoras Ex "d", em caso de eventual utilização de sistemas de "eletrodutos" (além de outros acessórios requeridos, como união macho/fêmea e niples Ex "d"), e também o de dispensar a necessidade de utilização de prensa-cabos Ex "d", em casos de utilização de sistemas de bandejamentos e eletrocalhas.

As maiores facilidades de serviços de montagem, inspeção e manutenção de campo desse tipo de componente "à prova de explosão" com invólucros plásticos em áreas classificadas colaboram para que exista uma quantidade menor de indevidos "desvios" ou de "não conformidades", contribuindo para a elevação dos níveis de conformidade técnica, normativa e legal e para a elevação dos níveis de segurança das instalações e das pessoas em atmosferas explosivas.

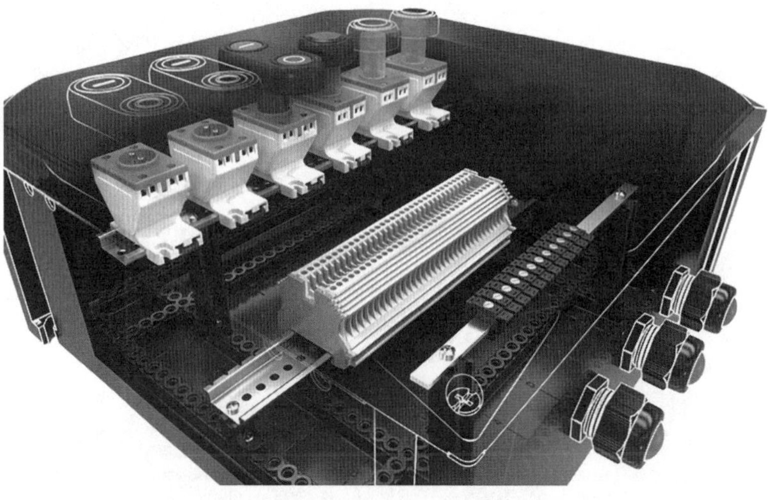

**Figura 7.47 –** Exemplo de painel "Ex" de comando local para instalação em áreas classificadas, com invólucro externo em material plástico (poliéster reforçado com fibra de vidro ou outros tipos de resina), contendo componentes individualmente certificados com invólucros do tipo "à prova de explosão" (Ex "db") e terminais do tipo "segurança aumentada" (Ex "eb"). Marcação completa do painel: Ex db eb IIC T6 Gb / Ex tb IIIC T85 °C Db.

*Fonte*: P+F Brasil.

A figura a seguir mostra invólucros metálicos do tipo à prova de explosão (Ex "db eb") com tampas roscadas e entradas *indiretas* de cabos pela parte inferior (por meio de caixas de réguas de terminais de segurança aumentada – Ex "eb").

**Figura 7.48 –** Exemplo de invólucros metálicos do tipo "à prova de explosão" (Ex "db eb") com tampas roscadas e entradas *indiretas* de cabos por meio de caixa de terminais do tipo "segurança aumentada" (Ex "eb").

*Fonte*: acervos pessoais dos autores.

A figura a seguir mostra um transmissor de temperatura com invólucro metálico do tipo à prova de explosão (Ex "db") com tampas roscadas e entradas diretas de cabos, também com tipo de proteção por segurança intrínseca (Ex "i") e proteção por invólucro contra ignição de poeira (Ex "t"), com marcações Ex db ia [ia Ga] IIC T6 Gb IP66W (para instalação em áreas classificadas contendo gases inflamáveis) e Ex ia tb [ia Ga] IIIC T85 °C Db IP66W (para instalação em áreas classificadas contendo poeiras combustíveis).

**Figura 7.49 –** Exemplo de transmissor de temperatura com proteções combinadas Ex "db", Ex "ia" e Ex "tb", com marcações Ex db ia [ia Ga] IIC T6 Gb IP66W e Ex ia tb [ia Ga] IIIC T85 °C Db IP66W.

*Fonte*: Sense Sensores e Instrumentos.

As figuras a seguir mostram exemplos de componentes centelhantes individualmente certificados com invólucros plásticos do tipo "à prova de explosão" (Ex "db") e terminais do tipo "segurança aumentada" (Ex "eb").

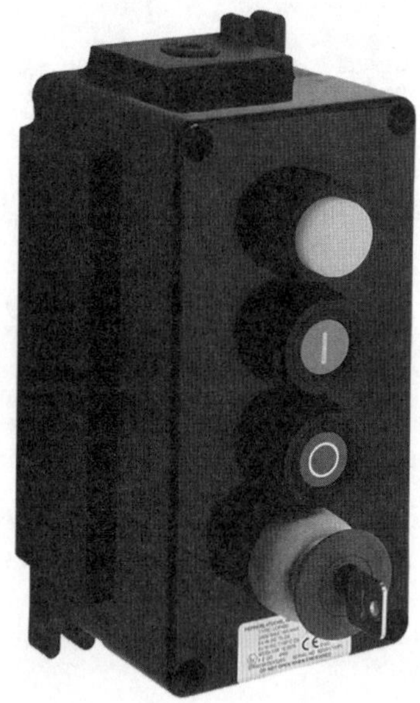

**Figura 7.50 –** Exemplo de botoeira "Ex" de comando local para instalação em áreas classificadas, com invólucro externo em material plástico (resina contendo poliéster reforçado com fibra de vidro), contendo componentes centelhantes individualmente certificados com invólucros do tipo "à prova de explosão" (Ex "db") e terminais do tipo "segurança aumentada" (Ex "eb"). Marcação completa do painel: Ex db eb IIC T6 Gb / Ex tb IIIC T85 °C Db.

*Fonte*: P+F Brasil.

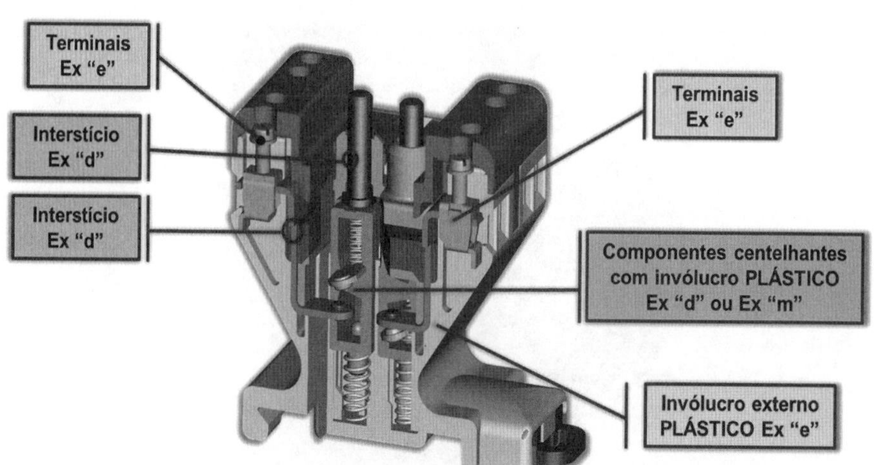


**Figura 7.51 –** Exemplo de vista interna (em corte) de contato centelhante com invólucro plástico do tipo "à prova de explosão" (Ex "db"), com terminais do tipo *"segurança aumentada"* (Ex "eb"). Marcação do componente individualmente certificado: Ex db eb IIC Gb (U).

*Fonte*: BARTEC.

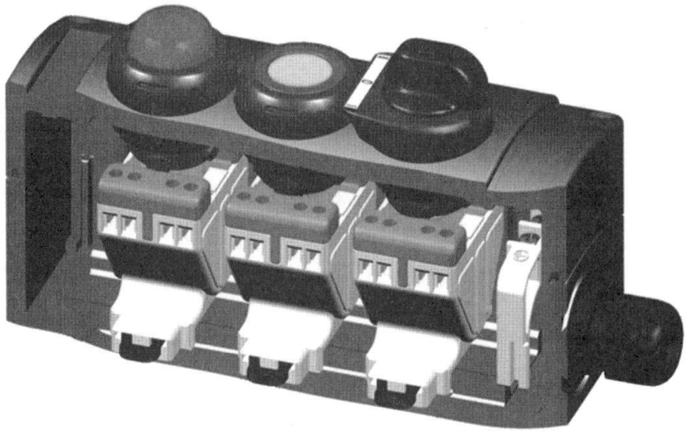

**Figura 7.52 –** Exemplo de vista interna (em corte) de botoeira "Ex" para comandos locais contendo componentes individualmente certificados contendo contatos centelhantes com invólucro plástico do tipo "à prova de explosão" (Ex "db"), com terminais do tipo "segurança aumentada" (Ex "eb"). Marcação do equipamento completo certificado: Ex db eb IIC T6 Gb/Ex tb IIIC T135 °C Db.

*Fonte*: BARTEC.

A figura a seguir mostra um monitor de posição de válvula com invólucro metálico do tipo à prova de explosão (Ex "db") com entradas diretas de cabos, com marcação Ex db IIB+$H_2$ T6 Gb IP66.

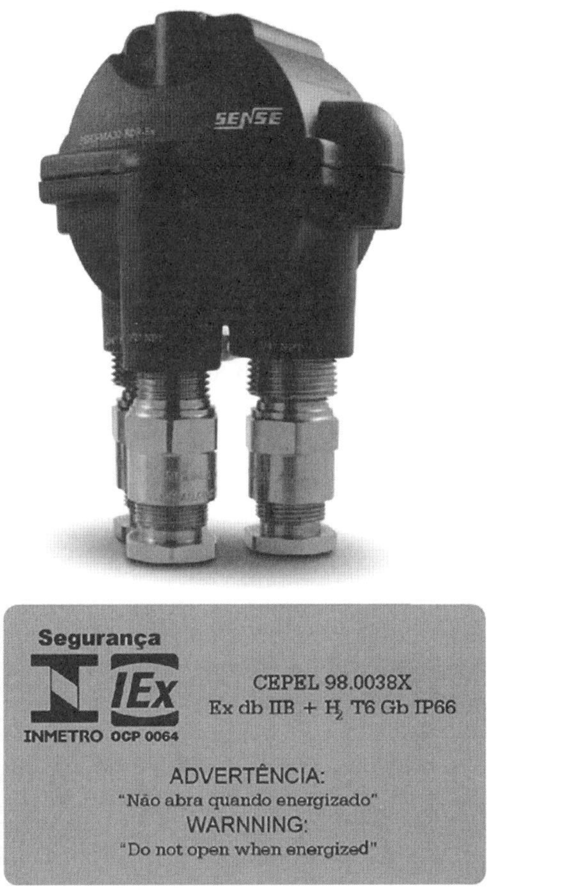


**Figura 7.53 –** Exemplo de sensor de válvulas com invólucro, com a marcação Ex "db" IIB +$H_2$ T6 Gb IP66.

*Fonte*: Sense Sensores e Instrumentos.

Podem ser citados como exemplos de equipamentos "Ex" que incorporam a combinação dos tipos de proteção "Ex" os painéis de controle e automação "Ex", as botoeiras locais de comando "Ex", contendo componentes individualmente certificados com proteção combinada Ex "db eb" IIC Gb (U), nos quais as partes centelhantes de componentes elétricos (certificado com sufixo "U"), como botões de comando, contatos elétricos, chaves de controle, chaves seccionadoras de força, contatores, relés ou sinaleiros LED, são individualmente "encapsulados" em pequenos invólucros plásticos do tipo "à prova de explosão" (Ex "db"), com terminais do tipo segurança aumentada (Ex "eb").

**Figura 7.54 –** Exemplo de botoeira "Ex" de comando local para instalação em áreas classificadas, com invólucro externo em material metálico (aço inoxidável AISI 316), contendo componentes individualmente certificados com invólucros do tipo "à prova de explosão" (Ex "db") e terminais do tipo "segurança aumentada" (Ex "eb"). Marcação completa do painel: Ex db eb IIC T6 Gb/Ex tb IIIC T85 °C Db.

*Fonte*: P+F Brasil.

Nas figuras a seguir são apresentados exemplos de componentes centelhantes individualmente certificados "Ex", para funções de comandos e sinalizações locais em áreas classificadas, com invólucro plástico do tipo "à prova de explosão" (Ex "db"), contendo terminais do tipo "segurança aumentada" (Ex "eb"). Marcações combinadas dos componentes "Ex" certificados: Ex db eb I Mb / Ex db eb ia I Mb / Ex db eb IIC Gb / Ex db eb ia IIC Gb.

**Figura 7.55 –** Exemplos de componentes centelhantes (contatos elétricos acionados por botões ou chaves de comando), individualmente certificados “Ex”, para funções de comandos e sinalizações locais em áreas classificadas, com invólucro plástico do tipo “à prova de explosão” (Ex “db”), contendo terminais do tipo “segurança aumentada” (Ex “eb”). Marcações combinadas dos componentes “Ex” certificados: Ex db eb I Mb / Ex db eb ia I Mb/Ex db eb IIC Gb / Ex db eb ia IIC Gb.

*Fonte*: BARTEC.

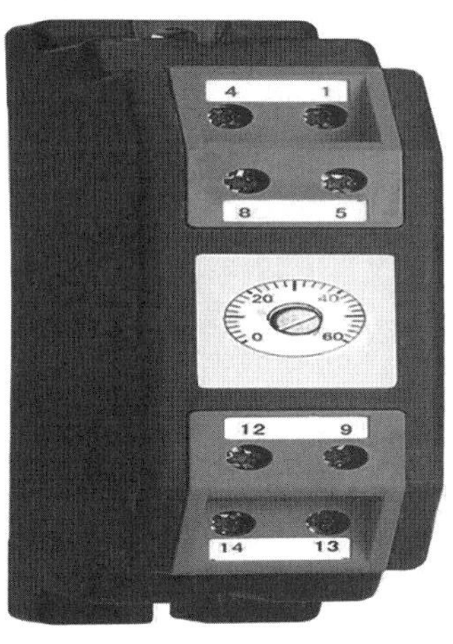


Relé temporizador “Ex” – Componente centelhante individualmente certificado incorporando a combinação de dois tipos de proteção “Ex” com marcação Ex db eb IIC Gb (U) – Invólucro plástico “à prova de explosão” (Ex “db”) e terminais de “segurança aumentada” (Ex “eb”).

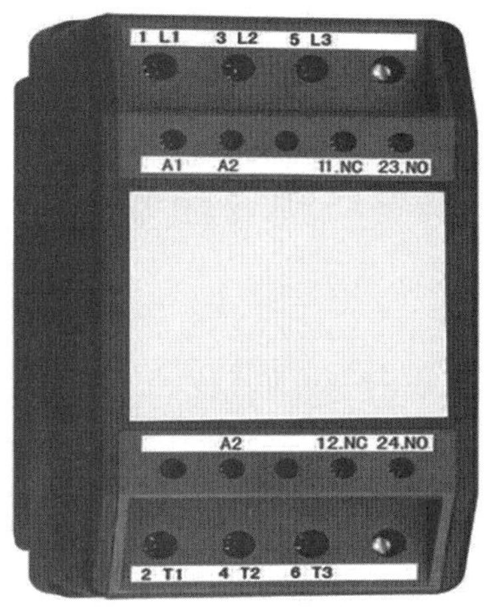


Contator “Ex” – Componente centelhante individualmente certificado incorporando a combinação de dois tipos de proteção “Ex” com marcação Ex db eb IIC Gb (U) – Invólucro plástico “à prova de explosão” (Ex “db”) e terminais de “segurança aumentada” (Ex “eb”).

**Figura 7.56 –** Exemplos de componentes centelhantes (relés e contatores), individualmente certificados “Ex”, para funções de comando, sinalização e proteção de equipamentos e circuitos em áreas classificadas, com invólucros plásticos do tipo “à prova de explosão” (Ex “db”), com terminais do tipo “segurança aumentada” (Ex “eb”). Marcações dos componentes “Ex” certificados com proteções combinadas: Ex db eb IIC Gb. Certificados de conformidade para componentes “Ex” contendo sufixo “U”.

*Fonte*: Tramontina Eletrik.

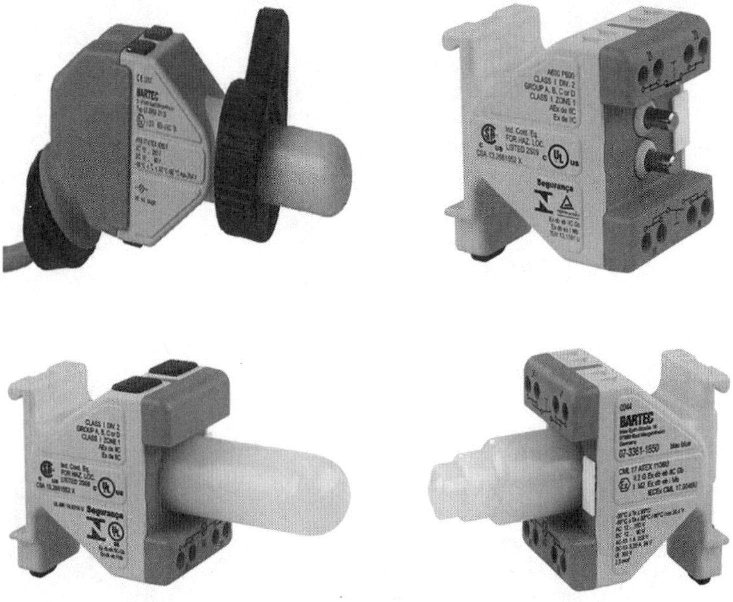

**Figura 7.57** – Exemplos de componentes centelhantes (contatos elétricos acionados por botões ou chaves de comando e sinaleiros LED), individualmente certificados "Ex", para as funções de comando e sinalizações locais em áreas classificadas, com invólucro plástico do tipo "à prova de explosão" (Ex "db"), contendo terminais do tipo "segurança aumentada" (Ex "eb"). Marcações combinadas dos componentes "Ex" certificados: Ex db eb I Mb/Ex db eb ia I Mb / Ex db eb IIC Gb / Ex db eb ia IIC Gb.

*Fonte*: BARTEC.

Sinaleiro LED "Ex" – Componente centelhante individualmente certificado incorporando a combinação de dois tipos de proteção "Ex" com marcação Ex db eb IIC Gb (U) – Invólucro plástico "à prova de explosão" (Ex "db") e terminais de "segurança aumentada" (Ex "eb").

Botão de comando "Ex" – Componente centelhante individualmente certificado incorporando a combinação de dois tipos de proteção "Ex" com marcação Ex db eb IIC Gb (U) – Invólucro plástico "à prova de explosão" (Ex "db") e terminais de "segurança aumentada" (Ex "eb").

**Figura 7.58** – Exemplos de componentes centelhantes (sinaleiros LED e contatos elétricos acionados por botões ou chaves de comando), individualmente certificados "Ex", para as funções de comandos e sinalização locais em áreas classificadas, com invólucros plásticos do tipo "à prova de explosão" (Ex "db"), com terminais do tipo "segurança aumentada" (Ex "eb"). Marcações dos componentes "Ex" certificados com proteções combinadas: Ex db eb IIC Gb. Certificados de conformidade para componentes "Ex" contendo sufixo "U".

*Fonte*: Tramontina Eletrik.

**Figura 7.59 –** Exemplos de componentes centelhantes (contatos elétricos acionados por botões ou chaves de comando), individualmente certificados "Ex", para as funções de comandos locais em áreas classificadas, com invólucro plástico do tipo "à prova de explosão" (Ex "db"), contendo terminais do tipo "segurança aumentada" (Ex "eb"). Marcações combinadas dos componentes "Ex" certificados: Ex db eb I Mb/Ex db eb ia I Mb/Ex db eb IIC Gb/Ex db eb ia IIC Gb.

*Fonte*: BARTEC.

A figura a seguir mostra um exemplo de válvula solenoide com invólucro metálico do tipo "à prova de explosão" (Ex "db"), com marcação Ex db IIB T6 Gb IP66W.

**Figura 7.60 –** Exemplo de válvula solenoide com invólucro Ex "d", com marcação Ex db IIB T6 Gb IP66W.

*Fonte*: Sense Sensores e Instrumentos.

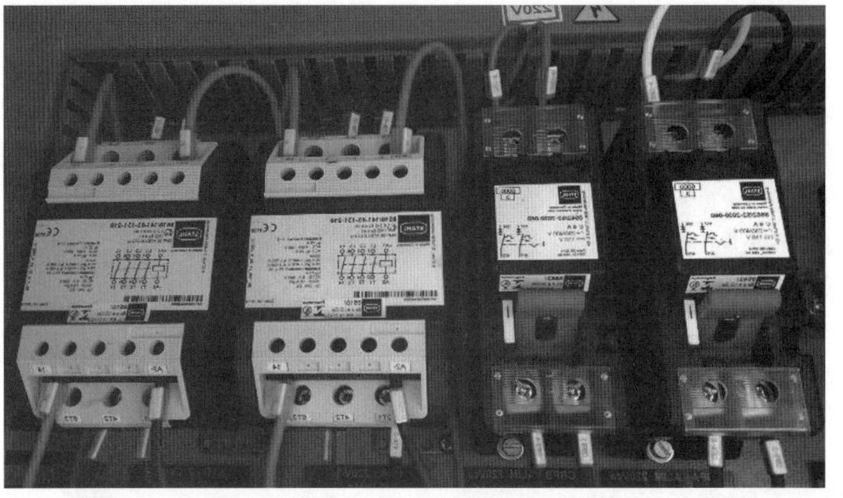

**Figura 7.61** – Exemplo de instalação de componentes centelhantes individualmente certificados como Ex "db eb IIC Gb" como disjuntores e contatores do tipo à prova de explosão (Ex "d"), em invólucro plástico, com bornes terminais com tipo de proteção segurança aumentada (Ex "e") – Proteção combinada. Marcação do componente: Ex db eb IIC Gb (U).

*Fonte*: acervos pessoais dos autores.

A figura a seguir mostra um exemplo de botoeira "Ex" de comando local para instalação em áreas classificadas, com invólucro externo em material metálico (aço inoxidável AISI 316), contendo componentes individualmente certificados com invólucros do tipo "à prova de explosão" (Ex "db") e terminais do tipo "segurança aumentada" (Ex "eb"). Marcação completa do painel: Ex db eb IIC T6 Gb / Ex tb IIIC T85 °C Db.

**Figura 7.62** – Exemplo de botoeira "Ex" para comandos locais com os tipos de proteção combinados Ex "db eb IIC Gb". Invólucro externo em material plástico Ex "eb" – segurança aumentada, com a instalação interna de componentes centelhantes Ex "db eb IIC Gb U": botões de comando "Ex", individualmente certificados, com invólucros plásticos do tipo "à prova de explosão" (Ex "db") e terminais de "segurança aumentada" (Ex "eb").

*Fonte*: Schmersal do Brasil Eletroeletrônica Industrial Ltda.

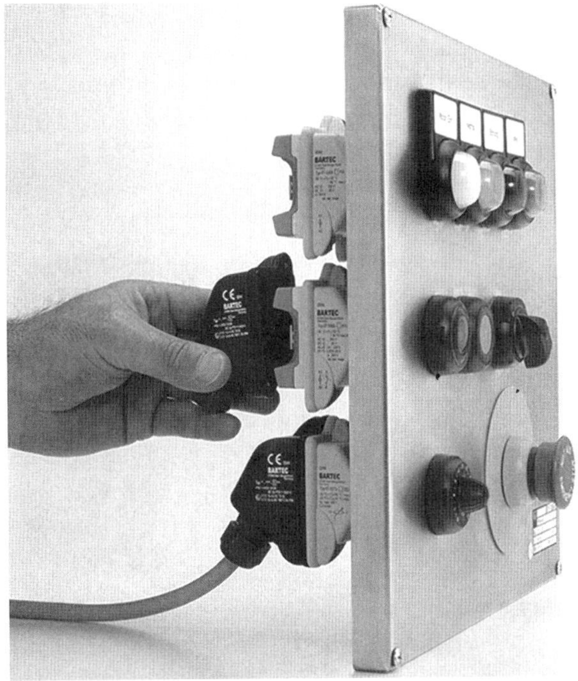

**Figura 7.63 –** Exemplo de montagem de painel "Ex" para distribuição de circuitos de força e controle em áreas classificadas, com invólucro externo em material metálico (aço inoxidável), contendo componentes centelhantes individualmente certificados (como chaves de força, sinaleiros e botões de comando) com invólucros plásticos do tipo "à prova de explosão" (Ex "db eb IIC Gb") e terminais do tipo "segurança aumentada" (Ex "eb"). Marcação completa do painel: Ex db eb IIC T4 Gb / Ex tb IIIC T135 °C Db.

*Fonte*: BARTEC.

**Figura 7.64 –** Exemplo de montagem de painel "Ex" para distribuição de circuitos de força e controle em áreas classificadas, com invólucro externo em material metálico (*aço inoxidável*), contendo componentes centelhantes individualmente certificados (como chaves de força, sinaleiros e botões de comando) com invólucros plásticos do tipo "à prova de explosão" (Ex "db eb IIC Gb") e terminais do tipo "segurança aumentada" (Ex "eb"). Marcação completa do painel: Ex db eb IIC T4 Gb / Ex tb IIIC T135 °C Db.

*Fonte*: STAHL.

A figura a seguir mostra um exemplo de painel de comando "Ex" para instalação em áreas classificadas, com invólucro externo em material plástico (FGRP), contendo componentes individualmente certificados com invólucros do tipo "à prova de explosão" (Ex "db") e terminais do tipo "segurança aumentada" (Ex "eb"). Marcação completa do painel: Ex db eb IIC T6 Gb / Ex tb IIIC T85 °C Db.

**Figura 7.65 –** Exemplo de painel "Ex" de comando local para instalação em áreas classificadas, com invólucro externo em material plástico (poliéster reforçado com fibra de vidro ou outros tipos de resina), contendo componentes individualmente certificados com invólucros do tipo "à prova de explosão" (Ex "db") e terminais do tipo "segurança aumentada" (Ex "eb"). Marcação completa do painel: Ex db eb IIC T6 Gb/Ex tb IIIC T85 °C Db.

*Fonte*: P+F – Pepperl Fuchs Brasil.

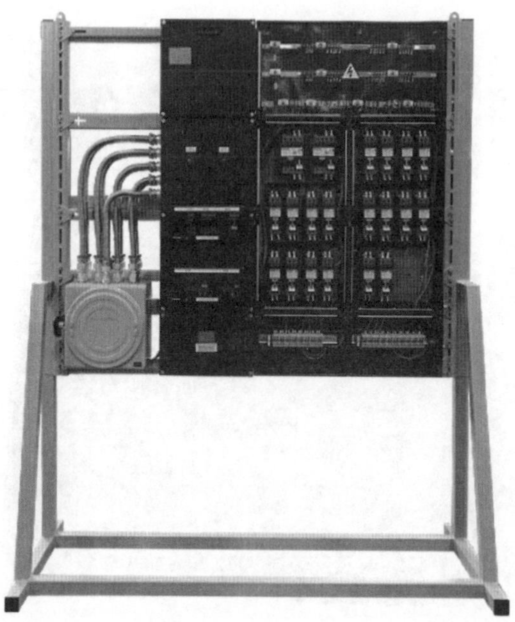

**Figura 7.66 –** Exemplo de painel "Ex" para distribuição de circuitos de força e controle, para instalação em áreas classificadas, com invólucro externo em material plástico (poliéster reforçado em fibra de vidro), contendo componentes centelhantes individualmente certificados com invólucros do tipo "à prova de explosão" (Ex "db eb IIC Gb") e terminais do tipo "segurança aumentada" (Ex "eb"). Marcação completa do painel: Ex db eb IIC T4 Gb/Ex tb IIIC T135 °C Db.

*Fonte*: Tramontina Eletrik.

### 7.9.3 COMO O TIPO DE PROTEÇÃO Ex "d" SE DIFERENCIA DE OUTROS TIPOS DE PROTEÇÃO "Ex" COMO SEGURANÇA INTRÍNSECA E SEGURANÇA AUMENTADA

A tecnologia Ex "d" se diferencia das outras pelo fato de que a ocorrência de uma explosão ser admitida nos equipamentos do tipo "à prova de explosão", fazendo com que o invólucro e seus acessórios de fixação tenham de ser rigorosamente dimensionados para resistir às grandes pressões de detonação que ocorre no interior do invólucro.

Toda a segurança dos equipamentos Ex "d" é baseada na hipótese de uma rigorosa contenção da explosão no interior do invólucro, caso contrário, a explosão interna é propagada para o exterior do equipamento, causando a explosão de toda a atmosfera explosiva que esteja ao seu redor, com consequências catastróficas.

Os equipamentos com tipo de proteção "à prova de explosão" não evitam que uma explosão possa ocorrer, mas são fabricados de forma que possam confinar a explosão ao interior do invólucro (com base na hipótese de que sejam devidamente especificados, selecionados, instalados, mantidos, inspecionados ou recuperados ao longo do seu ciclo total de vida), uma vez que, caso a explosão seja indevidamente propagada para o seu exterior, pode existir o risco da ocorrência da explosão de toda a atmosfera explosiva que possa estar presente no local da instalação, podendo ocorrer um acidente de consequências catastróficas.

Com uma abordagem de proteção "Ex" diferente dos invólucros "à prova de explosão", os tipos de proteção por segurança intrínseca (Ex "i"), segurança aumentada (Ex "e"), invólucros pressurizados (Ex "p") e encapsulados (Ex "m"), por exemplo, não admitem a ocorrência de uma explosão no interior dos equipamentos "Ex", adotando outras concepções de projeto, baseadas em baixo nível de energia ou em maiores distâncias de escoamento ou isolação entre partes energizadas, seja por encapsulamento em resina ou por meio da segregação dos componentes elétricos no interior de um ambiente protegido por pressurização.

### 7.9.4 PROTEÇÃO DE JUNTAS DE INVÓLUCROS METÁLICOS Ex "d" CONTRA INGRESSO DE ÁGUA E CORROSÃO

As juntas metal/metal entre tampas e invólucros de equipamentos do tipo "à prova de explosão" frequentemente não apresentam um grau de proteção adequado contra o ingresso de água, em especial nos invólucros com tampas flangeadas e tampas fixadas por parafusos. A norma técnica brasileira adotada ABNT NBR IEC 60079-1 (*Atmosferas explosivas – Parte 1: Proteção por invólucro Ex "d"*) não apresenta requisitos para o grau de proteção contra ingresso de água ou poeira em invólucros do tipo "à prova de explosão". Nesses tipos de equipamentos metálicos Ex "d", durante as inspeções das instalações "Ex", podem ser encontrados equipamentos com juntas corroídas ou tampas que ficam "coladas" ou "soldadas" ao invólucro, devido ao ingresso de água e processo de oxidação do alumínio do invólucro.

As juntas dos invólucros metálicos "à prova de explosão" necessitam ser protegidas após a instalação do equipamento, de forma a evitar o ingresso de água no seu interior, evitando-se também a corrosão dessas juntas, sejam elas formadas por flanges aparafusados ou por meio de roscas.

De acordo com os requisitos das normas técnicas brasileiras adotadas ABNT NBR IEC 60079-14 (*Atmosferas explosivas – Parte 14: Projeto e montagem de instalações elétricas "Ex"*) e ABNT NBR IEC 61892-7 (*Instalações elétricas marítimas – Parte 7 – Áreas classificadas*), as juntas dos invólucros metálicos Ex "d" devem ser protegidas por meio da aplicação de uma película de vaselina neutra, ou de graxa à base de silicone ou da instalação externa de uma fita têxtil impregnada com graxa.

Na figura a seguir, são apresentados exemplos de *junction boxes* com tipo de proteção "Ex", com juntas planas flangeadas fixadas por parafusos, protegidas por fita têxtil impregnada com graxa, para proteção contra ingresso de água e corrosão.

**Figura 7.67 –** Exemplos de *junction boxes* com tipo de proteção "Ex", com juntas planas flangeadas fixadas por parafusos, protegidas por fita impregnada com graxa, para proteção contra ingresso de água e corrosão.

*Fonte*: acervos pessoais dos autores.

No caso de juntas roscadas ou de plugueamento de entradas roscadas não utilizadas, deve ser ressaltado que não é permitida a utilização de fitas de teflon, do tipo comumente conhecido como "veda-rosca", para proteção contra ingresso de água para o interior do invólucro Ex "d". Isso se deve ao fato de que elas apresentam o efeito de alterar as características das áreas de passagem de chama, tornando a condição de operação dos invólucros Ex "d" diferente daquela para o qual estes foram construídos, avaliados e ensaiados em laboratório.

Devido a essa alteração, ficam comprometidas as características de proteção das juntas metálicas roscadas à prova de explosão, por exemplo, na passagem de chama por essa junta com a instalação indevida de veda-rosca. Nesses casos de necessidade de proteção de juntas roscadas de invólucros metálicos à prova de explosão, é recomendada a aplicação de vaselina ou de graxa à base de silicone.

Deve ser também ressaltado que não é permitida a aplicação de silicone nas juntas metálicas à prova de explosão. O silicone apresenta a característica de "cura" ou de endurecimento, quando em contato com o oxigênio do ar e a altas temperaturas, o que impede o alívio de pressão interna no evento de uma explosão no interior de um invólucro Ex "d".

### 7.9.5 CONSIDERAÇÕES SOBRE EQUIPAMENTOS E COMPONENTES COM INVÓLUCROS PLÁSTICOS E METÁLICOS COM TIPO DE PROTEÇÃO "À PROVA DE EXPLOSÃO" (Ex "d")

1) Equipamentos ou componentes com invólucros metálicos ou plásticos do tipo "à prova de explosão" são aplicáveis a casos em que exista a presença de partes centelhantes, como em disjuntores, contatores, relés, chaves ou botões de comando.

2) O termo *equipamento do tipo à prova de explosão* muitas vezes tem sido indevidamente utilizado para se referir, de forma generalista, a equipamentos

com tipo de proteção "Ex" certificados para instalação em áreas classificadas contendo atmosferas explosivas formadas por gases inflamáveis ou poeiras combustíveis.

3) Equipamentos com invólucros metálicos do tipo *à prova de explosão,* com entradas diretas de cabos para o interior do invólucro por meio de eletrodutos requerem a instalação de uma série de "acessórios" de instalação, como unidades seladoras Ex "d", niples Ex "d" e uniões macho/fêmea Ex "d", os quais apresentam procedimentos específicos de montagem, incluindo a necessidade de aperto de acordo com o torque especificado pelos fabricantes dos invólucros Ex "d" e a conexão de, no mínimo, cinco fios de rosca.

4) Nas inspeções que são realizadas em áreas classificadas, em muitos casos, as unidades seladoras Ex "d" são encontradas completamente vazias, ou instaladas de forma incorreta, comprometendo o tipo de proteção Ex "d" para o qual o equipamento foi originalmente certificado.

5) Uma das formas de "simplificar" os requisitos de serviços de campo de montagem, inspeção e manutenção "Ex" é a utilização de invólucros metálicos Ex "d" com tampas *roscadas* e entradas *indiretas* de cabos para o interior do invólucro por meio de caixa de terminais com tipo de proteção segurança aumentada (Ex "e"), fornecidas pelos próprios fabricantes em conjunto com o equipamento Ex "d".

6) Todos os tipos de proteção "Ex" podem ser considerados "seguros", porém, somente se os respectivos equipamentos de instrumentação, automação, telecomunicações, elétricos ou mecânicos "Ex" tiverem sido devidamente selecionados, instalados, inspecionados, mantidos ou reparados ao longo do seu ciclo total de vida. Por esses motivos, devem ser especificados equipamentos de instrumentação, automação, telecomunicações e elétricos "Ex" que proporcionem serviços de campo mais simples, sob o ponto de vista dos usuários e dos proprietários dos equipamentos "Ex", os quais são os responsáveis pela segurança de suas instalações.

7) Com o desenvolvimento das técnicas e dos processos de fabricação e da aplicação da combinação de diferentes tipos de proteção a um mesmo equipamento ou componente "Ex", passaram a ser disponibilizados no mercado, a partir da década de 1990, os componentes centelhantes individualmente certificados com tipo de proteção "à prova de explosão" (Ex "db"), em invólucros plásticos, e com terminais de "segurança aumentada"(Ex "eb"), com as proteções combinadas Ex "db eb IIC Gb", os quais apresentam, dentre outros, o benefício de dispensar a necessidade de invólucros metálicos externos ou de acessórios de instalação, como as unidades seladoras de eletrodutos ou os prensa-cabos do tipo "à prova de explosão".

8) Equipamentos que incorporam componentes Ex "db eb IIC Gb", individualmente certificados como sendo "à prova de explosão", além de apresentarem os benefícios de dispensar a necessidade de unidades seladoras de eletrodutos Ex "d" ou de prensa-cabos Ex "d", contribuem também para a facilidade dos serviços "Ex" de campo, bem como a redução de ocorrência de "desvios" ou de "não conformidades" de serviços de instalação ou manutenção "Ex", contribuindo também para a elevação dos níveis de segurança e de conformidade normativa em áreas classificadas de instalações terrestres e marítimas.

9) Pode ser verificado que não é suficiente que os equipamentos protegidos por invólucros plásticos ou metálicos "à prova de explosão" tenham sido devidamente fabricados, ensaiados em laboratório e certificados se as pessoas não possuem os devidos treinamentos, conhecimentos, habilidades, qualificações e competências para a realização das atividades de execução ou de supervisão de projeto, seleção, especificação técnica, instalação, montagem, inspeções, reparos, revisão e recuperação desses equipamentos Ex "d" em áreas classificadas.

## 7.10 PROTEÇÃO DE EQUIPAMENTOS POR TIPO DE PROTEÇÃO Ex "op"

A norma técnica brasileira adotada ABNT NBR IEC 60079-28 apresenta os requisitos a serem aplicados para equipamentos e sistemas ópticos com tipos de proteção Ex "op is", Ex "op pr" e Ex "op sh" destinados a serem instalados em áreas classificadas do grupo I (minas subterrâneas de carvão), grupo II (gases inflamáveis) ou grupo III (poeiras combustíveis), que podem proporcionar níveis de proteção de equipamento (EPL) Ga, Gb, Gc, Da, Db, Dc, Ma e Mb.

Pode ser verificado um aumento constante na utilização de equipamentos industriais com radiação óptica. As aplicações mais frequentes desse tipo de equipamentos são nas áreas de automação, medições, comunicação e monitoração. Equipamentos sensores que se baseiam na radiação óptica são também utilizados em analisadores de processo e na medição de nível de líquidos no interior de equipamentos, como vasos e tanques. Algumas das formas mais frequentes de utilização com radiação óptica são equipamentos ou dispositivos com laser, *switches* ópticos, conversores eletro-ópticos, fibras ópticas e lâmpadas.

Equipamentos ópticos na forma de lâmpadas, lasers, *LEDs*, *switches* ópticos, conversores eletro-ópticos e fibras ópticas são cada vez mais utilizados em sistemas de comunicação, inspeção, sensoreamento e medições em instalações industriais, inclusive em redes de automação do tipo *Ethernet* instaladas em áreas classificadas contendo gases inflamáveis ou poeiras combustíveis.

Dentre as características mais significativas da aplicação de equipamentos que utilizam sistemas ópticos na área de comunicação de dados, podem ser citadas as elevadas taxas de comunicação, da ordem de Tb/s (terabit/s) e a imunidade do sinal óptico a interferências eletromagnéticas externas, como ocorre com os cabos metálicos utilizados nas áreas convergentes de TI (tecnologia da informação) e TA (tecnologia da automação).

Em termos dos tipos de proteção "Ex" contra a possibilidade de ignição de uma atmosfera explosiva que possa estar presente na área classificada no local da utilização ou instalação desses equipamentos ou sistemas ópticos, existem diversas vantagens, uma vez que não é possível a existência de centelhas elétricas, além da isolação elétrica apresentada pelos meios de transmissão óptica.

No processamento de materiais, em muitos casos, são utilizadas pelos equipamentos de automação ou telecomunicações em áreas classificadas radiações ópticas com sinais de níveis elevados de energia, com elevada irradiância, capazes de gerar a ignição de gases inflamáveis ou poeiras combustíveis, devido à possibilidade de geração de pontos quentes com temperatura acima da temperatura de ignição das substâncias explosivas que estejam presentes no local das instalações.

Nessa área de sistemas ópticos, foi definido o termo "irradiância", que significa a potência radiante incidente sobre um elemento de uma superfície dividida pela área desse elemento. Nessa área de sistemas ópticos, é definido também o termo "potência óptica ou radiante", que significa a taxa do fluxo de energia óptica radiante no tempo. Dependendo das características e do nível de energia do sinal óptico e da sua radiação, esta pode ser capaz de causar a ignição de uma atmosfera explosiva presente na área classificada existente no local da instalação dos equipamentos "Ex".

Uma radiação óptica pode ser absorvida por superfícies ou partículas, levando-as a aquecerem-se e, sob determinadas circunstâncias, permitindo que atinjam uma elevada temperatura, a qual pode causar a ignição de uma atmosfera explosiva presente no ambiente. Equipamentos ópticos na forma de lâmpadas, lasers, *LED*, *switches*, fibras ópticas etc. são cada vez mais utilizados em sistemas de comunicação, inspeção, sensoriamento e medições.

No processamento de materiais, são utilizadas radiações ópticas com elevada irradiância. Dependendo das características da radiação, esta pode ser capaz de causar a ignição de uma atmosfera explosiva presente no ambiente. A presença ou a ausência de um elemento absorvente adicional da radiação, como partículas, influencia significativamente na ocorrência ou não da ignição.

A radiação óptica em áreas classificadas pode causar a ignição de uma atmosfera explosiva que esteja presente no local da instalação desses equipamentos, o que pode levar a acidentes catastróficos, com grandes impactos negativos sobre os equipamentos e as instalações, as pessoas que estiverem trabalhando no local, as comunidades próximas e ao meio ambiente.

- Radiação óptica inerentemente segura – Ex "op is": radiação visível ou em infravermelho que é incapaz de produzir energia suficiente sob condições normais ou de falha especificada para causar a ignição de uma atmosfera explosiva específica.
- Radiação óptica protegida – Ex "op pr": radiação visível ou em infravermelho que está confinada ou "protegida" em uma fibra óptica ou outro meio de transmissão sob condições normais de construção com proteção mecânica adicional com base na premissa de que não há fuga de radiação do confinamento.
- Sistema óptico com intertravamento – Ex "op sh": sistema para confinar a radiação visível ou infravermelha dentro de uma fibra óptica ou outro meio de transmissão com desligamento por intertravamento para reduzir de forma confiável a intensidade do feixe não confinado a níveis seguros, dentro de um período especificado, no caso de falha do confinamento tornando a radiação não confinada.

A figura a seguir mostra uma representação do tipo de proteção Ex "op".

**Figura 7.68** – Representação do tipo de proteção Ex "op".

Um método que pode ser utilizado para a avaliação da possibilidade da ocorrência de uma ignição decorrente da existência de uma fonte de radiação óptica em uma área classificada contendo gases inflamáveis ou poeiras combustíveis é apresentado na figura a seguir.

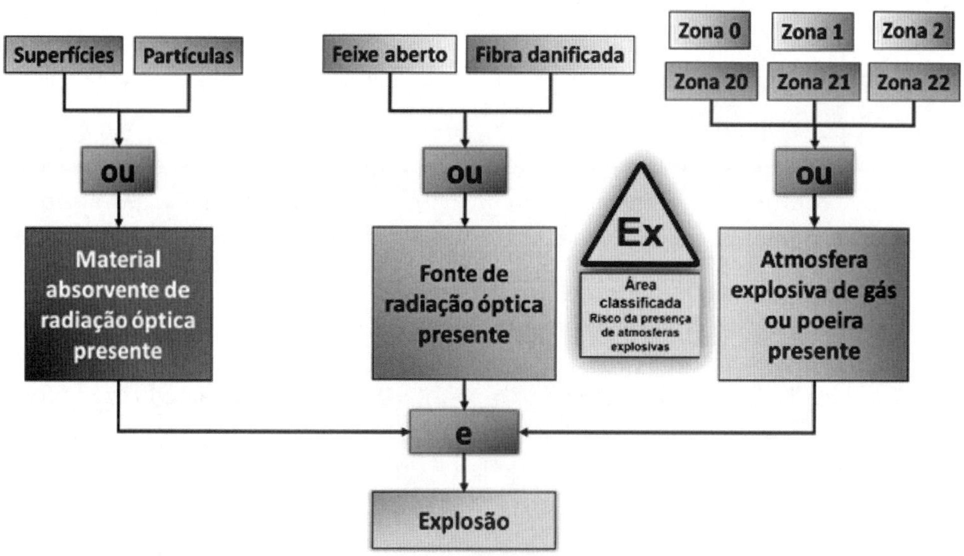


**Figura 7.69** – Metodologia de avaliação do risco de ignição por radiação óptica (Ex "op") em áreas classificadas.

Nessa metodologia, são consideradas as possibilidades de presença simultânea dos três fatores de risco capazes de gerar uma ignição, incluindo materiais absorventes de radiação óptica, de fontes de radiação óptica e da presença de atmosferas explosivas.

A figura a seguir apresenta um exemplo de cabo óptico multifibra protegido, adequada para instalação em áreas classificadas, com proteção do tipo Ex "op pr", com proteção mecânica adicional com base na premissa de que não há fuga de radiação óptica do confinamento proporcionado pelo cabo.

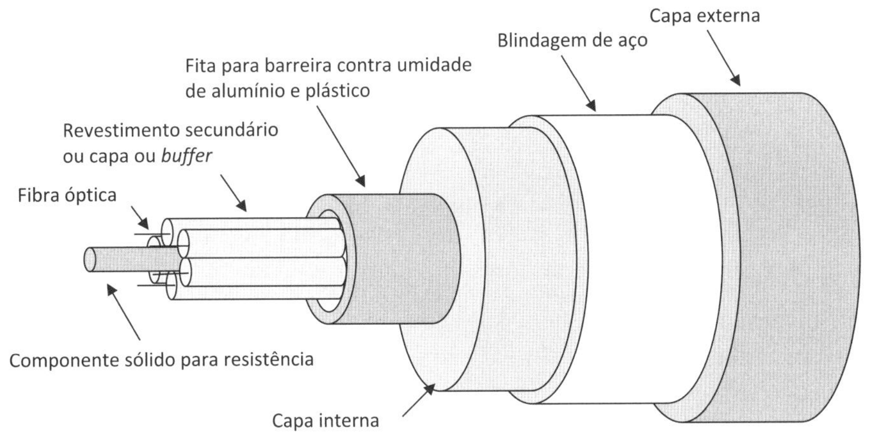


**Figura 7.70 –** Exemplo de cabo óptico multifibra com proteção do tipo Ex "op pr", com proteção mecânica adicional, adequada para instalação em áreas classificadas.

*Fonte*: norma técnica brasileira adotada ABNT NBR IEC 60079-28.

**Figura 7.71 –** Exemplo de *switch* gerenciável para redes *Ethernet* com tipo de proteção óptica Ex "op is" para aplicações em redes de comunicação de dados com fibras ópticas atmosferas explosivas. Marcações: Ex e mb ib [op is Ga] IIC T4 / [Ex op is Da] IIIC.

*Fonte*: acervos pessoais dos autores.

## 7.11 TIPOS DE PROTEÇÃO PARA EQUIPAMENTOS MECÂNICOS "Ex"

O risco de ocorrência de uma ignição em áreas classificadas contendo gases inflamáveis ou de poeiras combustíveis é proveniente da existência de fontes de ignição capazes de gerar, por exemplo, centelhas elétricas, faíscas mecânicas, cargas eletrostáticas ou altas temperaturas.

Essas fontes de ignição podem ser representadas por fontes de energia ou condições que são capazes de provocar a ignição de uma determinada atmosfera explosiva de gases inflamáveis ou de poeiras combustíveis que estiver presente ao seu redor.

Em qualquer instalação industrial, independentemente de tamanho, complexidade ou porte, podem existir muitas outras fontes de ignição além daquelas associadas com equipamentos elétricos, de instrumentação, de automação ou de telecomunicações. Dessa forma, nas instalações e equipamentos "Ex" envolvendo atmosferas explosivas, avaliações de risco e medidas adicionais são necessárias para mitigar o risco devido a outras fontes de ignição possíveis, incluindo equipamentos mecânicos como bombas centrífugas, ventiladores, compressores alternativos, caixas redutoras de velocidade ou de rotação, esteiras rolantes e elevadores.

Casos históricos de acidentes envolvendo explosões em instalações industriais ocasionadas por equipamentos mecânicos são registrados desde o início do século XX, época em que os equipamentos mecânicos instalados em atmosferas explosivas são também reconhecidos como uma possível fonte de ignição de atmosferas explosivas formadas por gases inflamáveis ou por poeiras combustíveis.

Dessa forma, sob o ponto de vista de segurança industrial em atmosferas explosivas, os equipamentos mecânicos também necessitam possuir requisitos construtivos de forma que não possam gerar faíscas ou centelhas ou pontos quentes, provenientes de atritos de partes móveis, por fricção ou por falta de lubrificação de suas partes constituintes.

Equipamentos mecânicos como bombas centrífugas, compressores alternativos, caixas redutoras de velocidade, motorredutores e ventiladores são normalmente considerados como equipamentos que possuem fontes próprias de risco potencial de ignição. Eles devem ser projetados, dimensionados, avaliados, ensaiados em laboratório e certificados e marcados de acordo com os requisitos indicados nas respectivas normas técnicas de tipos de proteção "Ex" para equipamentos não elétricos.

Válvulas de bloqueio operadas manualmente, acessórios de tubulação e ferramentas manuais, como martelos e chaves, são normalmente considerados como não possuindo uma fonte própria de risco potencial de ignição, não necessitando, desta forma, ser certificados ou marcados com algum tipo de proteção "Ex". Em alguns casos específicos, as ferramentas manuais podem precisar de algum tipo particular de avaliação de risco na sua seleção e utilização.

Na instalação de equipamentos mecânicos "Ex", são requeridas medidas de segurança, de forma a se evitarem temperaturas excessivas, geração de atmosferas explosivas e de faíscas, e vazamentos de produtos processados para o exterior do equipamento.

Deve ser ressaltada a grande aplicação de equipamentos com tipo de proteção Ex "i", como por meio de sensores intrinsecamente seguros, em conjuntos de equipamentos mecânicos "Ex", seja para monitoramento operacional ou como controle de fonte de ignição, como especificado na ABNT IEC TS 60079-42 (*Atmosferas explosivas - Parte 42: Dispositivos elétricos de segurança para o controle de fontes potenciais de ignição de equipamentos "Ex"*).

### 7.11.1 AVALIAÇÃO DO RISCO DE IGNIÇÃO DE EQUIPAMENTOS MECÂNICOS Ex "h"

De acordo com os requisitos apresentados na norma técnica brasileira adotada ABNT NBR ISO 80079-36 (*Atmosferas explosivas - Parte 36: Equipamentos não elétricos para utilização em atmosferas explosivas - Métodos e requisitos básicos*) (tipo de proteção Ex "h"), o fabricante do equipamento mecânico "Ex" deve elaborar e enviar para o organismo de certificação uma avaliação de risco sobre a possibilidade de o equipamento possuir fontes efetivas de ignição, seja durante operação normal, seja durante falhas que possam ser esperadas durante operação do equipamento ou mesmo durante falhas que sejam de ocorrência rara.

Esse tipo de avaliação de risco elaborada pelo próprio fabricante do equipamento mecânico "Ex" serve como base para a indicação do EPL pretendido. De acordo com os resultados de avaliações e ensaios realizados por organismos de certificação e por laboratórios de ensaios, é, então, atribuído ao equipamento mecânico "Ex" sob avaliação o seu EPL consolidado, como Ga, Da, Gb, Db, Gc ou Dc.

Os equipamentos mecânicos Ex "h" com EPL Ga ou Da podem ser instalados em áreas classificadas do tipo Zona 0 ou Zona 20 ou em áreas classificadas que requeiram equipamentos com EPL Gb, Db, Gc ou Dc.

Os equipamentos mecânicos Ex "h" com EPL Gb ou Db podem ser instalados em áreas classificadas do tipo Zona 1 ou Zona 21 ou em áreas classificadas que requeiram equipamentos com EPL Gc ou Dc.

Os equipamentos mecânicos Ex "h" com EPL Gc ou Dc podem ser instalados em áreas classificadas do tipo Zona 2 ou Zona 22.

De acordo com os requisitos apresentados na ABNT NBR ISO 80079-36, essa avaliação de risco é feita com uma abordagem escalonada, a ser seguida pelo fabricante do equipamento mecânico "Ex". No início da avaliação de risco, o fabricante deve decidir qual das seguintes possíveis fontes de ignição são aplicáveis, isto é, estão relacionadas com o equipamento e presentes, para o equipamento mecânico "Ex" sob avaliação:

1) superfícies quentes;
2) chamas ou gases aquecidos, incluindo partículas quentes;
3) faíscas geradas mecanicamente;
4) centelhas geradas por dispositivos elétricos;
5) correntes parasitas ou proteção catódica de corrosão;
6) eletricidade estática;
7) descargas atmosféricas;
8) radiofrequência ou ondas eletromagnéticas;
9) radiação óptica;
10) radiação ionizante;
11) ultrassom;
12) compressão adiabática e ondas de choque;
13) reações exotérmicas, incluindo a autoignição de poeiras combustíveis.

### 7.11.2 TIPOS DE PROTEÇÃO "c", "b", "k"

De acordo com a norma técnica brasileira adotada ABNT NBR ISO 80079-37 *(Atmosferas explosivas - Parte 37: Equipamentos não elétricos para atmosferas explosivas - Tipos de proteção não elétricos: segurança construtiva "c", controle de ignição de fontes "b" e imersão em líquido "k")*, os tipos de proteção Ex "c", Ex "b" e Ex "k" para equipamentos mecânicos "Ex" possuem as seguintes características básicas:

Segurança construtiva Ex "c": tipo de proteção contra ignição em que medidas construtivas são aplicadas de forma a prover proteção contra a possibilidade de ignição a partir de fontes quentes, faíscas de origem mecânicas ou compressão adiabática gerada por partes móveis.

A figura a seguir mostra uma representação do tipo de proteção de equipamento por segurança construtiva "c".

**Figura 7.72 –** Representação do tipo de proteção de equipamento por segurança construtiva – Ex "c".

Nesse tipo de proteção Ex "c", são aplicadas no projeto e na fabricação do equipamento mecânico "Ex" determinadas características técnicas que são reconhecidas como meio de proteção e de segurança aplicáveis a equipamentos que não possuam fontes de ignição sob condições normais de operação.

O risco de uma falha mecânica que cause uma temperatura capaz de gerar ignição e faíscas é reduzido a um nível mínimo, considerado aceitável, por meio das técnicas construtivas normalizadas, aplicadas ao equipamento mecânico.

Aplicação típica desse tipo de proteção Ex "c" são acoplamentos, bombas centrífugas, redutores de velocidade e acionamentos por correia.

Controle de fonte de ignição Ex "b": tipo de proteção contra ignição em que dispositivos elétricos, eletrônicos ou mecânicos são utilizados em conjunto com equipamentos mecânicos, de forma reduzir automática ou manualmente a possibilidade de uma fonte potencial de ignição de se tornar uma fonte efetiva de ignição.

A figura a seguir mostra uma representação do tipo de proteção de equipamento por controle de fonte de ignição – Ex "b".

**Figura 7.73** – Representação do tipo de proteção de equipamento por controle de fonte de ignição – Ex "b".

Para o tipo de proteção Ex "b", é prevista a instalação de sensores integrados ao equipamento mecânico "Ex" para a detecção de condições de risco que possam ocorrer. Antes que as fontes de ignição presentes possam se tornar efetivas, é realizada uma parada de emergência do equipamento mecânico "Ex".

Nesse tipo de proteção contra ignição, são utilizados dispositivos elétricos, eletrônicos ou mecânicos em conjunto com os equipamentos mecânicos, de forma reduzir, de forma automática ou manual, a possibilidade de uma fonte potencial de ignição de se tornar uma fonte efetiva de ignição.

A aplicação típica desse tipo de proteção é para o monitoramento de temperatura e vibração de mancais de rolamentos ou de buchas de deslizamento.

Podem ser citados como exemplos desses dispositivos um sensor de nível, para alarmar a perda de nível de óleo de lubrificação; um sensor de temperatura, para alarmar a existência de um mancal aquecido; um sensor de rotação, para alarmar uma rotação acima do normal; ou um sensor de vibração, para alarmar um nível anormal de vibração do equipamento "Ex".

Imersão em líquido Ex "k": tipo de proteção em que as fontes potenciais de ignição são tornadas não efetivas ou separadas de atmosferas explosivas por meio de submersão total dessas fontes em um líquido de proteção, ou por submersão parcial e recobrimento contínuo de suas superfícies ativas com um líquido de proteção, de forma que uma atmosfera explosiva que possa estar presente acima do líquido de proteção, ou no lado externo do involucro do equipamento "Ex", não possa entrar em ignição.

A figura a seguir mostra uma representação do tipo de proteção de equipamento por imersão em líquido - Ex "k".

**Figura 7.74** – Representação do tipo de proteção de equipamento por imersão em líquido – Ex "k".

Uma aplicação típica do tipo de proteção Ex "k" é o redutor de velocidade, em que as engrenagens e os componentes dos equipamentos permanecem imersos em um líquido, com as funções de proteção e de lubrificação. Na figura a seguir, é apresentado um exemplo de um *skid* contendo equipamentos elétricos e mecânicos "Ex" certificados para instalação em áreas classificadas contendo gases inflamáveis ou poeiras combustíveis.

**Figura 7.75** – Exemplo de *skid* contendo equipamentos elétricos e mecânicos "Ex" certificados para instalação em atmosferas explosivas.

*Fonte*: SEW Eurodrive.

Na figura a seguir, é apresentado um conjunto motorredutor "Ex", contendo motor elétrico de indução trifásico com certificação Ex "tb", acionado por conversor de frequência e caixa de engrenagem com certificação Ex "c k", instalado em área classificada contendo poeiras combustíveis, para acionamento de correia transportadora para carregamento portuário.

**Figura 7.76 –** Exemplo de conjunto motorredutor "Ex", contendo motor de indução trifásico com certificação Ex "tb" e caixa de engrenagem com marcação de certificação Ex "h" (tipo de proteção Ex "c" e Ex "k" instalado em área classificada contendo poeiras combustíveis.

*Fonte*: acervos pessoais dos autores.

Pode ser citado como um exemplo de marcação de equipamentos mecânicos "Ex": Ex h IIB T2 Gb/Ex h IIB T200 °C Db.

No âmbito do Brasil, sob o ponto de vista da normalização técnica brasileira adotada pela ABNT, os membros da Comissão de Estudo CE 003:031.005 do Subcomitê SCB 003:031 (*Atmosferas explosivas*) da ABNT/CB-003 (*Eletricidade*) participam de todo o processo de elaboração, análise, comentários, votação, aprovação e publicação das normas técnicas internacionais da Série ISO 80079, sobre equipamentos mecânicos "Ex".

Os membros dessa comissão de estudo elaboraram e mantêm atualizadas as respectivas normas técnicas brasileiras adotadas, publicadas pela norma da Série ABNT NBR ISO 80079, equivalentes e idênticas em conteúdo técnico, forma e apresentação, sem desvios nacionais em relação às respectivas normas internacionais da Série ISO 80079.

## 7.12 CONSIDERAÇÕES SOBRE EQUIPAMENTOS DE INSTRUMENTAÇÃO, AUTOMAÇÃO, TELECOMUNICAÇÕES, ELÉTRICOS E MECÂNICOS COM TIPOS DE PROTEÇÃO "Ex"

1) Os requisitos de classificação de área (Zonas, Grupos, Classes de Temperatura) do local da instalação dos equipamentos "Ex" devem ser considerados quando da seleção dos tipos de proteção "Ex" e EPL a serem especificados para a aquisição dos produtos de instrumentação, automação, telecomunicações, elétricos e mecânicos "Ex".

2) Existem tipos de proteção "Ex" que são adequados somente para áreas classificadas contendo gases inflamáveis e tipos de proteção "Ex" que servem somente para locais contendo poeiras combustíveis.

3) Nos casos da existência de áreas classificadas contendo gases inflamáveis e poeiras combustíveis, os equipamentos "Ex" devem possuir tipos de proteção "Ex" para ambos os grupos (grupo II e grupo III).

4) Estão disponíveis no mercado diversos tipos de equipamentos de instrumentação, automação, telecomunicações, elétricos e mecânicos "Ex", com diferentes tipos de proteção "Ex" e diferentes tecnologias e métodos de fabricação.

5) A incorporação aos equipamentos "Ex" de diferentes tipos de proteção combinados possibilita a aplicação das principais características de cada tipo de proteção a componentes ou partes específicas do equipamento completo, proporcionando os benefícios de maiores facilidades de serviços de campo em áreas classificadas, como serviços de montagem, inspeção, manutenção e recuperação "Ex".

6) A evolução das tecnologias de fabricação, ao longo das últimas décadas, faz com que sejam disponibilizados no mercado equipamentos de instrumentação, automação, telecomunicações, elétricos e mecânicos "Ex" com maiores facilidades de serviços de campo, contribuindo para uma menor quantidade de "desvios" e, consequentemente, para a elevação dos níveis de segurança das instalações em áreas classificadas.

7) Todos os tipos de proteção "Ex" podem ser considerados "seguros", desde que os equipamentos de instrumentação, automação, telecomunicações, elétricos e mecânicos "Ex" certificados tenham sido devidamente selecionados, instalados, inspecionados, mantidos e recuperados ao longo do seu ciclo total de vida.

8) Cabe às empresas projetistas e às empresas usuárias de equipamentos e instalações "Ex" especificar as características de produtos "Ex" que proporcionem serviços de montagem, inspeção e manutenção de campo mais simplificados.

9) Na fase de seleção de equipamentos e de projeto das instalações em atmosferas explosivas, devem ser selecionados os equipamentos com tipos de proteção "Ex" que proporcionem procedimentos mais simplificados para as atividades de campo de montagem, inspeção, manutenção e reparo.

10) A incorporação da combinação de diferentes tipos de proteção "Ex" em um mesmo produto "Ex", como Ex "db eb", Ex "mb", Ex "i", [Ex "i"] e Ex "op-is" faz com que os equipamentos "Ex" apresentem, de forma otimizada, significativos benefícios, proporcionando requisitos mais facilitados de serviços de montagem, inspeção e manutenção de campo, em áreas classificadas.

Capítulo **8**

# O conceito da segurança intrínseca – histórico e desenvolvimento

**Sinopse**: este capítulo aborda os aspectos históricos de pesquisa e desenvolvimento do tipo de proteção por segurança intrínseca, cujos fundamentos foram estabelecidos como decorrência de estudos e investigações de acidentes envolvendo grandes explosões ocorridas em minas subterrâneas de carvão no início dos anos 1910, no Reino Unido.

O capítulo aborda também os principais conceitos e princípios desse importante tipo de proteção Ex "i" para atmosferas explosivas, bem como a sua perspectiva de desenvolvimento atual e futuro, em função de aplicação de novas tecnologias e conceitos de circuitos baseados em microprocessadores, sistemas *wireless*, sistemas *Ethernet* intrinsecamente seguros a dois fios e circuitos digitais para proteção de equipamentos fixos, portáteis, pessoais e *wearables* utilizados em áreas classificadas contendo gases inflamáveis e poeiras combustíveis.

## 8.1 INTRODUÇÃO

A proteção de equipamentos e circuitos por segurança intrínseca tem por objetivo fundamental evitar a possibilidade de ocorrência de uma centelha com energia capaz de provocar a ignição de uma atmosfera explosiva que esteja presente. Nessa abordagem, a segurança intrínseca se dedica também à limitação de energia para se evitarem ignições devido à ocorrência de elevadas temperaturas, acima da temperatura de ignição das substâncias inflamáveis ou combustíveis presentes no local da instalação.

A segurança intrínseca é aplicável a circuitos e equipamentos que possam operar com baixos níveis de potência, tensão e corrente, como os circuitos de instrumentação, automação e telecomunicações, de forma que a energia presente no circuito possa ser limitada a valores da ordem de alguns poucos Watts.

Esse tipo de proteção "Ex", cujos princípios teóricos de segurança e limitação de energia elétrica remontam a 1913, foi desenvolvido a partir de estudos que foram iniciados como decorrência de explosões em minas de carvão, quando os primeiros circuitos elétricos começaram a ser introduzidos nessas instalações.

Naquela época, por ocasião da Revolução Industrial, a demanda por carvão era muito elevada, por ele representar o combustível necessário à alimentação das caldeiras de geração de vapor para acionamento das máquinas de manufatura e dos navios a vapor. Além disso, a demanda por vapor gerado por caldeiras alimentadas por carvão era muito grande antes da Primeira Guerra Mundial, requerida pelos navios de guerra e cruzadores da Marinha do Reino Unido e países aliados ao Império Britânico. A extração de carvão no Reino Unido atingiu o seu pico em 1914, gerando prosperidade para os proprietários e gerentes das minas de carvão.

No entanto, de forma paralela, uma grande quantidade de acidentes, explosões e mortes foi registrada naquela época. A introdução de circuitos elétricos nessas minas de carvão (onde havia gases inflamáveis com base em metano, que exala do carvão mineral), por falta de conhecimentos técnicos e de percepção do risco, serviu como fonte de ignição de atmosferas explosivas que estavam presentes naqueles locais. A esse tipo específico de gás inflamável que emana do carvão é dado o nome de *grisu* (*firedamp*, em inglês).

O conceito de segurança intrínseca, por meio da limitação da energia ou da prevenção da ocorrência de centelhas com energia que possa causar ignição ou superfícies com temperaturas acima da temperatura de ignição da mistura inflamável ou de explosões, representa uma abordagem prevencionista que pode ser considerada adequada, sob o ponto de vista de segurança contra a ocorrência de uma explosão, quando comparada, por exemplo, com a abordagem da *segregação* (como nos casos de invólucros pressurizados – Ex "p" ou componentes encapsulados – Ex "m") da necessidade de *contenção* da energia proveniente de uma explosão, conforme previsto em outros tipos de proteção "Ex", como nos invólucros metálicos do tipo "à prova de explosão".

Deve ser ressaltado que todos os tipos de proteção "Ex" podem, a princípio, ser considerados "seguros", uma vez que são definidos em normas técnicas internacionais da IEC e nas respectivas normas técnicas nacionais da ABNT. No entanto, essa proteção "Ex" somente é proporcionada se os equipamentos "Ex" certificados forem devidamente selecionados, instalados, inspecionados, mantidos e recuperados ao longo do seu ciclo total de vida.

Os princípios gerais de proteção "Ex" utilizados contra a ocorrência de uma explosão (contenção, segregação ou prevenção) e exemplos de aplicação são apresentados na tabela a seguir.

**Tabela 8.1** – Princípios gerais de proteção "Ex" utilizados contra a ocorrência de uma explosão (contenção, segregação ou prevenção)

| Princípio geral de proteção contra a ocorrência de explosão | Tipo de proteção "Ex" | Norma técnica brasileira adotada | Características resumidas do tipo de proteção "Ex" |
|---|---|---|---|
| **Contenção da explosão**<br>Método que evita a detonação da atmosfera explosiva presente no ambiente, confinando a explosão ao interior de um compartimento capaz de resistir à pressão desenvolvida durante uma possível explosão, não permitindo a propagação para as áreas vizinhas.<br>Este tipo de proteção não evita a ocorrência da explosão, mas impede a sua propagação para o lado externo do equipamento ou componente Ex "d".<br>Tipo de proteção frequentemente utilizado em combinação com outros tipos de proteção, como Ex "e" ou Ex "i". | Ex "d" – À prova de explosão | ABNT NBR IEC 60079-1 | Aplicável para sistemas de força e controle, contendo componentes centelhantes, com variedade de possibilidades de montagens internas.<br>São requeridos procedimentos "*complexos*" para os serviços "Ex" de campo de montagem, inspeção, manutenção e reparo, nos casos de invólucros metálicos Ex "d". As dificuldades de montagem de campo podem ser *mitigadas* pela utilização de tampas **roscadas** (ao invés das tampas flangeadas aparafusadas) em conjunto com a utilização de entradas **indiretas** de cabos, com caixas de junção do tipo de proteção Ex "e" (ao invés de entradas diretas de cabos por meio de prensa-cabos Ex "d" ou unidades seladoras Ex "d").<br>A utilização de componentes centelhantes com invólucros em **plástico**, com a combinação dos tipos de proteção **Ex db eb IIC Gb**, dispensa a necessidade de utilização de invólucros **metálicos** Ex "d", **facilitando** os serviços de montagem, inspeção e manutenção em áreas classificadas.<br>Este tipo de proteção tem aplicação restrita para utilização somente em áreas classificadas contendo gases inflamáveis. |
| **Segregação**<br>Método que visa a separar fisicamente a atmosfera explosiva da fonte de ignição. | Ex "p" – Invólucros pressurizados | ABNT NBR IEC 60079-2 | Adequado para grandes painéis ou motores.<br>Requer sistema de ar comprimido e circuitos de automação para para alarme remoto. |
| **Segregação** | Ex "m" – Encapsulamento | ABNT NBR IEC 60079-18 | Adequado para pequenos circuitos e equipamentos, com características elétricas e mecânicas especificadas.<br>Não adequado ou impossível para equipamentos com partes elétricas móveis, elementos de chaveamento elétrico (salvo algumas exceções, como pequenas chaves magnéticas) e conexões a circuitos externos. |
| **Segregação** | Ex "q" – Imersão em areia | ABNT NBR IEC 60079-5 | Adequado para imersão de componentes eletrônicos ou placas de circuito impresso que mantêm seu desempenho mesmo com a capacidade de dissipação de calor reduzida pela areia. |

(*continua*)

**Tabela 8.1** – Princípios gerais de proteção "Ex" utilizados contra a ocorrência de uma explosão (contenção, segregação ou prevenção) (*continuação*)

| Princípio geral de proteção contra a ocorrência de explosão | Tipo de proteção "Ex" | Norma técnica brasileira adotada | Características resumidas do tipo de proteção "Ex" |
|---|---|---|---|
| **Segregação** | Ex "o" – Imersão em líquido | ABNT NBR IEC 60079-6 | Adequado para transformadores, eletrônica de potência e onde existam partes móveis. |
| **Segregação** | Ex "k" – Imersão em líquido (Equipamentos mecânicos "Ex") | ABNT NBR ISO 80079-37 | Tipo de proteção em que as fontes potenciais de ignição são tornadas não efetivas ou separadas da atmosfera explosiva pela imersão total das fontes de ignição em um líquido de proteção, ou por imersão parcial e recobrimento contínuo de suas superfícies ativas com um líquido de proteção. |
| **Segregação** | Ex "t" – Proteção contra ignição de poeira combustível por invólucro | ABNT NBR IEC 60079-31 | Adequado para equipamentos para áreas classificadas contendo poeiras combustíveis, com elevado grau de proteção e temperatura de superfície especificada. |
| **Segregação** | Ex "nR" – Proteção por respiração restrita | ABNT NBR IEC 60079-15 | Adequado para luminárias e equipamentos para áreas classificadas como Zona 2 ou nível de proteção de equipamento EPL Gc, os quais requerem um invólucro projetado para restringir a entrada de gases, vapores e névoas inflamáveis. |
| **Segregação / Prevenção** | Ex "nC" – Proteção por selagem hermética, selagem ou elemento de chaveamento não acendível | ABNT NBR IEC 60079-15 | Adequado para pequenos componentes ou elementos selados, ou nos quais o mecanismo de contato elétrico é projetado de forma a extinguir qualquer arco ou faísca, a fim de que esses componentes não sejam uma fonte de ignição. Adequado para áreas classificadas como Zona 2 ou nível de proteção de equipamento EPL Gc. |
| **Prevenção**<br>A probabilidade de o equipamento elétrico se tornar uma fonte de ignição é reduzida pela adoção de medidas construtivas adicionais. | Ex "e" – Segurança aumentada | ABNT NBR IEC 60079-7 | Adequado para equipamentos não centelhantes como terminais e motores, com requisitos específicos de fabricação. |

(*continua*)

**Tabela 8.1** – Princípios gerais de proteção "Ex" utilizados contra a ocorrência de uma explosão (contenção, segregação ou prevenção) (*continuação*)

| Princípio geral de proteção contra a ocorrência de explosão | Tipo de proteção "Ex" | Norma técnica brasileira adotada | Características resumidas do tipo de proteção "Ex" |
|---|---|---|---|
| **Prevenção**<br>Método que controla a fonte de ignição de forma a não haver energia elétrica e térmica suficiente para causar a ignição de uma atmosfera explosiva de gás inflamável ou poeira combustível. | Ex "i" – Segurança intrínseca | ABNT NBR IEC 60079-11 (Tipo de proteção "i")<br>ABNT NBR IEC 60079-25 (Sistemas intrinsecamente seguros)<br>ABNT IEC TS 60079-39 ("*Power-i*")<br>ABNT IEC TS 60079-47 (2-WISE) | Adequado para sensores e atuadores em sistemas de instrumentação e automação para controle de processo.<br>Em geral, não requer invólucros especiais.<br>Procedimentos simplificados de instalação, manutenção e inspeção.<br>Tipo de proteção que engloba todo o circuito, incluindo instrumento de campo, barreira de proteção e fiação de interligação.<br>Permite a integração dos sistemas de instrumentação em áreas classificadas até os sistemas de controle de processo e de gestão de ativos por meio de circuitos de campo com *Ethernet* a dois fios. |
| **Prevenção** | Ex "i" – Ethernet intrinsecamente segura a dois fios: 2-WISE | ABNT IEC TS 60079-47 | Adequado para *switches* de campo, sensores, atuadores e dispositivos em geral para sistemas automação em redes *Ethernet* em áreas classificadas. Valores de entidade ou de limitação "universais", tabelados para dispositivos com portas Ethernet APL/2-WISE a serem utilizados em redes *Ethernet* intrinsecamente seguras a dois fios. |
| **Prevenção** | Ex "op" – Proteção óptica | ABNT NBR IEC 60079-28 | Adequado para equipamentos e sistemas ópticos, como *switches*, conversores de sinais, fibras ópticas, lasers e componentes com *LED* de potência. |
| **Prevenção** | Ex "b" – Controle de fonte de ignição (Equipamentos mecânicos "Ex") | ABNT NBR ISO 80079-37 | Tipo de proteção contra ignição em que dispositivos mecânicos ou elétricos são utilizados em conjunto com equipamentos não elétricos para reduzir, de forma manual ou automática, a probabilidade de uma fonte potencial de ignição se tornar uma fonte efetiva de ignição. |
| **Prevenção** | Ex "c" – Segurança construtiva (Equipamentos mecânicos "Ex") | ABNT NBR ISO 80079-37 | Tipo de proteção contra ignição em que medidas construtivas são aplicadas de forma a proteger contra a possibilidade da ignição a partir de superfícies quentes, faíscas mecânicas e compressão adiabática, geradas por partes móveis. |
| **Proteção especial**<br>Avaliação das medidas projeto ou construtivas aplicadas contra a ocorrência de uma ignição. | Ex "s" – Proteção especial | ABNT NBR IEC 60079-33 | Adequado para equipamentos em que a proteção é avaliada e certificada, não se enquadrando em outros tipos de proteção "Ex" "normalizados". |

O tipo de proteção Ex "i" proporciona facilidades de manutenção durante o período de operação da planta e possibilita que procedimentos "convencionais" de instrumentação sejam utilizados, sem a necessidade de desligamento de circuitos ou de aplicação de complexos procedimentos de liberação de trabalho com base em áreas livres de gases inflamáveis.

Sob o ponto de vista das atividades de projeto, instalação, manutenção, inspeção e reparos, deve ser ressaltado que somente a aquisição de instrumentos e dispositivos associados que tenham sido devidamente fabricados, ensaiados em fábrica e certificados como intrinsecamente seguros tem se mostrado insuficiente para garantir os elevados níveis de segurança requeridos pelas instalações industriais com a presença de atmosferas explosivas. Dessa forma, há a necessidade de que as pessoas envolvidas nessas atividades possuam as devidas competências pessoais, de forma que possam executar, adequadamente e com resultados seguros, as funções para as quais são responsáveis.

As atividades de inspeção e de manutenção dos equipamentos e sistemas intrinsecamente seguros podem ser consideradas como um dos "elos" mais importantes na "corrente de ações de segurança", que englobam as instalações "Ex". Isso se deve ao fato de que as inspeções periódicas asseguram que as características do tipo de proteção "i" continuem a existir, durante todo o tempo em que os equipamentos permanecem instalados em áreas de risco, o que pode se prolongar durante décadas de operação das plantas industriais.

Este livro aborda também requisitos que são indicados nas normas técnicas brasileiras adotadas ABNT NBR IEC 60079 - Parte 11 (*Equipamentos com tipo de proteção Ex "i"*), Parte 14 (*Projeto e montagem "Ex"*), Parte 17 (*Inspeção e manutenção "Ex"*), Parte 19 (*Reparo e recuperação "Ex"*), Parte 25 (*Sistemas intrinsecamente seguros*), Parte 39 (*Segurança intrínseca de potência - "Power-i"*) e Parte 47 (*2-WISE*), envolvendo a execução ou supervisão das atividades de projeto, montagem, inspeção, manutenção, recuperação e gestão de ativos relacionados com sistemas e equipamentos intrinsecamente seguros (Ex "i") e equipamentos intrinsecamente seguros associados ([Ex "i"]).

## 8.2 PERSPECTIVAS HISTÓRICAS DE SEGURANÇA EM ATMOSFERAS EXPLOSIVAS – MAIS DE DUZENTOS ANOS DE SEGURANÇA "Ex"

Os primeiros locais considerados como áreas de risco a serem reconhecidos foram as primeiras minas subterrâneas de carvão, em meados do século XIX, onde havia a presença de dois fatores de risco: o gás inflamável, composto basicamente de metano, que se desprende do carvão em rocha; e da poeira combustível proveniente dos trabalhos de escavação e transporte do carvão desde o interior da mina até a superfície.

A primeira "solução" proposta para esses problemas foi o emprego dos próprios mineiros para causar a ignição dos gases explosivos presentes nessas minas subterrâneas de carvão, os quais utilizavam uma vara muito longa, com uma mecha em chamas na extremidade. Em função dos elevados riscos envolvidos nesse tipo de "emprego", a lista de trabalhadores dispostos a executar essa atividade foi rapidamente zerada.

A partir de então, começaram a ser "recrutados" prisioneiros de penitenciárias locais para a execução dessa tarefa. Esse tipo de solução, entretanto, também não se mostrou efetivo, uma vez que os prisioneiros "voluntários" também passaram a recusar-se a executar esse tipo de serviço, que frequentemente era letal.

**Figura 8.1 –** Mineiro ou presidiário designado para provocar a ignição de bolsões de gases inflamáveis presentes nos túneis subterrâneos de minas de carvão.

Eventualmente, pequenas mulas eram também "alistadas" para essa tarefa, sendo encharcadas com água, para a sua "proteção contra a ocorrência de uma explosão", e equipadas com selas especiais, nas quais eram fixadas as velas acesas. Após essa "preparação", esses animais eram enviados para percorrer os túneis subterrâneos das minas, com a intenção de causar a ignição dos bolsões de gases explosivos eventualmente existentes.

**Figura 8.2 –** Mulas utilizadas para diversos tipos de trabalhos em minas subterrâneas de carvão, inclusive para carregar velas acesas e provocar a explosão dos gases inflamáveis presentes nos túneis subterrâneos.

**Figura 8.3 –** Exemplo de vagões de carga com tração animal em mina subterrânea de carvão do século XIX.

Em 1815, o químico Humphry Davy, inventor do processo de eletrólise, contemporaneamente ao Sr. George Stephenson, inventou um tipo de lanterna de segurança, denominada de *lâmpada de Davy*, que consistia em uma lanterna com querosene equipada com uma fina tela metálica, que circundava toda a área da chama do pavio. A tela metálica era fina o bastante para permitir que alguma iluminação fosse emitida para o meio externo, mas não permitia que a chama se propagasse através e além da tela, impedindo a ocorrência de uma explosão quando essa chama eventualmente entrasse em contato com gases inflamáveis presentes nas minas. Como pode ser verificado, o desenvolvimento dos equipamentos e dos conceitos de proteção contra a ocorrência de uma explosão e de segurança em atmosferas explosivas teve o seu início há mais de duzentos anos.

Apesar de esse tipo de lâmpada de segurança elevar o nível de proteção no início de sua utilização, a quantidade de acidentes se elevou posteriormente em função da baixa manutenção que era dada às finas telas de metal, que se corroíam e perdiam a sua função de proteção. No entanto, a falsa sensação de segurança fazia com que os mineiros tivessem uma menor percepção do risco e aventurassem-se em profundidades ainda maiores.

Nas figuras a seguir, são mostrados exemplos de lâmpadas de segurança de Davy.

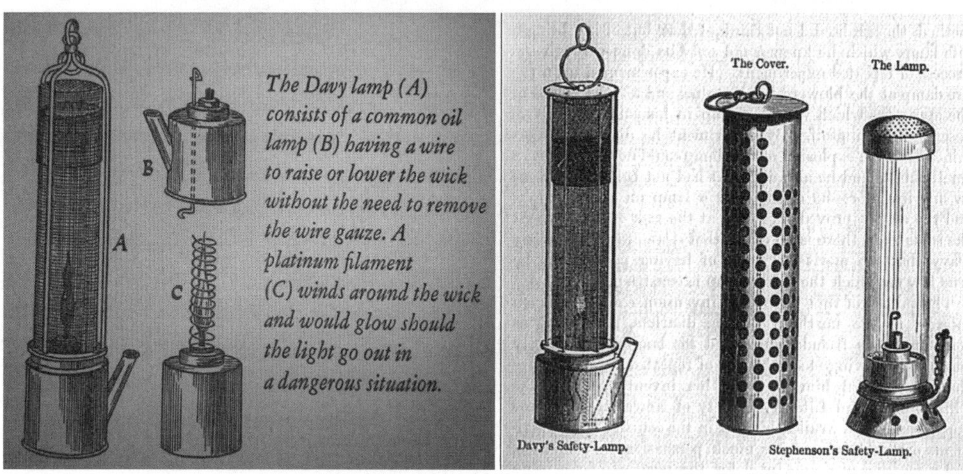


**Figura 8.4 –** Exemplos de documentos de apresentação das lâmpadas de segurança de Davy e Stephenson, introduzidas em 1815.

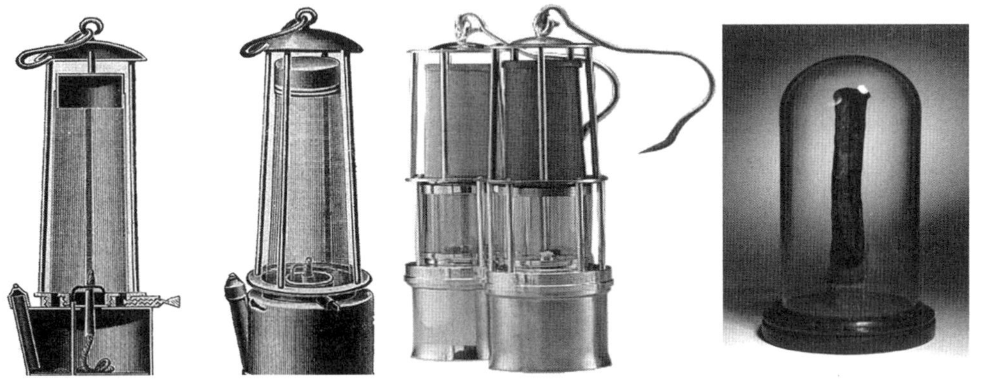

**Figura 8.5** – Exemplos de lâmpadas de segurança de Davy e Stephenson, alimentadas por querosene e equipadas com uma fina tela de metal que envolvia toda a região do pavio, evitando a propagação da chama para o seu exterior.

## 8.3 O HISTÓRICO DO GERENCIAMENTO DO AMBIENTE E DE SEGURANÇA EM MINAS SUBTERRÂNEAS DE CARVÃO

Nos tempos do Império Romano, homens trabalhando em minas subterrâneas já conviviam com ambientes perigosos, devido à presença de gases nocivos, o que originou os primeiros desenvolvimentos de técnicas de monitoração e controle. Relatórios datados do século I indicavam que "gases provenientes de alumínio ou de enxofre, que eram perigosos para os escavadores", às vezes estavam presentes nas minas no subsolo. Esses gases eram detectados pela observação do comportamento de cães ou de velas acesas, quando desciam até os túneis subterrâneos. Os gases eram removidos pelo direcionamento de uma corrente de ar para o local onde estavam os trabalhadores. Essa foi uma das primeiras aplicações de um sistema rústico de ventilação.

No Reino Unido, as primeiras minas de carvão eram formadas por poços com escavações rasas, expostas à superfície. Às vezes, o ar nesses locais se tornava tão estagnado que os homens não conseguiam respirar, e as velas utilizadas para iluminação do local não eram capazes de manter a chama acesa. Essas condições eram atribuídas à presença de um gás denominado na época de "vapor negro", em função de sua emanação em locais contendo carvão. Atualmente, é conhecido que esse gás não é combustível e é formado basicamente por dióxido de carbono, nitrogênio e vapor d'água.

No começo do século XVIII, com o início da Revolução Industrial e com o aumento da demanda por máquinas acionadas a vapor, houve também um aumento da demanda por carvão, o que resultou na construção de minas de porte relativamente grande. Em alguns locais, dois túneis eram escavados, interligados no subsolo pelos trabalhadores. Esse arranjo era capaz de produzir um fluxo espontâneo de corrente de ar. Isso reduzia a possibilidade do aparecimento daquele "vapor negro".

A partir da metade desse mesmo século, a presença de outro gás começou a ser notada em algumas minas mais profundas. Além de evitar que as velas permanecessem acesas, este "novo tipo de gás", até então não conhecido, fazia também com que as chamas fossem maiores. Esse tipo de gás foi denominado de *firedamp* (ou *grisu*). O grisu é um gás derivado do metano que emana do carvão mineral existente em minas subterrâneas. Às vezes, ocorriam violentas explosões, levando a grandes devastações no subsolo e a grandes perdas de vidas dos trabalhadores envolvidos, inclusive de crianças.

Uma característica dos riscos dos primeiros "vapores negros" era que, se a sua presença levasse a alguma fatalidade por asfixia, esses casos tendiam a ser poucos, em termos de quantidades de ocorrências. Além disso, praticamente não ocorriam danos estruturais causados às minas. Consequentemente, esses eventos eram raramente percebidos além das vizinhanças onde a mina se encontrava. Por outro lado, as explosões decorrentes da ignição de grisu eram muito diferentes.

No início do século XIX, os efeitos das devastações provocadas por essas explosões foram de grande impacto na comunidade e suficientemente noticiados pela imprensa, em função de seu acontecimento frequente e com grandes repercussões. Essa mudança de rumo nos noticiários de acidentes em minas provocados por explosões levou ao surgimento de uma "teoria" amplamente considerada na época de que esses eventos eram o único risco em uma mina subterrânea de carvão.

Somente após 1850 é que a ilusão dessa "teoria" foi demonstrada, e outros riscos, como os desmoronamentos, mostraram estar entre as maiores causas de perdas de vida dos trabalhadores em minas de carvão.

Independentemente do seu risco relativo em relação a outros riscos, no final do século XIX, as explosões de grisu estavam matando muitos mineiros. Envolvidos com esses fatos, alguns proprietários de minas de carvão simplesmente escolheram o caminho de ignorá-los. No entanto, outros proprietários adotaram uma postura mais proativa, iniciando, de forma voluntária, medidas de prevenção dessas explosões.

As medidas iniciais envolveram a utilização de ventilação para diluição dos gases inflamáveis com ar fresco, ou tentativas de remoção de todas as fontes potenciais de ignição dos trabalhos em minas subterrâneas de carvão. Essas remoções de fontes de ignição resultaram inicialmente na substituição de velas utilizadas com chamas expostas, para iluminação dos locais dos trabalho por outros tipos de lanternas, com alternativas de fabricação mais seguras.

Nos primórdios da mineração subterrânea, era uma atividade considerada de alto risco trabalhar como um mineiro de carvão. Havia os riscos de desmoronamentos, mas o maior risco era, sem dúvida, as explosões. Estas eram causadas pela liberação de gases inflamáveis durante o processo de mineração, tanto por perfuração ou por picaretas utilizadas para quebrar o carvão do seu veio. Os dois principais gases presentes eram o monóxido de carbono e, mais importante, o metano, que era altamente explosivo.

Esses dois gases são incolores e inodoros, de forma que não havia um modo simples de se reconhecer se eles estavam ou não presentes nos locais de trabalho. Nos dias atuais, há uma grande quantidade de minas de carvão a céu aberto e subterrâneas, onde são utilizados sensores de presença de gás que atuam com a existência de baixas concentrações de gases. No entanto, naquela época, não havia nenhum desses tipos de dispositivos.

Um dos métodos mais utilizados pelos mineiros para alertar sobre a presença de gases nocivos nas minas subterrâneas era levar um canário em uma gaiola para o subsolo, como mostrado na figura a seguir.

**Figura 8.6** – Exemplo de canário utilizado por um mineiro como sensor da presença de gases inflamáveis em minas subterrâneas de carvão.

Esse pequeno pássaro foi, na verdade, um dos primeiros dispositivos de alarme utilizados. Sendo de pequeno porte, eles logo faleciam devido aos efeitos da presença de qualquer daqueles gases tóxicos ou inflamáveis. Enquanto os canários estivessem vivos, significava que o ar ainda era adequado para se respirar. Se o pássaro deixava de piar ou de mover-se, ou mesmo morresse, era o momento de sair da mina subterrânea o mais rapidamente possível.

Um dos primeiros métodos de prevenção do acúmulo de gases nas minas de carvão foi a introdução de sistemas de ventilação com ar fresco, de forma a diluir a concentração do gás inflamável para um valor abaixo do seu limite inferior de explosividade. A princípio, crianças com idade de cerca de 10 anos eram contratadas para ficar movimentando continuamente, com as mãos, pequenas portinholas que faziam com que o ar fosse movimentado para o interior da mina. Depoimentos dessas crianças na época indicavam que esse tipo de serviço era muito monótono e que, por trabalharem por longos períodos no subsolo, elas não tinham noção se era dia ou noite.

Posteriormente, a ventilação mecânica foi introduzida nas minas de carvão, a qual dispersava o grisu a um ponto de concentração suficientemente baixo, de forma que não houvesse gás inflamável remanescente suficiente para causar uma explosão.

Apesar dessas medidas iniciais de segurança e de prevenção de explosão de grisu, os acidentes continuavam a matar muitos mineiros. Em um acidente de grande proporção ocorrido em 1812 na mina de carvão Feeling, próxima à localidade de Gateshead, no Nordeste do Reino Unido, 92 homens e crianças morreram. Uma ilustre pessoa da região, o reverendo Hodgson, ficou tão chocado com os devastadores resultados dessa explosão que publicou um artigo descrevendo as circunstâncias preexistentes que levaram ao acidente. Essa publicação, segundo ele, foi feita "de forma contrária aos desejos dos proprietários da mina".

Quando entrou em contato com os detalhes da publicação, um advogado de Londres chamado Wilkinson sugeriu que uma sociedade específica para tratar desse tipo de assunto fosse formada, com o objetivo de evitar que qualquer acidente similar pudesse ocorrer no futuro.

Apesar do aumento da percepção dos riscos associados com o ambiente das minas de carvão, ainda durante as primeiras décadas do século XIX alguns proprietários de minas de carvão operavam-nas em completo desrespeito com a segurança de seus empregados.

Mesmo a presença de uma legislação inicial que havia sido elaborada não era suficiente para fazer qualquer diferença. Os requisitos legais eram completamente ignorados. Consequentemente, o risco potencial de ocorrência de grandes desastres era iminente, como ficou evidente no pior acidente na história britânica da mineração de carvão.

Essa explosão ocorreu na mina de Senghenydd, no Sul do País de Gales, no Sudoeste do Reino Unido, às 8h00 do dia 14 de outubro de 1913. Nessa grande explosão, 439 pessoas morreram, dentre elas 63 crianças e 162 jovens de aproximadamente 20 anos. Naquela manhã, cerca de 950 pessoas estavam trabalhando nos túneis subterrâneos daquela mina, e, devido ao devastador efeito das explosões do metano e da poeira de carvão existente no local, uma grande quantidade de pessoas morreu mesmo antes de saber o que estava ocorrendo.

O inquérito que foi elaborado revelou que, antes de o acidente ocorrer, houve cerca de catorze não conformidades em relação à legislação existente na época, muitas das quais tinham por objetivo justamente evitar a ocorrência deste tipo de acidente e explosão.

## 8.4 O INÍCIO DA UTILIZAÇÃO DE ELETRICIDADE EM MINAS SUBTERRÂNEAS DE CARVÃO

No final do século XIX, os animais de carga foram substituídos por motores elétricos, que puxavam os vagões contendo o fruto da escavação no interior da mina subterrânea de carvão.

Logo em seguida, um sistema elétrico de sinalização foi desenvolvido para instalação no fundo da mina de carvão, com o objetivo de sinalização remota do enchimento dos vagões de carga. O sistema de sinalização era composto por uma campainha para informar ao operador do guincho quando o carrinho dentro da mina estava carregado e poderia ser puxado para a superfície.

O acionamento do sistema de sinalização era feito pelos mineiros no interior da mina, que utilizam um metal, como a própria pá, para fechar o circuito elétrico que acionava uma campainha que ficava localizada na entrada da mina. O sistema era considerado seguro pois utilizava bateria de 10 V e eletroímã da campainha.

Testes com gases inflamáveis para verificar se um invólucro metálico de um equipamento era efetivo para evitar a propagação de uma explosão em seu interior, em uma condição que pudesse evitar a explosão de uma atmosfera explosiva ao seu redor, foram sugeridos para um comitê departamental sobre a utilização de eletricidade em minas, do Reino Unido, em 1905.

A aprovação oficial desse tipo de equipamento foi sugerida em 1909/1910 para aquele comitê, mas foi rejeitada. Como consequência, alguns fabricantes elaboraram seus próprios laboratórios de testes, porém, a demanda por um organismo independente de testes continuou.

Na mesma época, campainhas de baixa tensão eram utilizadas para avisar ao pessoal de superfície que os carrinhos já estavam cheios de carvão no subterrâneo, os quais podiam iniciar a operação de puxamento por guindastes. Uma vez que essas campainhas operavam a uma tensão de cerca de 10 Vcc, era assumido, naquela época, que consistiam em equipamentos seguros. Entretanto, em 1912 e 1913, duas grandes explosões em minas de carvão foram originadas por essas campainhas de sinalização.

De acordo com o regulamento de segurança em minas de carvão existente no Reino Unido em 1905, era permitida a instalação nos túneis de transporte subterrâneo de circuitos constituídos por fios nus para essa função de sinalização sonora na superfície. A instalação desse tipo de circuito elétrico era permitida desde que a tensão aplicada não fosse superior a 15 V em qualquer outro circuito.

Com um projeto mais "detalhado" dessas campainhas e circuitos, foi verificado na época que esses componentes podiam ser considerados seguros com a utilização de técnicas de "segurança intrínseca", iniciando a utilização desses equipamentos elétricos projetados para locais contendo atmosferas explosivas.

O sistema de sinalização, composto por um conjunto de baterias e uma campainha, era rusticamente acionado por meio de um curto-circuito, pelo toque da pá metálica de cavar o carvão, em dois condutores nus que eram instalados ao longo do trajeto de galeria da mina, desde a sua entrada na superfície até o local da escavação subterrânea. Esse circuito energizava uma campainha que era instalada na entrada da mina, que fazia soar o sinal, indicando a necessidade de iniciar o puxamento da caçamba de carvão. A Figura 8.7 representa o sistema de sinalização sonoro utilizado na época.

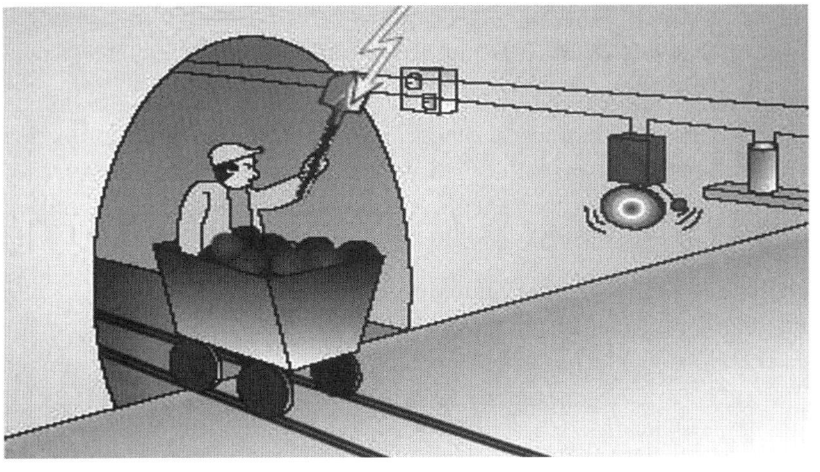

**Figura 8.7 –** Sistema de alarme com campainha utilizado em minas subterrâneas de carvão, por volta de 1910, com a aplicação de sistema elétrico então considerado "seguro", alimentado com bateria de 10 V.

Esse sistema elétrico foi considerado seguro, a princípio, em função dos baixos valores de tensões e correntes presentes no circuito.

Os estudos e pesquisas que foram realizados revelaram que o fator mais importante na determinação da segurança de um circuito elétrico é a energia armazenada no circuito. Sem a utilização de um sistema apropriado de limitação, a energia indutiva armazenada na campainha e no circuito de interligação poderia produzir níveis de energia suficientemente elevados para gerar um arco elétrico, o qual seria capaz de causar a ignição da mistura explosiva metano/ar, causando explosões fatais.

Os equipamentos elétricos e seus circuitos associados tinham de ser projetados e dimensionados de forma que pudessem evitar a geração de arcos, centelhas ou efeitos térmicos que pudessem causar a ignição da substância inflamável, tanto em condições normais do circuito como em condições de falha, como no caso de curto-circuito ou circuito interrompido.

Com base nesses requisitos de segurança, o primeiro certificado de conformidade para sistemas de sinalização para minas de carvão foi, então, emitido. Posteriormente, foram realizados estudos envolvendo outros dispositivos elétricos, incluindo a utilização de circuitos em corrente alternada e diversas outras concentrações de misturas explosivas metano/ar.

O conceito de segurança intrínseca foi posteriormente aplicado também às indústrias de superfície, onde atmosferas explosivas compostas por outros tipos de substâncias inflamáveis, como o acetileno e o hidrogênio, que são ainda mais facilmente passíveis de sofrer ignição quando comparados ao metano presente nas minas subterrâneas de carvão.

Após o desastre de Senghenydd, o maior na história das minas de carvão do Reino Unido, a comissão de investigação e inquérito que foi instaurada para determinar as causas daquela explosão recebeu a contribuição de alguns estudos que haviam sido elaborados pelo Dr. Wheeler (químico-chefe), mostrando que uma campainha utilizada em um circuito de sinalização sonora poderia ter atuado como uma fonte de ignição. Aquela comissão recebeu também estudos realizados pelo Prof. Thornton, do Colégio Armstrong, de Newcastle, mostrando que esses circuitos poderiam ser considerados "seguros" com a inclusão de modificações relativamente simples em seus componentes.

Aquela comissão de investigação debateu em detalhes se a causa da explosão havia sido originada pelo sistema de sinalização sonoro que havia sido instalado para avisar ao pessoal da superfície que o carrinho de transporte contendo carvão estava pronto para ser levado para cima.

Esses novos conceitos chamaram a atenção para o conceito de circuitos elétricos intrinsecamente seguros. Por esse motivo, é considerado que o tipo de proteção de equipamentos por segurança intrínseca tenha surgido nesse ano de 1913, completando em 2013 o seu primeiro centenário de desenvolvimento.

Testes sobre a segurança dessas campainhas de sinalização sonora para utilização em minas de carvão foram realizados em Eskmeals, no Oeste do Reino Unido, a partir de 1917. Esses trabalhos foram posteriormente expandidos para incluírem também relés e foram transferidos para a Universidade de Sheffield, no mesmo país, em 1925.

Os certificados de conformidade para sistemas intrinsecamente seguros ainda não eram emitidos naquela época, porém, registros completos dos testes de segurança e de aceitação foram realizados e devidamente documentados.

Em 1921, o Departamento de Minas da Universidade de Sheffield iniciou pesquisas sobre trabalhos com equipamentos denominados *flameproof* (à prova de explosão), em colaboração com o *Safety in Mines Research Board* (SMRB) e com a Associação Britânica de Pesquisas da Indústria Elétrica e Relacionada, mais tarde denominada *Electrical Research Association* (ERA, Associação de Pesquisa Elétrica), atualmente conhecida como *ERA Technology Ltd.* Naquela época, a ERA tinha o objetivo de preencher a reconhecida lacuna que existia na organização da indústria, por meio de fornecimento de pesquisa e inovação tecnológica.

Em 1922 a Universidade de Sheffield concordou em iniciar a realização de testes comerciais de equipamentos elétricos "resistentes a explosões" para diversos fabricantes individuais. O SMRB continuou os trabalhos de pesquisa sobre os detalhes do projeto, em conjunto com o ERA. O primeiro certificado de um equipamento à prova de explosão foi emitido por essa Universidade naquele mesmo ano. O primeiro equipamento elétrico utilizado em minas de carvão foi devido ao advento do motor à prova de explosão, para acionamento de elevadores, ventiladores e equipamentos de mineração. Os operadores das minas observaram, porém, que outros equipamentos elétricos, além dos motores, podiam ser também utilizados no interior de invólucros com juntas reforçadas.

A norma alemã VDE 0165, denominada *Guiding principles on the installation of electrical equipment in hazardous production areas and storage rooms* (Proteção de instalações elétricas em áreas classificadas), foi publicada originalmente em 1935, como um guia para a instalação de equipamentos elétricos em atmosferas explosivas. Após a publicação dessa norma, em 1943 foi introduzida uma mudança fundamental na abordagem desse assunto, pela separação, em normas distintas, dos requisitos de instalação (VDE 0165) e dos requisitos de equipamentos para áreas classificadas (VDE 0170 / VDE 0171 - *Leitsätze für die Ausführung von Schlagwetter schutzvorrichtungen an elektrischen Maschinen, Transformatoren und Apparaten/Basic Principles for Designing Firedamp Devices on Electrical Machines, Transformers and Equipment*, a qual havia sido publicada originalmente em 1912).

Na figura a seguir, é apresentada a folha de rosto da Norma VDE 0171 - *Vorschriften für schlagwetter geschützte elektrische betriebsmittel* (Regulamentos para equipamentos elétricos à prova de fogo), em sua versão de 1943.

Naquelas Normas VDE (*Verband der Elektrotechnik Elektronik Informationstechnik*, criadas em Frankfurt em 21 de janeiro de 1893), o projeto dos equipamentos para utilização em atmosferas explosivas incluía os tipos básicos de proteção contra a ocorrência de uma explosão, como invólucros à prova de explosão, imersão em óleo e segurança aumentada. Os componentes eram projetados de forma a serem protegidos e instalados no interior de invólucros industriais, que eram vedados para evitar o ingresso de água.

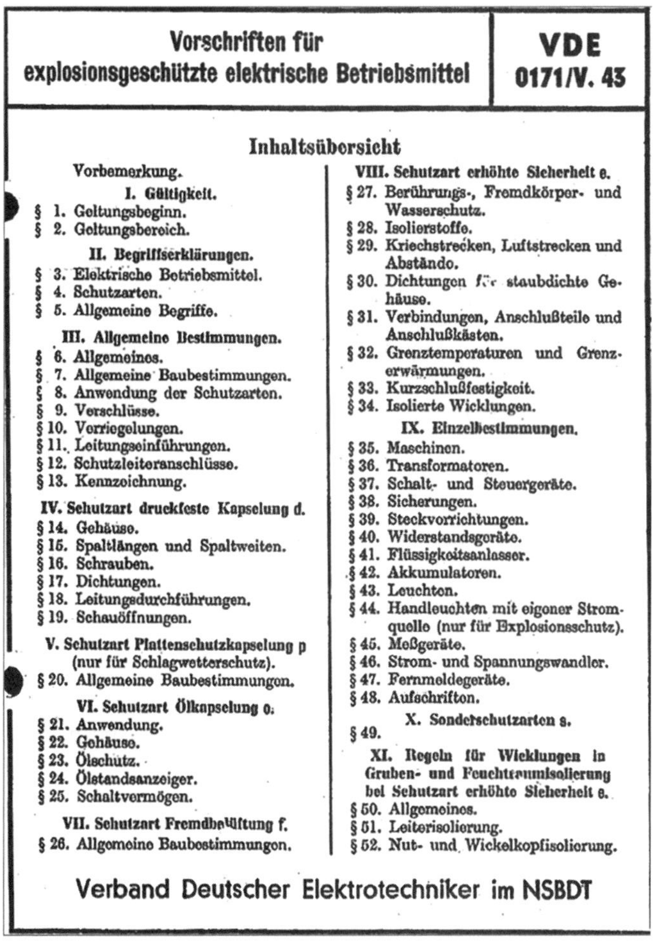

**Vorschriften für explosionsgeschützte elektrische Betriebsmittel** | **VDE 0171/V. 43**

**Inhaltsübersicht**

Vorbemerkung.

I. Gültigkeit.
§ 1. Geltungsbeginn.
§ 2. Geltungsbereich.

II. Begriffserklärungen.
§ 3. Elektrische Betriebsmittel.
§ 4. Schutzarten.
§ 5. Allgemeine Begriffe.

III. Allgemeine Bestimmungen.
§ 6. Allgemeines.
§ 7. Allgemeine Baubestimmungen.
§ 8. Anwendung der Schutzarten.
§ 9. Verschlüsse.
§ 10. Verriegelungen.
§ 11. Leitungseinführungen.
§ 12. Schutzleiteranschlüsse.
§ 13. Kennzeichnung.

IV. Schutzart druckfeste Kapselung d.
§ 14. Gehäuse.
§ 15. Spaltlängen und Spaltweiten.
§ 16. Schrauben.
§ 17. Dichtungen.
§ 18. Leitungsdurchführungen.
§ 19. Schauöffnungen.

V. Schutzart Plattenschutzkapselung p (nur für Schlagwetterschutz).
§ 20. Allgemeine Baubestimmungen.

VI. Schutzart Ölkapselung o.
§ 21. Anwendung.
§ 22. Gehäuse.
§ 23. Ölschutz.
§ 24. Ölstandsanzeiger.
§ 25. Schaltvermögen.

VII. Schutzart Fremdbelüftung f.
§ 26. Allgemeine Baubestimmungen.

VIII. Schutzart erhöhte Sicherheit e.
§ 27. Berührungs-, Fremdkörper- und Wasserschutz.
§ 28. Isolierstoffe.
§ 29. Kriechstrecken, Luftstrecken und Abstände.
§ 30. Dichtungen für staubdichte Gehäuse.
§ 31. Verbindungen, Anschlußteile und Anschlußkästen.
§ 32. Grenztemperaturen und Grenzerwärmungen.
§ 33. Kurzschlußfestigkeit.
§ 34. Isolierte Wicklungen.

IX. Einzelbestimmungen.
§ 35. Maschinen.
§ 36. Transformatoren.
§ 37. Schalt- und Steuergeräte.
§ 38. Sicherungen.
§ 39. Steckvorrichtungen.
§ 40. Widerstandsgeräte.
§ 41. Flüssigkeitsanlasser.
§ 42. Akkumulatoren.
§ 43. Leuchten.
§ 44. Handleuchten mit eigener Stromquelle (nur für Explosionsschutz).
§ 45. Meßgeräte.
§ 46. Strom- und Spannungswandler.
§ 47. Fernmeldegeräte.
§ 48. Aufschriften.

X. Sonderschutzarten s.
§ 49.

XI. Regeln für Wicklungen in Gruben- und Feuchtraumisolierung bei Schutzart erhöhte Sicherheit e.
§ 50. Allgemeines.
§ 51. Leiterisolierung.
§ 52. Nut- und Wickelkopfisolierung.

**Verband Deutscher Elektrotechniker im NSBDT**

**Figura 8.8 –** Folha de rosto da norma VDE 0171/1943 – *Vorschriften für schlagwetter geschützte elektrische betriebsmittel* (Regulamentos para equipamentos elétricos à prova de chamas).

Esse tipo de especificação levou ao desenvolvimento de componentes centelhantes instalados no interior de invólucros do tipo "à prova de explosão" e de equipamentos não centelhantes com tipo de proteção "segurança aumentada". Os equipamentos para atmosferas explosivas projetados de acordo com aquelas normas deveriam ser marcados com o símbolo "Ex".

Com relação aos riscos de ignição gerados pela eletricidade estática, sob o ponto de vista histórico, um dos primeiros regulamentos sobre o assunto foi elaborado em 1939, com a publicação *Berufsgenossenschaft der chemischen Industrie - Richtlinie Nr.4 Statische Elektrizität, Verlag Friedrich Krause* (Associação Comercial da Indústria Química, Diretriz n. 4 Eletricidade Estática - Diretrizes para a contenção de incêndios e explosões por eletricidade estática), como o "rascunho" apresentado na figura a seguir.

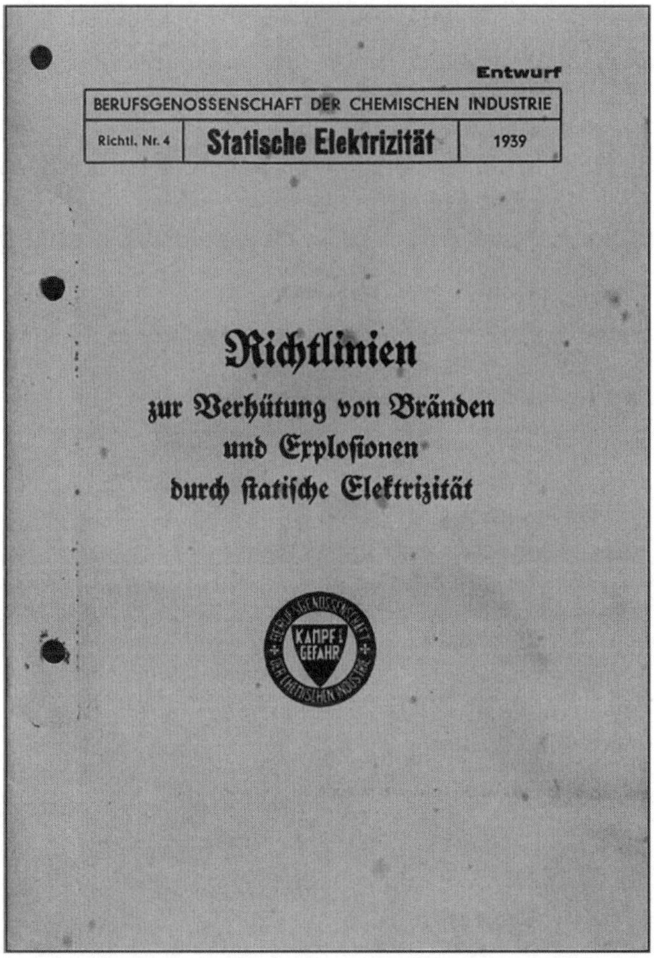


**Figura 8.9 –** Folha de rosto – *Berufsgenossenschaft der Chemischen Industrie – Richtlinie Nr.4 Statische Elektrizität, Verlag Friedrich Krause* (Associação de seguro de responsabilidade civil do empregador da Indústria Química – Diretriz n. 4 – Eletricidade Estática – Diretrizes para a contenção de incêndios e explosões por eletricidade estática), 1939.

## 8.5 HISTÓRICO DE PESQUISAS, DESENVOLVIMENTO E NORMALIZAÇÃO DO TIPO DE PROTEÇÃO POR SEGURANÇA INTRÍNSECA

Sob o ponto de vista histórico de pesquisa e desenvolvimento, instituições da Alemanha e do Reino Unido foram as pioneiras a estudar formas de proteção contra uma explosão em minas subterrâneas de carvão. As primeiras entidades envolvidas foram as *Bergewerkschaftliche Versuchstrecke*, na Alemanha, (atualmente conhecido com BVS, sendo um dos primeiros organismos de certificação reconhecidos na Alemanha) e o *Safety in Mines Research Establishment*, no Reino Unido (atualmente conhecido como *Health & Safety Laboratory of the Health and Safety Executive* – HSE), associado com o *Electrical Equipment Certification Service* (EECS/BASEEFA).

Em 1908, o engenheiro alemão Carl Beyling publicou um documento descrevendo a aplicação do que seria posteriormente conhecido como "invólucro à prova de explosão" (*druckfeste kapselung*), dando origem ao tipo de proteção Ex "d". A publicação do documento com a aplicação em motores elétricos foi premiada em 1938 com uma medalha pelo *Institution of Mining Engineers* do Reino Unido, pelos seus trabalhos sobre segurança em minas subterrâneas de carvão. Isso mostra o nível de cooperação que existia entre os organismos de pesquisa e certificação da Alemanha e do Reino Unido durante aquele período de grandes atividades em minas subterrâneas de carvão naqueles países.

Com relação ao desenvolvimento do tipo de proteção por segurança intrínseca, um sistema intrinsecamente seguro pode ser definido como aquele que é incapaz de liberar energia, seja na forma elétrica ou térmica, suficiente para provocar a ignição de determinada mistura explosiva que possa estar presente no local. A impossibilidade de ignição deve ser mantida e garantida mesmo em caso de ocorrência de falhas do sistema. Nesse sentido, em 1886, foram realizados estudos pela Universidade Técnica de Aachen e reconhecidos pela *Prussian Firedamp Commission* sobre a ignição do gás metano devido a centelhas elétricas. Esses testes foram também realizados em 1898 pelo BVS. Os resultados desses testes concluíram, naquela época (de forma errônea), que toda centelha elétrica era capaz de causar uma explosão.

Em 1912 (após a fundação da IEC em Londres, em 1906, com a participação da VDE) foi originalmente publicada na Alemanha a norma VDE 0170 – *Leitsätze für die Ausführung von Schlagwetter-schutzvorrichtungen an elektrischen Maschinen, Transformatoren und Apparaten/Basic Principles for Designing Firedamp Protection Devices on Electrical Machines, Transformers and Equipment.*

Os estudos realizados por Wheeler e Thornton a partir de 1913, decorrentes da explosão da mina de carvão de Senghenydd, levaram à construção de um dispositivo de teste, denominado *dispositivo centelhador*, elaborado para testar a capacidade das baterias de causarem centelhas capazes de gerar a ignição do grisu.

Na figura a seguir, é mostrado um aparelho de faiscamento padrão utilizado para ensaios de circuitos intrinsecamente seguros, usado por volta de 1955 no *Physikalisch-Technische Bundesanstalt* (PTB). Esse é o aparelho de faiscamento "padrão" desenvolvido com base nesses estudos.

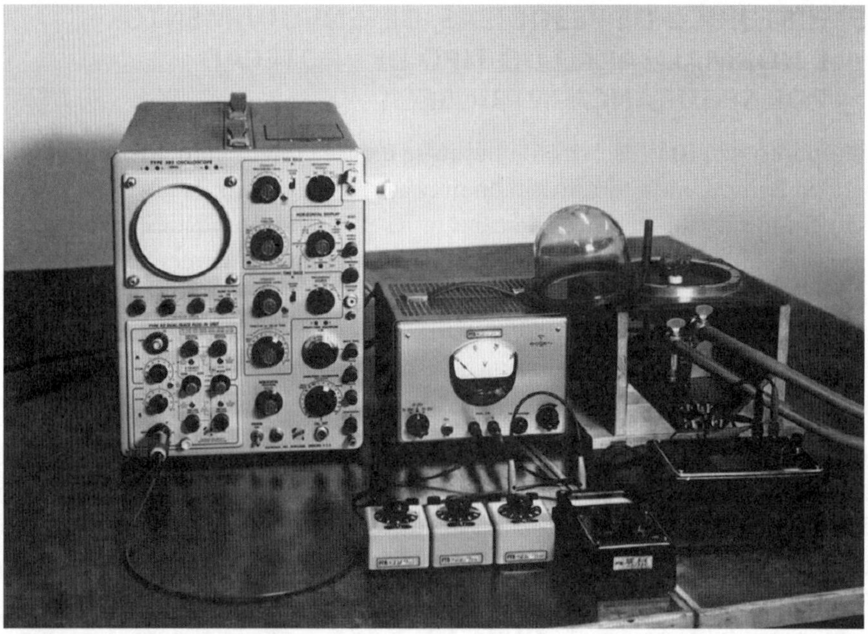

**Figura 8.10 –** Aparelho de faiscamento padrão utilizado pelo PTB por volta de 1955.

*Fonte*: Colóquio dos 200 Anos de Proteção Contra a Ocorrência de Explosão – 1815/2015 – PTB – 09/nov/2015.

Na figura a seguir, é mostrado um aparelho de faiscamento padrão utilizado para ensaios de circuitos intrinsecamente seguros, cedido pelo PTB (*Physikalisch-Technische Bundesanstalt*) ao laboratório de ensaios de equipamentos "Ex" do Cepel (Centro de Pesquisas de Energia Elétrica), no início da década de 1980, durante as ações de cooperação do PTB para a estruturação do Cepel.

**Figura 8.11 –** Aparelho de faiscamento padrão cedido pelo PTB ao Cepel no início da década de 1980.

*Fonte*: CEPEL.

Na figura a seguir, é mostrado o aparelho de faiscamento padrão utilizado para ensaios de circuitos intrinsecamente seguros pelo laboratório e organismo de certificação ExVeritas, do Reino Unido.

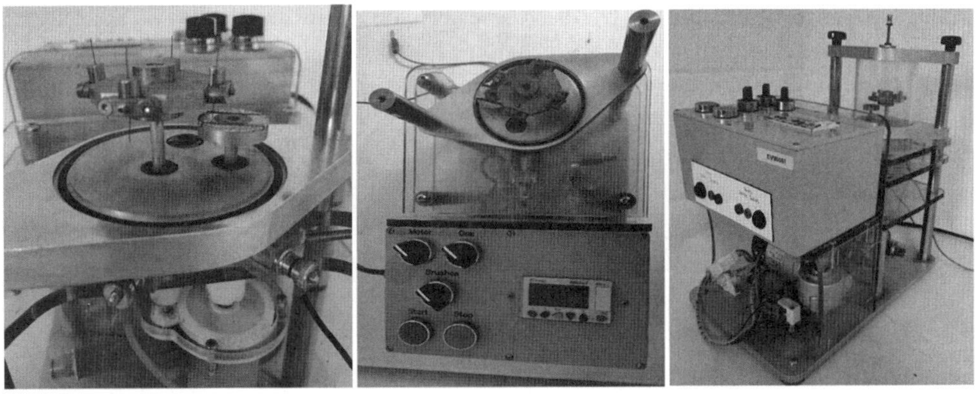

**Figura 8.12** – Aparelho de faiscamento padrão para ensaios de circuitos intrinsecamente seguros pelo laboratório e organismo de certificação ExVeritas, do Reino Unido.

*Fonte*: ExVeritas.

Na figura a seguir é mostrado o desenho de um aparelho de faiscamento padrão (*Spark Test Apparatus* - STA), utilizado para ensaios de tensão, corrente, capacitâncias e indutâncias máximas que podem ser conectadas com segurança a circuitos intrinsecamente seguros.

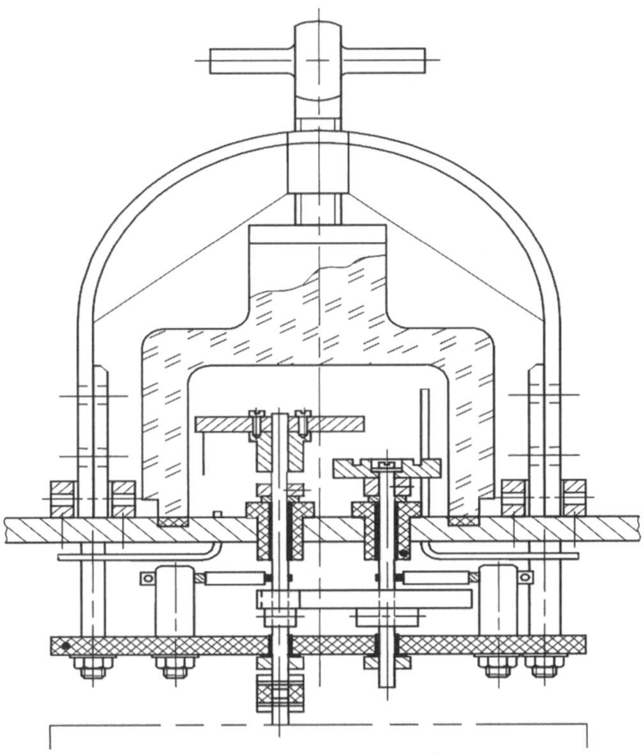

**Figura 8.13** – Aparelho de faiscamento padrão especificado na IEC 79-11/1976, originariamente desenvolvido a partir de 1913 para a realização de testes em circuitos intrinsecamente seguros.

*Fonte*: norma IEC 79-11.

Nas figuras a seguir, são mostradas versões eletromecânicas "atuais" do aparelho de faiscamento padrão, utilizadas para ensaios de equipamentos e circuitos intrinsecamente seguros, de acordo com os requisitos da norma técnica brasileira adotada ABNT NBR IEC 60079-11.

**Figura 8.14 –** Exemplo de aparelho de faiscamento padrão (*Spark Test Apparatus* – STA), de acordo com os requisitos da norma ABNT NBR IEC 60079 11, para ensaios de tensão, corrente, capacitâncias e indutâncias máximas que podem ser conectadas com segurança a circuitos intrinsecamente seguros.

*Fonte*: acervos pessoais dos autores.

**Figura 8.15 –** Exemplo de aparelho de faiscamento padrão (*Spark Test Apparatus* – STA) para ensaios de equipamentos e circuitos intrinsecamente seguros, de acordo com a norma ABNT NBR IEC 60079 11.

*Fonte*: acervos pessoais dos autores.

Na figura a seguir, é mostrado um conjunto de tubulações de gases para ensaios de equipamentos e circuitos intrinsecamente seguros para os Grupos IIA, IIB ou IIC, de acordo com os requisitos da norma ABNT NBR IEC 60079-11.

**Figura 8.16 –** Conjunto de tubulações de gases representativos dos Grupos IIA, IIB ou IIC, para ensaios de equipamentos Ex "i" de acordo com a norma ABNT NBR IEC 60079-11.

*Fonte*: acervos pessoais dos autores.

Os testes de faiscamento foram inicialmente idealizados em 1913, em função de relatos dos sobreviventes da explosão da mina de Senghenydd terem indicado que as baterias descarregadas do sistema de campainha tinham sido substituídas e conectadas à fiação exposta do circuito de sinalização sonora momentos antes da ocorrência da explosão.

As pesquisas e investigações desenvolvidas por Wheeler e Thornton mostraram que, apesar de baterias de baixa tensão não serem capazes de gerar centelhas por si mesmas, esse não era o caso quando uma campainha era incluída no circuito, juntamente com a fiação de interligação.

A grande cooperação de trabalhos de pesquisas realizados entre o Sr. Wheeler do Reino Unido e o BVS da Alemanha provavelmente levou ao fato de que tenham sido incluídas na norma VDE 0170, em sua revisão de 1926, referências à possibilidade de existência de equipamentos elétricos cujas centelhas não fossem capazes de causar uma ignição.

Em 2 de novembro de 1945, foi publicada pelo British Standards Institution (BSI) a norma BS 1259: *Intrinsically Safe Electrical Apparatus and Circuits for Use in Explosive Atmospheres*. Nessa norma, foi pela primeira vez definido o termo "*Intrinsically Safe Apparatus*" (equipamento intrinsecamente seguro), com as duas seguintes definições:

1) aplicado a um circuito, esse termo significa que qualquer centelhamento que possa ocorrer em sua operação normal e com os componentes prescritos é incapaz de causar uma explosão, gás ou vapor inflamável especificado;

2) aplicado ao equipamento, esse termo significa que o aparelho é de tal forma construído que, quando conectado e utilizado de acordo com as condições prescritas, qualquer centelhamento que possa ocorrer em sua operação normal, tanto do equipamento como do respectivo circuito associado, é incapaz de causar uma explosão do gás ou vapor inflamável especificado.

Sob o ponto de vista histórico do desenvolvimento da segurança intrínseca, pode ser ressaltado que somente no ano seguinte, em 1946, o BSI publicou a norma BS 229 – *Specification of Flame Proof Enclosure of Electrical Apparatus*, com a definição do termo "invólucro à prova de explosão".

No princípio do seu desenvolvimento, o conceito da segurança intrínseca teve pouco impacto na área de detectores de gases e em outros instrumentos utilizados pelos mineiros. Um dos principais motivos para a dificuldade na aplicação desse tipo de proteção residia principalmente na ausência de componentes elétricos que pudessem ser utilizados em circuitos de sensores de baixa tensão.

A partir do início da década de 1960, essa situação mudou rapidamente, com a disponibilidade cada vez maior de dispositivos eletrônicos semicondutores, como diodos e transistores, que eram capazes de operar com baixos valores de tensão e corrente. Os dispositivos semicondutores foram utilizados, a partir de então, para a fabricação de uma grande quantidade de instrumentos intrinsecamente seguros, incluindo medidores de metano, especialmente desenvolvidos para utilização em minas de carvão.

Na figura a seguir, é mostrado um exemplo de um medidor de metano (*metanometer*), fabricado na década de 1960, contendo componentes semicondutores (ponte de Wheatstone com resistores e diodos).

**Figura 8.17 –** Exemplo de *metanometer*, fabricado na década de 1960, contendo semicondutores, utilizado em minas subterrâneas de carvão para a detecção da presença de grisu.

*Fonte*: acervos pessoais dos autores.

Os testes envolviam um contato elétrico que era mecanicamente aberto e fechado, comutando o circuito elétrico sob teste no interior de uma campânula de vidro, a qual continha grisu em seu interior. O teste indicava que, devido à baixa resistência interna, as baterias, quando novas, em conjunto com a campainha presente no circuito, eram capazes de fazer com que o contato elétrico produzisse uma faísca com energia suficiente para causar a ignição do gás, o que não era possível com as baterias velhas.

Com o desenvolvimento das pesquisas, foi verificado que existem dois eventos que podem causar uma centelha de origem elétrica em um circuito de baixa tensão.

O primeiro evento ocorre quando dois condutores elétricos se aproximam um do outro, até que a separação entre eles seja pequena o bastante para que uma descarga eletrostática possa acontecer. Isso pode se dar quando dois condutores são encostados ou quando um condutor se solta e toca outro condutor vizinho. Esse evento é denominado de *falha no fechamento*, porque um contato é feito pelos dois condutores elétricos. Uma centelha que ocorre durante uma falha no fechamento é denominada de *centelha de fechamento*.

O segundo evento ocorre quando um curto-circuito já existente repentinamente abre, resultando em uma alta concentração de corrente e um grande aquecimento no ponto de contato, bem como uma descarga eletrostática na separação entre os dois condutores. Tal evento é denominado de *falha de abertura*, porque um contato está sendo aberto. Uma centelha que ocorre durante uma falha de abertura é denominada de *centelha de abertura*.

As pesquisas mostraram que as centelhas de abertura podem ser consideradas como a causa mais comum das explosões. Isso é especialmente verdadeiro em correntes na faixa de 10 A. Por essa razão, o mecanismo de centelhamento de abertura tem sido extensivamente pesquisado desde então, vindo a ser mais bem compreendido desde o início dos anos 1960.

É importante ressaltar que a ocorrência de uma centelha não leva necessariamente à ocorrência de uma explosão, mesmo em um ambiente altamente explosivo. Para que uma explosão possa ocorrer, é necessário haver energia suficiente na centelha para causar a ignição da substância inflamável que estiver presente.

Para melhor entendimento dessa característica de centelhamento, pode ser considerado um circuito formado por dois fios que estejam em contato, criando um curto-circuito, e no ponto de início de separação de seu contato entre si. Esse é o estágio inicial de uma falha de abertura. Durante a separação, a área de contato entre os condutores é significativamente reduzida, causando uma elevação na densidade de corrente e na resistência do circuito. A elevada densidade de potência nessa pequena área de contato causará a fusão do metal e, finalmente, a sua vaporização.

Com a separação, a ponte criada pelo metal fundido vai se abrir. Nesse ponto, uma centelha ainda não ocorreu; apesar de que, se a corrente for elevada o bastante, o metal pode vaporizar, de forma que a ponte possa ainda se manter, dissipando uma grande quantidade de energia térmica e causando a ignição da substância inflamável sem a ocorrência da centelha, por exceder a temperatura de ignição da substância inflamável. Assumindo que isso não tenha ocorrido, a partir do momento que a ponte entre o metal fundido e vaporizado seja quebrada e que a condição de curto-circuito não mais exista, a tensão entre os condutores se eleva rapidamente e a corrente diminui.

Nesse ponto, a tensão se eleva por um período típico de 100 ns, embora as características da fonte de alimentação afetem a taxa de elevação de tensão, e, por sua vez, foi demonstrado em 1978 que isso afeta os resultados dos testes de segurança intrínseca. Durante este período inicial de 100 ns, enquanto a tensão está se elevando, ocorre uma ionização do ar entre as partes energizadas e uma centelha pode ser formada.

Metais diferentes possuem diferentes tensões iniciais para o centelhamento, a qual varia entre 10 V e 20 V, para os metais que são normalmente utilizados como condutores. Se a tensão entre os contatos exceder a tensão de inicialização da centelha, então a centelha é gerada.

Do ponto de vista normativo internacional, de forma a consolidar os resultados, experiências e lições aprendidas decorrentes das pesquisas realizadas principalmente no Reino Unido (BSI) e na Alemanha (PTB), foi elaborada pelo TC-31 da IEC, em 1976, a norma IEC 79-11, com o título *Electrical Apparatus for Explosive Gas Atmospheres - Part 11: Construction and Test of Intrinsically-Safe and Associated Apparatus.*

Algumas das principais entidades que participaram da elaboração e do desenvolvimento dessa norma internacional foram o *Safety in Mines Research Establishment* (SMRE), do Reino Unido; o Instituto de Física e Técnica da Alemanha (PTB) e o DEKRA EXAM (anteriormente conhecido por *Bergewerkschaftliche Versuchstrecke* - BVS/*Fachstelle für Sicherheit Elektrischer Betriebsmittel/Deutsche Montan Technologie* GmbH - DMT), da Alemanha.

Na figura a seguir, é apresentada a folha de rosto da primeira edição dessa norma IEC 79-11, publicada pelo TC-31 da IEC em 1976.

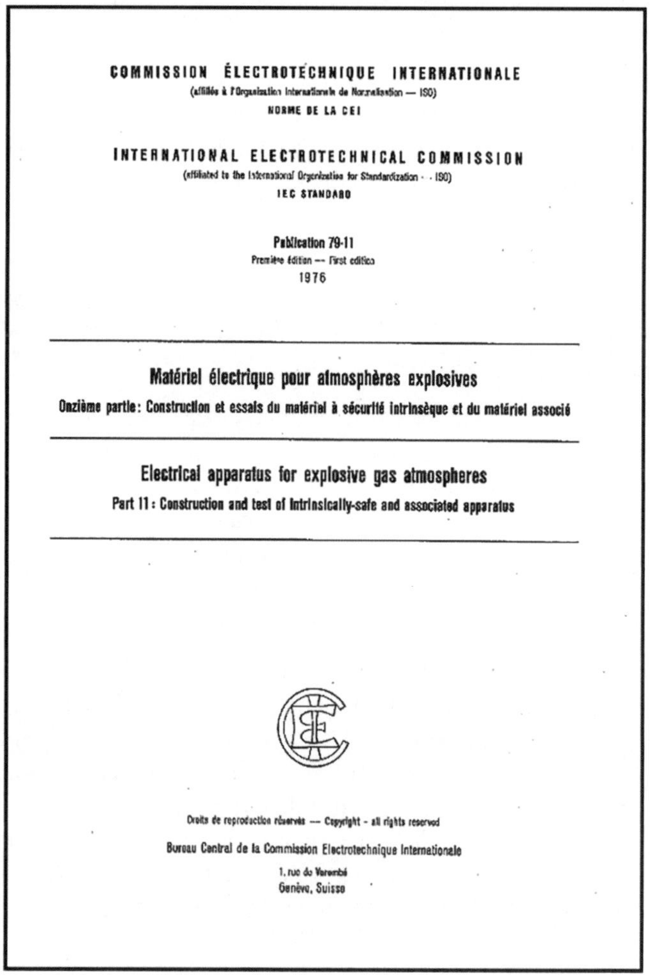

COMMISSION ÉLECTROTECHNIQUE INTERNATIONALE

(affiliée à l'Organisation Internationale de Normalisation — ISO)

NORME DE LA CEI

INTERNATIONAL ELECTROTECHNICAL COMMISSION

(affiliated to the International Organization for Standardization — ISO)

IEC STANDARD

Publication 79-11

Première édition — First edition

1976

Matériel électrique pour atmosphères explosives

Onzième partie: Construction et essais du matériel à sécurité intrinsèque et du matériel associé

Electrical apparatus for explosive gas atmospheres

Part 11: Construction and test of intrinsically-safe and associated apparatus

Droits de reproduction réservés — Copyright - all rights reserved

Bureau Central de la Commission Electrotechnique Internationale

1, rue de Varembé

Genève, Suisse

**Figura 8.18** – Folha de rosto da primeira edição da norma internacional IEC 79-11 – *Construction and Test of Intrinsically Safe and Associated Apparatus*, publicada pela IEC em 1976.

*Fonte*: IEC.

O desenvolvimento dessa norma IEC 79-11 envolveu, em grande parte, a identificação de que metais poderiam ser utilizados para se gerarem as centelhas do teste e no desenvolvimento de guias práticos, baseados em informações estatísticas, sobre os limites de corrente e tensão para a segurança intrínseca.

A pesquisa científica que foi conduzida nesse período foi intensa e detalhada, particularmente na coleta de dados para a determinação de limites seguros de corrente e tensão em uma grande faixa de condições do circuito, como:

- faixa de tensões entre 10 V e 600 V;
- faixa de correntes entre 10 mA e 10 A;
- circuitos indutivos, capacitivos e resistivos;
- diferentes tipos de gases, atendendo a todos os tipos de grupos, incluindo grupo I (grisu), grupo IIA (por exemplo, o metano, o propano e o butano); grupo IIB (por exemplo, o etileno) e grupo IIC (por exemplo, o acetileno e o hidrogênio).

A vinda para o Brasil de indústrias químicas de origem europeia, principalmente da Alemanha, nas décadas de 1950 e 1960, serviu de catalisador para a introdução do tipo de proteção Ex "i" no país. Como exemplo, pode ser citada a BASF, que iniciou a utilização da segurança intrínseca no início dos anos 1960 e início dos anos 1970, algum tempo após a publicação da primeira norma alemã sobre segurança intrínseca, em 1965: VDE 0179-7: *Explosionsgefährdete Bereiche - Geräteschutz durch Eigensicherheit* (Áreas potencialmente explosivas - Proteção de equipamentos por segurança intrínseca).

Em 1984, a ABNT publicou a norma brasileira EB-1487, registrada como ABNT NBR 8444 - *Equipamentos elétricos para atmosferas explosivas de segurança intrínseca - Tipo de proteção "i"*. Essa norma foi baseada nos requisitos indicados na IEC 79-11 de 1976. Naquela ocasião, foram iniciados no Brasil os trabalhos de certificação de equipamentos com esse tipo de proteção Ex "i".

Como pode ser verificado neste capítulo, o tipo de proteção por "segurança intrínseca" teve seu desenvolvimento originado como consequência de graves explosões ocorridas em minas subterrâneas de carvão, ao longo dos séculos XIX e XX.

Deve ser ressaltado que a atividade de mineração subterrânea de carvão registra alguns dos eventos mais trágicos da história corporativa, como o desastre da mina de Benxihu Colliery, em Benxi, Liaoning, na Manchúria, China, em 26 de abril de 1942, na época sob ocupação japonesa, durante a Segunda Guerra Mundial. Uma explosão de gás (grisu) proveniente do carvão mineral naquela mina subterrânea de carvão causou a morte de 1.549 operários, representando a perda de vida de 34% do total de trabalhadores que estavam no local naquele dia.

## 8.6 CONCEITOS BÁSICOS DE SEGURANÇA INTRÍNSECA

O conceito de segurança intrínseca na atualidade se define por meio da norma internacional IEC 60079-11, a qual é adotada como referência para a publicação de normas locais (como a ABNT NBR IEC 60079-11) ou regionais (como a EN IEC 60079-11), muitas vezes adotadas por diferentes países ou regiões do planeta. De acordo com essa norma, o tipo de proteção segurança intrínseca "é aplicável para equipamentos elétricos nos quais os circuitos elétricos são incapazes de causar uma explosão de atmosferas explosivas circundantes".

Assim, esse tipo de proteção tem como princípio a limitação da energia elétrica ou térmica proveniente de fontes de alimentação, componentes ativos como baterias, dispositivos piezoelétricos ou células químicas e de cargas reativas (como capacitores e indutores), de forma que a energia contida em qualquer centelha ou a máxima temperatura de componentes eletrônicos (ativos e passivos), trilhas em uma placa de circuito impresso ou fiação não apresentem níveis de energia que possam ser considerados acendíveis, ou seja, que possam causar uma ignição de uma atmosfera explosiva e por consequência, uma explosão.

A figura a seguir mostra uma representação do tipo de proteção de equipamento por segurança intrínseca - Ex "i".

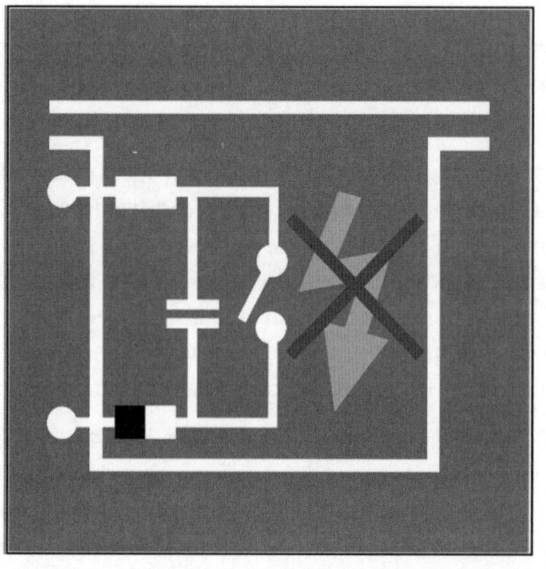

**Figura 8.19 –** Representação de equipamento com tipo de proteção por segurança intrínseca – Ex "i"

*Fonte*: acervos pessoais dos autores.

O tipo de proteção segurança intrínseca se aplica ao circuito como um todo, incluindo o equipamento Ex "i" de campo, a barreira de segurança intrínseca (equipamento associado [Ex "i"] e a fiação de interligação.

Nesse contexto, uma centelha pode ser proveniente de um elemento centelhante em condições normais de operação ou em condições de falhas, onde condições de falhas são definidas de acordo com o nível de proteção proporcionado do equipamento (EPL), ou, em outras palavras, de acordo com a "Zona" da área classificada para a qual o produto tem a instalação pretendida.

É importante ressaltar, nesse caso, com base nas definições apresentadas na norma técnica brasileira adotada ABNT NBR IEC 60079-0, que o nível de proteção proporcionado pelo equipamento EPL é referente ao equipamento "Ex" como um "todo", refere-se ao nível de proteção atribuído ao equipamento "completo", com base em sua probabilidade de tornar-se uma fonte de ignição e distinguindo as diferenças entre atmosfera explosiva de gás (Ga, Gb ou Gc), atmosfera explosiva de poeira combustível (Da, Db ou Dc) e atmosfera explosiva em minas subterrâneas de carvão, suscetíveis a grisu (Ma ou Mb). No caso de equipamentos intrinsecamente seguros (Ex "i"), isso inclui os componentes eletrônicos Ex "i" e seu invólucro externo.

Com relação ao tipo de proteção Ex "i", os níveis de proteção "a", "b" e "c" estão relacionados com a subdivisão desse tipo de proteção, correlacionando com o nível de proteção do equipamento, que diferencia a probabilidade de o equipamento se tornar uma fonte de ignição. Por exemplo, o tipo de proteção segurança intrínseca "i" está subdividido em níveis de proteção "ia", "ib" e "ic"; que correlaciona com os níveis de proteção Ga, Gb e Gc (para atmosferas explosivas de gases inflamáveis), Da, Db ou Dc (para atmosferas explosivas de poeiras combustíveis) e Ma ou Mb (para atmosferas explosivas de minas subterrâneas de carvão).

Um elemento centelhante em condições normais de operação consiste nos componentes eletrônicos que realizam conexões elétricas por meio do contato de condutores, por exemplo, uma chave eletrônica, um plugue para conexão com o circuito energizado, um componente com contatos como um relé eletromecânico, e assim por diante.

As possíveis falhas que podem gerar uma centelha incluem falhas que resultam na abertura do circuito, como a abertura de uma trilha, a falha da conexão soldada de um componente, a falha de uma placa de circuito impresso, a falha interna de um elemento semicondutor de um LED, por exemplo, a ruptura ou desconexão de um condutor, e assim por diante, e incluem falhas que resultam em curtos-circuitos, como a falha da isolação de uma placa de circuito impresso entre duas trilhas. Portanto, como se pode observar, a identificação clara dos elementos centelhantes em condições normais de operação e as condições de falhas que possam resultar em uma centelha são bastante relevantes para se definirem os modelos para limitação da energia a fim de se evitar a ignição de uma atmosfera explosiva por uma centelha.

A temperatura máxima de componentes eletrônicos (ativos e passivos), trilhas em uma placa de circuito impresso ou fiação pode ser avaliada ou estimada por meio de cálculos baseados nos modelos termodinâmicos apresentados pelos fabricantes dos componentes na sua literatura ou por meio de dados contidos nos requisitos das normas utilizadas como referência, por exemplo, as normas técnicas brasileiras adotadas ABNT NBR IEC 60079-0 e ABNT NBR IEC 60079-11, bem como pode ser verificada por meio de métodos empíricos, que envolvem a simulação das condições que resultam em temperaturas elevadas.

Esses métodos podem incluir a medição efetiva da temperatura ou a simulação das condições de operação ou falha na presença de uma atmosfera explosiva de ensaio correspondente à classe de temperatura. As condições avaliadas ou ensaiadas também incluem a consideração de condições de falhas, as quais são normalmente aplicadas de forma a se obter a máxima dissipação de potência possível para a parte sob avaliação. Essas condições de falhas, bem como os métodos para se definirem máximas potências dissipadas, são abordadas mais adiante neste livro.

A limitação da energia é, portanto, obtida por meio da utilização de componentes e arranjos de componentes, chamados de "infalíveis", os quais, com suas montagens, são submetidos a análises ou ensaios para se determinarem os fatores de segurança sobre a máxima tensão, corrente e potência dissipada pelo componente em questão. As montagens dos componentes infalíveis também são avaliadas para verificação das distâncias de separação e escoamento de partes que não podem falhar para curtos-circuitos e os seus elementos isolantes empregados, ou então com relação à infalibilidade de sua conexão ao circuito que requer limitação, quando a falha para circuito aberto se apresenta como um risco ao modelo de limitação. Componentes infalíveis também são considerados sob condições de falhas. Essas falhas são chamadas de falhas contáveis.

Assim, surge a necessidade de arranjos "infalíveis" de componentes. Por exemplo, um circuito com limitação de tensão do tipo *shunt*, por meio de diodos Zener infalíveis para o nível de proteção "ib", requer dois diodos em paralelo, já que um desses diodos pode ser considerado em condição de falha de circuito aberto; nesse cenário, sempre haveria um diodo operando para limitar possíveis tensões que poderiam gerar condições que representam risco de ignição. Componentes infalíveis, métodos para o cálculo ou ensaio dos seus respectivos fatores de segurança e abordagens relacionadas aos seus possíveis arranjos infalíveis são também abordados mais adiante neste livro.

Um equipamento intrinsecamente seguro também deve incluir medidas para evitar riscos de ignições adicionais, abordados não somente para equipamentos intrinsecamente seguros, mas para todos os equipamentos designados para instalação em atmosferas explosivas. Esses riscos incluem risco de ignição por cargas eletrostáticas, risco de ignição por centelhas geradas por fontes de energia potencial mecânica, como impactos ou atritos entre partes, e o risco de ignição por fontes de radiações ópticas, eletromagnéticas ou ultrassônicas.

Além disso, os modelos empregados para assegurar a integridade dos modelos considerados nas partes eletrônicas do equipamento incluem requisitos para a avaliação e o ensaio dos invólucros e de seus componentes e partes empregados para a obtenção de adequados níveis de resistência mecânica, o que inclui o grau de proteção IP providenciado pelo invólucro, o qual é importante para a definição dos requisitos para distâncias de separação e escoamento infalíveis aplicadas nos modelos de limitação de energia intrinsecamente seguros. Por exemplo, sem a existência de um invólucro com adequado nível de resistência mecânica e grau de proteção IP, não existirão distâncias de separação e escoamento infalíveis.

O tipo de proteção por segurança intrínseca pode ser aplicado a equipamentos designados para um sistema, no qual diversos elementos são incluídos em diversas áreas, podendo estas apresentar diferentes classificações; por exemplo, a fonte de alimentação de um sistema de medição de vazão pode estar localizada em área não classificada, o transmissor e o indicador podem estar localizados uma área classificada, como Zona 1 (área que requer equipamentos "Ex" que proporcionem EPL Gb) e o elemento sensor pode estar localizado em Zona 0 (área que requer equipamentos "Ex" que proporcionem EPL Ga).

Os equipamentos designados para um sistema intrinsecamente seguro são divididos entre equipamentos associados, que são aqueles para utilização em área segura ou que são protegidos por outro tipo de proteção "Ex", mas que possuem as suas conexões intrinsecamente seguras, devidamente limitadas; equipamentos de campo e equipamentos simples. A interconexão desses equipamentos é avaliada por meio das informações contidas nos seus respectivos certificados de conformidade e documentação apresentados pelos fabricantes. Essas avaliações incluem, por exemplo, a verificação da conformidade dos parâmetros de entidade ou de limitação, bem como os requisitos para o cabeamento e do circuito de aterramento e de equipotencialização. Requisitos para a instalação de sistemas intrinsecamente seguros também são abordados neste livro.

Além das instalações "convencionais" aplicadas a equipamentos com instalação fixa, o tipo de proteção por segurança intrínseca pode ser aplicado também a equipamentos portáteis, como tablets, smartphones, *PDAs*, transceptores, *wearables*, câmeras fotográficas, notebooks, RFID, *switches* ópticos, dispositivos 2-WISE (*Ethernet* intrinsecamente segura a dois fios) e robôs. Esses equipamentos Ex "i" podem ser designados para conexão a uma instalação "convencional", por exemplo, para a verificação de algum parâmetro de medição, ou para a transmissão remota de dados. A aplicação dos conceitos sobre segurança intrínseca nesses casos também necessita de abordagens para a verificação da sua conformidade como parte de um sistema intrinsecamente seguro.

Com o desenvolvimento de baterias com capacidades cada vez mais elevadas e sistemas de conversão de energia e processamento de dados cada vez mais eficientes, os processos de automação em plantas industriais com a presença de atmosferas explosivas passam cada vez mais a utilizar esses dispositivos, para os quais o tipo de proteção intrinsecamente seguro se apresenta como essencial.

Um sistema intrinsecamente seguro pode ser definido como aquele que é incapaz de liberar energia, seja na forma elétrica ou térmica, suficiente para provocar a ignição de determinada mistura explosiva de gás inflamável ou poeira combustível que possa estar presente no local. A impossibilidade de ignição deve ser mantida e assegurada mesmo em caso de ocorrência de falhas do sistema.

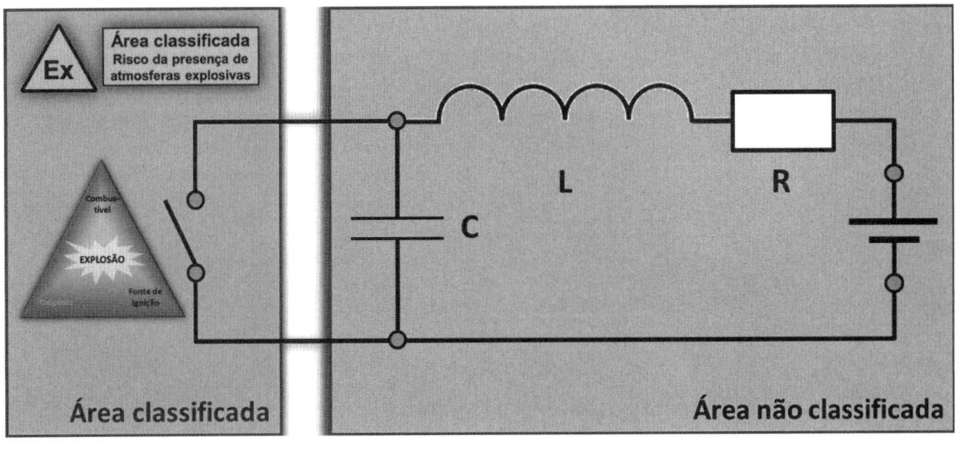


**Figura 8.20 –** Conceito da segurança intrínseca: limitação de energia elétrica no circuito, de forma que não seja possível o acúmulo de energia e a geração de centelha capaz de causar a ignição da atmosfera explosiva de gás inflamável ou de poeira combustível existente na área classificada do local da instalação.

*Fonte*: acervos pessoais dos autores.

A máxima energia que pode ser liberada sem comprometer a segurança depende das características da atmosfera explosiva considerada, o que é levado em consideração pelas normas e pelo processo de certificação de equipamentos Ex "i" e associados.

As figuras apresentadas a seguir mostram algumas evoluções implantadas nos equipamentos intrinsecamente seguros, com o desenvolvimento dos dispositivos semicondutores e melhor entendimento e avaliação de componentes intrinsecamente seguros.

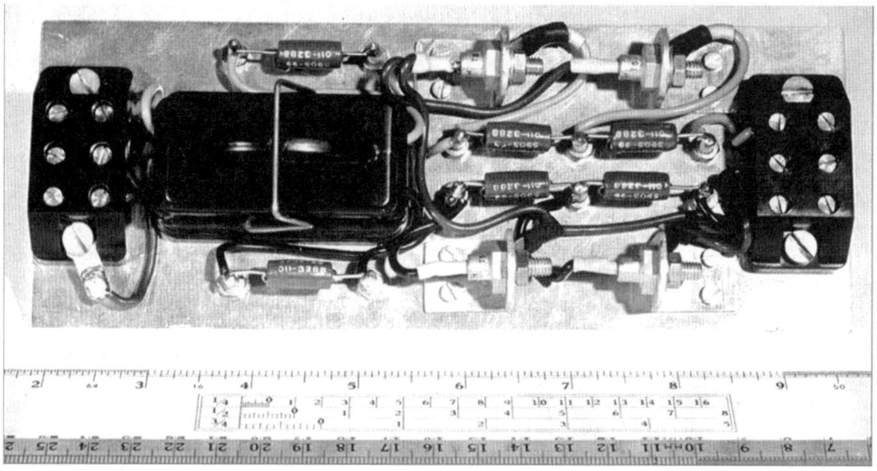

**Figura 8.21** – Protótipo de uma barreira de segurança intrínseca com diodos Zener e resistores montada em 1963.

*Fonte*: acervos pessoais dos autores.

Na década de 1960, em subsequente aprimoramento, as barreiras receberam um invólucro e incluíram em "duplicidade" os diodos Zener, de forma a elevar a confiabilidade dos circuitos.

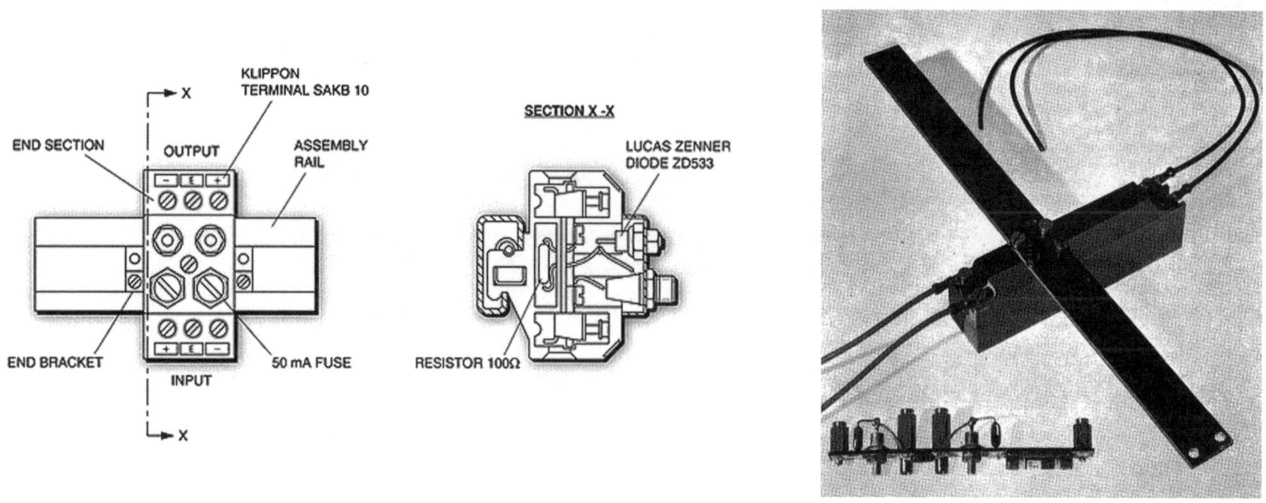


**Figura 8.22** – Exemplo das primeiras implementações de barreira de diodos Zener.

*Fonte*: acervos pessoais dos autores.

Ainda na década de 1960, o método de encapsulamento com resina epóxi proporcionou uma solução de potenciais problemas causados pela poluição e pela indevida substituição não autorizada de componentes dos produtos intrinsecamente seguros.

Quanto ao desenvolvimento do processo de certificação das barreiras Zener, os primeiros documentos "formais", apresentados como "relatórios de ensaios" a serem publicados no Reino Unido, foram emitidos pelo Órgão de Inspeção de Fábricas, do Ministério do Trabalho britânico.

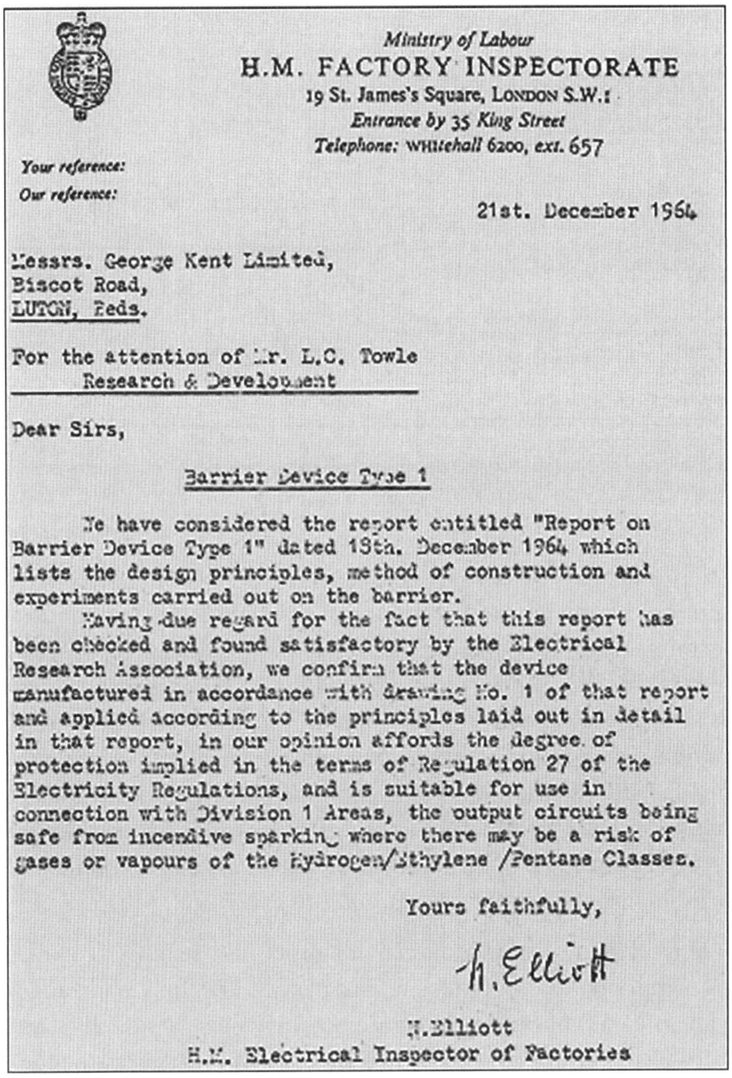

*Ministry of Labour*
H.M. FACTORY INSPECTORATE
19 St. James's Square, LONDON S.W.1
*Entrance by 35 King Street*
*Telephone:* WHItehall 6200, ext. 657

*Your reference:*
*Our reference:*

21st. December 1964

Messrs. George Kent Limited,
Biscot Road,
LUTON, Beds.

For the attention of Mr. L.C. Towle
Research & Development

Dear Sirs,

Barrier Device Type 1

We have considered the report entitled "Report on Barrier Device Type 1" dated 18th. December 1964 which lists the design principles, method of construction and experiments carried out on the barrier.

Having due regard for the fact that this report has been checked and found satisfactory by the Electrical Research Association, we confirm that the device manufactured in accordance with drawing No. 1 of that report and applied according to the principles laid out in detail in that report, in our opinion affords the degree of protection implied in the terms of Regulation 27 of the Electricity Regulations, and is suitable for use in connection with Division 1 Areas, the output circuits being safe from incendive sparking where there may be a risk of gases or vapours of the Hydrogen/Ethylene /Pentane Classes.

Yours faithfully,

H. Elliott

H.Elliott
H.M. Electrical Inspector of Factories

**Figura 8.23 –** Documento mostrando a introdução à certificação de produtos do tipo "barreiras a diodo", em 1964.

*Fonte*: England Ministry of Labour.

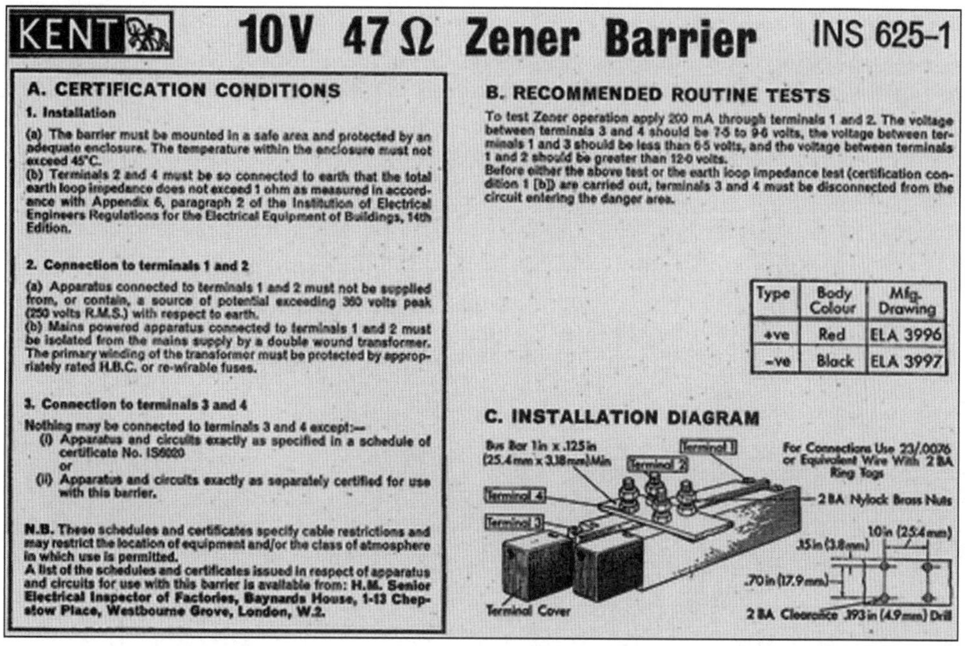

KENT **10V 47 Ω Zener Barrier** INS 625-1

**A. CERTIFICATION CONDITIONS**

**1. Installation**

(a) The barrier must be mounted in a safe area and protected by an adequate enclosure. The temperature within the enclosure must not exceed 45°C.
(b) Terminals 2 and 4 must be so connected to earth that the total earth loop impedance does not exceed 1 ohm as measured in accordance with Appendix 6, paragraph 2 of the Institution of Electrical Engineers Regulations for the Electrical Equipment of Buildings, 14th Edition.

**2. Connection to terminals 1 and 2**

(a) Apparatus connected to terminals 1 and 2 must not be supplied from, or contain, a source of potential exceeding 350 volts peak (250 volts R.M.S.) with respect to earth.
(b) Mains powered apparatus connected to terminals 1 and 2 must be isolated from the mains supply by a double wound transformer. The primary winding of the transformer must be protected by appropriately rated H.B.C. or re-wirable fuses.

**3. Connection to terminals 3 and 4**

Nothing may be connected to terminals 3 and 4 except:—
(i) Apparatus and circuits exactly as specified in a schedule of certificate No. IS6020
or
(ii) Apparatus and circuits exactly as separately certified for use with this barrier.

**N.B.** These schedules and certificates specify cable restrictions and may restrict the location of equipment and/or the class of atmosphere in which use is permitted.
A list of the schedules and certificates issued in respect of apparatus and circuits for use with this barrier is available from: **H.M. Senior Electrical Inspector of Factories, Baynards House, 1-13 Chepstow Place, Westbourne Grove, London, W.2.**

**B. RECOMMENDED ROUTINE TESTS**

To test Zener operation apply 200 mA through terminals 1 and 2. The voltage between terminals 3 and 4 should be 7·5 to 9·6 volts, the voltage between terminals 1 and 3 should be less than 6·5 volts, and the voltage between terminals 1 and 2 should be greater than 12·0 volts.
Before either the above test or the earth loop impedance test (certification condition 1 [b]) are carried out, terminals 3 and 4 must be disconnected from the circuit entering the danger area.

| Type | Body Colour | Mfg. Drawing |
|---|---|---|
| +ve | Red | ELA 3996 |
| –ve | Black | ELA 3997 |

**C. INSTALLATION DIAGRAM**



**Figura 8.24 –** Exemplo de manual do usuário das primeiras barreiras de segurança intrínseca a diodos Zener.

*Fonte*: Kent.

No entanto, na década de 1960, esses tipos de documentos contendo relatórios de ensaios de barreiras de diodo Zener ainda estavam longe de representar um "consenso" sob o ponto de vista de segurança em áreas classificadas, ou de ser considerado de forma "consolidada", ou mesmo aceito "regionalmente" ou "internacionalmente". Por exemplo, na Alemanha, uma grande entidade expoente nesse tipo de tecnologia somente reconheceu em 1969 a possibilidade de fabricação de barreiras com diodos Zener para a proteção de circuitos intrinsecamente seguros instalados em áreas classificadas Zona 1. As entidades de segurança e os fabricantes de produtos da Alemanha sempre foram adeptos da tecnologia com a utilização da *isolação galvânica*.

Com o desenvolvimento da tecnologia, dos processos de fabricação e com a miniaturização dos componentes eletrônicos na década de 1970, foi viabilizada a introdução da isolação galvânica nas barreiras de segurança intrínseca, a qual dispensa que as barreiras de diodos Zener sejam conectadas ao aterramento intrinsecamente seguro (com impedância inferior a 1 W).

No exemplo da Figura apresentada a seguir, um transmissor intrinsecamente seguro é interligado por meio de uma barreira intrinsecamente segura com isolação galvânica, com sinal analógico do tipo 4-20 mA para uma entrada analógica de um sistema digital de controle de processo do tipo PLC ou DCS.

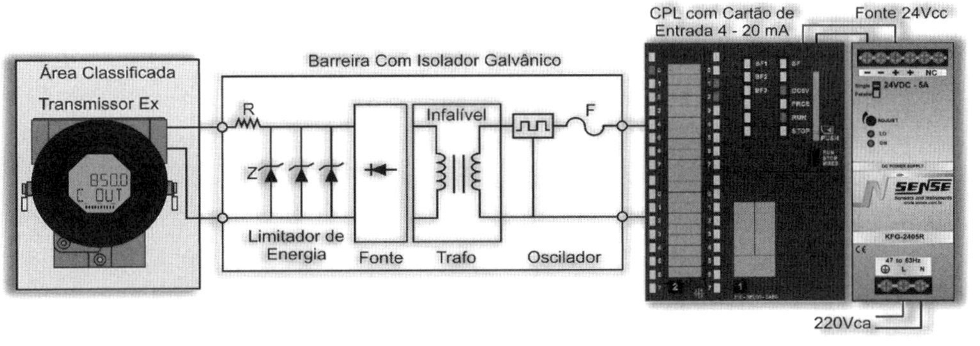


**Figura 8.25** – Exemplo de barreira de segurança intrínseca com isolação galvânica.

*Fonte*: Sense Sensores e Instrumentos.

As barreiras de segurança intrínseca com isolação galvânica têm como princípio de operação a *separação* ou a *isolação* do circuito de campo dos instrumentos Ex "i", como por meio de um transformador isolador, de modo que o circuito de campo seja incapaz de levar um potencial de risco a área classificada, risco este que pode estar presente, por exemplo, em barreiras do tipo "Zener" que não possuam um aterramento íntegro adequado.

Uma barreira de isolação galvânica faz a proteção do equipamento intrinsecamente seguro, sem a necessidade de ser conectada ao sistema de aterramento íntegro para assegurar a proteção do instrumento Ex "i" de campo.

No exemplo apresentado, o sinal analógico do tipo 4-20 mA é gerado em corrente contínua, o qual não pode ser diretamente conectado ao transformador interno da unidade galvânica. Dessa forma, o sinal de controle 4-20 mA passa por circuitos *osciladores*, que convertem o sinal em corrente contínua para um sinal oscilatório ou pulsado, com a frequência proporcional ao sinal de corrente. Então, o sinal oscilatório ou pulsado pode ser aplicado ao transformador do isolador galvânico, gerando o campo magnético que induzirá uma tensão em seu enrolamento secundário. O transformador possui núcleo *saturado*, ou seja, se ocorrer uma sobretensão em seu lado *primário*, essa sobretensão não será capaz de induzir proporcionalmente uma sobretensão de risco no lado *secundário*, devido à limitação da saturação do campo magnético do núcleo do transformador. Esse tipo específico de transformador é normalizado e assegura o alto isolamento entre os enrolamentos, e, combinado com o efeito de saturação, o torna um componente do tipo "infalível".

No entanto, em decorrência do expressivo sucesso de uma grande instalação de circuitos intrinsecamente seguros realizada em 1965, na cidade de Amsterdã, na Holanda, houve uma grande influência no sentido de que as entidades alemãs "reconheceram" a adequação e a segurança em relação à barreira do tipo Zener (em vez de aceitarem somente de barreiras com isolação galvânica). Decorrente desse fato, houve o início de uma "aceitação" desse tipo de barreira do tipo Zener na Alemanha, sendo superadas as restrições apresentadas até então pelo PTB, com relação à segurança do fusível e as condições do aterramento do circuito de campo, ainda que não houvesse um consenso de como tratar os elementos "armazenadores de energia" dos cabos (capacitância e indutância decorrentes das características e comprimento dos cabos).

São apresentados a seguir, para ilustração e melhor entendimento das características de barreiras do tipo Zener e do tipo com isolação galvânica acima descritos, alguns exemplos de placas de circuitos impressos de equipamentos Ex "i" ou [Ex "i"].

**Figura 8.26 –** Exemplo de placa de circuito impresso populada com componentes discretos, de equipamento intrinsecamente seguro associado do tipo barreira Zener, com marcação [Ex ia/ib] IIB/IIC.

*Fonte*: acervos pessoais dos autores.

**Figura 8.27 –** Exemplo de placa de circuito impresso populado com componentes SMD (*Surface Mounted Device*) de equipamento intrinsecamente seguro associado com isolação galvânica e protocolo HART, com marcação [Ex ia] IIC.

*Fonte*: acervos pessoais dos autores.

**Figura 8.28 –** Exemplo de placa de circuito impresso populado com componentes SMD e discretos de equipamento intrinsecamente seguro associado com isolação galvânica, com marcação [Ex ia/ib] IIC.

*Fonte*: acervos pessoais dos autores.

**Figura 8.29 –** Exemplo de placa de circuito impresso populada com componentes SMD de equipamento intrinsecamente seguro, do tipo detector portátil de gases inflamáveis, CO, $O_2$ e $H_2S$, com marcação Ex da ia IIC T4 Ga.

*Fonte*: acervos pessoais dos autores.

**Figura 8.30 –** Exemplo de placa de circuito impresso populada com componentes SMD de equipamento intrinsecamente seguro.

*Fonte*: Sense Sensores e Instrumentos.

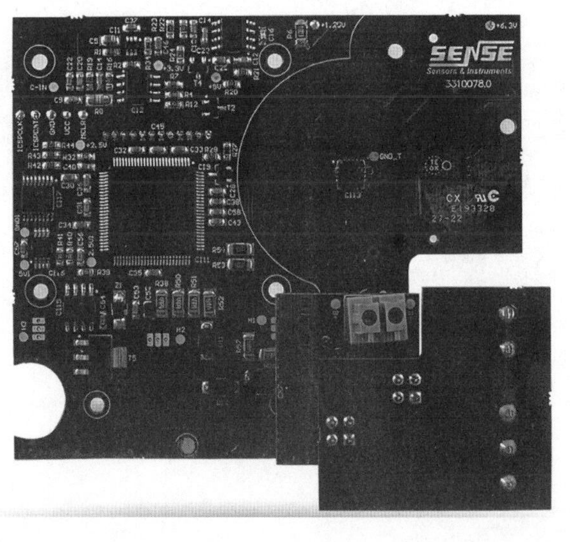

**Figura 8.31 –** Exemplo de placa de circuito impresso populada com componentes SMD de equipamento intrinsecamente seguro.

*Fonte*: Sense Sensores e Instrumentos.

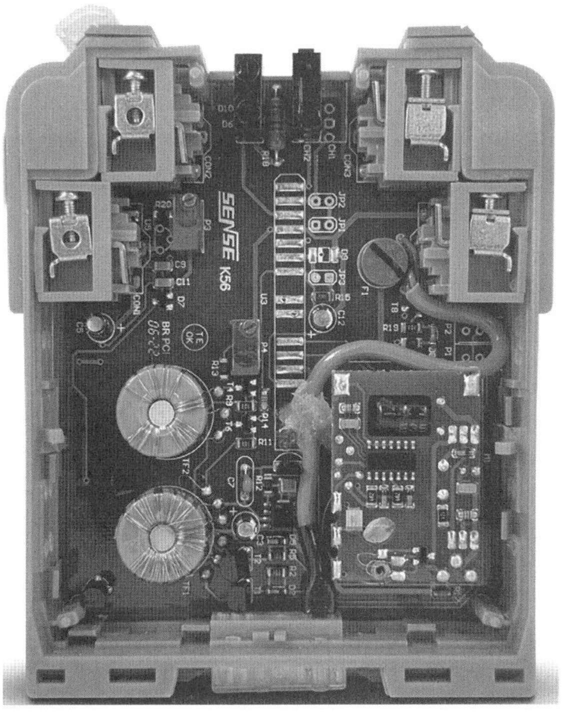

**Figura 8.32 –** Exemplo de placa de circuito impresso populado com componentes SMD (*Surface Mounted Device*) de equipamento intrinsecamente seguro associado com isolação galvânica e protocolo HART, com marcação [Ex ia Ga] IIB/IIA e [Ex ia Da] IIIB/IIIA.

*Fonte*: Sense Sensores e Instrumentos.

**Figura 8.33 –** Detector portátil intrinsecamente seguro para gases inflamáveis, CO, $O_2$ e $H_2S$, com marcação Ex ia IIC T4 Ga, com possibilidade de utilização de sensor do tipo à prova de explosão (marcação Ex da ia IIC T4 Ga).

*Fonte*: MSA Safety.

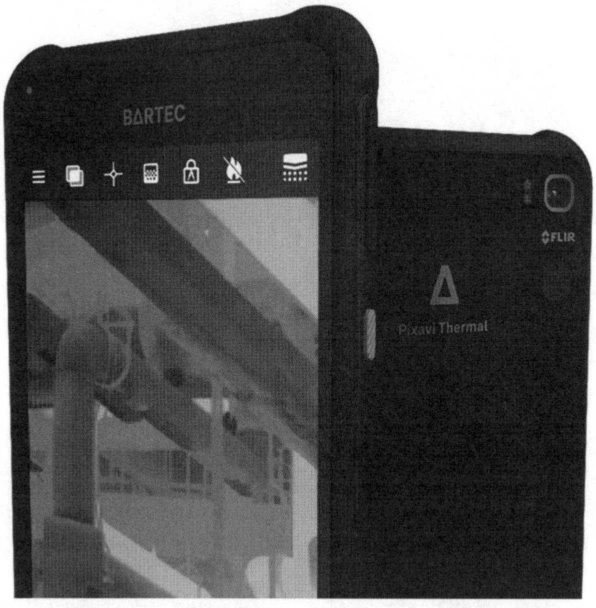


**Figura 8.34 –** Smartphone intrinsecamente seguro com câmera termográfica por infravermelho. Marcações Ex ib IIC T4 Gb e Ex ib IIIC T135 °C Db.

*Fonte*: BARTEC.

**Figura 8.35 –** Tablet intrinsecamente seguro. Marcações Ex ia op is IIC T4 Ga / Ex ia op is IIC T4 Gb / Ex ia op is I Ma / Ex ia op is I Mb.

*Fonte*: BARTEC.

**Figura 8.36 –** Computador móvel do tipo PDA intrinsecamente seguro. Marcações Ex ic op is IIC T6 Gc e Ex ic op is IIIB T 80 °C Dc IP 65.

*Fonte*: BARTEC.

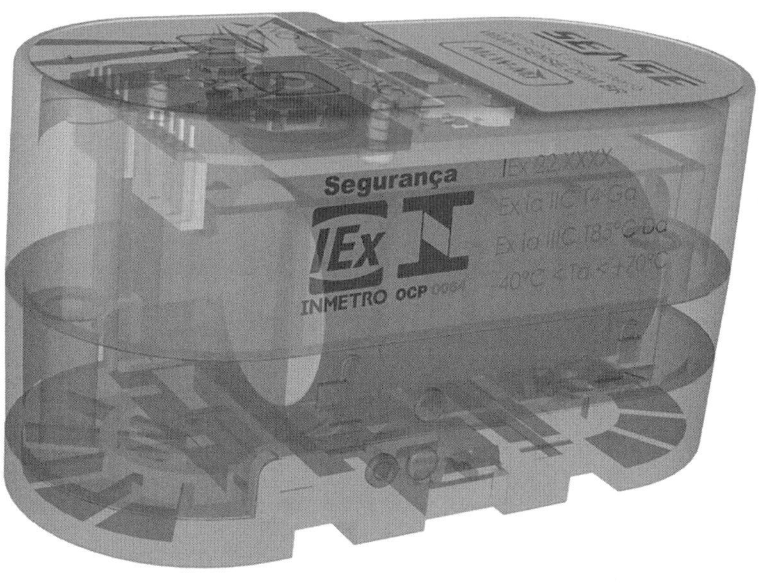


**Figura 8.37 –** Exemplo de monitor de posição de válvula, com detecção bom base em giroscópio e acelerômetro, com comunicação *wireless* do tipo LoRa (*Long Range*), alimentado por bateria de lítio de 3.6 V, intrinsecamente seguro, com marcações Ex ia IIC T4 Ga / Ex ia IIIC T85 °C Da.

*Fonte*: Sense Sensores e Instrumentos.

**Figura 8.38 –** Exemplo de barreira Ex "i" de campo para ser instalada diretamente em áreas classificadas, operando como um fonte de alimentação da rede *fieldbus* de campo, com padrão de circuito de tronco de alta potência (*trunk*) com terminais com tipo de proteção Ex "e" (segurança aumentada) e circuitos de derivação (*spur*) com tipo de proteção Ex "i" (segurança intrínseca), de acordo com padrão FISCO e com a norma técnica brasileira adotada ABNT NBR IEC 60079-11, com marcação Ex eb mb [ia Ga] IIC T6 Gb IP66.

*Fonte*: Sense Sensores e Instrumentos.

A filosofia da proteção do tipo segurança intrínseca enfoca o circuito como um todo, incluindo a barreira de segurança intrínseca e a fiação de interligação, e não somente o equipamento Ex "i" de campo, como é o caso dos outros tipos de proteção "Ex", por exemplo, os invólucros à prova de explosão, a segurança aumentada ou encapsulamento em resina.

A barreira de segurança intrínseca [Ex "i"], inserida no circuito intrinsecamente seguro como equipamento associado [Ex "i"], tem por função básica a limitação da energia que pode ser armazenada na parte do circuito de campo, instalado na área classificada, constituído pelo equipamento de campo Ex "i" e pela fiação de interligação entre esses dois equipamentos, como mostrado na figura a seguir.

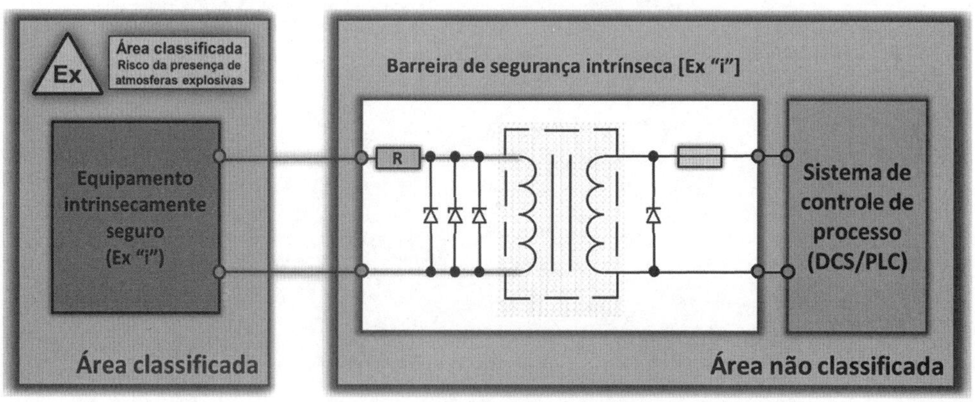


**Figura 8.39 –** Exemplo de circuito intrinsecamente seguro contendo um equipamento associado [Ex "i"] com isolação elétrica por meio de isolador galvânico por transformador infalível.

*Fonte*: acervos pessoais dos autores.

A figura a seguir apresenta um diagrama "típico" de instalação de um circuito intrinsecamente seguro, composto por instrumento de campo intrinsecamente seguro Ex "i", fiação de interligação, barreira de segurança intrínseca (equipamento associado ao circuito Ex "i") e o sistema digital de controle de processo, como DCS (*Distributed Control System*) ou PLC (*Programmable Logic Controller*).

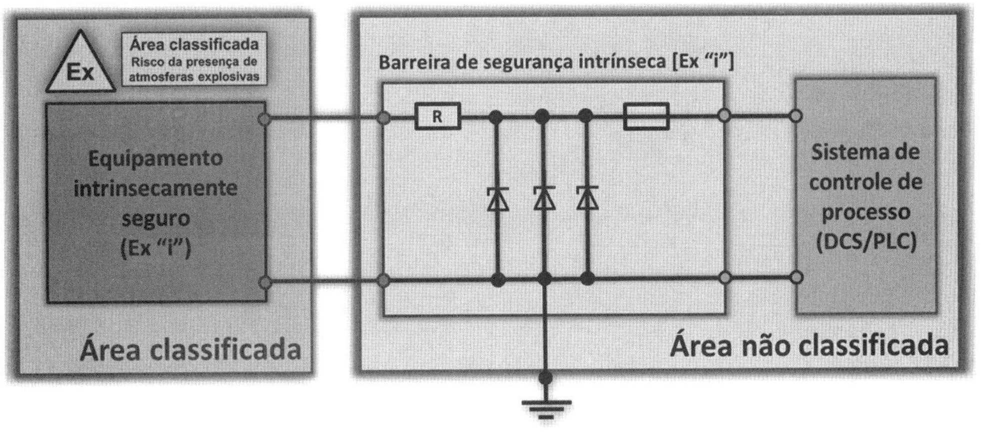


**Figura 8.40 –** Exemplo de circuito intrinsecamente seguro contendo equipamento de campo Ex "i" e cabos da fiação do circuito de interligação (instalados em área classificada), e barreira de segurança intrínseca [Ex "i"], mostrando também um controlador do sistema digital de controle de processo (DCS ou PLC).

*Fonte*: acervos pessoais dos autores.

A figura a seguir apresenta um circuito "típico" de segurança intrínseca, composto por instrumento de campo intrinsecamente seguro (Ex "i"), da barreira de segurança intrínseca (equipamento associado) [Ex "i"] e do sinal de alimentação da barreira, geralmente oriundo do sistema de controle de processo.

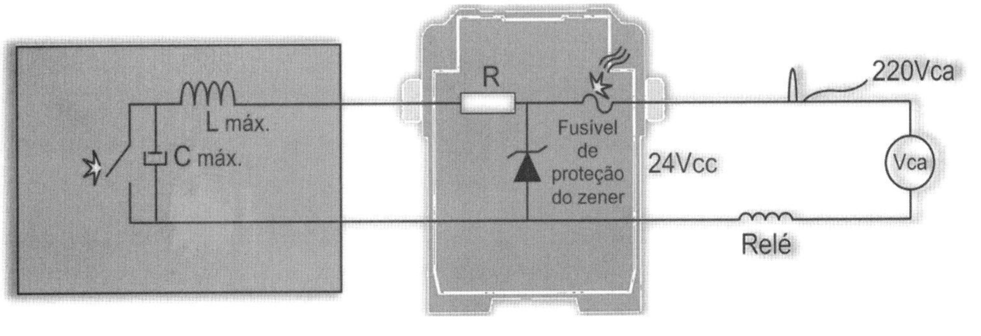


**Figura 8.41 –** Exemplo de circuito intrinsecamente seguro "típico", composto por equipamento de campo (Ex "i"), barreira de segurança intrínseca [Ex "i"] e do cabo de interligação, mostrando também um sinal de alimentação da barreira, geralmente oriundo do controlador do sistema de controle de processo.

*Fonte*: acervos pessoais dos autores.

A figura a seguir apresenta um exemplo de equipamento associado [Ex "i"], adequado para proteção de circuito de equipamento intrinsecamente seguro do tipo monitor de rotação, com marcações [Ex ia Ga] IIC/IIB/IIA, [Ex ia Da] IIIC/IIIB/IIIA, [Ex ib Gb] IIC/IIB/IIA e [Ex ib Db] IIIC/IIIB/IIIA.

**Figura 8.42 –** Monitor de rotação intrinsecamente seguro com marcações [Ex ia Ga] IIC/IIB/IIA, [Ex ia Da] IIIC/IIIB/IIIA, [Ex ib Gb] IIC/IIB/IIA e [Ex ib Db] IIIC/IIIB/IIIA.

*Fonte*: Sense Sensores e Instrumentos.

Na figura a seguir, é apresentado um exemplo de uma barreira de segurança intrínseca com isolação galvânica (equipamento associado) para proteção de equipamentos intrinsecamente seguros (Ex "i") instalados em áreas classificadas de minas subterrâneas de carvão (grupo I), contendo gases inflamáveis (grupo II) ou contendo poeiras combustíveis (grupo III), com marcações [Ex ia Ma] I, [Ex ia Ga] IIC e [Ex ia Da] IIIC.

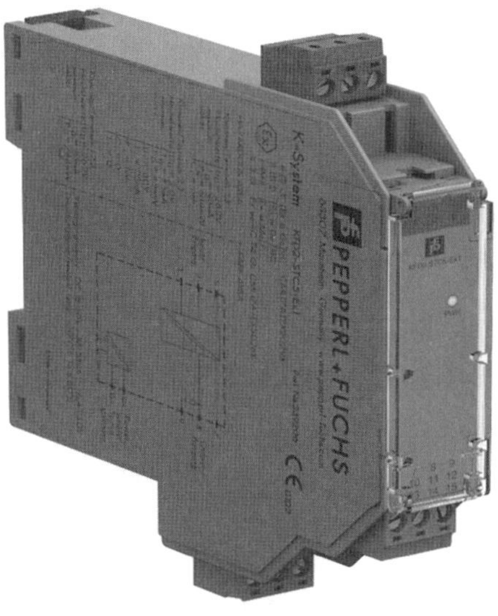


**Figura 8.43** – Equipamento intrinsecamente seguro associado com marcações [Ex ia Ma] I, [Ex ia Ga] IIC e [Ex ia Da] IIIC.

*Fonte*: Pepperl + Fuchs Brasil.

A figura a seguir apresenta um exemplo de um equipamento intrinsecamente seguro (Ex "i") do tipo foto sensor, com marcação Ex ia IIC T6 Ga.

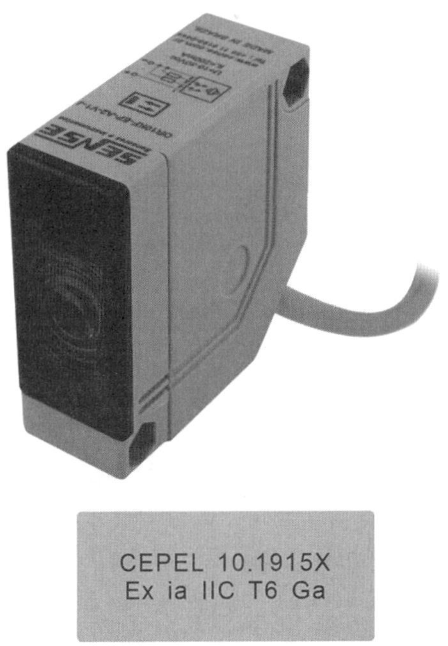


**Figura 8.44** – Equipamento intrinsecamente seguro (Ex "i") do tipo foto sensor, com marcação Ex ia IIC T6 Ga.

*Fonte*: Sense Sensores e Instrumentos.

Nas figuras a seguir, são apresentados exemplos de Unidades Terminais Remotas (UTR) contendo barreira de segurança intrínseca com isolação galvânica (equipamentos associados).

**Figura 8.45 –** Exemplo de painel "Ex" para a distribuição de circuitos de automação, com invólucro externo em plástico, com marcação Ex "eb" e Ex "tb", contendo Unidade Terminal Remota (UTR) e módulos de entrada e saída (I/O) intrinsecamente seguros ([Ex "i"]) combinados com os tipos de proteção Ex "db eb IIC Gb", adequado para o grupo IIC (Acetileno) e grupo IIIC (poeiras condutivas).

*Fonte*: P+F do Brasil.

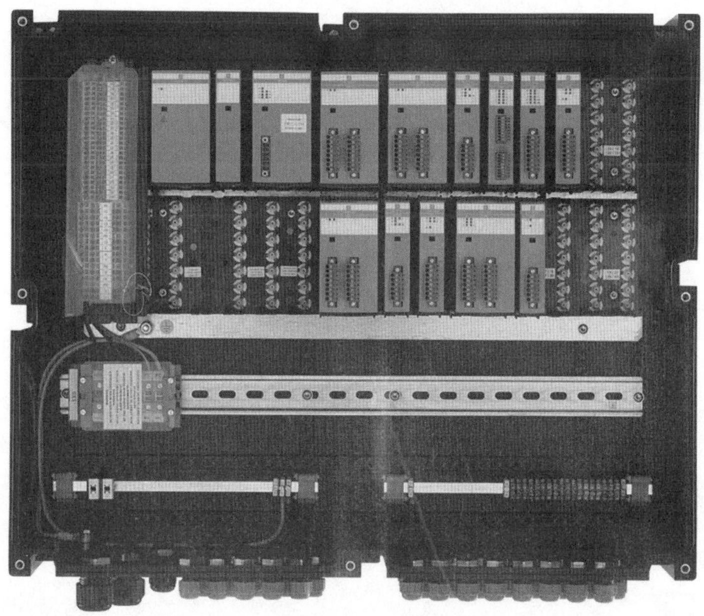

**Figura 8.46 –** Exemplo de painel "Ex" para a distribuição de circuitos de automação, com invólucro externo em plástico, com marcação Ex "eb" e Ex "tb", contendo Unidade Terminal Remota (UTR) e módulos de entrada e saída (I/O) intrinsecamente seguros ([Ex "i"]) combinados com os tipos de proteção Ex "db eb IIC Gb", adequado para o Grupo IIC (Acetileno) e Grupo IIIC (poeiras condutivas).

*Fonte*: P+F do Brasil.

## 8.7 CONCEITOS DE ENTIDADE OU DE LIMITAÇÃO E CRITÉRIOS DE INTERCONEXÃO ENTRE BARREIRAS [Ex "i"] E INSTRUMENTOS Ex "i"

O conceito de entidade ou de limitação tem como base a certificação individual dos equipamentos intrinsecamente seguros e dos equipamentos associados (barreiras), permitindo a conexão de equipamentos intrinsecamente seguros com seus respectivos equipamentos associados, tendo como base a verificação dos parâmetros de entidade que são determinados no processo de certificação Ex "i" de cada um desses componentes do circuito. Informações mais detalhadas sobre esse assunto são apresentadas em outros capítulos ao longo deste livro.

O conceito de entidade permite a interligação de instrumentos de campo Ex "i" com barreiras (componentes associados [Ex "i"]) sem que eles tenham sido certificados em conjunto. Na figura a seguir, é apresentado um exemplo de circuito de interconexão entre equipamento intrinsecamente (Ex "i") e equipamento intrinsecamente seguro associado ([Ex "i"]).

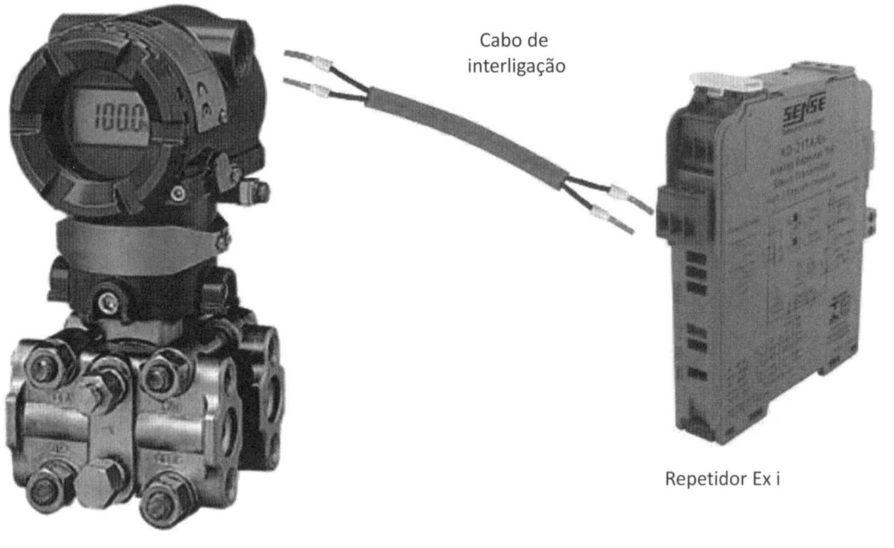


**Figura 8.47 –** Exemplo de circuito de interconexão entre transmissor intrinsecamente seguro Ex "ia" e barreira de segurança intrínseca [Ex "ib"].

*Fonte*: acervos pessoais dos autores.

Os critérios para a verificação do conceito dos parâmetros de entidade em circuitos intrinsecamente seguros são os seguintes:

- o valor de tensão, corrente e potência que o equipamento intrinsecamente seguro (Ex "i") pode receber (Ui, Ii, Pi) e manter-se ainda intrinsecamente seguro deve ser maior ou igual ao valor de tensão, corrente e potência máxima proporcionado pelo equipamento ([Ex "i"]) associado (Uo, Io, Po);
- adicionalmente, os valores da máxima capacitância ou indutância do equipamento intrinsecamente seguro (Ci, Li), incluindo-se os parâmetros dos cabos de interligação (Cc, Lc), devem ser menores ou iguais aos valores das máximas capacitâncias ou indutâncias que pode ser conectada com segurança ao equipamento associado (Co, Lo).

Com relação aos valores *conservativos* ou *mais desfavoráveis* de capacitância e indutância dos cabos de interligação entre Instrumento Ex "i" + Junction-Box + Painel de Barreiras [Ex "i"], a norma técnica brasileira adotada ABNT NBR IEC 60079-14 (*Projeto e montagem de instalações "Ex"*) apresenta em sua Seção sobre "Parâmetros elétricos dos cabos para circuitos intrinsecamente seguros" os valores de C cabo = 200 nF/km (200 pF/m) e L cabo = 1 mH/km (1 uH/m). Esses valores devem ser utilizados nos casos de impossibilidade de obtenção dos dados das características dos cabos, a partir de seus respectivos fabricantes.

Os valores *mais desfavoráveis* de características de capacitância e indutância de cabos de interligação em circuitos intrinsecamente seguros são também apresentados na norma ABNT IEC TS 60079-47 (2-WISE), em sua seção sobre "Sistema de cabeamento de campo": *Os cabos utilizados em um sistema 2-WISE devem estar de acordo com os seguintes parâmetros:*

- *Resistência do cabo Rc: 15 Ω/km a 150 Ω/km*
- *Indutância do cabo Lc: 0,4 mH/km a 1 mH/km*
- *Capacitância do cabo Cc: 45 nF/km a 200 nF/km*

Esses valores *mais desfavoráveis* de características de capacitância e indutância de cabos de interligação em circuitos intrinsecamente seguros são também apresentados na norma técnica brasileira adotada ABNT NBR IEC 60079-25 (*Sistemas intrinsecamente seguros*), em sua seção sobre "Requisitos do sistema/Generalidades": *O cabo utilizado no sistema deve estar de acordo com a Seção 9 e deve possuir os seguintes parâmetros:*

- *Resistência de malha (loop) de **Rc** 15 Ω/km a **150 Ω/km***
- *Indutância de malha (loop) de **Lc**: 0,4 mH/km a **1 mH/km***
- *Capacitância de **Cc**: 45 nF/km a **200 nF/km***
- *Comprimento máximo de cada circuito de derivação (spur) de 60 m em todos os grupos de equipamentos*
- *Comprimento máximo de cada cabo tronco (trunk), incluindo o comprimento de todas as derivações (spurs) de 1 km em Grupo IIC e 5 km em Grupos I, IIB e III*

Em termos de equações, a verificação do conceito dos parâmetros de entidade em circuitos intrinsecamente seguros pode ser apresentada da seguinte forma:

- $Uo \leq Ui$
- $Io \leq Ii$
- $Po \leq Pi$
- $Lo \geq Li + L_{Cabo}$
- $Co \geq Ci + C_{Cabo}$

Se esses critérios forem verificados na fase de projeto dos circuitos intrinsecamente seguros, então a conexão pode ser implementada com segurança, independentemente do modelo e do fabricante dos equipamentos de campo Ex "i" ou das barreiras de segurança intrínseca [Ex "i"] que compõem o circuito intrinsecamente seguro.

São apresentados na figura a seguir exemplos de parâmetros de entidade de um transmissor de pressão Ex "ia" e de um repetidor analógico (barreira de segurança intrínseca) [Ex "ib"], bem como características "típicas" ou "mais desfavoráveis" de cabos de interligação dos equipamentos de campo Ex "i" com as barreiras de segurança intrínseca [Ex "i"].

| **Transmissor de pressão** | **Cabos de interconexão** | **Repetidor analógico** |
|---|---|---|
| Marcação: Ex ia IIC T6 Ga | Comprimento 100 m (0,1 km) | Marcação: [Ex ia Ga] IIC |
| Ui = 38 V | Indutância *"típica"*: 1 mH/km | Uo = 28,7 V |
| Ii = 103 mA | L cabo = 1 mH/km x 0,1 km = 0,1 mH | Io = 98 mA |
| Pi = 0,98 W | Capacitância *"típica"*: 200 nF/km | Po = 0,703 W |
| Li = 0 mH | C cabo = 200 nF/km x 0,1 km = 20 nF | Lo = 3 mH |
| Ci = 30 pF | | Co = 65 nF |

**Figura 8.48 –** Exemplo de parâmetros de entidade oriundos de certificados de conformidade de transmissor Ex "ia", de barreira [Ex "ia"] e dados dos cabos de interligação para avaliação de circuito intrinsecamente seguro.

*Fonte*: acervos pessoais dos autores.

Cálculo da interconexão, utilizando-se os parâmetros de entidade do transmissor Ex "i" e da barreira [Ex "i"]:

Energia manipulada pelo sistema intrinsecamente seguro:

Ui = 38 V ≥ Uo = 28,7 V [Verificação do critério de interconexão: Ok]

Li = 103 mA ≥ Io = 98 mA [Verificação do critério de interconexão: Ok]

Pi = 0,980 W ≥ Po = 0,703 W [Verificação do critério de interconexão: Ok]

Energia armazenada no sistema intrinsecamente seguro:

Li + L cabo = 0 + 0,1 mH = 0,1 mH ≤ Lo = 3 mH [Verificação do critério de interconexão: Ok]

Ci + C cabo = 30 pF + 20 nF = 20,03 nF ≤ Co = 65 nF [Verificação do critério de interconexão: Ok]

Como todos os critérios de interconexão de um circuito intrinsecamente seguro estão atendidos, pode ser considerada segura a interconexão entre o instrumento Ex "ia" e a barreira [Ex "ia"] apresentados.

Na figura a seguir, é apresentado um diagrama de malha típico para a documentação descritiva de projeto de sistemas intrinsecamente seguros, de acordo com a norma técnica brasileira adotada ABNT NBR IEC 60079-25: sensor, transmissor, caixa de junção, painel de interfaces intrinsecamente seguras e sistema de controle de processo.

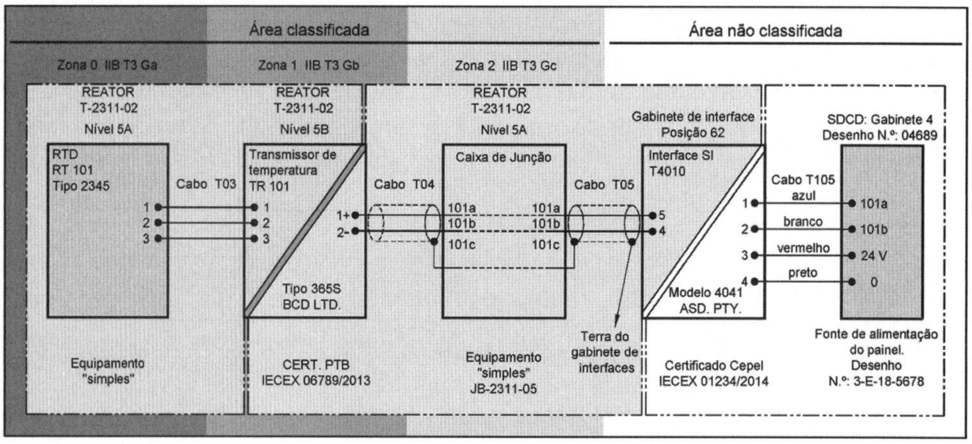


**Figura 8.49** – Exemplo de diagrama de malha "típico" para a documentação descritiva de projeto de sistemas intrinsecamente seguros, de acordo com a norma ABNT NBR IEC 60079-25.

*Fonte*: acervos pessoais dos autores.

NORMA BRASILEIRA

ABNT NBR IEC 60079-11

Segunda edição 11.11.2013

Válida a partir de 11.12.2013

**Atmosferas explosivas**
**Parte 11: Proteção de equipamento por segurança intrínseca "i"**

*Explosive atmospheres*
*Part 11: Equipment protection by intrinsic safety "i"*

NORMA BRASILEIRA

ABNT NBR IEC 60079-25

Terceira edição 12.08.2021

**Atmosferas explosivas**
**Parte 25: Sistemas elétricos intrinsecamente seguros**

*Explosive atmospheres*
*Part 25: Intrinsically safe electrical system*

**Figura 8.50** – Folhas de rosto das normas técnicas brasileiras adotadas sobre equipamentos Ex "i" (ABNT NBR IEC 60079-11) e sistemas intrinsecamente seguros (ABNT NBR IEC 60079-25).

*Fonte*: ABNT.

A figura a seguir apresenta um exemplo de equipamentos intrinsecamente seguros (Ex "i") e fonte de alimentação (Ex eb mb [ib] IIC T4 Gb / Ex tb [ib] IIIC T70 °C Db) para sistema de medição e pesagem industrial em áreas classificadas contendo gases inflamáveis (grupo II) ou poeiras combustíveis (grupo III).

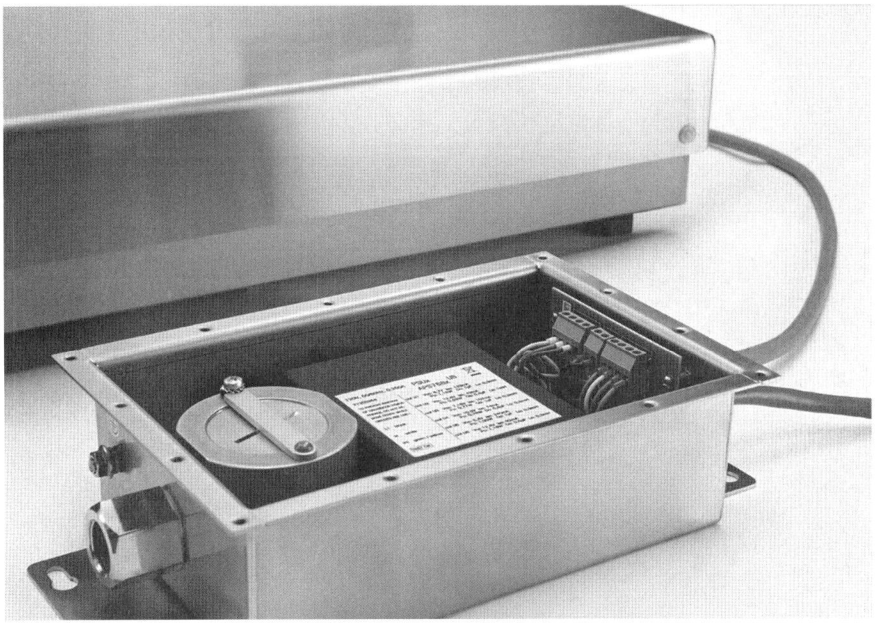

**Figura 8.51 –** Equipamentos de sistema de medição e pesagem industrial com tipo de proteção Ex "i" e fonte de alimentação com a combinação de diferentes tipos de proteção "Ex", para instalação em áreas classificadas do Grupo II ou Grupo III. Marcações Ex eb mb [ib] IIC T4 Gb / Ex tb [ib] IIIC T70 °C Db.

*Fonte*: Mettler Toledo.

A figura a seguir apresenta um exemplo de terminal de pesagem intrinsecamente seguro (Ex "i") para sistema de medição e pesagem industrial em áreas classificadas contendo gases inflamáveis (grupo II) ou poeiras combustíveis (grupo III), com marcações Ex ib [op is Ga] IIC T4 Gb / Ex ib [op is Da] IIIC T60 °C Db.

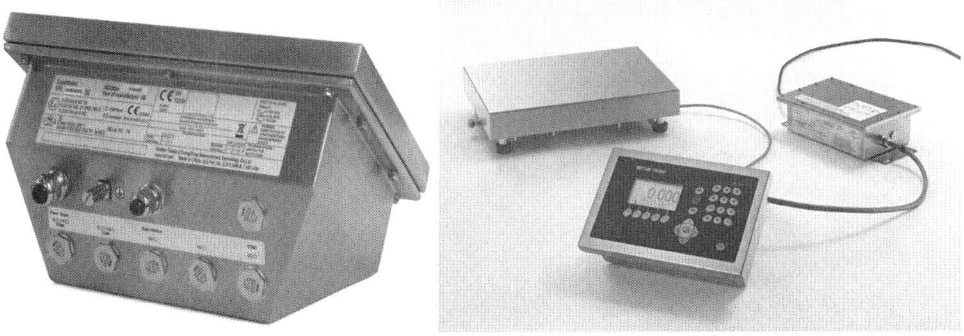

**Figura 8.52 –** Equipamentos de sistema de medição e pesagem industrial para instalação em áreas classificadas do grupo II ou grupo III, com marcações Ex ib [op is Ga] IIC T4 Gb / Ex ib [op is Da] IIIC T60 °C Db.

*Fonte*: Mettler Toledo.

As figuras a seguir apresentam exemplos de sistemas pesagem industrial, incluindo terminal de medição intrinsecamente seguro, instalado em indústria química com a presença de áreas classificadas com atmosferas explosivas formadas por gases inflamáveis (grupo II).

**Figura 8.53 –** Sistema pesagem industrial, incluindo terminal de medição intrinsecamente seguro (Ex "i"), instalado em uma indústria química com a presença de áreas classificadas com gases inflamáveis.

*Fonte*: Mettler Toledo.

**Figura 8.54 –** Exemplo de Interface Humano-Máquina (IHM) intrinsecamente segura (Ex "i"), instalado em uma indústria química com a presença de áreas classificadas com gases inflamáveis.

*Fonte*: Stahl.

**Figura 8.55** – Sistema de pesagem industrial, incluindo terminal de medição intrinsecamente seguro (Ex "i"), instalado em uma indústria química com a presença de áreas classificadas contendo atmosferas explosivas formadas por gases inflamáveis.

*Fonte*: Mettler Toledo.

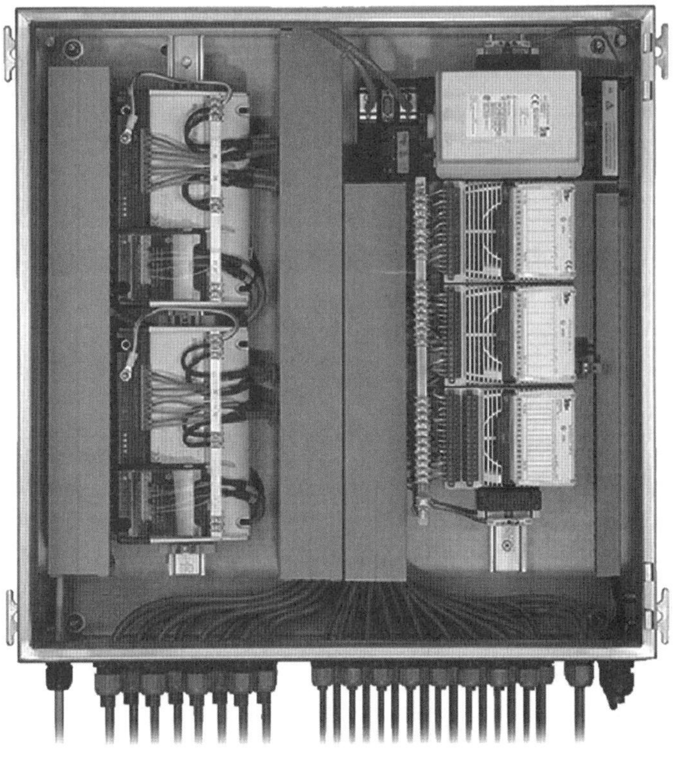

**Figura 8.56** – Exemplo de Unidade Terminal Remota (RTU) intrinsecamente segura (Ex "i"), contendo fonte de alimentação, CPU, gateway e módulos de I/O, com EPL Gb.

*Fonte*: Stahl.

Os cálculos dos parâmetros de entidade para os circuitos intrinsecamente seguros, incluindo os dados de certificação das barreiras de segurança intrínseca ([Ex "i"]) e os circuitos de campo, incluindo os instrumentos de campo (Ex "i") e a fiação dos cabos de interligação, são aplicáveis para os circuitos intrinsecamente seguros considerados como *clássicos* ou *tradicionais*.

Nos casos de aplicação de circuitos intrinsecamente seguros com base no conceito de *Ethernet* intrinsecamente segura a dois fios (2-WISE), não existe a necessidade da execução desses cálculos porque todos os parâmetros de entidade ou de limitação das portas de comunicação, bem como as características máximas dos cabos de interligação são "universalmente" ou "normativamente" padronizados na ABNT IEC TS 60079-47, a serem seguidos de forma "padronizada" por todos os fabricantes de equipamentos Ex "i" 2-WISE e projetistas de circuitos Ex "i" 2-WISE.

Para circuitos intrinsecamente seguros 2-WISE, os valores aplicáveis de Uo, Io, Po, Ui, Ii, Pi, Ci, Li são "universalmente" padronizados para cada tipo de porta *Ethernet* 2-WISE: porta de fonte de alimentação 2-WISE, porta de carga 2-WISE, porta somente para comunicação 2-WISE ou porta de dispositivo auxiliar 2-WISE.

Em circuitos 2-WISE são também padronizados os valores de Li e Ci para equipamentos "simples", bem como os parâmetros dos cabos de interligação, incluindo os comprimentos máximos para circuitos do tipo tronco (*trunk*) e do tipo derivação (*spur*).

Exemplos de parâmetros de entidade "universalmente" ou "normativamente" padronizados para circuitos 2-WISE, na ABNT IEC TS 60079-47: *Uo max* = 17,5 V, *Io max* = 380 mA e *Po max* = 5,32 W.

Para referência e dados de conceito de entidade "padronizados" dos componentes de um circuito 2-WISE, bem como o respectivo descritivo documento do sistema, deve ser consultada a ABNT IEC TS 60079-47 – *Atmosferas explosivas – Parte 47: Proteção de equipamentos pelo conceito de Ethernet intrinsecamente segura a dois fios (2-Wire Intrinsically Safe Ethernet Concept).*

## 8.8 BENEFÍCIOS DA UTILIZAÇÃO DA *SEGURANÇA INTRÍNSECA* EM SISTEMAS DE INSTRUMENTAÇÃO, CONTROLE E AUTOMAÇÃO INDUSTRIAL

A maior vantagem da utilização do tipo de proteção por segurança intrínseca reside no fato de esta fornecer uma solução para a maioria das aplicações relacionadas com atmosferas explosivas, para equipamentos que requeiram baixa energia.

Além disso, o tipo de proteção Ex "i" possibilita a instalação de sistemas com base em baixos índices de energia em qualquer tipo de Zona (0, 1, 2, 20, 21 ou 22) ou de grupo (I, IIA, IIB, IIC, IIIA, IIIB, IIIC) de áreas classificadas, contendo gases inflamáveis ou poeiras combustíveis.

Podem ser citados, dentre outros, como fatores nos quais residem os principais benefícios da aplicação do tipo de proteção por segurança intrínseca em atmosferas explosivas:

1) as normas aplicáveis sobre segurança intrínseca apresentam orientações detalhadas sobre o projeto e a instalação de equipamentos e sistemas intrinsecamente seguros em um nível de segurança que não é atingido por qualquer outro tipo de proteção "Ex" normalizado nas Normas da Série ABNT NBR IEC 60079;

2) o mesmo equipamento intrinsecamente seguro normalmente satisfaz tanto os requisitos para gases inflamáveis como para poeiras combustíveis, podendo apresentar marcações de certificação simultâneas para essas duas aplicações no mesmo equipamento;

3) equipamentos intrinsecamente seguros proporcionam níveis de proteção EPL Ma, Mb, Ga, Gb, Gc, Da, Db ou Dc e, uma vez adequadamente especificados, podem ser instalados em todos os tipos de zonas de gases inflamáveis ou poeiras combustíveis. Em particular, equipamentos intrinsecamente seguros possuem um desempenho histórico satisfatório para equipamentos e sistemas de instrumentação instalada em locais críticos do ponto de vista de risco e de segurança, como em áreas classificadas Zonas 0 e Zona 20;

4) a aplicação criteriosa dos três níveis de proteção da segurança intrínseca ("ia", "ib" e "ic") assegura que sejam utilizados os equipamentos adequados para cada nível de risco. Nesse caso, normalmente "ia" é aplicado em Zona 0 ou Zona 20, "ib" é aplicado em Zona 1 ou Zona 21 e "ic" é aplicado em Zona 2 ou Zona 22, a menos que um estudo de risco adicional tenha definido um EPL específico para as características de um projeto em particular;

5) equipamentos e sistemas intrinsecamente seguros são normalmente especificados para áreas classificadas do grupo IIC, o que assegura que os equipamentos sejam também compatíveis com todos os tipos de gases inflamáveis. Ocasionalmente sistemas e equipamentos para o grupo IIB são especificados, uma vez que esse critério permite que um nível mais elevado de potência e energia possa ser utilizado;

6) uma classe de temperatura de T4 (temperatura máxima de superfície de 135 °C) é normalmente atingida por equipamentos Ex "i", o que atende aos requisitos da quase totalidade dos gases utilizados em aplicações industriais, exceto para o dissulfeto de carbono (o qual é utilizado em processos muito restritos e específicos);

7) de forma frequente, os equipamentos e os sistemas onde são utilizados podem ser fabricados com marcações Ex ia IIC T4 Ga/Ex ia IIIC T135 °C Da, com custos baixos. Isso reduz ou dispensa preocupações especiais com relação a estudos de classificação de áreas, grupos de gases ou poeira, classes de temperatura e EPL requeridos pelos equipamentos a serem instalados em praticamente todas as circunstâncias, tornando-se uma solução segura e padronizada de projeto, de instalação, de equipamentos e de sobressalentes;

8) a segurança intrínseca permite a utilização de cabos de instrumentação *convencionais*, reduzindo os custos da instalação. Embora os requisitos de capacitância e indutância dos cabos sejam frequentemente tidos como uma possível "limitação", na verdade, isso representa uma preocupação geralmente para cabos com comprimentos acima de 400 m, em sistemas instalados em Zona 0 ou 1, onde gases do grupo IIC, em função dos seus requisitos mais rigorosos de baixa energia de ignição. Nos demais casos gerais de grupos IIA e IIB, os cabos não representam nenhum tipo de "limitação" de aplicação;

9) o conceito de equipamentos "simples" permite que muitos componentes, como chaves, termopares, RTD e caixas de junção, possam ser utilizados em sistemas intrinsecamente seguros sem a necessidade de serem submetidos aos processos de certificação "Ex". Esse conceito representa uma significativa flexibilidade na especificação desses componentes, que, frequentemente, fazem parte de sistemas de instrumentação;

10) a técnica de proteção por segurança intrínseca é um tipo que permite que sejam realizados serviços de manutenção dentro de áreas classificadas sem a necessidade de obtenção de permissões de trabalho específicas para áreas que tenham sido avaliadas e consideradas seguras, como livres de gases para o período de realização dos trabalhos requeridos. Essa característica apresenta uma importância particular para o pessoal da instrumentação, uma vez que se torna muito difícil a identificação de falhas em equipamentos e circuitos eletrônicos que necessitem ser desenergizados para manutenção;

11) os requisitos de instalação para equipamentos e sistemas intrinsecamente seguros são bem documentados e consistentes, independentes do seu nível de proteção. Isso contribui para a redução de quantidade de treinamento do pessoal envolvido, quando comparado com outros tradicionais tipos de proteção "Ex", por exemplo os invólucros metálicos à prova de explosão, em especial aqueles com juntas planas flangeadas e tampas fixadas por diversos parafusos;

12) pela sua simplicidade de instalação e manutenção, essa técnica de proteção contribui para a diminuição da possibilidade de introdução de *falhas humanas* pelo pessoal envolvido em montagem, manutenção e reparos, que possam invalidar o tipo de proteção e gerar riscos na instalação devido à "normalização de desvios";

13) a aplicação do conceito de redes *Ethernet* intrinsecamente seguras a dois fios, com base no documento ABNT IEC TS 60079-47 (*2-WISE - 2-wires Intrinsically Safe Ethernet*), representa um grande salto tecnológico em termos de automação de sistemas de processo, uma vez que permite, de forma efetiva, que os sensores e atuadores instalados em áreas classificadas operem em redes com padrão *Ethernet*, alinhados à indústria 4.0, com sistemas integrados de automação, desde o chão de fábrica até o gerenciamento de ativos em "nuvem" (*cloud asset performance management*), com redes de comunicação com taxa de transmissão de 10 Mb/s, proporcionando grandes ganhos e benefícios, quando comparados aos "tradicionais" sistemas de instrumentação com padrões 4 a 20 mA, Hart ou *fieldbus.*

Com base nesses benefícios, a segurança intrínseca pode ser considerada como uma escolha adequada para os problemas relacionados com equipamentos e sistemas de instrumentação, controle e automação industrial envolvendo equipamentos que podem operar com baixos níveis de energia em áreas classificadas. Existem soluções Ex "i" adequadas que são compatíveis nessa área com todos os tipos e grupos de gases, poeiras, tipos de classificação de áreas e EPL.

Esses fatos, combinados com sua utilização flexível, utilizando-se equipamentos "convencionais" de mercado e a sua capacidade de trabalho a quente, tendem a tornar a proteção Ex "i" como uma opção adequada para sistemas industriais de instrumentação e automação em atmosferas explosivas para as indústrias do setor químico, petroquímico, de óleo e gás, farmacêutico, portuário, alcooleiro e de alimentos, entre outros.

## 8.9 CONSIDERAÇÕES SOBRE OS REQUISITOS DAS NORMAS BRASILEIRAS ADOTADAS DA SÉRIE ABNT NBR IEC 60079 APLICÁVEIS A EQUIPAMENTOS E SISTEMAS INTRINSECAMENTE SEGUROS

1) O tipo de proteção por segurança intrínseca proporciona um dos mais elevados níveis de segurança para instalações em áreas classificadas contendo atmosferas explosivas. De forma consistente e defensável, esse tipo de proteção Ex "i" pode ser considerado como o mais seguro e o menos propenso a erros ou falhas humanas, quando comparado com os outros tipos de proteção "Ex".

2) A ABNT disponibiliza para a sociedade brasileira todas as normas aplicáveis aos requisitos de projeto, instalação, inspeção, manutenção e reparos necessários para equipamentos e sistemas intrinsecamente seguros. As normas técnicas brasileiras da Série ABNT NBR IEC 60079 - Parte 11, Parte 14, Parte 17, Parte 19, Parte 25, Parte 39 e Parte 47 são idênticas às respectivas normas internacionais, em conteúdo técnico, de acordo com os requisitos especificados na ABNT DIRETIVA 3 - Adoção de documentos técnicos internacionais.

3) O tipo de proteção Ex "i" é internacionalmente aceito, existindo ainda uma aceitação progressiva de certificados de conformidade internacionais emitidos pelo Sistema IECEx, o que faz com que esse tipo de proteção seja cada vez difundido e aplicado nos recentes projetos das indústrias das áreas químicas e petroquímicas, entre outras.

4) Todos os tipos de proteção "Ex" podem, por princípio, ser considerados "seguros", uma vez que são definidos em normas técnicas internacionais da IEC e nas respectivas normas técnicas nacionais da ABNT. No entanto, essa proteção "Ex" somente é proporcionada se os equipamentos "Ex" certificados forem devidamente selecionados, instalados, inspecionados, mantidos e recuperados, ao longo do seu ciclo total de vida. Por esse motivo as empresas usuárias de instalações "Ex" devem se empenhar em selecionar, especificar e adquirir equipamentos de instrumentação, automação, telecomunicações, elétricos e mecânicos que proporcionem maiores facilidades de serviços de montagem, inspeção e manutenção "Ex" de campo, em áreas classificadas.

5) Apesar dos elevados níveis de segurança proporcionados pelos equipamentos e sistemas Ex "i", para assegurar que estes continuem apresentando os requisitos de proteção e segurança para os quais foram fabricados e certificados, há a necessidade de que exista um sistema de inspeções periódicas e de manutenção, ao longo de todo o tempo em que esses instrumentos, equipamentos, dispositivos e sistemas permanecem instalados em áreas classificadas, ao longo dos anos ou décadas de operação das plantas industriais.

6) As atividades de inspeção e manutenção de equipamentos e instalações Ex "i" podem ser consideradas como uma das mais importantes ações no sentido de se atingirem os níveis requeridos de segurança dessas instalações. Tais atividades podem ser consideradas como o "coração" de todo um processo de gestão de pessoas em instalações envolvendo atmosferas explosivas.

7) A abordagem de certificação com base no ciclo total de vida das instalações "Ex" reconhece o fato de que somente a *tradicional* certificação de equipamentos "Ex" é insuficiente para garantir a segurança das instalações em atmosferas explosivas ou das pessoas que nelas trabalham.

8) Sob o ponto de vista do ciclo total de vida das instalações elétricas em atmosferas explosivas, os equipamentos de instrumentação, automação, telecomunicações, elétricos e mecânicos "Ex" necessitam estar seguros durante todo o tempo em que permanecem instalados em áreas classificadas, ao longo de décadas, e não somente quando esses equipamentos "Ex" saem das fábricas, na condição de "novos". Nesse sentido, existe a necessidade básica de certificação também das competências das pessoas "Ex" que realizam atividades em áreas classificadas, bem como das empresas de serviços "Ex", como empresas projetistas, de montagem, de inspeção, de manutenção e oficinas de serviços de reparo, revisão e recuperação de equipamentos "Ex".

9) Muito mais do que na simples certificação de equipamentos "Ex", é na certificação prioritária das empresas de serviços "Ex" e na certificação prioritária das competências pessoais "Ex" das pessoas envolvidas com as diversas atividades que abrangem equipamentos e instalações "Ex" que reside grande parte da segurança e da conformidade das instalações industriais que processam substâncias inflamáveis e poeiras combustíveis, tal como as indústrias do petróleo, petroquímica, química, de silos de grãos, farelos, adubo e fertilizantes, farmacêutica, de alimentos e sucroalcooleira.

Capítulo **9**

# Requisitos de resistência mecânica e de graus de proteção providos por invólucros para equipamentos Ex "i"

**Sinopse**: este capítulo aborda as características de graus de proteção (Códigos IP) providos por invólucros dos equipamentos "Ex", de acordo com os requisitos especificados na norma técnica brasileira adotada ABNT NBR IEC 60529 e a sua relação com os requisitos para resistência mecânica de invólucros e distâncias de separação e de escoamento para o tipo de proteção Ex "i" – Segurança intrínseca. O capítulo inclui também uma abordagem de como esse programa de ensaios pode impactar o projeto de um equipamento "Ex" e, em especial, equipamentos intrinsecamente seguros "Ex i".

## 9.1 INTRODUÇÃO

O ingresso de água ou de poeira no interior dos invólucros dos equipamentos elétricos representa um risco de originar correntes de fuga, que podem evoluir para curtos-circuitos ou arcos elétricos, o que possivelmente ocasionaria a atuação das funções de proteção de sobrecorrente ou, de forma mais destrutiva, daria origem a explosões internas ao invólucro, o que poderia levar a uma destruição de seus componentes internos ou ao seu invólucro, caso não venha a ser devidamente especificado para essa condição; ou, até mesmo, em casos mais extremos, essas falhas podem levar a acidentes catastróficos, incluindo a ocorrência de explosões de instalações, perdas de vidas humanas, perdas das instalações e grandes impactos negativos ao meio ambiente.

A ocorrência de correntes de fuga ou arcos elétricos provenientes do ingresso de água ou poeira para o interior do invólucro pode ser decorrente da redução das distâncias de isolação ou de escoamento entre as partes energizadas existentes no equipamento. Deve ser considerado, neste caso, que a água condensada ou a poeira que tenha ingressado indevidamente no invólucro possa ficar depositada sobre os componentes internos, podendo representar um "caminho preferencial" de condução, em função das propriedades "condutivas" da água e de diversos tipos de poeiras combustíveis. Além disso, a água condensada pode levar a um processo de corrosão de bornes terminais ou de dispositivos elétricos no interior dos equipamentos "Ex", o que ocasionaria o risco de pontos de centelhamento ou de elevadas temperaturas, podendo representar uma fonte de ignição em áreas classificadas.

Por esse motivo, uma das atividades básicas de todos os profissionais envolvidos com a eletricidade é manter os equipamentos "Ex" de instrumentação, automação, telecomunicações, e elétricos limpos, secos e com seus parafusos de fixação das tampas e parafusos dos terminais de conexão devidamente instalados, fixados e apertados.

Para definir o grau de proteção provido pelos invólucros de equipamentos com relação ao ingresso de água ou poeira ao seu interior, existe a norma técnica brasileira adotada ABNT NBR IEC 60529 (*Graus de proteção providos por invólucros - Códigos IP*), que estabelece uma codificação (Códigos IP), a qual especifica os ensaios a serem realizados, bem como os critérios de aceitação para cada grau de proteção especificado.

A definição dos Códigos IP representa um sistema de codificação para indicar os graus de proteção providos por um invólucro contra o acesso as estas partes energizadas ou partes em movimento que podem colocar o usuário em risco, contra o ingresso de objetos sólidos estranhos e contra o ingresso de água, bem como para apresentar informações "adicionais" com relação a cada grau de proteção provida pelo invólucro, verificado por meio de métodos de ensaios normalizados.

Os equipamentos "Ex" devem possuir invólucros com uma resistência mecânica que é avaliada como parte de um programa de ensaios, sendo que o grau de proteção provido pelo invólucro ao final desse programa de ensaios é o critério de conformidade.

Em outros capítulos ao longo deste livro, são apresentadas as definições e os requisitos sobre quando o programa de ensaios de resistência mecânica é aplicado para equipamentos intrinsecamente seguros.

Existem meios alternativos para se evitarem os requisitos contidos neste capítulo, por exemplo, o revestimento de placas de circuito impresso ou o encapsulamento de partes condutoras. Durante a fase de projeto de um equipamento intrinsecamente seguro, a definição sobre a estratégia para esses requisitos é essencial, já que há muitos produtos que não terão condições de atender aos quesitos para resistência mecânica devido à sua natureza de aplicação.

## 9.2 RESISTÊNCIA MECÂNICA DE INVÓLUCROS DE EQUIPAMENTOS PARA ATMOSFERAS EXPLOSIVAS

Sempre quando um tipo de proteção para equipamentos "Ex" requerer o atendimento a um grau de proteção em específico, os requisitos para resistência mecânica devem ser observados, porque o programa de ensaios inclui como metodologia que o invólucro do equipamento apresente o requerido grau de proteção após ser estressado por ciclos térmicos, impactos e quedas. Essas condições são extremamente relevantes e devem fazer parte das estratégias adotadas durante a fase de projeto de equipamentos "Ex".

O programa de ensaios de resistência mecânica se divide em dois "blocos" principais, sendo eles designados para (1) invólucros metálicos e (2) invólucros e partes de invólucros feitos em materiais não metálicos. Deve ser ressaltado que, se um invólucro de um equipamento "Ex" for, por exemplo, fabricado em alumínio e possuir uma gaxeta feita em material elastomérico, e se o grau de proteção depender dessa gaxeta, então, esse invólucro se inclui no "bloco" (2) citado anteriormente.

De maneira geral, antes de adentrar em requisitos de ensaios, o projetista de um equipamento "Ex" deve selecionar materiais para os quais as informações relevantes para atendimentos dos requisitos normativos estão disponíveis. Esses requisitos são necessários para assegurar conformidade com os requisitos para resistência mecânica e, além disso, para se assegurar que não há riscos de ignição por impactos mecânicos para materiais metálicos e ignição por cargas eletrostáticas para materiais não metálicos.

Materiais metálicos devem ser especificados com as ligas a serem utilizadas, não havendo a necessidade de se especificar um fabricante para as ligas em específico durante fase de certificação, mas durante, a fabricação dos equipamentos, esses critérios devem fazer parte do controle de qualidade, e essa verificação é parte dos requisitos de auditorias.

Para materiais não metálicos, o nível de especificação deve ser detalhado, e o nível de controle durante o processo de fabricação deve ser o mais restrito possível. A Tabela 9.1 apresenta um resumo sobre as informações que devem estar disponíveis na documentação de materiais não metálicos e como essas informações se correlacionam com as faixas de temperatura de serviço aplicadas ao equipamento. Tais informações devem ser obtidas das folhas de dados ou documentação apresentada pelo fabricante do material não metálico, e a fonte da informação deve fazer parte da documentação de certificação controlada pelo organismo de certificação do equipamento "Ex".

**Tabela 9.1 –** Características que devem constar na especificação de materiais não metálicos e os requisitos para a sua avaliação

<table>
<tr><th rowspan="2">Tipo de material</th><th colspan="3">Requisito para projeto e avaliação</th></tr>
<tr><th>TI[1] ou RTI[2]</th><th>COT[3]</th><th>Resistência a luz UV</th></tr>
<tr><td>Plástico</td><td>TI ou RTI devem ser superiores que a máxima temperatura de serviço acrescida de 20 K</td><td>Não aplicável</td><td rowspan="2">Materiais que atendem aos requisitos para categorização como (f1) conforme a norma ANSI/UL 746C ou ensaio de acordo com a ABNT NBR IEC 60079-0</td></tr>
<tr><td>Elastomérico</td><td>Não aplicável</td><td rowspan="2">A temperatura de operação contínua inferior do material deve ser menor que a mínima temperatura de serviço da parte.<br>A temperatura de operação contínua superior do material deve ser maior que a máxima temperatura de serviço da parte acrescida de 20 K para EPL Ga e Gb e 10 K para EPL Gc</td></tr>
<tr><td>Materiais selantes (compostos de encapsulamento, selagem ou colas)</td><td>Não aplicável</td><td>Não aplicável</td></tr>
</table>

1) Índice de temperatura "TI" correspondente ao tempo de 20 000 h no gráfico de resistência térmica sem perda de resistência flexural excedendo 50 % determinado de acordo com as normas IEC 60216-1, IEC 60216-2 e ISO 178.

2) Índice Relativo de Temperatura "RTI" (Resistência Mecânica ou Impacto) de acordo com a norma ANSI/UL 746B.

3) Temperatura de Operação Contínua "COT", também podendo ser referenciada como "Temperatura de Serviço".

Todos os materiais não metálicos devem ser identificados em desenhos de projeto (geralmente nos desenhos de conjunto geral) com a identificação do material e fabricante. A avaliação dessas características, de maneira geral, deve vir antes de qualquer ensaio, pois, mesmo que um equipamento passe nos ensaios, se as condições indicadas na Tabela 9.1 não forem cumpridas, a parte não será considerada em conformidade com os requisitos normativos.

O programa de ensaios de resistência mecânica para invólucros de equipamentos "Ex" sempre inclui os ensaios de impacto, queda e grau de proteção. Se o invólucro possuir partes feitas em material não metálico, então, antes desses ensaios, é realizado um ensaio de condicionamento térmico em câmara climática, forno e freezer, chamado de *ensaio de resistência ao calor e ao frio.*

O ensaio de queda se aplica somente a equipamentos "Ex" portáteis que são carregados em operação junto ao usuário.

A figura a seguir apresenta um resumo sobre esses requisitos e a sequência na qual esses ensaios são realizados.

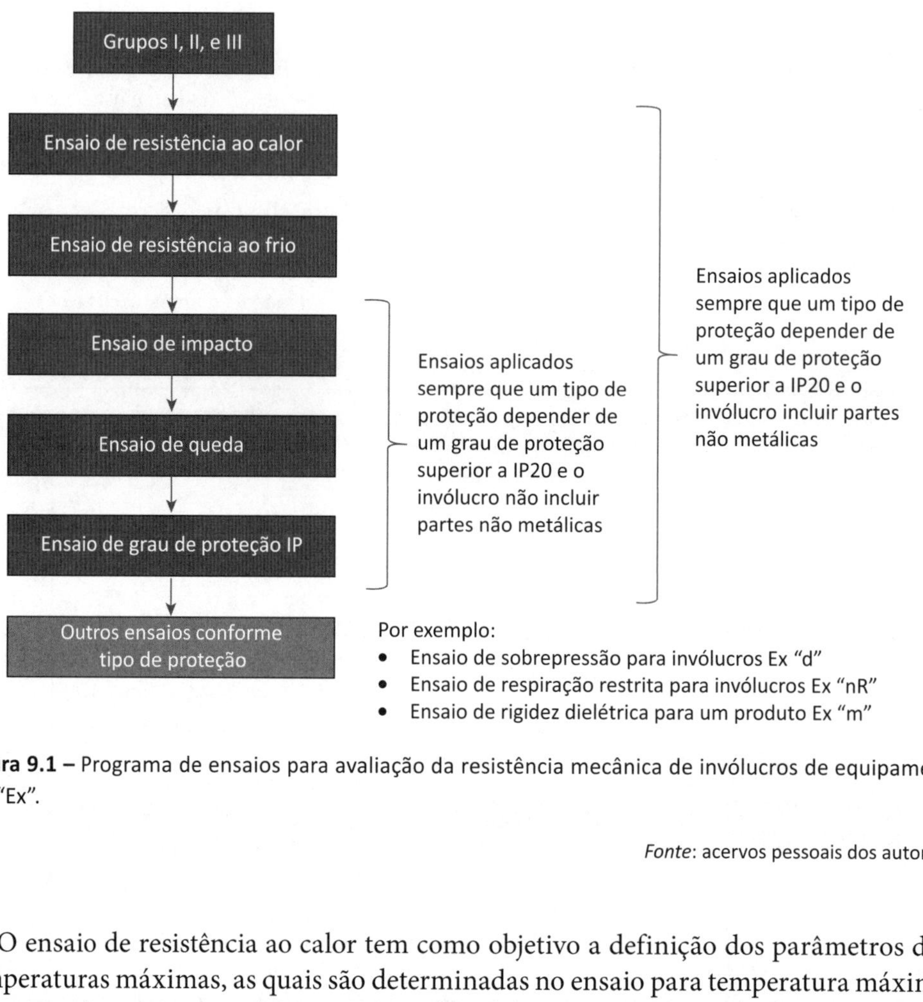


**Figura 9.1** – Programa de ensaios para avaliação da resistência mecânica de invólucros de equipamentos "Ex".

*Fonte*: acervos pessoais dos autores.

O ensaio de resistência ao calor tem como objetivo a definição dos parâmetros das temperaturas máximas, as quais são determinadas no ensaio para temperatura máxima de serviço (ensaio em condições normais de operação). A temperatura máxima é denominada de temperatura "Ts". Se fizer sentido ou se for necessário, diferentes partes do invólucro podem ser ensaiadas em condições diferentes, mas, de maneira geral, a máxima temperatura "Ts", considerando-se todas as partes do invólucro, é utilizada para se determinar os parâmetros do ensaio. Esses parâmetros podem ser encontrados na norma técnica brasileira adotada ABNT NBR IEC 60079-0, bem como a quantidade de amostras.

O primeiro condicionamento é realizado em uma câmara climática com umidade relativa de 90 %, e a uma temperatura definida conforme "Ts"; e o segundo condicionamento é realizado em um forno a seco, quando um fator de segurança de 20 K é acrescido à máxima temperatura "Ts". Por exemplo, para um equipamento EPL Gb apresentando um Ts = 80 °C, poderia ser ensaiado por 504 h em câmara climática com 90 °C e 90 % UR seguido por ensaio em forno com 100 °C por 336 h.

O ensaio de resistência ao frio tem como entrada para a definição de sua temperatura de ensaio a mínima temperatura de serviço, a qual geralmente é definida como a mínima temperatura ambiente especificada para o equipamento (e geralmente marcada como parte para marcação "Ex"); se o equipamento for submetido a processos com temperaturas inferiores à temperatura ambiente, então essa temperatura é determinada por ensaio. O ensaio consiste no condicionamento do invólucro em uma câmara (um freezer, por exemplo) com a temperatura mínima de serviço diminuída entre 5 e 10 K.

O ensaio de impacto é realizado com um peso com massa de 1 kg caindo de uma altura h determinada de acordo com a norma técnica brasileira adotada ABNT NBR IEC 60079-0, podendo ser de 0,1 a 2,0 m de altura, dependendo da classificação do equipamento e do tipo de parte do invólucro sendo ensaiado. As amostras são submetidas a, pelo menos, dois impactos nos pontos do invólucro considerados como os "mais fracos" ou mais "desfavoráveis" sob o ponto de vista do ensaio de impacto. Os ensaios de impacto são realizados em pelo menos duas amostras; se o invólucro for feito em materiais não metálicos, então os ensaios são realizados com as amostras nas temperaturas de serviço máxima e mínima.

O ensaio de queda se aplica somente a equipamentos portáteis e que podem ser utilizados quando transportados; o ensaio é realizado deixando a amostra cair de uma altura de 1 metro. Para invólucros feitos em material não metálico, o ensaio é realizado na menor temperatura de serviço.

## 9.3 GRAUS DE PROTEÇÃO PROVIDOS POR INVÓLUCROS DE EQUIPAMENTOS – CÓDIGOS IP

O invólucro dos equipamentos elétricos e mecânicos "Ex" é composto por suas paredes externas, as quais envolvem esses equipamentos e incluem partes como portas, tampas e entradas de cabos, eixos, hastes e apoios. O grau de proteção aborda as medidas aplicadas aos invólucros de equipamentos elétricos e mecânicos para assegurar a proteção contra o ingresso de poeira e de água ao interior desses invólucros, o que poderia comprometer sua segurança ou desempenho.

O grau de proteção (Código IP – *Ingress Protection*) de um equipamento é uma informação indicada pelo seu fabricante. No caso de certificação de determinados tipos de proteção "Ex", como Ex "e", Ex "i", Ex "m", Ex "p" e Ex "t", essa característica de grau de proteção é também avaliada em ensaios laboratoriais e atestada por um organismo de certificação de que o equipamento sob avaliação atende aos requisitos normativos específicos para cada tipo de proteção "Ex" contra o ingresso de poeira e de água para o seu interior.

O grau de proteção proporcionado pelos invólucros é definido nas normas técnicas brasileiras adotadas ABNT NBR IEC 60529 – *Graus de proteção providos por invólucros (Códigos IP)* e ABNT NBR IEC 60034-5 – *Grau de proteção de máquinas elétricas girantes.*

Essas normas definem um sistema internacionalmente utilizado para a classificação dos graus de proteção providos para os invólucros dos equipamentos elétricos. A utilização padronizada desse sistema de classificação de graus de proteção (Códigos IP) promove a uniformidade dos métodos de descrição da proteção provida ao invólucro e nos ensaios destinados a verificar os diversos níveis de graus de proteção, bem como os critérios de aceitação para cada um dos ensaios especificados. A adoção padronizada desse sistema de classificação de graus de proteção colabora também para a padronização dos tipos de dispositivos de ensaios requeridos para se avaliar uma ampla variedade de produtos com relação ao grau de proteção provido pelos invólucros.

O objetivo dessas normas é estabelecer as definições para os graus de proteção providos para os invólucros dos equipamentos elétricos, considerando a proteção das pessoas contra o acesso às "partes energizadas" ou "partes em movimento que podem colocar o usuário em risco", a proteção dos equipamentos no interior do invólucro contra o ingresso de objetos sólidos estranhos e a proteção dos equipamentos no interior do invólucro contra os efeitos prejudiciais devido ao ingresso de água. Essas normas definem também as designações desses graus de proteção, os requisitos para cada designação e os ensaios a serem realizados para verificar que o invólucro atende aos requisitos especificados, bem como os respectivos critérios de aceitação.

Deve ser ressaltado que não faz parte do escopo das normas técnicas brasileiras adotadas ABNT NBR IEC 60529 ou ABNT NBR IEC 60034-5, sendo parte do escopo de outras normas específicas para os diferentes equipamentos e produtos, a especificação de medidas para proteger tanto o invólucro quanto a parte interna do equipamento contra influências externas ou condições ambientais ou do grau de poluição existentes no local da instalação, como: impactos mecânicos, corrosão, produtos solventes corrosivos, fungos, insetos, radiação solar, congelamento, umidade (como as produzidas por condensação) e atmosferas explosivas de gases inflamáveis ou poeiras combustíveis.

O grau de proteção é apresentado na forma de um código, constituído por dois dígitos, sendo que o primeiro numeral se refere às medidas que foram tomadas para impedir o ingresso de objetos sólidos ou de poeira ao interior do invólucro, e o segundo numeral, às que foram tomadas para impedir o ingresso de líquidos no interior do invólucro sob ensaio.

Pode ser citado, como exemplo de designação ou disposição de Código IP, o Código IP54. Nele, IP significa o código internacional de grau de proteção. O primeiro numeral característico (5, no exemplo citado) pode variar entre 0 e 6 e o segundo (4, no exemplo citado) pode variar entre 0 e 9.

Onde não for requerida a especificação de um numeral característico, ele deve ser substituído pela letra "X", por exemplo, IP2X (omissão do segundo numeral característico) ou IPX6 (omissão do primeiro numeral característico). Um equipamento marcado com grau de proteção IPX5/IPX7/IPX9 indica o atendimento de três graus de proteção a um invólucro, contra jatos d'água, imersão temporária e jatos d'água com alta pressão e alta temperatura, para uma aplicação "versátil".

A tabela a seguir apresenta o primeiro numeral do Código IP (proteção contra o ingresso de objeto sólido ou poeira ao interior do invólucro), de acordo com a norma ABNT NBR IEC 60529.

**Tabela 9.2 –** Grau de proteção de invólucros contra o ingresso prejudicial de objetos sólidos ou poeira – Códigos IP

| **PRIMEIRO Numeral** | **Graus de proteção (Códigos IP)** | | |
|---|---|---|---|
| | **Descrição** | **Corpos que não devem ingressar no interior do invólucro** | |
| 0 | Não protegido | Não protegido | |
| 1 | Protegido contra objetos sólidos de dimensão igual ou maior a 50 mm | Uma parte do corpo humano, como o dorso da mão | 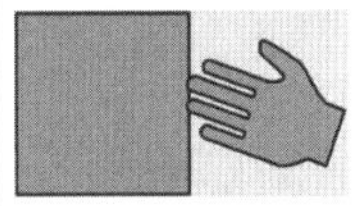 |
| 2 | Protegido contra objetos sólidos de dimensão igual ou maior a 12,5 mm | Dedos ou objetos similares que o comprimento seja maior que 80 mm e a menor dimensão > 12 mm | 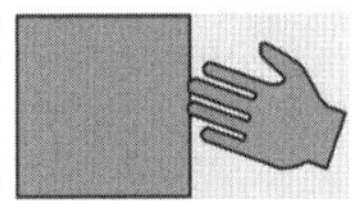 |
| 3 | Protegido contra objetos sólidos de dimensão igual ou maior a 2,5 mm | Ferramentas ou fios de diâmetro e ou espessura maiores que 2,5 mm cuja menor dimensão > 2,5 mm | 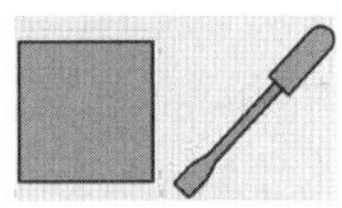 |
| 4 | Protegido contra objetos sólidos de dimensão igual ou maior a 1,0 mm | Fios, fitas de largura maior que 1,0 mm, objetos cuja menor dimensão seja maior que 1,0 mm | 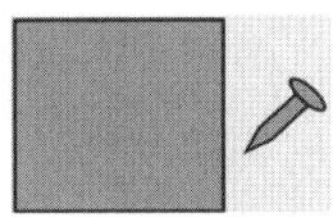 |
| 5 | Protegido contra o ingresso de poeira | O ingresso de poeira não é totalmente evitado, mas a poeira não deve ingressar em quantidade que possa interferir na operação do equipamento ou prejudicar sua segurança | 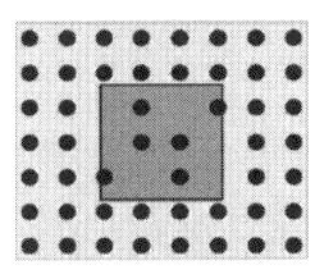 |
| 6 | Totalmente protegido contra o ingresso de poeira | Nenhum ingresso de poeira |  |

A tabela a seguir apresenta o segundo numeral do Código IP (proteção contra o ingresso de líquido ao interior do invólucro), de acordo com a norma ABNT NBR IEC 60529.

**Tabela 9.3** – Grau de proteção de invólucros contra o ingresso prejudicial de líquidos – Códigos IP

| SEGUNDO Numeral | Graus de proteção (Códigos IP) | | |
|---|---|---|---|
| | Descrição | Proteção proporcionada pelo invólucro | |
| 0 | Não protegido | Não protegido | |
| 1 | Protegido contra queda vertical de gotas de água | Gotas d'água caindo verticalmente não devem provocar efeitos prejudiciais | 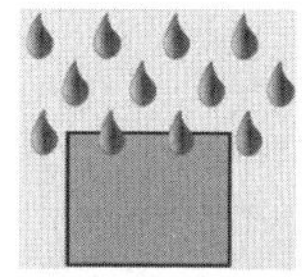 |
| 2 | Protegido contra quedas de água com inclinações de até 15° com a vertical | Gotas caindo verticalmente não devem provocar efeitos prejudiciais quando o invólucro é inclinado num ângulo de até 15° de cada lado da vertical | 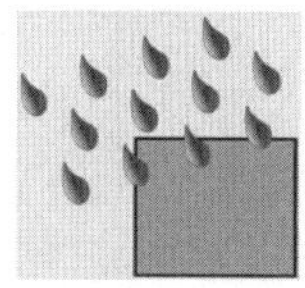 |
| 3 | Protegido contra água aspergida | Água aspergida num ângulo de até 60° de cada lado da vertical contra o invólucro não deve provocar efeitos prejudiciais | 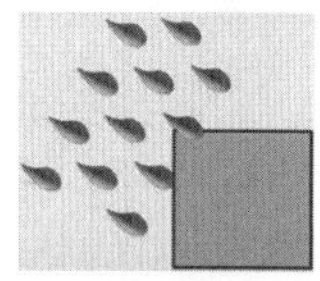 |
| 4 | Protegido contra projeções de água | Água esguichada contra o invólucro em qualquer direção não deve provocar efeitos prejudiciais | 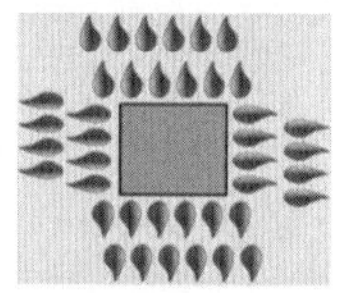 |
| 5 | Protegido contra jatos de água | A água projetada em jatos contra o invólucro em qualquer direção não deve provocar efeitos prejudiciais (vazão de 12,5 L/min) | 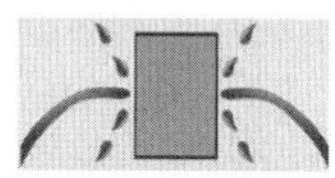 |
| 6 | Protegido contra jatos potentes de água | A água projetada em jatos potentes (vazão de 100 L/min) contra o invólucro em qualquer direção não pode provocar efeitos prejudiciais | 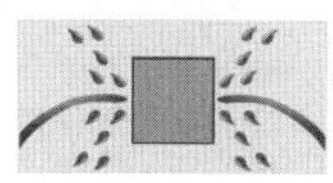 |
| 7 | Protegido contra os efeitos de imersão temporária em água. Sob determinadas condições de tempo e pressão, não há ingresso de água | Quando o invólucro estiver imerso temporariamente em água sob condições padronizadas de pressão (profundidade do invólucro de 1 m) e tempo (30 min), não deve ser possível o ingresso de água em quantidade que provoque efeitos prejudiciais | 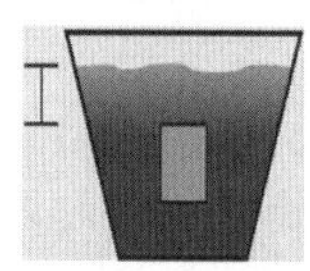 |
| 8 | Adequado contra os efeitos de imersão contínua em água sob condições específicas | Adequado à submersão contínua sob condições específicas. Quando o invólucro estiver continuamente imerso em água sob condições previamente acordadas entre o fabricante e o usuário, não pode ser possível o ingresso de água em quantidade que provoque efeitos prejudiciais, porém as condições devem ser mais severas do que para o segundo numeral 7 | 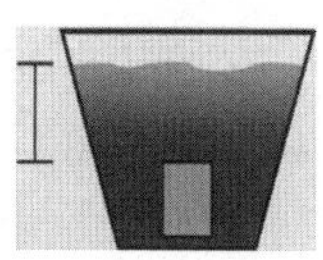 |
| 9 | Protegido contra jatos de água de alta pressão e alta temperatura | Jatos potentes de água a 80 ± 5 °C que geram uma força de 0,9 N a 1,2 N sobre a superfície do invólucro, em quatro direções (0°, 30°, 60° e 90°), com duração de 30 s em cada direção para objetos pequenos e de 1 min/$m^2$ com mínimo de 3 min para objetos grandes | 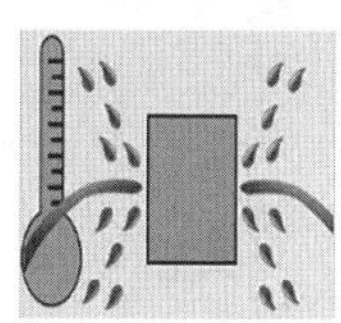 |

Exemplo da simbologia para o grau de proteção de um equipamento "Ex": IP 56

1) Grau de proteção: Código IP
2) Primeiro numeral característico: (5) Protegido contra o ingresso de poeira
3) Segundo numeral característico: (6) Protegido contra jatos potentes de água

## 9.4 LETRAS ADICIONAIS OU SUPLEMENTARES AO CÓDIGO IP DO GRAU DE PROTEÇÃO

Podem ser opcionalmente incluídas após o segundo numeral característico determinadas letras adicionais ou suplementares, para indicação de condições específicas de utilização do equipamento.

As letras adicionais (opcionais) A, B, C ou D apresentam informações suplementares contra o acesso às partes em movimento que podem colocar o usuário em risco: A (dorso da mão), B (dedo), C (ferramenta) ou D (fio elétrico).

As letras suplementares (opcionais) H, M, S ou W apresentam informações suplementares para proteções específicas para os seguintes casos:

- H: equipamentos de alta tensão (*high voltage*);
- M: em movimento durante o ensaio com água (*movable parts*). Equipamento ensaiado para verificação dos efeitos prejudiciais devidos ao ingresso de água quando as partes em movimento do equipamento que podem colocar o usuário em risco – por exemplo, o rotor de uma máquina rotativa em movimento;
- S: em repouso durante o ensaio com água (*stationary parts*). Equipamento ensaiado para verificação dos efeitos prejudiciais devidos ao ingresso de água quando as partes móveis do equipamento, por exemplo, o rotor de uma máquina rotativa, estão estacionários.

A ausência das letras S e M implica que o grau de proteção não depende de partes do equipamento que estejam ou não em movimento. Isso pode requerer a realização de ensaios em ambas as condições de operação do equipamento, em ambas as direções de movimento, por exemplo, em ambos os sentidos de rotação (horário e anti-horário). Na maior parte dos casos, o ensaio com uma condição de sentido de rotação é suficiente, desde que o resultado do ensaio em outra condição obviamente seria satisfatório caso fosse realizado.

- W: condições ambientais ou climáticas (*weather*). Apropriado para utilização do equipamento sob condições ambientais ou influências externas especificadas e fornecido com características ou processos de proteção adicionais para aquelas condições. Como exemplo de utilização da letra suplementar "W", podem ser citados invólucros dos equipamentos destinados para instalações marítimas, que possuam características de proteção específicas, uma vez que estão submetidos a "influências externas", como ventos, salinidade e água, que podem causar corrosão atmosférica.

Nesses casos, é comum a aplicação de sistemas de pintura de proteção adequados para essas condições adversas, a utilização de dispositivos auxiliares de fixação (como porcas, parafusos, arruelas e placas de identificação) em aço inoxidável ou a realização de ensaios de névoa salina (*salt-spray*) para verificação de desempenho contra corrosão nesse ambiente. Exemplo de marcação: IP65W.

## 9.5 EXEMPLOS DE ENSAIOS DE GRAU DE PROTEÇÃO CONTRA INGRESSO DE POEIRA IP5X E IP6X REALIZADOS EM LABORATÓRIOS

Para uma adequada ilustração do assunto, são apresentados a seguir alguns exemplos de *câmaras de poeira* para ensaios em laboratórios de grau de proteção, para verificação do atendimento aos graus de proteção IP5X ou IP6X, de acordo com a norma técnica brasileira adotada ABNT NBR IEC 60529, para invólucros de equipamentos com tipos de proteção "Ex".

**Figura 9.2 –** Painel de Unidade Terminal Remota de automação com tipo de proteção Ex "pxb" e grau de proteção IP66, contendo barreiras [Ex "i"] para instalação em FPSO, durante ensaio de grau de proteção, em câmara de poeira, em laboratório de ensaio de equipamentos "Ex".

*Fonte*: acervos pessoais dos autores.

**Figura 9.3 –** Caixa de junção com tipo de proteção Ex "e", com grau de proteção IP66, após término do ensaio de grau de proteção em câmara de poeira, em laboratório de ensaio de equipamentos "Ex".

*Fonte*: acervos pessoais dos autores.

**Figura 9.4 –** Câmara de poeira em laboratório para realização de ensaios de grau de proteção IPX5 e IPX6, de acordo com a norma ABNT NBR IEC 60529, em equipamento com invólucros Ex "d".

*Fonte*: acervos pessoais dos autores.

## 9.6 REQUISITOS DE GRAU DE PROTEÇÃO MÍNIMO PROVIDO PELO INVÓLUCRO PARA EQUIPAMENTOS COM TIPOS DE PROTEÇÃO "Ex"

Deve ser ressaltado que, para os equipamentos "Ex", devem ser atendidos requisitos adicionais aos procedimentos de ensaios apresentados nas normas ABNT NBR IEC 60529 e ABNT NBR IEC 60034-5. Por exemplo, o invólucro de um equipamento "Ex" deve ser submetido aos ensaios de grau de proteção após as partes não metálicas do seu invólucro (como as juntas de vedação ou, se for o caso, o invólucro inteiro) terem sido submetidas aos ensaios de resistência térmica e, em seguida, ao ensaio de impacto, e quando aplicável, o ensaio de queda. Todos esses ensaios estão especificados na norma ABNT NBR IEC 60079-0 – *Requisitos gerais para equipamentos "Ex"*.

Alguns tipos de proteção "Ex", nos quais o grau de proteção contra ingresso de poeiras ou água para o interior do invólucro faz parte das medidas de proteção para que o equipamento não se torne uma fonte de ignição, especificam um grau de proteção mínimo para projeto, fabricação, ensaios, avaliação e certificação desses equipamentos "Ex".

Esse tipo de medida de segurança é requerido para reduzir o risco de danos aos componentes elétricos internos, com isso reduzindo também o risco de ocorrência de arcos e centelhas devido a correntes de fuga à terra ou a falhas de isolamento dos materiais isolantes, as quais podem evoluir para correntes de curto-circuito ou arcos elétricos, capazes de representar fontes de ignição de uma atmosfera explosiva que possa estar presente no local da instalação do equipamento "Ex".

Podem ser citados, dentre outros, como exemplos de tipo de proteção "Ex" que requerem um grau de proteção mínimo, o tipo de proteção por segurança aumentada – Ex "e" (IP54 "típico"), tipo de proteção por invólucro contra ignição de poeiras combustíveis – Ex "t" (IP5X / IP6X) e a proteção por invólucros pressurizados – Ex "p" (IP3X / IP4X).

Deve ser ressaltado, de acordo com a norma ABNT NBR IEC 60079-0, que, para o grau de proteção de invólucro de equipamentos "Ex", uma avaliação para o primeiro numeral característico, até e incluindo-se o 6, implica conformidade também com os requisitos para todos os numerais característicos inferiores. Até e incluindo-se o segundo numeral característico 6, a avaliação implica também conformidade com os requisitos para todos os numerais característicos inferiores. As avaliações para os segundos numerais característicos 7, 8 ou 9 não implicam conformidade com o segundo numeral característico 5 ou 6 (jatos com água).

A folha de decisão IECEx ExTAG DS 2012/005 apresenta informações básicas sobre os ensaios para confirmar marcações de grau de proteção (IP) diferentes das classificações mínimas requeridas pelas normas correspondentes com os tipos de proteção "Ex" aplicados. Uma marcação IP normalmente não é necessária como parte da marcação de proteção "Ex", mas é frequentemente marcada separadamente da sequência da marcação "Ex".

Deve ser ressaltado que os usuários dos equipamentos e instalações "Ex" necessitam especificar um grau de proteção para os invólucros dos equipamentos "Ex" que seja adequado à aplicação ou ao local da instalação, como equipamentos "Ex" que necessitem ser instalados no convés principal (*main deck*) de um navio petroleiro, de um navio de transporte de produtos inflamáveis, de uma plataforma de petróleo ou de um navio do tipo FPSO. Outro exemplo que pode ser citado são os equipamentos "Ex" que necessitam ser instalados em locais com a presença de sistemas automáticos de combate a incêndio, a sistemas de "dilúvio" ou a sistemas de *sprinklers*.

Nesses casos, frequentemente os equipamentos "Ex" necessitam possuir um grau de proteção superior em relação ao IP "mínimo" requerido nas normas técnicas dos tipos de proteção "Ex" aplicados aos equipamentos, e os ensaios laboratoriais para a determinação do grau de proteção do equipamento "Ex" devem ser realizados somente após a realização dos ensaios aplicáveis especificados na norma sobre os requisitos gerais de equipamentos "Ex" (norma ABNT NBR IEC 60079-0).

Podem ser citados, por exemplo, a realização de ensaios de resistência térmica ou ensaio de impacto ou ensaio de queda, antes da realização dos ensaios do grau de proteção, o que representa uma condição mais rigorosa e mais desfavorável a ser atendida pelo equipamento "Ex".

Dessa forma, os ensaios para o IP mínimo devem ser executados seguindo-se a sequência estipulada na norma ABNT NBR IEC 60079 0, isto é, após a execução do ensaio de impacto e, para materiais não metálicos, o ensaio de impacto deve ser realizado após o ensaio de resistência ao calor e ao frio. Ensaios para um grau de proteção maior do que o mínimo requerido pela norma do tipo de proteção "Ex" podem ser executados em amostras que não foram submetidas aos ensaios citados anteriormente. A folha de decisão IECEx ExTAG DS 2012/005 indicada anteriormente também deixa claro esse procedimento. Para equipamentos com tipo de proteção Ex "t", os ensaios para o Grau de Proteção IP, o qual, nesse caso de marcação, faz parte do certificado, devem seguir a sequência indicada na norma técnica brasileira adotada ABNT NBR IEC 60079-0.

Como exemplo de aplicação, pode ser citada uma caixa de junção com tipo de proteção Ex "e" fabricada com invólucro plástico (poliéster reforçado com fibra de vidro reforçada), a ser instalada em local com a possibilidade de ocorrência de ondas do mar. Aqui, o grau a ser especificado pode ser, por exemplo, IP66, para atender aos requisitos específicos do local da instalação.

Nessa situação, a marcação do equipamento "Ex" pode ser Ex e IIC T5 Gb IP66, de forma a evidenciar o atendimento do grau de proteção IP66, o qual está acima dos requisitos para o grau de proteção de equipamentos Ex "e". Essa marcação indica que o grau de proteção IP66 foi verificado por meio de ensaios laboratoriais após a realização dos ensaios de resistência térmica, impacto e de queda, requeridos da norma sobre requisitos gerais para equipamentos "Ex" (norma ABNT NBR IEC 60079-0).

Sob o ponto de vista de documentação a ser apresentada pelo fabricante de equipamentos "Ex" aos organismos de certificação para os processos de certificação, quando o grau de proteção (Código IP) for relevante para o tipo de proteção "Ex", devem ser apresentadas informações claras sobre os materiais das juntas de vedação (*O-Rings* e gaxetas) e os métodos para assegurar ou controlar a posição, aderência e compressão dessas juntas em serviço. As dimensões das juntas de vedação e as suas características aplicáveis necessitam ser especificadas na documentação de certificação.

É apresentada a seguir uma "coletânea" de requisitos de graus de proteção mínimos a serem providos pelos invólucros de equipamentos com os tipos de proteção Ex "d", Ex "e", Ex "i", Ex "nC", Ex "nR", Ex "p", Ex "t" e equipamentos com elementos de separação ou níveis de proteção combinados.

Deve ser ressaltado que, em todos os casos, o grau de proteção (Código IP) requerido pelo invólucro do equipamento "Ex" pode ser maior para atender aos requisitos específicos do local pretendido da instalação, incluindo as influências externas e as condições locais de poluição do ambiente do local da instalação pretendido.

## 9.7 REQUISITOS DE GRAU DE PROTEÇÃO MÍNIMO PARA INVÓLUCROS DE EQUIPAMENTOS COM TIPO DE PROTEÇÃO Ex "i"

Os requisitos de grau de proteção para os invólucros dos equipamentos com segurança intrínseca (Ex "i") especificados na norma técnica brasileira adotada ABNT NBR IEC 60079-11 estão apresentados em outros capítulos deste livro.

## 9.8 REQUISITOS DE GRAU DE PROTEÇÃO MÍNIMO PARA PRENSA-CABOS "Ex"

Com relação ao grau de proteção provido por prensa-cabos "Ex", de acordo com a norma ABNT NBR IEC 60079-0, o ensaio para IP deve ser realizado de acordo com a norma técnica brasileira adotada ABNT NBR IEC 60529, utilizando um anel de vedação de cabo de cada tamanho diferente permitido para cada tipo de prensa-cabo "Ex".

O grau de proteção mínimo a ser provido por prensa-cabos "Ex", dependendo do EPL requerido e do grupo do local da instalação, é apresentado na tabela a seguir:

**Tabela 9.4** – Grau de proteção (IP) mínimo requerido para prensa-cabos "Ex", dependendo do grupo do equipamento e do EPL requerido pelo local da instalação

| Grupo do equipamento "Ex" | EPL requerido pelo local da instalação | Grau de proteção (IP) mínimo requerido |
|---|---|---|
| Grupo I | Todos | **IP54** |
| Grupo II | Todos | **IP54** |
| Grupo III | EPL Da | **IP6X** |
| Grupo III | EPL Db | **IP6X** |
| Grupo IIIC | EPL Dc | **IP6X** |
| Grupo IIIA | EPL Dc | **IP5X** |
| Grupo IIIB | EPL Dc | **IP5X** |

## 9.9 MANUTENÇÃO DO GRAU DE PROTEÇÃO DO INVÓLUCRO DO EQUIPAMENTO "Ex" NA MONTAGEM DE CAMPO

Com relação à manutenção do grau de proteção (IP) durante a instalação de campo de equipamentos "Ex" nas entradas de cabos por meio de prensa-cabos, deve ser verificado que o prensa-cabo "Ex" selecionado seja adequado ao cabo utilizado, mantendo o grau de proteção do invólucro. Normalmente, os prensa-cabos "Ex" proporcionam um grau de proteção mínimo de IP65 ou IP66.

Deve ser verificado, em especial, que o diâmetro externo do cabo a ser utilizado seja compatível com o diâmetro interno do prensa-cabo "Ex".

Nos casos de instalação de equipamentos "Ex" com invólucros com tipos de proteção Ex "eb", Ex "ec" ou Ex "n", o prensa-cabo "Ex" deve proporcionar um grau de proteção mínimo IP54, sendo que, quando a parede do invólucro "Ex" ou placa de prensa-cabo "Ex" tiver uma espessura menor de 6 mm, uma arruela de vedação deve ser instalada entre o prensa-cabo e o invólucro, para manter esse grau de proteção.

Quando a parede do invólucro ou a placa do prensa-cabo "Ex" tiver uma espessura superior a 6 mm, e o prensa-cabo "Ex" for instalado por meio de uma entrada roscada, não é necessária a instalação de uma arruela de vedação para manter o grau de proteção mínimo IP54, a menos que um grau de proteção mais alto para o invólucro tenha sido requerido para a instalação ou especificado pelo usuário ou requerido pelas condições de poluição do ambiente.

Para equipamentos "Ex" com invólucros com tipo de proteção Ex "d" (à prova de explosão), uma arruela de vedação (*IP Washer*) pode ser montada entre o prensa-cabo e a parede do invólucro, para assegurar o grau de proteção. No entanto, deve ser verificado nesse caso que sejam obtidos um número mínimo de cinco fios de roscas completamente encaixadas e um comprimento roscado mínimo de 8 mm.

## 9.10 EXEMPLOS DE MONTAGEM DE CAMPO DE EQUIPAMENTOS "Ex" COM DIFERENTES GRAUS DE PROTEÇÃO (CÓDIGOS IP)

Para uma adequada ilustração do assunto, são apresentados a seguir alguns exemplos de instalação de equipamentos com tipos de proteção "Ex" com invólucros que proporcionam um grau de proteção adequado para a classificação de áreas, influências externas, condições ambientais ou grau de poluição dos locais onde se encontram instalados.

**Figura 9.5 –** Instrumento transmissor com tipo de proteção Ex "i", com grau de proteção IP65X, instalado em área classificada contendo atmosferas explosivas de hidrogênio – grupo IIC.

*Fonte*: acervos pessoais dos autores.

**Figura 9.6 –** Monitor de posição de válvula com tipo de proteção Ex "i" e grau de proteção IP55, instalado em área classificada do tipo Zona 2.

*Fonte*: acervos pessoais dos autores.

**Figura 9.7 –** Exemplo de painéis de DCS com grau de proteção IP4X contendo barreiras de segurança intrínseca com isolação galvânica.

*Fonte*: acervos pessoais dos autores.

**Figura 9.8 –** Exemplo de montagem de barreiras de segurança intrínseca com isolação galvânica, com grau de proteção IP20, com montagem integrada a controlador de DCS.

*Fonte*: acervos pessoais dos autores.

**Figura 9.9 –** Caixa de junção com grau de proteção IP65, com invólucro em poliéster reforçado em fibra de vidro (FGRP) contendo circuitos intrinsecamente seguros instalado em refinaria de petróleo.

*Fonte*: acervos pessoais dos autores.

**Figura 9.10 –** Instrumento transmissor de nível do tipo radar com grau de proteção IP65, com circuitos intrinsecamente seguros instalado em FPSO.

*Fonte*: acervos pessoais dos autores.

**Figura 9.11 –** Instrumentos transmissores Ex "i" com grau de proteção IP65 e Junction-box Ex "e" com grau de proteção IP65, com multicabos e cabos contendo circuitos intrinsecamente seguros.

*Fonte*: acervos pessoais dos autores.

**Figura 9.12 –** Junction-box com invólucro em poliéster reforçado com fibra de vidro, com tipo de proteção Ex "e", com grau de proteção IP65, com multicabos e cabos contendo circuitos intrinsecamente seguros.

*Fonte*: acervos pessoais dos autores.

## 9.11 REQUISITOS SOBRE VERIFICAÇÃO DO GRAU DE PROTEÇÃO NAS ATIVIDADES DE INSPEÇÃO DE EQUIPAMENTOS E INSTALAÇÕES "Ex"

Sob o ponto de vista de inspeções "Ex", deve ser ressaltado que a norma ABNT NBR IEC 60079-17 requer a verificação do grau de proteção (Código IP) do equipamento "Ex" instalado em áreas classificadas, indicados nos seguintes itens de verificação:

Tabela 1 – lista de verificação para inspeção de equipamentos "Ex" com tipos de proteção Ex "d", Ex "e", Ex "n" ou Ex "t":

- item de inspeção A.5: grau de proteção (Código IP) do equipamento "Ex" é adequado para o nível de proteção ou grupo ou condutividade da classificação de área do local da instalação;
- item de inspeção A.15: não existe evidência de ingresso de água ou poeira no invólucro, de acordo com o grau de proteção (Código IP).

Tabela 2 – lista de verificação para inspeção de equipamentos "Ex" com tipo de proteção Ex "i":

- item de inspeção A.4: o grau de proteção (Código IP) dos equipamentos "Ex" é apropriado para o tipo de poeiras combustíveis do grupo III da classificação de área do local da instalação.

Capítulo **10**

# Projeto, avaliação e ensaios de equipamentos Ex "i" – introdução

**Sinopse**: este capítulo aborda, de forma introdutória, os principais requisitos para as atividades de projeto, dimensionamento, avaliação, fabricação e ensaios de equipamentos intrinsecamente seguros e de equipamentos intrinsecamente seguros associados, e do processo de certificação de conformidade de equipamentos Ex "i" ou [Ex "i"].

Os requisitos para o projeto, a avaliação e os ensaios de equipamentos intrinsecamente seguros e associados são definidos nas normas técnicas brasileiras adotadas ABNT NBR IEC 60079-0, ABNT NBR IEC 60079-11, ABNT NBR IEC 60079-14 e ABNT NBR IEC 60079-25, as quais são idênticas às respectivas normas técnicas internacionais elaboradas pelo comitê técnico TC 31 (*equipment for explosive atmospheres*) da IEC. Contudo, é importante ressaltar que alguns países ou regiões incluem em seus modelos de avaliação da conformidade requisitos não necessariamente relacionados à segurança contra ignições.

Por exemplo, o risco de choque elétrico é abordado por uma série de normas que, eventualmente, também podem ser aplicadas de forma *voluntária*, ou até mesmo *compulsória*. Portanto, é importante definir os limites desse empreendimento. Assim, os requisitos apresentados neste capítulo são uma revisão comentada, incluindo detalhes e metodologias, dos requisitos contidos nas normas supracitadas. Essas normas podem ser variações "nacionais" em diversos países do mundo, mas o seu conteúdo técnico fundamental certamente será o mesmo.

Os requisitos das normas técnicas brasileiras adotadas ABNT NBR IEC 60079-0 e ABNT NBR IEC 60079-11 definem metodologias e requisitos para se evitar, precaver, mitigar ou limitar, em termos de probabilidades, os riscos de ignições por centelhas elétricas, temperaturas de partes de equipamentos, descargas eletrostáticas e radiações eletromagnéticas, ópticas ou ultrassônicas. Além disso, as exigências para se evitarem ignições por centelhas e superfícies com altas temperaturas são cobertas por componentes de limitação de tensão, corrente e, por consequência, potência.

Assim, essas normas também incluem requisitos para esses componentes, para suas montagens, incluindo placas de circuito impresso, distâncias de separação e escoamento, encapsulamento, revestimento, partes isolantes; para a resistência mecânica de seus invólucros e grau de proteção contra o ingresso de materiais sólidos e ou líquidos, e assim por diante.

Vale ressaltar que os requisitos para instalações de equipamentos intrinsecamente seguros, bem como a documentação e as avaliações necessárias para se obterem sistemas seguros, estão contidos nas normas técnicas brasileiras adotadas ABNT NBR IEC 60079-14 e ABNT NBR IEC 60079-25, e, apesar de elas normalmente não serem incluídas nos programas de ensaios e certificações de equipamentos intrinsecamente seguros, o entendimento dos seus requisitos é imprescindível, já que o fabricante de um equipamento tem por obrigação definir os requisitos para a sua adequada instalação. Isso faz com que a segurança das instalações intrinsecamente seguras (bem como de todos os demais tipos de proteção "Ex") esteja diretamente sob a responsabilidade dos usuários finais de equipamentos "Ex" e dos proprietários das instalações terrestres e marítimas "Ex".

O projeto de um equipamento intrinsecamente seguro deve levar em consideração, primeiramente, a possibilidade de esse equipamento "Ex" atender às suas necessidades funcionais. Essa análise está associada principalmente aos requisitos para se evitarem ignições por centelhas, os quais são mais restritivos em termos de possibilidades e metodologias, já que a maioria dos parâmetros considerados são parâmetros transientes ou de surto, que excluem limitações por componentes com parâmetros de reações relativamente lentas. Por exemplo, um fusível com uma corrente de atuação nominal de 200 mA, submetido a correntes com intensidade igual ou superior a 200 mA, certamente abrirá o circuito.

Contudo, deve-se observar o fato de que o filamento no interior do fusível necessitará de algum tempo para aquecer. O processo de "queima" ou fusão do elemento fusível e abertura do circuito pelo fusível também levará algum tempo. Dessa forma, seria possível que, durante esse processo, correntes mais elevadas que a sua corrente de atuação nominal possam existir na região protegida do circuito, mesmo que o tempo de duração dessas correntes seja muito pequeno; por exemplo, na escala de *milissegundos* ou *microssegundos*, o risco de ignição não pode ser excluído. Portanto, a corrente de atuação de um fusível não pode ser utilizada para avaliações do risco de ignição por centelhas. Contudo, nesse mesmo contexto, a resistência do filamento de um fusível à menor temperatura de serviço pode ser utilizada para limitar a corrente para avaliações de riscos de ignições por centelhas.

Essas limitações de parâmetros certamente incluirão componentes que podem afetar a funcionalidade do equipamento. Por exemplo, a necessidade de inclusão de um resistor de limitação de corrente infalível inclui uma queda de tensão no circuito que pode ser um problema muito complicado de se solucionar para um sistema operado por baterias. Além disso, essa resistência representará um fator de "ineficiência" ao sistema.

Assim, o projeto e a execução de um circuito eletrônico que funcione de acordo com os requisitos do produto e que seja seguro para os requisitos para se evitar ignição por centelha deveria ser o primeiro passo para o desenvolvimento de um equipamento intrinsecamente seguro.

O segundo passo é a abordagem dos requisitos para ignições por temperaturas, a qual geralmente é realizada junto com a abordagem dos requisitos para componentes infalíveis, já que as avaliações incluem muitos elementos em comum. Nesse campo, há muitas possibilidades para se melhorar a capacidade de dissipação de potência de componentes e elementos condutores, como a inclusão de elementos de dissipação de calor, que podem ser simplesmente uma placa de circuito impresso com uma camada adicional de cobre, ou sistemas mais complexos, incluindo dissipadores de calor em arranjos mecânicos mais complexos, e até mesmo encapsulamentos. Além disso, quase sempre há a possibilidade de se encontrar um componente ou um circuito semelhante com maior capacidade de dissipação de potência.

O terceiro passo, também muito importante, é a definição dos requisitos para as outras possíveis fontes de ignição presentes no equipamento: descargas eletrostáticas e radiações eletromagnéticas, ópticas ou ultrassônicas.

Os requisitos para descargas eletrostáticas indicam as possibilidades para os materiais a serem utilizados no invólucro. Os requisitos para radiações eletromagnéticas podem, por exemplo, em circunstâncias raras, limitar a aplicação de componentes de comunicação por radiofrequência. Enquanto os requisitos para limitação de radiações ultrassônicas podem limitar a aplicação de emissores e outros tipos de componentes ultrassônicos geralmente utilizados em transdutores intrinsecamente seguros. O risco de ignição por radiações ópticas é abordado pela norma técnica brasileira adotada ABNT NBR IEC 60079-28, uma norma exclusiva para os requisitos para o controle dessa fonte de ignição. As metodologias nessa norma incluem limitações para a potência óptica e para a irradiância (ou densidade de potência óptica); esses requisitos incluem a observância de falhas, as quais são abordadas por circuitos de limitação similares àqueles utilizados para a limitação da temperatura de componentes, trilhas em circuito impressos e fiações, conforme veremos no Capítulo 22.

O quarto passo é o entendimento das possibilidades disponíveis para a resistência mecânica do invólucro e das necessidades para distâncias de separação e escoamento. É importante ressaltar que a ABNT NBR IEC 60079-11 inclui duas classes de distâncias de separação e escoamento, representadas pela Tabela "Distâncias de isolação, escoamento e separação" ou pelo Anexo "Distâncias de separação alternativas para placas de circuito impresso montadas e separação de componentes" apresentados nessa norma.

Os requisitos para distâncias de separação e escoamento da Tabela "Distâncias de isolação, escoamento e separação" da norma técnica brasileira adotada ABNT NBR IEC 60079-11 requerem distâncias de separações e escoamentos maiores, mas os requisitos para a resistência mecânica do invólucro e seu grau de proteção são mínimos, enquanto os requisitos do Anexo "Distâncias de separação alternativas para placas de circuito impresso montadas e separação de componentes" incluem distâncias de separações muito menores, mas o preço a se pagar são os requisitos para resistência mecânica do invólucro, os quais serão os mais onerosos dentro das normas técnicas brasileiras adotadas da Série ABNT NBR IEC 60079 (*Atmosferas explosivas*) ou a adição de processos como encapsulamento, revestimentos etc.

A figura a seguir apresenta o passo a passo dessas etapas essenciais na definição de um produto intrinsecamente seguro.

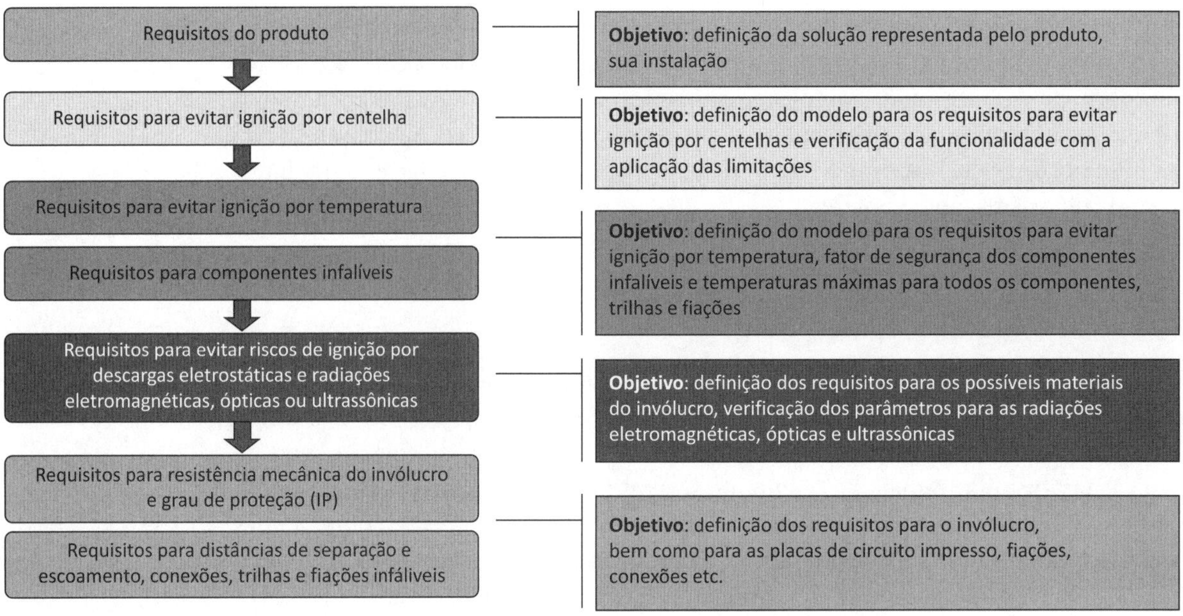


**Figura 10.1** – Fluxograma orientativo sobre as etapas para o projeto e a avaliação de produtos intrinsecamente seguros.

*Fonte*: acervos pessoais dos autores.

Obviamente, não existe um completo consenso sobre essas etapas, e eventualmente um projeto pode começar pela avaliação do invólucro ou da temperatura de um componente; por exemplo, se isso for criticamente essencial ao projeto em questão. Contudo, o desenvolvimento dos capítulos deste livro segue esse roteiro, por ser a sequência mais "lógica". Essas etapas podem ser consideradas como essenciais para um projeto exitoso, mas, se for melhor para a obtenção do sucesso do projeto, essa sequência pode ser alterada!

# Capítulo 11

# Condições de falhas e fatores de segurança

**Sinopse**: este capítulo aborda as condições de falha e os fatores de segurança que são considerados quando das atividades de projeto, dimensionamento, avaliação, fabricação e ensaios de equipamentos intrinsecamente seguros e de equipamentos intrinsecamente seguros associados, em um processo de certificação de conformidade de equipamentos Ex "i" ou [Ex "i"].

O entendimento correto das possíveis condições de falhas para cada nível de proteção e os fatores de segurança necessários para as condições geradas por meio da simulação dessas falhas são essenciais para ser possível a definição dos casos em que elementos de limitação de tensão, corrente e potência sejam requeridos, bem como, eventualmente em outras metodologias, devem ser aplicadas como distâncias de separações e escoamento infalíveis contra falhas por curto-circuito, ou conexões, trilhas e fiações infalíveis contra falhas por abertura de circuitos, encapsulamento, e assim por diante.

A tabela a seguir apresenta um resumo sobre as condições de falhas a serem aplicadas para cada nível de proteção de equipamento, com base nos requisitos especificados na norma técnica brasileira adotada ABNT NBR IEC 60079-11.

**Tabela 11.1** – Condições de falhas, fatores de segurança e níveis de proteção de equipamentos intrinsecamente seguros

| Nível de proteção | Condições de operação e falha com a aplicação de *Um* ou *Ui* | Fator de segurança (n) para a avaliação de parâmetros para ignição por centelha |
|---|---|---|
| ia | Operação normal e com a aplicação de todas as falhas não contáveis que resultem na condição mais desfavorável. | 1,5 |
| | Operação normal e com a aplicação de uma falha contável e de todas as falhas não contáveis que resultem na condição mais desfavorável. | 1,5 |
| | Operação normal e com a aplicação de duas falhas contáveis e de todas as falhas não contáveis que resultem na condição mais desfavorável. | 1,0 |
| ib | Operação normal e com a aplicação de todas as falhas não contáveis que resultem na condição mais desfavorável. | 1,5 |
| | Operação normal e com a aplicação de uma falha contável e de todas as falhas não contáveis que resultem na condição mais desfavorável. | 1,5 |
| ic | Operação normal e conforme as condições definidas como requisitos para componentes infalíveis e distâncias de separação | 1,0 |

É importante ressaltar que para as avaliações de parâmetros para ignição de temperatura não há a necessidade de se incluir fatores de segurança; eles são aplicáveis somente para os parâmetros para ignição por centelha. Contudo, os componentes que limitam esses parâmetros, sim, são sujeitos à observância de fatores de segurança, os quais são explicados neste livro, no Capítulo 23.

Para a sequência e exploração do que se entende como falha contável e falha não contável, fazem-se necessárias algumas definições. Primeiramente, é necessário se definir que, se uma falha contável resulta em uma falha subsequente, então, somente uma falha é contada. Obviamente isso se aplica somente a falhas contáveis, já que, quando falhas não contáveis estão sendo consideradas, não há limites para a contagem.

Por exemplo, considerando-se o curto-circuito de um resistor por falha na distância de separação que limitaria a corrente para um *LED*, mesmo que os dois componentes estivessem sendo analisados como infalíveis, nesse cenário, ambos seriam considerados em falha, sendo o resistor um curto-circuito, e o *LED*, submetido à máxima corrente que poderia ser aplicada antes da limitação providenciada pelo resistor. Se essa corrente excedesse os limites definidos para o *LED*, então, esse componente pode ser tido como falhando de um circuito aberto até um curto-circuito, o que seria pior para a avaliação sob consideração.

Além disso, é importante ressaltar que componentes infalíveis devem ser indicados dessa forma na documentação do projeto e são submetidos a rigorosos controles de qualidade, que incluem, dentre outros requisitos, a completa rastreabilidade e identificação no processo de produção, inspeções de rotina para a verificação da correta soldagem na placa de circuito impresso, funcionalidade etc.

Mais informações a esse respeito são apresentadas neste livro, no Capítulo 33.

Da mesma forma, distâncias de separação e escoamento infalíveis contra falhas por curtos-circuitos e trilhas, conexões e fiações infalíveis contra falhas por circuito aberto também são elementos controlados tanto na documentação do projeto quanto durante os diversos passos das operações para a fabricação do equipamento intrinsecamente seguro. Portanto, a indicação como "infalível" de um componente, distância de separação e escoamento, trilhas, conexões e fiação deve ser entendida como um termo técnico, que define aquele elemento como algo sujeito a requisitos normativos, controles de qualidade e, mais importante, como elementos essenciais aos modelos para os requisitos a fim de se evitar ignição por centelhas ou temperaturas.

Falhas são consideradas diferentemente para cada tipo de componentes, os quais são divididos em grupos de componentes chamados de *componentes infalíveis* e *componentes falíveis*. Este capítulo abordará as condições de falhas para cada tipo de componente, quando este é considerado como um elemento infalível ou falível.

Além disso, os requisitos para as montagens de componentes infalíveis também serão abordados mais adiante, sempre considerando as questões condicionantes para essas abordagens, as quais passam pelas perguntas:

- pergunta (1): "se esse componente falhar para circuito aberto, quais são as consequências?"; ou
- pergunta (2): "se esse componente falhar para um curto-circuito, quais são as consequências?".

Se a resposta para a pergunta (1) resultar em uma condição que alteraria o modelo considerado para os requisitos de ignição por centelha ou temperatura, então, o componente deve ser montado de forma que suas conexões sejam infalíveis.

Mais informações a esse respeito são apresentadas no Capítulo 27 deste livro.

Da mesma forma, se a resposta para a pergunta (2) resultar em uma condição que alteraria o modelo considerado para os requisitos de ignição por centelha ou temperatura, logo, as distâncias de separação e escoamento desse componente devem ser infalíveis.

Mais informações a esse respeito são apresentadas no Capítulo 26 deste livro.

## 11.1 CONDIÇÕES DE FALHAS DE COMPONENTES SEMICONDUTORES

De acordo com a norma técnica brasileira adotada ABNT NBR IEC 60079-11, os "componentes semicondutores devem ser considerados falíveis para curto-circuito ou circuito aberto e para o estado ao qual eles podem ser forçados pela falha de outros componentes".

Assim, para equipamentos com nível de proteção "ia" ou "ib", um componente semicondutor considerado como falível, ou seja, qualquer componente não indicado e controlado como infalível, incluindo reguladores, microcontroladores, microprocessadores etc., é avaliado como falhando para todos os diversos cenários possíveis de serem considerados, os quais incluem qualquer condição entre um circuito aberto e um curto-circuito, ou seja, esse componente pode ser considerado como falhando de uma resistência infinita até uma resistência nula, passando, para avaliações térmicas, por exemplo, pela resistência que dissiparia a maior potência possível.

Por exemplo, um circuito integrado com diversos terminais poderia ser considerado como falhando, tendo todos os terminais curto-circuitados com falha contra o terminal conectado ao potencial de referência (como o "GND"/*Ground*), o qual poderia incluir uma trilha falível que viesse a ser considerada como falhando para um circuito aberto;

a centelha que surgiria ali teria a combinação de todas as correntes, capacitâncias e indutâncias dos circuitos associados a esse circuito integrado.

No circuito indicado na figura a seguir (retirada do site <www.circuitdigest.com>), considera-se que a linha de 5 V é alimentada por uma fonte intrinsecamente segura e o amperímetro é uma saída com corrente regulada entre 0-20 mA proporcional à resistência representada pelo componente VR1. Sabendo-se que todos os componentes nesta placa não são infalíveis, assim, quando se observam os requisitos para ignição por centelha, esse circuito pode ser um curto-circuito com uma falha para circuito aberto que resultaria em centelhas com a máxima corrente limitada pela fonte.

Quando os requisitos para ignição por centelhas capacitivas são considerados, os terminais 2, 3 e 8 do componente ICA (JRC4558) podem ser tomados como falhando para um curto-circuito, enquanto o terminal 1 pode ser tido como falhando para um curto-circuito para o GND; essas falhas não contáveis colocariam todos os capacitores em paralelo, assim o circuito equivalente teria um capacitor equivalente que representaria C1 + C2.

Já para equipamentos "ic" a falha a ser considerada é a resultante da aplicação de possíveis curtos-circuitos em partes que não atendem aos requisitos, como apresentado no Capítulo 26.

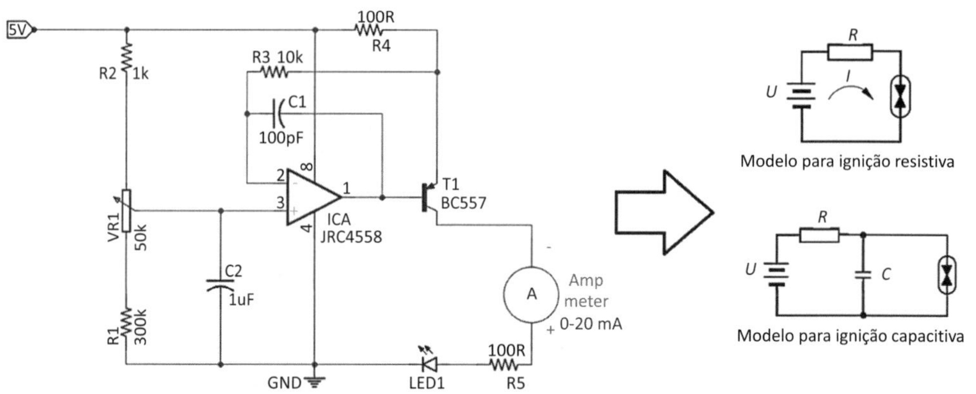


- Lado esquerdo: circuito básico para um circuito regulador de corrente;
- lado direito superior: o circuito simplificado para avaliação de ignição resistiva, em que U e R são os elementos contidos na fonte intrinsecamente segura;
- lado direito inferior: o circuito simplificado para avaliação de ignição capacitiva, em que C representa o capacitor equivalente da associação de C1 e C2 em paralelo.

**Figura 11.1 –** Exemplo de condição de falha para um componente semicondutor falível.

*Fonte*: acervos pessoais dos autores.

Além disso, os requisitos para as montagens de componentes infalíveis também serão abordados mais adiante, sempre considerando-se as questões condicionantes para essas abordagens, as quais passam pelas perguntas:

- pergunta (1): "se este componente falhar para circuito aberto, quais são as consequências?"; ou
- pergunta (2): "se este componente falhar para um curto-circuito, quais são as consequências?".

A falha para qualquer resistência não deve ser considerada; contudo, como a simulação de todas as possíveis falhas pode ser algo complicado e trabalhoso, muitas vezes, circuitos mais complexos têm seus modelos aproximados dos modelos para "ib" ou "ia" para simplificar o projeto e avaliação.

Com relação a componentes semicondutores infalíveis (que podem ser considerados como críticos para a segurança intrínseca), de acordo com a norma técnica brasileira adotada ABNT NBR IEC 60079-11:

> Para os níveis de proteção "ia" e "ib", quando um componente for dimensionado de acordo com os requisitos especificados em "Valores nominais de componentes", sua falha deve ser considerada uma falha contável. Para o nível de proteção "ic", quando um componente for dimensionado de acordo com os requisitos especificados em "Valores nominais de componentes", não pode ser considerado sujeito a falha. (ABNT NBR IEC 60079-11)

Portanto, componentes semicondutores infalíveis são sujeitos às mesmas condições de falhas, como explicado anteriormente, porém, essas falhas são contáveis para equipamentos com o nível de proteção "ia" e "ib". Isso leva à necessidade de montagens infalíveis. Por exemplo, um indutor necessita de um diodo supressor de indutância para evitar que tensões elevadas sejam aplicadas a capacitores no restante do circuito, ou para evitar o risco de centelhas com a energia de outros indutores somada à desse indutor.

O circuito a ser avaliado, depois das aplicações de falhas, conforme figura a seguir, deve conter um diodo pelo menos para o nível de proteção "ia". Assumindo-se que esse diodo pode falhar para um circuito aberto, três diodos em paralelo seriam necessários para se obter uma montagem infalível.

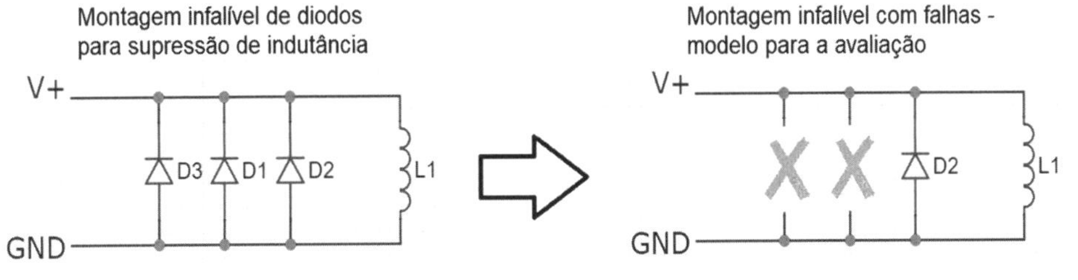


**Figura 11.2 –** Exemplo de condição de falha para um elemento semicondutor infalível.

*Fonte*: acervos pessoais dos autores.

Por último, é importante observar as condições de falhas de circuitos integrados que podem produzir internamente tensões mais elevadas que as tensões aplicadas nos seus pinos de alimentação ou nos seus pinos de dados lógicos, ou, então, os circuitos integrados que possam inverter a tensão de alimentação. De acordo com os requisitos especificados na norma técnica brasileira adotada ABNT NBR IEC 60079-11,

> Na avaliação da tensão disponível nos pinos externos de circuitos integrados que incluem conversores de tensão (por exemplo, para aumentar ou inverter a tensão), a tensão interna não precisa ser considerada, desde que, em operação normal, a tensão aumentada não esteja presente em nenhum pino externo e não sejam utilizados componentes externos, como capacitores ou indutores para a conversão, por exemplo, EEPROM, que necessitam de tensões mais elevadas que a sua tensão de alimentação para poder gravar internamente os seus dados. Se a tensão aumentada estiver disponível em qualquer um dos pinos externos, então deve ser assumido que a tensão aumentada esteja presente em todos os pinos externos do circuito integrado. (ABNT NBR IEC 60079-11)

Portanto, os modelos para avaliação da ignição por centelhas ou temperatura precisam considerar tensões geradas internamente a um circuito integrado somente quando essas tensões estão presentes nos seus pinos. Nesses casos, a máxima tensão é considerada conforme tolerâncias apresentadas pelo fabricante. Exemplos de circuitos que devem ser avaliados com suas tensões geradas internamente incluem reguladores de tensão chaveados tipo *boost* ou híbridos, circuitos geradores de sinais de RF, *drivers* de LCD, os quais incluem circuitos multiplicadores de tensão que necessitam de capacitores externos, dentre outros.

## 11.2 CONDIÇÕES DE FALHAS DE RESISTORES

De acordo com os requisitos especificados na norma técnica brasileira adotada ABNT NBR IEC 60079-11:

> a falha de um resistor de qualquer valor de resistência entre o circuito aberto e um curto-circuito deve ser considerada (ver também "Resistor limitador de corrente"). Para avaliação térmica, resistores tipo filme e fio enrolado que operam até 100 % de sua potência nominal não podem ser considerados sujeitos a falha. (ABNT NBR IEC 60079-11)

Assim, nas avaliações para se evitarem ignições por centelhas, os modelos apresentados devem incluir somente resistores infalíveis. Os requisitos para esses resistores são apresentados no Capítulo 23. A falha contável de um resistor infalível é um circuito aberto somente – curtos-circuitos não são considerados. Desse modo, quando a máxima corrente limitada por um resistor infalível está sendo avaliada, o único fator que poderia diminui-la ou aumentá-la é a tolerância do resistor em questão.

Quanto a avaliações para ignições térmicas, se resistores falíveis de filme ou de fio, quando operados em condições de falhas, apresentarem um fator de segurança sobre a potência igual ou superior a 1,0, eles não precisarão ser considerados em condições de falhas. No entanto, é essencial o entendimento de que esses resistores não podem ser assumidos como dispositivos de limitação para qualquer outro componente, pois eles não terão sua montagem avaliada como infalível, e, assim, falhas por curtos-circuitos são possíveis.

## 11.3 CONDIÇÕES DE FALHAS DE CAPACITORES

De acordo com os requisitos especificados na ABNT NBR IEC 60079-11, "a falha de capacitor para circuito aberto, curto-circuito e qualquer valor menor do que o máximo valor especificado deve ser considerado". Dessa forma, quando um capacitor está sendo avaliado para um modelo de ignição por centelhas capacitivas, a sua falha é simplesmente a consideração da sua capacitância, sendo a máxima conforme a tolerância apresentada pelo seu fabricante.

Todavia, quando a avaliação por ignição por centelhas do circuito resistivo ou indutivo está sendo considerada, o capacitor assume condições de falhas importantes para os modelos a serem considerados, pois eles podem ser um curto-circuito ou um circuito aberto, ou seja, todos os capacitores se tornam elementos centelhantes, e, assim, diversas fontes de centelhamento surgem no circuito sendo considerado.

Capacitores podem ser considerados como componentes infalíveis em circuitos para bloqueio de tensões contínuas ou para filtro quando o circuito intrinsecamente seguro é isolado do aterramento local. Em ambos os casos, a falha a ser considerada é, obviamente, o curto-circuito. Assim, por exemplo, em uma montagem de capacitores de bloqueio para um circuito com nível de proteção "ib", o modelo resultante após aplicação de falhas deve conter pelo menos um capacitor; e, para que a montagem seja considerada infalível, dois capacitores infalíveis devem ser incluídos. Dessa forma, um deles é considerado falhando para um curto-circuito.

Mais informações sobre como avaliar essas montagens para se evitarem ignições por centelha são apresentadas no Capítulo 20 deste livro.

## 11.4 CONDIÇÕES DE FALHAS DE INDUTORES

De acordo com os requisitos especificados na norma ABNT NBR IEC 60079-11, "a falha de indutor para circuito aberto e qualquer valor entre a resistência nominal e curto-circuito, mas somente a razão da indutância para a resistência inferior derivada da especificação do indutor deve ser considerada". Portanto, em resumo, um indutor falível pode ser considerado como falhando para um curto-circuito, para um circuito aberto ou para um valor de indutância e resistência que corresponda à sua razão indutância resistência.

Desse modo, para avaliações de ignições de circuitos resistivos ou capacitivos, indutores são considerados como um curto-circuito ou um circuito aberto, os quais são condições centelhantes. Contudo, quando o circuito está sendo avaliado, a razão "indutância por resistência" deve ser considerada. Ela é calculada conforme a equação a seguir. É importante ressaltar que muitos indutores possuem resistência $R_{MIN}$ desprezível, e, nestes casos, em geral, somente a indutância máxima é considerada para a avaliação.

$$L_N / R_N = \frac{L_{MAX}}{R_{MIN}}$$

Equação 11.1 – razão indutância pela resistência para indutores.

Em que:

- "$L_N / R_N$" é a razão indutância pela resistência de um indutor identificado como "N";
- "$L_{MAX}$" é a máxima indutância conforme a tolerância do indutor;
- "$R_{MIN}$" é a mínima resistência medida com corrente contínua considerando-se as tolerâncias do fabricante.

## 11.5 CONDIÇÕES DE FALHAS PARA ELEMENTOS DE ISOLAÇÃO ENTRE CIRCUITOS E PARTES DE CIRCUITOS E COMPONENTES

Os requisitos para o projeto e a avaliação de elementos de isolação entre circuitos são explicados no Capítulo 17 deste livro.

Este capítulo foca as condições de falhas aplicáveis a distâncias de separação, as quais são muito relevantes para o projeto e a avaliação de circuitos para a limitação da energia de ignição por centelha e para a limitação de temperatura. As condições de falhas para distâncias de separação são sempre um curto-circuito.

Primeiramente, faz-se necessária a explicação sobre quando distâncias de separação infalíveis devem ser consideradas. Como já explicado em outras partes deste capítulo, componentes semicondutores, resistores, capacitores e indutores falíveis sempre incluem a falha por curto-circuito como uma de suas condições de falhas. Essa falha, quando observada desse ponto de vista, assume os elementos internos ao componente, a junção de silício de um elemento semicondutor ou os eletrodos de um capacitor, por exemplo. Portanto, não faz sentido pensar sobre distâncias de separações infalíveis para esses componentes.

As distâncias de separação e escoamento infalíveis se aplicam:

1) entre circuitos intrinsecamente seguros e circuitos não intrinsecamente seguros, por exemplo, em um equipamento associado;
2) entre diferentes circuitos intrinsecamente seguros avaliados como separados e para os quais a combinação de seus parâmetros máximos resultaria em condições que invalidariam os modelos avaliados para se evitar ignições por centelhas ou temperaturas;
3) entre os terminais de componentes empregados para a limitação infalível de corrente, como resistores, fusíveis e limitadores ativos de corrente, por exemplo um MOSFET, ou entre os terminais de componentes que provêm isolação galvânica entre circuitos, como acopladores ópticos, transformadores e assim por diante; e
4) entre um circuito intrinsecamente seguro que deve ser isolado do terra local e o aterramento local do seu invólucro. Todas essas condições são essenciais para os modelos explicados neste livro, e a sua necessidade fica mais clara conforme os capítulos se desenvolvem para abordar e esclarecer casos, situações e aplicações mais específicos.

Quando os requisitos da Tabela "Distâncias de isolação, escoamento e separação" ou os requisitos do Anexo "Distâncias de separação alternativas para placas de circuito impresso montadas e separação de componentes", da norma técnica brasileira adotada ABNT NBR IEC 60079-11, estão sendo utilizados como referência neste livro, as seguintes condições de falhas se aplicam. Obviamente, para o nível de proteção "ic", todas as partes condutoras que não estiverem conforme os limites mínimos estabelecidos na tabela ou no anexo indicados devem ser considerados como falhando para curto-circuito, ou seja, não há limites para a contagem dessas falhas.

**Tabela 11.2** – Condições de falhas para distâncias de separação de acordo com a ABNT NBR IEC 60079-11

| Referência | Nível de proteção | Distância de separação "D" com relação à distância mínima "R" de referência | Condição de falha para a distância de separação ou escoamento |
|---|---|---|---|
| Tabela "Distâncias de isolação, escoamento e separação" da ABNT NBR IEC 60079-11 | "ia" e "ib" | D ≥ R | Nenhuma |
| | | D ≥ 1/3 R | Falha contável |
| | | D < 1/3 R | Falha não contável |
| | "ic" | D < R | Curto-circuito |
| Anexo "Distâncias de separação alternativas para placas de circuito impresso montadas e separação de componentes", da ABNT NBR IEC 60079-11 | "ia" e "ib" | D ≥ R | Nenhuma |
| | | D ≥ 1/2 R | Falha contável, somente para componentes redundantes, como montagens com dois capacitores de bloqueio em série, por exemplo. Outros, falha não contável |
| | "ic" | D < R | Curto-circuito |

## 11.6 CONDIÇÕES DE FALHAS PARA TRILHAS DE PLACAS DE CIRCUITO IMPRESSO

Trilhas podem ser infalíveis contra a falha para circuito-aberto, os requisitos para o projeto e avaliação dessas trilhas são apresentados neste livro, no Capítulo 27.

Este capítulo foca as condições de falhas aplicáveis a trilhas não designadas como infalíveis. Essas condições são muito relevantes para o projeto e a avaliação de circuitos intrinsecamente seguros para a limitação da energia de ignição por centelha e para a limitação de temperaturas. A falha para circuito aberto de uma trilha não infalível é sempre uma falha *contável*.

A condição de falha para trilhas é sempre um circuito aberto que pode gerar centelhas durante sua abertura, mas, além disso, não podemos pretender controlar a ocorrência de outras centelhas, posteriores à centelha de abertura. Por exemplo, podemos eventualmente notar uma centelha durante a abertura, ou muitas outras após a abertura, se o ponto de abertura permitir a formação de arcos pela proximidade das extremidades condutoras. Logo, essa condição de falha é objeto de avaliação para os requisitos para se evitarem ignições por centelhamento, e a falha deve levar em conta a natureza do ensaio de centelhamento, como abordado no Capítulo 12 deste livro.

Todavia, a abertura de uma trilha deve também ser analisada sob outra perspectiva, como: o que ocorreria se a trilha que conecta os anodos dos diodos Zener aplicados em uma montagem *shunt* de proteção contra sobretensão para um circuito associado com nível de proteção "ib" falhasse para circuito aberto, de acordo com a Figura indicada a seguir?

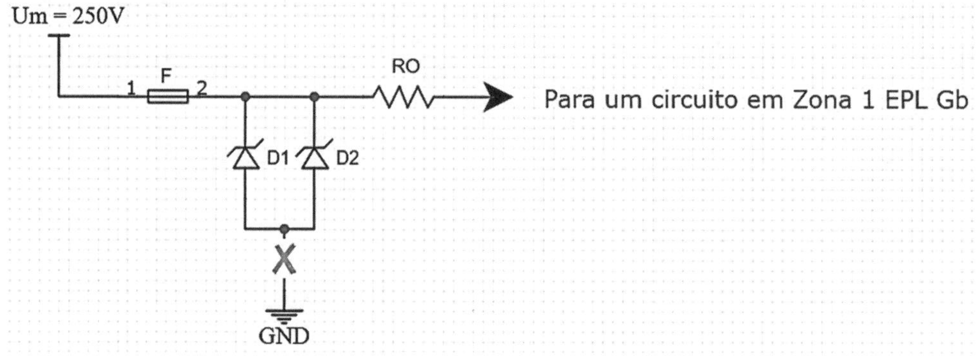


**Figura 11.3** – Exemplo de condição de falha para circuitos tipo *shunt* de proteção contra sobretensão. O "X" indica uma falha para circuito aberto.

*Fonte*: acervos pessoais dos autores.

A resposta para essa pergunta pode ser catastrófica, já que tal condição de falha removeria do circuito a limitação de tensão necessária durante o processo de atuação do fusível no caso de uma falha de sobretensão. Além disso, o fusível eventualmente não abriria na mesma velocidade, já que o circuito, nessas condições, inclui uma resistência superior com relação à condição originalmente considerada, na qual o circuito *shunt* se tornaria praticamente um curto-circuito quando a tensão "Um" é superior à tensão de limitação dos diodos Zener "Vz".

A corrente de saída máxima poderia ser muito superior ao valor marcado e ser uma corrente muito superior ao mínimo permitido, o que por si só é extremamente perigoso, mas que também resultaria em energias acumuladas de formas reativas pelas cargas capacitivas e indutivas que poderiam estar presentes no circuito em níveis muito superiores aos modelos avaliados. Assim, circuitos *shunt* de proteção contra sobretensão não podem ter suas trilhas de conexão ao circuito intrinsecamente seguro ou ao potencial de referência ("GND", neste caso), tendendo a falhar para circuito aberto, já que essa falha certamente alteraria completamente o modelo avaliado.

Em resumo, trilhas infalíveis são necessárias onde a sua abertura poderia gerar centelhas não consideradas para os modelos de limitação para se evitarem ignições por centelhas e onde a sua abertura poderia modificar os modelos avaliados. Para efeito de representação gráfica dessa ideia e da diferenciação necessária para essas trilhas infalíveis, elas serão representadas conforme a Figura 11.4, onde as trilhas mais "espessas" são infalíveis para o modelo em consideração.

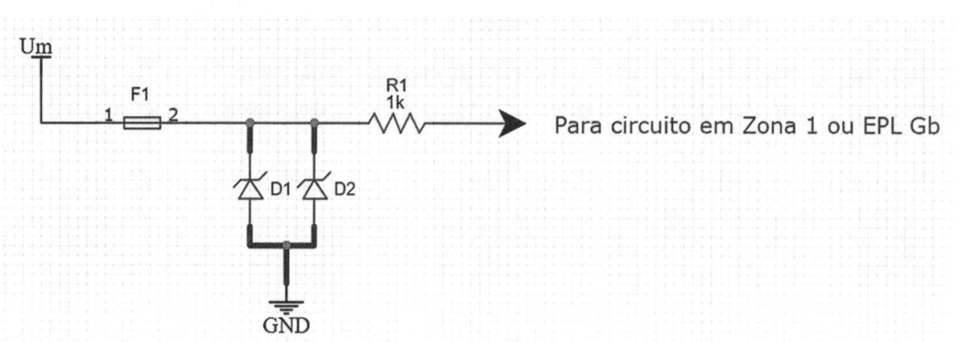


**Figura 11.4** – Exemplo de um circuito com trilhas e conexões infalíveis (representadas por linhas mais espessas no circuito esquemático).

*Fonte*: acervos pessoais dos autores.

## 11.7 CONDIÇÕES DE FALHAS DE FIOS E ELEMENTOS CONDUTORES DE CONEXÃO ENTRE CIRCUITOS

Similarmente às condições de falhas e necessidade do conceito de infalibilidade apresentadas para trilhas em uma placa de circuito impresso, fios e elementos condutores diversos também são sujeitos a falhas para circuito aberto e, em certas ocasiões, devem também ser infalíveis para a construção dos modelos a fim de se evitarem ignições por centelhas ou temperaturas.

A falha de fios e condutores para circuito aberto é sempre contável. Para circuitos com nível de proteção "ia", se o condutor estiver livre para se movimentar, a reconexão a qualquer ponto do circuito no seu alcance é considerada uma segunda falha contável, de acordo com os requisitos especificados na norma ABNT NBR IEC 60079-11.

Para efeito de representação gráfica dessa ideia e da diferenciação necessária para fios e elementos condutores infalíveis, linhas mais espessas no circuito esquemático serão utilizadas, de acordo com a Figura 11.4, em que as trilhas mais espessas podem ser substituídas por uma fiação infalível para o modelo em consideração.

Requisitos para o projeto e a avaliação de fiações infalíveis são apresentados no Capítulo 27 deste livro.

## 11.8 CONDIÇÕES DE FALHAS DE CONEXÕES, CONECTORES, TERMINAIS E PLUGUES

As condições de falhas para conexões, conectores, terminais e plugues serão diferenciadas entre elementos internos, ou que façam parte do equipamento, e aqueles dedicados para serem terminados durante a instalação, ou seja, que saem de fábrica apenas com parte da conexão terminada, por exemplo, um conector para ser conectado à fiação de campo de um instrumento.

O conceito de infalibilidade de conexões somente se aplica a elementos terminados em fábrica, como uma conexão soldada de um componente eletrônico a uma placa de circuito impresso, ou um conector interno, entre uma bateria e a sua placa de proteção. Conectores que serão manuseados durante a instalação do equipamento intrinsecamente seguro não são considerados como infalíveis e, portanto, a sua falha para circuito aberto é sempre uma falha contável.

Os conectores, terminais, plugues e conexões soldadas internas ao equipamento e terminadas em fábrica podem ser infalíveis contra a falha por circuito aberto. Os requisitos para o projeto e análise desses elementos são também apresentados no Capítulo 27 deste livro.

As condições de falha para esses elementos, quando não infalíveis, são similares às condições de falhas para fios e elementos condutores. A falha de conectores, terminais, plugues e conexões soldadas internas ao equipamento para circuito aberto é sempre uma falha contável. Para circuitos com nível de proteção "ia", se o condutor estiver livre para se movimentar, a reconexão a qualquer ponto do circuito no seu alcance é considerada como uma segunda falha contável, de acordo com os requisitos especificados na norma ABNT NBR IEC 60079-11.

Para conectores, conexões e terminais externos para o aterramento de proteção ou de referência de circuitos intrinsecamente seguros, quando estes são conectados às linhas de referência do circuito para assegurar uma tensão potencial de referência confiável e estável, por exemplo, em uma barreira intrinsecamente segura a diodos Zener de proteção, os requisitos para o projeto e a análise desses conectores, conexões e terminais devem atender a requisitos específicos, o que os diferencia de conectores para utilização geral para conexão a circuitos de potência, dados etc., pois nessas condições tais conectores, conexões e terminais para circuitos externos são considerados elementos infalíveis contra a falha para circuito aberto. De acordo com os requisitos especificados na norma ABNT NBR IEC 60079-11, "qualquer condutor, conector e terminal utilizado para este propósito deve ser projetado para ser capaz de suportar continuamente a máxima corrente que estaria sujeita sob a condição especificada", e, quando um conector é empregado:

> (...) deve incluir pelo menos três elementos de conexão independentes para circuitos "ia" e pelo menos dois para circuitos "ib" [*ver Figura 11.5*]. Estes elementos devem ser conectados em paralelo. Quando o conector puder ser removido em ângulo, uma conexão deve estar presente em, ou perto de, cada extremidade do conector.
>
> Os terminais devem ser fixados em suas bases sem possibilidade de se soltarem sozinhos e devem ser construídos de forma que os condutores não possam deslizar para fora do local planejado para eles. A conexão elétrica deve ser assegurada contra a deterioração das partes condutoras, mesmo se condutores multifilares forem utilizados nos terminais projetados para aperto direto dos condutores. O contato feito por terminal não pode ser significativamente prejudicado pela variação da temperatura em operação normal. Terminais que foram projetados para apertos em condutores multifilares devem incluir uma parte intermediária com propriedades elásticas. Terminais para condutores com seções transversais de até 4 $mm^2$ também devem ser aplicáveis para a conexão efetiva de condutores que tenham uma seção transversal menor. Terminais compatíveis com os requisitos da norma ABNT NBR IEC 60079-7 (Tipo de proteção Ex "e" – Segurança aumentada) são considerados em conformidade com estes requisitos. (ABNT NBR IEC 60079-11)

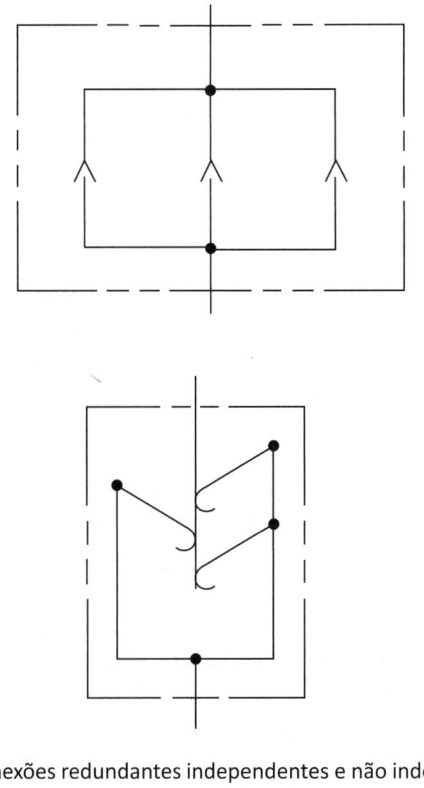

**Figura 11.5 –** Exemplos de conexões redundantes independentes e não independentes: a) três elementos de conexão independentes; b) três elementos de conexão não independentes.

*Fonte*: acervos pessoais dos autores.

Capítulo **12**

# Limitação da energia para se evitar ignição por uma centelha

**Sinopse**: este capítulo aborda os requisitos para a limitação a energia para se evitar a ignição por uma centelha nas atividades de projeto, dimensionamento, avaliação, fabricação e ensaios de equipamentos intrinsecamente seguros e de equipamentos intrinsecamente seguros associados, em um processo de certificação de conformidade de equipamentos Ex "i" ou [Ex "i"].

## 12.1 INTRODUÇÃO

De acordo com os requisitos especificados na norma técnica brasileira adotada ABNT NBR IEC 60079-11, "O circuito deve ser avaliado ou ensaiado para comprovar a efetiva limitação da energia de faiscamento que poderia causar ignição da atmosfera explosiva, em cada ponto onde uma interrupção ou interconexão puder ocorrer". Portanto, há um conjunto de dados disponíveis tanto na norma ABNT NBR IEC 60079-11 como na norma ABNT NBR IEC 60079-25, que podem ser utilizados para a avaliação teórica de circuitos intrinsecamente seguros.

Obviamente, os requisitos para a utilização desses dados devem ser observados cuidadosamente, conforme apresentado mais adiante. Com relação aos possíveis ensaios, as metodologias normalizadas e aceitas nacional e internacionalmente incluem dois tipos de ensaios: o de faiscamento e o para mediação de energia transiente.

É importante observar que essa metodologia define o cerne do que entendemos como segurança intrínseca para energias provenientes de centelhas dentro do escopo das normas técnicas brasileiras adotadas da série ABNT NBR IEC 60079 (*Atmosferas explosivas*).

Essa definição passa essencialmente pela natureza dos experimentos conduzidos tanto para determinar os dados utilizados para avaliações teóricas de circuitos quanto para os ensaios de circuitos que não podem ser avaliados por meio dos dados teóricos disponíveis.

As normas técnicas são referências que estão em constante processo de evolução. Parte dos esforços aplicados na elaboração deste livro é para estimular novas mentes a pensarem sobre os problemas aqui apresentados. Novas metodologias serão disponíveis no futuro, as quais talvez modifiquem os conceitos atuais aqui apresentados sobre o que é "segurança intrínseca". No entanto, permanecem inalterados os conceitos da necessidade de se evitarem centelhas que possam representar fontes de ignição em atmosferas explosivas. Esses "conceitos" Ex "i" devem ser colocados junto com todas as adequações necessárias para as novas evoluções, que são encontradas cotidianamente pela indústria de componentes e tecnologias com base em componentes e circuitos eletrônicos.

Portanto, torna-se importante a constatação de que os esforços apresentados neste livro estão sob o referencial normativo, mas não devem, de forma alguma, bloquear novas ideias; ao contrário, os autores deste livro estimulam a criação de novos métodos de ensaios ou de avaliação, o que pode incluir novos fatores que condicionariam os elementos aqui apresentados.

Sob o viés dos controles necessários para se organizar a sociedade ao redor do atendimento de requisitos para a saúde e a segurança de trabalhadores que sejam entendidos e aplicáveis a todos, é importante que qualquer método criado ou modificado passe pelo filtro e pelo julgamento imposto pela normalização técnica internacional e nacional. Portanto, pode ser recomendado aos "iniciantes" ou aos "aventureiros" dessa tecnologia, aqueles que eventualmente desbravem horizontes ainda não conhecidos, a participação nos comitês técnicos nacionais e internacionais para elaboração e revisão de normas técnicas aplicáveis, os quais representam o fórum social adequado para o vanguardismo tecnológico que sempre será apreciado pela humanidade.

No Brasil, os membros participantes da Comissão de Estudos CE 003.031.004 do Subcomitê SCB 003:031 (*Atmosferas explosivas*) da ABNT/CB-003 (*Eletricidade*) são os responsáveis pelo acompanhamento e os comentários sobre as normas técnicas internacionais elaboradas pelo TC 31 da IEC, relacionadas com o tipo de proteção Ex "i", bem como pela elaboração e atualização das respectivas normas técnicas brasileiras adotadas para o tipo de proteção "segurança intrínseca" para equipamentos destinados a serem instalados ou utilizados em atmosferas explosivas contendo gases inflamáveis ou poeiras combustíveis. Mais informações podem ser obtidas no site <http://cobei-sc-31-atmosferas-explosivas.blogspot.com/>.

## 12.2 ENSAIO DE FAISCAMENTO

O equipamento "padrão" para ensaios de faiscamento é definido no Anexo intitulado "Aparelho de faiscamento para circuitos intrinsecamente seguros" da norma técnica brasileira adotada ABNT NBR IEC 60079-11. Não é o objetivo deste livro dissertar sobre como projetar este tipo de aparelho, e, assim, recomenda-se ao leitor procurar por essa norma, se esse for o objetivo. Em resumo, o aparelho inclui dois elementos principais chamados de eletrodos, os quais abrem e fecham o circuito gerando centelhas no interior de uma câmara de aproximadamente 250 $cm^3$, preenchida com uma das misturas inflamáveis de ensaio "normalizadas".

Com relação aos termos "centelha" ou "faísca", existem entendimentos no sentido de aplicação do primeiro termo aos casos de aplicação em equipamentos e circuitos elétricos (equipamentos elétricos "não centelhantes", por exemplo); e do segundo, aos casos de aplicação de equipamentos mecânicos (devido ao atrito ou impactos, por exemplo). Para fins de aplicação neste capítulo, é utilizado o termo "aparelho de faiscamento padrão", de forma a ficar "alinhado" com a terminologia utilizada na norma ABNT NBR IEC 60079-11.

Um dos eletrodos é um disco rotativo de cádmio com duas ranhuras; o outro eletrodo consiste em quatro fios de tungstênio fixados em um porta-eletrodo, normalmente feito de latão, que, ao girar, proporciona uma circunferência com diâmetro de 50 mm. Os eletrodos giram em direções opostas, de forma que os fios de tungstênio faceiem a superfície do disco de cádmio, gerando faíscas.

A figura a seguir exemplifica esse "equipamento de faiscamento padrão", com a identificação de cada uma de suas partes constituintes.

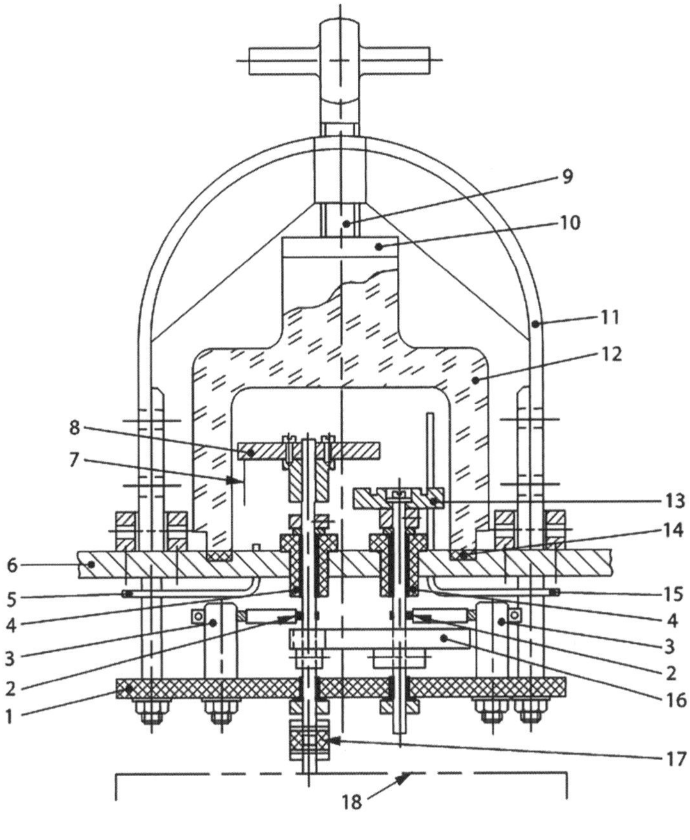


Legendas:

| | | |
|---|---|---|
| 1 Base isolada | 7 Fio de contato | 13 Disco de contato de cádmio |
| 2 Conexão de corrente | 8 Porta-contato | 14 Gaxeta de borracha |
| 3 Pino isolado | 9 Parafuso de fixação | 15 Entrada de gás |
| 4 Bucha isolada | 10 Placa de pressão | 16 Engrenagens na relação 50:12 |
| 5 Saída de gás | 11 Abraçadeira | 17 Acoplamento isolado |
| 6 Placa-base | 12 Câmara | 18 Motor com redução para 80 rpm |

**Figura 12.1 –** Equipamento de faiscamento padrão.

*Fonte*: norma ABNT NBR IEC 60079-11.

Esse equipamento é adequado para ensaiar parâmetros de circuitos intrinsecamente seguros que possam se dizer constantes (excluindo-se atuação de fusíveis e outros componentes aplicados para limitação de potência para o modelo de ignição por temperatura), ou seja, que não tenham sua atuação de forma a desconectar ou reduzir os parâmetros do circuito de maneira transiente. Esses circuitos devem ser ensaiados nesse dispositivo com os valores limites de sua atuação, mas que não gerem a ignição, de forma a simular o modelo mais acendível de todos os cenários avaliados durante todo o período entendido para ensaio.

Por exemplo, na figura a seguir, uma montagem *shunt* de proteção tipo *crowbar* por tiristores é projetada para se tornar um circuito fechado (semelhante a um curto-circuito com tensão de polarização direta tipicamente limitada de 1,3 V a 1,4 V) quando a tensão de entrada representada por "Um" no circuito atingir a sua tensão de disparo ("$V_{GT}$"). Os fusíveis não podem ser considerados devido ao seu tempo de atuação; portanto, para esse ensaio ou avaliação, não faz sentido pensar em qualquer "limitação" incluída pelo fusível.

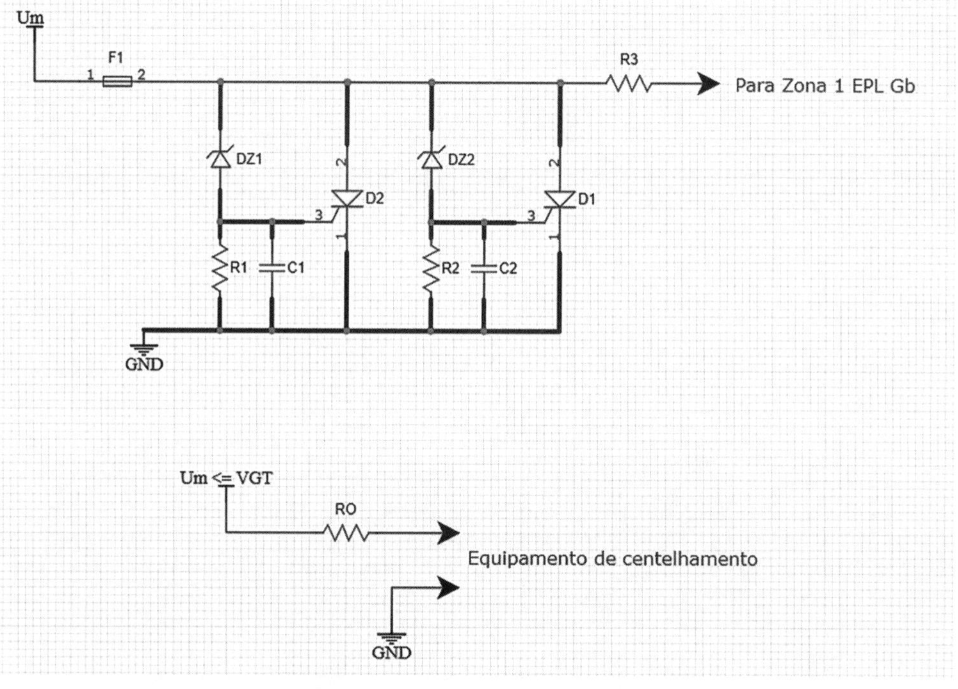


**Figura 12.2** – Exemplo de uma montagem *shunt* de proteção tipo *crowbar* por SCR para "Um" limitada a correntes contínuas somente, incluindo o circuito para ensaio no equipamento de faiscamento padrão.

*Fonte*: acervos pessoais dos autores.

A tensão para o ensaio de faiscamento deve ser definida para o valor de "$V_{GT}$" e simulada por meio de uma fonte de corrente contínua no ensaio de faiscamento, que não precisa incluir o circuito *shunt* de proteção. Para os valores de "*Um*" superiores a "$V_{GT}$", o ensaio de energia transiente se aplica, já que todos esses valores causariam a atuação do *shunt* de proteção e qualquer valor constante de tensão após a atuação resultaria em um valor inferior a tensão de disparo "$V_{GT}$".

Contudo, durante o período de disparo, o tempo necessário para que o SCR entre no estado de polarização direta, transientes de tensão e corrente superiores àqueles determinados por meio do valor limite para "$V_{GT}$" podem aparecer na saída, porém, esses valores transientes possuem um fator extra que é muito importante: o período de sua duração.

A medição e a avaliação desses transientes é apresentada neste livro, no Capítulo 13.

Assim, é necessário ressaltar que a aplicação do ensaio de faiscamento se limita a parâmetros relativamente constantes, os quais estarão presentes no circuito, considerando-se todas as condições de falhas (explicadas no Capítulo 11 deste livro), durante o período de atuação de componentes de proteção lentos, como fusíveis e outros elementos, como circuitos de limitação ativa para os modelos para se evitar ignição por temperaturas, os quais são desconsiderados dos modelos para se evitar ignição por centelha. Por exemplo, o tempo de atuação de um fusível é tipicamente de alguns milissegundos e durante esse período centelhas podem ocorrer sem a limitação do fusível. Dessa forma, o fusível é desconsiderado para o ensaio de faiscamento, e já que esse componente pode queimar durante o ensaio, invalidando o espaço amostral estatístico do ensaio, então ele deve ser curto-circuitado para o ensaio.

Além disso, é importante observar que o que deve ser ensaiado ou avaliado é um modelo eletrônico, o qual às vezes não incluirá todos os componentes presentes no circuito contido na placa de circuito impresso.

Por exemplo, de acordo com a norma técnica brasileira adotada ABNT NBR IEC 60079-11, quando a tensão máxima de saída "*Uo*" é limitada por diodos Zener, "um diodo Zener declarado por seu fabricante como sendo 10 V + 10 % deve ser considerado como 11 V máximo"; logo, a máxima tensão do modelo, neste exemplo, é 11 V.

No entanto, se essa tensão tiver de ser limitada por um diodo Zener dessa série, o executor do ensaio poderá encontrar um problema de difícil ou trabalhosa solução: a tensão de limitação do diodo Zener pode ser inferior a 11 V (por exemplo, 10.5 V); e executar o ensaio com essa tensão não cobriria o pior caso avaliado.

Assim, o executor do ensaio pode buscar, dentre diversas unidades daquele diodo, um elemento que possua sua tensão Zener no limite superior da sua tolerância, ou seja, 11 V, o que certamente poderia ser bastante trabalhoso; ou, de maneira mais eficiente e sem invalidar o modelo que deve ser ensaiado, tanto a fonte externa quanto o diodo Zener podem ser substituídos por uma fonte de corrente contínua ajustada para o valor de 11 V.

NOTA: diodos Zener são conhecidamente componentes que atuam de maneira praticamente instantânea, e, devido a isso, são desconsiderados do ensaio para medição de transientes e, dessa forma, a aproximação pode ser feita.

Durante os ensaios ou avaliações de condições de faiscamento, fatores de segurança também são considerados. De acordo com o explicado no Capítulo 11 deste livro, o fator de segurança pode ser 1,0 ou 1,5. Esse valor é em função das condições de falhas consideradas. Existem dois possíveis métodos para se aplicarem esses fatores de segurança:

1) aplicação de fator de segurança sobre os parâmetros elétricos; ou

2) aplicação do fator de segurança sobre a mistura inflamável.

Quanto à equivalência entre esses métodos, de acordo com a norma técnica brasileira adotada ABNT NBR IEC 60079-11,

> O propósito da aplicação de um fator de segurança é garantir que o ensaio de tipo ou a avaliação seja realizada com um circuito que é comprovadamente mais susceptível de causar ignição que o original, ou que o circuito original seja ensaiado em uma mistura gasosa mais facilmente detonável. Geralmente, não é possível obter exata equivalência entre os diferentes métodos de obtenção de um fator de segurança específico.

Além disso nas raras ocasiões em que a tensão "Um" está sendo considerada como "Uo" (para entradas de extrabaixa tensão certificadas *Safety Extra Low Voltage* – SELV ou *Protective Extra Low Voltage* - PELV), os ensaios devem incluir um fator de segurança extra, caso "Um" for uma tensão da "rede elétrica". Nesse caso, essa tensão deve ser elevada para 110% do seu valor nominal antes da aplicação de qualquer fator de segurança baseado em condições de falhas.

A tensão de entrada de um circuito também pode ser proveniente de uma "célula acumuladora" ou uma "bateria". Nesses casos, os valores de tensão apresentados na norma técnica brasileira adotada ABNT NBR IEC 60079-0 devem ser utilizados, e não há necessidade de aplicação de 110% do valor de pico de circuito aberto. Quando a tensão "Uo" é limitada por componentes infalíveis, o valor máximo de acordo com a tolerância dos componentes empregados é utilizado.

Para circuitos resistivos, o fator de segurança 1,5 é aplicado sobre a corrente máxima "Io", a qual pode ser aumentada, conforme esse fator, reduzindo-se a resistência infalível sob consideração, ou aumentando-se a tensão "Uo", de forma a produzir o mesmo efeito. Isso também se aplica a circuitos indutivos, mas o fator de segurança 1,5 é considerado sobre a corrente máxima determinada, considerando-se as limitações presentes no circuito e a resistência medida com corrente contínua do indutor sendo avaliado.

Já para circuitos capacitivos, o fator de segurança 1,5 deve ser aplicado sempre sobre a tensão. Se houver um resistor limitando a corrente de carregamento do capacitor, então, esta também terá o fator de segurança 1,5 incluído. Contudo, quando houver um resistor após o capacitor limitando a sua corrente de descarga, considerando-se que esse capacitor não possa descarregar em uma conexão exposta a atmosferas explosivas sem ter a corrente fluindo através do resistor, esse circuito deve ser avaliado como um circuito resistivo, e o capacitor é considerado uma bateria totalmente carregada, com carga infinita e com tensão igual a tensão "Uo" limitada anteriormente ao ponto de análise.

Quando o fator de segurança 1,5 é aplicado sobre os parâmetros elétricos, os valores da tabela a seguir para concentração de misturas inflamáveis de ensaio para o fator de segurança 1,0 devem ser utilizados.

**Tabela 12.1** – Composições das misturas explosivas de ensaio adequadas para fator de segurança 1,0

| Grupo | Composições das misturas explosivas de ensaio (Vol. % em ar) | Corrente no circuito de calibração (mA) |
|---|---|---|
| I | (8,3 ± 0,3) % metano | 110 – 111 |
| IIA | (5,25 ± 0,25) % propano | 100 – 101 |
| IIB | (7,8 ± 0,5) % etileno | 65 – 66 |
| IIC | (21 ± 2) % hidrogênio | 30 – 30,5 |

*Fonte*: norma ABNT NBR IEC 60079-11.

Em cenários mais "complexos", por exemplo, quando se pretende ensaiar um circuito resistivo-capacitivo-indutivo (RLC), em que não é claro se o circuito é mais capacitivo ou indutivo, ou, então, quando o ensaio é executado para reguladores de tensão ou corrente, em que pode ser difícil manipular os parâmetros elétricos, os valores da tabela a seguir para concentração de misturas inflamáveis de ensaio para o fator de segurança 1,5 devem ser utilizados.

**Tabela 12.2** – Composições de misturas explosivas de ensaio adequadas para um fator de segurança de 1,5

| Grupo | Composições das misturas explosivas de ensaio (Volume %) | | | | | Corrente no circuito de calibração (mA) |
|---|---|---|---|---|---|---|
| | Mistura oxigênio-hidrogênio-ar | | | Mistura oxigênio-hidrogênio | | |
| | Hidrogênio | Ar | Oxigênio | Hidrogênio | Oxigênio | |
| I | 52 ± 0,5 | 48 ± 0,5 | – | 85 ± 0,5 | 15 ± 0,5 | 73 – 74 |
| IIA | 48 ± 0,5 | 52 ± 0,5 | – | 81 ± 0,5 | 19 ± 0,5 | 66 – 67 |
| IIB | 38 ± 0,5 | 62 ± 0,5 | – | 75 ± 0,5 | 25 ± 0,5 | 43 – 44 |
| IIC | 30 ± 0,5 | 53 ± 0,5 | 17 ± 0,5 | 60 ± 0,5 | 40 ± 0,5 | 20 – 21 |

*Fonte*: norma ABNT NBR IEC 60079-11.

A quantidade de revoluções e a velocidade no equipamento de faiscamento padrão é definida de acordo com a natureza da fonte. Circuitos com fontes de corrente contínua são submetidos ao ensaio com duzentas revoluções para cada polaridade do equipamento. Assumindo-se que, na primeira polaridade, a corrente flui dos fios de tungstênio para o disco de cádmio, então, a segunda polaridade teria a corrente fluindo do disco de cádmio para os fios de tungstênio – esse procedimento resulta em um ensaio com quatrocentas revoluções.

Circuitos com fontes de corrente alternada são submetidos ao ensaio com mil revoluções. A velocidade de rotação do equipamento de faiscamento padrão é definida como 80 rpm, o que resultaria em um tempo de ensaio de cinco minutos para circuitos com fontes de corrente contínua, e 12,5 minutos para circuitos com fontes de corrente alternada.

Quando se trata de circuitos capacitivos, os ensaios também são feitos com duzentas rotações em cada polaridade, mas deve-se tentar garantir que o capacitor tenha tempo suficiente para se carregar. Apesar de se poder pensar em alterar a velocidade de rotação, não é algo muito prático, de forma que é comum a retirada de um ou mais fios de tungstênio, aumentando-se o número de rotações.

## 12.3 CONCEITO FÍSICO DA CENTELHA NO EQUIPAMENTO DE FAISCAMENTO PADRÃO

O equipamento de faiscamento padrão é um dispositivo que proporciona variadas formas de se fechar e abrir um circuito em um mesmo experimento, primeiramente devido à sua forma de movimento, na qual os eletrodos são forçados um contra o outro, e o disco de cádmio possui uma alta porosidade, além das fissuras, o que adiciona a esse ensaio diferentes frequências ou velocidades de fechamento e abertura de contatos.

Além disso, a decomposição dos eletrodos devido ao atrito adiciona diversas formas de poluição ao fenômeno, incluindo elementos condutores e não condutores.

A energia necessária para se iniciar uma centelha elétrica e causar a explosão de partículas metálicas é muito inferior à energia mínima necessária para a ignição de gases. Portanto, essa energia inicial não é claramente definida, e geralmente nos referimos à energia de ignição como a soma das energias contidas nesse efeito, o que é aceitável do ponto de vista que os eventos ocorrem em sequência: para haver ignição por faísca, necessitamos da faísca!

Uma centelha está submetida a uma enorme variabilidade de possibilidades que influenciarão na sua capacidade de causar a ignição da mistura inflamável de ensaio. Em outras palavras, a centelha que causar a ignição da mistura inflamável será o resultado das condições mais favoráveis para tal, sendo esse processo uma sequência de eventos muitos sensíveis, o que leva à conclusão de que centelhas capazes de causar a ignição da mistura inflamável de ensaio constituem em si eventos solitários, separados no tempo dos outros eventos, devido à sua baixa probabilidade, o que permite a afirmação de que não há necessidade de se considerar a superposição de condições com naturezas diferentes.

## 12.4 PONTO CATÓDICO E QUEDA DE TENSÃO EM CENTELHAS

Os estudos sobre pontos catódicos (JÜTTNER, 1997), que são pontos de transmissão momentânea de corrente elétrica entre dois elementos condutores sob tensão que não estão em contato, sendo separados por vácuo ou gases e vapores, indicam primeiramente que esses pontos são formados por superfícies quentes e plasma de vapor de metal superaquecido. As fontes de energia para aquecer as superfícies dos eletrodos são o calor produzido pelo efeito Joule quando há corrente fluindo, e as partículas de plasma de partículas estão em colisão (íons e elétrons com alta energia).

A superfície superaquecida emite elétrons e evapora o metal da superfície dos eletrodos, este último constituindo o meio para o ponto microscópico de plasma, o que efetivamente chamaremos de centelha. A tensão mínima desse ponto de plasma é de 10 a 20 V (JÜTTNER, 1997), a qual pode ser verificada com um osciloscópio durante ensaios de faiscamento.

Em outras palavras, para facilitar a abstração sob esse tema, em uma condição ideal para o seu surgimento, uma centelha ocorrerá entre dois eletrodos, uma vez que haja uma tensão superior a 10 V entre esses eletrodos, que estão perto o suficiente para permitirem o fluxo de corrente através de elétrons e íons de alta energia, sendo a centelha um ponto de plasma composto pelo material vaporizado dos eletrodos superaquecido.

A princípio, chamaremos essa tensão de queda de tensão da centelha, pois ela não contribui essencialmente com o efeito da ignição dos gases no meio. A forma mais direta de se obter uma impressão sobre esse efeito é a curva da figura a seguir, oriunda da norma técnica brasileira adotada ABNT NBR IEC 60079-11, na qual podemos notar que não são reportados limites de correntes para tensões inferiores a 10 V.

Além disso, é conhecido da literatura que há a necessidade de se aplicar uma corrente mínima para se manter o ponto catódico; o cádmio é utilizado nesse ensaio por necessitar de apenas alguns miliamperes para manter o ponto catódico.

Com relação às características desses pontos de plasma, podem apresentar raio de 0,5-2 mm e temperatura de superfície e do ponto de plasma entre 3000 K e 4000 K e 2-3 eV, respectivamente (JÜTTNER, 1997).

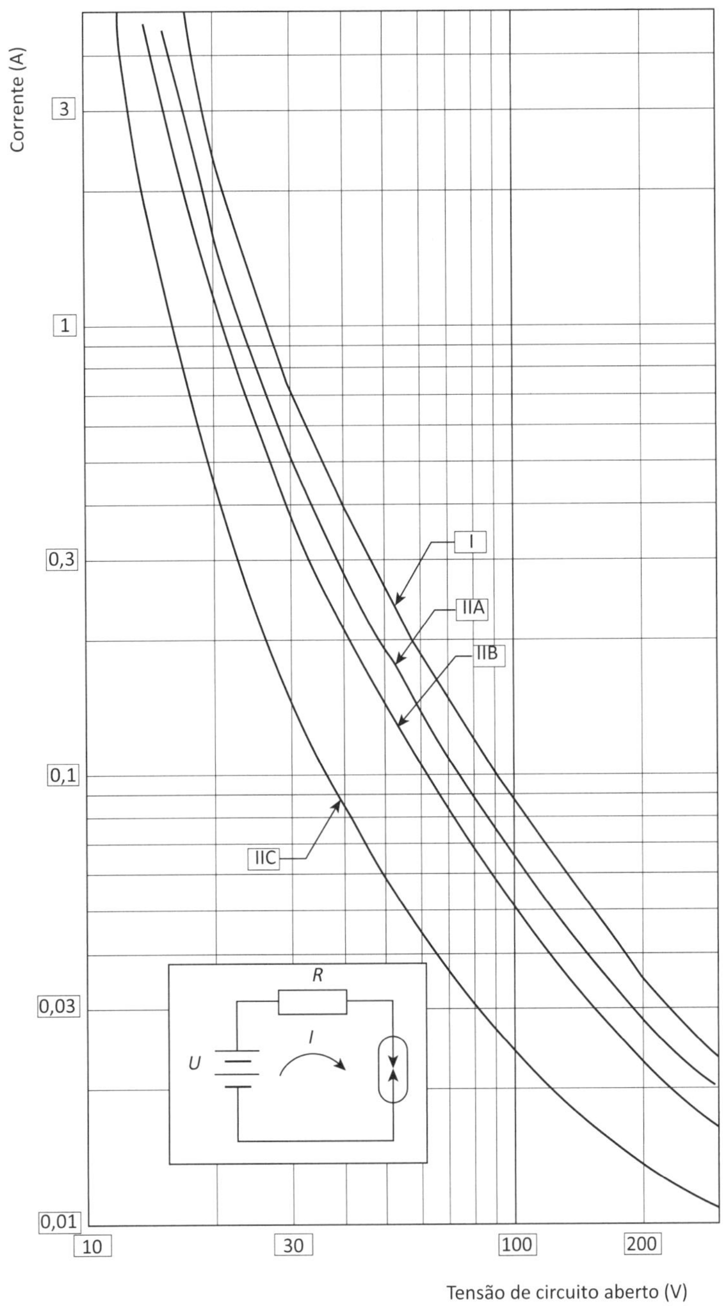


**Figura 12.3 –** Limites de tensão e corrente para circuitos resistivos.

*Fonte*: norma ABNT NBR IEC 60079-11.

## 12.5 POTÊNCIA DE IGNIÇÃO EM CENTELHAS NA ABERTURA DE CONTATO

Há muitos anos, foi suposto que, em complemento à energia mínima de ignição, haveria, de alguma forma, uma potência mínima característica para a ignição de materiais inflamáveis. Tomando-se o gráfico da Figura 12.3, há uma potência característica para cada grupo de gases. Essa potência característica, combinada com a queda de tensão mínima de 10 V, reproduz, de maneira mais conservativa, a curva anteriormente indicada.

Infelizmente, não há uma conclusão direta sobre uma potência disponível mínima de ignição. Isso se deve ao fato de que o tempo de existência de uma centelha depende de sua tensão. Assim, alguns circuitos com tensões mais elevadas terão uma potência disponível tendendo a 0.5 W, como pode ser verificado na figura a seguir.

Além disso, podemos afirmar, dentro do escopo para circuitos intrinsecamente seguros, os quais raramente apresentam tensões mais elevadas que 45 V, que uma potência disponível de 0,5 W, 1,9 W ou 2,5 W é sempre segura para uma atmosfera explosiva Grupo IIC, IIB ou IIA, respectivamente.

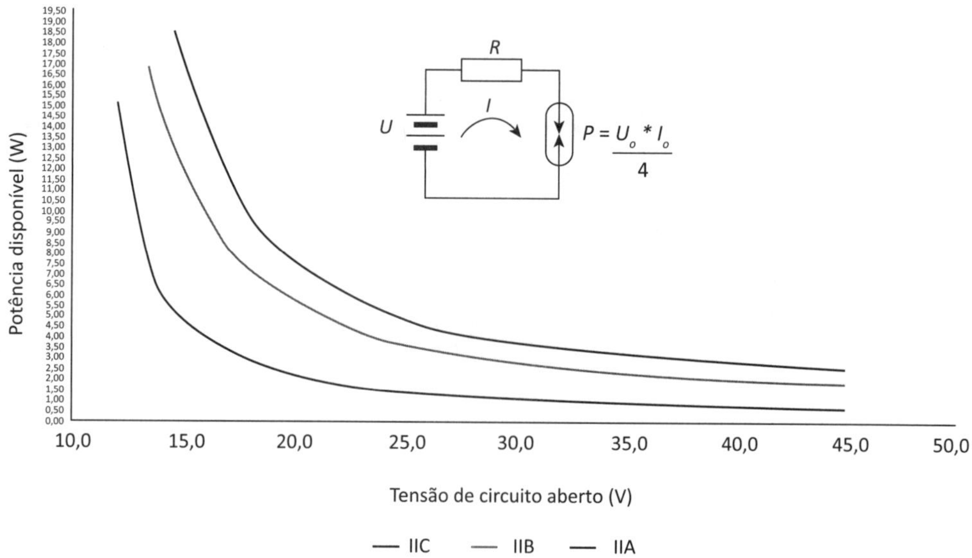


**Figura 12.4 –** Curvas de potência máxima disponível para circuitos lineares intrinsecamente seguros.

*Fonte*: norma ABNT NBR IEC 60079-11.

## 12.6 TIPOS DE CENTELHAS

As centelhas podem surgir essencialmente quando contatos elétricos são fechados ou abertos. Como já discutido, o equipamento de faiscamento padrão é utilizado para se simularem diferentes possibilidades para a ação de se abrir ou fechar contatos, tendo em vista as características essenciais que configuram as condições mais favoráveis para o surgimento de uma centelha.

Para circuitos puramente resistivos, não há uma diferenciação óbvia sobre a quantidade de energia necessária para se causar uma ignição quando contatos são fechados ou abertos. Contudo, temos sempre de nos lembrar que o equipamento de faiscamento padrão inclui a sua própria indutância característica, que deve ser limitada a 3 μH, o que permite alguma diferenciação entre os efeitos de fechamento ou abertura de contatos.

No entanto, essa diferenciação está essencialmente relacionada a centelhas provenientes de cargas indutivas, que somente surgem quando contatos se abrem, o que caracteriza o colapso do campo magnético do indutor e a descarga da energia contida neste campo magnético.

Quando inserimos cargas capacitivas nesse contexto, observamos que essas cargas incluem um risco de ignição adicional tanto para o fechamento de contatos quanto para a abertura. No fechamento, o risco principal, o qual será explorado mais adiante, está relacionado ao fato de que, quando o contato se fecha, a centelha ocorrerá com a corrente elétrica da fonte de alimentação do circuito somada à corrente proveniente do capacitor; e a corrente da fonte será limitada.

Contudo, a corrente advinda do capacitor é limitada somente pela resistência do equipamento de faiscamento padrão, a qual é limitada a 150 mΩ, conforme indicado na norma técnica brasileira adotada ABNT NBR IEC 60079-11, o que indica o surgimento de uma corrente momentânea que pode ser bastante elevada quando comparada à corrente da fonte de alimentação.

Quanto à abertura dos contatos, novamente precisamos voltar a lembrar-nos de que o equipamento tem sua indutância parasítica limitada a 3 μH. Dessa forma, tal corrente momentânea elevada que ocorre no fechamento dos contatos pode acumular uma energia muito superior àquela quando o indutor é considerado conectado somente à fonte de alimentação sem a presença de cargas capacitivas, a qual, como já visto, pode ser convertida em uma centelha na abertura dos contatos.

Capítulo **13**

# Ensaio e avaliação de energia transiente

**Sinopse**: este capítulo aborda os requisitos de ensaio para a avaliação de energia transiente nas atividades de projeto, dimensionamento, avaliação, fabricação e ensaios de equipamentos intrinsecamente seguros e de equipamentos intrinsecamente seguros associados, em um processo de certificação de conformidade de equipamentos Ex "i" ou [Ex "i"].

O ensaio de transiente é aplicável a circuitos que incluam elementos semicondutores de limitação de tensão ou corrente, que são chamados de *elementos ativos* ou *controláveis*, ou seja, são aqueles elementos que possuem uma "porta" ou "gatilho" para a sua ativação, como tiristores ou transistores, incluindo circuitos integrados que conterão o elemento ativo como parte do seu circuito.

Faz-se necessário explorar primeiramente as limitações normativas para o uso desse tipo de tecnologia com relação aos diferentes níveis de proteções antes de adentrarmos nas metodologias para a realização deste ensaio.

Com relação à "limitação de corrente", de acordo com a norma técnica brasileira adotada ABNT NBR IEC 60079-11, tem-se que:

> É permitido o emprego de três diodos de bloqueio em série em circuitos de nível de proteção "ia", entretanto, outros semicondutores e componentes semicondutores controláveis só podem ser utilizados como limitadores de corrente em série em equipamentos de nível de proteção "ib" ou "ic". Entretanto, equipamentos com nível de proteção "ia" podem utilizar, para fins de limitação de potência, limitadores de corrente compostos de dispositivos semicondutores controláveis e não controláveis. (ABNT NBR IEC 60079-11)

Portanto, para o nível de proteção "ia", a utilização de dispositivos controláveis não é permitida para a limitação de corrente, apesar de todas as possibilidades disponíveis. Quando da publicação deste livro Ex "i", a utilização de dispositivos "controláveis" para o nível de proteção "ia" ainda não era permitida para a limitação de corrente na norma brasileira adotada ABNT NBR IEC 60079-11. Já para os níveis de proteções "ib" e "ic", a utilização de dispositivos "controláveis" é permitida.

**NOTA**: a utilização de diodos de bloqueio é para a polarização de uma linha, assegurando que a corrente possa fluir somente em uma direção. Como esses dispositivos não são controláveis e não incluem transientes aos circuitos, eles estão sendo ignorados neste capítulo. Esse tipo de montagem é utilizado para, por exemplo, assegurar que a porta para carregamento de uma bateria não possa ser acendível quando não houver conexão ao carregador; os diodos atuariam como uma chave aberta, limitando a corrente no caso de um curto-circuito a valores desprezíveis. Outra possibilidade de utilização seria na supressão de capacitores, principalmente na entrada de dispositivos de campo, de forma a se obterem valores de Ci bem baixos.

Quanto à utilização de limitadores em circuitos controláveis para a função de limitação de tensão, os requisitos devem estar de acordo com a norma técnica brasileira adotada ABNT NBR IEC 60079-11,

> Para o nível de proteção "ia", dispositivos derivadores limitadores de tensão empregando componentes semicondutores controláveis, como transistores, tiristores, reguladores de tensão/corrente etc., podem ser permitidos se tanto os circuitos de entrada como os de saída forem intrinsecamente seguros ou onde se puder demonstrar que eles não estão sujeitos a transientes oriundos da rede de fornecimento de energia. Em circuitos que atendam aos requisitos acima, dois dispositivos são considerados um conjunto infalível. (ABNT NBR IEC 60079-11)

Portanto, é permitido o uso de tais componentes para limitação de tensão para circuitos nível de proteção "ia", "ib" e "ic" (aqui, estamos estendendo a interpretação deste parágrafo para os outros níveis de proteção. Isso é claramente permitido, já que o nível de proteção "ia" é o mais limitado em termos de possibilidades).

Assim, a tabela a seguir resume as possibilidades para a aplicação de dispositivos ativos ou controláveis em função do nível de proteção que estiver sendo considerado.

**Tabela 13.1** – Utilização permitida de dispositivos controláveis em função do nível de proteção de equipamento

| Nível de proteção | Limitação ativa de corrente | Limitação ativa de tensão |
|---|---|---|
| "ia" | Não permitido | Permitido com ensaio de transiente |
| "ib" | Permitido com ensaio de transiente | Permitido com ensaio de transiente |
| "ic" | Permitido com ensaio de transiente | Permitido ensaio de transiente não aplicável |

Os requisitos para projeto e avaliação dos componentes infalíveis e das montagens infalíveis aplicadas para esses circuitos de limitação ativos são explorados no Capítulo 23 deste livro.

Assim, podemos nos dedicar à exploração do método aplicado para o ensaio de transiente. De acordo com os requisitos especificados na norma técnica brasileira adotada ABNT NBR IEC 60079-11, "A energia que pode ser liberada para a atmosfera explosiva é medida pela integral da potência no tempo, durante o período no qual a tensão e a corrente excedem os valores indicados no Anexo A ou os valores conhecidos como insuficientes para provocar ignição quando ensaiados com aparelho de faiscamento".

A figura a seguir representa o circuito de teste para um circuito nível de proteção "ib", no qual as condições de falhas já foram aplicadas, ou seja, um dos dois limitadores ativos de corrente é considerado como falhando para um curto-circuito, e essa falha seria uma contável. Quando a chave de mercúrio (3) é acionada, a corrente é limitada somente pela resistência a frio do fusível (F). As duas baterias são duas montagens baseadas em dois acumuladores de lítio, que, em conjunto, resultam em uma tensão máxima de circuito aberto de 2 * 8,4 V = 16,8 V.

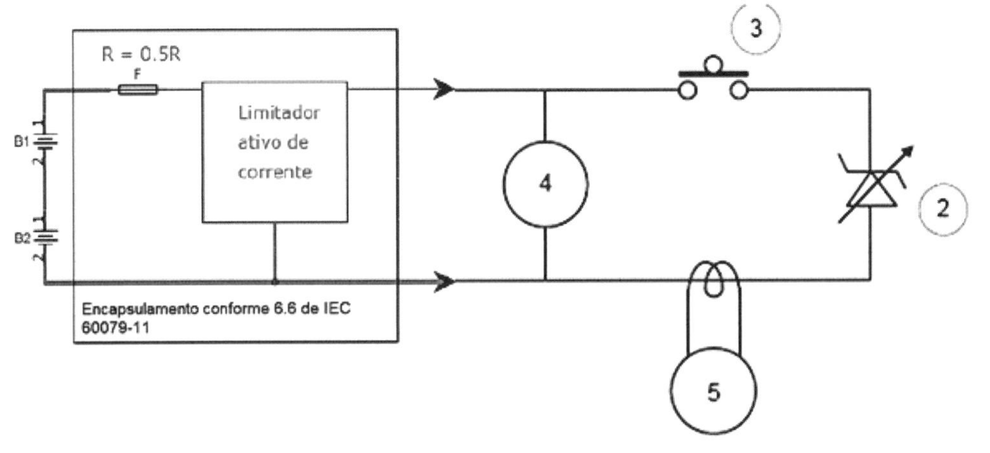


**Figura 13.1 –** Exemplo de circuito de teste para ensaio de transiente.

*Fonte*: acervos pessoais dos autores.

A carga (2) nesse circuito é definida, por exemplo, como a máxima resistência que resultaria na atuação do circuito limitador, mas diversas condições devem ser simuladas, considerando-se, nesse caso, a carga variando da máxima resistência que atuaria o limitador até uma resistência nula ou um curto-circuito.

Aqui se faz necessário observar que o curto-circuito resultaria na maior corrente, porém a potência seria baixa. Portanto, nem sempre a carga simulada como um curto-circuito resulta na maior energia transiente. Um osciloscópio adequado é utilizado para medir a tensão (4), e um alicate amperímetro adequado é utilizado para a medir a corrente através do circuito.

O osciloscópio é utilizado para se calcular a potência na carga (2) por meio da função demonstrada a seguir, calculado ponto a ponto (normalmente esta função é definida no próprio osciloscópio, mas esta função também pode ser aplicada por meio de uma planilha eletrônica).

As funções típicas para a corrente e para a potência são apresentadas nos gráficos na figura a seguir.

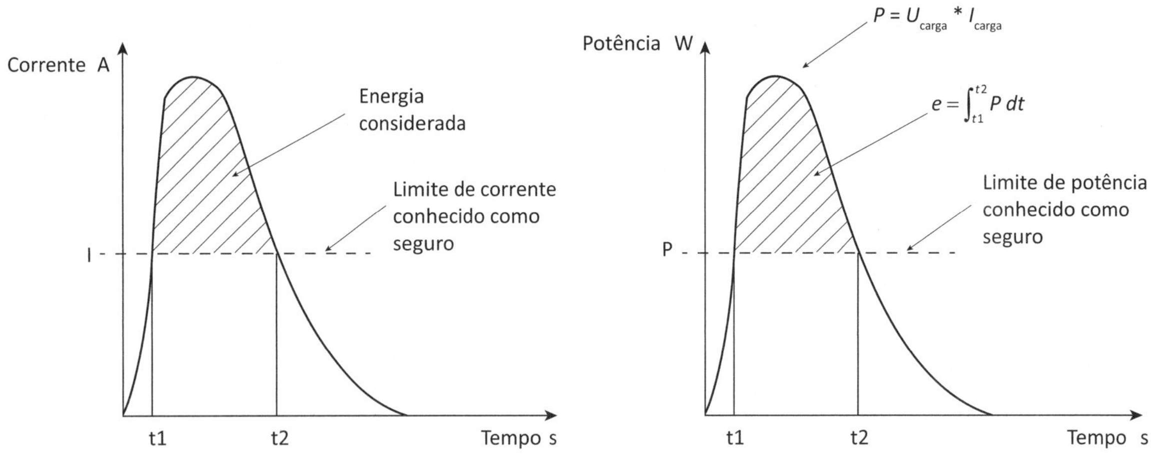


**Figura 13.2 –** Exemplos de equações e de medições para ensaios de transientes de corrente e potência

*Fonte*: acervos pessoais dos autores.

Na função para a corrente, os tempos "t1" e "t2" identificam os limites para o período quando a corrente excede o limite conhecido como seguro. Igualmente, na função para a potência, os "t1" e "t2" identificam os limites para o período quando a potência excede o limite conhecido como seguro. Assim, a energia é calculada realizando-se a integral numérica da potência no período em que a corrente e/ou a potência excedem o limite conhecido como seguro.

Os tempos "t1" e "t2" definem o período no qual a corrente e potência estão acima dos limites conhecidos como seguros. Essa corrente-limite poderia ser determinada por meio das curvas apresentadas na ABNT NBR IEC 60079-25 ou por meio do ensaio de centelhamento, já que o Anexo sobre "Avaliação de circuitos intrinsecamente seguros" da norma ABNT NBR IEC 60079-11 somente se aplica a circuitos lineares, e esse circuito é um circuito com características retangulares. Esse assunto será explorado mais adiante, nos próximos capítulos deste livro.

Os limites de energia "e" são definidos como seguros para circuitos intrinsecamente seguros, dependendo do grupo do equipamento "Ex" pretendido, apresentados na tabela a seguir e de acordo com a norma técnica brasileira adotada ABNT NBR IEC 60079-11.

**Tabela 13.2 –** Limites seguros de energia para circuitos intrinsecamente seguros

| Grupo do equipamento "Ex" | Limite de energia máxima segura (μ J) |
|---|---|
| IIC | 20 |
| IIB | 80 |
| III | 80 |
| IIA | 160 |
| I | 260 |

Capítulo **14**

# Energia em centelhas provenientes de circuitos lineares

**Sinopse**: este capítulo aborda os requisitos sobre energia em centelhas provenientes de circuitos com características "lineares", considerados nas atividades de projeto, dimensionamento, avaliação, fabricação e ensaios de equipamentos intrinsecamente seguros e de equipamentos intrinsecamente seguros associados, em um processo de certificação de conformidade de equipamentos Ex "i" ou [Ex "i"].

Os circuitos *limitadores* com características *lineares* são aqueles que incluem uma resistência "infalível", utilizada na limitação da corrente para um circuito intrinsecamente seguro. Considerando um circuito em que a tensão máxima é conhecida e limitada de maneira infalível, a qual chamaremos neste contexto de *Uo*, a corrente na carga é inversamente proporcional à tensão na carga. Isso se deve à queda de tensão na resistência infalível em série com a saída para a carga, a qual, neste contexto, podemos chamar de *circuito intrinsecamente seguro.*

O circuito apresentado na figura a seguir exemplifica um circuito *linear*, no qual os diodos Zener são uma montagem infalível do tipo *shunt*, a qual limita a tensão de entrada "Um" para a tensão de saída máxima "Uo" da forma indicada a seguir.

Enquanto a tensão "Um" não ultrapassar a tensão "Vz max", os diodos Zener não conduzem corrente. Dessa forma, toda a corrente fluirá para a carga, ou seja, para o circuito intrinsecamente seguro. Quando a tensão "Um" for igual à tensão "Vz max", os diodos Zener conduzirão corrente, a qual chamaremos de *Iz*, de forma que, quanto mais elevada for a tensão "Um", maior será a corrente "Iz"; porém, a tensão na malha intrinsecamente segura não mudará, ela será sempre "Uo".

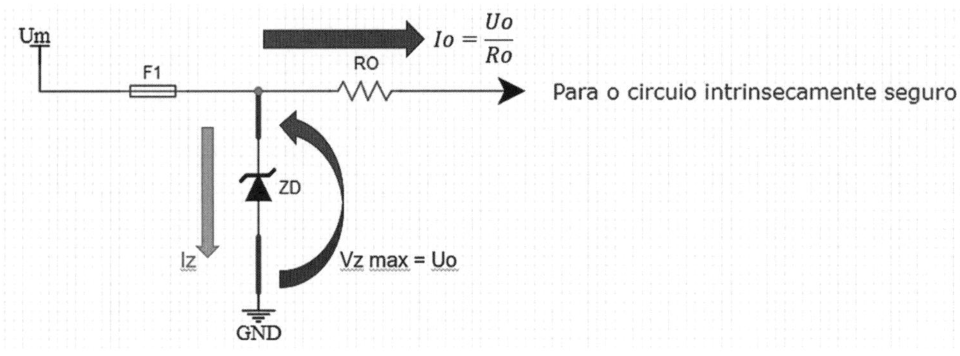


**Figura 14.1** – Exemplo de circuito intrinsecamente seguro linear.

*Fonte*: acervos pessoais dos autores.

Nesse contexto, é importante explicar a relação entre "Uo" e "Vz max". "Uo" é definido como a máxima tensão de circuito aberto aplicada no circuito intrinsecamente seguro para qualquer tensão entre 0 V e "Um". Portanto, "Uo" nada mais é que a máxima tensão Zener, a qual deve ser considerada assumindo-se a máxima tolerância dos componentes empregados, não havendo a necessidade de se considerarem variações devido à temperatura dos componentes. Uma vez que os diodos Zener estejam conduzindo corrente, após um determinado tempo, o fusível F1 queimará, abrindo, assim, o circuito e removendo qualquer potência elétrica do circuito intrinsecamente seguro.

Com relação à resistência se considerar-se como carga no circuito intrinsecamente seguro, temos de analisar esse exemplo sob a perspectiva de que não conhecemos o que será conectado a essa saída. Desse modo, podemos assumir que a resistência na saída pode ser de uma resistência nula até uma resistência infinita; em outras palavras, de um curto-circuito até um circuito aberto.

Essa definição é extremamente importante para a modelagem do circuito intrinsecamente seguro, pois a tensão "Uo" estará presente no circuito intrinsecamente seguro, conectado à resistência "Ro" quando a resistência do circuito intrinsecamente seguro for correspondente a um circuito aberto, enquanto a máxima corrente "Io" está presente no circuito intrinsecamente seguro quando este for um curto-circuito.

Dessa maneira, "Uo" e "Io" nunca estarão presentes no circuito ao mesmo tempo. Por último, faz-se necessário pensar sobre qual seria a resistência no circuito intrinsecamente seguro que consumiria a maior potência nesse circuito. Se analisarmos esse problema sob a perspectiva da tensão, então, podemos dizer que, quanto maior for a resistência no circuito intrinsecamente seguro, menor será a tensão sobre "Ro" e maior será a tensão no circuito intrinsecamente seguro. Sob a perspectiva da corrente, quanto maior for a resistência do circuito intrinsecamente seguro, menor será a corrente. A maior potência de um circuito linear se dá pelo teorema da maior transferência de energia, quando a carga se iguala ao valor da resistência limitadora.

Assim, a resistência a ser assumida para o circuito intrinsecamente seguro que consumiria a maior potência seria aquela que corresponderia exatamente a "Ro", pois, se o circuito intrinsecamente assumir a resistência de "Ro", a tensão nesse circuito seria "Uo/2", e a queda de tensão sobre o resistor "Ro" também seria "Uo/2"; e a corrente seria "Io/2".

Esse modelo também pode ser explicado geometricamente. Como a relação "Uo" e "Io" é demonstrada por um triângulo retângulo com seus vértices sendo respectivamente "Uo" e "Io", a maior área que poderia ser colocada dentro desse triângulo é aquela representada por um retângulo com área igual à multiplicação da metade de cada vértice, como demostrado na Figura 14.2.

Na figura a seguir, a tensão máxima é limitada por um diodo Zener a 5,88 V, e a corrente máxima é limitada por um resistor infalível Ro = 10 Ω a 0,588 A.

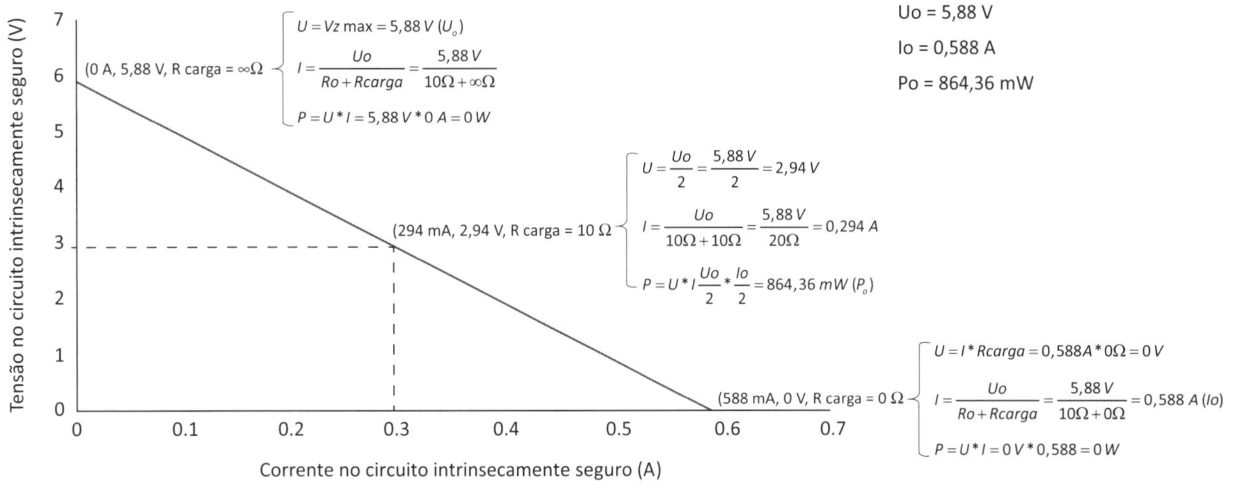


**Figura 14.2 –** Gráfico corrente x tensão em um circuito intrinsecamente seguro com características lineares.

*Fonte*: acervos pessoais dos autores.

A Figura 14.2 é um gráfico de corrente *versus* a tensão no circuito intrinsecamente seguro para um circuito correspondente àquele da Figura 14.1, no qual Um = 250 Vcc, Vz max = 5,88 V e Ro = 10 Ω. Assim, a máxima tensão que poderá ser verificada no circuito intrinsecamente seguro, quando este falhar para um circuito aberto, por exemplo, simultaneamente com a aplicação da tensão máxima "Um", é Uo = 5,88 V. Nesse cenário, se o circuito intrinsecamente seguro falhar para um curto-circuito, a corrente máxima que será verificada é Io = 588 mA; e, por fim, quando o circuito intrinsecamente seguro falhar para uma resistência de 10 Ω, verificaremos a maior potência Po = 864,36 mW.

Esse circuito caracteriza o circuito clássico de uma barreira de segurança a diodos com características lineares. Nesse modelo, a barreira atua como um fusível com a energia na sua saída limitada, conforme os valores de Uo, Io e Po, como indicado na Figura 14.2, durante o período necessário para a queima do fusível, caracterizando, assim, as duas etapas dos circuitos de limitação para sistemas intrinsecamente seguros, sendo a primeira etapa a limitação da energia na saída a valores conhecidos e seguros, e a segunda etapa, a remoção ou eliminação de qualquer energia elétrica na saída.

Agora que já sabemos como determinar a máxima tensão, a máxima corrente e a máxima potência na saída de um circuito intrinsecamente seguro com características lineares e com a tensão sendo limitada por um circuito tipo *shunt* de proteção, podemos verificar os requisitos e metodologias para determinar se o circuito é seguro quando o avaliamos, considerando um circuito intrinsecamente seguro puramente resistivo. Mais à frente, exploraremos as possibilidades para circuitos com cargas reativas, mas faz-se necessário, primeiramente, explorar as possibilidades para circuitos resistivos, pois a corrente e a tensão que geram as energias reativas em capacitores ou indutores devem ser seguras.

Os circuitos lineares podem ser ensaiados no equipamento padrão para ensaios de centelhamento ou podem ser avaliados com base nos requisitos apresentados no Anexo

"Avaliação de circuitos intrinsecamente seguros", da norma técnica brasileira adotada ABNT NBR IEC 60079-11.

Com relação aos ensaios, o Capítulo 12 deste livro inclui as metodologias e formas de se utilizar o equipamento padrão para ensaios de centelhamento a fim de se verificar a conformidade de circuitos resistivos. Assim, exploraremos aqui as possibilidades relacionadas aos requisitos que podem "garantir" a segurança do circuito intrinsecamente seguro por meio de parâmetros determinados teoricamente pelas curvas e tabelas apresentadas na ABNT NBR IEC 60079-11, as quais são bastante "atrativas", pois é sempre mais fácil considerar os parâmetros de segurança e funcionalidade quando os valores de segurança são conhecidos e apresentados em uma gama relativamente grande de possíveis valores, tanto para a tensão quanto para a corrente.

A figura a seguir apresenta os valores limites para a combinação máxima tensão de circuito aberto "Uo" e máxima corrente de curto-circuito "Io" para os grupos de equipamentos I, IIA, IIB e IIC, em que o grupo de equipamentos para poeiras combustíveis grupo III é representado pelo grupo IIB.

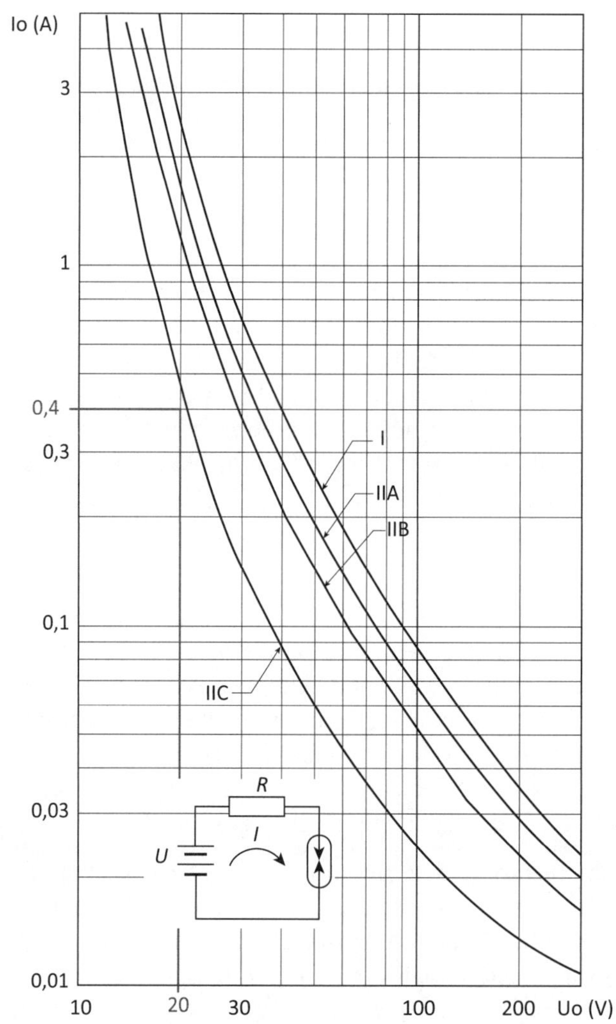


**Figura 14.3 –** Limites de tensão e corrente para circuitos resistivos com exemplo de uso para um circuito com tensão de circuito aberto de 20 V.

*Fonte*: norma ABNT NBR IEC 60079-11.

Quando esse gráfico é utilizado, é importante ressaltar que os valores limites devem ser lineares, ou seja, a corrente deve ser limitada por um resistor. Circuitos não lineares apresentam limites diferentes que podem ser muito inferiores aos daquele gráfico.

Outro ponto importante a se considerar é que esse gráfico não inclui qualquer fator de segurança; assim, quando o fator de segurança 1,5 deve ser incluído na modelagem do circuito, a corrente limite do gráfico deve ser dividida pelo fator de segurança. Por exemplo, um circuito com uma tensão de circuito aberto Uo = 20 Vcc seria seguro se a corrente máxima fosse limitada por um resistor infalível a um valor limite de aproximadamente 400 mA para o grupo IIC, considerando-se um sistema no qual o fator de segurança a ser aplicado é 1,0. Nesse mesmo exemplo, se o fator de segurança 1,5 deve ser incluído, então, a máxima corrente deve ser limitada a 400 mA / 1,5 = 266,66 mA.

Faz-se importante ressaltar que o Anexo "Avaliação de circuitos intrinsecamente seguros", da ABNT NBR IEC 60079-11 também inclui a Tabela "Corrente de curto-circuito permitida correspondente à tensão e ao grupo do equipamento", a qual nada mais é que uma compilação dos dados do "gráfico" apresentado na Figura 14.3, no formato de uma "tabela".

A tabela a seguir é uma seção da Tabela "Corrente de curto-circuito permitida correspondente à tensão e ao grupo do equipamento", na qual os valores limites para a corrente podem ser determinados para valores de tensões ao redor de 20 V.

Valores mais precisos podem ser determinados dessa tabela com relação ao gráfico, utilizando-se o mesmo exemplo. Observamos que um circuito para o grupo IIC, com a tensão de circuito aberto limitada a Uo = 20 V, deveria ter a máxima corrente limitada ao valor limite de 464 mA para o fator de segurança 1,0 e 309 mA, para o fator de segurança 1,5.

**Tabela 14.1** – Seção da Tabela "Corrente de curto-circuito permitida correspondente à tensão e ao grupo do equipamento", da norma técnica brasileira adotada ABNT NBR IEC 60079-11, para valores de tensões de 19 a 22 V

| Tensão (V) | Corrente de curto-circuito permitida (mA) | | | | | | | |
|---|---|---|---|---|---|---|---|---|
| | Para equipamentos do grupo IIC | | Para equipamentos do grupo IIB | | Para equipamentos do grupo IIA | | Para equipamentos do grupo I | |
| | Com fator de segurança de | | Com fator de segurança de | | Com fator de segurança de | | Com fator de segurança de | |
| | ×1 | ×1,5 | ×1 | ×1,5 | ×1 | ×1,5 | ×1 | ×1,5 |
| 19 | 551 | 367 | 1 392 | 928 | 1 842 | 1 228 | 2 487 | 1 658 |
| 19,1 | 541 | 361 | 1 368 | 912 | 1 812 | 1 208 | 2 465 | 1 643 |
| 19,2 | 532 | 355 | 1 345 | 897 | 1 784 | 1 189 | 2 444 | 1 629 |
| 19,3 | 523 | 348 | 1 323 | 882 | 1 755 | 1 170 | 2 423 | 1 615 |
| 19,4 | 514 | 342 | 1 301 | 867 | 1 727 | 1 152 | 2 401 | 1 600 |
| 19,5 | 505 | 337 | 1 279 | 853 | 1 700 | 1 134 | 2 380 | 1 586 |
| 19,6 | 496 | 331 | 1 258 | 839 | 1 673 | 1 116 | 2 359 | 1 572 |
| 19,7 | 484 | 325 | 1 237 | 825 | 1 648 | 1 098 | 2 337 | 1 558 |

*(continua)*

**Tabela 14.1** – Seção da Tabela "Corrente de curto-circuito permitida correspondente à tensão e ao grupo do equipamento", da norma técnica brasileira adotada ABNT NBR IEC 60079-11, para valores de tensões de 19 a 22 V (*continuação*)

| Tensão (V) | Corrente de curto-circuito permitida (mA) | | | | | | | |
|---|---|---|---|---|---|---|---|---|
| | Para equipamentos do grupo IIC | | Para equipamentos do grupo IIB | | Para equipamentos do grupo IIA | | Para equipamentos do grupo I | |
| | Com fator de segurança de | | Com fator de segurança de | | Com fator de segurança de | | Com fator de segurança de | |
| | ×1 | ×1,5 | ×1 | ×1,5 | ×1 | ×1,5 | ×1 | ×1,5 |
| 19,8 | 480 | 320 | 1 217 | 811 | 1 622 | 1 081 | 2 316 | 1 544 |
| 19,9 | 472 | 314 | 1 197 | 798 | 1 597 | 1 065 | 2 295 | 1 530 |
| 20 | 464 | 309 | 1 177 | 785 | 1 572 | 1 048 | 2 274 | 1 516 |
| 20,1 | 456 | 304 | 1 158 | 772 | 1 549 | 1 032 | 2 219 | 1 479 |
| 20,2 | 448 | 299 | 1 140 | 760 | 1 525 | 1 016 | 2 164 | 1 443 |
| 20,3 | 441 | 294 | 1 122 | 748 | 1 502 | 1 001 | 2 109 | 1 406 |
| 20,4 | 434 | 289 | 1 104 | 736 | 1 479 | 986 | 2 054 | 1 369 |
| 20,5 | 427 | 285 | 1 087 | 724 | 1 457 | 971 | 2 000 | 1 333 |
| 20,6 | 420 | 280 | 1 069 | 713 | 1 435 | 957 | 1 924 | 1 283 |
| 20,7 | 413 | 275 | 1 053 | 702 | 1 414 | 943 | 1 849 | 1 233 |
| 20,8 | 406 | 271 | 1 036 | 691 | 1 393 | 929 | 1 773 | 1 182 |
| 20,9 | 400 | 267 | 1 020 | 680 | 1 373 | 915 | 1 698 | 1 132 |
| 21 | 394 | 262 | 1 004 | 670 | 1 353 | 902 | 1 623 | 1 082 |
| 21,1 | 387 | 258 | 989 | 659 | 1 333 | 889 | 1 603 | 1 069 |
| 21,2 | 381 | 254 | 974 | 649 | 1 314 | 876 | 1 583 | 1 055 |
| 21,3 | 375 | 250 | 959 | 639 | 1 295 | 863 | 1 564 | 1 043 |
| 21,4 | 369 | 246 | 945 | 630 | 1 276 | 851 | 1 544 | 1 029 |
| 21,5 | 364 | 243 | 930 | 620 | 1 258 | 839 | 1 525 | 1 017 |
| 21,6 | 358 | 239 | 916 | 611 | 1 240 | 827 | 1 505 | 1 003 |
| 21,7 | 353 | 235 | 903 | 602 | 1 222 | 815 | 1 485 | 990 |
| 21,8 | 347 | 231 | 889 | 593 | 1 205 | 804 | 1 466 | 977,3 |
| 21,9 | 342 | 228 | 876 | 584 | 1 189 | 792 | 1 446 | 964 |
| 22 | 337 | 224 | 863 | 575 | 1 172 | 781 | 1 427 | 951,3 |

Quando a tensão "Uo" for alternada, o método apresentado até aqui é utilizado considerando-se o valor de tensão de pico positivo ou negativo, sempre o que for maior, como a máxima tensão de circuito aberto "Uo".

Observando-se tanto o gráfico na Figura 14.3 quanto a Tabela "Corrente de curto--circuito permitida correspondente à tensão e ao grupo do equipamento", da norma técnica brasileira adotada ABNT NBR IEC 60079-11, é possível observar um limite para baixas tensões em que correntes que poderiam causar uma ignição não são reportadas; esse limite está em torno de 10 V.

O Capítulo 12 deste livro apresenta a explicação para esse fenômeno e a razão para esse limite de tensão.

Assim, pode-se afirmar que, em circuitos com indutância desprezível, se a tensão for menor que 10 V, não há a possibilidade de surgimento de centelhas; os contatos simplesmente se abrem e fecham por meio do contato dos eletrodos, sem a formação do ponto de microplasma, independentemente da corrente. Contudo, essa afirmação gerará "contradições" mais adiante. Por isso, é melhor deixar claro que, na realidade, não existem circuitos sem indutância. Sempre haverá alguma indutância parasítica que pode elevar a tensão ao ponto de abertura do arco.

Além disso, o próprio equipamento de centelhamento padrão tem a sua própria indutância em torno de 3 μH, o que pode ser suficiente para gerar tensões mais elevadas que 10 V por tempo suficiente para se causar uma ignição, mesmo que cargas indutivas discretas não estejam presentes. Assim, muito cuidado deve ser tomado na forma de avaliação de circuitos com baixas tensões e correntes máximas de curto-circuito relativamente elevadas.

Outro aspecto importante quando tensões baixas e correntes elevadas estão sendo consideradas para circuitos puramente resistivos é o fato de que os eletrodos de tungstênio podem se aquecer por efeito Joule, causando ignições térmicas, mesmo que as centelhas tenham a energia suficientemente limitada, de forma a não serem a fonte da ignição.

A norma técnica brasileira adotada ABNT NBR IEC 60079-11 determina que fios de tungstênio com 0,2 ± 0,02 mm de diâmetro são adequados para ensaios com correntes até 3 A, enquanto os fios com diâmetro de 0,4 ± 0,03 mm são adequados para ensaiar correntes até 10 A. Ensaios com correntes mais elevadas que 10 A são possíveis, mas qualquer ignição pode ser devida a efeitos térmicos que podem ser difíceis de se detectar ou distinguir de ignições devido à energia presente nas centelhas.

Agora que já exploramos as possibilidades com relação aos requisitos de segurança para circuitos lineares resistivos, temos de abrir a discussão para circuitos incluindo cargas reativas, uma vez que circuitos puramente resistivos são circuitos raros na prática, pois, mesmo que a carga não inclua qualquer carga reativa discreta, como um capacitor ou um indutor, quase sempre teremos a capacitância e a indutância distribuídas em cabos de interconexão e nos equipamentos de testes, como já apresentado.

Com relação a circuitos indutivos, a norma técnica brasileira adotada ABNT NBR IEC 60079-11 apresenta os gráficos indicados na figura a seguir, como referência para determinação dos limites de ignição para indutância e a respectiva corrente.

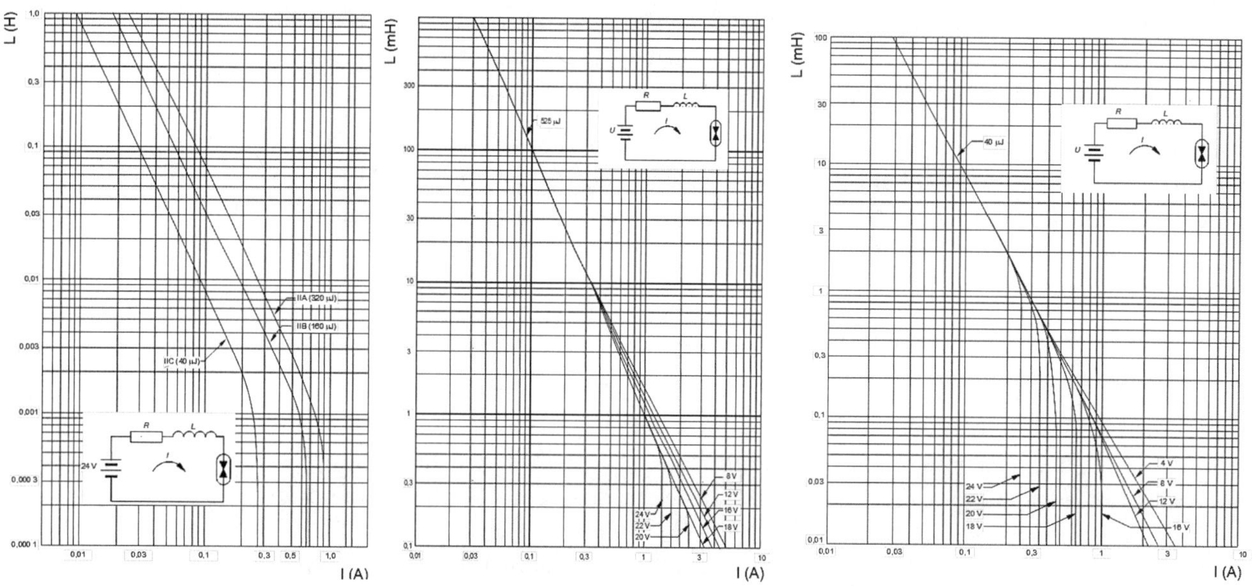


Limites de energia: grupo IIC = 40 µJ, grupo IIB = 160 µJ, grupo IIA = 320 µJ e grupo I = 525 µJ.

**Figura 14.4 –** Limites de corrente e indutância para circuitos indutivos.

*Fonte*: norma ABNT NBR IEC 60079-11.

Todos esses gráficos são construídos com base na energia de ignição representativa para cada grupo de gases. O procedimento para a utilização do gráfico é bem simples: a corrente deve incluir o fator de segurança 1,5, se aplicável e, além disso, a corrente deve ser segura para a tensão de circuito aberto, por isso a necessidade de se iniciarem as avaliações e os ensaios somente com o circuito resistivo.

Para as áreas das curvas onde o limite de energia é constante, o limite de indutância é em função da corrente. Contudo, quando a energia não é constante (as áreas onde curva dobra quase que perpendicularmente), a curva indica o limite de ignição para o circuito resistivo somente.

A energia em um indutor pode ser calculada de acordo com a equação a seguir.

Energia em um indutor

$$e = \frac{L * I^2}{2} \tag{14.1}$$

Em que:

- *"e"* é a energia armazenada em um indutor perfeito em Joule (J);
- *"L"* é a indutância do indutor perfeito em Henry (H);
- *"I"* é a corrente em ampere (A).

Obviamente, essa equação entende o indutor como um indutor perfeito, ou, em outras palavras, a máxima energia será armazenada sem saturação do indutor.

As áreas de energia constante das curvas na Figura 14.4 podem ser reproduzidas por meio dessa equação, a qual tem suas vantagens, uma vez que o valor da energia não está em função da tensão. Aqui, novamente vale a pena ressaltar que qualquer corrente obtida por esse método deve estar de acordo com os limites para o circuito resistivo, pois somente assim temos a tensão sendo adicionada à modelagem do circuito indutivo intrinsecamente seguro.

Desse modo, considerando-se os limites de energia apresentados na norma técnica brasileira adotada ABNT NBR IEC 60079-11, é possível se calcular a indutância máxima que pode ser conectada a circuito intrinsecamente seguro de acordo com a equação a seguir.

Cálculo da máxima indutância para um circuito intrinsecamente seguro

$$L_o = \frac{2e_{MAX}}{\left(n * I_{o_L}\right)^2} \tag{14.2}$$

Em que:

- "*Lo*" é máxima indutância que poderia ser conectada a um circuito intrinsecamente seguro em *Henry* (H);
- "$e_{MAX}$" é o limite de energia para o respectivo grupo de gases em *Joule* (J);
- "$I_{o_L}$" é a máxima corrente determinada por meio de todas as resistências reais em *Ampere* (A);
- "*n*" é o fator de segurança.

Com relação à capacitância, teremos de, primeiramente, definir os diferentes cenários para a consideração da segurança de circuitos capacitivos. Temos a primeira possibilidade, que inclui simplesmente um capacitor em paralelo com a fonte intrinsecamente segura, de acordo com o circuito apresentados na Figura 14.5 (1). A segunda possibilidade é quando temos capacitâncias em uma malha, em que cada malha capacitiva individual é limitada por um resistor infalível, de acordo com o circuito na Figura 14.5 (2). A terceira e última possibilidade nesse caso é quando um capacitor de bloqueio em série com o circuito é utilizado para bloquear tensões contínuas ou limitar correntes elétricas com baixas frequências. Este último caso será explorado em detalhes no Capítulo 20.

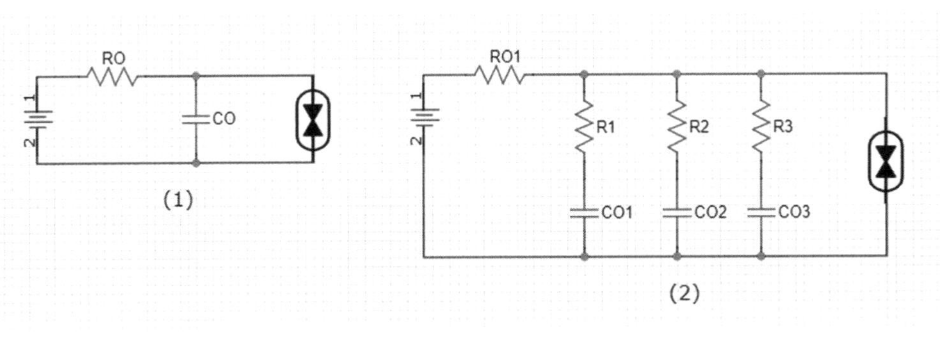


**Figura 14.5 –** Exemplos de circuitos capacitivos: (1) circuito incluindo um capacitor; (2) circuito com uma malha constituída de outras malhas incluindo um capacitor e um resistor de limitação em série.

Os riscos de ignição por energia capacitiva no circuito (1) da Figura 14.5 são analisados por meio do processo apresentado a seguir.

Quando o equipamento de centelhamento padrão é visto como uma chave aberta, o capacitor "Co" se carregará. A máxima carga em *Coulomb* depende exclusivamente da tensão da fonte e capacitância do capacitor "Co". Contudo, o tempo para carregar esse capacitor depende da corrente ou do valor do resistor "Ro", o que podemos também chamar de relação "RC". Apesar de essa relação ser relevante, ela é desconsiderada durante os ensaios com o equipamento de centelhamento padrão, pois, se essa relação for muito alta, o equipamento de centelhamento padrão é modificado, para assegurar que, durante os períodos em que o circuito esteja aberto, o capacitor tenha tempo para se carregar. De acordo com a norma, devem ser asseguradas três constantes de tempo ($\tau[s] = R * C$).

Assim, quando o capacitor estiver completamente carregado e o circuito for por meio do "equipamento de faiscamento padrão" (STA – *Sparking Test Apparatus*), a corrente fluindo nos eletrodos do equipamento de centelhamento será a soma da corrente da fonte "Io" e da corrente de descarga do capacitor "Ic". Com relação à corrente "Ic", podemos dizer que, no tempo inicial "$t_0$", essa corrente é limitada somente pela resistência equivalente dos eletrodos do capacitor, geralmente chamada de "ESR" (*Equivalent Series Resistance*, ou, em português "resistência em série equivalente"), a qual tipicamente se resume em miliohms (mΩ).

Dessa forma, essa corrente inicial pode ser muito alta. O tempo de seu decaimento no equipamento de centelhamento padrão é associado à relação "RC", em que "R" é uma resistência inferior a 0,15 Ω, pois o equipamento de centelhamento padrão é calibrado para possuir uma resistência inferior a 0,15 Ω. Após o pico de corrente inicial, o sistema se estabiliza com a corrente sendo "Io".

A norma técnica brasileira adotada ABNT NBR IEC 60079-11 traz as curvas encontradas na figura a seguir como referência para esses casos, as quais são também apresentadas em forma de tabela, chamada "Capacitância permitida correspondente à tensão e ao grupo do equipamento". Esses dados devem ser utilizados com muito cuidado, pois os parâmetros da fonte são essenciais para se definir se tais dados podem ser utilizados.

De acordo com a norma técnica brasileira adotada ABNT NBR IEC 60079-11,

> (...) as curvas de tensão de ignição mínima para os circuitos capacitivos das Figuras A.2 e A.3 são relativas a um capacitor carregado não diretamente conectado com uma fonte de alimentação. Na prática, assumindo que as fontes de alimentação consideradas têm um fator de segurança alto (...). Se, porém, a fonte de alimentação por si só possui apenas um fator de segurança mínimo, interconectando-a com um capacitor, pode-se criar uma situação na qual o circuito não seja intrinsecamente seguro, mesmo que possa ser deduzida das Figuras A.2 e A.3 que o circuito seja intrinsecamente seguro. (ABNT NBR IEC 60079-11)

Na prática, a curva inclui uma resistência Ro, representada pela chave aberta, superior a 10 kΩ.

Aqui, pode-se fazer uma eventual "crítica" a essa norma, pois não está definido o que seria uma fonte com fator de segurança "elevado". Seria um fator de segurança 3,0 considerado "elevado"? Ou, talvez 10,0? Ou 100,0?

A resposta para essa eventual pergunta não é normalizada no presente momento. Contudo, experimentos práticos demonstram que, se a corrente "Io" for inferior a 1% do valor permitido, de acordo com os limites de tensão e corrente para circuitos resistivos, conforme apresentado nesta seção, o fator de segurança pode ser considerado "elevado". Do contrário, a curva pode não ser recomendada, e o ensaio com o equipamento de centelhamento padrão pode ser mais adequado para comprovar a segurança intrínseca do circuito sendo avaliado.

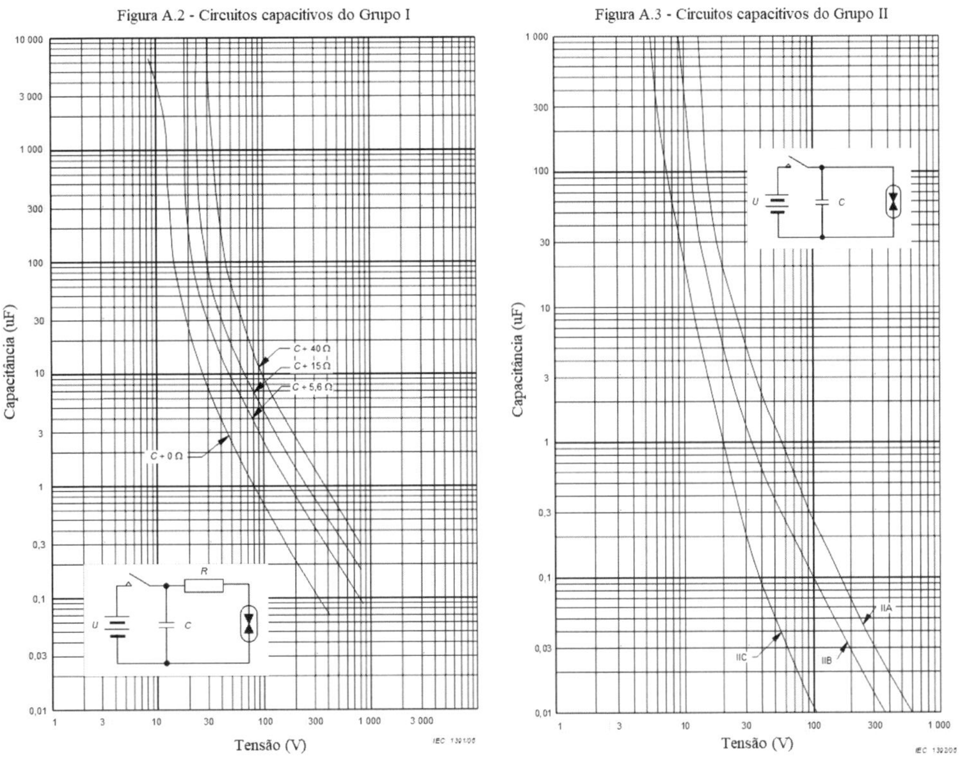


**Figura 14.6 –** Limites de tensão e capacitância para circuitos capacitivos.

*Fonte*: norma ABNT NBR IEC 60079-11.

A figura a seguir demonstra esse procedimento utilizando-se a curva ou a tabela com os valores limites apresentados na norma técnica brasileira adotada ABNT NBR IEC 60079-11.

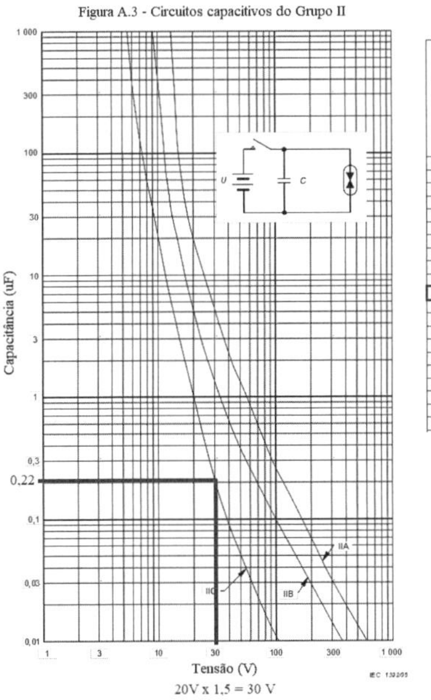


**Tabela A.2**

| Tensão V | Capacitância permitida µF | | | | | | | |
|---|---|---|---|---|---|---|---|---|
| | para equipamentos do Grupo IIC com fator de segurança de | | para equipamentos do Grupo IIB com fator de segurança de | | para equipamentos do Grupo IIA com fator de segurança de | | para equipamentos do Grupo I com fator de segurança de | |
| | ×1 | ×1,5 | ×1 | ×1,5 | ×1 | ×1,5 | ×1 | ×1,5 |
| 19,0 | 1,12 | 0,258 | 7,2 | 1,58 | 26 | 6,3 | 31,2 | 9 |
| 19,1 | 1,09 | 0,252 | 7,0 | 1,56 | 25,0 | 6,21 | 30,5 | 8,86 |
| 19,2 | 1,06 | 0,251 | 6,8 | 1,55 | 24,2 | 6,12 | 30 | 8,8 |
| 19,3 | 1,04 | 0,248 | 6,6 | 1,52 | 23,6 | 6,03 | 29,5 | 8,68 |
| 19,4 | 1,02 | 0,244 | 6,4 | 1,51 | 23,0 | 5,95 | 29 | 8,62 |
| 19,5 | 1,00 | 0,240 | 6,2 | 1,49 | 22,5 | 5,87 | 28,5 | 8,5 |
| 19,6 | 0,98 | 0,235 | 6,0 | 1,47 | 22,0 | 5,8 | 28 | 8,42 |
| 19,7 | 0,96 | 0,231 | 5,9 | 1,45 | 21,5 | 5,72 | 27,5 | 8,28 |
| 19,8 | 0,94 | 0,227 | 5,8 | 1,44 | 21,0 | 5,65 | 27 | 8,21 |
| 19,9 | 0,92 | 0,223 | 5,7 | 1,42 | 20,5 | 5,57 | 26,5 | 8,07 |
| 20,0 | 0,90 | 0,220 | 5,6 | 1,41 | 20,0 | 5,5 | 26 | 8 |
| 20,1 | 0,88 | 0,217 | 5,5 | 1,39 | 19,5 | 5,42 | 25,6 | 7,87 |
| 20,2 | 0,86 | 0,213 | 5,4 | 1,38 | 19,2 | 5,35 | 25,2 | 7,8 |
| 20,3 | 0,84 | 0,209 | 5,3 | 1,36 | 18,9 | 5,27 | 24,8 | 7,75 |
| 20,4 | 0,82 | 0,206 | 5,2 | 1,35 | 18,6 | 5,2 | 24,4 | 7,62 |
| 20,5 | 0,8 | 0,203 | 5,1 | 1,33 | 18,3 | 5,12 | 24 | 7,5 |
| 20,6 | 0,78 | 0,200 | 5,0 | 1,32 | 18,0 | 5,05 | 23,5 | 7,42 |
| 20,7 | 0,76 | 0,197 | 4,9 | 1,31 | 17,7 | 4,97 | 23 | 7,33 |
| 20,8 | 0,75 | 0,194 | 4,8 | 1,30 | 17,4 | 4,9 | 22,5 | 7,16 |
| 20,9 | 0,74 | 0,191 | 4,7 | 1,28 | 17,2 | 4,84 | 22 | 7 |
| 21,0 | 0,73 | 0,188 | 4,6 | 1,27 | 17,0 | 4,78 | 21,5 | 6,93 |

**Figura 14.7 –** Determinação da capacitância máxima para um circuito nível de proteção "ia", para grupo IIC, com tensão limitada a 20,0 V e corrente inferior a 1% do limite de ignição para o circuito resistivo.

No caso do circuito da Figura 14.5 (2), a primeira avaliação a ser realizada é para cada capacitor individualmente. Essa avaliação deve ser conforme apresentado, e o circuito deve ser intrinsecamente seguro. A segunda avaliação incluiria a descarga de todos os capacitores, conforme demonstrado na Figura 14.5 (2). Nesse caso, há dois procedimentos possíveis para a avaliação.

O primeiro procedimento inclui a consideração de cada capacitor como uma bateria carregada com a tensão máxima de circuito aberto; teríamos mais três baterias no circuito, além da fonte de alimentação, cada qual com o seu respectivo resistor de limitação, o que poderia ser resumido em um circuito puramente resistivo como ilustrado na Figura 14.8 (1).

O segundo procedimento é a utilização dos requisitos do Anexo "Redução permitida da capacitância efetiva quando protegida por uma resistência em série", da norma técnica brasileira adotada ABNT NBR IEC 60079-11. Esse procedimento inclui a simplificação do circuito RC para um único capacitor, com capacitância reduzida, de acordo com os fatores apresentados naquele anexo dessa norma, como exemplificado na Figura 14.8 (2).

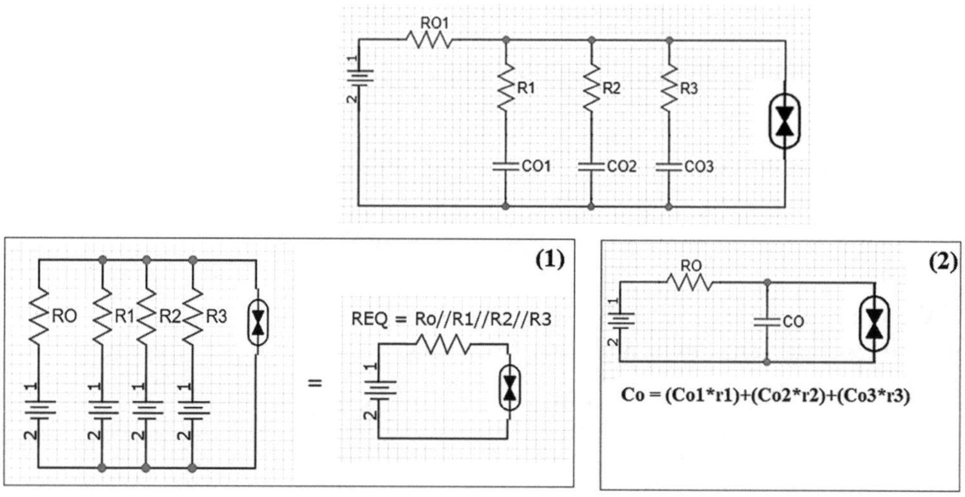


**Figura 14.8 –** Exemplo de como reduzir um circuito com várias cargas capacitivas de forma a se obter um circuito simplificado para a avaliação.

Na equação *Co = (Co1*r1) + (Co2*r2) + (Co3*r3)*, apresentada na Figura 14.8, "Co" é a capacitância equivalente, "Co1", "Co2" ou "Co3" são as capacitâncias máximas de cada malha e "r1", "r2" e "r3" são os fatores de redução da capacitância de acordo com a tabela a seguir.

**Tabela 14.2** – Redução permitida da capacitância efetiva quando protegida por uma resistência em série

| Resistência *R* (W) | Fator de redução |
|---|---|
| 0 | 1,00 |
| 1 | 0,97 |
| 2 | 0,94 |
| 3 | 0,91 |
| 4 | 0,87 |
| 5 | 0,85 |
| 6 | 0,83 |
| 7 | 0,80 |
| 8 | 0,79 |
| 9 | 0,77 |
| 10 | 0,74 |
| 12 | 0,70 |
| 14 | 0,66 |
| 16 | 0,63 |
| 18 | 0,61 |
| 20 | 0,57 |
| 25 | 0,54 |
| 30 | 0,49 |
| 40 | 0,41 |

NOTA 1: os valores apresentados na Tabela 14.2 podem ser extrapolados ou interpolados para diferentes valores de resistência.

NOTA 2: as reduções especificadas na Tabela 14.2 são *conservativas*, e reduções adicionais podem ser obtidas por meio de ensaios.

Uma possível variação do caso analisado é o circuito apresentado na Figura 14.9.

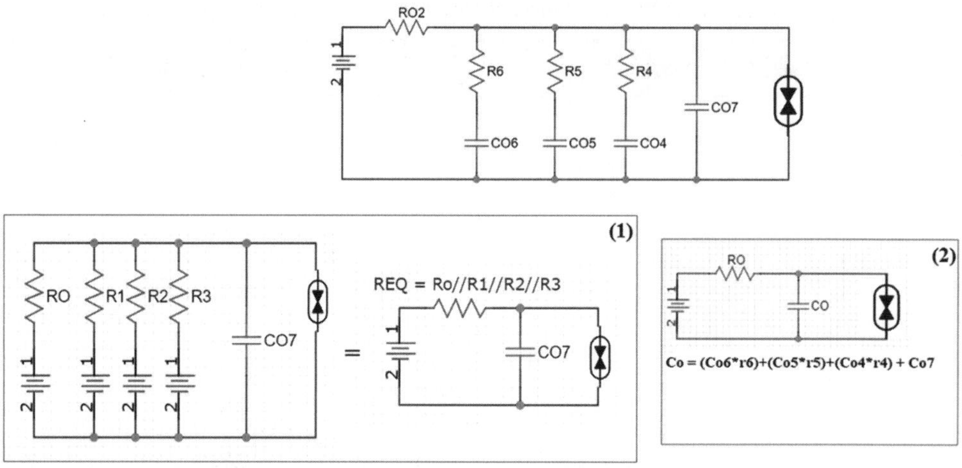


**Figura 14.9 –** Variação do circuito apresentado na Figura 14.8, com a inclusão de um capacitor sem limitação por uma resistência.

Nesse circuito, podemos observar que o capacitor Co7 não inclui uma resistência de limitação. Esse exemplo pode ser analisado por meio dos métodos indicados, porém, o modelo a ser avaliado é alterado para a inclusão do capacitor sem proteção, o que requereria uma avaliação adicional da sua carga capacitiva, quando este é considerado como associado ao circuito conforme simplificado na Figura 14.9 (1). Com relação ao circuito simplificado na Figura 14.9 (2), o capacitor desprotegido é simplesmente adicionado ao capacitor equivalente sem qualquer fator de redução.

Por último, temos de considerar o circuito resistivo/indutivo/capacitivo (RLC), no qual a carga indutiva equivalente é associada à carga capacitiva equivalente. Para analisarmos esse circuito, temos de recordar que o equipamento de centelhamento padrão vai abrir e fechar os circuitos ilustrados na figura a seguir, sendo que a velocidade de abertura e fechamento dos contatos não é determinada, mas, como já discutido anteriormente, pode variar de frequências baixas a frequências altas.

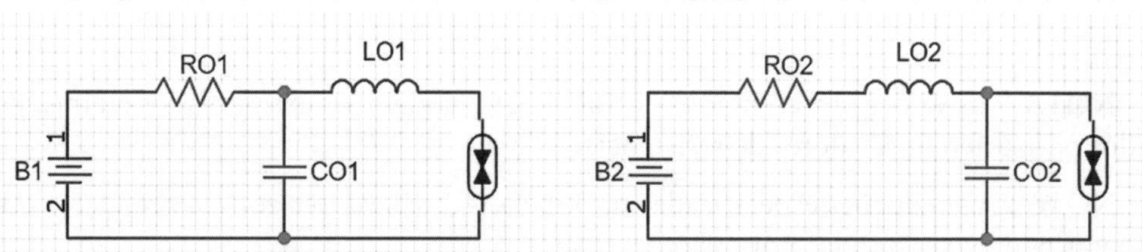


**Figura 14.10 –** Exemplos de circuitos RLC simplificados.

Além disso, temos de recordar que, no caso de relações RC altas, o equipamento deverá ser alterado, com a remoção de eletrodos de tungstênio ou redução da velocidade, para permitir pelo menos três constantes de tempo "τ [s]", de forma a assegurar que o capacitor se carregará completamente em cada período com o circuito aberto.

No exemplo do circuito (1) da Figura 14.10, podemos considerar que, no momento inicial, quando o ensaio se inicia com o circuito aberto no equipamento de centelhamento padrão, o capacitor CO1 se carrega até atingir sua máxima carga. Como não há corrente elétrica fluindo através do indutor LO1, então, este não apresentará qualquer carga.

Durante o fechamento do circuito no equipamento de centelhamento padrão, a tensão no momento anterior ao eminente fechamento dos contatos será a tensão máxima de circuito aberto da fonte "Uo"; quando o circuito se fecha, a corrente "$I_t$" será a corrente da fonte "Io" somada à corrente proveniente do capacitor "Ic". Como explicado anteriormente, essa corrente total pode ser bastante alta, mas a energia na centelha proveniente desse primeiro processo é a mesma analisada para o circuito resistivo-capacito.

Após a descarga do capacitor, a corrente se estabiliza como "Io" somente. Entretanto, aqui faz-se necessário considerar que há a possibilidade de aberturas e fechamentos de contato de forma transiente, quando "$I_t$" está presente no circuito. Nesse cenário, a energia armazenada no indutor LO1 pode ser muito superior àquela determinada sem cargas capacitivas através de "Io" somente.

Podemos dizer que, nesse exemplo, parte da energia presente no capacitor CO2 será adicionada à energia armazenada no indutor. Assim, quando o circuito se abre, a descarga do indutor pode incluir uma tensão induzida muito superior à tensão da fonte em conjunto com uma energia superior àquela analisada com referência a "Io".

No exemplo do circuito (2) da Figura 14.10, nós temos como variação o fato de que o indutor se carrega e descarrega em tempos em função da relação RC. Além disso, quando o circuito se fecha no equipamento de centelhamento padrão, a energia do indutor necessita ser primeiramente carregada no capacitor para, depois, descarregar-se no equipamento de centelhamento padrão, sendo que essa "segunda descarga" somente ocorre em forma de centelha quando a tensão no capacitor excede a tensão da centelha, em torno de 10 V. Portanto, devido a essa concorrência entre o capacitor e a centelha sobre a energia do indutor, temos que essa condição apresenta menor probabilidade de ignição do que a condição apresentada na Figura 14.10 (1).

A ABNT NBR IEC 60079-11 apresenta o seguinte procedimento como única consideração referente a circuitos RLC:

> O circuito deve ser avaliado para atender a um dos seguintes métodos:
>
> a) ensaiado com a combinação de capacitância e indutância, ou
>
> b) quando se tratar de circuitos lineares (resistor limitador de corrente)
>
> 1. os valores de Lo e Co determinados pelas curvas de ignição e pela tabela dada no Anexo A são permitidos para;
>
> – indutâncias e capacitâncias distribuídas, como em um cabo, ou
>
> – se o Li total do circuito externo (excluindo o cabo) for < 1 % do valor de Lo, ou
>
> – se o Ci total do circuito externo (excluindo o cabo) for < 1 % do valor de Co.
>
> 2. os valores de Lo e Co determinados pelas curvas de ignição e tabela dada no Anexo A devem ser reduzidos de 50 % se as duas condições abaixo forem atendidas;
>
> – o Li total do circuito externo (excluindo o cabo) > = 1 % do valor de Lo e
>
> – o Ci total do circuito externo (excluindo o cabo) > = 1 % do valor de Co.
>
> A capacitância reduzida do circuito externo (incluindo o cabo) não pode ser maior que 1 μF para os Grupos I, IIA, e IIB e 600 nF para o Grupo IIC.

> Os valores de Lo e Co determinados por este método não podem ser excedidos pela soma de todas as Li mais as indutâncias do cabo no circuito e a soma de todas as Ci mais as capacitâncias do cabo, respectivamente. (ABNT NBR IEC 60079-11)

Esse procedimento pode ser considerado aceitável, uma vez que inclui uma modelagem extremamente *conservadora*. Para podermos abstrair sobre o que está sendo reportado de maneira um pouco mais didática, nós devemos observar que valores de indutância ou capacitância menores que 1% do valor limite reportado para circuitos resistivos-capacitivos ou resistivos-indutivos são considerados desprezíveis.

Em outras palavras, em um circuito predominantemente indutivo, por exemplo, se o valor da capacitância equivalente máxima presente nele for menor que 1% do valor reportado como limite, de acordo com a Tabela "Capacitância permitida correspondente à tensão e ao grupo do equipamento", da norma técnica brasileira adotada ABNT NBR IEC 60079-11, ou seja, se a capacitância do circuito for desprezível, então, a máxima indutância determinada para o circuito resistivo-indutivo, conforme apresentado anteriormente, é aceitável. Não devem ser esquecidos os limites para a utilização dessa tabela com relação ao "fator de segurança" da fonte.

Já em um circuito predominantemente capacitivo, se o valor da indutância máxima equivalente do circuito for menor que 1% da máxima indutância permitida determinada para o circuito resistivo-indutivo, a máxima capacitância determinada de acordo com a Tabela ABNT citada pode ser utilizada. Aqui também não podemos nos esquecer dos limites para a utilização dessa tabela com relação ao "fator de segurança" da fonte.

Quando a capacitância e a indutância excedem 1% do valor permitido, conforme as referências na ABNT NBR IEC 60079-11, o procedimento apresentado indica que o valor máximo que poderia ser permitido sob referenciais teóricos é 50% do valor determinado por meio dos valores reportados na norma para circuitos resistivo-capacitivos ou resistivo-indutivos. Em outras palavras, assumindo que, para um circuito nível de proteção "ia" ou "ib", o fator de segurança deve ser 1,5 para a avaliação do circuito resistivo-capacitivo ou resistivo-indutivo, quando combinamos capacitância e indutância, o fator de segurança deveria ser 3,0 (2 x 1,5) para cada tipo de circuito, respectivamente. Além dessa regra, a norma limita a capacitância máxima para 1 μF para grupos I, IIA e IIB e 600 nF para o grupo IIC.

Não existe uma explicação "explícita" para essa limitação adicional; se buscarmos algum lastro na relação tensão máxima e capacitância máxima permitida conforme a tabela citada da ABNT, encontraremos que, para o grupo IIC e fator de segurança 1,0, o valor de tensão permitido para a capacitância de 600 nF é 22,3 V; para o grupo IIB, a valor de tensão permitido para a capacitância de 1 μF é 35 V; e, para IIA, a tensão seria superior a 55 V.

Dessa forma, a única conclusão que podemos tomar é que os autores da norma deliberadamente indicam que os efeitos indutivo-capacitivos para capacitâncias superiores a esses limites deveriam ser ensaiados, e não deduzidos de modelos teóricos para capacitância ou indutância separadamente.

Ainda dentro do referencial das normas técnicas brasileiras adotadas da Série ABNT NBR IEC 60079 (*Atmosferas explosivas*), temos as curvas do Anexo "Interconexão de circuitos intrinsecamente seguros lineares e não lineares", apresentadas na norma técnica brasileira adotada ABNT NBR IEC 60079-25, que nos oferecem a possibilidade de visualizarmos e obtermos valores referenciais para a combinação de cargas capacitivas e indutivas. As curvas foram construídas incluindo-se fator de segurança 1,5.

No exemplo apresentado na figura a seguir, podemos verificar a curva característica de um circuito com Uo = 28 V e Io = 100 mA e observar que, nesse caso, a máxima capacitância permitida seria Co = 100 nF para Lo = 0,15 mH.

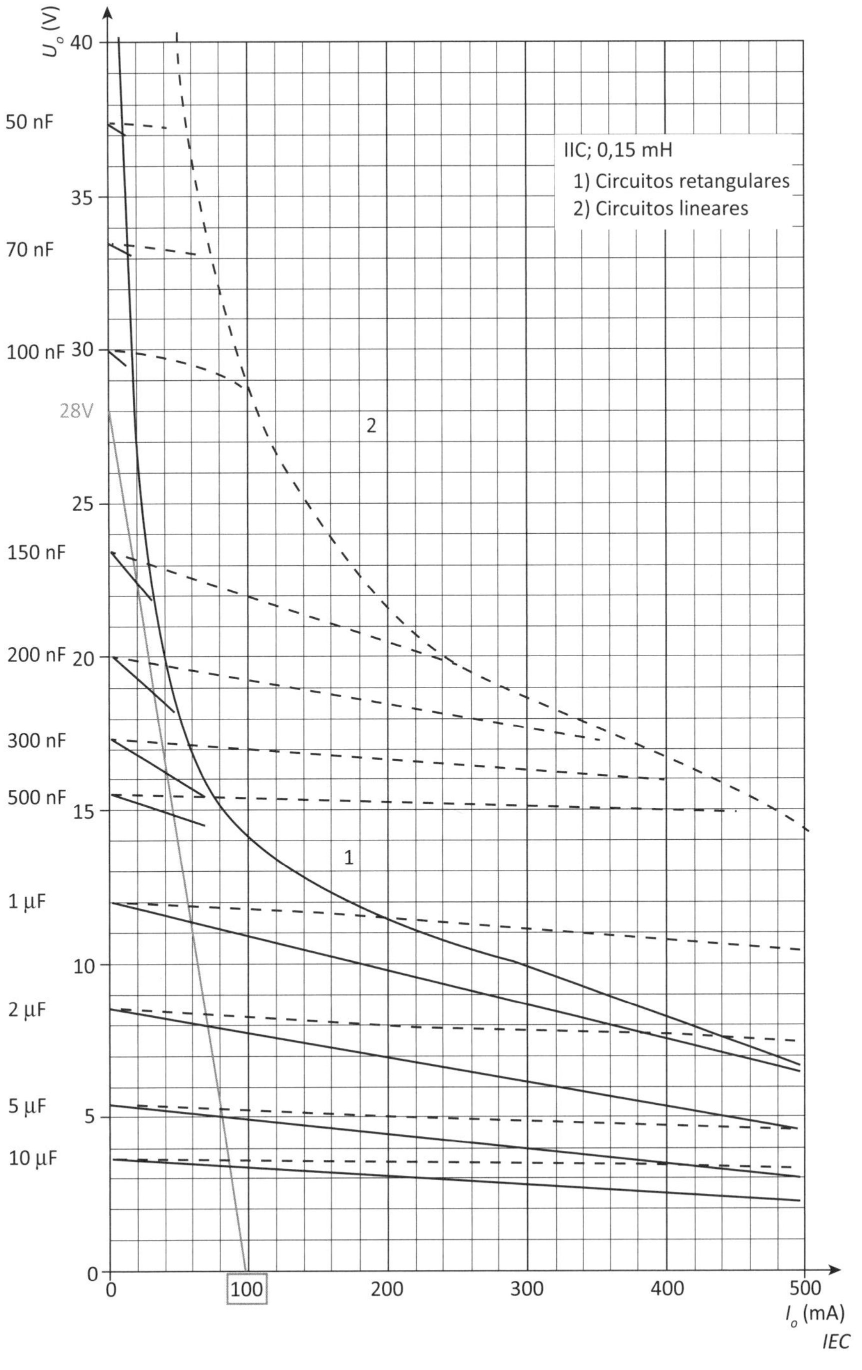


**Figura 14.11 –** Exemplo de utilização das curvas do Anexo "Interconexão de circuitos intrinsecamente seguros lineares e não lineares" da norma ABNT NBR IEC 60079-25 para circuitos lineares.

Na Figura 14.11, a curva é para um circuito linear com Uo = 28 V e Io = 100 mA.

Se analisarmos o mesmo circuito sob os referenciais da norma técnica brasileira adotada ABNT NBR IEC 60079-11, para o grupo de gases IIC, obtemos que:

- a combinação da tensão de circuito aberto de 28 V com a corrente máxima de 100 mA está de acordo com os valores apresentados, com um fator de segurança de 1,8;
- a capacitância máxima permitida para a tensão de circuito aberto de 28 V seria 272 nF (fator de segurança 1,0), assim a capacitância máxima de 100 nF resulta em um fator de segurança de 2,72;
- a indutância máxima permitida para a corrente de 100 mA é 8 mH; assim, a indutância de 0,15 mH resulta em um fator de segurança de 53,33.

Quando as cargas reativas são cargas distribuídas somente – em outras palavras, quando essas cargas são a capacitância e a indutância de cabos de interconexão entre circuitos –, há um "relaxamento" nas condições para se considerarem os limites para elas, dado o fato de que é extremamente improvável que a carga capacitiva de um cabo possa descarregar de forma a aumentar a carga acumulada na carga indutiva desse mesmo cabo, e vice-versa, no caso da carga indutiva adicionando energia à carga capacitiva de um mesmo cabo.

Dessa forma, os limites estabelecidos de acordo com os modelos "teóricos" apresentados na norma técnica brasileira adotada ABNT NBR IEC 60079-11 para o circuito resistivo-capacitivo para "Co" e para o circuito resistivo-indutivo para "Lo" são assumidos como os valores permitidos para se limitar o comprimento máximo de cabos. É importante ressaltar que os certificados de conformidade para produtos Ex "i" emitidos com essas condições normalmente incluem uma "nota", informando que tais valores são válidos somente para o sistema de cabeamento.

Quando a capacitância ou a indutância dos cabos deve ser considerada como associada à capacitância e à indutância interna de um equipamento de campo, por exemplo, a abordagem aceita é de acordo com o apresentado, em que as cargas reativas distribuídas são tratadas como cargas reativas discretas e avaliadas dessa forma.

Capítulo **15**

# Energia em centelhas provenientes de circuitos trapezoidais

**Sinopse**: este capítulo aborda os requisitos sobre energia em centelhas provenientes de circuitos com características "trapezoidais", considerados nas atividades de projeto, dimensionamento, avaliação, fabricação e ensaios de equipamentos intrinsecamente seguros e de equipamentos intrinsecamente seguros associados, em um processo de certificação de conformidade de equipamentos Ex "i" ou [Ex "i"].

Os circuitos "limitadores" com características *trapezoidais* são circuitos com corrente limitada de forma linear, por meio de um resistor, e que incluem uma limitação de tensão por um circuito infalível do tipo *shunt* de proteção, diretamente na saída do circuito, na região com corrente já limitada, como apresentado na figura a seguir.

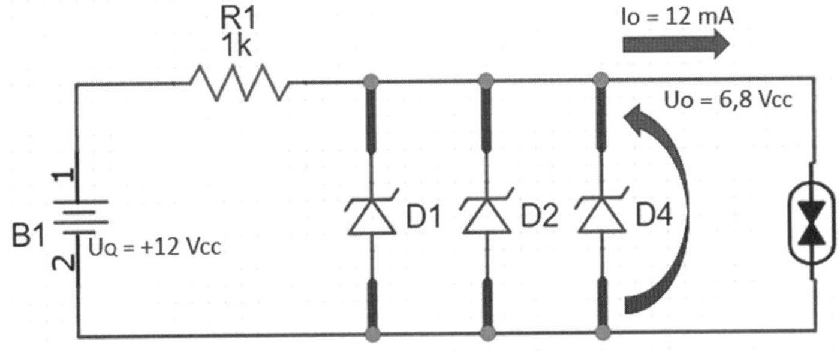


**Figura 15.1 –** Exemplo de um circuito limitador com característica do tipo trapezoidal.

*Fonte*: acervos pessoais dos autores.

Portanto, esse circuito inclui a definição de "Uo" por meio da limitação de tensão adicional na parte "jusante" do circuito. Se consideramos o equipamento de faiscamento padrão (STA – *Sparking Test Apparatus*) como um circuito aberto, a máxima tensão que apareceria entre os eletrodos seria "Uo", limitada pelos diodos Zener a 6,8 V. Já a corrente máxima "Io" é definida independentemente da limitação de tensão adicional. Se consideramos o equipamento de centelhamento padrão como um curto-circuito, temos que tanto o *catodo* quanto o *anodo* da barreira *shunt* de proteção estão no mesmo potencial elétrico. Assim, a corrente máxima é limitada pela tensão da bateria, comumente chamada para circuitos trapezoidais como "$U_Q$" e pelo resistor infalível R1.

Os circuitos trapezoidais são muito úteis quando se faz necessário limitar a tensão de uma fonte de alimentação intrinsecamente segura linear a fim de se permitir uma capacitância superior àquela definida para o circuito linear. A curva característica para o circuito trapezoidal da Figura 15.1 é apresentada na figura a seguir.

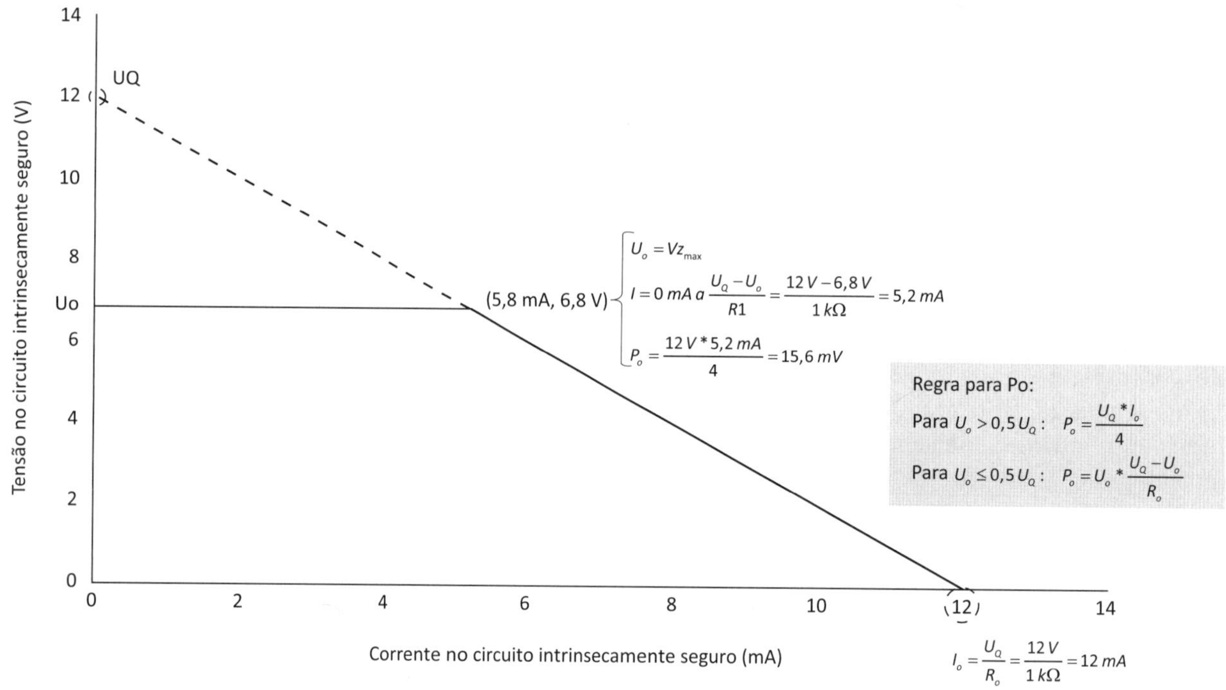


**Figura 15.2 –** Curva com característica *trapezoidal* de um circuito *limitador*.

*Fonte*: acervos pessoais dos autores.

Além da definição de "Uo" como a máxima tensão limitada pelo circuito *shunt* de proteção, essa curva demonstra um platô em que a tensão se apresenta de maneira constante para correntes entre 0 mA e 5,2 mA. Nesse caso, parte da corrente limitada pelo resistor de maneira linear flui através dos diodos Zener como a corrente "Iz", ou seja, Iz = Io – I. Nesse platô, quando a área de tensão constante termina, é o ponto em que a maior potência dissipada pela carga ocorre, a qual chamamos de "Po".

Após esse ponto, a tensão na carga é inferior à tensão Zener. Assim, toda a corrente da fonte flui para o circuito intrinsecamente seguro, ou a carga desse circuito, e vemos a curva linear similar à curva para circuitos lineares. Quando o circuito intrinsecamente seguro é assumido como um curto-circuito, temos a máxima corrente de curto-circuito "Io", a qual é independente da tensão "Uo".

Os circuitos com características "trapezoidais" podem ser ensaiados no equipamento de faiscamento padrão (STA), ou podem ser avaliados de acordo com os requisitos apresentados no Anexo "Avaliação de circuitos intrinsecamente seguros" da norma técnica brasileira adotada ABNT NBR IEC 60079-11, ou pelas curvas da norma técnica brasileira adotada ABNT NBR IEC 60079-25.

Para a avaliação da fonte, a tensão "$U_Q$" e a corrente "Io" devem ser avaliadas de acordo com o apresentado neste livro, no Capítulo 14.

Nesse caso, a tensão "$U_Q$" é assumida como a tensão máxima de circuito aberto, apesar da limitação adicional. Isso se faz necessário para fazer possível uma aproximação que permita a avaliação teórica com base nas referências da norma técnica brasileira adotada ABNT NBR IEC 60079-11.

Uma modelagem alternativa que também é permitida é a consideração do circuito como um circuito retangular, nesse caso, as curvas da norma técnica brasileira adotada ABNT NBR IEC 60079-25 podem ser utilizadas como um referencial "teórico", como veremos um pouco mais adiante. Todavia, na maioria dos casos, o ensaio de centelhamento é o método mais recomendado para esse tipo de modelagem.

O ensaio de centelhamento pode ser relativamente desafiador se consideramos que temos de necessariamente incluir a barreira *shunt* de proteção no circuito. Como o ensaio é para avaliar a energia na centelha em função das limitações dos circuitos infalíveis para tal aplicação para uma dada quantidade de revoluções ou centelhas, de forma a atender ao modelo estatístico requerido pela norma, fusíveis não podem ser incluídos, pois eles poderiam abrir o circuito de maneira definitiva durante o ensaio, o que constitui um erro grave na execução deste, pois isso limitaria a quantidade de centelhas e reduziria número de amostras do modelo estatístico.

Devemos incluir nessa observação o fato de que a barreira *shunt* de proteção muito provavelmente depende da limitação providenciada por um fusível para não queimar ou sofrer danos, o que pode levar a falsas reprovações, uma vez que o modelo sendo ensaiado deve apresentar as suas devidas limitações durante todo o tempo de duração do ensaio, mesmo que elas se façam necessárias durante alguns milissegundos necessários para queimar o fusível na vida real. Dessa forma, os dispositivos *shunt* de proteção originais especificados para o circuito podem ser substituídos por outros componentes do tipo *shunt*, com tensão de limitação igual ou superior àquela limitada no circuito original, quando eles não suportam a corrente limitada linearmente pelo resistor infalível.

Com relação à avaliação de circuitos indutivos, o método para determinação da indutância máxima permitida "Lo" é igual ao método apresentado para circuitos lineares. A corrente máxima deve ser assumida se a resistência do indutor "RL" estiver sendo considerada – por exemplo no caso de um circuito específico em que as características do indutor é conhecida e controlada, a queda de tensão no indutor pode ser relevante.

A pergunta a ser feita é bem simples: a queda de tensão no indutor "$U_{RL}$", desconsiderando-se a tensão do circuito *shunt* de proteção, é maior ou menor que "Uo" limitada pelo circuito *shunt*?

Se a resposta for "sim", os componentes do circuito *shunt* de proteção limitarão a tensão "$U_{RL}$", a qual não poderá ser maior que "Uo"; assim, a corrente é igual a "Uo/RL". Agora, se a resposta for "não", assumimos que o circuito *shunt* não conduzirá corrente, e a corrente no indutor é igual a "$U_Q$/(Ro + RL)".

Quando o circuito indutivo não é conhecido, por exemplo, para uma barreira ou fonte de alimentação intrinsecamente segura para utilização geral, ou quando não se quer controlar os indutores utilizados no circuito intrinsecamente seguro indutivo, a corrente a ser assumida é "Io".

A figura a seguir é uma representação desse conceito em forma de um diagrama em blocos.

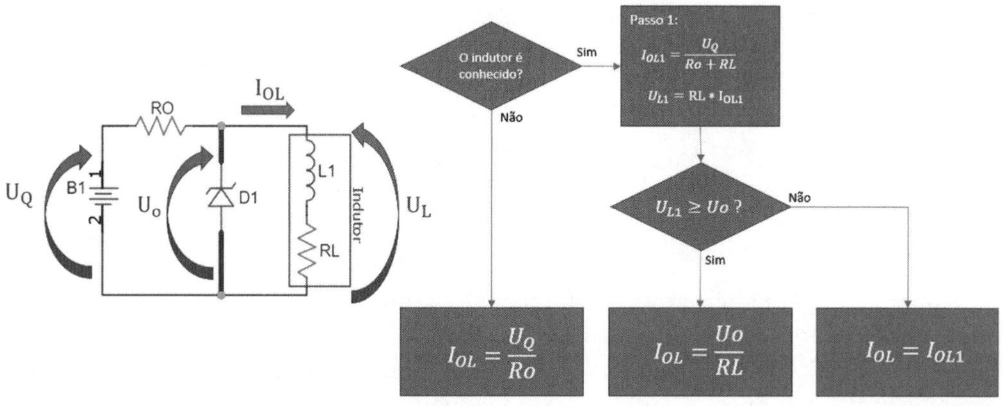


**Figura 15.3** – Método e equações para determinação da corrente máxima a ser considerada para circuitos intrinsecamente seguros indutivos com característica trapezoidal.

*Fonte*: acervos pessoais dos autores.

Com relação à avaliação de circuitos *capacitivos*, o método para a determinação da capacitância máxima permitida "Co" apresentado para circuitos lineares também se aplica a circuitos trapezoidais. Nesse caso, "Uo" é utilizada como referência. Aqui, podemos notar as vantagens quanto à aplicação de circuitos com características trapezoidais.

Seguindo o exemplo da Figura 15.2, a capacitância máxima permitida para o circuito linear, determinada para $U_Q$ = 12 V com fator de segurança 1,5, seria 1,41 μF para grupo IIC, 9 μF para grupo IIB, 36 μF para grupo IIA e 38 μF para grupo I. Quando a tensão Uo = 6,8 V é considerada, a máxima capacitância permitida é elevada para 17,9 μF para grupo IIC, 380 μF para grupo IIB, e 1 000 μF para grupos IIA e grupo I.

Quando as curvas apresentadas na norma técnica brasileira adotada ABNT NBR IEC 60079-25 são utilizadas como um método "alternativo", as curvas para circuitos com características "retangulares" devem ser consideradas para a região na qual o circuito possui tensão constante, sendo o "joelho" dessa curva geralmente o ponto mais crítico, o qual deve estar abaixo da curva limite para a capacitância selecionada como "Co".

O procedimento a ser utilizado é o seguinte: primeiro, determinam-se o grupo de gases e o valor da indutância "Lo" para o escopo da avaliação; o gráfico que melhor se aproxima da condição deve ser utilizado. Por motivos óbvios, os valores para a indutância são limitados a alguns valores para cada grupo de gases. Se um valor diferente ou uma avaliação mais precisa são necessários, o ensaio de centelhamento é a melhor solução (ver ressalvas nas seções sobre simulações computacionais para circuitos mais complexos). Uma vez que o gráfico é selecionado, a curva corrente *versus* a tensão do circuito com características trapezoidais é plotada no gráfico, e os valores são comparados às curvas limites.

No exemplo a seguir, é apresentado o gráfico para um circuito associado com saída com características trapezoidais. O circuito intrinsecamente seguro não é conhecido. Como pode ser observado, o "joelho" da curva, a qual representa as características corrente *versus* tensão do circuito em questão, não atinge a curva limite para 2 μF para circuitos retangulares.

Essa curva é para o grupo de gases IIB e para uma indutância limite de 0,15 mH. Portanto, os parâmetros indicados na figura a seguir são intrinsecamente seguros.

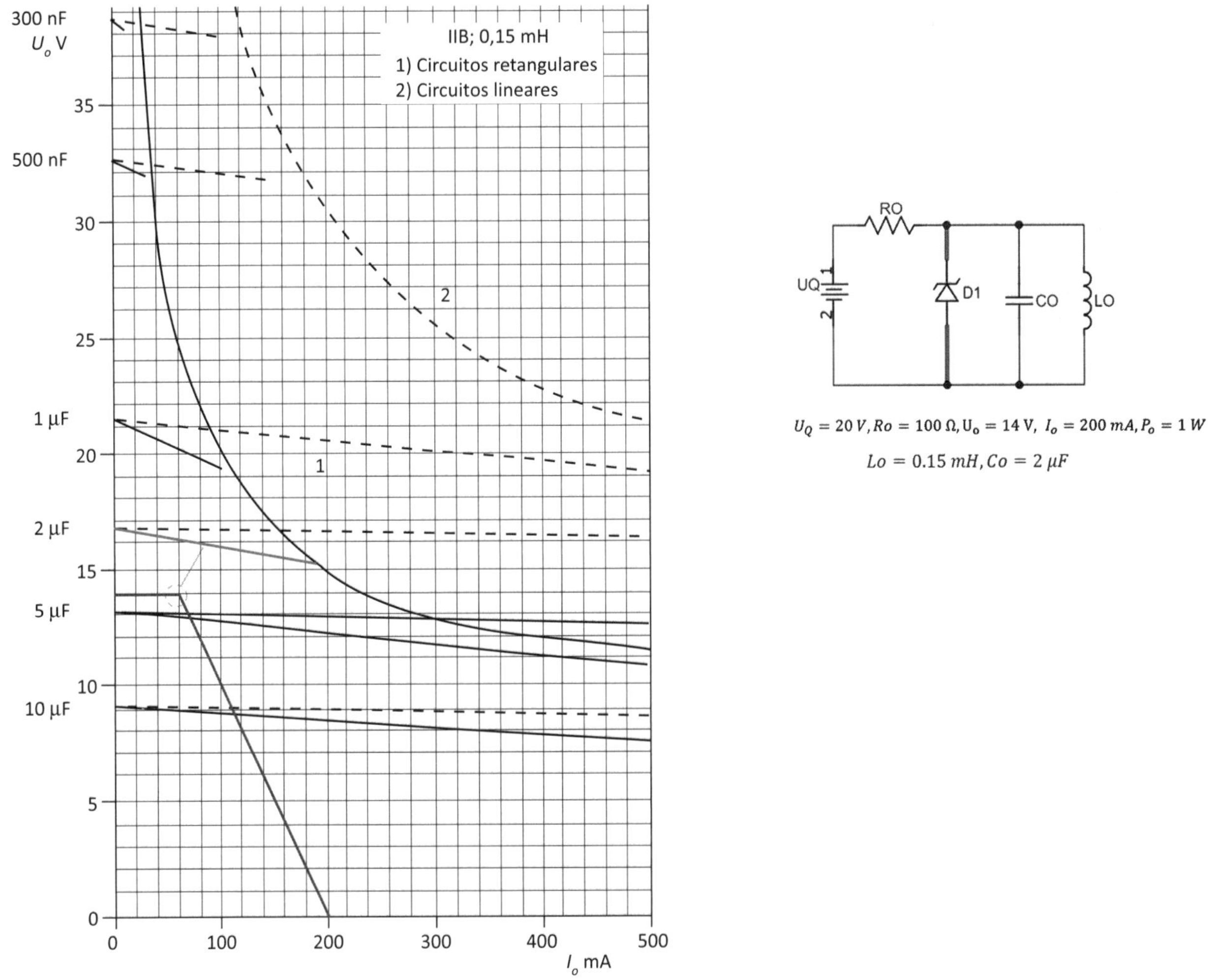


**Figura 15.4 –** Exemplo de avaliação de um circuito intrinsecamente seguro com características trapezoidais.

*Fonte*: acervos pessoais dos autores.

Capítulo **16**

# Energia em centelhas provenientes de circuitos retangulares

**Sinopse**: este capítulo aborda os requisitos sobre energia em centelhas provenientes de circuitos com características retangulares, considerados nas atividades de projeto, dimensionamento, avaliação, fabricação e ensaios de equipamentos intrinsecamente seguros e de equipamentos intrinsecamente seguros associados, em um processo de certificação de conformidade de equipamentos Ex "i" ou [Ex "i"].

Circuitos com características retangulares são aqueles que possuem uma tensão limitada de acordo com os métodos aceitáveis, seja a tensão conhecida de uma bateria, seja por limitação por meio de um circuito *shunt* de proteção. Contudo, em circuitos com características retangulares, a corrente não é limitada por um resistor. A limitação de corrente é obtida de meios denominados de limitação *ativa* de corrente.

A limitação ativa de corrente pode ser feita por meio de transistores de todos os tipos, sendo os mais comuns os transistores *MOSFET* (canal P ou N), pois esses componentes apresentam a melhor eficiência, já que a resistência adicionada ao circuito é mínima quando eles se comportam como uma chave fechada. Esse modelo de limitação de corrente também é conhecido como *fusível eletrônico*, sendo vastamente utilizado na indústria de equipamentos eletrônicos, principalmente em circuitos com baterias, nos quais, em geral, dois meios de limitação são implementados para a limitação de corrente, sendo o primeiro um *fusível eletrônico*, e o segundo, um *fusível comum*.

O *fusível eletrônico* evita a queima indevida do *fusível comum*, o que geralmente pode ocorrer devido a uma sobrecarga oriunda de alguma operação inadequada do equipamento, e pode ser substituído pelo usuário, se o equipamento desligar.

A possibilidade de se obter um circuito intrinsecamente seguro sem a utilização de um resistor em série é muito "atrativa" para circuitos com baterias, nos quais qualquer queda de tensão, como aquela que aparece em um resistor de limitação, pode custar a operação do equipamento de acordo com o planejado. Além disso, esses circuitos intrinsecamente seguros sem a utilização de resistor requerem modelos eficientes, de forma a prolongar o período de utilização da bateria com relação à sua carga, representando uma "ineficiência indesejada" qualquer resistência que não tenha uma função específica relacionada com a operação do equipamento.

Além de circuitos com baterias, esses circuitos intrinsecamente seguros sem a utilização de resistor podem ser necessários para equipamentos de instrumentação que requeiram uma tensão constante, independentemente da corrente que esteja sendo consumida, o que é impossível por meio de um circuito linear, pois a queda de tensão sobre o resistor infalível de limitação é em função da corrente.

A figura a seguir apresenta um exemplo de um circuito com bateria e limitação *ativa* de corrente.

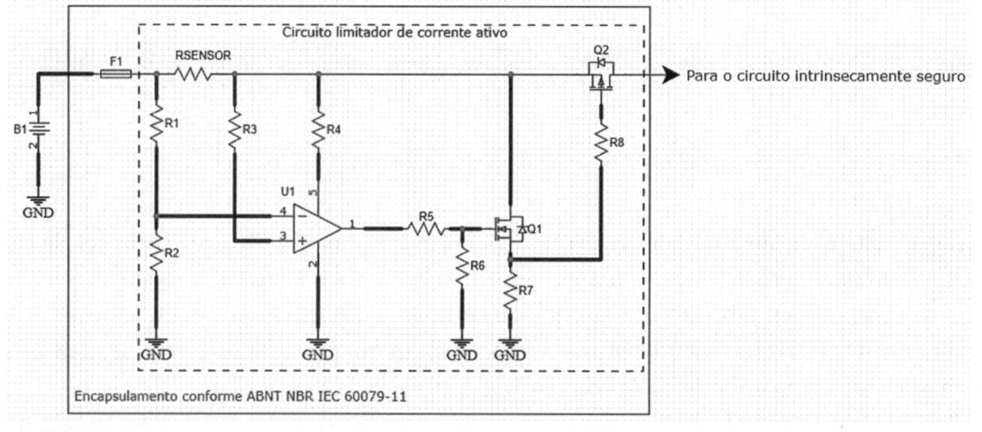


**Figura 16.1** – Exemplo de um circuito com limitação ativa de corrente com característica de saída retangular.

*Fonte*: acervos pessoais dos autores.

Antes de adentrarmos as especificidades relacionadas à limitação de energia em uma centelha, é importante destacarmos algumas características gerais sobre este circuito apresentado.

A primeira delas é o fato de que todos os componentes nesse circuito devem ser infalíveis. Deve haver a redundância, ou duplicidade, dos limitadores eletrônicos. Isso somente é possível se um deles falhar em modo contável.

A segunda é a observação das linhas que representam conexões infalíveis, as quais são representadas como linhas mais "espessas" nesse diagrama. Isso se justifica pela simples ideia de que, se qualquer dessas linhas falhar para circuito aberto, pode ser que Q2 não atue da maneira planejada, desligando o circuito no caso de uma sobrecorrente.

A terceira é a observação da necessidade de se cobrir a falha contável de curto-circuito do MOSFET Canal-P Q2 ou a falha contável para circuito aberto dos demais componentes. Assim, para um circuito nível de proteção "ib", o circuito limitador de corrente ativo deve ser completamente duplicado. O fusível de proteção é necessário para proteger Q2 e permitir a sua definição como um componente infalível.

Além disso, na região de operação do amplificador operacional U1, MOSFET Canal-N Q1 e demais resistores temos, da perspectiva de uma análise para se evitar centelhamento, um circuito linear.

O exemplo inclui essa parte do circuito como completamente "encapsulada", o que permite a exclusão do risco de centelhas causarem uma ignição. Isso simplifica a explicação desse circuito, mas, no geral, a regra para o caso do não uso de encapsulamento é bem simples: qualquer possível combinação de falhas contáveis ou não contáveis deve resultar em um circuito com um resistor em série.

Por último, temos de ressaltar que, até o presente momento, esse tipo de limitação não é permitido para circuitos intrinsecamente seguros com nível de proteção "ia". Estes podem ser utilizados somente para a limitação da potência para a avaliação da temperatura de superfície de componentes, trilhas e fiações, como apresentado mais adiante no Capítulo 22. Contudo, há a possibilidade de que essa tecnologia seja introduzida para esse nível de proteção em uma próxima edição da norma técnica brasileira adotada ABNT NBR IEC 60079-11.

Desse modo, é recomendada a consulta da edição vigente da ABNT NBR IEC 60079-11 para verificar os requisitos de especificação aplicáveis sobre esse tema Ex "i". Obviamente, para um circuito "ia", o circuito limitador ativo deveria ser triplicado.

Na Figura 16.1, a saída para o circuito intrinsecamente seguro é energizada em função da corrente, a qual é definida pela resistência desse circuito e limitada pela atuação de Q2.

Se assumirmos no instante inicial uma corrente inferior à corrente que desligaria a saída, o transistor Q2 conduz como uma "chave fechada", pois o transistor Q1 não conduz. Assim, o gatilho de Q2 está no potencial GND; como a tensão no gatilho é inferior à tensão no terminal *source*, o MOSFET conduz.

Se assumirmos agora uma condição de falha na saída, na região do circuito intrinsecamente seguro, que elevaria a corrente para o valor que desligaria o circuito, o transistor Q2 não conduz, tornando-se uma "chave aberta", pois o transistor Q1 conduz, o que conecta o gatilho de Q2 ao potencial positivo da bateria. Como, agora, temos que a tensão no terminal *source* é igual à tensão no gatilho, o MOSFET não conduz.

A corrente que desligaria o circuito é definida pelo resistor "R sensor" e pela relação dos resistores divisores de tensão $R_1/R_2$. Quando a queda de tensão no resistor "R sensor" for superior à queda de tensão no resistor R2, o amplificador operacional U1 aplica uma tensão positiva no gatilho de Q1. Isso causa a atuação de Q1, tornando-se uma "chave fechada", o que desliga, conforme explicado anteriormente, o transistor Q2. Assim, podemos resumir a funcionalidade desse circuito de acordo com a tabela a seguir.

**Tabela 16.1** – Condição lógica do circuito da Figura 16.1

| Corrente no circuito intrinsecamente seguro | Q1 | Q2 | Circuito intrinsecamente seguro |
|---|---|---|---|
| $Io < I_{desliga}$ | Chave aberta | Chave fechada | Energizado |
| $Io \geq I_{desliga}$ | Chave fechada | Chave aberta | Não energizado |

A equação indicada a seguir é utilizada para calcular a corrente $I_{desliga}$:

$$I_{desliga} = \frac{U_{R2}}{R_{sensor}} \tag{16.1}$$

A tensão $U_{R2}$ é definida pela relação $R_1/R_2$.

Como não é objetivo deste livro adentrar teorias sobre transistores e amplificadores operacionais, deixamos para o leitor investigar mais a fundo as possibilidades e formas de determinar os parâmetros para o circuito proposto e para todas as outras possibilidades. Atualmente, temos inclusive a possibilidade de obter esses circuitos em um único circuito integrado, os quais apresentam uma atuação muito mais rápida quando comparados a circuitos compostos por componentes "discretos".

Como, no geral, a busca por esses componentes exige o uso de nomenclaturas em inglês, deixamos aqui a dica: esses circuitos impressos geralmente são referidos como *efuse*, e alguns fabricantes possuem nos seus catálogos componentes que apresentam uma resistência "Rds" inferior a 100 mΩ.

Com isso dito, focamos agora as definições para a avaliação da energia em uma centelha proveniente desse tipo de circuito, que é o foco e o objetivo deste capítulo.

Primeiramente, temos de observar que há dois cenários a serem analisados.

O primeiro cenário é a condição de uma falha no circuito intrinsecamente seguro, que levaria a corrente a aumentar de forma gradual, até o valor que desligaria o transistor Q2, excluindo, assim, a possibilidade de correntes transientes.

O segundo cenário é aquele no qual, quando circuito intrinsecamente seguro é ligado, por exemplo, por meio de um botão liga/desliga (não representado no diagrama da Figura 16.1), há uma falha de curto-circuito no circuito intrinsecamente seguro durante esse processo, ou quando o circuito intrinsecamente seguro falha subitamente para um curto-circuito.

A razão para dividirmos essas condições é devido ao efeito transiente inerente a esse tipo de circuito: todo o processo descrito para se desligar ou desconectar a saída leva algum tempo. Esse tempo pode variar entre nanossegundos a até alguns segundos, dependendo dos componentes utilizados, e obviamente correntes mais elevadas do que aquela definida para o desligamento do circuito intrinsecamente podem "passar" por Q2 durante esse tempo necessário para a sua atuação. Essas correntes mais elevadas ocorrem somente de maneira transiente. A energia transiente é relevante e deve ser segura.

Aqui faz-se relevante incluir que existem tecnologias como o GSM (*Global System for Mobile Communications*), que requerem da fonte pulsos relativamente elevados de corrente para a sua funcionalidade. Esses pulsos têm curta duração, no geral da ordem de algumas centenas de nanossegundos. Nesses casos, circuitos retangulares desse tipo representam a solução para circuitos intrinsecamente seguros com baterias, os *wearables*. No entanto, o projetista do circuito tem como "missão" encontrar o tempo de atuação que permita a passagem dos pulsos requeridos para permitir a funcionalidade do sistema sem exceder a energia transiente permitida para o grupo de gases definido para o produto. Essa "missão" pode ser "desafiadora", mas, certamente, alguns encontrarão a solução.

A curva característica para o circuito retangular da Figura 16.1 é representa na figura a seguir.

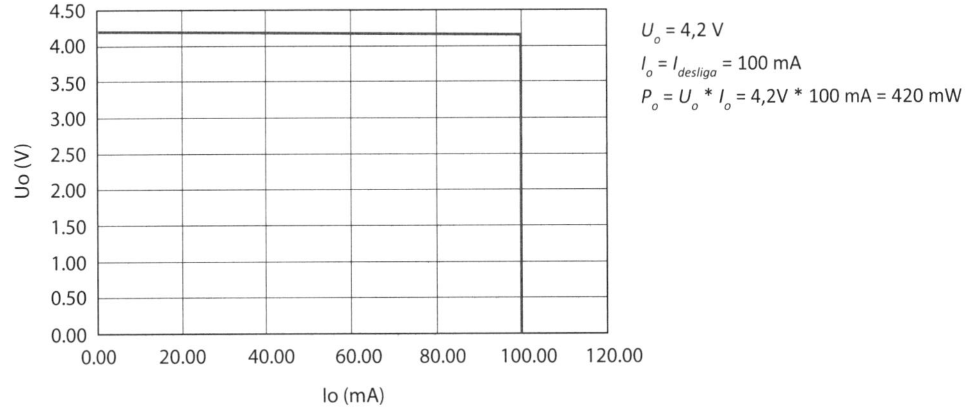


**Figura 16.2 –** Curva característica de um circuito retangular com Uo = 4,2 V, Io = 100 mA e Po = 420 mW

*Fonte*: acervos pessoais dos autores.

Essa curva assume uma bateria de íons de lítio com tensão igual a 4,2 V, uma resistência "Ro" em série com o circuito intrinsecamente seguro, composta pela resistência interna da bateria "$R_{bat}$", resistência a frio do fusível F1 "$R_F$" e a resistência do resistor "Rsensor", como igual a 0,5 Ω (Ro = $R_{bat}$ + $R_F$ + Rsensor). A corrente de desligamento desse circuito é assumida como 100 mA. A máxima potência no circuito intrinsecamente seguro é, portanto, 420 mW.

Na região do "platô" dessa curva, temos um comportamento linear, já que há sempre as resistências indicadas como "Ro" em série, em qualquer circuito para uso geral. Essas resistências são desconsideradas por serem muito baixas, mas é importante incluir que elas serão relevantes para o desenvolvimento da "ideia" ao redor da avaliação da energia transiente. Além disso, é importante incluir que todas essas resistências podem ser consideradas como infalíveis.

A resistência interna da bateria é determinada por testes, como será apresentado no Capítulo 23.

Em resumo, esse valor é a menor resistência medida para dez amostras, em que a tensão de circuito aberto do acumulador ou bateria é dividido pelo pico da máxima corrente de curto-circuito medida em um osciloscópio. Baterias de lítio, por exemplo, geralmente apresentam resistências internas inferiores a 100 mΩ.

A resistência a frio do fusível "$R_F$" é aquela medida na menor temperatura ambiente, geralmente -20 °C. Alguém poderia perguntar por que a resistência "$R_{ds}$" de Q2 não foi incluída. A resposta é simples: essa resistência é dinâmica e, para o propósito para o qual se pretende o uso de "Ro", é geralmente desconsiderada, devido a esse caráter, e por ser a resistência em um semicondutor.

Os parâmetros dessa curva são aqueles para o primeiro cenário, conforme já explicado. Durante o projeto, pode-se utilizar três métodos para se definir a conformidade desses parâmetros, sendo o primeiro o ensaio de centelhamento; o segundo, a utilização das curvas da norma técnica brasileira adotada ABNT NBR IEC 60079-25; e o terceiro e "menos ortodoxo", a utilização das curvas e tabelas da ABNT NBR IEC 60079-11. Este último não é aceito para a certificação do produto "Ex", pois ele ainda não é incluído nas normas, até o presente momento.

O ensaio de centelhamento é realizado com o equipamento de centelhamento padrão explicado no Capítulo 12 deste livro. Existem essencialmente dois ensaios a serem executados, sendo o primeiro para determinar a conformidade do modelo nos limites da condição de condução constante do circuito, e o segundo para determinar a probabilidade de ignição durante a atuação com efeitos transientes.

Pergunta: *Qual a principal diferença entre cada um desses ensaios?* A resposta é simples: a resistência do circuito intrinsecamente seguro a ser incluída durante o ensaio.

Se tomarmos como exemplo o circuito representado na curva da Figura 16.2, a condição limite na condição de condução constante é aquela na qual a máxima corrente está fluindo pelo circuito com a "chave eletrônica" na condição fechada. Portanto, nesse caso, o curto-circuito no circuito intrinsecamente seguro não é a condição a ser ensaiada; e o circuito de ensaio deveria incluir um resistor de 42 Ω no lugar desse curto-circuito. Assim, a conformidade para os circuitos resistivo, indutivo, capacitivo e resistivo-indutivo-capacitivo é determinada.

O segundo ensaio para determinar a probabilidade de ignição durante a atuação com efeitos transientes requer um curto-circuito na saída e, em alguns casos, a modificação do circuito intrinsecamente ou do equipamento de centelhamento padrão para permitir a recuperação e o retorno ao estado inicial do circuito de limitação nos períodos em que o equipamento de centelhamento padrão abre o circuito.

Esse ensaio é realizado conforme o Anexo "Ensaio de ignição de circuitos de alimentação com limitação a semicondutor", apresentado na norma técnica brasileira adotada ABNT NBR IEC 60079-11. O ensaio é realizado com misturas inflamáveis com fator de segurança aumentado, e o número de revoluções é reduzido em ordem inversamente proporcional ao fator de segurança.

Os resultados são, ao final, comparados a um circuito linear simples, com parâmetros "Uo" e "Io" idênticos àqueles apresentados pelo circuito sob avaliação e demonstrados em um gráfico, de acordo com o da figura a seguir.

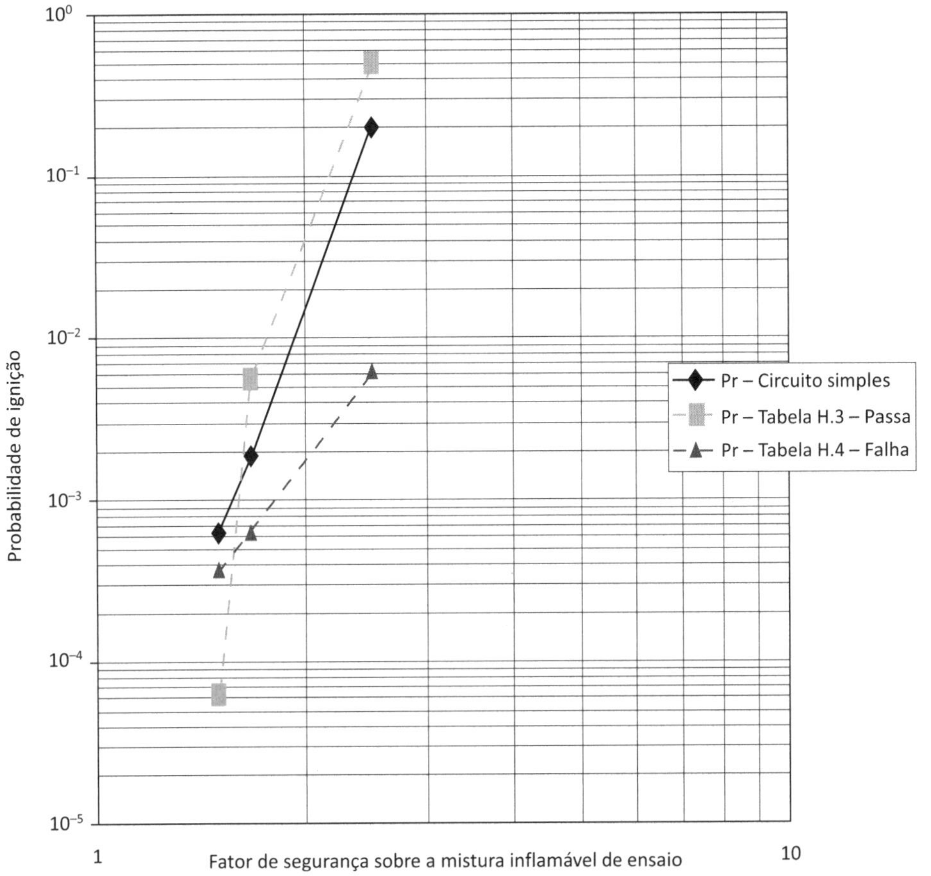


**Figura 16.3** – Gráfico com exemplo de representação da probabilidade de ignição *versus* o fator de segurança sobre a mistura inflamável de ensaio para circuitos retangulares ou circuitos com limitação de corrente a semicondutores.

As curvas apresentadas na norma técnica brasileira adotada ABNT NBR IEC 60079-25 podem ser utilizadas para determinar a conformidade para a condição limite na condição de condução constante. Essas curvas são interessantes principalmente para se estimarem possíveis valores para a capacitância ou indutância que poderiam levar à conformidade do modelo. Por exemplo, tomando-se os parâmetros da curva da Figura 16.2 para o grupo de gás IIC, para um circuito nível de proteção "ib" e para um circuito com indutância Lo = 1 mH, como demonstrado na Figura 16.4, a capacitância de 2 μF seria segura e poderia ser assumida como "Co".

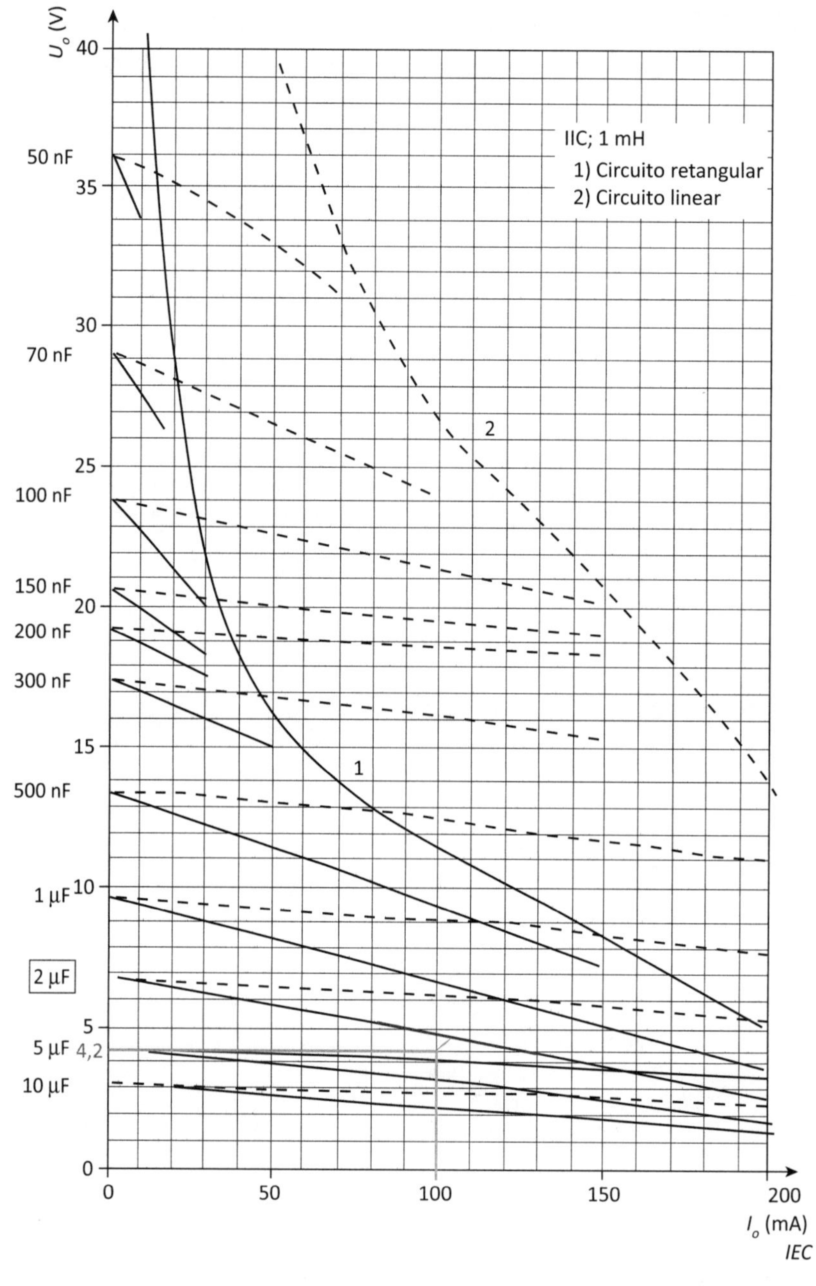


**Figura 16.4** – Exemplo para se encontrar a capacitância permitida para um circuito retangular com Uo = 4,2 V, Io = 100 mA, Po = 420 mW e Lo = 1 mH, de acordo com a norma ABNT NBR IEC 60079-25.

O terceiro método para se encontrarem referências teóricas para se projetar um circuito retangular intrinsecamente seguro são as curvas da norma técnica brasileira adotada ABNT NBR IEC 60079-11 para circuitos lineares. Esse método não será utilizado para a certificação do produto de acordo com a norma ABNT NBR IEC 60079-11, pois não é normalizado, mas isso oferece uma possibilidade de se encontrarem valores diferentes daqueles existentes nas curvas da norma ABNT IEC 60079-25, os quais são bastante limitados.

Para explicar esse método, temos de nos recordar que as curvas da norma técnica brasileira adotada ABNT NBR IEC 60079-11 são para circuitos lineares. A pergunta que se faz é a seguinte: se nos lastrearmos na potência "Po", poderíamos encontrar valores seguros para o circuito retangular por meio de um modelo linear? A resposta é sim.

De acordo com o indicado na figura a seguir, se assumirmos que $Uo_{\text{LINEAR}}$ e $Io_{\text{LINEAR}}$ são parâmetros seguros, então, $Uo_{\text{RETANGULAR}}$ e $Io_{\text{RETANGULAR}}$ também devem ser seguros.

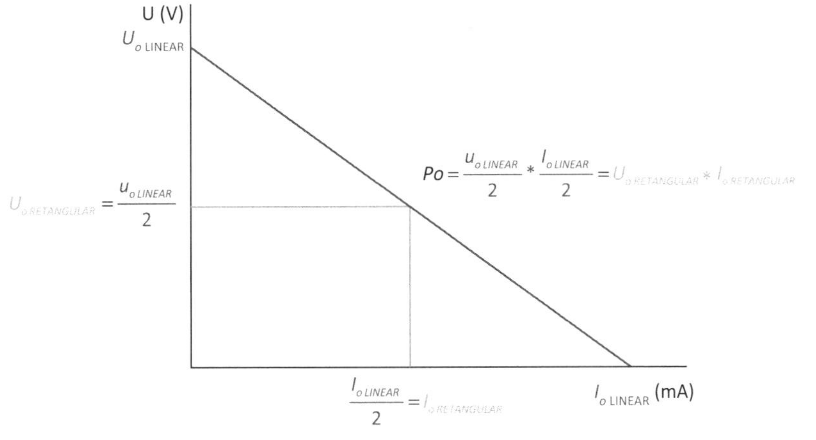


**Figura 16.5 –** Relação entre parâmetros "Uo" e "Io" para circuitos limitadores com características lineares e retangulares.

*Fonte*: acervos pessoais dos autores.

Desse modo, as curvas e tabelas podem ser utilizadas desde que a tensão e corrente do circuito sejam multiplicadas por dois, ou se os valores limites de referência forem divididos por dois. Quanto à capacitância e indutância, os métodos apresentados para circuitos lineares podem ser utilizados, mas, de maneira similar ao apresentado anteriormente, recomenda-se a utilização da regra de multiplicarem-se os valores de tensão e corrente do circuito por dois, ou dividirem-se os valores limites de referência por dois.

Quanto à avaliação da energia transiente, além do ensaio de centelhamento descrito, o ensaio para a determinação da energia transiente em excesso ao permitido deve ser realizado. O método de ensaio é apresentado neste livro, no Capítulo 13.

Como já anteriormente apresentado, quanto mais rápida for a atuação do circuito no processo de desconexão do circuito intrinsecamente seguro da fonte, melhores serão os resultados.

É recomendável o ensaio de valores para "Co" e "Lo" variando de zero até os valores máximos permitidos ou que serão marcados, pois há circunstâncias em que valores menores de capacitância e indutância resultam em maior liberação de energia devido à saturação desses componentes.

Capítulo **17**

# Projeto e avaliação de circuitos com isolação galvânica

**Sinopse**: este capítulo aborda os requisitos de projeto e avaliação de circuitos com isolação galvânica, considerados nas atividades de projeto, dimensionamento, avaliação, fabricação e ensaios de equipamentos intrinsecamente seguros e de equipamentos intrinsecamente seguros associados, em um processo de certificação de conformidade de equipamentos associados [Ex "i"].

A isolação galvânica é um princípio de isolação de seções funcionais de sistemas elétricos para se evitar o fluxo de corrente, não existindo caminhos de condução metálicos. O fluxo de corrente elétrica como meio de transmissão de potência ou sinais elétricos pode ser substituído por um campo magnético, como em um transformador ou um relé; por sinais ópticos, como ocorre em isoladores ou acopladores ópticos; ou pelo acúmulo e descarga de carga elétrica nos eletrodos de um capacitor.

Uma pergunta que pode ser feita é: *onde ou quando isolação galvânica é necessária em circuitos intrinsecamente seguros?*

A resposta para essa pergunta passa por "problemas" fundamentais, que são comuns para outros sistemas eletrônicos para aplicações industriais em áreas não classificadas.

O primeiro desses "problemas" consiste nas correntes circulando entre malhas de aterramento, que podem ser um "pesadelo" ou um "desafio" para instrumentistas e representam um risco de ignição por centelhamento, já que essas correntes, combinadas com a indutância dos cabos, podem gerar cargas que podem ter energia suficiente para causar uma ignição quando ocorre a desconexão ou abertura desse circuito de aterramento.

O problema se inicia com o fato de que, na prática, podemos ter sistemas de aterramentos com potenciais elétricos diferentes. Como as conexões entre aterramentos raramente incluirão um resistor de limitação para a possível corrente circulante, a resistência que limitaria a corrente circulando entre as malhas de aterramento será somente a resistência do cabo, a qual será muito provavelmente na ordem de miliohms (mΩ). Assim, a corrente circulando pelas malhas de aterramento pode ter um valor considerável.

Os cabos possuem a sua indutância inerente característica, por exemplo, de acordo com os requisitos de instalação apresentados na norma técnica brasileira adotada ABNT NBR IEC 60079-14; o valor de 1 μH/m é adequado para ser assumido com segurança, de uma forma "conservativa", para um cabo com características não definidas, o qual pode ser consequentemente carregado por essas correntes circulando através da malha de aterramento. Quando o circuito é aberto, tensões superiores a 10 V podem ocorrer, e assim justificamos o indevido "risco de ignição".

De acordo com o exposto em "Requisitos adicionais para tipos de proteção "i" – Segurança intrínseca"/"Aterramento das malhas condutoras", da norma técnica brasileira adotada ABNT NBR IEC 60079-14:

> Quando uma malha condutora for necessária, exceto nos casos específicos de a) a c) a seguir, a malha deve estar eletricamente conectada à terra em um único ponto, normalmente no terminal do circuito situado na área não classificada. (...)
>
> a) Se existirem motivos específicos, por exemplo, quando a malha possuir alta impedância ou quando for exigida a blindagem adicional contra interferência indutiva, para a malha ter conexões elétricas múltiplas ao longo de sua extensão, o arranjo da Figura 2 pode ser utilizado, desde que:
>
> – o condutor isolado de aterramento possua construção robusta (no mínimo 4 $mm^2$ porém, normalmente, 16 $mm^2$ podem ser mais apropriados para conectores do tipo grampo);
>
> – o arranjo, formado pelo condutor isolado de aterramento associado com a malha, suporte um ensaio dielétrico de 500 V eficaz ou 700 V c.c., conforme aplicável, em relação a todos os outros condutores do cabo e a qualquer armadura deste;
>
> – se o condutor isolado de aterramento e a malha somente forem conectados à terra em um único ponto, este deve ser o mesmo ponto para ambos e este ponto normalmente está situado fora da área classificada;
>
> – o condutor isolado de aterramento deve estar de acordo com a Norma ABNT NBR IEC 60079-14;
>
> – a relação indutância/resistência (L/R) do cabo instalado junto com o condutor isolado de aterramento deve ser determinada e estar em conformidade com os requisitos da Norma ABNT NBR IEC 60079-14.
>
> b) Se a instalação for executada e mantida de maneira que exista um nível alto de confiança de que existe equipotencial entre cada terminação de circuito (por exemplo, entre a área classificada e a área não classificada), então, se desejado, a malha do cabo pode ser conectada à terra em ambas as terminações do cabo e, se preciso, em quaisquer pontos intermediários.
>
> Múltiplas ligações à terra por meio de pequenos capacitores (por exemplo, 1 nF, 1 500 V, capacitor do tipo cerâmico) são aceitáveis, desde que a capacitância total não exceda 10 nF. (ABNT NBR IEC 60079-14)

Dessa forma, desconsiderando-se as exceções apontadas, os circuitos intrinsecamente seguros devem obrigatoriamente ser conectados a somente um único ponto de aterramento.

Quando instrumentos de campo Ex "i" necessitam de uma conexão ao aterramento, seja para sua funcionalidade ou devido a suas condições de instalação, o circuito intrinsecamente seguro associado não pode ser conectado ao seu aterramento "local". Isso seria um risco adicionado ao circuito, o que deve ser removido, já que, sem a conexão do terminal negativo, neutro ou segunda fase ao circuito, barreiras *shunts* não funcionariam, o que poderia levar ao risco de termos tensões mais elevadas que "Uo" marcadas para o equipamento na saída do circuito associado e uma conexão ao aterramento em uma Zona 0, por exemplo, os resultados poderiam ser catastróficos.

A solução para esse tipo de problema é a isolação galvânica do circuito intrinsecamente seguro no equipamento associado [Ex "i"], apresentado neste capítulo.

A isolação galvânica do circuito de alimentação pode ser realizada por meio de transformadores infalíveis. Se considerarmos a falha de não conexão do terminal negativo, neutro ou segunda fase ao circuito, o primário do transformador não teria nenhuma corrente circulando. Assim, nenhum campo magnético é gerado, e, por consequência, o circuito intrinsecamente seguro não estará energizado.

As Figuras 17.1 e 17.2 apresentam a diferença fundamental entre barreiras *a diodos Zener* e barreiras *galvanicamente isoladas*.

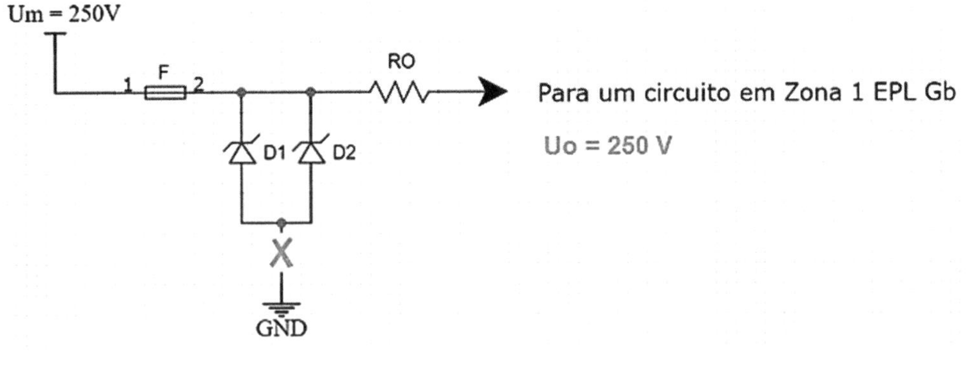


**Figura 17.1 –** Barreira a diodos Zener, com uma falha ao potencial de referência.

*Fonte*: acervos pessoais dos autores.

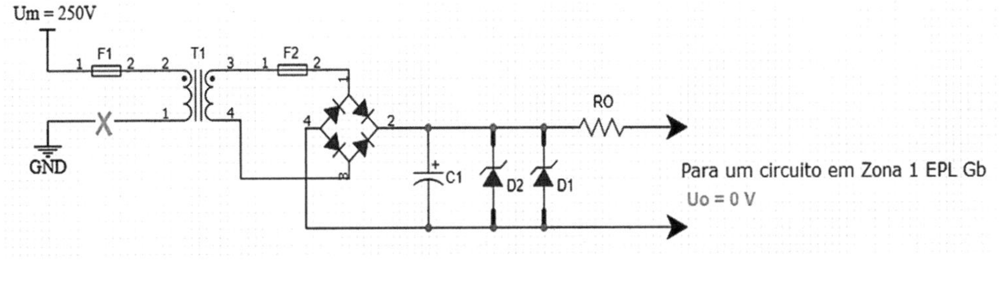


**Figura 17.2 –** Barreira galvanicamente isolada, com uma falha ao potencial de referência.

*Fonte*: acervos pessoais dos autores.

Como podemos ver, a barreira galvanicamente isolada não requer uma conexão a um circuito de aterramento para cobrir o risco de falha de desconexão ao terminal de referência e, assim, permite a circuitos de instrumentação a conexão ao seu aterramento local.

Os circuitos de sinais de dados são normalmente isolados por meio de acopladores ópticos ou acopladores magnéticos infalíveis. Os acopladores ópticos são dispositivos binários; desse modo, para circuitos analógicos, existe a necessidade de converter-se o sinal analógico de corrente, tensão ou ambos em um sinal digital para a sua transmissão. Isso pode representar algum "desafio", mas temos de lembrarmo-nos de que esses dados teriam de ser convertidos de qualquer forma para o seu processamento. Por isso, é apenas uma questão de colocar o *Conversor Analógico/Digital* (A/D) na região intrinsecamente segura do circuito.

Outra aplicação relevante de isolação galvânica em circuitos intrinsecamente seguros é para se isolarem circuitos em equipamentos de instrumentação que contenham cargas capacitivas, indutivas ou ambas, que, se conectadas, gerariam um circuito não intrinsecamente seguro. Esse tipo de metodologia permite a separação dos circuitos em setores com cargas capacitivas, indutivas e, eventualmente, tensão máxima e corrente máxima distintas.

Os circuitos de instrumentação com atuação por sinal binário - por exemplo, no caso de um contato seco para o alarme ou atuação de algum sistema controlado - podem incluir um relé para a isolação galvânica do circuito de controle, ou o circuito da bobina, do circuito controlado, ou o circuito dos contatos. Esse método também permite a desvinculação de parâmetros máximos entre os dois circuitos intrinsecamente seguros, que, nesse caso, podem ser completamente distintos.

Por último e não menos importante, podemos considerar a possibilidade de se isolarem sinais de corrente contínua de sinais de corrente alternada por meio de capacitores de bloqueio ou filtros. Esse tipo de solução é fundamental para circuitos com sinais de radiofrequência, os quais são abordados neste livro, no Capítulo 20.

Outra opção para a utilização dessa solução é quando uma barreira de diodos é utilizada como circuito associado, e o circuito intrinsecamente seguro de instrumentação necessita de uma conexão ao aterramento por meio de um capacitor filtro para a remoção de frequências altas indesejadas, sendo o restante do circuito isolado do aterramento local.

Nesse caso, de acordo com a norma técnica brasileira adotada ABNT NBR IEC 60079-11:

> Os capacitores conectados entre a carcaça do equipamento e um circuito intrinsecamente seguro devem atender aos requisitos para distâncias de separação infalíveis. No caso de sua falha curto-circuitar um componente do qual dependa a segurança intrínseca do circuito, eles também devem **manter** a separação infalível ou atender aos requisitos dos capacitores de bloqueio (...). Considera-se que um capacitor atendendo aos requisitos de separação infalível, sejam internos ou externos, proporciona separação infalível, sendo que apenas um deles é requerido. (ABNT NBR IEC 60079-11)

De maneira geral, um circuito galvanicamente isolado deve ser representado adequadamente na sua documentação de projeto, o que pode ser por meio de um "diagrama em blocos". Quando a isolação galvânica não faz parte do equipamento de instrumentação, a documentação do equipamento deve incluir uma condição específica de instalação (numeração do certificado com sufixo "X"), para indicar que o circuito associado deve ser galvanicamente isolado. Da mesma forma, um circuito intrinsecamente seguro de um instrumento com setores galvanicamente isolados deve ser provido com informações para assegurar a correta instalação de cada circuito intrinsecamente seguro.

As numerações do certificado com sufixo "X" de barreiras de diodos sem isolação galvânica devem incluir uma *condição específica de instalação*, informando que o circuito não atende ou não passará no ensaio de rigidez dielétrica. Dessa forma, para os dispositivos de campo intrinsecamente seguros que não apresentam uma isolação superior a 500 Vca entre circuitos e carcaça metálica (considerados como aterrados), a sua proteção deve ser efetuada por equipamentos associados [Ex "i"] com isolação galvânica, para evitar uma elevação no valor de "Uo", devido à possibilidade da ocorrência de um *loop* de terra. Por essa razão, existe a necessidade de indicação dessa condição específica no respectivo certificado de conformidade, por meio do Sufixo "X", a fim de informar ao usuário final a necessidade da interligação com um equipamento associado [Ex "i"] com isolação galvânica.

A isolação galvânica deve ser projetada considerando-se os seguintes critérios:

a) as distâncias de separações entre os setores do circuito que são galvanicamente isolados devem mandatoriamente atender aos requisitos para distâncias de separação infalíveis;

b) os componentes utilizados, como transformadores, acopladores ópticos, capacitores, relés etc. devem ser componentes "infalíveis" projetados dessa forma. Esse assunto é abordado neste livro, no Capítulo 23;

c) os circuitos isolados galvanicamente devem passar pelo ensaio de rigidez dielétrica, de acordo com os requisitos apresentados na norma técnica brasileira adotada ABNT NBR IEC 60079-11.

# Capítulo 18

# Projeto e avaliação de circuitos de alimentação de corrente contínua intrinsecamente seguros para conformidade com requisitos para se evitar ignição por centelhamento

**Sinopse**: este capítulo aborda os requisitos de projeto e avaliação de circuitos de alimentação de corrente contínua intrinsecamente seguros para conformidade com requisitos para se evitar ignição por centelhamento, considerados nas atividades de projeto, dimensionamento, avaliação, fabricação e ensaios de equipamentos intrinsecamente seguros e de equipamentos intrinsecamente seguros associados, em um processo de certificação de conformidade de equipamentos associados [Ex "i"].

Qualquer pessoa que algum dia tenha projetado um circuito eletrônico para qualquer aplicação deve ter se deparado com a questão "crucial": qual tipo de circuito de alimentação utilizar?

Para circuitos intrinsecamente seguros, a resposta a essa questão é ainda mais "crucial", pois, dependendo do circuito escolhido, haverá mais ou menos esforços a serem aplicados no desenvolvimento dos circuitos de limitação. Dessa forma, escolher a solução que melhor se insira na necessidade do circuito simultaneamente ao atendimento dos requisitos para se evitarem centelhas com energias que possam gerar uma ignição é essencial.

Como explicado anteriormente, equipamentos associados alimentados por tensão alternada deveriam primariamente considerar a utilização de isolação galvânica para se evitarem os problemas apresentados, de acordo com o visto neste livro, no Capítulo 17.

Os circuitos associados para o nível de proteção "ia", se não forem isolados galvanicamente, requererão do usuário a instalação de um transformador, de acordo com os requisitos de instalação apresentados na norma técnica brasileira adotada ABNT NBR IEC 60079-14, com proteção de corrente no primário. Desse modo, podemos dizer que circuitos com tipo de proteção "ia" sempre requerem a utilização de isolação galvânica.

Os circuitos associados com conexão à rede elétrica sem isolação galvânica infalível são "raros" e praticamente se resumem a barreiras a diodos, as quais não têm uma função exata de alimentação, mas são somente um circuito protetivo com funções essenciais, comparadas às de um fusível. Circuitos conectados a uma rede elétrica geralmente são especificados com "*Um = 250 V*".

De acordo com os requisitos de instalação apresentados na norma técnica brasileira adotada ABNT NBR IEC 60079-14, os circuitos com EPL Gb e Gc conectados a diferentes fontes de alimentação, por exemplo, uma fonte de 24 Vcc, podem ser especificados com "*Um = 24* Vcc". Contudo, o usuário final deve observar os requisitos da ABNT NBR IEC 60079-14 para a seleção da fonte de alimentação neste caso. De acordo com essa norma:

> Quando o valor de $U_m$ marcado no equipamento associado for menor do que 250 V, este deve ser instalado de acordo com um dos seguintes itens:
>
> a) em um sistema SELV ou PELV quando $U_m$ não exceder 50 V c.a. ou 120 V c.c., ou
>
> b) por meio de um transformador de isolação infalível de segurança atendendo aos requisitos da IEC 61558-2-6 ou norma tecnicamente equivalente, ou
>
> c) diretamente ligado a equipamentos, em conformidade com a IEC 60950, IEC 61010-1 ou uma norma tecnicamente equivalente, ou
>
> d) alimentado diretamente de acumuladores ou baterias.

Assim, existem equipamentos associados designados para conexão a fontes de corrente contínua com isolação galvânica projetada e marcada com "*Um = 250 V*". Nos casos de utilização desse tipo de fonte de corrente contínua, o usuário não precisa se preocupar com esses requisitos da norma técnica brasileira adotada ABNT NBR IEC 60079-14.

É permitida a utilização de acumuladores e baterias em área classificada se o acumulador ou a bateria atender os requisitos aplicáveis da ABNT NBR IEC 60079-11. A utilização de acumuladores ou baterias "secundários" ou recarregáveis inclui um problema "extra" a ser abordado: quando a bateria não é removida do circuito intrinsecamente seguro para o processo de recarga, o circuito intrinsecamente seguro deve ter capacidade de "sobreviver", como abordado neste livro, no Capítulo 23, a falhas e possíveis transientes advindos do circuito do carregador.

Se esse processo de recarga for feito em área classificada, então o circuito carregador deve ser intrinsecamente seguro. No entanto, são consideradas "raras" as situações que incluam a necessidade de se carregar uma bateria dentro de uma área classificada. Visando à mitigação de riscos, sempre que possível, os acumuladores e baterias devem ser recarregados somente em *área não classificada*, para se excluir o risco de ignição durante esse processo de recarga.

Quando adentramos um pouco mais nos circuitos de alimentação, encontramos circuitos para regulação e conversão de tensão, os quais, de maneira geral, podem ser resumidos em três tipos: (1) reguladores ou conversores lineares; (2) conversores de tensão chaveados, tipo *boost*, *buck* ou híbridos; e (3) circuitos multiplicadores de tensão.

Cada tipo de regulador ou conversor de tensão tem suas particularidades que merecem um entendimento mais aprofundado, mas não há necessidade de se incluir que as soluções que elevam a tensão de entrada serão as soluções que necessitarão de maiores cuidados e mais considerações para se assegurar um modelo seguro a fim de se evitarem ignições por centelhas.

## 18.1 REGULADORES LINEARES

Os reguladores lineares são conversores de tensão que somente podem reduzir a tensão de entrada. Sempre haverá uma queda de tensão mínima para assegurar a funcionalidade do regulador, geralmente chamada de tensão "$V_{dropout}$". Quando a tensão na entrada desse tipo de regulador, chamada de "$V_{in}$", é menor que a tensão de saída "$V_{out}$" somada à tensão "$V_{dropout}$", o regulador não funciona. O processo de regulação da tensão ocorre por meio da dissipação de potência do transistor Q1, na figura a seguir, na qual é apresentado um circuito "típico" de um regulador de tensão.

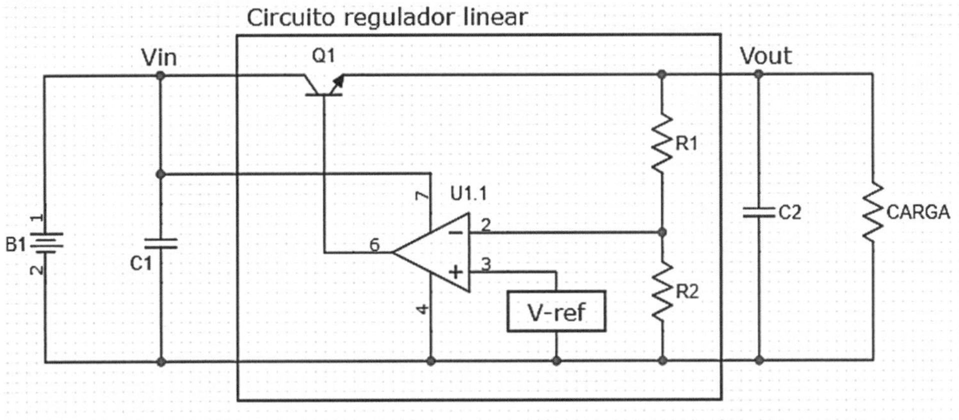


**Figura 18.1 –** Circuito "típico" de um regulador de tensão linear.

*Fonte*: acervos pessoais dos autores.

Esses reguladores não são os mais eficientes das soluções existentes. Além disso, alguns deles podem ter a tensão de saída ajustável, como o circuito integrado modelo *LM317*.

Para circuitos de alimentação com nível de proteção "ic", se o circuito integrado apresentar os devidos fatores de segurança, como explicado no Capítulo 23 deste livro, essa solução pode ser assumida como um limitador de tensão *infalível*.

Todavia, para níveis de proteção "ia" ou "ib", dada a possibilidade de esses reguladores permitirem a passagem de tensões transientes, a sua utilização como limitadores de tensão infalível não é recomendada. Se utilizados, eles devem ter adequada redundância adequada para cada nível de proteção e devem ser submetidos aos ensaios de transientes.

De maneira geral, para os níveis de proteção "ia" e "ib", esses reguladores são assumidos como um curto-circuito, e a tensão da entrada é assumida na saída para a avaliação, conforme os requisitos para se evitar ignição por centelhamento. Assim, $V_{in} = V_{out}$ e $I_{in} = I_{out}$.

## 18.2 CONVERSORES CHAVEADOS TIPO *BOOST, BUCK* E HÍBRIDOS

Os conversores chaveados tipo *boost* e *buck* são provavelmente a topologia "favorita" para circuitos de potência, devido a sua eficiência superior.

Esses conversores trabalham, explicando-se de maneira extremamente simplificada, por meio da transferência da energia armazenada no indutor de entrada para o capacitor na saída.

A figura a seguir demonstra esse processo e as equações utilizadas para se definir a tensão de saída para esses tipos de reguladores.

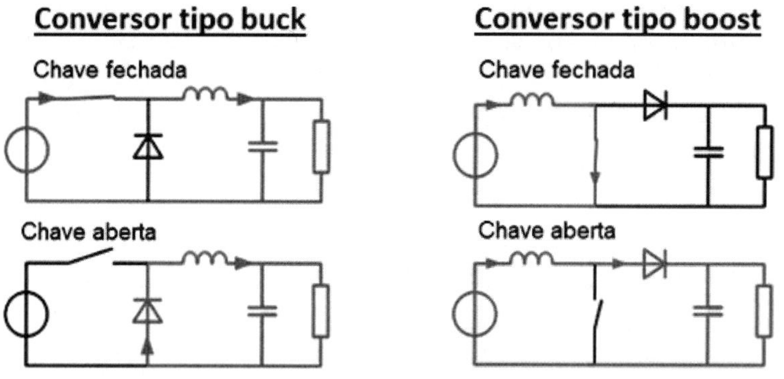


$$V_o = D * V_i \qquad V_o = \frac{V_i}{1 - D}$$

**Figura 18.2** – Funcionamento simplificado de conversores do tipo *buck* e *boost*.

*Fonte*: acervos pessoais dos autores.

Nas equações apresentadas na Figura, "*D*" é o "ciclo de trabalho" (*duty cycle*), "*Vi*" é a tensão de entrada e "*Vo*" é a tensão de saída

Os conversores tipo *buck* são geralmente abordados com as condições de falhas semelhantes àquelas explicadas para reguladores lineares. De maneira geral, o efeito para redução da tensão é desconsiderado, e o circuito é assumido como tendo uma eficiência de 100%. Contudo, esses circuitos incluem cargas reativas que não podem ser desconsideradas; a carga indutiva, a carga capacitiva e a combinação de ambas devem ser seguras e conforme os requisitos para se evitar ignições por centelhamentos.

Dessa forma, a fonte para esses circuitos deve ser intrinsecamente segura quando associada a essas cargas reativas, e, se o circuito na jusante contiver cargas capacitivas e indutivas, elas devem ser adicionadas de forma a se obter um circuito equivalente RLC contendo todas as cargas reativas conectadas a fonte.

A figura a seguir exemplifica o processo de "simplificação" de um conversor tipo *buck* para análise e considerações para se evitar ignição por centelha.

O conversor tipo *boost* é um pouco mais "complicado" ou "completo". Quem algum dia construiu um circuito conversor de tensão tipo *boost* deve ter percebido que a carga conectada ao circuito não pode ser um circuito aberto, já que um circuito aberto levaria a tensão na saída a subir até que o capacitor "exploda" ou o diodo "queime" por ter sua tensão máxima reversa excedida.

Esse problema é solucionado por fabricantes de CI (*circuito integrado*) desse tipo por meio de uma linha "realimentação" (geralmente, chamado em inglês de *feedback*). Essa linha é utilizada para se regular o ciclo de trabalho em função da tensão de saída.

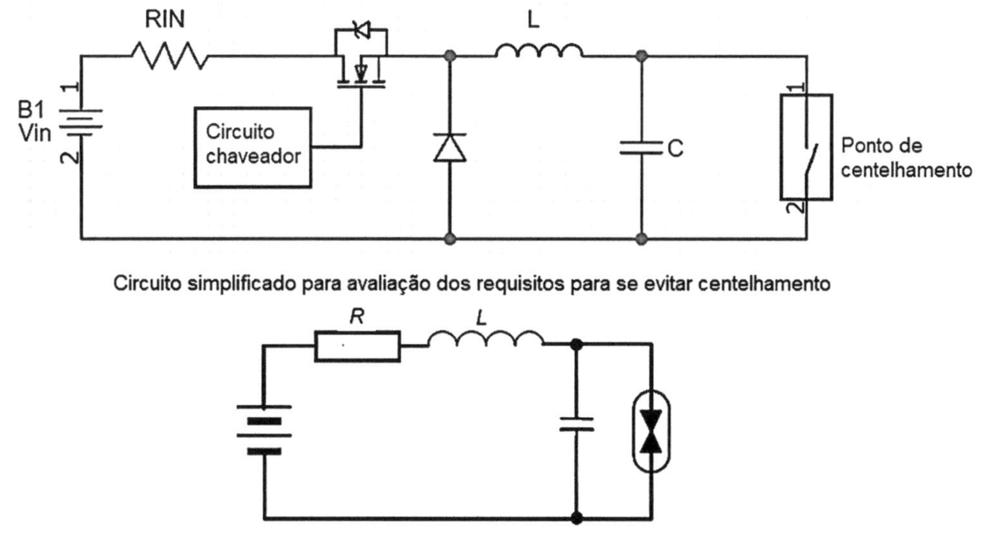


**Figura 18.3** – Circuito simplificado para a avaliação de um conversor chaveado tipo *buck* de acordo com os requisitos para se evitar ignições por centelhamento.

*Fonte*: acervos pessoais dos autores.

Contudo, a pergunta que se faz é: *podemos aceitar esta solução como uma solução "infalível" de acordo com os requisitos da norma técnica brasileira adotada ABNT NBR IEC 60079-11*?

A resposta para essa pergunta pode ser eventualmente "polêmica".

De acordo com os requisitos da norma técnica brasileira adotada ABNT NBR IEC 60079-11, "componentes semicondutores devem ser considerados 'falíveis' para curto-circuito ou circuito aberto e para o estado ao qual eles podem ser forçados pela falha de outros componentes". Dessa forma, recomenda-se que a interpretação mais "conservadora" seja tomada, ou seja, assumimos de maneira geral que essas linhas de retroalimentação podem falhar. Assim, a limitação da tensão de saída de um circuito tipo *boost* é necessária. Essa limitação é realizada por componentes ou circuitos tipo *shunt*.

Dessa forma, podemos definir que um conversor tipo *boost* necessita estar de acordo com os requisitos para se evitar uma ignição por centelha quando o seu circuito é "simplificado", como exemplificado, para um conversor tipo *buck*, para a aproximação do circuito para um circuito simplificado RLC.

Uma vez que a conformidade desse circuito RLC é confirmada, temos de verificar a conformidade da capacitância na saída do conversor, incluindo as cargas reativas do circuito da carga, tendo a limitação *shunt* como referência para a tensão. Se um resistor não for incluído na saída, após o capacitor de saída do conversor tipo *boost*, recomenda-se a execução do ensaio de centelhamento para assegurar que a carga do capacitor, quando somada às possíveis descargas indutivas, não contenha energia suficiente para causar uma ignição.

Quando o resistor for incluído juntamente com o encapsulamento do circuito de chaveamento, do capacitor de saída e dos limitadores *shunt* de tensão, é possível a avaliação por meio das curvas apresentadas na norma técnica brasileira adotada ABNT NBR IEC 60079-11, pois, nesse caso, o ponto de centelhamento experencia um efeito linear. Descargas indutivas são bloqueadas pelo capacitor e pelos diodos Zener (neste exemplo).

A figura a seguir inclui as possíveis maneiras de se abordar o projeto de um conversor tipo *boost* intrinsecamente seguro.

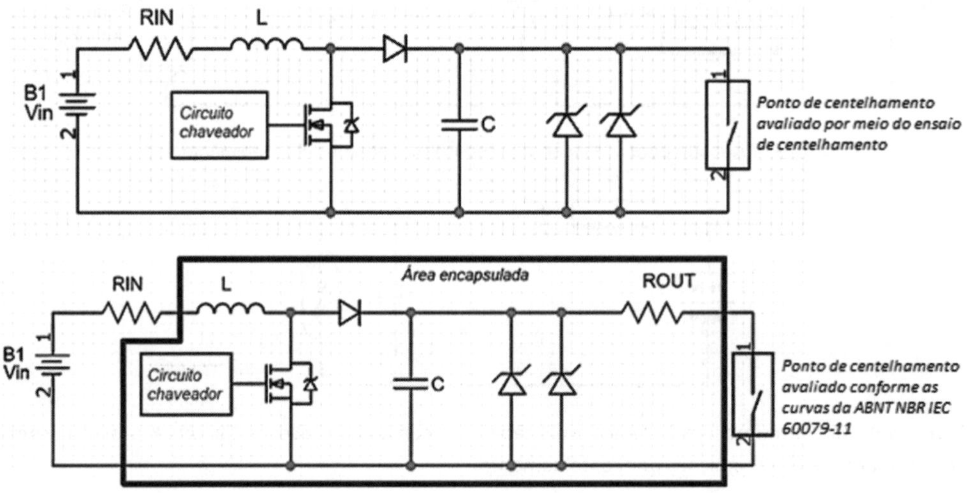


**Figura 18.4** – Exemplos de projeto de circuitos conversores do tipo *boost* intrinsecamente seguros para o nível de proteção "ib" ou "ia".

*Fonte*: acervos pessoais dos autores.

Os conversores *híbridos*, também chamados de conversores tipo *boost-buck*, são projetados como se estivessem em modo *boost*, por representarem o pior caso, e, assim, as medidas para a limitação dos parâmetros, como explicado, também se aplicam para esse tipo de conversor.

## 18.3 CIRCUITOS MULTIPLICADORES DE TENSÃO

Os circuitos multiplicadores de tensão representam uma topologia para a elevação de tensão de corrente contínua, que, diferentemente de conversores tipo *boost*, possuem a tensão de saída limitada pela quantidade de seções de multiplicação de tensão.

Existem diversas possibilidades para esse tipo de circuitos, mas, de maneira geral, tais circuitos elevam a tensão pela transferência da energia de um capacitor de uma seção do circuito para um outro na jusante do circuito; os diodos asseguram que a corrente elétrica somente pode fluir para a carga e, assim, o efeito multiplicador ocorre.

De maneira geral, para a avaliação desse tipo de circuito, a carga capacitiva do circuito multiplicador é considerada como associada em paralelo e avaliada tendo a tensão da fonte (*Vin*) como referência. Se a carga capacitiva estiver conforme, então, cada seguimento deve ser avaliado como um circuito capacitivo submetido à máxima tensão nesse seguimento do circuito multiplicador.

Na figura a seguir, o circuito conectado a "Vout" deve ser avaliado com uma tensão equivalente a três vezes a tensão de entrada.

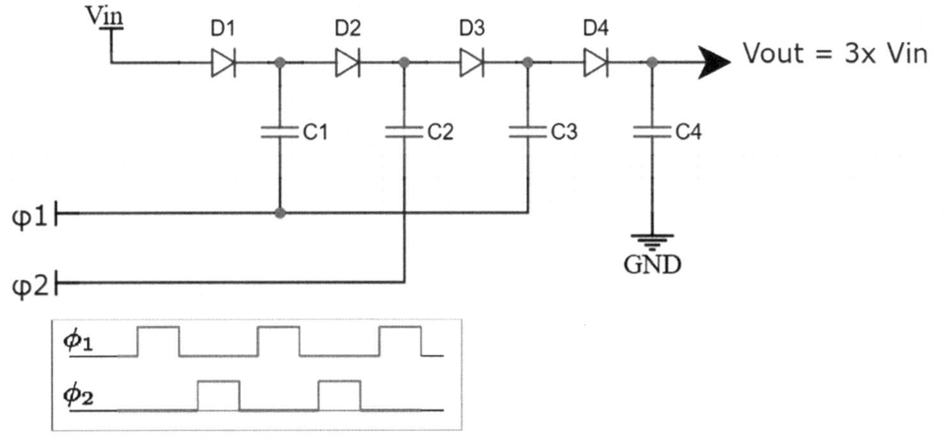


**Figura 18.5 –** Exemplo de um circuito multiplicador de tensão tipo *Dickson Pump Charge* intrinsecamente seguro.

*Fonte*: acervos pessoais dos autores.

A soma de C1, C2, C3 e C4 é avaliada com referência a "Vin". C1 possui máxima tensão igual a "Vin"; C2 possui uma tensão máxima igual a duas vezes "Vin", e assim por diante. A corrente máxima de curto-circuito é a mesma da fonte representada por "Vin".

# Capítulo 19

# Projeto e avaliação de circuitos contendo componentes piezoelétricos

**Sinopse**: este capítulo aborda os requisitos de projeto e avaliação de circuitos contendo componentes piezoelétricos, considerados nas atividades de projeto, dimensionamento, avaliação, fabricação e ensaios de equipamentos intrinsecamente seguros e de equipamentos intrinsecamente seguros associados, em um processo de certificação de conformidade de equipamentos intrinsecamente seguros Ex "i" ou intrinsecamente associados [Ex "i"].

Os dispositivos piezoelétricos são comumente utilizados para gerar centelhas em isqueiros. Esse exemplo demonstra os riscos envolvidos com a utilização deste tipo de componentes. Eles são capazes de gerar tensões nos seus terminais se excitados por energia mecânica, que podem ser provenientes de vibrações, impactos, radiações ultrassônicas, e assim por diante.

Devido a essa característica, são comumente utilizados como transdutores eletrônicos para variáveis *mecânicas*. Também podem ser utilizados em circuitos intrinsecamente seguros, na forma de osciladores de referência para a frequência de circuitos lógicos, como indicadores sonoros, microfones e, por último, como antenas ultrassônicas para emissão e detecção de radiações ultrassônicas, utilizadas, por exemplo, para medição de nível de tanques.

A norma técnica brasileira adotada ABNT NBR IEC 60079-11 apresenta o seguinte procedimento de ensaio para dispositivos piezoelétricos:

> Medir a capacitância do dispositivo [cristal piezoelétrico] e também a tensão que aparece através dele quando qualquer parte do equipamento intrinsecamente seguro que está acessível em serviço é ensaiada por impacto de acordo com a coluna "alto" da tabela de "ensaio de resistência ao impacto" da Norma ABNT NBR IEC 60079-0 realizado a (20 ± 10) °C utilizando o equipamento de ensaio da Norma ABNT NBR IEC 60079-0. Para o valor de tensão, deve ser utilizado o valor mais alto de dois ensaios na mesma amostra. (...)

Quando o equipamento intrinsecamente seguro que contém o dispositivo piezoelétrico incluir uma proteção para evitar um impacto direto, o ensaio de impacto deve ser executado na proteção, estando a proteção e o equipamento intrinsecamente seguro montados como informado pelo fabricante.

A energia máxima armazenada pela capacitância do cristal a uma máxima tensão medida não pode exceder os seguintes valores:

- Para equipamentos do Grupo I: 1 500 μJ
- Para equipamentos do Grupo IIA: 950 μJ
- Para equipamentos do Grupo IIB: 250 μJ
- Para equipamentos do Grupo IIC: 50 μJ

Quando a saída elétrica do dispositivo piezoelétrico for limitada por componentes de proteção ou grades, estes componentes ou grades não podem ser danificados pelo impacto de uma maneira tal que permita a invalidação do tipo de proteção.

Quando for necessário proteger o equipamento intrinsecamente seguro de um impacto físico externo para evitar que uma energia de impacto exceda os valores especificados, detalhes dos requisitos devem ser especificados como condições específicas para utilização e o número do certificado deve incluir o sufixo "X", de acordo com os requisitos de marcação da Norma Técnica Brasileira adotada ABNT NBR IEC 60079-0, e as condições especiais para utilização segura listadas no certificado devem detalhar os requisitos de instalação. (ABNT NBR IEC 60079-11)

Podemos incluir algumas "críticas" a esse procedimento. A primeira é que a capacitância do dispositivo não precisa ser medida durante o ensaio de impacto; ela possui um valor fixo e pode ser medida a qualquer momento.

A segunda é que a norma não inclui a equação para o cálculo da energia armazenada pela capacitância do cristal, a qual é dada abaixo, na Equação 19.1.

$$\boldsymbol{e} = \frac{C * \left(1{,}5\, U_p\right)^2}{2} \tag{19.1}$$

Energia armazenada pela capacitância de um cristal piezoelétrico.

Em que:

- "e" é a energia (J);
- "C" é a capacitância medida do cristal piezoelétrico (F);
- "Up" é a tensão de pico positiva ou negativa (V).

A terceira "crítica" é a falta de informação sobre fatores de segurança. A pergunta que pode ser feita é a seguinte: *devemos incluir um fator de segurança, por exemplo 1,5, ou não?*

Dado que a norma não especifica uma resposta para isso, podemos dizer que não há a necessidade de um fator de segurança. Contudo, esse tema pode ser discutido entre as partes interessadas para uma decisão "consensada".

A equação apresentada na figura a seguir inclui o fator de segurança 1,5, sobre a tensão. Esse procedimento é a possibilidade mais "conservadora" para tal requisito. No exemplo apresentado na figura, a tensão de pico medida para um cristal com 5.85 nF de capacitância foi 984 V, resultando em uma energia de 6.37 mJ. Portanto, o dispositivo *não atende* aos limites para nenhum dos grupos de gases.

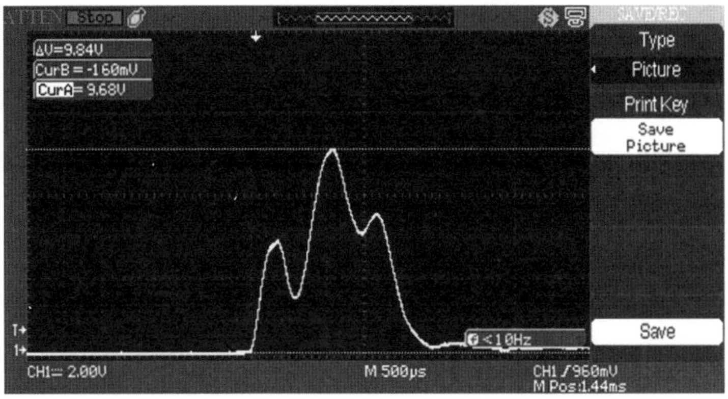


*Equipamento com atenuação x100.*

**Cmax = 5.85 nF**

**Up = 984 Vp**

$$e = \frac{5.85nF * (1.5 * 984Vp)^2}{2}$$

$$\boldsymbol{e = 6.37\ mJ}$$

**Figura 19.1** – Exemplo de um ensaio e cálculo para determinação da energia armazenada em um dispositivo piezoelétrico.

*Fonte*: acervos pessoais dos autores.

Uma possível solução para esse caso, que não passaria pela troca ou alteração do dispositivo piezoelétrico, seria a inclusão de uma limitação do tipo *shunt* (por exemplo, diodos Zener ou TVS) em paralelo com o dispositivo piezoelétrico.

As conexões entre o cristal e o circuito *shunt* devem ser infalíveis, e o elemento *shunt* deve ser rápido o suficiente. Dessa forma, não é recomendada a utilização de circuitos tipo *crowbar*, por exemplo.

A figura a seguir apresenta um exemplo de um cristal piezoelétrico protegido por TVS para a limitação da tensão máxima de pico.

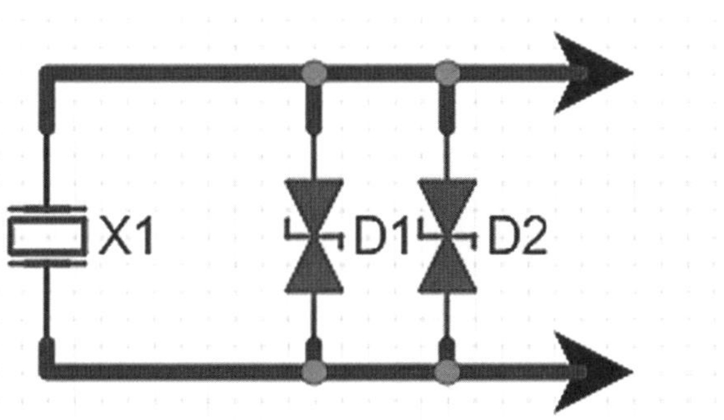


**Figura 19.2** – Exemplo de um cristal piezoelétrico protegido por TVS para a limitação da tensão máxima de pico.

*Fonte*: acervos pessoais dos autores.

# Capítulo 20

# Projeto e avaliação de circuitos com limitação por capacitores de bloqueio para se evitarem ignições por centelha

**Sinopse**: este capítulo aborda os requisitos de projeto e avaliação com limitação por capacitores de bloqueio para se evitarem ignições por centelha, considerados nas atividades de projeto, dimensionamento, avaliação, fabricação e ensaios de equipamentos intrinsecamente seguros e de equipamentos intrinsecamente seguros associados, em um processo de certificação de conformidade de equipamentos intrinsecamente seguros Ex "i" ou intrinsecamente seguros associados [Ex "i"].

Os capacitores de bloqueio são montagens nas quais capacitores são inseridos em série com o circuito, de forma a se criar um filtro passa-alta para sinais de alta frequência. Esse tipo de solução é extremamente interessante para circuitos intrinsecamente seguros com sinais de RF, por exemplo.

Do ponto de vista das limitações necessárias para se assegurar que o circuito intrinsecamente seguro não possa gerar centelhas com energia suficiente para causar uma ignição, capacitores de bloqueio funcionam como uma "válvula" para a energia elétrica que pode ser transferida.

Para se entender esse conceito, temos de nos lembrar de que um capacitor nunca transfere carga elétrica entre seus eletrodos através do dielétrico do capacitor, salvo nos casos em que o capacitor falha para um curto-circuito, mas esse não é o caso analisado aqui.

Quando um capacitor está submetido a uma tensão alternada, no primeiro ciclo, um dos eletrodos terá cargas elétricas positivas, enquanto o outro terá cargas elétricas negativas. Quando adentramos o segundo ciclo, com polaridade invertida, as cargas em cada eletrodo geram a corrente alternada, a qual é em função da reatância capacitiva "Xc". Contudo, o ponto central desse efeito é o fato de que a energia transferida pelo capacitor, ou a energia armazenada em cada ciclo de tensão, é sempre a mesma e depende somente da tensão de pico e da capacitância do capacitor.

A figura a seguir apresenta um circuito com um capacitor de bloqueio, incluindo as respectivas equações para a corrente "$I_{CA}$" através do capacitor e para a máxima energia "e", que pode ser transferida.

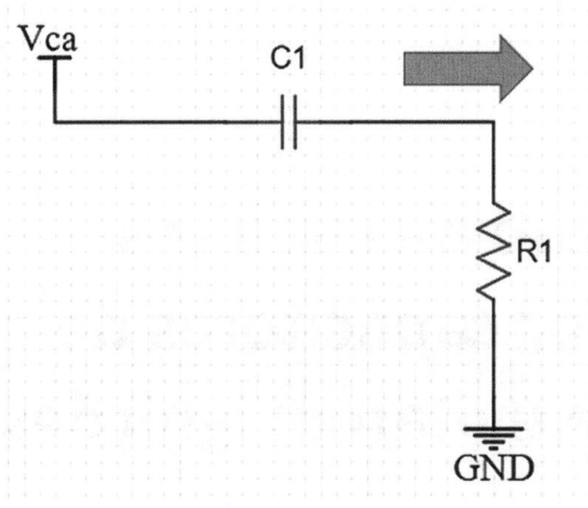


$$I_{CA} = \frac{V_{CA}}{X_C} = V_{CA} * 2\pi f C$$

$$e = \frac{C * V_{CA_{peak}}^2}{2}$$

**Figura 20.1** – Circuito com capacitor de bloqueio, incluindo as equações para a corrente "$I_{CA}$" através do capacitor e para a máxima energia "e" que pode ser transferida.

*Fonte*: acervos pessoais dos autores.

De acordo com os requisitos da norma técnica brasileira adotada ABNT NBR IEC 60079-11, os limites para a máxima energia que pode ser transferida através de um capacitor de bloqueio são os mesmos aplicáveis para a energia acumulada pela capacitância de dispositivos piezoelétricos, com os seguintes valores:

- para equipamentos do grupo I: 1 500 μJ;
- para equipamentos do grupo IIA: 950 μJ;
- para equipamentos do grupo IIB: 250 μJ;
- para equipamentos do grupo IIC: 50 μJ.

Também de acordo com os requisitos da norma técnica brasileira adotada ABNT NBR IEC 60079-11, os capacitores de bloqueio infalíveis devem ser considerados como "falhando" para um curto-circuito. Essa falha é uma falha "contável". Assim, para assegurar que o circuito limitador inclua uma redundância de capacitores adequada, de acordo com o nível de proteção, o circuito deve incluir, para cada nível de proteção:

- nível de proteção "ia": três capacitores infalíveis;
- nível de proteção "ib": dois capacitores infalíveis;
- nível de proteção "ic": UM capacitor infalível.

Para o cálculo da máxima energia transferida, somente UM capacitor deve ser considerado, pois a associação em série de capacitores apresentará sempre uma capacitância equivalente *inferior* à de qualquer elemento associado. Dessa forma, a avaliação é realizada tendo em vista as condições de falhas contáveis.

Com relação à tensão a ser considerada, o cálculo para a máxima energia transferida deve levar em conta a máxima tensão de alimentação do circuito; por exemplo, se esse for um circuito associado conectado à rede elétrica, então "*Um = 250 V eficaz*" seria um valor adequado a ser considerado. Além disso, a tensão de pico gerado pela fonte de sinal RF também deve ser considerada, e esses casos são particularmente importantes para equipamentos intrinsecamente seguros em área classificada, os quais, no geral, apresentarão uma tensão relativamente baixa como "Ui" ou limitada por limitadores do tipo *shunt* no próprio circuito do equipamento. De qualquer forma, a tensão de pico deve ser utilizada para o cálculo da máxima energia transferida.

Recomenda-se a projetistas de equipamentos Ex "i" ter em conta a necessidade da utilização de capacitores de bloqueio para circuitos RF na fase inicial do projeto dos filtros e circuitos acopladores da fonte de RF. Esses capacitores podem ser introduzidos de maneira a serem quase "invisíveis" para esses circuitos, ou então eles podem ser elementos "ativos".

De acordo com os requisitos da norma técnica brasileira adotada a ABNT NBR IEC 60079-11, "capacitores de bloqueio devem ser do tipo com dielétrico sólido de alta confiabilidade". Dessa forma, os capacitores eletrolíticos e de tântalo *não devem* ser utilizados.

Após a aplicação de falhas anteriormente indicadas, o capacitor deve ser selecionado de forma que:

1) a sua tensão nominal apresente um fator de segurança 1,5 sobre a máxima tensão sendo bloqueada (*tensão contínua*) ou sobre a máxima tensão de pico sendo transmitida (*tensão alternada*); e
2) a sua isolação atenda aos requisitos para o ensaio de rigidez dielétrica.

O ensaio de rigidez dielétrica é realizado com uma tensão alternada em forma de onda substancialmente senoidal, a uma frequência entre 48 Hz e 62 Hz, ou com uma tensão c.c., com não mais do que 3% de ondulação de pico a pico, a um nível 1,4 vez a tensão c.a. especificada, de acordo com o seguinte:

- entre circuito intrinsecamente seguro e o aterramento do invólucro (isolado): duas vezes a tensão do circuito intrinsecamente seguro ou 500 V, a que for maior;
- entre circuito não intrinsecamente seguro e circuito intrinsecamente seguro: 2 U + 1.000 V, com um mínimo de 1.500 V eficaz, onde U é a soma dos valores eficazes das tensões dos circuitos intrinsecamente seguros e não intrinsecamente seguros.

A norma técnica brasileira adotada ABNT NBR IEC 60079-11 indica que a máxima corrente de fuga eficaz ou c.c. permitida durante esse ensaio seja de 5 mA. Assim, o leitor mais atento deve ter percebido que os métodos de ensaios com corrente alternada podem levar a "falsas não conformidades". Logo, recomenda-se, para esses ensaios, que o método com corrente contínua seja utilizado.

Para os capacitores que forem ensaiados em fábrica, com uma indicação clara no seu *datasheet* sobre isso, sendo a tensão de ensaio de acordo com o indicado anteriormente, o ensaio de rotina ou verificação de fábrica pode ser excluído. Do contrário, o fabricante do produto intrinsecamente seguro deve assegurar que todas as unidades fabricadas atendam a esse requisito de ensaio de rigidez dielétrica.

Além disso, a montagem dos capacitores de bloqueio deve apresentar distâncias de separações infalíveis. Esse assunto é abordado neste livro, no Capítulo 23, no qual são apresentados detalhes sobre esses requisitos.

Capítulo **21**

# Comparações entre o aparelho de centelhamento padrão eletromecânico "tradicional" e o software *iSpark*

**Sinopse**: este capítulo apresenta comparações entre o aparelho de centelhamento padrão eletromecânico "tradicional" e o software *iSpark*, considerados nas atividades de projeto, dimensionamento, avaliação, fabricação e ensaios de equipamentos intrinsecamente seguros e de equipamentos intrinsecamente seguros associados, em um processo de certificação de conformidade de equipamentos intrinsecamente seguros Ex "i" ou intrinsecamente associados [Ex "i"].

O aparelho *eletromecânico* de faiscamento "padrão" (STA – *Spark Test Apparatus*), como já descrito neste livro, aqui chamado de equipamento de centelhamento padrão "tradicional", é um item essencial para qualquer laboratório acreditado para a realização de ensaios com equipamentos intrinsecamente seguros.

No entanto, a sua operação exige licenças especiais do local onde ele é utilizado, já que misturas inflamáveis são necessárias, e explosões ocorrerão no interior do dispositivo de maneira controlada, o que a torna uma operação de "risco", que requer diversas precauções adicionais.

Além disso, o equipamento de centelhamento eletromecânico padrão "tradicional" requer constante manutenção, incluindo o manuseio de materiais perigosos, como o cádmio, que é um material reconhecido como cancerígeno.

Dessa forma, o acesso a esse equipamento geralmente é quase impossível para engenheiros projetistas de produtos intrinsecamente seguros e para o pessoal de laboratórios "Ex" acreditados. A sua operação é, de maneira geral, restrita àqueles casos em que não existam outra "opção" disponível.

Por esses motivos, softwares que simulem os ensaios de centelhamentos preenchem a "lacuna" entre as possibilidades representadas nas *curvas* da norma técnica brasileira adotada ABNT NBR IEC 60079-11, que permitem uma conclusão "teórica" sobre a conformidade do modelo avaliado, e o ensaio de centelhamento padrão, para aqueles casos em que as curvas ou os modelos teóricos não são suficientes para se determinar a conformidade do modelo avaliado.

O software *iSpark* é o mais reconhecido e utilizado para simulações do equipamento de centelhamento eletromecânico padrão "tradicional". A sua utilização por renomados laboratórios internacionais por anos comprova os elevados níveis de confiabilidade dos seus algoritmos.

Esse software foi inicialmente concebido no PTB, da Alemanha, pelo Dr. Martin Krämer, e representa o resultado de anos de pesquisas empíricas com o equipamento de centelhamento padrão "tradicional" para a criação de um modelo "matemático" que permita a "simulação" dos efeitos físicos que ocorrem no equipamento eletromecânico desse centelhamento.

O *iSpark* pode simular circuitos com características lineares, trapezoidais, retangulares e combinações de circuitos com iguais ou diferentes características para todos os grupos de gases.

O software requer a entrada de parâmetros essenciais, como "Uo", "Io" e assim por diante, determinados por meio de análises específicas do circuito em questão, como exemplos apresentados neste livro.

Esse programa primeiramente verifica a conformidade do circuito sendo avaliado para os requisitos para se evitarem centelhamentos resistivos. Se confirmada a conformidade do circuito da fonte, o *iSpark* gera um relatório interpolando os valores para "Co" e "Lo" permitidos para o dado circuito.

Na figura a seguir, é apresentado um fluxograma mostrando uma visão geral do processo do software *iSpark*, o qual serve de "roteiro" para que seus usuários possam se localizar no processo de avaliação de circuitos intrinsecamente seguros.

Tomemos como exemplo um circuito linear com Uo = 25 V e Io = 100 mA para o grupo de gases IIC, e nível de proteção "ia" (fator de segurança 1,5).

Se utilizarmos as "Curvas" e "Tabelas" da norma técnica brasileira adotada ABNT NBR IEC 60079-11 para avaliar esse circuito, chegaremos às seguintes conclusões:

1) a fonte é intrinsecamente segura, já que a máxima corrente especificada para 25 V, IIC e fator de segurança 1,5 é 158 mA;
2) a máxima capacitância especificada para 25 V, IIC e fator de segurança 1,5 é 110 nF; e
3) a máxima indutância permitida para 100 mA, IIC e fator de segurança 1,5 é 3,55 mH.

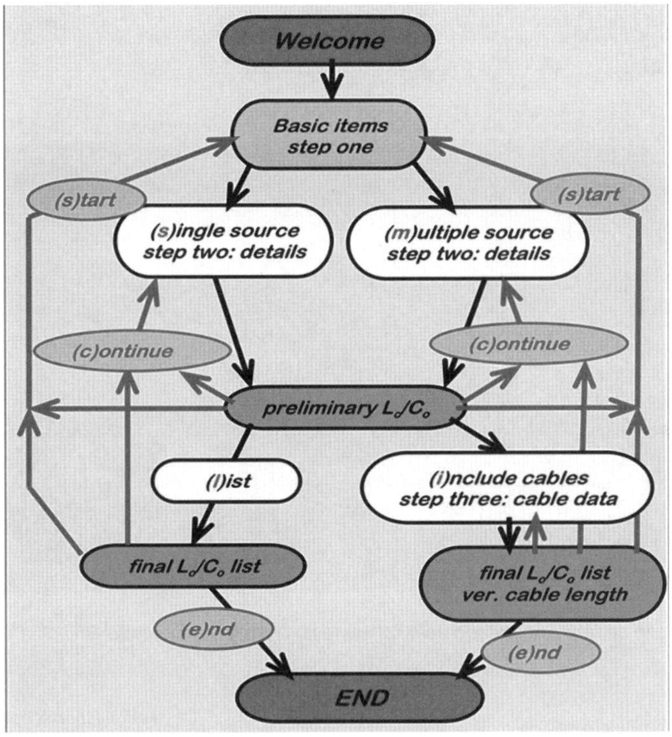


**Figura 21.1** – Fluxograma mostrando uma visão geral do processo utilizado pelo software *iSpark* na avaliação de circuitos intrinsecamente seguros.

*Fonte: iSpark's operating instructions.*

Quando aplicamos o procedimento para determinação da combinação de cargas capacitivas e indutivas apresentadas na norma técnica brasileira adotada ABNT NBR IEC 60079-11, chegaríamos aos máximos valores teóricos para cargas reativas concentradas (ou discretas):

- Co = 110nF / 2 = 55 nF;
- Lo = 3,55mH / 2 = 1,77 mH.

Assim, se utilizarmos como referência somente a norma técnica brasileira adotada ABNT NBR IEC 60079-11, qualquer combinação de Co e Lo superior a esses valores, requereria ensaio de centelhamento para a comprovação da sua conformidade com os requisitos dessa norma.

Se o mesmo circuito for avaliado pela utilização do software *iSpark*, como o relatório apresentado na figura a seguir, com as mesmas condições, IIC e fator de segurança 1,5 para o nível de proteção "ia", temos a indicação de que são possíveis várias combinações de Co e Lo superiores àquelas determinadas de acordo com essa mesma norma.

```
program ispark, version 7.1, 28.06.2017 **************** copyright @ PTB 2002

all parameters and final results

EPL           :  a
gasgroup      :  IIC

source        :  linear
Uo        [V]=    25.000
Io       [mA]=   100.000
freewheeling:  without

SafetyMargin:     2.10

Lo[mH]   2.000    -       -       -       -       -     2.000   1.000   0.500
Co[uF]   0.046    -       -       -       -       -     0.046   0.065   0.084

Lo[mH]   0.200   0.100   0.050   0.020   0.010   0.005   0.002   0.001
Co[uF]   0.110   0.110   0.110   0.110   0.110   0.110   0.110   0.110

interpolate Co?               (y/n)
```

**Figura 21.2 –** Exemplo de relatório gerado pelo software *iSpark* para um circuito linear "ia", IIC com Uo = 25 V e Io = 100 mA.

*Fonte: iSpark's operating instructions.*

Por exemplo, a combinação Co = 46 nF e Lo = 2 mH seria bastante "adequada" para um circuito que necessitasse utilizar cargas indutivas um pouco superior a 1,77 mH. Ou, então, a combinação de Co = 110 nF e Lo = 0,2 mH representa a "melhor combinação" se o circuito necessitar de muitas cargas capacitivas. Além disso, podemos observar que os valores apresentados na norma ABNT NBR IEC 60079-11 não são excedidos.

Desse modo, a notável praticidade do *iSpark* fica evidente. Sem esse software, o avaliador ou o projetista teriam de realizar uma série de ensaios de centelhamento padrão para encontrar combinações aceitáveis de Co e Lo superiores aos valores determinados conforme a norma técnica brasileira adotada.

Quanto à aceitabilidade do *iSpark* e outros softwares como evidência de conformidade para certificação de acordo com os requisitos apresentados na norma técnica brasileira adotada ABNT NBR IEC 60079-11, esse tema ainda está em discussão, e ainda não há uma determinação decisiva ou um consenso por parte das entidades ou dos sistemas envolvidos nos processos de certificação "Ex" aplicados para o tipo de proteção "segurança intrínseca".

Do ponto de vista mais "conservador", a melhor combinação de Co e Lo, determinada pelo fabricante ou projetista do equipamento intrinsecamente seguro, deveria ser ensaiada no equipamento de faiscamento "padrão", resumindo o programa de ensaios nesse equipamento a um ensaio, em vez de algumas dezenas.

Mais detalhes sobre o software *iSpark*, incluindo informações gerais e detalhadas, instruções de operação e download do software estão disponíveis no seguinte endereço eletrônico: <http://ispark-software.com>.

Nota de reconhecimento e de agradecimento: os autores deste livro reconhecem e agradecem ao Dr. Martin Krämer pelo consentimento para a citação do software *iSpark* neste capítulo.

São notáveis os trabalhos de pesquisa e desenvolvimento realizados com a colaboração do Dr. Martin para o desenvolvimento do tipo de proteção "segurança intrínseca", por meio desse longo e complexo empreendimento que resultou na concepção, desenvolvimento e aperfeiçoamento do software *iSpark*.

Capítulo **22**

# Projeto e avaliação de circuitos para limitação da temperatura de ignição

**Sinopse**: este capítulo aborda os requisitos de projeto e avaliação de circuitos para a limitação da temperatura de ignição, considerados nas atividades de projeto, dimensionamento, avaliação, fabricação e ensaios de equipamentos intrinsecamente seguros e de equipamentos intrinsecamente seguros associados, em um processo de certificação de conformidade de equipamentos intrinsecamente seguros Ex "i" ou intrinsecamente associados [Ex "i"].

## 22.1 REQUISITOS NORMATIVOS PARA SE EVITAREM IGNIÇÕES TÉRMICAS

A classificação de temperatura de equipamentos elétricos, de instrumentação, de telecomunicações, de automação ou mecânicos destinados para instalação em atmosferas explosivas é necessária para assegurar que não ocorram ignições térmicas de gases ou vapores inflamáveis ou de poeiras combustíveis.

As ignições térmicas ocorrem quando um volume de uma mistura inflamável ou combustível atinge a sua temperatura de autoignição. Esse processo se dá por meio da transferência de calor, ou energia térmica, de uma superfície quente do equipamento para o meio, a qual ocorre pela transferência de calor por condução e convecção térmica.

Para o grupo I, devido à limitação dos tipos de gases e a presença de carvão, essa temperatura máxima de superfície não pode exceder:

- +150 °C sobre qualquer superfície onde possa se formar uma camada de poeira de carvão;
- +450 °C onde não é provável que se forme uma camada de poeira de carvão (por exemplo, no interior de um invólucro protegido contra poeira, IP5X ao menos).

Para o grupo II (gases inflamáveis), essas temperaturas de autoignição são agrupadas em faixas de temperatura que recebem uma classificação, a qual chamamos de *classe de temperatura* da área ou do gás ou vapor inflamável.

No Capítulo 3 deste livro, são apresentas essas faixas e suas classificações. De maneira complementar, os *equipamentos* para atmosferas de gases e vapores inflamáveis recebem também uma classe de temperatura ou *temperatura de superfície*. Similarmente, essa classe inclui o agrupamento das temperaturas máximas de superfícies de equipamentos em faixas.

A tabela a seguir apresenta uma compilação dessas informações para equipamentos para o grupo II.

**Tabela 22.1 –** Classes de temperaturas normalizadas, apresentadas na norma ABNT NBR IEC 60079-14 – *Relação entre temperatura de ignição do gás ou vapor presente nas áreas de processo e Classe de Temperatura do equipamento "Ex"*

| CLASSES de TEMPERATURA requerida pela CLASSIFICAÇÃO de ÁREA | TEMPERATURA de IGNIÇÃO do gás ou vapor inflamável existente na área classificada onde o equipamento "Ex" será instalado | Máxima temperatura de SUPERFÍCIE do equipamento "Ex" | CLASSES de TEMPERATURA do equipamento "Ex" permitidas para instalação |
|---|---|---|---|
| T1 | T ignição gás > 450 °C | 450 °C | T1 a T6 |
| T2 | T ignição gás > 300 °C | 300 °C | T2 a T6 |
| T3 | T ignição gás > 200 °C | 200 °C | T3 a T6 |
| T4 | T ignição gás > 135 °C | 135 °C | T4 a T6 |
| T5 | T ignição gás > 100 °C | 100 °C | T5 ou T6 |
| T6 | T ignição gás > 85 °C | 85 °C | T6 |

*Fonte*: *O ciclo total de vida das instalações em atmosferas explosivas* (2018), de Roberval Bulgarelli.

Quando abrimos a discussão sobre temperaturas de ignição de gases e vapores para equipamentos intrinsecamente seguros, temos de considerar que, de maneira geral, as máximas temperaturas de superfície ocorrem em pequenos componentes eletrônicos em uma placa de circuito impresso.

O processo de transferência de calor entre a superfície de um componente "pequeno" e um meio gasoso se dá pela *convecção térmica*, como apresentado na figura a seguir, na qual é representada em meio com viscosidade constante.

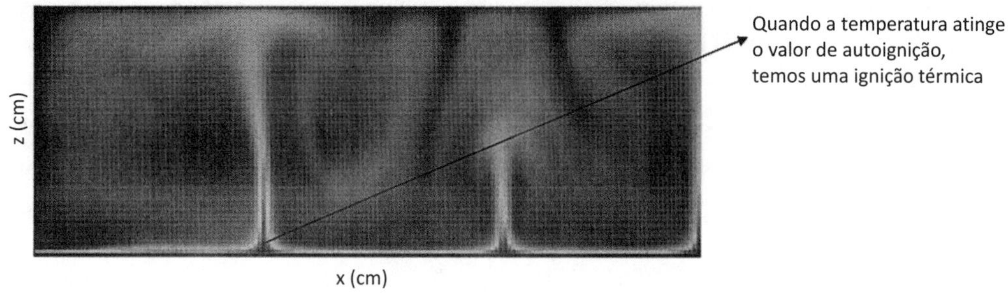


**Figura 22.1 –** Processo de convecção térmica entre um corpo "pequeno" e um meio gasoso.

*Fonte*: acervos pessoais dos autores.

A equação para transferência de calor por convecção térmica em meio com viscosidade constante é a seguinte:

$$Q' = h\ A\ (Tf - T) \qquad (22.1)$$

Transferência de calor por convecção térmica em meio com viscosidade constante

Em que:

- "*Q*'" é a energia térmica transferida por unidade de tempo;
- "*A*" é a área de superfície do objeto ou componente eletrônico;
- "*T*" é a temperatura do objeto ou componente eletrônico;
- "*Tf*" é a temperatura do fluido do meio ou da atmosfera explosiva presente;
- "*h*" é o coeficiente de transmissão do calor por convecção térmica.

Se considerarmos um dado coeficiente de transmissão de calor por convecção térmica "h" e uma quantidade de calor "Q'", necessário para aquecer um volume de gás ou vapor inflamável até a sua temperatura de autoignição "$T_f$", podemos observar que, se a área de superfície do objeto transferindo calor "A" diminuir, necessariamente a temperatura do objeto "T" deve aumentar.

Essa ideia é apresentada na norma técnica brasileira adotada ABNT NBR IEC 60079-0 por meio dos dados apresentados da tabela a seguir.

**Tabela 22.2 –** Temperaturas máximas de superfície para classe de temperatura T4 ou grupo I de acordo com o tamanho do componente

| Área total da superfície excluindo-se cabos terminais | Temperatura máxima de superfície para equipamento do grupo II com classe de temperatura T4 | Temperatura máxima de superfície para equipamento do grupo I |
|---|---|---|
| A < 20 mm² | +275 °C | +950 °C |
| 20 mm² ≤ A ≤ 1 000 mm² | +200 °C | +150 °C ou +450 °C |
| A > 1 000 mm² | +135 °C | +150 °C ou +450 °C |

*Fonte*: norma ABNT NBR IEC 60079-0.

Assim, para componentes "pequenos", com área de superfície menor que 1.000 mm², a temperatura máxima de superfície indicada para a classe de temperatura pode ser excedida. Infelizmente, não temos dados disponíveis para outras classes de temperaturas diferentes de T4.

A ABNT NBR IEC 60079-0 indica que a temperatura máxima de superfície pode ser excedida, mas isso está condicionado ao ensaio de ignição de pequenos componentes. Contudo, a classificação de temperatura T4 abrange praticamente todos os gases e vapores, com a exclusão de alguns poucos gases, que possuem classe de temperatura T5 ou T6. Desse modo, as condições apresentadas a seguir são de extrema relevância e explicam a razão pela qual a maioria dos equipamentos intrinsecamente seguros são marcados com a classe de temperatura T4.

De maneira similar, se considerarmos uma área de superfície mínima "A" para um dado coeficiente de transmissão de calor por convecção térmica "h", podemos observar que, quanto maior for a temperatura inicial do meio ("Tf"), menor deve ser a energia térmica transferida para se evitar que o meio atinja a sua máxima temperatura de autoignição.

A tabela a seguir apresenta essa relação para componentes com área superficial maior ou igual a 20 mm$^2$.

**Tabela 22.3** – Potências térmicas máximas para classe de temperatura T4 ou grupo I de acordo com a temperatura ambiente para componentes e partes com área de superfície ≥ 20 mm$^2$

| Máxima temperatura inicial de falha "Ta" (°C) | Grupo de equipamento | 40 | 50 | 60 | 70 | 80 |
|---|---|---|---|---|---|---|
| Máxima dissipação de potência (W) | Grupo II | 1,30 | 1,25 | 1,20 | 1,10 | 1,00 |
| | Grupo I | 3,30 | 3,22 | 3,15 | 3,07 | 3,00 |

*Fonte*: norma ABNT NBR IEC 60079-0.

Dessa maneira, para a classificação de temperatura para um componente pequeno em um equipamento intrinsecamente seguro de grupos II ou III, ou para a avaliação de um equipamento de grupo I, temos que responder às seguintes perguntas:

1) Qual a área de superfície do componente?
2) Qual a máxima potência aplicada a esse componente?
3) Qual a temperatura ambiente a ser considerada na região onde se encontra esse componente?
4) Qual a máxima temperatura desse componente?

A resposta para essas perguntas são o foco do empreendimento apresentado neste capítulo.

Os parâmetros mais complexos são a potência dissipada e a determinação da temperatura máxima, pois esses conceitos incluem condições de falhas para os níveis de proteção "ia" e "ib". A determinação de tais parâmetros pode ser de considerável complexidade e aberta a eventuais interpretações.

Para o grupo III (poeiras combustíveis), a temperatura máxima de superfície é marcada para o equipamento intrinsecamente. O Capítulo 3 deste livro inclui uma revisão sobre como esse conceito é aplicado.

A temperatura máxima de superfície é abordada por meio de duas metodologias que ficam necessariamente em função da capacidade do invólucro em limitar, ou não permitir, o ingresso de poeira combustível na região com partes ou componentes eletrônicos. Se o invólucro atender ao mínimo grau de proteção IP5X de acordo com a norma técnica brasileira adotada ABNT NBR IEC 60529 (Códigos IP), então, a temperatura de superfície deve ser determinada nas regiões "externas" do invólucro.

Contudo, se o invólucro não atender a esse critério, ou se houver partes como sensores que devem estar em contato com o meio, a norma técnica brasileira adotada ABNT NBR IEC 60079-11 requer que o equipamento intrinsecamente seguro deva ser considerado adequado para imersão total ou seja recoberto por uma camada de poeira com espessura indeterminada, desde que a dissipação de potência combinada de quaisquer componentes esteja de acordo com a tabela a seguir, e a corrente de curto-circuito contínua seja menor que 250 mA. Nesse caso, esse equipamento intrinsecamente seguro deve ser marcado com T135 °C.

**Tabela 22.4 –** Dissipação máxima de potência permitida em um componente imerso em poeira para marcação T135 °C

| Máxima temperatura ambiente (°C) | 40 | 70 | 100 |
|---|---|---|---|
| **Potência permitida (mW)** | 750 | 650 | 550 |

De maneira similar àquela apresentada para os grupos I e II, para a determinação da temperatura de superfície a ser marcada para um componente pequeno em um equipamento intrinsecamente seguro para o grupo III, temos as perguntas "essenciais" que devem ser respondidas, em adicional àquelas para os grupos I ou II, que são também o objetivo desse empreendimento:

1) O invólucro atende ao mínimo grau de proteção IP5X de acordo com a norma ABNT NBR IEC 60529?
2) Qual é a máxima corrente de curto-circuito contínua?

Deve ser ressaltado que, para equipamentos "Ex", o atendimento aos requisitos de grau de proteção (IP) da norma técnica brasileira adotada ABNT NBR IEC 60529 é verificado após o atendimento aos requisitos da ABNT NBR IEC 60079-0.

Além disso, temos de incluir que na classificação de temperatura para os grupos I e II e para a determinação da máxima temperatura de superfície para o grupo III, para partes não cobertas pelo grau de proteção IP5X, a avaliação é realizada em todos os componentes eletrônicos, abrangendo baterias, componentes semicondutores, resistores, indutores, e assim por diante, incluindo suas trilhas, fiações e partes que eventualmente estejam sob encapsulamento. Ao final dessa avaliação, a máxima temperatura de superfície é utilizada para a classificação de temperatura para o grupo II, ou para avaliação de produto para grupo I; ou é marcada para o grupo III.

## 22.2 DETERMINANDO A MÁXIMA TEMPERATURA INICIAL DE FALHA

Primeiramente, temos de esclarecer que *temperatura máxima inicial de falha* ("*Ta*") é um termo técnico sugerido apenas neste livro, como uma forma de consolidar uma ideia mais abrangente para esse parâmetro, que também pode ser definido como *temperatura ambiente* ou *temperatura máxima local* nas normas técnicas brasileiras adotadas ABNT NBR IEC 60079-0 ou ABNT NBR IEC 60079-0, respectivamente.

A ABNT NBR IEC 60079-0 define essa temperatura como, simplesmente, *temperatura ambiente*, como aquela marcada ou determinada para o ponto de instalação do equipamento intrinsecamente seguro, o que poderia levar às perguntas "essenciais":

Pergunta (1): *deveria a temperatura de processo de instrumentos ser considerada?*

Por exemplo, um transmissor de temperatura em um cabeçote com um sensor tipo bainha imersa, em que o líquido cuja temperatura está sendo medida pode atingir +700 °C. Apesar de isolações térmicas, há a possibilidade de gradientes de calor serem adicionados ao cabeçote, sendo tudo isso considerado como condição normal de operação. Não deveríamos considerar os efeitos do processo?

Ou, então:

Pergunta (2): *e se houver algum componente próximo do componente sendo avaliado que, em condições normais de operação, possa se aquecer e apresentar uma elevação de temperatura "adicional" à temperatura máxima ambiente marcada para o exterior do equipamento?*

Essas perguntas são devidamente respondidas na definição para "temperatura ambiente" da norma técnica brasileira adotada ABNT NBR IEC 60079-0, a qual está definida como "temperatura do ar ou outro meio, nas imediações do equipamento ou componente".

O leitor menos atento a esses "detalhes" pode eventualmente entender que a temperatura inicial de falha de qualquer componente ou parte eletrônica, como uma trilha ou um condutor, deveria ser a temperatura ambiente externa marcada para o equipamento. De fato, muitos laboratórios ao redor do mundo adotaram essa interpretação por anos ou décadas. A ABNT NBR IEC 60079-0:2020 define essa temperatura como a *temperatura máxima local*, o que é uma designação mais "assertiva" sobre esse parâmetro.

Apesar das eventuais "ambiguidades" inerentes a nomenclaturas adotadas, tanto nas normas internacionais da IEC quanto nas respectivas normas brasileiras da ABNT, esses termos, se interpretados de forma adequada, conduzem à ideia de que a temperatura máxima inicial de falha "*Ta*" é a temperatura máxima do ar ao redor do componente que está sendo avaliado, levando-se em consideração o calor oriundo dos componentes eletrônicos em condições normais de operação e, quando relevante, o calor oriundo de fontes externas de aquecimento, como um líquido de processo que possa estar a uma temperatura superior à temperatura máxima *ambiente* marcada para o exterior do equipamento, a qual, para efeitos de organização, será referenciada com a terminologia "$T_{AMB}$", para evitarmos eventuais confusões.

Para a determinação da temperatura máxima inicial de falha "*Ta*", sugerimos dois métodos, os quais são adotados ao redor do mundo por diversos laboratórios de ensaios de equipamentos "Ex" e geralmente são referenciados normativamente como ensaio de elevação de temperatura de serviço, por se tratar de simulação de condições normais de operações.

O primeiro método é o mais preciso, e é essencialmente o ensaio do equipamento em uma câmara com temperatura ambiente igual a "$T_{AMB}$"; todas as funções do equipamento que levariam à máxima dissipação de potência em condições normais de operação são simuladas, e as temperaturas de regiões da placa de circuito impresso com pequenos componentes são medidas. Essas temperaturas não são medidas na superfície de componentes diretamente, mas no ar ao redor dos componentes determinados, como os mais quentes nestas condições.

Uma câmera de imagem infravermelha pode ser utilizada para a determinação das regiões mais quentes. A temperatura do ar na região da placa onde o componente está situado é adotada como "Ta". Se o equipamento estiver conectado ou imerso em um processo, seja líquido, gasoso ou até mesmo sólido, a temperatura desse processo deve ser levada em consideração e ser simulada.

O segundo método inclui ensaios separados, sendo um para a determinação da elevação de temperatura em condições normais do ar em regiões com componentes eletrônicos, o que chamaremos de "$\Delta T_{ELE}$", e o outro o ensaio para a simulação da temperatura de processo e para se determinar a elevação de temperatura causada por eventuais gradientes, que chamaremos de "$\Delta T_{PROC}$". Ao final, para esse segundo método, a equação a seguir é utilizada para se determinar a temperatura inicial de falha "*Ta*".

$$T_a = T_{AMB} + \Delta T_{ELE} + \Delta T_{PROC} \tag{22.2}$$

Determinação da máxima temperatura inicial de falha de componentes "Ta".

Em que:

- "$T_{AMB}$" é a máxima temperatura marcada ou designada para exterior do equipamento;
- "$\Delta T_{ELE}$" é a elevação de temperatura no ar ambiente do componente quando as condições normais de operação que levem à máxima dissipação de potência são simuladas;
- "$\Delta T_{PROC}$" é a elevação de temperatura no ar ambiente do componente quando a máxima temperatura de processo é simulada.

O terceiro método é certamente o mais "fácil" de ser executado, pois não existe a necessidade de se simular a temperatura de processo juntamente com "$T_{AMB}$", o que pode ser bastante desafiador, dependendo do tamanho do equipamento.

Quanto ao posicionamento de termopares ou sensores de temperatura em regiões com componentes eletrônicos, essa questão é estratégica; um programa de ensaio pode conter a determinação de "*Ta*" para apenas um ponto, sendo este considerado como o pior caso para todo o equipamento, e essa temperatura é adotada para todos os componentes e partes do equipamento; ou o programa de ensaio pode abordar partes ou compartimentos específicos do equipamento, de forma a trazer um conjunto dos valores de "*Ta*" que representem um modelo mais preciso para a avaliação dos componentes eletrônicos em cada região do equipamento.

Ao final, ambas as abordagens são *aceitáveis* e *válidas*, restando para a questão estratégica somente o tempo empregado na determinação dessas temperaturas e na metodologia de análise para organizar os dados.

No exemplo a seguir, temos um transmissor de vazão intrinsecamente seguro; a temperatura ambiente marcada para esse equipamento é $T_{AMB}$ = +60 °C.

O fabricante determinou que o equipamento é adequado para medir a vazão de fluidos com temperatura entre +10 °C e +200 °C. Foi verificado que, em condições normais de utilização, a elevação de temperatura no compartimento interno é, no pior caso, $\Delta T_{ELE} = 10\ K$. Também foi verificado que, quando um fluido na tubulação de processo estiver a uma temperatura de +200 °C, o aquecimento acima da temperatura ambiente no compartimento é, no pior caso, $\Delta T_{PROC} = 5\ K$.

Dessa forma, a temperatura inicial de falha para a avaliação da temperatura máxima de superfície dos componentes dentro do compartimento pode ser calculada como apresentado na figura a seguir.

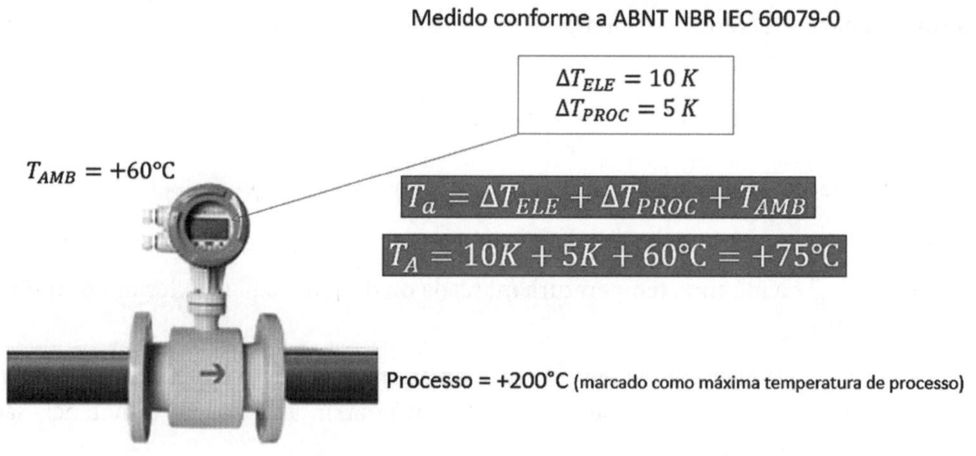


**Figura 22.2** – Exemplo de determinação da máxima temperatura inicial de falha "Ta".

*Fonte*: acervos pessoais dos autores.

## 22.3 DETERMINAÇÃO DA POTÊNCIA MÁXIMA DISSIPADA DE COMPONENTES

A determinação da potência máxima dissipada é essencial para o entendimento e a aplicação de todos os requisitos relacionados à ignição. Todos os procedimentos para isso passam pela necessidade de consideração de falhas de acordo com o determinado na norma técnica brasileira adotada ABNT NBR IEC 60079-11, apresentado no Capítulo 11.

Assim, surge a possibilidade de se modelarem circuitos, do ponto de vista dos máximos parâmetros a serem utilizados, para se facilitar a definição e a seleção de componentes.

Comecemos pela tensão máxima a ser considerada. Em um circuito intrinsecamente seguro, teremos como a máxima tensão a ser considerada para essas avaliações como sendo "Ui" devidamente marcada ou, para equipamentos alimentados por acumuladores ou baterias, a tensão a ser considerada deve estar de acordo com a norma técnica brasileira adotada ABNT NBR IEC 60079-0, em que a tensão a ser utilizada dos diversos sistemas eletroquímicos possíveis é chamada de *tensão nominal.*

Os circuitos podem incluir limitadores *shunt*, como diodos Zener, circuitos tipo *crowbar* com tiristores, dentre outros. Nesses casos, a tensão máxima, considerando-se falhas e as máximas tolerâncias de componentes, deve ser aquela no limiar da atuação desses componentes. A forma mais "fácil" de se determinar essa tensão seria o exercício de imaginar a tensão aumentando e, a alguns milivolts antes da atuação desses componentes, ela é mantida constantemente. Quando houver mais de uma fonte de energia no circuito, a possibilidade de adição de potência e associação das tensões de diferentes fontes deve ser considerada.

Com relação à corrente, teremos essencialmente três possibilidades: limitação por resistores infalíveis, fusíveis infalíveis ou limitação ativa infalível por meio de transistores, por exemplo.

Isso posto, chegamos à potência. A potência máxima dissipada por componentes infalíveis é limitada por um ou mais dos seus parâmetros inerentes à sua funcionalidade. Por exemplo, a potência máxima dissipada por um resistor infalível será a sua resistência multiplicada pela máxima corrente (que pode ser limitada por fusível ou pelo próprio resistor) ao quadrado ($P_R = R * I_{MAX}^2$), ou será a tensão máxima ao quadrado dividida pela resistência mínima do resistor ($P_R = U_{MAX}^2 / R$).

O mesmo ocorre quando consideramos um diodo Zener infalível. A sua máxima potência sempre será a sua tensão Zener máxima multiplicada pela máxima corrente que poderia fluir pelo diodo na sua posição Zener ($P_Z = V_Z * I_{MAX}$).

Além disso, a questão térmica para componentes infalíveis não deveria ser um problema maior que o fato de que esses componentes devem possuir um fator de segurança 1,5 sobre tensão, corrente e potência. Assim, assumindo-se que a maioria desses componentes será pequena (áreas superficiais menores que 1.000 mm$^2$) e que as suas potências máximas são parametrizadas para assegurar que suas junções não atinjam temperaturas superiores a +150 °C para componentes semicondutores (temperatura tipicamente assumida como máxima para componentes semicondutores) ou +155 °C para resistores de filme metálico, por exemplo, de maneira geral, quando esses componentes atendem à parametrização baseada no fator de segurança, a classificação de temperatura para grupo I ou grupo II T4 não deveria ser um problema.

No entanto, quando pensamos na máxima potência que poderia ser dissipada por um semicondutor não infalível, o qual deve ser considerado como falhando de um circuito aberto até um curto-circuito, a resposta pode ser complexa. Teoricamente, para a avaliação da temperatura desse componente, ele deve ser considerado como falhando para a resistência que dissipará a máxima potência limitada pelo seu circuito de limitação.

A tabela a seguir apresenta alguns dos exemplos mais típicos de circuitos de limitação, junto com as equações para o cálculo da corrente e potência máxima nos circuitos alimentados por esses circuitos.

Para essas considerações, quando fusíveis são utilizados, o fator de 1,7 é incluído de acordo com a norma técnica brasileira adotada ABNT NBR IEC 60079-11, e essa corrente é sempre considerada como fluindo constantemente por tempo suficiente para levar à estabilização térmica.

**Tabela 22.5** – Circuitos de limitação e equações para determinação da corrente máxima e potência máxima nos circuitos alimentados por esses circuitos

| Exemplo de circuito de limitação | Corrente máxima | Potência máxima |
|---|---|---|
| Circuito limitado por resistor<br>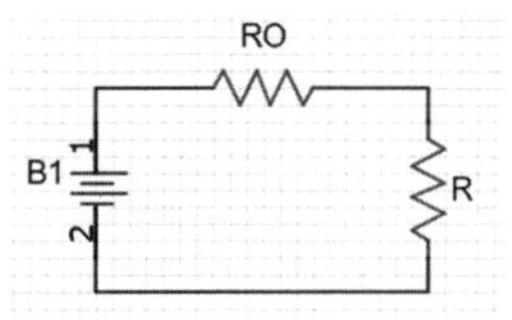 | $I_{MAX} = \frac{U_{MAX}}{R_o}$ | $P_{MAX} = \frac{U_{MAX}^2}{4 * R_o}$<br>Pior condição:<br>$R = R_o$ |
| Circuito limitado por fusível<br>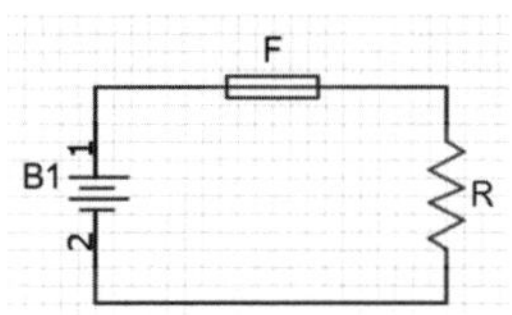 | $I_{MAX} = 1,7 * If_{NOMINAL}$ | $P_{MAX} = U_{MAX} * 1,7 * If_{NOMINAL}$<br>Pior condição:<br>$R = \frac{U_{MAX}}{1.7 * If_{NOMINAL}}$ |
| Circuito limitado por fusível e resistor<br>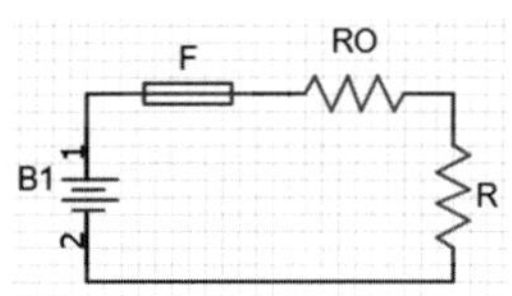 | Para<br>$I_{MAX} = \frac{U_{MAX}}{2 * R_O} \geq 1,7 * If_{NOMINAL}$<br>$I_{MAX} = 1,7 * If_{NOMINAL}$ | $P_{MAX} = U_{MAX} * 1,7 * If_{NOMINAL} - (R_o * (1,7 * If_{NOMINAL})^2$<br>Pior condição:<br>$R = \frac{U_{MAX}}{1.7 * If_{NOMINAL}} - R_o$ |
| Circuito limitado por fusível e resistor<br>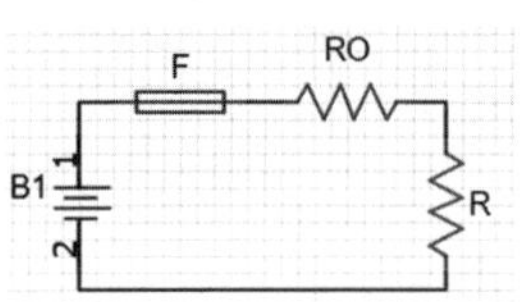 | Para<br>$I_{MAX} = \frac{U_{MAX}}{2 * R_O} < 1,7 * If_{NOMINAL}$<br>$I_{MAX} = \frac{U_{MAX}}{2 * R_O}$ | $P_{MAX} = \frac{U_{MAX}^2}{4 * R_o}$<br>Pior condição:<br>$R = R_o$ |
| Circuito com limitação ativa<br> | $I_{MAX} = I_{trip}$ | $P_{MAX} = U_{MAX} * I_{trip}$<br>Pior caso:<br>$R = \frac{U_{MAX}}{I_{trip}}$ |

Em que:

- $U_{MAX}$: tensão máxima constante [V];
- $I_{MAX}$: corrente constante máxima no componente semicondutor falível se este falhar para um curto-circuito [A];
- $P_{MAX}$: potência máxima que poderia ser dissipada pelo componente semicondutor [W];

- *Ro*: resistência infalível mínima considerando tolerâncias [Ω];
- $If_{NOMINAL}$: corrente nominal de atuação de um fusível [A];
- $I_{trip}$: corrente de atuação do limitador ativo [A].

**NOTA**: a bateria mostrada nos diagrama dessa tabela representa uma fonte de tensão "infalível", podendo ser um acumulador ou bateria, ou a tensão limitada por uma montagem *shunt* de proteção, por exemplo, um diodo Zener.

Quando resistores não infalíveis estão sendo avaliados, se eles forem do tipo fio ou filme e possuírem um fator de segurança igual ou superior a 1,0 sobre a potência quando submetidos a $U_{MAX}$ ou $I_{MAX}$, não deverão ser considerados como falhando, e, assim, não haverá a necessidade de se considerarem esses componentes falhando de um circuito aberto até um curto-circuito, ou seja, não haverá a necessidade de se considerar a sua resistência falhando para aquela que dissipará a máxima potência limitada por circuitos infalíveis. Indutores são avaliados como um resistor a fio. A resistência real (ou resistência em corrente contínua) é utilizada para se calcular a potência máxima desses componentes.

Os capacitores, osciladores ou cristais piezoelétricos não são avaliados como elementos que podem dissipar uma quantidade de calor relevante. De maneira geral, eles são considerados como falhando para um circuito aberto ou um curto-circuito, sendo que, em ambas as condições, não haverá uma potência relevante sendo dissipada. Os *supercapacitores* devem ser analisados com cuidado, uma vez que esses componentes podem possuir elementos resistivos em série (resistência em série equivalente) que podem dissipar potência. Esses componentes são ensaiados como um *acumulador* ou uma *bateria*

## 22.4 DETERMINANDO O MODELO TERMODINÂMICO PARA A AVALIAÇÃO DE COMPONENTES SEMICONDUTORES E MÁXIMAS TEMPERATURAS

O modelo termodinâmico para componentes semicondutores depende de suas condições de montagem, seu encapsulamento e máxima temperatura inicial de falha. O tipo de encapsulamento é representado pela resistência térmica da sua junção ao seu terminal (ou ponto de solda), denotada como "$Rth_{JL}$", ou pela resistência térmica da sua junção ao seu encapsulamento, denotada como "$Rth_{JC}$". Já as suas condições de montagem determinarão a resistência térmica dos terminais para o ambiente "$Rth_{LA}$", ou a sua resistência térmica do seu encapsulamento para o ambiente "$Rth_{CA}$".

Assim, as seguintes equações relacionam esses parâmetros de forma a descrever o modelo termodinâmico para um componente eletrônico semicondutor:

$$T_J = T_a + P_{MAX} * Rth_{JA}$$

$$Rth_{JA} = Rth_{JL} + Rth_{LA} \quad \text{ou} \quad Rth_{JA} = Rth_{JC} + Rth_{CA} \tag{22.3}$$

Equações alternativas para o modelo termodinâmico de componentes semicondutores

Em que:

- "$T_J$" é a temperatura máxima na junção do componente semicondutor em (°C);
- "$T_a$" é temperatura máxima inicial de falha em (°C).

- "$P_{MAX}$" é a potência máxima que poderia ser dissipada pelo componente, considerando-se condições de falhas em (W);
- "$Rth_{JL}$" é a resistência térmica da junção para os terminais em (K/W ou °C/W);
- "$Rth_{LA}$" é a resistência térmica dos terminais para o ambiente em (K/W ou °C/W);
- "$Rth_{JC}$" é a resistência térmica da junção para o encapsulamento em (K/W ou °C/W);
- "$Rth_{CA}$" é a resistência térmica do encapsulamento para o ambiente em (K/W ou °C/W);
- "*RthJA*" é a resistência da junção para o ambiente em (K/W ou °C/W).

Podemos observar que as resistências térmicas são os parâmetros essenciais para a determinação da máxima temperatura de um semicondutor. Essas informações são, de maneira geral, apresentadas nas folhas de dados (*datasheets*) dos componentes. Por essa razão, utilizamos aqui a nomenclatura em inglês desses parâmetros, o que facilita a utilização deste texto quando contextualizado com as informações fornecidas pelos fabricantes, as quais são apresentadas normalmente nesse idioma.

A resistência térmica da junção para os terminais "$Rth_{JL}$" ou a resistência térmica da junção ao encapsulamento "$Rth_{JC}$" não podem ser alteradas sem a troca do componente em questão. Dessa forma, podemos dizer que esses parâmetros são "inerentes" ao componente que estiver sendo considerado.

No entanto, a resistência térmica dos terminais para o ambiente "$Rth_{LA}$" ou a resistência térmica do encapsulamento para o ambiente "$Rth_{CA}$" podem ser alteradas ou "manipuladas" por meio da adição de elementos dissipadores de calor, alterando a resistência térmica da junção para o ambiente "$Rth_{JA}$". Assim, quando o valor de "$Rth_{JA}$" é determinado pela folha de dados de componentes, faz-se essencial o entendimento das condições de montagem do componente para validar esse parâmetro.

A figura a seguir apresenta uma representação gráfica sobre esses parâmetros.

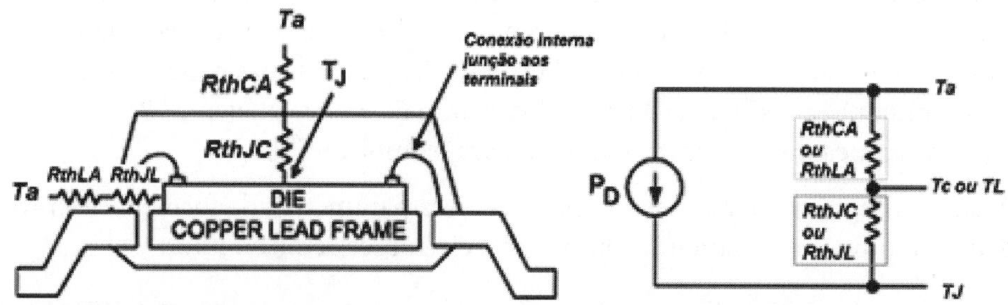


**Figura 22.3 –** Modelo termodinâmico para um componente semicondutor.

*Fonte*: acervos pessoais dos autores.

Quando há a necessidade de determinação da resistência térmica da junção para o ambiente "$Rth_{JA}$" de componentes, o ensaio a ser realizado inclui a aplicação de potência ao componente e a medição da temperatura nos terminais ou no encapsulamento. Esse processo é necessário de maneira geral, pois não existe a possibilidade de se conectar um termopar na superfície da junção de silício de um componente semicondutor sem a sua completa destruição.

A decisão por medir a temperatura nos terminais ou no encapsulamento depende da informação que estiver disponível na literatura apresentada pelo fabricante do componente. Por exemplo, se apenas a resistência da junção para os terminais "$Rth_{JL}$" estiver disponível, então, a temperatura deve ser medida nos terminais. Esse ensaio é geralmente incluído sob o escopo do ensaio chamado de "Determinação de parâmetros de componentes sem especificação" na norma técnica brasileira adotada ABNT NBR IEC 60079-11, o que inclui o ensaio de dez amostras do componente e sua montagem, e a consideração do pior resultado como sendo o valor válido para o componente em questão.

Para cada componente ensaiado, a seguinte equação é utilizada para calcular o valor da resistência térmica da junção para o ambiente.

$$Rth_{JA} = \frac{\Delta T_J}{P_D} = \frac{\Delta T_L}{P_D} + Rth_{JL} = \frac{\Delta T_C}{P_D} + Rth_{JC} \tag{22.4}$$

Determinação da resistência térmica da junção para o ambiente "$Rth_{JA}$".

Em que:

- "$\Delta T_J$" é a elevação de temperatura na junção;
- "$\Delta T_L$" é a elevação de temperatura nos terminais do componente;
- "$\Delta T_C$" é a elevação de temperatura no encapsulamento do componente;
- "$Rth_{JL}$" é a resistência térmica da junção para os terminais;
- "$Rth_{JC}$" é a resistência térmica da junção para o encapsulamento.

Todas essas elevações de temperatura são causadas pela aplicação da potência "$P_D$".

No exemplo apresentado na figura a seguir, o componente U1 (regulador *On Semicondutors* modelo *7805 5 V 1 A*) é um semicondutor não infalível que está sendo avaliado para a classe de temperatura T4 em uma temperatura inicial de falha ou temperatura local Ta = +45 °C.

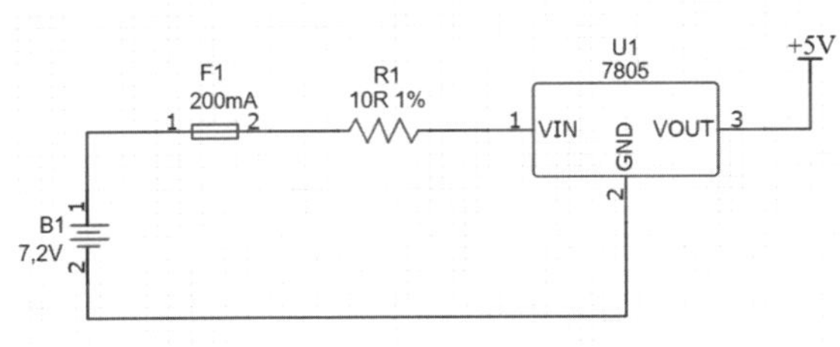


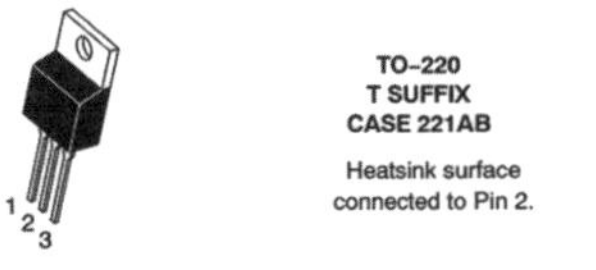


**MAXIMUM RATINGS** ($T_A$ = 25°C, unless otherwise noted)

| Rating | Symbol | Value | | | Unit |
|---|---|---|---|---|---|
| | | 369C | 221A | 936 | |
| Input Voltage (5.0 – 18 V) (24 V) | $V_I$ | 35<br>40 | | | Vdc |
| Power Dissipation | $P_D$ | Internally Limited | | | W |
| Thermal Resistance, Junction-to-Ambient | $R_{\theta JA}$ | 92 | 65 | Figure 15 | °C/W |
| Thermal Resistance, Junction-to-Case | $R_{\theta JC}$ | 5.0 | 5.0 | 5.0 | °C/W |

**Figura 22.4 –** Exemplo de circuito com regulador modelo 7805 para avaliação de temperatura.

O componente utilizado possui um encapsulamento *221A* e é montado de acordo com as recomendações do seu fabricante, portanto a resistência da junção para o ambiente é a indicada no seu *datasheet*, $Rth_{JA}$ = 65 K/W.

O circuito é alimentado por com 7,2 V (tensão limitada infalivelmente) e possui a corrente de curto-circuito máxima limitada por R1 (10 Ω 1 %); e a corrente de condução constante, limitada por F1 (200 mA).

Realizando o procedimento como explicado nesta seção, primeiramente temos de calcular a máxima potência que poderia ser dissipada. Comecemos por avaliar se devemos considerar a limitação do fusível ou não, conforme apresentamos a seguir. Caso o regulador falhe para 10 Ω 1% (máxima potência de pico que poderia ser dissipada por qualquer componente conectado ao resistor R1), a máxima corrente que fluiria nessa condição seria 363,64 mA, portanto superior à corrente limitada pelo fusível. Assim, o fusível deve ser considerado.

$$I_{MAX} = \frac{7,2V}{2 * 10\Omega * 0,99} = 363,64\ mA > 1,7 * 200\ mA = 340\ mA$$

A maior potência ocorre quando uma corrente de 340 mA flui constantemente através do circuito. Considerando-se que a máxima potência no circuito é reduzida pela potência dissipada no resistor infalível R1, podemos calcular a máxima potência que poderia ser dissipada por U1 e qualquer outro componente semicondutor conectado a +5 V:

$$P_{MAX_{+5V}} = (7,2V * 340\ mA) - \left[(10\Omega * 0,99) * 340\ mA^2\right] = 1,30\ W$$

O componente possui uma área de superfície maior que 20 mm$^2$ e menor que 1.000 mm$^2$. De acordo com a Tabela 22.3, o componente poderia ser classificado como T4 se a temperatura local fosse igual ou inferior a +40 °C. Contudo, a temperatura local Ta é referenciada como +45 °C, e este método não pode ser utilizado. Conforme o apresentado na Tabela 22.2, a máxima temperatura permitida para esse componente para a sua classificação como T4 é +200 °C.

A máxima temperatura para esse componente é, então, calculada pela equação como 129,5 °C. Como a máxima temperatura permitida para a classificação como T4 não é excedida, então, o componente é aceitável para essa aplicação.

$$T_J = 45\ ^\circ C + 1,3W * 65K/W = +129,5\ ^\circ C$$

## 22.5 DETERMINANDO O MODELO TERMODINÂMICO PARA A AVALIAÇÃO DE RESISTORES E MÁXIMAS TEMPERATURAS

De acordo com os requisitos da norma técnica brasileira adotada ABNT NBR IEC 60079-11, "para avaliação térmica, resistores tipo filme e fio enrolado que operam até 100% de sua potência nominal não podem ser considerados sujeitos a falha".

Isso significa que qualquer resistor tipo filme (normalmente encontrado em inglês como *metal film axial resistor, SMD thick film resistor* ou *SMD thin film resistor*) ou tipo fio enrolado, se avaliados com um fator de segurança sobre a potência superior a 1,0, não necessitam ser considerados como falhando para um valor de resistência entre um curto-circuito ou um circuito aberto, ou seja, para aquela resistência que dissipará a maior potência disponível no circuito. Outros resistores tipo cerâmicos, por exemplo, devem ser avaliados como falhando para a maior potência disponível no circuito.

O exemplo apresentado na figura a seguir mostra a diferença na abordagem desse conceito. Vamos assumir esse circuito como para um equipamento com nível de proteção "ia".

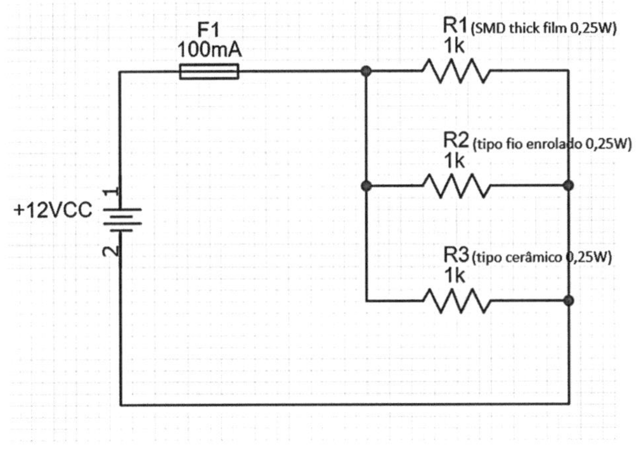


Máxima potência no circuito:

$$P_{MAX} = 12V * (1{,}7 * 100mA) = 2{,}04\ W$$

Máxima potência dissipada neste circuito por um resistor de 1 kΩ 1%:

$$P_R = \frac{12V^2}{1k\Omega * 0.99} = 145.45\ mW$$

Fator de segurança:

$$FS = \frac{250mW}{145{,}45mW} = 1{,}72$$

Assim:

1. R1 e R2 são avaliados dissipando uma máxima potência de 145,45 mW.

2. R3 deve ser considerado como falhando para a resistência que dissipará a máxima potência no circuito, ou seja, 2,04 W. Esta resistência, neste caso, pode ser calculada conforme o seguinte:

$$R3_{falha} = \frac{12V}{1{,}7 * 100mA} = 70{,}59\ \Omega$$

**Figura 22.5 –** Exemplo de determinação de máxima potência dissipada para resistores.

*Fonte*: acervos pessoais dos autores.

Temos que R1 é um resistor tipo *SMD thick film* 0,25 W; R2 é um resistor tipo *SMD thin film* 0,25 W; e R3 é um resistor tipo cerâmico 0,25 W, todos com valor nominal 1 kΩ 1%. A potência máxima que poderia ser dissipada no circuito é limitada por F1 a 2,04 W. Desprezando-se os tipos dos resistores, podemos calcular que a potência dissipada em condições normais para cada resistor é 145,45 mW, o que assegura um fator de segurança de 1,72 sobre a potência, portanto superior a 1,0.

Dessa maneira, os resistores R1 e R2 não necessitam ser considerados como falhando. Durante a avaliação térmica desses resistores, a potência de 145,45 mW deve ser utilizada para a avaliação da máxima temperatura. Já o resistor R3, este, sim, deve ser considerado como falhando para a resistência que dissipará a máxima potência disponível no circuito, isto é, 2,04 W.

Essa resistência é aquela que resultaria na máxima corrente no circuito de 1,7 * 100 mA = 170 mA, que vale 70,59 Ω. Nesse caso, estaríamos considerando os resistores R1 e R2 como falhando para circuitos abertos. Essas falhas são falhas contáveis, de acordo com a norma técnica brasileira adotada ABNT NBR IEC 60079-11.

Para a determinação da resistência térmica de um resistor, podemos utilizar dois métodos aceitáveis por laboratórios ao redor do mundo.

O primeiro método é o mais "simples" e "direto", o qual utiliza a curva de redução da potência nominal em função da temperatura ambiente geralmente apresentada em folhas de dados para se calcular a resistência térmica.

O segundo método é o método *empírico* por medição de temperatura, no qual a resistência térmica é calculada como o resultado da elevação de temperatura pela potência aplicada, ou seja, *Rth [K/W]* = $\Delta T$ / *Pd.*

Devemos ressaltar aqui que, obviamente, qualquer folha de dados (*datasheet*) de componentes inclui fatores de segurança de seus próprios fabricantes. O segundo método sempre resulta em valores menores para a resistência térmica.

Na figura a seguir, podemos verificar um exemplo para o primeiro método de determinação da resistência térmica para resistores.

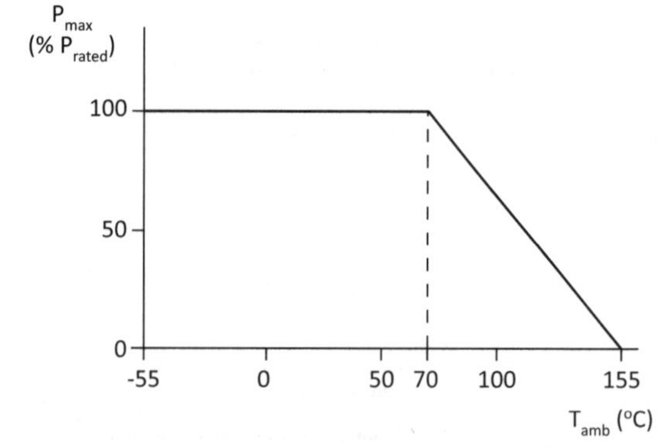


| Encapsulamento | P rated ou Pn (W) | Rth (K/W) |
|---|---|---|
| 0201 | 0.050 | 1700.000 |
| 0402 | 0.125 | 680.000 |
| 0603 | 0.200 | 425.000 |
| 0805 | 0.250 | 340.000 |
| 1210 | 0.500 | 170.000 |
| 2010 | 1.000 | 85.000 |
| 2512 | 2.000 | 42.500 |

$$Rth = \frac{T_{Jmax} - Ta\,P_N}{P_N} = \frac{155\ °C - 70\ °C}{P_N}$$

**Figura 22.6 –** Exemplo de cálculo da resistência térmica para resistores.

*Fonte*: acervos pessoais dos autores.

Neste exemplo, a curva para redução da potência nominal desse tipo de resistor indica que a potência nominal é válida e pode ser utilizada para temperaturas ambientes de até +70 °C. Para temperaturas acima desse valor, a potência nominal deve ser reduzida linearmente até +155 °C, temperatura na qual a potência nominal é nula (0 W).

A tabela apresentada junto com a Figura 22.6 mostra alguns valores típicos para potências nominais em função do tamanho do encapsulamento do resistor e a resistência térmica "*Rth*" para cada caso. Esse exemplo de modelagem pode ser aplicado para praticamente todos os tipos de resistores.

Tomando a resistência térmica para o encapsulamento *0805* para os resistores do exemplo na Figura 22.5, podemos, então, calcular as máximas temperaturas para os resistores. Para esse exemplo, assumiremos uma temperatura inicial de falha de +65 °C.

Para R1 e R2:

$$T_{MAX} = Ta + P_{MAX} * Rth = +65\ °C + \left(145{,}45 mW * 340 K/W\right) = +114{,}45\ °C$$

Para R3:

$$T_{MAX} = Ta + P_{MAX} * Rth = +65\ °C + \left(2{,}04 W * 340 K/W\right) = +758{,}60\ °C$$

Portanto, apesar de possuírem os mesmos parâmetros nominais, devido ao seu tipo, os resistores R1 e R2 estão conforme os requisitos para serem classificados como T4, enquanto o resistor R3 não está de acordo com esses requisitos. Obviamente, o resistor R3 talvez nunca chegue a atingir a temperatura de +758,60 °C, que é uma temperatura prospectiva. Nesse modelo, podemos afirmar que a temperatura não é controlada e está não conforme. Contudo, como última alternativa para se verificar a conformidade de tal componente, o ensaio de ignição de pequenos componentes pode ser utilizado. Esse é o único método que permitiria a utilização da temperatura de falha desses componentes.

Quando o segundo método, o método "empírico", é utilizado, o resistor sob ensaio é forçado a dissipar potência, enquanto a temperatura no seu elemento resistivo é medida. De maneira geral, esse ensaio é realizado para a construção da curva apresentada na figura a seguir, a qual inclui diferentes pontos de potência *versus* elevação de temperatura. Considerando-se um modelo "ideal", a resistência térmica é o coeficiente linear da curva.

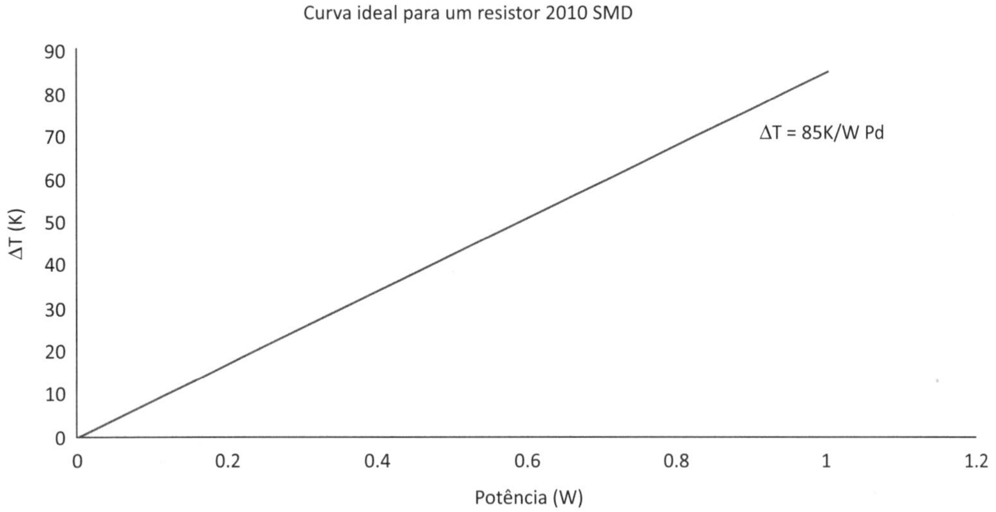


**Figura 22.7 –** Curva ideal Potência (W) x Elevação de temperatura (K) para um resistor modelo SMD 2010 1 W.

*Fonte*: acervos pessoais dos autores.

## 22.6 DETERMINANDO A MÁXIMA TEMPERATURA DE CONECTORES, TERMINAIS E OUTROS ELEMENTOS DE CONEXÃO

Os elementos de conexão, como conectores, terminais, plugues, soquetes, *slots*, dentre outros, são geralmente componentes que apresentam área superficial superior a 20 $mm^2$. Por isso, existe a possibilidade de se considerarem esses componentes adequados para grupo I, classe de temperatura T4 para grupo II ou T135 °C para grupo III por meio de avaliação teórica, de acordo com os valores das Tabelas 22.3 e 22.4.

Quando a máxima potência disponível pode exceder, em condição normal ou de falha, os valores das Tabelas 22.3 e 22.4, a seguinte condição de falha deve ser considerada para conexões, de acordo com a norma técnica brasileira adotada ABNT NBR IEC 60079-11: "conexões devem ser consideradas como falha em circuito aberto e, se livres para mover, podem se conectar a qualquer parte do circuito dentro da faixa do movimento. A quebra inicial é uma falha contável e a reconexão é a segunda falha contável".

Como pode ser observado, a norma ABNT NBR IEC 60079-11 não impõe a necessidade de se considerarem conexões como elementos que possam falhar para uma resistência que dissiparia a máxima potência. Dessa forma, há dois métodos disponíveis para se determinar a máxima temperatura de superfície desses elementos.

O primeiro método é o *teórico*, no qual a máxima potência que poderia ser dissipada é calculada conforme a literatura disponível para o componente em questão. A potência, nesse caso, é em função da máxima corrente e da resistência de conexão.

O segundo método é o ensaio *empírico*, no qual a máxima corrente é simulada, e a temperatura nesses componentes é medida nas partes mais quentes.

Obviamente, se a corrente e a resistência de conexão forem suficientemente baixas, a determinação da máxima temperatura de superfície desses componentes pode ser desprezada. Esse procedimento é muito comum para equipamentos para o grupo I ou o grupo II.

Para equipamentos para o grupo III e nível de proteção "ia", os quais são pretendidos para imersão em poeira combustível, esse procedimento pode ser realizado, mas deve-se levar em consideração que a resistência térmica pode ser alta, e esses componentes podem se aquecer muito mais do que seria esperado para as mesmas condições com o componente não imerso em poeira combustível. Assim, uma avaliação detalhada é recomendável.

## 22.7 DETERMINANDO A CLASSIFICAÇÃO DE TEMPERATURA PARA TRILHAS EM PLACAS DE CIRCUITO IMPRESSO

A classe de temperatura das trilhas das placas dos circuitos impressos deve ser determinada utilizando-se dados disponíveis, como apresentado nesta seção, ou por medição direta. As trilhas com até 10 mm de comprimento devem ser desconsideradas para fins de classe de temperatura, assim, circuitos integrados pequenos com diversos pinos podem ser conectados a trilhas finas o suficiente, de forma a se manter a distância de separação entre pinos, desde que essas trilhas de conexão finas não excedam 10 mm de comprimento. Quando a classe de temperatura de uma trilha for determinada experimentalmente, a máxima corrente contínua deve ser utilizada.

As trilhas em uma placa de circuito impresso com área superficial superior a 20 $mm^2$ são consideradas adequadas para grupo I, classe de temperatura T4 para grupo II ou T135 °C para grupo III, por meio de avaliação teórica de acordo com os valores das Tabelas 22.3 e 22.4.

Quando a potência disponível for superior aos valores disponíveis indicados nas Tabelas 22.3 e 22.4, a tabela a seguir apresenta os valores permitidos para a corrente em função da largura mínima da trilha para grupo I e grupo II. Os fatores de redução para a corrente permitida nessa tabela são *acumulativos*.

**Tabela 22.6 –** Classe de temperatura das trilhas de placas de circuito impresso (na temperatura ambiente máxima de 40 °C)

| Largura mínima da trilha (mm) | Corrente máxima permitida para classe de temperatura | | |
|---|---|---|---|
| | T1 a T4 e Grupo I (A) | T5 (A) | T6 (A) |
| 0,075 | 0,8 | 0,6 | 0,5 |
| 0,1 | 1,0 | 0,8 | 0,7 |
| 0,125 | 1,2 | 1,0 | 0,8 |
| 0,15 | 1,4 | 1,1 | 1,0 |
| 0,2 | 1,8 | 1,4 | 1,2 |
| 0,3 | 2,4 | 1,9 | 1,7 |
| 0,4 | 3,0 | 2,4 | 2,1 |
| 0,5 | 3,5 | 2,8 | 2,5 |

(*continua*)

**Tabela 22.6** – Classe de temperatura das trilhas de placas de circuito impresso (na temperatura ambiente máxima de 40 °C) (*continuação*)

| Largura mínima da trilha (mm) | Corrente máxima permitida para classe de temperatura | | |
|---|---|---|---|
| | T1 a T4 e Grupo I (A) | T5 (A) | T6 (A) |
| 0,7 | 4,6 | 3,5 | 3,2 |
| 1,0 | 5,9 | 4,8 | 4,1 |
| 1,5 | 8,0 | 6,4 | 5,6 |
| 2,0 | 9,9 | 7,9 | 6,9 |
| 2,5 | 11,6 | 9,3 | 8,1 |
| 3,0 | 13,3 | 10,7 | 9,3 |
| 4,0 | 16,4 | 13,2 | 11,4 |
| 5,0 | 19,3 | 15,5 | 13,5 |
| 6,0 | 22,0 | 17,7 | 15,4 |

NOTA: o valor para a corrente máxima permitida, em amperes, é o valor eficaz (c.a.) ou valor c.c.

Esta tabela se aplica às placas de circuito impresso com espessura de 1,6 mm ou maior, com uma face única de cobre de 33 mm de espessura.

Para placas com espessura entre 0,5 mm e 1,6 mm, dividir a corrente máxima permitida por 1,2.

Para placas com trilhas condutoras nos dois lados, dividir a corrente máxima permitida por 1,5.

Em placas de multicamadas, para a trilha da camada sob avaliação, dividir a corrente máxima permitida por 2.

Para espessuras de cobre de 18 mm, dividir a corrente máxima permitida por 1,5.

Para espessuras de cobre de 70 mm, multiplicar a corrente máxima permitida por 1,3.

Para trilhas passando por baixo de componentes que dissipam 0,25 W ou mais, seja em operação normal seja em condição de falhas, dividir a corrente máxima permitida por 1,5.

Nas terminações de componentes que dissipam 0,25 W ou mais, seja em operação normal seja em condição de falhas, e para 1,00 mm ao longo do condutor, multiplicar a largura da trilha por 3 ou dividir a corrente máxima permitida especificada por 2. Adicionalmente, se a trilha passar sob o componente, aplicar o fator especificado para trilhas passando sob componentes que dissipam 0,25 W ou mais.

Para temperatura ambiente até 60 °C, dividir a corrente máxima permitida por 1,2.

Para temperatura ambiente até 80 °C, dividir a corrente máxima permitida por 1,3.

*Fonte*: norma ABNT NBR IEC 60079-11.

Por exemplo, uma placa de circuito impresso com 1,6 mm de espessura com 4 camadas (fator de redução 2) de cobre de 33 µm de espessura, possuindo trilhas com largura mínima de 0,5 mm para uma temperatura ambiente de 60 °C (fator de redução 1,2) seria classificada como T6 se a corrente não exceder 1,04 A, assumindo-se que não há componentes que dissipem mais de 0,25 W.

A equação a seguir mostra a utilização dos fatores de redução e da corrente de referência de acordo com a Tabela 22.6.

$$I_{MAX_{permitida}} = \frac{I_{REF}}{fatores\ de\ redução} \tag{22.5}$$

$$I_{MAX\ permitida} = \frac{2{,}5\ A}{2 * 1{,}2} = 1{,}04\ A$$

Para placas de circuito impresso flexíveis, não há referências na Tabela 22.6. Dessa forma, a sua avaliação deve ser realizada com base nos critérios para a máxima potência dissipada.

## 22.8 DETERMINANDO A CLASSIFICAÇÃO DE TEMPERATURA PARA FIOS E CONDUTORES DE CONEXÃO ENTRE CIRCUITOS

De forma similar, trilhas em uma placa de circuito impresso, fios e condutores de conexão em um circuito intrinsecamente seguro podem ser avaliados como adequados para o grupo I, classe de temperatura T4 para grupo II ou T135 °C para grupo III por meio de avaliação teórica conforme os valores das Tabelas 22.3 e 22.4.

Além disso, existem três outros métodos reconhecidos, sendo o primeiro pela utilização da Tabela 22.7; o segundo, por meio do cálculo da corrente máxima permitida; e o terceiro seria por meio da medição direta.

A tabela a seguir pode ser utilizada para a avaliação de fios e condutores de cobre para o grupo I ou classe de temperatura T4 para o grupo II.

**Tabela 22.7** – Classe de temperatura para fiação de cobre (na temperatura ambiente máxima de 40 °C)

| Diâmetro mm | Seção transversal mm² | Corrente máxima permitida para classe de temperatura (A) | | |
|---|---|---|---|---|
| | | T1 a T4 e Grupo I | T5 | T6 |
| 0,035 | 0,000 962 | 0,53 | 0,48 | 0,43 |
| 0,05 | 0,001 96 | 1,04 | 0,93 | 0,84 |
| 0,1 | 0,007 85 | 2,1 | 1,9 | 1,7 |
| 0,2 | 0,031 4 | 3,7 | 3,3 | 3,0 |
| 0,35 | 0,096 2 | 6,4 | 5,6 | 5,0 |
| 0,5 | 0,196 | 7,7 | 6,9 | 6,7 |

Os critérios de avaliação são simplesmente o diâmetro ou seção transversal do condutor e a máxima corrente que fluiria através desse condutor, sendo que essa corrente deve ser não somente conhecida, mas determinada por meio da aplicação de condições de falhas, como especificado para cada nível de proteção "ia", "ib" ou "ic". Por exemplo, se a corrente máxima for limitada por um fusível, então a corrente a ser considerada é 1,7 vez a corrente nominal do fusível, e assim por diante.

Quanto à natureza da fonte, o valor para a corrente máxima permitida é o valor eficaz (c.a.) ou valor c.c. Para condutores multifilares, a área da seção transversal é considerada como a soma das áreas de todas as seções dos fios do condutor.

A Tabela 22.7 também se aplica aos condutores flexíveis planos, como os cabos tipo fitas e qualquer outro condutor de cobre, não incluindo somente condutores em uma placa de circuito impresso ou em placas de circuito impresso flexíveis. Por último, o diâmetro e a área da seção transversal são as dimensões nominais especificadas pelo fabricante do fio.

Por exemplo, o circuito da figura a seguir, se tomarmos o circuito em condição de falha em um equipamento para o grupo II e classe de temperatura T4 com $T_A$ = +40 °C, temos que a máxima corrente que fluiria através do circuito é limitada pelo fusível de 1 A e pelo resistor de 100 Ω, resultando em uma corrente máxima de 1,738 A.

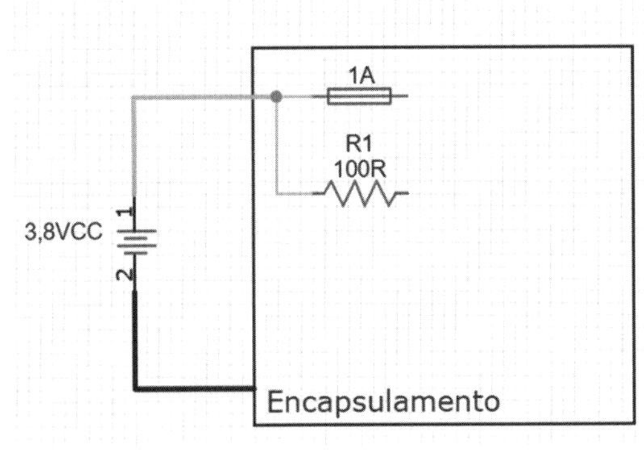


Máxima corrente no circuito da bateria:

$$I_{MAX} = (1{,}7 * If) + \left(\frac{3{,}8V}{R1}\right)$$

$$I_{MAX} = (1{,}7 * 1A) + \left(\frac{3{,}8V}{100\Omega}\right) = \mathbf{1{,}738\,A}$$

Máxima potência no circuito encapsulado:

$$P_{MAX} = (3{,}8V * 1{,}7 * If) + \left(\frac{3{,}8V^2}{4 * R1}\right)$$

$$P_{MAX} = (3{,}8V * 1{,}7 * 1A) + \left(\frac{3{,}8V^2}{4 * 100\Omega}\right) = \mathbf{6{,}496\,W}$$

**Figura 22.8 –** Circuito como exemplo de determinação da máxima corrente e potência, sendo o circuito principal encapsulado, incluindo um fusível e um resistor para limitação da temperatura.

*Fonte*: acervos pessoais dos autores.

Se assumirmos que as cargas conectadas a R1 e ao fusível possuem, em condições de falhas, as respectivas resistências que dissipariam a máxima potência em cada linha, a máxima potência constante poderia ser calculada para o circuito encapsulado como 6,496 W. Essa é a potência que deveria ser assumida para a avaliação dos condutores com base nas Tabelas 22.3 e 22.4. Podemos observar que esse método resultaria em uma *não conformidade*, pois a potência é muito alta para a utilização desses referenciais.

Dessa forma, seguimos para o próximo referencial, que é a Tabela 22.7. Como podemos observar, para a classificação de temperatura como T4 com $T_A$ = +40 °C, os condutores devem ser condutores de cobre com um diâmetro mínimo de 0,1 mm e seção transversal mínima de 0,00785 $mm^2$. Se isso puder ser implementado, então os condutores entre a bateria e a área encapsulada serão classificados como T4.

O segundo método é raramente utilizado, pois a maioria dos condutores utilizados na indústria de equipamentos elétricos para atmosferas explosivas são de cobre, e a Tabela 22.7 é extremamente útil para esses casos. No entanto, se condutores feitos em outros materiais estiverem sendo utilizados, a seguinte Equação pode ser utilizada para o cálculo da corrente máxima permitida:

$$I = I_F \left[\frac{t(1+aT)}{T(1+at)}\right]^{\frac{1}{2}} \tag{22.6}$$

Cálculo da corrente máxima permitida para a classificação da temperatura de fios e condutores

Em que:

- "*a*" é o coeficiente de temperatura da resistência do material do fio (por exemplo, 0,004284 $K^{-1}$ para o cobre e 0,004201 $K^{-1}$ para o ouro);
- "*I*" é a corrente máxima eficaz permitida, em amperes;

- "*If*" é a corrente, em amperes, na qual o fio se funde na máxima temperatura ambiente especificada;
- "*T*" é a temperatura na qual o fio se funde em graus Celsius (por exemplo, 1083 °C para cobre e 1 064 °C para ouro);
- "*t*" é a temperatura-limite, em graus Celsius, da classe de temperatura aplicável.

O valor de "*t*" é a temperatura do fio devido ao autoaquecimento e à temperatura ambiente.

A utilização dessa equação pode ser relativamente "difícil" devido à necessidade de se conhecerem dados que nem sempre estão presentes na documentação de condutores.

Exemplo: fio fino de cobre (classe de temperatura = T4)

$a = 0{,}004284\ K^{-1}$

$I_f = 1{,}6$ A (determinado experimentalmente ou especificado pelo fabricante do fio)

$T = 1\ 083$ °C

*t* para T4 (componente pequeno, $t \leq 275$ °C)

Aplicando a Equação, temos que:

$I = 1{,}3$ A. Esta é a corrente máxima nominal ou de falha permitida para assegurar que a temperatura do fio não exceda 275 °C.

## 22.9 DETERMINANDO A MÁXIMA TEMPERATURA DE SUPERFÍCIE PARA EQUIPAMENTOS GRUPO III

A determinação da máxima temperatura de superfície para grupo III passa pela pergunta "essencial": *onde pode haver depósito de poeira combustível?*

A resposta para essa pergunta está associada ao grau de proteção do invólucro. Se o invólucro do equipamento atender ao menos ao grau de proteção IP5X, então, a avaliação da temperatura de superfície deve assumir que somente as superfícies externas desse invólucro podem entrar em contato com poeira combustível. A mesma interpretação pode ser assumida para partes encapsuladas. Além disso, existem equipamentos que podem possuir um invólucro IP5X e incluir, por exemplo, elementos sensores que entrarão em contato direto com a poeira combustível, os quais devem ser avaliados como tal.

Quando expandimos essa pergunta, considerando os níveis de proteção, temos de observar que, para o nível de proteção "ia", a avaliação dessas superfícies deve considerar a imersão completa do equipamento em poeira combustível, ou então, consideramos um depósito de poeira em grande quantidade, sendo a espessura não controlada.

O nível de proteção "ib" inclui a possibilidade de essa avaliação considerar um depósito de poeira combustível com espessura de camada controlada, a qual deve ser marcada junto com máxima temperatura de superfície. Por exemplo, se com a máxima camada de poeira de 100 mm a máxima temperatura de superfície é 100 °C, então, o equipamento é marcado com "$T_{100}$ 100 °C".

De acordo com a norma técnica brasileira adotada ABNT NBR IEC 60079-0, equipamentos para EPL Da (nível de proteção "ia") devem ter a sua temperatura máxima de superfície determinada com uma camada de poeira combustível de 200 mm em todas as direções, determinando-se, assim, a necessidade de se conduzir essa avaliação com equipamento imerso em poeira combustível.

Para equipamentos para EPL Db (nível de proteção "ib"), a norma ABNT NBR IEC 60079-0 indica que a temperatura máxima de superfície pode ser determinada desconsiderando-se qualquer camada de poeira combustível, ou seja, a camada não deve ocorrer, e a instalação deve incluir um "programa de limpeza" (*housekeeping*) dos equipamentos, de forma a assegurar essa condição de "limpeza" ou de ausência de camada de poeira combustível.

Além disso, a norma técnica brasileira adotada ABNT NBR IEC 60079-0 indica também que o equipamento pode ser avaliado com uma camada de poeira de até 200 mm, igualmente associada às condições de instalação e a programas de limpeza dos equipamentos. Já para EPL Dc (nível de proteção "ic"), a temperatura máxima de superfície é determinada somente com a condição que não inclui uma camada de poeira combustível.

Nesse caso, pode ser feita a seguinte pergunta: *mas por que isso é importante*?

Se compararmos os coeficientes de condução térmica do ar com o coeficiente de condução térmica de materiais agrupados como poeiras combustíveis, veremos que o ar é, de maneira geral, um melhor condutor térmico que esses materiais. Além disso, não podemos desprezar o processo de convecção térmica que ocorre em meios *líquidos ou gasosos*, mas que inexiste em meios *sólidos*.

Isso posto, a *resposta* para essa *pergunta* é muito simples: o ensaio com camada de poeira combustível pode resultar em temperaturas de superfícies "superiores" àquelas que seriam verificadas em ar. Por exemplo, a norma técnica brasileira adotada ABNT NBR IEC 60079-18 (*Atmosferas explosivas - Parte 18: Proteção de equipamento por encapsulamento "m"*) indica que o coeficiente de condução térmica do ar $k_{Ar} = 0{,}25$ W/mK, enquanto a norma técnica brasileira adotada ABNT NBR IEC 60079-0 determina que os ensaios com camadas de poeiras combustíveis sejam realizados com materiais com um coeficiente de condução térmica $k < 0{,}10$ W/mK (medido a 100 °C).

Dessa forma, para equipamentos intrinsecamente seguros com nível de proteção "ia", recomenda-se a limitação de parâmetros para as avaliações térmicas de acordo com a Tabela 22.4, não se esquecendo da limitação da máxima corrente de curto-circuito a 250 mA, a qual pode ser limitada por um fusível, por exemplo.

Quando a limitação com base nesses parâmetros não for possível, a máxima temperatura de superfície marcada deve ser a máxima medida nas superfícies de um invólucro IP5X (mínimo) ou diretamente na superfície dos componentes eletrônicos, quando esses estejam submersos em poeira combustível, com uma camada mínima de 200 mm em todas as direções.

Fica claro que o enclausuramento de componentes eletrônicos, que podem apresentar temperaturas elevadas, é extremamente necessário para esses casos. Os componentes eletrônicos expostos diretamente ao depósito de poeiras combustíveis ou em contato direto com poeira deveriam ser somente aqueles que, devido à sua condição de utilização, como elementos sensores, por exemplo, não podem ser "enclausurados".

Com relação a ensaio, geralmente o ensaio de elevação de temperatura é bastante oneroso e pode ser relativamente caro quando comparado com o ensaio em ar, pois o critério de estabilização térmica é 1 K / 24 horas, ou seja, o sistema térmico é considerado como termicamente estável quando as temperaturas de todos os pontos sob medição não apresentem incrementos superiores a 1 K em 24 horas. Isso se deve à alta capacitância térmica; as rampas de elevação de temperatura apresentam ângulos pequenos, mas podem perdurar por vários dias até a estabilização.

## 22.10 ENCAPSULAMENTO

Com relação a sistemas térmicos, quando placas de circuito impresso ou componentes específicos são *encapsulados*, a máxima temperatura de superfície é determinada para as superfícies externas da área encapsulada. Isso representa uma vantagem nas seguintes condições:

a) para grupo I e grupo II, a área de superfície de componentes pequenos, menores que 20 mm$^2$, pode ser aumentada para áreas superiores a 20 mm$^2$, permitindo-se assim a classificação da temperatura por meio da potência máxima dissipada;

b) para equipamentos para o grupo III, com invólucros que não atendem ao grau de proteção mínimo IP5X, o encapsulamento pode excluir a necessidade de se considerar o depósito diretamente sobre os componentes eletrônicos;

c) o composto de encapsulamento pode atuar como um dissipador de calor, reduzindo a temperatura máxima de superfície de componentes. Essa condição assume que o composto encapsulante é um bom condutor térmico, geralmente com um coeficiente de condução térmica superior, ou muito superior, ao do ar.

De acordo com a norma técnica brasileira adotada ABNT NBR IEC 60079-11, o processo de encapsulamento deve ser por resinagem, moldagem ou depósito, como o de um líquido em um recipiente. Segundo essa norma:

> Quando for utilizado encapsulamento, ele deve atender ao seguinte, sendo também aplicável, quando apropriado, a qualquer caixa de moldagem ou partes de um invólucro utilizado no processo de encapsulamento:
>
> a) a temperatura de operação contínua, declarada pelo fabricante do material encapsulante ou do equipamento, deve ser pelo menos igual à máxima temperatura que pode ser atingida por qualquer componente sob as condições de encapsulamento;
>
> b) alternativamente, temperaturas maiores que a temperatura nominal do material encapsulante podem ser aceitas, desde que não causem dano ao material encapsulante. Quando a temperatura do composto exceder sua Temperatura de Operação Contínua (COT), nenhum dano visível do composto que possa comprometer o tipo de proteção deve ser evidente. Estes danos podem ser rachaduras, exposição de partes encapsuladas, descamação, encolhimento inadmissível, inchaço, decomposição ou amolecimento. Adicionalmente, o composto não pode apresentar evidências de sobreaquecimento que possam comprometer o tipo de proteção;
>
> c) tenha em sua superfície livre pelo menos o valor de ITC especificada na Tabela 5, ou no Anexo F, caso haja partes condutivas protuberantes do material encapsulante;
>
> d) apenas os materiais aprovados no ensaio 10.6.1 devem ter a sua superfície livre exposta e não protegida, formando, assim, parte do invólucro;
>
> e) ser aderente a todas as partes condutivas, componentes e substratos, exceto quando estes forem totalmente envolvidos pelo material encapsulante;

f) o encapsulamento deve ser livre de espaços vazios, exceto aqueles espaços livres próprios dos componentes (transistores, relés, fusíveis etc.) que são permitidos;

g) ser especificado pelo seu nome genérico e sua designação de tipo de acordo com o definido pelo fabricante do material encapsulante.

(ABNT NBR IEC 60079-11)

Para o atendimento dos requisitos indicados em a) e b), considerando-se compostos com uma temperatura máxima de operação contínua igual ou superior a +200 °C, utilizados para o encapsulamento de componentes que não incluem indutores ou componentes de potência que podem operar a temperaturas superiores a +200 °C, é geralmente aceitável a utilização do composto sem maiores avaliações.

Isso se deve ao fato de que praticamente todos os componentes semicondutores ou resistores SMD possuem uma temperatura máxima limitada ao redor de +150 °C, não sendo capazes de aguentar temperaturas superiores a esse valor por um período que possa causar danos ao encapsulante. Assim, de maneira geral e simplificada, podemos afirmar que os componentes queimarão sem que tenham tempo de causar danos ao encapsulante. Indutores devem ser abordados com cuidado, pois esses componentes podem apresentar temperaturas muito superiores a +200 °C em condições de falhas, e esse procedimento não é recomendável.

Quando o composto de encapsulamento apresenta uma temperatura de operação contínua máxima inferior a +200 °C, recomenda-se o cálculo da temperatura máxima de todos os componentes sob encapsulamento. Esse cálculo deve assumir falhas, de forma que os componentes sejam avaliados no modo em que eles dissipem a máxima potência possível.

As temperaturas máximas de superfícies sob o encapsulamento não devem ser superiores à temperatura de operação contínua do composto. Se essa condição for atendida por todos os componentes, então o requisito a) da norma está satisfeito, e não existe a necessidade de consideração do requisito b).

No entanto, para aqueles componentes que apresentem uma temperatura calculada superior à máxima temperatura de operação contínua do composto encapsulante, recomenda-se a execução do ensaio, para a determinação empírica da adequabilidade do composto ao componente. Esse procedimento é recomendável porque muitos componentes apresentam parâmetros "superestimados" ou com grandes fatores de segurança na sua documentação, e a avaliação empírica pode demonstrar a conformidade desses componentes, mesmo quando a avaliação teórica resulta em uma não conformidade.

# Capítulo 23

# Projeto e avaliação de componentes infalíveis

**Sinopse**: este capítulo aborda os requisitos de projeto e de avaliação de componentes "infalíveis" dentro das atividades de projeto, dimensionamento, avaliação, fabricação e ensaios de equipamentos intrinsecamente seguros e de equipamentos intrinsecamente seguros associados, em um processo de certificação de conformidade de equipamentos Ex "i" ou [Ex "i"].

## 23.1 INTRODUÇÃO

Um componente considerado "infalível" para o nível de proteção "ia" ou "ib" deve apresentar um fator de segurança mínimo de 1,5 sobre a tensão, corrente ou potência. Para o nível de proteção "ic", em condições normais de operação, um componente que não pode falhar para o modelo avaliado deve apresentar um fator de segurança mínimo de 1,0 sobre a tensão e corrente, e um fator de segurança de 1,5 sobre a potência.

De acordo com os requisitos apresentados na norma técnica brasileira adotada ABNT NBR IEC 60079-11, componentes como transformadores, fusíveis, dispositivos de acionamento por temperatura, relés, acopladores ópticos e chaves são considerados "infalíveis" quando operados dentro das suas especificações. Portanto, o fator de segurança para cada parâmetro relevante é 1,0.

O nível de proteção "ic" requer atenção, pois o conceito de falhas não se aplica da mesma forma para os níveis de proteções "ia" e "ib". Apesar de falhas não serem consideradas, há requisitos aplicáveis para distâncias de separação e limitação de temperatura, e há componentes ou partes que podem gerar centelhas em condições normais de operações, como elementos de chaveamento e conexões.

Assim, a aplicação do conceito de componentes infalíveis para o nível de proteção "ic" não é somente possível, mas muitas vezes necessário. Por exemplo, se um microcontrolador não atender aos requisitos para distâncias de separação e tiver um elemento de chaveamento conectado a uma de suas portas digitais, tanto o microcontrolador quanto o elemento de chaveamento devem ser considerados como possíveis de gerar centelhas que poderiam representar um risco de ignição, e, assim, o seu circuito deveria incluir um elemento para limitação de corrente e, se necessário, um componente *shunt* para limitar a tensão. Nesse caso, ambos os componentes devem apresentar um fator de segurança mínimo de 1,5 sobre a potência e 1,0 sobre a corrente e tensão.

Quando componentes são avaliados, as suas condições de montagem e as condições ambientais devem ser levadas em consideração. Com relação às condições ambientais, a temperatura ambiente e a elevação de temperatura em condições normais de operação do volume ou da região circunvizinha ao componente, assim como a elevação de temperatura de possíveis fontes externas de aquecimento ou resfriamento, devem ser levadas em consideração.

Quando um equipamento intrinsecamente seguro (geralmente portátil, pessoal ou transportável) possuir uma conexão para acessórios ou circuitos em área segura, por exemplo, um conector para recarregar uma bateria, uma porta USB para a descarga de dados de um *datalogger*, uma porta serial RS 485 para a programação de algum parâmetro funcional do equipamento, dentre outras possibilidades, a entrada deve ser, no mínimo, marcada com o valor de "*Um*", mas também recomenda-se a marcação de advertência, como "Atenção – Conectar somente em área não classificada".

Além disso, quando circuitos com componentes "infalíveis" puderem ser energizados por meio dessa conexão, o circuito de entrada deverá incluir elementos de limitação de tensão e corrente, sendo que redundância de componentes não é requerida – por exemplo, um diodo Zener e um fusível devidamente parametrizados, de forma a serem considerados como infalíveis, é suficiente. Desse modo, todos os componentes no circuito intrinsecamente seguro devem ser especificados considerando-se os parâmetros aplicados em áreas classificadas e em área segura; o pior cenário com maiores parâmetros deve ser considerado.

Este capítulo inclui diversas referências retiradas de fichas técnicas, ou *datasheets*, de componentes "típicos" disponíveis no mercado. Foi efetuado o esforço de se traduzirem os termos geralmente encontrados em inglês para o português, mantendo-se, na medida do possível, os termos em inglês para facilitar o entendimento e a utilização deste texto. Esse esforço tem como motivação o entendimento de que os fabricantes nacionais de produtos eletrônicos estão "carentes" de literatura brasileira sobre componentes eletrônicos ou segurança intrínseca, não havendo iniciativas de fabricantes internacionais de componentes em apresentar fichas técnicas traduzidas para o português.

## 23.2 ELEMENTOS PARA A LIMITAÇÃO DE TENSÃO – MONTAGENS *SHUNT* DE PROTEÇÃO

O termo *shunt* não tem tradução para o português, mas foi traduzido na ABNT IEC 60079-11 como "derivadores", o que não é exatamente um erro ou um termo inconsistente; porém, para assegurarem uma consistência neste capítulo e permitirem ao leitor pesquisar e aprofundar-se nesse conceito, os autores decidiram manter o termo em inglês *shunt* para essas montagens. Um componente *shunt* em um circuito deve ser entendido como um desvio de baixa resistência para a corrente, sendo que tal desvio se torna ativo quando uma tensão limite é atingida.

Em um circuito intrinsecamente seguro, o desvio de baixa resistência, de maneira geral, é visto como um curto-circuito, o que leva à atuação de um fusível: quando o fusível queima, o circuito se torna inativo. Assim, a tensão é limitada para a tensão de atuação do caminho ou desvio *shunt*.

Para a determinação dos parâmetros utilizados para os requisitos para se evitar ignição por centelha e temperatura, a análise deve levar em consideração a tolerância dos parâmetros do componente utilizado; obviamente esses parâmetros são considerados de forma que a maior tensão é utilizada para as avaliações e ensaios. Para se entender o conceito de maior tensão temos que pensar na fonte de tensão do circuito falhando de duas formas.

Para a ignição por temperatura, devemos pensar na fonte falhando para a tensão que estaria no limiar de atuação do elemento *shunt*. No entanto, o componente não atuou ainda, e, assim, a corrente flui para o circuito de maneira constante. Já para as análises de ignição por centelha, a fonte falhará para a condição em que a corrente flui constantemente, mas também para a sua maior tensão, nominalmente, podendo ser "Um" para circuitos associados e "Ui" para um circuito intrinsecamente seguro.

A análise é realizada considerando-se uma condição constante, novamente, quando a corrente máxima flui constantemente e para a condição transiente, na qual os parâmetros máximos estão presentes por um período limitado pela atuação do fusível de proteção.

Há diversos componentes que podem ser utilizados como um caminho *shunt* em um circuito. Como o foco deste livro não é ser uma obra sobre teoria de componentes eletrônicos, mas, sim, sobre o tipo de proteção intrinsecamente seguro, aqui abordaremos três tipos de componentes *shunt*, os quais são os mais comumente utilizados: diodos Zener, diodos de supressão de tensão transiente (*Transient Voltage Suppression* – TVS) e tiristores em circuitos tipo *crowbar*.

## 23.3 DIODOS ZENER

Os diodos Zener são os componentes tipo *shunt* mais utilizados em circuitos intrinsecamente seguros, pois são encontrados com diversas possibilidades para a tensão de atuação chamada *tensão Zener*, sendo fornecidos por praticamente todos os grandes fabricantes de componentes semicondutores. A curva característica tensão *versus* corrente de um diodo Zener é apresentada na figura a seguir.

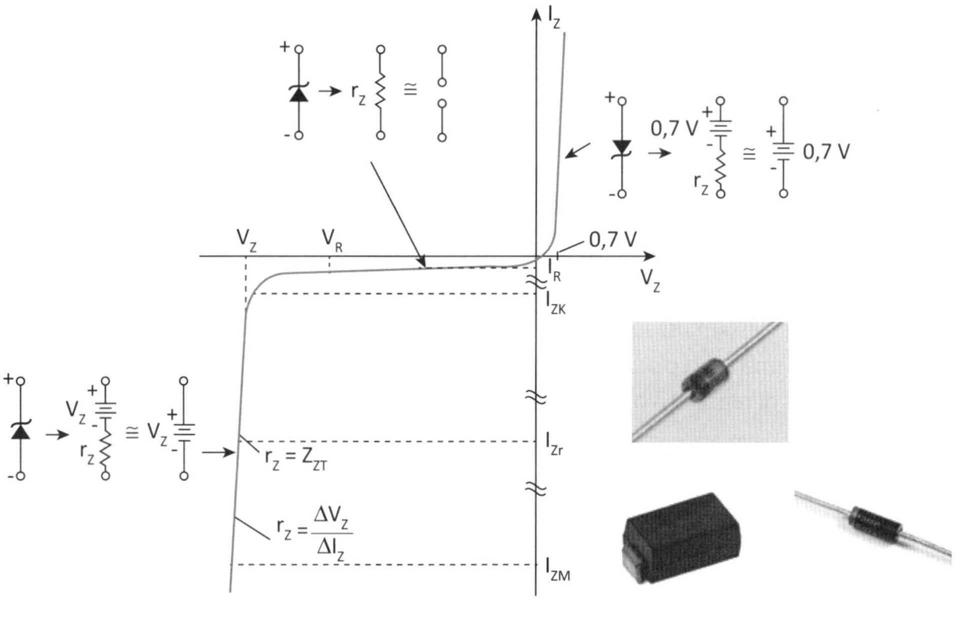


**Figura 23.1 –** Exemplo de curva característica de diodos Zener.

*Fonte*: acervos pessoais dos autores.

Quando o diodo Zener é polarizado diretamente, ou seja, potencial negativo no catodo e potencial positivo no anodo, ele apresenta uma queda de tensão de polarização direta típica de 0,7 V; quando a corrente aumenta, essa tensão pode aumentar um pouco. De maneira geral, quanto mais quente estiver o componente, maior será essa tensão, mas esta será limitada pela eventual queima do diodo Zener. Pode-se dizer que o aumento de tensão devido à temperatura é desprezado durante as análises para os requisitos de ignição por centelha e temperatura.

Quando o diodo Zener estiver em polarização reversa, também chamada de polarização ou modo Zener, o catodo é conectado ao potencial positivo, e o anodo é conectado ao potencial negativo. Nessa condição, enquanto a tensão da fonte não atingir a tensão Zener "Vz", apenas uma corrente de fuga chamada "$I_R$", geralmente extremamente baixa, poderá fluir através do componente. Quando a tensão da fonte atinge a tensão Zener "Vz", o diodo Zener limita a tensão da fonte para "Vz", e a corrente "Iz" flui através do diodo. Quanto maior for a tensão da fonte, maior será "Iz".

Os diodos Zener são tipicamente especificados com a corrente de teste do diodo Zener "$I_{ZT}$", corrente na qual a tensão Zener nominal ocorre, e a corrente máxima em modo Zener "$I_{ZM}$", máxima corrente especificada. Apesar de relevantes, as correntes "$I_{ZT}$" e "$I_{ZM}$" não são utilizadas para o projeto e avaliação dos diodos Zener, como veremos a seguir.

Por último, sobre essa curva, a tensão Zener também pode aumentar em função da corrente "Iz" ou em função da temperatura. De acordo com a norma técnica brasileira adotada ABNT NBR IEC 60079-11, esse efeito também deve ser desprezado.

Para o projeto e a avaliação do circuito para a conformidade com os requisitos para se evitar o risco de ignição por centelha e temperatura, apenas a tensão Zener "Vz" com sua tolerância é utilizada. Em algumas situações, a tensão de polarização direta "$V_F$" pode ser relevante, mas, como veremos mais adiante, na maioria dos casos, esse parâmetro não é. A tensão Zener máxima "Vz max" será a tensão Zener nominal "Vz" aumentada de acordo a tolerância. Por exemplo, um diodo Zener com tensão Zener nominal de 5,6 V 5% apresenta uma tensão Zener máxima igual a 5,6 V x 1,05 = 5,88 V.

Quanto ao comportamento transiente de diodos Zener, consideremos que a fonte do diodo Zener falhe para uma tensão de pico de 353,56 Vp. Durante um curto período a tensão no circuito intrinsecamente seguro será igual ao da fonte. Isso caracteriza um pulso ou efeito transiente, mas esse período é extremamente curto, sendo o tempo de abertura na ordem de magnitude de *picossegundos*. Assim, esse efeito é desprezado, e a tensão é considerada como limitada imediatamente para a máxima tensão Zener "Vz max".

Diodos Zener em condução constante são avaliados quanto à sua capacidade de dissipar potência. A potência nominal deve ser pelo menos 1,5 vez superior ao valor da máxima potência dissipada. A máxima corrente no circuito do diodo Zener deve ser limitada, e essa limitação pode ser feita por um fusível infalível, um resistor ou circuito de limitação de corrente ativo.

A tabela a seguir apresenta um resumo sobre as equações e os circuitos limitadores mais comuns utilizados para se limitar a máxima potência constante em um diodo Zener.

**Tabela 23.1** – Exemplos de circuitos e equações para a limitação da potência dissipada de diodos Zener

| Exemplo de circuito | Potência dissipada máxima Pz max |
|---|---|
| Circuito limitado por resistor<br>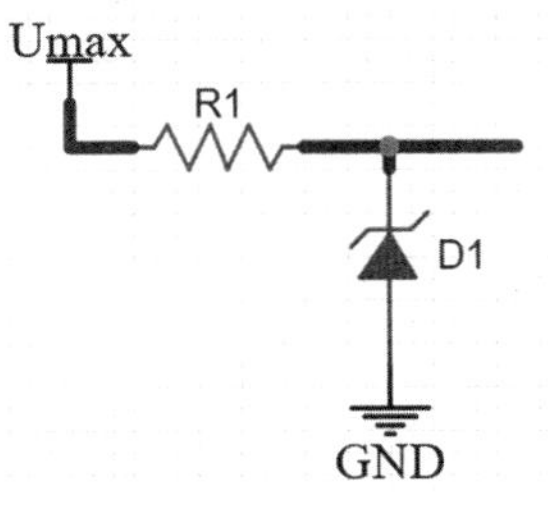 | $P_{z\,MAX} = Vz_{MAX} * \left( \frac{U_{max} - Vz_{MAX}}{R1_{MIN}} \right)$<br>$P_{z\,MAX} = Vz_{MIN} * \left( \frac{U_{max} - Vz_{MIN}}{R1_{MIN}} \right)$<br>NOTA: como a tolerância pode ser a máxima ou a mínima, ambas as condições devem ser consideradas. A potência máxima resultante deve ser utilizada. |
| Circuito limitado por fusível<br>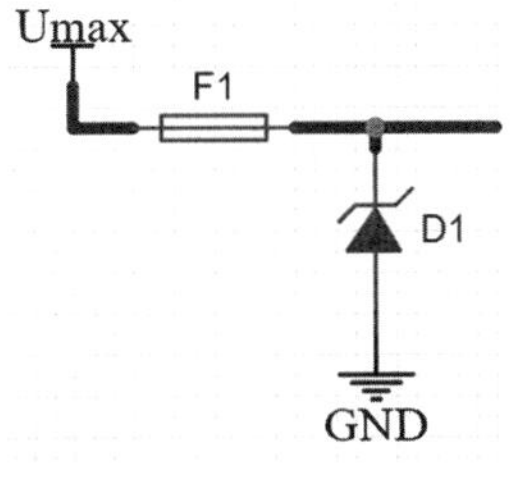 | $Pz_{MAX} = Vz_{MAX} * 1{,}7 * If_{NOMINAL}$ |
| Circuito com limitação ativa<br>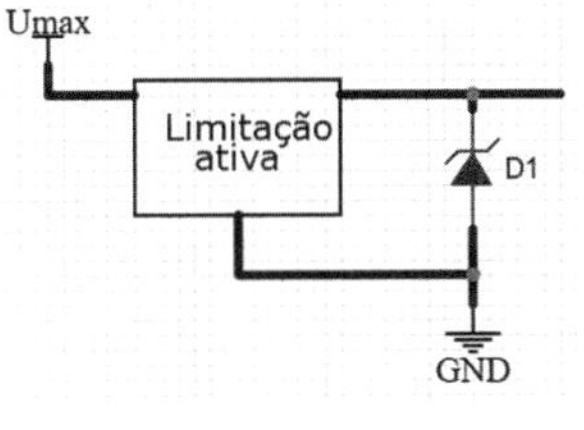 | $Pz_{MAX} = Vz_{MAX} * I_{trip}$ |
| Circuito intrinsecamente seguro limitado por barreira<br>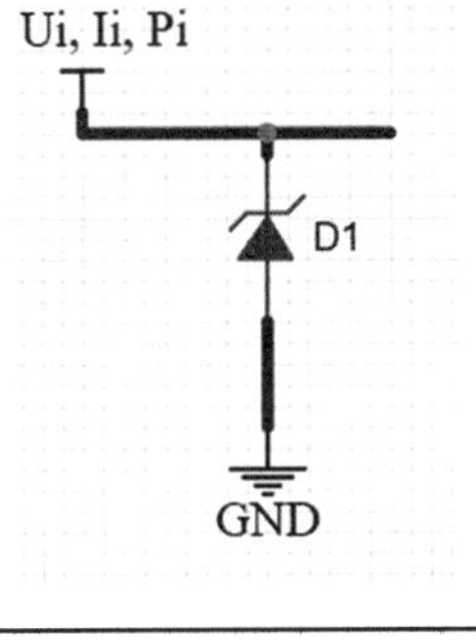 | $Pz_{MAX} = Vz_{MAX} * I_i$<br>Se Pz $_{MAX}$ calculada por esta equação resultar em uma potência superior a Pi, então:<br>$Pz_{MAX} = P_i$ |

Em que:

- $U_{MAX}$: tensão máxima constante [V];
- Pz $_{MAX}$: potência Zener máxima [W];
- Vz $_{MAX}$: tensão Zener máxima de acordo com a tolerância Vz x (1 + tol) [V];
- Vz $_{MIN}$: tensão Zener mínima de acordo com a tolerância Vz x (1 - tol) [V];

- $R1_{MIN}$: resistência infalível mínima considerando tolerâncias [Ω];
- $R1_{MAX}$: resistência infalível mínima considerando tolerâncias [Ω];
- $If_{NOMINAL}$: corrente nominal de atuação de um fusível [A];
- $I_{trip}$: corrente de atuação do limitador ativo [A].

Para o cálculo do fator de segurança, a potência nominal deve ser conhecida, e esse é um dos temas mais polêmicos desse processo, pois as condições de montagens e a temperatura local ambiente devem ser levadas em consideração. Assim, a potência normalmente declarada no título das folhas de especificações raramente é a potência utilizada, pois ela estará condicionada a manter a temperatura no terminal a um valor abaixo de algum limite que raramente será atendido.

Dessa forma, a resistência térmica da junção para o ambiente ($Rth_{JA}$, em K/W) é geralmente o parâmetro utilizado para o cálculo da potência nominal. Todas as possibilidades de manipulação desse parâmetro por alterações das condições de montagem são apresentadas neste livro, no Capítulo 22.

A potência nominal é calculada utilizando-se a equação a seguir, alterada para o seguinte:

$$P_N = \frac{T_{JMAX} - T_a}{Rth_{JA}} \tag{23.1}$$

Cálculo da potência nominal de um componente semicondutor.

Em que:

- $P_N$: potência nominal (W);
- $Tj_{MAX}$: temperatura máxima permitida para a junção de acordo com a folha de especificação (*datasheet*) do componente (°C).

Uma vez que a potência dissipada e a potência nominal estiverem determinadas, o fator de segurança é calculado de acordo com a seguinte equação:

$$n = \frac{P_N}{Pz_{MAX}} \tag{23.2}$$

Cálculo do fator de segurança para diodos Zener.

Em que "n" é o fator de segurança e deve ser maior que 1,5, para conformidade com a norma técnica brasileira adotada ABNT NBR IEC 60079-11.

Com relação à condição transiente, as possibilidades são mais limitadas. Contudo, temos de incluir que as condições transientes são avaliadas somente para circuitos associados conectados à rede elétrica e sem isolação galvânica por um transformador infalível. Por essa razão, o diodo Zener pode ser avaliado ou ensaiado para a comprovação da conformidade com os requisitos da norma técnica brasileira adotada ABNT NBR IEC 60079-11.

Com relação ao fator de segurança, a norma ABNT NBR IEC 60079-11 inclui uma eventual "contradição" ou "diferença de interpretação" de texto entre requisitos que podem levar à interpretação de que o fator de segurança deve ser 1,5 sobre a corrente nominal e a potência nominal, ou de que o fator de segurança pode ser 1,0.

As discussões recentes envolvendo todos os países participantes do Comitê Técnico TC 31 (*Equipment for Explosive Atmospheres*) da IEC, inclusive o Brasil, levaram ao devido *equacionamento* desse eventual problema, sendo que o fator de segurança deve ser 1,0, de acordo com texto aperfeiçoado indicado na Edição 7.0 da norma técnica internacional IEC 60079-11, bem como na respectiva edição da norma técnica brasileira adotada ABNT NBR IEC 60079-11.

Para a determinação da potência máxima dissipada em modo transiente, é necessário se conhecer, primeiramente, a corrente máxima transiente. Essa corrente é limitada somente por uma resistência em séries, sendo que ela pode ser um resistor ou a resistência a frio de um fusível. A corrente transiente estará presente no circuito durante o tempo necessário para a completar a abertura do fusível em série. Para a determinação desse tempo de abertura, as especificações do fusível infalível devem ser utilizadas.

A corrente transiente é calculada por (Um ou Ui) – Vz / R. Assim, a potência máxima é calculada de acordo com a seguinte equação:

$$Pz_{MAX_{transiente}} = \left( \frac{Um\ ou\ Ui - Vz}{R} \right) * Vz \qquad (23.3)$$

Cálculo da potência transiente dissipada.

Em que "Um" é a tensão máxima de pico da fonte, "Ui" é a tensão máxima de entrada marcada para um equipamento intrinsecamente seguro, "Vz" é a tensão Zener; a tolerância deve ser incluída, o pior caso deve ser utilizado e "R" é a resistência mínima em série.

A potência nominal transiente deve ser determinada conforme as folhas de especificações do diodo Zener. A figura a seguir é um exemplo, e, considerando-se o tempo de abertura do fusível de 1 ms, a potência nominal seria 200 W.

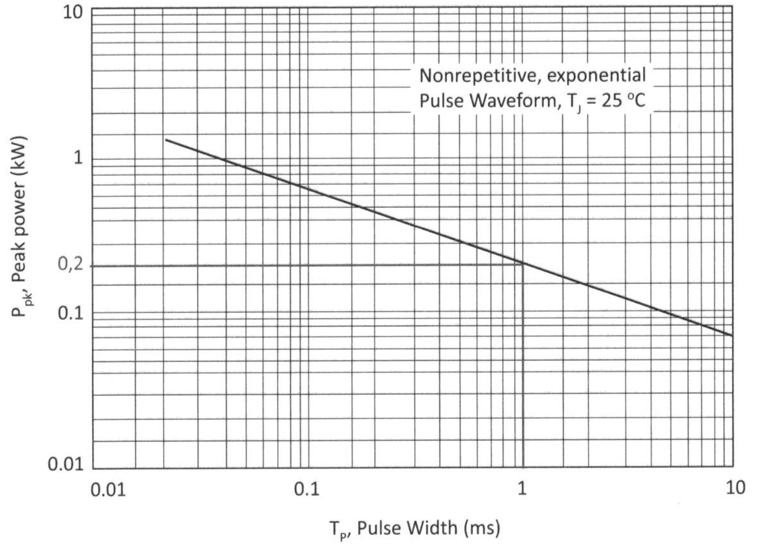


**Figura 23.2 –** Exemplo de curva para determinação de potência transiente nominal para diodo Zener.

Quando o diodo Zener sendo considerado não possuir esses dados nas suas especificações, o ensaio de pulso transiente de acordo com a norma técnica brasileira adotada

ABNT NBR IEC 60079-11 pode ser realizado. Esse ensaio inclui a medição da tensão Zener antes e depois da aplicação de cinco pulsos com corrente transiente máxima pelo tempo para a abertura do fusível, com um mínimo de 50 μs. Os pulsos são separados por um período de 20 ms; se a diferença entre a tensão Zener inicial e final for superior a ± 5%, o diodo Zener é considerado reprovado; do contrário, o diodo Zener é considerado aprovado.

Quanto à montagem dos diodos Zener, as suas conexões ao circuito a ser limitado devem ser infalíveis. Quando a isolação galvânica não é utilizada, o circuito do anodo do diodo Zener deve ser aterrado, de acordo com a norma técnica brasileira adotada ABNT NBR IEC 60079-11.

Quando diodos Zener são utilizados em uma barreira intrinsecamente segura, três diodos devem ser incluídos em uma montagem infalível para o nível de proteção "ia", dois para o nível de proteção "ib" e um para "ic". Para outros equipamentos intrinsecamente seguros, dois diodos são aceitáveis para uma montagem *shunt* infalível "ia" e "ib".

## 23.4 DIODOS DE SUPRESSÃO DE TENSÃO TRANSIENTE (*TRANSIENT VOLTAGE SUPPRESSION DIODE* – TVS)

Os diodos de supressão de tensão transiente, os quais serão referenciados doravante como TVS (sigla do termo em inglês *Transient Voltage Suppression*), que é o nome simplificado normalmente encontrado na literatura comercial de fabricantes, são componentes que se comportam de maneira muito similar aos diodos Zener. Contudo, esses componentes possuem características transientes melhores que as dos diodos Zener. Por outro lado, suas características em condução constante não são tão boas assim.

Esses componentes podem ser encontrados nas versões unidirecional ou bidirecional, ou seja, com supressão de tensão transiente em uma polaridade ou duas, respectivamente. As curvas características "padrão" para um TVS unidirecional e para um TVS bidirecional são apresentadas na figura a seguir.

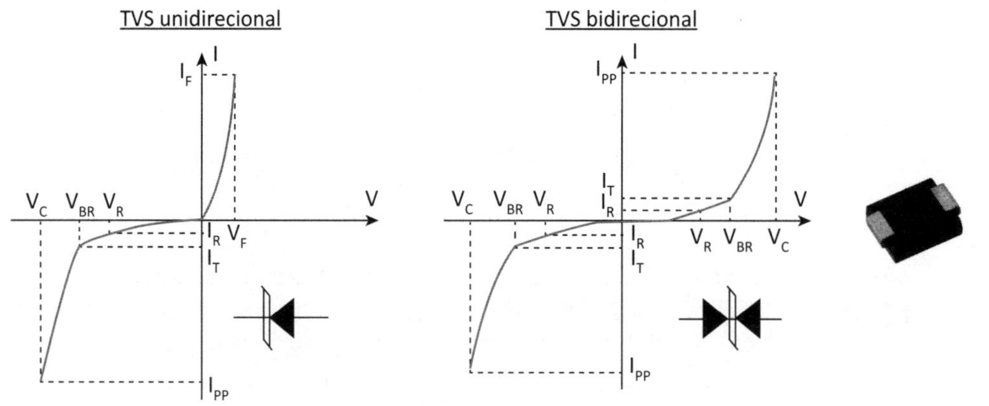


**Figura 23.3 –** Curva característica de TVS unidirecional e bidirecional.

De acordo com essas curvas, quando a tensão da fonte atingir a tensão de início de condução, também chamada em inglês de *breakdown voltage*, "$V_{BR}$", o TVS limita a tensão da fonte para o valor designado; ela é normalmente utilizada para avaliações de condução constante, quando, por exemplo, avaliamos a tensão da fonte aumentando a partir de um valor inferior a "$V_{BR}$". Contudo, se consideramos o circuito sendo ligado com uma tensão da fonte superior à máxima tensão de supressão, também chamada em inglês de *clamping voltage*, "$V_C$", ou se consideramos a tensão da fonte falhando de maneira transitória (muito rapidamente), a tensão será limitada para o valor designado para "$V_C$".

Os métodos para a utilização e determinação do fator de segurança de TVS são muito similares ao que já foi apresentado para diodos Zener. As equações devem ser modificadas da seguinte forma: para condições de condução constante, "Vz" deve ser substituído por "$V_{BR}$"; já para condições transientes de avaliação, "Vz" deve ser substituído por "$V_C$".

## 23.5 CIRCUITOS TIPO *CROWBAR* COM TIRISTORES

Um circuito tipo *crowbar* inclui um tiristor, como um SCR (*silicon controlled rectifier* - retificador controlado de silício) ou um TRIAC (*triode for alternating current* - triodo para corrente alternada), atuando quando uma sobretensão ocorre no circuito, tornando-se um curto-circuito, eliminando a sobretensão do circuito. Normalmente, esses componentes são limitados por um fusível, que queima quando ocorre esse tipo de atuação.

O nome *crowbar* para esse tipo de circuito pode ser traduzido para "pé de cabra", aquela ferramenta utilizada para abrir tampas de bueiros, e vem do mito contado em subestações de energia elétrica, em que, quando tudo dá errado no sistema, uma dessas ferramentas seria jogada nos barramentos de entrada curto-circuitando ou circuito de entrada, o que deveria provocar a queima de um fusível ou a abertura de um disjuntor, desligando o sistema.

A figura a seguir apresenta um circuito do tipo *crowbar*.

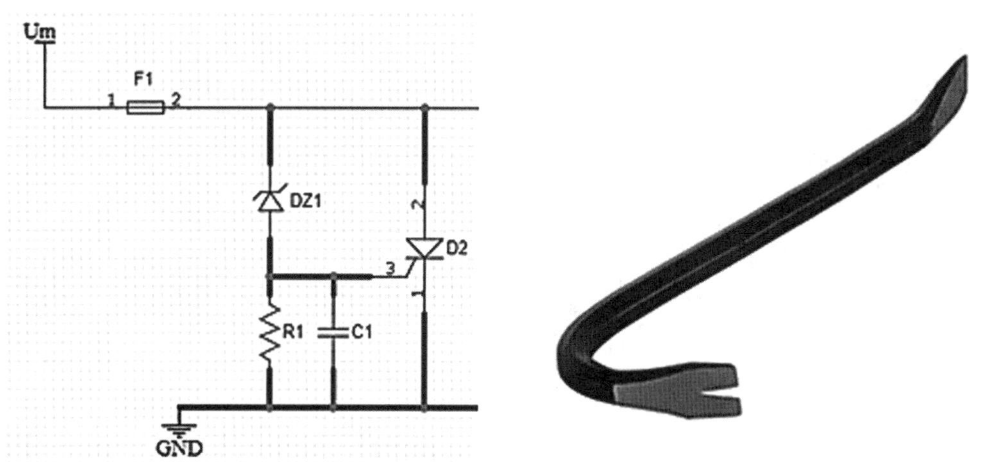


**Figura 23.4** – Exemplo de um circuito tipo *crowbar*.

*Fonte*: acervos pessoais dos autores.

Para entendermos o funcionamento desse circuito, temos de entender primeiramente como o componente tiristor funciona. Entretanto, temos de reiterar que o objetivo desta obra não é ser um livro sobre componentes eletrônicos. Assim, há detalhes que são omitidos para simplificar as ideias utilizadas para o tipo de proteção intrinsecamente seguro.

Um SCR possui a três modos básicos de condução: modo de polarização reversa ou de bloqueio, modo de polarização direta bloqueada e modo de condução direta. A figura a seguir resume esses modos de atuação.

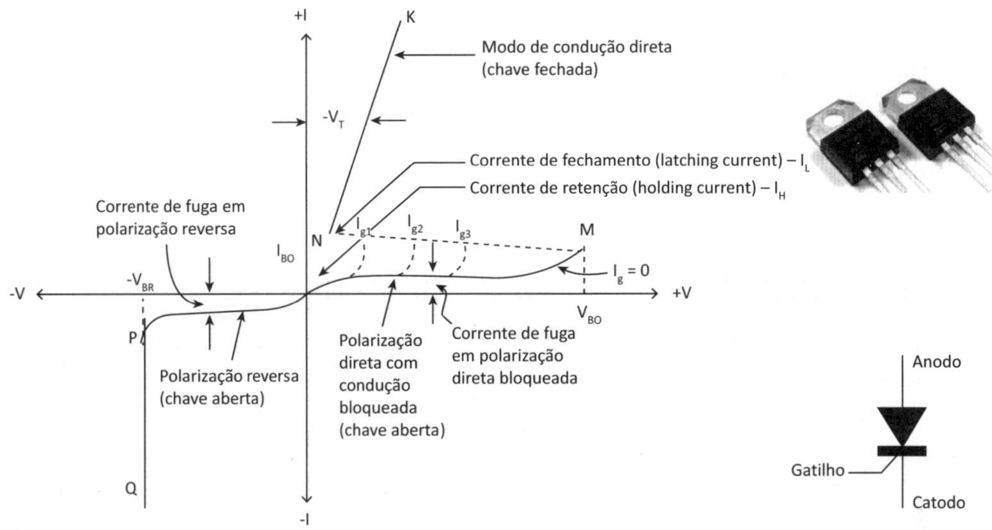


**Figura 23.5** – Curva característica tensão *versus* corrente para um SCR.

No modo de polarização reversa, o catodo é conectado a um potencial mais positivo do que o potencial conectado ao anodo. Nesse modo, o componente se comporta como uma chave aberta. Quando a tensão reversa aplicada ao SCR for menor que "$V_{BR}$", o dispositivo garante uma alta impedância na direção inversa. Quando a tensão "$V_{BR}$" é excedida, ocorre um processo de atuação em modo avalanche, tornando o SCR uma chave fechada. Todavia, quando isso ocorre, de maneira geral o SCR será danificado. Por isso, em aplicação em circuitos *crowbar* intrinsecamente seguros, essa tensão não pode ser excedida com um fator de segurança de 1,5 para os níveis de proteção "ia" e "ib", e 1,0 para "ic".

No modo de polarização direta bloqueada, o anodo é positivo em relação ao catodo, mas o SCR ainda é uma chave aberta. Nesse modo, uma baixa corrente de fuga pode fluir, porém, essa corrente não é suficiente para acionar o SCR. Esse modo ocorre pelo período em que não há corrente positiva sendo aplicada no gatilho. Caso a tensão no circuito exceda a tensão de bloqueio em polarização direta "$V_{BO}$", um efeito avalanche ocorre de maneira similar ao modo em polarização reversa. Esse efeito também pode danificar o SCR e deve, portanto, ser evitado. Assim, em aplicação em circuitos *crowbar* intrinsecamente seguros, a tensão "$V_{BO}$" também não pode ser excedida com um fator de segurança de 1,5 para os níveis de proteção "ia" e "ib", e 1,0 para "ic".

Quando um pulso de tensão positiva é aplicado no gatilho, a corrente que flui através do gatilho "$I_g$" causa um efeito avalanche entre o anodo e o catodo, tornando o SCR uma chave fechada. Aqui, a tensão de condução direta típica é de 1,3 V. Caso a corrente fluindo entre o anodo e o catodo for inferior à corrente de fechamento "$I_L$" (normalmente referida em inglês como *latching current*), o SCR voltará para o estado de polarização direta bloqueada se a tensão no gatilho for removida. Entretanto, se a corrente for superior a "$I_L$", quando o pulso de tensão no gatilho é removido, o SCR continuará em polarização direta, como uma chave fechada.

Com isso, podemos explorar um pouco melhor como o circuito *crowbar* com SCR funciona. Quando não há falha de sobretensão no circuito intrinsecamente seguro, o SCR estará em no modo de polarização direta bloqueada, pois o diodo Zener será uma chave aberta. Quando a tensão Zener é atingida no circuito, temos o pulso de tensão no gatilho, pois o diodo Zener estará conduzindo corrente, sendo a queda de tensão sobre o resistor R1 aplicada ao gatilho. Para a atuação do SCR, uma tensão mínima deve ser aplicada ao gatilho, que é chamada de *tensão de disparo* (em inglês, *gate triggering voltage*), "$V_{GT}$".

Desse modo, enquanto a queda de tensão sobre R1 for inferior a "$V_{GT}$", o SCR permanece bloqueado; quando a tensão "$V_{GT}$" é atingida, o SCR dispara em modo avalanche, tornando-se uma chave fechada. Este "curto-circuito" causa a atuação do fusível, removendo a falha de sobretensão do circuito.

Caso um circuito tipo *crowbar* com SCR seja utilizado em um circuito com tensão alternada, teremos o comportamento conforme explicado anteriormente para o ciclo positivo, mas, para o ciclo negativo, o SCR estará no modo de polarização reversa. Portanto, não haverá limitação de tensão no ciclo negativo. Se "Um" sendo considerada como uma fonte de tensão alternada é uma situação de falha, sendo esperado que, em condições normais de operação, a fonte forneça uma tensão contínua, então, o seguinte circuito pode ser utilizado. Nesse circuito, o diodo retificador D3 atua como uma chave fechada caso uma tensão negativa seja aplicada ao circuito, o que queimaria o fusível.

A figura a seguir exemplifica essa solução.

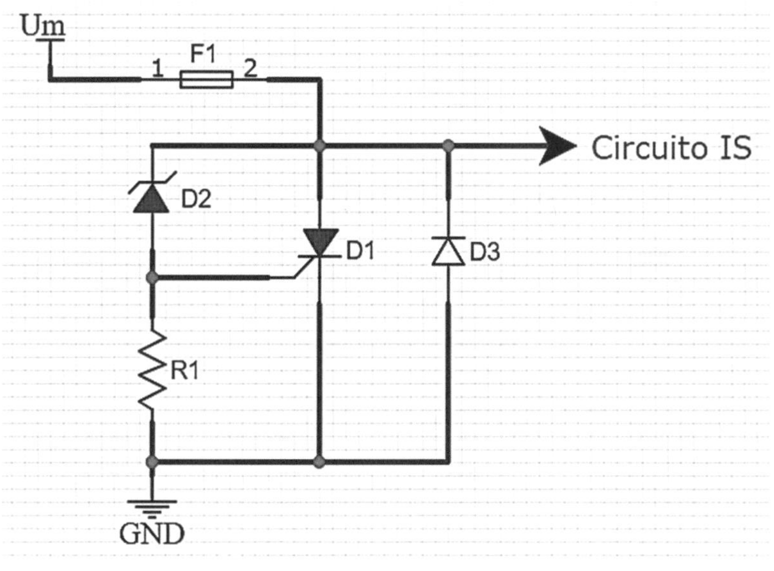


**Figura 23.6 –** Circuito tipo *crowbar* com SCR e diodo retificador para tensão alternada.

*Fonte*: acervos pessoais dos autores.

Obviamente, o leitor mais atento e com um bom conhecimento em eletrônica poderia dizer que, para esse problema, há uma outra solução: a utilização de um TRIAC no lugar do SCR. Essa solução é, de fato, possível e, para alguns casos em específico, recomendada – por exemplo, quando o espaço na placa de circuito impresso é limitada. Um TRIAC pode ser representado, de maneira análoga, por dois SCRs conectados em paralelo de maneira invertida.

A figura a seguir exemplifica uma curva características e a estrutura simplificada de um TRIAC.

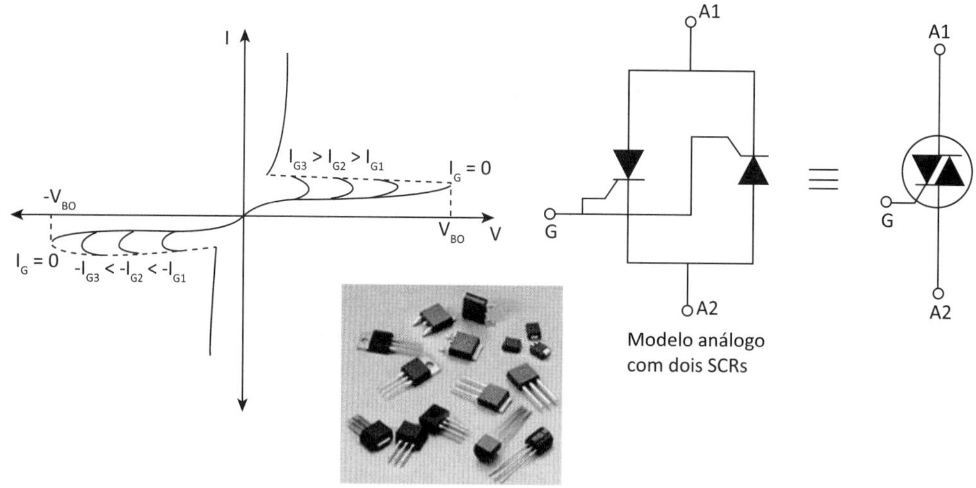


**Figura 23.7** – Curva característica de um TRIAC, com representação análoga de um TRIAC formado por dois SCRs.

Assim, o TRIAC conduz e dispara nos ciclos positivos e negativos, resolvendo o problema indicado anteriormente com a utilização de apenas um componente. A curva característica é semelhante à curva característica do SCR, tendo como única diferença a condição de polarização direta bloqueada e a polarização direta em ambos os quadrantes.

Com relação ao funcionamento desse circuito, é recomendável a utilização de um capacitor no gatilho, de acordo com a Figura 23.7, para se evitar o disparo por qualquer sinal ou ruído espúrio advindo tanto da fonte quanto do circuito intrinsecamente seguro, principalmente quando há cargas indutivas ou piezoelétricas no circuito sendo alimentado. A inclusão desse capacitor diminuirá a velocidade de disparo do circuito tipo *crowbar*, e isso pode influenciar os resultados dos ensaios de transiente conforme discutido neste livro, no Capítulo 13. Assim, a seleção do valor desse capacitor deve ser tal qual que assegure o adequado funcionamento do circuito e que não atrase muito o disparo do tiristor, garantindo uma adequada limitação da energia transiente.

Para a seleção adequada de um tiristor, ou para a construção do circuito que proteja um tiristor, há uma lista de parâmetros que devem ser considerados. A fim de asseverar o lastro normativo para as definições a seguir, podemos nos referenciar ao seguinte, contido na norma técnica brasileira adotada ABNT NBR IEC 60079-11:

> Para os níveis de proteção "ia" e "ib", tanto em operação normal e depois da aplicação da condição de falha dada na Seção "Requisitos de conformidade de ignição" [da Norma ABNT NBR IEC 60079-11], qualquer componente remanescente do qual este tipo de proteção depende não pode operar a mais de dois terços da corrente, tensão e potência nominal de cada componente nas condições de montagem e faixa de temperatura especificadas.

> Para o nível de proteção "ic", em operação normal, os componentes dos quais o tipo de proteção depende não podem operar além da sua máxima corrente ou tensão e a não mais que dois terços de sua potência. Estes valores nominais máximos devem ser os valores comerciais normais especificados pelo fabricante do componente.

Podemos interpretar esse texto como o seguinte: para os níveis de proteção "ia" e "ib", o tiristor deve atender a um fator de segurança mínimo de 1,5 (2/3 do valor nominal) sobre qualquer característica de tensão, corrente ou potência. Já para o nível de proteção "ic", o tiristor deve atender a um fator de segurança mínimo de 1,0 (não superior ao valor nominal) sobre qualquer característica de tensão e corrente e 1,5 sobre qualquer característica de potência. Essa definição guiará não somente as definições aqui apresentadas, mas também deve ser utilizada para outros componentes semicondutores, quando estes devem ser avaliados como infalíveis.

Tipicamente, os seguintes parâmetros são apresentados em *datasheets* de um tiristor como os parâmetros limites, de acordo com a norma técnica internacional IEC 60134 (*Rating Systems for Electronic Tubes and Valves and Analogous Semiconductor Devices*, traduzido livremente como "Sistema de parametrização para tubos, válvulas e dispositivos análogos semicondutores eletrônicos").

Os parâmetros apresentados na figura a seguir serão os parâmetros que consideraremos. Os parâmetros estão disponíveis em <https://www.ween-semi.com/sites/default/files/datasheet/BT151-500RT.pdf>.

Deve ser ressaltado que a maioria desses documentos está disponível somente em inglês. Dado o objetivo deste livro, que é auxiliar os técnicos e engenheiros brasileiros a aplicar essas tecnologias, são mantidos os termos nesse idioma para assegurar a correlação mais fácil durante a utilização das informações neste capítulo.

## 7. Limiting values

**Table 4. Limiting values**
***In accordance with the Absolute Maximum Rating System (IEC 60134).***

| Symbol | Parameter | Conditions | Min | Max | Unit |
|---|---|---|---|---|---|
| $V_{DRM}$ | repetitive peak off-state voltage | | - | 500 | V |
| $V_{RRM}$ | repetitive peak reverse voltage | | - | 500 | V |
| $I_{T(AV)}$ | average on-state current | half sine wave; $T_{mb} \leq$ 133 °C | - | 8 | A |
| $I_{T(RMS)}$ | RMS on-state current | half sine wave; $T_{mb} \leq$ 133 °C; Fig. 1; Fig. 2; Fig. 3 | - | 12.5 | A |
| $I_{TSM}$ | non-repetitive peak on-state current | half sine wave; $T_{j(init)}$ = 25 °C; $t_p$ = 8.3 ms | - | 132 | A |
| | | half sine wave; $T_{j(init)}$ = 25 °C; $t_p$ = 10 ms; Fig. 4; Fig. 5 | - | 120 | A |
| $I^2t$ | $I^2t$ for fusing | $t_p$ = 10 ms; SIN | - | 72 | $A^2s$ |
| $dI_T/dt$ | rate of rise of on-state current | $I_G$ = 30 mA | - | 50 | A/µs |
| $I_{GM}$ | peak gate current | | - | 4 | A |
| $V_{RGM}$ | peak reverse gate voltage | | - | 5 | V |
| $P_{GM}$ | peak gate power | | - | 5 | W |
| $P_{G(AV)}$ | average gate power | over any 20 ms period | - | 1 | W |
| $T_{stg}$ | storage temperature | | -40 | 150 | °C |
| $T_j$ | junction temperature | | - | 150 | °C |

**Figura 23.8 –** Exemplo de parâmetros limites para um SCR, WeEn Semiconductors BT151-500RT.

A tensão de pico característica para o modo de bloqueio "$V_{DRM}$" é a tensão que não pode ser excedida no modo de polarização direta bloqueada (a qual também pode ser referenciada como $V_{BO}$). Essa tensão deve ser no mínimo 1,5 vez superior à máxima tensão de pico positivo no dado circuito. Por exemplo, um circuito marcado como

*Um = 250 V* deve ser avaliado como possuindo uma tensão máxima de pico de 353,6 V ($250\ V * \sqrt{2}$). Nesse caso, um tiristor adequado para esse circuito deveria possuir uma tensão $V_{DRM}$ de, no mínimo, 1,5 x 353,6 V = 530,33 V para os níveis de proteções "ia", e "ib" e 353.6 V para o nível de proteção "ic".

A tensão de pico característica para o modo de polarização reversa "$V_{RRM}$" é a tensão que não pode ser excedida no modo de polarização reversa (a qual também pode ser referenciada como $V_{BR}$). Essa tensão deve ser, no mínimo, 1,5 vez superior à máxima tensão de pico negativo no dado circuito. Por exemplo, um circuito marcado como Um = 250 V deve ser avaliado como possuindo uma tensão máxima de pico de -353,6 V ($-250V * \sqrt{2}$). Nesse caso, um tiristor adequado para esse circuito deveria possuir uma tensão $V_{RRM}$ de, no mínimo, 1,5 x 353,6 V = 530,33 V para os níveis de proteções "ia", e "ib" e 353.6 V para o nível de proteção "ic".

A corrente característica máxima de polarização direta em modo de condução "$I_T$" define a máxima corrente que pode fluir constantemente através do SCR quando este se comporta como uma chave fechada. A diferença entre a corrente média característica máxima de polarização direta em modo de condução "$I_{T(AV)}$" e a corrente eficaz característica máxima de polarização direta em modo de condução "$I_{T(RMS)}$" é dependente do ângulo de disparo e existe somente para tensões alternadas, pois, para tensão contínua, essas correntes são as mesmas, e a corrente $I_{T(RMS)}$ deve ser considerada.

Como falhas devem ser levadas em conta, a corrente máxima em modo de condução constante deve ser considerada; se um fusível infalível em série com o circuito *crowbar* estiver sendo considerado para a definição dessa corrente, a corrente máxima que poderá fluir de maneira constante é 1,7 vez a corrente nominal de atuação do fusível. Assim, em um circuito com tensão alternada para o nível de proteção "ia" ou "ib", a corrente $I_{T(AV)}$ deve ser superior a 1,5 x 1,7 x corrente nominal de atuação do fusível, enquanto, para o nível de proteção "ic", o fator de segurança 1,5 pode ser removido. Já para um circuito com tensão contínua para o nível de proteção "ia" e "ib", a corrente $I_{T(RMS)}$ deve ser superior a 1,5 x 1,7 x corrente nominal de atuação do fusível, enquanto, para o nível de proteção "ic", novamente, o fator de segurança 1,5 pode ser removido.

**NOTA 1**: não há uma corrente IT para tensão contínua. É comum, nesse caso, assumir o parâmetro IT(RMS) como a corrente limite para esse tipo de fonte.

A corrente característica máxima de polarização direta não repetitiva de pico em modo de condução "$I_{TSM}$" define a máxima corrente que pode fluir através do SCR quando esse se comporta como uma chave fechada durante períodos transitórios nos quais somente um ciclo é suficiente para se queimar o fusível de proteção. Essa será a máxima corrente de pico que poderá fluir através do SCR. Portanto, tal corrente não será limitada pela corrente de atuação do fusível, mas, sim, por qualquer resistência em série com o circuito *crowbar.*

De maneira geral, a resistência a frio do fusível é considerada, e, se necessário, um ou mais resistores podem ser incluídos em série com o fusível para assegurar uma limitação adicional para essa corrente de pico - por exemplo, se assumirmos a resistência do fusível na mínima temperatura ambiente.

Sendo 4 Ω em um circuito marcado com Um = 250 V, então, a máxima corrente de pico será 353,6 V / 4Ω = 88,4 A, essa corrente é assumida como presente no circuito durante o período necessário para a abertura completa do fusível. Se considerarmos que esse período será inferior a 8,3 ms (período de um semiciclo a 60 Hz), então, o SCR adequado para esse circuito terá uma corrente $I_{TSM}$ igual ou superior a 1,5 x 88,4 A = 132,6 A para os níveis de proteção "ia" e "ib", e 88,4 A para o nível de proteção "ic".

A parametrização por meio da corrente $I_{TSM}$ deve ser complementada pela seleção de um fusível que possua um parâmetro ou valor de fusão "$I^2t$" inferior ao valor indicado no *datasheet* do SCR. Essa condição assegurará que o fusível abrirá o circuito antes da queima do SCR pela corrente transitória. Alguns laboratórios aceitam a parametrização pelo parâmetro de fusão $I^2t$ como um método alternativo à corrente $I_{TSM}$.

Nesse ponto, pode haver uma confusão sobre quando e como as correntes $I_{T(AV)}$ ou $I_{T(RMS)}$ devem ser consideradas e quando e como a corrente $I_{TSM}$ deve ser considerada. Para garantir uma diferenciação nesses dois distintos cenários, temos de pensar em dois modos de falhas diferentes, mas o mais importante é afirmar que ambas as condições devem ser consideradas e parametrizadas adequadamente. O primeiro cenário seria aquele no qual a tensão Um falha para um valor que resultará em uma corrente igual a 1,7 x corrente nominal do fusível. Essa condição certamente causará a queima do fusível, mas esse processo pode levar algum tempo; a depender do fusível, o período pode variar de segundos a minutos, ou até mesmo horas.

Dessa forma, para essa condição, assumimos que o período necessário para a queima do fusível será suficiente para gerar um aquecimento e uma estabilização da temperatura na junção do SCR. Como esse processo necessita de um relativo longo tempo para ocorrer, fica, então, caracterizada a condição de condução constante ou não transitória, a qual domina as considerações para a parametrização de $I_{T(AV)}$ ou $I_{T(RMS)}$.

O segundo cenário seria aquele no qual, quando o circuito é ligado ou conectado, a fonte de energia elétrica em modo de falha com Um sendo aplicada na sua saída. Aqui, vale ressaltar que Um não precisa ser a tensão nominal de saída do circuito de alimentação – por exemplo, uma fonte de 24 Vcc alimentada a partir da rede elétrica que não atenda aos requisitos da norma técnica brasileira adotada ABNT NBR IEC 60079-14 (*projeto e montagem de instalações "Ex"*); ou, quando o circuito for para o nível de proteção "ia", deve ser considerada como falhando para Um = 250 V. Nesse caso, uma corrente transitória fluirá através do circuito, e essa corrente queimará o fusível. No entanto, durante esse período de tempo, deve ser assegurado que o tiristor "sobreviverá" a essa condição, o que caracteriza a parametrização por meio da corrente $I_{TSM}$.

Com relação à corrente $I_T$, ainda há um último parâmetro que deve ser considerado. Esse parâmetro é a taxa de elevação da corrente em modo transiente "*dI/dt*". Tal parâmetro é importante porque, se a corrente se elevar muito rapidamente, pontos na junção do SCR podem se aquecer mais rapidamente que outros pontos. Isso se deve à velocidade de carregamento dos materiais empregados, que pode eventualmente ser mais lenta do que a velocidade de elevação da corrente. Assim, se esse valor for excedido, o SCR pode sofrer danos que podem afetar a sua atuação adequada no circuito. De maneira geral, é aceitável que esse valor não seja excedido somente para todos os níveis de proteção, ou seja, o fator de segurança deve ser no mínimo 1,0.

Existem duas formas de se calcular esse parâmetro. O primeiro método inclui a máxima corrente de pico e o período para a atuação do fusível. Se a máxima corrente de pico for, por exemplo, 250 A, sendo que o fusível queimará em um período inferior a 1 ms, então, o parâmetro dI/dt pode ser calculado como dI/dt = 10A / 1ms = 0,01 A/µs. Aqui, vale ressaltar que esse exemplo considera uma fonte de corrente contínua. Para fontes de corrente alterada, o valor da corrente de pico e o período do sinal devem ser considerados. Quando o fusível não é rápido o suficiente ou a corrente é muito alta, um indutor pode ser utilizado para reduzir esse parâmetro. Nesse caso, dI/dt = Um pico / L.

A tensão máxima reversa de pico no gatilho "$V_{RGM}$" define a máxima tensão negativa que pode ser aplicada nele. Em um circuito com Um definido para um fonte de corrente contínua, por exemplo, uma bateria, esse valor não requer considerações, pois a máxima tensão negativa será 0 V. Em um circuito com Um definido para uma fonte de corrente alternada, como explicado anteriormente, um SCR em um circuito *crowbar* sozinho não providenciará a limitação do ciclo negativo, ou seja, se $V_{RGM}$ puder ocorrer, haverá um problema conceitual no circuito. Assim, a única condição em que um circuito *crowbar* com SCR possuirá uma tensão $V_{RGM}$ diferente de 0 V é aquela quando um diodo retificador é incluído para assegurar a limitação da tensão no ciclo negativo, de acordo com o apresentado na Figura 23.6. Tipicamente, essa tensão não será maior que -1.3 V.

A potência máxima de pico no gatilho $P_{GM}$ também será parametrizada; já a potência média $P_{G(AV)}$ não precisa ser considerada, pois os pulsos de tensão no gatilho somente ocorrerão de maneira transiente. Para se estabelecer a potência máxima no gatilho, a máxima corrente de pico do gatilho deve ser determinada; muitas vezes, um resistor deve ser inserido no gatilho para a limitação dessa corrente, quando a limitação na minha principal não é suficiente.

## 23.6 CIRCUITOS TIPO *CROWBAR* OU DIODOS ZENER – EIS A QUESTÃO

O leitor que chegou a este capítulo deve estar se perguntando: dado que a utilização de um diodo Zener é muito mais simples que a utilização de um circuito tipo *crowbar*, então, quando um circuito *crowbar* deve ser utilizado?

A resposta para essa pergunta passa por um problema fundamental quanto à utilização de diodos Zener. Esse problema é a sua potência nominal máxima!

Existem muitos diodos Zener no mercado, mas raramente qualquer um desses componentes possuirá uma potência nominal superior a 5 W. Somando-se a esse problema o fato de que esses 5 W raramente podem ser considerados, pois isso incorreria na limitação da temperatura nos terminais a uma temperatura muito baixa, o que exigiria arranjos com dissipadores de calor que quase nunca podem ser implementados, acabamos com potências nominais máximas reais ao redor de 2,6 W.

Para circuitos em que a tensão limitada é relativamente alta, por exemplo, ao redor de 30 V, há a possibilidade de se utilizar mais de um diodo Zener no caminho *shunt*, sendo que, nesse caso, a soma das tensões Zener resultam no valor de tensão considerada como máximo para o caminho *shunt*, e a potência de cada elemento individualmente considerado é reduzida; ou, em outras palavras, a potência nominal do caminho *shunt* é a soma da potência nominal de todos os elementos.

Todavia, para circuitos com tensões limitadas relativamente baixas, como 6 V, com uma corrente limitada para valores relativamente altos, por exemplo, com um fusível de 2 A, o projeto de um circuito com essas características com diodos Zener pode ser extremamente desafiador, pois diodos Zener possuem tensão Zener mínima tipicamente não inferior a 3,3 V. Se, nesse caso, o projetista utilizar dois diodos Zener de 3,3 V 5% para qualquer um dos níveis de proteção, cada componente deverá ser capaz de dissipar 1,5 vez a sua tensão Zener máxima (3,3 V x 1,05 = 3,47 V) multiplicada pela corrente máxima limitada pelo fusível (1,7 x 2 A = 3,4 A), o que resulta em uma potência nominal mínima de 17,7 W (1,5 x 3,47 V x 3,4 A). Diodos Zener com esse nível de potência não existem!

Assim, podemos responder à pergunta inicial da seguinte forma: circuitos tipo *crowbar* são uma solução excelente para circuitos com tensão limitada relativamente baixa e corrente relativamente alta. O projetista deveria sempre considerar a utilização de diodos Zener, pois esses componentes são mais simples, não requerem ensaios de transiente para os requisitos, a fim de se evitar ignição por centelha, e, de maneira geral, ocupam menos espaço na placa de circuito impresso. Contudo, quando a utilização de diodos Zener é impossível, circuitos tipo *crowbar* se tornam uma opção essencial para se ter em mente como alternativa, pois a corrente $I_{T(RMS)}$ de tiristores raramente é inferior a 10 A!

## 23.7 ELEMENTOS PARA LIMITAÇÃO DE CORRENTE

Os elementos para limitação de corrente em um equipamento ou circuito associado intrinsecamente seguro se dedicam a dois propósitos essenciais e distintos. O primeiro, limitação de corrente para se evitarem ignições por centelhas; e o segundo, limitação de corrente para se evitarem ignições por temperatura. A distinção entre as possibilidades se define pelos tipos de componentes que podem ser utilizados para cada propósito, sendo que há distinções para diferentes níveis de proteção, e na forma em que cada possível componente é interpretado.

Componentes para limitação de corrente a fim de se evitarem ignições por centelhas são aqueles que atuam de maneira direta, como os resistores, ou aqueles que atuam de maneira controlada, como os transistores. A limitação de corrente por meio de um resistor assume que não há variações na limitação providenciada pelo resistor quando tempo é levado em consideração. Por exemplo, um resistor de 100 Ω será uma resistência de 100 Ω quando em condição de condução constante ou quando pulsos transientes são aplicados. Isso define essa independência com relação ao tempo de atuação. Já componentes ativos, como transistores, atuam de forma diferente quando submetidos a condições de condução constante ou quando pulsos ou condições transientes são consideradas.

A Tabela 23.2 é um resumo da correlação entre os tipos de componentes aceitáveis para cada nível de proteção com intuito de se limitar corrente elétrica, para atendimento aos requisitos que se destinam a evitar ignições por centelhas e temperatura.

**Tabela 23.2 –** Correlação entre tipos de componentes para limitação de corrente e seus níveis de proteção.

| Nível de proteção | Propósito e tipos de componentes aceitáveis | |
|---|---|---|
| | Ignição por centelhas | Ignição por temperatura |
| "ia" | Resistores, resistência a frio de fusíveis | Resistores, fusíveis e componentes semicondutores ativos |
| "ib" | Resistores, resistência a frio de fusíveis e componentes semicondutores ativos quando ensaiados nos ensaios de centelhamento[1)] e transiente[2)] | Resistores, fusíveis e componentes semicondutores ativos |
| "ic" | Resistores, resistência a frio de fusíveis e componentes semicondutores ativos quando ensaiados no ensaio de centelhamento[1)] somente (ensaio de transiente não se aplica) | Resistores, fusíveis e componentes semicondutores ativos incluindo a limitação em condições normais de operação |

NOTA 1: detalhes sobre os ensaios e avaliações para se evitarem ignições por centelhas elétricas são apresentados neste livro, a partir do Capítulo 12, "Limitação da energia para se evitar ignição por uma centelha", até o Capítulo 21, "Comparações entre o aparelho de centelhamento padrão eletromecânico 'tradicional' e o software *iSpark*".
NOTA 2: detalhes sobre os ensaios e avaliações para se evitarem ignições por temperatura são apresentado no Capítulo 22.

Geralmente, avaliações considerando-se pulsos ou condições transientes não se aplicam aos requisitos para limitação de temperatura. A razão é muito simples: para ter uma temperatura elevada, é necessário aplicar uma determinada potência por algum tempo, e os períodos considerados em condições transientes não são suficientes para causar sobreaquecimento de componentes, apesar de que essas condições devem ser avaliadas no caso de componentes infalíveis. Já para se evitarem ignições por centelha, os parâmetros máximos que ocorrerão de forma transiente são avaliados. Por exemplo, a atuação de um fusível não é tomada como rápida o suficiente para se evitarem ignições por centelhas, mas a sua resistência a frio pode ser utilizada, e assim por diante.

## 23.8 RESISTORES

Quando um resistor é considerado e avaliado como um componente infalível, o seu único modo de falha contável é para circuito aberto. Assim, se falhas forem consideradas, a corrente somente poderá ser reduzida, mas isso impõe que resistores não são uma boa solução para limitação de tensão, já que circuitos divisores de tensão possuiriam a tensão máxima do circuito no caso de uma falha para circuito aberto.

Com relação aos tipos aceitáveis de resistores, somente resistores tipo filme (normalmente encontrados em inglês como *metal film axial resistor, SMD thick film resistor* ou *SMD thin film resistor*), tipo fio enrolado com proteção para prevenir o desenrolamento do fio no caso de ruptura deste e resistores impressos, como os utilizados em circuitos híbridos ou similares, cobertos por revestimento ou encapsulados são permitidos.

Com relação a diferenças entre esses tipos de resistores, de maneira geral, não há muitas no que diz respeito aos aspectos físicos. É sabido que resistores tipo filme são recomendados para circuitos eletrônicos digitais de baixa potência e com sinais de alta frequência, enquanto resistores tipo fio enrolado são recomendáveis para os casos em que um resistor de relativa alta potência seja necessário.

De acordo com os requisitos da norma técnica brasileira adotada ABNT NBR IEC 60079-11, "um resistor limitador de corrente deve ser dimensionado em conformidade com os requisitos de 7.1, suportando pelo menos 1,5 vez a tensão máxima e dissipando pelo menos 1,5 vez a potência máxima que pode surgir em operação normal e sob as condições de falha".

Com relação à tensão e à corrente máxima que podem ser aplicadas em um resistor infalível, há laboratórios no mundo que interpretam os limites para a tensão e corrente como aqueles determinados pela potência nominal, o que leva o texto apresentado a ser lido como se um fator de segurança mínimo de 1,5 deva ser aplicado sobre a tensão e a corrente nominal determinados por meio da potência nominal. Dada a relação exponencial entre tensão ou corrente em um resistor e a potência dissipada por este resistor, o fator de segurança para a potência seria $1{,}5^2 = 2.25$. Bem, essa interpretação não está correta, e o seu texto final, de maneira "oficial", ocorreu na publicação da Edição 7.0 da norma internacional IEC 60079-11 e na publicação da respectiva edição da norma técnica brasileira adotada ABNT NBR IEC 60079-11.

De acordo com as decisões do Subcomitê SC 31J do TC 31 da IEC, dedicado especificamente a requisitos de normas técnicas internacionais sobre equipamentos e instalações intrinsecamente seguras, a tensão máxima a ser considerada é aquela constante, relacionada à rigidez dielétrica do material do resistor. Quanto à corrente máxima a ser considerada, esse parâmetro deve ser utilizado somente para resistores de baixa resistência ou resistores tipo *jumper*. Assim, de maneira geral, a potência é, de fato, a variável que define o fator de segurança do resistor quanto à sua queima causada por temperatura.

Para o cálculo da máxima potência dissipada por um resistor, a equação $P = RI^2$ é utilizada. Nesse caso, a corrente "$I$" pode ser limitada pelo próprio resistor ($I = U / R$), pelo resistor em combinação com outro componente - por exemplo, quando há outros resistores em série ($I = U / (R + R_{outros})$ –, ou por um componente independente, como no caso de um resistor de baixa resistência limitado por um fusível ($I = 1{,}7x\ I_{fusível}$).

A determinação da potência nominal deve levar em consideração as condições de montagem do resistor e a temperatura local em que o componente estiver situado na placa de circuito de impresso. Por exemplo, se houver componentes, como um processador ou uma bateria, que puderem aquecer o ar ambiente na região onde um resistor infalível estiver operando, então, a potência nominal desse resistor deve ser reduzida de acordo com a documentação de seu fabricante.

A Figura 23.9 é um exemplo de uma curva de redução da potência nominal em função da temperatura ambiente. Em inglês, essa curva geralmente é chamada de *derating curve*.

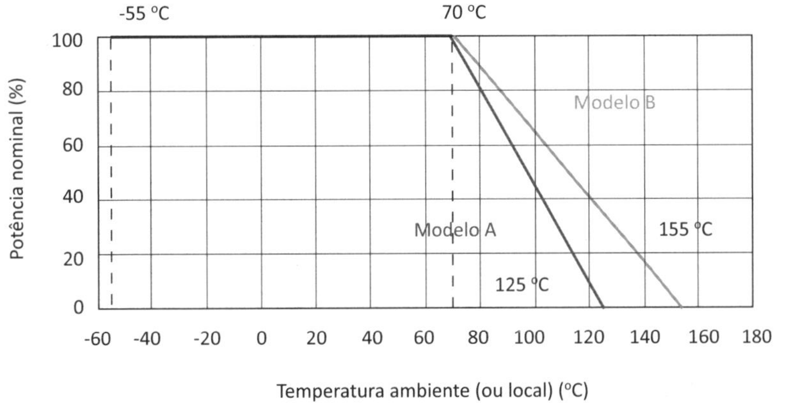


**Figura 23.9 –** Exemplo de curva de redução (*derating*) da potência nominal em função da temperatura ambiente ou local.

De acordo com essa curva, ambos os modelos podem ser assumidos com suas potências nominais máximas declaradas em temperaturas locais ou ambiente até +70 °C, quando a redução da potência nominal se torna necessária.

Para a definição da potência nominal quando a redução se aplica, há dois métodos possíveis: o primeiro é a utilização da curva diretamente; o segundo, a utilização da equação que é indicada na Figura 22.6 do Capítulo 22 deste livro.

Por fim, a determinação do *fator de segurança* (*n*) se dá pela aplicação da seguinte equação: *n = potência nominal / potência dissipada.*

Considerando-se os efeitos transientes, de acordo com os requisitos apresentados na norma ABNT NBR IEC 60079-11, quando um resistor é inserido para a limitação da corrente transiente máxima de pico,

> Se um dispositivo limitador de corrente for necessário para limitar a corrente presumida a um valor menor que a capacidade de interrupção do fusível, este componente deve ser infalível de acordo com a Seção 7 "*Características e falhas de componentes e montagens*" [da Norma ABNT NBR IEC 60079-11] e os valores nominais devem ser pelo menos:

- Corrente nominal: 1,5 x 1,7 x $I_n$
- Tensão nominal: $U_m$ ou $U_i$
- Potência nominal: 1,5 x (1,7 x $I_n)^2$ x resistência máxima do dispositivo limitador

As distâncias de escoamento e isolação ao redor do resistor de limitação de corrente e suas trilhas de conexão devem ser calculadas utilizando a tensão de 1,7 ´ $I_n$ ´ resistência máxima do resistor de limitação de corrente. A tensão transiente não pode ser considerada. As distâncias de separação entre o resistor e outras partes do circuito devem atender à Seção 6.5 "Separação de partes condutivas [da norma técnica brasileira adotada ABNT NBR IEC 60079-11].

Dessa forma, de maneira geral, efeitos transientes são desconsiderados para resistores quando estes são inseridos em série com um fusível. Praticamente não há outras situações quando efeitos transientes podem ocorrer em resistores infalíveis, pois, quando são situados na saída de um circuito intrinsecamente seguro, geralmente haverá um elemento *shunt* infalível protegido por um fusível providenciando a limitação de tensão.

Os resistores infalíveis devem atender aos requisitos para *distâncias de separação e escoamento* nas suas montagens. Esse tema é discutido com detalhes neste livro, no Capítulo 26.

Por último, quando um resistor necessita da inclusão de elementos extras para a dissipação da potência, como dissipadores de calor ou placas de circuito impresso contendo camadas de cobre mais espessas ou com pontos de solda com área aumentada, um ensaio de elevação de temperatura em dez amostras da montagem pode ser realizado para ser determinada a nova potência nominal do componente.

Esse ensaio pode se dar mesmo em placas sem alteração, uma vez que resistores geralmente podem suportar potências mais elevadas do que aquelas declaradas em suas fichas técnicas. Durante esse ensaio, uma potência 1,5 vez a potência dissipada é aplicada, e a temperatura no elemento resistivo é medida, comprovando-se que, para dez amostras, a temperatura máxima especificada pelo fabricante não é excedida; então, o resistor é considerado como aceitável.

Se tomarmos os resistores *Modelo A* e *Modelo B* da Figura 23.9, para o Modelo A, a máxima temperatura não poderia exceder +125 °C. Já para o *Modelo B*, a máxima temperatura não poderia exceder +155 °C.

## 23.9 FUSÍVEIS

Os fusíveis são primariamente utilizados para a limitação da corrente para os modelos a fim de se evitar ignição por temperatura ou para a parametrização de outros componentes, como resistores ou componentes *shunt* de limitação de tensão. Isso se deve ao fato de que fusíveis, por mais rápidos que possam ser, não são rápidos o suficiente para terem a sua corrente de atuação como fator limitante para a corrente que poderia causar uma ignição por centelha.

Com isso dito, adentramos um outro problema intrínseco quanto à utilização de fusíveis: *qual a corrente de atuação que deveríamos utilizar*?

Para responder a esta primeira pergunta, temos de incorrer em uma segunda, que é bastante relevante para modelos intrinsecamente seguros: *quanto tempo levará para a abertura do fusível?*

Ambas as perguntas estão correlacionadas, pois a corrente de atuação nominal do fusível é uma referência adotada pelo fabricante do fusível.

Existem fusíveis que permitiram que uma corrente de valor igual à sua corrente de atuação nominal fluísse por horas no circuito antes da abertura. Dessa forma, a corrente nominal de atuação, de maneira simplificada, representa um valor no qual certamente o fusível abrirá, mas não há uma correlação direta com o tempo de abertura.

Para resolver este "impasse", a norma técnica brasileira adotada ABNT NBR IEC 60079-11 indica que "quando são utilizados fusíveis para proteger outros componentes, deve ser assumida uma corrente contínua de 1,7 In".

Dessa forma, para modelos nos quais um fusível é utilizado para cálculos térmicos ou para o dimensionamento de componentes em condução constante, assumimos que uma máxima corrente igual a 1,7 x a corrente nominal do fusível (In) fluirá de maneira constante por tempo suficiente para levá-lo à estabilidade térmica.

Quanto ao tempo de abertura de um fusível, isso depende da corrente de curto-circuito presumida para o fusível. Essa corrente é a máxima corrente que poderia fluir no circuito. Sendo assim, a máxima corrente que queimaria o fusível não pode ser confundida com a corrente atuação do fusível. A corrente presumida de pico pode ser calculada por meio da seguinte equação:

$$I_{presumida} = \frac{Um, Ui, ou\ U_{shunt}\ pico}{R} \quad (23.4)$$

Cálculo da corrente presumida para circuitos intrinsecamente seguros.

Em que:

- "*Um pico*" é a tensão máxima de pico em um circuito intrinsecamente associado;
- "*Ui*" é a tensão de entrada de um circuito intrinsecamente seguro;
- "$U_{shunt}$" é a máxima tensão limitada por um elemento *shunt*;
- "*R*" é a resistência em série com fusível, podendo incluir, inclusive, a sua própria resistência de filamento medida na menor temperatura de serviço para o equipamento.

As fichas técnicas de fusíveis geralmente incluem uma curva tempo-corrente que pode ser utilizada para a determinação do tempo de abertura de um fusível. A figura a seguir é um exemplo de uma curva média tempo-corrente para diferentes modelos de fusíveis. Essa Figura está disponível para acesso público em: <https://www.littelfuse.com/media?resourcetype=datasheets&itemid=fa879bdf-e528-428e-bf24-ff917a92d7c1&filename=working-littelfuse-fuse-370-datasheet>.

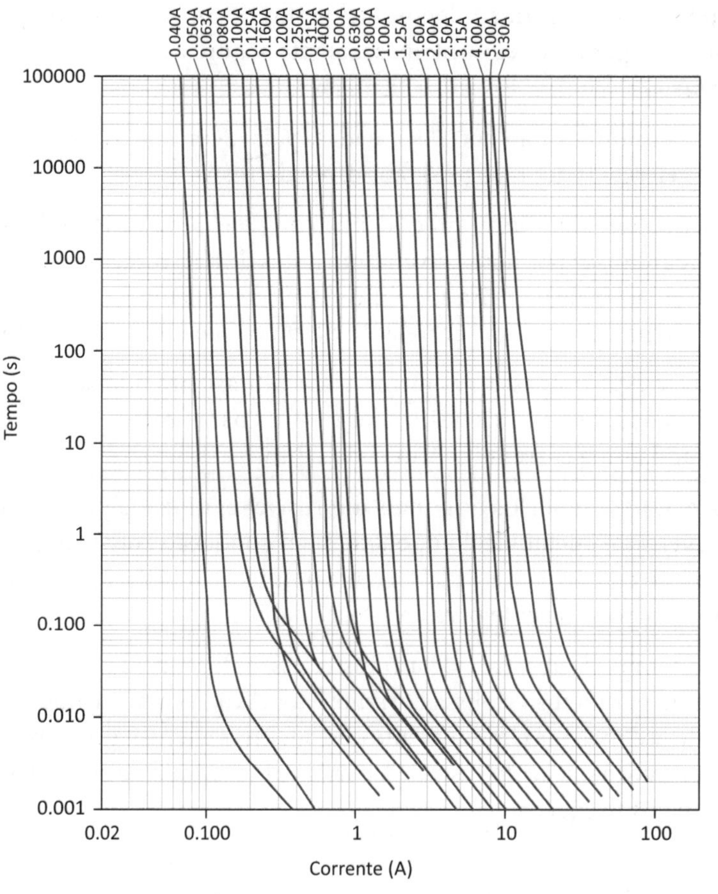


**Figura 23.10** – Exemplo de curva média tempo-corrente para fusíveis.

Apesar de contraditório, outro parâmetro que pode ser utilizado para se definir se o tempo de abertura de um fusível é adequado é o parâmetro ou valor de fusão "$I^2t$". Ele pode ser utilizado por comparação se o semicondutor ou componente que estiver sendo protegido pelo fusível possuir um parâmetro ou valor de fusão "$I^2t$" maior que o do fusível. Isso significa que o fusível queimará antes do componente em questão, o que é o objetivo.

Contudo, com exceção de tiristores e componentes semicondutores de potência, raramente esse valor será encontrado em fichas técnicas. Alguns fabricantes de fusíveis apresentam as equações utilizadas para a determinação do valor de fusão "$I^2t$", mas temos de tomar cuidado quanto à utilização dessas equações, pois o tempo de abertura de um fusível se define por meio da soma do tempo de fusão do fusível, o que pode ser estabelecido pelo seu "$I^2t$", e o tempo para extinção do arco que surgirá após a fusão, o qual pode ser muito maior do que o tempo para a fusão do filamento do fusível. Assim, um ensaio com dez amostras é recomendável para a definição desse parâmetro nesse caso.

Os fusíveis devem possuir uma tensão nominal superior ou igual à tensão máxima do circuito e uma corrente de interrupção maior do que a máxima corrente presumida do circuito no qual é instalado. Esses dois parâmetros definem a adequabilidade do fusível para o circuito. A capacidade de interrupção de fusíveis (tensão nominal e corrente de interrupção) deve estar de acordo com os requisitos apresentados na norma internacional IEC 60127-1 (*Miniature fuses - Part 1: Definitions for Miniature Fuses and General Requirements for Miniature Fuse-Links*) ou na norma norte-americana ANSI/UL 248-1 (*Low-Voltage Fuses - Part 1: General Requirements*). Por essa razão, devem ser utilizados somente fusíveis "certificados" ou apresentados com uma "declaração de conformidade" do fabricante, conforme essas normas.

Com relação a montagem, fusíveis não necessitam atender a requisitos para distâncias de separação especificados na norma técnica brasileira adotada ABNT NBR IEC 60079-11. Contudo, o projeto da placa e trilhas para fusíveis deve assegurar a não redução das distâncias de isolação, escoamento e separação proporcionadas pelo fusível e seu porta-fusível (se existente). Além disso, o arco que surge quando da atuação de um fusível, na abertura do circuito para a remoção de uma falha, é considerado uma fonte de ignição para os níveis de proteções "ia" e "ib". Por isso, todos fusíveis que possam conduzir corrente elétrica em áreas que requeiram equipamentos EPL Ga, Da, Gb ou Db devem ser *encapsulados*.

O fabricante do fusível deve apresentar uma declaração informando que o encapsulamento não afeta a sua funcionalidade, ou, então, uma amostra do fusível deve ser examinada de forma a assegurar que o encapsulamento não afetará adversamente as características nominais determinadas pelo fabricante. Geralmente, se o compartimento interno do fusível, onde se encontra o filamento, é selado e mantido sem qualquer contaminação pelo composto de encapsulamento, o fusível é considerado como adequado.

Com relação à máxima temperatura de superfície, fusíveis não podem ter sua temperatura máxima desprezada. É aceitável a determinação pelo método "teórico" apresentado neste livro, no Capítulo 22.

Quando ensaios devem ser realizados, a máxima elevação de temperatura deve ser determinada por meio da aplicação de diferentes níveis de corrente, sendo que a máxima corrente deve ser a última a ser aplicada. Isso se faz necessário uma vez que, devido ao tempo de atuação, pode ser que o estado de equilíbrio térmico, no qual a maior temperatura de superfície seja determinada, não ocorra em correntes próximas ou superiores ao valor nominal. Naturalmente, esses programas de ensaios podem incluir o ensaio de mais de um componente para assegurar que todas as condições foram consideradas, mesmo que o fusível eventualmente queime.

## 23.10 COMPONENTES PARA ISOLAÇÃO GALVÂNICA ENTRE CIRCUITOS

As razões para a utilização de isolação galvânica com os seus benefícios e "desafios" são exploradas neste livro, nos Capítulos 17 e 20.

De maneira resumida, portanto, isolação galvânica é essencial para se permitir a comunicação entre circuitos, seja de alimentação ou de sinais, sem haver fluxo de corrente elétrica através deles.

Este capítulo aborda os principais componentes empregados em sistemas galvanicamente isolados no que diz respeito à sua parametrização e especificação.

## 23.11 TRANSFORMADORES

Transformadores podem ser utilizados em circuitos de alimentação em circuitos associados a fim de assegurar a isolação galvânica entre o circuito intrinsecamente seguro e o circuito não intrinsecamente seguro, ou em circuitos intrinsecamente seguros quando não é desejável se combinarem parâmetros como capacitância, indutância ou corrente entre diferentes circuitos.

Para os efeitos de projeto e avaliação, a norma inclui requisitos para dois tipos de transformadores:

a) transformadores de alimentação conectados à rede elétrica; e

b) outros transformadores, os quais incluem transformadores de alimentação não conectados à rede elétrica ou transformadores de sinais.

A diferença essencial entre os transformadores classificados em (A) ou (B) é a existência ou não de um limitador de tensão do tipo *shunt* para a limitação da tensão no enrolamento primário. Assim, chamaremos daqui por diante, neste capítulo, a tensão no primário de "$U_{primário}$", sendo que essa tensão será assumida como 250 V eficaz para um circuito conectado à rede elétrica, ou será a tensão máxima limitada por dispositivo do tipo *shunt* para circuitos considerados como não conectados à rede elétrica.

Para transformadores com a tensão no enrolamento primário limitada por dispositivo do tipo *shunt*, somente um diodo Zener, um TVS ou um circuito do tipo *crowbar* são suficientes, não há necessidade de haver redundância para esse circuito para todos os níveis de proteção. Quanto à limitação de corrente para o elemento *shunt*, recomenda-se a utilização de um fusível de proteção, pois, apesar de não haver necessidade de redundância, o componente *shunt* e o seu fusível de proteção devem estar devidamente parametrizados.

A figura a seguir apresenta um exemplo de um circuito de transmissão de sinal entre um circuito primário e dois circuitos secundários com relação 1:1:1. O primário possui um fusível de limitação de corrente F3 e um TVS devidamente parametrizado D1 para a limitação da tensão no primário. Os enrolamentos secundários do "Circuito intrinsecamente seguro 1" e do "Circuito intrinsecamente seguro 2" não incluem limitações de corrente; a limitação é por meio do fusível F3 no primário.

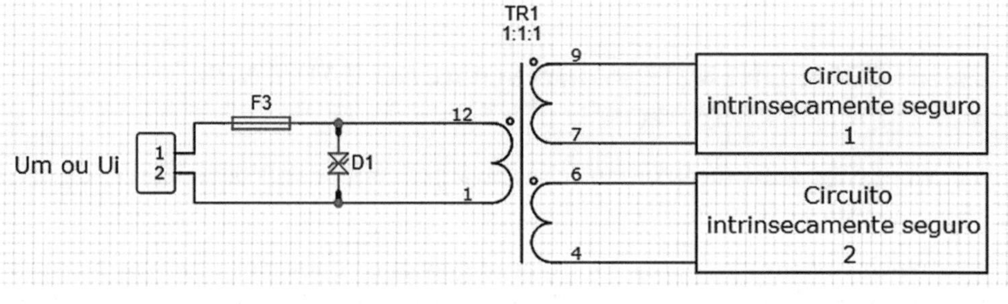


**Figura 23.11** – Exemplo de circuito galvanicamente isolado com um circuito primário limitado por fusível e TVS e dois circuitos secundários intrinsecamente seguros.

*Fonte*: acervos pessoais dos autores.

Para *transformadores* conectados à rede elétrica, a limitação de corrente deve ser providenciada no mínimo nos enrolamentos primários, o *fusível* deve ser *infalível*.

Além disso, se o transformador incluir proteção térmica, como um fusível térmico, apenas um componente é considerado suficiente, e não haveria a necessidade de proteger-se o primário com fusíveis para limitação da corrente. Para esses tipos de transformadores, um enrolamento secundário pode ser limitado por meio da limitação incluída no primário. Entretanto, há casos em que a corrente de curto-circuito no secundário pode ser muito superior à corrente nominal, mesmo com o primário limitado a uma corrente, conforme especificado. Para esses casos, a limitação da corrente no secundário é essencial para se assegurar conformidade com os requisitos.

A figura a seguir é um exemplo de um circuito com um transformador infalível com limitação de corrente por fusíveis no primário e secundário e com uma camada condutora aterrada para garantir a isolação entre os enrolamentos. Esse tipo de circuito é tipicamente utilizado em circuitos de alimentação em equipamentos intrinsecamente seguros associados.

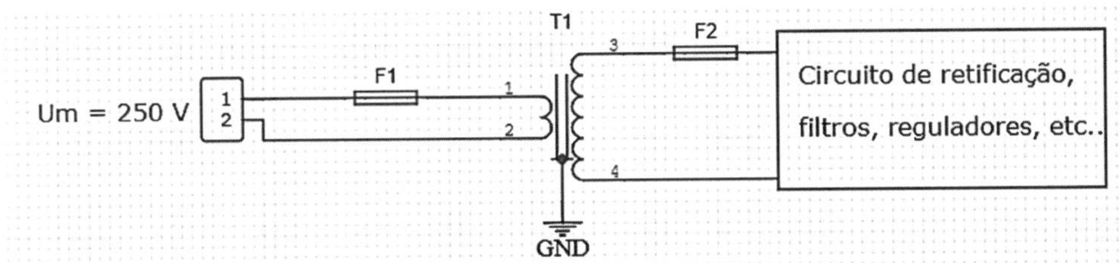


**Figura 23.12** – Exemplo de um circuito de alimentação intrinsecamente seguro com isolação galvânica entre primário e secundário.

*Fonte*: acervos pessoais dos autores.

A norma técnica brasileira adotada ABNT NBR IEC 60079-11 inclui os seguintes "*tipos*" de transformadores:

> Para construção Tipo 1, os enrolamentos devem ser montados em uma das seguintes condições:
>
> a) em uma perna do núcleo, lado a lado, ou
>
> b) em pernas diferentes do núcleo.
>
> Os enrolamentos devem ser separados entre si de acordo com a Tabela 7 "Distâncias de isolação, escoamento e separação" (Norma ABNT NBR IEC 60079-11).
>
> Para construção Tipo 2, os enrolamentos devem ser montados um sobre o outro, em qualquer uma das seguintes condições:
>
> a) isolação sólida entre os enrolamentos de acordo com a Tabela 7 "Distâncias de isolação, escoamento e separação" (da Norma ABNT NBR IEC 60079-11), ou
>
> b) uma proteção aterrada (feita de folha de cobre) entre os enrolamentos ou um enrolamento de separação equivalente (enrolamento de fios). A espessura da chapa de cobre ou do enrolamento de separação deve ser de acordo com a Tabela 17 "Espessura mínima da folha ou diâmetro mínimo do fio da tela" (da Norma ABNT NBR IEC 60079-11).

Os transformadores do Tipo 1 são aqueles que possuem enrolamentos em um núcleo magnético, enquanto os transformadores do Tipo 2 são aqueles com núcleo de ar.

O ensaio de transformadores infalíveis inclui um rito que abrange basicamente um ensaio de rigidez dielétrica antes de um ensaio de sobrecarga, conforme as limitações providas no circuito do transformador, que é seguido por outro ensaio de rigidez dielétrica.

O ensaio de rigidez dielétrica anterior e posterior ao ensaio de sobrecarga é realizado conforme as condições apresentadas na tabela a seguir. O equipamento de ensaio, por exemplo, um *hipot*, deve ser ajustado para detectar como falha na isolação uma corrente de fuga de valor igual ou superior a 5 mA eficaz. Além disso, todos os transformadores infalíveis devem passar por um ensaio de rotina antes ou após serem introduzidos em circuitos intrinsecamente seguros.

**Tabela 23.3** – Condições e valores para ensaio de rigidez dielétrica de tipo e de rotina para transformadores infalíveis

| Tipo de transformador | Tensão de ensaio eficaz<br>Ensaio de rotina | Tensão de ensaio eficaz<br>Ensaio de tipo |
|---|---|---|
| Transformador de alimentação com um circuito primário não intrinsecamente seguro | 2.500 V ou 4U, o que for maior. | 1.500 V ou 2U + 1.000 V, o que for maior. |
| Outros transformadores com um ou mais enrolamentos conectados a um circuito não intrinsecamente seguro | 1.500 V ou 2U + 1.000 V, o que for maior | 1.500 V ou 2U + 1.000 V, o que for maior |
| Outros transformadores com todos os enrolamentos conectados a circuitos intrinsecamente seguros | 500 V | 1.500 V |
| NOTA: "U" é a maior tensão em qualquer dos enrolamentos | | |

O ensaio de sobrecarga é realizado com a aplicação da máxima corrente que poderia surgir no secundário. Quando não há limitação por fusível no secundário, então, o ensaio é realizado com o secundário em curto-circuito. Obviamente, essa condição levaria à queima do fusível no primário, ou eventualmente à atuação da proteção térmica do transformador, por exemplo, no caso de um fusível térmico.

Nesse caso, o ensaio deve ser realizado com uma carga no secundário que levaria a corrente no primário a atingir o valor de 1,7 vez a corrente nominal do fusível de proteção do primário, e essa condição deve ser mantida por seis horas. Para se conseguir isso, o fusível de proteção deve ser removido do circuito ou curto-circuitado.

Quando a limitação da temperatura é feita por meio de um fusível térmico, o ensaio deve ser realizado com a corrente no secundário que levaria à atuação do fusível térmico. O ensaio, nesse caso, deve ser realizado por doze horas e, também, para o ensaio de sobrecarga, o fusível térmico deve ser removido do circuito ou curto-circuitado.

Outros transformadores podem ser ensaiados com uma sobrecarga que corresponda à máxima corrente que poderia fluir no primário ou secundário, sendo essas correntes aplicadas por meio de duas fontes de corrente contínua. A corrente máxima pode ser limitada por um fusível. Nesse caso, o valor de 1,7 vez a corrente nominal do fusível é utilizado, ou se a corrente for limitada por meio de um circuito intrinsecamente seguro, então, a corrente de "Ii" ou a corrente máxima limitada no circuito deve ser utilizada.

Ao final do ensaio de sobrecarga, para transformadores dos tipos *1a, 1b e 2a*, conforme indicado anteriormente, a máxima temperatura dos enrolamentos deve ser determinada por meio da equação indicada a seguir.

$$\Delta T = \left[\frac{R_2}{R_1}\left(k - T_1\right)\right] - \left(k + T_2\right) \tag{23.5}$$

Cálculo da elevação de temperatura no enrolamento de transformadores.

A temperatura no enrolamento do transformador não pode exceder o valor permitido para a classe do isolamento definido na norma técnica brasileira adotada ABNT NBR IEC 60085 (*Isolação elétrica – Avaliação e designação térmicas*).

Para transformadores do tipo *2b*, nos quais é necessário um isolamento entre o aterramento da camada condutora de proteção e os enrolamentos utilizados para energizar o circuito intrinsecamente seguro, o requisito deve ser o mesmo para transformadores *1a, 1b ou 2a*. Todavia, se não for necessário o isolamento da camada condutora aterrada dos circuitos intrinsecamente seguros, então o transformador deve ser aceito desde que ele não entre em combustão.

Em que:

- "$\Delta T$" é a elevação de temperatura, em Kelvin (K);
- "$R_1$" é a resistência do enrolamento à temperatura ambiente $T_1$, medida antes do início do ensaio de sobrecarga, em ohms (Ω);
- "$R_2$" é a resistência máxima do enrolamento sob as condições de corrente de ensaio, medida ao final do ensaio de sobrecarga, em ohms (Ω);
- "$T_1$" é a temperatura ambiente, em graus Celsius (°C), quando $R_1$ for medido;
- "$T_2$" é a temperatura ambiente, em graus Celsius (°C), quando $R_2$ for medido;
- "$k$" é o inverso do coeficiente de temperatura da resistência do enrolamento a 0 °C e tem o valor de 234,5 K para o cobre.

## 23.12 RELÉS

Os relés são utilizados para prover isolação galvânica entre o circuito da bobina e o circuito dos contatos, sendo acionados por esta. Não há uma limitação quanto às possibilidades; por exemplo, o circuito da bobina pode ser intrinsecamente seguro, e o circuito dos contatos, não intrinsecamente seguro. O contrário também é possível, bem como circuitos intrinsecamente seguros podem compor os circuitos da bobina e dos contatos. Quando um circuito não intrinsecamente seguro estiver presente e o circuito for para utilização em áreas classificadas, esse circuito deve ser protegido por outro tipo de proteção.

Para assegurar que não há riscos de ruptura na isolação, a norma técnica brasileira adotada ABNT NBR IEC 60079-11 inclui o seguinte requisito, quando a bobina de um relé for conectada a um circuito intrinsecamente seguro:

> (...) os contatos em operação normal não podem exceder os valores nominais do fabricante e não podem chavear mais do que o valor nominal de 5 A eficaz ou 250 V eficaz ou 100 VA. Quando os valores chaveados pelos contatos excedem estes valores, mas não ultrapassam 10 A ou 500 VA, os valores de distância de isolamento e escoamento da Tabela 7 "Distâncias de isolação, escoamento e separação" [da Norma ABNT NBR IEC 60079-11] para a tensão pertinente devem ser dobrados.

Para valores superiores, circuitos intrinsecamente seguros e não intrinsecamente seguros podem ser conectados no mesmo relé somente se forem separados por uma barreira de metal aterrado ou uma barreira isolante. As dimensões da barreira isolante devem levar em consideração a ionização que surge com a operação do relé, a qual poderia geralmente requerer maiores distâncias de escoamento e isolação do que aquelas determinadas na norma técnica brasileira adotada ABNT NBR IEC 60079-11. Esses casos devem ser ensaiados com os máximos parâmetros, sendo que o ensaio de dez amostras pode ser suficiente para comprovar conformidade com esse requisito.

A partição metálica aterrada deve possuir robustez e rigidez tal que qualquer dano seja improvável e deve possuir espessura e capacidade de condução suficientes para prevenir a queima ou a perda de conexão ao circuito de aterramento sob condições de falha – para essa avaliação, os requisitos para se evitar ignição por temperatura são utilizados. Por exemplo, se um fusível for utilizado para limitar a máxima corrente, então, 1,7 vez a corrente nominal do fusível deve ser utilizada. A partição deve ter, no mínimo, uma espessura de 0,45 mm e deve ser ligada rigidamente a uma parte metálica aterrada do equipamento, ou, se a espessura for menor, deve atender ao ensaio indicado na norma ABNT NBR IEC 60079-11.

Quando uma partição isolante não metálica com espessura e ITC (índice de trilhamento comparativo, em inglês *Comparative Tracking Index* – CTI) de acordo com a norma técnica brasileira adotada ABNT NBR IEC 60079-11, as distâncias de isolamento, escoamento e outras distâncias de separação devem ser medidas ao redor da partição, desde que esta tenha uma espessura de no mínimo 0,9 mm, ou, se a espessura for menor, deve atender ao ensaio indicado na norma ABNT NBR IEC 60079-11.

Quando o relé tiver contatos em circuitos intrinsecamente seguros e outros contatos em circuitos não intrinsecamente seguros, esses contatos devem ser separados por uma isolação ou uma barreira metálica aterrada em adição aos requisitos de distância de separação, de acordo com a norma técnica brasileira adotada ABNT NBR IEC 60079-11. O relé deve ser projetado de forma que contatos, quando quebrados ou danificados, não possam ser deslocados, prejudicando a integridade de separação entre os circuitos intrinsecamente seguros e não intrinsecamente seguros.

Os relés são, em geral, utilizados em equipamentos intrinsecamente seguros que realizam o sensoriamento de variáveis de processo ou coletam dados de sensores e realizam acionamentos de comando e sinalização de baixa potência.

A figura a seguir inclui um exemplo de um circuito desse tipo. Os diodos são incluídos em paralelo com a bobina para a supressão de descargas indutivas provenientes desta.

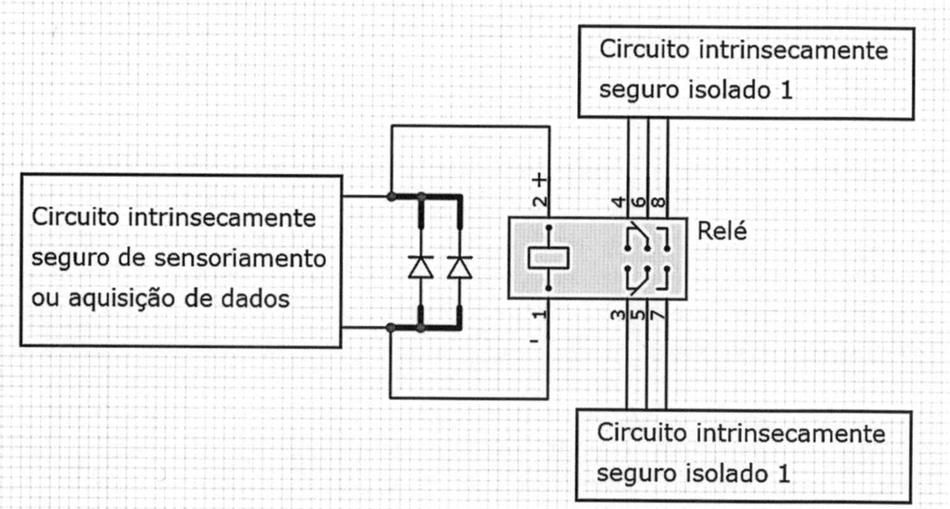


**Figura 23.13** – Exemplo de uma aplicação com relé em um circuito intrinsecamente seguro comandando dois circuitos intrinsecamente seguros galvanicamente isolados.

*Fonte*: acervos pessoais dos autores.

Deve ser ressaltado que a redundância desses componentes depende do nível de proteção, sendo que dois diodos são aceitáveis para o nível de proteção "ia" e "ib", e apenas um diodo é necessário para o nível de proteção "ic".

Os valores para os parâmetros de entidade a serem marcados para os circuitos intrinsecamente seguros 1 e 2 deveriam ser conforme os parâmetros nominais do relé, ou seja, "Ui" deveria ser igual à máxima tensão nominal de isolação e "Ii" deveria ser igual à máxima corrente de chaveamento do relé, sendo que esses valores não deveriam exceder 5 A eficaz ou 250 V eficaz ou 100 VA.

Na prática, a tensão de 250 V eficaz e a potência de 100 VA não se aplicam a circuitos intrinsecamente seguros, pois esses valores não estariam em conformidade com os requisitos para ignição por centelhamento. Por exemplo, se um relé possui tensão nominal de 50 Vca e corrente de 10 A, é conveniente a marcação de Ui = 30 V e Ii = 5 A. Esses parâmetros atendem às limitações que permitem a utilização desses circuitos sem a necessidade de um relé especialmente projetado para essa função. Nesse caso em particular, as distâncias de separação reduzidas poderiam ser aplicadas no interior do relé, de acordo com o apresentado neste livro, no Capítulo 26.

## 23.13 ACOPLADORES ÓPTICOS

Acopladores ópticos são componentes com funcionalidade similar a um relé. A grande diferença é a sua altíssima velocidade de acionamento, o que torna esses componentes essenciais em aplicações que requerem envio de dados digitais entre circuitos galvanicamente isolados. Tipicamente, esses componentes incluem um circuito de entrada, que é o circuito do *LED* interno ao acoplador óptico, e um circuito de saída, geralmente composto por um fototransistor. Acopladores óticos podem ser utilizados em qualquer combinação, incluindo a possibilidade de comutar dados entre circuitos intrinsecamente seguros isolados e circuitos intrinsecamente seguros e circuitos não intrinsecamente seguros.

Em circuitos associados, é muito comum a combinação de acopladores ópticos e transformadores infalíveis para se evitarem os problemas, conforme discutido no Capítulo 17.

Nessas aplicações, um transformador é utilizado para o circuito de alimentação, e acopladores ópticos são empregados para a comutação de sinais digitais, de forma a manter o circuito intrinsecamente seguro isolado tanto da rede elétrica no circuito de alimentação quanto de circuitos que possam estar conectados à rede elétrica do lado não intrinsecamente seguro das linhas de comunicação digital.

Para a correta parametrização de um acoplador óptico, o campo "parâmetros máximos absolutos" (em inglês, *Absolute Maximum Ratings*) da ficha técnica (*datasheet*) deve ser utilizado, e cada parâmetro deve incluir um fator de segurança mínimo de 1,0. A figura a seguir apresenta um exemplo desses parâmetros.

**■ Absolute Maximum Ratings** ($T_a$=25°C)

| | Parameter | Symbol | Rating | Unit |
|---|---|---|---|---|
| Input | Forward current | $I_F$ | 50 | mA |
| | *1 Peak forward current | $I_{FM}$ | 1 | A |
| | Reverse voltage | $V_R$ | 6 | V |
| | Power dissipation | P | 70 | mW |
| Output | Collector-emitter voltage | $V_{CEO}$ | *4 80 | V |
| | Emitter-collector voltage | $V_{ECO}$ | 6 | V |
| | Collector current | $I_C$ | 50 | mA |
| | Collector power dissipation | $P_C$ | 150 | mW |
| Total power dissipation | | $P_{tot}$ | 200 | mW |
| *2 Isolation voltage | | $V_{iso\,(rms)}$ | 5.0 | kV |
| Operating temperature | | $T_{opr}$ | −30 to +100 | °C |
| Storage temperature | | $T_{stg}$ | −55 to +125 | °C |
| *3 Soldering temperature | | $T_{sol}$ | 260 | °C |

**Fig.1 Forward Current vs. Ambient Temperature**

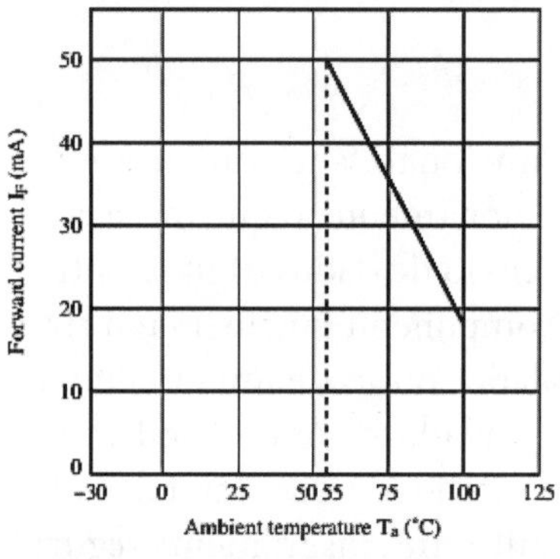


**Fig.2 Diode Power Dissipation vs. Ambient Temperature**

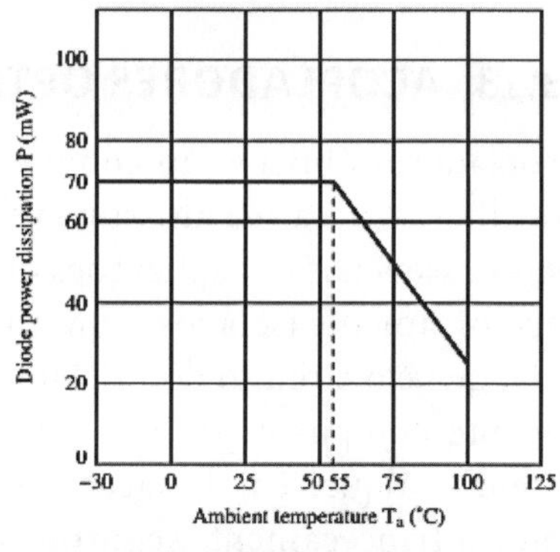


**Fig.3 Collector Power Dissipation vs. Ambient Temperature**

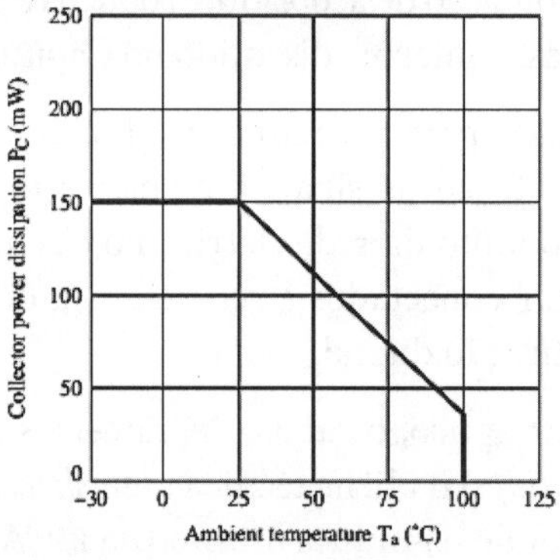


**Fig.4 Total Power Dissipation vs. Ambient Temperature**

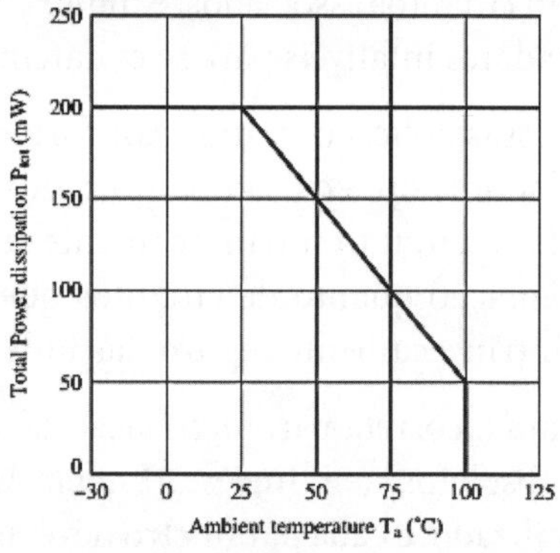


**Figura 23.14** – Exemplo de parâmetros máximos absolutos para acopladores ópticos.

*Fonte*: acoplador óptico SHARP modelo PC817X Series.

Para a correção dos valores apresentados na tabela para a máxima temperatura local, tipicamente as fichas técnicas incluem gráficos como os apresentados a seguir. Aqui, novamente não podemos confundir: a temperatura ambiente da ficha técnica é o que chamamos de "temperatura local" e inclui elevações de temperaturas em condições normais de operações, conforme já foi revisado nos capítulos anteriores.

No circuito de entrada (em inglês, *input*) temos um *LED*, o qual é parametrizado como um diodo. A corrente de polarização direta "$I_F$" tipicamente é limitada por resistor. Se o circuito de entrada estiver situado em um circuito não intrinsecamente seguro, tanto a tensão de polarização reversa "$V_R$" quanto a tensão aplicada no modo de polarização direta (utilizada para a limitação da corrente em polarização direta) são limitadas por um diodo Zener, não havendo a necessidade de redundância para todos os níveis de proteção. Entretanto, para assegurar que o diodo Zener esteja devidamente parametrizado (fator de segurança 1,5 sobre a potência no modo Zener), um fusível também é incluído, a fim de garantir uma adequada limitação da potência do diodo Zener.

A figura a seguir é um exemplo típico de um circuito de entrada de um acoplador óptico com as suas equações para a corrente de condução direta e potência. Como o fator de segurança deve ser 1,0, então, isso significa que os valores nominais determinados pelas curvas da Figura 23.14 não devem ser excedidos.

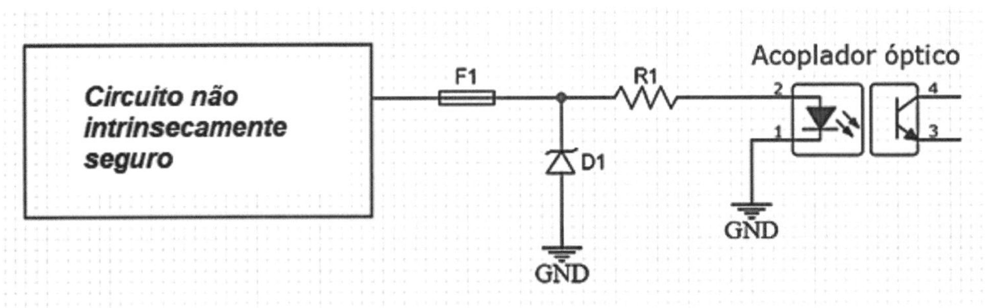


**Equações:**

$$I_F = \frac{Vz_{MAX} - V_F}{R1}$$

$$P_{LED} = V_F * I_F$$

**Onde:**

- **"$Vz_{MAX}$" é a máxima tensão Zener**
- **"$V_F$" é a queda de tensão de polarização direta do LED – Utilizar a mínima e a máxima.**
- **"$P_{LED}$" é a potência dissipado pelo LED**

**Figura 23.15** – Exemplo de circuito de entrada com acoplador.

*Fonte*: acervos pessoais dos autores.

Quanto à tensão de polarização reversa "$V_R$", esta será limitada pela tensão de condução direta do diodo Zener, tipicamente limitada ao valor máximo de 1,5 V. A corrente de condução direta de pico será a mesma que a corrente em modo constante, uma vez que o modelo é limitado por uma barreira diodo Zener-Resistor.

No circuito de saída (em inglês, *output*), temos um fototransistor, o qual é parametrizado como um transistor que dissipará a maior potência limitada no seu circuito. A corrente no coletor "$I_C$" é tipicamente limitada por um fusível ($I_C = 1,7 \times I_N$) ou por um resistor. Se o circuito de saída estiver situado em um circuito não intrinsecamente seguro, tanto a tensão coletor-emissor "$V_{CE}$" quanto a tensão emissor-coletor "$V_{EC}$" são tipicamente limitadas por diodos Zener, os quais incluirão um fusível para limitar a sua máxima potência dissipada.

A figura a seguir apresenta um exemplo de um circuito para comutação de sinais. Nesse modelo, o fusível F1 limita a corrente no coletor (se necessário, um resistor pode ser incluído), o diodo Zener D1 limita a tensão $V_{CE}$, enquanto o diodo Zener D2 limita a tensão $V_{EC}$. A potência dissipada no coletor do transistor "$P_C$" é limitada ao valor máxima de $PC = 1,7 \times I_N \times Vz_{MAX}$.

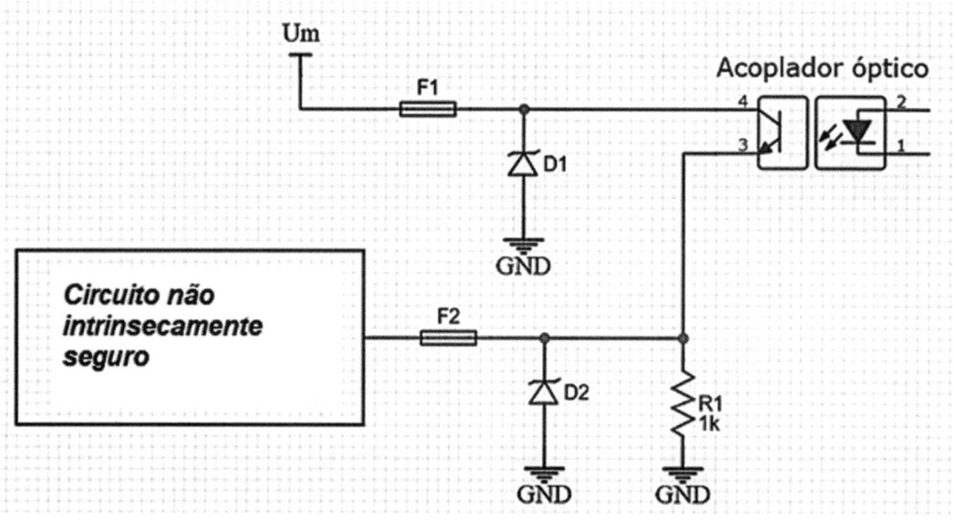


**Figura 23.16** – Exemplo de um circuito de saída de um acoplador óptico para um circuito não intrinsecamente seguro.

*Fonte*: acervos pessoais dos autores.

Quando a entrada ou a saída do acoplador óptico estiverem situadas em um circuito intrinsecamente seguro, os valores de tensão, corrente e potência limitados conforme os métodos para se evitar ignição por temperatura podem ser utilizados. Contudo, há casos em que uma limitação adicional deve ser incluída, a qual, muito provavelmente, será conforme os modelos apresentados anteriormente.

Acopladores ópticos devem ser submetidos a um ensaio de rigidez dielétrica. A tensão que deve ser aplicada depende de se a isolação galvânica é entre circuitos intrinsecamente seguros ou entre um circuito intrinsecamente e um circuito não intrinsecamente seguro. A tabela a seguir inclui os parâmetros a serem utilizados.

**Tabela 23.4** – Valores de tensão para ensaio de rigidez dielétrica de acopladores ópticos

| Isolação galvânica entre circuitos | Valor da tensão de ensaio eficaz |
|---|---|
| Circuito intrinsecamente seguro e circuito não intrinsecamente seguro | 2U + 1.000 V, com um mínimo de 1.500 V |
| Circuitos intrinsecamente seguros | 2U, com um mínimo de 500 V |

NOTA: "U" é a soma dos valores eficazes das tensões dos circuitos intrinsecamente seguros e não intrinsecamente seguros ou "U" é a soma dos valores das tensões eficazes dos circuitos intrinsecamente seguros sob consideração.

Os terminais de acopladores ópticos e suas trilhas de conexões dos seus respectivos circuitos devem atender aos requisitos para distâncias de separação de acordo com o apresentado neste livro, no Capítulo 26.

No entanto, as distâncias de separação internas ao componente não precisam ser consideradas; apenas a tensão de isolação nominal deve ser compatível com a tensão, de acordo com a Tabela 23.4.

## 23.14 CAPACITORES DE BLOQUEIO

Os capacitores de bloqueio são uma ótima solução para a isolação galvânica de circuitos com sinais de corrente alternada, incluindo sinais de RF, dentre outros. As vantagens quanto à utilização desse tipo de solução são exploradas neste livro, no Capítulo 20.

De acordo com os requisitos da norma técnica brasileira adotada ABNT NBR IEC 60079-11, os capacitores de bloqueio infalíveis devem ser considerados como falhando para um curto-circuito. Essa falha é uma falha "contável". Assim, para assegurar que o circuito limitador inclua uma redundância de capacitores adequada, de acordo com o nível de proteção, o circuito deve incluir, para cada nível de proteção:

- nível de proteção "**ia**": **DOIS** capacitores infalíveis;
- nível de proteção "**ib**": **DOIS** capacitores infalíveis;
- nível de proteção "**ic**": **UM** capacitor infalível.

De acordo com os requisitos da norma técnica brasileira adotada ABNT NBR IEC 60079-11, os "capacitores de bloqueio devem ser do tipo com dielétrico sólido de alta confiabilidade".

Dessa forma, capacitores eletrolíticos e de tântalo não devem ser utilizados. Após a aplicação de falhas, conforme visto, o capacitor deve ser selecionado de forma que:

1) a sua tensão nominal apresente um fator de segurança 1,5 sobre a máxima tensão sendo bloqueada (tensão contínua) ou sobre a máxima tensão de pico sendo transmitida (tensão alternada); e
2) a sua isolação atenda aos requisitos para o ensaio de rigidez dielétrica.

O ensaio de rigidez dielétrica é realizado com uma tensão alternada em forma de onda substancialmente senoidal, a uma frequência entre 48 Hz e 62 Hz, ou com uma tensão c.c., com não mais do que 3% de ondulação de pico a pico, a um nível 1,4 vez a tensão c.a. especificada, conforme segue:

- entre circuito intrinsecamente seguro e o aterramento do invólucro (isolado): duas vezes a tensão do circuito intrinsecamente seguro ou 500 V, a que for maior;
- entre circuito não intrinsecamente seguro e circuito intrinsecamente seguro: 2 U + 1.000 V, com um mínimo de 1.500 V eficaz, em que U é a soma dos valores eficazes das tensões dos circuitos intrinsecamente seguros e não intrinsecamente seguros.

A norma técnica brasileira adotada ABNT NBR IEC 60079-11 indica que a máxima corrente de fuga eficaz ou c.c. permitida durante esse ensaio é 5 mA. Assim, o leitor mais atento deve ter percebido que os métodos de ensaios com corrente alternada podem levar a falsas não conformidades. Dessa forma, pode ser recomendado para esses ensaios que o método com corrente contínua seja utilizado.

Para os capacitores que forem ensaiados em fábrica, com uma indicação clara na sua ficha técnica (*datasheet*) sobre isso, sendo a tensão de ensaio conforme indicado anteriormente, o ensaio de rotina ou verificação de fábrica pode ser excluído. Do contrário, o fabricante do produto intrinsecamente seguro deve assegurar que todas as unidades fabricadas atendam a esse requisito de ensaio de rigidez dielétrica. Além disso, a montagem dos capacitores de bloqueio deve apresentar distâncias de separações infalíveis.

## 23.15 CAPACITORES PARA FILTRAGEM DE SINAIS COM REFERÊNCIA AO ATERRAMENTO ISOLADO

Os capacitores para filtragem de sinais de alta frequência indesejáveis são essenciais para a conformidade com requisitos para compatibilidade eletromagnética e outros, incluindo aqueles para a funcionalidade do equipamento intrinsecamente seguro. Quando o circuito intrinsecamente seguro deve ser isolado do seu invólucro aterrado, a utilização de capacitores infalíveis para a filtragem de sinais é uma solução essencial para atender a esses requisitos.

De acordo com os requisitos da norma técnica brasileira adotada ABNT NBR IEC 60079-11, os capacitores de bloqueio devem passar por ensaio de rigidez dielétrica, de acordo com o explicado no Capítulo 20.

Quando a falha do capacitor para um curto-circuito pode anular a limitação provida por algum componente infalível, como um resistor para a limitação de corrente, então, os requisitos para capacitores de bloqueio se aplicam, ou, alternativamente, somente um capacitor deve ser aceito em uma montagem infalível, se ele mantiver distâncias de separação, interna e externamente, de acordo com os requisitos indicados neste livro, no Capítulo 26.

A figura a seguir apresenta um exemplo de um circuito intrinsecamente seguro com capacitores para filtragem de sinais de alta frequência. Nesse exemplo, o circuito intrinsecamente seguro é isolado do seu invólucro aterrado, e os capacitores C1 e C2 são conectados ao circuito de aterramento local por meio de uma conexão ao invólucro, aqui representado por "GND" (*GROUND*).

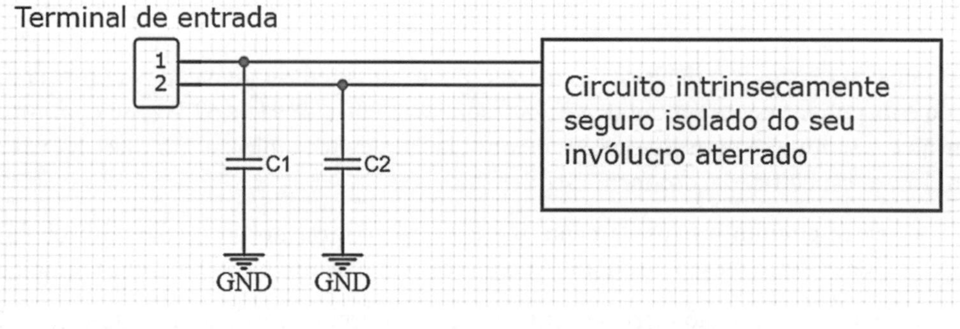


**Figura 23.17 –** Exemplo de um circuito intrinsecamente seguro com capacitores para filtragem de sinais de alta frequência.

*Fonte*: acervos pessoais dos autores.

## 23.16 ACUMULADORES E BATERIAS

Os acumuladores e as baterias são componentes essenciais na indústria eletrônica atual, e isso se deve a dois motivos principais: o primeiro é o surgimento de uma diversidade enorme de baterias, sendo que algumas possuem densidade energética suficiente para possibilitar a existência de carros elétricos. O segundo motivo, um pouco mais singelo, mas não menos importante, é a evolução de componentes eletrônicos que realizam funções cada vez mais complexas com cada vez menos energia.

Além disso, a "indústria 4.0" incorpora como parte da sua evolução as tecnologias e conceitos de IoT (*internet of things*) ou IIoT / I²oT (*industrial internet of things*), robótica, sistemas *wireless* e mobilidade industrial, que possibilitou o surgimento de uma infinidade de soluções de produtos portáteis sem fio, que naturalmente incluem baterias como fontes de alimentação.

Os acumuladores e as baterias, portanto, são elementos essenciais para as indústrias com a presença de atmosferas explosivas, e, como os produtos "Ex" que utilizam esses componentes são normalmente equipamentos de baixa potência, o tipo de proteção segurança intrínseca é o tipo de proteção normalmente utilizado para esses equipamentos, para utilização em áreas classificadas contendo gases inflamáveis ou poeiras combustíveis.

Um *acumulador* ou uma *célula acumuladora* é a unidade básica funcional que acumula energia elétrica, seja por efeito puramente químico para acumuladores primários – aqueles não designados para serem recarregados –, seja por efeito eletroquímico para acumuladores secundários – aqueles designados para serem recarregados. Uma célula acumuladora será composta essencialmente por dois eletrodos, um positivo e um negativo; material eletrólito, separadores de isolação, um invólucro e terminais para a conexão externa.

Por outro lado, uma bateria é uma unidade que inclui um ou mais acumuladores, junto com outros componentes necessários para o seu funcionamento, dispositivos de proteção, um invólucro devidamente identificado (marcações do fabricante, modelo etc.). Ressalta-se que uma bateria para equipamentos intrinsecamente seguros deve ser composta por acumuladores do *mesmo* tipo.

A figura a seguir apresenta dois exemplos de baterias, sendo a primeira com um acumulador de 1,5 V, e a segunda, com seis acumuladores de 1,5 V, formando uma bateria de 9 V.

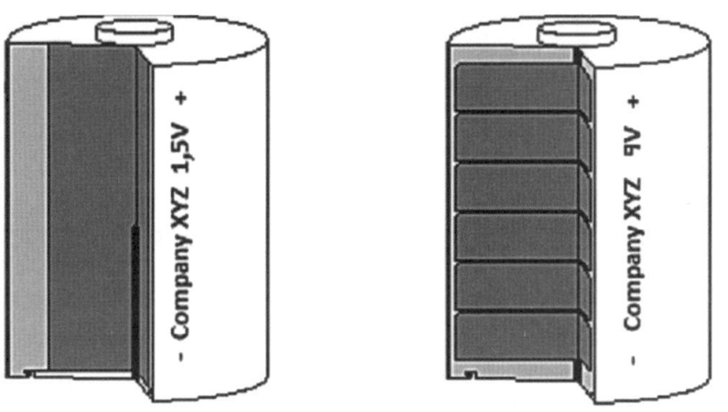


Bateria com um acululadorBateria com mais de um acululadorlulador

**Figura 23.18 –** Exemplo de baterias.

*Fonte*: norma ABNT NBR IEC 60079-0.

As baterias em equipamentos intrinsecamente seguros podem ser do tipo selada ou regulada por válvula. As baterias do tipo chumbo-ácidas, que requerem adição de água, ou baterias de tapete absorvente de vidro (AGM – *Absorbent Glass Mat*), célula de gel etc. não são permitidas.

De maneira geral, apenas baterias seladas encontram uma aplicação prática em equipamentos intrinsecamente seguros, pois essas baterias possuem todas as suas partes seladas no interior de um invólucro.

Uma bateria selada pode incluir um dispositivo de interrupção de corrente a alívio de pressão interno, o qual chamaremos pelo seu acrônimo em inglês *CID* (*Current Interrupting Device*), que é um componente que desconectará o terminal externo da bateria do acumulador interno no caso de falhas que levem a altas temperaturas que causarão um aumento de pressão no compartimento do acumulador. Normalmente, esses dispositivos são não resetáveis e não são operados durante a vida útil da bateria em condições normais de operações.

Além do CID, uma bateria pode também conter um disco com resistência de coeficiente positivo, o qual também chamaremos pelo seu acrônimo em inglês PTC (*Positive Temperature Coefficient*), um dispositivo que tem a sua resistência em função da temperatura, ou seja, uma elevação de temperatura causa uma elevação na resistência. Esses dispositivos auxiliam no controle da temperatura no caso de sobrecargas ou curto-circuitos.

A figura a seguir apresenta um exemplo de uma bateria de "alta" densidade energética. Por exemplo, a maioria das baterias de íons de lítio possui um arranjo interno similar a este:

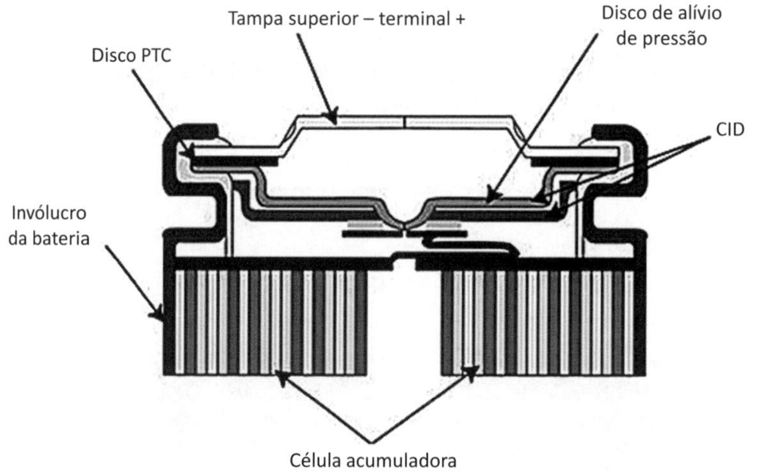


**Figura 23.19 –** Diagrama com as partes principais de um acumulador ou bateria de "alta" densidade energética.

Os tipos de células acumuladoras que podem ser utilizadas em equipamentos para atmosferas explosivas são relacionados nas Tabelas 23.5 e Tabela 23.6.

Essas tabelas incluem a letra de codificação de acordo com a norma técnica internacional IEC 60086-1 (*Primary batteries - Part 1: General*), os materiais químicos nos eletrodos positivo e negativo, o composto do eletrólito e a tensão nominal e a máxima tensão de circuito aberto, sendo as tensões as informações mais importantes para o projeto e avaliação de equipamentos intrinsecamente seguros.

A tensão nominal é o valor de tensão utilizado para o projeto e a avaliação do modelo para se evitarem ignições por temperatura e para a parametrização de componentes infalíveis em modo de condução constante. Já a tensão máxima de circuito aberto é aquela que deve ser utilizada para o projeto e a avaliação do modelo para se evitarem ignições por centelhas. Além disso, essa tensão é a tensão de carga de acumuladores secundários.

**Tabela 23.5** – Acumuladores *primários*

| Legenda IEC 60086-1 | Eletrodo positivo | Eletrólito | Eletrodo negativo | Tensão nominal[1] V | Máxima tensão de circuito aberto[2] V |
|---|---|---|---|---|---|
| - | Dióxido de manganês ($MnO_2$) | Cloreto de amônio, cloreto de zinco | Zinco (Zn) | 1,5 | 1,725 |
| A | Oxigênio ($O_2$) | Cloreto de amônio, cloreto de zinco | Zinco (Zn) | 1,4 | 1,55 |
| B | Monofluoreto de carbono $(CF)_x$ | Eletrólito orgânico | Lítio (Li) | 3 | 3,7 |
| C | Dióxido de manganês ($MnO_2$) | Eletrólito orgânico | Lítio (Li) | 3 | 3,7 |
| E | Cloreto de tionila ($SOCl_2$) | Inorgânico não aquoso | Lítio (Li) | 3,6 | 3,9 |
| F | Dissulfeto ferroso ($Fe\ S_2$) | Eletrólito orgânico | Lítio (Li) | 1,5 | 1,83 |
| G | Óxido de cobre II (CuO) | Eletrólito orgânico | Lítio (Li) | 1,5 | 2,3 |
| L | Dióxido de manganês ($MnO_2$) | Hidróxido de metal alcalino | Zinco (Zn) | 1,5 | 1,65 |
| P | Oxigênio ($O_2$) | Hidróxido de metal alcalino | Zinco (Zn) | 1,4 | 1,68 |
| S | Óxido de prata ($Ag_2O$) | Hidróxido de metal alcalino | Zinco (Zn) | 1,55 | 1,63 |
| W | Dióxido de enxofre $SO_2$) | Sal orgânico não aquoso | Lítio (Li) | 3,0 | 3,0 |
| Y | Cloreto de sulfurilo ($SO_2Cl_2$) | Não aquoso | Lítio (Li) | 3,9 | 4,1 |
| Z | Oxi-hidróxido de níquel (NiOOH) | Hidróxido de metal alcalino | Zinco (Zn) | 1,5 | 1,78 |

[1] Ensaios de elevação da temperatura da superfície conduzidos nesta tensão.

[2] Tensão utilizada para avaliação de risco de centelha.

NOTA 1: nem todas as construções de acumuladores são disponíveis para todos os tipos de proteção, referente às normas para o tipo de proteção específico.

NOTA 2: acumuladores de dióxido de zinco/manganês estão contidos na Norma IEC 60086-1, mas não classificados por um tipo de letra.

NOTA 3: a fonte de informação eletroquímica para esta tabela é a norma IEC 60086-1.

NOTA 4: o valor de tensão nominal não é verificável, portanto, é somente dado como uma referência.

NOTA 5: pesquisas descobriram que algumas células primárias de lítio de capacidade suficiente, particularmente células com construção de forma *"espiral"*, podem ser consideradas como fontes de ignição de reações químicas potencialmente exotérmicas.

*Fonte*: norma ABNT NBR IEC 60079-0.

**Tabela 23.6** – Acumuladores *secundários*

| Tipo de sistema legenda | Eletrodo positivo | Eletrólito | Eletrodo negativo | Tensão[1] (por acumulador) V | Máxima tensão de circuito aberto[2] (por acumulador) V |
|---|---|---|---|---|---|
| Chumbo-ácido (imerso) Nenhum | Óxido de chumbo | Ácido sulfúrico (SG 1,25 a 1,32) | Chumbo | 2,2 | 2,67[a] 2,35[b] |
| Chumbo-ácido (VRLA) Nenhum | Óxido de chumbo | Ácido sulfúrico (SG 1,25 a 1,32) | Chumbo | 2,2 | 2,35[b] |
| Níquel-Cádmio[3] K e KC | Oxi-hidróxido de níquel | Hidróxido de potássio (SG 1,3) | Cádmio | 1,3 | 1,55 |
| Níquel metal híbrido[3] H | Oxi-hidróxido de níquel | Hidróxido de potássio | Metal híbrido | 1,3 | 1,55 |
| Íon lítio | (LCO) $LiCoO_2$ Óxido de cobalto de lítio | Solução líquida contendo um sal de lítio e um ou mais solventes orgânicos ou eletrólito de gel que é uma solução líquida misturada com polímero | Carbono | 3,6 | 4,2 |
| | (LCO) $LiCoO_2$ Óxido de cobalto de lítio | | (LTO) $Li_4Ti_5O_{12}$ Óxido de titânio de lítio | 2,3 | 2,7 |
| | (LFP) $LiFePO_4$ Fosfato de ferro de lítio | | Carbono | 3,3 | 3,6 |
| | (LFP) $LiFePO_4$ Fosfato de ferro de lítio | | (LTO) $Li_4Ti_5O_{12}$ Óxido de titânio de lítio | 2,0 | 2,1 |
| | (NCA) $Li(NiCoAl)O_2$ Alumínio de níquel-cobalto | | Carbono | 3,6 | 4,2 |
| | (NCA) $Li(NiCoAl)O_2$ Alumínio de níquel-cobalto | | (LTO) $Li_4Ti_5O_{12}$ Óxido de lítio-titânio | 2,3 | 2,7 |
| | (NMC) $Li(NiMnCo)O_2$ Cobalto de manganês de níquel | | Carbono | 3,7 | 4,35 |
| | (NMC) $Li(NiMnCo)O_2$ Cobalto de manganês de níquel | | (LTO) $Li_4Ti_5O_{12}$ Óxido de lítio-titânio | 2,4 | 2,85 |

(*continua*)

**Tabela 23.6 –** Acumuladores *secundários* (*continuação*)

| Tipo de sistema legenda | Eletrodo positivo | Eletrólito | Eletrodo negativo | Tensão[1] (por acumulador) V | Máxima tensão de circuito aberto[2] (por acumulador) V |
|---|---|---|---|---|---|
| Íon lítio | (LMO) $LiMn_2O_4$ Cobalto de manganês de níquel | Solução líquida contendo um sal de lítio e um ou mais solventes orgânicos ou eletrólito de gel que é uma solução líquida misturada com polímero | Carbono | 3,6 | 4,3 |
| | (LMO) $LiMn_2O_4$ Óxido de manganês de lítio | | (LTO) $Li_4Ti_5O_{12}$ Óxido de lítio-titânio | 2,3 | 2,8 |

a Acumuladores líquidos: acumuladores contendo um líquido de eletrólito que pode ser reabastecido.
b Acumulador seco: acumulador contendo um eletrólito imobilizado.
1 Coluna de tensão inclui o fator adequado. Ensaio de elevação de temperatura é conduzido nessa tensão.
2 Tensão utilizada para avaliação de risco de centelha. Se os dados do fabricante da célula refletirem uma tensão de carga maior que o valor mostrado, o valor do fabricante deve ser utilizado.
3 Química utiliza técnica de corrente constante para carga.
NOTA 1: nem todas as construções de acumuladores são adequadas para todos os tipos de proteção. Consultar a norma do tipo específico de proteção.
NOTA 2: a fonte de informação eletroquímica de ácido de chumbo é o *Linden Handbook of Batteries*, 4ª edição.
NOTA 3: a fonte de informações eletroquímicas de níquel-cádmio e de níquel-hidreto metálico está na IEC 61951-1, na IEC 61951-2, na Norma IEC 60622, na Norma IEC 600623 e no *Linden Handbook of Batteries*, 4ª edição.
NOTA 4: a fonte de informações de eletroquímica de íons de lítio e lítio-metal é a norma IEC 61960 e o *Linden Handbook of Batteries*, 4ª edição.
NOTA 5: pesquisas recentes descobriram que alguns acumuladores de íons de lítio secundários de capacidade suficiente, particularmente acumuladores com um eletrodo positivo de $LiCoO_2$ e construção do enrolamento em espiral, podem ser considerados como oxidantes potencialmente fortes e fontes exotérmicas de ignição por reação química.

*Fonte*: norma ABNT NBR IEC 60079-0.

Os acumuladores ou baterias de alta densidade energética, como baterias de lítio, NiMH, dentre outras, podem eventualmente explodir caso sejam curto-circuitadas ou submetidas a recarga com polaridade reversa. Essas baterias devem ser especificadas com evidências de conformidade com normas industriais adequadas. Por exemplo, as baterias de lítio devem estar em conformidade com a norma técnica internacional IEC 62133-2 (*Secondary Cells and Batteries Containing Other One or Other Non-Acid Electrolytes - Safety Requirements For Portable Sealed Secondary Lithium Cells, and for Batteries Made from Them, for Use in Portable Applications - Part 2: Lithium Systems*) ou com a norma norte-americana UL 1642 (*Lithium Batteries*), as quais são consideradas como adequadas para a especificação desse tipo de produto.

O que seria aceitável como evidência de conformidade muda de região para região no mundo. Por exemplo, na Europa e Estados Unidos, apenas baterias certificadas por um organismo de certificação independente de terceira parte (*NRTL* ou *IECEE*) são aceitáveis. Assim, a evidência de conformidade seria um certificado. Os organismos de certificações e laboratórios de outras regiões, incluindo o Brasil, podem aceitar uma "autodeclaração" do fabricante da bateria como evidência de conformidade.

De maneira geral, os acumuladores ou baterias devem ser utilizadas dentro dos limites estabelecidos pelo seu fabricante. Para baterias primárias, a tensão de descarga é o parâmetro geralmente verificado. Para baterias recarregáveis, a tensão de recarga, a tensão de corte (no final da descarga), a corrente de recarga e a corrente de descarga são os parâmetros verificados. Além disso, baterias nunca devem ser utilizadas em regiões com temperatura local superior à faixa de temperatura de operação designada pelo fabricante. Baterias devem sempre ser conectadas conforme recomendado pelo fabricante. Qualquer processo adicional, por exemplo, a soldagem de terminais, que não for executado conforme as orientações do fabricante, não é permitido para produtos intrinsecamente seguros.

Dessa forma, como o requisito mínimo para a aceitabilidade de um acumulador ou bateria secundária em um equipamento intrinsecamente seguro, temos a necessidade de um circuito de proteção, geralmente chamado na indústria de placa de proteção de bateria, ou, em inglês, *Protection Circuit Module, "PCM"*.

O circuito de proteção incluirá um circuito integrado, que realizará, dentre outras, as seguintes funções básicas:

1) corte da tensão quando a bateria atingir a sua tensão de corte para assegurar que a bateria não adentre a sua região de descarga profunda;
2) corte da corrente de descarga caso essa corrente seja superior ao permitido para bateria;
3) corte da corrente caso a bateria se sobreaqueça devido a alguma sobrecarga;
4) corte da tensão de carga quando a bateria atingir a sua tensão máxima de carga;
5) corte da corrente de carga caso essa corrente seja superior ao valor permitido.

Existem circuitos integrados chamados de *gerenciadores de potência* que podem incluir funções como o controle da taxa de súbita da corrente, corte de corrente para determinados valores permitindo pulsos de curto duração, conversão do valor da tensão etc.

A figura a seguir apresenta circuito esquemático do módulo *Texas Instruments* Modelo BQ298.

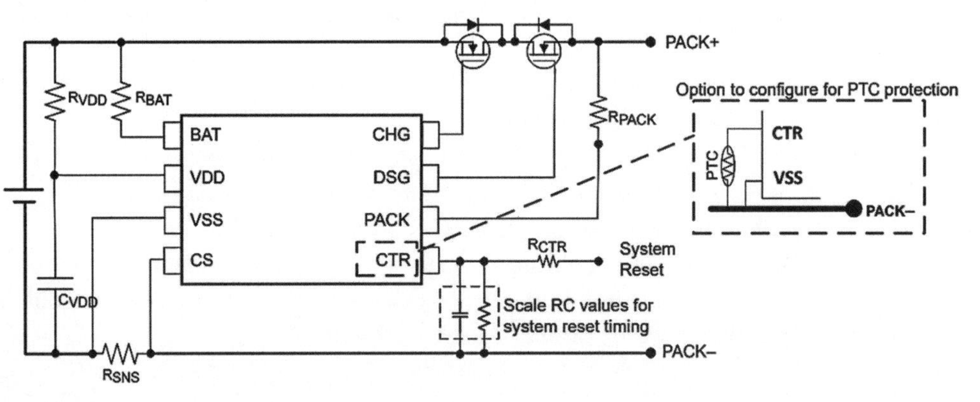


**Figura 23.20** – Exemplo de um circuito de proteção de bateria secundária.

*Fonte: Texas Instruments Datasheet BQ298xyz Voltage, Current, Temperature Protectors with an Integrated High-Side NFET Driver for Fast/Flash Charging Single-Cell Li-Ion and Li-Polymer Batteries.*

Os acumuladores ou baterias primárias não devem ser recarregados, para os níveis de proteção "ia" e "ib", para as quais falhas se aplicam. Se o circuito do equipamento possuir outra possível fonte de energia elétrica, mesmo que esta seja ativa somente em condições de falhas ou quando o equipamento for utilizado em área segura, por exemplo, uma porta USB para descarga de dados, a bateria primária deve ser protegida por um diodo de bloqueio, para assegurar que nenhuma corrente inversa possa fluir no circuito da bateria.

De acordo com a norma técnica brasileira adotada ABNT NBR IEC 60079-11, não existe a necessidade de redundância para o diodo, porém, o mesmo deve ser parametrizado adequadamente, ou seja, um fator de segurança mínimo de 1,5 deve ser obtido sobre a corrente de polarização direta, potência em modo de condução direta e tensão de polarização reversa.

Um circuito típico é apresentado na figura a seguir.

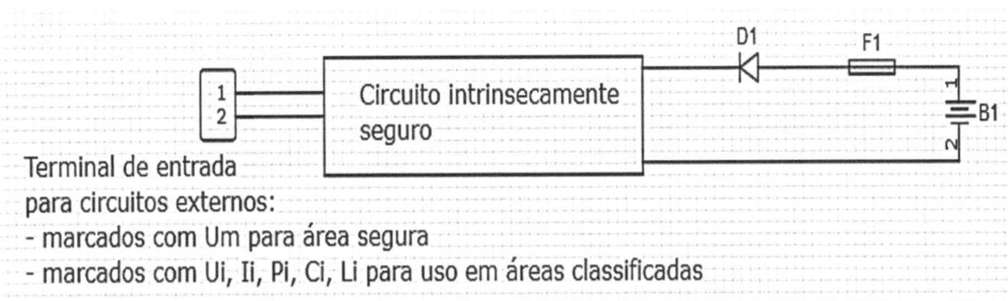


**Figura 23.21 –** Circuito típico para bloqueio de correntes de recarga para baterias primárias.

*Fonte*: acervos pessoais dos autores.

O diodo D1 permite que a corrente flua da bateria para o circuito intrinsecamente seguro, mas qualquer tensão positiva proveniente do terminal de entrada colocará o diodo D1 em polarização reversa, bloqueando a corrente de recarga. O fusível F1 limita a corrente em modo de condução direta do diodo D1 a 1,7 x $I_N$.

O projeto de equipamentos com baterias designadas para substituição, sendo essas primárias ou secundárias, deve incluir de maneira clara como e onde a substituição dessas baterias pode ocorrer. Quando as baterias são para substituição em área classificada, então a bateria e o circuito devem se manter intrinsecamente seguros quando a remoção da bateria sendo substituída ocorre e quando uma nova bateria é recolocada.

Para isso, um ensaio de centelhamento simulando os máximos parâmetros deve ser realizado de acordo com a figura a seguir para assegurar que o circuito é seguro. O ensaio é realizado considerando-se que haverá a abertura e fechamento do circuito, o qual pode ser representado pelo "Ponto 1" na figura. Além disso, uma vez que o compartimento deve ser aberto então um curto-circuito também deve simulado, conforme "Ponto 2" na figura.

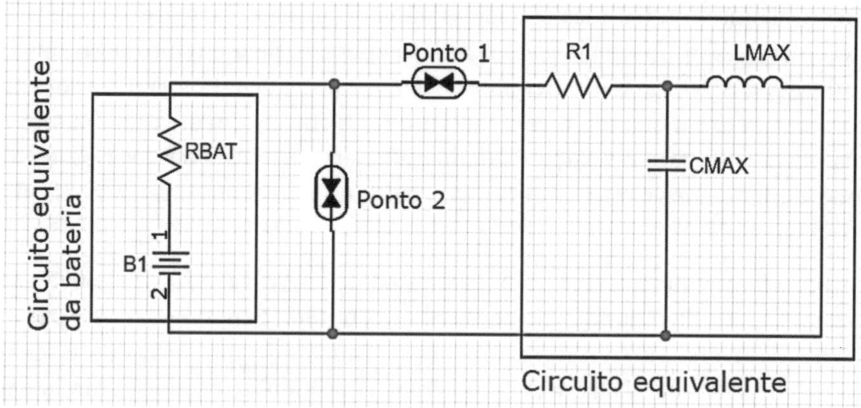


**Figura 23.22** – Exemplo de um circuito equivalente para ensaio de centelhamento de baterias para substituição em atmosferas explosivas.

*Fonte*: acervos pessoais dos autores.

Deve ser ressaltado que o *equipamento de centelhamento padrão* abre e fecha o circuito, o que é suficiente para se cobrirem as condições de remoção e recolocação da bateria. Além disso, o ensaio é realizado com uma fonte de corrente contínua com uma resistência em série equivalente à resistência mínima da bateria ("*RBAT*"), cujo processo de determinação veremos mais adiante. O resistor R1 nesse exemplo é o resistor limitador de corrente na entrada do circuito da bateria, e *CMAX* e *LMAX* são a máxima capacitância e indutância equivalentes do circuito, respectivamente.

Quando acumuladores ou baterias com tensão máxima de circuito-aberto menor que 4,5 V não são para serem substituídas em áreas classificadas, então os requisitos para se evitar ignição por circuitos resistivos não se aplicam. Contudo, a avaliação dos circuitos capacitivos e indutivos ainda se aplica.

Muita atenção deve ser dada a circuitos indutivos, pois, como apresentado neste livro, no Capítulo 12, as cargas indutivas podem aumentar a tensão e gerar centelhas mesmo com a fonte possuindo uma tensão inferior a 10 V. Por exemplo, baterias de íons de lítio podem fornecer correntes de pico por alguns milissegundos superiores a 60 A. Esse valor de corrente resulta em não conformidades do ensaio de centelhamento para qualquer grupo de gases, dado que a indutância *parasítica* do equipamento de centelhamento padrão é suficiente para gerar tensões elevadas e, consequentemente, centelhas com altos valores energéticos.

Assim, os acumuladores ou baterias de íons de lítio de alta densidade energética, entre outras, como NiMH, necessitam de um resistor de limitação de corrente para conformidade com os requisitos para se evitarem ignições por centelhas. O valor da resistência interna dessas baterias pode ser considerado, mas raramente esse valor será superior a algumas dezenas de miliohms. Nesses casos, além do resistor limitador de corrente, as distâncias de separação e escoamento entre os terminais da bateria devem ser infalíveis, de forma a assegurar que não haja risco de curto-circuitos que removeriam a limitação provida pelo resistor infalível. Não há a necessidade de se incluir que essas baterias não devem ser substituídas em atmosferas explosivas, por razões obvias.

A figura a seguir é um exemplo de um circuito simplificado para um acumulador ou bateria com limitação por resistor (*R1*) e com distâncias de separações infalíveis entre seus terminais.

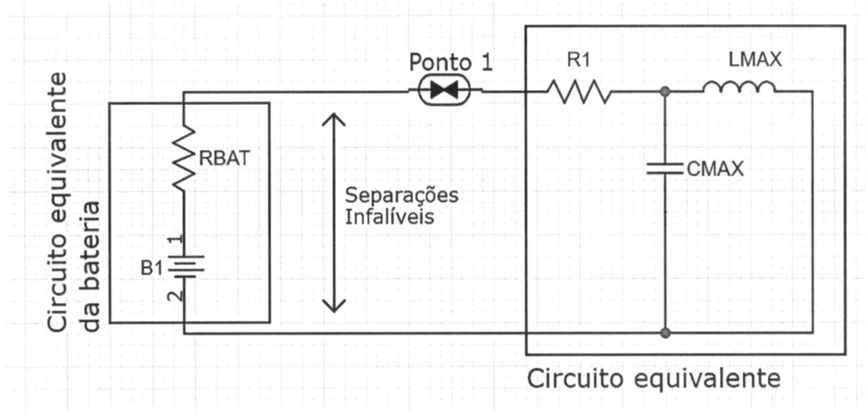


**Figura 23.23** – Exemplo de circuito para bateria de alta densidade energética com resistor de limitação.

*Fonte*: acervos pessoais dos autores.

Esse modelo apresenta, contudo, um problema funcional que, geralmente, pode ser o maior desafio para o projetista, que é a queda de tensão no resistor *R1*, a qual se dá em função da corrente fluindo pelo sistema, e isso diminui a eficiência do circuito, podendo, obviamente, custar a funcionalidade do sistema.

Se a parte do circuito identificado como "circuito equivalente" puder ser completamente encapsulada e se o sistema necessitar de pulsos de correntes relativamente elevadas (como é o caso em sistemas GSM, por exemplo), então, um capacitor pode ser incluído diretamente na saída de R1. Se a relação RC for suficiente para assegurar que, durante os períodos nos quais os pulsos estão inativos, o capacitor se carregue, a tensão nesse capacitor será igual à tensão da bateria, ou que pode resolver alguns dos problemas com essa queda de tensão. Nesse caso, qualquer circuito periférico, como botões, sensores etc., deve incluir seu circuito de limitação no interior do encapsulamento, para garantir que qualquer descarga capacitiva não conforme não possa surgir sem limitação resistiva.

Contudo, há situações em que há a necessidade de se remover o resistor R1 ao todo. A pergunta que se faz então seria a seguinte: *é possível remover a falha que levaria a centelhamento identificado como "Ponto 1" na Figura 23.23 assim como fizemos com o "Ponto 2" da Figura 23.22 quando incluímos que a bateria não poderia ser substituída em áreas classificadas e que as distâncias de separações são infalíveis?*

A falha representada pelo "Ponto 1" é uma falha para circuito aberto. Se os elementos de conexão, como trilhas, fios e conectores, estiverem de acordo com os requisitos apresentados neste livro, no Capítulo 27, então essa falha pode ser eliminada.

Esse tipo de solução requer alguns cuidados. Primeiramente, temos de pensar que, no circuito, teremos componentes que falharão e produzirão centelhas. Dessa forma, todo o circuito sem limitação de corrente por resistor deve ser encapsulado para se eliminar o risco de ignições por centelhas. Outro ponto é o controle sobre os parâmetros máximos para a avaliação do modelo térmico para se evitar ignições por temperatura, assim, pelo menos um fusível deve ser incluído. Além disso, qualquer circuito periférico deve ser limitado adequadamente.

A figura a seguir é um exemplo de um circuito típico com essas características sem limitação resistiva para uma bateria.

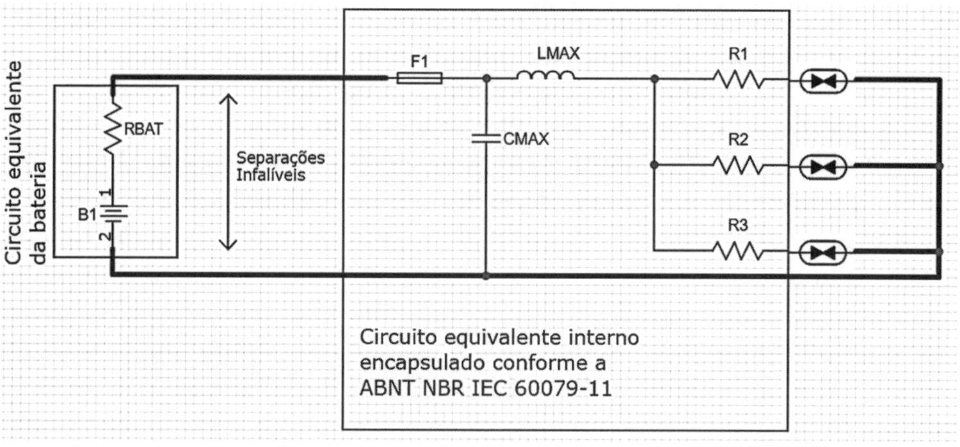


**Figura 23.24** – Exemplo de circuito típico sem limitação resistiva para uma bateria.

*Fonte*: acervos pessoais dos autores.

As linhas mais "espessas" são as linhas que estão submetidas aos requisitos para trilhas, condutores e conexões infalíveis. O fusível F1 é inserido para assegurar uma adequada limitação da corrente e potência nos condutores da bateria e no circuito encapsulado. Os resistores R1, R2 e R3 representam limitações resistivas para os três circuitos periféricos representados como pontos de centelhamento por falha de circuito aberto ou curto-circuito. Nesse modelo, o circuito de proteção também deve ser encapsulado após F1.

Todas as baterias utilizadas em equipamentos com o nível de proteção "ia" ou "ib" devem passar por um ensaio de curto-circuito para (1) a determinação da máxima temperatura de superfície (2), determinação se a bateria vazará eletrólito e (3) se necessário, para a determinação da mínima resistência da bateria. Esse ensaio é geralmente realizado em dezesseis amostras da bateria, as quais não devem incluir qualquer dispositivo de limitação de corrente, seja ele interno ou externo ao invólucro da bateria.

Normalmente, duas amostras são ensaiadas na temperatura ambiente máxima, duas são ensaiadas na temperatura ambiente mínima e duas são ensaiadas em temperatura ambiente do laboratório, em torno de 20 °C; a máxima temperatura e a mínima resistência são determinadas, e, a partir desses resultados, mais dez amostras são ensaiadas com as condições mais desfavoráveis. Quando a mínima resistência é determinada em uma condição diferente da condição que resultou na máxima temperatura de superfície, então vinte amostras devem ser ensaiadas, sendo dez utilizadas para a determinação de cada parâmetro.

O conceito de *curto-circuito* é determinado na norma técnica brasileira adotada ABNT NBR IEC 60079-11 como um link com resistência inferior a 3 mΩ, ou que resulte em uma queda tensão quando o ensaio de curto-circuito é realizado que corresponda a menos de 15% da tensão de circuito-aberto da bateria sob ensaio.

A máxima temperatura de superfície normalmente é determinada no corpo da bateria desencapada. Termopares são colocados em diferentes regiões, incluindo um ponto na região do terminal negativo, no meio do corpo da bateria e na região do terminal positivo.

A resistência mínima da bateria é determinada pela seguinte equação, na qual a corrente deve ser medida com um osciloscópio adequado.

$$R_{BAT} = \frac{U_{BAT}}{I_{pico}} \tag{23.6}$$

Cálculo da resistência mínima da bateria.

Em que:

- $U_{BAT}$ é a tensão de circuito aberto da bateria;
- $I_{PICO}$ é a corrente de pico medida durante o ensaio de curto-circuito.

As baterias não deveriam vazar eletrólito. Normalmente, ele representa uma substância que pode comprometer componentes, materiais do invólucro do equipamento, trilhas e distâncias de separações. Assim, como incluído anteriormente, baterias primárias e secundárias não deveriam vazar durante o ensaio de curto-circuito.

As baterias secundárias não devem vazar durante um ensaio de dois ciclos de recarga-descarga, que normalmente é realizado antes do ensaio de curto-circuito. Se possível, como condição de falha para o circuito, baterias secundárias também devem ser ensaiadas com recarga com polaridade invertida.

Quando a bateria vazar eletrólito, se ela não puder ser substituída, o fabricante deve apresentar evidências de conformidade de que o eletrólito não afeta adversamente os materiais empregados no invólucro. Além disso, a bateria deve ser colocada em um compartimento segregado das placas de circuito impresso com componentes infalíveis. Muito cuidado deve ser tomado com vazamentos durante o ensaio de curto-circuito, pois o eletrólito pode atingir temperaturas elevadas, que podem se tornar uma fonte de ignição por temperatura.

Por último, quando o compartimento no qual a bateria está inserida for selado (hermeticamente fechado, podendo incluir encapsulamento ou *O-rings*), uma válvula de alívio de pressão deve ser incluída, de forma a assegurar que a pressão no compartimento da bateria não excederá 30 kPa.

Capítulo **24**

# Controle e mitigação de riscos de ignição por eletricidade estática em equipamentos e instalações em atmosferas explosivas

**Sinopse**: este capítulo aborda os principais requisitos para procedimentos específicos de projeto, montagem e operação necessários para evitar a geração ou mitigação do acúmulo de cargas eletrostáticas em equipamentos e instalações em áreas classificadas contendo gases inflamáveis ou poeiras combustíveis. Aborda também os aspectos de segurança relacionados com os sistemas de aterramento e equipotencialização de instalações e equipamentos de processo e elétricos em áreas classificadas contendo atmosferas explosivas. Na indústria de processo, a geração de eletricidade estática é contínua, decorrente da constante movimentação de fluidos, incluindo líquidos, gases e vapores inflamáveis ou poeiras combustíveis. O centelhamento causado pelo acúmulo de cargas eletrostáticas em áreas classificadas é reconhecidamente uma das fontes de ignição que provocam grandes explosões e acidentes catastróficos, resultando em destruição das instalações, perdas de vidas humanas e significativos impactos negativos ao meio ambiente. São apresentadas aqui recomendações, boas práticas, lições aprendidas e experiências, consolidadas em nível internacional, para se evitarem os riscos relacionados com a geração ou o acúmulo de eletricidade estática em áreas classificadas, por meio de efetivas técnicas de aterramento e equipotencialização de equipamentos e instalações de processo.

## 24.1 INTRODUÇÃO SOBRE OS RISCOS DE EXPLOSÃO EM ÁREAS CLASSIFICADAS

A possibilidade de riscos de ignição relacionados com a geração e o acúmulo da eletricidade estática ocorre frequentemente nas instalações industriais contendo atmosferas explosivas, decorrentes de fatores como a intensa e contínua movimentação de grandes quantidade de fluidos (sólidos, líquidos e gasosos), a existência inadvertida de condutores isolados ou a utilização de materiais não metálicos ou não condutivos em áreas classificadas, associados com deficiências nos sistemas de equipotencialização ou de aterramento.

No caso de instalações elétricas em atmosferas explosivas, o risco de ignição que pode ser decorrente da geração de centelhas é oriundo do acúmulo indevido de eletricidade estática, o qual pode levar à existência de elevadas diferenças de potenciais de tensão, capazes de produzir centelhamentos.

É reconhecido que as movimentações de grandes volumes de líquidos, gases e poeiras no interior das tubulações e dos equipamentos de processo e do transporte pneumático na indústria do petróleo, petroquímica, química, sucroalcooleira, portuária, de fertilizantes e de alimentos geram uma grande quantidade de eletricidade estática, capaz de produzir diferenças de potenciais eletrostáticos que podem provocar centelhas, as quais, por sua vez, podem representar uma fonte de ignição de atmosferas explosivas que estejam presentes em áreas classificadas.

Diversos acidentes já foram registrados em atmosferas explosivas decorrentes de falhas de sistemas de aterramento ou de equipotencialização de equipamentos de móveis ou fixos, sejam equipamentos metálicos ou não metálicos, as quais proporcionaram o acúmulo de cargas eletrostáticas, que, por sua vez, deram origem a centelhas que serviram como fontes de ignição de atmosferas explosivas existentes, ocasionando grandes explosões, muitas delas com consequências fatais para as pessoas presentes nos locais desses acidentes e com consequências catastróficas também para o meio ambiente.

Um exemplo de como a eletricidade estática pode provocar grandes explosões de atmosferas explosivas é o acidente ocorrido em 1937 com o dirigível Hindenburg, que explodiu quando estava se preparando para aterrissar, como mostrado em foto da época, a seguir.

**Figura 24.1 –** Explosão do dirigível Hindenburg devido à ignição de hidrogênio com fontes de ignição relacionada com a existência de cargas eletrostáticas.

*Fonte*: domínio público.

Segundo pesquisas realizadas recentemente, os cabos de amarração do dirigível que estavam sendo conectados em solo pelo pessoal de terra provocaram descargas eletrostáticas que foram geradas nesse momento de aterramento ou equipotencialização com as instalações em terra, as quais foram responsáveis pela ignição da grande quantidade de hidrogênio contido na sua estrutura.

De acordo com essas pesquisas, a presença de atmosfera explosiva de hidrogênio, utilizado para possibilitar o empuxo da aeronave nos dutos de ventilação, foi provavelmente devido à existência de vazamentos em válvulas do sistema de contenção daquele gás inflamável mais leve que o ar, altamente explosivo. Naquele icônico acidente, morreram 35 do total de cem pessoas que estavam a bordo.

Pode também ser citada como exemplo das graves consequências de eletricidade estática em atmosferas explosivas a explosão ocorrida em 2015 no navio FPSO Cidade de São Mateus, que resultou na morte de nove pessoas. A Figura 24.2 apresenta uma foto daquele FPSO.

**Figura 24.2** – FPSO Cidade de São Mateus – explosão devido à existência de cargas eletrostáticas proveniente de equipamento não elétrico, de acordo com relatório elaborado pela ANP.

De acordo com o relatório oficial de análise do acidente, elaborado pela ANP, uma das possíveis fontes de ignição foi o fluxo de água através de mangueiras de combate a incêndio, fabricadas com material não condutivo, o que pode ter contribuído para a geração e o acúmulo de cargas eletrostáticas, respectivamente, cujo nível de potencial pode ter ocasionado uma centelha capaz de ter provocado a explosão.

De acordo com o respectivo relatório de investigação elaborado pela ANP:

> Analisando os fatos ocorridos no acidente em questão, observa-se uma entre as situações que se configuram como uma potencial fonte de eletricidade estática: a utilização de mangueira de incêndio para lavar o local no qual havia se formado a poça de condensado. Os fatos que ocorreram anteriormente à explosão mostram grande relação probabilística entre a fonte de ignição com a eletricidade estática.

Nos casos de aplicação em áreas classificadas, um dos principais recursos a serem considerados nos projetos e nas instalações elétricas, de instrumentação, de telecomunicações, mecânicas e de equipamentos de processo em atmosferas explosivas é a instalação de sistemas efetivos de aterramento ou de equipotencialização que permitam o escoamento contínuo das cargas eletrostáticas, evitando o seu acúmulo.

O aterramento de equipamentos em atmosferas explosivas deve ser considerado inclusive em equipamentos não metálicos, como invólucros plásticos de equipamentos elétricos e juntas isolantes de equipamentos elétricos, mecânicos ou de processo, de forma a se evitar o acúmulo de cargas eletrostáticas devido aos efeitos de fricção ou pela passagem ou movimentação de fluidos.

## 24.2 OS RISCOS DE IGNIÇÃO RELACIONADOS COM A GERAÇÃO E O ACÚMULO DE ELETRICIDADE ESTÁTICA EM ATMOSFERAS EXPLOSIVAS

A geração e o acúmulo de cargas eletrostáticas podem dar origem a riscos e problemas em uma ampla gama de indústrias e ambientes de trabalho, vindo a provocar a ignição e explosão em indústrias de processos químicos, farmacêuticos, petroquímicos, silos de armazenamento de grãos e de processamento de alimentos, fertilizantes, sucroalcooleira e instalações portuárias.

Uma das fontes primárias da geração de cargas eletrostáticas é o carregamento por contato entre diferentes materiais, ocasionando a eletrificação por contato. Nos frequentes casos de dois materiais ou substâncias previamente não carregadas entrarem em contato, como na transferência de materiais líquidos, sólidos ou na forma de poeira, ocorre geralmente uma transferência de cargas eletrostáticas na área de fronteiras em comum entre esses materiais. Além disso, no momento da separação desses materiais, cada superfície se carrega de uma carga igual, de polaridade oposta, gerando eletricidade estática.

Como exemplos de mecanismos de geração de eletricidade estática em áreas classificadas, podem ser citados o fluxo de líquidos inflamáveis ou poeiras combustíveis em tubulações e equipamentos de processo, o contato e a separação de sólidos, por exemplo, no movimento de correias transportadoras ou em filmes plásticos sobre rolos, a movimentação de pessoas e o fenômeno de indução, devido a objetos que atingem um elevado potencial elétrico ou ficam carregados eletrostaticamente por estarem no interior de um campo elétrico.

O acúmulo de cargas eletrostáticas em tubulações e equipamentos de processo devido à movimentação de fluidos em seu interior é representada simplificadamente na figura a seguir.

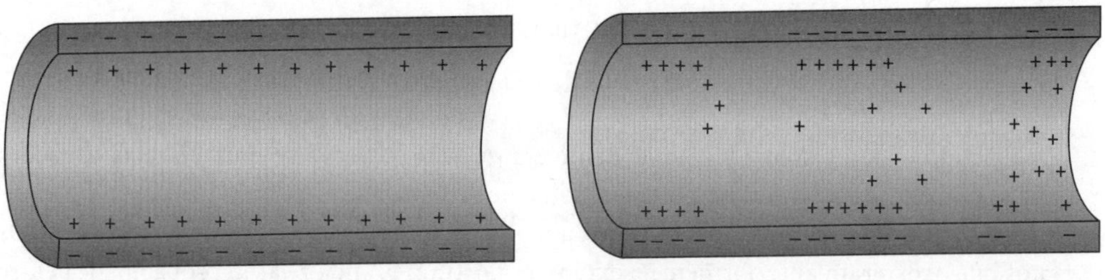

Distribuição **uniforme** de cargas elétricas em tubulação sem fluxo de fluido em seu interior.

**Concentração** de cargas elétricas em tubulação com fluxo de fluido gerando potencial eletrostático.

**Figura 24.3** – Representação do processo de concentração e acúmulo de potencial eletrostático em uma tubulação decorrente da movimentação de fluidos em seu interior.

Podem ser citados também como exemplos típicos de carregamento eletrostático em líquidos o fluxo de produtos através de tubulação, bombas ou filtros, ocasionando a agitação e a atomização do líquido. Se o líquido contém uma segunda fase imiscível na forma de sólidos finos em suspensão ou líquidos finamente dispersos ou bolhas de ar, o carregamento eletrostático é elevado, em função da grande área de interface.

**Figura 24.4 –** Instalações da indústria de petróleo, química e petroquímica envolvem grandes movimentações de fluidos, na forma de líquidos, gases e material particulado, gerando continuamente cargas eletrostáticas.

Os objetos condutivos podem também se tornar carregados por meio de indução, nos casos em que eles tenham estado no interior de um campo elétrico produzido por outros objetos carregados, ou devido a condutores com um alto potencial elétrico presentes ao seu redor.

Todos os objetos podem também se tornar carregados eletrostaticamente se partículas carregadas ou moléculas ionizadas se acumularem sobre eles.

Dentre os problemas associados com a geração e o indevido acúmulo da eletricidade estática em áreas classificadas, podem ser citados os seguintes:

- acúmulo indevido de cargas eletrostáticas decorrentes de eventuais falhas no sistema de aterramento e equipotencialização de máquinas, equipamentos de processo e de instalações industriais;
- riscos eletrostáticos causados pela movimentação de pessoas;
- o manuseio e a movimentação de sólidos e poeiras combustíveis, incluindo o transporte pneumático;
- o armazenamento, manuseio e movimentação de líquidos inflamáveis;
- a manipulação de gases e vapores inflamáveis em altas pressões e vazões.

Podem ser citados como exemplos dos riscos de ignição causados pela geração ou pelo indevido acúmulo de cargas eletrostáticas em equipamentos e instalações áreas classificadas:

- ignição ou explosão de atmosferas explosivas;
- choques eletrostáticos em combinação com outros riscos de geração de fontes de ignição, como quedas, impactos ou separação de objetos;
- choques eletrostáticos com riscos de ferimentos graves ou mesmo de perdas de vidas;
- danos a componentes eletrônicos e consequentes distúrbios em equipamentos de instrumentação e automação de campo (como os equipamentos e sistemas intrinsecamente seguros - Ex "i"), com impactos negativos a sistemas de supervisão e controle.

**Figura 24.5 –** Indevido acúmulo de cargas eletrostáticas em equipamentos e instalações em atmosferas explosivas pode levar a riscos de ignição, choques eletrostáticos e danos a equipamentos eletrônicos de instrumentação e automação.

Uma descarga eletrostática ocorre quando o potencial do campo eletrostático ultrapassa a rigidez dielétrica do material dielétrico e quando a força do campo elétrico excede o nível de dielétrico do ar atmosférico (da ordem de 10 a 20 kV/cm) em condições ambientais normais.

Diversos tipos de descargas eletrostáticas podem levar a uma ignição eletrostática, dependendo das características (como a Mínima Energia de Ignição - MIE) dos gases inflamáveis ou poeiras combustíveis que estiverem presentes no local da instalação, em área classificada.

Além dos riscos relacionados à geração de fontes de ignição em áreas classificadas, a eletricidade estática pode também apresentar problemas operacionais durante os processos de fabricação e manuseio; por exemplo, provocando a aderência dos materiais uns aos outros ou atraindo poeiras ou materiais particulados.

## 24.3 OS RISCOS DA ELETRICIDADE ESTÁTICA ASSOCIADOS AOS CONDUTORES ISOLADOS

A eliminação das fontes de ignição com elevado potencial eletrostático em atmosferas explosivas pode ser considerada um ponto de partida óbvio na etapa de projeto das instalações industriais e dos equipamentos de processo. Uma das principais áreas de preocupação são aquelas que podem apresentar os denominados *condutores isolados*. Esses condutores são objetos condutivos que podem permanecer eletricamente isolados de sistemas aterrados de forma acidental ou inadvertida.

A isolação elétrica de objetos metálicos representa o risco de evitar que cargas eletrostáticas que tenham se acumulado no objeto possam se dissipar com segurança para o sistema de aterramento, resultando, dessa forma, na elevação de seu potencial. No caso de esses condutores isolados eletrostaticamente carregados se aproximarem de outro objeto que esteja aterrado ou com baixo potencial, pode haver o risco de ignição de uma atmosfera explosiva, devido à liberação de energia na forma de centelhas, com energia capaz de causar uma explosão.

É tradicionalmente reconhecido que alguns tipos de conjuntos de montagem (*skids*) interconectados no sistema de processo de uma planta, como os equipamentos de processamento de poeiras combustíveis, representam uma preocupação de fonte de ignição em áreas classificadas, uma vez que pode haver partes metálicas ou equipamentos que podem estar eletricamente isolados entre si de forma acidental ou inadvertida. De forma similar, também é tradicionalmente reconhecido como uma preocupação que trechos isolados de tubulações para transporte de líquidos, gases ou para transporte pneumático podem também representar condutores isolados, resultando na geração e no subsequente acúmulo de cargas eletrostáticas capazes de causar centelhamentos em atmosferas explosivas.

Nesses casos, se houver uma falha na continuidade de terra ou de equipotencialização, as cargas eletrostáticas não serão capazes de ser adequadamente dissipadas, permitindo a existência de uma alta tensão potencial, a qual será descarregada em uma primeira oportunidade. Dessa maneira, a geração e o acúmulo de cargas em equipamentos de processo ou de transporte de poeiras combustíveis, gases inflamáveis ou transporte pneumático representam um risco eletrostático em atmosferas explosivas a ser mitigado.

Pode haver nas instalações "Ex" diversos casos de condutores isolados, incluindo acoplamentos metálicos, flanges, acessórios de tubulação, válvulas, vasos transportáveis, contêineres portáteis, funis e até mesmo pessoas. Durante as operações diárias em instalações industriais em áreas classificadas, como na indústria do petróleo, petroquímica, farmacêutica, de alimentos, os condutores isolados são considerados como uma fonte possível de acidentes envolvendo ignição de atmosferas explosivas.

**Figura 24.6** – Instalações portuárias envolvem grandes movimentações de fluidos, na forma de líquidos, gases e material particulado (poeiras combustíveis), gerando continuamente o risco de potenciais eletrostáticos.

## 24.4 OS RISCOS DO ACÚMULO DE CARGAS ELETROSTÁTICAS EM DIESEL DE BAIXO TEOR DE ENXOFRE

Um exemplo de aplicação de meios de controle de eletricidade estática em área classificada é a adição de compostos do tipo *aditivo antiestático* em grandes tanques de armazenamento de óleo diesel do tipo S-10, com baixo teor de enxofre, da ordem de 10 ppm (*partes por milhão*).

O processo de hidrotratamento de diesel, gasolina, nafta ou querosene de aviação tem como base a injeção de hidrogênio ($H_2$) no produto a ser tratado, o qual se combina com enxofre (S), formando o gás sulfídrico ($H_2S$), sendo este retirado do processo, resultando em produtos derivados do petróleo praticamente isentos de enxofre. Sistemas de hidrotratamento ou hidrodessulfurização são normalmente existentes nas refinarias de petróleo, uma vez que são requeridos no processo de elaboração e *blending* (mistura) para a produção do óleo diesel S-10, com baixo teor de enxofre. Esse tipo de processo, no entanto, remove também os compostos que são "promotores naturais" da condutividade elétrica nesses tipos de derivados do petróleo.

Foram verificados casos de risco de ignição no interior desses tanques, em função dos baixos valores de condutividade desse tipo de produto, o qual não permite uma adequada "migração" para as partes aterradas (como o costado metálico do tanque) das cargas eletrostáticas que são normalmente geradas durante as operações de enchimento e esvaziamento desses tanques.

A condutividade elétrica consiste na capacidade do combustível em dissipar cargas eletrostáticas que são geralmente geradas durante a sua movimentação. Se a condutividade elétrica for suficientemente alta, as cargas eletrostáticas são adequadamente dissipadas, evitando o seu acúmulo e o risco de existência de fontes de ignição em atmosferas explosivas. O valor recomendado para a condutividade elétrica do óleo diesel do tipo S-10 é de, no mínimo, 25 pS/m (siemens por metro) na temperatura e entrega do produto.

De forma a permitir essa migração de cargas eletrostáticas e evitar a existência de potenciais eletrostáticos capazes de gerar centelhamentos, a adição de quantidade adequada dos "aditivos antiestáticos" faz com que a condutividade seja suficiente para permitir a devida dissipação do potencial eletrostático para as partes aterradas e evitar a ocorrência desse tipo de risco de ignição em atmosferas explosivas.

Deve ser ressaltado que o controle da condutividade elétrica do óleo diesel S-10 para os níveis estabelecidos (25 pS/m mín) acelera a dissipação das cargas eletrostáticas, mas não elimina os riscos associados com a manipulação de combustíveis. As práticas de segurança recomendadas para se minimizar o risco associado à manipulação de combustível devem ser rigorosamente seguidas, incluindo a utilização de baixas vazões, principalmente na etapa inicial dos processos de transferências dos produtos.

As empresas do setor de petróleo e empresas distribuidoras de derivados necessitam possuir procedimentos específicos para a coleta periódica de amostras e análise com base em instrumentos medidores de condutividade elétrica, para fins de controle da qualidade dessa característica do óleo diesel S-10 com baixo teor de enxofre.

## 24.5 AVALIAÇÃO E MITIGAÇÃO DOS RISCOS DA ELETRICIDADE ESTÁTICA EM EQUIPAMENTOS "Ex": NORMA BRASILEIRA ADOTADA ABNT NBR ISO 80079-36

A norma técnica brasileira adotada idêntica ABNT NBR ISO 80079-36 – *Atmosferas explosivas - Parte 36: Equipamentos não elétricos para atmosferas explosivas - Métodos e requisitos básicos* relaciona treze diferentes fontes possíveis de ignição em atmosferas explosivas que devem ser consideradas nos processos de avaliação de equipamentos "Ex", para fins de sua certificação.

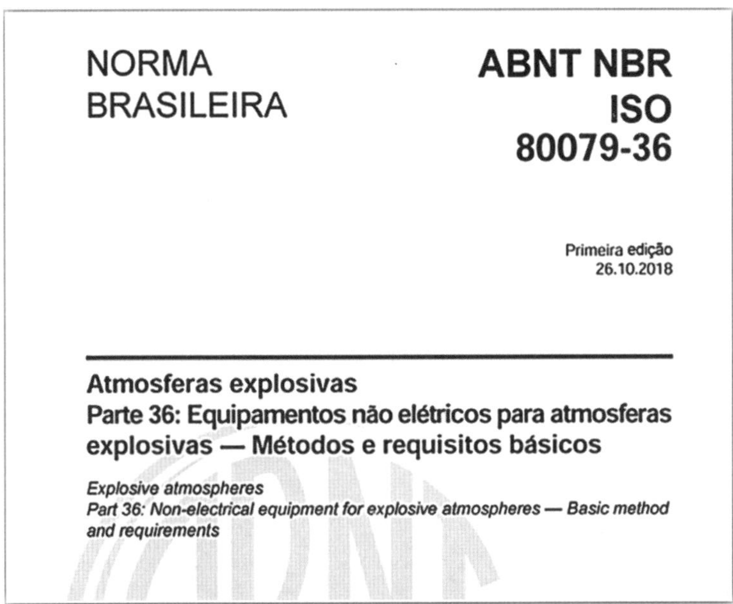

NORMA BRASILEIRA

**ABNT NBR ISO 80079-36**

Primeira edição
26.10.2018

**Atmosferas explosivas**
**Parte 36: Equipamentos não elétricos para atmosferas explosivas — Métodos e requisitos básicos**

*Explosive atmospheres*
*Part 36: Non-electrical equipment for explosive atmospheres — Basic method and requirements*

**Figura 24.7** – Folha de rosto da norma técnica brasileira adotada ABNT NBR ISO 80079-36 – *Equipamentos não elétricos para utilização em atmosferas explosivas – Métodos e requisitos básicos.*

*Fonte*: ABNT.

Dessas possíveis fontes de ignição, a eletricidade estática é considerada uma delas, capaz de gerar potencial suficiente para causar a ignição de gases inflamáveis ou poeiras combustíveis que estejam presentes no local das instalações, como indicado na Figura 24.8.

A Norma ABNT NBR ISO 80079-36 – Atmosferas explosivas – Parte 36: Equipamentos para atmosferas explosivas – Métodos e requisitos básicos, apresenta TREZE possíveis fontes de ignição que podem causar a explosão de atmosferas explosivas de gases inflamáveis ou poeiras combustíveis:

1. Superfícies quentes
2. Chamas ou gases aquecidos, incluindo partículas quentes
3. Faíscas geradas mecanicamente
4. Dispositivos elétricos (centelhas geradas eletricamente)
5. Correntes parasitas ou proteção catódica de corrosão
6. ***Eletricidade estática***
7. Descargas atmosféricas
8. Radiofrequência ou ondas eletromagnéticas
9. Radiação óptica
10. Radiação ionizante
11. Ultrassom
12. Compressão adiabática e ondas de choque
13. Reações exotérmicas, incluindo a autoignição de poeiras combustíveis

**Figura 24.8 –** Fontes potenciais de ignição em atmosferas explosivas, incluindo a eletricidade estática, a serem consideradas nas avaliações de equipamentos "Ex", de acordo com a norma ABNT NBR ISO 80079-36.

**Figura 24.9 –** Fontes potenciais de ignição devido ao acúmulo de cargas eletrostáticas podem ocorrer em instalações marítimas ou terrestres contendo áreas classificadas, devido à movimentação de fluidos e a deficiências de sistemas de aterramento ou de equipotencialização.

De acordo a norma técnica brasileira adotada ABNT NBR ISO 80079-36, as centelhas capazes de gerar ignições devido à eletricidade estática podem ocorrer em atmosferas explosivas sob determinadas condições. O centelhamento de partes isoladas eletrostaticamente e carregadas pode facilmente levar a descargas capazes de causar uma ignição. Com partes eletrostaticamente carregadas fabricadas de materiais não condutivos (como a maioria dos plásticos), podem ocorrer descargas ramificadas.

Em alguns casos específicos, durante processos de separação rápida (como em filmes em movimento sobre roletes, correias transportadoras, operações com braços de carregamento e transferências de grandes quantidades de hidrocarbonetos) ou por combinação de materiais condutivos e não condutivos, é também possível a propagação de descargas ramificadas. Descargas propagantes podem ocorrer também em material a granel.

A norma técnica brasileira adotada ABNT NBR ISO 80079-36 apresenta em seus Anexo B (*Explanação do procedimento de avaliação do risco de ignição*), Anexo C (*Exemplos de avaliação de risco de ignição*) e Anexo E (*Considerações sobre utilização indevida que possa ser razoavelmente prevista durante o procedimento de avaliação de risco*) os procedimentos detalhados para a avaliação de equipamentos "Ex", incluindo equipamentos intrinsecamente seguros, destinados a serem instalados em atmosferas explosivas com relação às suas fontes potenciais de ignição (incluindo a geração ou o acúmulo da eletricidade estática), as quais necessitam ser devidamente mitigadas de forma a não se tornarem "ativas" e causarem riscos de ignição em áreas classificada.

A norma técnica brasileira adotada ABNT NBR ISO 80079-36 apresenta também informações específicas sobre eletricidade estática em seus Anexo D (*Ensaios de carregamento com materiais não condutivos*) e Anexo F (*Desenvolvimento de diferentes tipos de descargas eletrostáticas capazes de gerar ignição*).

## 24.6 AS NORMAS TÉCNICAS BRASILEIRAS ADOTADAS ABNT IEC TS 60079-32-1 E ABNT NBR IEC 60079-32-2 SOBRE RISCOS ELETROSTÁTICOS

De forma a abordar adequadamente os riscos e as respectivas medidas mitigadoras de eletricidade estática em atmosferas explosivas, foram elaboradas, em nível internacional pelos países participantes do Comitê Técnico TC 31 da IEC (*Equipment for Explosive Atmospheres*), incluindo o Brasil, as normas técnicas internacionais IEC TS 60079-32-1 (*Atmosferas explosivas - Parte 32-1: Riscos eletrostáticos - Orientações*), na forma inicial de especificação técnica, e a norma IEC 60079-32-2 (*Atmosferas explosivas - Parte 32-2: Riscos eletrostáticos - Ensaios*).

A Comissão de Estudo CE 003:031.006 do Subcomitê SCB 003:031 (*Atmosferas explosivas*) da ABNT/CB-003 (*Eletricidade*), responsável pelo acompanhamento dessas respectivas normas internacionais IEC TS 60079-32-1 e IEC 60079-32-2, participou, em nome do *Brazil National Committee for IEC*, de todo o processo de elaboração, comentários, votação, aprovação e publicação daquelas normas internacionais.

Com a publicação das normas internacionais sobre os riscos da eletricidade estática em atmosferas explosivas, aquela Comissão de Estudo do Subcomitê SCB 003:031 elaborou as respectivas normas técnicas brasileiras adotadas idênticas ABNT TS IEC 60079-32-1 (*Especificação técnica*) e ABNT NBR IEC 60079-32-2, publicadas em 2020 pela ABNT. As "Folhas de rosto" dessas normas técnicas brasileiras adotadas são apresentadas nas Figuras 24.10 e 24.11.

Essas duas normas técnicas brasileiras adotadas da Série ABNT NBR IEC 60079 são totalmente alinhadas, harmonizadas e idênticas em termos de conteúdo técnico, forma e apresentação, às duas respectivas normas internacionais da Série IEC 60079, sem desvios técnicos nacionais, atendendo aos requisitos especificados na ABNT DIRETIVA 3 – *Adoção de documentos técnicos internacionais.*

ESPECIFICAÇÃO TÉCNICA

ABNT IEC/TS 60079-32-1

Primeira edição
24.01.2020

**Atmosferas explosivas**
**Parte 32-1: Riscos eletrostáticos, orientações**

*Explosive atmospheres*
*Part 32-1: Electrostatic hazards, guidance*

**Figura 24.10** – Folha de capa da especificação técnica brasileira adotada ABNT IEC TS 60079-32-1 – *Atmosferas explosivas – Parte 32-1: Riscos eletrostáticos – Orientações.*

*Fonte*: ABNT.

A ABNT IEC TS 60079-32-1 tem como escopo apresentar orientações sobre equipamentos, produtos e propriedades de processos necessárias para se evitarem os riscos de ignição e de choques eletrostáticos que podem surgir da eletricidade estática, bem como requisitos operacionais necessários para assegurar a utilização segura do equipamento, produto ou processo.

A ABNT IEC TS 60079-32-1 pode ser utilizada em uma avaliação do perigo de risco eletrostático, ou para a preparação de uma família de produtos, ou ser dedicada a produtos para máquinas ou equipamentos elétricos ou não elétricos. Os riscos associados à eletricidade estática em processos e ambientes industriais que mais comumente apresentam problemas são considerados na ABNT IEC TS 60079-32-1. Esses processos incluem a manipulação ou movimentação de sólidos, líquidos, poeiras, gases, sprays e materiais particulados. Em cada caso, a fonte e a natureza dos riscos da eletrostática são identificadas, e recomendações específicas são apresentadas na ABNT IEC TS 60079-32-1, de forma a se lidar com esses riscos.

O principal objetivo da ABNT IEC TS 60079-32-1 é apresentar recomendações padronizadas para o controle da eletricidade estática, como o aterramento de partes condutoras, redução de carregamento eletrostático e restrição de áreas de superfície de materiais isolantes que possam ser carregadas eletrostaticamente. Em alguns casos, a eletricidade estática representa uma parte integrante de um processo, por exemplo, no revestimento por pintura eletrostática, o que frequentemente é um efeito colateral indesejado, sendo as devidas orientações relacionadas a esse caso apresentadas na ABNT IEC TS 60079-32-1.

Se as recomendações padronizadas apresentadas na ABNT IEC TS 60079-32-1 forem devidamente atendidas, pode ser previsto que os riscos de descargas eletrostáticas em uma atmosfera explosiva se mantenham em um nível suficientemente baixo de forma a poder ser "aceitável".

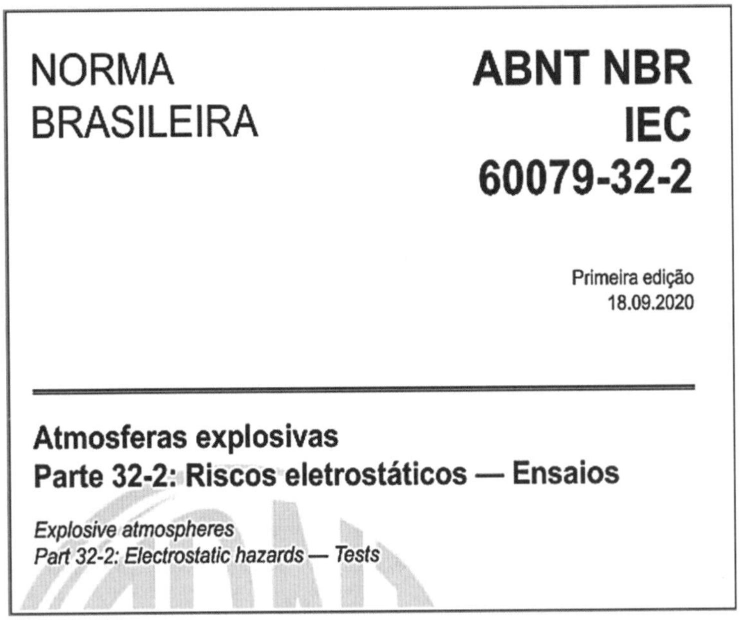
NORMA BRASILEIRA

ABNT NBR IEC 60079-32-2

Primeira edição
18.09.2020

**Atmosferas explosivas**
**Parte 32-2: Riscos eletrostáticos — Ensaios**

*Explosive atmospheres*
*Part 32-2: Electrostatic hazards — Tests*

**Figura 24.11** – Folha de capa da norma técnica brasileira adotada ABNT NBR IEC 60079-32-2 – *Atmosferas explosivas – Parte 32-2: Riscos eletrostáticos – Ensaios.*

*Fonte*: ABNT.

A norma ABNT NBR IEC 60079-32-2 tem por escopo descrever os métodos de ensaios relacionados com as propriedades dos equipamentos, produtos e processos necessárias para se evitarem uma ignição e os riscos de choques eletrostáticos provenientes da eletricidade estática.

Essa norma tem como objetivo ser utilizada em uma avaliação de risco dos perigos eletrostáticos ou na preparação de normas para famílias de produtos ou de produtos dedicados para máquinas ou equipamentos elétricos ou não elétricos. Também faz parte do objetivo dessa norma apresentar métodos de ensaios padronizados utilizados para o controle da eletricidade estática, como resistência de superfície, resistência de fuga para terra, resistividade em poeiras, condutividade de líquidos, capacitância e avaliação da capacidade de gerar uma ignição de descargas eletrostáticas provocadas. Esses ensaios devem ser aplicados aos equipamentos "Ex" que são certificados de acordo com os diversos tipos de proteção "Ex" especificados nas normas técnicas brasileiras adotadas das Séries ABNT NBR IEC 60079 (*Atmosferas explosivas*) e ABNT NBR ISO 80079 (*Equipamentos mecânicos "Ex"*).

## 24.7 A GERAÇÃO DA ELETRICIDADE ESTÁTICA EM EQUIPAMENTOS E INSTALAÇÕES EM ATMOSFERAS EXPLOSIVAS

Podem ser citados como exemplos de equipamentos instalados em atmosferas explosivas sobre os quais existe a preocupação com o risco de ignição devido à geração ou acúmulo de cargas eletrostática: tanques de armazenamento, vagões ou caminhões para transporte de materiais inflamáveis ou combustíveis, correias transportadoras, esteiras ou pontes rolantes, elevadores de canecas, contêineres ou equipamentos de processo ou tubulações fabricadas com materiais não metálicos (isolantes ou não condutivos), mangueiras fabricadas com materiais não condutivos, caminhões vácuo, equipamentos para transporte pneumático.

No caso de os dois materiais serem condutivos, ocorre a recombinação das cargas eletrostáticas e nenhuma quantidade significativa de carga eletrostática permanece em nenhum dos dois materiais após a separação.

Nos casos em que um ou ambos os materiais sólidos forem do tipo *não condutivo*, a recombinação eletrostática pode não ocorrer completamente e os materiais separados retêm parte de sua carga eletrostática. Em função de a distância entre as cargas ser extremamente pequena no momento do contato ou da separação, o potencial gerado pode alcançar tensões da ordem de muitos kV, independentemente da pequena quantidade de cargas eletrostáticas envolvidas, o que pode dar origem a centelhas e a fontes de ignição.

A eletricidade estática pode ser normalmente causada por dois materiais isolantes diferentes em movimento e que estejam em contato ou atrito. Os elétrons mais "afastados" do núcleo de um material são transferidos para o outro material, de forma que o material que perde elétrons se torna positivamente carregado. Essa condição pode permanecer por algum tempo, uma vez que os materiais são isolantes e não proporcionam um caminho efetivo de retorno dos elétrons.

Os materiais plásticos de invólucros com tipo de proteção Ex "e" (*Segurança aumentada* – norma ABNT NBR IEC 60079-7) normalmente recebem adição de carbono, que é um material condutor de cargas eletrostáticas, de forma a atender aos requisitos de *resistência máxima superficial* indicados na norma técnica brasileira adotada ABNT NBR IEC 60079-0 (*Requisitos gerais para equipamentos "Ex"*), com valor de $10^9\ \Omega$ a $10^{11}\ \Omega$, dependendo da condição ambiental durante o ensaio. Além disso, esse tipo de equipamentos Ex "e", com invólucros plásticos, normalmente apresenta, em suas "condições específicas de utilização" (certificados com sufixo "X"), o alerta de que a limpeza deve ser feita um pano úmido, de forma a evitar a geração de cargas eletrostáticas.

As peças de vestuário fabricadas em nylon que são removidas do corpo são capazes de gerar cargas eletrostáticas em um nível de potencial suficiente para causar a ignição de gases inflamáveis, havendo registros históricos de ocorrência deste tipo de fonte de ignição.

As rápidas movimentações de fluidos, como em jatos ou spray, podem também gerar cargas eletrostáticas. Um jato de aerossol a partir de um recipiente pode gerar no bocal tensões eletrostáticas da ordem de 5 kV. De forma similar, tensões da ordem de 10 kV ou mais podem ser geradas no bocal de um equipamento de limpeza com vapor de alta pressão.

O fluxo de líquidos ou gases inflamáveis ou de poeiras combustíveis através de tubulações e de equipamentos de processo provoca a geração de cargas eletrostáticas, as quais se concentram nas superfícies dos materiais, podendo causar potenciais eletrostáticos de magnitude da ordem de muitos milhares de Volt (kV). Essa tensão eletrostática é inaceitável em áreas classificadas e deve ser eliminada ao assegurar que todas a tubulações e equipamentos de processo, elétricos e de automação estejam devidamente equipotencializados ou aterrados.

A utilização de materiais não metálicos, como equipamentos com invólucros plásticos ou sistemas de bandejamento com coberturas plásticas com elevada resistência superficial, pode gerar ou acumular uma quantidade inaceitável de carregamento eletrostático em áreas classificadas, caso não sejam tomadas medidas de controle para se evitarem essas situações de risco potencial de fontes de ignição. Dependendo do nível de carregamento eletrostático e dependendo da energia mínima de ignição de substâncias inflamáveis, os elevados potenciais eletrostáticos são capazes de gerar centelhas que podem causar a explosão de atmosferas explosivas.

O carregamento eletrostático em líquidos é essencialmente o mesmo processo que ocorre em sólidos, mas pode depender da presença de íons ou de partículas microscópicas carregadas eletrostaticamente. Os íons ou partículas de uma polaridade podem ser adsorvidos na interface entre os líquidos e, então, atraem íons de polaridade oposta, as quais formam uma camada difusa de carga eletrostática no líquido, próxima da interface.

De acordo com os requisitos apresentados na ABNT IEC TS 60079-32-1, o carregamento eletrostático por contato pode ocorrer nas interfaces de materiais sólido/sólido, líquido/líquido ou sólido/líquido. Os gases inflamáveis não podem ser carregados, mas, nos casos em que um gás inflamável contiver partículas sólidas ou gotículas de líquidos em suspensão, estas podem ser carregadas eletrostaticamente por contato, de forma que o gás inflamável pode acumular cargas eletrostáticas, com riscos de geração de centelhas.

No caso de materiais sólidos dissimilares inicialmente não carregados eletrostaticamente e no potencial do sistema de terra, uma pequena quantidade de carga eletrostática é transferida de um material para o outro, quando esses entram em contato, devido ao movimento relativo entre eles. Os dois materiais são, dessa forma, carregados eletrostaticamente com cargas opostas, e, consequentemente, passa a existir um campo elétrico entre eles. Se os materiais são separados, um trabalho é realizado para superar o efeito de atração ocasionado nesse momento pelas cargas elétricas opostas e pela diferença de potencial gerada entre eles. Essa diferença de potencial tende a carregar eletrostaticamente os pontos residuais de contato.

## 24.8 SISTEMAS DE ATERRAMENTO E DE EQUIPOTENCIALIZAÇÃO PARA MITIGAÇÃO DA GERAÇÃO DE ELETRICIDADE ESTÁTICA

A *equipotencialização* é a técnica utilizada para minimizar a diferença de potencial entre dois objetos condutivos, de forma que fiquem no mesmo valor. Os objetos, nesses casos, não são aterrados. O *aterramento*, por outro lado, é a técnica de equalizar a diferença de potencial entre dois objetos condutivos e o terra. A combinação das técnicas de equipotencialização e de aterramento é utilizada de forma a se manter o potencial do sistema sob consideração no potencial zero do sistema de terra.

Podem ser citados como os principais objetivos dos circuitos de aterramento e equipotencialização:

- eliminar a possibilidade de choques elétricos para as pessoas;
- proporcionar a devida operação de dispositivos de proteção, de forma que o tempo de duração das correntes de falta seja minimizado;
- equalizar o potencial de tensão de partes metálicas não destinadas à condução de corrente;
- evitar o acúmulo de cargas eletrostáticas geradas pela movimentação de fluidos nos equipamentos de processo.

As atividades de equipotencialização e de aterramento de aeronaves durante o processo de reabastecimento evita o acúmulo de cargas eletrostáticas que são geradas pela movimentação do querosene ou da gasolina de aviação, as quais poderiam, em caso contrário, causar a ignição dos vapores combustíveis.

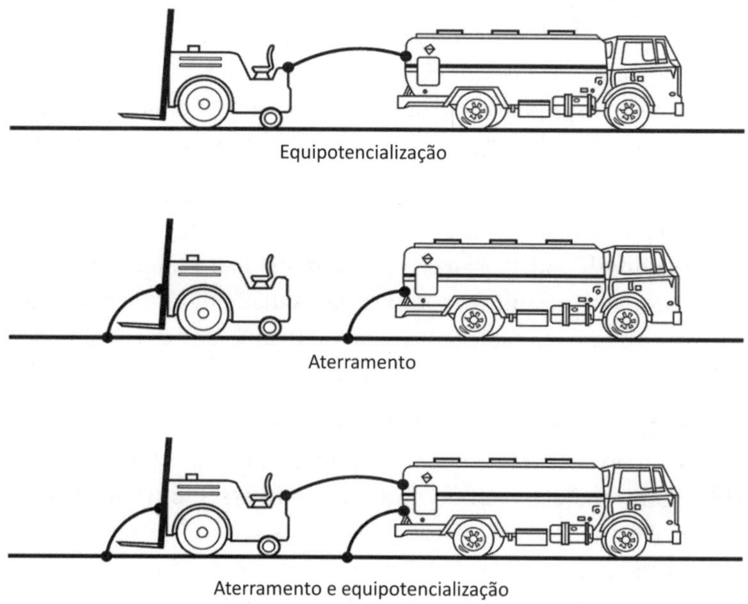


**Figura 24.12 –** Exemplos de aplicação dos conceitos de *aterramento* e de *equipotencialização* para controle de eletricidade estática em atmosferas explosivas.

*Fonte*: ABNT IEC TS 60079-32 1.

Em áreas classificadas, a eliminação das fontes de ignição pode ser considerada como um requisito fundamental, sendo que a implantação de um sistema efetivo de aterramento e de equipotencialização representa um critério básico de projeto.

Além de evitar o acúmulo de eletricidade estática, o sistema de aterramento contribui também para a devida atuação de dispositivos de proteção contra faltas a terra, no caso da ocorrência de falhas do isolamento para a terra em equipamentos e circuitos elétricos, os quais rapidamente desligam o circuito. Caso contrário, poderia ocorrer a existência de pontos quentes com temperatura excessiva (acima da classe de temperatura do local da instalação) ou poderiam ser gerados arcos elétricos devido às falhas do isolamento dos equipamentos e circuitos.

## 24.9 ATERRAMENTO DE CAMINHÕES E VAGÕES PARA CONTROLE DE ELETRICIDADE ESTÁTICA

Os caminhões de transporte de produtos inflamáveis reconhecidamente apresentam características de geração de acúmulo de cargas eletrostáticas, durante as operações de enchimento e descarregamento (pela parte de cima ou de baixo), bem como durante a movimentação desses fluidos durante o deslocamento (transporte) e por ações do vento sobre a sua superfície externa. Essas características de risco eletrostático são agravadas em função das características isolantes dos pneus, fabricados com borracha, que não apresenta adequadas características condutivas.

De forma a não permitir o acúmulo de cargas eletrostáticas em caminhões de transporte de produtos inflamáveis, além de uma série de procedimentos de segurança a serem atendidos pelos equipamentos e pelo pessoal de operação, uma das medidas efetivas é o aterramento do veículo em uma estrutura aterrada e a monitoração da continuidade desse aterramento durante as operações de enchimento e descarregamento.

**Figura 24.13** – Aterramento de caminhões durante carregamento ou descarregamento, como forma de mitigar o acúmulo de cargas eletrostáticas durante os períodos de movimentação de fluidos.

Dentre as principais ações que devem ser executadas na operação de caminhões contendo produtos inflamáveis capazes de gerar atmosferas explosivas, podem ser citadas as seguintes:

- assegurar que o caminhão esteja continuamente conectado a um objeto ou estrutura aterrada;
- não ser "*presumido*" que uma estrutura esteja "*aparentemente*" aterrada, o que deve ser de fato confirmado;
- assegurar que o caminhão possua uma conexão com o sistema de aterramento que seja continuamente monitorada durante as operações de carregamento e de descarregamento;
- sempre que possível, deve ser verificado se uma interrupção manual na conexão de aterramento de fato provoca a operação de um intertravamento automático que pare a operação de transferência de produtos;
- um caminhão devidamente aterrado assegura que as mangueiras não acumulem eletricidade estática, somente nos casos que estas tenham sido fabricadas de material condutivo e que estejam em adequadas condições de manutenção, submetidas a procedimentos de inspeções periódicas ou testes regulares.

## 24.10 LIMITAÇÃO DE ÁREA SUPERFICIAL DE PARTES OU EQUIPAMENTOS NÃO METÁLICOS

A abordagem básica para o controle da eletricidade estática em atmosferas explosivas é a seleção de materiais metálicos ou condutivos que possuam uma resistência de isolamento menor que os limites apresentados na norma ABNT NBR IEC 60079-0. Como alternativa, a área superficial de partes não metálicas deve ser limitada.

De acordo com as normas técnicas brasileiras adotadas ABNT NBR ISO 80079-36, ABNT NBR IEC 60079-0, e ABNT NBR IEC 60079-14, respectivamente sob os pontos de vista de avaliação, fabricação, certificação de equipamentos "Ex" e de instalação de equipamentos em áreas classificada, o acúmulo de cargas eletrostáticas em equipamentos elétricos "Ex" destinados a instalação em áreas classificadas do grupo II (Gases inflamáveis) pode ser evitado pela limitação de sua área de superfície, de acordo com a Tabela 24.1, dependendo do nível de proteção de equipamento (EPL) pretendido.

**Tabela 24.1** – Limitação de áreas de superfícies de equipamentos para instalação em áreas classificadas em função do EPL pretendido pelo equipamento e pelo grupo do equipamento

| | Máxima área de superfície (mm²) | | |
|---|---|---|---|
| **EPL** | **Grupo IIA** | **Grupo IIB** | **Grupo IIC** |
| Ga | 5 000 | 2 500 | 400 |
| Gb | 10 000 | 10 000 | 2 000 |
| Gc | 10 000 | 10 000 | 2 000 |

Esses valores admissíveis para as áreas superficiais podem ser aumentados por um fator de quatro, se a área exposta de material não metálico estiver rodeada e em contato com estruturas condutoras aterradas.

## 24.11 UMIDIFICAÇÃO DE MATERIAIS SÓLIDOS PARA EVITAR O CARREGAMENTO ELETROSTÁTICO

Dentre as ações que podem ser tomadas para se evitar o carregamento eletrostático em áreas classificadas pode ser citada a umidificação de materiais sólidos, de forma a reduzir a sua resistividade superficial. A resistividade superficial de alguns materiais sólidos isolantes pode ser reduzida a níveis dissipativos se a umidade relativa for mantida acima de 65%, na maioria dos casos, dependendo das características do material isolante existente.

Mesmo que o ar úmido seja não condutivo, a água ou a umidade presentes no ar podem adsorver sobre a superfície de muitos materiais isolantes, dependendo da natureza hidroscópica do material. Isso pode ser suficiente para evitar o acúmulo de cargas eletrostática, desde que exista um caminho adequado para que essas cargas possam ser dissipadas para a terra.

Entretanto, embora a superfície de alguns materiais (por exemplo, o vidro ou fibras) possa adsorver umidade suficiente para assegurar uma condutividade superficial que seja suficiente para se evitar o acúmulo de cargas eletrostáticas, outros materiais não apresentam essa característica, como o PTFE (politetrafluoroetileno/"*teflon*") ou o polietileno, sendo capazes de acumular cargas eletrostáticas mesmo na presença de elevados níveis de umidade relativa do ar.

Também quando a umidade relativa do ar cai para valores abaixo de cerca de 30%, os materiais que são susceptíveis a umidificação geralmente voltam a tornar-se isolantes, ocasionando o risco do acúmulo de cargas eletrostáticas. O aumento da umidade relativa do ar, dessa forma, não é efetivo em todos os casos e, em geral, não pode ser utilizado como a única medida de proteção contra o acúmulo de cargas eletrostáticas em áreas classificadas. Esse requisito é particularmente importante em locais com elevado risco de presença de atmosferas explosivas, como em áreas classificadas Zona 0 ou Zona 20.

## 24.12 VALORES DE RESISTÊNCIA DE TERRA PARA FINS DE CONTROLE DE ELETRICIDADE ESTÁTICA EM ATMOSFERAS EXPLOSIVAS

Em instalações elétricas em atmosferas explosivas, é recomendado que as partes metálicas dos equipamentos elétricos ou de processo possuam um bom contato à terra e apresentem uma resistência da ordem de 10 Ω. Embora valores da ordem de até 1 MΩ sejam aceitáveis para as conexões metálicas para fins da dissipação da eletricidade estática, os valores acima de 10 Ω podem dar uma indicação inicial de surgimento de alguns tipos de problemas (por exemplo, corrosão ou uma conexão com mau contato), sendo recomendada uma verificação de campo das instalações nesses casos.

É importante que todas as conexões de terra e de equipotencialidade sejam confiáveis, permanentes, não sujeitas a deterioração e submetidas a rotinas de inspeção elétrica e mecânica.

As partes condutivas móveis requerem conexões específicas para o aterramento, sendo recomendado que tenham uma resistência à terra não superior a 1 MΩ.

Em áreas classificadas Zona 2 e Zona 22, onde o risco de geração de cargas eletrostáticas pode ser suficientemente baixo, a ligação à terra dos componentes metálicos, para controle exclusivo da eletricidade estática, pode não ser necessária em todos os casos, desde que haja um adequado sistema de equipotencialização.

Por princípio e critério geral de projeto, materiais condutivos ou dissipativos devem serem utilizados na fabricação dos equipamentos, de forma a se evitar o acúmulo de eletricidade estática.

Sob o ponto de vista de permitir-se a dissipação da eletricidade estática, o valor máximo para a resistência à terra de todas as partes desses equipamentos é de 1 MΩ, embora valores de até 100 MΩ possam ser aceitáveis, de acordo com as especificações indicadas na ABNT IEC TS 60079-32-1.

Como pode ser verificado, esses valores de resistência à terra ou equipotencialização, sob o ponto de vista de riscos eletrostáticos em áreas classificadas, que são suficientes para evitar o acúmulo de eletricidade estática capazes de gerar centelhamento, são muito mais elevados que os "tradicionais" valores de 10 Ω (valor da resistência ôhmica da malha de terra) que muitas vezes são indevidamente levados em consideração para a avaliação de acúmulo ou dissipação de cargas eletrostáticas em equipamentos de processo e flanges de tubulações áreas classificadas.

Um resumo das resistências máximas de terra é apresentado na Tabela 24.2, sob o ponto de vista de evitar o acúmulo de cargas eletrostáticas, de acordo com a ABNT IEC TS 60079-32-1.

**Tabela 24.2** – Resistências máximas de aterramento para fins de controle de eletricidade estática em áreas classificadas

| Tipo de instalação | Máxima resistência de aterramento | Comentários |
|---|---|---|
| Valor padrão | **1 MΩ** | Valor básico de referência: 10 Ω. |
| Grandes equipamentos industriais metálicos fixos (vasos de reação, silos para armazenamento de poeira etc.) | **1 MΩ** | O aterramento é **normalmente** inerente à estrutura. Aterramentos especiais podem ser requeridos para itens montados em suportes estruturais não condutivos. |
| Tubulações metálicas | **1 MΩ** | O aterramento é normalmente inerente à estrutura. Aterramentos especiais são requeridas entre as conexões se a resistência exceder o critério de 1 MΩ. |
| Partes metálicas móveis (tambores, tanques rodoviários e ferroviários etc.) | **1 MΩ** | Conexões à terra são normalmente requeridas durante as etapas de carregamento e descarregamento. Uma conexão de 10 Ω entre o ponto de aterramento e as conexões temporárias com as partes metálicas móveis é recomendada. |
| Instalações de componentes metálicos com elementos isolantes (válvulas etc.) | **1 MΩ** | Em casos especiais, um limite de 100 Ω pode ser aceito, mas em geral, se o critério de 1 MΩ não puder ser satisfeito, uma conexão especial à terra deve ser utilizada. |
| Itens fabricados com materiais dissipativos | **1 MΩ a 100 MΩ** | Materiais no limite de fronteira para materiais isolantes podem não precisar ser conectados à terra, na ausência de processos geradores de elevada carga eletrostática. |
| Pisos em áreas classificadas | **1 MΩ a 100 MΩ** | Resistência da superfície do piso para a terra. |
| Veículos durante o reabastecimento | **100 MΩ** | Resistência de terra do posto de abastecimento. |
| | **10 GΩ** | Resistência de terra entre bocal de carregamento e o pátio por meio de um único pneu. |
| | **1 MΩ** | Resistência de terra entre o bocal de carregamento e o terra através de uma mangueira condutiva de abastecimento. No caso de mangueiras de abastecimento equipotencializadas eletricamente, o valor limite permitido é de 100 Ω. |
| Calçados utilizados para aterramento de pessoas em áreas classificadas | **100 MΩ** | Resistência entre a barra metálica para o toque da mão da pessoa e uma placa de metal localizada embaixo da sola de um dos calçados. |
| Aeronaves durante o reabastecimento | **25 Ω** | De acordo com as normas da aviação. |

É reconhecido não ser possível aterrar efetivamente materiais isolantes. Por esse motivo, outras medidas de controle mitigadoras para se evitar o acúmulo de cargas eletrostáticas são necessárias a fim de que esses materiais sejam utilizados com segurança em áreas onde uma atmosfera explosiva possa estar presente.

## 24.13 REQUISITOS DE INSPEÇÃO SOBRE ATERRAMENTO E EQUIPOTENCIALIZAÇÃO DE EQUIPAMENTOS E INSTALAÇÕES "Ex"

Sobre os requisitos de aterramento e equipotencialização em áreas classificadas, a norma técnica brasileira adotada ABNT NBR IEC 60079-17 (*Inspeção e manutenção de instalações elétricas em atmosferas explosivas*) especifica que medidas adequadas devem ser adotadas para assegurar que o aterramento e a ligação de equalização de potencial nessas áreas de risco sejam mantidos em condições adequadas, de acordo com o indicado nos itens de verificação nas inspeções "Ex" indicados na Tabela 1 (*Itens B6 e B7*), Tabela 2 (*Itens B6 e B7*) e Tabela 3 (*Itens B3 e B4*) daquela norma, indicados a seguir.

**Norma ABNT NBR IEC 60079-17 - Tabela 1 - Programa de inspeção para equipamentos "Ex" com tipos de proteção Ex "d", Ex "e", Ex "n" ou Ex "t"**

*B.6: As conexões de aterramento, incluindo quaisquer conexões de aterramento suplementares, estão satisfatórias (por exemplo, as conexões estão apertadas e os condutores são de seção nominal transversal suficiente). Verificação física ou visual, dependendo do grau de inspeção "Ex" aplicado.*

*B.7: A impedância da malha de falta (em sistemas TN) ou resistência de aterramento (sistemas IT) está satisfatória.*

**Norma ABNT NBR IEC 60079-17 - Tabela 2 - Programa de inspeção para equipamentos "Ex" com tipos de proteção Ex "i"**

*B.6: A continuidade de aterramento está satisfatória (por exemplo, as conexões estão apertadas e os condutores possuem seção transversal adequada) para circuitos não isolados galvanicamente.*

*B.7: As conexões de aterramento mantêm a integridade do tipo de proteção "Ex".*

**NOTA**: a proteção por segurança intrínseca com aplicação de barreiras do tipo *ZENER* depende das suas devidas interligações ao sistema de aterramento ou de equipotencialização. Esses requisitos de aterramento e equipotencialidade são apresentados na norma técnica brasileira adotada ABNT NBR IEC 60079-14 e são abordados em outros capítulos deste livro.

**Norma ABNT NBR IEC 60079-17 - Tabela 3 - Programa de inspeção para equipamentos "Ex" com tipos de proteção Ex "p" ou Ex "pD"**

*B.3: As conexões de aterramento, incluindo quaisquer ligações suplementares de aterramento, estão satisfatórias, por exemplo, as conexões estão apertadas e os condutores possuem seção transversal suficiente. Verificação física ou visual, dependendo do grau de inspeção "Ex" aplicado.*

*B.4: A impedância da malha de falta (sistemas TN) ou a resistência de aterramento (sistemas IT) está satisfatória.*

## 24.14 SOLUÇÕES DE PROBLEMAS E CONTROLE DE RISCOS RELACIONADOS À ELETRICIDADE ESTÁTICA EM ATMOSFERAS EXPLOSIVAS

A eletricidade estática é facilmente capaz de causar a ignição de gases ou vapores inflamáveis, bem como de nuvens de poeiras combustíveis que possam estar presentes em áreas classificadas, e a sua presença em processos químicos, petroquímicos e da indústria do petróleo e gás representa um elevado risco que deve ser devidamente levado em consideração e mitigado, por meio de medidas adequadas de segurança e de prevenção nas etapas de projeto dos equipamentos e das instalações, na especificação dos equipamentos e nos procedimentos de operação.

A solução para os riscos eletrostáticos em áreas classificadas geralmente não pode ser tratada de uma forma isolada. Em particular, devem ser tomadas as ações necessárias no sentido de prover as instalações "Ex" de sistemas de aterramento, inclusive onde estes possam interferir com outros sistemas de proteção, por exemplo, a proteção catódica ou equipamentos, circuitos e sistemas intrinsecamente seguros.

No caso de sistemas de proteção catódica, os flanges terminais das tubulações, que são isolados dos flanges dos trechos da tubulação não protegidos catodicamente, devem ser adequadamente protegidos contra a ocorrência de elevados potenciais eletrostáticos, por meio da instalação adicional de supressores de surto (varistores) que descarreguem para o sistema de terra as eventuais tensões elevadas que possam surgir entre as faces dos flanges do trecho isolado e do trecho não isolado.

O objetivo fundamental de uma abordagem de segurança em instalações elétricas e mecânicas em atmosferas explosivas é manter no menor nível possível a carga eletrostática acumulada, gerada pelos fenômenos eletrostáticos, e pode ser atingido minimizando-se a utilização de materiais isolantes ou evitando-se a existência de materiais condutivos isolados do sistema de terra.

A utilização de materiais condutivos ou dissipativos pode ser considerada como uma prática utilizada, de forma que uma adequada e segura conexão com o sistema de terra possa drenar as cargas eletrostáticas acumuladas. A resistência superficial dos materiais dissipativos se situa na faixa entre $10^5\ \Omega$ a $10^{11}\ \Omega$.

As técnicas de aterramento e de equipotencialização são métodos considerados eficazes para evitar o acúmulo e permitir a dissipação de cargas eletrostáticas em atmosferas explosivas, prevenindo a ocorrência de riscos de ignição. Deve ser ressaltado que os materiais condutores que se tornem eventual, acidental ou inadvertidamente isolados do sistema de aterramento podem apresentar potenciais eletrostáticos muito elevados devido ao carregamento decorrente da movimentação de líquidos, como em tanques metálicos de armazenamento, estruturas metálicas existentes em tanques ou quaisquer outras partes metálicas isoladas que podem se tornar associadas à movimentação dos líquidos.

Isso pode ocasionar descargas centelhantes capazes de atuar como fontes de ignição em áreas classificadas. Portanto, todas as partes condutivas de um sistema envolvendo tubulações, válvulas e equipamentos de processo destinados ao armazenamento e movimentação de líquidos devem ser adequadamente equipotencializadas e interligadas ao sistema de terra.

Os tanques de armazenamento de produtos inflamáveis devem ser periodicamente inspecionados para assegurar que não existam partes metálicas soltas ou partes condutivas não aterradas de forma não intencional, por exemplo, partes flutuantes metálicas sobre o líquido inflamável contido no interior do tanque de armazenamento.

Dentre as soluções para os riscos de ignição decorrentes de descargas eletrostáticas em atmosferas explosivas, estão o projeto de sistemas efetivos de equipotencialização e aterramento, a especificação de equipamentos de processo fabricados de materiais metálicos ou condutivos, a não existência intencional de materiais condutores isolados, a implantação de procedimentos de operação que reduzam a geração de cargas eletrostáticas, procedimentos de aterramento temporário de equipamentos de processo móveis ou transportáveis ou de veículos e adequados procedimentos de inspeção e manutenção dos sistemas de aterramento em áreas classificadas.

As cargas eletrostáticas podem também ser reduzidas por meio de implantação de adequados procedimentos de operação de processo, como a redução das vazões através das tubulações, pela adição de compostos antiestáticos nos líquidos de baixa condutividade, pela utilização de tubulações ou equipamentos condutivos ou fabricados de materiais com alto teor de carbono e de aterramento temporário de veículos ou de equipamentos moveis ou transportáveis.

A devida conscientização das pessoas envolvidas com atividades de projeto, montagem, inspeção, manutenção e operação de equipamentos e instalações sobre os riscos relacionados com cargas eletrostáticas em áreas classificadas certamente, tendo como base os requisitos especificados nas ABNT IEC TS 60079-32-1 e ABNT NBR IEC 60079-32-2, contribui para a redução de fontes de ignição que podem resultar em grandes explosões, contribuindo, dessa forma, para a elevação dos níveis de conformidade normativa e de segurança das instalações e pessoas que trabalham em atmosferas explosivas.

## 24.15 CONSIDERAÇÕES SOBRE ORIENTAÇÕES PARA SE EVITAREM RISCOS ELETROSTÁTICOS EM EQUIPAMENTOS E INSTALAÇÕES "Ex"

São relacionadas a seguir algumas considerações e conclusões sobre a necessidade de aplicação de procedimentos específicos de projeto, montagem e operação de forma a evitar a geração ou mitigar a presença de riscos eletrostáticos em equipamentos e instalações "Ex":

1) as contínuas movimentações de fluidos na forma de gases, líquidos ou material particulado, existentes em equipamentos de processo de indústrias como alimentícias, portuárias, de armazenamento de grãos, química, petroquímica e de petróleo, ocasionam a constante geração de cargas eletrostáticas, as quais podem dar origem a elevados potenciais eletrostáticos;

2) casos históricos de explosões são registrados em instalações contendo áreas classificadas decorrentes de fontes de ignição relacionadas com o acúmulo indevido de elevados potenciais eletrostáticos;

3) sistemas de aterramento e de equipotencialização são requeridos para a mitigação de riscos de acúmulo de potenciais eletrostáticos, fazendo com que as cargas eletrostáticas sejam continuamente dissipadas;

4) a norma técnica brasileira adotada ABNT NBR ISO 80079-36 apresenta informações sobre ensaios de carregamento com materiais não condutivos e desenvolvimento de diferentes tipos de descargas eletrostáticas capazes de gerar ignição;

5) os valores de resistência ôhmica para possibilitar o controle e o indevido acúmulo de cargas eletrostáticas, da ordem de 1 MΩ, são consideravelmente

superiores aos valores de resistência ôhmica de malhas de aterramento, da ordem de 10 Ω;

6) todas as partes condutoras de equipamentos de processo e de equipamentos elétricos devem ser mantidas aterradas, devido ao risco de que partes isoladas podem acumular elevados potenciais eletrostáticos, os quais podem dar origem a descargas eletrostáticas capazes de atuar como fontes de ignição de atmosferas explosivas que estejam presentes nos locais da instalação;

7) A ABNT IEC TS 60079-32-1 apresenta recomendações padronizadas para o controle da eletricidade estática, como o aterramento de partes condutoras, redução de carregamento eletrostático e restrição de áreas de superfície de materiais isolantes que possam ser carregadas eletrostaticamente;

8) Além de técnicas de aterramento e de equipotencialização, a aplicação de técnicas de umidificação e adição de aditivos antiestáticos são também consideradas em termos de redução de riscos eletrostáticos em áreas classificadas;

9) a norma técnica brasileira adotada ABNT NBR IEC 60079-32-2 apresenta ensaios padronizados a serem utilizados para o controle da eletricidade estática, como resistência de superfície, resistência de fuga para terra, resistividade em poeiras, condutividade de líquidos, capacitância e avaliação da capacidade de gerar uma ignição de descargas eletrostáticas provocadas. Esses ensaios devem ser aplicados a equipamentos "Ex" que são certificados de acordo com os diversos tipos de proteção especificados nas Séries ABNT NBR IEC 60079 e ABNT NBR ISO 80079;

10) o indevido acúmulo de cargas eletrostáticas em equipamentos e instalações em atmosferas explosivas pode levar a riscos de ignição, choques eletrostáticos e danos a equipamentos eletrônicos de instrumentação e automação, como os equipamentos e sistemas intrinsecamente seguros (Ex "i");

11) a norma técnica brasileira adotada ABNT NBR IEC 60079-14, que trata dos serviços de projeto e montagem de equipamentos e instalações em atmosferas explosivas contendo gases inflamáveis ou poeiras combustíveis, apresenta requisitos específicos sobre aterramento e equipotencialidade de equipamentos, circuitos e sistemas instalados em áreas classificadas, a serem observados durante as etapas de projeto, montagem e inspeções iniciais detalhadas;

12) a norma técnica brasileira adotada ABNT NBR IEC 60079-17, que trata dos serviços de inspeções de equipamentos e instalações em atmosferas explosivas, apresenta requisitos específicos sobre detalhes de aterramento a serem verificados em inspeções iniciais e nas rotineiras inspeções periódicas em áreas classificadas, de forma a garantir que as instalações se mantenham seguras ao longo de seu ciclo total de vida;

13) se as recomendações padronizadas apresentadas na ABNT IEC TS 60079-32-1 forem devidamente atendidas, pode ser previsto que os riscos de descargas eletrostáticas em uma atmosfera explosiva se mantenham em um nível suficientemente baixo, de forma a poder ser aceitável.

# Capítulo 25

# Requisitos de avaliação do risco de ignição de origem não elétrica em equipamentos "Ex"

**Sinopse**: este capítulo aborda os principais requisitos para os procedimentos de avaliação de risco contra a existência de fontes de ignição de origem *não elétrica* em equipamentos com proteção "Ex" para instalação em áreas classificadas contendo atmosferas explosivas formadas pela presença de gases inflamáveis ou poeiras combustíveis. A norma técnica brasileira adotada ABNT NBR ISO 80079-36 apresenta os métodos e procedimentos básicos para a execução dessa avaliação de risco de ignição, utilizando uma padronização de avaliação com base em metodologia consensada em nível internacional. Esses procedimentos de avaliação, que devem ser inicialmente elaborados pelos próprios fabricantes de equipamentos mecânicos "Ex", estão cada vez mais envolvendo a participação de organismos de certificação de terceira e de laboratórios de ensaios, no sentido de evidenciar, de forma independente, os níveis de proteção (EPL) proporcionados pelos equipamentos mecânicos destinados a serem instalados em áreas classificadas contendo gases inflamáveis ou poeiras combustíveis. Esse tipo de avaliação de risco pode ser aplicado também a equipamentos elétricos, que podem possuir fontes de ignição por centelhas, faíscas ou pontos de elevada temperatura, incluindo equipamentos do tipo intrinsecamente seguros.

## 25.1 INTRODUÇÃO

Equipamentos mecânicos são historicamente reconhecidos como possuindo fontes próprias de risco potencial de ignição. Sob o ponto de vista da segurança industrial, os equipamentos mecânicos também apresentam, de forma similar aos equipamentos elétricos, eletrônicos, de automação e de telecomunicações, riscos de tornarem-se fontes de ignição, devido à geração de centelhas, faíscas, eletricidade estática; ou de partes aquecidas acima da temperatura de autoignição dos gases inflamáveis ou poeiras combustíveis que estejam ao seu redor.

Casos históricos de acidentes envolvendo explosões em instalações industriais ocasionadas por equipamentos mecânicos instalados em atmosferas explosivas são registrados desde o início do século XX. Dessa forma, sob o ponto de vista da segurança industrial em atmosferas explosivas, os equipamentos mecânicos também necessitam possuir requisitos construtivos, de forma que não possam gerar faíscas, centelhas ou pontos quentes, provenientes de atritos de partes móveis, por fricção ou por falta de lubrificação de suas partes constituintes.

Equipamentos mecânicos podem gerar um risco de ignição caso alguma de suas partes se torne aquecida, em condições normais de operação ou como resultado de falhas mecânicas, como falta de lubrificação ou falha de um mancal de rolamento. Essas superfícies aquecidas podem estar presentes tanto no interior como no exterior do equipamento mecânico.

Equipamentos mecânicos defeituosos podem originar, por exemplo, a ocorrência de pulverização de gotículas de metais fundidos incandescentes, devido a atritos de superfícies deslizantes ou em movimento, ou faíscas, devido a impactos mecânicos. Esses dois tipos de falhas podem ser capazes de gerar um risco de ignição de uma atmosfera explosiva de gases inflamáveis ou de poeiras combustíveis presentes no local da instalação dos equipamentos mecânicos "Ex".

Por esse motivo, os equipamentos mecânicos destinados a serem instalados em áreas classificadas necessitam ser devidamente projetados, dimensionados, avaliados, ensaiados em laboratório, certificados e marcados de acordo com os requisitos indicados nessas respectivas normas técnicas brasileiras de tipos de proteção "Ex" para equipamentos mecânicos.

No âmbito da Comunidade Europeia, por exemplo, a Diretiva ATEX de 1994, que entrou em vigor em 2003, já especificava a necessidade de certificação compulsória de equipamentos mecânicos "Ex.

Apesar de a certificação de equipamentos mecânicos ainda não fazer parte do escopo dos Requisitos de Avaliação da Conformidade (RAC) de equipamentos "Ex", elaborados pelo Inmetro, até o presente momento, são fabricados no Brasil e no mundo diversos equipamentos mecânicos "Ex" certificados com base nos requisitos da norma técnica internacional ISO 80079-36 (*Atmosferas explosivas - Parte 36: Equipamentos não elétricos para utilização em atmosferas explosivas - Métodos e requisitos básicos*), de forma a atender requisitos contratuais de empresas das indústrias de petróleo e petroquímica.

## 25.2 EXEMPLOS ILUSTRATIVOS DE EQUIPAMENTOS MECÂNICOS "Ex" PARA INSTALAÇÃO EM ÁREAS CLASSIFICADAS

São apresentados nas figuras a seguir alguns exemplos ilustrativos de equipamentos mecânicos "Ex", incluindo conjunto motorredutor, contendo caixas de engrenagens "Ex"; e *skids*, contendo motobombas, incluindo conjunto de acoplamentos, formadas por equipamento elétricos "Ex" (motor elétrico de acionamento) e por equipamentos mecânicos "Ex" (bomba e acoplamento mecânico).

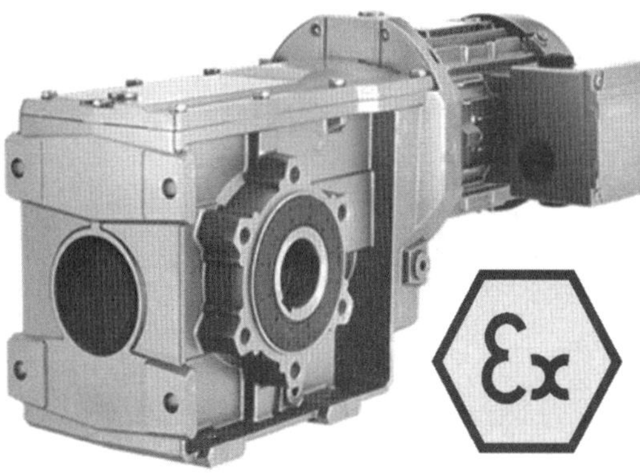

**Figura 25.1 –** Exemplo de conjunto motorredutor (*caixa de engrenagens*) contendo equipamentos elétricos e mecânicos "Ex".

**Figura 25.2 –** Exemplo de conjunto motobomba contendo equipamentos elétricos e mecânicos "Ex".

*Fonte*: acervos pessoais dos autores.

**Figura 25.3 –** Exemplo de correia transportadora utilizada em mina subterrânea de carvão, acionada por acoplamento Ex "c".

*Fonte*: acervos pessoais dos autores.

**Figura 25.4 –** Exemplo de conjunto motobomba contendo equipamentos bomba centrífuga "Ex", acoplamento mecânico "Ex" e acionador elétrico "Ex".

**Figura 25.5 –** Exemplo de compressor centrífugo instalado em unidade de processamento de gás natural (UPGN), contendo equipamentos mecânicos, elétricos e eletrônicos, instalado em área classificada contendo atmosfera explosiva de gás inflamável.

*Fonte*: acervos pessoais dos autores.

**Figura 25.6** – Exemplo de conjunto motobomba contendo bomba do tipo parafuso, acoplamento mecânico e motor elétrico "Ex".

## 25.3 CONSIDERAÇÕES SOBRE FONTES DE IGNIÇÃO POR SUPERFÍCIES AQUECIDAS E AUTOIGNIÇÃO

Equipamentos mecânicos em geral podem se tornar aquecidos em condições normais de operação ou em condições de falhas, por exemplo, devido a atrito de partes móveis ou rotativas, ou devido a perda de seus sistemas de lubrificação. Sempre que esses equipamentos mecânicos forem instalados em áreas classificadas, esse risco de ignição deve ser considerado, e os equipamentos devem possuir as medidas ou os tipos de proteção necessários.

A parte mais aquecida do equipamento mecânico pode estar localizada em suas partes internas, como em rolamentos, buchas de deslizamento ou engrenagens, ou em sua parte externa, como em esteiras transportadoras ou elevadores de canecas.

Uma seleção adequada dos tipos de equipamentos mecânicos depende do tipo da zona, da temperatura de autoignição da substância inflamável (grupo II) ou combustível (grupo III) presente no local da instalação, bem como do EPL requerido para este local.

A temperatura de autoignição é uma preocupação particular, uma vez que as substâncias, caso sejam aquecidas a temperaturas acima de um valor específico para cada caso, podem entrar em ignição espontânea, se estiverem formando atmosferas explosivas com o ar, mesmo na ausência de qualquer faísca ou centelha.

Os mecanismos físico-químicos envolvidos no processo da temperatura de autoignição incluem a decomposição da substância inflamável ou combustível pelo aquecimento, originando radicais ativos, os quais resultam na propagação e dispersão, à medida que esses radicais reagem entre si e com o oxigênio do ar.

Uma ignição proveniente de uma superfície aquecida pode ocorrer tanto quando uma mistura explosiva entra em contato com essa superfície como quando um líquido ou poeira cai sobre essa superfície quente. Fontes de risco que possam liberar um fluido acima da temperatura de autoignição, como uma bomba com gasolina em elevada temperatura ou qualquer equipamento que possa elevar a temperatura do líquido ou poeira, que possa ser derramado sobre esse equipamento mecânico para um valor acima da sua temperatura de autoignição, não devem estar localizados em áreas classificadas do tipo

Zona 0, Zona 20, Zona 1 ou Zona 21, em função dos elevados riscos de ignição envolvidos nesses casos.

A temperatura de autoignição de uma substância não é uma característica absoluta desta, mas depende de alguns fatores, como:

- proximidade da concentração gás/ar esteja próxima da concentração estequiométrica;
- temperatura das superfícies que entrem em contato com a mistura explosiva;
- tempo de contato entre a superfície e a mistura;
- área da superfície aquecida.

Sob condições de ventilação em ambientes abertos, é normalmente mais difícil elevar a temperatura da liberação do gás ou poeira para um valor acima da temperatura de autoignição, uma vez que o valor normalizado dessa temperatura é medido em ensaios envolvendo pequenos volumes confinados. Esses valores podem ser considerados bem conservativos quando comparados com máximas temperaturas seguras de superfícies aquecidas em situações ventilação em ambientes abertos.

De qualquer forma, é uma boa prática evitar a ocorrência de superfícies muito aquecidas, como de uma temperatura de um fluido no interior de um equipamento de processo a 650 °C, em instalações da indústria do petróleo ou petroquímicas, com a presença de áreas classificadas, mesmo em situações de ambientes abertos e ventilados.

Em áreas que possuam alguma restrição de ventilação, torna-se mais fácil para uma superfície aquecida elevar a temperatura de um gás ou poeira que tenham sido liberados para a atmosfera para uma temperatura além do valor de sua temperatura de autoignição. Dessa forma, é recomendado que, nessas condições, nenhuma superfície de equipamento possua uma temperatura acima do valor da temperatura de autoignição de qualquer produto que esteja presente no processo e que possa, de algum modo, ser liberado para a atmosfera.

Dessa forma, os equipamentos elétricos, eletrônicos e mecânicos devem ser avaliados de forma que não apresentem superfícies aquecidas acima da temperatura de autoignição das substâncias que estejam no meio ambiente (ou no seu interior, no caso dos equipamentos mecânicos), tanto em casos de operação normal ou em situações de falhas como falta de óleo de lubrificação, ou devido a atritos de partes móveis.

## 25.4 A NORMA TÉCNICA BRASILEIRA ADOTADA ABNT NBR ISO 80079-36 SOBRE AVALIAÇÃO DE RISCOS EM EQUIPAMENTOS MECÂNICOS "Ex"

A norma ABNT NBR ISO 80079-36 – *Atmosferas explosivas – Parte 36: Equipamentos não elétricos para utilização em atmosferas explosivas – Métodos e requisitos básicos*, publicada em 26 de outubro de 2018, abordou, pela primeira vez em um nível nacional, os requisitos básicos e conceitos de proteção para equipamentos mecânicos a serem instalados em atmosferas explosivas. Até aquele momento, com algumas exceções, somente o projeto, a fabricação, a instalação e a operação de equipamentos elétricos para atmosferas explosivas tinham sido abordado nas normas técnicas brasileiras adotadas das Séries ABNT NBR IEC 60079 e ABNT NBR ISO/IEC 80079.

Podem ser citados como exemplos de equipamentos mecânicos "Ex" que são instalados em atmosferas explosivas e que necessitam ser avaliados ou certificados de acordo com as normas da Série ABNT NBR ISO 80079: compressores, ventiladores, bombas centrífugas, caixas com engrenagens, acoplamentos para equipamentos rotativos, freios, motores hidráulicos e pneumáticos e combinação de dispositivos para fabricação de máquinas, como elevadores, esteiras rolantes, transportadores de canecas e demais montagens de equipamentos de equipamentos mecânicos "Ex".

Ferramentas manuais e equipamentos operados manualmente sem armazenamento de energia estão excluídos do escopo da norma ABNT NBR ISO 80079-36, também não abrangendo a segurança de equipamentos autônomos estáticos de processo quando estes não são partes dos equipamentos cobertos por aquela norma. Como exemplos de equipamentos autônomos estáticos de processo, podem ser citados tanques, vasos, tubulações fixas e válvulas operadas manualmente que não tenham suas próprias fontes de energia que possam gerar uma fonte potencial de ignição durante sua operação.

A norma ABNT NBR ISO 80079-36 abrange equipamentos mecânicos e montagens de equipamentos destinados a geração, transferência, armazenagem, medição, controle e conversão de energia ou processamento de material que sejam capazes de causar uma explosão devido a suas próprias fontes potenciais de ignição.

NORMA BRASILEIRA

ABNT NBR ISO 80079-36

Primeira edição
26.10.2018

**Atmosferas explosivas**
**Parte 36: Equipamentos não elétricos para atmosferas explosivas — Métodos e requisitos básicos**

*Explosive atmospheres*
*Part 36: Non-electrical equipment for explosive atmospheres — Basic method and requirements*

**Figura 25.7 –** Folha de rosto da norma técnica brasileira adotada ABNT NBR ISO 80079-36 – *Equipamentos não elétricos para utilização em atmosferas explosivas – Métodos e requisitos básicos.*

## 25.5 AVALIAÇÃO DO RISCO DE IGNIÇÃO DE ACORDO COM A NORMA ABNT NBR ISO 80079-36

Uma atmosfera explosiva composta por gases inflamáveis (grupo II) ou poeiras combustíveis (grupo III) pode entrar em ignição sob determinadas condições de operação dos equipamentos elétricos, de instrumentação, de automação, de telecomunicações ou mecânicos.

Nesses casos, requisitos específicos devem ser atendidos por esses equipamentos que estejam instalados sob suas condições operacionais, uma vez que essas condições podem causar uma ignição da atmosfera explosiva presente no local da instalação, por exemplo, devido a fricção (atrito), altas temperaturas ou cargas eletrostáticas.

Os diferentes tipos de fontes de ignição que podem estar presentes em equipamentos mecânicos "Ex", incluindo fonte de ignição possível, fonte de ignição relacionada ao equipamento e fonte de ignição potencial, são apresentados na Figura 25.8.

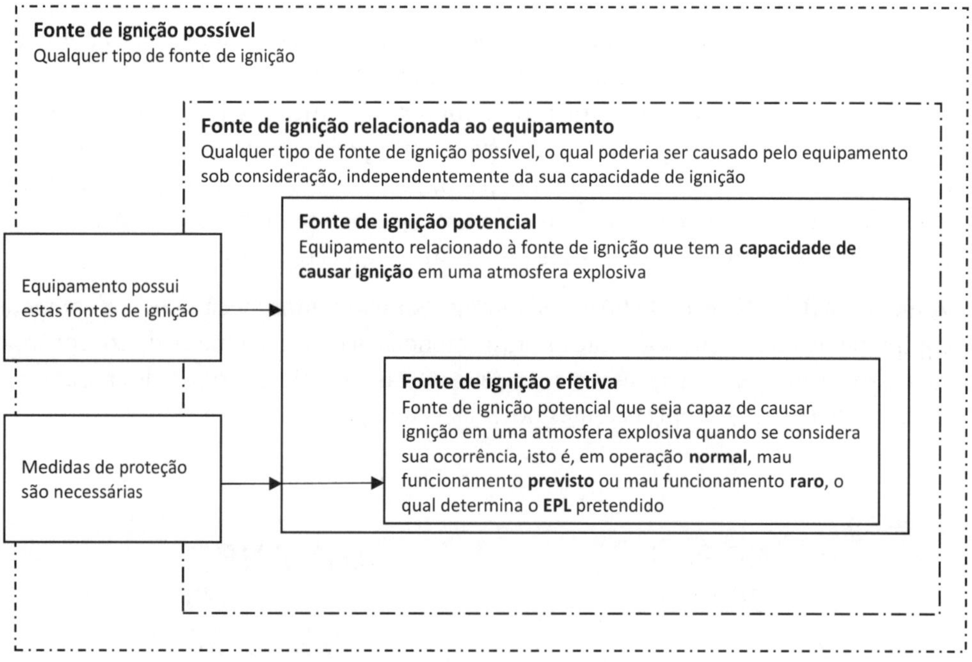


**Figura 25.8 –** Tipos de *fontes de ignição* a serem avaliados que podem estar presentes em um equipamento mecânicos "Ex".

Os equipamentos mecânicos "Ex" que tenham sido projetados e construídos de acordo com os requisitos de segurança aplicáveis das normas industriais relevantes, e quando as avaliações do risco de ignição confirmam que os equipamentos não contêm quaisquer fontes de ignição efetiva em operação normal, podem ser considerados como EPL Gc ou Dc. Quando as avaliações do risco de ignição confirmarem que os equipamentos mecânicos "Ex" não contêm quaisquer fontes de ignição efetiva durante operação normal e mau funcionamento previsto, os equipamentos podem ser considerados como EPL Mb, Gb ou Db. Quando as avaliações de risco de ignição confirmarem que os equipamentos mecânicos "Ex" não contêm quaisquer fontes de ignição efetiva durante operação normal, mau funcionamento previsto e mau funcionamento raro, os equipamentos podem ser considerados como EPL Ma, Ga ou Da.

Os equipamentos mecânicos "Ex" instalados em atmosferas explosivas devem ser avaliados por meio de um procedimento do tipo *Avaliação de Risco de Ignição* (*Ignition Hazard Assessment* – IHA). Essa avaliação deve evidenciar o atendimento a requisitos essenciais de segurança industrial, o que implica que eles sejam avaliados de acordo com a sua capacidade de evitar que possuam fontes de ignição e de que tenham proteção contra as consequências de uma explosão.

Essa avaliação de risco de ignição deve incluir, no mínimo, as seguintes etapas:

1) identificação das possíveis fontes de ignição do equipamento a ser avaliado (análise dos riscos de ignição e suas causas);

2) análise e estimativa preliminar de cada uma das fontes de ignição identificadas (com relação à possibilidade de frequência de ocorrência e comparação com o EPL pretendido);

3) avaliação do tipo e dos detalhes das medidas de segurança e de proteção que forem implantadas;
4) determinação das medidas de proteção para reduzir a probabilidade de uma fonte de ignição se tornar ativa;
5) determinação do nível de proteção do equipamento (EPL), de acordo com os requisitos de avaliação apresentados na norma técnica brasileira ABNT NBR ISO 80079-36, relacionados com a frequência de ocorrência após a aplicação das medidas de proteção requeridas;
6) determinação da conformidade do equipamento mecânicos "Ex" de acordo com os requisitos das normas técnicas brasileiras ABNT NBR ISO 80079-36 ou ABNT NBR ISO 80079-37;
7) emissão dos respectivos relatórios de avaliação da conformidade.

Uma vez que esses riscos de ignição são compreendidos e documentados, é, então, possível definir as medidas necessárias de proteção, dependendo do nível de proteção do equipamento (EPL) requerido, de forma a minimizar a probabilidade de essas fontes de ignição se tornarem efetivas.

Embora muitos equipamentos mecânicos utilizem um motor elétrico com um tipo de proteção "Ex" como seu acionador, as medidas necessárias para minimizar o risco de ignição nos equipamentos mecânicos como parte da máquina podem ser diferentes daquelas aplicadas a equipamentos elétricos. Considerando-se que equipamentos elétricos, operando dentro de seus parâmetros de projeto, frequentemente contenham fontes efetivas de ignição, como partes centelhantes, isso não é necessariamente aplicável para equipamentos mecânicos, os quais são projetados para operar sem paradas entre períodos predeterminados para manutenção preventiva.

Um aspecto que necessita ser avaliado em equipamentos mecânicos "Ex" é que uma atmosfera explosiva pode também existir no interior do equipamento. A atmosfera explosiva externa pode ser "sugada" para o interior do equipamento mecânico "Ex" por meio de *respiração natural*, produzida como resultado da flutuação na *pressão* ou na *temperatura* interna durante a operação do equipamento, incluindo os ciclos diurno (com temperaturas ambientes mais altas) e noturno (com temperaturas ambientes mais baixas). Pode ser observada em equipamentos "Ex" a característica de "respiração" dos invólucros, devido às diferentes de temperaturas de serviços e temperaturas ambientes, em função de operação dos equipamentos durante o ciclo diurno (*expiração* do invólucro) e ciclo noturno (*inspiração* do invólucro). Nessas situações, ocorre o risco de uma atmosfera explosiva que esteja presente no local da instalação ingressar para o interior do invólucro de um equipamento "Ex" durante o período noturno, devido à sua inspiração.

As *fontes potenciais de ignição* não são limitadas àquelas geradas pelo equipamento mecânico, mas incluem também quaisquer fontes de ignição geradas pela operação do equipamento, como superfícies quentes decorrentes do bombeamento de fluidos quentes e carregamento eletrostático, quando do manuseio de equipamentos plásticos.

Se a única fonte de ignição de um equipamento for proveniente de um processo externo, os equipamentos mecânicos "Ex" não são considerados como possuindo sua própria fonte de ignição, e eles não estão no escopo da norma ABNT NBR ISO 80079-36. Como exemplos de fontes de ignição externas, podem ser citados os equipamentos fabricados de materiais plásticos (polímeros), como tubulações plásticas e recipientes, que podem se tornar carregados eletrostaticamente devido a um processo externo (e não pela operação do próprio equipamento mecânico "Ex"), ou partes que podem se tornar aquecidas devido a um processo externo (como uma tubulação).

Esses tipos de equipamentos não são considerados "equipamentos não elétricos" por si mesmos. Por outro lado, se eles são incorporados aos equipamentos mecânicos "Ex" e puderem se tornar uma fonte de ignição em função da operação pretendida do equipamento, então, devem ser avaliados em conjunto com o equipamento mecânico "Ex" sob consideração; por exemplo, uma tubulação de material plástico, como parte de um tanque de combustível, pode se tornar eletrostaticamente carregada devido à operação desse tanque.

Geralmente, existem dois cenários para ignição gerada por equipamentos mecânicos que necessitam ser considerados. Esses são cenários de uma ignição resultante de uma falha no equipamento mecânico, como uma sobretemperatura de mancal ou ignição gerada por operação anormal do equipamento mecânico, como uma superfície quente de um freio.

As experiências em instalações industriais têm mostrado que é essencial que seja realizada uma avaliação de risco de ignição abrangente dos equipamentos mecânicos "Ex" completos, de forma a identificar todas as fontes potenciais de ignição e determinar se esses equipamentos podem se tornar fontes efetivas de ignição durante o tempo de vida útil prevista do equipamento mecânico.

Uma vez que esses riscos de ignição sejam compreendidos e documentados, é, então, possível definir as medidas necessárias de proteção "Ex", dependendo do nível de proteção do equipamento (EPL) requerido, de forma a minimizar a probabilidade de essas fontes de ignição se tornarem efetivas.

A avaliação de risco deve ser feita com uma abordagem escalonada, a ser seguida pelo fabricante do equipamento mecânico "Ex". Tal avaliação tem como base a identificação de treze possíveis fontes de ignição, dentre as quais as centelhas elétricas representam somente UMA delas, de forma a assegurar que os riscos de ignição tenham sido devidamente avaliados e mitigados, em um processo de avaliação da conformidade.

No início da avaliação de risco, o fabricante deve decidir qual das seguintes treze possíveis fontes possíveis de ignição são aplicáveis, isto é, estão relacionadas com o equipamento e estão presentes, para o equipamento mecânico "Ex" sob avaliação:

1) superfícies quentes;
2) chamas ou gases aquecidos, incluindo partículas quentes;
3) faíscas geradas mecanicamente;
4) dispositivos elétricos;
5) correntes parasitas ou proteção catódica de corrosão;
6) eletricidade estática;
7) descargas atmosféricas;
8) radiofrequência ou ondas eletromagnéticas;
9) radiação óptica;
10) radiação ionizante;
11) ultrassom;
12) compressão adiabática e ondas de choque;
13) reações exotérmicas, incluindo a autoignição de poeiras combustíveis.

Essa avaliação de risco deve ser elaborada inicialmente pelo fabricante dos equipamentos mecânicos "Ex" e posteriormente avaliada por um organismo de certificação "Ex". A marcação dos equipamentos Ex avaliados de acordo com a norma ABNT NBR ISO 80079-36 é Ex "h".

Um exemplo de registro de uma avaliação inicial de um equipamento mecânico "Ex", a ser feita pelo fabricante, com relação às suas possíveis fontes de ignição é mostrada na Tabela 25.1.

**Tabela 25.1 –** Exemplo de registro de avaliação inicial feita pelo fabricante de equipamento mecânico "Ex" com relação à presença ou não de possíveis fontes de ignição

| Fontes possíveis de ignição | Relacionadas com o equipamento? (S/N) | Motivo para a presença da fonte de ignição |
|---|---|---|
| Superfícies quentes | Sim | No interior e no exterior do equipamento: compressão de gás inflamável, atrito das palhetas e ingresso de material particulado |
| Centelhas mecânicas | Sim | Partículas podem produzir pontos quentes |
| Chamas, gases quentes | Externo: não<br>Interno: sim | Temperatura da compressão interna a ser medida: temperatura do gás a ser medida diretamente no ponto de exaustão |
| Centelhas elétricas | Não | Não presente |
| Correntes elétricas parasitas e proteção catódica contra corrosão | Não | Não presente |
| Eletricidade estática | Sim | Palhetas, vedações, filtros dos gases de exaustão, válvula do tipo boia |
| Descargas atmosféricas | Não | Não presente |
| Ondas eletromagnéticas | Não | Não presente |
| Radiação ionizante | Não | Não presente |
| Radiação de alta frequência | Não | Não presente |
| Ondas ultrassônicas | Não | Não presente |
| Compressão adiabática | Sim | No interior da câmara de compressão |
| Reação química | Sim | Possível com o fluido/gás do processo |

## 25.6 TIPOS DE MAU FUNCIONAMENTO QUE PODEM OCORRER EM EQUIPAMENTOS MECÂNICOS "Ex"

Durante o processo de avaliação dos riscos de ignição que podem ser gerados pelos equipamentos mecânicos "Ex" deve ser considerada a possibilidade da existência de **mau funcionamento** ou de **falhas** nos equipamentos, as quais podem estar ocorrer durante as condições de operação **normal**, ou em condições que podem ser **previstas** ou mesmo em casos **raros** de falhas.

Para fins de terminologia e de entendimento de cada uma destas situações de risco podem ser feitas as seguintes definições:

- **Mau funcionamento** – situação em que o equipamento ou seus componentes não realizam suas funções projetadas em relação à proteção contra a ocorrência de uma fonte de ignição. Esse tipo de situação pode ocorrer devido a diversos motivos, como falha de uma ou mais das partes componentes do equipamento ou componentes, distúrbios externos (por exemplo, choques, vibração, campos eletromagnéticos), erro de projeto ou deficiência (por exemplo, erro de software), distúrbios de uma fonte de alimentação ou outros serviços, ou perda de controle pelo operador (especialmente para máquinas operadas manualmente ou portáteis).
- **Mau funcionamento previsto:** distúrbios, falhas ou mau funcionamento do equipamento que normalmente pode ocorrer na prática, durante a operação do equipamento, durante o seu ciclo total de vida.
- **Mau funcionamento raro:** tipo de mau funcionamento que é de conhecimento que possa ocorrer, mas apenas em casos raros. Dois maus funcionamentos independentes previstos que, separadamente, não criam uma fonte de ignição, mas que, em combinação, criam uma fonte de ignição, são considerados como um mau funcionamento raro.
- **Operação normal:** operação de equipamentos "Ex" de acordo com as suas especificações de projeto e utilizados dentro dos limites especificados pelo fabricante. A ocorrência de falhas como avaria de selos de bombas, juntas com gaxetas, juntas de flange ou liberação de substâncias causadas por acidentes, que envolvem a execução dos respectivos serviços de reparo ou recuperação dos equipamentos ou o seu desligamento ou a retirada de operação, não é considerada como operação "normal". Pequenas liberações de material inflamável podem ser parte da operação normal de um equipamento. Por exemplo, liberações de substâncias pelo selo, cujo princípio é o fato de o equipamento estar preenchido com um fluido que está sendo bombeado, são consideradas como "pequenas" liberações.

Equipamentos que tenham sido projetados e construídos de acordo com os requisitos de segurança aplicáveis das normas industriais relevantes e quando as avaliações do risco de ignição confirmam que eles não contêm quaisquer fontes de ignição efetiva em operação normal são equipamentos que podem ser considerados como EPL Gc ou Dc.

Quando as avaliações do risco de ignição confirmarem que os equipamentos não contêm quaisquer fontes de ignição efetiva durante operação normal e mau funcionamento previsto, estes podem ser considerados como EPL Mb, Gb ou Db.

Quando as avaliações de risco de ignição confirmarem que os equipamentos não contêm quaisquer fontes de ignição efetiva durante operação normal, mau funcionamento previsto e mau funcionamento raro, os equipamentos podem ser considerados como EPL Ma, Ga ou Da.

## 25.7 TIPOS DE PROTEÇÃO Ex "b", Ex "c" E Ex "k" PARA EQUIPAMENTOS MECÂNICOS "Ex" – NORMA ABNT NBR ISO 80079-37

De forma similar ao objetivo da norma técnica brasileira ABNT NBR ISO 80079-36, relacionada com o tema "Certificação de equipamentos mecânicos para áreas classificadas", existe também a norma técnica brasileira adotada ABNT NBR ISO 80079-37 - *Atmosferas explosivas - Parte 37: Equipamentos não elétricos para atmosferas explosivas - Tipos de proteção não elétricos: segurança construtiva (Ex "c"), controle de fontes de ignição (Ex "b") e imersão em líquido (Ex "k").*

Essas normas técnicas brasileiras da Série ABNT NBR ISO 80079 - Parte 36 e Parte 37 possuem por objetivo a especificação de métodos básicos de proteção e dos requisitos para o projeto, fabricação, ensaios e marcação de equipamentos mecânicos (não elétricos) "Ex" destinados a serem instalados em áreas classificadas. Essas normas são aplicáveis a equipamentos mecânicos "Ex" destinados a serem utilizados em áreas classificadas do grupo I (minas subterrâneas de carvão), grupo II (gases inflamáveis) ou grupo III (poeiras combustíveis).

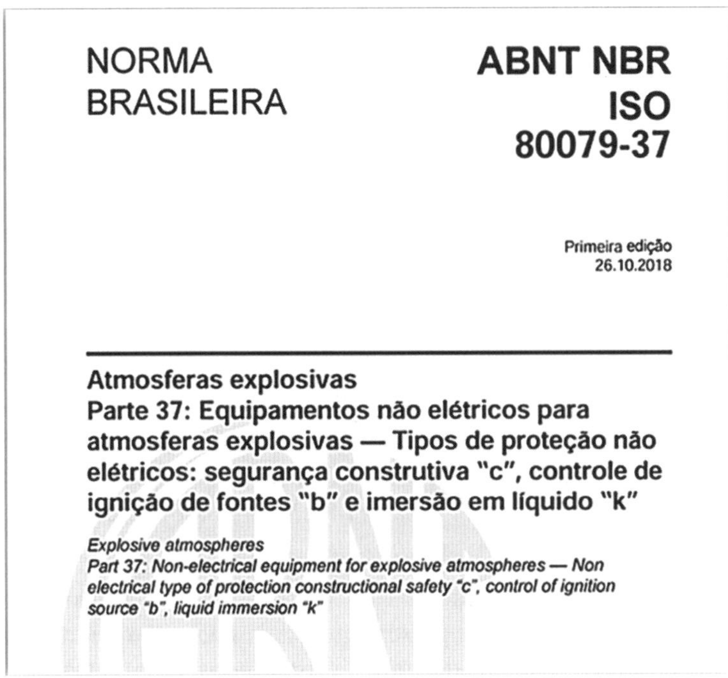

NORMA BRASILEIRA

**ABNT NBR ISO 80079-37**

Primeira edição
26.10.2018

**Atmosferas explosivas**
**Parte 37: Equipamentos não elétricos para atmosferas explosivas — Tipos de proteção não elétricos: segurança construtiva "c", controle de ignição de fontes "b" e imersão em líquido "k"**

*Explosive atmospheres*
*Part 37: Non-electrical equipment for explosive atmospheres — Non electrical type of protection constructional safety "c", control of ignition source "b", liquid immersion "k"*

**Figura 25.9 –** Folha de rosto da norma técnica brasileira adotada ABNT NBR ISO 80079-37 – *Tipos de proteção não elétricos: segurança construtiva (Ex "c"), controle de fontes de ignição (Ex "b") e imersão em líquido (Ex "k").*

De acordo com a norma técnica brasileira adotada ABNT NBR ISO 80079-37, os tipos de proteção Ex "c", Ex "b" e Ex "k" para equipamentos mecânicos "Ex" possuem as seguintes características básicas:

- **Segurança construtiva – Ex "c"**: tipo de proteção contra ignição em que medidas construtivas são aplicadas de forma a prover proteção contra a possibilidade de ignição a partir de fontes quentes, faíscas de origem mecânicas ou compressão adiabática gerada por partes móveis.

- **Controle de fonte de ignição – Ex "b"**: tipo de proteção contra ignição em que dispositivos elétricos, eletrônicos ou mecânicos são utilizados em conjunto com equipamentos mecânicos, de forma a se reduzir, automaticamente ou manualmente a possibilidade de uma fonte *potencial* de ignição se tornar uma fonte *efetiva* de ignição. Podem ser citados como exemplos desses dispositivos um sensor de nível para alarmar a perda de nível de óleo de lubrificação; ou um sensor de temperatura para alarmar a existência de um mancal aquecido; ou um sensor de rotação para alarmar uma rotação acima do normal.
- **Imersão em líquido – Ex "k"**: tipo de proteção em que as fontes potenciais de ignição são tornadas não efetivas ou separadas de atmosferas explosivas por meio de sua submersão total em um líquido de proteção, ou por submersão parcial e recobrimento contínuo das superfícies ativas dessas fontes com um líquido de proteção, de forma que uma atmosfera explosiva que possa estar presente acima do líquido de proteção, ou no lado externo do involucro do equipamento "Ex", não possa entrar em ignição.

## 25.8 PROCESSO DE AVALIAÇÃO DE RISCO DE IGNIÇÃO E PLANEJAMENTO DO PROCESSO DE AVALIAÇÃO DE EQUIPAMENTOS MECÂNICOS "Ex" POR UM ORGANISMO DE CERTIFICAÇÃO

É esperado que os organismos de certificação envolvidos nos processos de avaliação da conformidade e de certificação de equipamentos mecânicos "Ex" possuam seus próprios procedimentos sobre como devem ser realizadas as avaliações de risco de ignição, com base nos requisitos das normas técnicas ABNT NBR ISO 80079-36 e ABNT NBR ISO 80079-37, bem como possuam o planejamento de certificação desenvolvido a partir dessa avaliação da conformidade.

Em geral, espera-se que os seguintes requisitos sejam abordados nos procedimentos de avaliação e certificação por parte dos organismos de certificação "Ex":

- O reconhecimento de que o fabricante necessita elaborar e submeter a análise uma avaliação inicial de risco, de acordo com os requisitos da norma ABNT NBR ISO 80079-36. Essa avaliação inicial de risco necessita identificar os modos de falha e os riscos de ignição.
- O organismo de certificação "Ex" e o respectivo laboratório de ensaios "Ex" devem formar um grupo de pessoas que estejam familiarizadas com os equipamentos e com os sistemas de controle associados. Se necessário, um ou mais representantes do fabricante do equipamento "Ex" a ser avaliado ou certificado pode ser incluso nesse grupo, que deve considerar a avaliação inicial de risco elaborada pelo fabricante e fazer uma determinação das normas técnicas apropriadas e das medidas de mitigação que forem requeridas.
- O organismo de certificação "Ex" e o respectivo laboratório de ensaios "Ex" devem, então, desenvolver e consensar sobre um planejamento de projeto que leve em consideração qualquer outra norma técnica que necessite ser inclusa. Se necessário, o fabricante pode ser consultado durante a análise e o desenvolvimento do planejamento do processo de avaliação.
- O planejamento de projeto pode incorporar tanto os requisitos de ensaios e de avaliação em um laboratório de ensaios "Ex" como o planejamento para ensaios testemunhados nas instalações do fabricante, se requerido.

- No caso de uma conclusão satisfatória de um planejamento de avaliação, um relatório de ensaio deve ser emitido pelo laboratório de ensaios "Ex", incluindo os detalhes da avaliação de risco de ignição, juntamente com outras informações que mostrem a conformidade com as normas técnicas consideradas.

As normas técnicas ABNT NBR ISO 80079-36 e ABNT NBR ISO 80079-37 incluem a execução de alguns ensaios que, embora sejam diferentes em alguns detalhes em relação àqueles indicados na série de normas ABNT NBR IEC 60079, podem ser considerados "similares" em termos de abordagem de medições e de equipamentos de ensaios laboratoriais utilizados. Dessa forma, alguns métodos de ensaio utilizados de acordo com a série de normas ABNT NBR IEC 60079 podem ser "adaptados" para se adequarem à situação específica, quando da utilização dos procedimentos de avaliação indicados nas normas ABNT NBR ISO 80079-36 ou ABNT NBR ISO 80079-37.

Com relação à possibilidade de aceitação de dados fornecidos por terceira parte, o organismo de certificação "Ex" e o respectivo laboratório de ensaios "Ex" devem tomar uma decisão sobre quais dados fornecidos podem ser aceitos. Na prática, essas informações estão geralmente relacionadas com os requisitos já aplicados a outros como informações sobre RTI (*Relative Thermal Index*)/TI (*Temperature Index*), composição de materiais metálicos, composição de materiais plásticos, dados de resistência à UV, dados de resistência e dados de faixas de temperatura de materiais plásticos ou elastoméricos.

Com relação à possibilidade de aceitação de dados fornecidos por fabricantes dos equipamentos "Ex", quando a execução de ensaios for requerida para demonstrar a conformidade com os requisitos especificados nas normas técnicas aplicáveis, os dados do fabricante podem ser aceitos se os ensaios forem executados por pessoal competente, utilizando equipamentos de ensaios aferidos, e testemunhados por pessoal representante do organismo de certificação ou do laboratório de ensaio "Ex" envolvido com o processo de avaliação da conformidade.

Em geral, os dados do fabricante podem ser aceitos para embasar a sua própria avaliação inicial de risco de ignição. Esses dados podem também ser utilizados para auxiliar no estabelecimento da classe de temperatura, em particular nos casos em que essa avaliação necessite ser feita por meio de cálculos.

No processo de avaliação de equipamentos mecânicos "Ex", faz parte das expectativas sobre os fabricantes dos equipamentos mecânicos "Ex" que estes:

- elaborem e apresentem para o organismo de certificação "Ex" uma avaliação inicial de risco, como especificado na norma ABNT NBR ISO 80079-36;
- se requerido, disponibilizem pessoal com conhecimentos sobre o equipamento para auxiliar o pessoal do organismo de certificação "Ex" ou do laboratório de ensaios "Ex" na análise da avaliação inicial de risco;
- forneçam os equipamentos, de acordo com o requerido para as avaliações e os ensaios;
- apresentem a documentação técnica necessária, como requerido nas normas técnicas aplicáveis, como os documentos e informações indicados na Seção "Documentação técnica" da norma ABNT NBR ISO 80079-36.

Com relação à "documentação técnica" a ser apresentada pelo fabricante, este deve preparar documentos que forneçam uma especificação completa e correta dos aspectos de segurança à explosão do equipamento mecânico "Ex" a ser avaliado. Essa documentação deve incluir relatório de avaliação do risco de ignição e, quando necessário, a descrição do equipamento, desenhos de projeto e de fabricação, de acordo com o requerido pela avaliação do risco de ignição, as descrições e explicações necessárias para a compreensão dos desenhos, certificados dos materiais (se necessário ou aplicável) e relatórios dos ensaios realizados.

Nos casos em que a avaliação de um equipamento mecânico "Ex" envolver uma "combinação" de equipamentos elétricos e não elétricos "Ex", o fabricante que solicita ao organismo de certificação "Ex" uma avaliação ou certificação de seu produto tem as seguintes alternativas: certificação somente dos equipamentos elétricos, ou certificação somente dos equipamentos mecânicos; ou certificação tanto dos equipamentos elétricos como dos equipamentos mecânicos.

Quando o produto "Ex" completo a ser avaliado ou certificado incluir tanto equipamentos elétricos como equipamentos mecânicos, deve ser definido se somente as normas técnicas aplicáveis cobertas pela certificação podem ser indicadas no certificado. A descrição do equipamento mecânico "Ex" necessita deixar claro quais são as partes que são cobertas pela certificação.

Como um exemplo do requisito de "combinação" de equipamentos elétricos com equipamentos mecânicos "Ex", um certificado para um *conjunto motobomba* pode ser utilizado para abranger os requisitos para equipamentos elétricos e não elétricos do conjunto completo. Se somente os requisitos dos equipamentos elétricos são pretendidos de serem abrangidos no certificado, a descrição pode ser feita na forma "motor elétrico para acionamento de um conjunto motobomba".

## 25.9 DOCUMENTAÇÃO TÉCNICA NECESSÁRIA PARA O PROCESSO DE AVALIAÇÃO DE EQUIPAMENTOS MECÂNICOS "Ex"

A norma ABNT NBR ISO 80079-36 apresenta um procedimento e um formato padronizado a ser utilizado para essa avaliação de risco de ignição, a ser utilizado pelos fabricantes dos equipamentos "Ex".

Pode ser verificado que cada vez mais tanto os fabricantes como os usuários finais de equipamentos e instalações "Ex" requerem um maior envolvimento de organismos de certificação de terceira parte no processo de avaliação de equipamentos mecânicos para instalação em atmosferas explosivas.

Em função da diversidade de métodos de redução dos riscos de ignição para equipamentos mecânicos "Ex", é possível somente determinar os detalhes requeridos sobre os documentos após a conclusão da Avaliação de Risco de Ignição (IHA, como já mencionado).

Os detalhes de documentação técnica e gestão da qualidade requeridos são indicados na ABNT NBR ISO/IEC 80079-34 (*Atmosferas explosivas - Parte 34: Aplicação de sistemas de gestão da qualidade para a fabricação de produtos "Ex"*), nas seguintes seções do Anexo A (*Informações pertinentes para tipos de proteção particulares e produtos "Ex" específicos*):

- Seção A14 – Tipo de proteção Ex "h" – Equipamentos não elétricos, coberto pela norma ABNT NBR ISO 80079-36;
- Seção A15 – Tipo de proteção Ex "c" – Equipamentos não elétricos protegidos por segurança construtiva, coberto pela norma ABNT NBR ISO 80079-37;

- Seção A16 – Tipo de proteção Ex "b" – Equipamentos não elétricos protegidos por controle de fontes de ignição, cobertos pela norma ABNT NBR ISO 80079-37;
- Seção A17 – Tipo de proteção Ex "k" – Equipamentos não elétricos protegidos por imersão em líquido, cobertos pela norma ABNT NBR ISO 80079-37.

Como exemplo de informações e documentos técnicos a serem apresentados pelos fabricantes de equipamentos mecânicos "Ex", podem ser citados:

- descrição geral do equipamento mecânico "Ex" a ser avaliado;
- desenhos de projeto e de fabricação;
- análise de risco de ignição, de acordo com a norma ABNT NBR ISO 80079-36;
- documentos técnicos que indiquem que normas foram consideradas para demonstrar a conformidade os respectivos documentos que evidenciem essas conformidades normativas (tipicamente uma declaração de conformidade e uma lista de verificação para as normas técnicas utilizadas);
- cálculos, medições e resultados para ensaios que forem realizados, junto com registros de calibração e de rastreabilidade dos instrumentos de ensaios utilizados.

A avaliação de risco de ignição deve abordar tanto as condições normais de operação do equipamento mecânico "Ex" como falhas que possam ser previstas e falhas raras que possam vir a ocorrer. Após a identificação desses riscos de ignição, devem ser implantadas medidas de segurança, por meio da aplicação de conceitos reconhecidos de proteção para cada uma das fontes de ignição identificadas, de acordo com o apresentado na norma ABNT NBR ISO 80079-36 e indicado na Tabela 25.2.

**Tabela 25.2 –** Modos de falha a serem controlados ou mitigados em função da zona do local da instalação dos equipamentos mecânicos "Ex"

| Zona pretendida de utilização | Modos de falha a serem controlados ou mitigados | EPL pretendido do equipamento mecânico "Ex" |
|---|---|---|
| Zona 2 / Zona 22 | Condições **normais** de operação | Gc ou Dc |
| Zona 1 / Zona 21 | Falhas **previstas** e condições **normais** de operação | Gb ou Dc |
| Zona 0 / Zona 20 | Falhas **raras**, falhas **previstas** e condições **normais** de operação do equipamento | Ga ou Da |

São relacionadas a seguir alguns informações ou documentos a serem apresentados pelo fabricante do equipamento mecânico "Ex" sob avaliação para determinados *partes* ou *componentes* do equipamento completo:

- **partes não metálicas**
  a) características dos materiais;
  b) acabamento superficial;
  c) resistência superficial;

d) área de superfície das partes não condutivas;

e) limitações de espessuras;

f) medidas de equipotencialização de cargas eletrostáticas (carcaças aterradas).

- **invólucros e partes externas**

a) material do invólucro e conteúdo de metais leves;

b) proteção de partes removíveis contra remoção não intencional ou inadvertida;

c) materiais utilizados para resinagem, incluindo uma inspeção visual após cura.

- **aterramento e ligação equipotencial de partes condutivas**

a) terminal de aterramento;

b) conexão efetiva das partes condutivas;

c) cabos de equipotencialização.

- **partes transmissoras de luz**

a) materiais;

b) integridade;

c) tampas de proteção.

- **grau de proteção (código IP)**

a) continuidade das soldas;

b) ajuste de montagem de juntas de vedação e de selagem;

c) continuidade de sulcos e nervuras moldadas;

d) cura das resinas.

Após a conclusão da etapa do "projeto" do equipamento "Ex" e da conclusão da avaliação de risco de ignição, junto com a aplicação das medidas de gerenciamento de risco e dos conceitos de proteção, o fabricante pode solicitar uma avaliação da conformidade de terceira parte, por meio de um organismo de certificação "Ex", apresentando a documentação técnica indicada.

## 25.10 EXEMPLO DE MARCAÇÃO DE EQUIPAMENTOS MECÂNICOS "Ex"

A marcação "Ex" dos equipamentos mecânicos "Ex" foi desenvolvida com base na marcação aplicada para equipamentos elétricos (requisitos indicados na norma ABNT NBR IEC 60079-0). Nos casos aplicáveis, a marcação dos equipamentos mecânicos deve indicar a classificação de áreas a serem consideradas no interior e no exterior do equipamento. No caso da impossibilidade de existência de oxigênio no interior do equipamento, a classificação pode ser considerada Zona 1, Zona 2 ou mesmo área não classificada.

A classe de temperatura para equipamentos mecânicos do tipo bombas e compressores depende mais diretamente da temperatura do produto no interior do equipamento do que das perdas de energia térmica do equipamento para o meio externo.

O fabricante deve determinar se o seu equipamento apresenta uma fonte própria de risco potencial de ignição e, dessa forma, aplicar os requisitos de segurança apropriados, bem como fornecer para os usuários, em sua documentação técnica, as instruções de utilização segura.

São apresentados a seguir alguns exemplos de marcação de acordo com a norma ABNT NBR ISO 80079-36 para um equipamento mecânico "Ex" destinado à instalação em áreas classificadas do grupo II (gases inflamáveis) e grupo III (poeiras combustíveis):

- Ex h IIC T5 Gb: equipamento grupo IIC, classe de temperatura T5, EPL Gb;
- Ex h IIIB T100 °C Db: equipamento grupo IIIB, temperatura máxima de superfície T100 °C, EPL Db

Com base nos requisitos da norma ABNT NBR ISO 80079-36, pode ser citado o seguinte exemplo de marcação de equipamento mecânico "Ex": Ex h (cb) IIB T2 Gb.

- Ex "h": marcação *geral* para equipamentos *mecânicos* "Ex" (norma ABNT NBR ISO 80079-36);
- Ex "c": tipo de proteção por segurança construtiva;
- Ex "b": tipo de proteção por controle da fonte de ignição;
- IIB: grupo do gás inflamável do equipamento mecânico;
- T2: classe de temperatura do equipamento mecânico "Ex";
- Gb: nível de proteção (EPL) proporcionado pelo equipamento mecânico "Ex" (alto).

Também de acordo com a norma ABNT NBR ISO 80079-37, pode ser citado o seguinte exemplo de marcação de equipamento mecânico "Ex": *Compressor de biogás (equipamento não elétrico) para atmosferas explosivas:*

Compressor com detector de gás ou um transmissor de pressão na entrada do equipamento, com atuação no desligamento da máquina, de forma a evitar a ocorrência de presença de oxigênio no gás inflamável que está sendo comprimido ou a existência de baixa pressão. A existência do detector de gás ou do transmissor de pressão possibilita considerar a área interna ao compressor como sendo Zona 2, em vez de Zona 0.

Um exemplo de um *skid* contendo um conjunto motocompressor, formado por equipamento elétrico "Ex" (motor elétrico de acionamento) e por equipamentos mecânicos "Ex" (*compressor e acoplamento mecânico*), é apresentado na figura a seguir.

**Figura 25.10 –** Exemplo de conjunto motocompressor contendo equipamentos elétricos e mecânicos "Ex".

Marcações: no lado *interior* do equipamento mecânico "Ex": Ex h (c) IIB T2 Gc. No lado *exterior* do equipamento mecânico "Ex": Ex h (c) IIB T2 Gc.

- Interior: área classificada existente no *interior* do equipamento não elétrico;
- exterior: área classificada do local onde o equipamento não elétrico pode ser instalado, ou seja, do lado *externo* do equipamento mecânico "Ex";
- Ex "h": marcação geral de equipamentos mecânicos "Ex" (norma ABNT NBR ISO 80079-36);
- Ex "c": tipo de proteção normalizada por segurança construtiva;
- II: equipamento mecânico para o grupo II: gases inflamáveis, sendo possível também a avaliação, os ensaios e a marcação do equipamento mecânico "Ex" para o grupo III (*Equipamento para poeiras combustíveis*) ou grupo I (*Equipamento para minas subterrâneas de carvão*);
- IIB: grupo do gás inflamável do equipamento não elétrico "Ex";
- T2: classe de temperatura do equipamento não elétrico "Ex";
- Gc: nível de proteção (EPL) proporcionado pelo equipamento mecânico "Ex" (elevado).

Equipamentos mecânicos como bombas, caixas redutoras com engrenagens e ventiladores são normalmente considerados como possuindo uma fonte própria de risco potencial de ignição. Esses equipamentos mecânicos devem ser marcados de acordo com os requisitos indicados nas normas técnicas brasileiras adotadas ABNT NBR ISO 80079-36 e ABNT NBR ISO 80079-37, relacionadas aos tipos de proteção "Ex" para equipamentos mecânicos. Por outro lado, válvulas de bloqueio operadas manualmente, acessórios de tubulação e ferramentas manuais, como martelos, talhadeiras e chaves, são normalmente considerados como não possuindo uma fonte própria de risco potencial de ignição, não necessitando, dessa forma, ser marcados com nenhum tipo de proteção "Ex".

No âmbito da certificação internacional IECEx, por exemplo, desde 2016, quando entrou em operação o esquema internacional de certificação de equipamentos mecânicos

"Ex", foram emitidas centenas de certificados com base nas normas internacionais ISO 80079-36 (Ex "h") e ISO 80079-37 (Ex "c", Ex "b", Ex "k").

A *autodeclaração* de conformidade apresentada pelo fabricante é denominada declaração *de primeira parte*, aceita em alguns regulamentos para a avaliação da conformidade de equipamentos "Ex" (como na Diretiva Europeia ATEX). Esse tipo de autodeclaração representa um processo de avaliação da conformidade diferente da certificação de terceira parte, na qual a certificação é emitida por organismo de certificação "Ex" independente do fabricante e do usuário final.

## 25.11 REQUISITOS SOBRE AVALIAÇÃO DE EQUIPAMENTOS MECÂNICOS "Ex" INDICADOS NA NR-37 – SEGURANÇA E SAÚDE EM PLATAFORMAS DE PETRÓLEO

Foi aprovada pelo Ministério do Trabalho em 20 de dezembro de 2018 e atualizada em 19 de janeiro de 2022 a Norma Regulamentadora (NR) 37 – *Segurança e saúde em plataformas de petróleo*, que estabelece os requisitos mínimos de segurança, saúde e condições de vivência no trabalho a bordo de plataformas de petróleo em operação nas águas jurisdicionais brasileiras.

Uma das fontes de "motivação" para a elaboração dessa NR relacionada com segurança em plataformas de petróleo foi a explosão catastrófica, ocorrida em fevereiro de 2015, na casa de bombas do navio tipo FPSO Cidade de São Mateus, localizado nos campos de Camarupim e Camarupim Norte, no litoral norte do Estado do Espírito Santo, a cerca de 120 km da costa, que resultou na destruição de grande parte da embarcação e na perda de vida de nove pessoas.

De acordo com o respectivo, publicado pela Superintendência de Segurança Operacional e Meio Ambiente do Relatório de Investigação da explosão ANP em novembro de 2015, foram identificadas 28 causas-raiz, as quais já estavam correlacionadas com os requisitos anteriormente estabelecidos na Resolução ANP nº 43/2007, de 6 de dezembro de 2007 – Sistema de Gerenciamento de Segurança Operacional (SGSO).

<https://www.gov.br/anp/pt-br/assuntos/exploracao-e-producao-de-oleo-e-gas/seguranca-operacional/fpso-cidade-de-sao-mateus>.

De acordo com o relatório publicado pela ANP sobre aquele acidente,

> Não foi possível determinar a fonte de ignição da explosão, no entanto, a equipe de investigação determinou uma fonte como a mais provável. Esta fonte de ignição foi introduzida no local de vazamento pela ação da equipe de resposta. O uso de mangueiras de incêndio não condutivas com jato d'água dentro de atmosfera explosiva é fato marcante da falta de entendimento dos riscos envolvidos e da possibilidade de geração de cargas eletrostáticas, tal qual indicam normas e demais boas práticas de engenharia.

Ainda de acordo com este relatório de investigação elaborado pela ANP,

> Analisando os fatos ocorridos no acidente em questão, observa-se uma entre as situações que se configuram como potencial fonte de eletricidade estática: a utilização de mangueira de incêndio para lavar o local no qual havia se formado a poça de condensado. Os fatos que ocorreram anteriormente à explosão mostram grande relação probabilística entre a fonte de ignição com a eletricidade estática.

A NR-37 apresenta requisitos a serem seguidos pelas empresas responsáveis pelo gerenciamento e pela execução das operações e atividades nas plataformas de petróleo pelas empresas detentoras de direitos de exploração e produção de petróleo e gás natural, bem como pelos trabalhadores e pelas empresas terceirizadas que prestam serviços a bordo da plataforma de petróleo.

Essa norma possui um conteúdo bastante detalhado e de execução, incluindo, dentre outros, requisitos sobre comissionamento, modificação, manutenção, reparos e descomissionamento, capacitação, qualificação e habilitação, sinalização de segurança, instalações elétricas e mecânicas, armazenamento de substâncias perigosas, análises de risco das instalações e processos, sistema de detecção e alarme de incêndio e de gases, prevenção e controle de vazamentos ou explosões e trabalhos a quente.

A NR-37 introduziu, de forma pioneira na história da legislação brasileira, o tema "segurança dos equipamentos e instalações em atmosferas explosivas", o requisito de avaliação da conformidade de equipamentos mecânicos "Ex" a serem instalados em áreas classificadas em instalações de plataformas de petróleo.

> ***NR-37/2022 - Seção 37.24.6***: *Em áreas sujeitas à existência ou à formação de atmosferas explosivas ou misturas inflamáveis, a operadora da instalação é responsável por implementar medidas específicas para controlar as fontes de ignição.*

> ***NR-37/2022 - Seção 37.24.7***: *Os equipamentos elétricos, de instrumentação, de automação e de telecomunicações instalados em áreas classificadas devem atender aos requisitos legais vigentes de certificação, sendo que os respectivos serviços de projeto, seleção, instalação, inspeção, manutenção e recuperação devem estar de acordo com a NR-10 e partes aplicáveis da Norma Técnica ABNT NBR IEC 60079 - Atmosferas explosivas e alterações posteriores.*

> ***NR-37/2022 - Seção 37.24.8***: *Os equipamentos mecânicos instalados em áreas classificadas devem ser avaliados de acordo com os requisitos especificados na norma técnica ABNT NBR ISO 80079-36 - Atmosferas explosivas - Parte 36: Equipamentos não elétricos para atmosferas explosivas - Métodos e requisitos básicos, ou ABNT NBR ISO 80079-37 - Atmosferas explosivas - Parte 37: Equipamentos não elétricos para atmosferas explosivas - Tipos de proteção não elétricos: segurança construtiva "c", controle de ignição de fontes "b" e imersão em líquido "k" e alterações posteriores.*

Como pode ser verificado, a NR-37 requer a avaliação da conformidade de equipamentos mecânicos destinados à instalação em áreas classificadas de plataformas de petróleo, de acordo com os requisitos especificados nas normas técnicas brasileiras adotadas ABNT NBR ISO 80079-36 e ABNT NBR ISO 80079-37.

A norma técnica brasileira adotada ABNT NBR ISO 80079-36 (*Atmosferas explosivas - Parte 36: Equipamentos não elétricos para utilização em atmosferas explosivas - Métodos e requisitos básicos*), idêntica em relação à respectiva norma internacional, em termos de conteúdo técnico, estrutura e apresentação, publicada pela ABNT em outubro de 2018, especifica, dentre outros requisitos, um procedimento para a avaliação de risco dos equipamentos mecânicos com instalação pretendida em atmosferas explosivas.

A ABNT NBR ISO 80079-37 (*Atmosferas explosivas - Parte 37: Equipamentos não elétricos para atmosferas explosivas - Tipos de proteção não elétricos: segurança construtiva "c", controle de ignição de fontes "b" e imersão em líquido "k"*), idêntica em relação à respectiva norma internacional em termos de conteúdo técnico, estrutura e apresentação, também publicada pela ABNT em outubro de 2018, especifica, dentre outros, os requisitos para o projeto e a fabricação de equipamentos não elétricos destinados para instalação em atmosferas explosivas, protegidos pelos tipos de proteção por *segurança construtiva "c", controle de fontes de ignição "b" e por imersão em líquido "k"*.

## 25.12 CONSIDERAÇÕES SOBRE AVALIAÇÃO DE RISCO DE EQUIPAMENTOS MECÂNICOS "Ex" PARA ÁREAS CLASSIFICADAS

São relacionadas a seguir algumas considerações e conclusões sobre os requisitos de avaliação da conformidade ou certificação de equipamentos mecânicos "Ex" destinados a instalação em áreas classificadas contendo gases inflamáveis ou poeiras combustíveis:

1) acidentes catastróficos causados por fontes de ignição de origem não elétrica são registrados ao longo da história das instalações em atmosferas explosivas desde o início do século XX;

2) já foram verificados no Brasil diversos acidentes catastróficos e explosões decorrentes de fontes de ignição de origem não elétrica. A ANP, por exemplo, já emitiu relatórios técnicos sobre análise de grandes explosões ocorridas em instalações "Ex" no Brasil, nos quais a Comissão de Investigação do Acidente indicou, como causa básica identificada como fonte de ignição, equipamentos não elétricos;

3) é reconhecido que, além de fontes de ignição geradas por centelhas elétricas, existem diversos outros tipos de fontes de ignição que podem causar a explosão de atmosferas explosivas formadas por gases inflamáveis ou poeiras combustíveis, por exemplo, atrito, alta temperatura, impactos mecânicos, faíscas geradas mecanicamente ou eletricidade estática decorrente de movimentação de fluidos e compressões adiabáticas;

4) foram publicadas pela ABNT em 2018 as normas técnicas brasileiras ABNT NBR ISO 80079-36 e ABNT NBR ISO 80079 37, idênticas às respectivas normas internacionais elaboradas pelo TC 31 da IEC, que tratam especificamente de requisitos para a avaliação de risco de ignição e para as etapas de projeto, dimensionamento, fabricação, avaliação, ensaios e certificação de equipamentos mecânicos "Ex";

5) as avaliações de risco a serem realizadas em equipamentos mecânicos "Ex" devem ser elaboradas de acordo com os procedimentos e orientações apresentados na norma técnica brasileira ABNT NBR ISO 80079-36, incluindo avaliações de existência de fontes de risco de ignição em condições normais de operação dos equipamentos e em condições de falhas que possam ser previstas ou mesmo em falhas raras, o que determina o nível de proteção (EPL) proporcionado pelos equipamentos mecânicos "Ex" e, portanto, nos tipos de Zona de instalação dos equipamentos (Zona 20, Zona 21, Zona 22, Zona 0, Zona 1 ou Zona 2);

6) de forma similar à marcação de equipamentos elétricos, de instrumentação, de automação e de telecomunicações "Ex", os equipamentos mecânicos "Ex" também devem possuir a sua plaqueta de marcação "Ex", com a marcação Ex "h", com base nos tipos de proteção Ex "h", Ex "b", Ex "c" ou Ex "k", de acordo com os requisitos especificados nas normas técnicas brasileiras ABNT NBR ISO 80079-36 e ABNT NBR ISO 80079-37;

7) a norma técnica brasileira ABNT NBR ISO 80079-34, que especifica os requisitos de sistema de gestão da qualidade para fabricantes de equipamentos "Ex", aborda não somente os tipos de proteção para equipamentos elétricos, de instrumentação, de automação e de telecomunicações "Ex", mas também para os tipos de proteção para equipamentos mecânicos "Ex", fazendo referências específicas a requisitos a serem verificados para equipamentos mecânicos Ex "h", com base nos tipos de proteção Ex "c", Ex "b" ou Ex "k";

8) sob o ponto de vista legal, pode ser verificado na legislação de diversos países, como naqueles pertencentes à Comunidade Europeia (Diretiva Atex), a necessidade de certificação de equipamentos mecânicos "Ex", seja por meio de declaração de primeira parte, ou autodeclaração, para áreas classificadas Zona 2 ou Zona 22 ou por meio de certificação de terceira parte, dependendo do nível de proteção (EPL) proporcionado pelo equipamento ou da zona de classificação de áreas do local de instalação pretendido do equipamento mecânico "Ex";

9) foi publicada em 2018 e atualizada em 2022 a norma regulamentadora NR-37 (*Segurança e saúde em plataformas de petróleo*), que indica, de forma inédita sob o ponto de vista legal no Brasil, a necessidade de os equipamentos mecânicos instalados em áreas classificadas de plataformas de petróleo serem avaliados de acordo com as normas técnicas brasileiras adotadas ABNT NBR ISO 80079-36 e ABNT NBR ISO 80079-37;

10) sob o ponto de vista internacional, já existem disponíveis no mercado centenas de equipamentos mecânicos "Ex" que foram submetidos a processos de certificação independente, com base nos requisitos especificados nas normas técnicas internacionais ISO 80079-36 e ISO 80079-37;

11) pode ser verificado no mercado, tanto por parte dos fabricantes dos equipamentos mecânicos "Ex" como por parte das empresas usuárias de equipamentos e instalações "Ex", em particular as empresas das indústrias do petróleo e petroquímica, a tendência cada vez maior de certificação dos equipamentos por meio de organismo de certificação "Ex", de forma a tornar os processos de avaliação da conformidade e de certificação "Ex" independentes dos fabricantes dos equipamentos mecânicos "Ex", com o intuito a assegurar a devida confiança de que os equipamentos foram devidamente avaliados, ensaios e certificados e que, de fato, são seguros para instalação em áreas classificadas contendo atmosferas explosivas formadas por gases inflamáveis ou poeiras combustíveis.

Capítulo **26**

# Projeto e avaliação de distâncias de separação e escoamento

**Sinopse**: este capítulo apresenta requisitos sobre o projeto e a avaliação de distâncias de separação e escoamento, considerados nas atividades de projeto, dimensionamento, avaliação, fabricação e ensaios de equipamentos intrinsecamente seguros e de equipamentos intrinsecamente seguros associados, em um processo de certificação de conformidade de equipamentos intrinsecamente seguros Ex "i" ou intrinsecamente associados [Ex "i"].

## 26.1 INTRODUÇÃO

O leitor que leu os capítulos anteriores deste livro antes de chegar até este ponto deve ter se deparado diversas vezes com o termo *distâncias de separação infalíveis*. Esse termo foi exaustivamente utilizado para se referir ao conceito normativo apresentado neste capítulo.

A pergunta mais essencial para iniciar este capítulo seria: *por que necessitamos de distâncias de separações infalíveis*? A *resposta* mais direta a essa pergunta seria essencialmente: *para evitarmos falhas de curto-circuito entre partes condutoras de um circuito intrinsecamente seguro*. Isso é necessário para assegurar que os modelos utilizados para determinar os parâmetros e evitar ignições por centelhas e temperaturas sejam mantidos nas placas de circuito impresso, fiações, conexões e outras partes condutoras do circuito.

As condições de falhas para distâncias de separações são apresentadas neste livro, no Capítulo 11.

Dessa forma, podemos incluir que as *distâncias de separações* são essenciais para assegurar que não ocorra curto-circuito entre:

1) as partes condutoras de um circuito intrinsecamente seguro e um circuito não intrinsecamente seguro;
2) entre partes condutivas de circuitos intrinsecamente seguros segregados e avaliados como tal;
3) entre os terminais de componentes empregados para limitação de parâmetros elétricos infalíveis, de maneira geral;
4) circuitos ou componentes empregados para limitação de corrente ou potência, e
5) entre partes condutoras de circuitos intrinsecamente seguros e partes aterradas ou isoladas, para as quais um curto-circuito significaria uma alteração no modelo intrinsecamente seguro avaliado.

A norma técnica brasileira adotada ABNT NBR IEC 60079-11 apresenta dois conjuntos de requisitos para distâncias de separações *infalíveis*:

O primeiro conjunto de requisitos é para elementos para conexões a circuitos externos, sendo esses elementos aqueles projetados para serem manuseados durante a instalação, como bloco de terminais, conectores, plugues etc.

Aqui se explica o motivo de esses elementos serem tratados "separadamente": uma vez que circuitos intrinsecamente seguros podem ser manuseados energizados, o risco de um erro no manuseio dos terminais durante as instalações e manutenções de sistemas intrinsecamente seguros aumenta o risco de uma falha eventualmente aplicar um valor de energia elétrica não intrinsecamente seguro em um circuito (por exemplo, em Zona 0), os resultados poderiam ser terríveis.

O segundo conjunto de requisitos diz respeito àqueles aplicáveis a placas de circuito impresso e outros elementos que não serão manuseados pelo usuário final, sendo feitos em fábrica e permanecendo assim por toda a vida útil do produto intrinsecamente seguro.

Para essas distâncias de separações feitas em fábrica existem dois conjuntos de requisitos, os quais ficam em função do grau de poluição designado para o compartimento ou a montagem onde os elementos condutores estão situados.

Existem quatro graus de poluição, de acordo com os requisitos apresentados na norma técnica internacional IEC 60664-1 (*Insulation coordination for equipment within low-voltage systems - Part 1: Principles, requirements and tests*):

- **grau de poluição 1** é designado para regiões sem poluição por partículas sólidas ou umidade; se partículas puderem existir, elas são sempre secas e não condutivas;
- **grau de poluição 2** é designado para regiões onde somente poluição não condutiva pode ocorrer, exceto no caso de que, ocasionalmente, pode ocorrer poluição por condensação, o que é esperado;
- **grau de poluição 3** é designado para regiões onde poluição condutiva pode ocorrer, bem como pode haver ocorrência de poluição não condutiva, que pode se tornar condutiva devido à condensação;
- **grau de poluição 4** é designado para regiões onde poluição contínua condutiva e não condutiva podem ocorrer, incluindo poeiras diversas, chuva ou condições de elevados níveis de umidade.

Para o grupo I e o grupo II, os requisitos da Tabela "Distâncias de isolação, escoamento e separação" da ABNT NBR IEC 60079-11 são designados para regiões com um grau de poluição 3, o qual é atingido.

Ainda de acordo com essa norma, "invólucro que atenda aos requisitos de IP20 de acordo com a Norma ABNT NBR IEC 60529 ou maior de acordo com a utilização pretendida e com as condições ambientais", não havendo a necessidade de se aplicarem outros ensaios de resistência mecânica da norma técnica brasileira adotada ABNT NBR IEC 60079-0.

Já os requisitos apresentados no Anexo "Distâncias de separação alternativas para placas de circuito impresso montadas e separação de componentes", da norma técnica brasileira adotada ABNT NBR IEC 60079-11, são designados para regiões com um grau de poluição 2, o qual é atingido pelos seguintes requisitos, também apresentados nessa norma:

> a) Um invólucro que atenda aos requisitos de IP54 ou maior de acordo com a utilização pretendida e condições ambientais de acordo com Norma ABNT NBR IEC 60529. Para tais invólucros, adicionalmente aplicam-se as Seções da ABNT NBR IEC 60079-0 identificadas na Tabela 1;
>
> b) Um invólucro que atenda aos requisitos de IP20 ou maior, de acordo com a utilização pretendida e condições ambientais de acordo com Norma ABNT NBR IEC 60529, as separações são obtidas pela utilização de encapsulamento tipo 1 ou tipo 2 ou composto encapsulante ou por meio de isolante sólido. Não há necessidade de o invólucro estar sujeito aos ensaios para invólucros da Norma ABNT NBR IEC 60079-0; entretanto, para equipamentos portáteis, o ensaio de queda da Norma ABNT NBR IEC 60079-0 ainda se aplica.
>
> c) Um invólucro que atenda aos requisitos para IP20 e possua restrições para instalação, desde que tais restrições sejam especificadas como "Condições Específicas de Utilização" e ao número do certificado seja adicionado o sufixo "X" em conformidade com os requisitos de marcação da Norma ABNT NBR IEC 60079-0. Estas "Condições Específicas de Utilização" indicadas no certificado devem detalhar os requisitos de instalação. (cit.) (ABNT NBR IEC 60079-11)

Para o grupo III, sendo a atmosfera composta por poeira combustível, os requisitos mudam, de acordo com os seguintes requisitos, apresentados na ABNT NBR IEC 60079-11:

> a) Quando a separação for obtida atendendo aos requisitos de distância de separação e escoamento da Tabela 5 ou Anexo F, o invólucro deve fornecer um grau de proteção de pelo menos IP5X, de acordo com a Norma ABNT NBR IEC 60529. Para estes invólucros, aplica-se adicionalmente 6.1.2.3 a) (item a) acima).
>
> b) Quando a separação for obtida atendendo aos requisitos de distância sob revestimento, composto encapsulante ou distâncias de separação por meio de isolante sólido da Tabela 5 ou Anexo F, o invólucro deve atender a um grau de proteção de pelo menos IP2X, em conformidade com a Norma ABNT NBR IEC 60529. O invólucro não precisa ser submetido a ensaios para invólucros pela Norma ABNT NBR IEC 60079-0; entretanto, para equipamentos portáteis, o ensaio de queda da Norma ABNT NBR IEC 60079-0 ainda é aplicável. (cit.) (ABNT NBR IEC 60079-11)

A figura a seguir apresenta um resumo para esses requisitos, os quais são explorados com mais detalhes no Capítulo 9 deste livro.

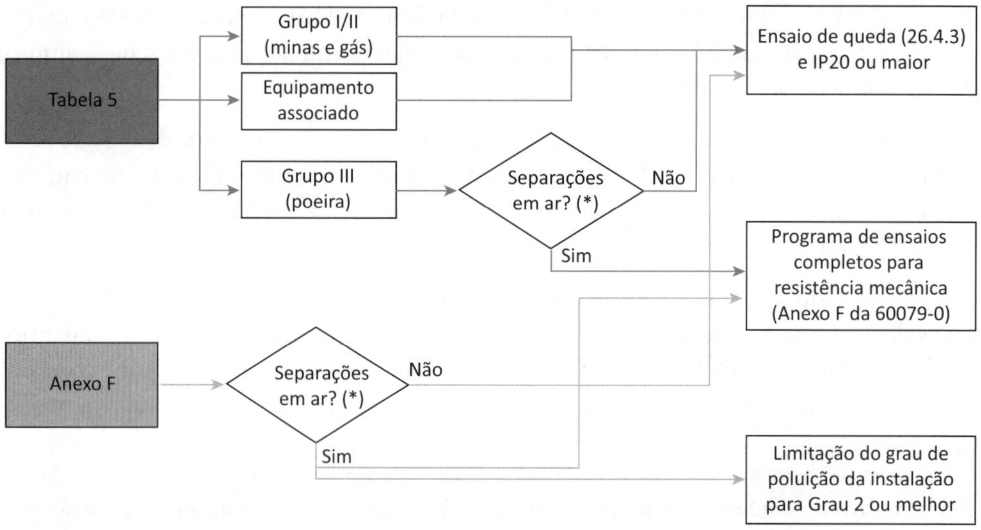


(*) Separações em ar são evitados com revestimento ou encapsulamento. Ver 6.3 da ABNT NBR IEC 60079-11.

**Figura 26.1** – Resumo para a relação entre os requisitos para distâncias de separação e requisitos *para resistência mecânica* de invólucros "Ex".

*Fonte*: acervos pessoais dos autores.

A norma técnica brasileira adotada ABNT NBR IEC 60079-11 reconhece os seguintes materiais isolantes, os quais são especificados com suas respectivas mínimas distâncias entre partes condutoras em função da tensão a ser considerada: *distâncias de separação em ar*, chamada na norma de *distâncias de isolação*; *distância de separação por meio de material encapsulante*; *distância de separação por meio de isolação sólida; distância de escoamento*; e *distância sob revestimento.*

As distâncias de isolação são a distância mínima em ar entre duas partes condutoras infalivelmente segregadas, quando houver partições isolantes com espessura mínima de 0,9 mm (ou de acordo com os valores mínimos para distância de separação por meio de isolação sólida, o que for maior) e CTI/ICT (*Comparative Tracking Index*, ou *índice de comparativo de trilhamento*). A distância deve ser aquela ao redor do separador. Caso contrário, o separador deve ser desconsiderado.

A figura a seguir é um exemplo de distância de isolação entre furos para a soldagem de um conector que conterá três circuitos intrinsecamente seguros segregados. As medições são feitas com um microscópio digital.

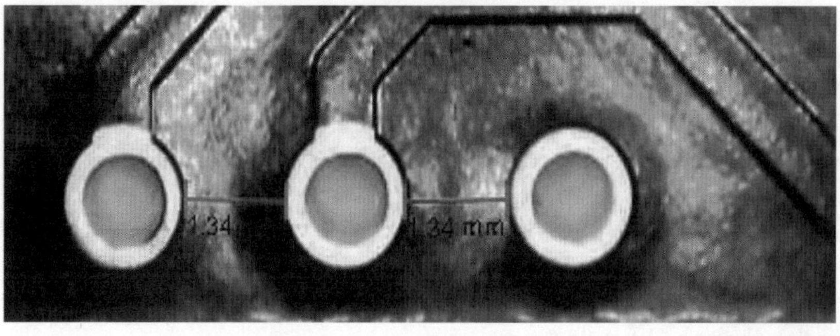


**Figura 26.2** – Exemplo de *distância de isolação* entre partes condutoras em uma placa de circuito impresso.

*Fonte*: acervos pessoais dos autores.

A distância de separação por meio de material encapsulante é a distância mínima entre duas partes condutivas infalivelmente segregadas e encapsuladas, segundo a norma técnica brasileira adotada ABNT NBR IEC 60079-11.

A distância mínima entre as partes condutivas encapsuladas e a superfície livre do material encapsulante deve ser de, pelo menos, metade dos valores requeridos para a separação entre partes condutoras sob encapsulamento, de acordo com a Tabela "Distâncias de isolação, escoamento e separação", apresentada na norma técnica brasileira adotada ABNT NBR IEC 60079-11, com uma distância mínima de 1 mm.

Quando o encapsulamento é realizado em um invólucro de material isolante (material plástico, por exemplo), sendo assegurado uma adequada aderência do material encapsulante às paredes do invólucro, se as paredes do invólucro possuírem uma espessura no mínimo igual às distâncias para separação por meio de isolação sólida, nenhuma outra separação é requerida.

Para a inspeção das distâncias entre partes condutoras, por exemplo, trilhas, terminais de componentes etc., as amostras não encapsuladas são avaliadas.

Para a verificação da espessura mínima de encapsulamento e aderência ao invólucro feito em material isolante, são utilizadas amostras das partes completamente encapsuladas e cortadas em seções específicas.

A figura a seguir apresenta um exemplo de uma montagem encapsulada cortada em uma seção que demonstra as mínimas distâncias por meio do encapsulamento entre duas placas de circuito impresso segregadas e entre componentes encapsulados e a superfície do encapsulamento. Neste exemplo, devido ao grande fator de segurança aplicado para essas distâncias, uma régua *calibrada* é utilizada para as medições.

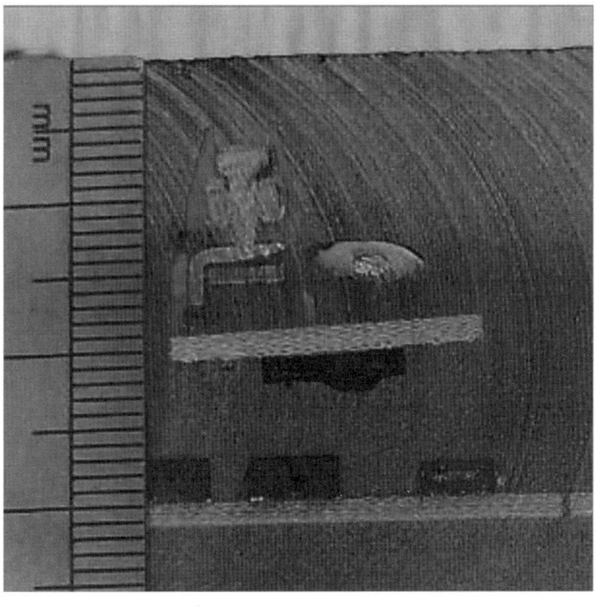


**Figura 26.3** – Exemplo de uma montagem encapsulada cortada em uma seção que demonstra as mínimas distâncias através do encapsulamento.

*Fonte*: acervos pessoais dos autores.

As distâncias de separação por meio de isolação sólida são a distância entre partes condutoras por meio de material isolante extrudado ou moldado, somente. As distâncias entre trilhas adjacentes em camadas intermediárias de placas de circuito impresso são consideradas como distâncias de separação por meio de isolante sólido. Para fiações, a máxima corrente não deve exceder o valor nominal declarado pelo fabricante, sendo que condições de falhas se aplicam. Nesse caso, os parâmetros determinados para o modelo para se evitar ignição por temperatura devem ser utilizados.

Para a distância de isolação entre o núcleo condutor de fios, como mostrado na figura a seguir, a distância de isolação "*d*" representa a espessura mínima da isolação de cada condutor, e a distância de isolação a ser considerada deve ser 2x "*d*".

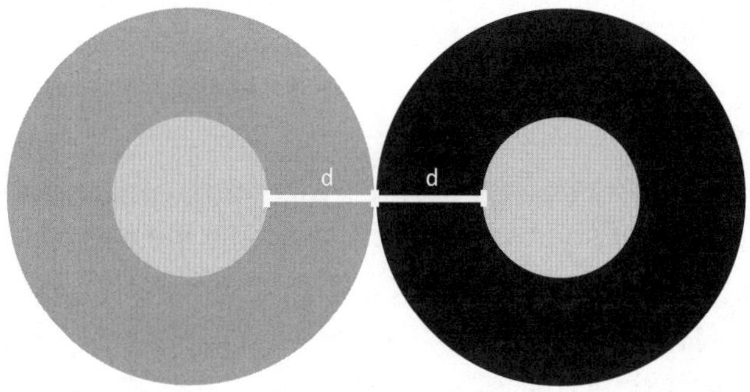


**Figura 26.4 –** Exemplo de dois condutores e a distância de separação por meio de isolação sólida entre eles.

*Fonte*: acervos pessoais dos autores.

A distância de *escoamento* é a distância entre partes condutoras medida na superfície de materiais isolantes com ITC/CTI, medido de acordo com a norma técnica brasileira adotada NBR IEC 60112 (*Método para a determinação do índice de resistência ao trilhamento e do índice de trilhamento comparativo dos materiais isolantes sólidos*), de acordo com os valores da Tabela "Distâncias de isolação, escoamento e separação", da norma técnica brasileira adotada ABNT NBR IEC 60079-11.

As distâncias de *escoamento* (distância através do material isolante) por vezes são confundidas com distâncias de *isolação* (distância no ar). Isso se deve ao fato de que, às vezes, os valores dessas distâncias coincidem.

A figura a seguir apresenta um exemplo ilustrativo da diferença entre distância de escoamento e distância de isolação.

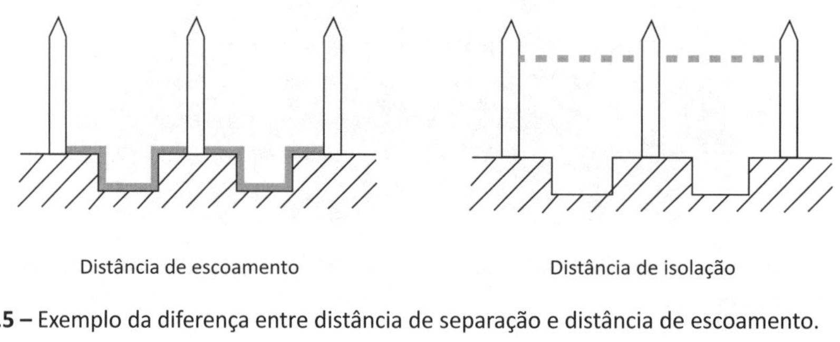


**Figura 26.5 –** Exemplo da diferença entre distância de separação e distância de escoamento.

*Fonte*: acervos pessoais dos autores.

A figura a seguir apresenta um exemplo de distâncias de *escoamento* em uma placa de circuito impresso.

**Figura 26.6 –** Exemplo de distâncias de *escoamento* em uma placa de circuito impresso.

*Fonte*: acervos pessoais dos autores.

Por último, temos as distâncias sob revestimento, as quais são distâncias entre partes condutivas revestidas com verniz ou outro composto com o mesmo propósito. O revestimento pode ser por imersão da placa de circuito impresso no composto de revestimento ou por pulverização (sprays) – nesse caso, duas demãos são consideradas adequadas. A documentação do produto deve apresentar os compostos a serem utilizados, o processo para o revestimento e a ficha técnica (*datasheet*) dos compostos.

Os componentes e partes revestidas devem ser completamente cobertos; o revestimento não pode apresentar trincas, e, para partes flexíveis, por exemplo, placas de circuito impresso flexíveis, o revestimento deve ter flexibilidade adequada. Além disso, quando há partes condutoras protuberantes ao revestimento, o composto de revestimento deve possuir um índice de trilhamento comparativo (ITC), medido de acordo com a norma técnica brasileira adotada ABNT NBR IEC 60112, de acordo com os valores indicados na Tabela "Distâncias de isolação, escoamento e separação", da norma técnica brasileira adotada ABNT NBR IEC 60079-11.

A figura a seguir é um exemplo de uma placa devidamente revestida (à esquerda) e de uma placa com um revestimento inadequado (à direita).

**Figura 26.7** – Exemplo de placa de circuito impresso devidamente revestida (à esquerda) e uma placa com um revestimento inadequado (à direita).

*Fonte*: acervos pessoais dos autores.

A decisão quanto a qual conjunto de requisitos seguir em função da resistência mecânica do invólucro, bem como a decisão sobre o revestimento ou encapsulamento de partes da placa de circuito impresso, é, portanto, de natureza estratégica para o projeto de um produto intrinsecamente seguro; não há uma "regra de ouro", mas cada projeto deve ser questionado quanto a:

1) possibilidades com relação ao tamanho do equipamento;
2) resistência do invólucro;
3) possibilidades e condições de fabricação para se definir se revestimento ou encapsulamento são possíveis;
4) quantidade de componentes e partes infalivelmente segregadas que estarão contidas no equipamento intrinsecamente seguro.

As respostas a esses questionamentos deveriam dar "clareza" à questão sobre os requisitos a serem seguidos.

Como será abordado nos próximos tópicos deste capítulo, os requisitos indicados na Tabela "Distâncias de isolação, escoamento e separação" da norma técnica brasileira adotada ABNT NBR IEC 60079-11 são restritivos quanto ao tamanho das distâncias, as quais são muito maiores do que as distâncias contidas no Anexo "Distâncias de separação alternativas para placas de circuito impresso montadas e separação de componentes", da ABNT NBR IEC 60079-11.

Essas distâncias requererão um invólucro mais resistente e com um projeto que assegure um grau de proteção mínimo IP54, o que também pode ser um grande desafio para alguns equipamentos intrinsecamente seguros, principalmente para equipamentos portáteis.

## 26.2 DISTÂNCIAS DE SEPARAÇÃO PARA ELEMENTOS DE CONEXÃO A CIRCUITOS EXTERNOS

Como já abordado anteriormente, as separações entre elementos projetados para manuseio pelo usuário final requerem cuidados especiais para reduzir o risco de haver uma conexão indevida entre um condutor que eventualmente se soltou do seu ponto de conexão com um circuito intrinsecamente seguro ou componente, bem como para mitigar riscos relacionados a erros de instalação.

Recomenda-se aos projetistas a utilização do azul-claro para todos os elementos de conexão entre circuitos intrinsecamente seguros, incluindo bloco de terminais, conectores, prensa-cabos, capa de multicabos etc.

Para equipamentos intrinsecamente seguros associados, deve haver uma distância de isolação mínima de 50 mm entre conectores e bloco de terminais de circuitos não intrinsecamente seguros e circuitos intrinsecamente seguros.

Alternativamente, o invólucro pode ser particionado. As partições podem ser feitas de material não metálico isolante ou de material metálico aterrado. Para essas partições, os seguintes requisitos se aplicam, de acordo com a norma técnica brasileira adotada ABNT NBR IEC 60079-11:

1) Partições utilizadas para separar terminais devem se estender até 1,5 mm dentro das paredes do invólucro ou, alternativamente deve prover uma distância mínima de 50 mm entre as partes condutoras expostas dos terminais, quando medidas em qualquer direção ao redor da partição;

2) Partições metálicas devem ser aterradas e devem possuir dureza e rigidez suficiente para não ser provável o dano durante a instalação da fiação de campo. Tais partições devem ter no mínimo 0,45 mm de espessura ou estar de acordo com 10.6.3 [Norma ABNT NBR IEC 60079-11], se de espessura inferior. Adicionalmente, partições metálicas devem possuir capacidade de condução de corrente suficiente para evitar fusão ou perda da conexão à terra sob condição de falha;

3) Partições isolantes não metálicas devem ter um ITC (Comparative Tracking Index) apropriado, espessura suficiente e devem ser fixadas de forma que não sofram deformações que comprometam seu propósito. Estas partições devem ter no mínimo uma espessura de 0,9 mm ou estar de acordo com 10.6.3 [Norma ABNT NBR IEC 60079-11], se de espessura inferior.

Para equipamentos associados, ou para equipamentos intrinsecamente seguros, com diferentes circuitos intrinsecamente seguros segregados entre si, deve haver uma distância de isolação mínima de 6 mm entre conectores e bloco de terminais de circuitos intrinsecamente seguros segregados, além de uma distância de isolação mínima de 3 mm para partes ou elementos de conexão aterradas, quando o curto-circuito para o aterramento local puder prejudicar a segurança intrínseca desses circuitos.

Quando equipamentos intrinsecamente seguros possuírem cabos integrais com mais de um circuito intrinsecamente seguro, o cabo deve passar por um ensaio de tração com 30 N por 1 hora e a cobertura do cabo se pode ser deslocar, mas nenhum deslocamento visível das terminações de cabo deve ser observado, bem como partes condutoras não podem ser expostas ou se curto-circuitarem.

## 26.3 DISTÂNCIAS DE SEPARAÇÃO E ESCOAMENTO DE ACORDO COM A TABELA "DISTÂNCIAS DE ISOLAÇÃO, ESCOAMENTO E SEPARAÇÃO", DA NORMA ABNT NBR IEC 60079-11

Esse conjunto de requisitos é essencial para invólucros que não tenham resistência mecânica para passar com sucesso pelos ensaios da norma técnica brasileira adotada ABNT NBR IEC 60079-0.

As distâncias mínimas de isolação e escoamento são extremamente limitantes. Muitos componentes teriam capacidade de apresentar os fatores de segurança para serem considerados infalíveis, mas são muito pequenos para atender a esses requisitos. Assim, quando esse for o caso, o projetista deveria considerar o revestimento ou encapsulamento desses componentes.

**Tabela 26.1** – Distâncias de isolação, escoamento e separação

| 1 | 2 | | 3 | | 4 | | 5 | | 6 | | 7 | |
|---|---|---|---|---|---|---|---|---|---|---|---|---|
| Tensão (valor de pico) (V) | Isolação (mm) | | Distância de separação por meio de material encapsulante (mm) | | Distância de separação por meio de isolação sólida (mm) | | Distância de escoamento (mm) | | Distância sob revestimento (mm) | | Índice de trilhamento comparativo (ITC)[a] | |
| **Nível de proteção** | ia, ib | ic | ia, ib | ic | ia, ib | ic | ia, ib | ic | ia, ib | ic | ia | ib, ic |
| 10 | 1,5 | 0,4 | 0,5 | 0,2 | 0,5 | 0,2 | 1,5 | 1,0 | 0,5 | 0,3 | - | - |
| 30 | 2,0 | 0,8 | 0,7 | 0,2 | 0,5 | 0,2 | 2,0 | 1,3 | 0,7 | 0,3 | 100 | 100 |
| 60 | 3,0 | 0,8 | 1,0 | 0,3 | 0,5 | 0,3 | 3,0 | 1,9 | 1,0 | 0,6 | 100 | 100 |
| 90 | 4,0 | 0,8 | 1,3 | 0,3 | 0,7 | 0,3 | 4,0 | 2,1 | 1,3 | 0,6 | 100 | 100 |
| 190 | 5,0 | 1,5 | 1,7 | 0,6 | 0,8 | 0,6 | 8,0 | 2,5 | 2,6 | 1,1 | 175 | 175 |
| 375 | 6,0 | 2,5 | 2,0 | 0,6 | 1,0 | 0,6 | 10,0 | 4,0 | 3,3 | 1,7 | 175 | 175 |
| 550 | 7,0 | 4,0 | 2,4 | 0,8 | 1,2 | 0,8 | 15,0 | 6,3 | 5,0 | 2,4 | 275 | 175 |
| 750 | 8,0 | 5,0 | 2,7 | 0,9 | 1,4 | 0,9 | 18,0 | 10 | 6,0 | 2,9 | 275 | 175 |
| 1 000 | 10,0 | 7,0 | 3,3 | 1,1 | 1,7 | 1,1 | 25,0 | 12,5 | 8,3 | 4,0 | 275 | 175 |
| 1 300 | 14,0 | 8,0 | 4,6 | 1,7 | 2,3 | 1,7 | 36,0 | 13,0 | 12,0 | 5,8 | 275 | 175 |
| 1 575 | 16,0 | 10,0 | 5,3 | | 2,7 | | 49,0 | 15,0 | 16,3 | | 275 | 175 |
| 3,3 k | | 18,0 | 9,0 | | 4,5 | | | 32,0 | | | | |
| 4,7 k | | 22,0 | 12,0 | | 6,0 | | | 50,0 | | | | |
| 9,5 k | | 45,0 | 20,0 | | 10,0 | | | 100,0 | | | | |
| 15,6 k | | 70,0 | 33,0 | | 16,5 | | | 150,0 | | | | |

[a] As evidências de conformidade com os requisitos de ITC/CTI dos materiais isolantes devem ser fornecidas pelos fabricantes. Nas tensões até 10 V, o ITC/CTI do material isolante não necessita ser especificado.

*Fonte*: norma ABNT NBR IEC 60079-11.

## 26.4 DISTÂNCIAS DE SEPARAÇÃO E ESCOAMENTO CONFORME O ANEXO "DISTÂNCIAS DE SEPARAÇÃO ALTERNATIVAS PARA PLACAS DE CIRCUITO IMPRESSO MONTADAS E SEPARAÇÃO DE COMPONENTES", DA NORMA ABNT NBR IEC 60079-11

Esse conjunto de requisitos é essencial para equipamentos "pequenos", com muitos componentes infalíveis, que tenham resistência mecânica suficiente para passar com sucesso pelos ensaios da norma técnica brasileira adotada ABNT NBR IEC 60079-0 ou, alternativamente, com placas onde estão situados os componentes infalíveis completamente encapsulados ou revestidos com compostos certificados como Tipo 1 ou Tipo 2, de acordo com a norma internacional IEC 60664-3 (*Insulation coordination for equipment within low-voltage systems – Part 3: Use of coating, potting or moulding for protection against pollution*).

Esses requisitos são também atrativos do ponto de vista da elaboração de placas de circuito impresso. Já as trilhas podem estar muito mais *próximas* umas das outras do que o que seria requisitado nos requisitos da Tabela "Distâncias de isolação, escoamento e separação". Além disso, esses requisitos permitem a eventual consideração de pequenos circuitos integrados como componentes infalíveis.

A tabela a seguir apresenta as distâncias de isolação, escoamento e separação para níveis de proteção "ia" e "ib", quando protegido contra ingresso, e condições especiais de material e instalação são atendidas.

**Tabela 26.2 –** Distâncias de isolação, escoamento e separação para níveis de proteção "ia" e "ib" quando protegido contra ingresso, e condições específicas de material e instalação são atendidas

| 1 | 2 | | 3 | 4 | 5 | | 6 | 7 |
|---|---|---|---|---|---|---|---|---|
| **Tensão CA eficaz ou CC de isolação nominal** NOTA 1 e NOTA 5 **(V)** | **Distância de isolação e escoamento** NOTA 2 **(mm)** | | **Distância de separação através de material encapsulante (mm)** | **Distância de separação através de isolação sólida (mm)** | **Distância sob revestimento. Revestimento tipo 1** NOTA 4 **(mm)** | | **Distância sob revestimento. Revestimento tipo 2** NOTA 4 **(mm)** | **Mínimo Índice de Trilhamento Comparativo (ITC)** |
| **Categoria de sobretensão Nota 3** | III | I / II | I / II / III | I / II / III | III | I / II | I / II / III | |
| 10 | 0,5 | 0,2 | 0,2 | 0,2 | 0,5 | 0,2 | 0,2 | - |
| 50 | 0,5 | 0,2 | 0,2 | 0,2 | 0,5 | 0,2 | 0,2 | 100 |
| 100 | 1,5 | 0,32 | 0,2 | 0,2 | 0,75 | 0,32 | 0,2 | 100 |
| 150 | 3,0 | 1,3 | 0,2 | 0,2 | 1,5 | 0,65 | 0,2 | 175 |
| 300 | 5,5 | 3,2 | 0,2 | 0,2 | 2,75 | 1,6 | 0,2 | 175 |
| 600 | 8,0 | 6,4 | 0,2 | 0,2 | 4,0 | 3,2 | 0,2 | 275 |

NOTA 1: passos de tensão são baseados na série R10. A tensão de trabalho pode exceder o valor dado na tabela em até 10%.
NOTA 2: incluindo componentes e partes na PCI.
NOTA 3: categoria de sobretensão de acordo com norma IEC 60664-1.
NOTA 4: tipo de revestimento de acordo com norma IEC 60664-3.
NOTA 5: incluindo qualquer pico de tensão recorrente, por exemplo, com conversores CC-CC, mas transientes podem ser desconsiderados.

*Fonte*: norma ABNT NBR IEC 60079-11.

Para o nível de proteção "ic", se a tensão nominal do dispositivo ou a tensão nominal de qualquer parte do circuito em consideração, incluindo conversores de tensão não exceder 60 V de pico, então nenhum requisito adicional de distância de separação além dos padrões gerais da indústria é necessário. Dispositivos com tensão nominal acima de 60 V de pico até 375 V de pico devem atender aos requisitos de isolação e escoamento da tabela a seguir.

**Tabela 26.3** – Distâncias de isolação, escoamento e separação para nível de proteção "ic" quando protegido contra ingresso por um invólucro ou por condições especiais de instalação

| 1 | 2 | 3 | 4 | 5 | 6 | 7 |
|---|---|---|---|---|---|---|
| **Tensão (valor de pico) (V)** | **Isolação (mm)** | **Distância de separação através de composto encapsulante (mm)** | **Distância de separação através de isolação sólida (mm)** | **Distância de escoamento (mm)** | **Distância sob revestimento (mm)** | **Índice de trilhamento comparativo (ITC)** |
| 90 | 0,4 | 0,15 | 0,15 | 1,25 | 0,3 | 100 |
| 190 | 0,5 | 0,3 | 0,3 | 1,5 | 0,4 | 175 |
| 375 | 1,25 | 0,3 | 0,3 | 2,5 | 0,85 | 175 |
| >375 | * | * | * | * | * | * |

NOTA 1: para distâncias marcadas com '*', não existem valores atualmente disponíveis.

NOTA 2: evidências de conformidade com os requisitos do ITC/CTI dos materiais de isolação devem ser apresentadas pelo fabricante.

*Fonte*: Norma ABNT NBR IEC 60079-11.

Precauções devem ser tomadas, no equipamento ou externamente a ele, por exemplo, em um adaptador de alimentação, para permitir que os circuitos estejam limitados à categoria II de sobretensão, de acordo com o definido na norma técnica internacional IEC 60664-1 (*Insulation coordination for equipment within low-voltage systems - Part 1: Principles, requirements and tests*).

# Capítulo 27

# Projeto e avaliação de conexões, trilhas e elementos condutores infalíveis

**Sinopse**: este capítulo apresenta requisitos de projeto e avaliação de conexões, trilhas e elementos condutores internos ao equipamento infalíveis contra circuito aberto, considerados nas atividades de projeto, dimensionamento, avaliação, fabricação e ensaios de equipamentos intrinsecamente seguros e de equipamentos intrinsecamente seguros associados, em um processo de certificação de conformidade de equipamentos intrinsecamente seguros Ex "i" ou intrinsecamente associados [Ex "i"].

## 27.1 INTRODUÇÃO

Em diversos capítulos deste livro, foi apresentada a ideia de se utilizar elementos de conexão infalíveis onde linhas mais "espessas" foram utilizadas no circuito esquemático para representar que ali deveria haver conexões que não podem falhar para circuito aberto, o que determina o objetivo básico deste capítulo.

**Pergunta: como identificar um caminho no circuito que não pode falhar para circuito aberto?**

A resposta para essa pergunta também já foi apresentada em outros capítulos, mas vale a pena revisarmos esse conceito com os exemplos mais óbvios.

Qualquer caminho *shunt* deveria ser infalivelmente conectado à linha para a qual a tensão deve ser limitada, bem como conexões a um circuito de aterramento ou de retorno (GND/*Ground*) quando uma falha para circuito aberto poderia resultar em centelhas com energia provenientes de todos os domínios, ou, então, nas conexões de uma bateria com circuito limitador encapsulado, para a qual a falha de curto-circuito no interior do encapsulamento é possível, e, assim, se o circuito puder ser aberto, então, a avaliação de centelhamento resistivo pode estar não conforme devido à falta de limitação de corrente.

Esses são alguns exemplos. Obviamente, existem outras possibilidades, não apresentadas neste livro, que, ao final, determinam um dos principais objetivos considerados na sua elaboração: colaborar e orientar o projetista de produtos intrinsecamente seguros a entender e utilizar todos as *ferramentas* existentes e reconhecidas no seu projeto, de forma a obter os melhores resultados.

Dessa forma, para identificar uma "linha" no circuito que deveria ser "infalível", o projetista deveria se perguntar: *se essa linha for aberta, o modelo intrinsecamente seguro considerado para os requisitos para se evitarem ignições por centelha ou temperatura ou os requisitos para componentes infalíveis seriam alterados para uma condição pior do que aquela considerada*?

Se a resposta a essa pergunta for um "sim", então, a linha deveria ser *infalível.*

## 27.2 PROJETO E AVALIAÇÃO DE TRILHAS EM PLACAS DE CIRCUITO IMPRESSO

Um dos objetivos dos requisitos da norma técnica brasileira adotada ABNT NBR IEC 60079-11 é assegurar que trilhas não queimem ou fundam-se de forma a abrir o circuito. De acordo com essa norma, uma conexão infalível por trilhas é atendida:

> 1) quando duas trilhas de largura mínima de 1 mm estiverem em paralelo, ou
>
> 2) quando uma única trilha tem pelo menos 2 mm de largura ou tem uma largura de 1% de seu comprimento, a que for maior.
>
> A trilha do circuito impresso deve, em ambos os casos acima, atender a uma das condições seguintes:
>
> - cada trilha ser formada de revestimento de cobre com espessura nominal de pelo menos 33 mm, ou
>
> - a capacidade de condução de corrente de uma trilha única ou de uma combinação de trilhas ensaiada de acordo com 10.12 [Ensaio para trilhas infalíveis];
>
> 3) quando trilhas em diferentes camadas forem interligadas por meio de um único furo metalizado com no mínimo 2 mm de circunferência ou por meio de dois furos metalizados paralelos com no mínimo 1 mm de circunferência e estas trilhas estão interligadas entre si, observando 1) ou 2).
>
> As trilhas devem atender a uma das condições seguintes:
>
> - espessura da camada de pelo menos 33 mm, ou
>
> - a capacidade de condução de corrente da trilha única ensaiada de acordo com 10.12 [Ensaio para trilhas infalíveis].
>
> (ABNT NBR IEC 60079-11)

Dessa forma, podemos ver que existem duas formas de se assegurar a "infalibilidade" de trilhas: A primeira, por "requisitos de projeto"; e a segunda, por meio de um "ensaio para trilhas infalíveis".

Durante esse ensaio, a máxima corrente que poderia fluir de maneira contínua multiplicada por um fator de 1,5 é aplicada por 1 hora. Uma trilha infalível será aquela que não se abrir ou não se desprender de seu substrato em qualquer ponto. Para a realização desse ensaio, a corrente máxima que poderia fluir de maneira contínua deve ser aquela determinada de acordo com os requisitos para se evitarem ignições por temperatura, ou seja, se um fusível estiver sendo utilizado para a limitação da corrente, então, o valor da corrente de ensaio deveria ser 1,5 x 1,7 x corrente nominal do fusível.

A figura a seguir é um exemplo de trilhas e furo metalizado em um arranjo infalível.

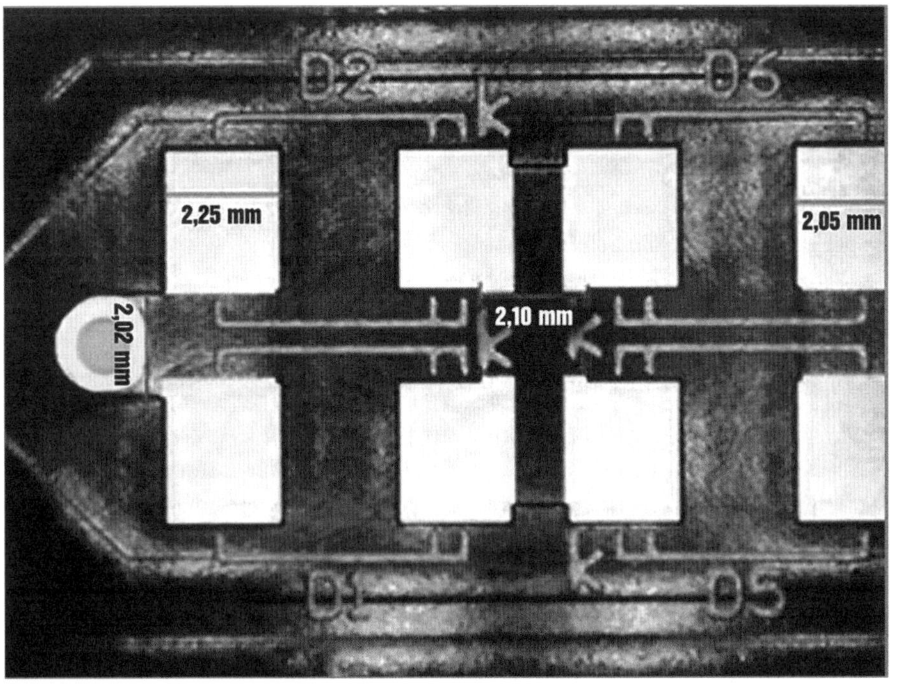


**Figura 27.1 –** Exemplo de uma montagem com trilhas e furo metalizado infalíveis.

*Fonte*: acervos pessoais dos autores.

As trilhas possuem pelo menos 2 mm de largura e pelo menos 33 μm de espessura. O furo metalizado possui 2 mm de diâmetro, ou 6,28 mm de comprimento.

## 27.3 PROJETO E AVALIAÇÃO DE CONDUTORES

Os condutores devem atender aos requisitos para a classificação de temperatura. Como esses requisitos são de certa forma "suficientes" para assegurar que os condutores não se abrirão quando submetidos a condições de falhas, podemos dizer que o objeto da avaliação de condutores infalíveis vai além da sua capacidade de conduzir corrente elétrica: também engloba requisitos para resistência mecânica.

De acordo com a norma técnica brasileira adotada ABNT NBR IEC 60079-11, os condutores serão infalíveis quando:

1) quando dois fios estiverem em paralelo, ou

2) quando um único fio tiver um diâmetro de pelo menos 0,5 mm e tiver um comprimento sem suporte de no máximo 50 mm ou for fixado mecanicamente adjacente a seu ponto de conexão, ou

3) quando um único fio de fita trançado ou de tipo flexível tiver uma seção de pelo menos 0,125 mm² (0,4 mm de diâmetro), não for dobrado em serviço e for ainda menor que 50 mm de comprimento ou for fixado adjacente a seu ponto de conexão; (...)

(ABNT NBR IEC 60079-11)

## 27.4 PROJETO E AVALIAÇÃO DE CONEXÕES

Uma conexão será *infalível*, de acordo com os requisitos da norma técnica brasileira adotada ABNT NBR IEC 60079-11, se:

1) quando houver duas conexões em paralelo, ou

2) quando houver uma única conexão soldada com estanho na qual o fio atravessa a placa (incluindo furos metalizados) e for soldado com estanho ou há uma conexão prensada ou feita por meio de brasagem ou por meio de solda, ou

3) quando houver uma conexão soldada de um componente de montagem de superfície montada de acordo com as recomendações do fabricante do componente, ou

4) quando houver uma única conexão que atende à Norma ABNT NBR IEC 60079-7; ou

5) quando houver um conector interno dentro do invólucro e a conexão consistir em no mínimo três elementos de conexão independentes para "ia" e no mínimo dois para "ib" com estes elementos conectados em paralelo (ver Figura 5). Quando o conector puder ser removido em ângulo, um elemento de conexão deve estar presente em, ou perto de, cada extremidade do conector.

(ABNT NBR IEC 60079-11)

Assim, podemos separar o termo conexões neste contexto em três tipos, sendo o primeiro conexões soldadas; o segundo, conexões gerais, de acordo com a norma técnica brasileira adotada ABNT NBR IEC 60079-7 para o tipo de proteção *segurança aumentada* (Ex "e"); e o último, conexões por meio de um conector interno.

Temos de separar os conectores que podem ser projetados como elementos de conexão infalível. Somente conectores para conexão em "fábrica", aqui chamados de *internos*, aqueles que o usuário final *não deve* manusear, podem ser considerados como um elemento de conexão infalível. Os conectores para conexão de cabos de circuitos *externos* (*field wiring terminal*), a serem utilizados pelo usuário final, devem ser sempre avaliados com a condição de falha de circuito aberto.

Capítulo **28**

# Marcações tradicional e digital de equipamentos de automação, instrumentação, telecomunicações, elétricos e mecânicos "Ex"

**Sinopse**: este capítulo aborda as características de informações necessárias para a marcação nos formatos "tradicional" ou "convencional", ou "analógico", e também no formato "digital" de equipamentos elétricos, de automação e de instrumentação de campo, incluindo sensores e transmissores "Ex", com tipos de proteção Ex "i" e equipamentos associados [Ex "i"], com base nos requisitos especificados nas normas técnicas brasileiras adotadas ABNT NBR IEC 60079-0 (*Requisitos gerais para equipamentos "Ex"*), ABNT NBR IEC 60079-11 (*Tipo de proteção Ex "i"*), ABNT IEC TS 60079-39 (*Power "i"*) e ABNT IEC TS 60079-47 (*2-WISE*). São apresentados também diversos exemplos de placas de marcação de equipamentos "Ex", com proteção combinadas do tipo Ex "i" e outros tipos de proteção "Ex", como Ex "db", Ex "eb", Ex "mb", Ex "op-is" e 2-WISE, bem como os requisitos para a marcação "digital" de equipamentos "Ex", de acordo com a norma técnica brasileira adotada ABNT NBR IEC 63365 (*Medição, controle e automação de processos industriais - Marcação digital*), por meio de *QR Code*, RFID ou *firmware*, os quais permitem, dentre outros benefícios, a leitura direta por máquinas e a importação automática dos dados dos equipamentos "Ex" para um sistema ERP e de gestão de ativos "Ex".

## 28.1 INTRODUÇÃO

Sob os pontos de vista normativo e legal, todos os equipamentos de instrumentação, automação, telecomunicações, elétricos ou mecânicos "Ex" devem ser obrigatoriamente marcados, de forma a evidenciar que foram devidamente ensaiados por um laboratório de ensaios "Ex" e avaliados e certificados por um organismo de certificação "Ex".

A marcação de um equipamento "Ex" deve conter, além do número do certificado, a identificação do organismo de certificação que emitiu o certificado e os dados dos *tipos de proteção* "Ex" (combinados ou não), *grupo* de gases inflamáveis ou poeiras combustíveis, *classe de temperatura* para gases inflamáveis, *temperatura máxima de superfície* para poeiras combustíveis, EPL e, nos casos aplicáveis, a faixa de temperatura ambiente e o grau de proteção (código IP).

Durante as atividades de projeto e de seleção de equipamentos de instrumentação, automação, telecomunicações, elétricos e eletrônicos "Ex", os procedimentos de seleção dos equipamentos "Ex" a serem instalados de forma fixa ou utilizados de forma pessoal ou portátil devem ser realizados de acordo com os requisitos apresentados no Capítulo 3 (*Conceitos de classificação de áreas: zonas, grupos e classes de temperaturas*), Capítulo 4 (*Conceito de nível de proteção de equipamento "Ex" – EPL proporcionado pelos equipamentos elétricos e mecânicos "Ex"*) e Capítulo 38 (*Requisitos de seleção de equipamentos fixos e portáteis "Ex": zonas, grupos, classes de temperatura e temperatura máxima de superfície e EPL*) deste livro.

As pessoas envolvidas com as atividades de execução, supervisão e fiscalização do projeto devem aplicar aqueles requisitos em comparação com a marcação dos equipamentos "Ex" que se pretendem instalar ou utilizar. Essa atividade ressalta a necessidade de conhecimento da marcação dos equipamentos "Ex" por parte dos projetistas, supervisores e fiscais de serviços de campo "Ex".

Durante as atividades de instalação, as pessoas envolvidas com a execução, supervisão ou fiscalização da montagem devem verificar se a marcação dos equipamentos "Ex" que estiverem sendo instalados está de acordo com os requisitos da classificação de áreas do local da instalação. Essa atividade ressalta a necessidade de conhecimento da marcação dos equipamentos "Ex" também por parte dos montadores "Ex".

Durante as atividades de inspeções de campo dos equipamentos e instalações "Ex", de acordo com a norma técnica brasileira adotada ABNT NBR IEC 60079-17, uma série de verificações devem ser feitas, com base nos dados de classificação de áreas do local da instalação e nos dados das marcações "tradicionais" ou "digitais" de marcação dos equipamentos de instrumentação, automação, telecomunicações, elétricos e eletrônicos "Ex". São relacionados a seguir alguns itens de verificação indicados nos programas de inspeção "Ex" para o tipo de proteção Ex "i" apresentados na norma ABNT NBR IEC 60079-17, os quais requerem a consulta às marcações dos equipamentos "Ex" para a devida avaliação:

- ***A.1:*** *A documentação do circuito ou equipamento "Ex" está apropriada aos requisitos de EPL ou Zona do local da instalação?*
- ***A.2:*** *O equipamento "Ex" instalado é aquele especificado na documentação?*
- ***A.3:*** *O nível de proteção (EPL) e o GRUPO do circuito ou equipamento "Ex" estão corretos?*
- ***A.4:*** *O grau de proteção (Código IP) do equipamento "Ex" é apropriado para materiais presentes do Grupo III?*
- ***A.5:*** *A classe de temperatura do equipamento "Ex" está correta?*
- ***A.6:*** *A faixa de temperatura ambiente do equipamento "Ex" é correta para a instalação?*
- ***A.7:*** *A faixa de temperatura de serviço do equipamento "Ex" é correta para a instalação?*

Essas atividades de análise e inspeção ressaltam a necessidade de acesso e conhecimento da marcação dos equipamentos "Ex" por parte dos inspetores durante os serviços de campo de inspeções dos equipamentos e das instalações de instrumentação, automação, telecomunicações, elétricas e mecânicas "Ex".

No decorrer das atividades de manutenção, as pessoas envolvidas com a execução, supervisão ou fiscalização devem verificar se a marcação dos equipamentos "Ex" que estiverem sendo instalados em substituição de equipamentos existentes danificados está de acordo com os requisitos da classificação de áreas do local da instalação. Essa atividade ressalta a necessidade de conhecimento da marcação dos equipamentos "Ex" por parte do pessoal de manutenção "Ex". Por exemplo, nos casos de substituição de equipamentos Ex "i" ou de equipamentos associados [Ex "i"] por outros de fabricante e modelo diferentes daqueles anteriormente instalados, existe a necessidade de atualização da respectiva documentação descritiva do sistema intrinsecamente seguro, atualizando os dados de fabricante, modelo, número de certificado e parâmetros de entidade ou de limitação do novo equipamento Ex "i" ou [Ex "i"] a ser instalado.

## 28.2 REQUISITOS GERAIS DE MARCAÇÃO DE EQUIPAMENTOS, COMPONENTES E EQUIPAMENTOS ASSOCIADOS "Ex"

Os requisitos de marcação dos equipamentos "Ex" especificados em normas técnicas brasileiras das Séries ABNT NBR IEC 60079 e ABNT NBR ISO 80079, alinhadas com os requisitos da norma técnica brasileira adotada ABNT NBR IEC 60079-0 (*Atmosferas explosivas - Parte 0: Requisitos gerais para equipamentos "Ex"*), vêm sendo aperfeiçoados ao longo do tempo, incorporando, dentre outros, novos tipos de proteção "Ex" para equipamentos de instrumentação, automação, telecomunicações, elétricos, eletrônicos ou mecânicos, novos detalhes normativos de marcação de grupo para todos os tipos de proteção, nível de proteção do equipamento (EPL) e apresentação dos tipos de proteção aplicados em um mesmo produto "Ex" em ordem alfabética.

Além disso, existem tipos de proteção "Ex" que foram sendo substituídos por outros, ao longo do tempo, os quais eram normalizados no passado, mas que não mais existem. Podem ser citados como exemplos de tipos de proteção "Ex" que existiram no "*passado*", mas que não são mais normalizados no presente momento: *Ex "nA", Ex "nL", DIP (Dust Ingress Protection), Ex "iD", Ex "pD", Ex "tD" e FNICO (FieldBus non Incendive Concept).*

Apesar de não mais serem reconhecidos "no presente momento", aqueles "antigos" tipos de proteção "Ex" continuam sendo válidos, uma vez que foram certificados de acordo com os requisitos normativos vigentes na época de sua certificação, motivo pelo qual os respectivos equipamentos "Ex" existentes continuam a ser considerados "seguros".

Por essas razões, é possível encontrar instalados em áreas classificadas equipamentos "Ex" certificados por organismos de certificação "Ex" com algumas variações dos detalhes de marcação. Por exemplo, até a terceira edição da norma técnica brasileira adotada ABNT NBR IEC 60079-0, publicada inicialmente em 2013 pela ABNT, para os tipos de proteção "Ex" em que não é prevista a produção de arcos ou centelhas (como Ex "e" e Ex "p"), não havia a necessidade de indicação do "grupo" do equipamento, uma vez que não eram realizados ensaios de laboratório com a presença de gases. A partir da terceira edição da norma ABNT NBR IEC 60079-0, é requerida a indicação do grupo IIC para esses casos.

Outro "aperfeiçoamento" na marcação dos equipamentos "Ex" é a colocação dos tipos de proteção "Ex" aplicáveis a um equipamento certificado em "ordem alfabética", a qual passou a ser requerida na norma técnica brasileira adotada a partir de sua terceira edição, publicada em 2013 pela ABNT.

Deve ser ressaltado que a marcação dos equipamentos "Ex" encontra-se em processo de evolução da marcação "física" ou "convencional" ou "tradicional" ou "analógica", representada pelas placas de marcação contendo textos, para a marcação "digital", a qual permite que os equipamentos "Ex" sejam escaneados por meio de uma identificação

2D, do tipo *QR Code* ou por meio de um *transponder* do tipo RFID ou NFC, proporcionando o acesso a dados completos de marcação e documentação do equipamentos "Ex" (*digital twins*), de acordo com os requisitos apresentados na norma técnica brasileira adotada ABNT NBR IEC 63365 (*Medição, controle e automação de processos industriais - Marcação digital*).

De acordo com os atuais requisitos de marcação especificados na norma técnica brasileira adotada ABNT NBR IEC 60079-0,[1] o equipamento "Ex" deve ser legivelmente marcado na parte principal do equipamento "Ex", e a marcação deve ser visível, a partir do exterior, antes da instalação do equipamento "Ex". A marcação de todo equipamento de instrumentação, automação, telecomunicações, elétricos ou mecânicos "Ex" deve incluir, de uma forma geral, as seguintes informações:

- número do certificado com SUFIXO "U" para componentes "Ex";
- número do certificado com SUFIXO "X" para equipamentos que possuam condições específicas de instalação;
- o nome do fabricante do produto "Ex" ou sua marca registrada;
- o tipo ou modelo de identificação do fabricante do produto "Ex";
- um número de série, exceto para acessórios de conexão (prensa-cabos, bujões, adaptadores de rosca ou buchas de passagem "Ex") ou equipamentos "Ex" muito pequenos sobre o qual existe um espaço limitado;
- o nome ou a marca do organismo de certificação emissor do certificado de conformidade "Ex";
- o símbolo "Ex", o qual indica que o equipamento "Ex" corresponde a um ou mais dos tipos de proteção "Ex" que são indicados nas normas técnicas brasileiras adotadas das Séries ABNT NBR IEC 60079 e ABNT NBR ISO 80079;
- os tipos de proteção utilizados na fabricação do produto "Ex" (tipicamente com a combinação de diversos tipos de proteção "Ex" em um mesmo produto "Ex"), como "db", "eb", "ec", "ia", "ib", "ic", "ma", "mb", "mc", "nC", "nR", "ob", "oc", "op is", "op pr", "op sh", "pv", "pxb", "pyb", "pzc", "q", "sa", "sb", "sc", "ta", "tb", "tc", 2-WISE;
- os símbolos para os tipos de proteção "Ex" devem aparecer em ordem *alfabética*, com pequenos espaços de separação. Quando componentes associados forem incorporados, os símbolos para o tipo (ou nível) de proteção incluindo os colchetes, como aplicáveis, devem seguir aqueles símbolos para o tipo (ou nível) de proteção para o equipamento;
- o símbolo do GRUPO do equipamento "Ex": I, IIA, IIB, IIC, IIIA, IIIB ou IIIC;
- para equipamentos "Ex" do grupo II (*gases inflamáveis*), o símbolo indicando a CLASSE DE TEMPERATURA (T1, T2, T3, T4, T5 ou T6);
- para equipamentos "Ex" do grupo III (*poeiras combustíveis*), a marcação da TEMPERATURA MÁXIMA DE SUPERFÍCIE (°C);
- o NÍVEL DE PROTEÇÃO proporcionado pelo equipamento "Ex" (EPL): Da, Db, Dc, Ga, Gb, Gc, Ma ou Mb;

[1] Esta Norma, ABNT NBR IEC 60079-0 (Requisitos gerais para equipamentos "Ex"), foi devidamente atualizada, incluindo um Anexo intitulado "*Marcação digital*", indicando os requisitos necessários para esse tipo de marcação, por meio de QR Code ou RFID, e fazendo referência à Norma Técnica Brasileira adotada ABNT NBR IEC 63365 (*Marcação Digital*).

- para equipamentos associados adequados à instalação em áreas classificadas, e quando a limitação de energia é proporcionada no interior do equipamento "Ex" na área classificada, os símbolos para o nível de proteção e EPL devem estar envolvidos por "colchetes", por exemplo, Ex db [ia Ga] IIC T4 Gb. Quando o GRUPO do equipamento do "componente" associado diferir daquele do equipamento "Ex" completo, o grupo do equipamento do componente associado deve estar envolvido por colchetes, por exemplo, Ex db [ia IIC Ga] IIB T4 Gb;
- para equipamentos que forem destinados a serem instalados na área de "fronteira" entre uma área que requer equipamentos com EPL Ga ou Da e uma área que requer equipamentos com EPL menos rigoroso; ambos os níveis de proteção e ambos os EPL são marcados na placa de marcação, cada um separado por uma barra "/", por exemplo: Ex ia/db IIC T6 Ga/Gb ou Ex ia/tb IIIC T85 °C Da/Db.

A figura a seguir apresenta um exemplo das informações requeridas para a marcação "convencional", aplicável a equipamentos de instrumentação, automação, telecomunicações, elétricos, eletrônicos ou mecânicos "Ex" para instalação ou utilização em áreas classificadas contendo gases inflamáveis ou poeiras combustíveis.

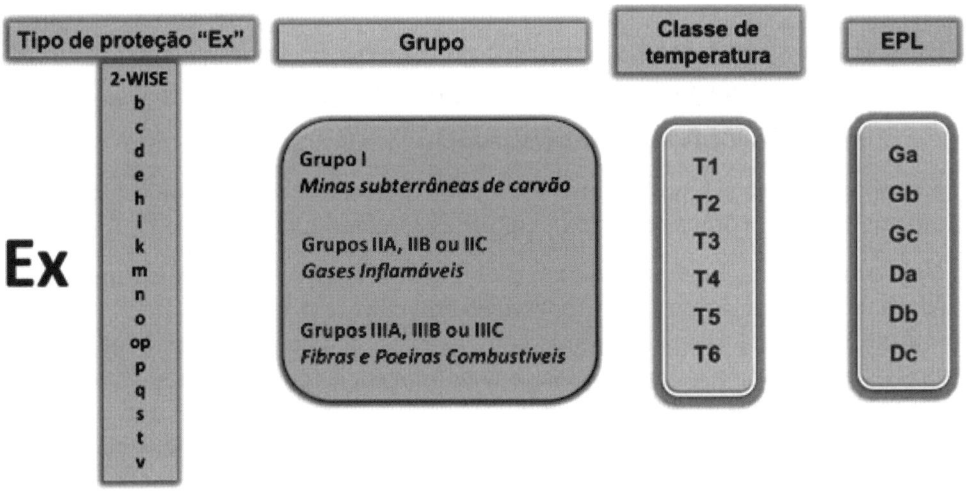


**Figura 28.1 –** Informações de marcação "tradicional" ou "convencional" de equipamentos de instrumentação, automação, telecomunicações, elétricos ou mecânicos "Ex".

*Fonte*: acervos pessoais dos autores.

## 28.3 MARCAÇÃO DE EQUIPAMENTOS E COMPONENTES "Ex" "*PEQUENOS*"

De acordo com os requisitos apresentados na norma técnica brasileira adotada ABNT NBR IEC 60079-0, em equipamentos "Ex" e em componentes "Ex" "pequenos", ou seja, onde exista uma "limitação de espaço", uma redução da marcação é permitida.

Os requisitos apresentados a seguir indicam a marcação mínima para equipamentos "Ex" ou componentes "Ex" "pequenos":

a) o nome ou marca registrada do fabricante;

b) a identificação do modelo do fabricante. É permitido abreviar ou omitir o modelo se a referência do certificado permitir a identificação do modelo específico;

c) o nome ou marca do emissor do certificado, e o número do certificado; e

d) o símbolo "X" (somente equipamento "Ex", quando apropriado) ou "U" (somente componente "Ex"). Os símbolos "X" e "U" nunca são utilizados em conjunto;

e) tanto quanto as informações restantes de marcação, de acordo com o aplicável, possam ser acomodadas.

## 28.4 MARCAÇÃO DE EQUIPAMENTOS E COMPONENTES "Ex" "EXTREMAMENTE PEQUENOS"

No caso de equipamentos "Ex" e componentes "Ex" "extremamente pequenos", quando não há praticamente espaço para marcação, uma marcação destinada a ser relacionada ao Equipamento "Ex" ou componente "Ex" é permitida, com a indicação do número do certificado de conformidade, de acordo com os requisitos apresentados na norma técnica brasileira adotada ABNT NBR IEC 60079-0.

Essa marcação deve aparecer sobre a etiqueta fornecida com o equipamento ou componente "Ex" para instalação no campo, adjacente ao equipamento "Ex" ou ao componente "Ex".

## 28.5 EXEMPLOS NORMATIVOS DE MARCAÇÃO DE EQUIPAMENTOS, COMPONENTES E EQUIPAMENTOS ASSOCIADOS "Ex"

São apresentados a seguir alguns exemplos "normativos" gerais de marcações de equipamentos "Ex", contendo diversos tipos de proteção "Ex":

Na figura a seguir, é apresentado um exemplo de marcação de um equipamento com proteção contra ignição de poeira por *invólucro*, com tipo de proteção "t" (EPL Db), para atmosferas explosivas de poeiras combustíveis, contendo poeiras condutivas do grupo IIIC, com uma temperatura máxima de superfície menor que 150 °C, com uma temperatura ambiente de - 40 °C até + 100 °C.

Companhia RST

Tipo UVX

Número de série 111222

Ex tb IIIC T150 °C Db

- 40 °C ≤ T amb ≤ 100 °C

Certificado DNK 21.45678X

**Figura 28.2** – Exemplo de marcação de equipamento protegido por invólucro (Ex "t").

Na figura a seguir, é apresentado um exemplo de marcação de um equipamento com tipo de proteção por encapsulamento "m" (EPL Ga) para atmosferas explosivas de gás do grupo IIC, com temperatura máxima de superfície menor que 100 °C e com tipo de proteção por encapsulamento "m" (EPL Da), para atmosferas explosivas de poeiras, contendo poeiras condutivas do grupo IIIC, com uma máxima temperatura de superfície menor que 100 °C, sendo as duas marcações indicadas (para gases inflamáveis e poeiras combustíveis) no mesmo certificado de conformidade.

Companhia CDEFG<br>
Tipo BCD<br>
Número de série 908070<br>
Ex ma IIC T5 Ga<br>
Ex ma IIIC T100 °C Da<br>
Certificado NNC 21.5678X

**Figura 28.3** – Exemplo de marcação de equipamento protegido por encapsulamento (Ex "ma") para os grupos II e III.

Na figura a seguir, é apresentado um exemplo de marcação de um equipamento com tipo de proteção "i" (EPL Da) para atmosferas explosivas de poeiras combustíveis, contendo poeiras condutivas do grupo IIIC, com uma temperatura máxima de superfície menor que 120 °C.

Companhia LEDX<br>
TIPO FGH<br>
Número de série 34567<br>
Ex ia IIIC $T_{200}$ 120 °C Da<br>
Certificado TIC 22.12345X

**Figura 28.4** – Exemplo de marcação de equipamento intrinsecamente seguro com EPL Da para o grupo III.

Na figura a seguir, é apresentado um exemplo de marcação de um equipamento elétrico, utilizando tipo de proteção segurança aumentada "e" (EPL Gb) para uso em atmosferas explosivas de gás inflamável do grupo IIC, com temperatura de ignição maior que 85 °C.

Companhia AB&C<br>
Modelo XYW<br>
Ex eb IIC T6 Gb<br>
HYD 04.0947<br>
Certificado 23.9876

**Figura 28.5** – Exemplo de marcação de equipamento de segurança aumentada (Ex "eb") para gases do grupo IIC, IIB ou IIA.

Na figura a seguir, é apresentado um exemplo de marcação de um componente "Ex" (certificado com sufixo "U"), com tipo de proteção com invólucro à prova de explosão "db" e segurança aumentada "eb", com circuito de saída com segurança intrínseca "ia" (equipamento associado com EPL Ga), para atmosferas explosivas de gases inflamáveis do grupo IIC.

Companhia FG&D
Modelo K2E
Ex db eb [ia Ga] IIC Gb
Certificado 23.1099 U

**Figura 28.6 –** Exemplo de marcação de componente (Sufixo "U") com invólucro à prova de explosão contendo barreira de segurança intrínseca (equipamento associado).

## 28.6 EXEMPLOS DE MARCAÇÕES DE EQUIPAMENTOS Ex "i" E EQUIPAMENTOS ASSOCIADOS [Ex "i"] DE ACORDO COM A NORMA ABNT NBR IEC 60079-11

Equipamentos intrinsecamente seguros e equipamentos associados devem apresentar a marcação mínima especificada na norma ABNT NBR IEC 60079-0 - *Requisitos gerais de equipamentos "Ex"*. O texto das marcações de advertências, quando aplicáveis, deve estar de acordo com o texto da tabela de marcações de advertências da ABNT NBR IEC 60079-0. Para equipamento associado, o símbolo "Ex ia", "Ex ib" ou "Ex ic" (ou "ia" ou "ib" ou "ic" nos casos em que "Ex" já estiver marcado) deve estar entre colchetes ( [ ] ). Devem ser marcados nos equipamentos intrinsecamente seguros os parâmetros de segurança intrínseca relevantes, incluindo-se *U*m, *L*i, *C*i, *L*o, *C*o.

Para equipamentos FISCO, cada parte do equipamento deve ser adicionalmente marcada com a palavra "FISCO", seguida pela indicação de sua função - por exemplo, fonte de alimentação, dispositivo de campo ou terminador. Quando o equipamento é duplamente marcado, podendo ser utilizado tanto em um sistema FISCO como em um sistema intrinsecamente seguro convencional, cuidados devem ser tomados para diferenciar a marcação FISCO e a marcação do sistema intrinsecamente seguro convencional. No caso de fontes de alimentação FISCO, os parâmetros de saída *U*o, *I*o, *C*o, *L*o, *P*o e *L*o/*R*o e, no caso de dispositivos de campo FISCO ou terminadores, os parâmetros de entrada e os parâmetros internos *U*i, *I*i, *C*i, *L*i, *P*i e *L*i/*R*i não necessitam ser marcados.

**Marcação dos elementos de conexão:** os elementos de conexões, caixas de terminais, tomadas e soquetes dos equipamentos intrinsecamente seguros e equipamentos associados devem ser claramente marcados e identificados. Quando uma cor for utilizada para esse propósito, esta deve ser o azul-claro para conexões intrinsecamente seguras.

São apresentados a seguir, para fins de ilustração, exemplos de marcações de equipamentos Ex "i" e equipamentos associados [Ex "i"]:

Fabricante 123
Transceptor Modelo 1234
Ex ia IIC T4 Gb
Ex ia IIIC T 135 °C Db
-25 °C ≤ Ta ≤ +50 °C
Certificado IECEx ExCB ABC 21 ****
Número de série XXXYYYZZZ

**Figura 28.7 –** Exemplo de marcação de equipamento intrinsecamente seguro (Ex "i") autônomo (portátil).

| Fabricante ABC | |
|---|---|
| Transdutor Modelo XYZW | |
| Ex ib IIB T4 Gb | |
| Certificado 23.9999X | |
| *Li*: 10 μH | *Ci*: 1 200 pF |
| *Ui*: 28 V | *Ii*: 250 mA |
| *Pi*: 1,3 W | |

**Figura 28.8** – Exemplo de marcação de equipamento intrinsecamente seguro (Ex "i") projetado para ser conectado a outro equipamento.

| Fabricante 456 | |
|---|---|
| Barreira de proteção Modelo GHIJTA | |
| [Ex ib] I | |
| Certificado ABC Ex21**** | |
| *Um*: 250 V | *Po*: 0,9 W |
| *Io*: 150 mA | *Uo*: 24 V |
| *Lo*: 20 mH | *Co*: 4,6 μF |

**Figura 28.9** – Exemplo de marcação de equipamento associado [Ex "i"].

| Fabricante DEF | |
|---|---|
| Transmissor Modelo IHGTA | |
| Ex d [ia] IIB T6 Gb | |
| Certificado XYZ No: Ex 23**** | |
| *Um*: 250 V | *Po*: 0,9 W |
| *Uo*: 36 V | *Io*: 100 mA |
| *Co*: 0,31 μF | *Lo*: 15 mH |
| Número de série XXXX | |

**Figura 28.10** – Exemplo de marcação de equipamento associado [Ex "i"] protegido por um invólucro do tipo "à prova de explosão" (Ex "d").

| Fabricante 789 | |
|---|---|
| Transdutor Modelo JKLMN | |
| Ex ic IIB T4 Gc | |
| Certificado ABC Ex21****X | |
| *Ui*: 28 V | *Ci* = 0 |

**Figura 28.11 –** Exemplo de marcação de equipamento intrinsecamente seguro (Ex "i") com nível de proteção (EPL) "ic".

| Fabricante GHI | |
|---|---|
| Transmissor Modelo MNOP | |
| Ex ib [ia IIC] IIB T6 Gb | |
| Certificado RST Ex 21****X | |
| *Ui*: 30 V | *Uo*: 5,6V |
| *Ii*: 93 mA | *Po*: 0,014 W |
| *Li:* 0,01 mH | *Io*: 10 mA |
| *Ci*: 0,031 µF | *Lo*: 0,15 mH |
| Número de série XXXX | *Co*: 35 µF |

**Figura 28.12 –** Exemplo de marcação de equipamento intrinsecamente seguro (Ex "i") com nível de proteção (EPL) "ib" com saída para circuito "ia".

**Figura 28.13 –** Exemplos de RFID com marcação Ex ia I T4 Ma, Ex ia IIC T4 Gb e Ex ia IIIC T 70 °C Db para identificação digital de equipamentos "Ex".

*Fonte*: acervos pessoais dos autores.

Deve ser ressaltado que, de acordo com a norma técnica brasileira ABNT NBR IEC 60079-14, nos casos em que os dispositivos RFID sejam do tipo "passivo" e considerados como equipamentos "simples", não existe a necessidade de certificação.

**Figura 28.14 –** Exemplo de marcação de transmissor com marcação Ex ia IIC T4 IP66W.

*Fonte*: acervos pessoais dos autores.

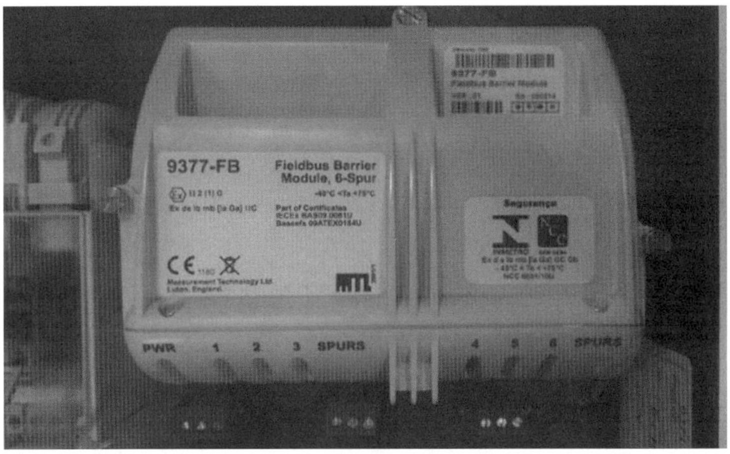


**Figura 28.15 –** Exemplo de marcação de barreira *fieldbus* (FISCO) com marcação Ex de ib mb [ia Ga] IIC Gb.

*Fonte*: acervos pessoais dos autores.

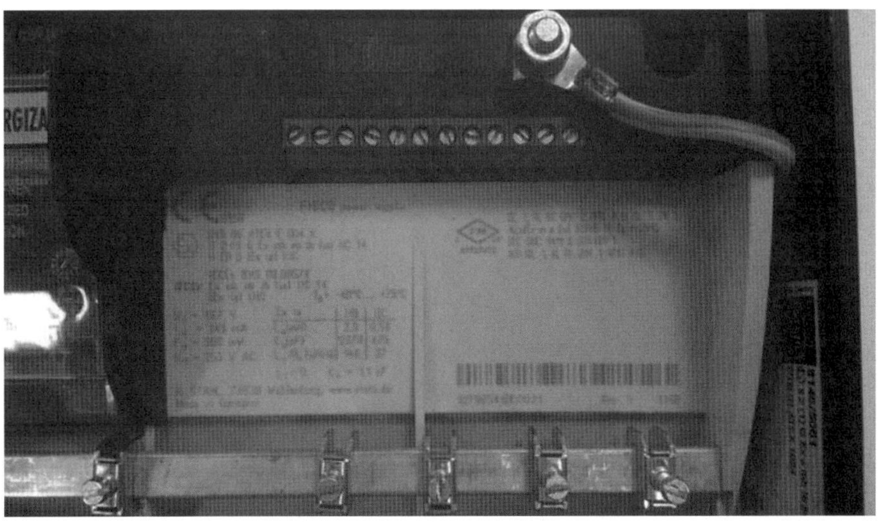

**Figura 28.16 –** Exemplo de marcação de fonte de alimentação FISCO com marcações Ex mb eb ib [ia] T4 / [Ex ia] IIIC.

*Fonte*: acervos pessoais dos autores.

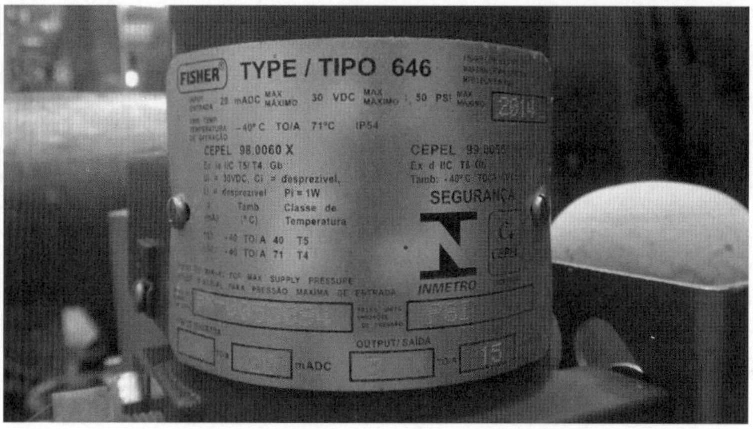


**Figura 28.17** – Exemplo de transmissor de pressão com marcação Ex ia IIC T5/T4 Gb.

*Fonte*: acervos pessoais dos autores.

**Figura 28.18** – Exemplo de marcação de painel pressurizado com marcação Ex ib py IIB+$H_2$ T4.

*Fonte*: acervos pessoais dos autores.

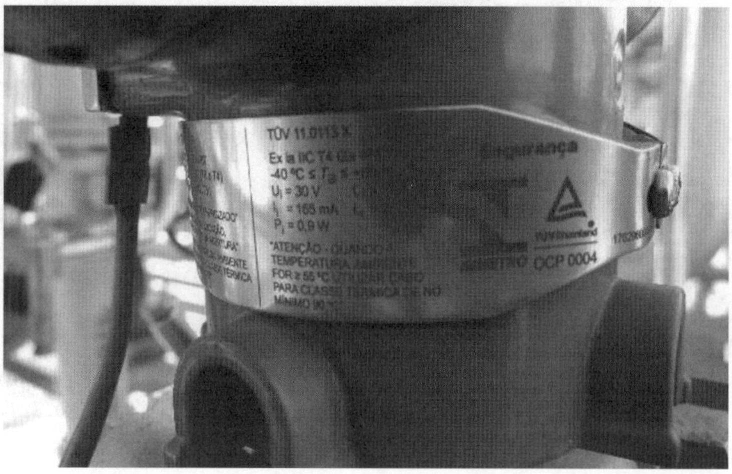


**Figura 28.19** – Exemplo de transmissor intrinsecamente seguro com marcação Ex ia IIC T4 Ga.

*Fonte*: acervos pessoais dos autores.

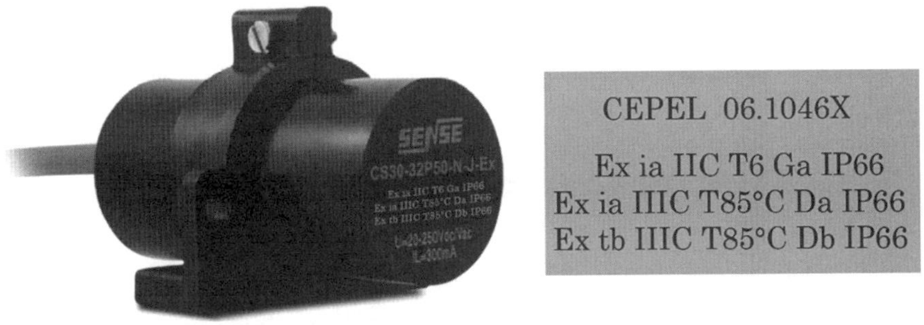


**Figura 28.20 –** Exemplo de marcação de sensor capacitivo intrinsecamente seguro: Ex ia IIC T6 Ga IP66.

*Fonte*: Sense Eletrônica.

**Figura 28.21 –** Exemplo de marcação de equipamento para sistema de medição e pesagem industrial em áreas classificadas contendo gases inflamáveis ou poeiras combustíveis, com marcações Ex ic IIC T4 Gc, Ex ec IIC T4 Gc / Ex tc IIIC T100 °C Dc / Ex ia IIC T4 Gb / Ex ib IIIC T100 °C Dc.

*Fonte*: Mettler Toledo.

**Figura 28.22 –** Exemplo de marcação de smartphone intrinsecamente seguro com marcações Ex ib op is IIC T4 Gb IP64 / Ex ib op is IIIC T120 °C Db.

*Fonte*: Pepperl + Fuchs Brasil.

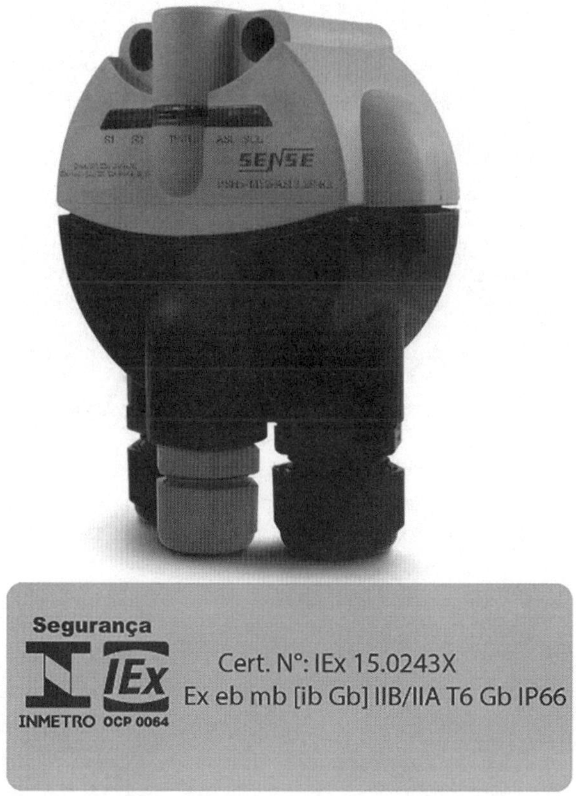


**Figura 28.23 –** Exemplo de marcação de sensor de posição de válvula com marcação Ex eb mb [ib Gb] IIB/IIA T6 Gb IP66.

*Fonte*: Sense Eletrônica.

**Figura 28.24 –** Exemplo de marcação de transmissor de pressão intrinsecamente seguro com comunicação HART: Ex ia IIC T6...T4 Ga.

*Fonte*: IECEx – Sistema de certificação on-line.

**Figura 28.25 –** Exemplo de marcação de sensor indutivo do tipo ranhura intrinsecamente seguro: Ex ia IIC T6 Ga IP65.

*Fonte*: Sense Eletrônica.

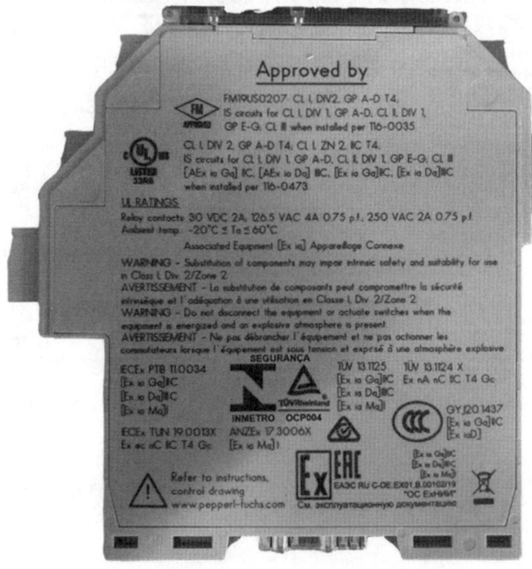


**Figura 28.26 –** Exemplo de marcações de barreira de segurança intrínseca com isolação galvânica (equipamento associado): [Ex ia Ga] IIC, [Ex ia Da] IIIC e [Ex ia Ma] I.

*Fonte*: Pepperl + Fuchs Brasil.

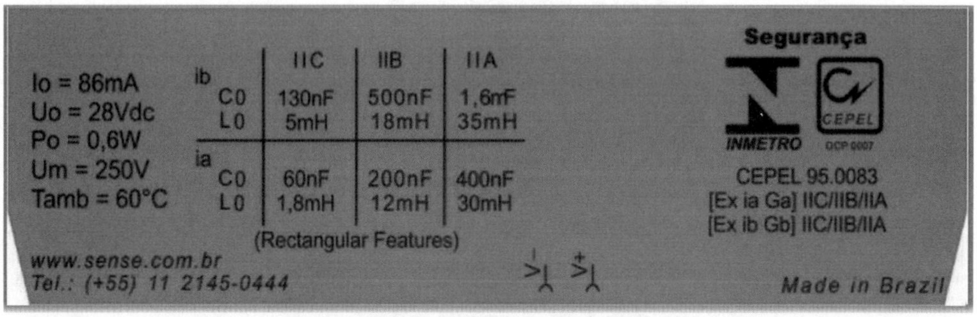


**Figura 28.27 –** Exemplo de marcações de barreira de segurança intrínseca (equipamento associado): [Ex ia Ga] IIC/IIB/IIA e [Ex ib Gb] IIC/IIB/IIA.

*Fonte*: Sense Eletrônica.

**Figura 28.28 –** Exemplo de marcação de detector de gás portátil com tipo de proteção segurança intrínseca: Ex ia IIC T4 Gb.

*Fonte*: MSA Safety.

**Figura 28.29 –** Exemplo de marcação de detector de gás portátil com tipo de proteção segurança intrínseca (Ex ia IIC T4 Ga), com a possibilidade utilização de sensor do tipo à prova de explosão (Ex "da").

*Fonte*: MSA Safety.

**Figura 28.30 –** Exemplo de marcação de painel local de controle e automação, instalado em módulo de produção do *topside* de FPSO, operando no pré-sal: Ex d e ia ib mb [ia, ib, ic] nA nC nL [op is Ga] IIB T4 Gc IP65.

*Fonte*: acervos pessoais dos autores.

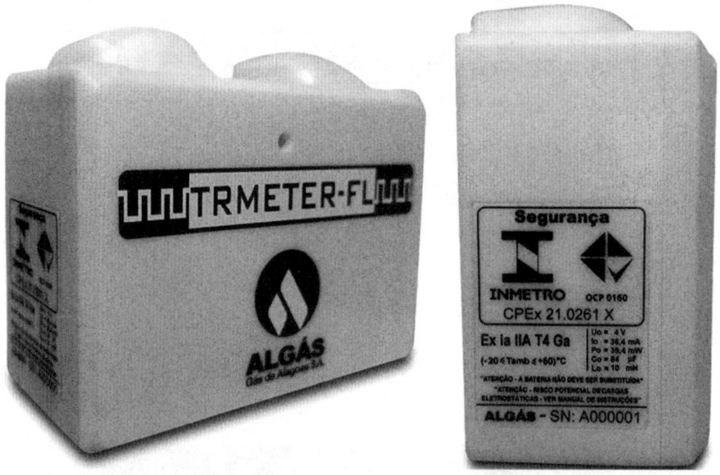


**Figura 28.31 –** Exemplo de marcação de *dataloggers wireless* contendo bateria para medição de gás natural com tipo de proteção por segurança intrínseca, marcação Ex ia IIA T4 Ga.

*Fonte*: CPEx/ALGÁS.

## 28.7 MARCAÇÕES DE EQUIPAMENTOS "*POWER-i*" DE ACORDO COM A ABNT IEC TS 60079-39

De acordo com os requisitos especificados na seção "Marcação" da ABNT IEC TS 60079-39, cada equipamento "*Power-i*" deve ser marcado em conformidade com as normas ABNT NBR IEC 60079-0 e ABNT NBR IEC 60079-11, adicionalmente com a palavra "*Power*-i", seguida de uma indicação da sua função, por exemplo, "fonte", "dispositivo de campo" ou "terminador".

Quando o equipamento tem dupla marcação, de modo que ele possa ser utilizado em um sistema *Power*-i e um sistema intrinsecamente seguro "convencional", cuidados devem ser tomados para se diferenciar a marcação *Power*-i da marcação de um sistema "convencional" intrinsecamente seguro.

Para as fontes *Power*-i, os parâmetros de saída *U*o, *I*o, *C*o, *L*o, *P*o e *L*o/*R*o não precisam ser marcados. Para equipamentos de campo *Power*-i e terminadores *Power*-i, os parâmetros internos e de entrada *U*i, *I*i, *C*i, *L*i, *P*i e *L*i/*R*i não precisam ser marcados. No lugar desses parâmetros, as seguintes especificações devem ser utilizadas: classes de corrente e tensão *Power*-i, o fator de avaliação *AF Power*-i especificado e, quando aplicável, o tempo de resposta *t* resp *Power*-i especificado.

São apresentados a seguir alguns exemplos de marcação de fontes de alimentação "*Power-i*" e de dispositivos de campo "*Power-i*":

Fonte *Power*-i
John Delon Ltd., SW99 2AJ UK, Type ACD-XX1
-5 °C ≤ *Ta* ≤ +50 °C
Certificado PTB-98765
Número de Série 012345
[Ex ib Gb] IIC
IN: *U*m = 250 V
OUT: 32V1A0
*t* resp = 1,2 µs *AF* = 12

**Figura 28.32 –** Exemplo de marcação de fonte de alimentação *"Power-i"*.

Max Denver Ltd., SW99 2AJ UK, Type BCD-YY1
-10 °C ≤ *Ta* ≤ +50 °C
Certificado PTB 98722
Número de série 012333
Ex eb mb [ib] IIC T4 Gb
IN: *U*m = 250 V
OUT: 32V2A0
*t*resp = 0,7 µs *AF* = 10

**Figura 28.33 –** Exemplo de marcação de fonte de alimentação *"Power-i"*.

Dispositivo de campo *Power*-i
Peter Pan PLC., GL99 1JA UK, Tipo ZZS-222A
Certificado BAS 22.1860
Número de série 812369
Ex ib mb IIC T4 Gb
IN: 32V1A5
*AF* = 3,1

**Figura 28.34 –** Exemplo de marcação de dispositivo de campo *"Power-i"*.

Dispositivo de campo *Power*-i
Hans Müller GmbH, 38116 Braunschweig, D,
Tipo 1AZS-33A
Certificado BAS 21.1234
Número de série 220367
Ex ib IIB T4 Gb
IN: 40V1A5
*AF* = 2,8

**Figura 28.35 –** Exemplo de marcação de dispositivo de campo "*Power-i*".

## 28.8 MARCAÇÕES DE EQUIPAMENTOS INTRINSECAMENTE SEGUROS A DOIS FIOS (2-WISE), DE ACORDO COM A ABNT IEC TS 60079-47

Os requisitos para a marcação de equipamentos e dispositivos 2-WISE especificados na ABNT IEC TS 60079-47 complementam e modificam os requisitos de marcação especificados nas ABNT NBR IEC 60079-0 e ABNT NBR IEC 60079-11. Cada dispositivo 2-WISE deve ser marcado com "2-WISE". O tipo de cada porta deve ser marcado como:

a) "Porta de **fonte de alimentação de força** 2-WISE"

b) "Porta de **carga de alimentação de força** 2-WISE"

c) "Porta de **dispositivo auxiliar** 2-WISE"

d) "Porta **não alimentada** 2-WISE" (somente para comunicação)

As portas 2-WISE não necessitam ser marcadas com os parâmetros de segurança intrínseca *Ui, Ii, Ci, Li, Pi, Uo, Io, Co, Lo* ou *Po* (uma vez que estes parâmetros são *padronizados* ou *normalizados* na ABNT IEC TS 60079-47).

São apresentados a seguir alguns exemplos de marcação de equipamentos e dispositivos 2-WISE.

Modelo 123 APL Switch
Companhia ABC
2-WISE
Ex ec [ia Ga] IIC T4 Gc
Ex tc [ia Da] IIIC T130 °C Dc
Fonte de alimentação de força 2 WISE
-55°C ≤ Ta ≤ +100°C
Número de Série 12345
Certificado TYG 22.1111

**Figura 28.36 –** Exemplo de marcação de dispositivo 2-WISE com porta de fonte de alimentação de força.

| Modelo 456 |
|---|
| Companhia ABC |
| 2-WISE |
| Ex ib IIC T4 Gb |
| Ex ib IIIC T130 ºC Db |
| Carga de alimentação de força 2-WISE |
| -20°C ≤ Ta ≤ +60 °C |
| Número de Série 5432 |
| Certificado RST 23.2222 |

**Figura 28.37 –** Exemplo de marcação de dispositivo 2-WISE com porta de carga de alimentação de força.

| Modelo 789 |
|---|
| Companhia ABC |
| 2-WISE |
| Ex ic IIA T1 Gc |
| Ex ic IIIA T450 ºC Dc |
| Dispositivo auxiliar 2-WISE |
| -40°C ≤ Ta ≤ +100 °C |
| Número de Série TW342 |
| Certificado XYZ 22.3333 |

**Figura 28.38 –** Exemplo de marcação de dispositivo 2-WISE com porta auxiliar de dispositivo.

| Modelo 12340 |
|---|
| Companhia ABC |
| 2-WISE |
| Ex ec [ia Ga] llC T4 Gc |
| Ex tc [ia Da] IIIC T130 °C Dc |
| Porta 2-WISE somente para comunicação (não alimentada) |
| -55°C ≤ Ta ≤ +85°C |
| Número de Série A8567 |
| Certificado ABC 22.4444 |

**Figura 28.39 –** Exemplo de marcação de dispositivo 2-WISE com porta não alimentada (somente para comunicação).

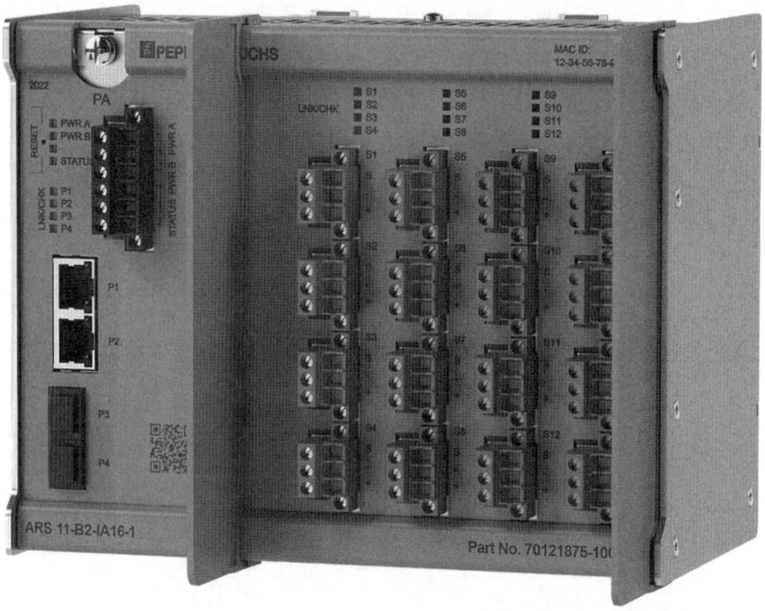


**Figura 28.40** – Exemplo de *switch* de campo (*field switch*) com padrão *Ethernet* APL (*Advanced Physical Layer*), com tipo de proteção 2-WISE, contendo duas portas de fonte de alimentação de força e 16 portas de comunicação (*Spurs* 1 a 24) com marcações Ex ic ec [ia Ga] IIC T4 Gc / [Ex ia Da] IIIC.

*Fonte*: Pepperl + Fuchs Brasil.

## 28.9 MARCAÇÃO *DIGITAL* DE EQUIPAMENTOS (*AUTO ID*)

### 28.9.1 GENERALIDADES

Pode ser previsto que, com o contínuo desenvolvimento da tecnologia, as placas "tradicionais" ou "analógicas" de marcação dos produtos "Ex" serão coisas do passado. Com o passar do tempo, pode ser previsto que distantes serão as épocas em que os técnicos tinham de se esforçar para "decifrar" os dados complexos ou ilegíveis de placas de marcação de equipamentos "Ex". No nível internacional de normalização da IEC, foram publicadas normas para padronizar os requisitos de marcação "digital", aplicáveis inclusive para produtos de instrumentação, automação, de telecomunicações, elétricos e mecânicos "Ex".

Com o desenvolvimento das técnicas de identificação digital de equipamentos, utilizadas de forma consolidada nas operações diárias em ambientes comerciais e industriais, foram definidos os requisitos normativos e os procedimentos de identificação digital (Auto ID) de equipamentos "Ex".

Da forma "tradicional" como se encontram as etiquetas de marcação de equipamentos "Ex", pode ser verificada a grande quantidade de informações necessárias para atendimento de diversas informações de diversos sistemas de certificação e a falta de espaço físico para a colocação de todas essas informações em plaquetas ou inscrições nos equipamentos. Para os equipamentos "Ex" de pequenas dimensões, frequentemente pode ser verificada a impossibilidade de identificação de todas as informações requeridas pelo mercado global.

As marcações "Ex" digitais, no âmbito da IIoT, permitem uma leitura eletrônica que possibilita recursos integrados de gestão de ativos, como controles customizados, registro e cadastro de inventário de equipamentos "Ex" e planejamento de recursos empresariais, bem como automação de execução e registros de serviços de campo de inspeção, manutenção e reparos.

Detalhes sobre os requisitos para a marcação eletrônica ou digital de equipamentos foram elaborados em 2021 pelo DIN (*Deutsches Institut für Normung/German Institute for Standardisation*) e VDE (*Verband Deutscher Elektrotechnik, Elektronik und Informationstechnik/German Commission for Electrical Engineering, Electronic and IT*), sendo indicados na norma alemã DIN/VDE 0170-100 (*Digital Name Plate - Part 100: Digital Product Marking*), elaborada pela Comissão DKE/K-241 – *Firedamp and Explosion-Proof Electrical Equipment* da DKE (*German Commission for Electrical, Electronic and Information Technologies in DIN and VDE*), cuja folha de rosto é apresentada na figura a seguir.

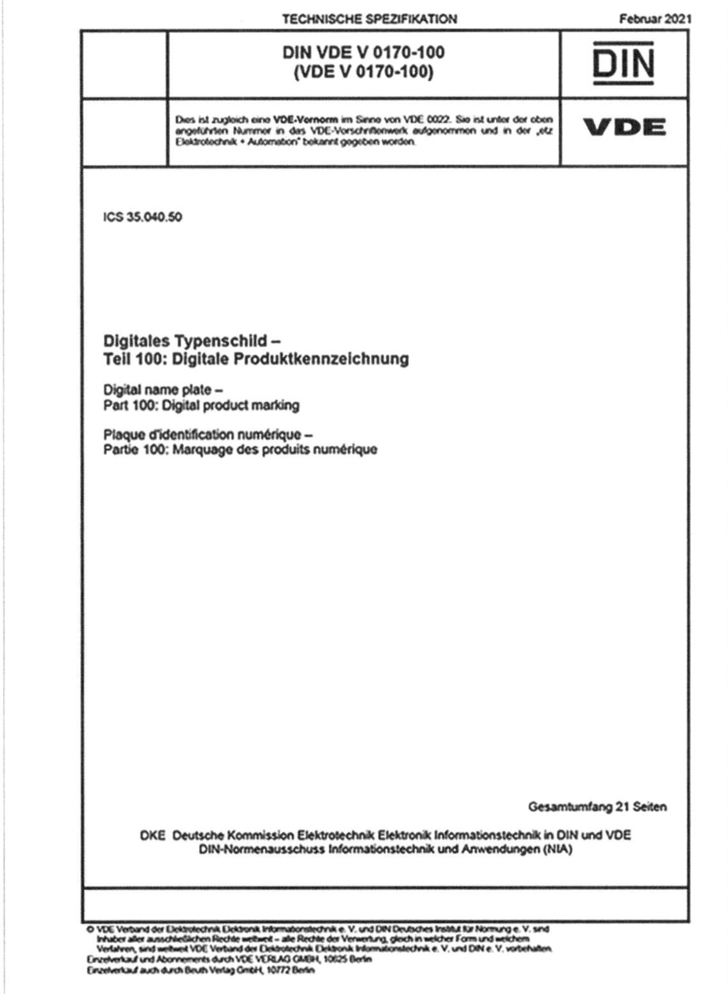

TECHNISCHE SPEZIFIKATION Februar 2021

DIN VDE V 0170-100
(VDE V 0170-100)

DIN

Dies ist zugleich eine **VDE-Vornorm** im Sinne von VDE 0022. Sie ist unter der oben angeführten Nummer in das VDE-Vorschriftenwerk aufgenommen und in der „etz Elektrotechnik + Automation" bekannt gegeben worden.

VDE

ICS 35.040.50

**Digitales Typenschild –**
**Teil 100: Digitale Produktkennzeichnung**

Digital name plate –
Part 100: Digital product marking

Plaque d'identification numérique –
Partie 100: Marquage des produits numérique

Gesamtumfang 21 Seiten

DKE Deutsche Kommission Elektrotechnik Elektronik Informationstechnik in DIN und VDE
DIN-Normenausschuss Informationstechnik und Anwendungen (NIA)

© VDE Verband der Elektrotechnik Elektronik Informationstechnik e. V. und DIN Deutsches Institut für Normung e. V. sind Inhaber aller ausschließlichen Rechte weltweit – alle Rechte der Verwertung, gleich in welcher Form und welchem Verfahren, sind weltweit VDE Verband der Elektrotechnik Elektronik Informationstechnik e. V. und DIN e. V. vorbehalten.
Einzelverkauf und Abonnements durch VDE VERLAG GMBH, 10625 Berlin
Einzelverkauf auch durch Beuth Verlag GmbH, 10772 Berlin

**Figura 28.41 –** Folha de rosto da norma alemã DIN/VDE 0170-100 – *Digital Name Plate – Part 100: Digital Product Marking,* aplicável para a marcação digital de equipamentos "Ex".

Os requisitos especificados na norma VDE 0170-100 são aplicáveis aos equipamentos a serem marcados de forma "digital", por exemplo, na automação das indústrias de processos. O objetivo da norma VDE é apresentar soluções para marcações que sejam lidas de forma eletrônica, como alternativas para as marcações com texto "tradicionais" em marcações físicas dos equipamentos.

Essas marcações "digitais" podem ser utilizadas, dentre outras aplicações, em equipamentos, de instrumentação, automação, telecomunicações, elétricos e mecânicos "Ex". Podem ser utilizadas também por fabricantes de equipamentos, nos processos de manufatura, de forma a controlar automaticamente o fluxo e o processo dos materiais, o que, até o momento, era possível com a utilização de *códigos de barras.*

Além disso, em atividades de importação, exportação ou comercialização, por exemplo, as autoridades alfandegárias podem identificar os produtos de forma eletrônica, com a identificação do produto na sua chegada a um porto ou aeroporto, ou centro de logística de distribuição, os quais podem verificar ou liberar, de forma "eletrônica", os produtos para as suas áreas permitidas de utilização.

Em equipamentos elétricos e mecânicos "Ex", as informações e os dados indicados em uma marcação digital podem ser automaticamente transferidos para um sistema de gestão empresarial do tipo ERP (*Enterprise Resource Planning*), de forma a executar um devido registro dos equipamentos fixos e móveis que estão sendo adquiridos ou instalados, ou utilizados em áreas classificadas, possibilitando uma gestão de ativos "Ex" livre de erros ou de inconsistência de dados.

Com este tipo de marcação "digital" "Ex" todos os dados dos equipamentos elétricos, de instrumentação, de automação, de telecomunicações ou mecânicos "Ex" se tornam digitalmente disponíveis para os proprietários das instalações e para o pessoal envolvido com as atividades de projeto, montagem, inspeção, manutenção, reparo, recuperação e auditorias de equipamentos e instalações em áreas classificadas.

A norma técnica DIN/VDE 0170-100 sobre "marcações digitais" foi originariamente elaborada em função de demandas e motivações por parte fabricantes de equipamentos "Ex" fixos, portáteis ou pessoais com certificação para instalação ou utilização em atmosferas explosivas. De um lado, existe a necessidade de uma maior quantidade de informações nas marcações "Ex", uma vez que uma grande quantidade de dados é requerida para os diversos tipos de proteção "Ex", grupos, classes de temperatura para gases inflamáveis, temperatura de ignição para poeiras combustíveis, EPL e requisitos específicos de instalação, além de diversos sistemas de certificação de equipamentos "Ex", requeridos por diversos países do mundo.

Frequentemente, não se torna "fisicamente possível" a colocação dessa grande quantidade de informações em *plaquetas de marcações "Ex" convencionais*, fazendo com que os fabricantes tenham de desenvolver múltiplos e complexos sistemas de marcação de produtos, muitas vezes com marcações específicas para mercados específicos, como para o mercado europeu, o mercado norte-americano, o mercado russo, o mercado brasileiro ou mercado chinês. Por outro lado, existe a necessidade de disponibilização de todas essas informações de forma digital, a fim de permitir a sua incorporação automática e sem erros no sistema de gestão de ativos dos usuários finais dos equipamentos "Ex".

Na elaboração da norma DIN VDE 017-100, foram discutidos, dentre outros aspectos, a possibilidade de eventual substituição da marcação "convencional" por meio de texto em plaquetas "físicas" por marcações com leitura digital, feitas automaticamente por máquinas. Os "tradicionais" requisitos legais indicados em diversos regulamentos existentes em diversos países, como no Brasil, foram considerados na elaboração daquela norma. Para uma melhor aceitação comum sob os pontos de vista técnico e legal, foram definidas informações mínimas a serem indicadas na forma "tradicional" de texto sobre os equipamentos "Ex", reconhecendo, porém, que a identificação digital se encontra em acentuado processo de popularização e aceitação no mercado internacional.

Foram, inclusive, consideradas na elaboração daquela norma as primeiras diretivas que estão sendo emitidas sobre a aceitação de identificação digital de equipamentos, como a implementação do regulamento sobre identificação eletrônica de equipamentos marítimos (*Regulation EU 2018/608 – Laying Down Technical Criteria for Electronic Tags for Marine Equipment*), publicada pela EMSA (*European Maritime Safety Agency*): <https://eur-lex.europa.eu/legal-content/EN/TXT/?uri=CELEX%3A32018R0608#:~:text=Commission%20Implementing%20Regulation%20(EU)%202018,(Text%20with%20EEA%20relevance.%20)>.

Na figura a seguir, são mostrados os símbolos de marcações digitais para produtos marítimos, determinados pelo Regulamento EU 2018/608 da Agência de Segurança Marítima Europeia.

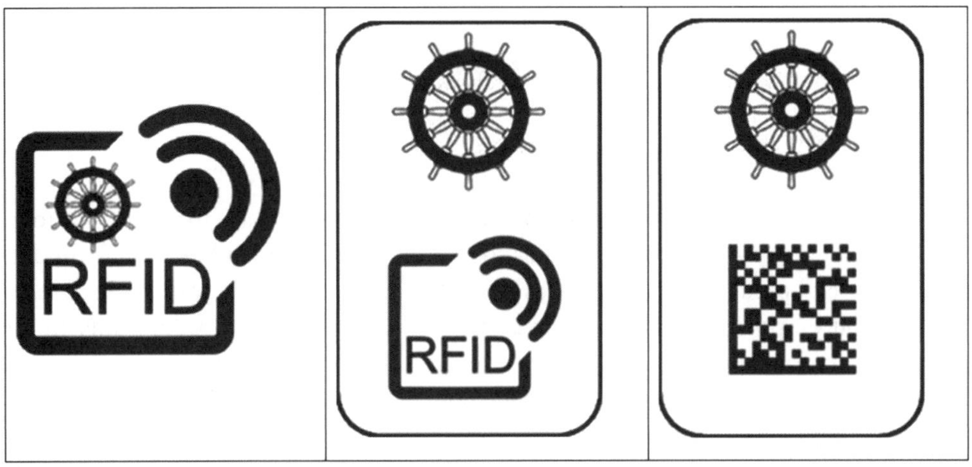


**Figura 28.42 –** Exemplos de símbolos para marcação digital de produtos marítimos, de acordo com o Regulamento EU 2018/608 (*Electronic Tags for Marine Equipment*) da Agência de Segurança Marítima Europeia.

*Fonte*: EUR-Lex.

Pode ser verificado nos regulamentos que são publicados no Brasil e em diversos países do mundo que as marcações digitais estão sendo implementadas e aceitas no mercado nacional e nos mercados internacionais, de forma crescente e contínua. Podem ser citados como exemplos de países onde entidades regulamentadoras reconhecem e aceitam a marcação digital em diferentes tipos de produtos: África do Sul, Argentina, Austrália, Brasil, Canadá, China, Comunidade Europeia, Coreia do Sul, Emirados Árabes, Estados Unidos, Filipinas, Gana, Índia, Japão, Malásia, México, Nova Zelândia, Samoa, Singapura, Taiwan, Tailândia e Vietnã.

No Brasil, por exemplo, a Anatel (Agência Nacional de Telecomunicações) especifica e reconhece a marcação digital em produtos de telecomunicações desde 2020. De acordo com os requisitos do Ato Regulatório Anatel 4088 (31/07/2020): *Procedimento Operacional para Marcação da Identificação da Homologação Anatel em Produtos para Telecomunicações*, é prevista a possibilidade da marcação digital por meio de QR Code: <https://informacoes.anatel.gov.br/legislacao/atos-de-certificacao-de-produtos/2020/1451-ato-4088>.

São transcritos a seguir os requisitos indicados naquele Ato Regulatório da Anatel sobre a marcação digital dos produtos de telecomunicações por meio de QR Code:

7. Da identificação por **QR Code**

7.1. A consulta ao QR Code do produto deve mostrar, no mínimo, as seguintes informações:

I. Código de homologação;

II. Nome do modelo e do nome comercial (quando houver) do produto homologado;

III. Número de lote;

IV. Número de série;

V. Versão de software, quando aplicável;

VI. Identificação e endereço da unidade fabril; e

VII. Identificação e endereço do fornecedor.

7.2. A consulta ao QR Code do produto deve ser acessível por meio de qualquer dispositivo com tal capacidade, sem a necessidade de software proprietário para sua leitura.

7.3. Quando a identificação por QR Code da homologação for utilizada, faz-se necessária também a identificação na embalagem do produto, conforme um dos formatos previstos no item 5.5, ressalvados os casos descritos neste Procedimento da ANATEL.

Dentre os requisitos mínimos de informações que podem ser mantidas na forma "***tradicional***" de **texto** podem ser indicados: número do certificado de conformidade, marcações "Ex" para áreas classificadas de minas subterrâneas de carvão, de gases inflamáveis ou de poeiras combustíveis, nome e endereço do fabricante, nome tipo de produto, número do pedido, número de série, data de fabricação e requisitos específicos de utilização (certificados de conformidade com sufixo "X").

Dentre as possibilidades de identificação digital, de forma a complementar (ou mesmo substituir, no futuro) as "tradicionais" marcações físicas, podem ser citados os *QR Code*, RFID (*Radio Frequency Identification*), NFC (*Near Field Communication*). Na figura a seguir, são apresentados exemplos de métodos de marcação digital de equipamentos com certificação "Ex", como *QR Code* e RFID e utilização de leitores digitais (tablets ou smartphones).

| QR Code | QR Code | RFID / NFC | Leitor digital |
|---|---|---|---|

**Figura 28.43 –** Exemplos de marcação digital para substituição de marcação "convencional" original que havia sido perdida em equipamento com certificação "Ex".

Na figura a seguir, é apresentado um exemplo ilustrativo de identificação digital de um equipamento com certificação "Ex", com a utilização de *QR Code*.

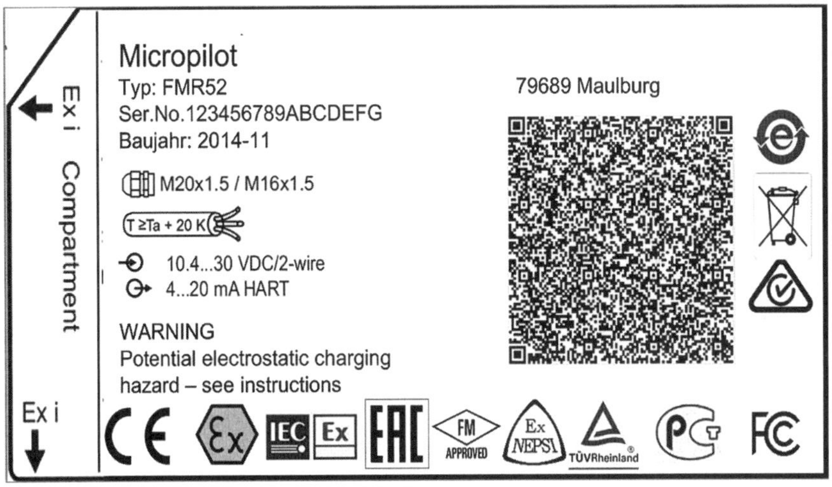


**Figura 28.44** – Exemplo ilustrativo de identificação digital de equipamento com certificação "Ex".

### 28.9.2 O DESENVOLVIMENTO DOS REQUISITOS DA "ECONOMIA CIRCULAR" E DE INFORMAÇÕES SOBRE OS PRODUTOS "Ex"

Com o advento da *economia circular*, novos tipos de informações serão necessários para a marcação dos equipamentos "Ex". A economia circular é um conceito que associa o desenvolvimento econômico a uma melhor utilização dos recursos naturais, por meio de novos modelos de negócios e da otimização nos processos de fabricação, com menor dependência de matéria-prima "virgem", priorizando insumos mais duráveis, recicláveis e renováveis.

Isso inclui, por exemplo, informações sobre a quantidade de conteúdo reciclável nos equipamentos "Ex" ou em seus componentes. Entretanto, ainda não existe, no presente momento, um procedimento ou norma para rastrear essas informações, as quais são indicadas, por exemplo, somente nas folhas de dados dos componentes ou materiais utilizados. A limitação da apresentação dessas informações nas folhas de dados dos componentes não gera o tipo de eficiência necessária para ajudar a reduzir os custos de implementação de uma "economia circular".

Outros tipos de informações sobre os produtos "Ex" que podem ser consideradas úteis para avaliar a sua circularidade incluem dados sobre sua confiabilidade e durabilidade, bem como a facilidade de desmontagem e recuperação, e a disponibilidade de peças de reposição.

Para melhorar os requisitos de circularidade dos produtos "Ex", as informações devem fluir com o material em seu "ciclo circular". Por exemplo, os fabricantes dos produtos "Ex" precisam disponibilizar informações sobre os materiais utilizados em seus produtos para avaliar a circularidade dos materiais e oferecer informações aos recicladores, para facilitar a reciclagem de materiais ou a reutilização de peças.

As informações sobre a composição e o histórico de peças e materiais para reutilização e reciclagem também precisam fluir dos recicladores para os produtores de materiais secundários e fornecedores de componentes, e, em seguida, para os fabricantes dos produtos "Ex", de modo a assegurar que as peças e os materiais reutilizados e reciclados atendam aos requisitos de desempenho e cumpram os requisitos legais aplicáveis.

### 28.9.3 OS BENEFÍCIOS E OBJETIVOS DAS MARCAÇÕES DIGITAIS "Ex"

Atualmente, a declaração de aprovações de produtos "Ex" tem um alcance limitado, que dificulta muito o mapeamento de todas as informações necessárias em uma placa de marcação "Ex".

No entanto, em plena era da *indústria 4.0*, todas as informações relevantes devem ser disponibilizadas em formato digital, sem a necessidade de utilização de papel e, portanto, devem estar disponíveis em qualquer lugar. Contudo, uma infraestrutura de informação e comunicação em rede como parte da *Indústria 4.0* ainda não está sendo utilizada para as placas de marcação dos produtos "Ex".

Por essa razão, o número de marcações e a quantidade de informações e de certificações muitas vezes não cabem mais fisicamente em uma placa de marcação "Ex" tradicional, seja gravada em baixo relevo, a laser ou pintada em uma placa fabricada com material metálico ou plástico.

Um dos principais objetivos das placas digitais de marcação dos produtos "Ex" é disponibilizar as informações "legais" (compulsórias) em um formato eletronicamente legível e padronizado. Em longo prazo, as placas de marcação "Ex" "tradicionais" devem ser substituídas por um identificador em formato eletrônico. Existe também a necessidade de se fornecerem mais informações sobre os produtos "Ex" ao utilizar-se um conceito de informação mais atual, como o requerido na administração da *indústria 4.0.*

### 28.9.4 COMPARAÇÃO ENTRE AS PLACAS DE MARCAÇÃO "Ex" TRADICIONAIS E DIGITAIS

São indicadas a seguir as principais características das placas de marcação "Ex" tradicionais e digitais.

**Placas de marcação "Ex" *tradicionais***

- As informações do produto "Ex" somente podem ser acessadas localmente;
- as informações somente podem ser visualizadas de perto;
- a quantidade de informações é limitada devido ao tamanho físico da plaqueta de marcação;
- as informações são "estáticas" e não podem ser adaptadas, em casos de necessidade;
- não contêm informações sobre o ciclo de vida de componentes do produto, sob o ponto de vista da economia circular.

**Placas de marcação "Ex" *digitais***

- As informações do produto "Ex" podem ser acessadas de qualquer lugar;
- as informações podem ser visualizadas em qualquer dispositivo de leitura, como smartphones, tablets ou PDA;
- a quantidade de informação é digital e, portanto, praticamente ilimitada;
- as informações são "dinâmicas" e podem ser adaptadas, em caso de necessidade;
- documentação disponível de forma simplificada sobre o ciclo de vida de componentes do produto, sob o ponto de vista da "economia circular".

### 28.9.5 PADRONIZAÇÃO DE MARCAÇÕES DIGITAIS PUBLICADAS EM NORMAS REGIONAIS E NACIONAIS

A *digitalização* avança de forma acelerada. As maiores mudanças ocorreram nos últimos anos, especialmente no ambiente industrial: as áreas de engenharia mecânica e de processamento são, hoje, altamente conectadas em redes de comunicação. O processo de fabricação é cada vez mais autônomo, e a inteligência artificial (IA) também está sendo cada vez mais aplicada nos ambientes de produção digital.

No entanto, apesar de todas essas rápidas e recentes transformações, as placas de marcação "clássicas" ainda não se tornaram obsoletas. As placas "analógicas" ou "tradicionais" ainda podem ser encontradas em diversos produtos, peças, componentes e sistemas. No decurso da digitalização, porém, é necessário que sejam disponíveis placas de marcação em formato "digital", as quais permitam a leitura de informações diretamente por máquinas. Por trás do conceito simples da placa de marcação "digital", está o conceito de digitalização completo, que forma a base da indústria 4.0.

Devido aos diferentes requisitos para uma placa de marcação digital, existem propostas de trabalho, no âmbito internacional da IEC, para dois tipos que estão sendo trabalhados internacionalmente em dois projetos de padronização, como será visto a seguir.

### 28.9.6 MARCAÇÃO DIGITAL COMO IDENTIFICADOR EXCLUSIVO DOS PRODUTOS

Esse tipo de marcação digital proporciona uma identificação única do produto por meio de um URI (*Unique Resource Identifier*, ou identificador único de recursos) que seja único em nível global. A documentação completa do produto com acesso automatizado a todas as informações e serviços do produto e sua utilização ao longo do seu ciclo total de vida pode ser disponibilizada para fabricantes e usuários, via internet.

Essa versão de marcação digital, descrita no documento DIN SPEC 91406 (*Automatic Identification of Physical Objects*), está sendo desenvolvida como um padrão internacional pelo Comitê Técnico IEC TC 65 (*Industrial-Process Measurement, Control and Automation*)/Subcomitê SC 65E (*Devices and Integration in Enterprise Systems*) na norma internacional IEC 61406 (*Identification Link – Unambiguous Biunique Machine-Readable Identification*).

### 28.9.7 MARCAÇÃO DIGITAL COMO "PASSAPORTE" DO PRODUTO

O segundo tipo de marcação digital contém a identificação essencial do produto, em formato digital, na placa de marcação. Nessa variante da placa de marcação digital, as informações podem ser lidas diretamente da placa de marcação, por meio de um smartphone, tablet ou outros dispositivos de leitura, como PDA. As informações estão imediatamente disponíveis para o usuário, mesmo nos casos de eventualidade de indisponibilidade de uma conexão com a internet.

Essa variante é descrita na norma DIN/VDE V0170-100 (*Digital Name Plate – Part 100: Digital Product Marking*), que pode ser considerada como a base da norma técnica internacional IEC 63365 (*Industrial Process Measurement, Control, and Automation – Digital Nameplate*), publicada em 2022.

Características de uma marcação "analógica":

- Número de caracteres, conteúdo de informações: limitado pelo tamanho físico.
- Leitor necessário: não.
- Requer conexão com a internet: não.
- Possibilidade de atualização: não.
- Necessidade de operação a longo prazo de uma infraestrutura de dados adequada: não.

Características de uma marcação digital como identificador único de produto:

- Número de caracteres, conteúdo de informação: limitado pela capacidade de informação da tecnologia (*QR Code*, *transponders* com *chips* RFID etc.).
- Leitor necessário: sim. Por exemplo, smartphone ou tablet.
- Requer conexão com a internet: não.
- Possibilidade de atualização: não (depende da tecnologia utilizada. Para chips RFID ativos, uma atualização pode ser possível).
- Necessidade de operação em longo prazo de uma infraestrutura de dados adequada: não.

Características de uma marcação de identificação *digital*:

- Número de caracteres, conteúdo informativo: ilimitado.
- Leitor necessário: sim. Por exemplo, smartphone ou tablet.
- Requer conexão com a internet: sim.
- Possibilidade de atualização: sim.
- Necessidade de operação em longo prazo de uma infraestrutura de dados adequada: sim.

### 28.9.8 A UTILIZAÇÃO DE MARCAÇÃO DIGITAL "Ex" PARA EQUIPAMENTOS COM TIPOS DE PROTEÇÃO "Ex"

Contando com a iniciativa de fabricantes de equipamentos com tipos de proteção "Ex" destinados a serem instalados em áreas classificadas contendo gases inflamáveis ou poeiras combustíveis, bem como de iniciativas por empresas usuárias e proprietárias de equipamentos e sistemas de automação, instrumentação, telecomunicações, elétricos e mecânicos "Ex" em ambientes contendo atmosferas explosivas, foi iniciado o projeto *Placa de Marcação Digital*.

Por um lado, essa iniciativa foi motivada pela necessidade de poder acomodar um número crescente de identificadores e informações nos equipamentos "Ex", pois são necessárias muitas informações, especialmente para os tipos de proteção "Ex" e os detalhes de suas marcações. Por outro lado, um sistema digital de marcação de produtos "Ex" apresenta as capacidades e benefícios de gerenciar eletronicamente as informações sobre os equipamentos "Ex" e seus sistemas de certificação de conformidade.

O objetivo da padronização da marcação digital "Ex" é apresentar soluções digitais como alternativas à atual marcação "tradicional" ou "analógica" de textos simples, em placas de marcação ou em embalagens de produtos "Ex". Uma marcação digital que seja capaz de ser lida diretamente por máquina pode ser utilizada pelos fabricantes dos produtos "Ex" durante os processos de produção, permitindo controlar automaticamente o fluxo de material, o que geralmente era feito, até o presente momento, utilizando-se somente um *código de barras*. Com essas marcações digitais, os produtos "Ex" podem, por exemplo, ser verificados eletronicamente durante a exportação, pelas autoridades alfandegárias. O operador pode identificar claramente os produtos "Ex" assim que eles chegam em seus almoxarifados.

Durante a operação, os técnicos de serviços de campo ou uma organização responsável também podem verificar eletronicamente os produtos "Ex" para as aplicações pretendidas, de acordo com a classificação de áreas do local da instalação dos produtos "Ex".

Os dados da placa de marcação "Ex", que podem ser lidos por máquinas, podem ser transferidos diretamente, sem erros, para um sistema do tipo ERP, para fins de cadastro, registro e incorporação em um inventário de produtos, em um sistema de gestão de ativos "Ex". Dessa forma, com a marcação digital, todos os dados dos produtos "Ex" estão disponíveis para os usuários, proprietários ou operadores de forma digital.

Com o passar do tempo, a placa de marcação "Ex" "tradicional" ou "analógica" será substituída por uma placa de marcação "Ex" digital. Nesses casos, para proporcionar um nível mais alto de aceitação dos dados de marcação "Ex" legalmente requeridos pelos diferentes sistemas de certificação de produtos "Ex", uma quantidade mínima de marcações em texto simples devem, inicialmente, ainda ser aplicados aos equipamentos "Ex".

Os tipos de proteção "Ex", como Ex "i", Ex "m", Ex "e", Ex "op" e Ex "t", devem atender a rigorosos requisitos legais de documentação, indicados em diferentes sistemas nacionais, regionais ou internacionais de certificação "Ex". Por essa razão, a padronização de uma placa de marcação "Ex" digital foi impulsionada como um projeto piloto por parte da *Deutsche Kommission Elektrotechnik Elektronik Informationstechnik* (DKE) no painel de especialistas DKE/K241 (*Equipamentos elétricos com tipos de proteção "Ex"*).

Deve ser ressaltado que, mesmo que a padronização da marcação "digital" tenha impulsionada de forma inicial pela área de produtos de automação, instrumentação, telecomunicações, elétricos e mecânicos "Ex", os conceitos gerais a serem desenvolvidos são universalmente aplicáveis e, portanto, podem ser transferidos e expandidos para praticamente todos os setores da indústria.

Como resultado do trabalho de padronização do Comitê DKE/K241, foi criada a norma VDE V 0170-100 (*Digital Name Plate - Part 100: Digital Product Marking*).

### 28.9.9 MARCAÇÃO DIGITAL DE PRODUTOS DE ACORDO COM A NORMA ABNT NBR IEC 63365

Com a evolução do assunto relacionado com a necessidade de marcação digital de produtos, foi elaborada em 2022, pelo Subcomitê SC 65E (*Dispositivos e integração em sistemas empresariais*) do Comitê Técnico TC 65 da IEC (*Medição, controle e automação de processos industriais*), a norma internacional IEC 63365 (*Medição, controle e automação de processos industriais - Marcação digital*). Foi publicada pela ABNT, em 2023, a respectiva norma técnica brasileira adotada ABNT NBR IEC 63365.

De acordo com aquela norma internacional, elaborada por consenso entre os países participantes do TC 65 da IEC, o objetivo primário das marcações de dados é a clara identificação do produto e de seu fabricante. A existência de marcações legais ou de símbolos de aprovação indicam a devida conformidade com relação aos regulamentos aplicáveis para a colocação dos produtos no mercado e para sua instalação ou utilização segura.

Esse projeto da IEC sobre "marcação digital" foi iniciado por motivação decorrente de necessidades de fabricantes de equipamentos com tipos de proteção "Ex" e de usuários ou proprietários de instalações "Ex". Um dos objetivos da marcação digital é o de assegurar que todas as informações necessárias podem ser marcadas nos equipamentos "Ex", particularmente considerando-se as informações requeridas na área de proteção "Ex". Os requisitos para a marcação de produtos para os mercados globais têm se tornado muito extensivos e abrangentes, fazendo com que constantemente não seja mais possível incluírem-se todas as informações necessárias na placa de dados "física", em especial para produtos "Ex" de pequenas dimensões, como os sensores.

Nos frequentes casos em que os produtos "Ex" são comercializados em diferentes mercados de diferentes países ou regiões econômicas, diversos símbolos de aprovação são requeridos, como IECEx, Inmetro, UKCA (Reino Unido), CCC (China), EAC (Eurasian Economic Area), RCM (Austrália) e Estados Unidos.

No contexto da *fabricação inteligente*, no âmbito da IIoT, alinhado com os objetivos da *indústria 4.0*, também é previsto que os produtos tenham de ser eletronicamente identificáveis. Os fabricantes de equipamentos podem utilizar marcação diretamente *legível por máquina* (*machine-readable*) no processo de produção para controlar automaticamente o fluxo de material, utilizando, por exemplo, um *QR Code*, um RFID ou um código de *firmware*.

Os usuários ou proprietários de instalações "Ex" podem identificar facilmente os produtos digitalmente marcados logo na inspeção de entrada nas instalações. Os técnicos e engenheiros envolvidos com as de serviço de campo, ou as autoridades responsáveis, podem verificar *eletronicamente* todos os dados e informações necessárias para as atividades de instalação, inspeção, manutenção, recuperação, aplicação e utilização segura.

Os dados das placas digitais de identificação legíveis por máquina podem ser transmitidos diretamente a um sistema ERP para a constituição de um inventário sem a ocorrência de eventuais "erros" que poderiam ocorrer nos casos em que os dados são digitados "manualmente". Os usuários ou proprietários de instalações "Ex" têm, dentre outros, o benefício de acesso aos dados do dispositivo em formato digital, sem mais a necessidade de leitura das placas de dados "físicas", evitando os erros de leitura pessoal e digitação manual que podem ocorrer.

Um dos objetivos da placa de identificação digital (off-line) é também a redução do espaço necessário da placa de identificação "convencional" ou física. É previsto que as placas de identificação digitais possam substituir o texto "convencional" nas placas de identificação "físicas", economizando muito espaço, especialmente em produtos "Ex" pequenos.

A respectiva norma técnica brasileira adotada ABNT NBR IEC 63365, publicada em 2023, apresenta soluções alternativas de leitura eletrônica para a marcação de texto simples, convencional e atual na placa de identificação dos produtos ou nas suas embalagens. Ela descreve também tecnologias de marcação que utilizam códigos 2D (*QR Codes* ou *Data Matrix*), *transponders* (RFID) ou o *firmware* dos produtos.

No caso de um código 2D ou *transponder*, os dados armazenados podem ser lidos por dispositivos de varredura comumente disponíveis, como smartphones ou tablets. Se a marcação estiver armazenada no *firmware* do produto, a placa de identificação pode ser exibida, por exemplo, no *display* do produto ou os dados podem ser lidos remotamente por meio de uma interface eletrônica.

Além disso, existe também a norma internacional IEC 61406 (*Link de Identificação*), destinada para uma identificação exclusiva do produto por meio de um link. Essa norma permite que os fabricantes forneçam todos os dados e documentos relacionados ao produto por um endereço da internet, da qual a documentação do produto pode ser baixada diretamente, como informações técnicas, instruções de operação, manuais de montagem, inspeção, manutenção e recuperação, além dos certificados de conformidade do produto. A Norma IEC 61406 define um código 2D ou RFID específico, que contém apenas uma linha (*string*) contendo o link de identificação, com os caracteres limitados necessários.

Na norma ABNT NBR IEC 63365, o *string* do link de identificação é incluído como a primeira propriedade na placa de identificação digital, seguido pelas propriedades de marcação detalhadas. Se uma conexão de internet com o site do fabricante estiver disponível, todos os dados adicionais do produto (*Digital Twins*/ Gêmeos Digitais) e toda a documentação podem ser acessados.

A norma ABNT NBR IEC 63365 também tem como objetivo aumentar a aceitação de placas de identificação digitais entre os órgãos reguladores. Um dos objetivos da norma ABNT NBR IEC 63365 é também substituir, tanto quanto possível, as placas de identificação "convencionais" ou "físicas" ou "analógicas" por uma placa de identificação "digitais", legível eletronicamente, diretamente por máquinas.

As normas técnicas e os órgãos reguladores exigem que a marcação dos produtos seja aplicada de forma permanente, clara e legível. Esse requisito também é atendido com a marcação "digital". As placas de identificação digitais, que são afixadas permanentemente nos produtos e fornecem os dados necessários sem a necessidade de uma conexão com a internet, aproximam-se muito da marcação de "textos simples" indicadas nas placas de identificação "convencionais" ou "físicas" ou "analógicas".

Para assegurar maior aceitação sob os pontos de vista técnico, normativo e legal, as placas digitais de identificação apresentam uma quantidade mínima de marcação em "texto simples", com os requisitos mínimos requeridos, sob os pontos de vista normativo ou legal, para a identificação dos produtos.

Durante um período de transição, tanto o "textos simples" quanto a "marcação digital" podem ser aplicados simultaneamente nos produtos. Pode ser verificado, no entanto, com o desenvolvimento da indústria 4.0, que a marcação eletrônica e digital está sendo cada vez mais implementada e aceita nos mercados internacionais.

De acordo com a norma ABNT NBR IEC 63365, as informações da placa de identificação *digital* estão contidas no meio de leitura eletrônica afixado no produto, na embalagem ou nos documentos que o acompanham. As informações da placa de identificação digital são disponível off-line, sem a necessidade de uma conexão direta ou permanente com a internet.

Após a leitura eletrônica, todas as informações da placa de identificação digital são exibidas em um formato de texto legível pelas pessoas. A placa de identificação digital também inclui a *string* de um link de identificação de acordo com a norma IEC 61406, que fornece informações on-line adicionais do produto.

A norma ABNT NBR IEC 63365 não especifica o conteúdo da placa de identificação "convencionais" ou "tradicionais", que possam estar sujeitas a regulamentos e normas técnicas com abrangências regionais ou nacionais.

Nas figuras a seguir, são mostrados exemplos de marcação de dados nos formatos "tradicionais" e no formato "digital", destacando o conteúdo e a redução de tamanho permitido.

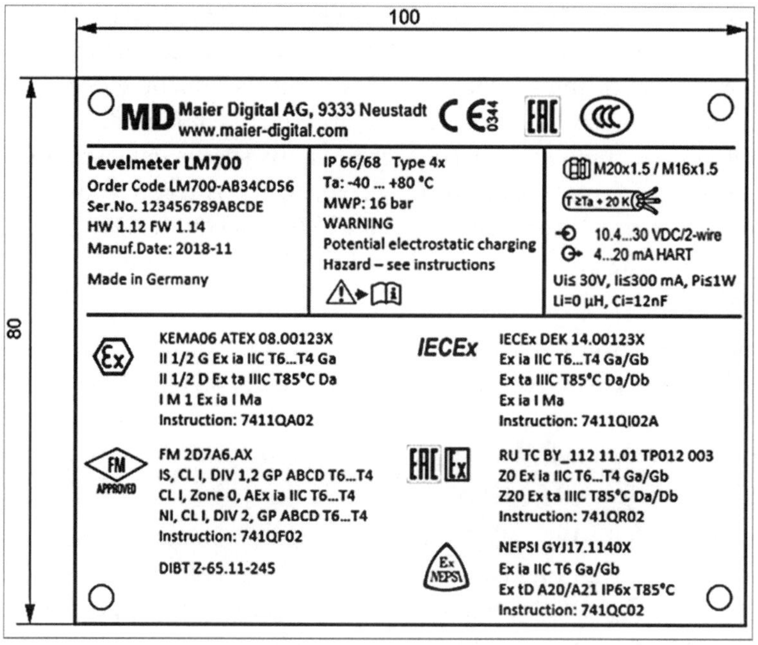


**Figura 28.45 –** Exemplo de uma marcação "tradicional" ou "analógica" ou "convencional" de um produto "Ex".

*Fonte*: norma ABNT NBR IEC 63365.

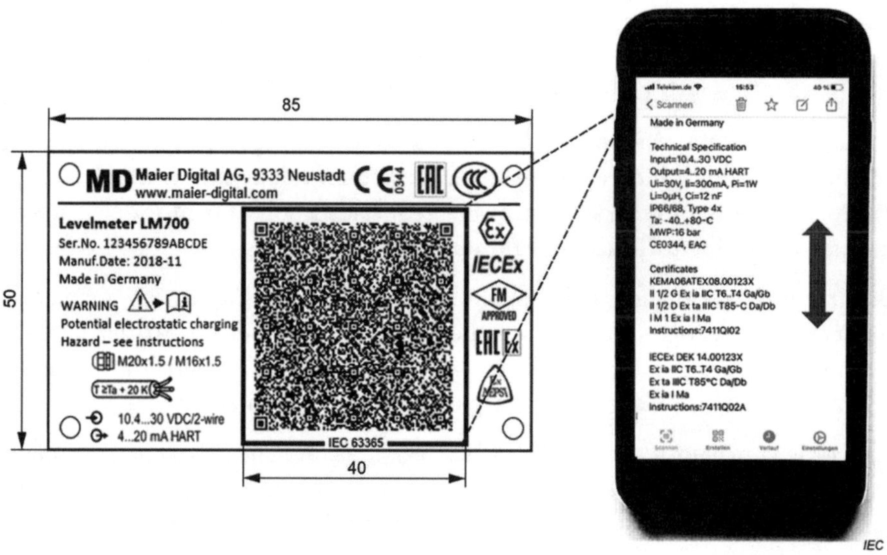


**Figura 28.46 –** Exemplo de uma marcação "digital" de um produto "Ex".

*Fonte*: norma ABNT NBR IEC 63365.

## 28.9.10 CÓDIGOS BIDIMENSIONAIS (2D) POR MEIO DE *QR CODES*

De acordo com a norma ABNT NBR IEC 63365, os códigos bidimensionais opticamente legíveis (Códigos 2D) podem ser utilizados para marcação digital de produtos. Diversos códigos 2D podem ser aplicados a um mesmo produto, ao mesmo tempo. Os códigos 2D podem fazer parte da placa de identificação (etiqueta, impressa ou gravada a laser no produto) ou ser afixados no produto por uma etiqueta separada.

Os *QR Codes*, de acordo com a norma ISO/IEC 18004 (*Information Technology - Automatic Identification and Data Capture Techniques - QR Code barcode symbology specification*), ou *Data Matrix*, de acordo com a norma ISO/IEC 16022 (*Information technology - Automatic identification and data capture techniques - Data Matrix barcode symbology specification*), devem ser usados como códigos 2D. O *QR Code* é um quadrado.

Uma versão retangular está em desenvolvimento (*Micro QR Model R*). A matriz de dados é disponível em formato "quadrado" ou "retangular" (*Extended Rectangular Data Matrix* / DMRE), de acordo com norma ISO/IEC 21471 (*Information Technology - Automatic Identification and Data Capture Techniques - Extended Rectangular Data Matrix (DMRE) Barcode Symbology Specification*). Os códigos 2D devem ser legíveis por leitores eletrônicos disponíveis comercialmente, como os smartphones e tablets.

Os requisitos de qualidade do código 2D, por exemplo, tamanho do módulo, correção de erros, qualidade de impressão e durabilidade, são semelhante aos especificados na norma IEC 61406.

**Figura 28.47 –** Exemplo de uma placa de marcação "digital" separada de um produto "Ex".

*Fonte*: norma ABNT NBR IEC 63365).

O *QR Code 3D* deve ser colocado em uma moldura retangular com espaçamento do tipo "*quiet zone*", ou área de espaçamento, entre o código 2D e a moldura. A área de espaçamento para um *QR Code* é de quatro módulos, de acordo com a norma ISO/IEC 18004. Para a *Data Matrix*, o espaçamento (*quiet zone*) é de um módulo, de acordo com a Norma ISO/IEC 16022. A largura da linha do contorno não pode ser menor que 1 mm. A linha inferior do contorno deve ser marcada com os caracteres IEC 63365.

## 28.9.11 MARCAÇÕES DIGITAIS COM A UTILIZAÇÃO DE *TRANSPONDERS* DO TIPO RFID OU NFC

De acordo com a norma ABNT NBR IEC 63365, existem *transponders* dos tipos "ativos" e "passivos". Os transponders "ativos" contêm uma bateria e são menos adequados para armazenamento de dados de longo prazo. Somente *transponders* "passivos", que são alimentados pelo sinal de rádio, devem ser utilizados para a marcação digital de produtos "Ex". Se o *transponder* estiver instalado no interior do produto "Ex", deve ser legível através da parede do invólucro externo.

Os *transponders* se comunicam com dispositivos de escrita/leitura (*writing/reading*), por meio de sinais de rádio. Os dados são armazenados nele, em uma memória de estado sólido. O dispositivo de escrita/leitura pode ler e gravar dados no *transponder* por meio da sua interface de aérea.

Os sistemas mais utilizados são RFID (*Radio-Frequency Identification*), de acordo com as normas da Série ISO/IEC 18000 (*Information Technology - Radio Frequency Identification for Item Management*) e NFC (*Near Field Communication*), de acordo com as normas ISO/IEC 18092 (*Information technology - Telecommunications and Information Exchange Between Systems - Near Field Communication - Interface and Protocol (NFCIP-1)*) e ISO/IEC 21481 (*Information technology - Telecommunications and Information Exchange Between Systems - Near Field Communication Interface and Protocol -2 (NFCIP-2)*), que é um "subconjunto" da tecnologia RFID.

Existem *transponders* para diversas faixas de frequência. Devem ser utilizados para marcação eletrônica de produtos "Ex" os do tipo NFC, que operam com uma frequência de portadora *internacional* de, por exemplo, 13.56 MHz (HF - *High Frequency*).

Os *transponders* UHF (*Ultra High Frequency*) podem atingir alcances mais longos do que os *transponders* HF. Os *transponders* de curto alcance (*NFC/HF*) são mais adequados para a identificação de produtos individuais e geralmente utilizados na indústria de processo para identificação de equipamentos. A tecnologia NFC é um "subconjunto" da tecnologia RFID e é suportada por muitos smartphones e outros scanners móveis.

Os *transponders* NFC podem ser facilmente utilizados em objetos metálicos se tiverem blindagem de ferrite adequada (como filmes de ferrite e conchas de ferrite) se forem utilizados com materiais espaçadores ou forem tomadas medidas semelhantes.

A norma ABNT NBR IEC 63365 abrange sistemas NFC de acordo com as normas ISO/IEC 18092 e ISO/IEC 21481.

Os *transponders* devem atender ao padrão HF de acordo com a norma ISO 15693 - Partes 1 a 3 no formato NFC tipo V ou o padrão HF, de acordo com a norma ISO 14443 - Partes 1 a 4 no formato NFC tipo II ou tipo IV.

As especificações técnicas dos *transponders* RFID, como o formato de dados e a durabilidade, estão indicadas na norma IEC 61406.

Os *transponders* devem ser marcados com o "emblema" ou as letras "RFID" com um tamanho mínimo de 5 mm x 5 mm, de acordo com a norma ISO/IEC 29160 (*Information Technology - Radio Identification for Item Management - RFID Emblem*). Na figura a seguir, é mostrado um exemplo do símbolo de um RFID, incluindo o número da norma IEC 63365, com um tamanho de letra maior ou igual a 1,0 mm.

**Figura 28.48 –** Marcação digital de um produto "Ex" por meio de um *transponder* do tipo RFID.

*Fonte*: norma ABNT NBR IEC 63365.

Essa marcação deve também indicar a posição de escaneamento do *transponder*, caso ele seja instalado no interior do invólucro do equipamento "Ex".

## 28.9.12 A INTEGRAÇÃO DA MARCAÇÃO DIGITAL NO MUNDO DA *INDÚSTRIA 4.0*

A marcação digital pode ser vista como a base dos processos de criação de valor digitalizados, em termos do conceito *indústria 4.0*. Com a placa de marcação digital, as informações sobre os produtos "Ex" e seu ciclo total de vida podem ser claramente atribuídas e processadas. Além disso, os equipamentos "Ex" podem ser identificados em operação, e as informações correspondentes podem ser utilizadas para controlar processos industriais, por exemplo, as etapas de operação, inspeção e manutenção.

No que diz respeito a um conceito de "dados uniformes", foi especificado o conceito de *Asset Administration Shell* (AAS) – núcleo de administração de ativos. Isso permite o acesso uniforme às informações atribuídas a um equipamento "Ex" (ou, mais geralmente, de um "ativo" "Ex").

O núcleo da administração dos ativos é organizado em diferentes submodelos. Cada submodelo individual descreve um aspecto dos produtos. Assim, diferentes submodelos entram em jogo para diferentes casos de utilização ou ciclos de vida de um produto. A placa de marcação digital forma uma parte central do núcleo de gerenciamento do respectivo produto no nível hierárquico mais baixo e mais importante.

Cada produto com uma placa de marcação digital e o núcleo de gerenciamento associado à placa de marcação torna-se um componente da *indústria 4.0*. Dependendo do formato da placa de marcação digital, o núcleo de gerenciamento pode ser conectado diretamente ao produto ou armazenado em bancos de dados externos.

Além disso, os submodelos de nível superior do núcleo de gerenciamento contêm informações adicionais sobre os produtos. Por exemplo, pode haver um submodelo "identificação", no qual o fabricante pode inserir mais informações sobre a identidade dos produtos que vão além do mínimo requerido nas placas de marcação convencionais ou tradicionais ou analógicas (como informações sobre a família do produto, a data de fabricação, o número de série ou o número do lote. Também é concebível um submodelo "documento", que pode ser utilizado, por exemplo, para o acesso a certificados de conformidade.

## 28.9.13 RISCOS, PREVENÇÃO, CONSEQUÊNCIAS E CORREÇÃO DE FALTA DE MARCAÇÃO DE EQUIPAMENTOS "Ex"

O método *bow-tie* é um método de avaliação de risco que pode ser utilizado para análise e demonstração de relações causais em cenários de alto risco. Esse método leva o nome *bow-tie* em função do formato do diagrama que é gerado, parecido com uma gravata do tipo "borboleta".

Um diagrama *bow-tie* apresenta, visualmente, duas informações básicas: um resumo dos cenários de riscos possíveis em torno de um determinado perigo, bem como suas consequências; e a identificação das medidas de controle necessárias para se evitar a ocorrência do risco identificado, apresentando o que uma empresa faz para controlar esses cenários.

Além do diagrama *bow-tie* básico, os sistemas de gerenciamento também devem ser considerados e integrados com o *bow-tie* para dar uma visão geral de quais atividades mantêm um controle funcionando e quem é responsável por um controle. A integração do sistema de gerenciamento em um diagrama *bow-tie* demonstra como os riscos são gerenciados por uma empresa. Ao combinar os pontos fortes de várias técnicas de segurança e a contribuição de fatores humanos e organizacionais, os diagramas *bow-tie* facilitam a compreensão da força de trabalho sobre o gerenciamento de riscos e seu próprio papel nele. É um método que pode ser compreendido por todas as camadas da organização devido à sua natureza visual e intuitiva, ao mesmo tempo que proporciona novas abordagens para os profissionais da área de segurança.

O acidente catastrófico envolvendo a explosão da Plataforma Piper Alpha, em 1988, no Mar do Norte, despertou a indústria de petróleo e gás para a necessidade de avaliações de riscos e suas consequências. Após os relatórios do acidente mostrarem que havia pouquíssima compreensão dos perigos e os riscos que os acompanhavam, que eram parte das operações da indústria do petróleo, química e petroquímica, aumentou-se a necessidade de um método para proporcionar uma visão mais clara sobre a causalidade de eventos e condições aparentemente independentes, bem como para desenvolver uma sistemática de assegurar os devidos controles sobre esses riscos.

No início dos anos 1990, o *Royal Dutch/Shell Group* adotou o método *bow-tie* como padrão da empresa para análise e gerenciamento de riscos. A Shell investiu em uma extensa pesquisa na aplicação desse método e desenvolveu um conjunto de regras estritas para a definição de todas as partes, com base em suas ideias de melhores práticas. A principal motivação da Shell foi a necessidade de garantir que os controles de risco apropriados sejam implementados de forma consistente em todas as operações, em todo o mundo. Seguindo as boas práticas da Shell, o método *bow-tie* ganhou suporte em toda a indústria, já que esses diagramas são uma ferramenta visual adequada para manter uma visão geral das práticas de gerenciamento de risco, em vez de substituir qualquer um dos sistemas comumente utilizados. Nas últimas décadas, o método *bow-tie* também se disseminou para além da indústria de petróleo e gás e petroquímica, passando a ser utilizado em diversas outras áreas, como aviação, mineração, marítima, química e de saúde.

Na figura a seguir, são mostrados, na forma de um diagrama pelo método *bow-tie*, os riscos, prevenção, consequências e correção de falta de marcação de equipamentos de instrumentação, automação, telecomunicações, elétricos e mecânicos "Ex".

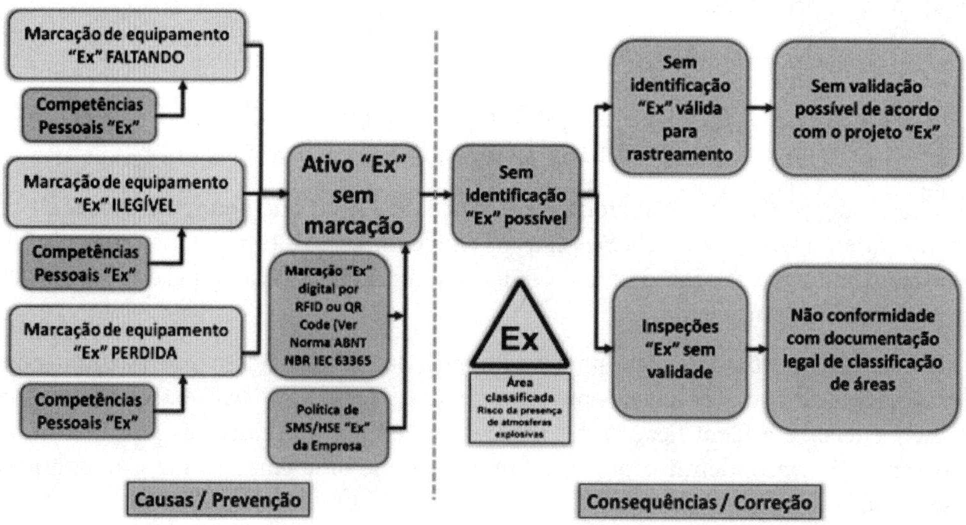


**Figura 28.49 –** Análise de risco pela metodologia *bow-tie* sobre a falta de marcação de equipamentos de instrumentação, automação, telecomunicações, elétricos e mecânicos "Ex".

*Fonte*: acervo pessoal dos autores.

Como pode ser verificado nesse diagrama, a falta da marcação de ativos "Ex" apresenta uma série de consequências, que geram os riscos de falta de atendimento a requisitos técnicos e legais, incluindo inspeções "Ex" e documentação das instalações "Ex" inadequadas, os quais podem gerar o risco de falta de segurança das instalações em áreas classificadas.

Podem ser citadas como ações de prevenção para evitar o risco da ocorrência de equipamentos "Ex" sem marcação, o investimento no desenvolvimento e certificação das competências pessoais dos profissionais envolvidos com os serviços de campo em áreas classificadas, o investimento em políticas das empresas relacionadas com segurança, meio ambiente e saúde (SMS)/*Health, Safety and Environment* (HSE), focadas na gestão dos ativos "Ex", bem como a marcação digital dos equipamentos, por meio de RFID ou de *QR Code*, de acordo com os requisitos da norma técnica brasileira adotada ABNT NBR IEC 63365 (*Marcação digital*).

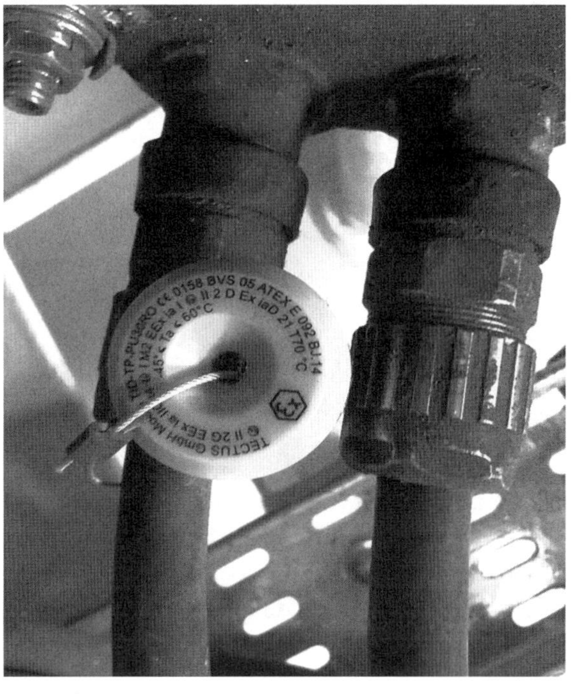

**Figura 28.50 –** Exemplo de marcação digital de equipamentos de instrumentação, automação, telecomunicações, elétricos e mecânicos "Ex", por meio de RFID.

*Fonte*: acervo pessoal dos autores.

Na figura a seguir, é mostrado um exemplo de RFID que pode ser fixado aos equipamentos de instrumentação, automação, telecomunicações, elétricos e mecânicos "Ex", de forma a facilitar a criação do respectivo inventário dos equipamentos "Ex" de uma determinada instalação, de uma localidade, para compor o sistema de gestão de ativos "Ex", incluindo o acompanhamento dos índices de atendimento e desvios do planejamento das inspeções periódicas e por amostragem dos equipamentos "Ex".

**Figura 28.51** – Exemplo de RFID que pode ser utilizado como parte de um sistema informatizado de cadastro, inventário e gestão de ativos "Ex", incluindo a identificação eletrônica de equipamentos de instrumentação, automação, telecomunicações, elétricos e mecânicos "Ex".

*Fonte*: Ex Research Ltd.

## 28.9.14 CONSIDERAÇÕES SOBRE OS REQUISITOS DE MARCAÇÃO "TRADICIONAL" E "DIGITAL" DE EQUIPAMENTOS "Ex"

1) Todos os equipamentos de instrumentação, automação, telecomunicações, elétricos ou mecânicos "Ex" devem ser devidamente marcados com relação a EPL proporcionado, tipos de proteção "Ex" combinados utilizados na sua fabricação, o seu grupo, sua classe de temperatura ou sua temperatura máxima de superfície.

2) Os dados de marcação dos equipamentos "Ex" devem ser utilizados para verificar se um determinado equipamento "Ex" é adequado ou não ao local de sua instalação, de forma fixa, ou aos locais onde é pretendida a sua utilização, seja de forma pessoal, portátil, manual ou transportável.

3) A seleção do EPL proporcionado pelos equipamentos de instrumentação, automação, telecomunicações, elétricos ou mecânicos "Ex" e dos seus tipos de proteção "Ex", combinados, indicados na marcação, a serem especificados pelos usuários e proprietários de equipamentos e instalações "Ex", deve considerar a zona do local da instalação do equipamento "Ex" (Zonas 0, 1, 2, 20, 21 ou 22), indicada na respectiva documentação de classificação de áreas.

4) A seleção dos grupos de marcação dos equipamentos "Ex", a serem especificados pelos usuários e proprietários de equipamentos e instalações "Ex", deve considerar os grupos do local da instalação do equipamento "Ex" (grupos I, IIA, IIB, IIC, IIIA, IIIB ou IIIC), indicados na respectiva documentação de classificação de áreas.

5) A seleção da classe de temperatura de marcação dos equipamentos "Ex" para áreas classificadas contendo gases inflamáveis, a serem especificados pelos usuários e proprietários de equipamentos e instalações "Ex", deve considerar a classe de temperatura (T1, T2, T3, T4, T5 ou T6), do gás, vapor ou líquido inflamável presente no local da instalação, indicada na respectiva documentação de classificação de áreas.

6) A seleção da temperatura máxima de superfície de marcação dos equipamentos "Ex" para áreas classificadas contendo poeiras combustíveis, a serem especificados pelos usuários e proprietários de equipamentos e instalações "Ex", deve considerar a temperatura de ignição (em °C) da poeira combustível presente no local da instalação, indicada na respectiva documentação de classificação de áreas.

7) Todos os tipos de proteção "Ex" podem ser considerados "seguros", porém, somente se os respectivos equipamentos de instrumentação, automação, telecomunicações, elétricos ou mecânicos "Ex" tiverem sido devidamente selecionados, instalados, inspecionados, mantidos ou reparados ao longo do seu ciclo total de vida. Por esses motivos, devem ser especificados equipamentos "Ex" que proporcionem serviços de campo mais simples, sob o ponto de vista dos usuários e dos proprietários dos equipamentos "Ex", os quais são os responsáveis pela segurança de suas instalações.

8) Os equipamentos de instrumentação, automação, telecomunicações, elétricos ou mecânicos "Ex" somente podem ser devidamente selecionados com relação ao EPL a ser proporcionado, bem como aos tipos de proteção "Ex" (combinados ou não) a serem utilizados na sua fabricação, o seu grupo e sua classe de temperatura, indicadas na sua marcação, caso seja disponível a respectiva documentação de classificação de áreas do local da instalação, contendo gases inflamáveis ou poeiras combustíveis.

9) Uma pergunta recorrente: *como podemos saber quais as características de grupo, zona, classe de temperatura de gases ou temperatura de ignição de poeiras combustíveis de um determinado local da instalação*? Resposta: consultando a correspondente documentação de classificação de áreas.

10) A marcação dos equipamentos de instrumentação, automação, telecomunicações, elétricos ou mecânicos "Ex" encontra-se em processo de uma devida e necessária evolução, passando da marcação "clássica", "física", "convencional", "tradicional" ou "analógica", representada pelas placas de marcação contendo textos, para a marcação "digital".

11) A marcação digital dos componentes e equipamentos de instrumentação, automação, telecomunicações, elétricos, eletrônicos e mecânicos "Ex" permite que os equipamentos "Ex" sejam escaneados por meio de uma identificação 2D, do tipo *QR Code*, ou por meio de *transponders* do tipo RFID, proporcionando, dentre outros benefícios, a leitura diretamente por máquinas (*machine readable*) e o acesso a dados completos de marcação e da documentação do equipamentos "Ex" (*Digital Twins*), de acordo com os requisitos apresentados na norma técnica brasileira adotada ABNT NBR IEC 63365 (*Medição, controle e automação de processos industriais — Marcação digital*).

12) De acordo com a norma ABNT NBR IEC 63365, "*no presente momento, as marcações digitais estão sendo implementadas e aceitas nos mercados internacionais, de forma crescente e contínua*". Podem ser citados como exemplos de

países onde entidades regulamentadoras reconhecem e aceitam a marcação digital em diferentes tipos de produtos: África do Sul, Argentina, Austrália, Brasil, Canadá, China, Comunidade Europeia, Coreia do Sul, Emirados Árabes, Estados Unidos, Filipinas, Gana, Índia, Japão, Malásia, México, Nova Zelândia, Samoa, Singapura, Taiwan, Tailândia e Vietnã. No Brasil, por exemplo, a Anatel reconhece e aceita a marcação digital em produtos de telecomunicações desde 2020.

13) Sob o ponto de vista dos usuários de instalações em áreas classificadas, a marcação digital permite uma adequada gestão dos equipamentos de instrumentação, automação, telecomunicações, elétricos e mecânicos "Ex", desde a fase de projeto, criação do inventário, montagem, *As-Built*, inspeções, manutenção e recuperação, ao longo do ciclo total de vida das instalações "Ex", permitindo uma devida e necessária conectividade e integração com os sistemas informatizados de gestão de ativos "Ex".

14) A Norma Técnica Brasileira adotada ABNT NBR IEC 60079-0 (Requisitos gerais para equipamentos "Ex") foi devidamente atualizada, incluindo um Anexo intitulado "*Marcação digital*", indicando os requisitos necessários para este tipo de marcação, por meio de QR Code ou RFID, e fazendo referência à Norma Técnica Brasileira adotada ABNT NBR IEC 63365 (*Marcação Digital*).

Capítulo **29**

# O conceito do *fieldbus* intrinsecamente seguro – FISCO

**Sinopse**: neste capítulo, são abordados os aspectos relacionados à implantação de uma rede do tipo *Foundation Fieldbus* em área classificada, com proteção baseada no método de segurança intrínseca – FISCO. São comparadas as características de instalações convencionais e em rede de comunicação de dados, para que sejam evidenciadas as diferenças entre as normas que regem cada uma dessas aplicações.

## 29.1 INTRODUÇÃO

Este capítulo tem por objetivo elucidar alguns aspectos relevantes da implantação de um barramento de campo do tipo *Foundation Fieldbus* em áreas classificadas, empregando o tipo de proteção intrinsecamente segura.

Ele foi elaborado de forma a apresentar, por meio de parâmetros estabelecidos em normas técnicas brasileiras adotadas da Série ABNT NBR IEC 60079 (*Atmosferas explosivas*), as diferenças em relação a uma instalação "convencional" de um sistema intrinsecamente seguro.

São abordados aspectos básicos das diferentes topologias de equipamentos associados, como é implementada a segurança intrínseca em instalações "convencionais", e são discutidos os conceitos do modelo FISCO – *Fieldbus Intrinsically Safe Concept*.

## 29.2 INSTALAÇÕES "CONVENCIONAIS" INTRINSECAMENTE SEGURAS

A utilização de equipamentos intrinsecamente seguros em uma planta industrial estabelece, na realidade, sistemas intrinsecamente seguros. Esses sistemas são compostos por equipamentos intrinsecamente seguros (cujos circuitos são todos intrinsecamente seguros) instalados em áreas classificadas e por equipamentos intrinsecamente seguros associados, os quais são instalados em áreas não classificadas e têm a função de limitar a energia liberada para o equipamento intrinsecamente seguro. Nos equipamentos *associados*, nem todos os circuitos são intrinsecamente seguros. A instalação dos equipamentos associados aos intrinsecamente seguros se dá pela interligação por meio de cabos, geralmente do tipo par de cabos a dois fios.

Um exemplo de uma instalação intrinsecamente segura mais simples é mostrado na figura a seguir, onde um transmissor intrinsecamente seguro é protegido por uma barreira ou por uma unidade de isolação galvânica, que são exemplos típicos de equipamentos associados.

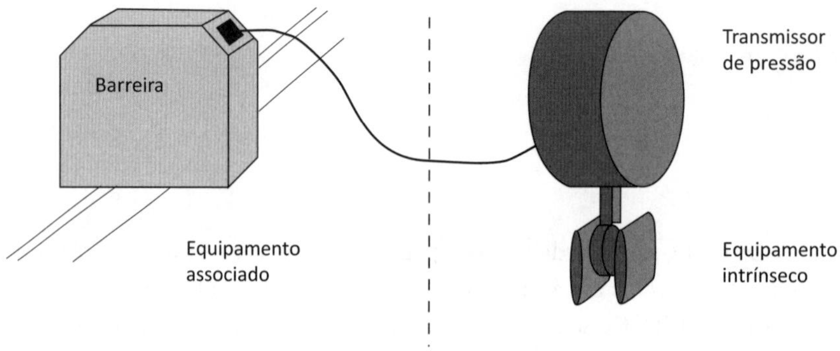


**Figura 29.1** – Exemplo de sistema intrinsecamente seguro "simples", contendo somente uma fonte de alimentação (barreira de segurança intrínseca).

*Fonte*: acervos pessoais dos autores.

A utilização de equipamentos em áreas classificadas está sujeita à certificação compulsória em diversos países, visto o risco apresentado pela instalação ou utilização inadequada de um equipamento. Tratando-se de segurança intrínseca, existem dois modelos de certificação, a certificação por *modelo de entidade* (norma técnica brasileira adotada ABNT NBR IEC 60079-11 - *Segurança Intrínseca*) e a certificação por *modelo de sistema* (norma técnica brasileira adotada ABNT NBR IEC 60079-25 - *Sistemas Intrinsecamente Seguros*).

### 29.2.1 CERTIFICAÇÃO SEGUNDO O MODELO DE ENTIDADES

Os certificados de conformidade emitidos para os equipamentos associados e para os equipamentos intrinsecamente seguros fornecem parâmetros que permitem a conexão segura desses equipamentos, denominados por *parâmetros de entidade* ou *parâmetros de conexão*.

Para um sistema intrinsecamente seguro "simples", como o apresentado na Figura 29.1, a segurança intrínseca estará assegurada se forem satisfeitos os critérios de *interconexão* ou de *entidade ou de limitação* indicadas na tabela a seguir.

**Tabela 29.1** – Critérios de interconexão ou de entidade ou de limitação de circuito intrinsecamente seguro

| Equipamento associado | Critério | Equipamento intrinsecamente seguro |
|---|---|---|
| Uo | ≤ | Ui |
| Io | ≤ | Ii |
| Po | ≤ | Pi |
| Co | ≥ | Ci + Cc |
| Lo | ≥ | Li + Lc |

Em que:

- **Uo** é a maior tensão de circuito aberto do equipamento associado;
- **Io** é a maior corrente de curto-circuito do equipamento associado;
- **Po** é a maior potência que pode ser transferida pelo equipamento associado ao equipamento intrínseco;
- **Lo** é o valor da maior carga indutiva que pode ser conectado aos terminais do equipamento associado;
- **Co** é o valor da maior carga capacitiva que pode ser conectada aos terminais do equipamento associado;
- **Ui**, **Ii**, **Pi** são os valores máximos de tensão, corrente e potência que podem ser fornecidos ao equipamento de campo, sem que ele perca suas características de segurança intrínseca;
- **Li** e **Ci** representam os valores máximos de capacitância e indutância que podem estar presentes, considerando-se condições de falhas, nos terminais do equipamento intrinsecamente seguro;
- **Lc** e **Cc** representam respectivamente a indutância e a capacitância dos cabos de interligação entre o equipamento associado e o equipamento intrinsecamente seguro.

A certificação pelo modelo de entidade permite a interconexão de equipamentos de diferentes fornecedores. Os critérios de interconexão apresentados na Tabela 29.1 são, sem dúvida, "conservativos", visto que as reatâncias dos cabos (Lc e Cc) são consideradas como parâmetros concentrados, e a resistência deles não é considerada.

Em 1974, o Sr. Schebsdat demonstrou que, se o modelo do cabo fosse considerado "distribuído", seria permitida a utilização de maiores valores de energia, porém, em muito se aumentaria a complexidade de análise dos equipamentos e sistemas intrinsecamente seguros.

Nas instalações, em geral, é grande o número de dispositivos de campo, estando cada um destes interconectado ao sistema de controle por meio de uma barreira (ou unidade de isolação galvânica) e de um par de fios. São vários os circuitos intrinsecamente seguros, sendo muito comum a utilização de multicabos (vários condutores em um mesmo cabo). Dessa forma, a maior tarefa dos projetistas, após a seleção adequada dos equipamentos intrinsecamente seguros para áreas classificadas, é o correto dimensionamento das plantas, de forma a evitar-se a ocorrência de possíveis combinações dos circuitos intrinsecamente seguros por meio de falhas entre as vias do multicabo. A ocorrência dessas falhas simplesmente pode acarretar o não atendimento do correto "casamento" dos parâmetros de interconexão (modelo de entidade).

Em um mesmo multicabo, podem ser instaladas várias malhas intrinsecamente seguras. Os critérios de instalação de sistemas intrinsecamente seguros indicados nas normas técnicas brasileiras adotadas ABNT NBR IEC 60079-14 (*Projeto, seleção de equipamentos e instalações elétricas em áreas classificadas*) e ABNT NBR IEC 60079-25 (*Sistemas intrinsecamente seguros*) têm por objetivo prever o maior número possível de falhas, a maior energia resultante dessas combinações, de forma a se evitarem situações inseguras de instalação.

Dentre os principais critérios para se evitarem combinações inseguras, destacamos: tipos de cabos, isolação empregada, blindagens metálicas, amarrações e valores dos parâmetros dos próprios cabos (capacitância, indutância e resistência).

### 29.2.2 CERTIFICAÇÃO DE ACORDO COM O MODELO DE SISTEMA

O certificado é normalmente emitido quando não se aplica o modelo de entidade. Nesse caso, o circuito "completo" composto pelo equipamento associado, os cabos de interligação e pelo dispositivo de campo são totalmente especificados, definidos e descritos em uma documentação representativa de todo o "sistema", devendo ser elaborada pelo solicitante da certificação. Para essa modalidade de certificação de "sistema", não se faz necessário disponibilizar os parâmetros de "entidade" no respectivo certificado de conformidade "Ex".

## 29.3 CRITÉRIOS DE INSTALAÇÃO DE SISTEMAS INTRINSECAMENTE SEGUROS

### 29.3.1 SEGREGAÇÃO DE CIRCUITOS

Na instalação de circuitos intrinsecamente seguros, deve-se evitar o efeito de campos elétricos ou magnéticos externos, oriundos da proximidade com cabos de alta tensão. Para isso, deve-se utilizar blindagens ou pares trançados, ou até mesmo mantendo uma distância adequada das fontes desses campos elétricos ou magnéticos.

Além disso, os cabos de circuitos intrinsecamente seguros devem satisfazer um dos seguintes requisitos:

a) ser separados de todos os cabos não intrinsecamente seguros;

b) ser instalados de forma a eliminar qualquer tipo de dano mecânico;

c) possuir blindagem metálica (este mesmo critério pode ser aplicado também para os cabos de circuitos não intrinsecamente seguros).

Um mesmo multicabo não deve ser utilizado em condutores para circuitos intrinsecamente seguro e condutores para circuitos não intrinsecamente seguros. De maneira geral, é frequente a utilização de um mesmo multicabo para passar diferentes circuitos IS, desde que seja dos tipos A ou B, ou se a combinação dos circuitos IS em condição de falhas for seguro (cabo *Tipo C*).

Em uma mesma bandeja na qual passam cabos de circuitos intrinsecamente seguros e cabos de circuitos não intrinsecamente seguros deve-se manter entre eles uma "partição" isolante ou metálica aterrada.

Não há necessidade de distâncias entre cabos se eles possuírem *blindagens metálicas aterradas*.

## 29.3.2 CARACTERÍSTICAS TÉCNICAS DOS MULTICABOS

A utilização de multicabos para a conexão de instrumentos de campo é muito comum e aceitável pela normalização técnica brasileira adotada da Série ABNT NBR IEC 60079, desde que indevidas interrupções, curtos-circuitos entre condutores e aterramentos de condutores tenham sido previstos na especificação técnica e seleção dos cabos.

De acordo com a norma técnica brasileira adotada ABNT NBR IEC 60079-14 os principais aspectos construtivos relativos aos multicabos são:

a) os multicabos podem conter um ou mais circuitos intrinsecamente seguros, mas nenhum circuito não intrinsecamente seguro (ver Figura 29.2);

b) a espessura do material isolante de cada via depende do material e do diâmetro do condutor. Para os materiais isolantes normalmente utilizados para a fabricação dos cabos de "instrumentação", à base de polietileno, deve-se empregar uma espessura mínima de 0,2 mm (ver Figura 29.3);

c) a isolação de cada via deve ser tal que suporte uma tensão de ensaio duas vezes a tensão nominal do circuito intrinsecamente seguro, com um mínimo de 500 V eficazes (ver Figura 29.3);

d) Os multicabos devem suportar os seguintes ensaios de tensão aplicada (ver Figura 29.3);

- ▹ 500 Vca ou 750 Vcc: aplicado entre qualquer armação ou malha metálica (*juntas entre si*) e todas as vias (*juntas entre si*);
- ▹ 1.000 Vca ou 1.500 Vcc: aplicado entre cada metade das vias de um cabo.

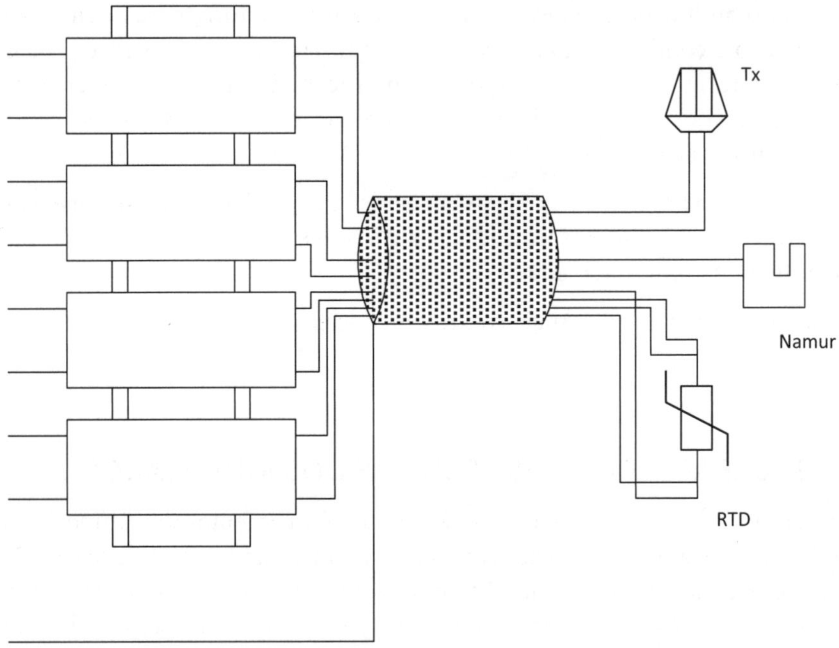


**Figura 29.2 –** Exemplo de diversos circuitos intrinsecamente seguros passando através de um mesmo cabo multipolar (*multicabo*).

*Fonte*: acervos pessoais dos autores.

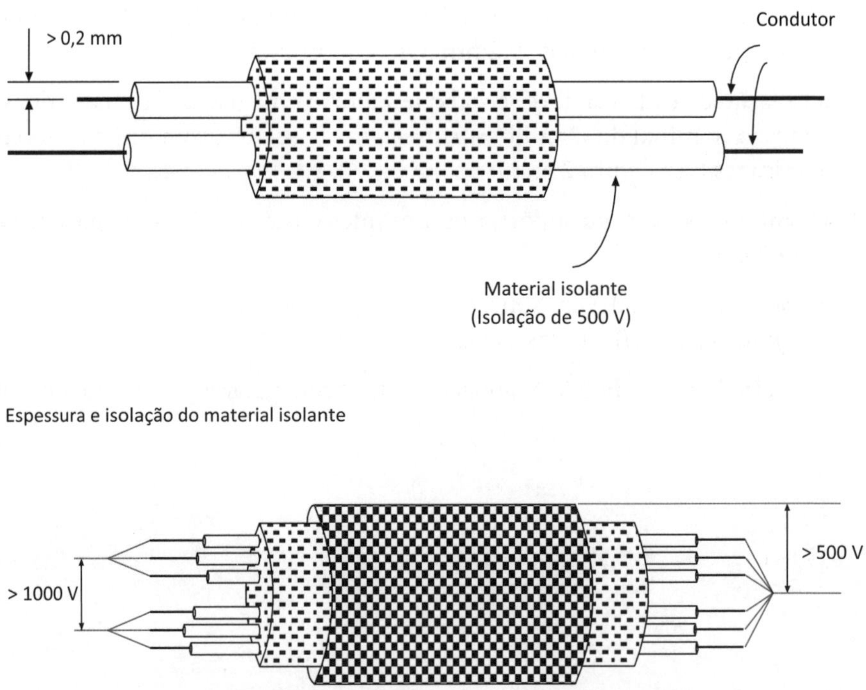


**Figura 29.3 –** Características de espessura e isolação do material isolante e de tensão de isolação entre vias e a blindagem dos cabos para circuitos intrinsecamente seguros.

*Fonte*: acervos pessoais dos autores.

### 29.3.3 INTERCONEXÕES ENTRE DIFERENTES CIRCUITOS DE UM MESMO MULTICABO

Na avaliação da documentação descritiva de um sistema intrinsecamente seguro, em que sejam utilizados multicabos, devem ser considerados os seguintes requisitos quanto à possibilidade de interconexão de diferentes circuitos (tipos de cabos definidos na norma técnica brasileira adotada ABNT NBR IEC 60079-14):

Cabo TIPO A: deve atender aos requisitos indicados nas "*Características técnicas dos multicabos*" já indicados. Tem por características construtivas a blindagem individual de cada par trançado e malha que propicie cobertura mínima de 60%, evitando-se, assim, que os circuitos possam entrar em contato via um curto-circuito. Para esses cabos, nenhuma falha necessita ser considerada.

Cabo TIPO B: deve atender aos requisitos indicados nas "*Características técnicas dos multicabos*" já indicados. Devem ser instalados de forma fixa (por meio de bandejas, braçadeiras etc.), para evitar a possibilidade de um curto-circuito gerado pelos contatos dos pares internos. Adicionalmente, não devem possuir circuitos-circuitos cuja tensão máxima (Uo) exceda 60 V. Para esses cabos nenhuma falha necessita ser considerada.

Outros tipos de cabo: para outros cabos que não atendam aos requisitos anteriores (dos cabos TIPOS A e B), é necessário considerar as possibilidades de falhas previstas na norma técnica brasileira adotada ABNT NBR IEC 60079-14.

### 29.3.4 TEMA PARA REFLEXÃO SOBRE A QUANTIDADE DE CABOS PARA CIRCUITOS INTRINSECAMENTE SEGUROS

Quando pensamos em uma grande quantidade de dispositivos intrinsecamente seguros de campo (SI) conectados aos dispositivos associados, imaginamos a grande quantidade de cabos requeridos para fazer a conexão ponto a ponto.

Assim, se considerarmos a possibilidade de vários dispositivos em um mesmo barramento, consideraríamos uma redução da fiação, com a respectiva redução de recursos de montagem e de custos. E foi este um dos "*argumentos*" ou "*motivações*" utilizados nos primórdios do *Fieldbus*.

## 29.4 O *FOUNDATION FIELDBUS* EM ÁREAS CLASSIFICADAS

O padrão *Foundation Fieldbus* é um assunto bastante vasto e que pode ser analisado sob vários prismas. Neste capítulo, ficaremos limitados à implantação de uma rede em área classificada com técnica de proteção baseada em segurança intrínseca, técnica de proteção esta que nos permite conectar e desconectar dispositivos de campo sem a necessidade de desenergizar o barramento, evitando-se, assim, interrupções operacionais.

Para podermos avaliar o quanto podemos otimizar as instalações sob o ponto de vista exclusivo da segurança intrínseca, vamos considerar, neste capítulo, apenas ao nível de transmissão H1 (taxas de transmissão de 31,25 kb/s) com os dispositivos de campo alimentados pelo barramento.

Nas instalações "convencionais", com conexão do tipo "ponto a ponto", tipicamente somente dois dispositivos são interligados, como um transmissor de pressão (intrinsecamente seguro) e sua fonte de alimentação (*equipamento associado*). Nesse caso, a fonte fornece uma potência suficiente para somente um dispositivo de campo.

Em um sistema *fieldbus*, em contrapartida, mais de um dispositivo de campo é conectado simultaneamente à mesma fonte de alimentação, o que justifica a necessidade de um nível de energia mais elevado no barramento para alimentar diversos dispositivos de campo intrinsecamente seguros.

Nas primeiras edições da norma técnica internacional IEC 61158-2 (*Industrial Communication Networks - Fieldbus Specifications - Part 2: Physical Layer Specification and Service Definition*), que define o nível físico do barramento FF (*Foundation Fieldbus*), o número previsto de dispositivos de campo em áreas classificadas era de apenas 4, em função do "baixo" valor de potência seguro para a alimentação dos equipamentos. Além disso, a característica da barreira era "linear", e a certificação era realizada utilizando-se o modelo entidade. Nesse modelo, a *Foundation Fieldbus* recomenda os parâmetros a serem utilizados para os dispositivos de campo e para os associados, de forma a permitir uma possível padronização.

Na figura a seguir, são apresentadas as recomendações "originais" do *Foundation Fieldbus* para os equipamentos intrinsecamente seguros de campo e seus equipamentos associados.

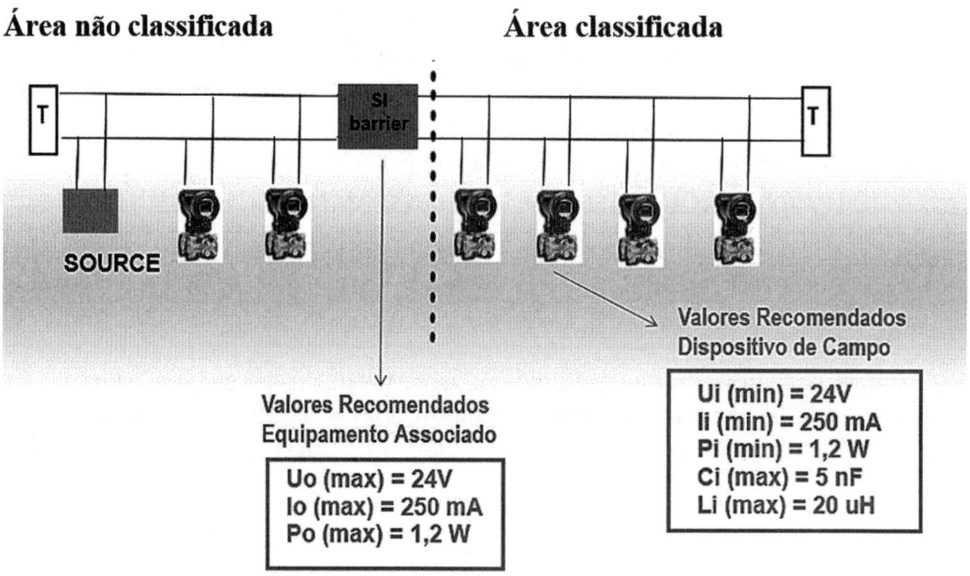


**Figura 29.4** – Recomendações *"originais"* do *Foundation Fieldbus* para os dispositivos intrinsecamente seguros de campo e seus associados.

*Fonte*: acervos pessoais dos autores.

- Nível de transmissão H1 – Taxa de 31,25 kb/s:
  - ▷ alimentação pelo barramento (Tensão e corrente CC e sinal de comunicação superposto);
  - ▷ modulação da corrente (Código Manchester):
    - ▷ corrente mínima de polarização de 10 mA;
    - ▷ corrente de modulação igual a 9 mA;
    - ▷ os dispositivos alimentados pelo barramento podem apresentar uma tensão de operação mínima de 9 V.

- Utilização do FDE (*Fault Disconnection Electronics*): para evitar um aumento de corrente indesejável no barramento (Valor limite = 20 mA).
- Meio físico: par trançado.

Na figura a seguir, é apresentado o *Código manchester* de modulação de corrente.

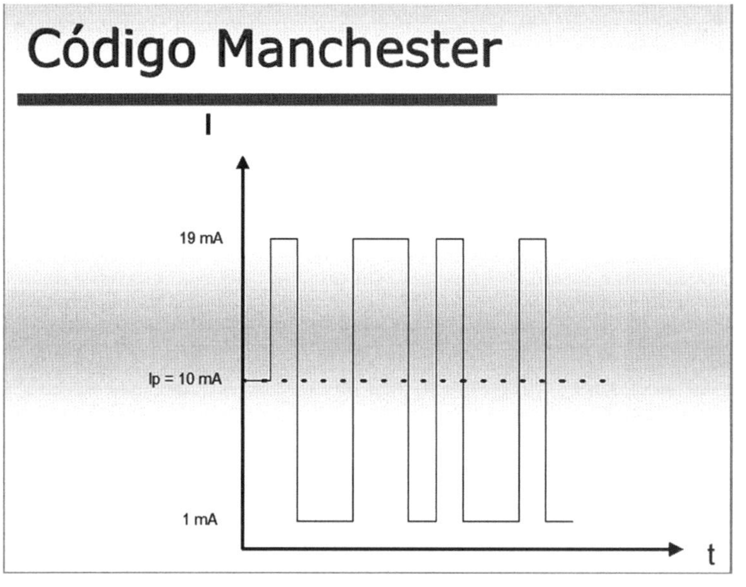


**Figura 29.5 –** Padrão do *código Manchester* de modulação de corrente.

*Fonte*: acervos pessoais dos autores.

## 29.4.1 VALORES RECOMENDADOS PARA OS PARÂMETROS DE ENTRADA DOS DISPOSITIVOS DE CAMPO IS

Na tabela a seguir, são apresentados os valores recomendados para os parâmetros de entrada dos dispositivos de campo intrinsecamente seguros.

**Tabela 29.2 –** Valores recomendados para os parâmetros de entrada dos dispositivos de campo IS

| Parâmetros de ENTRADA | Valores "recomendados" |
|---|---|
| **Tensão (Ui)** | 24 V (mínimo) |
| **Corrente (Ii)** | 250 mA (mínimo) |
| **Potência (Pi)** | 1,2 W (mínimo) |
| **Capacitância (Ci)** | 5 nF (máximo) |
| **Indutância (Li)** | 20 μH (máximo) |
| **Marcação IS** | Ex ia IIC T4 Ga |

### 29.4.2 VALORES RECOMENDADOS PARA OS PARÂMETROS DE SAÍDA DOS EQUIPAMENTOS ASSOCIADOS IS

Na tabela a seguir, são apresentados os valores recomendados para os parâmetros de saída dos equipamentos associados intrinsecamente seguros.

**Tabela 29.3 –** Valores recomendados para os parâmetros de saída dos equipamentos associados IS

| Parâmetros de SAÍDA | Valores "recomendados" |
|---|---|
| **Classificação da área** | Zona 0 |
| **Grupo** | IIC |
| **Tensão de circuito aberto (Uo)** | 24 V (máximo) |
| **Corrente de curto circuito (Io)** | 250 mA (máximo) |
| **Potência (Po)** | 1,2 W (máximo) |

## 29.5 O MODELO FISCO – *FIELDBUS INTRINSICALLY SAFE CONCEPT*

Com base em estudos do PTB da Alemanha, que datam de 1994, para um modelo denominado *Fieldbus Intrinsically Safe Concept* (FISCO), discutiu-se a viabilidade de se utilizarem como fontes de alimentação (*equipamentos associados*) topologias *não lineares*, as quais permitiam a liberação de um nível maior de energia para os dispositivos de campo IS.

Um aspecto relevante neste estudo referia-se ao fato de que os níveis de ignição desses dispositivos não eram previstos pela edição "daquela época" da norma internacional de segurança intrínseca (IEC 60079-11), visto que, naquela ocasião, aquela norma internacional somente considerava topologias "lineares".

Com maior energia, tornou-se possível instalar mais de quatro instrumentos por barramento de campo, como era previsto no modelo de entidade.

Um outro aspecto desse estudo refere-se ao fato de que os parâmetros de capacitância e indutância dos cabos de conexão são, de fato, *distribuídos*, e não *concentrados*, como sugere o modelo de entidade. Essa abordagem proporciona ao modelo FISCO um caráter menos "conservativo" se comparado ao modelo entidade. Além disso, o estudo foi realizado com base em tipos específicos de cabos (com seus parâmetros em faixas definidas), e concluiu-se que é possível relacionar um comprimento máximo para os referidos cabos de acordo com o grupo de gases existentes (IIC ou IIB), sem comprometer a segurança intrínseca do sistema.

Somente em 2005, por meio da publicação da norma internacional IEC 60079-27 – *Electrical Apparatus for Explosive Gas Atmospheres – Fieldbus Intrinsically Safe Concept (FISCO) and Fieldbus Non-Incendive Concept (FNICO)*, é que esse modelo foi normatizado, padronizando-se os parâmetros dos dispositivos de campo e dos equipamentos associados, assim como o tipo de cabo e o comprimento máximo do barramento em função do grupo de gás.

O modelo FNICO, também introduzido por essa norma, era de certa forma um "subproduto" do modelo FISCO. Enquanto produtos certificados pelo modelo FISCO são aplicáveis em áreas classificadas como Zona 0 e Zona 1, produtos segundo o modelo FNICO eram aplicáveis somente em Zona 2, com a técnica de proteção Ex "nL". Como esse tipo de proteção foi "transferido" da norma técnica internacional IEC 60079-15 para a IEC 60079-11, o conceito FNICO deixou de existir, uma vez que Ex "nL" tornou-se Ex "ic".

Para um melhor entendimento das topologias que proporcionaram a evolução do modelo FISCO, é apresentada a seguir uma comparação entre os três tipos de limitadores de energia utilizados nos equipamentos associados.

### 29.5.1 DISPOSITIVO LIMITADOR DE ENERGIA COM CURVA CARACTERÍSTICA *LINEAR*

É uma topologia resistiva, universalmente empregada pelas barreiras de diodos: um resistor limitador de corrente do tipo infalível, um fusível e dois ou três diodos (em função do nível de proteção) para limitar a tensão, como apresentado na figura a seguir.

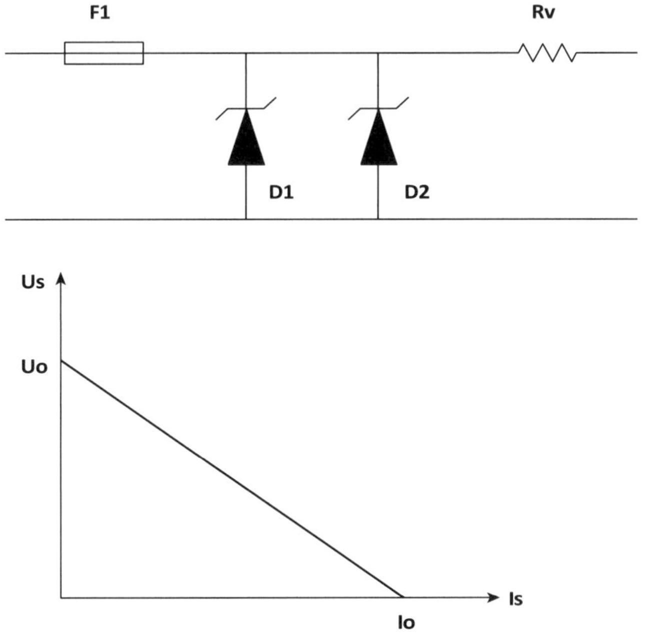


**Figura 29.6 –** Característica de barreira resistiva *linear* (Nível de proteção "ib").

*Fonte*: acervos pessoais dos autores.

É importante salientarmos que todas as curvas de ignição atualmente normalizadas (resistivas, indutivas e capacitivas) baseiam-se nesse tipo de dispositivo limitador de energia (de acordo com a norma técnica brasileira adotada ABNT NBR IEC 60079-11). Ou seja, a certificação de produtos pode ser feita por meio de análise "construtiva".

A relação tensão x corrente para esse tipo de barreira é dada por: $V = -(Uo/Io) \times I + Uo$, Enquanto a potência Po que pode ser fornecida é dada por: $Po = (Uo.Io)/4$.

### 29.5.2 DISPOSITIVO LIMITADOR DE ENERGIA (DLE) COM CURVA CARACTERÍSTICA *TRAPEZOIDAL* (NÃO LINEAR)

É uma topologia resistiva, não linear, com curva característica trapezoidal (barreiras reguladas). A topologia básica é mostrada na figura a seguir.

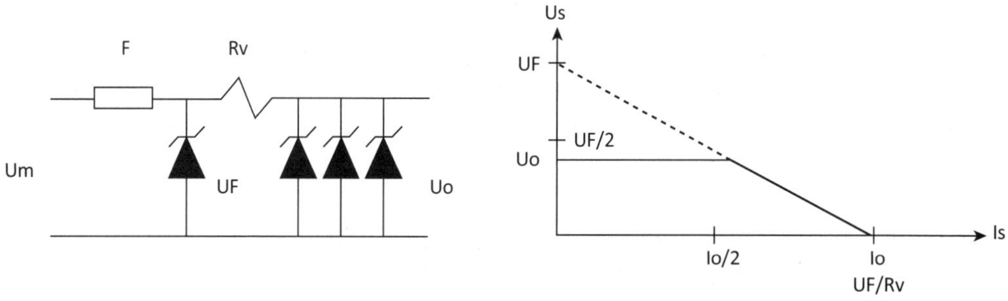


**Figura 29.7** – Dispositivo limitador de energia (DLE) com tensão regulada.

*Fonte*: acervos pessoais dos autores.

Para uma tensão de fonte ($U_F$) de 32 V e mantendo-se $U_0$ de 15 V, a maior corrente resistiva permitida para o grupo IIC não é obtida pelas curvas normalizadas, mas, sim, por meio do aparelho de faiscamento padrão / STA (aparelho normalizado para a realização dos ensaios com gases de circuitos intrinsecamente seguros), disponível nos laboratórios de ensaio ou por meio de curvas desenvolvidas pelos próprios laboratórios de ensaios de equipamentos "Ex".

$$V = - (U_F / Io) \times I + U_F$$

$$Po = (Uo / Rv) . (U_F - Uo)$$

Se $Uo \geq U_F/2$, a potência fornecida ao barramento é praticamente o dobro daquela fornecida pelos dispositivos limitadores de energia lineares.

Essa topologia de equipamento associado pode ser empregada tanto com dispositivos de campo com nível de proteção "ia" como "ib".

### 29.5.3 DISPOSITIVO LIMITADOR DE ENERGIA COM CURVA CARACTERÍSTICA RETANGULAR (NÃO LINEAR)

O outro tipo de dispositivo limitador de energia é *eletrônico*, utilizando componentes ativos (*transistores*), e apresenta uma curva característica retangular, como mostrado na Figura 29.8. Uma das características mais "atrativas" para essa topologia é a baixa perda oferecida pelo dispositivo limitador de energia (não superior a 1 V), além de poder fornecer até quatro vezes mais energia para o barramento.

$$Po = Uo \times Io$$

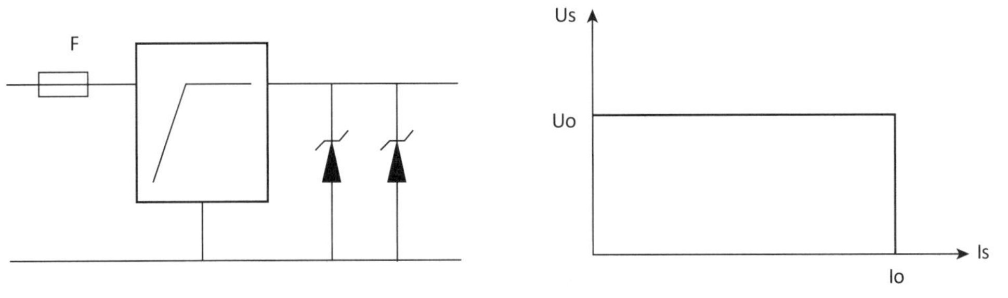


**Figura 29.8 –** Dispositivo eletrônico limitador de corrente.

*Fonte*: acervos pessoais dos autores.

Esse tipo de topologia de equipamento associado somente pode ser utilizada com dispositivos de campo com nível de proteção "ib".

## 29.6 A NORMA TÉCNICA IEC 60079-27 – *FIELDBUS INTRINSICALLY SAFE CONCEPT*

Publicada originalmente em 2005, a norma técnica internacional IEC 60079-27 - *Explosive Atmospheres - Part 27: Fieldbus Intrinsically Safe Concept (FISCO)* trouxe os requisitos aplicáveis para os equipamentos utilizados em um sistema que utiliza o modelo FISCO. O conceito de entidade tornou-se "desnecessário" quando da marcação do produto certificado intrinsecamente seguro FISCO, visto que tanto os equipamentos associados como os dispositivos de campo são projetados com os parâmetros já definidos ou normalizados na norma IEC 60079-27.

Essa norma tornou-se obsoleta quando na inclusão do nível de proteção "ic" e do conceito FISCO na norma técnica internacional IEC 60079-11 em sua edição de 2011, bem como na respectiva norma técnica brasileira adotada ABNT NBR IEC 60079-11.

### 29.6.1 FISCO: DISPOSITIVO DE CAMPO INTRINSECAMENTE SEGUROS (Ex "i")

Na tabela a seguir, são apresentados os valores requeridos para os parâmetros de entrada dos dispositivos de campo intrinsecamente seguros FISCO.

**Tabela 29.4 –** Valores recomendados para os parâmetros de entrada dos dispositivos de campo IS FISCO

| Parâmetros de ENTRADA | Valores requeridos |
|---|---|
| Tensão (Ui) | 17,5 V (mínimo) |
| Corrente (Ii) | 380 mA (mínimo) |
| Potência (Pi) | 5,32 W (mínimo) |
| Capacitância (Ci) | 5 nF (máximo) |
| Indutância (Li) | 10 µH (máximo) |

NOTA: para o nível de proteção "ic", o valor de Li deve ser limitado a 20 µH.

### 29.6.2 FISCO: EQUIPAMENTOS ASSOCIADOS INTRINSECAMENTE SEGUROS ([Ex "i"])

Na tabela a seguir, são apresentados os valores requeridos para os parâmetros de saída dos equipamentos associados intrinsecamente seguros.

**Tabela 29.5 –** Valores requeridos para os parâmetros de saída dos equipamentos associados IS FISCO

| Parâmetros de SAÍDA | Valores requeridos |
|---|---|
| Tensão, Uo | 14 a 17,5 V |
| Corrente, Io | De acordo com norma ABNT NBR IEC 60079-11, mas sem exceder 380 mA |
| Potência, Po | De acordo com norma ABNT NBR IEC 60079-11, mas sem exceder 5,32 W |
| Capacitância interna, Ci | 5 nF (máximo) |
| Indutância interna, Li | 10 μH (máximo) |
| Capacitância máxima externa, Co | Não é especificado |
| Indutância máxima externa, Lo | Não é especificado |

NOTA: os valores de Li e Ci referem-se às próprias indutâncias e capacitâncias internas, vistas na porta de saída do equipamento associado intrinsecamente seguro.

### 29.6.3 FISCO: LIMITADORES ELETRÔNICOS COM CURVA CARACTERÍSTICA RETANGULAR PARA OS NÍVEIS DE PROTEÇÃO "IA" E "IB"

Na tabela a seguir, são apresentados os valores de corrente permitida para os grupos IIB e IIC, de acordo com a tensão de saída do dispositivo associado, para os limitadores eletrônicos com curva característica retangular para os níveis de proteção "ia" e "ib".

**Tabela 29.6 –** Valores requeridos para os parâmetros de saída dos equipamentos associados IS para os níveis de proteção "ia" e "ib"

| Uo | Corrente permitida, IIC (fator de segurança de 1,5) | Corrente permitida, IIB (fator de segurança de 1,5) |
|---|---|---|
| 14 V | 183 mA | 380 mA |
| 15 V | 133 mA | 354 mA |
| 16 V | 103 mA | 288 mA |
| 17 V | 81 mA | 240 mA |
| 17,5 V | 75 mA | |

### 29.6.4 FISCO: LIMITADORES ELETRÔNICOS COM CURVA CARACTERÍSTICA RETANGULAR PARA O NÍVEL DE PROTEÇÃO "IC"

Na tabela a seguir, são apresentados os valores de corrente permitida para os grupos IIB e IIC, de acordo com a tensão de saída do dispositivo associado, para o limitadores eletrônicos com curva característica retangular para o nível de proteção "ic".

**Tabela 29.7 –** Valores requeridos para os parâmetros de saída dos equipamentos associados IS para o nível de proteção "ic"

| Uo | Corrente permitida (grupo IIC) | Corrente permitida (grupo IIB) |
|---|---|---|
| 14V | 274 mA | 570 mA |
| 15V | 199 mA | 531 mA |
| 16V | 154 mA | 432 mA |
| 17V | 121 mA | 360 mA |
| 17,5 V | 112 mA | 319 mA |

#### *a. FISCO: Terminadores*

Os terminadores de linha necessários ao sistema devem ser compostos por uma combinação resistor/capacitor que apresente em seus terminais um circuito equivalente a um resistor de, no mínimo, 90 Ω em série com um capacitor de no máximo 2,2 μF (incluindo tolerâncias).

Se os componentes capacitivos forem considerados passíveis de falhas em curto-circuito, a potência nominal necessária dos resistores deve ser de, no mínimo, 5,1 W, e a tensão de entrada *Ui* de no mínimo 17,5 V. Deve-se considerar o mesmo valor de indutância máxima *Li* de 10 mH.

#### *b. Cabos para Sistemas FISCO*

*i. Tipos de cabo especificado pela Norma ABNT NBR IEC 60079-25*

Na tabela a seguir, são apresentadas as características técnicas de cabos para sistemas intrinsecamente seguros FISCO, de acordo com a norma técnica brasileira adotada ABNT NBR IEC 60079-25.

**Tabela 29.8** – Características técnicas de cabos para sistemas intrinsecamente seguros FISCO

| | GRUPOS I, IIB e III | GRUPO IIC |
|---|---|---|
| Comprimento total do cabo (incluindo o tronco e as derivações) | 1 900 m (máximo) (NOTA) | 1 000 m (máximo) |
| Comprimento da derivação | 60 m (máximo) para FISCO | |
| Resistência do *Loop* (Rc) | 15 a 150 Ω/km | |
| Indutância do *Loop* (Lc) | 0,4 a 1 mH/km | |
| Capacitância (Cc) | 45 a 200 nF/km | |

NOTA: o modelo FISCO permite aos grupos I, IIB e III um comprimento máximo de cabo de 5.000 m. Entretanto, por razões funcionais, a norma internacional IEC 61158-2 estabelece um limite de 1.900 m.

*Fonte*: norma ABNT NBR IEC 60079-25.

### *ii. Tipo de cabos especificados pela norma internacional IEC 61158-2*

Na tabela a seguir, são apresentadas as características técnicas de cabos para sistemas intrinsecamente seguros, de acordo com a norma internacional IEC 61158-2.

**Tabela 29.9** – Características técnicas de cabos para sistemas intrinsecamente seguros

| Cabo | TIPO A | TIPO B |
|---|---|---|
| **Construção** | **Par trançado (blindagem individual)** | **Múltiplos pares trançados (blindagem única)** |
| Seção transversal do condutor | 0,8 mm² | 0,32 mm² |
| Resistência do *Loop* | 44 Ohm/km | 112 Ohm/km |
| Impedância | 100 Ohm (± 20 %) | 100 Ohm (± 20 %) |
| Atenuação | 3 dB/km | 5 dB/km |
| Assimetria capacitiva | 2 nF/km | 2 nF/km |
| Máximo atraso na propagação (7,9 a 39 kHz) | 1,7 μs/km | Não requerido |
| Máxima cobertura da blindagem | 90 % | Não requerido |
| Comprimento total do barramento | 1.900 m | 1.200 m |

NOTA: os cabos recomendados pela *Foundation Fieldbus* são compatíveis com aqueles requeridos pelo modelo FISCO.

*Fonte*: norma IEC 61158-2.

## 29.7 CONCLUSÕES SOBRE O CONCEITO FISCO

O modelo FISCO sempre representou uma opção de permitir um maior número de dispositivos de campo em áreas classificadas. Além disso, com a publicação da norma técnica brasileira adotada ABNT NBR IEC 60079-27, a padronização dos parâmetros dos dispositivos de campo e dos associados, bem como dos cabos de instalação, simplificou em muito os aspectos de segurança, ficando o número de componentes de campo limitado aos aspectos operacionais.

## REFERÊNCIAS

ABNT NBR IEC 60079-11: *Atmosferas explosivas - Parte 11: Proteção de equipamento por segurança intrínseca "i".*

ABNT NBR IEC 60079-27: *Atmosferas explosivas - Parte 27: Conceito de Fieldbus intrinsecamente seguro (FISCO).*

IEC 61158-2: *Fieldbus Standard for Use in Industrial Control System - Part 2: Physical Layer Specifications and Service Definition.*

Johannsmeyer, U. (1979). *Ignition Behaviour of Networks of Intrinsically Safe Circuits with Electronic Current Limitation Devices*, PTB Report W-16.

Johannsmeyer, U. (1994). *Investigations into the Intrinsic Safety of Fieldbus Systems*, PTB Report W-53e.

Capítulo **30**

# Sistemas intrinsecamente seguros com limitação de duração de centelha controlada eletronicamente – *"Power-i"*

**Sinopse**: este capítulo aborda uma tecnologia de proteção "Ex" que permita a utilização de maiores potências em circuitos de segurança intrínseca, controlando por meios eletrônicos a duração de uma eventual centelha. A solução é tecnicamente interessante, mas parece que ainda não se mostrou economicamente viável sob o ponto de vista do mercado.

Para gerar uma ignição, é necessário exceder uma temperatura definida de ignição dentro de um volume inicial de mistura gás/ar. Atingir essa temperatura de ignição depende da densidade de energia dentro desse volume inicial. A densidade de energia disponível na faísca depende da potência disponibilizada pela fonte do circuito, pela energia armazenada nas indutâncias e nas capacitâncias do circuito e pelo tempo de duração da faísca.

A norma técnica brasileira adotada ABNT NBR IEC 60079-11, a qual estipula os requisitos para circuitos de segurança intrínseca, baseia-se na limitação da potência disponível no circuito e na limitação de indutâncias e capacitâncias no circuito, e somente leva em consideração o tempo de duração da faísca, que pode ocorrer na abertura ou no fechamento do circuito intrinsecamente seguro em caso da possibilidade de transientes (ver Anexo "Ensaio de transiente de energia" da norma ABNT NBR IEC 60079-11).

Essa restrição da potência dos circuitos de segurança intrínseca, geralmente a valores menores que 2 W (para grupo IIC), limita a aplicação dessa tecnologia à automação com sensores e atuadores que se enquadram nessa limitação.

Para contornar essa "limitação" de potência, foi iniciado no PTB da Alemanha um projeto de pesquisa que tinha como alvo influenciar o tempo de duração da faísca. Esse projeto foi patrocinado pelo *Bundesministerium für Wirtschaft und Arbeit* (BMWA, Ministério de Economia e Emprego). O resultado dessa pesquisa, o DART (*Dynamic Arc Recognition and Termination* – reconhecimento e terminação dinâmica de arco), foi apresentado em abril de 2008, na feira de Hanôver, na Alemanha.

O princípio do DART, que permite fontes de alimentação para circuitos de segurança intrínseca com potência de até 50 W, é o reconhecimento de uma falha no circuito (por exemplo, abrir ou fechar do circuito) por meio da alteração característica da corrente (*di/dt*) nesses casos, e o desligamento instantâneo do fornecimento de energia para o circuito, limitando, assim, a energia da centelha ($W = U \times I\ t$) para valores abaixo da energia mínima de ignição.

O tempo de duração da centelha é composto do tempo de desligamento propriamente dito (um pouco mais de 1 μs), que é uma característica da fonte, do tempo entre o acontecimento da falha e o reconhecimento pela eletrônica da fonte, que depende do comprimento do cabo de interligação entre a fonte e equipamento alimentado, do tempo de descarregamento da energia armazenado no cabo de interligação, que depende do comprimento e das características desse cabo e de características do equipamento alimentado.

Como podemos ver, existem vários parâmetros que podem influenciar na duração da centelha, e assim é necessário avaliar o sistema "como um todo".

Para permitir aos usuários compor circuitos com essa tecnologia sem a necessidade de uma avaliação com base na norma técnica brasileira adotada ABNT NBR IEC 60079-25 (*Atmosferas explosivas - Parte 25: Sistemas elétricos intrinsecamente seguros*) por um organismo de certificação de produtos "Ex", é importante definir métodos para se determinarem os parâmetros que podem influenciar na duração da centelha e os limites desses, a fim de assegurar a segurança do circuito.

O TC 31 da IEC (*Technical Committee 31* – Comitê Técnico da IEC sobre atmosferas explosivas), tendo em vista que, até aquele momento, ainda não existiam muitas experiências consolidadas ou registradas sobre essa "nova" tecnologia, a qual ainda está sujeita a modificações e aperfeiçoamentos futuros, emitiu em 2015 a "*Especificação Técnica*" IEC TS 60079-39, que futuramente pode ser base para uma nova norma da Série IEC 60079. Essa especificação técnica apresenta, dentre seus objetivos, viabilizar a aplicação e facilitar a parametrização dos componentes que formam o circuito dessa tecnologia chamada "*Power-i*". A versão brasileira dessa especificação técnica foi publicada pela ABNT em 2019 como ABNT IEC TS 60079-39.

A arquitetura do sistema "*Power*-i" pode ser "simples", contendo uma fonte, o seu cabeamento e um dispositivo do campo, como mostrado na Figura 30.1, ou mais "complexo", com uma fonte, cabeamento com derivações e múltiplos dispositivos de campo, com mostrado na Figura 30.2.

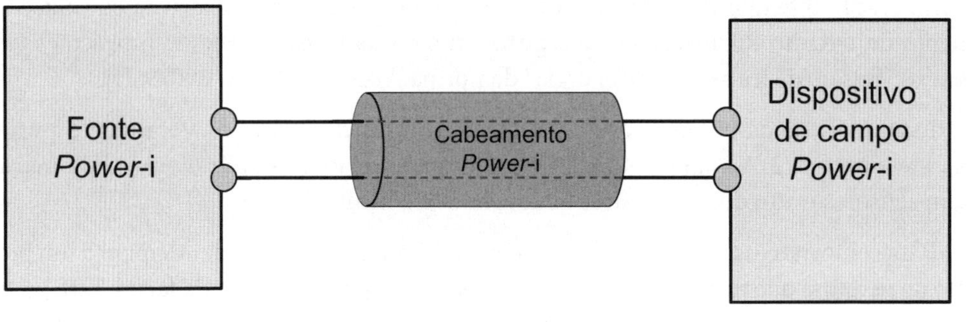


**Figura 30.1 –** Sistema *Power-i* com om arquitetura "simples".

*Fonte*: ABNT IEC TS 60079-39.

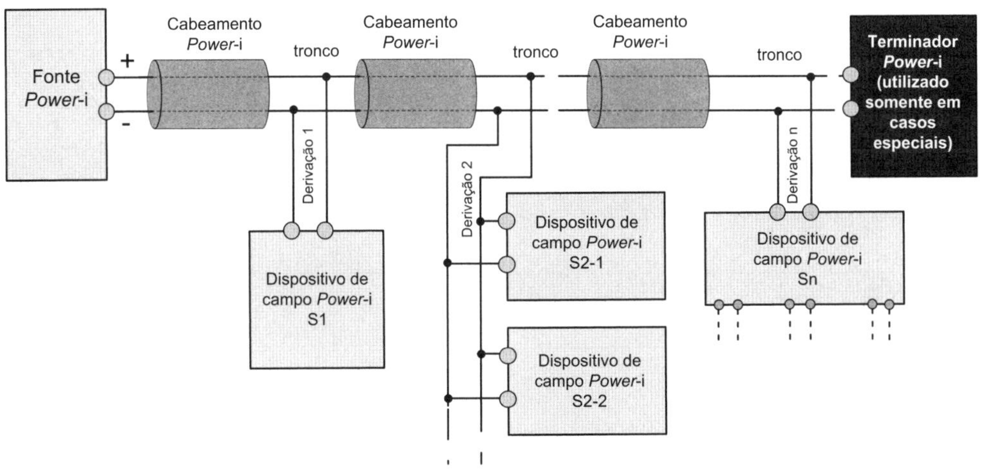


**Figura 30.2** – Sistema *Power-i* com arquitetura "complexa".

*Fonte*: ABNT IEC TS 60079-39.

Os componentes que formam um sistema *Power-i* são:

a) a fonte;

b) o cabeamento;

c) o dispositivo do campo (a carga) e quando aplicável;

d) o terminador.

A ABNT IEC TS 60079-39 especifica os requisitos para o sistema e cada componente.

Um dos requisitos mais importantes é que nenhum componente (cabeamento ou dispositivo) *Power-i* deve inibir a detecção do pulso de centelhamento durante condições estáticas ou transitórias (por exemplo, partida suave do tipo *soft start*). Como todos os componentes do sistema *Power-i* podem influenciar na detecção do pulso de centelhamento, a avaliação do sistema inteiro é imprescindível.

Todos os componentes do sistema *Power-i* devem ser avaliados para atender aos requisitos da ABNT IEC TS 60079-39, e, quando requerido, ensaiados de acordo com os métodos descritos naquela especificação técnica.

Adicionalmente, os dispositivos *Power-i* devem estar em conformidade com os requisitos aplicáveis da norma técnica brasileira adotada ABNT NBR IEC 60079-0. Os requisitos de outras normas da Série ABNT NBT IEC 60079 podem ser aplicáveis, dependendo do projeto e da aplicação dos dispositivos *Power-i*.

Os dispositivos *Power-i* devem pertencer a uma das classes de "tensão" ou "corrente" de aplicação indicadas na Tabela 30.1 (*tensão*) e Tabela 30.2 (*corrente*).

**Tabela 30.1** – Definição de classes de tensão *Power-i*

| Máxima tensão de saída *Uo*-source | Classes de tensão *Power*-i |
|---|---|
| 24 V | 24 V |
| 32 V | 32 V |
| 40 V | 40 V |

*Fonte*: ABNT IEC TS 60079-39.

**Tabela 30.2** – Definição de classes de corrente *Power-i*

| Máxima corrente de saída *Io*-source | Classes de corrente *Power*-i |
|---|---|
| 0,5 A | 0A5 |
| 1,0 A | 1A0 |
| 1,5 A | 1A5 |
| 2,0 A | 2A0 |
| 2,5 A | 2A5 |

*Fonte*: ABNT IEC TS 60079-39.

Na marcação dos dispositivos, a informação sobre a classe de aplicação (tensão e corrente) é precedida por "*OUT*" para fontes e "*IN*" para dispositivos de campo, por exemplo, "OUT: 32V1A5" e "IN: 40V2A0". Na formação do sistema *Power-i*, a classificação "*IN*" dos dispositivos de campo deve ser em relação a tensão e corrente maior ou igual da respectiva classificação "*OUT*" da fonte.

Além da classe de aplicação, existem mais dois parâmetros importantes para compor com segurança um sistema *Power-i*; estes são o tempo de resposta ($t_{resp}$) e o fator de avaliação (AF). Ambos os parâmetros são determinados pelos métodos descritos na ABNT IEC TS 60079-39.

O tempo de resposta é um parâmetro da fonte *Power-i* e do cabeamento. O tempo de resposta do cabeamento é influenciado pela construção do cabo e, em especial, pelo comprimento total do cabeamento. A soma do tempo de resposta da fonte e do cabeamento é o tempo de resposta do sistema e determina o limite da potência que pode ser disponibilizada ao sistema, como mostrado na Tabela 30.3.

**Tabela 30.3 –** Combinações permitidas de classes de aplicação *Power*-i para fontes *Power*-i em função do tempo de resposta do sistema para todos os Grupos (N.P. = Não Permitido)

| Grupo + fator de segurança SF | Classe de tensão | Máxima classe de corrente permitida das fontes *Power*-i | | | | | | |
|---|---|---|---|---|---|---|---|---|
| | | Tempo de resposta do sistema *t*resp-system | | | | | | |
| | | 1 ms | 2 ms | 4 ms | 6 ms | 8 ms | 10 ms | 12 ms |
| IIC "ib" SF 1,5 | 24 V | 2A0 | 1A5 | 1A0 | 1A0 | 0A5 | 0A5 | N.P. |
| | 32 V | 2A0 | 1A5 | 1A0 | 0A5 | 0A5 | N.P. | N.P. |
| IIC "ic" SF 1,0 | 24 V | 2A5 | 2A5 | 2A0 | 1A5 | 1A0 | 0A5 | 0A5 |
| | 32 V | 2A5 | 2A0 | 1A5 | 1A0 | 0A5 | 0A5 | N.P. |
| | 40 V | 2A5 | 1A5 | 1A0 | 1A0 | 0A5 | N.P. | N.P. |
| IIB "ib" SF 1,5 | 24 V | 2A5 | 2A5 | 2A0 | 1A5 | 1A0 | 1A0 | 0A5 |
| | 32 V | 2A5 | 2A5 | 1A5 | 1A0 | 1A0 | 0A5 | 0A5 |
| | 40 V | 2A5 | 2A0 | 1A5 | 1A0 | 0A5 | 0A5 | 0A5 |
| IIB "ic" SF 1,0 e IIA, I e III SF 1,0 e 1,5 | 24 V | 2A5 | 2A5 | 2A0 | 1A5 | 1A0 | 1A0 | 0A5 |
| | 32 V | 2A5 | 2A5 | 2A0 | 1A5 | 1A0 | 1A0 | 0A5 |
| | 40 V | 2A5 | 2A0 | 1A5 | 1A0 | 1A0 | 0A5 | 0A5 |

NOTA 1: as classes de corrente permitidas nesta tabela têm como base um máximo incremento de tensão possível de 1 V/µs para um evento de centelhamento.

NOTA 2: exemplo – a classe de tensão selecionada é 32 V, e o tempo de resposta do sistema selecionado é 2 µs:

- IIC SF=1,5: máxima classe de corrente *Power*-i permitida para a fonte *Power*-i é 1A5 (adicionalmente 1A0 e 0A5 são permitidas);
- IIB SF=1,5: máxima classe de corrente *Power*-i permitida para a fonte *Power*-i é 2A5 (adicionalmente 2A0, 1A5, 1A0 e 0A5 são permitidas).

NOTA 3: os valores permitidos para grupos IIA, I e III são os mesmos permitidos para Grupo IIB ic.

*Fonte*: ABNT IEC TS 60079-39.

O fator de avaliação é um parâmetro para todos os componentes do sistema *Power-i*. Para a fonte *Power-i*, o fator de avaliação representa a sensibilidade para a detecção do pulso de centelhamento, enquanto nos casos dos outros componentes *Power-i* (dispositivo de campo, cabeamento e terminador) o fator de avaliação representa a atenuação de um pulso de centelhamento pelo respectivo componente.

A soma dos fatores de avaliação dos componentes *Power-i*, dispositivos de campo, cabeamento e terminador deve ser igual ou menor que o fator de avaliação da fonte *Power-i* ($AF_{source} \geq AF_{terminator} + AF_{trunk} + S\ AF_{field\text{-}device}$).

## 30.1 FONTE *POWER-i*

Apenas uma fonte ativa deve ser conectada ao sistema, mas uma fonte de alimentação "redundante" pode ser incluída.

Nesse caso, somente uma fonte de alimentação deve estar ativa (com a outra fonte em stand-by), devendo ambas estarem localizadas em um dos extremos do cabeamento do circuito *Power-i* (tronco).

A fonte *Power*-i deve detectar centelhamento de fechamento (variação de corrente $+\frac{di}{dt}$) e de abertura (variação de corrente $-\frac{di}{dt}$) e ela deve prover um corte rápido da potência de saída nesses casos, limitando, assim, o tempo da centelha, como mostrado nas Figuras 30.3 e 30.4.

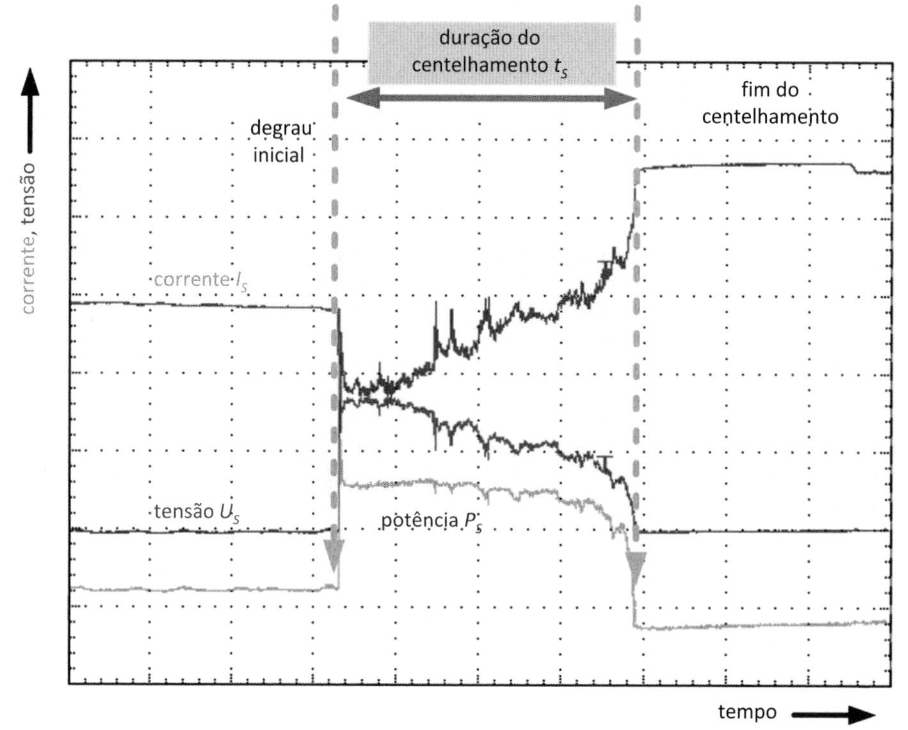


**Figura 30.3 –** Curva típica de um centelhamento por abertura (fonte *linear*).

*Fonte*: ABNT IEC TS 60079-39.

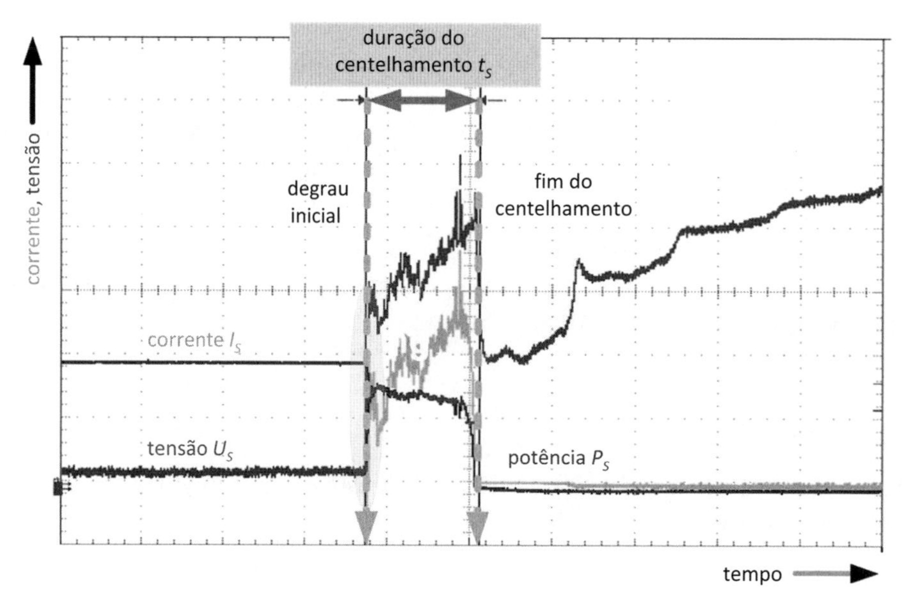


**Figura 30.4 –** Curva típica de um centelhamento por abertura (fonte *Power-i*).

*Fonte*: ABNT IEC TS 60079-39.

Em condições normais do circuito *Power-i*, a fonte disponibiliza uma potência além das limitações estabelecidas pelas normas técnicas brasileiras adotadas ABNT NBR IEC 60079-11 e ABNT NBR IEC 60079-25; ela está nessas condições trabalhando no modo *Power-i*.

Ao detectar uma anormalidade no circuito (centelha), ela chaveia para o modo *shutdown*, e o sistema atende aos limites de segura intrínseca de acordo com as normas técnicas brasileiras adotadas ABNT NBR IEC 60079-11 ou ABNT NBR IEC 60079-25. Uma vez cessada a anormalidade no circuito, a fonte volta ao modo *Power-i* (ver Figuras 30.5 e 30.6).

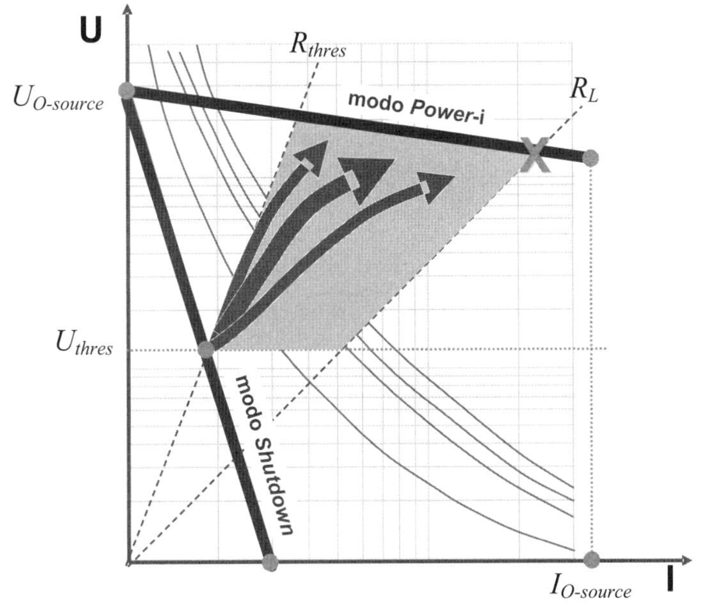


**Figura 30.5 –** Conjunto de curvas características de saída de uma fonte *Power-i* no caso de uma falha.

*Fonte*: ABNT IEC TS 60079-39.

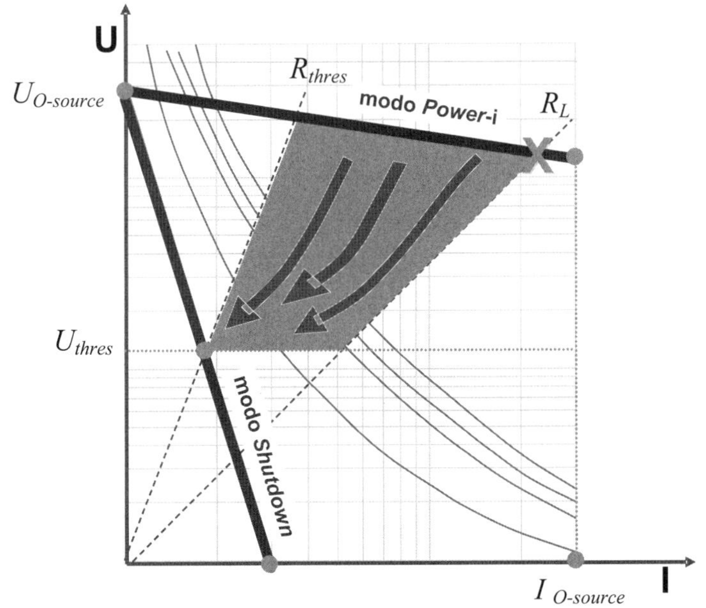


**Figura 30.6 –** Conjunto de curvas características de saída de uma fonte *Power-i* durante a conexão de carga.

*Fonte*: ABNT IEC TS 60079-39.

A ABNT IEC TS 60079-39 estabelece os métodos de ensaio para a determinação do tempo de resposta ($t_{resp\text{-}source}$) e do fator de avaliação ($AF_{source}$) da fonte *Power-i*.

A Figura 30.7 mostra um diagrama de bloco simplificado de uma fonte *Power-i* com limitação de tensão e corrente.

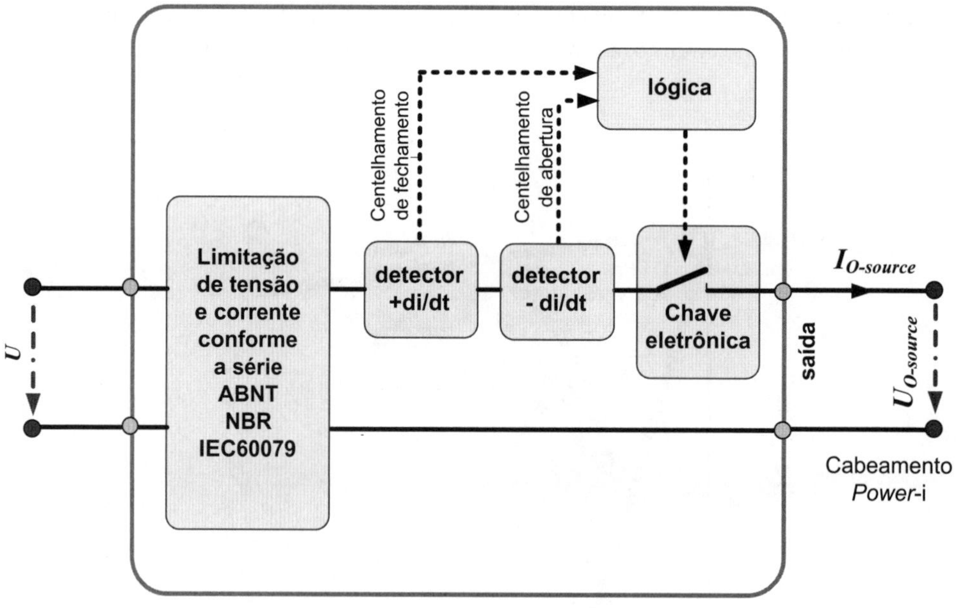


**Figura 30.7** – Diagrama de bloco de uma fonte *Power-i* com limitação de tensão e corrente.

*Fonte*: ABNT IEC TS 60079-39.

## 30.2 DISPOSITIVO DE CAMPO *POWER-I*

O dispositivo de campo *Power-i* é composto por um desacoplador e pela carga, como apresentado na Figura 30.8.

A carga pode ser, dentro dos limites da classe de aplicação (tensão e corrente), qualquer componente necessário para a aplicação. O conjunto desacoplador e a carga devem, dependendo das suas características, possuir um tipo de proteção apropriado de acordo com a norma técnica brasileira adotada ABNT NBR IEC 60079-0 para a respectiva atmosfera explosiva na qual será utilizado.

O dispositivo de campo *Power-i* deve ser um equipamento passivo em condições normais e de falhas, e o seu circuito de entrada deve ser isolado de qualquer circuito de aterramento, de acordo com os respectivos requisitos da norma técnica brasileira adotada ABNT NBR IEC 60079-11.

O tempo de resposta de um dispositivo *Power-i* é considerado "desprezível" e não precisa ser determinado, mas, para assegurar que os efeitos de centelhamentos de fechamento e de abertura não sejam atenuados, o dispositivo de campo *Power-i* deve ser submetido ao ensaio de *pulso de transição* e a definição do fator de avaliação ($AF_{field\text{-}device}$), de acordo com o método especificado na ABNT IEC TS 60079-39.

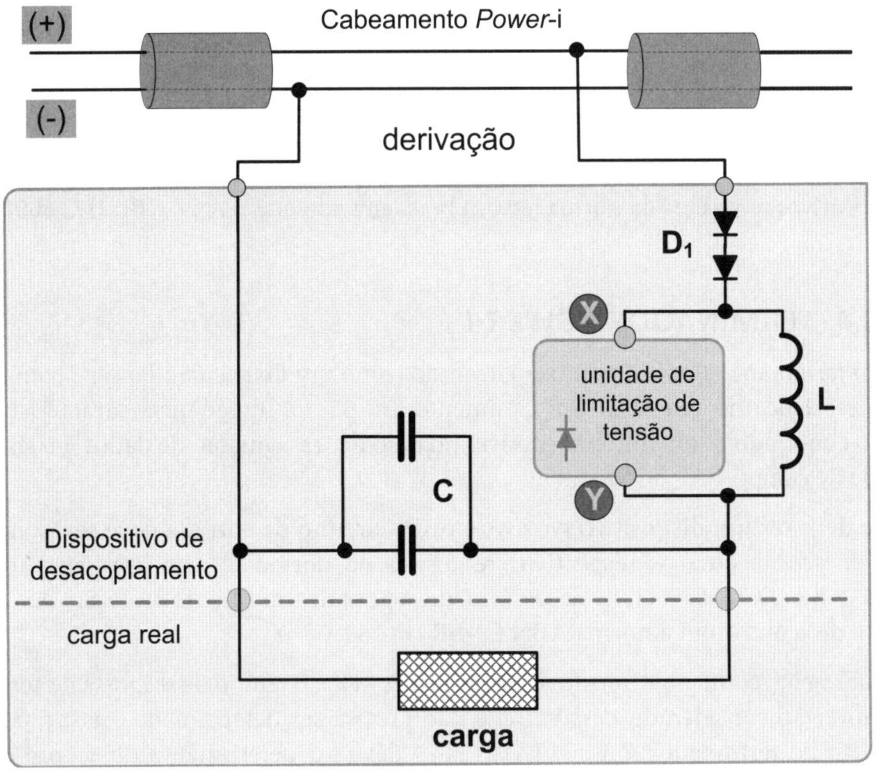


**Figura 30.8** – Exemplo de um dispositivo de campo *Power-i*.

*Fonte*: ABNT IEC TS 60079-39.

## 30.3 CABEAMENTO *POWER-I*

O cabeamento do *Power-i* (tronco/*trunk* e derivações/*spurs*) deve atender aos requisitos aplicáveis das normas técnica brasileiras adotadas ABNT NBR IEC 60079-11, ABNT NBR IEC 60079-14 e ABNT NBR IC 60079-25. Os cabos do *TIPO C* (multicabos com definidos na ABNT NBR IEC 60079-25) não podem ser utilizados no cabeamento *Power -i*.

Como o tempo de resposta do sistema ($t_{resp\text{-}system}$) depende primordialmente do tempo de resposta do cabeamento, a definição do tipo de cabo é muito importante para a composição do sistema, dentro dos limites indicados na Tabela 30.3.

O tempo de resposta do tronco ($t_{resp\text{-}trunk}$), observando-se as restrições para o comprimento das derivações individuais (15 m) e a soma destas (50 m), como especificado na ABNT IEC TS 60079-39, é um dos parâmetros característicos para o cabeamento. O tempo de resposta do tronco ($t_{resp\text{-}trunk}$) depende do comprimento do tronco e da impedância característica $Z_w$ do cabo. A impedância $Z_w$ depende da indutância e da capacitância do cabo, características normalmente informadas como L' e C' em H/m e F/m respectivamente.

Na ABNT IEC TS 60079-39, são apresentados métodos para avaliar do tempo de resposta do tronco ($t_{resp\text{-}trunk}$) com base nas características do cabo. Valores típicos para $t'_{resp\text{-}trunk}$ são 5 a 7 ns/m.

Para cabos troncos com comprimento menor de 40 m, com derivações de, no máximo, 10 m, e somatória das derivações limitada a 20 m, o tempo de resposta do tronco ($t_{resp\text{-}trunk}$) é considerado como 0,5 μs.

O outro parâmetro do cabeamento é o fator de avaliação ($AF_{trunk}$), que, como o tempo de resposta, depende da impedância característica $Z_w$ do cabo e do comprimento do tronco (resistência ôhmica do *loop*), e pode ser calculado de acordo com o especificado na ABNT IEC TS 60079-39.

O cabeamento *Power-i* deve assegurar o isolamento do circuito da terra de acordo com os respectivos requisitos da norma técnica brasileira adotada ABNT NBR IEC 60079-25.

## 30.4 TERMINADOR *POWER-I*

Um *terminador Power-i* pode ser encarado como um dispositivo *Power-i* com a aplicação *específica* de assegurar um casamento c.a. para a impedância característica do tronco conectado e somente é necessário no caso de transmissão de dados em sistemas de rede de campo.

Ele deve ser um dispositivo *passivo*, e o seu circuito de entrada deve ser isolado da terra de acordo com os respectivos requisitos da norma técnica brasileira adotada ABNT NBR IEC 60079-11. Se necessário, deve possuir um tipo de proteção "Ex" apropriado, de acordo com a norma ABNT NBR IEC 60079-0.

Igualmente como no dispositivo de campo *Power-i*, o tempo de resposta do terminador *Power-i* é considerado *desprezível* e não precisa ser determinado, mas, o fator de avaliação do terminador *Power-i* ($AF_{terminator}$) deve ser determinado de acordo com o método especificado na ABNT IEC TS 60079-39.

## 30.5 COMO PROJETAR UM SISTEMA *POWER-I*?

Para demonstrar como os parâmetros *Power-i* influenciam no projeto de um sistema *Power-i*, apresentamos como exemplo uma medição de vazão de um gás com placa de orifício e compensação para indicar a massa de gás transferida. O ambiente da instalação é uma área classificada como Zona 1 com presença de produtos do grupo IIC e classe de temperatura T4.

Para poder calcular a vazão de massa, é necessário medir a pressão diferencial na placa do orifício, a pressão e a temperatura do gás na tubulação. As três grandezas serão medidas por três transmissores independentes que são instalados relativamente perto uns dos outros (distância máxima 5 m), e a distância entre a fonte *Power-i* instalada fora da área classificada e os transmissores não ultrapassa 100 m. A Figura 30.9 mostra esquematicamente esse exemplo.

Para demonstrar a adequação do sistema aos requisitos do *Power-i*, a primeira etapa a se verificar são as limitações da Tabela 30.3 para a área classificada em questão. A área classificada Zona 1 requer equipamentos "Ex" que proporcionem EPL Gb, e, assim, o nível de proteção deve ser "ib". De acordo com aquela Tabela 30.3, temos, nesse caso, para o grupo IIC, um tempo de resposta máximo do sistema de $t_{resp\text{-}system} = 8$ µs, com classe de corrente da fonte *Power-i* limitada a 0A5. Como mencionado anteriormente, o tempo de resposta do tronco é predominante na composição do tempo de resposta do sistema *Power-i*.

Para determinar esse tempo de resposta, vamos assumir, para este exemplo, um cabo com L' = 0,666 µH/m e C' = 0,066 nF/m. Aplicando-se o método para o cálculo do tempo de resposta da ABNT IEC TS 60079-39, temos $t'_{resp\text{-}trunk} = 6{,}63$ ns/m, valor que está dentro da faixa dos valores típicos informados na ABNT IEC TS 60079-39. Com 100 m de comprimento do tronco, chegamos a $t_{resp\text{-}trunk} = 2 \times 100 \text{ m} \times 6{,}63 \text{ ns/m} = 1{,}33$ µs.

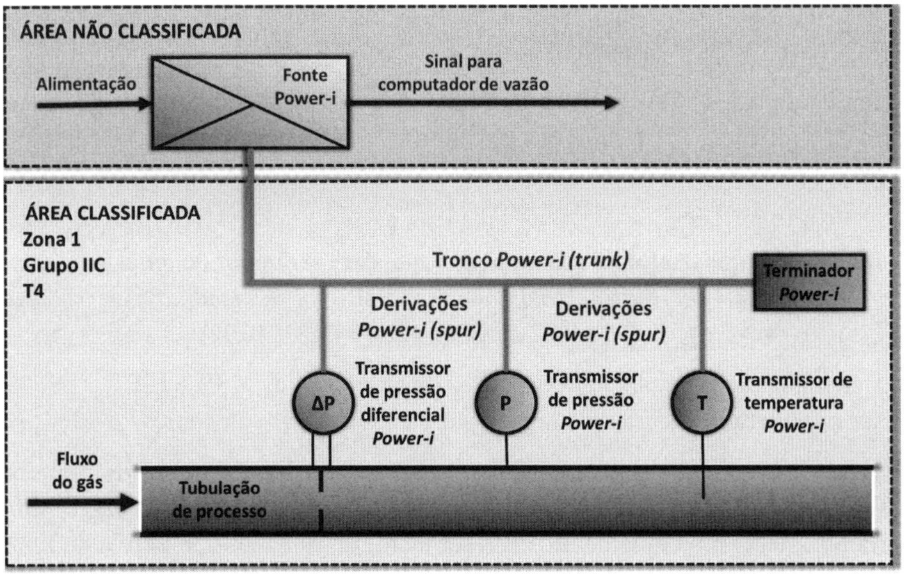


**Figura 30.9** – Exemplo de aplicação de um sistema *Power-i*.

*Fonte*: acervos pessoais dos autores.

As derivações com comprimento de 5 m para cada transmissor ficam dentro dos limites estabelecidos pela ABNT IEC TS 60079-39 (15 m individual e 50 m total). Como ainda não escolhemos a fonte *Power-i*, vamos assumir um tempo de resposta da fonte $t_{resp\text{-}source}$ = 2 µs, chegando, assim, a um tempo de resposta do sistema $t_{resp\text{-}system}$ = 3,33 µs, bem menor do que os 8 µs permitidos com classe de corrente 0A5. Verificando novamente a Tabela 30.3, notamos que, agora, é possível utilizar uma fonte *Power-i* com classe de corrente 1A0 ($t_{resp\text{-}system}$ £ 4 µs).

Escolhemos uma fonte *Power-i* com classe de aplicação 24V1A0, $t_{resp\text{-}source}$ = 1,5 µs e $AF_{source}$ = 12.

Os transmissores "Ex" para a pressão diferencial e a pressão absoluta têm características *Power -i* iguais, classe de aplicação 32V2A0 e $AF_{field\text{-}device\ 1}$ = 2,1. O transmissor de temperatura "Ex" tem classe de aplicação 24V1A5 e $AF_{field\text{-}device\ 2}$ = 1,5.

Como as informações geradas pelos transmissores "Ex" (valores medidas) são transmitidas utilizando-se o cabeamento *Power-i* como rede de campo, há necessidade de se aplicar um *terminador Power-i*. Esse terminador escolhido tem classe de aplicação 40V2A5 e $AF_{terminator}$ = 5.

Para avaliarmos o sistema todo, precisamos ainda determinar o $AF_{trunk}$. Utilizando o método indicado na ABNT IEC TS 60079-39 e com $R'_{cabo}$ = 0,025 W/m e $Z_W$ = 100 W, chegamos a $AF_{trunk}$ = 0,22.

Com todos os componentes do sistema definidos, deve ser verificado que todos os requisitos para um sistema seguro foram atendidos.

O requisito de ter-se somente *uma* fonte foi atendido: existe somente uma fonte no sistema.

O requisito de que a classe de aplicação da fonte seja menor ou igual (≤) a classes de aplicação dos componentes passivos é *atendido*: a classe da aplicação da fonte 24V1A0, classe da aplicação dos transmissores de pressão e pressão diferencial 32V2A0 (maior que a classe da fonte), classe de aplicação do transmissor de temperatura 24V1A5 (igual à classe de tensão da fonte e maior que a classe de corrente da fonte) e classe de aplicação do terminador 40V2A5 (também maior que a classe da fonte).

O tempo de resposta de sistema com base da necessidade do nível de proteção "ib" devido à classificação de área (Zona 1, grupo IIB, T4) e da fonte escolhida (24V1A0) deve ser £ 4 μs de acordo com a Tabela 30.3 *atendido*: $t_{resp\text{-}system} = t_{resp\text{-}source} + t_{resp\text{-}trunk} = 1,$ 5 μs + 1,33 μs = 2,88 μs.

O requisito de que o fator de aplicação da fonte deve ser maior ou igual (≥) à soma dos fatores de aplicação dos outros componentes do sistema é *atendido*: $AF_{source} \geq AF_{trunk}$ + S $AF_{field\text{-}devices} + AF_{terminator}$ (12 ≥ 0,22 2 x 2,1 + 1,5 + 5 à 12 ≥ 10,92).

O sistema nesse exemplo atende a todos os requisitos da ABNT IEC TS 60079-39 e pode ser considerado adequado e seguro para a aplicação.

A ideia de limitar em circuitos de segurança intrínseca a duração de centelha por meios eletrônicos para permitir potências maiores sem ultrapassar a energia limite necessária para gerar uma ignição mostrou ser tecnicamente viável, e, com a definição de parâmetros pela ABNT IEC TS 60079-39, a aplicação dessa tecnologia foi, como vimos no exemplo anterior, facilitada.

**Considerações**: mesmo com a publicação internacional pelo TC-31 da IEC da especificação técnica IEC TS 60079-39 em 2015 e da respectiva ABNT IEC TS 60079-39, publicada pela ABNT em 2019, essa tecnologia "*Power-i*" ainda não "vingou", uma vez que, até o momento da publicação deste livro, ainda não existem muitos equipamentos com certificação *Power-i* com essa tecnologia disponíveis no mercado.

# Capítulo **31**

# Equipamentos, circuitos e redes *Ethernet* intrinsecamente seguras a dois fios (2-WISE)

**Sinopse:** este capítulo aborda as principais características, funcionalidades e benefícios de equipamentos, dispositivos e sistemas intrinsecamente seguros a dois fios (2-WISE), de acordo com a ABNT IEC TS 60079-47, bem como as características da camada física *Ethernet* APL (*Advanced Physical Layer*), de acordo com o padrão 10BASE-1TL. Esse tipo de tecnologia permite a utilização de redes *Ethernet* nos equipamentos sensores e atuadores "Ex" instalados em áreas classificadas de gases inflamáveis ou poeiras combustíveis, fazendo com que os sistemas de automação de processo possam utilizar redes *Ethernet*, de forma padronizada, desde o nível básico da infraestrutura de instrumentação "Ex" de campo até as ações de gestão de ativos e controle avançado na "nuvem", alinhado com os requisitos da indústria 4.0 e a convergência entre a tecnologia da informação (**TI**), a tecnologia de operação (**TO**) e a tecnologia de automação (**TA**).

## 31.1 APLICAÇÃO DA SEGURANÇA INTRÍNSECA A REDES *ETHERNET* EM ÁREAS DE PROCESSO E DISPOSITIVOS DE CAMPO

A *Ethernet* pode ser considerada de fato como o padrão de comunicação no ambiente corporativo, mas não atende às necessidades da automação de processos sem modificações. Ela, com o meio físico Ethernet APL, permite a utilização de circuitos de campo com grandes distâncias e com tipo de proteção por segurança intrínseca com capacidade de comunicação, e de fonte de alimentação elétrica por meio de cabos com dois fios.

As plantas de processo operam normalmente por muitas décadas e necessitam ser confiáveis e seguras para as pessoas e para o meio ambiente. Os riscos de explosão em áreas classificadas requerem que a aplicação de novas tecnologias "Ex" que tenham sido totalmente avaliadas e testadas, e que proporcionem benefícios sob os pontos de vista comercial, econômico e de gestão de ativos. Por outro lado, as novas tecnologias "Ex" não podem ser baseadas em equipamentos ou sistemas complexos ou que tenham elevados requisitos específicos de treinamentos, conhecimentos ou competências pessoais.

O padrão Ethernet APL é uma tecnologia básica de *Ethernet* que permite um amplo e inovador desenvolvimento de produtos, incluindo *switches*, sensores e atuadores "Ex". Esse padrão *Ethernet* faz com que todos obtenham os benefícios proporcionados pela digitalização das plantas de processo e a crescente integração e convergência entre as áreas de **TI**, **TO** e **TA**, incluindo as empresas de engenharia, os integradores de instalações, as empresas de serviços, os fornecedores de dados e os usuários finais.

A convergência sobre a necessidade de desenvolvimento do padrão Ethernet APL foi estabelecida em 2018, apoiada por entidades envolvidas com o desenvolvimento de novos padrões, bem como pelos principais fabricantes e fornecedores de sistemas de automação de processos. O padrão Ethernet APL proporciona comunicação com a utilização de cabos com dois fios por distâncias de até 1.000 m a uma velocidade de 10 Mb/s (bits por segundo), no modo *full duplex*, o que é mais de 300 vezes mais rápido que as "tradicionais" tecnologias como HART e *Fieldbus*. O padrão Ethernet APL é uma extensão lógica do padrão *Ethernet* que proporciona os atributos e as características requeridas para a operação segura e confiável para os dispositivos de campo de uma indústria de processo.

Essas características do padrão Ethernet APL incluem o atendimento dos requisitos para proteção de equipamentos, dispositivos e circuitos para instalações em áreas classificadas contendo gases inflamáveis ou poeiras combustíveis. O documento ABNT IEC TS 60079-47 define a proteção por segurança intrínseca para todos os níveis de Zonas e EPL para os grupos I, II e III, incluindo simples procedimentos de verificação, por parte dos usuários, dos parâmetros de entidade de segurança intrínseca, sem a necessidade de cálculos complexos.

Com a implantação do padrão Ethernet APL e dos equipamentos 2-WISE, a eficiência operacional das instalações pode ser aumentada por meio de rápidos acessos aos diversos dados de processo, acelerando o desenvolvimento de instalações de produção com sistemas mais complexos de automação de processo.

## 31.2 DEFINIÇÕES ESPECÍFICAS APLICÁVEIS SOBRE REDES DE COMUNICAÇÃO E 2-WISE

São indicadas a seguir algumas definições relacionadas com redes de comunicação, padrão Ethernet APL e equipamentos 2-WISE aplicadas a equipamentos e sistemas com segurança intrínseca:

**2-WISE** *2-Wire Intrinsically Safe Ethernet System*. Sistema elétrico intrinsecamente seguro com base no padrão Ethernet APL, com valores limites padronizados para parâmetros de segurança intrínseca para cada porta de dispositivo 2-WISE.

**10BASE-T1L** Definição de padrão de comunicação a 10 Mb/s com possibilidade de alimentação elétrica sobre cabos de par trançados (dois fios) com "longas" distâncias até 1.000 m (L).

**Ethernet APL** *Ethernet Advanced Physical Layer* (Camada física avançada *Ethernet* até os dispositivos de campo com dois fios).

**HART** *Highway Addressable Remote Transducer*. Protocolo de comunicação padronizado sobre sinais analógicos do tipo 4 a 20 mA.

**IEEE 802.3 cg** *IEEE Standard for Ethernet – Amendment 5: Physical Layer Specifications and Management Parameters for 10 Mb/s Operation and Associated Power Delivery over a Single Balanced Pair of Conductors* (Norma sobre redes *Ethernet* 10 Mb/s a dois fios incluindo o padrão 10BASE-T1L, publicada em 07/11/2019).

**IIoT** *Industrial Internet of Things* (internet industrial das coisas).

**PHY** Conjuntos de dispositivos, componentes e circuitos eletrônicos físicos requeridos para implementar as funções da camada física do padrão 10BASE-T1L.

**Sistema 2-WISE** Montagem de equipamentos interconectados com dispositivos 2-WISE, especificada em um documento descritivo do sistema, na qual os circuitos ou partes dos circuitos, destinados a serem instalados em atmosferas explosivas, são intrinsecamente seguros.

## 31.3 GENERALIDADES SOBRE SISTEMAS DE AUTOMAÇÃO DE PROCESSO COM PADRÃO *ETHERNET*

O padrão de comunicação 10BASE-T1L é um padrão para a camada física de *Ethernet*, especificada na Norma IEEE 802.3cg – *Physical Layer Specifications and Management Parameters for 10 Mb/s Operation and Associated Power Delivery over a Single Balanced Pair of Conductors*, publicada pelo IEEE em 07 de novembro de 2019. Esse padrão altera de forma radical a implantação da automação de processos industriais por aumentar de forma significativa a eficiência operacional das plantas, por meio de uma conectividade completa da rede *Ethernet* incluindo os dispositivos "Ex" de campo, como sensores e atuadores. O padrão 10BASE-T1L equaciona o problema até então existente que limitava a utilização de rede *Ethernet* nas instalações de campo nos sistemas de automação de processo.

A figura a seguir apresenta uma comparação de capacidade de comprimento de instalação de cabos utilizando diferentes tecnologias de circuitos *Ethernet* com base em cabo de um par/T1 (dois fios), com diferentes velocidades de transmissão, com cabos com blindagem (*shieldado*) ou sem blindagem.

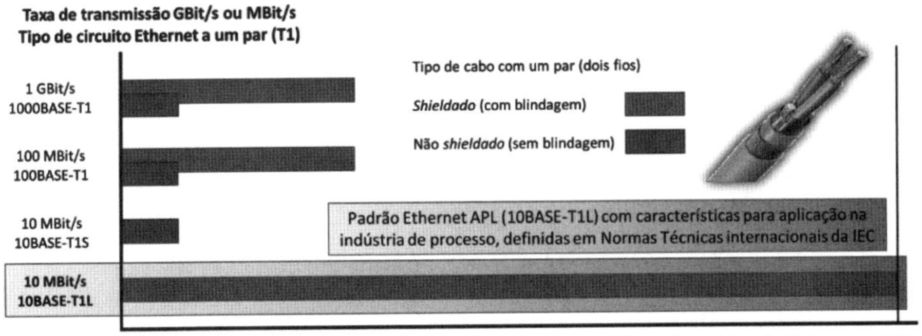


**Figura 31.1** – Comparação de capacidade de comprimento de cabos utilizando-se diferentes tecnologias de circuitos *Ethernet* com base em cabo de um par/T1 (dois fios), com diferentes velocidades de transmissão.

*Fonte*: Ethernet APL.

Sob o aspecto da normalização técnica internacional da IEC, no âmbito do Subcomitê SC65E (*Industrial networks*) do Comitê Técnico TC 65 (*Industrial-Process Measurement, Control and Automation*) sobre os requisitos de portas Ethernet APL e 2-WISE, foi elaborado o documento IEC TS 63444 (*Redes industriais - Especificação de portas Ethernet com perfil APL*). Esse documento é aplicável a equipamentos de automação de processo utilizando a camada física (*PHY - Physical Layer*) 10BASE-T1L (ver IEEE Std 802.cg).

Os perfis de portas *Ethernet* APL em circuitos intrinsecamente seguros, com valores de entidade predefinidos para cada tipo de porta (por exemplo, alimentação, alcance e comunicação), colabora na simplificação da verificação da interconexão de diferentes portas *Ethernet* APL. As seguintes características técnicas fazem parte do documento IEC TS 63444:

- topologia, com capacidade de instalação de circuitos tronco (*trunk*)/circuitos de derivação (*spur*);
- tecnologia a dois fios (comunicação *full duplex* com taxa de transmissão 10 MBit/s);
- longo alcance (comprimentos de cabos que variam desde várias centenas de metros até 1.000 m);
- segurança intrínseca: instalação de dispositivos de campo com capacidade *Ethernet* em áreas classificadas contendo atmosferas explosivas de gases inflamáveis ou poeiras combustíveis;
- alimentação de força aos dispositivos de campo sobre os mesmos dois fios utilizados para a comunicação de dados.

As alterações proporcionadas por esse padrão incluem o menor nível de potência, a maior largura de faixa de comunicação de dados, as maiores distâncias envolvidas no cabeamento de campo, a possibilidade de "ilhamento" de dados (por exemplo, pelas técnicas de filtragem IP ou VLAN) e aplicação em circuitos intrinsecamente seguros, em áreas classificadas do grupo I (minas subterrâneas de carvão) e em todas as zonas dos grupos IIA/IIB/IIC (*Gases inflamáveis*) ou grupos IIIA/IIIB/IIIC (*poeiras combustíveis*).

Pelo equacionamento desses desafios tanto para a atualização (*retrofit*) de instalações existentes como para novas instalações, o padrão 10BASE-T1L permite novas aplicações, as quais não eram até então disponíveis, como a comunicação completa no padrão *Ethernet*, desde os sensores e atuadores "Ex" de campo até o processamento de dados, engenharia, supervisão, controle avançado e gestão de ativos na "nuvem".

Um modelo de convergência entre TI, TO e TA, na forma de uma "pirâmide" da automação de processo, é apresentado na figura a seguir. Com a adoção do padrão Ethernet APL e 2-WISE, é possível a conectividade *Ethernet* sem interrupções ou interfaces (*seamless*), desde os dispositivos "Ex" de campo até a supervisão e o controle de processo, controle avançado, análise de dados, engenharia e gestão de ativos das instalações.

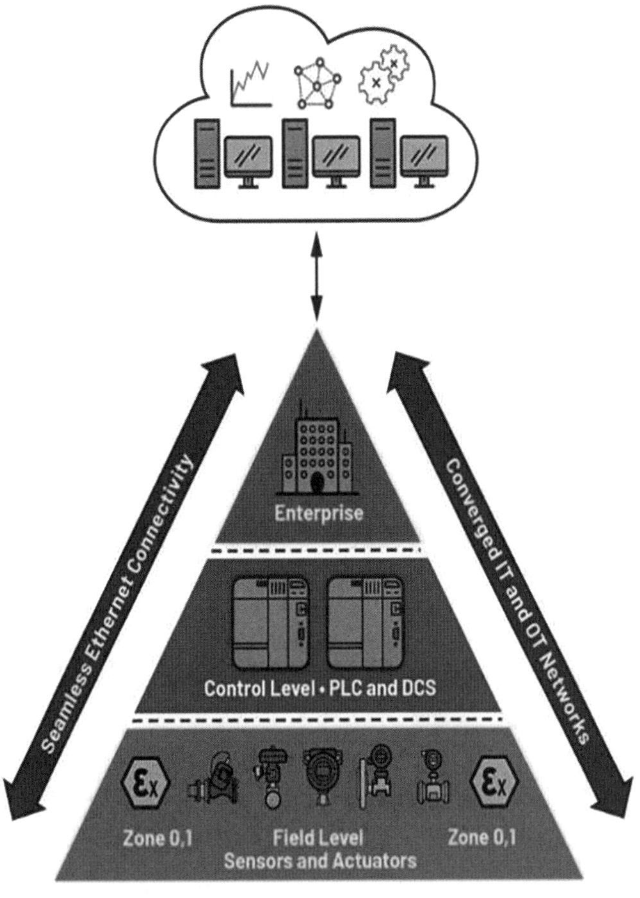


**Figura 31.2** – *Convergência* entre TI, TO e TA: a "pirâmide" da automação de processo: conectividade *Ethernet* sem interrupções ou interfaces (*seamless*), desde os dispositivos de campo até a supervisão e o controle de processo, controle avançado, análise de dados, engenharia e gestão de ativos das instalações.

*Fonte*: Ethernet APL.

Um exemplo da possibilidade de conectividade *Ethernet* sem interrupção, desde o campo até a nuvem na automação de sistemas de controle de processo com padrão Ethernet APL/10BASE-T1L e 2-WISE, é mostrado na figura a seguir.

Para a substituição de circuitos com comunicação por meio de sinais analógicos do tipo 4 a 20 mA ou sinais digitais do tipo *Fieldbus* (como o FISCO) por redes *Ethernet* em aplicações em automação de processo, tanto os aspectos de fonte de alimentação elétrica como de comunicação de dados necessitam ser providos para os sensores e atuadores sobre um par simples de cabo trançado. Esse tipo de cabo apresenta os benefícios de serem de baixo custo, pequeno diâmetro e fácil instalação quando comparados com os cabos com características construtivas mais complexas.

A distância entre os dispositivos de campo nas aplicações de automação de processo com padrão 10BASE-T1L, com cabos com comprimentos de até 1.000 m para circuitos de comunicação (ou 200 m para circuitos 2-WISE com alimentação elétrica), representa uma alteração significativa comparada com as tecnologias até então existentes para camada de nível físico, limitada até então a cerca de 100 m.

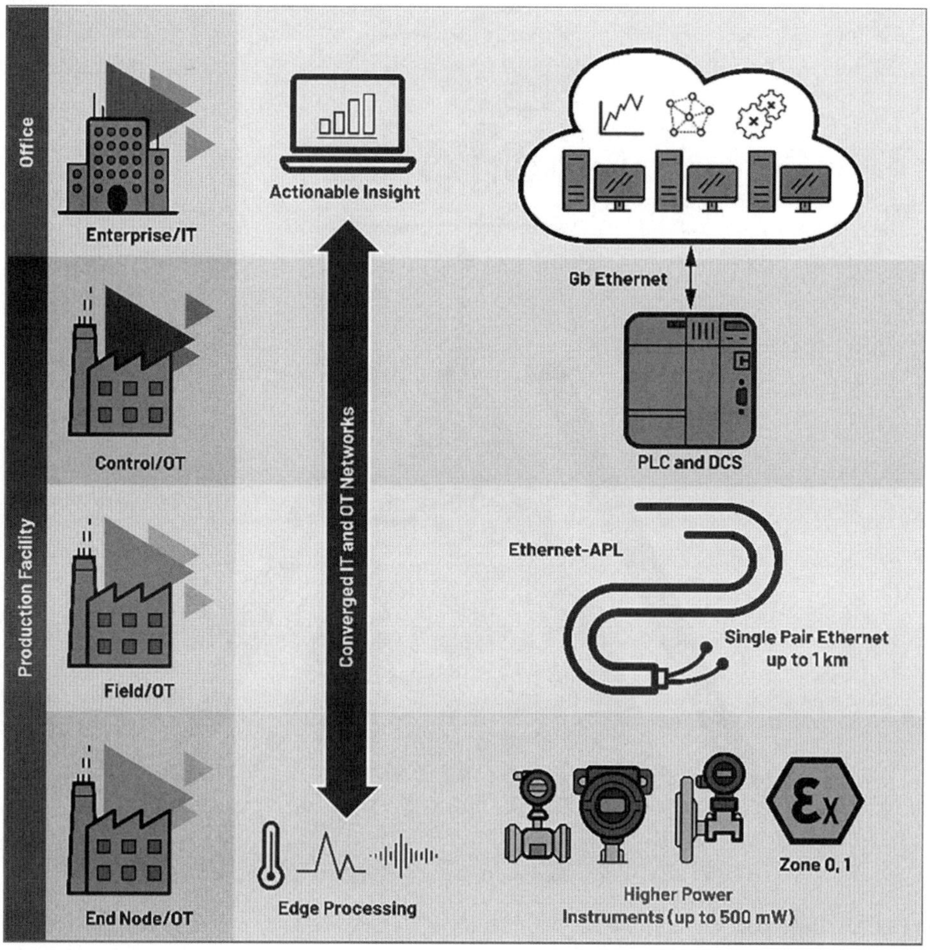


**Figura 31.3** – Conectividade *Ethernet* sem interrupção desde o campo até a nuvem na automação de sistemas de controle de processo com padrão *Ethernet* APL e 10BASE-T1L.

*Fonte*: Ethernet APL.

Com o atendimento das grandes distâncias requeridas em aplicações de automação de processo, combinadas com a necessidade de potência muito baixa e dispositivos de campo "robustos", com proteção por segurança intrínseca (Ex "i"), adequados para instalação em atmosferas explosivas (até Zona 0 ou Zona 20), uma nova abordagem para a aplicação da tecnologia de camada de rede *Ethernet* para a automação de processo era requerida, do ponto de vista de tecnologia. O padrão de comunicação de camada física 10BASE-T1L representa essa abordagem que permite estas aplicações.

Dentre as principais capacidades do padrão de camada física 10BASE-T1L pode ser destacada a comunicação ponto a ponto do tipo *full duplex*. Esse padrão permite que essa tecnologia de camada de rede física possa ser utilizada em aplicações em áreas classificadas contendo atmosferas explosivas de gases inflamáveis ou poeiras combustíveis, atendendo a níveis restritos de máxima energia nos circuitos, os quais devem ser incapazes de gerar fontes de ignição. Esses modos de operação possibilitam a implantação de longas distâncias de transmissão sobre a tecnologia de cabo a dois fios, com potência e dados sobre cabos de par trançados, pertencendo à família de tecnologia com meio SPE (*Single Pair Ethernet*).

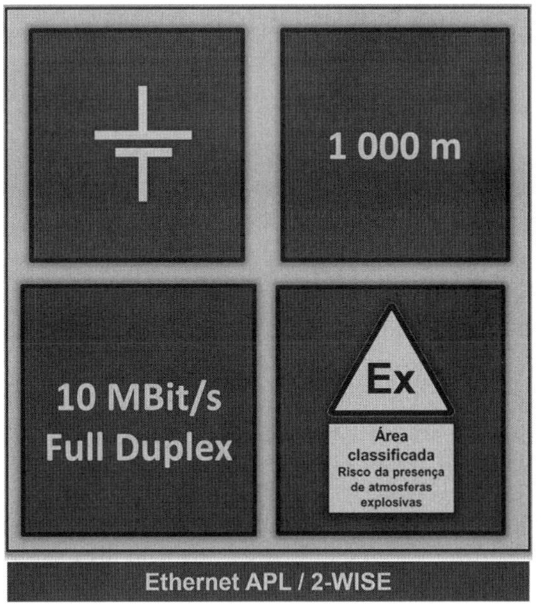


**Figura 31.4 –** Principais características de equipamentos e sistemas no padrão *Ethernet* APL/2-WISE: alimentação pela própria rede de dados (*PODL – Power Over Data Line*), capacidade de circuitos com comprimento de até 1.000 m, taxa de comunicação de dados 10 MBit/s *Full Duplex* e proteção por segurança intrínseca para atmosferas explosivas contendo gases inflamáveis ou poeiras combustíveis.

*Fonte*: acervos pessoais dos autores.

Os níveis de abrangência da automação de processo, desde os instrumentos "Ex" de campo ao controle avançado e gestão de ativos nas "nuvens" são apresentados na figura a seguir, em que se vê um exemplo de topologia de sistema de automação de processo com base no padrão *Ethernet*, com *switches* APL/2-WISE de campo com distâncias de cabeamento no tronco de até 1.000 m. Em aplicações de "grande porte", nas quais sejam requeridas longas distâncias, podem ser incluídas fontes de alimentação 2-WISE (*Ethernet APL/2-WISE Power Switch*) para alimentação dos *switches* de campo 2-WISE.

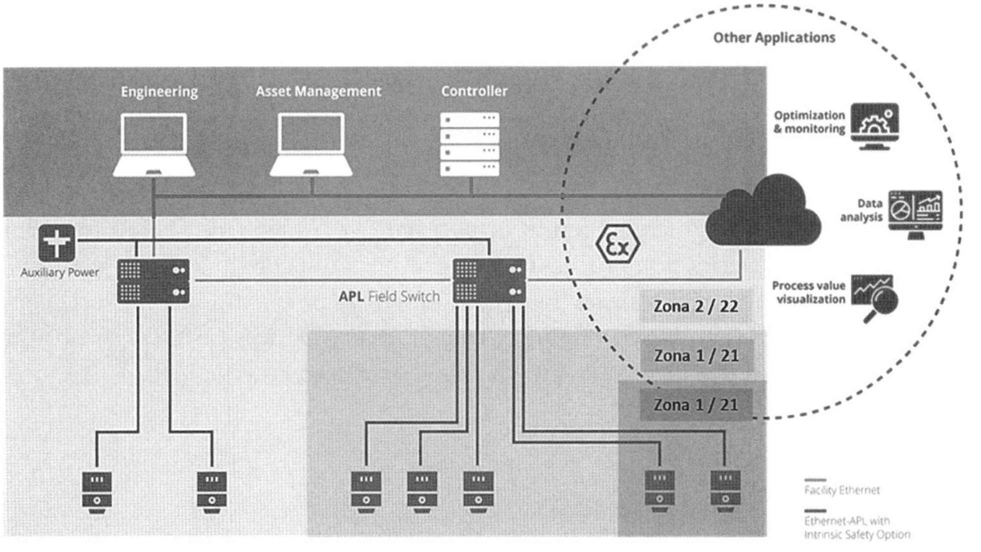


**Figura 31.5 –** Níveis de abrangência da automação de processo – dos instrumentos de campo ao controle avançado e gestão de ativos na "nuvem".

*Fonte*: Ethernet APL.

## 31.4 BENEFÍCIOS DAS SOLUÇÕES DE AUTOMAÇÃO DE PROCESSO COM BASE NA *ETHERNET*

Por meio da convergência sobre a utilização de redes no padrão *Ethernet*, como o atual método padronizado de comunicação nos níveis de controle e de dispositivos de campo na automação de processo, é desnecessária a utilização de *gateways*, os quais necessitam de elevados níveis de potência e introduzem uma redução na taxa de comunicação de dados. Isso também permite uma adequada "transição" para redes *Ethernet* das infraestruturas "fragmentada" dos sistemas *fieldbus*, como o FISCO, as quais podem criar desnecessariamente "ilhas de dados", tornando limitado o acesso de dados no nível dos dispositivos de campo. Pela remoção desses *gateways*, o custo e a complexidade dessas "clássicas" instalações são significativamente reduzidos, bem como são removidas as "ilhas de dados" que tiverem sido criadas por aqueles equipamentos e redes *fieldbus*.

Até recentemente, as aplicações de automação de processo têm utilizado padrões "clássicos" de comunicação, como 4 a 20 mA com *HART* e *fieldbus*, que apresentam uma série de limitações que são superadas pelo padrão 10BASE-T1L (Ethernet APL), como mostrado na tabela a seguir.

**Tabela 31.1** – Comparação de características técnicas e de desempenho entre o padrão analógico 4 a 20 mA com HART *versus fieldbus versus* 10BASE-T1L (Ethernet APL)

| Característica | 4 a 20 mA com HART | Fieldbus | 10BASE-T1L (Ethernet APL) |
|---|---|---|---|
| Velocidade de transmissão de dados | 1.2 kBit/s | 31.25 kBit/s | 10 MBit/s |
| Conectividade com níveis superiores *Ethernet* | *Gateways* | *Gateways* | Direta, sem *Gateways* |
| Potência para os instrumentos de campo | < 40 mW | Limitada | 500 mW para circuitos Ex "i" em Zona 0 |
| Conhecimentos requeridos | Conhecimentos "*legados*" de tecnologias analógicas | Conhecimentos "*legados*" de tecnologias digitais não *Ethernet* | Conhecimentos "*atuais*" sobre redes *Ethernet* são familiares dos novos profissionais |

Para permitir a comunicação com o dispositivo físico adequado (PHY) ao padrão *Ethernet* APL, é requerido um processador central com um código MAC (*Medium Access Control*) integrado ou um *switch Ethernet* com portas no padrão 10BASE-T1L, como mostrado na figura a seguir. Nessa figura, o termo "*Analog Devices*" se refere ao fabricante do equipamento digital de campo que opera com o padrão Ethernet APL.

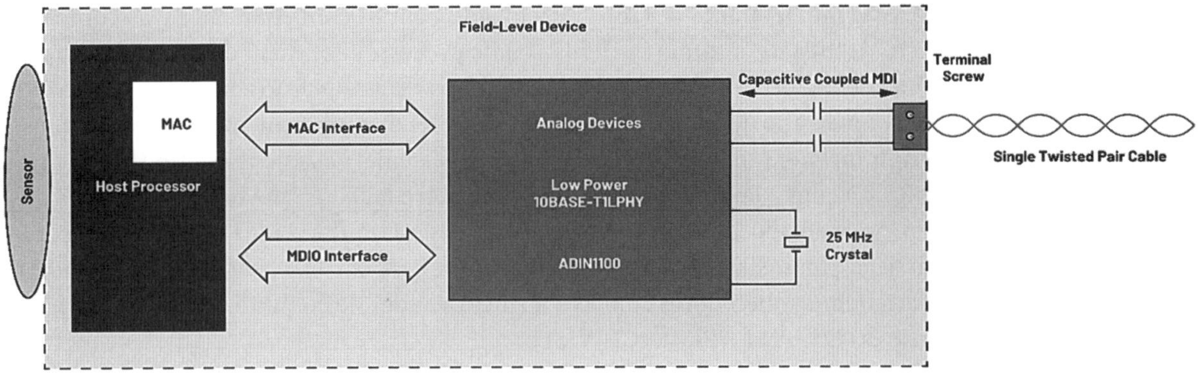


**Figura 31.6 –** Exemplo de dispositivo de campo (por exemplo, um instrumento *sensor*) *Ethernet* APL com conectividade de dados com padrão físico 10BASE-T1L PHY.

*Fonte*: Analog Devices.

A capacidade expandida de conectividade desse tipo de dispositivo possibilita a utilização das redes *Ethernet* desde um aplicativo em qualquer dispositivo conectado na internet (como computadores de processo, smartphones, tablets ou notebooks) até o nó do dispositivo mais remoto instalado em área classificada, como um sensor, transmissor, atuador ou analisador de campo, como mostrado na figura a seguir, sem necessidade de redução significativa de comprimentos de cabos de par trançado ou de taxa de transmissão de dados na rede de comunicação. Em alguns casos, é inclusive possível a reutilização do cabeamento de campo e infraestrutura de instalações existentes, quando da implantação de *upgrade* ou de *retrofit* em sistemas com protocolos *fieldbus* já instalados.

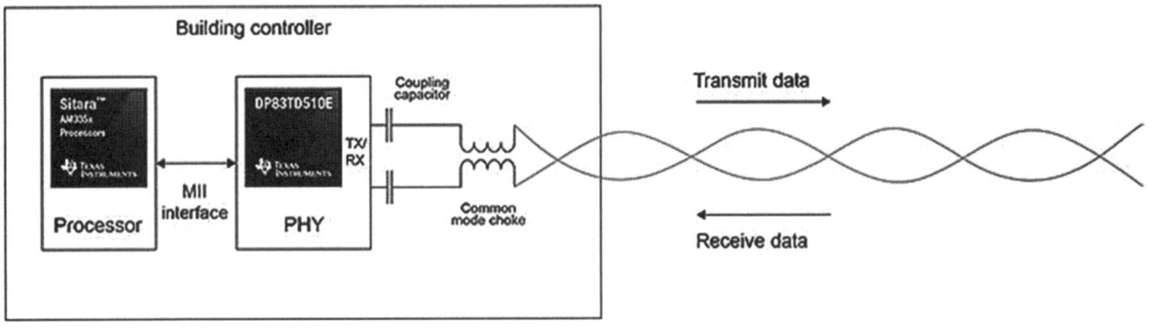


**Figura 31.7 –** Exemplo de interface Ethernet com cabo de par trançado para comunicação a 10 Mb/s em um controlador com padrão físico 10BASE-T1L PHY.

*Fonte*: Texas Instruments.

A característica de baixo consumo de energia de dispositivos de camada física (PHY) *Ethernet* para 10BASE-T1L com par trançado reduz a necessidade de altas capacidades dos sistemas críticos de alimentação em c.c. (como nos retificadores e conversores industriais), deixando mais carga disponível para outros componentes de sistemas críticos. Esse baixo consumo de energia é fundamental, uma vez que contribui para a redução do custo total de operação e pode levar a um potencial redução de emissões de carbono. Além disso, o baixo consumo de energia contribui para a aplicação em circuitos de segurança intrínseca, nos quais existem valores máximo definidos de tensão, corrente, potência, indutância e capacitância.

Existe também um "desafio" relacionado com os conhecimentos e as competências dentro da área de automação industrial de processo. Por meio de um processo gradual de "aposentadoria", os técnicos e engenheiros de automação mais "antigos" estão deixando o mercado de trabalho e levando com eles os conhecimentos sobre como instalar, corrigir (*debug*) e manter as instalações com sistemas "clássicos" do tipo 4 a 20 mA com HART ou com comunicação *FieldBus*. Por outro lado, os "novos" profissionais que entram no mercado de trabalho não estão mais familiarizados com essas tecnologias "clássicas", mas, sim, com as tecnologias com base em *Ethernet*, e podem rapidamente se tornarem conhecedores com as soluções de redes de comunicação deste tipo, como é o caso do Ethernet APL e do 2-WISE.

O padrão *Ethernet* assegura que todas as camadas mais elevadas de protocolos (de acordo com o sistema OSI – *Open Systems Interconnection*) que operam com 10BASE-T1L atuem exatamente como em 10BASE-T, 100BASE-TX e 1000BASE-T, eliminando a necessidade de instalação de complexos *gateways* nos sistemas de supervisão e controle para automação de processos industriais.

Deve ser lembrado que, de acordo com a norma internacional ISO/IEC 7498-1: *Information technology – Open Systems Interconnection – Basic Reference Model: The Basic Model*, o modelo OSI é um modelo "padronizado" de rede de comunicação, referência da ISO e da IEC, dividido em "camadas" (*layers*) de funções, com o objetivo de representar um padrão para protocolos de comunicação entre os diversos sistemas em uma rede local (*Ethernet*), assegurando a comunicação entre dois sistemas computacionais (*end-to-end*). Esse modelo divide as redes de comunicação em sete camadas, de modo a se obterem camadas de abstração.

Cada protocolo realiza uma funcionalidade assinalada a uma determinada camada. Esse modelo informa a funcionalidade de cada uma das sete camadas. O modelo OSI permite a comunicação entre dispositivos heterogêneos e define diretivas genéricas para a construção de redes de comunicação, seja de curta, média ou longa distância, independentemente da tecnologia utilizada. No modelo OSI as camadas (*layers*) de funções são empilhadas na seguinte ordem ascendente:

1) camada física (*physical*);
2) camada de enlace de dados (*data link*);
3) camada de rede (*network*);
4) camada de transporte (*transport*);
5) camada de sessão (*session*);
6) camada de apresentação (*presentation*);
7) camada de aplicação (*application*).

Na figura a seguir, é apresentado um modelo OSI indicado na norma internacional ISO/IEC 7498-1, representando exemplos de aplicação das diversas camadas, bem como a localização do padrão *Ethernet* APL como camada física (*layer 1*).

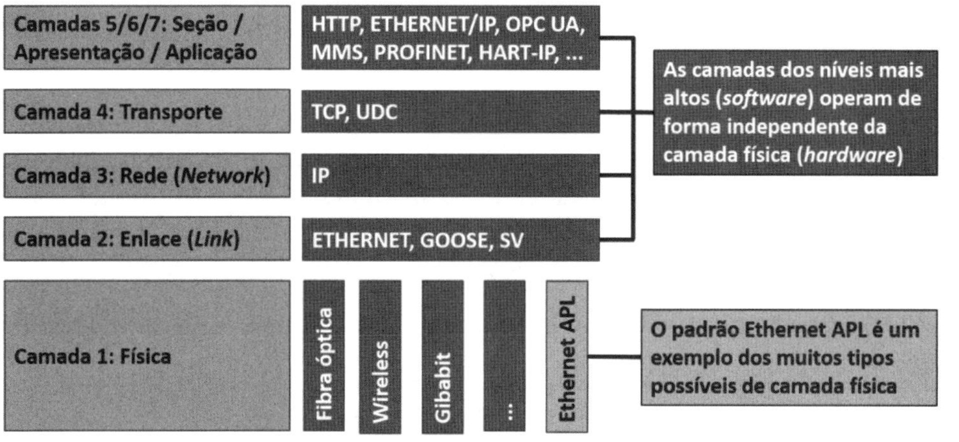


**Figura 31.8** – Modelo OSI (*Open Systems Interconnection*) da norma ISO/IEC 7498-1, representando exemplos de aplicação das diversas camadas, bem como a localização do padrão *Ethernet* APL como camada física.

*Fonte*: acervos pessoais dos autores.

Sob o ponto de vista de estrutura, a *Ethernet* APL, especificada na norma IEEE 802.3 cg 10 Mb/s, publicada pelo IEEE em 7 de novembro de 2019, define todas as camadas físicas do modelo de sete camadas do sistema OSI para a *Ethernet*: 10BASE-T1L. Sendo uma camada física, a *Ethernet* APL é independente de qualquer protocolo ou níveis de comunicação, sendo adequada para adoção em uma grande faixa de aplicações na automação de processos. Isso significa que os dispositivos *Ethernet* APL podem utilizar, por exemplo, os protocolos MMS (*Manufacturing Message Specification*), ETHERNET/IP (*Ethernet* Industrial), PROFINET, HART/IP, OPC UA (*OPC Unified Architecture*) ou MODBUS/TCP e suportam protocolos IoT, como MQTT (*Message Queuing Telemetry Transport*), o que proporciona um método simples, mas efetivo de conectar os dispositivos "Ex" de campo com o processamento em nuvem. A *Ethernet* permite também atualizações de software de forma simples e centralizada, diretamente aos dispositivos localizados nos nós finais, o que proporciona um comissionamento de rede mais rápido.

Com a conectividade proporcionada pela *Ethernet*, é possível configurar transmissores por meio de um notebook ou de um smartphone, independentemente de se o instrumento está sobre uma bancada de teste ou em operação, instalado em uma planta de processamento. Por exemplo, um transmissor de temperatura "atual" possui muitas vezes uma interface adicional (por exemplo na forma de uma porta USB), para possibilitar a configuração do seu conversor. Dependendo do fabricante, existem mais de cem opções de ajuste para estes casos.

Esses parâmetros são simplesmente não acessíveis para um sistema 4 mA a 20 mA. O padrão HART permite esse tipo de acesso, mas frequentemente não está disponível por questões econômicas. Dessa forma, se um erro tiver sido efetuado durante a etapa de configuração em bancada, um instrumento do tipo 4 a 20 mA necessitará ser reconfigurado após a instalação em campo. Por outro lado, um instrumento conectado por meio do padrão 10BASE-T1L é acessível via rede *Ethernet* e pode ser remotamente atualizado em qualquer momento, em qualquer lugar, mediante a devida aplicação de procedimentos existentes de proteção contra a tentativa de ataques cibernéticos (Série IEC 62443 – *Segurança cibernética para tecnologia operacional em sistemas de automação e controle*).

Além disso, os instrumentos analógicos do tipo 4 a 20 mA podem transferir somente um valor de processo. O padrão *Ethernet* proporciona acesso direto não somente aos valores de processo, mas a todos os parâmetros dos dispositivos, como gestão de ativo, gestão do ciclo total de vida, manutenção preditiva, configuração e parametrização.

Os sensores e atuadores "Ex" de campo se tornam cada vez mais complexos, aumentando a probabilidade de necessidade de atualização de software ou de *firmware*. Isso é possível dentro de períodos adequados, por meio de uma conexão *Ethernet*, em qualquer momento, em qualquer lugar. Além disso, a utilização das ferramentas de diagnósticos de rede *Ethernet* simplifica as análises da causa raiz de eventos de falhas nos dispositivos de campo ou sistemas de controle distribuído (DCS). Devem ser avaliados os circuitos 2-WISE em malhas de controle que requeiram um determinado nível de integridade de segurança da instrumentação (SIL - *Safety Integrity Level*).

## 31.5 CABEAMENTO DE CAMPO PARA A AUTOMAÇÃO DE PROCESSO E IMPLANTAÇÃO DE REDES *ETHERNET* INTRINSECAMENTE SEGURAS

Na automação de processos industriais, de uma forma diferente da automação de máquinas (manufatura), os sensores e atuadores de processo (como vazão, nível, pressão e temperatura) não se localizam próximos dos controladores (DCS ou PLC). São comuns, nesses casos, distâncias da ordem de 200 m entre os sensores e os dispositivos de entrada e saída, e distâncias de até 1.000 m entre os dispositivos de campo.

Com relação aos tipos de cabos utilizados na fiação de campo, a automação de processo existente com o padrão *fieldbus*, por exemplo, utiliza como infraestrutura de meio físico os cabos do "*Tipo A*". Os requisitos construtivos de cabos de par trançado simples do tipo "Tipo A" são especificados na norma IEC 618158-2 (*Industrial Communication Networks - Parte 2: Physical Layer Specificatin and Service Definition*), como nos sistemas existentes dos tipos PROFIBUS PA e *Fieldbus Foundation* e em sistemas FISCO. A figura a seguir apresenta um exemplo típico de cabo de par trançado simples do tipo "A".

**Figura 31.9 –** Exemplo de cabo de par trançado simples do Tipo "A", de acordo com a norma IEC 61158-2.

*Fonte*: acervos pessoais dos autores.

Por outro lado, o padrão 10BASE-T1L não determina um tipo de cabo ou um meio específico de transmissão; em vez disso, esse padrão define um "modelo" de transmissão, que se enquadra bem tanto para os cabos utilizados em redes *fieldbus* e em sinais 4 a 20 mA, os quais podem ser eventualmente "reutilizados" em casos de *upgrade* de um sistema "clássico" do tipo "analógico" ou *fieldbus* para o padrão 10BASE-T1L, gerando oportunidades significativas para as modernizações e ampliações de instalações existentes de automação de processo.

Os cabos do tronco (*trunk*) podem possuir comprimentos de até 1.000 m, com sinais de amplitude de 2.4 V pico a pico e ser instalados em áreas classificadas do tipo Zona 1. Os cabos dos ramais (*spur*) podem possuir comprimentos de até 200 m e sinais com amplitude de 1.0 V pico a pico e ser instalados em áreas classificadas do tipo Zona 0.

Um *switch* alimentado, instalado no nível de controle, proporciona funcionalidades de *switch Ethernet* e fornece alimentação para o circuito (alimentação sobre rede de dados). Os *switches* de campo são instalados no nível de campo em áreas classificadas e são alimentados pelo cabo do seu circuito. Eles proporcionam as funcionalidades de *switch Ethernet* que conectam os dispositivos de campo sobre os ramais (*spur*) para o tronco (*trunk*) e alimentam os dispositivos no nível de campo. Diversos *switches* de campo podem ser conectados sobre o cabo do circuito tronco, de forma a proporcionar que uma grande quantidade de dispositivos de campo seja conectada à rede.

Os *switches* de campo podem ser conectados por meio de uma topologia em anel, de forma a proporcionar uma redundância. Uma taxa de dados de 10 Mb/s é um benefício significativo para a maior parte das aplicações que eram anteriormente limitadas a uma taxa de dados de menos de 30 kb/s. Uma vez que a *Ethernet* é, agora, utilizada para conectar os dispositivos de exterminada da rede no nível de campo, as áreas de TI, TO e TA convergem de forma inovadora para uma rede *Ethernet* de ponta a ponta, permitindo um endereçamento IP para qualquer dispositivo terminal, a partir de qualquer local do mundo.

## 31.6 AUTOMAÇÃO DE PROCESSO: TRANSIÇÃO PARA CONECTIVIDADE COMPLETA COM BASE EM REDE *ETHERNET*

Os circuitos com conexão do tipo 4 a 20 mA com protocolo HART têm sido aplicados na automação de processo por muitos anos e têm demonstrado ser uma solução robusta que não desaparecerá ou será totalmente substituída a curto prazo. Existe uma grande base de instrumentos de campo instalada de acordo com o padrão 4 a 20 mA com HART, e os fabricantes de dispositivos de entradas e saídas programáveis por software estão investindo em I/O configuráveis por software que permitam uma maior flexibilidade para os dispositivos existentes, permitindo que qualquer função de I/O industrial seja acessada por meio de qualquer conexão, permitindo que os canais sejam configurados a qualquer momento por meio de aplicações de I/O remoto. Isso significa que a customização pode ocorrer por ocasião da instalação, resultando em uma colocação mais rápida, um menor recurso de projeto e de engenharia; e que produtos "universais" podem ser aplicados de forma extensiva em projetos e por usuários finais.

A figura a seguir mostra um exemplo de processo de "transição" entre instrumentos conectados por meio de circuitos "clássicos" do tipo 4 mA a 20 mA para um sistema existente "modernizado" para o padrão *Ethernet* de campo, onde novos instrumentos "Ex" 2-WISE com base no padrão 10BASE-T1L podem "coexistir" com dispositivos e instrumentos "clássicos" do tipo 4 e 20 mA. Os dispositivos "Ex" contendo I/O configuráveis por software conectam esses instrumentos "clássicos", em que esses I/O remotos proporcionam um ponto de "integração" para um link *Ethernet* de 10 Mb/s com o sistema de controle de processo (SDCD e PLC).

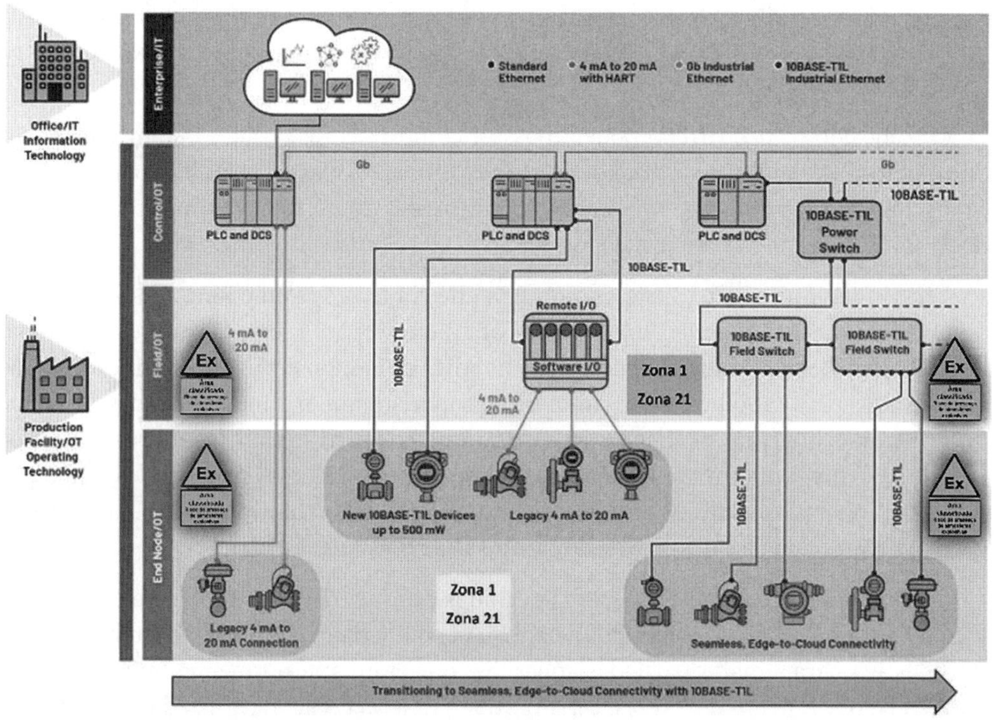


**Figura 31.10 –** Exemplo de "transição" de um sistema "tradicional" ou "clássico" a dois fios, gradativamente evoluindo para rede *Ethernet* para todos os sensores e atuadores "Ex" de campo.

*Fonte*: Ethernet APL.

O acesso a todas as informações disponíveis dos dispositivos de campo resulta em bases de dados mais completas e funcionais, permitindo uma análise analítica mais avançada em relação aos dados atualmente disponibilizados por instrumentos "clássicos" com ligação do tipo 4 a 20 mA com HART.

Um exemplo de um *switch* de campo "Ex" com certificação 2-WISE, adequado para instalação em áreas classificadas contendo gases inflamáveis ou poeiras combustíveis, é mostrado na figura a seguir.

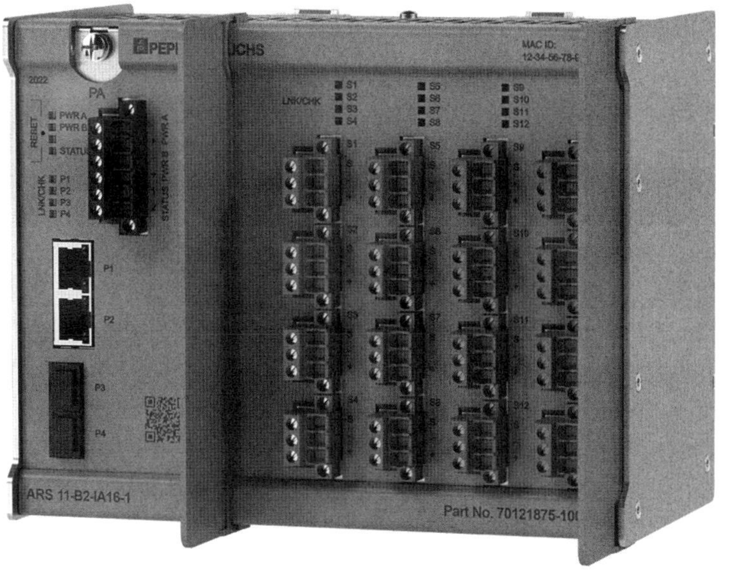


**Figura 31.11** – Exemplo de *switch* "Ex" de campo, com certificação 2-WISE, adequado para instalação em áreas classificadas contendo gases inflamáveis ou poeiras combustíveis.

*Fonte*: Pepperl+Fuchs Brasil.

A figura a seguir apresenta a folha de rosto do primeiro certificado emitido por Organismo de Certificação "Ex" acreditado no Brasil, para um *switch* de campo no padrão **Ethernet APL / 2-WISE**, com marcações **Ex ic ec [ia Ga] IIC T4 Gc / [Ex ia Da] IIIC**.

TÜVRheinland®
Precisely Right.

Certificado de Conformidade
Certificate of Conformity

| | |
|---|---|
| **Certificado: TÜV 23.0467 X** Certificate | **Revisão: 00** Review |
| **Solicitante:** Applicant | **PEPPERL+FUCHS LTDA.** **Rua Itaquera, 725 – Jardim Stella** **09185-690 – Santo André – SP** **CNPJ: 64.126.675/0001-64** |
| **Fabricante:** Manufacturer | **PEPPERL+FUCHS SE** **Lilienthalstrasse, 200** **68307 Mannheim – Germany** |
| **Fornecedor / Representante Legal:** Supplier / Legal Representative | **Não aplicável** Not applicable |
| **Modelo de Certificação:** Certification Model | **Modelo de Certificação 5, conforme cláusula 6.1 do Regulamento de Avaliação da Conformidade, anexo à Portaria nº 115 do INMETRO, publicada em 21 de março de 2022.** Model of Certification 5, according to item 6.1 of Compliance Assessment Requirements, annex of Inmetro's Administrative Rule No. 115 of March 21, 2022. |
| **Regulamento / Normas:** Regulation / Standards | **ABNT NBR IEC 60079-0:2020;** **ABNT NBR IEC 60079-7:2018;** **ABNT NBR IEC 60079-11:2013;** **ABNT IEC TS 60079-47:2021;** **Portaria INMETRO nº 115 de 21/03/2022.** Decree No. 115 as of March 21, 2022. |
| **Produto:** Product | **Roteador Ethernet APL de trilho** Ethernet APL Rail Switch |
| **Emissão e Validade:** Issued and Validity | **Emissão em: 09/05/2023** Issued in 05/09/2023 **Esta revisão é válida de 09/05/2023 até 09/05/2029** This revision is valid from 05/09/2023 to 05/09/2029 |

**Figura 31.12 –** Folha de rosto do primeiro certificado emitido por Organismo de Certificação "Ex" acreditado no Brasil, para um *switch* de campo no padrão *Ethernet* APL / 2-WISE, com marcações Ex ic ec [ia Ga] IIC T4 Gc / [Ex ia Da] IIIC.

*Fonte*: Pepperl+Fuchs Brasil.

São mostrados nas figuras a seguir alguns exemplos de instalação de switches "Ex" de campo que utilizam os padrões Ethernet APL e 2-WISE.

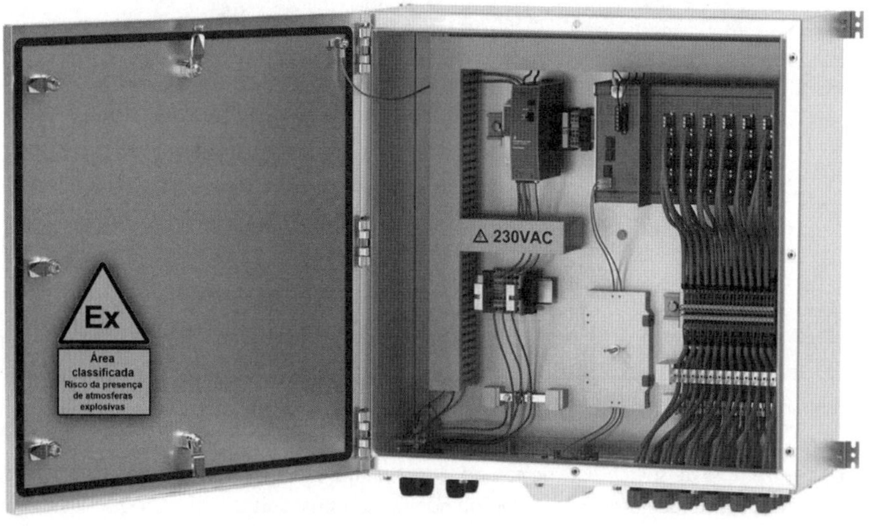


**Figura 31.13 –** Exemplo de montagem de painel de automação contendo *switch* "Ex" de campo incorporando os padrões *Ethernet* APL e 2-WISE.

*Fonte*: Pepperl+Fuchs Brasil.

**Figura 31.14 –** Exemplo de instalação de painel de automação contendo *switch* "Ex" de campo e instrumentos sensores incorporando os padrões *Ethernet* APL e 2-WISE.

*Fonte*: Pepperl+Fuchs Brasil.

Um exemplo de instrumento transmissor Ex "i" de campo que utiliza os padrões Ethernet APL e 2-WISE é mostrado na figura a seguir.

**Figura 31.15 –** Exemplo de instrumento transmissor Ex "i" de campo, instalado em área classificada, com sensor do tipo "radar", utilizando os padrões *Ethernet* APL e 2-WISE.

*Fonte*: E+H: – Endress+Hauser Controle e Automação Ltda.

A conectividade sem interrupção desde os dispositivos "Ex" campo até a nuvem com padrão Ethernet APL/10BASE-T1L e 2-WISE, com a topologia de uma rede de automação de processo, com segmentos do tipo *trunk* (tronco) e *spur* (ramal), é mostrada na figura a seguir.

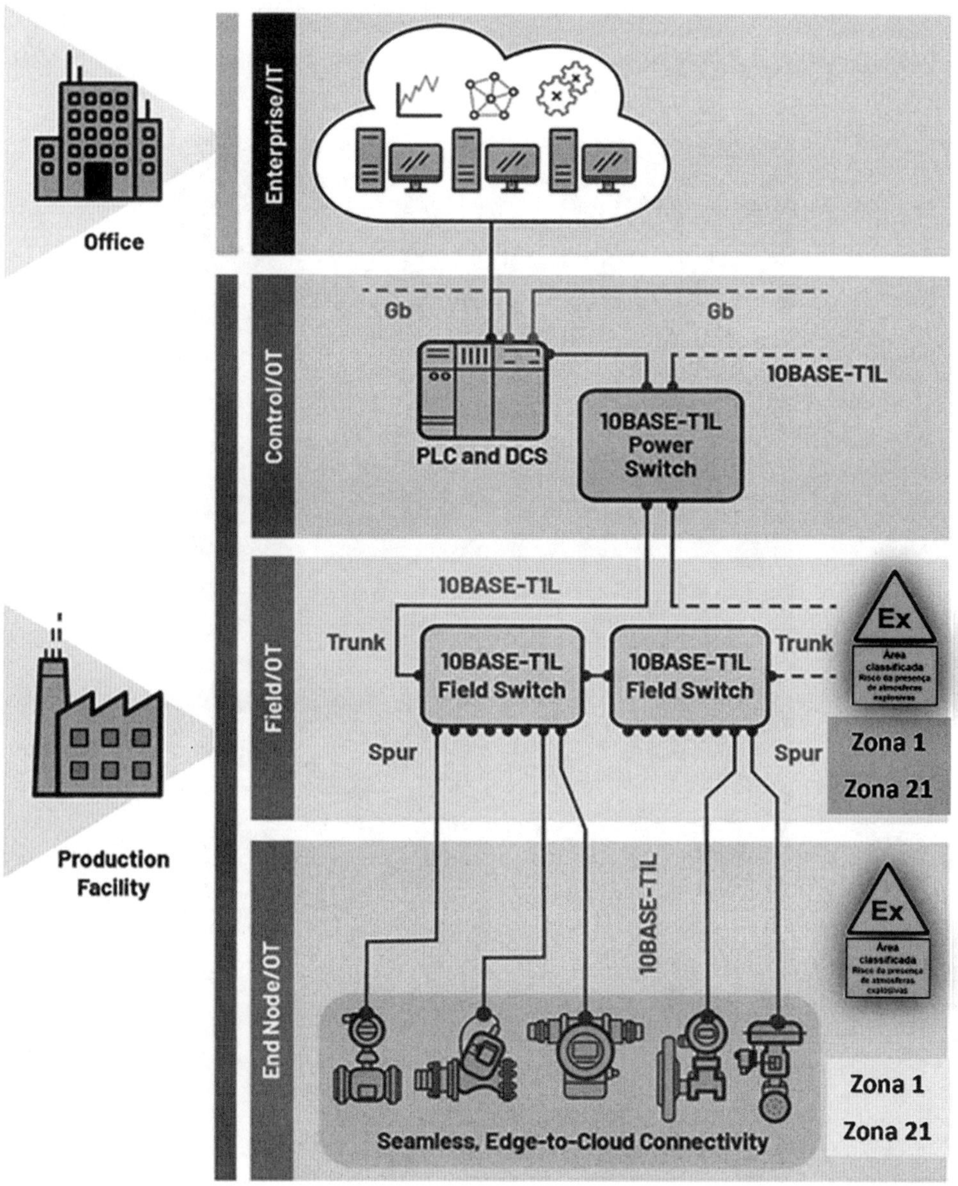


**Figura 31.16** – Topologia de sistema de automação de uma indústria de processo com padrão *Ethernet* APL (10BASE-T1L) e 2-WISE com segmentos do tipo tronco e ramal.

*Fonte*: Ethernet APL.

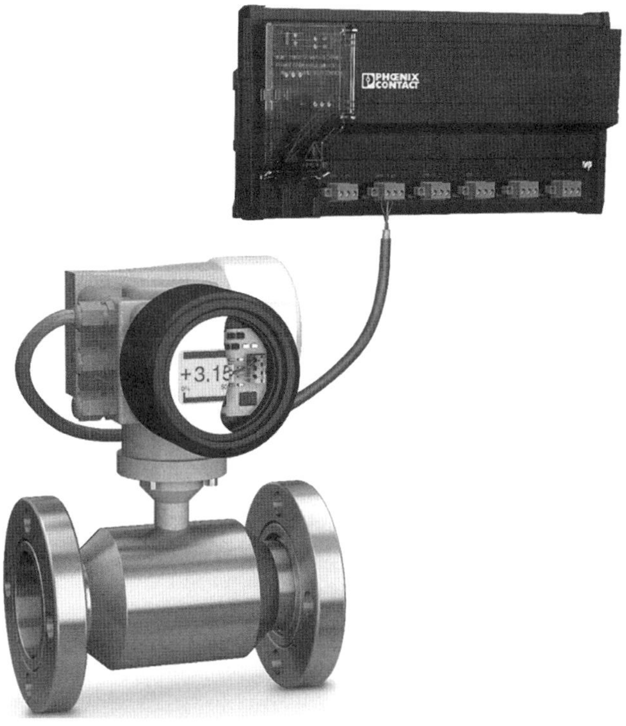

**Figura 31.17** – Exemplo de aplicação de sistema com padrão *Ethernet* APL, com circuitos *Ethernet* intrinsecamente seguros a DOIS fios (2-WISE), utilizados em atmosferas explosivas contendo gases inflamáveis ou poeiras combustíveis. *Switch* de campo 2-WISE (*Field Switch*) conectado a um instrumento transmissor de campo 2-WISE, por meio de circuitos de derivação (*spurs*).

*Fonte*: Phoenix Contact do Brasil.

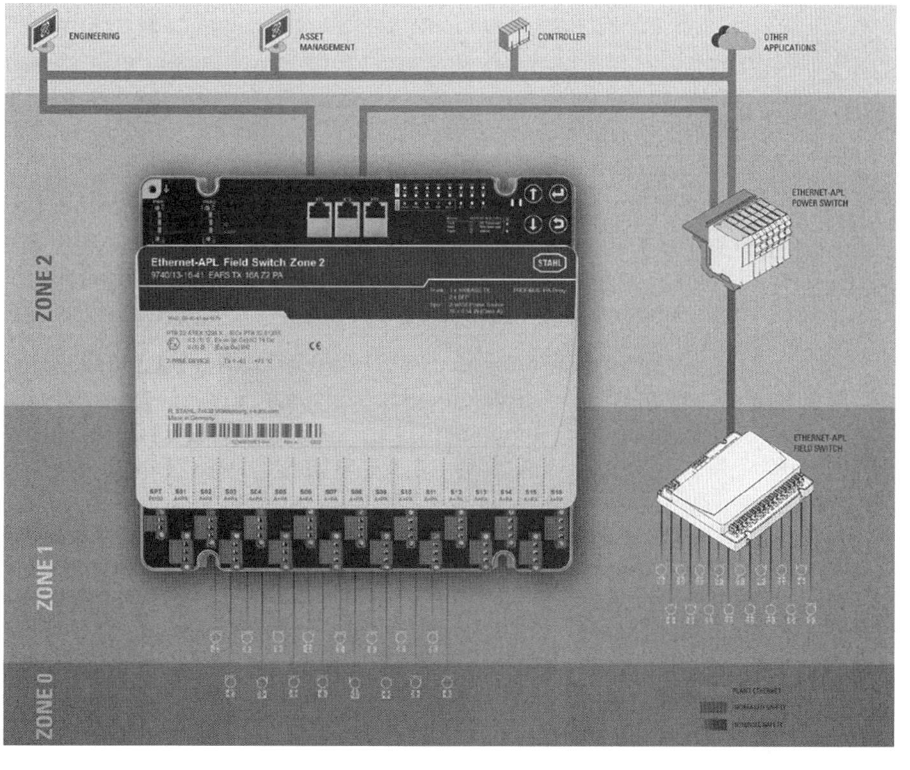


**Figura 31.18** – Exemplo de aplicação de sistema de instrumentação e automação com padrão *Ethernet* APL, com circuitos em *Ethernet* a dois fios intrinsecamente seguros (2-WISE), utilizados em atmosferas explosivas. *Switch* de Campo (*field switch*) 2-WISE conectado a instrumentos de campo 2-WISE (sensores, transmissores e atuadores), por meio de circuitos de derivação (*spurs*).

*Fonte*: Stahl APL.

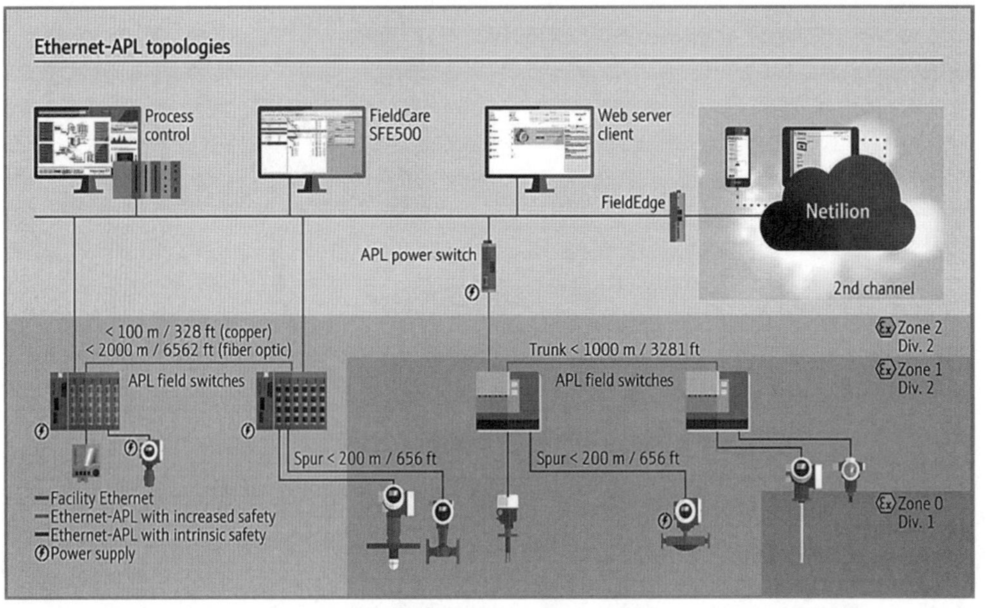


**Figura 31.19** – Exemplo de topologia de sistema de instrumentação e automação com padrão *Ethernet* APL, com circuitos *Ethernet* a dois fios intrinsecamente seguros (2-WISE), utilizados em atmosferas explosivas. *Switch* de campo (*field switch*) 2-WISE conectado a instrumentos de campo 2-WISE (sensores, transmissores e atuadores), por meio de circuitos de derivação (*spurs*) em Zona 1 ou Zona 2 e instalação de sensores em Zona 0.

*Fonte*: E+H: Endress+Hauser Controle e Automação Ltda.

## 31.7 A ADOÇÃO DO PADRÃO *ETHERNET* APL

O padrão *Ethernet* tem se mostrado uma tecnologia de comunicação confiável e eficiente, mesmo em aplicações com elevados requisitos para interoperabilidade, como na automação de sistemas elétricos de potência, com o padrão internacional de normas da Série IEC 61850 – *Redes e sistemas de comunicação para automação de sistemas de potência*. Esses requisitos são aplicáveis para indústrias, escritórios e residências. Os elevados níveis de padronização estabelecidos na tecnologia *Ethernet* levaram, ao longo das últimas décadas, a um ambiente mundialmente aceito, com a implantação de ferramentas que incluem o desenvolvimento de produtos, os níveis ou camadas (*layers*) dos protocolos, comissionamento e solução de problemas.

A implantação de redes *Ethernet* sem interrupções ou interfaces (*seamless*), sem necessidade de conversões de protocolos (sem *gateways*), tem assegurado uma rápida adoção de um padrão de longo prazo para todos os envolvidos, incluindo fabricantes, laboratórios de ensaios de equipamentos de automação, empresas usuárias, empresas projetistas, empresas de montagem e empresas de comissionamento, sob o ponto de vista do ciclo total de vida dos sistemas de automação de processos industriais.

Para as instalações existentes do tipo FISCO, os benefícios decorrentes do aumento da flexibilidade e da redução de risco são obtidos pela possibilidade de "reutilização" de cabos e circuitos existentes em redes do tipo *fieldbus*, o que possibilita uma clara estratégia para um caminho de "migração" ou "*upgrade*" ou "*retrofit*".

O padrão *Ethernet* APL é capaz de transportar todos os atuais e futuros protocolos e serviços de comunicação de camadas (*layers*) mais elevadas, contribuindo para uma simplificação da infraestrutura das redes. Em função de a adoção do padrão *Ethernet*

APL "dispensar" a necessidade de conversores de protocolos, é proporcionada uma acessibilidade sem barreiras, com uma alta velocidade de redes, o que é requerido pela atual economia baseada em comunicação de dados.

Na Tabela 31.2, é apresentada uma comparação das principais características de tecnologias "clássicas" de comunicação utilizadas na automação de sistemas de controle de processo com a tecnologia 10BASE-1TL/2-WISE.

**Tabela 31.2 –** Comparação técnica entre diferentes tecnologias de comunicação

| **Tecnologia de campo em controle de sistemas de processo** | **4-20 mA com HART** | ***Fieldbus*** | ***Ethernet* 10BASE-1TL (2-WISE)** |
|---|---|---|---|
| Cabo de par simples | X | X | X |
| Velocidade de comunicação | 1.2 kBit/s<br>*Half Duplex* | 31.25 kBit/s<br>*Half Duplex* | 10 MBit/s<br>*FULL Duplex* |
| Referência de tipo de cabo de par simples | N. A. | Tipo "A" | Tipo "A" |
| Comprimento do tronco ("*trunk*") | N. A. | 700 m (*típico*) | 1.000 m |
| Comprimento da derivação ("*spur*") | N. A. | 120 m (*típico*) | 200 m |
| Terminal de conexão de cabos do tipo aparafusado | SIM | SIM | SIM |
| Polaridade independente da montagem | NÃO | Depende do fabricante | X |
| Opção de segurança intrínseca | SIM | SIM | SIM |
| Aplicação de única tecnologia do campo até a nuvem | NÃO | NÃO | SIM |

O padrão *Ethernet* APL apresenta, dentre outros, os benefícios combinados de comunicação no padrão *Ethernet* com técnicas de instalação com cabos com dois fios (par de fios). Essa característica permite uma fácil aplicação como um novo padrão para as instalações das indústrias de processo com a presença de atmosferas explosivas, incluindo Zona 0 e Zona 20, utilizando tecnologias e tipos de proteção "Ex" consagrados, oriundos dos sistemas de automação de processo com dispositivos discretos, como "segurança intrínseca" (Ex "i") e "segurança aumentada" (Ex "e").

Uma vez que o padrão *Ethernet* APL é somente uma camada física, qualquer conceito atual ou futuro para a segurança funcional e das aplicações pode ser aplicado, atendendo às necessidades dos usuários finais. Os novos desenvolvimentos de redes *Ethernet* podem ser aplicados independentemente da camada física, proporcionando uma estabilidade de longo prazo para essa tecnologia, incluindo a proteção dos investimentos e das instalações.

## 31.8 PADRÃO 10BASE-T1L – APLICAÇÕES ALÉM DE SENSORES E ATUADORES PARA AUTOMAÇÃO DE PROCESSOS INDUSTRIAIS

O padrão 10BASE-T1L está sendo especialmente considerado para a automação predial, automação de fábricas, automação de empresas de fornecimento e monitoração de energia, automação de sistemas de distribuição de água potável e coleta de esgoto, inclusive em elevadores. Em todas essas variadas aplicações, existe a necessidade compartilhada de uma largura de banda mais elevada, uma conectividade direta em redes *Ethernet*, sem a necessidade de complexas *gateways* para a conexão de sensores por meio de um simples cabo de par trançado, que conduza simultaneamente os sinais de dados na forma *full duplex* bem como sinal de alimentação elétrica.

A tabela a seguir apresenta uma comparação de características de desempenho entre o padrão 10BASE-T1L e os padrões "clássicos" existentes de comunicação, como o padrão RS 485 utilizado em automação comercial e os links de I/O utilizados na automação de fábricas.

**Tabela 31.3** – Comparação entre os padrões "clássicos" existentes de comunicação e o padrão 10BASE-T1L

| Protocolo | Formato dos dados | Taxa de dados |
|---|---|---|
| PROFIBUS PA | UART/PROFIBUS | 31.25 kb/s |
| MODBUS RTU (e outros protocolos RS 485) | UART/MODBUS | 19.2 kb/s |
| 4 a 20 mA | Interface analógica | N/A |
| HART | Modulação digital sobre sinal 4 a 20 mA | 1.2 kb/s |
| Ethernet APL / 10BASE-T1L | Ethernet ISO/IEC/IEEE 802.3 | 10 Mb/s |

## 31.9 CONCEITO DE *ETHERNET* INTRINSECAMENTE SEGURA A DOIS FIOS (2-WISE) – ABNT IEC TS 60079-47

O documento ABNT IEC TS 60079-47 – *Ethernet* intrinsecamente segura a dois fios (*Equipment Protection by 2-Wire Intrinsically Safe Ethernet Concept* – 2-WISE) especifica os requisitos para a fabricação, marcação, documentação e instalação de equipamentos e sistemas com a utilização do conceito 2-WISE (*2-Wire Intrinsically Safe Ethernet concept*), tendo como base a *Ethernet* a dois fios, com base no padrão Ethernet APL / 10BASE-T1L, como definido na norma IEEE 802.3cg – *IEEE Standard for Ethernet – Physical Layer Specifications and Management Parameters for 10 Mb/s Operation and Associated Power Delivery over a Single Balanced Pair of Conductors.*

Na figura a seguir, é apresentada a folha de rosto da ABNT IEC TS 60079-47.

ESPECIFICAÇÃO TÉCNICA

ABNT IEC/TS 60079-47

Primeira edição
29.07.2021

**Atmosferas explosivas**
**Parte 47: Proteção de equipamentos pelo conceito da Ethernet intrinsecamente segura a dois fios (2-WISE)**

*Explosive atmospheres*
*Part 47: Equipment protection by 2-Wire Intrinsically Safe Ethernet concept (2-WISE)*

**Figura 31.20** – Folha de rosto da ABNT IEC TS 60079-47 – *Atmosferas explosivas – Parte 47: Proteção de equipamentos pelo conceito de Ethernet intrinsecamente segura a dois fios (2-WISE).*

*Fonte*: ABNT.

O conceito 2-WISE pode ser considerado como a adoção do padrão de comunicação 10BASE-T1L, especificado na norma IEEE 802.3cg (publicada em 2019), definindo a comunicação *Ethernet* a 10 Mb/s a dois fios, aplicado para a especificação dos aspectos necessários para a implementação em áreas classificadas, especificados na norma ABNT IEC TS 60079-47 (publicada em 2021):

- padrão de comunicação (IEEE 802.3cb);
- proteção por segurança intrínseca (ABNT IEC TS 60079-47);
- alimentação elétrica (ABNT IEC TS 60079-47);
- requisitos de instalação: especificação da camada física (*Physical Layer*/Camada 2 do sistema ISO/OSI) para a comunicação *Ethernet* a dois fios em áreas classificadas (ABNT IEC TS 60079-47);
- documentação do sistema 2-WISE (ABNT IEC TS 60079-47).

O padrão de comunicação *Ethernet* 10BASE-T1L significa comunicação *Ethernet* com taxa de transmissão de dados de 10 Mb/s (10BASE), com cabo único de par trançado (T1) e longas distâncias (L), até 1000 m.

Os sistemas 2-WISE são compostos pelos seus "troncos" (*trunk*), como pela rede de *switches* 2-WISE instalados em áreas classificadas e pelos seus "ramais" ("*spurs*"), por exemplo, os circuitos que interligam os sensores e atuadores "Ex" 2-WISE de campo aos *switches* "Ex" 2-WISE.

Os dispositivos de campo com tipo de proteção Ex "i" que fazem parte de um sistema 2-WISE, incluindo sensores, atuadores, analisadores, monitores de presença, câmeras de CFTV, catracas de acesso, dentre outros, possuem portas de conexão à rede *Ethernet* que são categorizadas dentro de uma das seguintes quatro formas:

- P (*Power source port*)/Porta de fonte de alimentação 2-WISE: porta que proporciona a alimentação para o tronco da rede (*trunk*) ou para um ramal da rede 2-WISE (*spur*). Porta de um dispositivo 2-WISE que, além de funções de comunicação, fornece alimentação em corrente contínua para um segmento com padrão *Ethernet* APL.
- L (*Power Load port*)/Porta de carga 2-WISE: porta que representa uma carga elétrica, representando um "consumidor" para o tronco da rede (*trunk*) ou para um ramal da rede 2-WISE (*spur*). Porta de um dispositivo que, além de funções de comunicação, consome energia em CC a partir de um segmento com padrão *Ethernet* APL.
- U (*Unpowered port*)/Porta somente para comunicação 2-WISE: porta somente com a função de comunicação, não sendo eletricamente alimentada. Tem somente funções de comunicação e que, em operação normal, não gera ou consome um valor significativo de energia
- A (*Auxiliary Port*)/Porta de dispositivo auxiliar 2-WISE: porta de um dispositivo 2-WISE que tem outras funções que não a de comunicação. Dispositivos 2-WISE com uma porta auxiliar podem incluir uma carga passiva ou introduzir sinal de perda de comunicação. Um protetor de surto de tensão é um exemplo desse tipo de dispositivo auxiliar.

Na figura a seguir, é apresentada integração entre os requisitos da norma IEEE 802.3cg e da norma IEC TS 60079-47 que possibilitam a aplicação do padrão de *Ethernet* intrinsecamente seguro a dois fios (2-WISE).

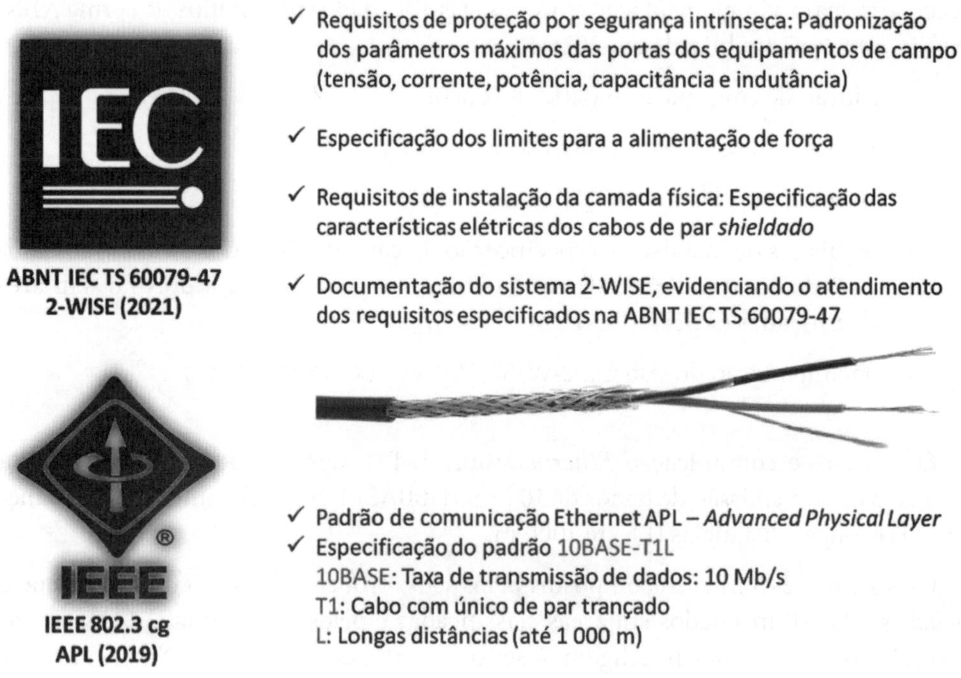


**Figura 31.21 –** Integração entre os requisitos da norma IEEE 802.3cg e da ABNT IEC TS 60079-47 para a aplicação do padrão de *Ethernet* intrinsecamente seguro a dois fios (2-WISE).

*Fonte*: acervos pessoais dos autores.

## 31.10 REQUISITOS DE SELEÇÃO E DE INSTALAÇÃO DE EQUIPAMENTOS E SISTEMA DE FIAÇÃO 2-WISE

O padrão 2-WISE é um conceito de redes *Ethernet* intrinsecamente seguras a dois fios, que opera com o padrão Ethernet APL (*Advanced Physical Layer*), concebido e projetado para simplificar o processo de avaliação dos parâmetros de entidade de segurança intrínseca dos equipamentos e redes de dispositivos "Ex" de campo, com segmentos (*spur*) ou troncos (*trunk*) das redes com este padrão.

Essa simplificação é obtida por meio da definição de limites para os parâmetros "universais" de segurança intrínseca (tensão máxima de entrada, corrente máxima de entrada, potência máxima de entrada, capacitância máxima interna, indutância máxima interna e corrente máxima de fuga) para as portas de comunicação APL de dispositivos e equipamentos como sensores, atuadores, *switches* ópticos e demais equipamentos "Ex" de campo, de acordo com a classificação de área no local da instalação (Zona 0, 1, 2, 20, 21 ou 22).

A figura a seguir mostra um exemplo de uma topologia de uma rede de automação de processo com Ethernet APL/2-WISE, contendo segmentos do tipo tronco (*trunk)* no padrão *Ethernet* APL/Ex "e" (com tipo de proteção por *segurança aumentada*) e ramais (*spurs*) com padrão *Ethernet* intrinsecamente seguro APL/2-WISE.

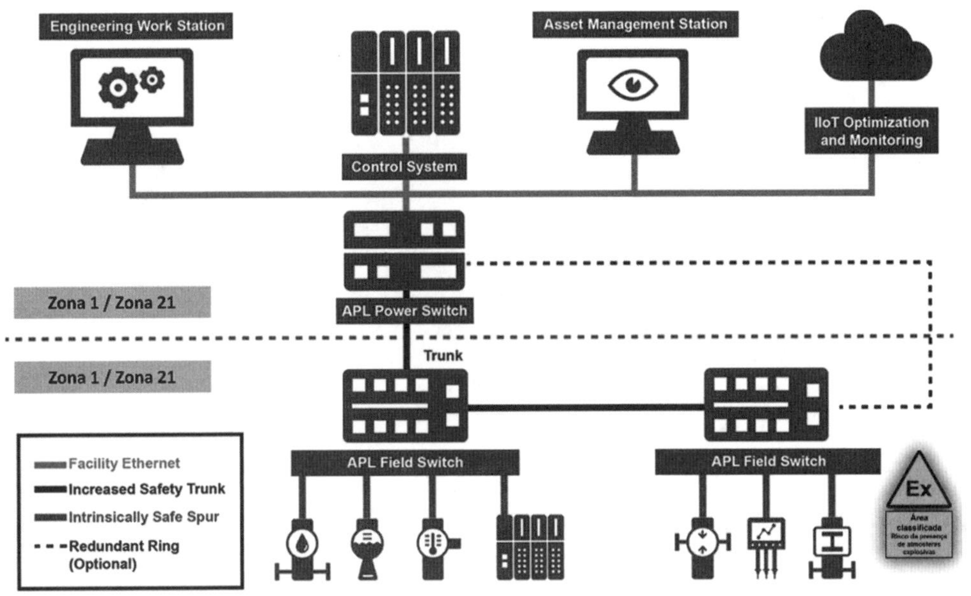


**Figura 31.22** – Exemplo de uma topologia de sistema de automação de processo contendo segmentos do tipo tronco (*trunk*) no padrão *Ethernet* APL/Ex "e" (com tipo de proteção por segurança aumentada) e ramais (*spurs*) com padrão *Ethernet* intrinsecamente seguro APL/2-WISE.

*Fonte*: Ethernet APL.

A ABNT IEC TS 60079-47 apresenta listagens simples de especificação de conjunto de parâmetros "universais" a serem aplicados de forma padronizada para todos os componentes da rede, para a configuração das portas dos dispositivos "Ex" conectados aos segmentos e troncos 2-WISE.

Os sistemas 2-WISE operam no padrão *Ethernet*, a 10 Mb/s no modo *full duplex*, o que representa velocidades de comunicação da ordem de 300 a 3.000 vezes mais rápidas que os padrões "atuais" ou "tradicionais" 4 a 20 mA HART ou FISCO. A aplicação de sistemas 2-WISE pode ser considerada uma "revolução" em termos de redes de comunicação de campo (nível 0), representando, de fato, a chegada das redes *Ethernet* às instalações industriais de controle de processo, permitindo que cada elemento de campo possua um endereço IP e esteja totalmente integrado à automação da planta, incluindo a convergência entre as áreas de TI, TO e TA, permitindo uma total integração dos sistemas de supervisão e controle, desde a instrumentação de campo "Ex" até a gestão de ativos, engenharia e manutenção na "nuvem".

Uma representação da evolução da velocidade de transmissão de dados e de características dos padrões de comunicação HART, FISCO e Ethernet APL (10BASE-T1L) / 2-WISE utilizados em atmosferas explosivas é apresentada na figura a seguir.

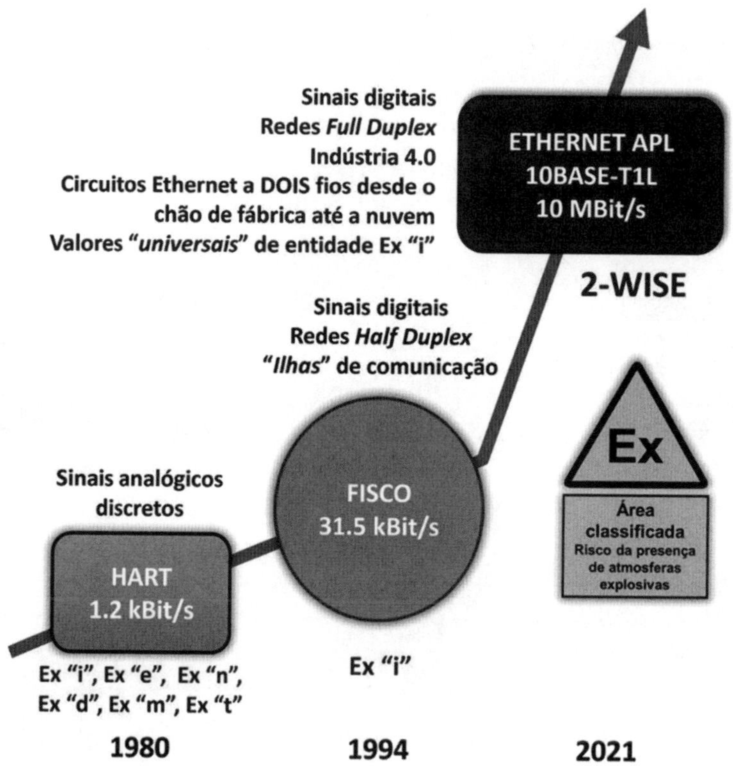


**Figura 31.23** – Representação da evolução da velocidade de transmissão de dados e de características dos padrões de comunicação HART, FISCO e *Ethernet* APL (10BASE-T1L) / 2-WISE utilizados em atmosferas explosivas.

*Fonte*: acervos pessoais dos autores.

## 31.11 REQUISITOS DE PORTAS PARA EQUIPAMENTOS 2-WISE – ABNT IEC TS 60079-47

Os requisitos para os dispositivos 2-WISE estão alinhados com os requisitos aplicáveis especificados na norma técnica brasileira adotada ABNT NBR IEC 60079-11 (*Tipo de proteção Ex "i"*), exceto como modificado pela ABNT IEC TS 60079-47. Os dispositivos 2-WISE devem ser adequados para utilização em sistemas 2-WISE, de acordo com os requisitos especificados na ABNT IEC TS 60079-47. Cada porta de um dispositivo 2-WISE deve estar de acordo com os requisitos especificados na ABNT IEC TS 60079-47, em termos de características técnicas e características de montagem.

Se um dispositivo de terminação de rede estiver presente no interior de uma porta de fonte de alimentação, porta de carga ou porta de comunicação (não alimentada) 2-WISE, que seja adicional aos requisitos de valores máximos de saída permitidos para o 2-WISE, possuindo uma capacitância nos terminais de campo para conexão da porta, o valor efetivo da capacitância não deve ser superior a 2,2 μF, quando a capacitância associada a um resistor em série de valor mínimo de 90 Ω. Outras combinações equivalentes de capacitância e resistência podem ser selecionadas, de acordo com os requisitos da norma ABNT NBR IEC 60079-11, para a redução de capacitância efetiva permitida, quando associada a um resistor em série.

Os requisitos para a rigidez dielétrica para a isolação entre os terminais de portas 2-WISE e a carcaça do dispositivo 2-WISE ou partes que sejam aterradas são idênticos àqueles especificados na norma técnica brasileira adotada ABNT NBR IEC 60079-11 entre um circuito intrinsecamente seguro e carcaça do equipamento elétrico ou partes que sejam aterradas.

## PORTAS DE FONTE DE ALIMENTAÇÃO 2-WISE

A tensão máxima de saída *Uo* deve estar na faixa entre 14 V e 17.5 V, sob as condições especificadas na ABNT NBR IEC 60079-11 para o respectivo nível de proteção (EPL).

A tensão máxima de saída *Uo* é a soma da tensão de alimentação c.c. e a tensão de comunicação. A capacitância interna máxima *Ci* e a indutância interna máxima *Li* não podem ser maiores que 5 nF e 10 μH, respectivamente.

A corrente máxima de saída *Io* para qualquer porta de fonte de alimentação 2-WISE deve ser determinada de acordo com a ABNT NBR IEC 60079-11 e não pode exceder 380 mA. A potência máxima de saída *Po* não pode exceder 5,32 W.

Os limites de tensão e corrente para portas de fonte de alimentação 2-WISE com característica de saída retangular podem ser encontrados na norma ABNT NBR IEC 60079-11 sobre os requisitos para equipamentos *fieldbus* intrinsecamente seguros (FISCO). Os possíveis casos de circuitos abertos, curtos-circuitos e de aterramento do cabeamento de campo para a porta são também considerados para a determinação dos parâmetros elétricos para a porta de alimentação 2-WISE.

## PORTAS DE CARGA 2-WISE E PORTAS AUXILIARES DE DISPOSITIVOS 2-WISE

Os seguintes requisitos são aplicáveis para portas de carga 2-WISE e portas auxiliares de dispositivos 2-WISE conectadas a sistemas intrinsecamente seguros, instalados dentro ou fora da área classificada, adicionalmente aos requisitos das seções pertinentes da norma ABNT NBR IEC 60079-11.

Os parâmetros elétricos para portas de carga 2-WISE e para portas auxiliares de dispositivos 2-WISE devem atender aos valores especificados na tabela a seguir.

**Tabela 31.4** – Parâmetros intrinsecamente seguros para portas de carga 2-WISE e portas auxiliares de dispositivos 2-WISE (referência: ABNT IEC TS 60079-47)

| Característica da porta de CARGA e portas AUXILIARES 2-WISE | | Porta de carga 2-WISE | Porta auxiliar de dispositivo 2-WISE |
|---|---|---|---|
| Tensão máxima de entrada | Ui | 17,5 V | 17,5 V |
| Corrente máxima de entrada | Ii | 380 mA | 380 mA |
| Potência máxima de entrada | Pi | 5,32 W | 5,32 W |
| Capacitância máxima interna | Ci | 5 nF | 5 nF |
| Indutância máxima interna | Li | 10 µH | 200 nH |
| Corrente máxima de fuga | | 1 mA | 50 µA |
| Os valores apresentados são aplicáveis para todos os grupos de equipamentos: grupos I, II e III. | | | |

Sob condições normais ou de falha, como especificado na norma ABNT NBR IEC 60079-11, para o respectivo nível de proteção de equipamento (EPL), os terminais de campo para conexão das portas de carga e portas auxiliares de dispositivos 2-WISE não podem representar uma fonte de energia para o sistema, exceto para os baixos valores da corrente de fuga, não excedendo os valores máximos especificados na tabela apresentada.

## PORTAS SOMENTE PARA COMUNICAÇÃO 2-WISE (NÃO ALIMENTADAS)

Os parâmetros elétricos para portas não alimentadas 2-WISE, conectadas a sistemas intrinsecamente seguros, devem atender aos valores especificados na tabela a seguir.

**Tabela 31.5** – Parâmetros intrinsecamente seguros para portas somente de comunicação (não alimentadas) 2-WISE (referência: ABNT IEC TS 60079-47)

| Característica da porta 2-WISE NÃO ALIMENTADA | Símbolo | Valor |
|---|---|---|
| Tensão máxima de saída | Uo | 9 V |
| Corrente máxima de saída | Io | 112,5 mA |
| Potência máxima de saída | Po | 254 mW |
| Tensão máxima de entrada | Ui | 17,5 V |
| Corrente máxima de entrada | Ii | 380 mA |
| Potência máxima de entrada | Pi | 5,32 W |
| Capacitância máxima interna | Ci | 5 nF |
| Indutância máxima interna | Li | 10 µH |

Os valores de *Ui*, *Ii* e *Pi* são especificados para evitar a ocorrência de dano de uma porta não alimentada, caso essa porta seja acidentalmente conectada a uma porta de fonte de alimentação.

Equipamentos SIMPLES: a indutância interna Li e capacitância interna Ci de cada equipamento "simples" conectado a um sistema 2-WISE deve ser menor que 1 μH e 1 nF, respectivamente. Os equipamentos simples devem atender aos requisitos aplicáveis da norma ABNT NBR IEC 60079-11, com exceção desses requisitos especificados na ABNT IEC TS 60079 47.

## 31.12 REQUISITOS PARA SISTEMAS 2-WISE – ABNT IEC TS 60079-47

Um sistema 2-WISE típico engloba duas portas 2-WISE conectadas aos terminais opostos de um cabo, com um máximo de dois dispositivos 2-WISE e portas auxiliares 2-WISE entre os dois dispositivos.

Existem dois tipos diferentes de sistemas 2-WISE: sistema somente com comunicação (*não alimentado*) e sistema *alimentado*. A função básica de um sistema 2-WISE é a *comunicação*. O sistema alimentado proporciona fonte de alimentação adicional da seguinte forma:

a) A porta de fonte de alimentação fornece alimentação em c.c. para o sistema e a porta de carga de alimentação consome energia em c.c. do sistema. Portas auxiliares dos dispositivos podem também consumir energia em c.c. do sistema.

b) Em um sistema somente de comunicação (não alimentado), nenhuma energia em c.c. é fornecida ao sistema por meio das conexões do sistema 2-WISE, e, nesses casos, os dispositivos 2-WISE são sempre separadamente alimentados. Uma porta não alimentada não pode ser conectada a uma porta de fonte de alimentação.

Equipamentos "simples", de acordo com a ABNT IEC TS 60079-47, podem ser adicionados ao sistema 2-WISE sem modificação na avaliação de segurança do sistema. A indutância e capacitância total de todos os equipamentos "simples" conectados ao sistema 2-WISE não pode exceder 10 μH e 5 nF, respectivamente. Isso significa que a soma das indutâncias e capacitâncias de componentes "simples" em um sistema 2-WISE não devem ser maiores que os valores dos parâmetros de limitação especificados para uma "porta de comunicação" 2-WISE, de acordo com o mostrado na Tabela 31.5. Os terminais de conexão de campo 2-WISE ou chaves eletromecânicas são considerados equipamentos simples, mas não contribuem para a indutância e a capacitância total.

Por questões funcionais, as derivações (*stub*) para a conexão de dispositivos 2-WISE com portas auxiliares em paralelo ao sistema 2-WISE devem possuir um comprimento menor que 1 m, e não são considerados como parte do comprimento total do sistema 2-WISE.

### 31.12.1 REQUISITOS DE ESPECIFICAÇÃO DE CABOS E SISTEMA DE CABEAMENTO DE CAMPO PARA SISTEMAS 2-WISE

Os parâmetros dos cabos utilizados em um sistema 2-WISE devem estar de acordo com o seguinte:

a) resistência do cabo Rc: 15 Ω/km a 150 Ω/km;

b) indutância do cabo Lc: 0,4 mH/km a 1 mH/km;

c) capacitância do cabo Cc: 45 nF/km a 200 nF/km.

Os requisitos de fabricação e de instalação de cabos individuais e multicabos contendo mais que um circuito intrinsecamente seguro são apresentados na norma ABNT NBR IEC 60079-25. Para a determinação dos parâmetros dos cabos, ver norma ABNT NBR IEC 60079-25.

### 31.12.2 REQUISITOS DE DOCUMENTO DESCRITIVO DE SISTEMAS 2-WISE

Cada interconexão de portas 2-WISE em um sistema 2-WISE deve ser designada a um nível de proteção de equipamento (por exemplo "ia", "ib" ou "ic"), o qual é determinado pela porta 2-WISE com o nível de proteção mais baixo e ser alocada para um grupo de equipamento (por exemplo I, IIA, IIB, IIC, IIIA, IIIB ou IIIC), determinado pela porta 2-WISE com o grupo de equipamento menos rigoroso. Essa designação deve ser registrada em um documento descritivo do sistema.

Esse documento deve conter a confirmação da verificação que a temperatura máxima ambiente de cada dispositivo 2-WISE é adequada para a instalação pretendida. A classe de temperatura de cada dispositivo 2-WISE deve ser determinada e registrada no documento descritivo do sistema, se aplicável. Este deve incluir os parâmetros dos cabos (de acordo com o especificado na ABNT IEC TS 60079-47) a serem conectados a uma porta 2-WISE. A norma ABNT NBR IEC 60079-25 apresenta um exemplo de documento descritivo do sistema.

### 31.12.3 DOCUMENTOS DE REFERÊNCIA PARA A CERTIFICAÇÃO E INSTRUÇÕES PARA DISPOSITIVOS 2-WISE

Os requisitos especificados na ABNT IEC TS 60079-47 complementam e modificam os requisitos dos documentos para certificação e instruções das normas ABNT NBR IEC 60079-0 e ABNT NBR IEC 60079-11.

Os documentos de referência para certificação devem confirmar que cada dispositivo 2-WISE é adequado para instalação em um sistema 2-WISE. Os parâmetros de segurança intrínseca não necessitam ser incluídos no certificado ou nas instruções para as portas 2-WISE.

As instruções devem conter informações que indiquem que uma marcação "Porta de comunicação 2-WISE" não pode ser conectada a uma "Porta de fonte de alimentação 2-WISE". Elas devem apresentar as informações necessárias para a elaboração do documento descritivo do sistema.

## 31.12.4 MARCAÇÃO DE EQUIPAMENTOS E DISPOSITIVOS 2-WISE

Os requisitos para a marcação de equipamentos e dispositivos 2-WISE especificados na ABNT IEC TS 60079-47 complementam e modificam os requisitos de marcação especificados nas normas ABNT NBR IEC 60079-0 e ABNT NBR IEC 60079-11. Cada dispositivo 2-WISE deve ser marcado com "2-WISE". O tipo de cada porta deve ser marcado, como:

a) "Porta de fonte de alimentação 2-WISE"

b) "Porta de carga 2-WISE"

c) "Porta auxiliar de dispositivo 2-WISE"

d) "Porta somente para comunicação 2-WISE" (não alimentada)

As portas 2-WISE não necessitam ser marcadas com os parâmetros de segurança intrínseca *Ui, Ii, Ci, Li, Pi, Uo, Io, Co, Lo* ou *Po*, uma vez que estes são definidos, padronizados e apresentados na ABNT IEC TS 60079-47.

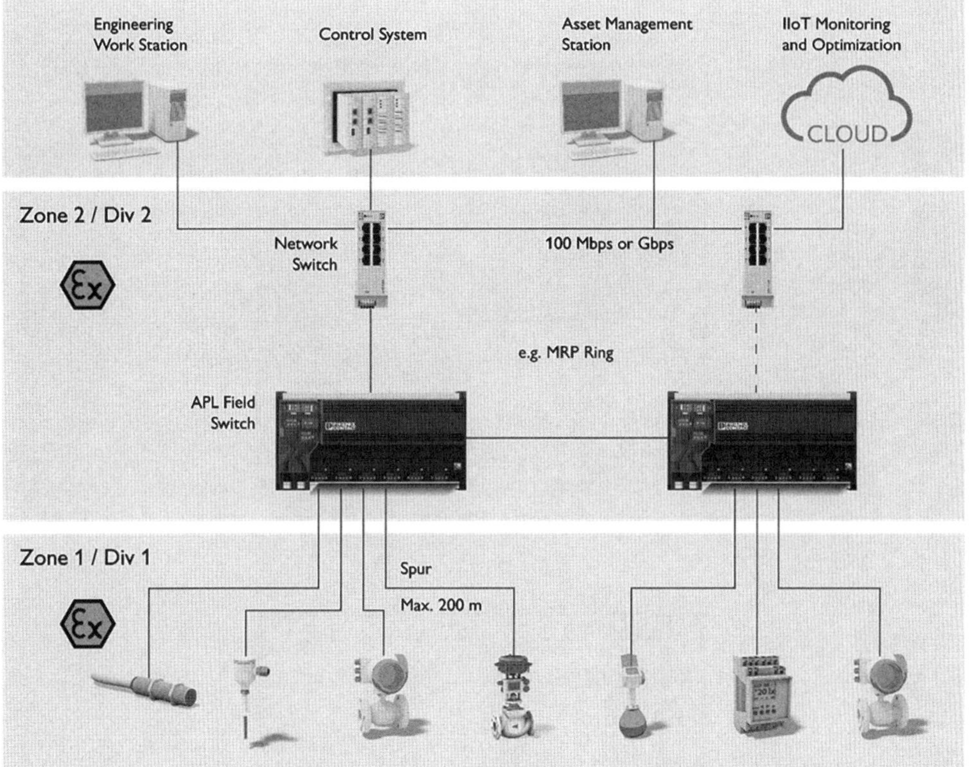


**Figura 31.24 –** Exemplo de aplicação de sistemas de instrumentação e automação com padrão *Ethernet* APL, base em *Ethernet* a dois fios, intrinsecamente seguro (2-WISE), utilizados em atmosferas explosivas. *Switches* de campo (*Field Switch*) 2-WISE conectados a instrumentos de campo 2-WISE (sensores, transmissores e atuadores), por meio de circuitos de derivação (*spurs*).

*Fonte*: Phoenix Contact do Brasil.

## 31.13 EXEMPLOS DE MARCAÇÃO DE EQUIPAMENTOS E DISPOSITIVOS 2-WISE

São indicados nas figuras a seguir alguns exemplos de marcação de dispositivos 2-WISE com diferentes tipos de portas.

| Modelo 123 APL switch |
|---|
| Companhia ABC |
| 2-WISE |
| Ex ec [ia Ga] IIC T4 Gc |
| Ex tc [ia Da] IIIC T130 °C Dc |
| Fonte de alimentação 2-WISE |
| -55°C ≤ Ta ≤ +100°C |
| Número de Série 12345 |
| Certificado 21.1111 |

**Figura 31.25 –** Exemplo de marcação de dispositivo 2-WISE com porta de fonte de alimentação.

| Modelo 456 |
|---|
| Companhia ABC |
| 2-WISE |
| Ex ib IIC T4 Gb |
| Ex ib IIIC T130 °C Db |
| Porta de carga 2-WISE |
| -20°C ≤ Ta ≤ +60 °C |
| Número de Série 5432 |
| Certificado 22.2222 |

**Figura 31.26 –** Exemplo de marcação de dispositivo 2-WISE com porta de carga.

| Modelo 789 |
|---|
| Companhia ABC |
| 2-WISE |
| Ex ic IIA T1 Gc |
| Ex ic IIIA T450 °C Dc |
| Dispositivo auxiliar 2-WISE |
| -40°C ≤ Ta ≤ +100 °C |
| Número de Série TW342 |
| Certificado 22.3333 |

**Figura 31.27 –** Exemplo de marcação de dispositivo 2-WISE com porta auxiliar de dispositivo.

| Modelo 1000 |
|---|
| Companhia ABC |
| 2-WISE |
| Ex ec [ia Ga] IIC T4 Gc |
| Ex tc [ia Da] IIIC T130 °C Dc |
| Porta 2-WISE somente para comunicação (não alimentada) |
| -55 °C ≤ Ta ≤ +85 °C |
| Número de Série A8567 |
| Certificado 21.4444 |

**Figura 31.28** – Exemplo de marcação de dispositivo 2-WISE com porta somente para comunicação (não alimentada).

## 31.14 EVOLUÇÃO E CRONOLOGIA DE IMPLANTAÇÃO DO PADRÃO APL E 2-WISE

A necessidade de tecnologias que possibilitem a alimentação elétrica e o envio de dados de comunicação com alta velocidade sobre dois fios motivou pesquisadores a desenvolver uma camada física com essas características, que são requeridas para a automação de sistemas industriais. O objetivo dos especialistas, nesse caso, foi a elaboração de um padrão que verdadeiramente levasse as redes *Ethernet* até os dispositivos de campo, em particular em áreas classificadas.

A avaliação do projeto para a o padrão APL para a *Ethernet* foi iniciada em 2011, por um conjunto de empresas fabricantes e de fornecedores de dispositivos e sistemas de automação de processo e elétrico. O objetivo da avaliação do projeto era a definição de uma solução que fosse adequada para os requisitos rigorosos de dispositivos "Ex" de campo (sensores e atuadores) na automação da indústria de processo e que não afetasse os protocolos das camadas mais elevadas de aplicação do modelo OSI, permitindo, dessa forma, o estabelecimento de protocolos na *Ethernet* industrial. Em 2016 a avaliação do projeto foi concluída com sucesso, com a identificação de melhorias para as especificações aplicáveis a serem elaboradas.

O padrão Ethernet APL especifica os detalhes da aplicação de comunicação *Ethernet* para sensores e atuadores para o controle na indústria de processo; para aplicações em áreas classificadas, é referenciado no documento ABNT IEC TS 60079-47. Esse padrão tem como base a camada física 10BASE-T1 e especifica os requisitos para a implementação de rede *Ethernet* com o tipo de proteção Ex "i" para aplicação em atmosferas explosivas. As principais empresas do mundo envolvidas na automação de processo trabalharam em conjunto desde 2011, sob a coordenação da PROFIBUS e PROFINET International (PI), ODVA (*Open DeviceNet Vendors Association*) e o Grupo FieldComm, de forma a operacionalizarem o padrão *Ethernet APL* nos protocolos aplicáveis para os sistemas industriais com base em *Ethernet*, a fim de acelerar a sua aplicação, inclusive em áreas classificadas.

Sob o ponto de vista de aplicação em campo, o primeiro projeto piloto com protótipos de *Ethernet* APL foi realizado em 2019, na BASF (Mannheim, Alemanha), comprovando os princípios de funcionamento, a adequação de desempenho e os benefícios proporcionados por essa tecnologia 2-WISE. A instalação de dispositivos "Ex" de campo *Ethernet* a dois fios, incluindo sensores e atuadores para todos os tipos de medição e controle de variáveis de processo, evidenciaram a simplicidade da instalação e da integração dos dispositivos de instrumentação e automação de campo nos sistemas de automação de processo, bem como o acesso aos dados destes dispositivos "Ex".

Em paralelo com a elaboração e a publicação do padrão Ethernet APL (10BASE-T1L) pela norma IEEE 802.3cg em 2019, o processo de elaboração da Especificação Técnica para *Ethernet* Intrinsecamente Segura a Dois Fios (2-WISE – *2-Wire Intrinsically Safe Ethernet*) foi iniciado em 2018, pelo *Project Team* PT 60079-47 do Subcomitê SC 31G (*Segurança intrínseca*) do TC 31 (*Equipment for explosive atmospheres*) da IEC, os trabalhos de padronização das características "universais" das portas dos dispositivos Ex "i", resultando na publicação da norma internacional IEC TS 60079-47 em fevereiro de 2021. A respectiva ABNT IEC TS 60079-47 foi elaborada pela Comissão de Estudo CE 003:031.004 (*Segurança intrínseca*) do Subcomitê SCB 003:031 (*Atmosferas explosivas*) e publicada pela ABNT originariamente em julho de 2021.

**Figura 31.29 –** Exemplo de instalação em área classificada de *switch* "Ex" de campo incorporando os padrões *Ethernet* APL e 2-WISE.

*Fonte*: Pepperl+Fuchs Brasil.

Com a publicação dessa norma, foram iniciados os processos de certificação dos equipamentos "Ex" no padrão 2-WISE, por parte dos respectivos fabricantes, bem como a sua disponibilização no mercado, o que permite a implantação desse sistema de *Ethernet* intrinsecamente segura para os projetos a serem elaborados para áreas classificadas de minas subterrâneas de carvão, gases inflamáveis ou poeiras combustíveis.

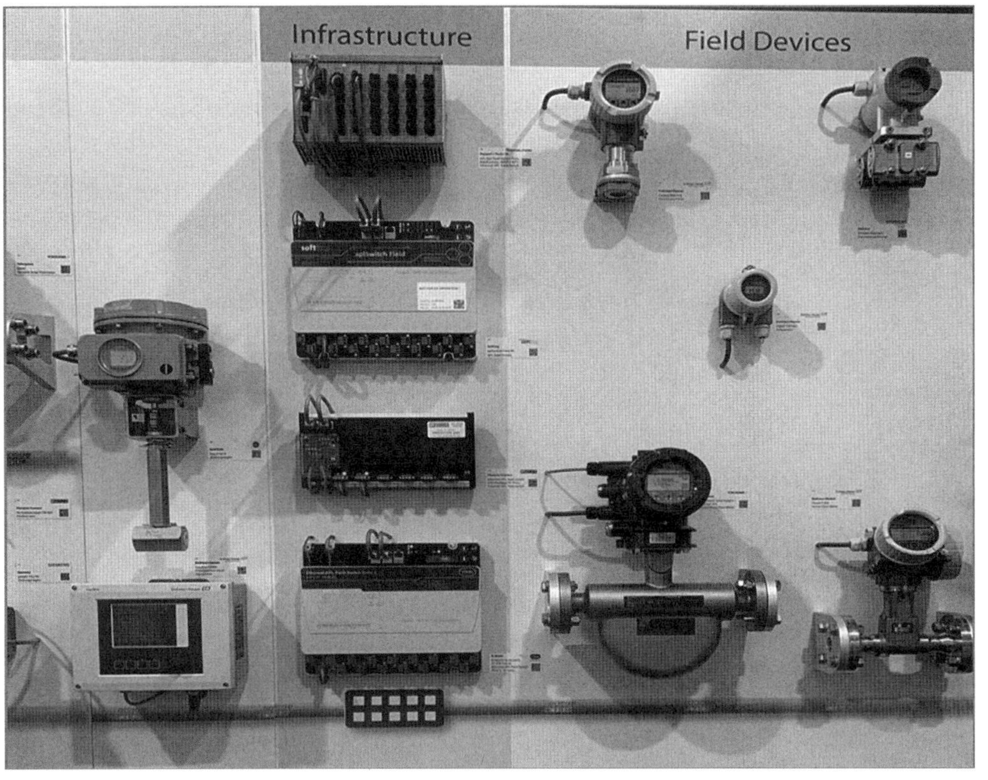


**Figura 31.30** – Exemplo de aplicação incorporando os padrões *Ethernet* APL e 2-WISE, incluindo infraestrutura com *switch* "Ex" de campo e dispositivos de campo "Ex" de diversos fabricantes.

*Fonte*: acervos pessoais dos autores.

## 31.15 CONSIDERAÇÕES SOBRE O PADRÃO *ETHERNET* APL E O TIPO DE PROTEÇÃO 2-WISE – OS DISPOSITIVOS GERAM AÇÕES PARA A EVOLUÇÃO DA OTIMIZAÇÃO DO PROCESSO

1) O padrão *Ethernet* APL especifica uma camada física para a tecnologia de comunicação *Ethernet* desenvolvida para proporcionar uma comunicação industrial em alta velocidade (10 Mb/s) a grandes distâncias (1.000 m entre *switches* "Ex") para os sistemas de controle da indústria de processo. Os sinais de alimentação elétrica e de transmissão de dados de comunicação no padrão *Ethernet APL* é feito de forma "simplificada", por meio de um cabo comum de par trançado com dois fios.

2) Esse padrão 10BASE-T1L foi desenvolvido para atender a requisitos específicos de tipo de proteção "Ex" em atmosferas explosivas. O padrão *Ethernet APL* suporta qualquer protocolo de automação com base em *Ethernet*, possibilitando o desenvolvimento de uma única tecnologia em longo prazo para toda a comunidade de automação de processo.

3) A inclusão de produtos com camada física no padrão 10BASE-T1L às redes *Ethernet* industriais permite a transição dos sistemas "clássicos" existentes para instalações de automação de processo conectadas diretamente entre os dispositivos de campo e o processo em "nuvem", incluindo a instalação de dispositivos de campo "Ex" com tipos de proteção para atmosferas explosivas, como em sistemas de automação para refinarias de petróleo, navios petroleiros, FPSO,

usinas de açúcar e álcool, farmacêutica, de alimentos, petroquímica, química, de bebidas e de fertilizantes.

4) Como pode ser verificado, no padrão Ethernet APL / 10BASE-T1L, os pacotes de dados *Ethernet* são transmitidos desde o nível dos dispositivos "Ex" de campo até o nível de controle, bem como para o processamento em "nuvem", sem a necessidade das problemática e complexas *gateways*, atendendo aos requisitos da indústria 4.0 e de redes unificadas das áreas de TI, TO e TA.

5) Com a implantação do *Ethernet* APL/2-WISE, novos tipos de dispositivos de campo com características e funções mais desenvolvidas podem ser aplicados. O endereçamento de cada dispositivo de campo com seu próprio endereço IP simplifica de forma considerável as atividades de instalação, configuração e manutenção de instrumentos e dispositivos sensores e atuadores conectados com padrão 10BASE-T1L. Esse padrão proporciona novos dispositivos de campo, base de dados mais detalhadas para computação em nuvem e dados analíticos para um controle avançado.

6) Com sua capacidade de combinar a comunicação no padrão mundial *Ethernet* com o sinal de alimentação elétrica no mesmo par de fios trançados, a camada física *Ethernet* APL proporciona a origem a uma geração de dispositivos e componentes de infraestrutura de rede de comunicação de dados que simplificam a tecnologia de automação de processo e permitem aplicações "inovadoras" nessas áreas de TI, TO e TA, incluindo sensores, transmissores, analisadores, câmeras IP e pontos de acesso *wireless*, possibilitando a existência de sistemas de supervisão e controle mais abrangentes e com maiores capacidades.

7) O padrão *Ethernet* APL é uma tecnologia básica de *Ethernet*, que permite um amplo e inovador desenvolvimento de produtos, incluindo *switches*, sensores e atuadores "Ex". Esse padrão *Ethernet* faz com que todos obtenham os benefícios proporcionados pela digitalização das plantas de processo e a integração TI, TO e TA, incluindo as empresas de engenharia, os integradores de instalações, as empresas de serviços, os fornecedores de dados e os usuários finais.

8) Com o padrão *Ethernet* APL e os equipamentos 2-WISE, pode ser elevada a eficiência operacional das instalações "Ex" por meio de acesso aos dados de processo, acelerando o desenvolvimento de instalações de produção com sistemas mais complexos de automação de processo.

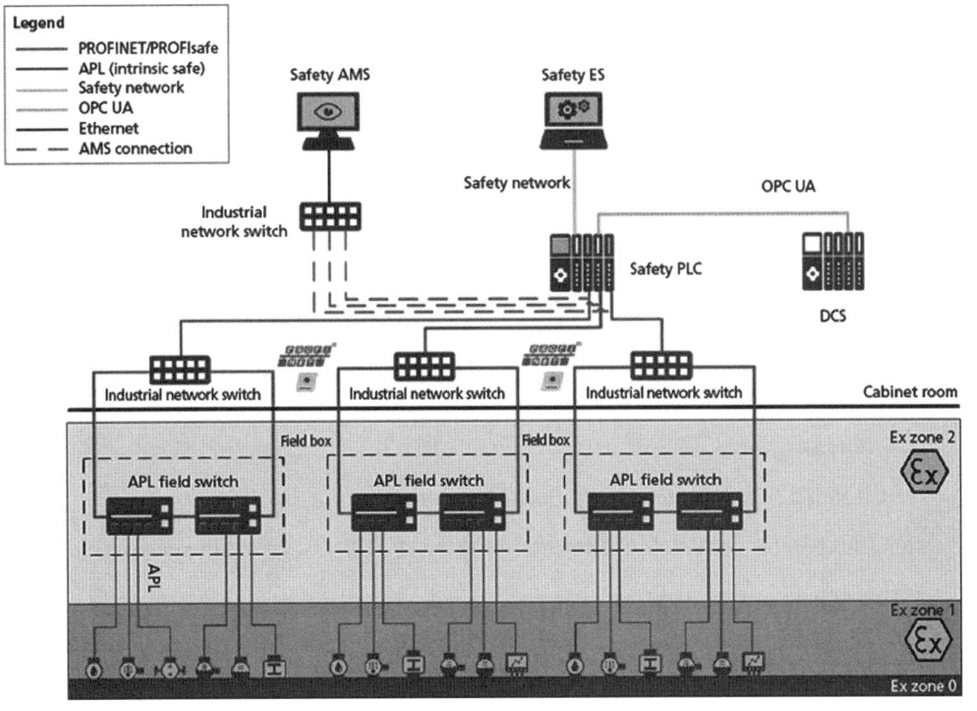


**Figura 31.31 –** Exemplo de uma topologia de sistema de instrumentação e automação de processo contendo segmentos do tipo tronco (*trunk*) no padrão *Ethernet APL* / Ex "e" (com tipo de proteção por *segurança aumentada*), 2-WISE Field Switches em Zona 2 e circuitos de ramais (*spurs*) com padrão *Ethernet APL* / 2-WISE em Zonas 1 ou Zona 2. Sensores dos instrumentos 2 WISE em Zona 0.

*Fonte*: E+H: - Endress+Hauser Controle e Automação Ltda.

**Figura 31.32 –** Exemplo de instalação de painel de automação contendo *switch* "Ex" de campo e instrumentos sensores incorporando os padrões *Ethernet* APL e 2-WISE.

*Fonte*: Pepperl+Fuchs Brasil.

## 31.16 REFERÊNCIAS BIBLIOGRÁFICAS SOBRE *ETHERNET* INTRINSECAMENTE SEGURA A DOIS FIOS


[1] ABNT NBR IEC 60079-11: *Proteção de equipamentos por segurança intrínseca "i".*

[2] ABNT NBR IEC 60079-14: *Projeto, seleção de equipamentos e montagem de instalações elétricas em atmosferas explosivas.*

[3] ABNT NBR IEC 60079-25: *Sistemas elétricos intrinsecamente seguros.*

[4] ABNT IEC TS 60079-47: *Conceito de Ethernet intrinsecamente segura a dois fios (2-WISE - 2-Wire Intrinsically Safe Ethernet Concept).*

[5] IEEE 802.3cg: *Physical Layer Specifications and Management Parameters for 10 Mb/s Operation and Associated Power Delivery over a Single Balanced Pair of Conductors.*

[6] IEEE P802.3cg: *10 Mb/s Single Pair Ethernet: A guide*, 01/2018.

[7] IEC TS 63444: *Industrial networks - Ethernet-APL Port Profile Specification.*

[8] *Ethernet-APL,* Benedikt Spielmann, ODVA 2020 Industry Conference, 03/2020.

[9] *Enabling Seamless Ethernet to the Field with 10BASE-T1L Connectivity*, Analog Devices, 05/2020.

[10] *Ethernet APL Optimization Process Automation with Actionable Insights*, Analog Devices, 07/2020.

[11] *Ethernet to the Field, Whitepaper*, FieldComm Group, 07/2021.

[12] *How 10BASE-T1L Single-Pair Ethernet Brings the Network Edge Closer with Fewer Cables*, Texas Instruments, 10/2020.

[13] *Os 100 primeiros anos da segurança intrínseca* <https://drive.google.com/file/d/1kCXIds3meBVX6wfzyd8D9JxCc59B_4uJ/view?usp=sharing>.

[14] *Sistemas de automação intrinsecamente seguros - Ex "i": Do projeto à instalação* <https://drive.google.com/file/d/1MnXg9pAon7EjPSS1iaCz1qKXODg07bzc/view?usp=sharing>.

[15] *O ciclo total de vida das instalações em atmosferas explosivas*, Paco Editorial <https://www.pacolivros.com.br/o-ciclo-total-de-vida-das-instalacoes-em-atmosferas-explosivas>.

# Capítulo 32

# Sistema de certificação de equipamentos "Ex"

**Sinopse**: este capítulo descreve as principais atividades que fazem parte dos processos de avaliação da conformidade por meio da certificação de equipamentos de instrumentação, automação, telecomunicações, elétricos e mecânicos "Ex" para atmosferas explosivas, em particular os requisitos para a certificação de equipamentos intrinsecamente seguros (Ex "i") e equipamentos intrinsecamente seguros associados ([Ex "i")]. Neste capítulo, são relacionados os ensaios de tipo e de rotina requeridos para a certificação de equipamentos intrinsecamente seguros. São também descritos os diferentes sistemas de certificação de produtos "Ex", como a certificação de linha ou de série, a certificação por lote e a certificação, para casos específicos, de equipamentos "Ex" importados em "pequenas quantidades". São também apresentados exemplos de certificados de conformidade nacionais e internacionais de equipamentos Ex "i" e [Ex "i"].

## 32.1 INTRODUÇÃO

A certificação de equipamentos "Ex" para instalação em atmosferas explosivas de minas subterrâneas de carvão (grupo I), para gases inflamáveis (grupo II) ou para poeiras combustíveis (grupo III) tem como objetivo assegurar para o usuário de instalações em áreas classificadas que esses equipamentos "Ex" são adequadamente fabricados, de forma a evitar que se constituam em uma *fonte de ignição*. De acordo com a norma técnica brasileira adotada ABNT NBR ISO 80079-36 (*Atmosferas explosivas - Parte 36: Equipamentos não elétricos para utilização em atmosferas explosivas - Métodos e requisitos básicos*), devem ser avaliadas as seguintes treze possíveis fontes de ignição de uma atmosfera explosiva: superfícies quentes, faíscas mecânicas, centelhas elétricas, chamas quentes gases quentes, correntes parasitas, eletricidade estática, radiação óptica, radiação eletromagnética, radiação ionizante, radiação ultrassônica, compressão adiabática e reação química.

Podem ser citados como exemplos de tipos de proteção utilizados nos equipamentos elétricos "Ex": Ex "i", Ex "e", Ex "m", Ex "n", Ex "p", Ex "t", Ex "de", Ex "d" e Ex "op", de acordo com as normas técnicas brasileiras adotadas da Série ABNT NBR IEC 60079 (*Atmosferas explosivas*).

Podem ser citados como exemplos de tipos de proteção utilizados nos equipamentos mecânicos "Ex": Ex "h" (métodos e requisitos básicos para a avaliação de equipamentos mecânicos "Ex" em geral), de acordo com a norma ABNT NBR ISO 80079-36 e tipos de proteção Ex "b" (*proteção por controle das fontes de ignição*), Ex "c" (*proteção por segurança construtiva*) e Ex "k" (*proteção por imersão em líquido*), de acordo com a norma técnica brasileira adotada ABNT NBR ISO 80079-37 (*Atmosferas explosivas - Parte 37: Equipamentos não elétricos para atmosferas explosivas - Tipos de proteção não elétricos: segurança construtiva "c", controle de ignição de fontes "b" e imersão em líquido "k"*).

Diversos países ainda possuem suas próprias e diferentes legislações sobre certificação de equipamentos para atmosferas explosivas, embora a maiorias desses regulamentos esteja baseada nas mesmas normas técnicas internacionais elaboradas pelo TC 31 (*Equipment for explosive atmospheres*) da IEC, nas Séries IEC 60079 e ISO 80079. No Brasil, por exemplo, são vigentes requisitos sobre a avaliação da conformidade indicados em portarias publicadas pelo Inmetro e em normas regulamentadoras publicadas pelo Ministério do Trabalho. De acordo com os requisitos legais atualmente vigentes no Brasil publicados pelo Inmetro, os certificados de conformidade de equipamentos e componentes "Ex" devem ser emitidos por Organismo de Certificação "Ex" acreditados pelo Inmetro.

Até o presente momento, a legislação brasileira somente aborda os requisitos de certificação de equipamentos elétricos "Ex". Esse regulamento nacional tem como base as normas técnicas brasileiras da Série ABNT NBR IEC 60079 e ABNT NBR ISO 80079, as quais são harmonizadas e sem desvios técnicos em relação às respectivas normas internacionais da IEC e da ISO.

Deve ser ressaltado que somente a certificação de equipamentos de instrumentação, automação, telecomunicações elétricos e mecânicos "Ex" tem se mostrado insuficiente para garantir a segurança das instalações em atmosferas explosivas, uma vez que essa certificação assegura somente que o *equipamento* certificado foi devidamente *fabricado*. No entanto, as proteções providas pelos equipamentos "Ex" podem ser indevidamente *invalidadas* nos casos em que os equipamentos são indevidamente instalados, inspecionados, mantidos ou reparados, ao longo do ciclo total de vida das instalações "Ex". Nesse sentido, é importante também considerar a avaliação da conformidade e a certificação das empresas que prestam serviços "Ex" em áreas classificadas, bem como a certificação das competências pessoais "Ex" dos profissionais que executam ou supervisão serviços em áreas classificadas.

## 32.2 ENSAIOS E VERIFICAÇÕES DE TIPO E ENSAIOS DE ROTINA DE PRODUTOS COM TIPOS DE PROTEÇÃO "Ex"

Nos processos de certificação de produtos "Ex", são considerados os ensaios e verificações de "tipo", realizados em laboratório, sobre amostras fornecidas pelos fabricantes (ensaios de protótipo), e os ensaios de "rotina", que são realizados pelos próprios fabricantes dos produtos "Ex" em suas próprias linhas de fabricação.

São apresentadas a seguir as definições para esses diferentes tipos de "ensaios" aplicados no processo de certificação de produtos "Ex".

ENSAIOS DE TIPO: ensaios realizados em laboratórios de ensaios de equipamentos "Ex", em uma ou mais unidades de um produto "Ex" ou protótipo, para demonstrar que esse produto satisfaz as condições especificadas nos respectivos projetos, com base nos requisitos indicados nas normas técnicas brasileiras das Séries ABNT NBR IEC 60079 (ensaios de equipamentos elétricos "Ex") ou ABNT NBR ISO 80079 (ensaios para equipamentos mecânicos "Ex").

ENSAIOS DE ROTINA: ensaios realizados pelos fabricantes, no curso ou no final de uma linha de produção, em cada unidade ou lote de um produto "Ex" fabricado, para demonstrar que a fabricação da unidade ou do lote desse produto foi realizada de acordo com os requisitos dos seus respectivos projetos, com base nos requisitos indicados nas normas técnicas brasileiras das Séries ABNT NBR IEC 60079 ou ABNT NBR ISO 80079. Os ensaios de rotina são auditados durantes as auditorias que fazem parte dos ciclos que compõem a certificação dos produtos "Ex".

### 32.2.1 ENSAIOS E VERIFICAÇÕES DE TIPO PARA EQUIPAMENTOS INTRINSECAMENTE SEGUROS (Ex "i") E ASSOCIADOS ([Ex "i"])

De acordo com os requisitos da norma técnica brasileira adotada ABNT NBR IEC 60079-11 (*Atmosferas explosivas - Parte 11: Proteção de equipamento por segurança intrínseca "i"*), os seguintes ensaios e verificações de TIPO devem ser realizados nos processos de certificação de equipamentos intrinsecamente seguros e associados:

- ensaio de ignição por faísca, com utilização de aparelho de faiscamento padrão (STA - *Spark Test Apparatus*);
- ensaios de temperatura;
- ensaios de rigidez dielétrica;
- determinação de parâmetros de componentes sem especificação;
- ensaios para células e baterias:
  - ▹ ensaio de vazamento de eletrólito para células e baterias;
  - ▹ ignição por faísca e temperatura de superfície de células e baterias;
  - ▹ ensaios de pressão em compartimento de baterias.
- Ensaios mecânicos:
  - ▹ material encapsulante;
  - ▹ determinação da aceitabilidade de fusíveis que requerem encapsulamento;
  - ▹ partições.
- ensaios para equipamentos intrinsecamente seguros que contenham dispositivos piezoelétricos;
- ensaios de tipo para barreiras de segurança a diodos e derivadores de segurança;
- ensaio de tração em cabos;
- ensaios de transformadores;
- ensaios de isoladores ópticos:

- ▷ ensaios de condicionamento térmico, dielétrico e carbonização;
- ▷ ensaio de sobrecarga no lado do receptor;
- ▷ ensaio de sobrecarga no lado do transmissor;
- ▷ ensaio de condicionamento térmico e rigidez dielétrica;
- ▷ ensaio de carbonização (lado do transmissor e do receptor).

- Ensaio dielétrico e curto-circuito:
  - ▷ pré-ensaio dielétrico;
  - ▷ ensaio de corrente de curto-circuito;
  - ▷ ensaio de corrente de curto-circuito limitada;
  - ▷ ensaio de rigidez dielétrica.
- Capacidade de condução de corrente de conexões infalíveis de placas de circuito impresso.

### 32.2.2 ENSAIOS DE ROTINA PARA EQUIPAMENTOS INTRINSECAMENTE SEGUROS

De acordo com os requisitos da norma técnica brasileira adotada ABNT NBR IEC 60079-11 (*Atmosferas explosivas - Parte 11: Proteção de equipamento por segurança intrínseca "i"*), os seguintes ensaios de rotina devem ser realizados nos processos de certificação de equipamentos intrinsecamente seguros e associados:

- Ensaios de rotina para barreiras de segurança a diodo:
  - ▷ barreiras montadas;
  - ▷ diodos para barreiras "ia" com dois diodos.
- Ensaios de rotina para transformadores infalíveis.

### 32.2.3 ENSAIOS E VERIFICAÇÕES DE TIPO PARA EQUIPAMENTOS INTRINSECAMENTE SEGUROS DO TIPO *POWER-I*

De acordo com os requisitos da ABNT IEC TS 60079-39 (*Atmosferas explosivas - Parte 39: Sistemas intrinsecamente seguros com limitação de duração de centelha controlada eletronicamente/Power-i*), os seguintes ensaios e verificações de tipo devem ser realizados nos processos de certificação de equipamentos intrinsecamente seguros e associados do tipo *Power-i*:

- parâmetro elétrico pertinente à segurança;
- tempo de resposta máximo *t resp*;
- fator de avaliação *AF* (*Assessment Factor*);
- ensaio de pulso de transição.

Esses ensaios e verificações de tipo são aplicáveis a fontes do tipo *Power-i*, dispositivos de campo *Power-i*, terminadores *Power-i* e cabeamento *Power-i*.

### 32.2.4 ENSAIOS DE ROTINA PARA EQUIPAMENTOS INTRINSECAMENTE SEGUROS DO TIPO *POWER-I*

De acordo com os requisitos da norma técnica brasileira adotada ABNT IEC TS 60079-39 (*Atmosferas explosivas - Parte 39: Sistemas intrinsecamente seguros com limitação de duração de centelha controlada eletronicamente/Power-i*), os ensaios de rotina devem ser realizados em cada fonte do tipo *Power-i*, para verificar o fator de avaliação *AF source*.

### 32.2.5 ENSAIOS E VERIFICAÇÕES DE TIPO E ENSAIOS DE ROTINA PARA EQUIPAMENTOS INTRINSECAMENTE SEGUROS DO TIPO *2-WISE*

De acordo com os requisitos da norma técnica brasileira adotada ABNT IEC TS 60079-47 (*Atmosferas explosivas - Parte 47: Proteção de equipamentos pelo conceito da Ethernet intrinsecamente segura a dois fios/2-WISE*), os ensaios e verificações de tipo e os ensaios de rotina devem ser realizados nos processos de certificação de acordo com os requisitos apresentados na norma ABNT NBR IEC 60079-11 (*Atmosferas explosivas - Parte 11: Proteção de equipamento por segurança intrínseca "i"*).

## 32.3 CERTIFICAÇÃO DA CONFORMIDADE PARA EQUIPAMENTOS "Ex"

Equipamentos de instrumentação, automação, telecomunicações e elétricos para instalação em áreas classificadas contendo atmosferas explosivas de gases inflamáveis ou poeiras combustíveis devem possuir uma certificação *compulsória* (obrigatória), de acordo com os requisitos legais vigentes no Brasil, de forma a atestar que esses equipamentos foram ensaiados e estão de acordo com os requisitos de segurança e desempenho requeridos pelas normas dos respectivos tipos de proteção aplicáveis a esses equipamentos.

Os equipamentos "Ex" certificados são caracterizados também por serem fabricados em um ambiente com um sistema de gestão da qualidade (SGQ) e de produção auditada periodicamente por um organismo de certificação "Ex", de acordo com requisitos vigentes no Brasil. Os sistemas de gestão da qualidade implantados pelos fabricantes dos equipamentos e componentes "Ex" são avaliados pelos organismos de certificação com base nos requisitos da norma técnica brasileira ABNT NBR ISO 9001 (*Sistemas de gestão da qualidade - Requisitos*) e da norma técnica brasileira adotada ABNT NBR ISO/IEC 80079 34 (*Atmosferas explosivas - Parte 34: Aplicação de sistemas de gestão da qualidade para a fabricação de produtos "Ex"*).

Na norma ABNT NBR ISO/IEC 80079-34 são apresentadas as informações e os requisitos específicos para o estabelecimento e a manutenção de um sistema de gestão da qualidade para a fabricação de equipamentos e componentes "Ex", de acordo com a sua certificação. Embora a norma ABNT NBR ISO/IEC 80079-34 não dispense a utilização de outros sistemas de gestão da qualidade que sejam compatíveis com os objetivos da ABNT NBR ISO 9001 e que proporcionem resultados equivalentes, os requisitos mínimos são apresentados naquela norma.

Os certificados de conformidade "Ex" são emitidos pelos organismos de certificação "Ex", considerando o Sistema de Gestão da Qualidade (SGQ) do fabricante do produto "Ex" e os resultados indicados nos respectivos relatórios de ensaios emitidos por laboratórios "Ex" reconhecidos.

Os certificados de conformidades que são emitidos por organismos de certificação "Ex" para produtos, componentes, equipamentos ou sistemas "Ex" requerem, de uma forma geral, que os respectivos fabricantes cumpram as seguintes ações:

- execução de ensaios e avaliações laboratoriais de amostras dos produtos "Ex" a serem certificados, de forma a se confirmar a conformidade dos seus produtos "Ex" com as normas técnicas brasileiras das Séries ABNT NBR IEC 60079 (*Equipamentos elétricos "Ex"*) e ABNT NBR ISO 80079 (*Equipamentos mecânicos "Ex"*). Esses ensaios de conformidade são realizados por laboratórios de ensaios "Ex" reconhecidos;
- avaliação e auditoria das suas instalações e linhas de fabricação, por parte de um organismo de certificação "Ex";
- auditorias periódicas de acompanhamento das suas instalações por um organismo de certificação "Ex", de forma a evidenciar a continuidade e manutenção do seu SGQ.

De acordo com os requisitos legais vigentes no Brasil, a certificação de conformidade de equipamentos "Ex" pode ser emitida na forma de três modalidades: certificação de linha (aplicável para uma série de equipamentos "Ex"), a certificação de lote ou certificação de produtos "Ex" importados (em pequenas quantidades).

Na Figura 32.1, são apresentados, de forma simplificada, os processos básicos envolvidos na certificação de conformidade de um produto "Ex", iniciando-se pela solicitação de um fabricante ou fornecedor de produtos "Ex" junto a um organismo de certificação "Ex" reconhecido, passando pelos ensaios de laboratórios de amostras de protótipo, análise dos relatórios de ensaios emitidos pelos laboratórios de ensaios "Ex", emissão do Certificado de Conformidade e acompanhamento periódico da linha de produção do fabricante pelo organismo de certificação, por meio de auditorias de manutenção.

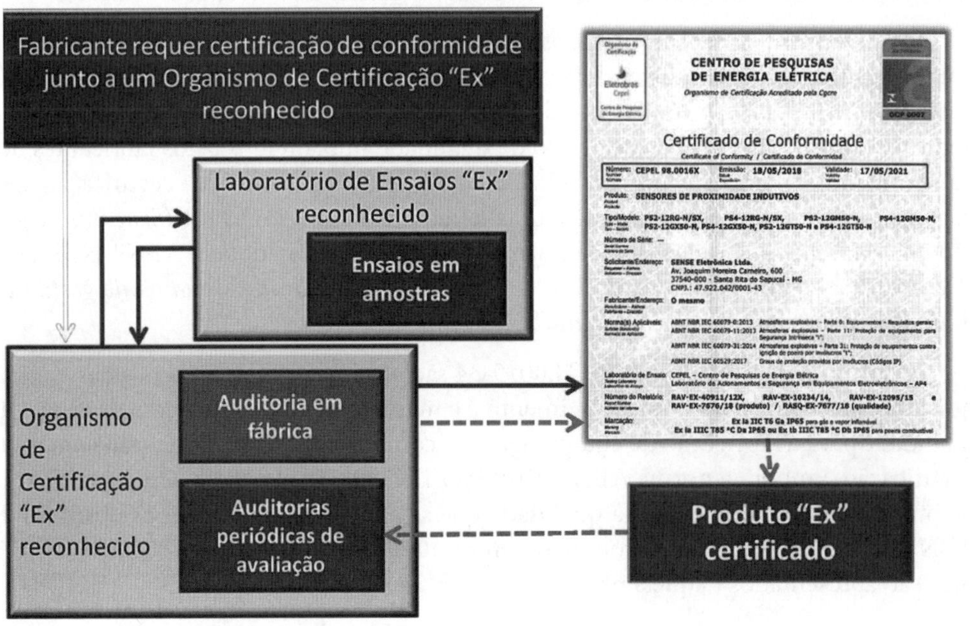


**Figura 32.1** – Fluxograma simplificado dos processos envolvidos na emissão e manutenção de certificados de conformidade de produtos "Ex".

*Fonte*: acervos pessoais dos autores.

Os organismos de certificação "Ex" acreditados para a certificação de produtos "Ex" são avaliados e reconhecidos com base nos requisitos apresentados na norma técnica brasileira adotada ABNT NBR ISO/IEC 17065 – *Requisitos Gerais para Organismos que Operam Sistemas de Certificação de Produtos.*

## 32.4 CONTEÚDO DOS CERTIFICADOS DE CONFORMIDADE DE PRODUTOS "Ex"

Os certificados de conformidade de equipamentos, componentes, dispositivos ou sistemas "Ex", como um documento formal emitido por organismo de certificação, devem conter, dentre outras, as seguintes informações básicas, de acordo com os Requisitos de Avaliação da Conformidade (RAC) para equipamentos "Ex" atualmente vigente no Brasil:

a) descrição básica do produto e os tipos de proteção "Ex" aplicados;

b) numeração do Certificado de Conformidade. A formação da numeração do certificado deve iniciar pelo nome ou marca do organismo de certificação "Ex" emissor do certificado, seguido pelos últimos dois dígitos do ano de emissão do certificado, seguido por um ".", seguido por uma referência única de quatro caracteres para o certificado no respectivo ano;

c) lista dos documentos considerados no processo de certificação;

d) marcações "Ex" completa de acordo com as normas aplicáveis das Séries ABNT NBR IEC 60079;

e) condições específicas de utilização, quando aplicável (certificados com sufixo "X");

f) nota padronizada: "As atividades de instalação, inspeção, manutenção, reparo, revisão e recuperação dos equipamentos são de responsabilidade dos usuários e devem ser executadas de acordo com os requisitos das normas técnicas vigentes, observando as recomendações e restrições fornecidas pelo fabricante, quando aplicável.";

g) razão social, endereço completo, nome fantasia do fornecedor solicitante (detentor do certificado) e Cadastro Nacional de Pessoa Jurídica (CNPJ), quando aplicável;

h) razão social, Cadastro Nacional de Pessoa Jurídica (CNPJ), endereço completo e, quando aplicável, nome fantasia do importador do produto "Ex";

i) razão social, endereço completo e, quando aplicável, nome fantasia do fabricante;

j) nome, endereço, número de registro de acreditação e assinatura do responsável pelo organismo de certificação "Ex";

k) data de emissão do Certificado de Conformidade e, quando aplicável, data de revisão e sua justificativa;

l) modelo de certificação adotado;

m) identificação de todos os modelos e marcas abrangidos pelo Certificado de Conformidade;

n) identificação dos lotes de fabricação (quando aplicável);

o) identificação do número de série ou lote de fabricação das unidades abrangidas pelo Certificado de Conformidade;

p) quando aplicável, a critério do organismo de certificação, outras observações relativas à aplicação do produto "Ex".

## 32.5 EXEMPLOS DE CERTIFICADOS DE CONFORMIDADE DE PRODUTOS "Ex"

São apresentados a seguir exemplos de certificados de conformidades emitidos por organismos de certificação acreditados no sistema nacional, para fabricante brasileiro de equipamentos "Ex".

Na Figura 32.2, é apresentado um exemplo de um Certificado de Conformidade obtido por fabricante brasileiro de equipamentos "Ex", para sua linha de *sensores de proximidade indutivos*. Os tipos de proteção aplicáveis para esses sensores de proximidade são Ex "i" (*Segurança intrínseca*), para instalação em áreas classificadas do grupo II (*Gases inflamáveis*) e do grupo III (*Poeiras combustíveis*) e Ex "t" (*Proteção por invólucro contra ignição de poeiras combustíveis*).

Organismo de Certificação
Eletrobras Cepel
Centro de Pesquisas de Energia Elétrica

CENTRO DE PESQUISAS DE ENERGIA ELÉTRICA
*Organismo de Certificação Acreditado pela Cgcre*

OCP 0007

Certificado de Conformidade
Certificate of Conformity / Certificado de Conformidad

Número: CEPEL 98.0016X — Emissão: 18/05/2018 — Validade: 17/05/2021

Produto: SENSORES DE PROXIMIDADE INDUTIVOS

Tipo/Modelo: PS2-12RG-N/SX, PS4-12RG-N/SX, PS2-12GM50-N, PS4-12GM50-N, PS2-12GX50-N, PS4-12GX50-N, PS2-12GT50-N e PS4-12GT50-N

Número de Série: —

Solicitante/Endereço: SENSE Eletrônica Ltda.
Av. Joaquim Moreira Carneiro, 600
37540-000 - Santa Rita do Sapucaí - MG
CNPJ.: 47.922.042/0001-43

Fabricante/Endereço: O mesmo

Norma(s) Aplicáveis:
ABNT NBR IEC 60079-0:2013 Atmosferas explosivas – Parte 0: Equipamentos – Requisitos gerais;
ABNT NBR IEC 60079-11:2013 Atmosferas explosivas – Parte 11: Proteção de equipamento para Segurança Intrínseca "i";
ABNT NBR IEC 60079-31:2014 Atmosferas explosivas – Parte 31: Proteção de equipamentos contra ignição de poeira por invólucros "t";
ABNT NBR IEC 60529:2017 Graus de proteção providos por invólucros (Códigos IP)

Laboratório de Ensaio: CEPEL – Centro de Pesquisas de Energia Elétrica
Laboratório de Acionamentos e Segurança em Equipamentos Eletroeletrônicos – AP4

Número do Relatório: RAV-EX-40911/12X, RAV-EX-10234/14, RAV-EX-12095/15 e RAV-EX-7676/18 (produto) / RASQ-EX-7677/18 (qualidade)

Marcação: Ex ia IIC T6 Ga IP65 para gás e vapor inflamável
Ex ia IIIC T85 °C Da IP65 ou Ex tb IIIC T85 °C Db IP65 para poeira combustível

**Figura 32.2 –** Exemplo de Certificado de Conformidade "Ex" emitido por organismo de certificação "Ex" brasileiro, para fabricante brasileiro de sensores indutivos Ex "i" e Ex "t".

*Fonte*: Sense Eletrônica.

Na Figura 32.3, é apresentado um exemplo de um Certificado de Conformidade obtido por fabricante brasileiro de equipamentos "Ex", para sua linha de repetidores analógicos galvanicamente isolados. Os tipos de proteção aplicáveis para esses equipamentos associados são [Ex i* G**] IIC/IIB/IIA, para proteção de equipamentos intrinsecamente instalados em áreas classificadas do grupo II (*Gases inflamáveis*) e [Ex i* D**] IIIC/IIIB/IIIA para proteção de equipamentos intrinsecamente seguros instalados em áreas classificadas do grupo III (*Poeiras combustíveis*).

Organismo de Certificação
Eletrobras Cepel
Centro de Pesquisas de Energia Elétrica

CENTRO DE PESQUISAS DE ENERGIA ELÉTRICA

Organismo de Certificação Acreditado pela Cgcre

Certificação de Produtos
OCP 0007

Certificado de Conformidade

*Certificate of Conformity / Certificado de Conformidad*

Número: CEPEL 95.0083 Emissão: 18/05/2021 Validade: 17/05/2024

Produto: REPETIDOR ANALÓGICO GALVANICAMENTE ISOLADO

Tipo/Modelo: KD-21../24Vdc-Ex-. Número de Série: ---

Solicitante/Endereço: SENSE Eletrônica Ltda.
Av. Joaquim Moreira Carneiro, 600
37540-000 - Santa Rita do Sapucaí – MG
CNPJ.: 47.922.042/0001-43

Fabricante/Endereço: O Mesmo

Representante Legal: ---

Normas (s) aplicáveis:
ABNT NBR IEC 60079-0:2020 Atmosferas explosivas Parte 0: Equipamentos Requisitos gerais;
ABNT NBR IEC 60079-11:2013 Atmosferas explosivas Parte 11: Proteção de equipamento para Segurança Intrínseca "i".

Laboratório de Ensaio: CEPEL – Centro de Pesquisas de Energia Elétrica
Laboratório de Acionamentos e Segurança em Equipamentos Eletroeletrônicos – AP4

Número do Relatório: RAV-EX-17597/12X, RAV-EX-12095/15 e RAV-EX-7676/18
RAD-EX-1284/21 de /11/05/2021

Marcação: [Ex i* G**] IIC/IIB/IIA ou [Ex i* D**] IIIC/IIIB/IIIA para o KD-21../24Vcc-Ex-
[Ex ia Ga] IIB/IIA ou [Ex ia Da] IIIB/IIIA para KD-221HT/24Vcc-Ex-HART e Versão Plug-in

**Figura 32.3** – Exemplo de Certificado de Conformidade "Ex" emitido por organismo de certificação "Ex" brasileiro, para fabricante brasileiro de repetidores analógicos galvanicamente isolados [Ex "i"].

*Fonte*: Sense Eletrônica.

Deve ser ressaltado que muitos certificados de conformidade apresentam marcações com a utilização do símbolo "*", como Ex i*, Ex t* ou T*. Esse tipo de notação representa que existem diferentes valores, por exemplo, de nível de proteção ou de classe de temperatura, dependendo de variações de características técnicas da linha de produto "Ex" certificada, como diferentes valores de potência, carcaça, tensão nominal, rotação, temperatura ambiente ou de componentes internos que compõe o equipamento.

Na Figura 32.4, é apresentado um exemplo de um Certificado de Conformidade obtido por fabricante de equipamentos "Ex", para sua linha de transdutores de temperatura. Os tipos de proteção aplicáveis para esses transdutores são Ex "nA nC ic" (não acendível, dispositivo selado e segurança intrínseca), **[Ex ia Ga]** para áreas classificadas do grupo II (*Gases inflamáveis*) e **[Ex ia Da]** para áreas classificadas do grupo III (*Poeiras combustíveis*).

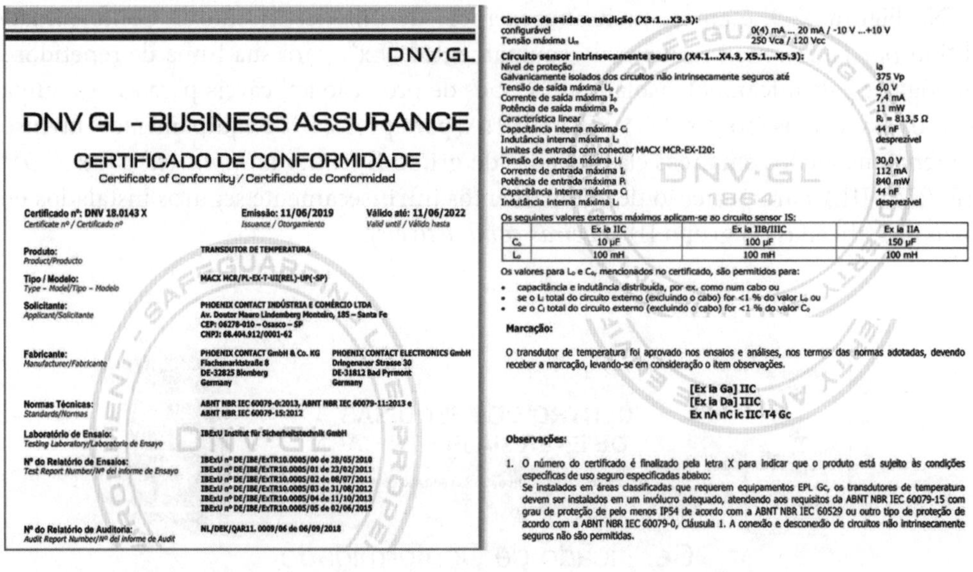

DNV·GL

DNV GL - BUSINESS ASSURANCE

CERTIFICADO DE CONFORMIDADE

Certificate of Conformity / Certificado de Conformidad

**Certificado nº: DNV 18.0143 X** — *Certificate nº / Certificado nº*
**Emissão: 11/06/2019** — *Issuance / Otorgamiento*
**Válido até: 11/06/2022** — *Valid until / Válido hasta*

| | |
|---|---|
| **Produto:** *Product/Producto* | TRANSDUTOR DE TEMPERATURA |
| **Tipo / Modelo:** *Type – Model/Tipo – Modelo* | MACX MCR/PL-EX-T-UI(REL)-UP(-SP) |
| **Solicitante:** *Applicant/Solicitante* | PHOENIX CONTACT INDÚSTRIA E COMÉRCIO LTDA<br>Av. Doutor Mauro Lindemberg Monteiro, 185 – Santa Fe<br>CEP: 06278-010 – Osasco – SP<br>CNPJ: 68.404.912/0001-62 |
| **Fabricante:** *Manufacturer/Fabricante* | PHOENIX CONTACT GmbH & Co. KG<br>Flachsmarktstraße 8<br>DE-32825 Blomberg<br>Germany<br><br>PHOENIX CONTACT ELECTRONICS GmbH<br>Dringenauer Strasse 30<br>DE-31812 Bad Pyrmont<br>Germany |
| **Normas Técnicas:** *Standards/Normas* | ABNT NBR IEC 60079-0:2013, ABNT NBR IEC 60079-11:2013 e ABNT NBR IEC 60079-15:2012 |
| **Laboratório de Ensaio:** *Testing Laboratory/Laboratorio de Ensayo* | IBExU Institut für Sicherheitstechnik GmbH |
| **Nº do Relatório de Ensaios:** *Test Report Number/Nº del informe de Ensayo* | IBExU nº DE/IBE/ExTR10.0005/00 de 28/05/2010<br>IBExU nº DE/IBE/ExTR10.0005/01 de 23/02/2011<br>IBExU nº DE/IBE/ExTR10.0005/02 de 08/07/2011<br>IBExU nº DE/IBE/ExTR10.0005/03 de 31/08/2012<br>IBExU nº DE/IBE/ExTR10.0005/04 de 11/10/2013<br>IBExU nº DE/IBE/ExTR10.0005/05 de 02/06/2015 |
| **Nº do Relatório de Auditoria:** *Audit Report Number/Nº del informe de Audit* | NL/DEK/QAR11. 0009/06 de 06/09/2018 |

**Circuito de saída de medição (X3.1...X3.3):**

| | |
|---|---|
| configurável | 0(4) mA ... 20 mA / -10 V ...+10 V |
| Tensão máxima $U_m$ | 250 Vca / 120 Vcc |

**Circuito sensor intrinsecamente seguro (X4.1...X4.3, X5.1...X5.3):**

| | |
|---|---|
| Nível de proteção | ia |
| Galvanicamente isolados dos circuitos não intrinsecamente seguros até | 375 Vp |
| Tensão de saída máxima $U_o$ | 6,0 V |
| Corrente de saída máxima $I_o$ | 7,4 mA |
| Potência de saída máxima $P_o$ | 11 mW |
| Característica linear | $R_i$ = 813,5 Ω |
| Capacitância interna máxima $C_i$ | 44 nF |
| Indutância interna máxima $L_i$ | desprezível |
| Limites de entrada com conector MACX MCR-EX-I20: | |
| Tensão de entrada máxima $U_i$ | 30,0 V |
| Corrente de entrada máxima $I_i$ | 112 mA |
| Potência de entrada máxima $P_i$ | 840 mW |
| Capacitância interna máxima $C_i$ | 44 nF |
| Indutância interna máxima $L_i$ | desprezível |

Os seguintes valores externos máximos aplicam-se ao circuito sensor IS:

| | Ex ia IIC | Ex ia IIB/IIIC | Ex ia IIA |
|---|---|---|---|
| $C_o$ | 10 µF | 100 µF | 150 µF |
| $L_o$ | 100 mH | 100 mH | 100 mH |

Os valores para $L_o$ e $C_o$, mencionados no certificado, são permitidos para:

- capacitância e indutância distribuída, por ex. como num cabo ou
- se o $L_i$ total do circuito externo (excluindo o cabo) for <1 % do valor $L_o$ ou
- se o $C_i$ total do circuito externo (excluindo o cabo) for <1 % do valor $C_o$

**Marcação:**

O transdutor de temperatura foi aprovado nos ensaios e análises, nos termos das normas adotadas, devendo receber a marcação, levando-se em consideração o item observações.

**[Ex ia Ga] IIC**
**[Ex ia Da] IIIC**
**Ex nA nC ic IIC T4 Gc**

**Observações:**

1. O número do certificado é finalizado pela letra X para indicar que o produto está sujeito às condições específicas de uso seguro especificadas abaixo:
Se instalados em áreas classificadas que requerem equipamentos EPL Gc, os transdutores de temperatura devem ser instalados em um invólucro adequado, atendendo aos requisitos da ABNT NBR IEC 60079-15 com grau de proteção de pelo menos IP54 de acordo com a ABNT NBR IEC 60529 ou outro tipo de proteção de acordo com a ABNT NBR IEC 60079-0, Cláusula 1. A conexão e desconexão de circuitos não intrinsecamente seguros não são permitidas.

**Figura 32.4 –** Exemplo de Certificado de Conformidade "Ex" emitido por organismo de certificação "Ex", para fabricante de transdutores de temperatura Ex "nA nC ic" e Ex [ia Ga/Da].

*Fonte*: DNV/Phoenix Contact.

Na Figura 32.5, é apresentado um exemplo de um Certificado de Conformidade obtido por fabricante de equipamentos "Ex" para sua linha de detectores de proximidade. Os tipos de proteção aplicáveis para esses equipamentos são Ex ia IIC, para proteção de equipamentos intrinsecamente instalados em áreas classificadas do grupo II (*Gases inflamáveis*), e Ex ia IIIC, para proteção de equipamentos intrinsecamente seguros instalados em áreas classificadas do grupo III (*Poeiras combustíveis*), Ex nA (*Não acendível*) e Ex "ec" (*Segurança aumentada*).

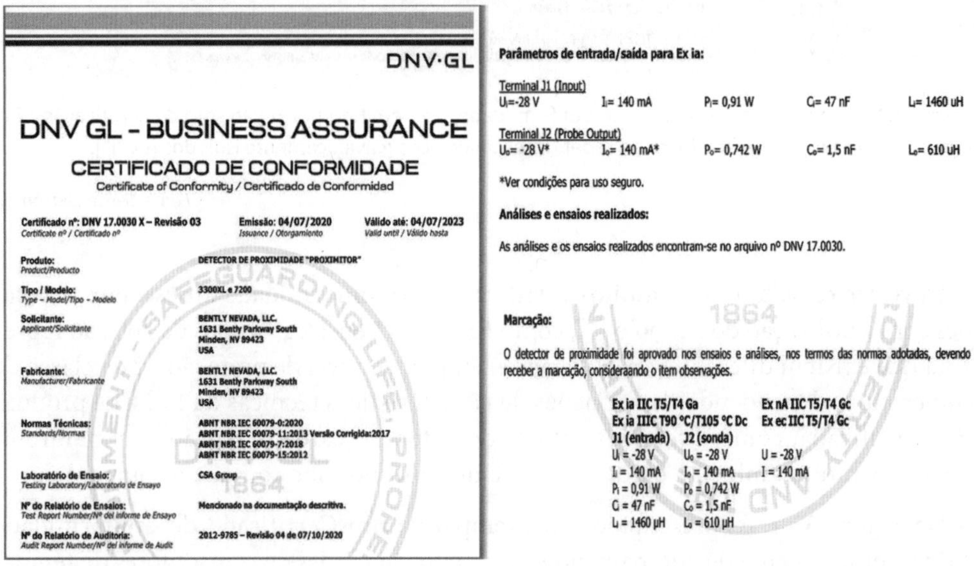

DNV·GL

DNV GL - BUSINESS ASSURANCE

CERTIFICADO DE CONFORMIDADE

Certificate of Conformity / Certificado de Conformidad

**Certificado nº: DNV 17.0030 X – Revisão 03** — *Certificate nº / Certificado nº*
**Emissão: 04/07/2020** — *Issuance / Otorgamiento*
**Válido até: 04/07/2023** — *Valid until / Válido hasta*

| | |
|---|---|
| **Produto:** *Product/Producto* | DETECTOR DE PROXIMIDADE "PROXIMITOR" |
| **Tipo / Modelo:** *Type – Model/Tipo – Modelo* | 3300XL e 7200 |
| **Solicitante:** *Applicant/Solicitante* | BENTLY NEVADA, LLC.<br>1631 Bently Parkway South<br>Minden, NV 89423<br>USA |
| **Fabricante:** *Manufacturer/Fabricante* | BENTLY NEVADA, LLC.<br>1631 Bently Parkway South<br>Minden, NV 89423<br>USA |
| **Normas Técnicas:** *Standards/Normas* | ABNT NBR IEC 60079-0:2020<br>ABNT NBR IEC 60079-11:2013 Versão Corrigida:2017<br>ABNT NBR IEC 60079-7:2018<br>ABNT NBR IEC 60079-15:2012 |
| **Laboratório de Ensaio:** *Testing Laboratory/Laboratorio de Ensayo* | CSA Group |
| **Nº do Relatório de Ensaios:** *Test Report Number/Nº del informe de Ensayo* | Mencionado na documentação descritiva. |
| **Nº do Relatório de Auditoria:** *Audit Report Number/Nº del informe de Audit* | 2012-9785 – Revisão 04 de 07/10/2020 |

**Parâmetros de entrada/saída para Ex ia:**

Terminal J1 (Input)
$U_i$=-28 V  $I_i$= 140 mA  $P_i$= 0,91 W  $C_i$= 47 nF  $L_i$= 1460 uH

Terminal J2 (Probe Output)
$U_o$= -28 V*  $I_o$= 140 mA*  $P_o$= 0,742 W  $C_o$= 1,5 nF  $L_o$= 610 uH

*Ver condições para uso seguro.

**Análises e ensaios realizados:**

As análises e os ensaios realizados encontram-se no arquivo nº DNV 17.0030.

**Marcação:**

O detector de proximidade foi aprovado nos ensaios e análises, nos termos das normas adotadas, devendo receber a marcação, consideraando o item observações.

**Ex ia IIC T5/T4 Ga** **Ex nA IIC T5/T4 Gc**
**Ex ia IIIC T90 °C/T105 °C Dc** **Ex ec IIC T5/T4 Gc**

| J1 (entrada) | J2 (sonda) | |
|---|---|---|
| $U_i$ = -28 V | $U_o$ = -28 V | U = -28 V |
| $I_i$ = 140 mA | $I_o$ = 140 mA | I = 140 mA |
| $P_i$ = 0,91 W | $P_o$ = 0,742 W | |
| $C_i$ = 47 nF | $C_o$ = 1,5 nF | |
| $L_i$ = 1460 µH | $L_o$ = 610 µH | |

**Figura 32.5 –** Exemplo de Certificado de Conformidade "Ex" emitido por organismo de certificação "Ex" para fabricante de detectores de proximidade com tipos de proteção Ex "ia", Ex "nA" ou Ex "ec".

*Fonte*: DNV/Bently Nevada.

Na Figura 32.6, é apresentado um exemplo de um Certificado de Conformidade obtido por fabricante de equipamentos "Ex", para sua linha de *driver* de isolamento. Os tipos de proteção aplicáveis para esses equipamentos são [Ex ia Ga] IIC, para proteção de equipamentos intrinsecamente instalados em áreas classificadas do grupo II (*Gases inflamáveis*) e [Ex ia Da] IIIC, para proteção de equipamentos intrinsecamente seguros instalados em áreas classificadas do grupo III (*Poeiras combustíveis*), [Ex ia Ma] I, para proteção de equipamentos intrinsecamente seguros instalados em áreas classificadas do grupo I (*Minas subterrâneas de carvão*), Ex ec [ia Ga] IIC T4 Gc e Ex ec IIC T4 Gc.

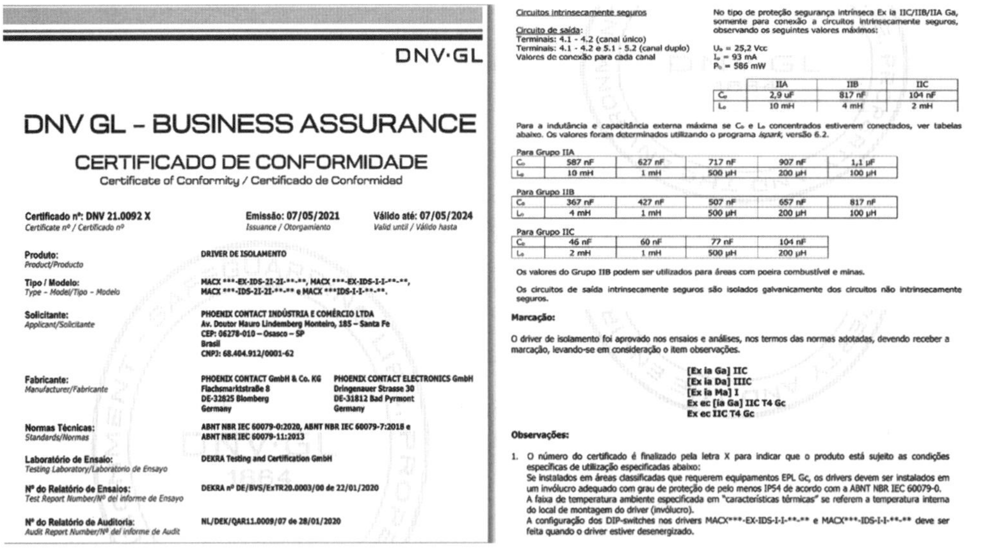

DNV·GL

DNV GL - BUSINESS ASSURANCE

CERTIFICADO DE CONFORMIDADE

Certificate of Conformity / Certificado de Conformidad

**Certificado nº: DNV 21.0092 X** *Certificate nº / Certificado nº* — **Emissão: 07/05/2021** *Issuance / Otorgamiento* — **Válido até: 07/05/2024** *Valid until / Válido hasta*

**Produto:** *Product/Producto*: DRIVER DE ISOLAMENTO

**Tipo / Modelo:** *Type - Model/Tipo - Modelo*: MACX ***-EX-IDS-2I-2I-**-**, MACX ***-EX-IDS-I-I-**-**, MACX ***-IDS-2I-2I-**-** e MACX ***IDS-I-I-**-**.

**Solicitante:** *Applicant/Solicitante*: PHOENIX CONTACT INDÚSTRIA E COMÉRCIO LTDA, Av. Doutor Mauro Lindemberg Monteiro, 185 – Santa Fe, CEP: 06278-010 – Osasco – SP, Brasil, CNPJ: 68.404.912/0001-62

**Fabricante:** *Manufacturer/Fabricante*: PHOENIX CONTACT GmbH & Co. KG, Flachsmarktstraße 8, DE-32825 Blomberg, Germany; PHOENIX CONTACT ELECTRONICS GmbH, Dringenauer Strasse 30, DE-31812 Bad Pyrmont, Germany

**Normas Técnicas:** *Standards/Normas*: ABNT NBR IEC 60079-0:2020, ABNT NBR IEC 60079-7:2018 e ABNT NBR IEC 60079-11:2013

**Laboratório de Ensaio:** *Testing Laboratory/Laboratorio de Ensayo*: DEKRA Testing and Certification GmbH

**Nº do Relatório de Ensaios:** *Test Report Number/Nº del informe de Ensayo*: DEKRA nº DE/BVS/ExTR20.0003/00 de 22/01/2020

**Nº do Relatório de Auditoria:** *Audit Report Number/Nº del informe de Audit*: NL/DEK/QAR11.0009/07 de 28/01/2020

Circuitos intrinsecamente seguros

Circuito de saída:
Terminais: 4.1 - 4.2 (canal único)
Terminais: 4.1 - 4.2 e 5.1 - 5.2 (canal duplo)
Valores de conexão para cada canal

No tipo de proteção segurança intrínseca Ex ia IIC/IIB/IIA Ga, somente para conexão a circuitos intrinsecamente seguros, observando os seguintes valores máximos:

$U_o$ = 25,2 Vcc
$I_o$ = 93 mA
$P_o$ = 586 mW

| | IIA | IIB | IIC |
|---|---|---|---|
| $C_o$ | 2,9 uF | 817 nF | 104 nF |
| $L_o$ | 10 mH | 4 mH | 2 mH |

Para a indutância e capacitância externa máxima se $C_o$ e $L_o$ concentrados estiverem conectados, ver tabelas abaixo. Os valores foram determinados utilizando o programa *ispark*, versão 6.2.

Para Grupo IIA

| $C_o$ | 587 nF | 627 nF | 717 nF | 907 nF | 1,1 µF |
|---|---|---|---|---|---|
| $L_o$ | 10 mH | 1 mH | 500 µH | 200 µH | 100 µH |

Para Grupo IIB

| $C_o$ | 367 nF | 427 nF | 507 nF | 657 nF | 817 nF |
|---|---|---|---|---|---|
| $L_o$ | 4 mH | 1 mH | 500 µH | 200 µH | 100 µH |

Para Grupo IIC

| $C_o$ | 46 nF | 60 nF | 77 nF | 104 nF |
|---|---|---|---|---|
| $L_o$ | 2 mH | 1 mH | 500 µH | 200 µH |

Os valores do Grupo IIB podem ser utilizados para áreas com poeira combustível e minas.

Os circuitos de saída intrinsecamente seguros são isolados galvanicamente dos circuitos não intrinsecamente seguros.

**Marcação:**

O driver de isolamento foi aprovado nos ensaios e análises, nos termos das normas adotadas, devendo receber a marcação, levando-se em consideração o item observações.

**[Ex ia Ga] IIC**
**[Ex ia Da] IIIC**
**[Ex ia Ma] I**
**Ex ec [ia Ga] IIC T4 Gc**
**Ex ec IIC T4 Gc**

**Observações:**

1. O número do certificado é finalizado pela letra X para indicar que o produto está sujeito as condições especificas de utilização especificadas abaixo:
Se instalados em áreas classificadas que requerem equipamentos EPL Gc, os drivers devem ser instalados em um invólucro adequado com grau de proteção de pelo menos IP54 de acordo com a ABNT NBR IEC 60079-0.
A faixa de temperatura ambiente especificada em "características térmicas" se referem a temperatura interna do local de montagem do driver (invólucro).
A configuração dos DIP-switches nos drivers MACX***-EX-IDS-I-I-**-** e MACX***-IDS-I-I-**-** deve ser feita quando o driver estiver desenergizado.

**Figura 32.6 –** Exemplo de Certificado de Conformidade "Ex" emitido por organismo de certificação "Ex", para fabricante de *driver* de isolamento [Ex "ia"].

*Fonte*: DNV/Phoenix Contact.

Na Figura 32.7, é apresentado um exemplo de um Certificado de Conformidade obtido por fabricante de equipamentos intrinsecamente seguros, com marcação Ex ia IIC T* Ga, para linha de transdutores ultrassônicos.

CPEx CERTIFICAÇÕES

**CERTIFICADO DE CONFORMIDADE Ex**
*Ex Certificate of Conformity*

**Modelo com Avaliação do Sistema de Gestão da Qualidade do Processo de Produção e Ensaios no Produto**
*Model with Assessment of Quality Management System of Production Process and Test on Product*

Certificado Nº: / *Certificate Nº:* **CPEx 21.0030 X** — Revisão n°.: 2 / *issue nº.:*

Data da emissão inicial: / *Initial issued date:* **14/07/2021** — Certificado de Conformidade válido somente acompanhado das páginas de 1 a 5 / *Certificate valid only accompanied of pages 1 through 5*

Data de validade: / *Validity date:* **14/07/2024**

Solicitante: / *Applicant:* **SMARTECH MANAGEMENT LTD**
Unit 8 Gransden Park – Potton Rd – Abbotsley – Cambs, PE10 6TY – Reino Unido

Produto: / *Product:* **Transdutor ultrassônico Flarephase 250, Flarephase Cryo, Flarephase 350, FlarePhase 250 Bias-90, FlarePhase Cryo Bias-90 e FlarePhase 350 Bias-90.**

Marca Comercial: / *Trademark* N/A

Marcação: / *Marking:* Ex ia IIC T* Ga
(-40 °C ≤ $T_{amb}$ ≤ +60 °C)
*(*) – Ver características técnicas*

**Figura 32.7 –** Exemplo de Certificado de Conformidade "Ex" emitido por organismo de certificação "Ex", para fabricante de sensores ultrassônicos.

*Fonte*: CPEx/SMARTECH.

Na Figura 32.8, é apresentado um exemplo de um Certificado de Conformidade obtido por fabricante de equipamentos intrinsecamente seguros, com marcação Ex ia IIA T4 Ga, para um determinado lote de *dataloggers* alimentados por bateria para medição sem fio de vazão de gás natural.

CPEx CERTIFICAÇÕES

**CERTIFICADO DE CONFORMIDADE Ex**
*Ex Certificate of Conformity*

**Modelo com Ensaios de Lote**
*Model with Batch Tests*

Certificado Nº: / *Certificate Nº:* **CPEx 21.0261 X** — Revisão n°.: 0 / *issue nº.:*

Data da emissão inicial: / *Initial issued date:* **17/02/2022** — Certificado de Conformidade válido somente acompanhado das páginas de 1 a 4 / *Certificate valid only accompanied of pages 1 through 4*

Solicitante: / *Applicant:* **GAS DE ALAGOAS S/A ALGAS**
Rua Artur Vital da Silva, 04 - Gruta de Lourdes, Maceió, AL – Brasil - CEP:57052-790
CNPJ: 69.983.484/0001-32

Marca Comercial: / *Trademark* N/A

Produto: / *Product:* **DataLogger para medição de gás TRMETER FL**

Identificação do lote / *Both identification:* Vinte e cinco unidades (números de série: A000001, A000002, A000003, A000004, A000005, A000006, A000007, A000008, A000009, A000010, A000011, A000012, A000013, A000014, A000015, A000016, A000017, A000018, A000019, A000020, A000021, A000022, A000023, A000024, A000025).

Marcação: / *Marking:* Ex ia IIA T4 Ga
(-20 °C ≤ $T_{amb}$ ≤ +60 °C)

**Figura 32.8 –** Exemplo de Certificado de Conformidade "Ex" emitido por organismo de certificação "Ex" para fabricante de *dataloggers* alimentados por bateria para medição sem fio de gás natural.

*Fonte*: CPEx/ALGAS.

Na Figura 32.9, é apresentado um exemplo de Certificado de Conformidade internacional emitido por organismo de certificação reconhecido no sistema IECEx para fabricante brasileiro de equipamentos "Ex". Todos os certificados de conformidade emitidos no IECEx, incluindo certificados de empresas de serviços "Ex", certificados de competências pessoais "Ex" e certificados de equipamentos elétricos e mecânicos "Ex", estão disponíveis para acesso público em <http://www.iecex.com>.

IEC IECEx

**IECEx Certificate of Conformity**

**INTERNATIONAL ELECTROTECHNICAL COMMISSION**
**IEC Certification System for Explosive Atmospheres**
for rules and details of the IECEx Scheme visit www.iecex.com

| | | | |
|---|---|---|---|
| Certificate No.: | **IECEx FMG 17.0019X** | Page 1 of 3 | Certificate history: Issue 0 (2017-06-22) |
| Status: | **Current** | Issue No: 1 | |
| Date of Issue: | 2018-02-19 | | |
| Applicant: | **Sense Eletrônica Ltda**<br>Av Joaquim Moreira Carneiro 600-Lot Santana<br>Santa Rita do Sapucaí Minas Gerais<br>37540-000<br>**Brazil** | | |
| Equipment: | **I-Vue Intelligent Valve Sensor** | | |
| Optional accessory: | | | |
| Type of Protection: | **Ex nA, EX tc** | | |
| Marking: | Ex nA IIC T6 Gc, Ex tc IIIB T85°C Dc | | |

| | |
|---|---|
| Approved for issue on behalf of the IECEx Certification Body: | **J. E. Marquedant** |
| Position: | **VP, Manager - Electrical Systems** |
| Signature: (for printed version) | |
| Date: | |

1. This certificate and schedule may only be reproduced in full.
2. This certificate is not transferable and remains the property of the issuing body.
3. The Status and authenticity of this certificate may be verified by visiting www.iecex.com or use of this QR Code.

Certificate issued by:

**FM Approvals LLC**
**1151 Boston-Providence Turnpike**
**Norwood, MA 02062**
**United States of America**

FM Approvals
Member of the FM Global Group

**Figura 32.9 –** Exemplo de Certificado de Conformidade internacional emitido por organismo de certificação reconhecido no sistema IECEx para um fabricante brasileiro de equipamentos "Ex".

*Fonte*: Sense Eletrônica.

A obtenção de Certificação internacional de Conformidade pelo sistema IECEx tem sido utilizada como uma "boa prática" e uma eficaz ferramenta por parte de diversos fabricantes de equipamentos e componentes "Ex", tanto do Brasil como de outros países, que possuem interesse na exportação, comercializando seus produtos não somente no mercado "local", mas também no mercado "internacional".

## 32.6 DOCUMENTAÇÃO PARA A CERTIFICAÇÃO DE EQUIPAMENTOS "Ex"

Para possibilitar uma devida avaliação da conformidade por parte dos organismos de certificação, é necessário que os fabricantes dos equipamentos componentes a serem submetidos ao processo de avaliação da conformidade apresentem uma série de documentos.

Os desenhos e outros documentos apresentados pelo fabricante para demonstrar a conformidade com os tipos de proteção "Ex" são utilizados pelos organismos de certificação para comparação com o protótipo ou amostra e, em conjunto com um relatório de ensaio "Ex", demonstram a conformidade com as normas técnicas aplicáveis das Séries ABNT NBR IEC 60079 ou ABNT NBR ISO 80079, dependendo do tipo de proteção "Ex" do equipamento sob avaliação, ensaios e certificação.

Os desenhos e outros documentos que formam a especificação do equipamento "Ex" utilizados para demonstrar a conformidade do tipo de proteção "Ex" representam a especificação definitiva do produto que foi certificado.

O fabricante ou o solicitante do Certificado de Conformidade "Ex" utiliza os desenhos e a documentação para registrar os detalhes controlados dos equipamentos, como os detalhes de projeto que oferecem a proteção para os tipos de proteção "Ex" aplicáveis.

É recomendado que os fabricantes elaborem os desenhos e documentação especificamente para o objetivo da certificação, e não somente apresentem separadamente cada detalhe requerido para a fabricação dos produtos. Os detalhes apresentados nesses desenhos e documentação de certificação podem ser modificados somente por meio de uma informação encaminhada ao organismo de certificação.

Esses desenhos e documentação de certificação são também utilizados para os objetivos de auditoria ou de inspeção final dos equipamentos "Ex". Em particular, o organismo de certificação responsável pela emissão do relatório de avaliação do sistema de gestão da qualidade (como os documentos do tipo QAR – *Quality Assessment Report*) utiliza esses desenhos e documentação de certificação durante as auditorias de acordo com os requisitos da norma ABNT NBR ISO/IEC 80079-34.

Esses documentos são utilizados também pelos laboratórios de ensaios de equipamentos "Ex" durante os procedimentos de ensaios aplicáveis, dependendo dos tipos de proteção existentes no equipamento, por exemplo, o tipo de proteção Ex "i".

Mais detalhes sobre os documentos requeridos nos processos de certificação para produtos Ex "i" são apresentados neste livro, no Capítulo 34.

Mais detalhes sobre os requisitos do Sistema de Gestão da Qualidade (SGQ) para fabricantes de equipamentos de instrumentação, automação, telecomunicações, elétricos e mecânicos "Ex", são apresentados no Capítulo 33.

## 32.7 CERTIFICAÇÃO DE LINHA OU DE SÉRIE DE PRODUTOS "Ex"

Consiste na avaliação inicial dos produtos "Ex" a serem certificados, incluindo ensaios laboratoriais em protótipos ou em amostras dos produtos "Ex" retiradas no fabricante. Nesse tipo de certificação de linha, é incluída também a auditoria do Sistema de Gestão da Qualidade (SGQ) e a avaliação do processo produtivo do fabricante. São também requeridas, nesse tipo de certificação, as avaliações periódicas de manutenção da certificação, realizadas no processo produtivo dos fabricantes, por parte do organismo de certificação "Ex".

Esse tipo de certificação segue o modelo de certificação Nº 5 da ISO, incluindo avaliação inicial, com ensaios em amostras retiradas no fabricante, auditoria do Sistema de Gestão da Qualidade (SGQ), seguida de avaliação de manutenção periódica por meio de coleta de amostra do produto na fábrica, para realização das atividades de avaliação da conformidade e auditorias do SGQ.

**Modelo de Certificação 5:** *Avaliação inicial consistindo em ensaios em amostras retiradas no fabricante, incluindo auditoria do Sistema de Gestão da Qualidade, seguida de avaliação de manutenção periódica por meio de coleta de amostra do produto na fábrica ou no comércio, para realização das atividades de avaliação da conformidade. As avaliações periódicas de "manutenção dos certificados" têm por objetivo verificar se os itens produzidos após a atestação da conformidade inicial (emissão do Certificado da Conformidade) permanecem conformes. A "manutenção" das certificações inclui a avaliação periódica do processo produtivo, ou a auditoria do SGQ, ou ambas.* (Adaptado da Norma Técnica Brasileira adotada ABNT NBR ISO/IEC 17067 – *Avaliação da conformidade – Fundamentos para certificação de produtos e diretrizes de esquemas para certificação de produtos*)

O atendimento ao Modelo de Certificação Nº 5 requer ações por parte das empresas, organizações ou fabricantes de equipamentos "Ex" no sentido de "melhorar" ou "adequar" os seus processos, potencializar a produção e principalmente assegurar aos seus clientes produtos "Ex", fabricados em suas linhas de produção, com a mesma qualidade em relação àqueles que foram avaliados em laboratórios.

Sob um ponto de vista mais amplo e de mercado, o modelo de certificação pelo Sistema 5 pode ser entendido como uma "vantagem competitiva" para fortalecer os padrões de qualidade de uma empresa ou organização, bem como auxiliar na definição de estratégias para alcance de seus objetivos organizacionais.

Pelo Modelo de Certificação Nº 5, as indústrias podem alcançar um adequado nível de competitividade dentro e fora do país, estabelecendo uma imagem "positiva" da marca, fidelizando clientes e controlando processos. Embora o fator *preço* seja relevante para o consumidor, este também considera de fundamental importância fatores como qualidade, segurança, desempenho e confiabilidade, o que assegura o retorno sobre o investimento e abre possibilidades para novas oportunidades.

## 32.8 CERTIFICAÇÃO DE LOTE DE PRODUTOS "Ex"

Esse tipo de certificação consiste na execução de ensaios em amostras retiradas de um determinado "lote" de produtos "Ex", não sendo aplicável a toda a linha de fabricação daquele produto. Segue o modelo de certificação Nº 1b da ISO – *Certificação de lote.* Muitos dos produtos "Ex" submetidos a certificação de lote são produtos customizados, fabricados unicamente para uma aplicação específica.

Por "lote" de produtos "Ex" certificados, deve ser entendido o conjunto de equipamentos ou componentes "Ex" com características idênticas pertencentes ao mesmo modelo, série ou tipo (o menos coletivo dos três), produzidos pelo mesmo fabricante na mesma unidade fabril.

Modelo de Certificação 1b: *Ensaio de lote. Esse modelo envolve a certificação de um lote de produtos. O número de unidades a serem ensaiadas pode ser uma parcela do lote, coletada de forma aleatória, ou até mesmo, o número total de unidades do lote (ensaio 100 %). O Certificado de Conformidade é restrito ao lote certificado.* (Adaptado da Norma Técnica Brasileira adotada ABNT NBR ISO/IEC 17067 – *Avaliação da conformidade – Fundamentos para certificação de produtos e diretrizes de esquemas para certificação de produtos*)

## 32.9 CERTIFICAÇÃO NACIONAL DE PRODUTOS "Ex" PELA SISTEMÁTICA DE *FAST-TRACK*

Dentre os benefícios da obtenção da certificação internacional pelo IECEx, está a não necessidade de repetição, nos diversos países onde são requeridas certificações "locais" para atmosferas explosivas, das diversas avaliações e dos complexos ensaios laboratoriais já realizados por outros laboratórios de ensaios "Ex" aprovados no IECEx. Isso se deve ao fato de que, com a certificação internacional IECEx, é assegurada a padronização de procedimentos de avaliações e ensaios para a certificação tendo como base a convergência das normas internacionais da Série IEC 60079 – *Explosive Atmospheres*.

As normas técnicas internacionais da Série IEC 60079 são adotadas no Brasil como normas equivalentes da Série ABNT NBR IEC 60079, as quais são também aceitas nos principais mercados globalizados, como base para a obtenção da certificação "local" (*fast-track*).

De acordo com os atuais requisitos legais vigentes no Brasil, apresentados nos Requisitos de Avaliação da Conformidade (RAC) de produtos elétricos e eletrônicos "Ex" para áreas classificadas contendo gases inflamáveis ou poeiras combustíveis, tendo como base a convergência normativa internacional da Série IEC 60079 e a convergência regulatória mundial com base nos sistemas de certificação do IECEx, um organismo de certificação "Ex" "local" (nacional) pode emitir uma certificação "local" com base na análise dos respectivos Relatórios de Ensaios (ExTR) e Relatórios de Avaliação da Qualidade (QAR) emitidos respectivamente por Laboratórios de Ensaios (ExTL) e Organismos de Certificação (ExCB) internacionais aprovados pelos pares, no sistema IECEx (*peer assessment*).

Esse tipo de sistemática adotado pelo Inmetro no Brasil, utilizado também por diversos países do mundo, faz com que não seja necessária a repetição de ensaios já realizados anteriormente por laboratórios de ensaios de equipamentos "Ex" internacionalmente reconhecidos, tendo como base os mesmos procedimentos de ensaios e os mesmos critérios de aceitação apresentados nas normas da Série IEC 60079, as quais são adotadas no Brasil pela ABNT com as normas técnicas brasileiras da Série ABNT NBR IEC 60079.

São transcritos a seguir requisitos indicados no "RAC Ex" atualmente vigente no Brasil, sobre a aceitação legal da utilização da sistemática *fast-track* para a emissão de certificados de conformidade "Ex" *nacionais*, por organismos de certificação "Ex" nacionais, com base na análise de Relatórios de Ensaios (**ExTR**), emitidos por um Laboratórios de Ensaio (**ExTL**) aprovados no **IECEx**, sem a necessidade de repetição de ensaios já realizados com base nas mesmas normas, procedimentos e critérios de aceitação especificados nas normas técnicas brasileiras adotadas da Série ABNT NBR IEC 60079.

***RAC "Ex" – Seção 7: Certificação baseada na aceitação de relatórios de ensaios***

*Os Organismos de Certificação "Ex" nacionais podem emitir certificados de conformidade com base em certificações realizadas por Organismos de Certificação (**ExCB**) aprovados pelo **IECEx**, através da análise de relatórios de ensaios (**ExTR**) emitidos por Laboratórios (**ExTL**), quando forem atendidos os requisitos indicados a seguir:*

a) *tenha sido verificado, no Relatório de Ensaio (**ExTR**), que os métodos de ensaio e as metodologias de amostragem são equivalentes aos definidos neste RAC;*

b) *tenha sido verificado, no Relatório de Auditoria da Qualidade (**QAR**), que o procedimento adotado é equivalente ao definido neste RAC;*

c) *os relatórios de ensaios (**ExTR**) tiverem sido emitidos por um Laboratório de Ensaio (**ExTL**) aprovado e que opera dentro do sistema **IECEx**.*

*Nota: Informações sobre produtos certificados pelo Sistema Internacional de Certificação IECEx podem ser obtidas no banco de dados on-line de certificados de conformidade, disponível no seguinte endereço eletrônico:* https://www.iecex-certs.com

## 32.10 CERTIFICAÇÃO DE SITUAÇÃO PARA PRODUTOS "Ex" IMPORTADOS EM "PEQUENAS QUANTIDADES"

A sistemática de certificação "nacional" de equipamentos importados em "pequenas quantidades" é apresentada nos regulamentos brasileiros contendo os Requisitos de Avaliação da Conformidade (RAC) para produtos "Ex", publicado pelo Inmetro desde 2006 (Portaria 83).

O objetivo desta sistemática "excepcional" de "declaração" ou de "certificação" era o de atender às necessidades existentes de empresas brasileiras usuárias de equipamentos "Ex" cujos fabricantes estrangeiros não possuíam interesse em obter a certificação de seus produtos no Brasil, por exemplo, por questões de custo ou por questões de baixas quantidades de fornecimento.

Podem ser citados como exemplos de produtos "Ex" que são importados em "pequena quantidade" os analisadores de processo, pequenas bombas dosadoras com acionamento elétrico e *skids* de conjunto motobombas para aplicações específicas.

Nesses casos "excepcionais", era permitida a importação desses produtos "Ex" sem a necessidade de que eles fossem submetidos a um processo "completo" de avaliação da conformidade por um organismo de certificação "Ex" nacional reconhecido, em função da falta de interesse dos respectivos fabricantes dos produtos "Ex" fabricados no exterior em obter essa certificação "completa" no Brasil.

No entanto, essas importações de produtos "Ex" em "pequena quantidade" teriam de ser submetidas a um processo "simplificado" de avaliação da conformidade, executado por um organismo de certificação "Ex" reconhecido no Brasil, de forma a verificar que os produtos possuíam uma certificação "internacional" (IECEx) ou "estrangeira" (ATEX, por exemplo).

Além disso, essa sistemática "simplificada" de avaliação da conformidade "Ex" incluía também a verificação de que o fabricante do produto "Ex" a ser importado em "pequena quantidade" possuísse a uma certificação do seu sistema de gestão da qualidade, de forma a assegurar que os produtos "Ex" importados tivessem sido fabricados sob um processo de fabricação controlado.

De acordo com os requisitos legais indicados naquela época, era prevista a emissão, por organismo de certificação "Ex" nacional, de uma *Declaração de Importação de Pequena Quantidade* (DIPQ). Naquela época, cada organismo de certificação "Ex" somente poderia emitir essa declaração de até 25 unidades, para o mesmo produto, no período de três meses. Essa sistemática de "declaração" permitia importações em "pequena quantidade" de até cem unidades por ano de um mesmo produto "Ex" sem certificação nacional "completa".

Adicionalmente, o solicitante da importação dos produtos "Ex" deveria formalmente atestar que não solicitou a outro organismo de certificação "Ex", naquele período, outra DIPQ para o mesmo produto "Ex" a ser importado. Além disso, certificados de diferentes entidades para um mesmo produto "Ex" não seriam aceitos para efeito de emissão de DIPQ em um período de três meses.

Na Figura 32.10, é apresentado um exemplo de uma DIPQ para a importação de bombas dosadoras com acionamento elétrico "Ex", emitida por um organismo de certificação "Ex" reconhecido no Brasil naquela época, de acordo com o RAC "Ex" vigente no Brasil a partir de 2006.

Certificação do Produto

OCP 0011

**UNIVERSIDADE DE SÃO PAULO - USP**
**INSTITUTO DE ELETROTÉCNICA E ENERGIA - IEE**
**SERVIÇO TÉCNICO DE CERTICAÇÃO DE PRODUTOS - CERTUSP**

Documento nº: **2010EC48DP072** Data: **1/3/2010** Página: **1 / 1**

**Declaração de Importação de Pequena Quantidade (DIPQ) de Equipamentos Elétricos para Atmosferas Potencialmente Explosivas**

Universidade de São Paulo
USP IEE
Instituto de Eletrotécnica e Energia
CERTUSP

Esta Declaração é emitida pela CERTUSP do Instituto de Eletrotécnica e Energia - IEE, Organismo de Certificação de Produtos (OCP) acreditado pelo Inmetro, conforme a proposta **2010EC48OR006** somente para o(s) seguinte(s) produto(s):

Produto: **Proportioning Pump** - Modelo: **EXBBG1201SS21A321**

| # | Número(s) de série | No. Etiqueta INMETRO |
|---|---|---|
| 1 | **2009117643** | Não aplicável |
| 2 | **2009117644** | Não aplicável |
| 3 | **2009117645** | Não aplicável |
| 4 | **2009117646** | Não aplicável |
| 5 | **2009117647** | Não aplicável |
| 6 | **2009117648** | Não aplicável |
| 7 | **2009117641** | Não aplicável |
| 8 | **2009117642** | Não aplicável |

Solicitado por: **ProMinent Brasil Ltda.**
**Rua Alfredo Dumont Villares, 115 - Taboão**
**09672-070 - São Bernardo do Campo - SP**
**CNPJ: 38.875.381/0001-25 - Inscrição Estadual: 635.205.573.110**

Importado por: **ProMinent Brasil Ltda.**

Fabricado por: **ProMinent Dosiertechnik GmbH - Heidelberg - Alemanha**

Projetado por: **ProMinent Dosiertechnik GmbH - Heidelberg - Alemanha**

Foram analisados os documentos abaixo listados, sendo verificado que atendem a Portaria nº. 83, de 03 de abril de 2006 e o estabelecido em seu anexo no Regulamento de Avaliação da Conformidade (RAC) de Equipamentos Elétricos Para Atmosferas Potencialmente Explosivas emitido pelo Inmetro.

**DOCUMENTOS APRESENTADOS:**

Certificado de Exame de Tipo (Conformidade): **DMT 03 ATEX E 023** emitidó por **DMT** em **15/5/2003.**
Certificado ISO 9001:2000: **12 100 22628 TMS** emitido por **TÜV** em **30/4/2009.**
Purchase order: **2009602023** emitida(s) por **ProMinent Brasil Ltda.** em **17/12/2009.**

**OBSERVAÇÕES:**

1- Esta Declaração só é válida acompanhada dos documentos acima referenciados.
2- Esta Declaração é válida exclusivamente para as unidades, cujos números de série e Purchase order encontram-se acima indicados.
3- Os produtos deverão ser instalados em atendimento às Normas pertinentes em Instalações Elétricas em Atmosferas Potencialmente Explosivas.
4- Eventuais advertências a serem afixadas no produto devem estar em Português.

**Figura 32.10 –** Exemplo de DIPQ para a importação de bombas dosadoras com acionamento elétrico "Ex", emitida por organismo de certificação "Ex" acreditado no Brasil, de acordo com o RAC "Ex" de 2006.

Na Figura 32.11, é apresentado um exemplo de uma DIPQ para a importação de caixas de comando "Ex", emitida por um organismo de certificação "Ex" reconhecido no Brasil, de acordo com o RAC "Ex" vigente no Brasil a partir de 2006.

Organismo de Certificação

CEPEL
GRUPO ELETROBRÁS

**DECLARAÇÃO PARA IMPORTAÇÃO DE PEQUENAS QUANTIDADES DE EQUIPAMENTOS ELÉTRICOS PARA ATMOSFERAS EXPLOSIVAS**

Certificação de Produto

**Nº IMP-EX-1304/2007X**

OCP 0007

**ESTA DECLARAÇÃO SÓ PODE SER UTILIZADA PARA DESEMBARAÇO ALFANDEGÁRIO, QUANDO DEVERÁ ESTAR DISPONÍVEL, NÃO PODENDO SER UTILIZADA PARA QUAISQUER OUTRAS FINALIDADES**

Esta Declaração é emitida pelo CEPEL conforme a Proposta CERT-03025/2007 para o seguinte produto:

**Caixas de Comando modelo EJB241, número de série BR070119-1**
**(1 unidade)**

Fabricado por:
**Cooper Crouse-Hinds S. A.**
Avda. Santa Eulalia, 290, Terrassa (Barcelona)
ES-08223 - Spain

Produto importado e solicitada a declaração por:
**COOPER TOOLS INDUSTRIAL LTDA.**
Av. Liberdade, 4055
18087-170 - Iporanga - Sorocaba - SP

**Foram analisados os documentos abaixo listados, sendo verificado que eles atendem ao estabelecido na *Portaria número 83 emitida pelo MDIC/INMETRO em 03 de abril de 2006.***

**Documentos apresentados:**
*Certificado de Exame de Tipo* 03ATEX2004 X (II 2 G EEx d IIB T6 Ta: -20 °C/+55 °C) e Suplemento 1 emitidos pelo LOM em 03/02/2003 e 27/03/2003.
*Certificado ISO 9001:2000* No. 000431 QM emitido pelo DQS GmbH e válido até 26/09/2008.
*Notificação de Garantia da Qualidade do Produto* No. 02ATEX9040 e Suplemento 1 emitidos pelo LOM em 30/09/2002 e 07/03/2003.
*Invoice* No. 4007845918 emitida pela Cooper Crouse-Hinds GmbH em 10/10/2006.

**Observações:**
1 - Esta Declaração só é válida acompanhada dos documentos acima referenciados.
2 - Esta Declaração é válida exclusivamente para a unidade de número de série e objeto da invoice indicados acima.
3 - Os produtos deverão ser instalados em atendimento às Normas pertinentes em Instalações Elétricas em Atmosferas Potencialmente Explosivas.
4 - Eventuais advertências a serem afixadas no produto devem estar em Português.
5 - O número da declaração é finalizado pela letra X para indicar a seguinte condição especial de uso: a caixa requer presilhas de qualidade especial.

**Figura 32.11** – Exemplo de DIPQ para a importação de caixas de comando "Ex", emitida por organismo de certificação "Ex" acreditado no Brasil.

De acordo com aquele "RAC Ex" de 2006, os equipamentos "Ex" importados em "pequena quantidade" constantes na DIPQ deveriam receber uma etiqueta, a ser disponibilizada pelo Inmetro e afixada pelo organismo de certificação "Ex" nacional emissor da referida DIPQ. Seria de responsabilidade do solicitante da importação dos produtos "Ex" em "pequena quantidade" providenciar essas etiquetas junto ao Inmetro, o qual as disponibilizaria ao organismo de certificação "Ex" acreditado emissor da DIPQ.

Na Figura 32.12, é apresentado um exemplo de uma etiqueta de DIPQ emitida pelo Inmetro, para um organismo de certificação "Ex" reconhecido no Brasil, para entrega ao importador dos produtos "Ex" em "pequena quantidade", de acordo com o RAC "Ex", vigente no Brasil a partir de 2006.

**Figura 32.12 –** Exemplo de uma etiqueta de DIPQ emitida pelo Inmetro, para um organismo de certificação "Ex" reconhecido no Brasil, para entrega ao importador dos produtos "Ex" em "pequenas quantidades".

De acordo com os Requisitos da Avaliação da Conformidade (RAC) para produtos "Ex", publicados pelo Inmetro em 2010 (Portaria 0179), as importações de produtos "Ex" em "pequena quantidade" passaram a ser designadas como *Certificação de Situações Especiais* (CSE).

Essa "nova" terminologia, passando do termo *declaração* para *certificação*, teve por objetivo indicar que essa sistemática "simplificada" de avaliação da conformidade de produtos "Ex" importados em "pequena quantidade", sem certificação "nacional" completa, consistia em uma "certificação" nacional, mesmo para esses casos "excepcionais" de importação de produtos "Ex" em "pequena quantidade, apesar de possuírem somente certificação "Ex" internacional ou estrangeira.

De acordo com o RAC "Ex" publicado em 2010, as solicitações feitas pelos importadores de produtos "Ex" em "pequenas quantidades" deveriam totalizar, no máximo, vinte unidades (incluídas no mesmo certificado de conformidade), sendo que a mesma solicitação não pode ter sido objeto de solicitação em qualquer outro organismo de certificação "Ex", no período de seis meses. Essa sistemática permitia importações em "pequena quantidade" de até quarenta unidades por ano de um mesmo produto "Ex" sem certificação nacional "completa".

Na Figura 32.13, é apresentado um exemplo de uma DIPQ para a importação de bombas dosadoras com acionamento elétrico "Ex", emitida por organismo de certificação "Ex" reconhecido no Brasil naquela época, de acordo com o RAC "Ex" vigente no Brasil a partir de 2010.

Organismo de Certificação
CEPEL

CENTRO DE PESQUISAS DE ENERGIA ELÉTRICA
Organismo de Certificação Acreditado pelo INMETRO

Certificação de Produto
OCP 0007

Certificado de Conformidade
Certificate of Conformity / Certificado de Conformidad

Número: CEPEL 11 SE 2020 | Emissão: 30/12/2011 | Validade: ---

Produto: Unidade Dessalgadora Eletrostática de Frequência Dupla

Tipo/Modelo: –

Número de Série: 01-V-03A e 01-V-03B (duas unidades).

Solicitante/Endereço: CAMERON DO BRASIL LTDA
Rua Particular S/N KM 101 – Estrada Velha RJ- SP
CEP 12302-060 - Jacareí -SP – Brasil
CNPJ: 01.505.705/0006-38

Importador: O mesmo.

Fabricante/Endereço: CAMERON SOLUTIONS
11210 Equity Dr, Suite 100
Houston – Texas

Número do Relatório (OCP): RAV-SE-34601/11, de 17/10/2011.

Análises e Inspeções realizadas: Análise realizada nos documentos recebidos, com base no Requisito de Avaliação da Conformidade para Equipamentos Elétricos e Eletrônicos para Atmosferas Explosivas - Itens 6.3.1 e 6.3.2. Inspeção realizada nas instalações da Refinaria Gabriel Passos – REGAP, conforme Registro de Inspeção Nº. RI-SE-229/11.

Condições de Emissão: Modelo Situações Especiais para Produtos Importados
Com base na Portaria INMETRO nº 179, de 18/05/2010. Processo aprovado na 158ª Reunião Ordinária da Comissão - CCEX, de 20/10/2011.

**Figura 32.13 –** Exemplo de DIPQ para a importação de bombas dosadoras com acionamento elétrico “Ex”, emitida por organismo de certificação “Ex” acreditado no Brasil, de acordo com o RAC “Ex” de 2010.

Na modalidade *Situação para Produto Importado* (SPI), uma avaliação é realizada por um organismo de certificação “Ex”, consistindo nas atividades de inspeção de um determinado lote de produtos “Ex” importados. As inspeções têm, dentre outros objetivos, verificar se os produtos “Ex” importados correspondem à documentação apresentada pelo importador ou pelo fabricante dos produtos “Ex”. O Certificado de Conformidade a ser emitido pelo organismo de certificação “Ex” é aplicável somente ao lote dos produtos “Ex” listados no respectivos certificados, incluindo o número de série dos produtos inspecionados.

Nos casos de importação *skids*, deve ser realizada a verificação dos requisitos de montagem dos equipamentos e das instalações “Ex”, de acordo com os requisitos da norma técnica brasileira adotada ABNT NBR IEC 60079 14 (*Atmosferas explosivas - Parte 14: Projeto, seleção e montagem de instalações elétricas*). Em princípio, nos processos de avaliação e certificação de *skids* "Ex" importados, de acordo com a sistemática de CSE (*Certificação de Situações Especiais*) ou de SPI (*Situação para Produto Importado*), os organismos de certificação "Ex" devem aplicar e considerar os requisitos aplicáveis indicados na ABNT IEC TS 60079 46 (*Atmosferas explosivas - Parte 46: Conjunto de equipamentos pré-montados*).

Nessa modalidade "particular" ou "especial" de certificação de equipamentos "Ex" importados, não existe a avaliação periódica de manutenção do certificado, uma vez que ele é limitado e restrito somente aos equipamentos "Ex" que tiverem sido inspecionados pelo organismo de certificação "Ex" e listados no Certificado de Conformidade.

Nos processos de certificação de linha de equipamentos, componentes, dispositivos ou sistemas "Ex", são realizados ensaios de rotina ou ensaios de tipo, por laboratórios de ensaios "Ex", de forma a verificar a conformidade dos produtos "Ex" que estão sendo certificados com os requisitos técnicos aplicáveis indicados nas normas técnicas brasileiras das Séries ABNT NBR IEC 60079 ou ABNT NBR ISO 80079. Os ensaios de tipo não são aplicáveis aos processos de certificação do tipo CSE ou SPI.

A certificação na modalidade de produto importante é restrita, em termos de quantidade, à importação de vinte unidades a cada semestre. Cabe ao fornecedor do produto "Ex" solicitante encaminhar uma declaração formal ao organismo de certificação "Ex", atestando que a certificação não ultrapassa a vinte unidades do mesmo modelo de produto, independentemente do Certificado de Conformidade ou documento equivalente apresentado, e que o objeto da solicitação não foi certificado em qualquer outro organismo de certificação "Ex", em período inferior a seis meses da solicitação. Essa sistemática permite importações em "pequena quantidade" de até quarenta unidades por ano de um mesmo produto "Ex" sem certificação nacional "completa".

## 32.11 AVALIAÇÃO DE CONJUNTOS DE EQUIPAMENTOS "Ex" PRÉ-MONTADOS

Os organismos de certificação de equipamentos "Ex" possuem diversos procedimentos, critérios e orientações, tanto do ponto de vista normativo como legal, para a execução das atividades de avaliação, auditoria, análise de relatórios de ensaios e certificação de equipamentos elétricos, de instrumentação, de automação, de telecomunicações e mecânicos "Ex", destinados à instalação em áreas classificadas contendo atmosferas explosivas de gases inflamáveis ou de poeiras combustíveis.

Para isso, existem as diversas normas técnicas brasileiras adotadas das séries ABNT NBR IEC 60079 (*Atmosferas explosivas*) e ABNT NBR ISO 80079 (*Equipamentos mecânicos "Ex"*), em que são apresentados os requisitos e os critérios de aceitação para os ensaios e a certificação individual dos equipamentos "Ex" com diversos tipos de proteção, como segurança intrínseca (Ex "i"), segurança aumentada (Ex "e"), proteção de equipamentos contra ignição de poeira por invólucro (Ex "t"), proteção óptica (Ex "op"), invólucros pressurizados (Ex "p"), encapsulamento em resina (Ex "m"), proteção especial (Ex "s"), proteção por controle das fontes de ignição (Ex "b") ou proteção construtiva (Ex "c").

No entanto, nos frequentes casos da necessidade de certificação de unidades "pacotes" pré-montadas (*skids*), em que exista a montagem de equipamentos "Ex", não são claramente estabelecidos os procedimentos a serem seguidos para a certificação. Nesses casos, devem ser certificados não somente os equipamentos "Ex" que fazem parte do *skid*, mas também o conjunto como um todo, incluindo as interligações eletromecânicas entre os diversos equipamentos "Ex", bem como a verificação da instalação desses equipamentos "Ex", de acordo com a classificação de áreas pretendida e do EPL requerido.

Podem ser citados como exemplos de unidades pré-montadas os "pacotes" de sistemas de compressão de gases, os sistemas de fornos, casas de analisadores, sistemas de purificação de hidrogênio, sistemas de dosagem de produtos químicos, sistemas de instrumentação, controle e automação local, conjuntos motobombas e conjuntos motocompressores contendo grandes máquinas.

Um exemplo de um conjunto pré-montado (*skid*) destinado à instalação em atmosferas explosivas, contendo equipamentos com certificação "Ex", é apresentado na Figura 32.14. Nesse exemplo, são montados no interior do *skid* equipamentos elétricos (como motor elétrico e caixa de junção), equipamentos mecânicos (como acoplamento e compressor) e equipamentos eletrônicos (como instrumentos sensores e transmissores).

**Figura 32.14 –** Exemplo de conjunto pré-montado (*skid*) contendo a instalação de diversos equipamentos "Ex", incluindo motor elétrico "Ex", instrumentos "Ex", compressor "Ex" e caixa de junção "Ex".

*Fonte*: acervos pessoais dos autores.

Outro exemplo de um conjunto pré-montado ("*skid*") destinado à instalação em atmosferas explosivas, contendo equipamentos com certificação "Ex", é apresentado na Figura 32.15. Nele, são montados no interior do *skid* equipamentos elétricos (como caixa de junção "Ex") e equipamentos eletrônicos (como instrumentos sensores, transmissores e atuadores "Ex").

**Figura 32.15** – Exemplo de conjunto pré-montado (*skid*) contendo a instalação de diversos equipamentos "Ex", incluindo caixas de junção "Ex", instrumentos sensores, transmissores e atuadores "Ex".

*Fonte*: acervos pessoais dos autores.

Em diversos empreendimentos de novas plantas industriais ou de muitos casos de ampliação de plantas industriais existentes, esses *skids*, ou unidades pré-montadas ou "*pacotes*", são recebidos "prontos para instalação", sendo enviados pelos respectivos fabricantes já previamente montados e testados. Nesses casos, cabe ao fabricante nacional ou estrangeiro (ou ao seu representante no país, importador ou usuário desses *skids* no Brasil) obter a certificação junto a um organismo de certificação "local" (com acreditação "local" ou nacional), de acordo com a legislação atualmente vigente no Brasil.

A solução mais frequentemente utilizada pelos organismos de certificação "Ex" "locais" é a de avaliação do *skid* de acordo com os requisitos da ABNT NBR IEC 60079-14 – *Projeto, seleção e montagem de instalações "Ex"*, adicionalmente aos requisitos legais para os equipamentos elétricos montados no *skid*. Essa norma estabelece os requisitos que devem ser atendidos para as montagens de equipamentos elétricos e eletrônicos em atmosferas explosivas de gases inflamáveis ou de poeiras combustíveis, bem como os requisitos para a inspeção inicial detalhada dos equipamentos e instalações "Ex".

São apresentados na norma ABNT NBR IEC 60079-14 os requisitos para a montagem de equipamentos dos diversos tipos de proteção "Ex", bem como dos sistemas de fiação de força, controle, automação e aterramento adequados para instalação em áreas classificadas, incluindo a verificação de parâmetros entre barreiras de proteção e instrumentos intrinsecamente seguros. Além disso, na avaliação da conformidade dos conjuntos de equipamentos "Ex" pré-montados, os organismos de certificação podem basear seus procedimentos na aplicação das listas de verificação de inspeção inicial detalhada, de acordo com checklists indicados na norma ABNT NBR IEC 60079-17 – *Inspeção e manutenção de instalações "Ex"*.

Durante a atividade de certificação, por parte de organismo de certificação, de um *skid* que contém a montagem de diversos equipamentos "Ex", existe a preocupação de segurança não somente com os equipamentos "Ex" de forma individual, cada um com seus tipos de proteção "Ex", mas também do conjunto como um todo, o que inclui a necessidade de avaliação não somente dos equipamentos, mas também dos requisitos de montagem desse "pacote" que está sendo certificado, sob o ponto de vista dos requisitos específicos de instalação de equipamentos elétricos, eletrônicos, de automação, de telecomunicações e mecânicos para locais contendo atmosferas explosivas.

Nos frequentes processos de certificação de conjuntos pré-montados contendo a instalação de equipamentos "Ex", devem ser avaliados e certificados pelos organismos de certificação "Ex" diversos requisitos específicos de montagem em atmosferas explosivas, relacionados, por exemplo, às memórias de cálculo dos parâmetros de entidade de cada um dos circuitos intrinsecamente seguros, incluindo as suas barreiras de proteção associadas, os circuitos óticos inerentemente seguros, os sistemas de monitoração e controle associados com invólucros pressurizados.

Em uma certificação de um *skid* "Ex", devem ser verificados também os requisitos específicos para as complexas montagens de roscas, parafusos, prensa-cabos, unidades seladoras e demais acessórios à prova de explosão em invólucros metálicos flangeados ou roscados com o "tradicional" tipo de proteção *"À prova de explosão"* (Ex "d") que possuam entradas diretas.

Nesse tipo de certificação, devem ser verificados, ainda, pelos organismos de certificação, dentre diversos outros requisitos particulares para montagem em áreas classificadas contendo gases inflamáveis ou poeiras combustíveis, os seguintes aspectos:

- se os cabos dos circuitos de força, controle e automação estão instalados de forma correta e com raios de curvatura adequados;
- se as unidades seladoras à prova de explosão encontram-se corretamente instaladas, com um mínimo de cinco fios de rosca (filetes) acoplados;
- se as unidades seladoras estão devidamente seladas com o composto selagem adequado;
- se os painéis pressurizados estão devidamente montados e monitorados em local continuamente supervisionado, em casos de falta de sobrepressão interna de ar;
- se os circuitos intrinsecamente seguros estão devidamente segregados dos demais circuitos não intrinsecamente seguros para evitar o risco de indução eletromagnética.

Os organismos de certificação devem verificar também, nos frequentes casos de certificação de *skids* "Ex", se estão adequadamente atendidos todos os requisitos específicos de instalação indicados na seção "X" dos equipamentos cujos certificados possuem o sufixo "X".

Deve ser também verificado pelos organismos de certificação nos casos de avaliação da conformidade de *skids* "Ex" se os requisitos relacionados com os tipos de proteção "Ex", grupos, classe de temperatura e EPL dos equipamentos "Ex" instalados, estão adequados para a classificação de áreas de minas subterrâneas de carvão (grupo I) ou gases inflamáveis (grupo II) ou de poeiras combustíveis (grupo III) do local de instalação pretendida para o *skid* "Ex".

Sob o ponto de vista legal atualmente vigente no Brasil, não são indicados requisitos específicos para a avaliação da conformidade da montagem, inspeção e marcação de conjuntos de equipamentos elétricos e mecânicos "Ex" pré-montados, uma vez que aquele regulamento foi elaborado tendo como foco a certificação dos equipamentos elétricos "Ex" individualmente.

Além disso, os requisitos legais emitidos pelo Inmetro, atualmente vigentes no Brasil, abrangem somente os equipamentos elétricos para atmosferas explosivas, sendo ainda "omissos" com relação à avaliação da conformidade de equipamentos mecânicos para atmosferas, tais como bombas, ventiladores, compressores, esteiras rolantes e elevadores, os quais também podem representar fontes de ignição de atmosferas explosivas contendo gases inflamáveis ou poeiras combustíveis.

A NR-37 (*Segurança e saúde em plataformas de petróleo*), por exemplo, publicada pelo Ministério do Trabalho em 2018, requer que os equipamentos mecânicos instalados em áreas classificadas sejam avaliados de acordo com a ABNT NBR ISO 80079-36 (*Atmosferas explosivas - Parte 36: Equipamentos não elétricos para atmosferas explosivas - Métodos e requisitos básicos*), de forma a não representarem fontes de ignição que causem uma explosão de uma atmosfera explosiva que possa estar presente.

Esse tipo de assunto, que possui abrangência em nível mundial, tem sido discutido entre diversos organismos de certificação envolvidos com equipamentos e instalações "Ex", obtendo-se um consenso. A Folha de Decisão (*Decision Sheet*) ExTAG DS 2015/001A estabeleceu, em comum acordo entre os países membros do IECEx, incluindo o Brasil, os requisitos mínimos a serem aplicados pelos organismos de certificação avaliados e reconhecidos pelo IECEx, quando da certificação de um conjunto pré-montado do tipo *skid* "Ex".

Naquele documento, são apresentadas orientações padronizadas, a serem seguidas pelos diversos organismos de certificação, de forma que todas as montagens e interligações entre os diversos equipamentos "Ex" sejam devidamente avaliadas, verificadas e consideradas, de acordo com os requisitos da norma IEC 60079-14, durante o processo de certificação de todo o conjunto pré-montado ("pacote") "Ex".

Dentre as orientações apresentadas, está a necessidade de que o solicitante da certificação do *skid* "Ex" informe claramente os dados de classificação de áreas do local pretendido de instalação, tais como informações de Zona (0, 1, 2, 20, 21 ou 22), EPL requerido pelo local da instalação (Ga, Gb, Gc, Da, Db, Dc, Ma ou Mb), grupo (I, IIA, IIB, IIC, IIIA, IIIB ou IIIC), classe de temperatura do gás inflamável (T1, T2, T3, T4, T5 ou T6) ou a temperatura de ignição da poeira combustível prevista para estar presente na área classificada do local da instalação.

Conforme essas orientações sobre a certificação de *skid* "Ex", deve ser atribuída uma marcação "Ex" ao *skid* como um todo, considerando todos os tipos de proteção "Ex" dos equipamentos elétricos ou mecânicos que estejam instalados, incluindo os casos mais restritivos de grupo, classe de temperatura ou temperatura de superfície e EPL.

Segundo as avaliações dos equipamentos e de suas instalações, um *skid* "Ex" pode apresentar, por exemplo, de forma simultânea, as duas seguintes marcações: Ex IIC T3 Gc e Ex IIIC 150 °C Dc - T *amb*: -20 °C a +85 °C, [Número de Série] e [Número do Certificado]. O certificado deve conter uma declaração de que os tipos de proteção "Ex" individuais são apresentados na marcação e nos certificados de conformidade para os equipamentos "Ex" incorporados na montagem do *skid*.

Com o objetivo específico de estabelecer os requisitos para a avaliação da conformidade desse tipo de conjuntos pré-montados "Ex", foi elaborado pelo TC-31 da IEC, por solicitação dos países membros do IECEx, o documento IEC TS 60079-46 - *Atmosferas explosivas - Parte 46 - Conjunto de equipamentos pré-montados*, publicado "inicialmente" pela IEC na forma de uma *"Especificação Técnica"* (*Technical Specification*).

De acordo com a respectiva especificação técnica brasileira adotada ABNT IEC TS 60079-46, pode ser entendida como uma "montagem de equipamentos Ex" (*Skid Ex*) uma combinação de equipamentos "Ex" pré-fabricados em conjunto com outras partes, conforme necessário, que são elétrica ou mecanicamente interconectados, sendo pré-montados antes de serem colocados em serviço nas instalações do usuário e podem ser desmontados e, posteriormente, montados novamente em outros locais de instalações "Ex" terrestres ou marítimas.

Na Figura 32.16, é apresentada a folha de rosto da norma técnica brasileira adotada ABNT IEC TS 60079-46 - *Atmosferas explosivas - Parte 46 - Conjunto de equipamentos pré-montados.*

ESPECIFICAÇÃO TÉCNICA

**ABNT IEC/TS 60079-46**

Primeira edição
13.11.2018

**Atmosferas explosivas**
**Parte 46: Conjunto de equipamentos pré-montados**

*Explosive atmospheres*
*Part 46: Equipment assemblies*

**Figura 32.16 –** Folha de rosto da norma técnica brasileira adotada ABNT IEC TS 60079-46 – *Atmosferas explosivas – Parte 46 – Conjunto de equipamentos pré-montados.*

*Fonte: ABNT.*

A ABNT IEC TS 60079-46 especifica os requisitos para projeto, montagem, ensaios, inspeção, marcação, documentação e avaliação de montagens contendo equipamentos "Ex", que são de responsabilidade do fabricante do conjunto de equipamentos pré-montados. Os requisitos indicados naquele documento são aplicáveis para equipamentos individuais, de acordo com as normas técnicas brasileiras adotadas das Séries ABNT NBR IEC 60079 e ABNT NBR ISO 80079, incluindo conjuntos pré-montados e que possuam seus respectivos certificados de conformidade "Ex" individuais.

O escopo daquele documento compreende também a avaliação de equipamentos "Ex" individuais que estejam então integrados como parte de um conjunto de montagem (*skid*) "Ex". São também incluídos no escopo daquele documento os requisitos para a avaliação dos aspectos da montagem que podem estar além dos certificados dos equipamentos "Ex" individuais que formam a montagem, tais como os requisitos específicos de instalação indicados na seção "X" dos certificados de conformidade "Ex" dos respectivos equipamentos "Ex", que estão sob responsabilidade do usuário final ou do fabricante do conjunto de equipamentos "Ex" pré-montados.

# Capítulo 33

# Requisitos de gestão da qualidade para a fabricação de equipamentos "Ex"

**Sinopse**: neste capítulo, são descritos os requisitos aplicáveis para o sistema de gestão da qualidade a ser utilizado pelos fabricantes de produtos de automação, instrumentação, telecomunicações, elétricos e mecânicos "Ex", inclusive para a fabricação de equipamentos intrinsecamente seguros Ex "i" e equipamentos intrinsecamente seguros associados [Ex "i"].

## 33.1 SISTEMA DE GESTÃO DA QUALIDADE PARA FABRICANTES DE EQUIPAMENTOS ELÉTRICOS E MECÂNICOS "Ex"

A certificação dos sistemas de gestão atesta a conformidade do sistema de gestão das empresas ou fabricantes dos produtos em relação a requisitos normativos ou legais.

Os sistemas de gestão mais "clássicos" são os Sistemas de Gestão da Qualidade (SGQ), os quais são certificados com base em critérios estabelecidos na norma técnica brasileira ABNT NBR ISO 9001 (*Sistemas de gestão da qualidade - Requisitos*).

A norma técnica brasileira ABNT NBR ISO 9001 sobre sistema de gestão da qualidade foi estruturada em seções dispostas em semelhança aos das normas de gestão ambiental (ABNT NBR ISO 14001 - *Sistemas de gestão ambiental - Requisitos com orientações para uso*) e de gestão de saúde e segurança ocupacional (ISO 45001 - *Sistemas de gestão de saúde e segurança ocupacional - Requisitos com orientação para uso*).

Assim, essas diferentes normas sobre sistemas de gestão de diferentes aplicações são estabelecidas de forma "semelhante", para facilitar a empresas, organizações e fabricantes a integração desses outros dois sistemas de gestão (ambiental e segurança ocupacional), se assim for optado pela organização.

Na Figura 33.1, é apresentada a folha de rosto da norma técnica brasileira adotada ABNT NBR ISO 9001 - *Sistemas de gestão da qualidade - Requisitos.*

NORMA BRASILEIRA

**ABNT NBR ISO 9001**

Terceira edição
30.09.2015

Válida a partir de
30.10.2015

**Sistemas de gestão da qualidade — Requisitos**

*Quality management systems — Requirements*

**Figura 33.1** – Folha de capa da norma técnica brasileira adotada ABNT NBR ISO 9001 – Sistemas de gestão da qualidade – Requisitos.

*Fonte*: ABNT.

As seções da ABNT NBR ISO 9001 estão dispostas da seguinte forma:

- Seção 1: Escopo
- Seção 2: Referências normativas
- Seção 3: Termos e definições
- Seção 4: Contexto da organização
- Seção 5: Liderança
- Seção 6: Planejamento
- Seção 7: Apoio
- Seção 8: Operação
- Seção 9: Avaliação de desempenho
- Seção 10: Melhoria

A filosofia das normas de gestão da qualidade é, em geral, a de induzir a organização ou os fabricantes de produtos "Ex" no estabelecimento de processos devidamente documentados, enfatizando as ações no sentido de prevenção de defeitos. Esses "processos" incluem sistema de gestão da qualidade produtos, serviços ou pessoas envolvidos com equipamentos para atmosferas explosivas contendo gases inflamáveis ou gases combustíveis.

As normas de sistemas de gestão da qualidade não especificam qual o produto "Ex" a ser produzido ou como produzi-lo, mas estabelecem requisitos sobre como estruturar os sistemas de gestão da organização ou do fabricante, de forma a assegurar a repetitividade dos resultados obtidos, no que diz respeito, em particular, ao parâmetro "qualidade".

A norma técnica brasileira adotada ABNT NBR ISO/IEC 80079-34 apresenta os requisitos para um sistema de gestão da qualidade que pode ser utilizado por uma organização para a fabricação de equipamentos, componentes e sistemas elétricos ou mecânicos "Ex". A ABNT NBR ISO/IEC 80079-34 pode ser utilizada também por terceiras partes, incluindo os organismos de certificação "Ex", para avaliar a capacidade de uma organização de atender aos requisitos do sistema de avaliação da conformidade ou requisitos legais aplicáveis.

As normas técnicas brasileiras ABNT NBR ISO 9001 e ABNT NBR ISO/IEC 80079-34 podem ser consideradas como "referências normativas" para o processo de certificação do sistema de gestão da qualidade das empresas, organizações ou fabricantes dos produtos "Ex". No entanto, a responsabilidade final pela certificação é do organismo de certificação "Ex" e não das normas técnicas aplicadas ao processo de certificação.

## 33.2 PLANEJAMENTO E CONTROLES OPERACIONAIS NA GESTÃO DA QUALIDADE DE FABRICAÇÃO DE PRODUTOS "Ex"

Para o sistema de gestão da fabricação de produtos "Ex", são aplicáveis os requisitos especificados na Seção "Planejamento e controle operacionais" da norma técnica brasileira adotada ABNT NBR ISO 9001.

As informações apresentadas a seguir para controle e aceitação dos processos de fabricação para produtos "Ex" representam um dos métodos possíveis para assegurar a conformidade com os requisitos do certificado. Caso outros métodos sejam utilizados, esses métodos necessitam ser avaliados de forma a assegurar uma conformidade completa com os requisitos da certificação.

## 33.3 APLICAÇÃO DE SISTEMAS DE GESTÃO DA QUALIDADE PARA A FABRICAÇÃO DE PRODUTOS "Ex" – NORMA ABNT NBR ISO/IEC 80079-34

Os requisitos de gestão da qualidade específicos para fabricantes de equipamentos ou componentes de instrumentação, automação, telecomunicações, elétricos ou mecânicos "Ex" são apresentados na norma técnica brasileira adotada ABNT NBR ISO/IEC 80079-34 - *Atmosferas explosivas - Parte 34: Aplicação de sistemas de gestão da qualidade para a fabricação de produtos "Ex"*.

Essa norma especifica as informações e os requisitos específicos para o estabelecimento e a manutenção de um sistema de gestão da qualidade para a fabricação de equipamentos e componentes "Ex", de acordo com a sua certificação de conformidade. A aplicação da norma ABNT NBR ISO/IEC 80079-34 é destinada a abranger tanto equipamentos elétricos como não elétricos, sistemas de proteção, dispositivos de segurança, componentes "Ex" e suas combinações.

Na Figura 33.2, é apresentada a folha de rosto da norma técnica brasileira adotada ABNT NBR ISO/IEC 80079-34 - *Atmosferas explosivas - Parte 34: Aplicação de sistemas de gestão da qualidade para a fabricação de produtos "Ex"*.

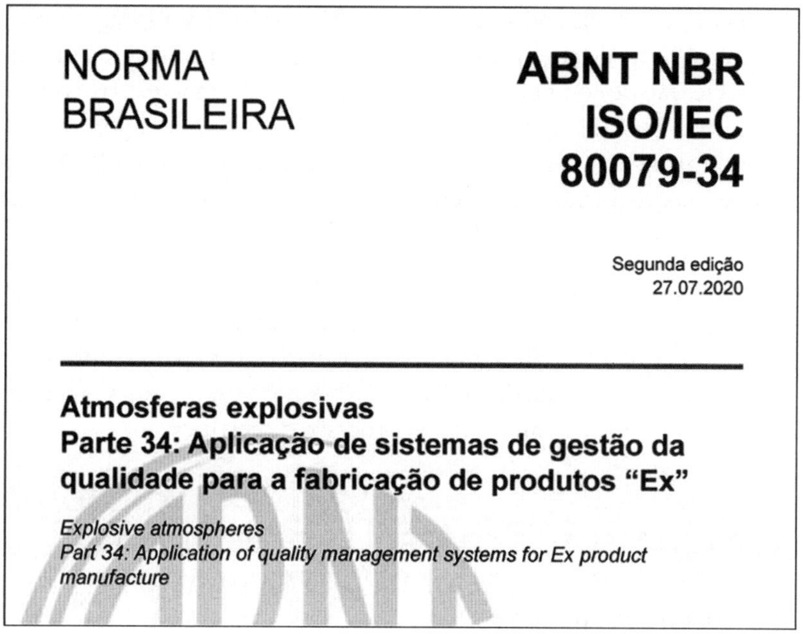

NORMA BRASILEIRA

**ABNT NBR ISO/IEC 80079-34**

Segunda edição
27.07.2020

**Atmosferas explosivas**
**Parte 34: Aplicação de sistemas de gestão da qualidade para a fabricação de produtos "Ex"**

*Explosive atmospheres*
*Part 34: Application of quality management systems for Ex product manufacture*

**Figura 33.2** – Folha de rosto da norma técnica brasileira adotada ABNT NBR ISO/IEC 80079-34 – *Atmosferas explosivas – Parte 34: Aplicação de sistemas de gestão da qualidade para a fabricação de produtos "Ex".*

*Fonte*: ABNT.

A norma ABNT NBR ISO/IEC 80079-34 apresenta os requisitos "mínimos" a serem avaliados por um organismo de certificação "Ex" sobre o sistema de gestão da qualidade de um fabricante de produtos elétricos ou mecânicos "Ex". Sob um ponto de vista "geral" de sistema de gestão de um fabricante de produtos "Ex", podem ser aplicáveis outras normas, como as normas sobre *Sistema de Gestão Ambiental* (ABNT NBR ISO 14001), *Sistemas de Gestão de Saúde e Segurança Ocupacional* (ISO 45001) e *Gestão da Qualidade - Diretrizes para Gestão da COMPETÊNCIA e Desenvolvimento de Pessoas* (ABNT NBR ISO 10015).

Os requisitos da qualidade de fabricantes de produtos "Ex" representam parte integrante da maioria de sistemas de certificação da conformidade "Ex". Com esse foco, a norma técnica brasileira adotada ABNT NBR ISO/IEC 80079-34 foi elaborada considerando-se os requisitos do sistema de certificação IECEx para equipamentos.

A norma ABNT NBR ISO/IEC 80079-34 é destinada a ser utilizada como suporte aos requisitos do sistema de certificação para atmosferas explosivas, para o sistema de gestão da qualidade dos fabricantes de produtos "Ex", e pode ser aplicado em sistemas nacionais ou internacionais de certificação que sejam relacionados à fabricação de equipamentos, componentes e sistemas com tipos de proteção "Ex". A norma ABNT NBR ISO/IEC 80079-34 é referenciada na Seção "*Documentos*" dos Requisitos de Avaliação da Conformidade (RAC) para a certificação de equipamentos elétricos e eletrônicos "Ex" atualmente vigente no Brasil, sendo por este motivo utilizada pelos Organismos de Certificação "Ex" nas suas atividades de avaliações e auditorias de sistemas de gestão da qualidade dos fabricantes e fornecedores de produtos "Ex".

### 33.3.1 REQUISITOS GERAIS DO SISTEMA DE GESTÃO DA QUALIDADE PARA A CERTIFICAÇÃO DE EQUIPAMENTOS "Ex"

Nesta Seção, são apresentados requisitos de sistema de gestão da qualidade, com base nas normas técnicas brasileiras adotadas ABNT NBR ISO 9001 e ABNT NBR ISO/IEC 80079-34, a serem aplicados pelos fabricantes de equipamentos "Ex", de forma geral, para todos os tipos de proteção "Ex", incluindo o tipo de proteção Ex "i".

Na Seção seguinte, são apresentados requisitos específicos de gestão da qualidade a serem aplicados pelos fabricantes de equipamentos com tipo de proteção por segurança intrínseca.

De acordo com os requisitos apresentados na norma técnica brasileira adotada ABNT NBR ISO/IEC 80079-34, os desenhos de certificação, que servem de base para o certificado do produto "Ex", podem apresentar as condições para o tipo de proteção "Ex" em particular. É recomendado que todas as marcações estejam de acordo com os desenhos de certificação.

Para invólucros e outros componentes "Ex" que formam parte do invólucro e para ventiladores, coberturas de ventiladores e telas de ventilação, é recomendado que o fabricante verifique a composição do material (por exemplo, uma declaração de conformidade de provedores externos).

Bases estatísticas não são apropriadas para ensaios de rotina requeridos para certificação de conformidade "Ex", exceto quando permitido pelas seguintes situações: normas pertinentes, ou interpretação apropriada e notas de esclarecimento.

É recomendado que todas as medições considerem as variações de temperatura.

### 33.3.2 TIPO E EXTENSÃO DO CONTROLE

De acordo com a norma técnica brasileira adotada ABNT NBR ISO/IEC 80079-34, para a fabricação de equipamentos "Ex", são aplicáveis de forma geral, para todos os tipos de proteção "Ex", os requisitos da norma técnica brasileira ABNT NBR ISO 9001, com as seguintes "adições":

a) para processos, produtos e serviços adquiridos que possam comprometer o tipo de proteção, o fabricante deve determinar e implementar verificações que demonstrem a conformidade do produto com o certificado "Ex", considerando a natureza do produto e a natureza do provedor externo;

b) ao decidir que tipo de verificação é necessário para um determinado processo, produto ou serviço adquirido, o fabricante deve considerar a natureza do produto adquirido, o provedor externo e o quão crítico é para o tipo de proteção "Ex". A decisão deve refletir a competência do provedor externo, incluindo se ele tem um sistema de gestão da qualidade que abranja a atividade, os recursos, por exemplo, equipamento e pessoal com habilidade e experiência suficiente para realizar o trabalho. Este último ponto é particularmente significativo quando um julgamento é requerido, por exemplo, como inspecionar um invólucro fundido com tipo de proteção à prova de explosão (Ex "d"). Quando o fabricante decidir se o provedor externo realiza ensaio ou inspeção pertinente para o tipo de proteção "Ex", o produto deve ser fornecido com uma declaração de conformidade que confirme a sua realização. Outro exemplo é a aquisição, por parte do fabricante, de placas de circuitos impressos, povoadas ou não;

c) quando o provedor externo tiver sido avaliado e evidências objetivas documentadas tiverem sido obtidas para demonstrar que o provedor externo é completamente capaz de fabricar e verificar o processo, produto ou serviço, nenhuma verificação posterior do processo, produto ou serviço é necessária, caso a declaração de conformidade seja fornecida com cada lote ou produto;

d) quando o certificado de conformidade "Ex" especificar ensaios ou inspeção de rotina, estes devem ser realizados em cada produto. Eles podem ser realizados pelo provedor externo ou fabricante. Quando forem realizados pelo provedor externo, isso deve estar especificado nos documentos de compra, por exemplo, por meio de um plano da qualidade, e confirmado pelo provedor externo, por exemplo, por uma declaração de conformidade, incluindo resultados de ensaio, se requerido;

e) quando a verificação do produto adquirido não puder ser conduzida após a fabricação, por exemplo, partes internas de um circuito intrinsecamente seguro encapsulado, o produto só deve ser aceito se fornecido com uma declaração de conformidade. Esse documento deve declarar especificamente a conformidade com os documentos de compra, por exemplo, um plano da qualidade que liste os fatores que juntos demonstram a conformidade do produto;

f) quando inspeção ou ensaios por amostragem forem permitidos, eles devem ser realizados de maneira a demonstrar a conformidade de todo o lote;

g) quando o provedor externo ou o fabricante requerer treinamento ou habilidades especiais ou conhecimento para realizar uma verificação, o material de treinamento, habilidade especial, conhecimento ou experiência devem ser documentados e os registros de treinamento devem ser mantidos;

h) quando o fabricante decidir não realizar inspeção e ensaios em suas instalações, as inspeções e os ensaios devem ser realizados nas instalações do provedor externo sob responsabilidade do fabricante;

i) quando um provedor externo fornecer produto com evidência de conformidade para utilização em atmosferas explosivas (por exemplo, um certificado "Ex"), nenhuma verificação posterior é requerida, a menos que o fabricante considere necessário;

j) quando a verificação do produto adquirido se referir a materiais (metais, ligas, partes não metálicas, resinas e similar), um certificado de análise específico ou declaração deve ser fornecido;

k) um dos seguintes processos deve ser utilizado para verificar a conformidade continuada de materiais críticos para o tipo de proteção aplicado, utilizado na produção dos produtos "Ex":

  - análise crítica da declaração de conformidade do provedor externo do material dentro da cadeia de fornecimento que pode impactar nas características do material, conforme aplicável, para demonstrar que o material utilizado na produção do produto "Ex" está de acordo com os desenhos de certificação;
  - análise crítica da confirmação do fabricante do material de que o material mantém as propriedades particulares em questão, por exemplo, inflamabilidade, CTI (*Comparative Tracking Index*), RTI (*Relative Temperature Index*) ou resistência UV, composição química e propriedades físicas;
  - análise crítica do processo do fabricante do material e dos dados para a validação das características do material;

- confirmação de que o equipamento de ensaio, necessário para confirmar que o material está de acordo com o certificado ou desenhos de certificação, tem a sua repetibilidade, como requerido.

Processos "alternativos" podem ser utilizados se eles demonstrarem que fornecem o mesmo nível de conformidade.

O recebimento ou a aceitação de uma declaração de conformidade não exime o fabricante da responsabilidade de assegurar a conformidade contínua.

## 33.3.3 INFORMAÇÃO PARA "PROVEDORES EXTERNOS"

De acordo com a norma técnica brasileira adotada ABNT NBR ISO/IEC 80079-34, são aplicáveis os requisitos da norma ABNT NBR ISO 9001, com as seguintes "adições":

a) a documentação de compra deve descrever claramente os requisitos específicos relativos ao produto fornecido externamente, estabelecidos no certificado "Ex" e nos documentos técnicos (por exemplo, para controle de processo, ensaio ou inspeção). Para tipos específicos de produto, como fundidos, itens usinados e conjuntos, os documentos de compra geralmente incluem referências específicas a desenhos, procedimentos de ensaios, procedimentos de inspeção, certificados de materiais, relatórios de ensaios e declarações de conformidade;

b) para itens que não puderem ser verificados após a fabricação (por exemplo, circuitos intrinsecamente seguros encapsulados), as informações de compra devem detalhar os procedimentos específicos da qualidade, recursos e sequência de operações relevantes ao item específico;

c) o fabricante deve especificar o método pelo qual os documentos, por exemplo, especificações técnicas, estabelecidos em uma determinada ordem de compra permanecem rastreáveis a esta;

d) quando o fabricante não fornecer esses documentos nos pedidos de compra subsequentes, então, ele deve ter procedimentos documentados para assegurar que seus provedores externos possuam cópias atualizadas dos documentos e que sua integridade seja mantida.

## 33.3.4 CONTROLE DE PRODUÇÃO E DE PROVISÃO DE SERVIÇO

De acordo com a norma técnica brasileira adotada ABNT NBR ISO/IEC 80079-34, são aplicáveis os requisitos da norma ABNT NBR ISO 9001, com as seguintes "adições":

O fabricante deve prover procedimentos, equipamentos de produção, ambientes de trabalho e instalações de inspeção ou ensaios que juntos forneçam confiança em relação à conformidade do produto "Ex" com a sua documentação técnica.

Quando a integridade do tipo de proteção "Ex" puder ser afetada por um processo e quando a integridade resultante não puder ser verificada após a fabricação (por exemplo, as condições ambientais necessárias à cura do encapsulamento), o processo específico deve ser medido ou monitorado, e evidências documentadas devem ser mantidas de maneira a demonstrar a conformidade com os parâmetros requeridos.

### 33.3.5 IDENTIFICAÇÃO E RASTREABILIDADE

De acordo com a norma técnica brasileira adotada ABNT NBR ISO/IEC 80079-34, são aplicáveis os requisitos da norma ABNT NBR ISO 9001, com as seguintes "adições":

a) o fabricante deve estabelecer e manter procedimentos para identificação do produto durante todos os estágios da produção, ensaios, inspeção final e colocação no mercado;

b) a rastreabilidade é requerida em relação ao produto e suas partes significativas. Ela pode ser obtida utilizando-se o número de série, lote ou qualquer outro método aceitável.

Partes significativas incluem, por exemplo, uma Placa de Circuito Impresso (PCI) e um componente seguro de um circuito de segurança intrínseca, mas não a cada componente eletrônico na PCI. A parte significativa pode ser especificada na documentação técnica durante os processos de avaliação do produto.

### 33.3.6 LIBERAÇÃO DE PRODUTOS E SERVIÇOS

De acordo com a norma técnica brasileira adotada ABNT NBR ISO/IEC 80079-34, são aplicáveis os requisitos da norma ABNT NBR ISO 9001, com as seguintes "adições":

a) quando ensaios de rotina forem requeridos pelo certificado "Ex" e pela documentação técnica, estes ensaios devem ser realizados conforme especificado;

b) a menos que especificamente autorizado pelo certificado "Ex" e pela documentação técnica, métodos estatísticos não podem ser utilizados;

c) os produtos "Ex" somente devem ser liberados após a inspeção final e após os ensaios terem sido satisfatoriamente concluídos. O fabricante deve fornecer aos clientes instruções preparadas de acordo com as normas aplicáveis ou requisitos estatutários e regulatórios, incluindo quaisquer condições específicas de utilização ou informações sobre possíveis usos indevidos.

### 33.3.7 CONTROLE DE SAÍDAS NÃO CONFORMES

De acordo com a ABNT NBR ISO/IEC 80079-34, são aplicáveis os requisitos da norma ABNT NBR ISO 9001, com as seguintes "adições":

a) o fabricante deve manter um sistema documentado, de modo que, caso um produto "Ex" não esteja conforme com o certificado de conformidade "Ex" e tenha sido fornecido, o cliente do fabricante possa ser identificado;

b) o fabricante deve adotar medidas adequadas ao grau de risco, quando um produto "Ex" não conforme tiver sido fornecido a um cliente. É recomendado que o fabricante informe o organismo responsável pela emissão do certificado "Ex";

c) quando um produto não conforme inseguro for fornecido a um cliente, o fabricante deve informar ao cliente, por escrito, bem como ao organismo responsável pela verificação do sistema de gestão da qualidade e ao emissor do certificado de conformidade "Ex";

d) quando não for possível rastrear o produto "Ex" não conforme inseguro (por exemplo, produto "Ex" fornecido por meio de um distribuidor, ou para produtos de alto volume, como prensa-cabos), então, um aviso deve ser colocado em publicações adequadas, informando a ação recomendada a ser tomada;

e) para todos os produtos "Ex" não conformes fornecidos a um cliente, o fabricante deve manter, por um período mínimo de dez anos, os registros:

   1) dos números de série ou identificação dos produtos "Ex" fornecidos;

   2) dos clientes que receberam o produto "Ex";

   3) da ação tomada para informar os clientes e o organismo responsável pela verificação do sistema de gestão da qualidade no caso de um produto "Ex" não conforme inseguro;

   4) da ação tomada na implementação de ações corretivas e preventivas.

f) Não são permitidas concessões para a liberação do produto que esteja em desacordo com o projeto, conforme estabelecido no certificado "Ex" e na documentação técnica.

## 33.4 REQUISITOS DE GESTÃO DA QUALIDADE ESPECÍFICOS PARA A CERTIFICAÇÃO DE EQUIPAMENTOS INTRINSECAMENTE SEGUROS (Ex "i")

São apresentados a seguir requisitos específicos de gestão da qualidade a serem considerados nos processos de certificação de equipamentos intrinsecamente seguros (Ex "i") e equipamentos intrinsecamente seguros associados ([Ex "i"]), de acordo com a norma técnica brasileira adotada ABNT NBR ISO/IEC 80079-34.

### 33.4.1 COMPONENTES PARA PRODUTOS INTRINSECAMENTE SEGUROS

É recomendado que as características indicadas a seguir sejam verificadas em relação aos seguintes componentes para utilização em equipamentos intrinsecamente seguros e equipamentos associados. Isso normalmente implica verificar a marcação nos componentes ou na embalagem e pode, caso seja apropriado, ser realizado por meio de técnicas estatísticas, de acordo com a Tabela 33.1.

**Tabela 33.1** – Características de componentes que requerem verificação de compatibilidade para certificação de produtos Ex "i"

| Componente | Característica |
|---|---|
| Resistores | Valor, potência, tipo, tolerância, tamanho do componente |
| Capacitores | Valor, tolerância, tipo, tensão nominal, tamanho do componente |
| Dispositivos piezoelétricos | Fabricante, tipo, capacitância |
| Componentes indutivos | Tipo, indutância, resistência c.c., número de espiras, seção e material do fio, especificação do material do núcleo e da bobina, quando apropriado |
| Transformadores | Tipo, fabricante, isolação, tensão |

(*continua*)

**Tabela 33.1** – Características de componentes que requerem verificação de compatibilidade para certificação de produtos Ex "i" (*continuação*)

| Componente | Característica |
|---|---|
| Isoladores ópticos | Tipo, isolação, tensão |
| Semicondutores: Diodos, diodos Zener, transistores, circuitos integrados e tiristores | Número do modelo, valor da potência e, quando apropriado, o fabricante |
| Pilhas e baterias | Fabricante e número do modelo, ou designação IEC |
| Fusíveis | Fabricante, tipo, valor |
| Materiais de isolamento | Especificação, dimensões e, quando apropriado, número do tipo |
| Conectores (como plugues, tomadas e terminais) | Número do modelo e, quando apropriado, o fabricante |

## 33.4.2 PLACAS DE CIRCUITO IMPRESSO (PCI)

### 33.4.2.1 PCI não povoadas

As PCI podem ser aceitas com uma declaração de conformidade. É recomendado que a declaração cite a conformidade em relação aos documentos de compra, por exemplo, um plano de gestão da qualidade que liste os fatores que, em conjunto, demonstrem a conformidade do produto.

Para PCI "simples" de um ou dois lados, a arte final do cobre pode ser visualmente verificada utilizando-se um negativo fotográfico (transparência), um desenho certificado ou uma amostra de inspeção controlada.

É recomendado que os documentos de compra especifiquem a espessura do cobre, com tolerâncias, a espessura da PCI, com tolerâncias, e os valores do índice de trilhamento comparativo.

### 33.4.2.2 PCI povoadas

É recomendado que o verniz e os revestimentos sejam controlados em relação à especificação do material e à eficácia da aplicação. É recomendado que procedimentos documentados assegurem que a aplicação do verniz e dos revestimentos esteja de acordo com o certificado ou os documentos de certificação.

Para PCI, é recomendado que o fabricante mantenha uma lista de componentes críticos de segurança utilizados na produção (por exemplo, resistores e diodos Zener), determinados durante a avaliação do equipamento "Ex". É recomendado que os componentes críticos de segurança colocados na PCI sejam 100% verificados, bem como as distâncias e afastamentos especificados para as PCI montadas manualmente. Isso pode ser realizado por um dos seguintes métodos:

a) uma inspeção visual;

b) para componentes montados, assegurando o carregamento correto das máquinas *pick and place* e uma inspeção visual da colocação correta;

c) por equipamentos de ensaio automático, desde que o equipamento verifique individualmente cada componente crítico de segurança e por verificação visual conduzida para verificar o número do modelo dos componentes em montagens *shunt* com diodos Zener.

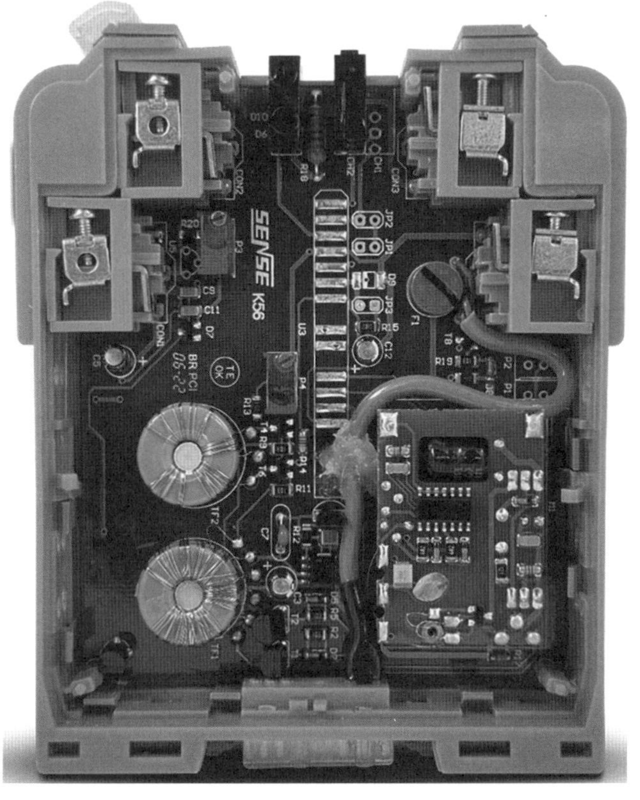

**Figura 33.3** – Exemplo de placa de circuito impresso (PCI) povoada, em uma barreira de segurança intrínseca.

*Fonte*: Sense Eletrônica.

Quando uma máquina de inserção de componentes de montagem de superfície do tipo *pick and place* seleciona os componentes de uma bobina com base na medição do valor do componente, é recomendado que essa função de medição seja calibrada.

É indicado que procedimentos documentados sejam apresentados para assegurar que os padrões de fabricação sejam definidos com respeito à montagem dos componentes e da solda.

Recomenda-se que procedimentos documentados assegurem que a separação das partes relacionadas (por exemplo, terminais) e dos fios/cabos seja mantida e que as cores especificadas, área de seção transversal e espessura do isolamento estejam em conformidade com os desenhos de certificação.

## 33.4.2.3 Submontagens e montagens de equipamentos Ex "i"

É recomendado que procedimentos documentados assegurem que a documentação da produção inclua todas as variações pertinentes do projeto do produto, e também que a documentação da produção indique todos os componentes críticos de segurança e, no caso de partes encapsuladas, o fabricante do composto, o tipo, a mistura e a profundidade mínima do material encapsulante, bem como que os procedimentos documentados abordem o seguinte:

a) validade e armazenamento de compostos, resinas e componentes;

b) mistura;

c) preparação da superfície (desengraxe ou método equivalente é normalmente requerido imediatamente antes da operação de encapsulamento para assegurar uma adequada adesão do produto);

d) aplicação, por exemplo, instruções de preenchimento, livre de espaços vazios e condições de temperatura;

e) cura, a qual é recomendado que inclua: período de cura, quaisquer fatores ambientais relevantes, as medidas para assegurar que o produto não seja manipulado durante o período de cura;

f) após a cura, é recomendado que uma inspeção seja executada em cada conjunto preenchido. Dependendo das características e da repetibilidade do processo e da montagem encapsulada, essa inspeção pode ser executada, por exemplo, utilizando-se técnicas *estatísticas*.

É recomendado que procedimentos documentados assegurem também que a separação das partes relacionadas (por exemplo, terminais) e fios ou cabos seja mantida, e que as cores, área de seção transversal, espessura do isolamento e etiquetas (onde apropriado) estejam afixadas, assim como que os sistemas de vedação sejam verificados quanto à compatibilidade com o grau de proteção do produto.

### 33.4.2.4 Invólucros para áreas classificadas contendo poeiras combustíveis (grupo III) ou com espaços reduzidos

Para equipamentos intrinsecamente seguros certificados para instalação ou utilização em áreas classificadas contendo poeiras combustíveis (grupo III), ou para equipamentos Ex "i" que dependam do invólucro para espaçamento reduzido, é recomendado que a demonstração da conformidade do invólucro com os desenhos de certificação inclua as seguintes informações:

a) profundidade dos furos cegos e roscados;

b) requisitos dimensionais para as partes relevantes dos invólucros para a eficácia da vedação ou estabilidade mecânica;

c) revestimentos isolantes e condicionamento de superfície; material, espessura da camada.

É aconselhável que procedimentos documentados abordem o seguinte:

a) as especificações das gaxetas fornecidas correspondem às especificações citadas na documentação;

b) a eficácia dos elementos de vedação, por exemplo, pela verificação do encaixe correto dos elementos de vedação.

Se o ajuste correto da gaxeta se tornar aparente somente depois da montagem, a gravação pode ser examinada visualmente, por exemplo, pelo uso de métodos adequados, como a utilização de giz.

#### 33.4.2.5 Ensaios e verificações de rotina

É recomendado que procedimentos para todos os ensaios e verificações de rotina especificados nos desenhos de certificação sejam avaliados criticamente com os resultados daqueles ensaios e verificações, por exemplo, ensaios de alta-tensão em montagens completas ou em componentes individuais, como transformadores, que sejam controlados por procedimentos documentados e 100% realizados, a menos que permitido de outra forma.

#### 33.4.2.6 Circuitos intrinsecamente seguros e montagens incorporadas em equipamentos com outros tipos de proteção "Ex"

Quando um equipamento "Ex" contiver circuitos intrinsecamente seguros, é recomendado que precauções sejam tomadas de acordo com o indicado no certificado de conformidade "Ex", para assegurar que outros itens relacionados no certificado sejam selecionados, montados e instalados de acordo com os desenhos de certificação.

## 33.5 DECLARAÇÃO DE CONFORMIDADE DOS PROVEDORES EXTERNOS PARA EQUIPAMENTOS "Ex"

De acordo com os requisitos apresentados na norma técnica brasileira adotada ABNT NBR ISO/IEC 80079-34, os fabricantes dos equipamentos "Ex" devem assegurar que os processos, produtos e serviços fornecidos externamente não afetam adversamente a capacidade dos fabricantes em fornecer, de forma consistente, produtos e serviços em conformidade a seus clientes.

Isso pode ser feito solicitando-se uma *declaração de conformidade do provedor externo*, destinada a assegurar a conformidade dos processos, produtos e serviços fornecidos externamente.

De acordo com o aplicável, é recomendado que a declaração de conformidade do provedor externo contenha os seguintes elementos:

1) identificação única da declaração de conformidade do provedor externo;
2) nome e endereço de contato do emissor da declaração de conformidade do provedor externo;
3) identificação do objeto da declaração de conformidade do provedor externo e qualquer informação de contato:
    - ▹ descrição do produto ou descrição de um processo;
    - ▹ números de série, identificação de lote ou grupo, ou um meio alternativo de rastreabilidade;
    - ▹ desenho do fabricante ou número do documento com situação de revisão;
    - ▹ desenho do provedor externo ou número do documento com situação de revisão (se diferente do desenho do fabricante);

- ▹ número da ordem de serviço do provedor, referência de rastreamento interno ou número do lote, se aplicável;
- ▹ número do pedido de compra;
- ▹ quantidade de processos, produtos e serviços em conformidade com a declaração;
- ▹ referência à documentação do provedor externo descrevendo detalhadamente todos os parâmetros críticos do processo para a fabricação das peças fornecidas. Por exemplo, para um processo de fundição, as temperaturas, pressões, tempos de aquecimento ou resfriamento etc.
- ▹ uma recapitulação de todos os processos especiais ou inspeções requeridas na lista de requisitos especiais na ordem de compra das organizações. Isso pode incluir uma lista completa e clara de normas ou outros requisitos especificados, bem como as opções selecionadas, se houver.

4) Uma declaração confirmando que nenhuma parte do processo de produção do provedor externo foi subcontratada a terceiros sem o consentimento por escrito do fabricante;
5) uma declaração de conformidade no seguinte formato: "Nós (*nome do emissor*) declaramos que as informações fornecidas nesta 'declaração de conformidade do provedor externo' são precisas e confirmam que os processos, produtos e serviços fornecidos por (*nome do emissor*) atendem em todos os aspectos aos requisitos do pedido de compra".
6) data e local de emissão da declaração de conformidade do provedor externo;
7) assinatura (ou validação equivalente), nome e função das pessoas autorizadas atuando em nome do emissor;
8) qualquer limitação quanto à validade da declaração de conformidade do provedor externo.

**Figura 33.4 –** Exemplo de placas eletrônicas que compõe que um equipamentos "Ex" incorporando diferentes tipos de proteção "Ex".

*Fonte*: Sense Eletrônica.

A declaração de conformidade dos provedores externos deve ter como base os requisitos apresentados na norma técnica brasileira adotada ABNT NBR ISO/IEC 17050-1 (*Avaliação da conformidade – Declaração de conformidade de fornecedor – Parte 1: Requisitos gerais*). O termo *Declaração de conformidade dos provedores externos* é utilizado na norma ABNT NBR ISO/IEC 80079-34 de forma "alinhada" com o termo utilizado na norma técnica brasileira adotada ABNT NBR ISO 9001.

Um documento do tipo "declaração de conformidade de um provedor externo", de acordo com a norma ABNT NBR ISO/IEC 80079-34, é equivalente a um documento do tipo "declaração de conformidade de provedores", de acordo com a norma ABNT NBR ISO/IEC 17050-1.

### 33.5.1 A RESPONSABILIDADE DOS FABRICANTES DE PRODUTOS "Ex"

O recebimento ou aceitação de uma declaração como essa não exime os fabricantes dos produtos "Ex" da responsabilidade de assegurar a conformidade com as normas técnicas aplicáveis. A organização responsável pela conformidade deve verificar se todas as dimensões e requisitos críticos estão de acordo com a documentação técnica. Podem ser citados como exemplos de medidas a serem consideradas para assegurar a conformidade requerida:

1) confirmação 100% por inspeção ou por uma base estatística apropriada (se permitido pela norma do tipo de proteção "Ex" aplicável) de que todas as dimensões e requisitos críticos estão em conformidade com a documentação técnica;
2) revisão das declarações de conformidade do provedor externo de materiais dentro da cadeia de fornecimento, que pode causar impacto nas características do material, conforme aplicável, para demonstrar que o material utilizado na produção dos produtos "Ex" está de acordo com os desenhos de certificação;
3) avaliação da confirmação do fabricante de que o material mantém a propriedade particular aplicável em questão; por exemplo, inflamabilidade, CTI, RTI ou resistência UV, composição química, propriedades físicas;
4) avaliação do processo do fabricante e dados para a validação das características do material;
5) confirmação de que o equipamento de ensaio, necessário para confirmar que o material está de acordo com o certificado ou com os desenhos de certificação, tem a repetibilidade requerida. Processos alternativos podem ser utilizados se for demonstrado que eles fornecem o mesmo nível de conformidade;
6) confirmação de que a declaração de conformidade do provedor externo está de acordo com o tipo e a extensão específica do controle aplicável.

Capítulo **34**

# Documentação necessária para o processo de certificação de equipamentos Ex "i" e barreiras [Ex "i"]

**Sinopse:** este capítulo aborda a documentação recomendada a ser elaborada pelos fabricantes de equipamentos com tipo de proteção Ex "i", incluindo os equipamentos associados (como as barreiras de proteção [Ex "i"]), os equipamentos de sistemas *Power-i* e os equipamentos para sistemas 2-WISE, para fins dos processos de certificação, por meio de organismos de certificação "Ex" e para execução dos ensaios aplicáveis por meio de laboratórios de ensaios de equipamentos "Ex".

## 34.1 INTRODUÇÃO

Os desenhos de fabricação e a documentação descritiva fazem parte dos processos de certificação de todos os equipamentos elétricos, eletrônicos, de instrumentação, de automação, de telecomunicações e mecânicos "Ex" destinados a serem instalados em áreas classificadas contendo atmosferas explosivas de gases inflamáveis ou poeiras combustíveis.

Faz parte do escopo dos fabricantes que buscam a certificação "Ex" de seus produtos o fornecimento de toda a documentação necessária para a especificação de seus equipamentos "Ex" a serem ensaiados, avaliados e certificados por organismos de certificação "Ex".

Não é detalhado na legislação nacional ou nas normas técnicas brasileiras adotadas das Séries ABNT NBR IEC 60079 ou ABNT NBR ISO/IEC 80079 a relação dos documentos mínimos requeridos a serem apresentados pelos fabricantes para os organismos de certificação "Ex" e para os laboratórios de ensaios "Ex". As normas técnicas determinam os requisitos de avaliação para que um determinado produto "Ex" possa ser certificado e, quando aplicável, os ensaios necessários para comprovar o atendimento a esses requisitos.

Cabe ao Organismo de Certificação, em particular, determinar a documentação necessária para avaliar os requisitos não cobertos por ensaios ou para poder determinar parâmetros para os ensaios necessários no processo de certificação dos equipamentos "Ex".

Para se estabelecerem os dados, as informações e a documentação mínima a ser apresentada para o processo de certificação de cada tipo de proteção "Ex", foi elaborado, em nível internacional, por consenso pelos países participantes do IECEx, incluindo o Brasil, o documento operacional IECEx OD 017 – *Orientação sobre desenhos e documentação para a certificação para utilização pelos fabricantes e laboratórios*, para auxiliar os fabricantes na elaboração dos desenhos e da documentação a ser submetida com uma inscrição para um processo de certificação "Ex" do IECEx.

Esse documento é um documento interno do sistema IECEx e sua aplicação é restrita aos organismos de certificação "Ex" (ExCB) e laboratórios de ensaios (ExTL) reconhecidos no IECEx. Como é um documento consolidado, elaborado incorporando as lições aprendidas e as boas práticas acumuladas por dezenas de organismos de certificação "Ex" de diversos países, ao longo de décadas, e está publicamente disponível na internet, certificadoras de outros sistemas algumas vezes também utilizam, de forma similar, alguns dos critérios indicados naquele documento, sem fazer uma referência "formal" ou "completa" em seus procedimentos internos. Cada organismo de certificação "Ex" que opere em sistemas de avaliação da conformidade "locais" tem o grau de liberdade para definir seus próprios critérios sobre a documentação mínima necessária a ser elaborada e apresentada pelos fabricantes dos equipamentos elétricos e mecânicos "Ex", com base em suas próprias experiências.

A determinação da documentação mínima a ser apresentada pelos fabricantes para cada tipo de proteção "Ex" pode ser considerada de fundamental importância, uma vez que, por um lado, os fabricantes de equipamentos "Ex" frequentemente procuram um grau máximo de flexibilidade na documentação, de forma a satisfazer alterações na produção e a englobar variações nos seus produtos, enquanto os organismos de certificação e os laboratórios "Ex" tendem a requerer um profundo nível de detalhes que demonstrem que todos os aspectos do processo de certificação e das normas aplicáveis tenham sido claramente considerados e que todos os detalhes aplicáveis para a conformidade tenham sido definidos de forma inequívoca.

Com esse objetivo, o documento operacional IECEx OD 017 apresenta requisitos específicos para a documentação mínima recomendada para diversos tipos de proteção "Ex", como segurança aumentada – Ex "e", Segurança intrínseca – Ex "i", Encapsulamento em resina – Ex "m", Invólucros pressurizados – Ex "p", Não centelhante – Ex "n", Proteção por invólucros contra ignição de poeira – Ex "t", Imersão em líquido – Ex "o", Imersão em areia – Ex "q", Invólucros à prova de explosão – Ex "d", Lanternas para capacetes para minas subterrâneas de carvão, equipamentos para sistemas de traceamento elétrico resistivo e tipos de proteção aplicáveis a equipamentos mecânicos "Ex" – Tipos de proteção Ex "b", Ex "c", Ex "h" ou Ex "k" (de acordo com as normas técnicas brasileiras adotadas ABNT NBR ISO 80079-36 e ABNT NBR ISO 80079-37).

O documento operacional IECEx OD 017 permite aos fabricantes, laboratórios de ensaios "Ex" (ExTL) e organismos de certificação "Ex" (ExCB) envolvidos com o sistema internacional de certificação IECEx um melhor nivelamento e uma devida uniformização de informações, com base em boas práticas de consenso internacional, as quais estão consolidadas nesse documento operacional do IECEx, cuja elaboração contou com a participação e a aprovação do Brasil.

**Figura 34.1** – Exemplo de monitor de posição de válvula com tecnologia de comunicação LoRa (*Long Range*), com tipo de proteção Ex "ia", para instalação em áreas classificadas de gases inflamáveis (Grupo II) ou poeiras combustíveis (Grupo III) que dispõe da respectiva documentação de avaliação da conformidade "Ex".

*Fonte*: Sense Eletrônica.

## 34.2 OBJETIVO DOS DOCUMENTOS DE CERTIFICAÇÃO DE EQUIPAMENTOS "Ex"

Os desenhos e outros documentos apresentados pelo fabricante para demonstrar a conformidade com os tipos de proteção "Ex" são utilizados pelos organismos de certificação para comparação com o protótipo ou amostra e, em conjunto com um relatório de ensaio "Ex", demonstram a conformidade com as normas técnicas aplicáveis das Séries ABNT NBR IEC 60079 (*Equipamentos elétricos "Ex"*) e ABNT NBR ISO 80079 (*Equipamentos mecânicos "Ex"*), dependendo do tipo de proteção "Ex" do equipamento sob avaliação.

A documentação de certificação serve principalmente para definir os requisitos mínimos do projeto do equipamento que asseguram a conformidade do produto com os tipos de proteção "Ex" aplicáveis ao produto sob avaliação, sendo utilizada para assegurar a repetibilidade dos produtos "Ex" fabricados com as amostras utilizadas nos ensaios de tipo. Os desenhos e outros documentos que formam a especificação do equipamento "Ex" utilizada para demonstrar a conformidade do tipo de proteção "Ex" representam a especificação definitiva do produto que foi certificado.

O fabricante ou o solicitante do certificado de conformidade "Ex" utiliza os desenhos e a documentação para registrar os detalhes controlados dos equipamentos, como os detalhes de projeto que oferecem a proteção para os tipos de proteção "Ex" aplicáveis. É recomendado que os fabricantes elaborem os desenhos e a documentação especificamente para o objetivo da certificação, e não somente apresentem separadamente cada detalhe requerido para a fabricação dos produtos. Os detalhes apresentados nesses desenhos e documentação de certificação podem ser modificados somente por meio de uma informação encaminhada ao organismo de certificação.

**Figura 34.2** – Exemplo de smartphone certificado para utilização em áreas classificadas, incorporando o tipo de proteção Ex "ia", que dispõe da respectiva documentação de avaliação da conformidade "Ex"

*Fonte*: BARTEC.

Esses desenhos e documentação de certificação são também utilizados para os objetivos de auditoria ou de inspeção final dos equipamentos "Ex". Em particular, o organismo de certificação responsável pela emissão do relatório de avaliação do sistema de gestão da qualidade (como os documentos do tipo QAR – *Quality Assessment Report*) utiliza estes desenhos e documentação de certificação durante as auditorias de acordo com os requisitos da norma ABNT NBR ISO/IEC 80079-34.

Os desenhos e a documentação de certificação não necessitam apresentar informações referentes às características que não sejam relacionadas com a conformidade com os tipos de proteção "Ex", de acordo com as normas aplicáveis. Entretanto, nesses casos, o fabricante necessita possuir um sistema efetivo de controle dos desenhos e da documentação de fabricação, com base na documentação de certificação "Ex".

## 34.3 DOCUMENTAÇÃO REQUERIDA PARA A CERTIFICAÇÃO GERAL DE EQUIPAMENTOS COM DIVERSOS TIPOS DE PROTEÇÃO "Ex"

São apresentados a seguir alguns exemplos de informações, dados e documentação requeridos para a certificação de equipamentos com os tipos de proteção "Ex" mais frequentemente utilizados nas instalações contendo atmosferas explosivas de gases inflamáveis ou poeiras combustíveis.

Podem ser citados os seguintes requisitos gerais de documentação para a certificação de equipamentos "Ex":

a) as dimensões gerais do invólucro, incluindo a espessura das paredes;

b) a espessura mínima de janelas, materiais e métodos de montagem;

c) as especificações dos materiais indicadas nos desenhos e nos documentos geralmente são consideradas como especificações para a compra e necessitam estar adequadas para essa finalidade. Qualquer material adquirido de acordo com essas especificações necessita operar adequadamente de acordo com o material que foi utilizado como amostra de protótipo, de forma a representar uma confiança de que o desempenho possa ser replicado em relação aos resultados dos ensaios laboratoriais. Sempre que possível, os materiais devem ser preferencialmente especificados de acordo com as normas ISO, IEC, ABNT NBR ISO ou ABNT NBR IEC, ou especificações reconhecidas pela indústria;

d) quando um material for especificado somente com base em suas características de desempenho, o fabricante deve ser capaz de demonstrar, durante uma auditoria de produção (ver ABNT NBR ISO/IEC 80079 34), como esse requisito é alcançado na linha de fabricação. Por exemplo, um material especificado como "resina de vidro epóxi com um CTI (*Comparative Tracking Index*) maior que 175" requer um ensaio de conformidade de CTI para cada lote adquirido pelo fabricante. Isso pode ser obtido, por exemplo, por meio de uma declaração do fabricante de resina epóxi ou por um certificado de terceira parte;

e) dimensões aplicáveis para evidenciar a conformidade com as normas devem ser indicadas com as respectivas tolerâncias, a menos que tolerâncias não sejam requeridas por uma norma específica;

f) desenho ou documento necessita mostrar os detalhes de plaquetas de dados, incluindo todos os detalhes requeridos para a conformidade com as normas e as informações de advertências requeridas. O arranjo da plaqueta não necessita ser idêntico ao arranjo pretendido na plaqueta do produto final, mas ser claro o suficiente para assegurar que a marcação final esteja correta. O material das plaquetas de dados e os métodos de marcação e fixação necessitam ser informados;

g) quando o grau de proteção (código IP) for relevante para o tipo de proteção "Ex", devem ser apresentadas informações claras sobre os materiais das juntas de vedação (*o-rings* e gaxetas) e os métodos para assegurar ou controlar a posição, aderência e compressão dessas juntas em serviço. As dimensões das juntas de vedação e as suas características aplicáveis necessitam ser especificadas;

h) a especificação do sistema de pintura ou de revestimento aplicado ao equipamento e a máxima espessura necessitam ser especificadas. Se as propriedades dos materiais forem relevantes com relação à eletricidade estática, o material da pintura ou do revestimento necessitam ser identificados, e uma folha de dados dos materiais necessita ser apresentada, indicando a condutividade elétrica e a tensão de ruptura dielétrica;

i) volumes internos total e livre, caso essas informações não sejam evidentes nos desenhos de dimensões gerais. Precauções para a instalação de acumuladores ou baterias;

j) os desenhos das plaquetas de advertência, incluindo informações sobre o material e os métodos de gravação e de fixação;

k) a identificação da graxa, se aplicada nas juntas, e a folha de dados de especificação, com detalhes sobre o processo de envelhecimento, evaporação de solvente, corrosão e ponto de fulgor;

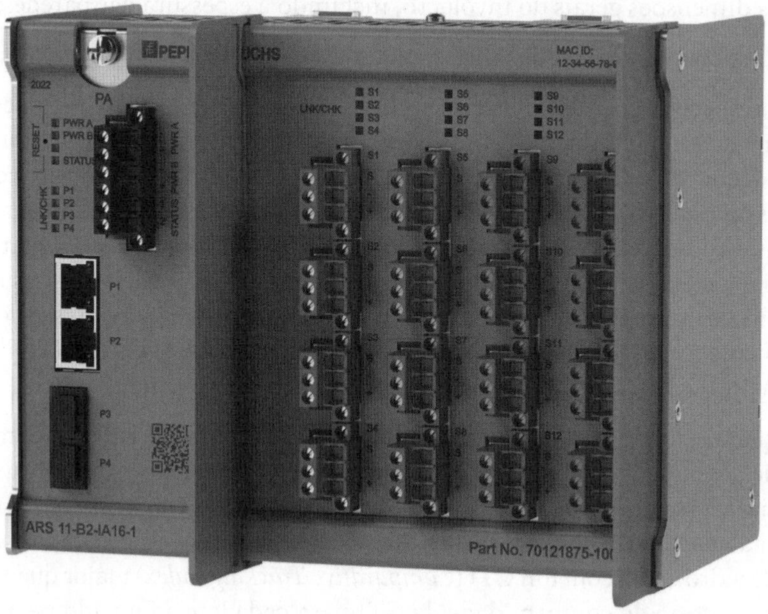


**Figura 34.3** – Exemplo de *switch* de campo com certificação 2-WISE, incorporando diferentes tipos de proteção "Ex", incluindo Ex "e", Ex "m", Ex "ia" e Ex "t", que dispõe da respectiva documentação de avaliação da conformidade "Ex".

*Fonte*: P+F do Brasil.

## 34.4 DOCUMENTAÇÃO RECOMENDADA PARA A CERTIFICAÇÃO DE EQUIPAMENTOS COM TIPO DE PROTEÇÃO Ex "i"

São listados a seguir documentação, informações e dados recomendados para o processo de certificação de equipamentos Ex "i" ou equipamentos associados ([Ex "i"]). Para equipamentos utilizando segurança intrínseca, os desenhos ou documentos necessitam incluir as seguintes informações, quando aplicável:

a) para equipamentos intrinsecamente seguros: diagramas completos dos circuitos, incluindo a designação de referência dos componentes para a correlação com a lista de componentes apresentada;

b) para equipamentos associados: diagramas completos dos circuitos, incluindo todas as designações de referência dos componentes para a correlação com a lista de componentes de segurança necessários para a segurança intrínseca, incluindo detalhes suficientes para a verificação das medidas utilizadas para assegurar a segurança intrínseca dos equipamentos associados. Em alguns casos, é possível reduzir a quantidade de informações detalhadas para os circuitos que foram encapsulados. Recomendações devem ser buscadas do organismo de certificação aplicável;

c) listagem dos componentes sobre os quais dependam a segurança intrínseca, incluindo para cada componente: um ou mais fabricantes específicos e o *part-number*, ou uma faixa de *part-number*, ou especificações suficientes requeridas para manter a segurança intrínseca;

d) informações suficientes para demonstrar que as características nominais dos componentes dos quais a segurança intrínseca depende estão de acordo com os requisitos da norma ABNT NBR IEC 60079-11 (por exemplo, dados técnicos, folha de dados, especificações, cálculos e modos de temperatura dos componentes dos quais a segurança intrínseca depende. A máxima flexibilidade na fabricação é conseguida pela minimização dos detalhes apresentados. Por exemplo, em vez de apresentar valores nominais e tolerâncias para resistores, pode ser possível informar somente a resistência mínima (que seja aplicável levando em consideração as tolerâncias);

e) para os componentes dos quais a segurança intrínseca depende, são requeridas informações suficientes para demonstrar o atendimento dos requisitos da norma ABNT NBR IEC 60079-11 – Anexo "*Ensaio de transiente de energia*". Para outros componentes que não armazenem energia, pode ser possível informar somente o tipo do componente e o conjunto;

f) identificação clara nos diagramas e desenhos dos limites entre circuitos IS e não IS em um equipamento associado que requeira segregação, por exemplo, por linhas pontilhadas;

g) marcação específica sobre o diagrama dos circuitos ou na lista dos componentes elétricos dos quais a segurança intrínseca depende. Uma "nota" explicando todos os símbolos de identificação (por exemplo, "Estes são componentes de segurança intrínseca e não podem ser alterados com relação às especificações definidas sem a aprovação do organismo de certificação") sobre os diagramas do circuito ou em documentos em separado, que sejam utilizados como instruções de trabalho na fabricação;

h) desenhos de arranjo em escala das Placas de Circuito Impresso (PCB) ou arquivos eletrônicos no formato "Gerber" (ou alternativo), incluindo: material e espessura das PCBs (*Printed Circuit Boards*); distância entre camadas da PCB (se aplicável); material condutor e espessura das trilhas das PCB; Índice Comparativo de Trilhamento Superficial (CTI – *Comparative Tracking Index*, se aplicável). A norma ABNT NBR IEC 60079-11 não requer que seja especificado o mínimo Índice Comparativo de Trilhamento Superficial, se o circuito possuir uma tensão nominal de 10 V ou menor, ou se os componentes do circuito (juntamente com a PCB) forem encapsulados em um composto moldado ou completamente revestidos;

i) as distâncias de segurança em relação às trilhas sobre as placas de circuitos impresso;

j) as distâncias entre os componentes, os terminais ou dentro dos componentes de segurança;

k) a área da seção transversal nominal mínima, o tipo do condutor e a espessura de isolamento dos fios;

l) as larguras mínimas de trilhas para a classificação de temperatura para equipamentos IS e para as trilhas consideradas como componentes infalíveis em caso de falha no circuito;

m) desenhos mecânicos de arranjos gerais em escala, incluindo detalhes de quaisquer invólucros e, quando relevante para a segurança intrínseca, dos materiais e superfícies utilizados;

n) diagrama de interconexão para equipamentos que inclua as interconexões internas, incluindo a identificação das fronteiras, quando mais do que um tipo de proteção "Ex" for utilizado no interior do equipamento;

o) desenhos de montagem para fabricação para componentes customizados, incluindo a especificações dos materiais quando relevante para a segurança intrínseca, e as distâncias de separação, quando requerido para a segurança;

p) detalhes de aplicação e as propriedades dos vernizes e resinas isolantes (*conformal coatings*);

q) uma indicação nos desenhos ou documentação em que esse critério tenha sido aplicado e uma declaração do grau de poluição e da categoria de sobretensão, caso os requisitos da norma técnica brasileira adotada ABNT NBR IEC 60079-11 tiverem sido utilizados para a determinação das distâncias de separação;

r) detalhes dos materiais de encapsulamento utilizados, incluindo nome genérico e o tipo do material;

s) declaração dos parâmetros de entidade sobre os quais as avaliações devem ser baseadas. Esses parâmetros normalmente incluem um ou mais valores de *Um, Ui, Ii, Pi* etc., mas podem também incluir limites de outros parâmetros, tais como $L_O/R$, $L_O$, $C_O$ etc., que tenham sido determinados durante as avaliações, se eles forem um requisito para a especificação do equipamento;

t) declaração de requisitos para a instalação, manutenção a quente e utilização, como fornecidas nas instruções para o usuário. Um desenho de controle é uma forma recomendada de consolidação das informações de conexão e de requisitos para instalação e utilização;

u) detalhes sobre condições especiais que tenham sido consideradas na determinação do tipo de proteção, por exemplo, a tensão a ser fornecida por um transformador de proteção ou por meio de um diodo de segurança da barreira.

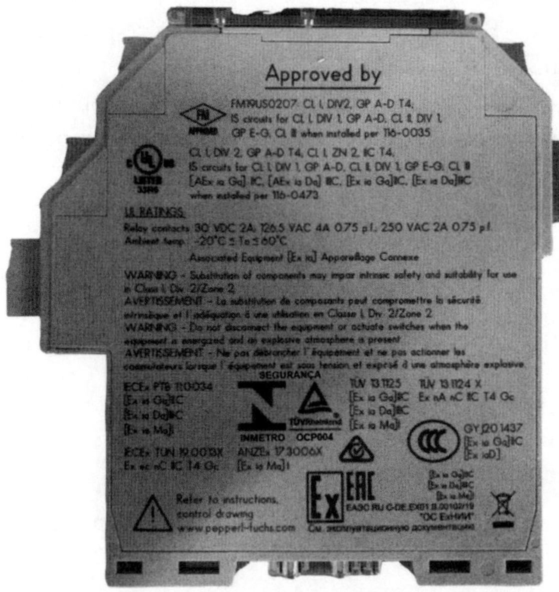


**Figura 34.4 –** Exemplo barreira de segurança intrínseca (equipamento intrinsecamente associado), com marcações [Ex ia Ga] IIC, [Ex ia Da] IIIC e [Ex ia Ma] I, que dispõe da respectiva documentação de avaliação da conformidade "Ex".

*Fonte*: P+F do Brasil.

Capítulo **35**

# O ciclo total de vida dos equipamentos e instalações em atmosferas explosivas: do projeto básico às inspeções periódicas "Ex"

**Sinopse**: este capítulo aborda os aspectos dos trabalhos, estudos, serviços e atividades que são requeridos para instalações terrestres e marítimas em áreas classificadas contendo gases inflamáveis ou poeiras combustíveis, ao longo de seu ciclo total de vida, que pode durar muitas décadas, durante a sua operação. Essas atividades incluem desde os estudos iniciais de arranjo dos equipamentos e edificações, especificação dos equipamentos de processo, avaliações de risco da presença de atmosferas explosivas, classificação de áreas, especificação dos equipamentos elétricos, de instrumentação, de automação, de telecomunicações e mecânicos "Ex" a serem instalados. O capítulo aborda também os serviços de compra dos equipamentos, componentes, sistemas e *skids* "Ex", os serviços de montagem, comissionamento, inspeção inicial detalhada e partida das instalações. Posteriormente são aplicáveis os serviços de "rotina" dos equipamentos e instalações "Ex", ao longo de seu ciclo total de vida, incluindo os serviços de inspeções periódicas, manutenções preventivas e preditivas, reparo, revisão e recuperação de equipamentos "Ex", auditorias e gestão de ativos "Ex".

## 35.1 INTRODUÇÃO

Para uma adequada gestão de segurança, riscos e ativos dos equipamentos e instalações terrestres e marítimas em atmosferas explosivas, todas as atividades relacionadas com os serviços de classificação de áreas, projeto, seleção, montagem, inspeção, manutenção, reparos e auditorias em equipamentos e instalações elétricas, de instrumentação, de automação, de telecomunicações e mecânicas "Ex" devem ser realizadas de acordo com os requisitos normativos especificados nas normas técnicas brasileiras adotadas aplicáveis das Séries ABNT NBR IEC 60079 e ABNT NBR ISO 80079.

As atividades indicadas a seguir indicam as normas técnicas a serem utilizadas em cada uma das etapas de uma instalação industrial contendo áreas classificadas contendo gases inflamáveis ou poeiras combustíveis, desde as suas etapas iniciais de seu projeto básico, com a elaboração inicial da classificação de áreas, passando posteriormente pelas etapas de aquisição dos equipamentos e materiais, montagem, comissionamento e inspeção inicial detalhada, até as atividades "rotineiras" de inspeções periódicas, manutenção e reparos e recuperação de equipamentos e instalações.

## 35.2 ENCADEAMENTO DOS SERVIÇOS E RESPECTIVAS NORMAS TÉCNICAS APLICÁVEIS SOBRE ATMOSFERAS EXPLOSIVAS

Para que uma instalação terrestre ou marítima contendo atmosferas explosivas formadas por gases inflamáveis ou por poeiras combustíveis possa ser considerada "conforme", dos pontos de vista técnico, normativo e legal, é necessário que sejam realizadas uma série de atividades, estudos e ações, no sentido de atendimento aos requisitos normativos aplicáveis ao tema "Ex".

Esses atividades ou serviços devem ser executados por empresas de serviços "Ex" ou por profissionais competentes "Ex" que tenham evidenciado, preferencialmente pela sistemática de avaliação da conformidade, por meio de certificação, os devidos conhecimentos, experiências sobre a aplicação das normas técnicas aplicáveis a respeito do tema "segurança dos equipamentos e instalações em atmosferas explosivas".

Dentre as principais atividades "Ex" que compõem os "elos" de uma "corrente de segurança 'Ex'" podem ser destacadas:

- classificação de áreas contendo gases inflamáveis ou poeiras combustíveis (determinação de zonas, grupos, classes de temperatura ou temperatura de ignição);
- projetos de instalações de instrumentação, automação, telecomunicações, elétricas e mecânicas "Ex";
- seleção de equipamentos de instrumentação, automação, telecomunicações, elétricos e mecânicos "Ex";
- criação do inventário dos equipamentos de instrumentação, automação, telecomunicações, elétricos e mecânicos "Ex" a serem instalados de forma fixa ou utilizados de forma portátil;
- aquisição ou suprimento de equipamentos de instrumentação, automação, telecomunicações, elétricos e mecânicos "Ex";
- instalação de equipamentos "Ex";
- comissionamento dos equipamentos e instalações "Ex";
- inspeção inicial detalhada "Ex";
- partida e operação dos equipamentos "Ex";
- serviços de manutenção preditivas e preventivas dos equipamentos e instalações "Ex";

- serviços de inspeções periódicas "Ex";
- serviços de reparo e recuperação de equipamentos de instrumentação, automação, telecomunicações, elétricos e mecânicos "Ex";
- processo de gestão de mudanças "Ex";
- processo de gestão de competências pessoais "Ex";
- processo de gestão de ativos "Ex";
- processo de gestão de segurança "Ex";
- processo de gestão de contratação de empresas de serviços "Ex", incluindo empresas de serviços de classificação de área, projeto, montagem, inspeção, manutenção ou recuperação de equipamentos e instalações "Ex".

A Figura 35.1 apresenta, de forma "lúdica", no encadeamento de peças de um "*quebra--cabeça*", as normas técnicas relacionadas com esses serviços "Ex" em áreas classificadas.

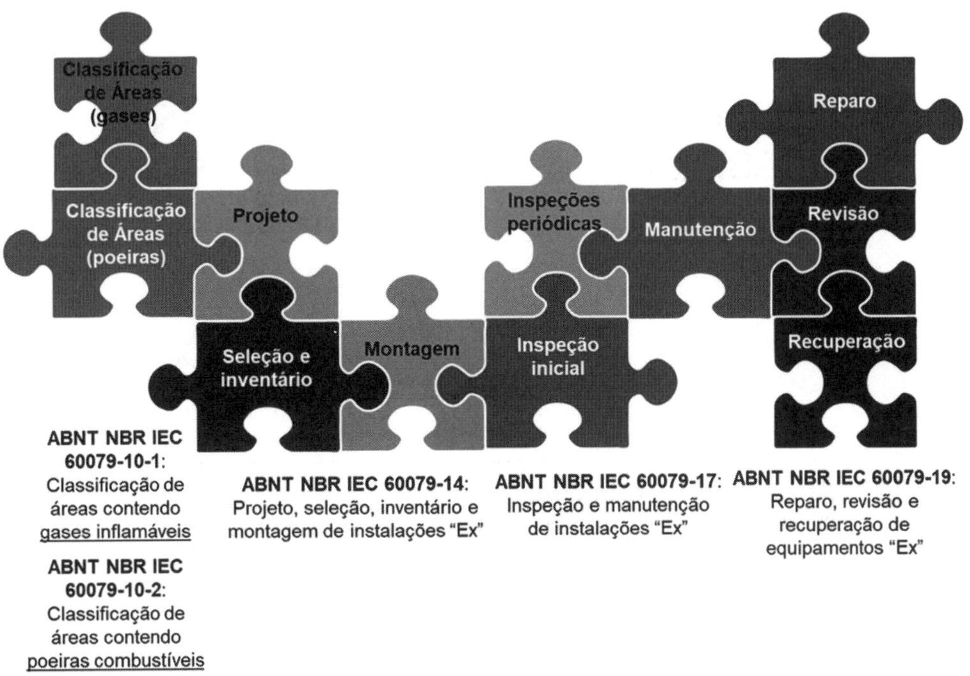


**Figura 35.1 –** Ações a serem executadas para o atendimento dos requisitos normativos e para a segurança durante o ciclo total de vida dos equipamentos e das instalações "Ex".

*Fonte*: acervos pessoais dos autores.

## 35.3 NORMAS TÉCNICAS RELACIONADAS COM A ESPECIFICAÇÃO DE SERVIÇOS A SEREM REALIZADOS EM ÁREAS CLASSIFICADAS DE INSTALAÇÕES TERRESTRES E MARÍTIMAS "Ex"

São relacionadas a seguir as normas técnicas brasileiras adotadas relacionadas com serviços em áreas classificadas e com a gestão de competências pessoais em uma organização.

**Norma técnica brasileira adotada ABNT NBR IEC 60079-10-1 – *Atmosferas explosivas – Parte 10-1: Classificação de áreas – Atmosferas explosivas de gás***

Essa parte das normas técnicas brasileiras adotadas da Série ABNT NBR IEC 60079 refere-se à classificação de áreas onde pode ocorrer a presença de gases ou vapores inflamáveis e que pode ser utilizada como base para a posterior atividade de seleção e instalação adequadas de equipamentos elétricos e mecânicos "Ex" para utilização em áreas classificadas, bem como serviços de inspeção, manutenção e recuperação de equipamentos "Ex".

NORMA BRASILEIRA

ABNT NBR IEC 60079-10-1

Segunda edição
14.11.2018

**Atmosferas explosivas**
**Parte 10-1: Classificação de áreas — Atmosferas explosivas de gás**

*Explosive atmospheres*
*Part 10-1: Classification of areas — Explosive gas atmospheres*

**Figura 35.2 –** Norma técnica brasileira adotada ABNT NBR IEC 60079-10-1 – *Atmosferas explosivas – Classificação de áreas contendo gases inflamáveis*, aplicável ao ciclo total de vida dos equipamentos e instalações "Ex".

*Fonte*: ABNT.

**Norma técnica brasileira adotada ABNT NBR IEC 60079-10-2 – *Atmosferas explosivas – Parte 10-2 – Classificação de áreas – Atmosferas de poeiras explosivas***

Essa parte das normas técnicas brasileiras adotadas da Série ABNT NBR IEC 60079 está relacionada com a identificação e a classificação de áreas onde atmosferas de poeiras combustíveis estejam presentes, de forma a permitir uma adequada avaliação das fontes de ignição que possam estar presentes nessas áreas.

NORMA BRASILEIRA

ABNT NBR IEC 60079-10-2

Segunda edição
21.06.2016

**Atmosferas explosivas**
**Parte 10-2: Classificação de áreas — Atmosferas de poeiras explosivas**

*Explosive atmospheres*
*Part 10-2: Classification of areas — Explosive dust atmospheres*

**Figura 35.3 –** Norma técnica brasileira adotada ABNT NBR IEC 60079-10-2 – *Atmosferas explosivas – Classificação de áreas contendo poeiras combustíveis*, aplicável ao ciclo total de vida dos equipamentos e instalações "Ex".

*Fonte*: ABNT.

### Norma técnica brasileira adotada ABNT NBR IEC 60079-14 - *Atmosferas explosivas - Parte 14: Projeto, seleção e montagem de instalações elétricas*

Essa parte das normas técnicas brasileiras adotadas da Série ABNT NBR IEC 60079 contém os requisitos específicos para projeto, seleção, montagem e inspeção inicial de instalações elétricas em, ou associadas com áreas classificadas.

NORMA BRASILEIRA

ABNT NBR IEC 60079-14

Terceira edição
07.11.2016

**Atmosferas explosivas**
**Parte 14: Projeto, seleção e montagem de instalações elétricas**

*Explosive atmospheres*
*Part 14: Electrical installations design, selection and erection*

**Figura 35.4 –** Norma técnica brasileira adotada ABNT NBR IEC 60079-14 – *Atmosferas explosivas – Projeto, seleção e montagem de instalações elétricas*, aplicável ao ciclo total de vida dos equipamentos e instalações "Ex".

*Fonte*: ABNT.

**Norma Técnica Brasileira adotada ABNT NBR IEC 60079-17 – *Atmosferas explosivas – Parte 17: Inspeção e manutenção de instalações elétricas***

Essa parte das normas técnicas brasileiras adotadas da Série ABNT NBR IEC 60079 é destinada a ser utilizada por usuários e abrange fatores diretamente relacionados aos serviços de inspeção e manutenção de equipamentos e instalações em áreas classificadas, onde o risco pode ser causado pela presença de gases, vapores ou névoas inflamáveis, ou por poeiras, fibras ou partículas combustíveis em suspensão.

NORMA BRASILEIRA

ABNT NBR IEC 60079-17

Terceira edição 27.10.2014

Versão corrigida 10.10.2017

Atmosferas explosivas
Parte 17: Inspeção e manutenção de instalações elétricas

*Explosive atmospheres*
*Part 17: Electrical installations inspection and maintenance*

**Figura 35.5 –** Norma técnica brasileira adotada ABNT NBR IEC 60079-17 – *Atmosferas explosivas – Inspeção e manutenção de instalações elétricas*, aplicável ao ciclo total de vida dos equipamentos e instalações "Ex".

*Fonte*: ABNT.

**Norma técnica brasileira adotada ABNT NBR IEC 60079-19 – *Atmosferas explosivas – Parte 19: Reparo, revisão e recuperação de equipamentos***

Essa parte das normas técnicas brasileiras adotadas da Série ABNT NBR IEC 60079 apresenta instruções, principalmente de natureza técnica, sobre os serviços de reparo, revisão, recuperação e modificação de equipamentos "Ex" projetados para utilização em atmosferas explosivas. Essa norma é aplicável a serviços de revisão e recuperação que mitigam deficiências identificadas durante a operação, inspeção e manutenção.

NORMA BRASILEIRA

**ABNT NBR IEC 60079-19**

Quarta edição
01.09.2020

**Atmosferas explosivas**
**Parte 19: Reparo, revisão e recuperação de equipamentos**

*Explosive atmospheres*
*Part 19: Equipment repair, overhaul and reclamation*

**Figura 35.6 –** Norma técnica brasileira adotada ABNT NBR IEC 60079-19 – *Atmosferas explosivas – Reparo, revisão e recuperação de equipamentos*, aplicável ao ciclo total de vida dos equipamentos e instalações "Ex" terrestres e marítimas.

*Fonte*: ABNT.

### Norma técnica brasileira adotada ABNT NBR IEC 61892-7 – *Unidades marítimas fixas e móveis – Instalações elétricas – Parte 7: Áreas classificadas*

Essa parte das normas técnicas brasileiras adotadas da Série ABNT NBR IEC 61892 estabelece os requisitos para classificação de áreas, seleção de equipamentos "Ex" e instalações em áreas classificadas em unidades marítimas fixas e móveis, incluindo oleodutos, tubulações, estações de bombeamento, estações de lançamento ou recebimento *pigs*, estações de compressão e monoboias de ancoragem, utilizadas na indústria do petróleo marítima para as finalidades de perfuração, produção, acomodação, processamento, armazenamento e *offloading*.

NORMA BRASILEIRA

ABNT NBR IEC 61892-7

Terceira edição
22.01.2020

**Unidades marítimas fixas e móveis — Instalações elétricas Parte 7: Áreas classificadas**

*Mobile and fixed offshore units — Electrical installations Part 7: Hazardous areas*

**Figura 35.7 –** Norma técnica brasileira adotada ABNT NBR IEC 61892-7 – *Instalações elétricas marítimas – Áreas classificadas*, aplicável ao ciclo total de vida ciclo total de vida dos equipamentos e instalações marítimas "Ex".

*Fonte*: ABNT.

### Norma técnica brasileira adotada ABNT NBR ISO 10015 - *Gestão da qualidade - Diretrizes para gestão da competência e desenvolvimento de pessoas*

Essa norma técnica brasileira adotada provê diretrizes para uma organização estabelecer, implementar, manter e melhorar sistemas de gestão da competência e desenvolvimento de pessoas para afetar positivamente resultados relacionados à conformidade de produtos e serviços e às necessidades e expectativas de partes interessadas pertinentes.

Especificamente sobre o tema "competências pessoais", foi publicada pela ABNT a norma técnica brasileira adotada ABNT NBR ISO 10015 - *Gestão da qualidade - Diretrizes para gestão da competência e desenvolvimento de pessoas.* Como pode ser verificado, a relevância do tema "competências pessoais" é motivo de estudos, esforços e consolidação em nível internacional da ISO, reforçando a necessidade da certificação de competências pessoais de executantes e supervisores, próprios ou contratados, que trabalham em atividades relacionadas com "atmosferas explosivas".

A norma ABNT NBR ISO 10015 tem como escopo:

> prover as diretrizes para uma organização estabelecer, implementar, manter e melhorar sistemas de gestão da competência para afetar positivamente resultados relacionados à conformidade de produtos e serviços e às necessidades e expectativas de partes interessadas pertinentes. A Norma ABNT NBR ISO 10015 é aplicável a todas as organizações, independentemente do seu tipo ou porte.

De acordo com a norma técnica brasileira adotada ABNT NBR ISO 10015,

> (...) as pessoas são essenciais para organizações. O desempenho organizacional depende de como as competências de pessoas são aplicadas no trabalho. A gestão da competência e o desenvolvimento de pessoas nos níveis organizacional, de equipe, de grupo e individual são requeridos para que organizações sejam bem-sucedidas. Aplicar processos planejados e sistemáticos para gestão da competência provê uma contribuição importante para ajudar orga-

nizações a melhorar suas capacidades, atender sua direção estratégica e alcançar os resultados pretendidos. A gestão da competência tem importância significativa para elevar a capacidade da organização para criar e entregar valor.

NORMA BRASILEIRA

ABNT NBR ISO 10015

Segunda edição
01.07.2020

**Gestão da qualidade — Diretrizes para gestão da competência e desenvolvimento de pessoas**

*Quality management — Guidelines for competence management and people development*

**Figura 35.8 –** Norma técnica brasileira adotada ABNT NBR ISO 10015 – *Gestão da qualidade – Diretrizes para gestão da competência e desenvolvimento de pessoas*, aplicável ao ciclo total de vida dos equipamentos e instalações "Ex".

*Fonte*: ABNT.

**Figura 35.9 –** Exemplo de instalações de instrumentação, elétricas e mecânicas "Ex", em áreas classificadas de FPSO, que requer a aplicação de sistemas de gestão da ativos "Ex".

*Fonte*: acervos pessoais dos autores.

**Figura 35.10** – Exemplo de instalações de instrumentação, automação, telecomunicações e elétricas e mecânicas "Ex", em áreas classificadas de planta petroquímica, que requerem a aplicação de sistemas de gestão da ativos "Ex".

*Fonte*: acervos pessoais dos autores.

## 35.4 CONSIDERAÇÕES SOBRE O CICLO TOTAL DE VIDA DOS EQUIPAMENTOS E INSTALAÇÕES "Ex" EM ÁREAS CLASSIFICADAS

São relacionadas a seguir algumas considerações e conclusões sobre os serviços relacionados ao ciclo total de vida dos equipamentos e instalações em atmosferas explosivas, desde as etapas iniciais do projeto básico e classificação de áreas até os serviços "rotineiros" de inspeções periódicas e manutenção de rotina "Ex", e gestão de ativos de equipamentos e instalações "Ex" em áreas classificadas contendo gases inflamáveis ou poeiras combustíveis, aplicáveis tanto a instalações industriais terrestres como marítimas:

1) existem diversos serviços, atividades e estudos a serem realizados envolvendo o tema "segurança dos equipamentos e das instalações em atmosferas explosivas";

2) as atividades de classificação de áreas, seleção de equipamentos, suprimento de equipamento e sistemas "Ex", montagem, comissionamento e inspeções detalhadas iniciais representam as etapas "iniciais" de uma nova instalação contendo áreas classificadas ou da revisão e ampliação (*revamp*) de instalações "Ex" existentes;

3) as atividades ou os serviços "rotineiros" de inspeções periódicas, manutenção preventiva e preditiva e, eventualmente, de serviços de reparo, revisão e recuperação de equipamentos "Ex" devem ser realizadas de forma "contínua", a fim de assegurar a continuidade da conformidade normativa e da segurança dos equipamentos e instalações "Ex", de acordo com as normas técnicas brasileiras adotadas aplicáveis;

4) somente a certificação de conformidade compulsória de equipamentos de instrumentação, automação, telecomunicações, elétricos e mecânicos "Ex" tem se mostrado insuficiente para garantir a segurança das instalações em atmosferas explosivas, bem como das pessoas que nelas trabalham;

5) deve ser reconhecida a importância da certificação das competências pessoais "Ex" das pessoas que executam, supervisionam ou fiscalizam serviços em áreas classificadas, de forma que as atividades sejam realizadas de maneira adequada e correta, sem a introdução de "desvios" ocasionados por falta de conhecimentos, experiências ou competências pessoais "Ex", incluindo o desconhecimento sobre os requisitos especificados nas normas técnicas aplicáveis das normas da série ABNT NBR IEC 60079;

6) devem ser implantados sistemas de gestão da mudança, gestão de competências pessoais "Ex", gestão da segurança "Ex", gestão de ativos "Ex" e gestão de contratação de empresas de serviços "Ex", de forma assegurar a continuidade da segurança dos equipamentos e instalações de instrumentação, automação, telecomunicações, elétricas mecânicas "Ex", ao longo de seu ciclo total de vida.

# Capítulo 36

# Evolução de requisitos normativos sobre instalações em atmosferas explosivas

**Sinopse:** este capítulo aborda a evolução das normas brasileiras e internacionais sobre os requisitos de instalações elétricas em atmosferas explosivas, desde o primeiro projeto experimental de norma brasileira sobre o assunto, publicado em 1969, até as recentes atualizações das normas técnicas brasileiras adotadas ABNT NBR IEC 60079-14 – *Seleção de equipamentos e projeto de instalações elétricas em atmosferas explosivas* e a ABNT NBR IEC 61892-7 – *Unidades marítimas fixas e móveis – Instalações elétricas – Parte 7: Áreas classificadas*, seguindo a evolução das respectivas normas internacionais sobre instalações "Ex". Essa evolução reflete o desenvolvimento das tecnologias e dos tipos de proteção aplicados aos equipamentos "Ex", em particular a segurança intrínseca, bem como a evolução dos conceitos sobre as formas de instalação de equipamentos e instalações e sistemas de fiação em atmosferas explosivas, tanto em instalações terrestres como em instalações marítimas.

## 36.1 HISTÓRICO E ATUALIZAÇÕES DAS NORMAS DA SÉRIE ABNT NBR IEC 60079 SOBRE INSTALAÇÕES EM ATMOSFERAS EXPLOSIVAS

As normas técnicas brasileiras sobre atmosferas explosivas relacionadas com o segmento "Ex" vêm sendo publicadas no Brasil desde o final dos anos 1960. O início da elaboração de normas técnicas brasileiras da ABNT sobre atmosferas explosivas ocorreu em 1968, com a publicação do projeto de norma P-EB-239 – *Equipamentos com invólucros à prova de explosão*, posteriormente publicada como NBR 5363.

Posteriormente, em 1979, foi oficialmente criado no Cobei o Comitê Técnico CT-31, responsável pela elaboração, de forma coordenada e consensada entre as empresas envolvidas no assunto, de normas técnicas sobre equipamentos e instalações em atmosferas explosivas.

Ao longo das décadas de 1980 e 1990, foram elaboradas pelas Comissões de Estudo do Subcomitê SC-31 do Cobei e publicadas pela ABNT uma série de normas sobre atmosferas explosivas, alinhadas com as normas internacionais da IEC, tais como normas para os tipos de proteção Ex "p", Ex "e", Ex "i" e Ex "d".

Foram publicadas ou atualizadas pela ABNT, desde 2005, mais de cem normas técnicas brasileiras sobre atmosferas explosivas das Séries ABNT NBR IEC 60079 e ABNT NBR ISO/IEC 80079, com o mesmo nível de atualização e requisitos em relação às respectivas normas internacionais das Séries IEC 60079 e ISO/IEC 80079.

Ao longo das últimas décadas, foram publicadas pela ABNT diversas novas normas sobre requisitos de instalações "Ex", que inexistiam até então na normalização brasileira. Muitas dessas normas representaram publicações inéditas na normalização brasileira, contribuindo para a elevação do nível de qualidade, desempenho e certificação das empresas de prestação de serviços, de competências pessoais e de equipamentos "Ex", resultando em níveis mais elevados de segurança e confiabilidade das instalações industriais "Ex" e das pessoas envolvidas nessas instalações industriais com risco de explosão.

No presente momento, a normalização técnica brasileira sobre atmosferas explosivas encontra-se totalmente alinhada e harmonizada com as normas internacionais da IEC, em um elevado patamar normativo, que faz com que o Brasil possa aplicar as melhores práticas internacionais nas áreas de fabricação, avaliação, ensaios e certificação de equipamentos com tipos de proteção "Ex", bem como na área de procedimentos de classificação de áreas, projeto, seleção de equipamentos, montagem, inspeção, manutenção, reparo e recuperação de equipamentos e instalações "Ex".

## 36.2 HISTÓRICO, ATUALIZAÇÕES DA NORMA ABNT NBR IEC 60079-14 – *PROJETO, SELEÇÃO DE EQUIPAMENTOS E MONTAGEM DE INSTALAÇÕES "Ex"*

Em 1969 foi publicada pela ABNT o projeto experimental de norma P NB-158 – *Instalações Elétricas em Ambientes com Líquidos, Gases ou Vapores Inflamáveis*, com um total de dez páginas. A Figura 36.1 mostra a folha de rosto do projeto experimental P NB-158/1969.

Participaram da elaboração daquele projeto de norma representantes do DEPIN (Departamento Industrial) da Petrobras, Refinaria de Manguinhos, RPBC (Refinaria Presidente Bernardes de Cubatão), Arno, Cobei, IBP, ABNT, IEE, Peterco. Aquele projeto de norma teve como base o Artigo 500 do NEC, indicando a classificação de áreas em divisões (1 e 2) e classes (I, II e III), embora também fossem feitas referências à normas da IEC (sem citação específica de números).

A norma NBR 5418 – *Instalações elétricas em atmosferas explosivas* foi inicialmente publicada pela ABNT em 1977, tendo ainda como base os requisitos do NEC, mantendo os requisitos existentes no projeto P NB-158 (1969), passando para um total de dezesseis páginas. A norma NBR 5418 foi elaborada na época pela Comissão de Estudo CE-03:031.10 – Comissão de Estudo de Classificação de Áreas e Requisitos para Instalação do Cobei.

Norma Brasileira 1969

| ABNT | **Instalações Elétricas em Ambientes com Líquidos, Gases ou Vapôres Inflamáveis** | **NB - 158**<br>*Em Estágio Experimental* |
|---|---|---|

Esta norma é publicada sob os auspícios do Convênio Associação Brasileira de Normas Técnicas — Instituto Brasileiro de Siderurgia — Associação Brasileira para o Desenvolvimento das Indústrias de base.

*APRESENTAÇÃO — Para a elaboração desta norma foi constituida uma Comissão Redatora que após ouvir firmas projetistas, montadores e usuários preparou o seu texto-base. Fizeram parte dêste Grupo Redator as seguintes entidades: Assessoria de Engenharia do Instituto Brasileiro de Petróleo, Petrobrás — DEPIN e Refinaria de Petróleo Manguinhos. Após a distribuição do texto-base desta norma para colhêr sugestões reuniu-se a Comissão de Estudo que examinou o texto e as sugestões recebidas, e após várias reuniões aprovou o texto agora publicado em Estágio Experimental. Faziam parte dessa Comissão as seguintes entidades: Arno S.A. Indústria e Comércio, Engº Ernst Muhr: Comitê Brasileiro de Eletrotécnica e Iluminação, Engº J. F. G. Michel; Assessoria de Engenharia do Instituto Brasileiro de Petróleo e Convênio ABNT - IBS - ABDIB, Engº Armando G. Ammirati (Secretário); Instituto de Eletrotécnica, Engº Antonio Zanella Jr. (Presidente): Peterco Comércio e Indústria de Eletricidade, Engº José Albuquerque e Engº Hélio José Brescia: Petrobrás - DEPIN, Engº Marcelo José de Carvalho; RPBC - Petrobrás, Engº Paulo Calixto: Refinaria Petróleo Manguinhos, Engº Cláudio P. M. de Barros.*

*Colaboraram para a execução desta norma as seguintes entidades: ABINEE - Associação Brasileira da Indústria Elétrica e Eletrônica, Alba S.A. Indústrias Quimicas, Comitê Brasileiro de Eletrotécnica e Iluminação, Instituto Brasileiro de Petróleo, Peterco Comércio e Indústria de Eletricidade Ltda., Promon Engenharia, Refinaria de Petróleo Manguinhos, Rhodia Indústrias Quimicas e Têxteis S.A., Setal Engenharia e Montagens Industriais.*

**Figura 36.1 –** Folha de rosto do projeto experimental de norma brasileira P NB-158/1969.

| ABNT | INSTALAÇÕES ELÉTRICAS EM AMBIENTES COM LÍQUIDOS, GASES OU VAPORES INFLAMÁVEIS | NBR 5418<br>DEZ/1977 |
|---|---|---|

1 OBJETIVO

1.1 A presente Norma estabelece os requisitos de segurança aplicáveis às instalações elétricas em ambientes onde sejam processados, manuseados ou utilizados líquidos, gases ou vapores inflamáveis, cujas misturas com ar sejam passíveis de risco de ignição provocada por fonte de energia elétrica.

1.2 Os equipamentos e instalações elétricas, aqui considerados, compreendem máquinas, instrumentos, equipamentos de manobra, controle e proteção, resistores, luminárias, transformadores e demais elementos energizados, bem como os respectivos circuitos de alimentação elétrica.

1.3 O campo de aplicação desta Norma compreende as áreas (recintos abertos ou fechados) onde estejam instalados equipamentos elétricos, capazes de gerar arcos ou centelhas suscetíveis de provocar ignição ou explosão de misturas inflamáveis, quer como decorrência de operação e manutenção, quer como decorrência de situação de anormalidade.

Origem: NB-158/1969
CB-03 - Comitê Brasileiro de Eletricidade
CE-03:031.10 - Comissão de Estudo de Classificação de Áreas e Requisitos para Instalação
~~Reimpressão da NB-158/1969~~ *ultrar*

| SISTEMA NACIONAL DE METROLOGIA, NORMALIZAÇÃO E QUALIDADE INDUSTRIAL | ABNT - ASSOCIAÇÃO BRASILEIRA DE NORMAS TÉCNICAS |
|---|---|
| Palavras-chave: Instalação elétrica | NBR 3 NORMA BRASILEIRA REGISTRADA |

CDU: Todos os direitos reservados 16 páginas

**Figura 36.2 –** Folha de rosto da norma brasileira ABNT NBR 5418/1977.

A norma NBR 5418/1977 manteve muitos dos requisitos anteriormente especificados no projeto P NB 158/1969, como a apresentação de "figuras de referência" de classificação de áreas (Figura 1 da norma *ABNT NBR 5418/1977 - Exemplos de limitações de áreas*), como mostrado na Figura 36.3 (*extensões de áreas classificadas ao redor de uma fonte de risco*) e na Figura 36.4 (*legendas de classificação de áreas*).

De acordo com os requisitos apresentados naquela norma sobre instalações elétricas "Ex" daquela época, "*Os valores contidos na Figura 1 deverão ser utilizados com as devidas precauções, interpretando-se convenientemente à luz da presente Norma, da experiência e do bom senso.*"

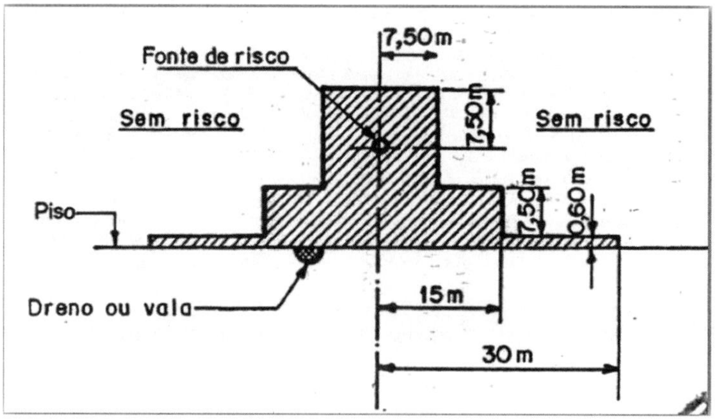


**Figura 36.3 –** Norma ABNT NBR 5418/1977 – Figura 1 – Exemplos de limitações de extensões de classificação de áreas.

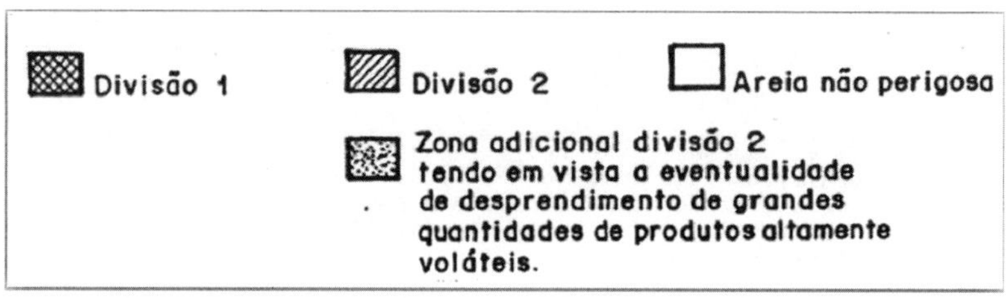


**Figura 36.4 –** Norma ABNT NBR 5418/1977 – Figura 1 – exemplos de limitações de áreas classificadas (legendas).

São mostrados a seguir alguns exemplos de equipamentos com tipos de proteção "Ex" instalados no Brasil a partir da década de 1930.

**Figura 36.5 –** Motor elétrico "Ex" – década de 1930 – invólucro metálico do tipo "à prova de explosão" com caixa de terminais de força com tampa roscada.

*Fonte*: acervos pessoais dos autores.

**Figura 36.6 –** Painel de distribuição de circuitos – década de 1950 – invólucros metálicos do tipo "*à prova de explosão*" com tampas roscadas.

*Fonte*: acervos pessoais dos autores.

**Figura 36.7 –** Motor Ex "d" – década de 1950 – motor do tipo *"à prova de explosão"* com caixa de terminais de força com tampa aparafusada.

*Fonte*: acervos pessoais dos autores.

**Figura 36.8 –** Chave liga/desliga "Ex" – década de 1960 – invólucro metálico do tipo *"à prova de explosão"* com tampa roscada.

*Fonte*: acervos pessoais dos autores.

**Figura 36.9 –** Motor "Ex" – década de 1970 – invólucro do tipo "à prova de explosão" com caixa de terminais de força com tampa flangeada.

*Fonte*: acervos pessoais dos autores.

**Figura 36.10 –** Caixa de junção "Ex" contendo réguas de terminais – década de 1980 – invólucro metálico do tipo *"à prova de explosão"* com tampa flangeada aparafusada.

*Fonte*: acervos pessoais dos autores.

Em 1979, ocorreu a primeira reunião do Subcomitê SC-31 do Cobei, com o objetivo de elaborar e revisar as normas técnicas brasileiras sobre o tema "atmosferas explosivas". Foram elaboradas por esse Subcomitê SC-31 do Cobei e publicadas pela ABNT ao longo das décadas de 1980 e 1990 diversas normas técnicas brasileiras "Ex", baseadas nas normas internacionais da Série IEC 79.

A Norma NBR 5418/1977 ficou sem atualizações durante quinze anos, até que, em 1992, a respectiva Comissão de Estudo do SC-31 do Cobei iniciou os trabalhos de sua atualização, baseando-se na primeira edição da norma IEC 79-14, que havia sido publicada pela IEC em 1984. Aquele trabalho de atualização durou três anos, sendo publicada pela ABNT a versão seguinte da norma NBR 5418 em 1995.

Em 1992, a Comissão de Estudo CE-03:031.10 iniciou os trabalhos de atualização da norma NBR 5418, baseando-se na primeira edição da norma IEC 79-14, que havia sido publicada pela IEC em 1984. Esse trabalho de atualização durou três anos, sendo publicada pela ABNT em 1995, a "nova" edição da norma NBR 5418, contendo treze páginas, como mostrado na Figura 36.11.

ABNT-Associação Brasileira de Normas Técnicas

Sede:
Rio de Janeiro
Av. Treze de Maio, 13 - 28º andar
CEP 20003-900 - Caixa Postal 1680
Rio de Janeiro - RJ
Tel.: PABX (021) 210-3122
Telex: (021) 34333 ABNT - BR
Endereço Telegráfico: NORMATÉCNICA

MAR 1995 | NBR 5418

**Instalações elétricas em atmosferas explosivas**

Procedimento

Origem: Projeto NBR 5418/1992
CB-03 - Comitê Brasileiro de Eletricidade
CE-03:031.10 - Comissão de Estudo de Classificação de Áreas e Requisitos para Instalação
NBR 5418 - Electrical installations in explosive gas atmospheres - Procedure
Descriptors: Electrical installations. Explosive gas atmospheres
Esta Norma foi baseada na IEC 79-14/1984
Esta Norma substitui a NBR 5418/1977
Válida a partir de 02.05.1995

Palavras-chave: Atmosfera explosiva. Instalação elétrica | 13 páginas

Copyright © 1995, ABNT–Associação Brasileira de Normas Técnicas
Printed in Brazil/
Impresso no Brasil
Todos os direitos reservados

**Figura 36.11** – Folha de rosto da norma brasileira ABNT NBR 5418/1995.

**Figura 36.12** – Exemplo de caixa de junção Ex "e" contendo réguas de terminais – década de 1990 – invólucro plástico do tipo *"segurança aumentada"* com entrada de cabos por prensa-cabos e circuitos intrinsecamente seguros.

*Fonte*: acervos pessoais dos autores.

**Figura 36.13** – Exemplo de sistema de medição e pesagem industrial para áreas classificadas contendo gases inflamáveis ou poeiras combustíveis, com células de carga e circuitos de automação intrinsecamente seguros.

*Fonte*: Mettler Toledo.

Nessa edição de 1995 da ABNT NBR 5418, com um total de treze páginas, os requisitos de seleção de equipamentos "Ex" foi radicalmente alterada de divisões e classes (NEC) para zonas (0, 1 e 2) e grupos (IIA, IIB e IIC), de acordo com os requisitos da IEC 79-10 (Classificação de áreas), cuja primeira edição havia sido publicada em 1971.

A edição de 1995 da norma ABNT NBR 5418 permaneceu sem revisão ou atualizações técnicas pelo longo período de onze anos, até a data de 18 de dezembro 2006, quando a Comissão de Estudo CE 003:031.01 do Subcomitê SCB 003:031 da ABNT/CB-003 (*Eletricidade*), elaborou a "inédita" norma ABNT NBR IEC 60079-14 – *Equipamentos elétricos para atmosferas explosivas - Parte 14: Instalação elétrica em áreas classificadas (exceto minas)*, com um total de 41 páginas, como mostrado na Figura 36.14.

NOV 2006 **ABNT NBR IEC 60079-14**

**Equipamentos elétricos para atmosferas explosivas**

**Parte 14: Instalação elétrica em áreas classificadas (exceto minas)**

**ABNT – Associação Brasileira de Normas Técnicas**

Sede:
Rio de Janeiro
Av. Treze de Maio, 13 / 28º andar
CEP 20031-901 - Rio de Janeiro – RJ
Tel.: PABX (21) 3974-2300
Fax: (21) 2220-1762
Endereço eletrônico:
www.abnt.org.br

Copyright © 2006
ABNT – Associação Brasileira de Normas Técnicas
Printed in Brazil/
Impresso no Brasil
Todos os direitos reservados

Origem: Projeto 03:031.01-003:2006**
ABNT/CB-03 - Comitê Brasileiro de Eletricidade
CE-03:031.01 – Comissão de Estudo de Procedimentos de Classificação de Áreas, Instalação em Atmosferas Explosivas, Inspeção e Manutenção em Atmosferas Explosivas e Reparo e Verificação de Equipamentos Elétricos Utilizados em Atmosferas Explosivas
ABNT NBR IEC 60079-14 - Electrical apparatus for gas explosive atmospheres - Part 14: Electrical installations in harzardous areas (others than mines)
Descriptors: Explosive atmospheres. Electrical apparatus.
Esta Norma é equivalente à IEC 60079-14:2002
29.260.20

Palavras-chave: Atmosferas explosivas. Instalação elétrica | 41 páginas

**Figura 36.14** – Folha de rosto da norma ABNT NBR IEC 60079-14/2006 – *Equipamentos elétricos para atmosferas explosivas – Parte 14: Instalação elétrica em áreas classificadas (exceto minas).*

Como um marco pioneiro na história da normalização "Ex" brasileira, essa foi a primeira vez na história da ABNT que a norma brasileira sobre instalações elétricas "Ex" foi publicada como uma norma técnica brasileira adotada, equivalente (idêntica em conteúdo técnico, forma e apresentação, sem desvios técnicos nacionais) em relação à respectiva norma internacional IEC 60079-14 Edition 3.0, que havia sido publicada em 2002 pelo TC-31 da IEC.

Em 20 de fevereiro de 2009, foi publicada a atualização dessa norma técnica brasileira, com a segunda edição dessa norma brasileira adotada, a qual foi elaborada pela Comissão de Estudo CE 003:031.01 do Subcomitê SCB 003:031 da ABNT/CB-003 (*Eletricidade*), com o título "definitivo" ABNT NBR IEC 60079-14 – *Atmosferas explosivas - Parte 14: Projeto, seleção e montagem de instalações elétricas*, com um total de 94 páginas, como mostrado na Figura 36.15.

NORMA BRASILEIRA

**ABNT NBR IEC 60079-14**

Segunda edição
20.02.2009

Válida a partir de
20.03.2009

**Atmosferas explosivas**
**Parte 14: Projeto, seleção e montagem de instalações elétricas**

*Explosive atmospheres*
*Part 14: Electrical installations design, selection and erection*

**Figura 36.15** – Folha de rosto da norma ABNT NBR IEC 60079-14/2009 – *Atmosferas explosivas – Parte 14: Projeto, seleção e montagem de instalações elétricas.*

Dentro do constante ciclo de atualização das normas técnicas brasileiras adotadas, seguindo a evolução das respectivas normas técnicas internacionais da IEC, foi publicada pela ABNT, em 7 de novembro de 2016, a terceira edição dessa norma técnica brasileira ABNT NBR IEC 60079-14, com um total de 153 páginas, como mostrado na Figura 36.16.

NORMA BRASILEIRA

**ABNT NBR IEC 60079-14**

Terceira edição
07.11.2016

**Atmosferas explosivas**
**Parte 14: Projeto, seleção e montagem de instalações elétricas**

*Explosive atmospheres*
*Part 14: Electrical installations design, selection and erection*

**Figura 36.16** – Folha de rosto da norma ABNT NBR IEC 60079-14/2016 – *Atmosferas explosivas – Parte 14: Projeto, seleção e montagem de instalações elétricas.*

## 36.3 HARMONIZAÇÃO, CONVERGÊNCIA E IDENTIDADE ENTRE AS NORMAS TÉCNICAS BRASILEIRAS E INTERNACIONAIS SOBRE EQUIPAMENTOS E INSTALAÇÕES EM ATMOSFERAS EXPLOSIVAS

As normas técnicas brasileiras adotadas das Séries ABNT NBR IEC 60079 e ABNT NBR ISO/IEC 80079 são normas idênticas, sem desvios nacionais, em relação às respectivas normas internacionais da IEC e da ISO/IEC. Seguindo a tendência normativa mundial dos países-membros da IEC, incluindo o Brasil, as normas que envolvem a avaliação da conformidade de empresas de serviços "Ex", competências pessoais "Ex" e equipamentos elétricos e mecânicos "Ex" representam a adoção das respectivas normas internacionais da IEC ou da ISO/IEC.

Essa "política normativa" de adoção de documentos técnicos internacionais utilizada pela ABNT na normalização brasileira, com base na ABNT Diretiva 3 (*Adoção de documentos técnicos internacionais*), tem, dentre outros objetivos, harmonizar as normas nacionais dos diversos países com a normalização internacional, de forma a padronizar os requisitos e procedimentos para competências, projeto, classificação de áreas, fabricação, ensaios, marcação, certificação, sistemas de gestão da qualidade, competências pessoais, instalação, montagem, inspeção, manutenção, reparos, revisão e recuperação de equipamentos e instalações "Ex".

Ações como essas contribuem para a integração dos fabricantes, laboratórios de ensaios, usuários e organismos de certificação de produtos brasileiros com o mercado e a comunidade "Ex" internacional, bem como para a elevação dos níveis de tecnologia e segurança dos produtos e das instalações nacionais.

Em função do acompanhamento e da participação das empresas, entidades e associações representadas no Subcomitê SCB 003:031 (*Atmosferas explosivas*) da ABNT/CB-003 (*Eletricidade*), de todos os documentos e novas edições das normas internacionais da IEC sobre atmosferas explosivas, publicadas pelo TC-31 (*Equipment for explosive atmospheres*) da IEC, todas as boas práticas e *know-how* das empresas, entidades e instituições brasileiras podem ser discutidas e incorporadas na normalização internacional da IEC, sempre que consideradas adequadas, de acordo com o entendimento e consenso dos diversos países participantes no TC-31 da IEC.

Dessa forma, as normas técnicas internacionais da Série IEC 60079 (*Atmosferas explosivas*) ou ISO 80079 (*Equipamentos mecânicos "Ex"*) são adotadas pela ABNT na forma de normas técnicas brasileiras idênticas, em termos de conteúdo técnico, forma e apresentação em relação à respectiva norma internacional ISO ou IEC, uma vez que tais normas internacionais já passaram por um processo de avaliação de análise pelas Comissões de Estudo do SCB 003:031 (*Atmosferas explosivas*) da ABNT/CB-003 (*Eletricidade*), tendo sido previamente discutidas, comentadas e aprovadas, incorporando os comentários aplicáveis feitos tanto pelo Brasil como pelos demais países participantes do TC-31 da IEC.

## 36.4 AS PRINCIPAIS NOVIDADES E ALTERAÇÕES INTRODUZIDAS NA NORMA ABNT NBR IEC 60079-14 – EDIÇÃO 1.0 (2006)

Pode ser considerado que a publicação em dezembro de 2006 dessa norma técnica brasileira adotada sobre instalações "Ex" idêntica à respectiva norma internacional IEC 60079-14 representou um marco na história da normalização técnica brasileira sobre atmosferas explosivas.

Isso se deve ao fato de que as normas até então existentes no Brasil sobre equipamentos e instalações "Ex", que haviam sido elaboradas desde a década de 1960, podiam ser consideradas como uma "colcha de retalhos" sobre os aspectos "Ex", reunindo, em uma mesma norma, requisitos provenientes de diferentes normas internacionais e estrangeiras, tais como IEC, UL e NEC/NFPA.

Esse fato podia ser entendido tanto sob o aspecto da "cultura" brasileira "Ex" influenciada pelas instalações de origem norte-americana na indústria do petróleo, entre as décadas de 1930 e 1980, como do estado de exceção da política brasileira existente entre as décadas de 1960 e 1980, criando-se barreiras técnicas no Brasil para o fechamento do mercado interno para mercado externo. Essa abertura do mercado nacional para as tecnologias internacionais veio a consolidar-se somente a partir da década de 1990, com o maior acesso do Brasil ao mercado internacional cada vez mais globalizado pelos meios de telecomunicações, da informação e da internet.

Dentre as principais alterações introduzidas na edição 1.0 da norma ABNT NBR IEC 60079-14/2006, com relação à "antiga" norma NBR 5418/1995 (que havia ficado onze anos sem revisão ou atualização técnica), podem ser destacadas as seguintes:

1) total de páginas: 42 (contra treze páginas da Norma NBR 5418);
2) total de 29 referências normativas, referenciando somente normas internacionais IEC ou da IEC ou normas técnicas brasileiras adotadas ABNT NBR IEC (contra vinte referências na NBR 5418/1995, na maioria normas "Ex" não alinhadas com as normas internacionais da IEC);

3) introdução de diversos novos requisitos até então não abordados na norma NBR 5418/1995, como influências externas, proteção contra raios, seleção de prensa-cabos Ex "d", proteção de juntas de equipamentos Ex "d", motores "Ex" acionados por conversores de frequência, requisitos adicionais para equipamentos Ex "d", Ex "e", Ex "i", Ex "p" e requisitos para equipamentos elétricos pessoais;

4) introdução de novos anexos informativos sobre verificação de circuitos intrinsecamente seguros, sobre método de terminação em sistemas Ex "i" com mais de um equipamento associado e determinação de parâmetros de cabos;

5) introdução da Seção "Bibliografia".

## 36.5 AS PRINCIPAIS NOVIDADES E ALTERAÇÕES INTRODUZIDAS NA ABNT NBR IEC 60079-14 – EDIÇÃO 2.0 (2009)

A partir de 2002, dentro do ciclo de manutenção e atualização das normas existentes na IEC, a norma internacional IEC 60079-14 - Edition 3.0 passou a ser revisada e atualizada, com a participação dos países-membros do TC-31 da IEC, inclusive pelos membros da Comissão de Estudo CE 003:031.01 do Subcomitê SCB 003:031 da ABNT/CB-003. Esses trabalhos de atualização culminaram na publicação da Edição 4.0 da norma internacional IEC 60079-14, ocorrida em 2007, a qual contou com o voto de aprovação do Brasil, representado pelo Cobei (*Brazilian National Committee*).

Com a publicação da Edição 4.0 da IEC 60079-14, a Comissão de Estudo CE 03:031.01, a qual havia acompanhado e participado do processo de desenvolvimento das etapas de comentários e de aprovação dessa norma internacional, iniciou os trabalhos de atualização da respectiva norma técnica brasileira adotada ABNT NBR IEC 60079-14, que havia sido publicada pela ABNT em 2006. Em 2007, a Comissão de Estudo CE 31.01 do Subcomitê SC-31 iniciou os trabalhos de revisão da respectiva norma brasileira equivalente, ABNT NBR IEC 60079-14, a qual, após passar pelo processo de consulta nacional em dezembro de 2008, foi publicada em 20 de fevereiro 2009, com o título "definitivo" de *Atmosferas explosivas - Parte 14: Projeto e seleção de equipamentos e montagem de instalações elétricas.*

Dentre as principais alterações introduzidas na segunda edição da norma ABNT NBR IEC 60079-14, publicada em 2009, com relação à edição anterior (2006), podem ser destacadas as seguintes:

1) introduzidos os conceitos sobre os níveis de proteção de equipamentos (EPL - *Equipment Protection Level*) ao longo de toda a norma, com explanação no novo Anexo I (*Informativo*);

2) incluídos requisitos de instalações em áreas classificadas contendo poeiras combustíveis oriundos da norma ABNT NBR IEC 61241-14, a qual foi devidamente cancelada e integrada na norma ABNT NBR IEC 60079-14;

3) introduzidos novos requisitos sobre avaliação de fatores de risco de centelhamento no entreferro em motores com tipo de proteção Ex "nA" e Ex "e" com tensão nominal acima de 1.0 kV;

4) introduzidos novos requisitos sobre proteção contra acúmulo de cargas eletrostáticas;

5) introduzidos novos requisitos sobre seleção de cabos com isolação compacta;
6) introduzidos requisitos e informações adicionais referentes às aplicações ou tipos de proteção típicos, incluindo equipamentos móveis e transportáveis e pessoais;
7) introduzidos novos requisitos sobre sistemas de entradas de cabos em invólucros com tipo de proteção *à prova de explosão*;
8) introduzidos requisitos sobre habilidades e competências de "*pessoas responsáveis*", executantes e projetistas, conforme explanado no Anexo F (*Normativo*).

Essa norma IEC 60079-14 constitui também a base para os sistemas internacionais de certificação elaborados pelo IECEx, para empresas de prestação de serviços de projeto, instalação e inspeção inicial de instalações elétricas "Ex" e para a certificação de competências pessoais em atmosferas explosivas, nas Unidades de Competência "Ex" 003 (*Instalação de equipamentos com tipos de proteção "Ex" e respectivos sistemas de fiação*), "Ex" 006 (*Ensaios de equipamentos e instalações elétricas em, ou associadas a atmosferas explosivas*) e "Ex" 009 (*Projeto de instalações elétricas em, ou associadas a atmosferas explosivas*), de acordo com o documento operacional IECEx OD 504.

## 36.6 A INTRODUÇÃO DE REQUISITOS SOBRE SELEÇÃO DO EPL REQUERIDO PARA OS EQUIPAMENTOS "Ex" A SEREM INSTALADOS EM ATMOSFERAS EXPLOSIVAS

Na edição de 2006 da norma ABNT NBR IEC 60079-14, foi introduzido o conceito de EPL, diferente da tradicional metodologia do tipo "receita de bolo" utilizada até então, de simplesmente relacionar os tipos de proteção "Ex" dos equipamentos (tais como Ex "i", Ex "e" ou Ex "t") com as zonas de classificação de áreas (tais como Zonas 0, 1, 2, 20, 21 ou 22).

Essa nova abordagem de seleção de equipamentos "Ex" deixou mais clara a necessidade de distinção entre a responsabilidade da atribuição do nível de proteção proporcionado pelos equipamentos "Ex" (responsabilidade dos organismos de certificação em conjunto com os laboratórios de ensaios e os fabricantes dos equipamentos "Ex"), da responsabilidade de especificação do nível de proteção requerido dos equipamentos "Ex" a serem instalados em áreas classificadas (responsabilidade dos proprietários das instalações "Ex", ou projetistas ou montadores).

Basicamente, o símbolo utilizado para a identificação do nível de proteção de equipamento proporcionado pelos equipamentos "Ex" consiste em uma primeira letra, em maiúsculo, designando o local da instalação, da seguinte forma: M (*Minas*), G (*Gás*) ou D (*Dust*), e de uma segunda letra, em minúsculo, designando o nível de proteção proporcionado, da seguinte forma: a (*muito alto*), b (*alto*) ou c (*elevado*), de acordo com a metodologia "tradicional", mostrada na Tabela 36.1.

**Tabela 36.1** – Norma ABNT NBR IEC 60079-14/2006 – *Níveis de EPL proporcionados pelos equipamentos "Ex" a serem selecionados de acordo com a classificação de área (Zona) do local da instalação*

| ZONA | Níveis de proteção proporcionado pelos equipamentos "Ex" (EPL) adequados para a instalação | GRUPO |
|---|---|---|
| 0 | Ga | II (Gases inflamáveis) |
| 1 | Ga ou Gb | |
| 2 | Ga, Gb ou Gc | |
| 20 | Da | III (Poeiras combustíveis) |
| **21** | Da ou Db | |
| **22** | Da, Db ou Dc | |

## *Níveis de proteção de equipamento (EPL) nos quais somente zonas são determinadas para áreas classificadas contendo gases ou poeiras combustíveis*

Fazendo-se uma comparação simplificada entre os EPL e os tipos de proteção "Ex", para fins de instalação em atmosferas explosivas de gás (Grupo II), de forma similar com as "tradicionais" definições indicadas da norma ABNT NBR IEC 60079-14, com base em *zonas* de classificação de áreas contendo gases inflamáveis (grupo II), sem levar em consideração avaliação adicional alguma de risco, tem-se que:

- equipamentos com EPL Ga são adequados para instalação em áreas classificadas contendo gases inflamáveis Zonas 0, 1 e 2;
- equipamentos com EPL Gb são adequados para instalação em áreas classificadas contendo gases inflamáveis Zonas 1 e 2;
- equipamentos com EPL Gc são adequados para instalação somente em áreas classificadas contendo gases inflamáveis Zona 2.

De forma similar, podem ser relacionados os EPL para instalação em atmosferas explosivas contendo poeiras combustíveis (grupo III), como apresentado a seguir:

- equipamentos com EPL Da são adequados para instalação em áreas classificadas contendo poeiras combustíveis Zonas 20, 21 e 22;
- equipamentos com EPL Db são adequados para instalação em áreas classificadas contendo poeiras combustíveis Zonas 21 e 22;
- equipamentos com EPL Dc são adequados para instalação somente em áreas classificadas contendo poeiras combustíveis Zona 22.

## 36.7 REQUISITOS SOBRE QUALIFICAÇÃO E COMPETÊNCIAS EM TRABALHOS ENVOLVENDO INSTALAÇÕES ELÉTRICAS EM ATMOSFERAS EXPLOSIVAS

A edição de 2006 da ABNT NBR IEC 60079-14 (*Projeto, seleção e montagem de instalações elétricas "Ex"*), bem como a edição 2008 da ABNT NBR IEC 60079-19 (*Reparo, revisão e recuperação de equipamentos elétricos "Ex"*) e a edição 2009 da ABNT NBR IEC 60079-17 (*Inspeção e manutenção de instalações elétricas "Ex"*) passaram a apresentar novos requisitos normativos sobre conhecimentos, habilidades, competências, treinamentos e avaliação de profissionais envolvidos com serviços de projeto, instalação, inspeção, manutenção e reparos de equipamentos e instalações elétricas e de instrumentação em atmosferas explosivas.

Esses novos requisitos tiveram como objetivo assegurar que todas as pessoas envolvidas com esses tipos de instalações em atmosferas explosivas possuam as necessárias qualificações e competências, de forma que as instalações possam ser mantidas em níveis adequados de segurança.

Deve ser ressaltado que não basta que tais equipamentos elétricos, eletrônicos, digitais, de automação, instrumentação ou telecomunicações para atmosferas explosivas sejam adequadamente fabricados e certificados, para garantir a segurança de uma planta industrial.

Como em uma corrente, na qual a resistência do conjunto é determinada pelo seu elo mais fraco, a segurança de instalações elétricas, de instrumentação, de automação, de telecomunicações e mecânicas em atmosferas explosivas depende da correta realização dos serviços de projeto, instalação, inspeção, manutenção e reparos, dos quais depende a devida e necessária competência das respectivos pessoas envolvidas nestas atividades.

Nesse sentido, o IECEx (*Sistema de Certificação da IEC para o ciclo total de vida das instalações "Ex"*) incorpora em seu sistema de certificação para atmosferas explosivas não somente a certificação de equipamentos "Ex". Visando a atender também aos requisitos específicos dos usuários, o IECEx possui sistemas de certificação de empresas de prestação de serviços "Ex" e sistema de certificação de competências pessoais "Ex".

Os requisitos sobre qualificação e competências pessoais "Ex" que foram incluídos nas normas internacionais da IEC e nas respectivas normas técnicas brasileiras da ABNT NBR IEC 60079 (Parte 14, Parte 17 e Parte 19) estão alinhados com as unidades de competências (Ex 000 a Ex 010) especificadas no Documento Operacional IECEx OD 504 (*Especificações para a avaliação dos resultados das unidades de competência*) sobre competências pessoais "Ex".

## 36.8 AS PRINCIPAIS NOVIDADES E ALTERAÇÕES INTRODUZIDAS NA NORMA ABNT NBR IEC 60079-14 – EDIÇÃO 3.0 (2016)

Dentre as principais alterações introduzidas na edição 3.0 da norma ABNT NBR IEC 60079-14, com relação à edição 2.0, anterior, podem ser destacadas as seguintes:

1) introdução de um guia de seleção dos tipos de proteção "Ex" adequados para prensa-cabos, adaptadores de rosca ou bujões de vedação "Ex" em função do tipo de proteção do invólucro do equipamento "Ex";

2) especificação de cabos com seção circular e isolamento compacto para utilização em atmosferas explosivas;

3) alteração da metodologia de especificação de cabos e prensa-cabos Ex "d" do tipo de compressão ou do tipo barreira, independentemente do volume do invólucro Ex "d";

4) introdução de requisitos de inspeção inicial detalhada após a conclusão da montagem em atmosferas explosivas;

5) novos critérios para a seleção de baterias, identificação do inventário dos equipamentos "Ex" por meio de RFID e equipamentos para a detecção de gases inflamáveis;

6) maior detalhamento dos equipamentos simples para instalação em circuitos Ex "i";

7) nova estrutura para os requisitos de sistemas de entrada de cabos e elementos de plugueamento para invólucros de diversos tipos de proteção "Ex";

8) nova estrutura para os requisitos de máquinas elétricas girantes para todos os tipos de proteção "Ex";

9) nova estrutura para os requisitos para segurança envolvendo eletricidade estática e radiação eletromagnética;

10) novos requisitos de seleção de equipamentos com radiação óptica e ultrassônica;

11) novo anexo para inspeção inicial detalhada "Ex", com programas de inspeção para equipamentos específicos;

12) novo anexo (informativo) para ensaio de cabos com respiração restrita, capazes de evitar propagação de chama pelo seu interior;

13) novo anexo sobre instalação de sistemas de aquecimento por traceamento elétrico "Ex";

14) novos anexos, contendo requisitos sobre:
    - inspeção inicial com programas inspeção para equipamentos específicos para todos os tipos de proteção "Ex";
    - ensaios para verificação de restrição de migração de gás através de isolamento de cabos;
    - instalação de sistemas de aquecimento por traço elétrico;
    - instalação de equipamentos com proteção contra radiação óptica (Ex "op");
    - misturas híbridas.

## 36.9 EVOLUÇÃO DOS REQUISITOS NORMATIVOS SOBRE INSTALAÇÕES ELÉTRICAS "Ex" EM UNIDADES MARÍTIMAS (*OFFSHORE*)

Em 20 de abril 2012, foi publicada pela ABNT uma nova norma, inédita na normalização brasileira, sobre o tema "atmosferas explosivas". Elaborada pela Comissão de Estudo CE 003.018.001 (Instalações elétricas de unidades marítimas móveis e fixas) da ABNT/CB-003 (*Eletricidade*), a norma técnica brasileira adotada ABNT NBR IEC 61892-7 – *Unidades marítimas fixas e móveis – Instalações elétricas – Parte 7: Áreas classificadas* é mostrada na Figura 36.17.

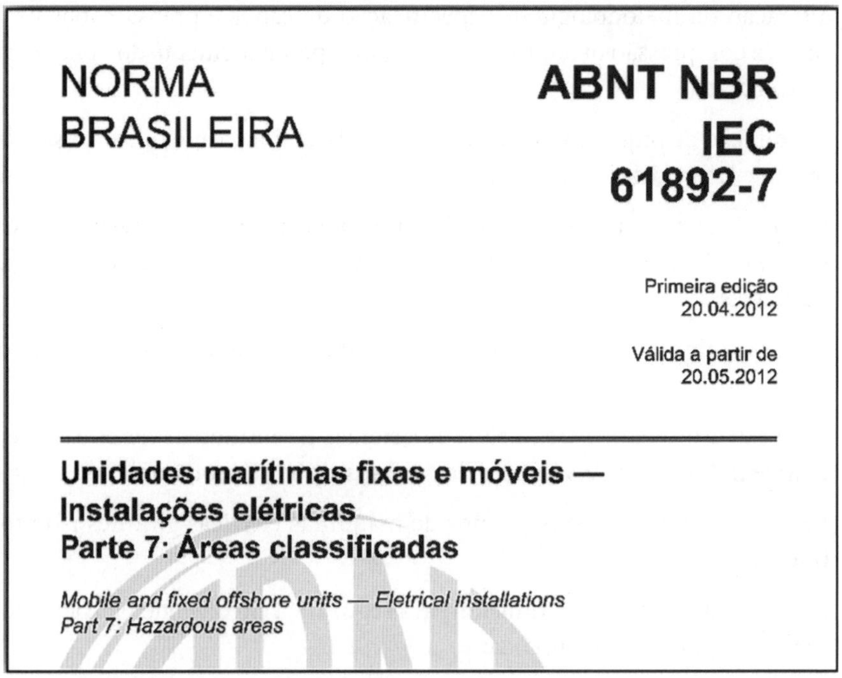

NORMA BRASILEIRA

ABNT NBR IEC 61892-7

Primeira edição
20.04.2012

Válida a partir de
20.05.2012

**Unidades marítimas fixas e móveis — Instalações elétricas Parte 7: Áreas classificadas**

*Mobile and fixed offshore units — Eletrical installations Part 7: Hazardous areas*

**Figura 36.17** – Folha de rosto da norma ABNT NBR IEC 61892-7/2012 – *Unidades marítimas fixas e móveis – Instalações elétricas – Parte 7: Áreas classificadas.*

*Fonte*: ABNT.

A Comissão de Estudo CE 03:018.01 da ABNT/CB-003, responsável por acompanhar o desenvolvimento da respectiva norma internacional IEC 61892-7, participa, em nome do *Brazil National Committee for IEC* (Cobei), de todo o processo de atualização, comentários, votação e aprovação daquela norma, no âmbito do TC-18 (*Electrical installations of ships and of mobile and fixed offshore units*), do qual o Brasil é membro do tipo "P" (*Participante*).

As normas técnicas brasileiras da Série ABNT NBR IEC 61892 representam uma "família" de normas destinadas a garantir a segurança em projeto, instalação, manutenção e utilização de equipamentos elétricos para a geração, armazenamento, distribuição e utilização de energia elétrica para todas as finalidades em instalações marítimas que são utilizadas para a exploração ou produção de petróleo.

Prevê-se que essas normas, sob o título geral "*Unidades marítimas fixas e móveis - Instalações elétricas*", sejam formadas pelas seguintes partes:

- Parte 1: Requisitos e condições gerais
- Parte 2: Projeto de sistemas elétricos
- Parte 3: Equipamentos
- Parte 4: Cabos
- Parte 5: Unidades móveis
- Parte 6: Instalação
- Parte 7: Áreas classificadas

O objetivo final da Série ABNT NBR IEC 61892 é o de produzir um conjunto de normas técnicas brasileiras sobre eletricidade destinado exclusivamente à indústria marítima de petróleo. A Série ABNT NBR IEC 61892 também incorpora e coordena, dentro do possível, regulamentações existentes e forma um código de interpretação, onde aplicável, dos requisitos da *International Maritime Organization* (IMO). Essa Série de Normas ABNT NBR IEC 61892 também constitui um guia para futuros regulamentos nacionais que possam ser elaborados e um código de práticas de proprietários e de fabricantes de unidades marítimas e de outras organizações envolvidas nesta área.

As normas técnicas internacionais da Série IEC 61892 são adotadas pela ABNT na forma de normas técnicas brasileiras equivalentes da Série ABNT NBR IEC 61892, sem desvios técnicos nacionais, em termos de conteúdo técnico, forma e apresentação em relação às respectivas normas internacionais da Série IEC 61892, tendo como base os requisitos especificados na Diretiva 3 da ABNT (*Adoção de documentos técnicos internacionais*). Isso se deve ao fato de que aquelas normas internacionais passam pelo processo de avaliação e análise pela Comissão de Estudo CE 003:018.001 da ABNT/CB-003, tendo sido previamente discutidas, comentadas e aprovadas, incorporando os comentários aplicáveis feitos tanto pelo Brasil como pelos demais países participantes do TC 18 da IEC.

Essa política de normalização tem por objetivo harmonizar as normas nacionais com a normalização internacional, de forma a padronizar os procedimentos de projeto, fabricação, ensaios, marcação, avaliação da conformidade, instalação, inspeção, manutenção, reparos, recuperação de equipamentos e competências pessoais "Ex". Ações como essas contribuem para a integração dos fabricantes, laboratórios de ensaios, empresas usuárias, organismos de certificação de produtos e de pessoas e provedores de treinamentos brasileiros com o mercado e a comunidade internacional "Ex", bem como para a elevação dos níveis de segurança, saúde, meio ambiente, avaliação de risco, ensaios, qualidade, desempenho, confiabilidade, procedimentos de execução de serviços e competências pessoais relacionados com as instalações nacionais "Ex".

A norma técnica brasileira adotada ABNT NBR IEC 61892-7 estabelece os requisitos para classificação de áreas e seleção de equipamentos "Ex" e instalações em áreas classificadas em unidades marítimas fixas e móveis utilizadas na indústria marítima de petróleo, incluindo oleodutos, tubulações, estações de bombeamento, estações de lançamento ou recebimento "*pigs*", estações de compressão e monoboias de ancoragem, para as finalidades de perfuração, produção, acomodação, processamento, armazenamento e descarregamento (*offloading*). Essa norma apresenta também, dentre outros, os requisitos relacionados a classificação de áreas, sistemas elétricos, seleção de equipamentos elétricos "Ex", cabos e sistemas de fiação (cabeamento) em áreas classificadas, requisitos de ventilação para compartimentos e salas de baterias e para os serviços de inspeção, manutenção, reparo, revisão e recuperação de instalações e equipamentos "Ex".

Na primeira edição da ABNT NBR IEC 61892-7, essa norma brasileira era aplicável a instalações, permanentes, temporárias, transportáveis ou portáteis, com tensões nominais até 35 kV c.c. e 750 V c.c.

Na Figura 36.18, é mostrado um exemplo de unidade marítima "Ex" do tipo plataforma de petróleo, contendo equipamentos e instalações elétricas, de instrumentação, de automação, de telecomunicações e mecânicas.

**Figura 36.18** – Unidade marítima do tipo plataforma de petróleo, contendo equipamentos e instalações de instrumentação, automação, telecomunicações, elétricas e mecânicas "Ex" em áreas classificadas.

Na Figura 36.19, é mostrado um exemplo de unidade marítima "Ex" do tipo FPSO contendo equipamentos e instalações elétricas, de instrumentação, de automação, de telecomunicações e mecânicas em áreas classificadas.

**Figura 36.19** – Unidade marítima do tipo FPSO, contendo equipamentos e instalações de instrumentação, automação, telecomunicações, elétricas e mecânicas "Ex" em áreas classificadas.

Dentro do constante ciclo de atualização das normas técnicas brasileiras adotadas, seguindo a evolução das respectivas normas técnicas internacionais da IEC, foi publicada pela ABNT em 1 de fevereiro de 2017 a segunda edição da ABNT NBR IEC 61892-7, como mostrado na Figura 36.20.

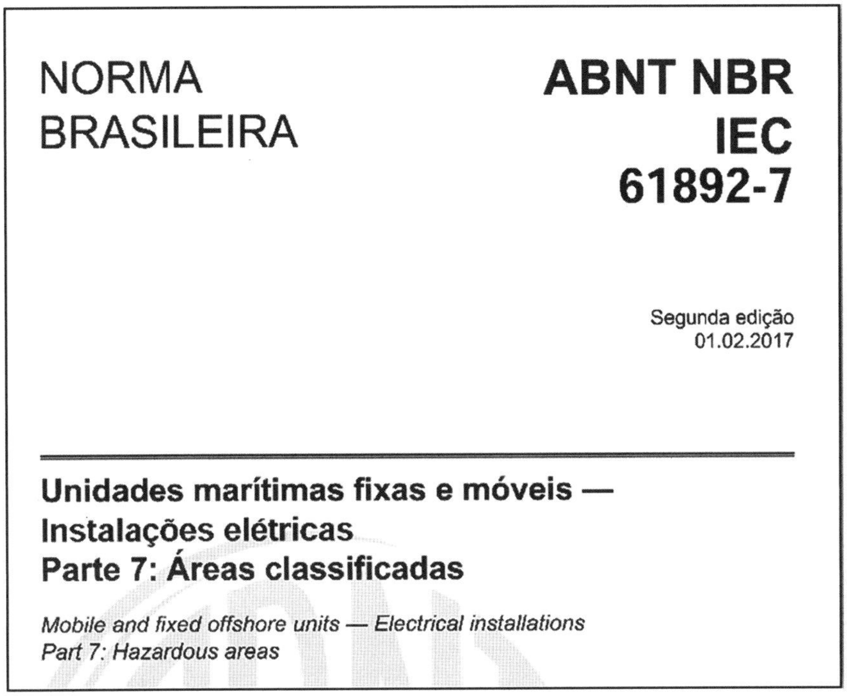

NORMA BRASILEIRA

**ABNT NBR IEC 61892-7**

Segunda edição
01.02.2017

**Unidades marítimas fixas e móveis — Instalações elétricas
Parte 7: Áreas classificadas**

*Mobile and fixed offshore units — Electrical installations
Part 7: Hazardous areas*

**Figura 36.20 –** Folha de rosto da norma ABNT NBR IEC 61892-7/2017 – *Unidades marítimas fixas e móveis – Instalações elétricas – Parte 7: Áreas classificadas.*

*Fonte*: ABNT.

Dentre as principais modificações técnicas que foram incluídas nessa segunda edição em relação à primeira podem ser destacadas as seguintes:

1) os requisitos de instalações elétricas em atmosferas explosivas de unidades marítimas foram reescritos, tendo como base a norma técnica brasileira ABNT NBR IEC 60079-14/Edição 2016;

2) introdução do conceito de EPL (*Equipment Protection Level*) para a seleção dos níveis de proteção de equipamentos proporcionados pelos equipamentos "Ex";

3) inclusão dos requisitos de competências pessoais dos profissionais envolvidos com as atividades de projeto, seleção, instalação, testes, inspeção e reparos de equipamentos e instalações elétricas marítimas em áreas classificadas, tendo como base sistemas de certificação de pessoas, como as Unidades de Competências "Ex" (Ex 000 a Ex 010) especificadas no documento operacional IECEx OD 504 – Especificações para a avaliação dos resultados das unidades de competência;

4) inclusão do novo anexo sobre a introdução de um método alternativo de avaliação de risco, abrangendo os "níveis de proteção de equipamentos" (EPL) para equipamentos "Ex", de forma similar às diversas partes da Série ABNT NBR IEC 60079 – *Atmosferas explosivas*.

5) inclusão do novo anexo apresentando uma padronização de placas de sinalização de segurança de áreas classificadas.

Na elaboração dessa nova edição da norma técnica brasileira adotada ABNT NBR IEC 61892-7 foram referenciados os requisitos aplicáveis da norma brasileira ABNT NBR IEC 60079-14 (*Projeto, montagem e inspeção inicial de instalações elétricas em atmosferas explosivas*), com o objetivo de obter o devido alinhamento e harmonização dos requisitos de projeto e montagem das instalações elétricas em atmosferas explosivas, tanto para instalações "Ex" terrestres como para instalações "Ex" marítimas. Foram incluídos nessa edição 2.0 da norma ABNT IEC 61892-7 alguns requisitos "complementares" em relação aos apresentados na ABNT NBR IEC 60079-14, de forma a atender às "particularidades" específicas de instalações marítimas "Ex".

Dentro do constante ciclo de atualização das normas técnicas brasileiras adotadas, seguindo a evolução das respectivas normas técnicas internacionais da IEC, foi publicada pela ABNT, em 22 de janeiro 2020, a terceira edição dessa norma técnica brasileira ABNT NBR IEC 61892-7, como mostrado na Figura 36.21.

NORMA BRASILEIRA

ABNT NBR IEC 61892-7

Terceira edição
22.01.2020

**Unidades marítimas fixas e móveis — Instalações elétricas Parte 7: Áreas classificadas**

*Mobile and fixed offshore units — Electrical installations Part 7: Hazardous areas*

**Figura 36.21 –** Folha de rosto da norma ABNT NBR IEC 61892-7/2020 – *Unidades marítimas fixas e móveis – Instalações elétricas – Parte 7: Áreas classificadas.*

*Fonte*: ABNT.

Dentre as principais modificações técnicas que foram incluídas nesta terceira edição 3.0 da ABNT NBR IEC 61892-7 em relação à segunda edição podem ser destacadas as seguintes:

1) os requisitos de instalações elétricas em atmosferas explosivas de unidades marítimas foram reescritos, tendo como base a norma técnica brasileira ABNT NBR IEC 60079-14 e outras normas aplicáveis, como apropriado, elaboradas pelo TC 31 da IEC;

2) foram removidos os limites de tensão de aplicação nas instalações marítimas "Ex". No entanto, os limites de tensão podem ser encontrados em normas referenciadas dos respectivos equipamentos aplicáveis a instalações elétricas. A remoção dos limites de tensão é considerada necessária devido aos sistemas de interconexão de terra e fornecimento de alimentação de terra para as unidades marítimas. Nessas aplicações, estão sendo utilizados sistemas de transmissão de até 132 kV c.a. ou 150 kV c.c. e estão sendo projetados sistemas com tensões mais elevadas, da ordem de até 245 kV;
3) a partir desta terceira edição, são apresentados somente requisitos relacionados com instalações marítimas que sejam "diferentes" ou que possuam "particularidades" em relação aos requisitos "gerais" para instalações em atmosferas explosivas especificados na norma ABNT NBR IEC 60079-1;
4) os requisitos sobre "detecção de gases" foram transferidos para um "Anexo informativo" - Sistema de detecção de gases;
5) os requisitos sobre desligamentos de emergência (*shutdown*) relacionados com o controle de fontes de ignição foram transferidos para a ABNT NBR IEC 61892-1. No entanto, de forma a se manter a facilidade de acesso a esses requisitos relacionados com atmosferas explosivas na norma ABNT NBR IEC 61892-7, foi incluído um novo "Anexo informativo" (Controle de fontes de ignição), contendo a transcrição dos requisitos.

## 36.10 INTERFACES, FRONTEIRAS E SOBREPOSIÇÕES ENTRE AS NORMAS DE INSTALAÇÕES ELÉTRICAS "Ex" E DAS NORMAS SOBRE INSTALAÇÕES ELÉTRICAS "NÃO Ex"

Existe frequentemente a preocupação em se entender qual é a "fronteira" ou a "superposição" ou as "interfaces" entre essa norma ABNT NBR IEC 60079-14 sobre instalação elétrica em atmosferas explosivas e as normas de instalações elétricas em áreas não classificadas, tais como a Série IEC 60364 (*Instalações elétricas em baixa tensão*), a Série IEC 61936 (*Instalações elétricas acima de 1.0 kV*), a ABNT NBR 5410 (*Instalações elétricas em baixa tensão*) e a ABNT NBR 14369 (*Instalações elétricas acima de 1.0 kV até 36.2 kV*).

A resposta é relativamente simples: não existem propriamente "sobreposições" ou "interfaces" entre essas normas, uma vez que os requisitos para instalações em áreas classificadas (instalações "Ex") começam onde terminam os requisitos para instalações não "Ex" (em áreas não classificadas).

Isso significa que o que existe na realidade é uma "fronteira": todos os requisitos para instalações em áreas não classificadas são também aplicáveis para áreas classificadas, ou seja, os requisitos para instalações "Ex" são "adicionais" ou "complementares" aos requisitos para instalações em áreas não classificadas.

Esse requisito é inclusive indicado na Seção "Escopo" da ABNT NBR IEC 60079-14:

> "Os requisitos desta Norma são adicionais aos requisitos de instalações para áreas não classificadas". Ainda sobre este aspecto, na Seção "Requisitos gerais" desta Norma Brasileira é indicado que "As instalações elétricas em áreas classificadas também devem estar de acordo com os requisitos apropriados para instalações em áreas não classificadas. Entretanto, os requisitos para áreas não classificadas são insuficientes para instalações em áreas classificadas".

## 36.11 EVOLUÇÕES DAS TECNOLOGIAS DOS EQUIPAMENTOS "Ex" E REFLEXOS NAS NORMAS SOBRE INSTALAÇÕES "Ex"

Com o contínuo e cada vez mais acelerado desenvolvimento de tecnologias verificado sobre os equipamentos elétricos, de instrumentação, de automação, de telecomunicações e mecânicos "Ex", é previsto que as respectivas normas técnicas internacionais e brasileiras sobre o assunto também tenham de ser atualizadas, acompanhando e incorporando requisitos aplicáveis as estas evoluções.

Os desenvolvimentos tecnológicos sobre equipamentos e instalações "Ex" têm como principais motivações os esforços realizados pelas empresas usuárias de instalações em áreas classificadas contendo gases inflamáveis ou poeiras combustíveis, como fabricantes de equipamentos "Ex", com foco na elevação dos níveis de segurança das instalações e das pessoas, da elevação da proteção do meio ambiente, da elevação da facilidade de execução dos serviços de campo relacionados com as atividades de montagem, inspeção, manutenção e reparos e da elevação do desempenho e recursos de gestão de ativos e automação de sistemas instrumentados em áreas classificadas, incluindo a utilização massiva de equipamentos "Ex" pessoais, móveis e *wearables*.

Dentre os exemplos que podem ser citados sobre novos requisitos normativos que estão sendo avaliados no âmbito internacional do TC 18 (*Instalações elétricas marítimas*) e do TC 31 (*Equipamentos para atmosferas explosivas*) da IEC sobre as normas técnicas relacionadas com as instalações em atmosferas explosivas, em trabalhos realizados em conjunto por todos os países participantes desses comitês técnicos da IEC, incluindo o Brasil, podem ser citados:

- requisitos sobre competências pessoais "Ex";
- requisitos sobre competências e sistema de gestão da qualidade de empresas de serviços "Ex";
- aplicações de internet das coisas na indústria "Ex" (IIoT - *Industrial Internet of Things*);
- segurança cibernética sobre equipamentos e instalações elétricas, de automação e de telecomunicações "Ex";
- requisitos sobre inspeções remotas de equipamentos e instalações terrestres e marítimas "Ex";
- inspeções "Ex" com base em risco (RBI – *Risk Based Inspection*);
- inspeções detalhadas não invasivas aos invólucros dos equipamentos "Ex", sem a necessidade de suas aberturas;
- requisitos sobre equipamentos "Ex" em alta tensão, até 245 kV e respectivos requisitos de projeto, montagem, inspeção, manutenção e reparo;
- requisitos sobre serviços de projeto, montagem, inspeção, manutenção e reparos de equipamentos mecânicos "Ex";
- utilização de drones e robôs "Ex" em serviços de inspeções remotas em áreas classificada;
- utilização de *wearables* "Ex", como *smartwatches*, *smartbands*, smartphones, *smartbadges*, tablets, câmeras e microfones de capacete, óculos com câmeras integradas;
- aplicações de tecnologias de realidade aumentada 3D (3D/AR) e gêmeo digital (*digital twin*) em áreas classificadas;

- aplicações de equipamentos e sistemas *Ethernet* intrinsecamente seguros a dois fios (2-WISE);
- marcação "digital" de equipamentos de instrumentação, automação, telecomunicações, elétricos e mecânicos "Ex", por meio de *QR Code* ou RFID;
- aumento na integração e cooperação formal entre o TC 31 da IEC com o sistema de avaliação da conformidade IECEx;
- convergência e aplicação entre a tecnologia da informação e a tecnologia da operação, incluindo a utilização de equipamentos de automação "Ex" de campo.

## 36.12 EXEMPLOS DE INSTALAÇÕES "Ex" TERRESTRES E MARÍTIMAS, DE ACORDO COM AS NORMAS ABNT NBR IEC 6009-14 E ABNT NBR IEC 61892-7

São apresentados a seguir alguns exemplos de instalações de instrumentação e elétricas "Ex", terrestres e marítimas, atendendo os requisitos aplicáveis das normas técnicas brasileiras adotadas ABNT NBR IEC 6009-14 e ABNT NBR IEC 61892-7.

**Figura 36.22 –** Exemplo de instalações elétricas e de instrumentação "Ex" em áreas classificadas de planta de tratamento em refinaria de petróleo, com equipamentos e circuitos intrinsecamente seguros, como monitor de posição de válvula de bloqueio Ex "i" e válvula solenoide Ex "i", e entradas de cabos por meio de prensa-cabos "Ex", atendendo aos requisitos da norma ABNT NBR IEC 60079-14.

*Fonte*: acervos pessoais dos autores.

**Figura 36.23 –** Exemplo de instalações elétricas e de instrumentação "Ex" em áreas classificadas de instalações marítimas de navio do tipo FPSO, com instrumento transmissor de nível do tipo radar Ex "i", circuitos intrinsecamente seguros, entradas de cabos por meio de prensa-cabos "Ex" e distribuição de cabos de circuitos de elétrica e instrumentação por meio de sistema de bandejamento, atendendo aos requisitos da norma ABNT NBR IEC 61892-7.

*Fonte*: acervos pessoais dos autores.

**Figura 36.24 –** Exemplo de instalações elétricas e de instrumentação "Ex" em áreas classificadas de planta petroquímica, com equipamentos e circuitos intrinsecamente seguros, como caixas de junção Ex "i", entradas de cabos por meio de prensa-cabos "Ex" e distribuição de cabos de circuitos de elétrica e instrumentação por meio de sistema de bandejamento, atendendo aos requisitos da norma ABNT NBR IEC 60079-14.

*Fonte*: acervos pessoais dos autores.

**Figura 36.25 –** Exemplo de instalações elétricas e de instrumentação "Ex" em áreas classificadas de plataforma marítima de produção de petróleo & gás, com painéis de distribuição de circuitos com tipo de proteção *"segurança aumentada"*, com invólucros em aço inoxidável, entradas de cabos por meio de prensa-cabos "Ex" e distribuição de cabos de circuitos de elétrica e instrumentação por meio de sistema de bandejamento, atendendo aos requisitos da norma ABNT NBR IEC 61892-7.

*Fonte*: acervos pessoais dos autores.

**Figura 36.26 –** Exemplo de instalações elétricas e de instrumentação "Ex" em áreas classificadas de planta petroquímica, com painéis de distribuição de circuitos com tipo de proteção *"segurança aumentada"* e caixas de junção Ex "e" com invólucros plásticos, entradas de cabos nas caixas de junção por meio de prensa-cabos "Ex" e distribuição de cabos de circuitos de elétrica e instrumentação por meio de sistema de bandejamento, atendendo aos requisitos da norma ABNT NBR IEC 60079-14.

*Fonte*: acervos pessoais dos autores.

## 36.13 CONSIDERAÇÕES SOBRE A EVOLUÇÃO DOS REQUISITOS NORMATIVOS SOBRE INSTALAÇÕES EM ÁREAS CLASSIFICADAS

São relacionadas a seguir algumas considerações e conclusões sobre a evolução dos requisitos de instalações em atmosferas explosivas, acompanhando a contínua e acelerada evolução das tecnologias e das necessidades relacionadas com segurança, desempenho, gestão de ativos e automação de equipamentos e instalações "Ex" em áreas classificadas contendo gases inflamáveis ou poeiras combustíveis, aplicáveis tanto a instalações industriais terrestres como marítimas:

1) existem no Brasil normas técnicas publicadas pela ABNT sobre o tema "*Instalações elétricas em ambientes com líquidos, gases ou vapores inflamáveis*" desde a década de 1960;

2) em 1979, ocorreu a primeira reunião do Subcomitê SC 31 do Cobei, com o objetivo de ser um "espelho" no Brasil do TC 31 da IEC (criado em 1948) e alinhar as normas técnicas brasileiras sobre o tema "atmosferas explosivas" com as normas técnicas internacionais da Série IEC 79;

3) nas décadas de 1980 a 1990, as normas técnicas brasileiras sobre instalações em atmosferas explosivas incorporavam requisitos especificados em normas internacionais da IEC elaborada pelo TC 31 da IEC, bem como requisitos oriundos de normas estrangeiras, como o NEC, de "Práticas recomendadas", como o API;

4) a partir da década de 2000, as normas técnicas brasileiras sobre equipamentos e instalações terrestres e marítimas em atmosferas explosivas são normas idênticas às respectivas normas internacionais da IEC, de acordo com os requisitos especificados na Diretiva 3 da ABNT (*Adoção de documentos técnicos internacionais*);

5) no presente momento, a normalização técnica brasileira sobre atmosferas explosivas encontra-se totalmente alinhada e harmonizada com as normas internacionais da IEC, em um elevado patamar normativo, que faz com que o Brasil possa aplicar as melhores práticas internacionais nas áreas de fabricação, avaliação, ensaios e certificação de equipamentos com tipos de proteção "Ex", bem como na área de procedimentos de classificação de áreas, projeto, seleção de equipamentos, montagem, inspeção, manutenção, reparo e recuperação de equipamentos e instalações "Ex";

6) foi introduzida em 2018 na legislação brasileira, pela Secretaria do Trabalho, por meio da Norma Regulamentadora NR-37 (*Segurança e saúde em plataformas de petróleo*), a necessidade de avaliação de equipamentos mecânicos instalados em áreas classificadas, de acordo com os requisitos das normas técnicas brasileiras adotadas ABNT NBR ISO 80079-36 e ABNT NBR ISO 80079-37, evidenciando uma necessária evolução em termos legais no Brasil dos requisitos relacionados com "segurança de equipamentos e instalações em áreas classificadas";

7) as tecnologias "Ex" estão passando por aceleradas evoluções, de forma similar à que ocorre com tecnologias de outras áreas técnicas e de gestão. Além do "salto" da tensão nominal dos equipamentos e sistemas terrestres e marítimos "Ex" de 15 kV para 245 kV, encontram-se em estudo pelo TC 31 da IEC outros "saltos" tecnológicos, como a especificação e utilização de *wearables*, *drones*,

robôs, inspeções "Ex" remotas, inspeções detalhadas não invasivas, realidade aumentada 3D, IIoT "Ex", sistemas *wireless* com longa capacidade e autonomia de operação, sistemas de inspeções com base em risco, gerenciamento e gestão de ativos "Ex" na nuvem, redes e sistemas intrinsecamente seguros a dois fios com base em *Ethernet* desde o campo até a nuvem, dentre outros avanços previstos;

8) deve ser ressaltado que, na base dos requisitos adequação dos equipamentos e instalações "Ex", como fatores fundamentais para a segurança de pessoas, instalações e meio ambiente, durante o ciclo total de vida dos equipamentos e instalações em atmosferas explosivas, estão as avaliações da conformidade por meio de certificações das competências pessoais "Ex" e das empresas de serviços "Ex".

Capítulo **37**

# Requisitos de conhecimentos, experiências e certificação de competências pessoais "Ex"

**Sinopse**: este capítulo aborda os requisitos de qualificação, conhecimentos, experiências, habilidades e treinamentos relacionados com as competências pessoais de executantes e supervisores de serviços em áreas classificadas ou relacionados com atmosferas explosivas. Aborda também a evolução dos conceitos e das necessidades de aplicação dos requisitos de avaliação da conformidade por meio da certificação para as competências pessoais dos profissionais "Ex", de forma a proporcionar a devida confiança de que os serviços serão realizados de forma correta, atendendo aos requisitos normativos das normas aplicáveis das Séries ABNT NBR IEC 60079 e ABNT NBR ISO 80079 - *Atmosferas explosivas.*

## 37.1 INTRODUÇÃO SOBRE A AVALIAÇÃO DA CONFORMIDADE DE COMPETÊNCIAS PESSOAIS "Ex"

Para a obtenção dos níveis necessários de segurança nas instalações elétricas, de instrumentação, de automação e de telecomunicações em atmosferas explosivas, é necessário que sejam adequadamente realizadas atividades das quais dependem os treinamentos, experiências, habilidades, qualificações e competências das pessoas envolvidas na execução de tais trabalhos.

Os trabalhos envolvidos com equipamentos e instalações em áreas classificadas contendo atmosferas explosivas formadas por gases inflamáveis ou poeiras combustíveis atuam em uma área específica e particular das atividades relacionadas com os serviços prestados para as instalações na indústria de um modo geral, em áreas não classificadas.

As particularidades relacionadas com a execução de serviços em áreas classificadas se devem aos elevados riscos de acidentes catastróficos e explosões que podem ocorrer nessas áreas contendo atmosferas explosivas, com consequências potencialmente desastrosas para as instalações e o meio ambiente, incluindo a possibilidade de perda de vidas das pessoas que estejam no local da explosão.

As particularidades dos requisitos de serviços para as áreas "Ex" se encontram especificadas em normas técnicas brasileiras adotadas da Série ABNT NBR IEC 60079 - *Atmosferas explosivas*, publicadas pela ABNT, totalmente harmonizadas com as respectivas normas técnicas internacionais. Essas normas abrangem os serviços de projeto, seleção de equipamentos "Ex", montagem, inspeção, manutenção e reparos de equipamentos e instalações "Ex".

No entanto, de uma forma geral, pode ser verificado nas instalações que possuem áreas classificadas que empresas de serviços de projeto, montagem, inspeção, manutenção e reparos, em diferentes regiões do Brasil, apresentam deficiências de qualificação de pessoal de execução e supervisão, o qual não possui os devidos experiências, conhecimentos e habilidades.

Ainda pode ser verificada a existência de serviços de classificação de áreas, projetos, montagem e inspeções envolvendo instalações elétricas, de instrumentação, de automação e de telecomunicações em atmosferas explosivas que não atendem aos requisitos indicados nas respectivas partes das normas da Série ABNT NBR IEC 60079, mesmo por parte de profissionais que foram autorizados pelas respectivas empresas, de acordo com a legislação vigente, a intervir em equipamentos e instalações elétricas, inclusive em áreas classificadas.

Pode ser verificado também, com base na qualidade dos serviços que são realizados, que a mão de obra de profissionais, envolvendo projetistas, montadores, instaladores e inspetores, é carente com relação ao acesso a cursos de formação e qualificação e a treinamentos de reciclagem envolvendo as atividades relacionadas com as instalações elétricas, de instrumentação, automação e de telecomunicações em áreas classificadas.

## 37.2 PANORAMA GERAL DE REQUISITOS DE AVALIAÇÃO DA CONFORMIDADE "Ex" NO BRASIL E NO MUNDO

O Brasil possui, desde 1991, um regulamento nacional, publicado pelo Inmetro, sobre a compulsoriedade de certificação de equipamentos elétricos para instalação em áreas classificadas contendo atmosferas explosivas.

Naquela época, os esforços que foram realizados tinham como premissa que a comercialização somente de equipamentos elétricos que tivessem passado por um processo de avaliação da conformidade mediante certificação de terceira parte traria a necessária elevação dos níveis de segurança das instalações e das pessoas envolvidas com atmosferas explosivas. Naquela ocasião, havia uma grande demanda no mercado por equipamentos elétricos para atmosferas explosivas, em decorrência do grande número de plataformas de petróleo que foram instaladas na Bacia de Campos, no litoral do Rio de Janeiro, entre as décadas de 1980 e 1990.

No final da década de 1980, em função da ocorrência de diversas explosões e da verificação da existência no mercado de uma grande quantidade de equipamentos "Ex" sem certificados ou com certificados "falsificados", foram realizados esforços para a elaboração de um regulamento contendo os Requisitos de Avaliação da Conformidade (RAC) para equipamentos elétricos destinados a serem instalados em áreas classificadas, que tornou compulsória a certificação de equipamentos elétricos "Ex".

Com base naqueles esforços, a "expectativa" ou a "esperança" que havia, no início da década de 1990, era a de que os níveis de segurança requeridos nas instalações elétricas em atmosferas explosivas seriam alcançados, em decorrência da existência no mercado de produtos "Ex" certificados. No entanto, transcorridas algumas décadas sob a obrigatoriedade de certificação de equipamentos elétricos "Ex", pôde ser verificado que, na prática, os níveis de segurança das instalações e das pessoas ainda não se encontram nos patamares necessários, continuando a ser verificada a ocorrência de graves acidentes catastróficos, incluindo explosões e acidentes fatais.

Pôde ser verificado também que esses níveis de segurança e de conformidade normativa e legal estariam mais elevados caso a sociedade brasileira tivesse investido também na certificação das pessoas que atuam em áreas classificadas e nas empresas de serviços "Ex", em uma abordagem mais abrangente sob o ponto de vista de segurança das instalações em áreas classificadas, em vez de ter investido somente na certificação dos equipamentos elétricos "Ex".

No presente momento, os mercados nacional e internacional de equipamentos "Ex" já disponibilizam uma ampla e completa gama de equipamentos, produtos, materiais e sistemas "Ex" nas áreas de instrumentação, automação, telecomunicações, elétrica e mecânica, com uma certificação de terceira parte, emitida por um organismo de certificação de produtos acreditado, seja pelo Inmetro, no âmbito *nacional*, seja, por exemplo, pelo IECEx – Sistema da IEC para certificação abrangendo o ciclo total de vida "Ex", no âmbito *internacional*.

Dessa forma, pode ser verificado que o sistema de certificação de equipamentos "Ex" se encontra *esgotado* ou *saturado*, em termos de atendimento dos seus objetivos de colocação de equipamentos "Ex" certificados no mercado, com a finalidade de elevação dos níveis de segurança das instalações e das pessoas que trabalham em áreas classificadas contendo atmosferas explosivas.

Também pode ser verificado, tendo como base a grande quantidade de "desvios" de projeto, montagem, inspeção, manutenção e reparo dos equipamentos e instalações de instrumentação, automação, telecomunicações, elétricas e mecânicas "Ex" verificadas em diversas plantas industriais no Brasil e em outros países do mundo, que a simples certificação de equipamentos elétricos ou mecânicos "Ex" é insuficiente para garantir a segurança das instalações em atmosferas explosivas e das pessoas que nelas trabalham.

Sob o ponto de vista de segurança industrial, pode ser verificado que de pouco adianta que os equipamentos de instrumentação, automação, telecomunicações, elétricos ou mecânicos "Ex" tenham sido certificados por organismos de certificação, acreditados localmente e internacionalmente, se eles não são devidamente especificados, instalados, inspecionados, mantidos ou reparados ao longo das décadas em que normalmente permanecem instalados em locais de elevado riscos de explosão, em áreas classificadas contendo atmosferas explosivas formadas por gases inflamáveis ou de poeiras combustíveis.

Isso pode ser verificado em função da verificação dos indevidos diversos desvios ou não conformidades de projeto, montagem, inspeção, manutenção e reparos que são frequentemente verificadas nas instalações em áreas classificadas de diversas indústrias das áreas do petróleo, petroquímica, química, siderúrgica, portuária, silos de grãos, sucroalcooleira e de alimentos. Essas indevidas não conformidades muito frequentemente podem invalidar as proteções proporcionadas pelos equipamentos "Ex" certificados e colocar em risco as instalações em atmosferas explosivas nas quais esses equipamentos "Ex" foram instalados.

Para que esses níveis de segurança possam ser elevados, há a necessidade de uma nova postura com relação a esse problema, com a adoção de um ponto de vista de certificação que não fique limitado somente à certificação dos equipamentos "Ex", mas incluindo também a certificação das pessoas e das empresas que realizam serviços "Ex" em áreas classificadas.

Falhas, desvios, deficiências e não conformidades que são introduzidos durante a realização dos serviços de projeto, seleção, especificação técnica, instalação, inspeção, manutenção ou recuperação de equipamentos e instalações "Ex" fazem com que os equipamentos "Ex" frequentemente percam as suas características originais de proteção contra a ignição de atmosferas explosivas que podem estar presentes em seus locais de instalação. Esses desvios são, na maioria das vezes, decorrentes de falta ou "lacunas" de treinamentos, conhecimentos, experiências, habilidades, qualificações, autorização, competências e certificação das pessoas responsáveis e dos executantes dos serviços "Ex".

## 37.3 HISTÓRICO DE EXPLOSÕES EM PLATAFORMAS E INDÚSTRIAS DE PROCESSO E CRIAÇÃO DE SISTEMA DE CERTIFICAÇÃO DE COMPETÊNCIAS PESSOAIS "Ex"

No dia 6 de julho de 1988, a plataforma de petróleo Piper Alpha, localizada no Mar do Norte, explodiu e depois incendiou-se, provocando a morte de 167 das 226 pessoas de sua tripulação. Esse grave acidente pode ser considerado como umas das catástrofes de plataformas *offshore* mais trágicas da história da indústria do petróleo.

**Figura 37.1** – Explosão em área classificada ocorrida na plataforma de petróleo Piper Alpha (Mar do Norte, 1988).

A investigação do acidente revelou a existência de múltiplas causas que levaram à explosão; em particular, deficiências das pessoas na execução de atividades de manutenção e falhas na execução de procedimentos de segurança, resultando em 106 recomendações para melhorar a segurança *offshore* e as práticas de gestão de ativos e de segurança.

Como resultado, mudanças significativas foram feitas nas práticas e nos regulamentos do Reino Unido para se elevarem os níveis de segurança dos serviços realizados pelos profissionais que trabalham em plataformas de petróleo, especialmente no setor *offshore*, bem como para proteger grandes ativos de capital investidos por grandes empresas da indústria de óleo e gás.

Uma dessas mudanças foi a exigência de que o pessoal que trabalha com equipamentos e instalações destinados a atmosferas explosivas recebesse os devidos treinamentos e tivessem as necessárias experiências sobre a execução de serviços de instalação, inspeção e manutenção de equipamentos e instalações "Ex".

Para atender a esse requisito de qualificação de pessoal em áreas classificadas, um esquema de avaliação de treinamentos e de competências pessoais "Ex" foi desenvolvido pela Engineering Equipment and Material Users Association (EEMUA) em conjunto com o maior provedor de treinamento do Reino Unido, contando com a participação da National Electrical Contractors Association (NECA), da Unite the Union, o maior sindicato do Reino Unido, além de diversos representantes de indústrias usuárias de equipamentos "Ex" e proprietárias de instalações em áreas classificadas.

Enquanto as lições aprendidas decorrentes do grande desastre da plataforma Piper Alpha serviram como um "catalisador" para a realização de treinamentos sobre equipamentos e instalações "Ex", aquelas lições serviram também para o reconhecimento da necessidade da validação das competências pessoais "Ex".

Os exemplos de desastres registrados nos Estados Unidos, como a explosão da refinaria de açúcar Imperial Sugar, ocorrida em 7 de fevereiro de 2008, com catorze mortes, e a explosão da Plataforma Deepwater Horizon, ocorrida em 20 de abril de 2010, com onze mortes, demonstram que somente a certificação de equipamentos elétricos ou mecânicos "Ex" é insuficiente para garantir a segurança das instalações em atmosferas explosivas, ressaltando a necessidade da aplicação da abordagem da avaliação da conformidade por meio de certificação também na área de competências pessoais "Ex".

**Figura 37.2 –** Explosão em área classificada ocorrida na refinaria de açúcar Imperial Sugar (Estados Unidos, 2008).

**Figura 37.3** – Explosão em área classificada ocorrida na plataforma de petróleo Deepwater Horizon (Estados Unidos, 2010).

Esse tipo de constatação pode ser verificado também em outros exemplos de graves explosões e acidentes catastróficos que ocorreram envolvendo instalações em atmosferas explosivas, como a explosão da Plataforma P-36, na Bacia de Campos-RJ, ocorrida em 15 de março de 2001, resultando na morte de onze pessoas e no afundamento daquela plataforma, e da explosão na casa de bombas do FPSO Cidade de São Mateus, localizada no litoral do estado do Espírito Santo, ocorrida em 11 de fevereiro de 2015, que resultou na perda da vida de nove pessoas.

**Figura 37.4** – Explosão em área classificada ocorrida na Plataforma de Petróleo P-36 (Brasil, 2001).

**Figura 37.5** – Explosão em área classificada ocorrida no FPSO Cidade de São Mateus (Brasil, 2015).

Esses graves acidentes envolvendo explosões de atmosferas explosivas, ocorridos em diversos países do mundo, servem também de exemplo para reforçar o fato de que a simples certificação de equipamentos "Ex" não é suficiente para garantir a segurança das instalações contendo áreas classificadas.

Muitas empresas usuárias de equipamentos "Ex" e proprietárias de instalações em áreas classificadas contendo a presença de atmosferas explosivas de gases inflamáveis ou poeiras combustíveis perceberam que um devido gerenciamento de riscos, incluindo o gerenciamento das competências pessoais dos trabalhadores em áreas classificadas, representa uma efetiva forma de proteção de ativos e, consequentemente, da segurança do pessoal, das instalações e do meio ambiente.

Por esse motivo, existe uma crescente demanda de mercado, por parte das indústrias usuárias e proprietárias de instalações em atmosferas explosivas, para que os profissionais que trabalham em áreas classificadas tenham as competências pessoais "Ex" necessárias devidamente certificadas por meio da sistemática de avaliação da conformidade, de forma que os serviços possam ser realizados de forma correta, de acordo com os requisitos técnicos normativos aplicáveis.

## 37.4 ABORDAGEM DA AVALIAÇÃO DA CONFORMIDADE PARA PRODUTOS, SERVIÇOS E PESSOAS "Ex"

A abordagem de certificação com base no "ciclo total de vida" das instalações "Ex" reconhece o fato de que somente a "tradicional" certificação de equipamentos de instrumentação, automação, telecomunicações, elétricos e mecânicos "Ex" não é suficiente para garantir a segurança das instalações em atmosferas explosivas nem das pessoas que nelas trabalham. Sob o ponto de vista do ciclo total de vida das instalações em atmosferas explosivas, os equipamentos "Ex" necessitam estar seguros durante todo o tempo em que permanecem instalados em áreas classificadas, ao longo de décadas, e não somente quando esses equipamentos saem das fábricas, na condição de "novo".

Nesse sentido, existe a necessidade básica de certificação também das competências "Ex" das pessoas que realizam atividades em áreas classificadas, bem como das empresas de serviços "Ex", como empresas projetistas, de montagem, de inspeção, de manutenção e oficinas de reparos e recuperação de equipamentos "Ex".

Pode ser verificado que os graves acidentes que ocorrem nas áreas de indústrias químicas, petroquímicas e de petróleo, geralmente não são decorrentes da falta de instalação de equipamentos "Ex" certificados, mas, sim, de falhas ou desvios nas atividades de montagem, manutenção e recuperação nesses equipamentos "Ex", falhas estas que, muitas vezes, invalidam a segurança que era proporcionada pelos equipamentos "Ex" originalmente certificados.

A melhoria de qualidade dessas atividades de auditorias, gestão de segurança, gestão de ativo, classificação de áreas, projeto, instalação, inspeção, manutenção e recuperação "Ex" somente será obtida mediante um processo de certificação das competências pessoais dos profissionais envolvidos com essas atividades e das empresas que prestam serviços de projeto, montagem, inspeção e manutenção "Ex".

Tendo como base a história "Ex" ao longo das últimas décadas e constatando-se o nível ainda inadequado de conformidade das instalações "Ex", pode ser verificado que diversos países do mundo, incluindo o Brasil, deveriam ter iniciado um processo de certificação das competências "Ex" das pessoas e das empresas que prestam serviços em áreas classificadas, e não somente dos equipamentos "Ex" que são instalados nessas áreas de risco.

Sob o ponto de vista do nível de segurança das instalações "Ex" existentes, o que pode ser constatado é que, caso isso tivesse sido feito, certamente o mercado poderia proporcionar ou fornecer uma força de trabalho mais bem preparada para realizar, com mais competência, consciência, autonomia e confiança, à luz das normas técnicas existentes da Série ABNT NBR IEC 60079, as atividades e os serviços "Ex" dos quais depende a segurança das instalações em atmosferas explosivas.

Fazendo-se uma analogia entre os requisitos de fabricação por parte de fabricantes de equipamentos de instrumentação, automação, telecomunicações, elétricos e mecânicos "Ex" e os requisitos para a execução, por parte das pessoas, de um serviço relacionado com esses equipamentos "Ex", pode ser verificado que, enquanto a fabricação de novos equipamentos "Ex" possui normalmente um processo bem controlado e submetido a sistemas de avaliação da conformidade por meio da certificação, os níveis requeridos de competência pessoais "Ex" não são processos tão bem controlados para os serviços de auditorias, gestão de ativo, classificação de áreas, seleção e especificação de equipamentos, projeto, montagem, inspeção, manutenção, reparo e recuperação de equipamentos e instalações em atmosferas explosivas.

Além disso, a terceirização de serviços também requer programas de avaliação de conformidade para a determinação dos níveis mínimos de conhecimentos, qualificação e competências dos profissionais envolvidos. Podem ser verificados, na prática, por exemplo, elevados índices de rotatividade no setor de prestação de serviços para instalações industriais envolvendo atmosferas explosivas.

Para que esses problemas ou "desafios" possam ser solucionados, os profissionais envolvidos com atividades em áreas classificadas necessitam ser capazes de trabalhar com competência nas funções para as quais são requeridos, como nas áreas de projeto, instalação, inspeção, manutenção e recuperação de equipamentos "Ex". Fatos como esse têm tornado cada vez mais evidente, no Brasil e em todo o mundo, que a simples certificação de equipamentos elétricos ou mecânicos para atmosferas explosivas não é suficiente para garantir a segurança das instalações e das pessoas que trabalham em atmosferas explosivas.

## 37.5 ESQUEMA INTERNACIONAL DE CERTIFICAÇÃO DE COMPETÊNCIAS PESSOAIS "Ex" DO IECEX

Com o início de operações em 1996 e com o lançamento "oficial" das atividades do IECEx, em 2002, com o sistema de certificação de equipamentos "Ex" e posteriormente com o lançamento dos sistemas de certificação de empresas de serviços de reparos "Ex", em 2007 e de competências pessoais em atmosferas explosivas, em 2010, ficou evidente para a comunidade técnica internacional a necessidade de uma visão mais ampla, abrangendo todas as fases de operação de uma instalação industrial e de processo, desde seu projeto inicial até as atividades rotineiras de auditorias, gestão de ativo, inspeção, manutenção e reparos dos equipamentos e instalações "Ex".

O sistema internacional de certificação de competências pessoais "Ex" elaborado pelo IECEx, em um trabalho conjunto de todos os países participantes desse sistema internacional da IEC para a avaliação da conformidade "Ex", inclusive com a participação do Brasil, tem como base as unidades de competência "Ex", os quais abrangem todas as atividades que estão relacionadas com serviços em áreas classificadas ou associados com atmosferas explosivas.

Essas unidades de competências "Ex" são estabelecidas no Documento Operacional IECEx OD 504 (Especificações para a avaliação dos resultados das unidades de competência "Ex") e indicadas a seguir:

Ex 000: Conhecimentos e percepções básicas para adentrar em uma instalação contendo áreas classificadas.

Ex 001: Aplicação dos princípios básicos de proteção em atmosferas explosivas.

Ex 002: Execução de classificação de áreas.

Ex 003: Instalação de equipamentos com tipos de proteção "Ex" e respectivos sistemas de fiação.

Ex 004: Manutenção de equipamentos em atmosferas explosivas.

Ex 005: Reparo e revisão de equipamentos com tipos de proteção "Ex".

Ex 006: Ensaios de equipamentos e instalações elétricas em, ou associadas a atmosferas explosivas.

Ex 007: Execução de inspeções visuais e apuradas de equipamentos e instalações em, ou associadas a atmosferas explosivas.

Ex 008: Execução de inspeções detalhadas de equipamentos ou instalações elétricas em, ou associadas a atmosferas explosivas.

Ex 009: Projeto de instalações elétricas em, ou associadas a atmosferas explosivas.

Ex 010: Execução de inspeções de auditoria ou de avaliação das instalações elétricas em, ou associadas a atmosferas explosivas.

Ex 011: Conhecimentos básicos para a segurança de sistemas com hidrogênio.

Essas unidades de competências "Ex" detalham, para cada atividade em áreas classificadas, os requisitos de conhecimentos, experiências, qualificações e treinamentos requeridos para o processo de certificação, bem como determinam os aspectos críticos de evidências para os quais os candidatos devem ser avaliados, por meio de exames teóricos e práticos.

Podem ser citados como exemplos de pessoas que trabalham em áreas classificadas e que necessitam evidenciar os seus conhecimentos, qualificações e experiências requeridas nessas unidades de competências "Ex" os profissionais envolvidos nas atividades de classificação de áreas, projeto, montagem, inspeção, manutenção, reparos, segurança, supervisão, gerenciamento, operação e outros profissionais que executam trabalhos relacionados a atmosferas explosivas.

Essas atividades incluem, entre outros, profissionais que atuam nas áreas de segurança, operação, processo, eletricidade, instrumentação, automação, telecomunicações, mecânica, suprimento, fabricantes de equipamentos e sistemas, laboratórios de ensaios, organismos de certificação de produtos e organismos de certificação de pessoas, organismos de acreditação, organismos reguladores e provedores de treinamentos.

As principais normas da Série ABNT NBR IEC 60079 aplicáveis para a certificação nessas Unidades de Competências "Ex" são as seguintes:

- ABNT NBR IEC 60079-10-1: *Classificação de áreas contendo gases inflamáveis*
- ABNT NBR IEC 60079-10-2: *Classificação de áreas contendo poeiras combustíveis*
- ABNT NBR IEC 60079-14: *Projeto, seleção de equipamentos, montagem e inspeção inicial de instalações "Ex"*
- ABNT NBR IEC 60079-17: *Inspeção e manutenção de equipamentos e instalações "Ex"*
- ABNT NBR IEC 60079-19: *Reparo, revisão e recuperação de equipamentos "Ex"*

Na figura a seguir é apresentado um fluxograma simplificado do processo de certificação de competências pessoais "Ex", incluindo as etapas de verificação documentação do candidato com relação aos requisitos de experiências, qualificações e conhecimento, a execução de exames teóricos ou práticos, dependendo das Unidades de Competências Pessoais "Ex" pretendidas, a emissão do certificado de conformidade de competências pessoais "Ex" por parte do respectivo Organismo de Certificação e o ciclo periódico de acompanhamento da atualização de conhecimentos e atividades por parte do profissional "Ex" certificado.

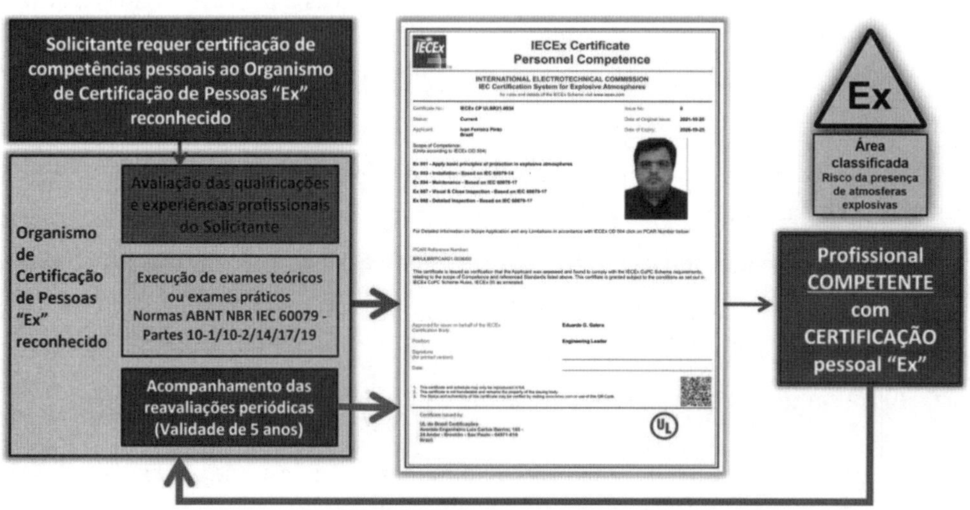


**Figura 37.6** – Fluxograma simplificado do processo de certificação de competências pessoais "Ex" para profissionais envolvidos com a execução, supervisão ou fiscalização de serviços em atmosferas explosivas.

*Fonte*: acervos pessoais dos autores.

Também relacionado com a necessidade da visão de segurança do *ciclo total de vida* das instalações "Ex", em 2013, o IECEx ampliou o sistema de certificação de empresas de serviços "Ex", iniciado em 2007 com oficinas de serviços de reparo e recuperação de equipamentos "Ex", incluindo as empresas projetistas, de montagem, de inspeção e de manutenção "Ex".

Esses sistemas de certificação de empresas de prestação de serviços "Ex" estão intimamente relacionados com o sistema de competências pessoais "Ex", uma vez que os empregados dessas empresas devem demonstrar as devidas competências pessoais, de acordo com as unidades de competências "Ex" (Ex 000 a Ex 011), conforme as atividades ou serviços que executam, supervisionam ou fiscalizam em áreas classificadas.

Até o presente momento, milhares de profissionais de dezenas de países do mundo, incluindo do Brasil, que executam ou supervisionam serviços de auditorias, gestão de ativo, classificação de áreas, seleção de equipamentos, projeto, montagem, inspeção, manutenção e recuperação de equipamentos "Ex" e de instalações em atmosferas explosivas, submeteram-se com sucesso aos processos de certificação internacional de suas competências pessoais "Ex" do IECEx.

Esse esquema internacional de certificação de competências pessoais "Ex" é aplicado por diversos organismos de certificação de pessoas "Ex" que foram devidamente avaliados e reconhecidos por outros organismos de certificação (reconhecimento por pares - *peer assessment*) de acordo com a norma técnica internacional ISO/IEC 17024 - Avaliação da conformidade - *Requisitos gerais para organismos que certificam pessoas.*

## 37.6 INTERFACES ENTRE AS UNIDADES DE COMPETÊNCIAS PESSOAIS "Ex" E AS FUNÇÕES DE TRABALHO

Devem ser destacadas as diferenças e as interfaces que existem entre as unidades de competências Ex 000 a Ex 011 e as funções de trabalho das pessoas que possuam tais competências. As certificações de acordo com as unidades de competências "Ex" não definem a função de uma pessoa, mas somente as **atividades** para as quais a pessoa demonstrou ser competente.

A definição do escopo das funções de trabalho normalmente é feita pelo empregador (ou empresa contratante dos serviços), pelo proprietário ou operador da planta. Uma definição geral do escopo das funções dos profissionais que trabalham em áreas classificadas foi também considerada nos sistemas do IECEx de certificação de empresas de prestação de serviços de projeto, montagem, inspeção e manutenção, os quais também definem os requisitos de competências pessoais dos empregados dessas empresas.

Podem ser citados como exemplos das interfaces entre as funções de trabalho e as unidades de competências Ex 000 a Ex 011 os sistemas do IECEx de certificação de empresas de prestação de serviços "Ex" de projeto, instalação, montagem, inspeção, manutenção e reparo. Nos respectivos documentos operacionais do IECEx para esses sistemas de certificação de serviços para atmosferas explosivas são indicados os seguintes requisitos de unidades de competência "Ex" para cada uma das seguintes funções de trabalho:

- as pessoas envolvidas com atividades de instalações "Ex" devem possuir certificação nas unidades de competência Ex 001, Ex 003, Ex 006 e Ex 008;
- as pessoas envolvidas com atividades de inspeções iniciais e periódicas "Ex" devem possuir certificação nas unidades de competência Ex 001, Ex 004, Ex 007 e Ex 008;

- as pessoas envolvidas com atividades de manutenção "Ex" devem possuir certificação nas unidades de competência Ex 001 e Ex 004;
- as pessoas envolvidas com atividades de projetos "Ex" devem possuir certificação nas unidades de competência Ex 001 e Ex 009;
- as pessoas envolvidas com atividades de reparo e recuperação de equipamentos "Ex" devem possuir certificação na unidade de competência Ex 005;
- as pessoas envolvidas com atividades de auditorias e de gestão de ativos de instrumentação, automação, telecomunicações, elétricas ou mecânicas "Ex" devem possuir certificação nas unidades de competência Ex 002, Ex 008, Ex 009 e Ex 010.

## 37.7 NORMA INTERNACIONAL DA SÉRIE IEC 60079 ABORDANDO AS COMPETÊNCIAS PESSOAIS "Ex"

Em função da fundamental importância sobre certificação de competências pessoais para a segurança dos equipamentos e instalações "Ex", tendo como base as demandas originadas pelas indústrias usuárias de equipamentos e instalações "Ex", encontra-se em processo de elaboração, em trabalho conjunto por parte dos países participantes do TC 31 da IEC, inclusive do Brasil, uma norma que trata especificamente do tema "competências pessoais em atmosferas explosivas".

O documento IEC TS 60079-44 - *Atmosferas explosivas - Parte 44: Competências pessoais*, parte integrante da série de normas internacionais IEC 60079 (*Atmosferas explosivas*), tem por objetivo minimizar o impacto na segurança e na integridade das instalações, onde atmosferas explosivas podem estar presentes devido a erros humanos, que podem ser resultados da falta de conhecimentos, experiências ou habilidades de uma pessoa durante a execução ou a supervisão de atividades em áreas classificadas.

A IEC TS 60079-44 apresenta como podem ser alcançados os requisitos mínimos para a gestão de competências das pessoas "Ex" que trabalham em indústrias contendo áreas classificadas onde podem estar presentes atmosferas explosivas de gases inflamáveis ou poeiras combustíveis.

De acordo com a IEC TS 60079-44, as competências pessoais "Ex" dependem de qualificações, conhecimentos, habilidades, experiências e treinamentos. A verificação e a avaliação da conformidade de competências pessoais "Ex" é uma tarefa que pode ser considerada "complexa", de forma a utilizar procedimentos objetivos e normalizados, requerendo, por esse motivo, métodos de avaliação da conformidade específicos, com base em procedimentos aplicáveis à certificação de competências pessoais, com base em requisitos especificados na norma internacional ISO/IEC 17024 (*Avaliação da conformidade - Requisitos gerais para organismos que certificam pessoas*). Ao estabelecer esses critérios, a IEC TS 60079-44 reconhece que:

- as competências para a realização de trabalhos em instalações onde possam estar presentes atmosferas explosivas de gases inflamáveis ou poeiras combustíveis são adicionais a quaisquer competências que se possam aplicar ao tipo específico de trabalho a ser realizado, por exemplo, serviços em equipamentos ou instalações elétricas, de instrumentação, de automação, de telecomunicações ou mecânicas em áreas não classificadas;
- as competências para trabalhar em áreas classificadas variam de acordo com as funções e tarefas individuais executadas (como operação dos equipamentos de

processo, classificação, de áreas, projeto, montagem, testes de campo, comissionamento, inspeção, manutenção ou reparos, aquisição de equipamentos, gerenciamento e auditorias "Ex") e os tipos de proteção "Ex" dos equipamentos e instalações elétricas e mecânicas em atmosferas explosivas;

- como os diferentes tipos de proteção "Ex" utilizam requisitos de projeto e instalação bastante diferentes e individuais, é possível que as pessoas sejam treinadas e competentes em algumas ou em todos esses tipos de proteção "Ex".

Em relação à garantia de competência pessoais "Ex", é reconhecido que as competências evoluem com o passar do tempo, mas também podem se deteriorar caso essas competências não sejam continuamente aplicadas e exercidas, sendo necessários treinamentos de reciclagem e sistemáticas contínuas ou periódicas de avaliação da conformidade, para verificar a continuidade das competências "Ex" pessoais. Quando forem necessários treinamentos ou avaliação das competências pessoais "Ex', espera-se que as pessoas que conduzem essas atividades tenham pelo menos o mesmo nível de competências das pessoas que estejam sendo treinadas ou avaliadas.

Um dos principais objetivos da IEC TS 60079-44 é apresentar orientações para o estabelecimento de critérios mínimos recomendados para determinar as funções ou atividades de trabalho, estabelecer as expectativas dos conhecimentos, experiências e habilidades necessários e as evidências das competências pessoais "Ex", que permitam avaliar e gerenciar as competências pessoais das pessoas que executam ou supervisionam trabalhos em ou associados a áreas classificadas.

A IEC TS 60079-44 apresenta exemplos e recomendações de níveis mínimos de competências pessoais "Ex" para funções típicas associadas a atmosferas explosivas, abordando os conhecimentos, experiências ou habilidades que são esperados das pessoas, e também apresenta exemplos das evidências de competências pessoais "Ex" esperadas para cada uma das funções ou atividades de serviços que são realizados em áreas classificadas.

A IEC TS 60079-44 ainda tem por objetivo auxiliar os empregadores ou empresas usuárias de equipamentos e instalações "Ex" no desenvolvimento de um programa para definir, avaliar e gerenciar os requisitos de competências pessoais "Ex". Esse programa pode ser exclusivo para uma empresa específica ou instalação, ou ser utilizado em conjunto com outros requisitos legais que determinem os requisitos da avaliação da conformidade e de certificação de competências pessoais "Ex".

Os requisitos apresentados na IEC TS 60079-44, a qual é aplicável a pessoas que executam "serviços" relacionados com atmosferas explosivas, têm como base o especificado nas normas técnicas internacionais da Série IEC 60079 sobre "serviços" em áreas classificadas, como classificação de áreas (IEC 60079-10-1 e IEC 60079-10-2), projeto, seleção de equipamentos e montagem "Ex" (IEC 60079-14), inspeção e manutenção de equipamentos e instalações "Ex" (IEC 60079-17) e reparo, revisão ou recuperação de equipamentos "Ex" (IEC 60079-19), os quais são especificados também nas respectivas normas técnicas brasileiras adotadas idênticas da Série ABNT NBR IEC 60079.

A IEC TS 60079-44 se aplica a competências pessoais "Ex" requeridas para equipamentos e instalações elétricas e não elétricas (mecânicas) em áreas classificadas contendo gases inflamáveis ou poeiras combustíveis, na medida em que os diversos tipos de equipamentos e instalações elétricos ou mecânicos podem representar fontes de ignição e causar explosão de atmosferas explosivas que estejam presentes no local da instalação destes equipamentos "Ex".

## 37.8 CONSIDERAÇÕES SOBRE CONHECIMENTOS, EXPERIÊNCIAS E CERTIFICAÇÃO DE COMPETÊNCIAS PESSOAIS "Ex"

São relacionadas a seguir algumas considerações e conclusões sobre a necessidade da devida existência de conhecimentos, experiências e avaliação da conformidade, por meio de certificação, das competências pessoais "Ex" por parte dos profissionais que executam ou supervisionam serviços "Ex", incluindo aqueles que são realizados em áreas classificadas:

1) em termos de segurança industrial, deve ser ressaltada a importância da existência de sistemas de certificação de competências pessoais e de empresas de serviços para atmosferas explosivas a fim de garantir a segurança dessas instalações durante o seu ciclo total de vida;

2) pode ser verificado, na prática, que muitas empresas que realizam serviços como classificação de áreas, projeto, montagem, inspeção e manutenção em áreas classificadas não possuem os devidos procedimentos, sistemas de gestão da qualidade, equipamentos e pessoal devidamente competentes para a execução dessas atividades "Ex";

3) em função da existência de "não conformidades" ou "deficiências" encontradas em instalações industriais que possuem áreas classificadas, durante as inspeções das instalações "Ex", podem ser verificadas falhas de auditorias, gestão de ativos, classificação de áreas, projeto, montagem, inspeção e manutenção e recuperação de equipamentos e instalações "Ex", cujos serviços não atenderam aos requisitos técnicos das normas aplicáveis sobre o tema "atmosferas explosivas";

4) somente a aplicação de requisitos contratuais, por parte de empresas usuárias de equipamentos e proprietárias de instalações "Ex", de esquemas de certificação de competências pessoais "Ex" torna possível a contratação de profissionais ou de empresas de serviços "Ex" que realmente tenham evidenciado, por meio da avaliação da conformidade, o atendimento dos requisitos especificados na normas técnicas nacionais adotadas aplicáveis da Série ABNT NBR IEC 60079, com base nos requisitos dos esquemas de certificação elaborados de comum acordo pelos países participantes do IECEx;

5) a forma mais adequada e efetiva para que as pessoas possam evidenciar o atendimento dos requisitos normativos da Série ABNT NBR IEC 60079 é por meio da certificação, emitida por um organismo de certificação de pessoas, avaliado de acordo com a norma ABNT NBR ISO/IEC 17024 (*Avaliação da conformidade - Requisitos gerais para organismos que certificam pessoas*), e reconhecido ou acreditado para a emissão de certificados no escopo envolvendo atmosferas explosivas;

6) o Brasil tem, desde 2016, organismo de certificação *brasileiro* reconhecido internacionalmente no esquema de certificação de competências pessoais em atmosferas explosivas, de acordo com os requisitos do IECEx. Nesse sentido, pode ser considerado que o Brasil deu um grande passo na direção de elevação dos níveis de segurança das instalações industriais envolvendo atmosferas explosivas, bem como das pessoas que nelas trabalham;

7) Com a possibilidade de certificação no Brasil de competências pessoais "Ex" pelos profissionais brasileiros, podem ser esperados grandes ganhos para toda a sociedade, em termos de avaliação da conformidade, certificação, segurança industrial, saúde ocupacional e preservação do meio ambiente.

# Capítulo 38

# Requisitos de seleção de equipamentos fixos e portáteis "Ex": zonas, grupos, classes de temperatura e temperatura máxima de superfície e EPL

**Sinopse**: este capítulo aborda os requisitos necessários para a especificação técnica e a seleção de equipamentos elétricos, de instrumentação, de automação e de telecomunicações, para instalação fixa ou para utilização portátil ou pessoal, para instalação em áreas classificadas contendo atmosferas explosivas geradas por gases inflamáveis ou poeiras combustíveis. São apresentados os critérios de seleção de equipamentos "Ex" tendo como base os requisitos de classificação de áreas do local de instalação ou utilização pretendido para os equipamentos "Ex", como zonas, grupos, classes de temperaturas para gases inflamáveis e temperaturas de ignição para poeiras combustíveis. São também apresentados os critérios de seleção de equipamentos com relação ao EPL (nível de proteção proporcionado pelos equipamentos) e tipos de proteção "Ex", de acordo com os requisitos de zonas do local de instalação ou utilização.

## 38.1 CRITÉRIO DE SELEÇÃO DE TIPOS DE PROTEÇÃO E DE EPL PARA EQUIPAMENTOS "Ex"

A norma técnica brasileira adotada ABNT NBR IEC 60079-14 – *Projeto, seleção de equipamentos e montagem de instalações elétricas em atmosferas explosivas* apresenta os requisitos, critérios e metodologias para a devida seleção dos tipos de proteção "Ex", grupo de gases inflamáveis ou de poeiras combustíveis, classes de temperatura e de EPL requeridos para equipamentos elétricos para instalação fixa ou utilização portátil ou pessoal em atmosferas explosivas do grupo II (Gases) e grupo III (Poeiras).

O fluxograma indicado a seguir representa, de forma simplificada, as alternativas de metodologias para a determinação de EPL e tipos de proteção proporcionada pelos equipamentos "Ex", de acordo com os requisitos da norma ABNT NBR IEC 60079-14.

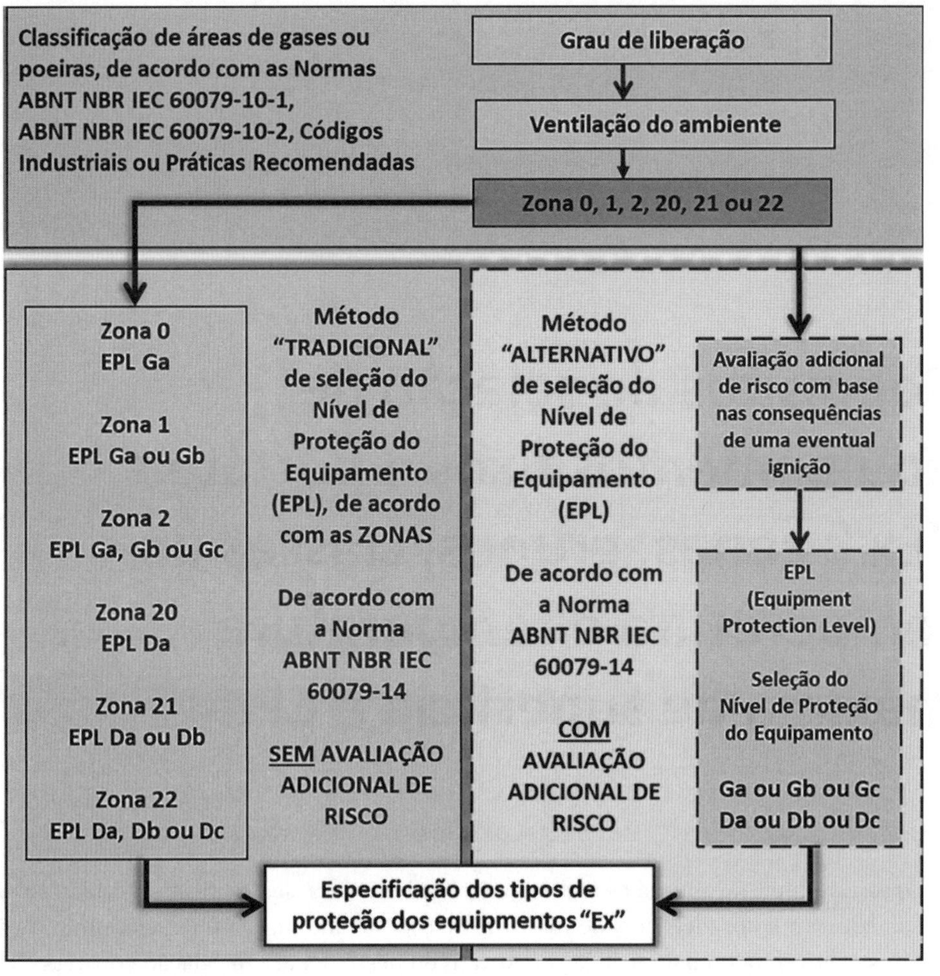


**Figura 38.1** – Fluxograma simplificado para seleção do nível de proteção (EPL) de equipamentos "Ex" fixos ou portáteis para instalação ou utilização em áreas classificadas do grupo II (*Gases inflamáveis*) ou grupo III (*Poeiras combustíveis*).

*Fonte*: arquivos pessoais dos autores.

Faz parte do escopo e das atribuições das empresas e indústrias que possuem áreas classificadas e que sejam usuárias de equipamentos e sistemas elétricos e de instrumentação para atmosferas explosivas o estabelecimento de procedimentos para avaliações adicionais de risco e de critérios de seleção e especificação de equipamentos "Ex", baseados em EPL aplicáveis em suas respectivas instalações.

O tipo de proteção "Ex" e o EPL requerido para equipamento "Ex" para instalação em áreas classificadas devem ser selecionados e especificados de acordo com os requisitos indicados na ABNT NBR IEC 60079-14.

De uma forma geral, "clássica" e "tradicional", os tipos de proteção "Ex" e os EPL aplicáveis a equipamento "Ex" podem ser relacionados com as zonas de classificação de áreas do local da instalação do equipamento "Ex" de acordo com a tabela a seguir.

**Tabela 38.1** – Níveis de proteção de equipamento (EPL) com base em zonas do local da instalação

| Zona | Grupo | Níveis de proteção de equipamentos (EPL) adequados para instalação |
|---|---|---|
| 0 | II<br>Gases inflamáveis | Ga |
| 1 | | Ga ou Gb |
| 2 | | Ga, Gb ou Gc |
| 20 | III<br>Poeiras combustíveis | Da |
| 21 | | Da ou Db |
| 22 | | Da, Db ou Dc |

Caso a seleção do tipo de proteção "Ex" e o EPL requerido para o equipamento para instalação em áreas classificadas sejam realizados de forma "tradicional", sem a realização de uma avaliação de risco específica para a aplicação da instalação em particular, relacionando os tipos de proteção "Ex" e os EPL requeridos com as respectivas zonas das áreas classificadas, essas especificações devem estar de acordo com os requisitos indicados na ABNT NBR IEC 6007914.

Quando os EPL são identificados na documentação de classificação de áreas, de forma a orientar na especificação dos equipamentos elétricos ou mecânicos "Ex" a serem especificados ou instalados, aqueles requisitos para a seleção dos equipamentos "Ex" devem ser seguidos.

Os tipos de proteção "Ex" normalizados aplicáveis a equipamento "Ex", de acordo com as Normas da Série ABNT NBR IEC 60079, são relacionados com o EPL de acordo com a Tabela 38.2, para os tipos de proteção "Ex" aplicáveis para áreas classificadas contendo *gases inflamáveis*), e a Tabela 38.3, para os tipos de proteção "Ex" aplicáveis para áreas classificadas contendo *poeiras combustíveis.*

**Tabela 38.2** – Relação entre os tipos de proteção "Ex" normalizados aplicáveis a equipamento "Ex" e os EPL proporcionados pelos equipamentos "Ex" para gases inflamáveis

| EPL | Zona | Técnica de proteção "Ex" para gases inflamáveis | Tipo de proteção "Ex" | Norma técnica brasileira adotada aplicável |
|---|---|---|---|---|
| Ga | 0 | À prova de explosão (sensores de gás) | **da** | ABNT NBR IEC 60079-1 |
| | | Segurança intrínseca "tradicional" | **ia** | ABNT NBR IEC 60079-11 |
| | | Encapsulamento em resina | **ma** | ABNT NBR IEC 60079-18 |
| | | Equipamento com elementos de separação ou níveis de proteção combinados | **Gb + Gb**<br>**Db + Db** | ABNT NBR IEC 60079-26 |
| | | Proteção de equipamentos e sistemas de transmissão utilizando radiação óptica | **op is** | ABNT NBR IEC 60079-28 |
| | | Proteção especial | **sa** | ABNT NBR IEC 60079-33 |
| | | *Ethernet* intrinsecamente segura a dois fios | **2-WISE ia** | ABNT IEC TS 60079-47 |

(*continua*)

**Tabela 38.2** – Relação entre os tipos de proteção "Ex" normalizados aplicáveis a equipamento "Ex" e os EPL proporcionados pelos equipamentos "Ex" para gases inflamáveis (*continuação*)

| EPL | Zona | Técnica de proteção "Ex" para gases inflamáveis | Tipo de proteção "Ex" | Norma técnica brasileira adotada aplicável |
|---|---|---|---|---|
| Ga | 0 | Marcação geral para equipamentos mecânicos "Ex" | h | ABNT NBR ISO 80079-36 |
| | | Segurança construtiva | c | ABNT NBR ISO 80079-37 |
| | | Controle de fonte de ignição | b | ABNT NBR ISO 80079-37 |
| | | Imersão em líquido | k | ABNT NBR ISO 80079-37 |
| Gb | 1 | Invólucros à prova de explosão | db | ABNT NBR IEC 60079-1 |
| | | Invólucros pressurizados | pxb | ABNT NBR IEC 60079-2 |
| | | Imersão em areia | q | ABNT NBR IEC 60079-5 |
| | | Imersão em líquido | o | ABNT NBR IEC 60079-6 |
| | | Segurança aumentada | eb | ABNT NBR IEC 60079-7 |
| | | Segurança intrínseca "tradicional" | ib | ABNT NBR IEC 60079-11 |
| | | Conceito de *fieldbus* intrinsecamente seguro (FISCO) | ib | ABNT NBR IEC 60079-11 |
| | | Proteção de equipamentos por ambientes pressurizados "p" ou artificialmente ventilados "v" | p / v | ABNT NBR IEC 60079-13 |
| Gb | 1 | Encapsulamento em resina | ma | ABNT NBR IEC 60079-18 |
| | | Proteção de equipamentos e sistemas de transmissão utilizando radiação óptica | op pr, op sh | ABNT NBR IEC 60079-28 |
| | | Proteção especial | sb | ABNT NBR IEC 60079-33 |
| | | Sistemas intrinsecamente seguros com limitação de duração de centelha eletronicamente controlada: *"Power-i"* | "Power-i" | ABNT IEC TS 60079-39 |
| | | *Ethernet* intrinsecamente segura a dois fios | 2-WISE | ABNT IEC TS 60079-47 |
| | | Marcação geral para equipamentos mecânicos "Ex" | h | ABNT NBR ISO 80079-36 |
| | | Segurança construtiva | c | ABNT NBR ISO 80079-37 |
| | | Controle das fontes de ignição | b | ABNT NBR ISO 80079-37 |
| | | Imersão em líquido | k | ABNT NBR ISO 80079-37 |
| | | Qualquer tipo de proteção "Ex" listado para EPL Ga ou avaliado conforme os requisitos para o nível de proteção Gb | | |

(*continua*)

**Tabela 38.2** – Relação entre os tipos de proteção "Ex" normalizados aplicáveis a equipamento "Ex" e os EPL proporcionados pelos equipamentos "Ex" para gases inflamáveis (*continuação*)

| EPL | Zona | Técnica de proteção "Ex" para gases inflamáveis | Tipo de proteção "Ex" | Norma técnica brasileira adotada aplicável |
|---|---|---|---|---|
| Gc | 2 | À prova de explosão (componentes centelhantes encapsulados) | dc | ABNT NBR IEC 60079-1 |
| | | Invólucros pressurizados | pzc | ABNT NBR IEC 60079-2 |
| | | Segurança aumentada | ec | ABNT NBR IEC 60079-7 |
| | | Segurança intrínseca "tradicional" | ic | ABNT NBR IEC 60079-11 |
| | | Conceito de *fieldbus* intrinsecamente seguro (FISCO) | ic | ABNT NBR IEC 60079-11 |
| | | Proteção de equipamentos por ambientes pressurizados "p" ou artificialmente ventilados "v" | p / v | ABNT NBR IEC 60079-13 |
| Gc | 2 | Não acendível | nA | ABNT NBR IEC 60079-15 |
| | | Equipamento centelhante hermeticamente encapsulado | nC | ABNT NBR IEC 60079-15 |
| | | Respiração restrita | nR | ABNT NBR IEC 60079-15 |
| | | Encapsulamento em resina | mc | ABNT NBR IEC 60079-18 |
| | | Proteção de equipamentos e sistemas de transmissão utilizando radiação óptica | op pr, op sh | ABNT NBR IEC 60079-28 |
| | | Proteção especial | sc | ABNT NBR IEC 60079-33 |
| | | Sistemas intrinsecamente seguros com limitação de duração de centelha eletronicamente controlada: *"Power-i"* | "Power-i" | ABNT IEC TS 60079-39 |
| | | *Ethernet* intrinsecamente segura a dois fios | 2-WISE | ABNT IEC TS 60079-47 |
| | | Marcação geral para equipamentos mecânicos "Ex" | h | ABNT NBR ISO 80079-36 |
| | | Segurança construtiva | c | ABNT NBR ISO 80079-37 |
| | | Controle das fontes de ignição | b | ABNT NBR ISO 80079-37 |
| | | Imersão em líquido | k | ABNT NBR ISO 80079-37 |
| | | Qualquer tipo de proteção "Ex" listado para EPL Ga ou Gb ou avaliado conforme os requisitos para o nível de proteção Gc | | |

**Tabela 38.3** – Relação entre os tipos de proteção "Ex" normalizados aplicáveis a equipamento "Ex" e os EPL proporcionados pelos equipamentos "Ex" para poeiras combustíveis

| EPL | Zona | Técnica de proteção "Ex" para poeiras combustíveis | Tipo de proteção "Ex" | Norma técnica brasileira adotada aplicável |
|---|---|---|---|---|
| Da | 20 | Segurança intrínseca "tradicional" | **ia** | ABNT NBR IEC 60079-11 |
| | | Encapsulamento em resina | **ma** | ABNT NBR IEC 60079-18 |
| | | Proteção por invólucro contra ignição de poeira combustível | **ta** | ABNT NBR IEC 60079-31 |
| | | Proteção de equipamentos e sistemas de transmissão utilizando radiação óptica | **op is** | ABNT NBR IEC 60079-28 |
| | | Proteção especial | **sa** | ABNT NBR IEC 60079-33 |
| | | *Ethernet* intrinsecamente segura a dois fios | **2-WISE** | ABNT IEC TS 60079-47 |
| | | Marcação geral para equipamentos mecânicos "Ex" | **h** | ABNT NBR ISO 80079-36 |
| | | Segurança construtiva | **c** | ABNT NBR ISO 80079-37 |
| | | Controle de fonte de ignição | **b** | ABNT NBR ISO 80079-37 |
| | | Imersão em líquido | **k** | ABNT NBR ISO 80079-37 |
| Db | 21 | Segurança intrínseca "tradicional" | **ib** | ABNT NBR IEC 60079-11 |
| | | Encapsulamento em resina | **mb** | ABNT NBR IEC 60079-18 |
| | | Proteção por invólucro contra ignição de poeira combustível | **tb** | ABNT NBR IEC 60079-31 |
| | | Proteção de equipamentos e sistemas de transmissão utilizando radiação óptica | **op is, pr, sh** | ABNT NBR IEC 60079-28 |
| | | Invólucros pressurizados | **pxb** | ABNT NBR IEC 60079-2 |
| | | Proteção de equipamentos por ambientes pressurizados "p" ou artificialmente ventilados "v" | **p / v** | ABNT NBR IEC 60079-13 |
| | | Proteção especial | **sb** | ABNT NBR IEC 60079-33 |
| | | Sistemas intrinsecamente seguros com limitação de duração de centelha eletronicamente controlada: *"Power-i"* | **"Power-i"** | ABNT IEC TS 60079-39 |
| Db | 21 | *Ethernet* intrinsecamente segura a dois fios | **2-WISE** | ABNT IEC TS 60079-47 |
| | | Marcação geral para equipamentos mecânicos "Ex" | **h** | ABNT NBR ISO 80079-36 |
| | | Segurança construtiva | **c** | ABNT NBR ISO 80079-37 |
| | | Controle de fonte de ignição | **b** | ABNT NBR ISO 80079-37 |

(*continua*)

**Tabela 38.3 –** Relação entre os tipos de proteção "Ex" normalizados aplicáveis a equipamento "Ex" e os EPL proporcionados pelos equipamentos "Ex" para poeiras combustíveis (*continuação*)

| EPL | Zona | Técnica de proteção "Ex" para poeiras combustíveis | Tipo de proteção "Ex" | Norma técnica brasileira adotada aplicável |
|---|---|---|---|---|
| Db | 21 | Imersão em líquido | **k** | ABNT NBR ISO 80079-37 |
| | | Qualquer tipo de proteção "Ex" listado para EPL Da ou avaliado conforme os requisitos para o nível de proteção Db | | |
| Dc | 22 | Segurança intrínseca "tradicional" | **ic** | ABNT NBR IEC 60079-11 |
| | | Encapsulamento em resina | **mc** | ABNT NBR IEC 60079-18 |
| | | Proteção por invólucro para poeira | **tc** | ABNT NBR IEC 60079-31 |
| | | Invólucros pressurizados | **pzc** | ABNT NBR IEC 60079-2 |
| | | Proteção de equipamentos por ambientes pressurizados "p" ou artificialmente ventilados "v" | **p / v** | ABNT NBR IEC 60079-13 |
| | | Proteção de equipamentos e sistemas de transmissão utilizando radiação óptica | **op pr, op sh** | ABNT NBR IEC 60079-28 |
| | | Sistemas intrinsecamente seguros com limitação de duração de centelha eletronicamente controlada: "Power-i" | **"Power-i"** | ABNT IEC TS 60079-39 |
| | | *Ethernet* intrinsecamente segura a dois fios | **2-WISE** | ABNT IEC TS 60079-47 |
| | | Proteção especial | **sc** | ABNT NBR IEC 60079-33 |
| Dc | 22 | Sistemas intrinsecamente seguros com limitação de duração de centelha eletronicamente controlada: "Power-i" | **"Power-i"** | ABNT IEC TS 60079-39 |
| | | *Ethernet* intrinsecamente segura a dois fios | **2-WISE** | ABNT IEC TS 60079-47 |
| | | Marcação geral para equipamentos mecânicos "Ex" | **h** | ABNT NBR ISO 80079-36 |
| | | Segurança construtiva | **c** | ABNT NBR ISO 80079-37 |
| | | Controle de fonte de ignição | **b** | ABNT NBR ISO 80079-37 |
| | | Imersão em líquido | **k** | ABNT NBR ISO 80079-37 |
| | | Qualquer tipo de proteção "Ex" listado para EPL Da ou Db ou avaliado conforme os requisitos para o nível de proteção Dc | | |

## 38.2 CRITÉRIO DE SELEÇÃO DE EQUIPAMENTOS "Ex" DE ACORDO COM O GRUPO DE GASES INFLAMÁVEIS OU DE POEIRAS COMBUSTÍVEIS

Sob o ponto de vista de classificação de áreas, a norma técnica brasileira adotada ABNT NBR ISO/IEC 80079-20-1 (*Atmosferas explosivas - Parte 20-1: Características de substâncias para classificação de gases e vapores - Métodos de ensaios e dados*) apresenta orientações sobre a classificação de gases e vapores inflamáveis.

Essa norma descreve um método de ensaio destinado à medição do interstício máximo experimental seguro (*Maximum Experimental Safe Gap* - MESG) para misturas de gases ou vapores inflamáveis com o ar sob condições normais de temperatura e pressão (20 °C, 101,3 kPa), de forma a permitir a seleção adequada de um grupo de equipamentos de instrumentação, automação, telecomunicações, elétricos ou mecânicos "Ex".

Ela descreve também um método de ensaio para a determinação da temperatura de autoignição (*Auto-Ignition Temperature* - AIT) de misturas vapor/ar ou misturas gás/ar, à pressão atmosférica, de forma a permitir a seleção apropriada de uma classe de temperatura de equipamentos "Ex".

O grupo de equipamentos para gases inflamáveis ou de poeiras combustíveis marcado nos equipamentos elétricos e mecânicos "Ex" é especificado de acordo com o indicado nas Tabelas 38.4 e 38.5 apresentadas a seguir.

Os gases combustíveis representativos para o grupo II são apresentados na Tabela 38.4.

**Tabela 38.4 –** Atmosferas explosivas de gases – grupo II – Gases representativos

| GÁS representativo do GRUPO II | Designação ABNT NBR ISO/IEC 80079-20-1 |
|---|---|
| Propano | Grupo IIA |
| Etileno | Grupo IIB |
| Acetileno | Grupo IIC |

As poeiras combustíveis representativas para o grupo III são apresentadas na Tabela 38.5.

**Tabela 38.5 –** Atmosferas explosivas de poeiras – grupo III – Poeiras representativas

| POEIRA representativa do GRUPO III | Designação ABNT NBR ISO/IEC 80079-20-2 |
|---|---|
| Fibras combustíveis ou material particulado | Grupo IIIA |
| Poeiras não condutivas | Grupo IIIB |
| Poeiras condutivas | Grupo IIIC |

Equipamentos elétricos, instrumentação, automação, telecomunicações, elétricos ou mecânicos "Ex" devem ser selecionados, em relação ao grupo da área classificada de gases ou poeiras, de acordo com a Tabela 38.6.

**Tabela 38.6 –** Relação entre subdivisão do local com gás, vapor ou poeira e o grupo de equipamento "Ex" permitido

| GRUPO | Subdivisão do local com gás ou vapor ou poeira | | GRUPO de equipamento "Ex" permitido |
|---|---|---|---|
| **II (Gases inflamáveis)** | **IIA** | Gás representativo: propano | IIA, IIB ou IIC |
| | **IIB** | Gás representativo: etileno | IIB ou IIC |
| | **IIC** | Gás representativo: acetileno | IIC |
| **III (Poeiras combustíveis)** | **IIIA** | Fibras combustíveis ou material particulado | IIIA, IIIB ou IIIC |
| | **IIIB** | Poeiras não condutivas | IIIB ou IIIC |
| | **IIIC** | Poeiras condutivas | IIIC |

Quando um equipamento "Ex" é marcado indicando que é adequado para um gás ou vapor particular, este não deve ser utilizado com outros gases ou vapores sem que uma completa avaliação de risco seja realizada por uma pessoa ou instituição competente e os resultados da avaliação mostrem que este é adequado para a utilização.

Nesse sentido, podem ser indicados como exemplo os equipamentos "Ex" com marcação "IIB + $H_2$". Esse tipo de marcação significa que o equipamento foi ensaiado para o grupo IIB (ensaio com gás etileno) e, posteriormente, foi ensaiado especificamente com o gás hidrogênio ($H_2$). Esse equipamento pode ser considerado adequado para instalação em áreas classificadas do grupo IIC, nos casos em que o gás presente que gera a classificação IIC seja somente o hidrogênio. Como exemplos de processos industriais que apresentam áreas classificadas do grupo IIC devido à presença do hidrogênio, podem ser citadas as plantas de hidrotratamento de óleo diesel ou de hidrodessulfurização de gasolina, comumente presentes nas refinarias de petróleo.

## 38.3 CRITÉRIO DE SELEÇÃO DE EQUIPAMENTOS "EX" PARA GASES INFLAMÁVEIS DE ACORDO COM A CLASSE DE TEMPERATURA

A classe de temperatura marcada em equipamentos "Ex" para áreas classificadas contendo gases inflamáveis deve ser especificada e estar de acordo com o indicado na Tabela 38.7.

**Tabela 38.7** – Classes de temperaturas normalizadas, apresentadas na norma ABNT NBR IEC 60079-14 – Relação entre temperatura de ignição do gás ou vapor presente nas áreas de processo e classe de temperatura do equipamento "Ex"

| CLASSES de TEMPERATURA requeridas pela CLASSIFICAÇÃO de ÁREA | TEMPERATURA de IGNIÇÃO do gás ou vapor inflamável existente na área classificada onde o equipamento "Ex" será instalado (°C) | Temperatura máxima de SUPERFÍCIE do equipamento "Ex" (°C) | CLASSES de TEMPERATURA do equipamento "Ex" permitidas para instalação |
|---|---|---|---|
| T1 | T ignição gás ≥ 450 | 450 | T1/T2/T3/T4/T5/T6 |
| T2 | 300 ≤ T ignição gás < 450 | 300 | T2/T3/T4/T5/T6 |
| T3 | 200 ≤ T ignição gás < 300 | 200 | T3/T4/T5/T6 |
| T4 | 135 ≤ T ignição gás < 200 | 135 | T4/T5/T6 |
| T5 | 100 ≤ T ignição gás < 135 | 100 | T5/T6 |
| T6 | 85 ≤ T ignição gás < 100 | 85 | T6 |

## 38.4 CRITÉRIO DE SELEÇÃO DA TEMPERATURA DO INVÓLUCRO DOS EQUIPAMENTOS "Ex" DE ACORDO COM A TEMPERATURA DE IGNIÇÃO DA POEIRA COMBUSTÍVEL

### 38.4.1 LIMITAÇÕES DE TEMPERATURA DEVIDAS À PRESENÇA DE NUVENS DE POEIRA

Os equipamentos com tipo de proteção "Ex" devem ser selecionados de forma que sua temperatura máxima de superfície não atinja os limites determinados na norma ABNT NBR IEC 60079-14, com base na temperatura de ignição de qualquer poeira combustível que possa estar presente no ambiente em que se prevê que os equipamentos sejam instalados.

Os equipamentos com tipo de proteção Ex "t" devem ser selecionados de forma que sua temperatura máxima de superfície esteja abaixo da temperatura de ignição de qualquer poeira combustível que possa estar presente no ambiente. A temperatura máxima de superfície do equipamento Ex "t", quando ensaiado no método sem camada de poeira, de acordo com a ABNT NBR IEC 60079-0, não pode exceder dois terços da temperatura mínima de ignição, em graus Celsius, da mistura poeira com o ar considerada, ou seja, $T_{MAX} = 2/3\ T_{NUVEM}$, em que $T_{NUVEM}$ (ou $T_{CLOUD}$) é a temperatura mínima de ignição da poeira em forma de nuvem. Por exemplo, se a temperatura de ignição de uma poeira combustível na forma de nuvem for de 300 °C, a temperatura máxima de superfície dos equipamentos "Ex" a serem instalados não deve ser maior de que 200 °C.

### 38.4.2 LIMITAÇÕES DE TEMPERATURA DEVIDO À PRESENÇA DE POEIRA EM FORMA DE CAMADA

Quando o equipamento não é marcado com a espessura da camada de poeira, como parte da marcação de temperatura "T", um fator de segurança deve ser aplicado, levando em consideração a espessura da camada de poeira, da seguinte forma:

Para camadas de poeira combustível até 5 mm de espessura: a temperatura máxima de superfície dos equipamentos, quando ensaiados pelo método da ABNT NBR IEC 60079-0 sem a presença de poeira, não pode exceder o valor de 75 °C abaixo da temperatura mínima de ignição para a espessura de camada de 5 mm da poeira específica $T_{MAX} < T_{5\,mm} - 75\ °K$, em que $T_{5\,mm}$ é a temperatura mínima de ignição (*incandescência*) de poeira combustível em forma de camada de 5 mm.

Para camadas de poeira combustível acima de 5 mm de espessura até 50 mm: quando existir a possibilidade de formação de camada de poeira combustível com espessura superior a 5 mm sobre a superfície do equipamento Ex "t", a temperatura de superfície máxima permitida deve ser reduzida. O gráfico de redução na temperatura máxima de superfície permitida para um equipamento "Ex" utilizado na presença de poeira é mostrado na figura a seguir. Este gráfico relaciona o aumento da espessura da camada de poeira com a redução de temperatura de superfície do equipamento "Ex", para poeiras combustíveis com temperatura mínima de ignição superior a 250 °C para uma camada de 5 mm.

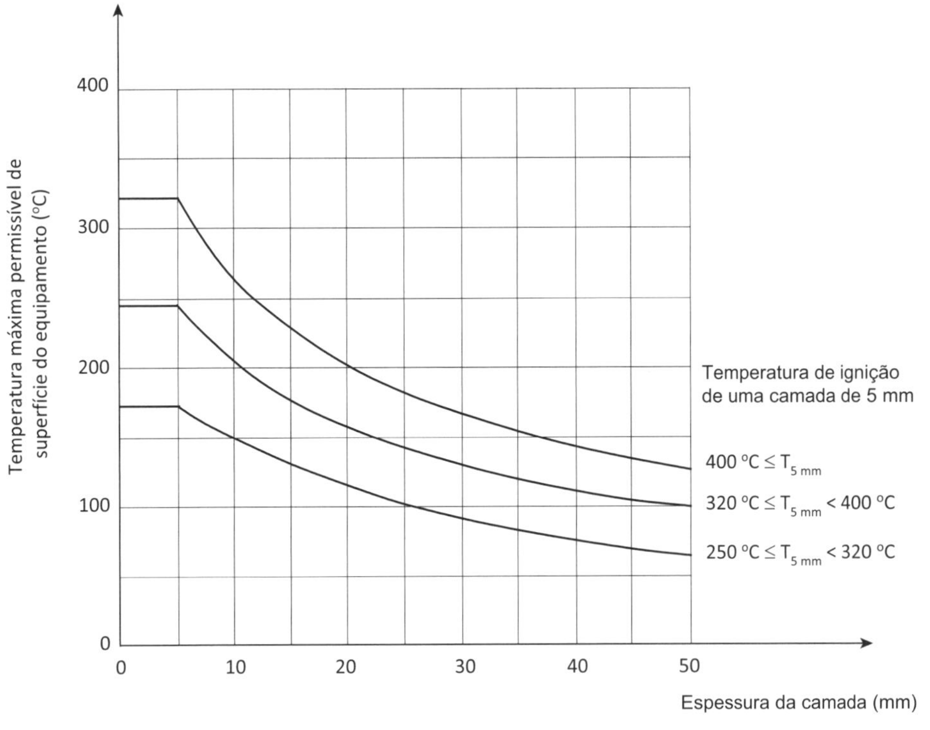


**Figura 38.2 –** Relação entre a temperatura de superfície máxima permitida do equipamento Ex "t" e espessura da camada de poeira combustível.

Considerando-se como exemplo uma área classificada devido à presença de poeira de enxofre, encontrado em instalações da indústria do petróleo, petroquímica, química e farmacêutica, tem-se os seguintes valores de referência para a temperatura de ignição desse tipo de poeira combustível na forma de nuvem e de camada (para uma determinada granulometria e um determinado teor de umidade definidos pelas condições específicas da aplicação do processo em particular):

$T_{Cloud} = 210\ °C$

$T_{5\,mm} = 250\ °C$

A temperatura máxima de superfície de um equipamento com tipo de proteção "Ex" a ser instalado neste exemplo deve atender ao valor mais restritivo (para as condições específicas aplicáveis para a instalação) de poeira na forma de nuvem (1) ou poeira na forma de camada de 5 mm (2) ou poeira na forma de camada de 50 mm (3):

T máx. (1) = 2/3 * 210 °C = 140 °C (poeira na forma de nuvem)

T máx. (2) = 250 °C - 75 °C = 175 °C (poeira na forma de camada com 5 mm de espessura)

T máx. (3) = 60 °C, se existir a possibilidade da presença de poeira na forma de camada com 50 mm de espessura. Valor obtido pela utilização da curva *inferior* do gráfico indicado na Figura 38.2, pois o valor de $T_{5mm}$ da poeira combustível considerada (250 °C) está dentro da faixa da curva *inferior* (250 °C a 320 °C).

Esse exemplo serve para ressaltar a importância das atividades de limpeza nas áreas que possam acumular camadas de poeiras combustíveis. Devem ser implantados rigorosos procedimentos de operação e manutenção, incluindo procedimentos de limpeza, de forma que as camadas de poeira não possam se acumular, uma vez que elas representam grandes riscos de servirem como fontes de ignição. Isso se deve ao acúmulo de calor, que pode fazer com que em tais camadas de poeira se forme um tipo de "brasa" (focos de incandescência), capaz de provocar uma explosão quando a camada de poeira e levantada por "vento".

Os três níveis de limpeza descritos a seguir podem ser destacados, de acordo com a norma ABNT NBR IEC 60079-10-2 – *Classificação de áreas contendo poeiras combustíveis*:

- BOM: as camadas de poeira são mantidas em camadas desprezíveis ou não existentes, independentemente do grau de liberação. Nesse caso, o risco de ocorrência de explosão das nuvens de poeira a partir das camadas de poeiras devem ter sido eliminados.
- REGULAR: as camadas de poeira não são desprezíveis, mas são de curta duração, tipicamente menor que uma troca de turno. A poeira é removida antes que qualquer fonte de risco de ignição possa ser gerada.
- POBRE: as camadas de poeira não são desprezíveis e persistem por um longo período, tipicamente maior que uma troca de turno. Nesses casos, os riscos de uma explosão, incluindo explosões secundárias, podem ser significativos.

Em função dos riscos apresentados, deve ser evitada a ocorrência de uma limpeza pobre em conjunto com a existência de condições de operação ou de manutenção que possam criar nuvens ou camadas de poeiras combustíveis.

Deve ser ressaltado que, quando um nível de limpeza planejado não for mantido, podem ser gerados riscos adicionais de incêndio e de explosão, os quais devem ser evitados por procedimentos efetivos de limpeza contra o acúmulo de camadas de poeiras combustíveis.

### 38.4.3 ESPECIFICAÇÃO DA TEMPERATURA DE SUPERFÍCIE PARA CAMADAS COM ESPESSURA ACIMA DE 50 MM

Quando não puder se evitar a camada de poeira formada ao redor dos lados e da parte de baixo de um equipamento "Ex", ou quando o equipamento estiver totalmente envolto em poeira, devido ao efeito do isolamento térmico, uma temperatura de superfície muito mais baixa pode ser necessária. Se o nível de proteção dos equipamentos Da é necessário em tais situações, todos os requisitos para o EPL Da devem ser atendidos.

Para instalações em que a formação de camadas de poeira não puder ser controlada, em função das instalações ou do processo, e existir a possibilidade da existência de espessura da camada superior a 50 mm, a temperatura máxima de superfície do equipamento deve ser marcada com a temperatura máxima de superfície $T_{L,}$ tomando como referência a espessura de camada permitida.

Quando o equipamento for marcado como $T_L$, para uma determinada espessura de camada, a temperatura de ignição da poeira, na espessura de camada *L*, deve ser aplicada no lugar de $T_{5\ mm}$. A temperatura máxima de superfície do equipamento $T_{MAX}$ deve ser no mínimo 75 °C mais baixa que a temperatura de ignição da poeira na espessura de camada $T_L$. $T_{MAX} < T_L - 75$ °C. Por exemplo, se a temperatura de ignição de uma poeira combustível em forma de camada for de 175 °C, a máxima temperatura dos equipamentos "Ex" a serem instalados deve ser de 100 °C.

Os métodos e procedimentos para a determinação da temperatura de ignição das poeiras combustíveis são indicados na norma ABNT NBR ISO/IEC 80079-20-2 - *Atmosferas explosivas - Parte 20-2: Características dos materiais - Métodos de ensaios para poeiras combustíveis*. O documento NFPA 499 (*Recommended Practice for the Classification of Combustible Dusts and of Hazardous (Classified) Locations for Electrical Installations in Chemical Process Areas*) apresenta a temperatura de ignição de camadas ou nuvens de algumas poeiras combustíveis. Os valores de referência da temperatura de ignição de algumas poeiras combustíveis são indicados na tabela a seguir.

**Tabela 38.8 –** Valores de referência de temperatura de ignição de algumas poeiras combustíveis

| Tipo de poeira combustível | Temperatura de ignição na forma de NUVEM (°C) | Temperatura de ignição na forma de CAMADA com espessura de 5 mm (°C) |
|---|---|---|
| Açúcar | 370 | 400 |
| Amido de milho | 400 | 380 |
| Arroz | 510 | 450 |
| Cacau | 510 | 240 |
| Carvão | 530 | 180 |
| Celulose | 480 | 270 |
| Cevada (Malte) | 400 | 250 |
| Cortiça | 460 | 210 |
| Enxofre | 210 | 250 |

*(continua)*

**Tabela 38.8 –** Valores de referência de temperatura de ignição de algumas poeiras combustíveis (*continuação*)

| Tipo de poeira combustível | Temperatura de ignição na forma de NUVEM (°C) | Temperatura de ignição na forma de CAMADA com espessura de 5 mm (°C) |
|---|---|---|
| Farinha de trigo | 440 | 360 |
| Farinha de soja | 550 | 340 |
| Leite desnatado | 490 | 200 |
| Polietileno | 450 | 380 |
| Trigo a granel | 500 | 220 |

Como a temperatura de ignição das poeiras combustíveis varia grandemente com a variação da granulometria e do teor de umidade, os valores indicados de temperatura de ignição podem ser citados apenas como valores de referência. Dependendo das fontes de consulta de características físico-químicas das poeiras combustíveis, podem ser apresentados valores diferentes, influenciados também pelo método de ensaio em laboratório adotado para esta medição.

Sob o ponto de vista de normalização internacional, que é adotada também no Brasil, a temperatura de ignição de uma poeira combustível em particular deve ser determinada de acordo com os procedimentos indicados na norma ABNT NBR ISO/IEC 80079-20-2.

O Relatório BIA Report 13/97 – *Combustion and explosion characteristics of dusts*, publicado em novembro de 1997, elaborado pelo BIA – *Berufsgenossenschaftliches Institut für Arbeitssicherheit* (Instituto de associação profissional para segurança no trabalho) e publicado pelo IFA – *Institut für Arbeitsschutz der Deutschen Gesetzlichen Unfallversicherung* (Instituto para a Segurança e Saúde Ocupacional e Seguro Social de Acidentes da Alemanha), contém a compilação de resultados de ensaios realizados em 4.300 amostras de poeiras, com diferentes granulometrias (20 a 500 microns) e diferentes teores de umidade: <https://www.dguv.de/ifa/publikationen/reports-download/index-2.jsp>.

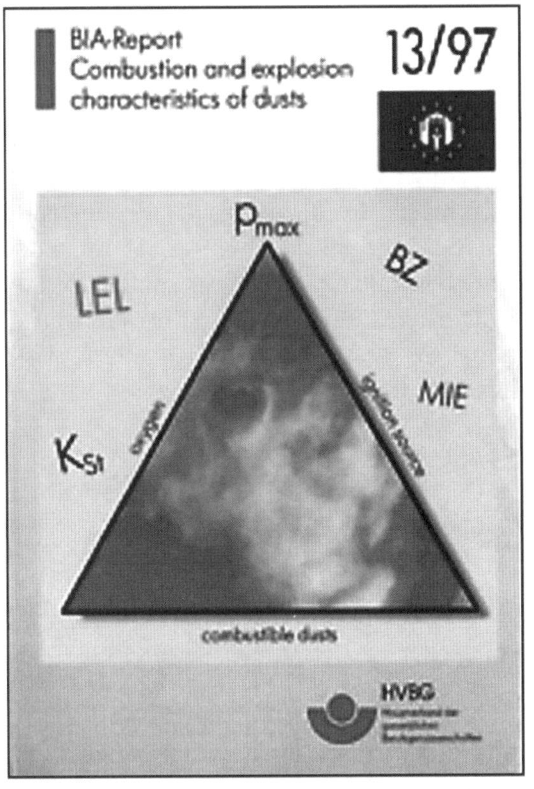


**Figura 38.3** – Folha de capa do relatório BIA Report 13/97 – *Combustion and explosion characteristics of dusts*, publicado em novembro de 1997.

Um banco de dados on-line sobre características de poeiras combustíveis, incluindo a temperatura mínima de ignição (camada e poeira), energia mínima de ignição, concentração mínima (limite inferior de explosividade) e pressão máxima de explosão, é disponibilizado pelo IFA, apresentado pelo GESTIS - *Dust Ex Database - Combustion explosion characteristics of dusts*. Nesse banco de dados, são apresentadas importantes características de mais de 6.800 amostras de poeiras combustíveis, oriundas de diversos setores da indústria, representando um base para o processamento seguro de poeiras, bem como para o estabelecimento de ações preventivas e de proteção contra explosões em instalações que produzem ou processam esse tipo de produto.

GESTIS-DUST-Ex – *Database Combustion and explosion characteristics of dusts*:

<https://www.dguv.de/ifa/gestis/gestis-staub-ex/index-2.jsp>.

Consulta ao banco de dados GESTIS-DUST-Ex: <http://staubex.ifa.dguv.de/?lang=e>.

## 38.4.4 ESFERA COM VOLUME DE 20 L PARA EXECUÇÃO DOS ENSAIOS EM POEIRAS COMBUSTÍVEIS

O vaso para o ensaio consiste em uma esfera resistente à explosão, fabricado de aço inoxidável, com um volume interno de 20 L. Uma jaqueta com água serve para dissipar o calor gerado pelas explosões. Para os ensaios de explosão, a poeira combustível é dispersa para o interior da esfera a partir de um recipiente de poeira pressurizado por meio de válvula de acionamento rápido e um bocal de reposição. A válvula de acionamento rápido é aberta pneumaticamente e fechada por meio de um pistão auxiliar. As válvulas para o ar comprimido são acionadas eletricamente.

Uma fonte de ignição é localizada no centro da esfera. O sistema de medição de pressão inclui pelo menos dois sensores de pressão, bem como equipamentos para registro e controle. Esse tipo de vaso em que ocorre a explosão deve ser projetado para suportar uma sobrepressão de pelo menos 2.000 kPa; o vaso tem de ser adequado também para a ocorrência de vácuo.

Na figura a seguir, são mostrados detalhes e partes construtivas, por meio de uma vista em corte, de equipamento de ensaio laboratorial (Esfera de 20 L) para a determinação do comportamento de explosão de poeiras combustíveis, de acordo com os requisitos especificados na norma técnica brasileira adotada ABNT NBR ISO/IEC 80079-20-2 - *Atmosferas explosivas - Parte 20-2: Características dos materiais - Métodos de ensaio de poeiras combustíveis.*

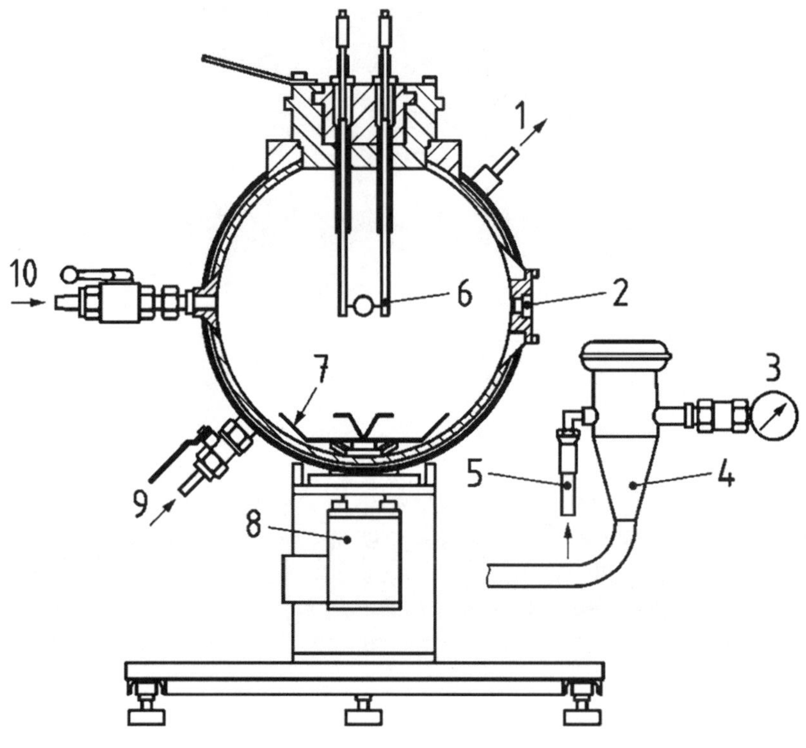


**Legenda**

**1** Saída de água

**2** Sensor de pressão

**3** Manômetro

**4** Coletor de poeira com volume de 0,6 L

**5** Entrada de ar

**6** Fonte de ignição

**7** Bocal de ricocheteio

**8** Válvula de acionamento rápido

**9** Entrada de água

**10** Saída de ar e dos produtos da reação

**Figura 38.4 –** Equipamento de ensaio – Esfera de 20 L (*vista em corte*).

Na figura a seguir, é mostrado um exemplo de equipamento de ensaio laboratorial (esfera de 20 L) para a determinação do comportamento de explosão de poeiras, especificado na norma técnica brasileira ABNT NBR ISO/IEC 80079-20-2.

**Figura 38.5** – Exemplo de esfera de 20 L para determinação do comportamento de explosão de poeiras combustíveis especificado na norma técnica brasileira ABNT NBR ISO/IEC 80079-20-2.

*Fonte*: acervos pessoais dos autores.

Existem laboratórios de ensaios especializados na realização desse tipo de ensaio para determinação de características de poeiras combustíveis, os quais devem ser utilizados para a determinação dessas características em casos particulares de aplicação, para casos específicos de poeiras combustíveis, ou granulometria ou teor de umidade.

## 38.5 EXEMPLOS DE SELEÇÃO DE EQUIPAMENTOS Ex "i" E EQUIPAMENTOS ASSOCIADOS [Ex "i"] DE ACORDO COM OS REQUISITOS DA CLASSIFICAÇÃO DE ÁREA

Para uma adequada ilustração do assunto, são apresentados a seguir alguns exemplos de montagem de equipamentos com tipos de proteção Ex "i" ou equipamentos associados [Ex "i"], devidamente selecionados de acordo com os requisitos da classificação de áreas contendo gases inflamáveis ou poeiras combustíveis que podem estar presentes no local da instalação.

**Figura 38.6 –** Transmissores intrinsecamente seguros com marcação Ex ia IIC T6 Ga instalados em área classificada Zona 2 – grupo IIC – Classe de Temperatura T3, em planta de tratamento de diesel com hidrogênio.

*Fonte*: acervos pessoais dos autores.

**Figura 38.7 –** Caixa de junção com marcação Ex eb IIC T6 Gb contendo circuitos intrinsecamente seguros e não intrinsecamente seguros, instaladas em área classificada Zona 2 – grupo IIC – Classe de Temperatura T3, em planta de tratamento de diesel com hidrogênio.

*Fonte*: acervos pessoais dos autores.

**Figura 38.8 –** Instalação de transmissor intrinsecamente seguro com marcação Ex ia IIC T6 Gb / Ex ia IIIC T85 °C Da instalado em área classificada Zona 22 – grupo IIIB – Temperatura de ignição da poeira 250 °C, em planta de coqueamento.

*Fonte*: acervos pessoais dos autores.

**Figura 38.9 –** Barreiras de segurança intrínseca com isolação galvânica com marcações [Ex ia Ga] IIC/[Ex ia Da] IIIC/[Ex ia Ma] I/Temperatura ambiente -20 °C ≤ Ta ≤ +60 °C, instaladas em painel de rearranjo em área não classificada, em planta de hidrodessulfurização de nafta para interface com circuitos instalados em Zona 0, Zona 1, Zona 2, Zona 21 e Zona 22 dos grupos IIA, IIC e III B.

*Fonte*: acervos pessoais dos autores.

**Figura 38.10 –** Barreiras de segurança intrínseca com isolação galvânica com marcações [Ex ia Ga] IIC/[Ex ia Da] IIIC/[Ex ia Ma] I/Temperatura ambiente -20 °C ≤ Ta ≤ +60 °C, instaladas em painel de rearranjo em área não classificada, em planta de reforma catalítica de aromáticos, para interface com circuitos instalados em Zona 1 e Zona 2, dos Grupos IIA, IIB e IIC.

*Fonte*: acervos pessoais dos autores.

**Figura 38.11 –** Pressostatos intrinsecamente seguros com marcação Ex ia IIC T6 Gb/Ex ia IIIC T85 °C Da instalados em área classificada Zona 2 – grupo IIC – Classe de Temperatura T3, em planta de geração de hidrogênio.

*Fonte*: acervos pessoais dos autores.

**Figura 38.12 –** Caixas de junção com marcação Ex eb IIC T6 Gb, contendo circuitos intrinsecamente seguros, instaladas em área classificada Zona 2 – grupo IIC – Classe de Temperatura T3, em planta de tratamento de nafta com hidrogênio.

*Fonte*: acervos pessoais dos autores.

**Figura 38.13 –** Monitor de posição de válvula com marcação Ex e mb [ib] IIB/IIA T6 Gb IP66 e solenoide intrinsecamente seguras com marcação Ex ia IIC T6 Gb / Ex ia IIIC T85 °C Da instalados em área classificada Zona 2 – grupo IIC – Classe de Temperatura T3, em planta de hidrotratamento de óleo diesel.

*Fonte*: acervos pessoais dos autores.

**Figura 38.14 –** Caixa de junção com marcação Ex eb IIC T6 Gb, contendo circuitos intrinsecamente seguros, instalada em área classificada Zona 2 – grupo IIA – Classe de Temperatura T3, em módulo de produção localizado no *topside* de FPSO.

*Fonte*: acervos pessoais dos autores.

## 38.6 CRITÉRIOS PARA A SELEÇÃO DE EQUIPAMENTOS "EX" PESSOAIS, PORTÁTEIS, MÓVEIS OU MANUAIS

De acordo com a norma técnica brasileira adotada ABNT NBR IEC 60079-14 (*Atmosferas explosivas - Parte 14: Projeto, seleção e montagem de instalações elétricas*), equipamentos que podem ser transportados ou levados para o interior de áreas classificadas e utilizados em diferentes zonas, grupos ou classes de temperatura devem possuir um nível de proteção de equipamento apropriado. Além disso, esses equipamentos devem ser adequados à zona (EPL), grupo e classe de temperatura do local mais rigoroso onde possa ser utilizado ou transportado.

Itens de equipamentos pessoais que são alimentados por bateria ou energia solar são, às vezes, carregados pelas pessoas e inadvertidamente levados para o interior da área classificada. Relógios eletrônicos de pulso simples, sem comunicação *bluetooth* e sem bateria recarregável por energia solar, representam um clássico exemplo de dispositivos eletrônicos de baixa tensão que têm sido avaliados de modo independente e tidos como aceitáveis para utilização áreas classificadas, tanto sob os requisitos históricos como os atuais requisitos de EPL.

Todos os demais equipamentos pessoais alimentados por bateria ou energia solar (incluindo relógios eletrônicos de pulso incorporando outras funções) devem:

a) estar de acordo com o tipo de proteção "Ex" apropriado para o EPL requerido, bem como requisitos de grupo, subgrupo e classe de temperatura; ou

b) ser submetidos a uma avaliação de risco; ou

c) ser levados para o interior de uma área classificada atendendo a um procedimento de trabalho seguro, no qual seja verificada a continuidade da ausência de atmosfera explosiva, por meio de medição de explosividade (área livre de gás).

Deve ser ressaltado que está disponível no mercado uma série de equipamentos "Ex" de automação, portáteis e *wearables*, como PDA, tablets, smartphones, *smartwatches, wristbands, walkie-talkies*, câmeras fotográficas, RFID, *drones* e instrumentos de medição com certificação "Ex", proporcionando EPL Gb ou Db, sendo adequados para serem utilizados em áreas classificadas dos tipo Zonas 1, 2, 21 e 22.

São citados a seguir alguns exemplos de marcações de conformidade de alguns tipos de equipamentos "Ex" portáteis que são adequados para utilização em áreas classificadas contendo gases inflamáveis ou poeiras combustíveis, com base nos critérios de seleção indicados anteriormente.

- **Tablet "Ex"**: Ex db ia op is IIC T5 Gb (gases)/Ex tb ia op is IIIC T100 °C Db (poeiras combustíveis) ou Ex ib op is IIC T4 Gb IP 64 (gases inflamáveis)/Ex ib op is IIIC T120 °C Db (poeiras combustíveis).
- **Smartphone "Ex"**: Ex ib op is IIC T4 Gb IP64 (gases inflamáveis)/Ex ib op is IIIC T120 °C Db (poeiras) – Temperatura ambiente: -20 °C ≤ Ta ≤ +60 °C.
- ***Wearable* "Ex"**: Ex eb ib sb IIB T4 Gb.
- ***Smartwatch* "Ex"**: Ex ic IIC T5 Gc (gases inflamáveis)/Ex ic IIIB T100 °C Dc (poeiras combustíveis).
- ***Walkie-Talkie* "Ex"**: Ex ib IIC T4 Gb IP64 (gases inflamáveis)/Ex ib IIIC T130 °C Db IP6X (poeiras)/Ex ib I (Minas subterrâneas de carvão).
- **Identificador "Ex" de RFID ou código de barras**: Ex ib IIC T4 Gb IP64 (gases)/Ex ib IIIC T135 °C Db IP 6X (poeiras combustíveis).
- **PDA "Ex"**: Ex ia IIC T4 Gb IP64 (gases inflamáveis)/Ex ia III C T135 °C Db IP6X (poeiras combustíveis).
- **Câmera "Ex"**: Ex ib [ib] mb IIC T6.

Na figura a seguir, é apresentado um exemplo de um equipamento "Ex" de uso pessoal, do tipo *smartphone*, contendo circuitos intrinsecamente seguros, adequado para utilização em áreas classificadas contendo gases inflamáveis e poeiras combustíveis.

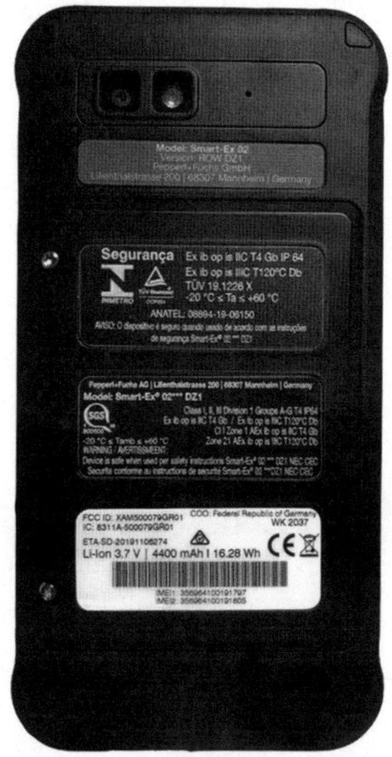


**Figura 38.15 –** Exemplo de smartphone com marcações Ex ib op is IIC T4 Gb IP 64 / Ex ib op is IIIC T120 °C Db, contendo circuitos intrinsecamente seguros, adequado para utilização em áreas classificadas Zona 1 e Zona 2 – grupos IIA / IIB / IIC – Classe de Temperatura T4 / T3 / T2 / T1 e Zona 21 e Zona 22 – grupos IIIA / IIIB / IIIC – Temperatura de ignição da poeira combustível acima de 120 °C.

*Fonte*: P+F do Brasil.

Capítulo **39**

# Requisitos de projeto e montagem de instalações de instrumentação em atmosferas explosivas

**Sinopse:** este capítulo aborda os principais requisitos para as atividades de projeto, seleção e montagem de equipamentos, fiação e instalações de instrumentação e de automação em atmosferas explosivas, com destaque para os requisitos de equipamentos intrinsecamente seguros, equipamentos intrinsecamente seguros associados e circuitos intrinsecamente seguros. São abordados também critérios "gerais" de serviços de seleção de equipamentos, projeto e montagem de instalações "Ex" que são aplicáveis a diversos tipos de proteção "Ex", incluindo a proteção por segurança intrínseca.

## 39.1 REQUISITOS BÁSICOS DE PROJETO E DE INSTALAÇÃO DE EQUIPAMENTOS E SISTEMAS INTRINSECAMENTE SEGUROS

Os requisitos essenciais para o projeto de um sistema intrinsecamente seguro podem ser resumidos nos seguintes:

- o sistema deve ser projetado de maneira a assegurar a sua operação da forma requerida pelo processo, de modo seguro;
- os equipamentos e componentes utilizados no sistema devem ser certificados como equipamentos intrinsecamente seguros Ex "i" ou equipamentos intrinsecamente seguros associados [Ex "i"], ou como equipamentos "simples", de acordo com os requisitos especificados nas normas ABNT NBR IEC 60079-11, ABNT NBR IEC 60079-14 e ABNT NBR IEC 60079-25;
- a compatibilidade dos parâmetros de limitação ou parâmetros de entidade do equipamento Ex "i" e do equipamento associado [Ex "i"] deve ter sido determi-

nada, verificada e inserida na documentação descritiva do sistema (também denominada de DSD – *Descriptive System Document*);

- o nível de proteção (EPL) do sistema Ex "i" deve ser estabelecido de acordo com os requisitos da classificação de áreas do local da instalação do equipamento Ex "i" ou com os requisitos do EPL requerido para o local da instalação;
- a classe de temperatura do equipamento utilizado no sistema deve ser especificada no projeto de instalação;
- os requisitos e características dos cabos dos circuitos de interligação entre instrumentos intrinsecamente seguros e dispositivos associados devem ser estabelecidos no projeto.

O projeto e a instalação de equipamentos e sistemas intrinsecamente seguros deve atender aos requisitos especificados nas normas técnicas brasileiras adotadas ABNT NBR IEC 60079-14 (*Atmosferas explosivas - Parte 14: Projeto, seleção e montagem de instalações elétricas*), ABNT NBR IEC 60079-25 (*Atmosferas explosivas - Parte 25: Sistemas elétricos intrinsecamente seguros*) e ABNT NBR IEC 61892-7 (*Unidades marítimas fixas e móveis - Instalações elétricas - Parte 7: Áreas classificadas*).

Na Figura 39.1, é mostrada a folha de rosto da norma técnica brasileira adotada ABNT NBR IEC 60079-14. Na Figura 39.2, a folha de rosto da norma ABNT NBR IEC 60079-25. Na Figura 39.3, a folha de rosto da norma ABNT NBR IEC 61892-7.

NORMA BRASILEIRA

ABNT NBR IEC 60079-14

Terceira edição
07.11.2016

**Atmosferas explosivas**
**Parte 14: Projeto, seleção e montagem de instalações elétricas**

*Explosive atmospheres*
*Part 14: Electrical installations design, selection and erection*

**Figura 39.1** – Folha de rosto da norma técnica brasileira adotada ABNT NBR IEC 60079-14 – *Atmosferas explosivas – Parte 14: Projeto, seleção de equipamento e montagem de instalações elétricas.*

*Fonte*: ABNT.

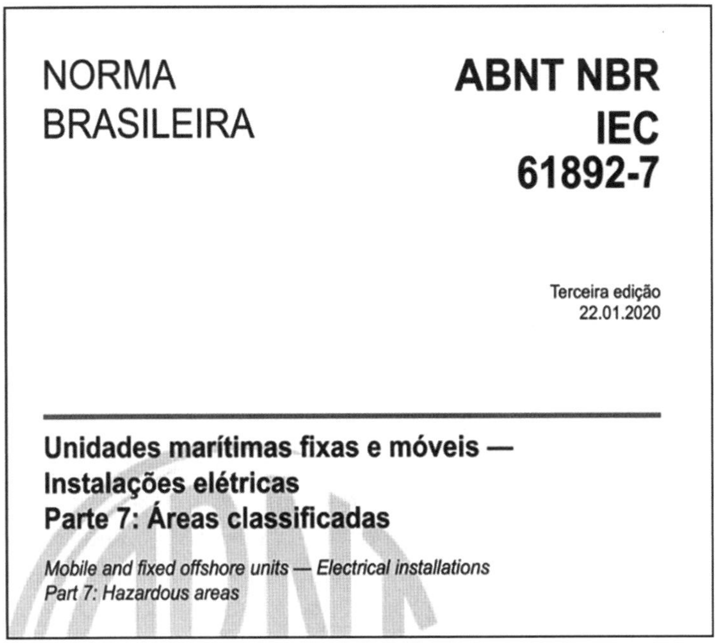

NORMA BRASILEIRA

**ABNT NBR IEC 61892-7**

Terceira edição
22.01.2020

**Unidades marítimas fixas e móveis — Instalações elétricas Parte 7: Áreas classificadas**

*Mobile and fixed offshore units — Electrical installations Part 7: Hazardous areas*

**Figura 39.2 –** Folha de rosto da norma técnica brasileira adotada ABNT NBR IEC 61892-7 – *Unidades marítimas fixas e móveis – Instalações elétricas – Parte 7: Áreas classificadas.*

*Fonte*: ABNT.

NORMA BRASILEIRA

**ABNT NBR IEC 60079-25**

Terceira edição
12.08.2021

**Atmosferas explosivas Parte 25: Sistemas elétricos intrinsecamente seguros**

*Explosive atmospheres Part 25: Intrinsically safe electrical system*

**Figura 39.3 –** Folha de rosto da norma técnica brasileira adotada ABNT NBR IEC 60079-25 – *Atmosferas explosivas – Parte 25: Sistemas intrinsecamente seguros.*

*Fonte*: ABNT.

## 39.2 REQUISITOS PARA A ELABORAÇÃO DO INVENTÁRIO DOS EQUIPAMENTOS DE INSTRUMENTAÇÃO, AUTOMAÇÃO, TELECOMUNICAÇÕES, ELÉTRICOS E MECÂNICOS "EX" INSTALADOS EM ÁREAS CLASSIFICADAS

De forma a manter a rastreabilidade de equipamentos de instrumentação, automação, telecomunicações, elétricos e mecânicos "Ex" instalados ou utilizados em atmosferas explosivas, para cada instalação em particular, é essencial a elaboração e a manutenção atualizada de um INVENTÁRIO e registro dos equipamentos "Ex" com instalação fixa ou de utilização móvel, portátil ou pessoal.

Este tipo de inventário de equipamentos "Ex" é requerido e utilizado para a execução de atividades técnicas e gerenciais, incluindo projeto das instalações "Ex", montagens dos equipamentos e instalações "Ex", inspeções iniciais, inspeções periódicas e inspeções por amostragem dos equipamentos e instalações "Ex", manutenção dos equipamentos "Ex", recuperação dos equipamentos "Ex", auditorias das instalações "Ex" e gestão dos ativos "Ex".

As listas de dados a seguir apresentam as informações mínimas requeridas a serem registradas para cada equipamento "Ex" instalado de forma fixa ou utilizado de forma móvel, portátil ou pessoal, em uma determinada instalação, para a elaboração adequada dos respectivos inventários.

### 39.2.1 DADOS PARA CADASTRAMENTO DO INVENTÁRIO DOS EQUIPAMENTOS "EX" – DADOS DO EQUIPAMENTO "EX"

São relacionadas a seguir as informações para cadastramento de inventário de **equipamentos** de instrumentação, automação, telecomunicações, elétricos ou mecânicos "Ex":

1) Identificador único do equipamento "Ex", por exemplo, TAG de identificação ou outra forma de identificação utilizada pelas Empresas
2) Tipo do equipamento "Ex"
3) Descrição do equipamento "Ex"
4) Fabricante do equipamento "Ex"
5) Modelo do equipamento "Ex"
6) Número de série do equipamento "Ex"
7) Grau de proteção (Código IP)
8) Nível de proteção do equipamento "Ex" (EPL) (para gases inflamáveis ou poeiras combustíveis)
9) Tipos de proteção "Ex" do equipamento "Ex" (para gases inflamáveis ou poeiras combustíveis)
10) Condições específicas de instalação ou de utilização do equipamento "Ex" (Certificados com sufixo "X")
11) Marcação "Ex" para áreas classificadas contendo gases inflamáveis
12) Marcação "Ex" para áreas classificadas contendo poeiras combustíveis

13) Classe de temperatura do equipamento "Ex" para gases inflamáveis (T1 a T6)
14) Temperatura máxima de superfície do equipamento "Ex" para poeiras combustíveis (°C)
15) Grupo do equipamento "Ex" (I, IIA, IIB, IIC, IIIA, IIIB ou IIIC)
16) Dados de limitação ou de entidade de instrumentos intrinsecamente seguros (Ex "i")
17) Dados de limitação ou de entidade de barreiras intrinsecamente seguras ([Ex "i"])
18) Número do certificado de conformidade do equipamento "Ex"
19) Necessidade de abertura frequente do equipamento "Ex"? (S/N)
20) Falha do equipamento "Ex" incorre em perda de produção? (S/N)
21) Campo "livre" para inclusão de notas ou observações pelos usuários

### 39.2.2 DADOS PARA CADASTRAMENTO DO INVENTÁRIO DOS EQUIPAMENTOS "EX" – DADOS DE CLASSIFICAÇÃO DE ÁREAS E DE CARACTERÍSTICAS DO LOCAL DA INSTALAÇÃO DO EQUIPAMENTO

São relacionadas a seguir as informações para cadastramento de informações relacionadas com o **local da instalação** de equipamentos de instrumentação, automação, telecomunicações, elétricos ou mecânicos "Ex":

1) Descrição da área "*primária*" onde se encontra instalado o equipamento "Ex"
2) Descrição da subárea "*secundária*" onde se encontra instalado o equipamento "Ex"
3) Descrição do local da instalação do equipamento "Ex"
4) Classificação da área do local da instalação com a presença de **gases inflamáveis** / Grupo II (Zona, Grupo e Classe de Temperatura)
5) Classificação da área do local da instalação com a presença de **poeiras combustíveis** / Grupo III (Zona, Grupo e Temperatura de ignição)
6) TAG do circuito de alimentação de força (para desligamento em caso de necessidade de liberação para trabalhos)
7) Requisitos para acesso (acesso no nível do piso, ou por meio de escada, andaime ou acesso por corda)
8) Nível de elevação em relação ao nível do piso (m)
9) Exposição a raios UV (Ultravioleta)
10) Exposição a chuva
11) Exposição a jatos de água, ondas do mar ou sistema de "dilúvio"
12) Nível de corrosão existente no local da instalação do equipamento "Ex"
13) Nível de vibração existente no local da instalação do equipamento "Ex"
14) Meio de acesso ao equipamento "Ex" (por corda, escada ou andaime)

15) Pressão do gás na nos equipamentos de processo existentes na área

16) Campo "livre" para inclusão de notas ou observações pelos usuários

O Anexo intitulado "*Elaboração do inventário de equipamentos "Ex" - Dados e informações para cadastro*" indicado na norma técnica brasileira adotada ABNT NBR IEC 60079-14 (*Projeto, seleção de equipamentos e montagem de instalações em atmosferas explosivas*) apresenta requisitos sobre os dados e informações aplicáveis para o devido cadastro e a devida elaboração do INVENTÁRIO de equipamentos de instrumentação, automação, telecomunicações, elétricos e mecânicos "Ex" em áreas classificadas, em instalações terrestres ou marítimas, incluindo requisitos sobre a marcação digital de equipamentos "Ex".

## 39.3 CRITÉRIOS DE SELEÇÃO DE EQUIPAMENTOS "EX" DE ACORDO COM O GRUPO DE GASES INFLAMÁVEIS OU DE POEIRAS COMBUSTÍVEIS

O grupo de gases inflamáveis ou de poeiras combustíveis a ser marcado em equipamento "Ex" deve ser especificado e estar de acordo com o indicado nas Tabelas a seguir.

Equipamentos "Ex" para minas subterrâneas de carvão sujeitas ao gás grisu devem ser marcados como grupo I; os gases inflamáveis representativos para o grupo II são apresentados nesta tabela:

**Tabela 39.1** – Atmosferas explosivas de gases – grupo II – Gases representativos

| GÁS representativo do GRUPO II | Designação ABNT NBR ISO/IEC 80079-20-1 |
|---|---|
| Propano | Grupo IIA |
| Etileno | Grupo IIB |
| Acetileno | Grupo IIC |

As poeiras combustíveis representativas para o grupo III são apresentadas nesta tabela:

**Tabela 39.2** – Atmosferas explosivas de poeiras combustíveis – grupo III – Poeiras representativas

| POEIRA representativa do GRUPO III | Designação ABNT NBR ISO/IEC 80079-20-2 |
|---|---|
| Fibras ou material particulado | Grupo IIIA |
| Poeiras não condutivas | Grupo IIIB |
| Poeiras condutivas | Grupo IIIC |

Equipamentos elétricos, de instrumentação, automação, telecomunicações, elétricos ou mecânicos "Ex" devem ser selecionados, em relação ao grupo da área classificada de gases ou poeiras existente no local da instalação, de acordo com esta tabela:

**Tabela 39.3** – Relação entre subdivisão do local com gás, vapor ou poeira e o grupo de equipamento permitido

| GRUPO | Subdivisão do local com gás ou vapor ou poeira | | GRUPO de equipamento "Ex " permitido |
|---|---|---|---|
| II (Gases Inflamáveis) | IIA | Gás representativo: Propano | IIA, IIB ou IIC |
| | IIB | Gás representativo: Etileno | IIB ou IIC |
| | IIC | Gás representativo: Acetileno | IIC |
| III (Poeiras Combustíveis) | IIIA | Fibras e material particulado | IIIA, IIIB ou IIIC |
| | IIIB | Poeiras não condutivas | IIIB ou IIIC |
| | IIIC | Poeiras condutivas | IIIC |

Quando um equipamento "Ex" é marcado indicando que é adequado para um gás ou vapor particular, este não deve ser utilizado com outros gases ou vapores sem que uma completa avaliação de risco seja realizada por uma pessoa ou instituição competente, e os resultados da avaliação mostrarem que é adequado para esta utilização. Por exemplo, um equipamento marcado como grupo IIB+$H_2$ indica que foi ensaiado para o grupo IIB e, posteriormente, ensaiado com hidrogênio ($H_2$). Equipamentos com essa marcação podem ser instalados em áreas classificadas do grupo IIC nos casos em que este tenha sido determinado devido à presença do hidrogênio. Contudo, essa condição não se aplica a equipamentos intrinsecamente seguros, já que os parâmetros de limitação são os mesmos para acetileno e hidrogênio. Procedimentos como esse são comuns somente para equipamentos do tipo "à prova de explosão" (Ex "d").

Equipamentos associados podem ser marcados com dois grupos de gases diferentes, por exemplo, "Ex d [ia IIB Ga] IIC T5 Gb". Nesse caso, o equipamento "Ex" pode ser instalado em uma área grupo IIC, mas o sistema intrinsecamente seguro deve ser avaliado como grupo IIB, e o equipamento intrinsecamente seguro Ex "i" interligado a esse equipamento "Ex" somente pode ser instalado em uma área classificada dos grupos IIB ou IIA.

## 39.4 SELEÇÃO DE EQUIPAMENTOS "EX" PARA GASES INFLAMÁVEIS DE ACORDO COM A CLASSE DE TEMPERATURA

A classe de temperatura de equipamentos "Ex" a ser selecionada para instalação ou utilização em a áreas classificadas contendo gases inflamáveis deve ser especificada de acordo com a tabela a seguir, tendo como base a classe de temperatura da classificação de área do local da instalação, a qual, por sua vez, está associada com a temperatura de autoignição da substância ou mistura inflamável presente na instalação.

**Tabela 39.4** – Classes de temperaturas normalizadas, apresentadas na norma técnica brasileira adotada ABNT NBR IEC 60079-14 – *Relação entre temperatura de ignição do gás ou vapor presente nas áreas de processo e classe de temperatura do equipamento "Ex"*

| Classes de temperatura da classificação de área | Temperatura de ignição do gás ou vapor inflamável existente na área classificada onde o equipamento "Ex" será instalado | Temperatura máxima de superfície do equipamento "Ex" | Classe de temperatura do equipamento "Ex" permitida para instalação |
|---|---|---|---|
| T1 | T ignição gás > 450 °C | 450 °C | T1 a T6 |
| T2 | 300 < T ignição gás ≤450 °C | 300 °C | T2 a T6 |
| T3 | 200 < T ignição gás ≤ 300 °C | 200 °C | T3 a T6 |
| T4 | 135 < T ignição gás ≤ 200 °C | 135 °C | T4 a T6 |
| T5 | 100 < T ignição gás ≤135 °C | 100 °C | T5 ou T6 |
| T6 | 85 < T ignição gás ≤ 100 °C | 85 °C | T6 |

## 39.5 SELEÇÃO DA TEMPERATURA DO INVÓLUCRO DOS EQUIPAMENTOS "EX" DE ACORDO COM A TEMPERATURA DE IGNIÇÃO DA POEIRA COMBUSTÍVEL

### 39.5.1 LIMITAÇÕES DE TEMPERATURA DEVIDO À PRESENÇA DE POEIRA NA FORMA DE NUVEM

Os equipamentos "Ex" devem ser selecionados de forma que sua temperatura máxima de superfície não atinja a temperatura de ignição de qualquer poeira combustível que possa estar presente no ambiente. A temperatura máxima de superfície dos equipamentos "Ex", quando ensaiada no método sem camada de poeira, de acordo com a ABNT NBR IEC 60079-0, não pode exceder dois terços da temperatura mínima de ignição, em graus Celsius, da mistura poeira com o ar considerada, ou seja, $T_{MAX} = 2/3\ T_{NUVEM}$, onde $T_{NUVEM}$ (ou $T_{CLOUD}$) é a temperatura mínima de ignição da poeira em forma de nuvem.

### 39.5.2 LIMITAÇÕES DE TEMPERATURA DEVIDO À PRESENÇA DE POEIRA NA FORMA DE CAMADA

Quando o equipamento não é marcado com a espessura da camada de poeira, como parte da marcação de temperatura "T", um fator de segurança deve ser aplicado, levando em consideração a espessura da camada de poeira, da seguinte forma:

**Para camadas de poeira combustível até 5 mm de espessura:** a temperatura máxima de superfície dos equipamentos, quando ensaiados pelo método da ABNT NBR IEC 60079-0 sem a presença de poeira, não pode exceder o valor de 75 °C abaixo da temperatura mínima de ignição para a espessura de camada de 5 mm da poeira específica $T_{MAX} < T_{5\,mm} - 75\ K$, em que $T_{5\,mm}$ é a temperatura mínima de ignição (incandescência) de poeira combustível em forma de camada de 5 mm.

**Para camadas de poeira combustível acima de 5 mm de espessura até 50 mm**: quando existir a possibilidade de formação de camada de poeira combustível com espessura superior a 5 mm sobre a superfície do equipamento "Ex", a temperatura de superfície máxima permitida deve ser reduzida. O gráfico de redução na temperatura máxima de superfície permitida para um equipamento "Ex" utilizado na presença de poeira é mostrado na figura a seguir. Esse gráfico relaciona o aumento da espessura da camada de poeira com a redução de temperatura de superfície do equipamento "Ex", para poeiras combustíveis com temperatura mínima de ignição superior a 250 °C para uma camada de 5 mm.

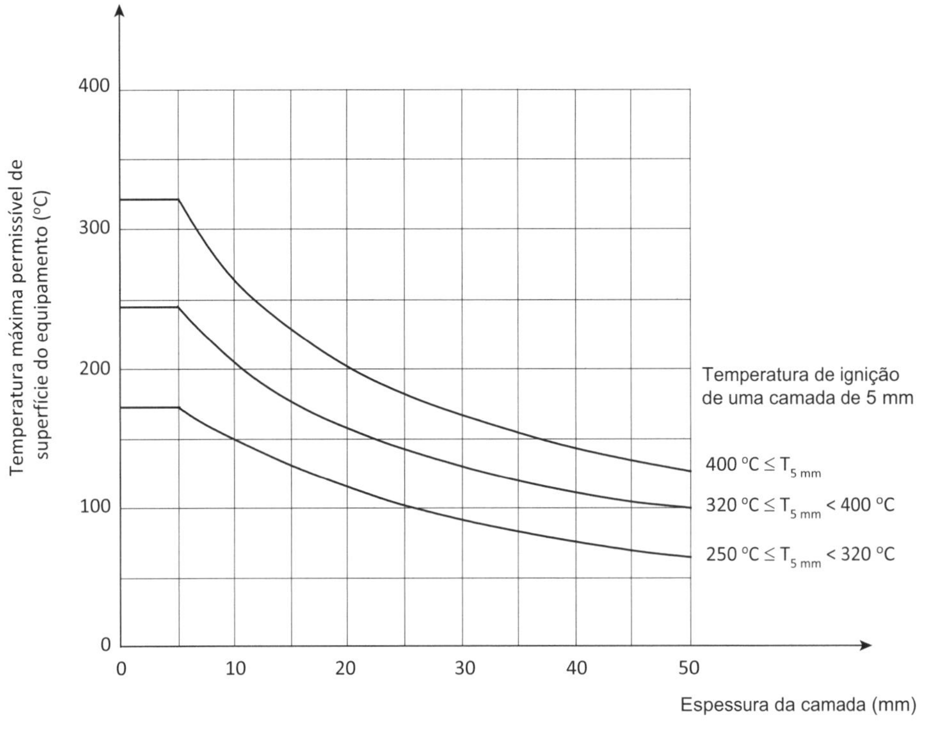


**Figura 39.4 –** Correlação entre a temperatura máxima de superfície permitida do equipamento "Ex" e espessura da camada de poeira combustível.

Considerando-se como exemplo uma área classificada devido à presença de soja, frequentemente encontrada em instalações portuárias, silos, armazéns e na indústria alimentícia, tem-se os seguintes valores de referência para a temperatura de ignição desse tipo de poeira combustível na forma de nuvem e de camada (para uma determinada granulometria e um determinado teor de umidade definidos pelas condições específicas da aplicação do processo em particular), determinadas de acordo com os procedimentos da norma ABNT NBR ISO/IEC 80079-20-2:

$T_{\text{Cloud}} = 500\ °C$

$T_{5\ mm} = 250\ °C$

A temperatura máxima de superfície de um equipamento com tipo de proteção "Ex" a ser instalado nesse exemplo deve atender ao valor mais restritivo (para as condições específicas aplicáveis à instalação) de poeira na forma de nuvem (1) ou poeira na forma de camada de 5 mm (2) ou poeira na forma de camada de 50 mm (3):

$T_{máx.}$ (1) = 2/3 * 500 °C = 333 °C (poeira na forma de nuvem)

$T_{máx.}$ (2) = 250 °C - 75 °C = 177 °C (poeira na forma de camada com 5 mm de espessura)

$T_{máx.}$ (3) = 65 °C, se existir a possibilidade da presença de poeira na forma de camada com 50 mm de espessura. Valor obtido pela utilização da curva "inferior" do gráfico indicado, pois o valor de $T_{5mm}$ da poeira combustível considerada (250 °C) está dentro da faixa da curva "inferior" (250 °C a 320 °C).

Dentre as três condições apresentadas, o valor mais restritivo é a temperatura máxima de superfície dos equipamentos "Ex" de 65 °C.

Esse exemplo serve para ressaltar a importância das atividades de limpeza nas áreas que possam acumular camadas de poeiras combustíveis. Devem ser implantados rigorosos procedimentos de operação e manutenção, incluindo procedimentos de limpeza, de forma que as camadas de poeira não possam se acumular, uma vez que elas representam grandes riscos de servirem como fontes de ignição. Isso se deve ao acúmulo de calor, que pode fazer com que em essas camadas de poeira se formem um tipo de "brasa" (focos de incandescência), capaz de provocar uma ignição "primária" quando a camada de poeira for levantada por "vento", ocasionando posteriormente o efeito "dominó", devido às explosões "secundárias" causadas pelo levantamento das camadas de poeira que estejam presentes nas redondezas ou circunvizinhanças do local da explosão "primária".

### 39.5.3 ESPECIFICAÇÃO DA TEMPERATURA DE SUPERFÍCIE PARA CAMADAS COM ESPESSURA ACIMA DE 50 MM

Quando não puder se evitar a camada de poeira formada ao redor dos lados e da parte de baixo de um equipamento "Ex", ou quando o equipamento estiver totalmente envolto em poeira, devido ao efeito do isolamento térmico, uma temperatura de superfície muito mais baixa pode ser necessária. Se o nível de proteção dos equipamentos Da é necessário nessas situações, todos os requisitos para o EPL Da devem ser atendidos.

Para instalações nas quais a formação de camadas de poeira não puder ser controlada, em função das instalações ou do processo, e existir a possibilidade da existência de espessura da camada superior a 50 mm, a temperatura máxima de superfície do equipamento deve ser marcada com a temperatura máxima de superfície $T_L$ (*Layer*), tomando como referência a espessura de camada permitida.

Quando o equipamento for marcado como $T_L$ para uma determinada espessura de camada de poeira, a temperatura de ignição da poeira, na espessura de camada *L*, deve ser aplicada no lugar de T5 mm. A temperatura máxima de superfície do equipamento $T_{MAX}$ deve ser no mínimo 75 °C mais baixa que a temperatura de ignição da poeira na espessura de camada $T_L$ ($T_{MAX} < T_L - 75$ °C). Por exemplo, se a temperatura de ignição de uma poeira combustível em forma de camada for de 175 °C, a temperatura máxima de temperatura dos equipamentos "Ex" a serem instalados deve ser de 100 °C.

## 39.6 CRITÉRIOS PARA SELEÇÃO DE EQUIPAMENTOS PARA CIRCUITOS E SISTEMAS INTRINSECAMENTE SEGUROS

Na figura a seguir, é apresentado de forma simplificada um circuito intrinsecamente seguro e suas principais partes constituintes, incluindo um equipamento intrinsecamente seguro (Ex "i"), uma interface ou equipamento intrinsecamente seguro associado ([Ex "i"]) de limitação de energia no circuito intrinsecamente seguro e os cabos de interligação entre o instrumento e a barreira.

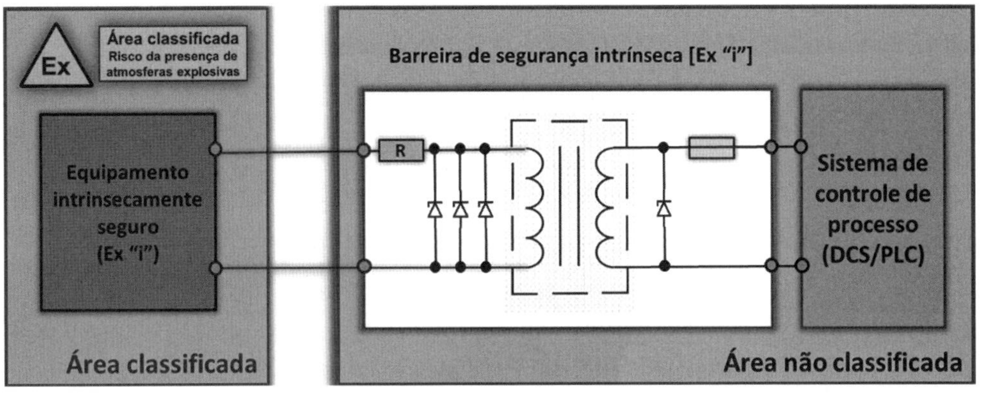


**Figura 39.5 –** Representação das principais partes de um circuito intrinsecamente seguro.

*Fonte*: acervos pessoais dos autores.

## 39.7 SELEÇÃO DE CABOS E MULTICABOS PARA CIRCUITOS INTRINSECAMENTE SEGUROS

Somente devem ser utilizados em circuitos intrinsecamente seguros cabos com isolamento capaz de suportar um ensaio dielétrico de duas vezes a tensão do circuito intrinsecamente seguro ou 500 V eficaz (750 V c.c.), o que for maior. Os trechos de circuitos instalados em áreas classificadas devem possuir condutores individuais ou de fios de condutores com diâmetro maior que 0,1 mm.

Os multicabos contendo circuitos intrinsecamente seguros devem ser capazes de suportar um ensaio dielétrico de, no mínimo, 500 V eficaz c.a. ou 700 V c.c., aplicado entre o isolamento interno do conjunto formado com a armadura ou malhas e todos os condutores juntos, ou então suportar um ensaio dielétrico de 1.000 V eficaz c.a. ou 1.400 V c.c., aplicado entre o isolamento de um feixe de seus condutores isolados, compreendendo metade dos condutores do multicabo e outro feixe formado pela outra metade dos condutores isolados. A execução desse ensaio não é requerida para multicabos com malhas de aterramento para os circuitos individuais do multicabo.

Os parâmetros elétricos ($C_C$ e $L_C$) ou ($C_C$ e $L_C/R_C$), para os cabos utilizados em circuitos intrinsecamente seguros, devem ser determinados de acordo com os parâmetros elétricos mais restritivos informados pelo fabricante do cabo ou os parâmetros elétricos determinados por medição de uma amostra (para detalhes, ver o método para determinação dos parâmetros de cabos especificado em Anexo da norma ABNT NBR IEC 60079-14).

Podem também ser utilizados os valores *típicos conservativos*: 200 pF/m (ou 200 μF/km) e 1 μH/m (ou 1 mH/km) ou 30 μH/Ω, de acordo com o especificado nas normas técnicas brasileiras adotadas ABNT NBR IEC 60079-14 e ABNT NBR IEC 60079-25, quando a interconexão é realizada por meio de dois ou três fios de um cabo não específico para segurança intrínseca, por exemplo, um cabo industrial para instrumentação, com ou sem malha (*shield*).

Adicionalmente aos requisitos de cabos para circuitos intrinsecamente seguros, de acordo com a norma ABNT NBR IEC 60079-14, de uma forma geral, os cabos para instalação fixa em atmosferas explosivas devem ser circulares e compactos, com capa e material de preenchimento extrudados. As capas devem ser em material termoplástico, termofixo, elastomérico. Cabos "especiais" com seções não circulares devem ser fixados por meio de prensa-cabos apropriados para o tipo de cabo.

Os cabos com isolamento do tipo "não compacto" apresentam o risco de permitir a migração de gás inflamável pelo seu interior de uma área classificada para uma área não classificada. Cabos com isolamento não compacto também apresentam o risco de permitir a propagação de uma explosão no interior de um invólucro à prova de explosão para o exterior do invólucro, através dos espaços vazios existentes no interior do cabo.

Se um cabo não for adequadamente compacto ou preenchido, permitindo a passagem de gases através do seu interior, não existirá proteção para a sua parte interna caso seja instalado um prensa-cabo "Ex" de passagem ou de compressão. Nesse caso, um prensa-cabo Ex "d" com selante (prensa-cabo "Ex" do tipo barreira) ou uma unidade seladora de eletroduto devem ser utilizados, de modo que os espaços vazios entre os condutores do cabo sejam preenchidos pelo composto de selagem.

São apresentados na Figura 39.6 exemplos de cabos com isolamento compacto, e, na Figura 39.7, são apresentados exemplos de cabos sem isolamento compacto.

**Figura 39.6 –** Exemplos de cabos com isolamento compacto.

*Fonte*: acervos pessoais dos autores.

**Figura 39.7** – Exemplos de cabos sem isolamento compacto.

*Fonte*: acervos pessoais dos autores.

Os cabos devem ser instalados de forma que fiquem protegidos contra danos mecânicos ou a influência de produtos químicos, efeitos de calor ou de radiação ultravioleta (UV). Os cabos não necessitam possuir marcação "Ex" ou de classe de temperatura. Levando-se em consideração as perdas de calor, é improvável que a temperatura de superfície de um cabo exceda a classe de temperatura T6, mesmo para os cabos com temperatura de operação de 105 °C.

## 39.8 CRITÉRIOS PARA SELEÇÃO DE PRENSA-CABOS "EX" EM FUNÇÃO DO TIPO DE PROTEÇÃO DO INVÓLUCRO DO EQUIPAMENTO "EX"

Os tipos de proteção "Ex" dos prensa-cabos a serem utilizados, dependendo do tipo de proteção do invólucro do equipamento "Ex", são indicados na tabela a seguir, de acordo com a norma técnica brasileira adotada ABNT NBR IEC 60079-14.

**Tabela 39.5** – Guia de seleção de prensa-cabos "Ex", de acordo com o tipo de proteção do invólucro do equipamento "Ex"

| Tipo de proteção "Ex" do equipamento (invólucro) | Tipo de proteção "Ex" do prensa-cabo, adaptador ou elemento de vedação | | | |
|---|---|---|---|---|
| | Ex "d" | Ex "e" | Ex "n" | Ex "t" |
| Ex "d" | X | --- | --- | --- |
| Ex "e" | X | X | --- | --- |
| Ex "i" e Ex "nL" Grupo II (a) | X | X | X | --- |
| Ex "i" - Grupo III (a) | --- | --- | --- | X |
| Ex "n" | X | X | X | --- |
| Ex "p" (todos os tipos) | X | X | X b | --- |
| Ex "t" | --- | --- | --- | X |

"X" indica utilização permitida do prensa-cabo com o tipo de proteção "Ex" do invólucro indicado.

(a) Se somente um circuito intrinsecamente seguro é aplicado, então, não existem requisitos especificados para os prensa-cabos.

(b) Somente permitido para instalações que requeiram "Gc".

Deve ser, particular e especialmente, ressaltado que, em invólucros metálicos do tipo Ex "d" com entradas diretas, somente podem ser utilizados prensa-cabos metálicos à prova de explosão (Ex "d").

Nos casos específicos de instalação de cabos em invólucros à prova de explosão (Ex "d") com entradas diretas ao interior do invólucro, é necessário que somente cabos com isolamento compacto sejam instalados em atmosferas explosivas, de forma a se evitar a necessidade de instalação de prensa-cabos Ex "d" do tipo barreira, que possuem complexos procedimentos de montagem.

Para se evitarem os problemas frequentes de especificação e instalação de prensa--cabos à prova de explosão, a alternativa mais adequada é a especificação, nos casos em que não existam equipamentos "Ex" com outros tipos de proteção alternativos, de equipamentos com invólucros metálicos Ex "d" com entradas indiretas, por meio de caixas de terminais do tipo segurança aumentada (Ex "e").

## 39.9 REQUISITOS PARA A IDENTIFICAÇÃO DOS CABOS CONTENDO CIRCUITOS INTRINSECAMENTE SEGUROS

Os cabos contendo circuitos intrinsecamente seguros devem ser marcados ou identificados de forma a tornar facilitada a sua identificação, como uma parte de um circuito intrinsecamente seguro. É recomendado que as capas ou coberturas dos cabos sejam identificadas pelo azul-claro. Quando circuitos intrinsecamente seguros forem identificados pela utilização de cabos nessa cor, outros cabos com circuitos não intrinsecamente seguros com azul-claro não poderão ser utilizados, de maneira a não confundirem a fácil identificação dos cabos com circuitos intrinsecamente seguros.

Medidas alternativas de marcação devem ser adotadas dentro de painéis de medição e controle, conjuntos de manobra, equipamentos de distribuição etc., onde existe um risco de confusão entre cabos de circuitos intrinsecamente seguros e não intrinsecamente seguros, na presença de um condutor neutro azul.

A figura a seguir ilustra a necessidade de segregação de circuitos intrinsecamente seguros e não intrinsecamente seguros, em sistemas de bandejamento. No caso de sistemas de bandejamento ou eletrodutos metálicos, estes devem ser aterrados, de forma a se evitar a circulação de correntes induzidas parasitas entre os dutos de cabos.

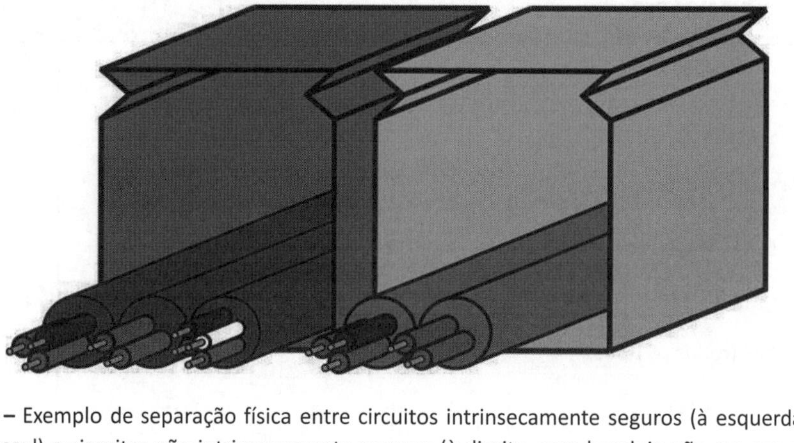

**Figura 39.8** – Exemplo de separação física entre circuitos intrinsecamente seguros (à esquerda, na cor bandeja na azul) e circuitos não intrinsecamente seguros (à direita, com bandeja não em cor azul), por meio de bandejas ou eletrocalhas distintas.

*Fonte*: acervos pessoais dos autores.

## 39.10 REQUISITOS PARA A O PROJETO DE INSTALAÇÃO DE CABOS CONTENDO CIRCUITOS INTRINSECAMENTE SEGUROS

Os métodos de instalação de cabos contendo circuitos intrinsecamente seguros devem ser realizados de forma a reduzir o risco de danos físicos. Embora a ocorrência de uma falha em um cabo contendo somente um circuito Ex "i" não ocasione o risco de geração de uma fonte de ignição capaz de causar a explosão da atmosfera explosiva presente no ambiente, a interconexão do circuito a um ponto aterrado pode resultar em uma perda das características de um circuito intrinsecamente seguro. Assim, devem ser tomados os mesmos cuidados aplicados para instalações industriais em locais onde exista o risco de quedas de equipamentos ou outros impactos mecânicos.

Nos casos de instalação de circuitos intrinsecamente seguros em multicabos, em que a separação dos circuitos seja feita somente por meio da separação dos condutores pelo material de isolamento, deve ser empregado um método de encaminhamento de cabos de forma a se evitarem danos mecânicos aos multicabos. Em um mesmo multicabo, não podem coexistir circuitos intrinsecamente seguros (IS) e não intrinsecamente seguros. (NIS).

Os cabos ou condutores isolados de circuitos intrinsecamente seguros e não intrinsecamente seguros não devem ser encaminhados em conjunto em um mesmo cabo, multicabo, eletroduto ou sistema de bandejamento, de forma a se evitar que falhas no isolamento dos cabos, ou efeitos de acoplamentos capacitivos, ou que a indução devida a campos eletromagnéticos possam gerar o acúmulo de energia em circuitos intrinsecamente seguros acima dos níveis seguros permitidos para cada tipo de gás ou poeira.

A fim de se evitar a ocorrência de conexões indevidas aos circuitos intrinsecamente seguros (IS) devido a danos nos cabos e multicabos, estes não devem ser montados, a princípio, na mesma bandeja ou no mesmo eletroduto em que estejam instalados circuitos não intrinsecamente seguros (NIS), a não ser que os cabos de pelo menos um dos tipos de circuitos sejam protegidos por uma malha metálica.

De acordo com os requisitos indicados nas normas ABNT NBR IEC 60079 – Partes 14 e 25 e ABNT NBR IEC 61892-7, deve ser assegurado que, quando cabos de circuitos intrinsecamente seguros e não seguros forem instalados de maneira próxima, não haja interferências eletromagnéticas que possam afetar a segurança dos circuitos com proteção Ex "i". Isso pode também ser obtido pela utilização de cabos de instrumentação do tipo trançado ou com malha (*shield*), ou por meio de uma separação física entre os circuitos de tensão mais elevada e os cabos dos circuitos de segurança intrínseca.

Nos casos de encaminhamento de cabos por meio de sistemas de bandejamento, e em que os cabos não possuam malhas metálicas, pode ser utilizado um septo divisor para efetuar a separação física entre circuitos intrinsecamente seguros e não intrinsecamente seguros. Esse septo deve possuir uma rigidez mecânica adequada e ser aterrado, nos frequentes casos de utilização de materiais metálicos, por meio de uma boa conexão com estruturas metálicas da instalação, como tubulações ou *pipe racks*, proporcionando uma adequada ligação equipotencial.

Quando os cabos contendo circuitos intrinsecamente seguros (IS) são instalados próximos a circuitos não intrinsecamente (NIS) seguros existe o risco de indução eletromagnética dos circuitos não intrinsecamente seguros sobre os circuitos intrinsecamente seguros, o que pode comprometer as características de segurança e proteção Ex "i", representando, dessa forma, um risco da existência de níveis de energia acima daqueles capazes de gerar uma centelha, em casos de ocorrência de um circuito aberto ou curto-circuito em um circuito intrinsecamente seguro, ou de uma temperatura elevada. Assim, a integridade de um circuito intrinsecamente seguro deve ser preservada com relação às interferências externas, devidas à exposição de energia provenientes de outras fontes elétricas, a fim de que a energia no circuito Ex "i" não seja excedida, mesmo na ocorrência de circuito aberto, curto-circuito ou aterramento do circuito.

As instalações com circuitos intrinsecamente seguros devem ser feitas de forma que a segurança intrínseca não seja adversamente afetada por campos elétricos ou magnéticos externos, como pela proximidade com linhas aéreas de alta tensão ou cabos unipolares conduzindo corrente de valores elevados. Isso pode ser obtido, por exemplo, pela utilização de condutores com malhas, blindagem ou pela instalação dos cabos com circuitos intrinsecamente seguros com uma distância adequada da fonte do campo elétrico ou magnético.

Quando as propriedades da segurança intrínseca puderem ser afetadas negativamente pelo ingresso de umidade ou poeira no interior de um invólucro, ou pela proximidade com partes condutivas, e de forma a protegerem contra interferência não prevista e danos mecânicos os componentes e fiação interna do equipamento intrinsecamente seguro (Ex "i") ou equipamentos associados (barreiras de segurança intrínseca ([Ex "i"]), devem ser montados em um invólucro com grau de proteção (índice IP) adequado às condições do local da instalação.

A figura a seguir apresenta um exemplo de instalação de circuitos intrinsecamente seguros (IS) e não intrinsecamente seguros (NIS) instalados em sistema de distribuição de fiação por meio de bandejamento de cabos, com bandejas separadas para circuitos IS e NIS.

**Figura 39.9 –** Instalação de circuitos intrinsecamente seguros (IS) e não intrinsecamente seguros (NIS) instalados em bandejas separadas, em planta petroquímica.

*Fonte*: acervos pessoais dos autores.

## 39.11 REQUISITOS PARA O PROJETO DE ATERRAMENTO DOS CIRCUITOS INTRINSECAMENTE SEGUROS, MALHAS CONDUTORAS (*SHIELD*) E BLINDAGEM DOS CABOS

A parte de campo dos circuitos intrinsecamente seguros instalados em Zona 0, Zona 20, Zona 1 ou Zona 21 pode ser instalada de forma "flutuante" do terra, isto é, com isoladores galvânicos ou isoladores ópticos com os circuitos de entrada e saída da barreira. O aterramento requerido por razões de segurança para circuitos intrinsecamente seguros deve ser feito de acordo com os requisitos de instalação indicados nos certificados de conformidade e na norma ABNT NBR IEC 60079-14.

Os circuitos intrinsecamente seguros devem ser isolados do terra ou conectados em um único ponto do sistema de ligação equipotencial, se este existir em toda a área em que os circuitos intrinsecamente seguros estão instalados. É permitida mais de uma conexão de terra em um circuito, desde que o circuito seja galvanicamente separado em circuitos menores, de modo que cada um tenha somente um ponto de terra. Em circuitos intrinsecamente seguros que são isolados do terra, devem ser tomadas precauções para se evitar o risco de carregamento eletrostático.

Quando os circuitos intrinsecamente seguros são aterrados, isso deve ser feito em um único ponto, por meio da conexão do circuito Ex "i" ao condutor equipotencial. Nesses casos, o condutor de equipotencialização deve ser encaminhado através de toda a área por onde o circuito estiver instalado. Para circuitos intrinsecamente seguros instalados em Zona 0 ou 20, o ponto de conexão com o condutor de equipotencialização deve ser efetuado no interior ou na fronteira da área de Zona 0 ou 20.

Quando uma malha condutora (*shield*) for utilizada no cabo do circuito intrinsecamente seguro, esta deve estar eletricamente conectada ao terra em um único ponto, normalmente no terminal do lado do circuito situado na área não classificada, como nos painéis de controle de automação. Essa conexão tem por objetivo evitar a possibilidade do carregamento da malha com níveis de corrente com potencial de centelhamento, na eventualidade de existirem diferenças pontuais nos potenciais de aterramento entre pontos que podem estar disponíveis para conexão ao terra.

Se um circuito intrinsecamente seguro utilizar um cabo blindado para aterramento, a malha (*shield*) desse circuito deve ser aterrada no mesmo ponto do aterramento do circuito intrinsecamente seguro que está sendo protegido por essa blindagem. Se um circuito ou parte do circuito de segurança intrínseca isolado da terra utilizar um cabo blindado, a malha deve ser conectada ao sistema de ligação equipotencial em um único ponto, como no lado da área não classificada. No entanto, se a instalação for executada e mantida de forma que sempre exista uma ligação equipotencial entre cada terminação de circuito Ex "i", por exemplo, entre a área classificada e a área não classificada, a malha do cabo pode ser conectada à terra em ambas as terminações do cabo e, se preciso, em quaisquer pontos intermediários.

O aterramento das malhas (*shield*) ou armaduras dos cabos de circuitos intrinsecamente seguros pode ser realizado de acordo com o representado nas Figuras 39.10 e 39.11.

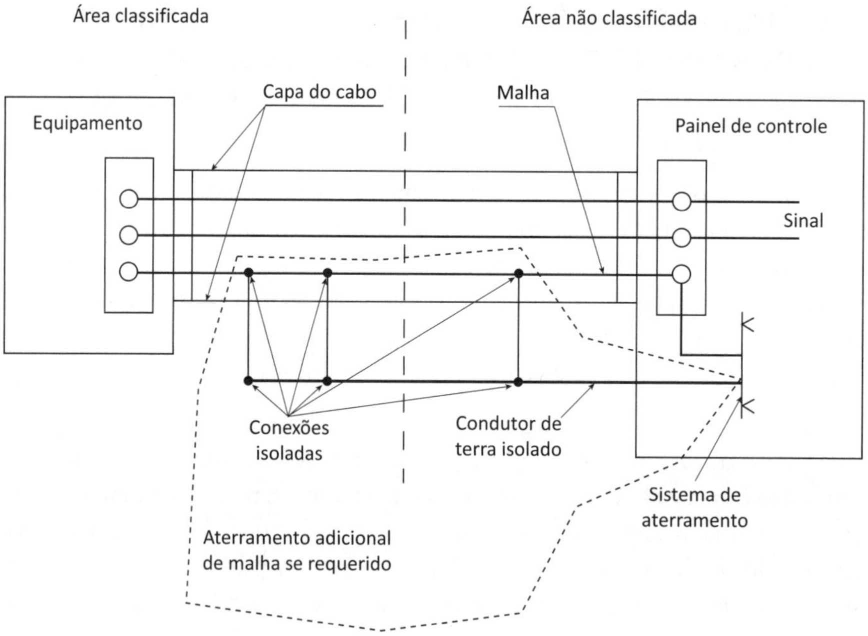


**Figura 39.10 –** Exemplo de aterramento de malhas (*shield*) ou armadura de cabos de circuitos intrinsecamente seguros.

*Fonte*: norma ABNT NBR IEC 60079-14.

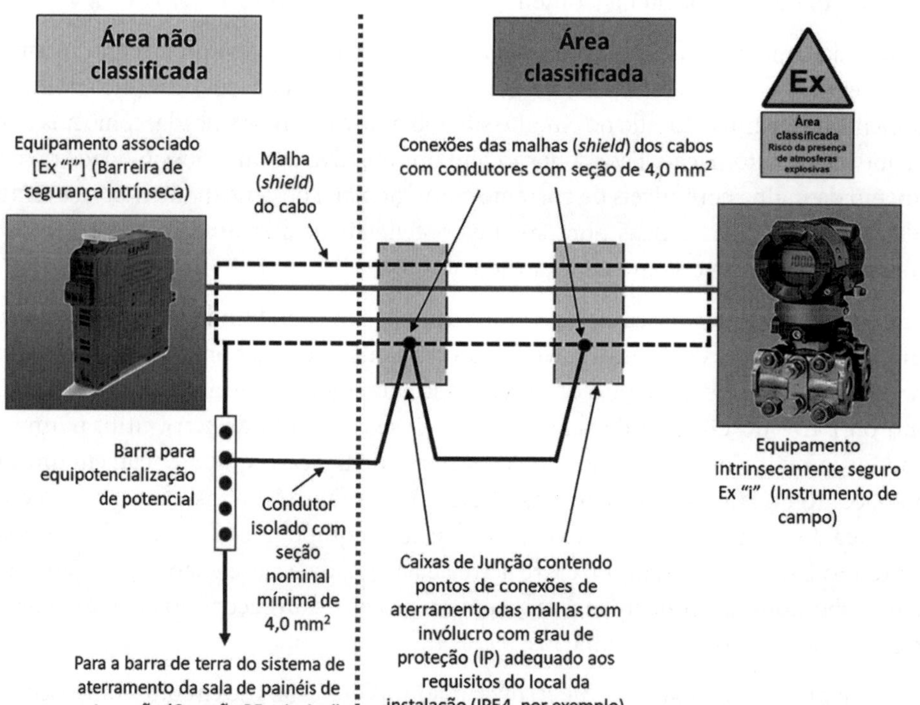


**Figura 39.11 –** Conexões de aterramento de diversas malhas (*shield*) de cabos de circuitos intrinsecamente seguros.

*Fonte*: acervos pessoais dos autores.

Com relação a requisitos adicionais para o tipo de proteção "i" para instalações marítimas, de acordo com a norma ABNT NBR IEC 61892-7 (*Unidades marítimas fixas e móveis - Instalações elétricas - Parte 7: Áreas classificadas*), são aplicáveis os requisitos da ABNT NBR IEC 60079-14, porém, o múltiplo aterramento de malhas (tranças) de blindagens eletrostáticas ou *shield*, como indicado na ABNT NBR IEC 60079-14 - Figura 2 (Aterramento das malhas condutoras), não é normalmente utilizado em unidades marítimas.

## 39.12 VERIFICAÇÃO DE PROJETO DOS PARÂMETROS DE LIMITAÇÃO (OU DE ENTIDADE) DOS CIRCUITOS INTRINSECAMENTE SEGUROS

Quando da instalação de circuitos intrinsecamente seguros, incluindo equipamentos Ex "i", equipamentos associados [Ex "i"] e cabos de interligação, os valores máximos de indutância (Lo), capacitância (Co) ou razão $L/R$ e temperatura de superfície não podem ser excedidos. Os valores permitidos de Lo e de Co devem ser obtidos a partir da documentação de certificação dos equipamentos associados ou da sua marcação "Ex".

Nos frequentes casos de circuitos intrinsecamente seguros que possuam somente um equipamento associado (uma única barreira [Ex "i"]), os valores da tensão de entrada permitido *Ui*, corrente de entrada *Ii* e potência de entrada *Pi* de cada equipamento intrinsecamente seguro Ex "i" devem ser respectivamente iguais ou maiores que os valores da tensão de saída *Uo*, corrente de saída *Io* e potência de saída *Po* da fonte de alimentação (equipamento associado [Ex "i"] ou barreira de proteção). Dessa forma, os critérios para a verificação dos parâmetros de limitação, de acordo com o conceito de entidade entre um equipamento associado ([Ex "i"] e um equipamento intrinsecamente seguro (Ex "i"), incluindo-se a fiação de interligação, são os seguintes:

- o valor de tensão, corrente e potência que o equipamento intrinsecamente seguro (Ex "i") pode receber (Ui, Ii, Pi) e manter-se ainda intrinsecamente seguro deve ser maior ou igual ao valor da tensão (corrente e potência) máxima fornecida pelo equipamento associado [Ex "i"] (Uo, Io, Po);
- adicionalmente, o valor da máxima capacitância ou indutância do equipamento intrinsecamente seguro (Ex "i") (Ci, Li), somado aos parâmetros dos cabos de interligação (Cc, Lc), deve ser menor ou igual ao valor da máxima capacitância ou indutância que pode ser conectada com segurança ao equipamento associado (Co, Lo). As condições para a utilização dos parâmetros "Co" e "Lo" devem ser verificadas conforme o certificado de conformidade do produto. Não é sempre que os parâmetros "Co" e "Lo" marcados podem ser utilizados de maneira combinada, quando o equipamento intrinsecamente possuir "Ci" e "Li" não sendo desprezíveis. Mais informações sobre o procedimento para combinação desses parâmetros podem ser verificadas na norma ABNT NBR IEC 60079-25.

Em termos de equações, a verificação dos parâmetros de limitação, de acordo com o conceito de entidade pode ser apresentada na forma da tabela a seguir:

**Tabela 39.6** – Comparação de características item de verificação do equipamento intrinsecamente seguro associado [Ex "i"] e equipamento intrinsecamente seguro (Ex "i")

| Item de verificação do equipamento intrinsecamente seguro associado ([Ex "i"]) | Critério | Item de verificação do equipamento intrinsecamente seguro (Ex "i") |
|---|---|---|
| Uo | ≤ | Ui |
| Io | ≤ | Ii |
| Po | ≤ | Pi |
| Lo | ≥ | Li + L Cabo |
| Co | ≥ | Ci + C Cabo |

O requisito dessa verificação é confirmar a compatibilidade dos parâmetros de segurança entre o equipamento Ex "i" e o equipamento associado [Ex "i"] no circuito. Esses parâmetros devem ser obtidos a partir dos respectivos certificados de conformidade ou documentação dos respectivos fabricantes, que devem estar disponíveis para o projetista do sistema. A compatibilidade dos parâmetros de limitação entre o equipamento Ex "i" e o equipamento associado [Ex "i"] é determinada pela comparação entre os parâmetros do equipamento Ex "i" e o equipamento associado [Ex "i"].

De forma resumida, a verificação de um circuito intrinsecamente seguro deve ser realizada de acordo com as seguintes etapas:

1) comparar os grupos dos equipamentos. Se eles diferem, o sistema assume a "menor" classificação do grupo. Por exemplo, se um dispositivo for grupo IIC e outro IIA, então, o sistema assume IIA. É comum uma fonte de alimentação certificada como IIC ter parâmetros de saída (*Lo*, *Co* e *Lo*/*Ro*) permissíveis para grupos de gases IIB e IIA. Se os valores maiores forem utilizados, então, estes determinam o grupo de gases do sistema;

2) comparar os níveis de proteção. Se eles diferem, o sistema assume o menor nível de proteção. Por exemplo, se um equipamento for "ia" e o outro "ib", o sistema assume "ib". Uma fonte de alimentação que é certificada "ib" pode também ter diferentes parâmetros de saída para utilização em circuitos "ic". Se esses valores forem utilizados, então o sistema se torna "ic";

3) determinar a classe de temperatura do equipamento montado na área classificada. Os equipamentos podem ter diferentes classes de temperatura para diferentes condições de instalação, que normalmente dependem da temperatura ambiente. A classe de temperatura aplicável deve ser assumida. Deve ser observado que a classe de temperatura se refere ao equipamento, e não ao circuito;

4) é recomendado que a faixa de temperatura ambiente permitida de cada parte do equipamento seja registrada;

5) comparar os parâmetros de saída de tensão (*U*o), corrente (*I*o) e potência (*P*o) da fonte de alimentação (interface) [Ex "i"] com os parâmetros de entrada (*U*i, *I*i e *P*i) do equipamento de campo Ex "i", para que os parâmetros de saída não excedam os parâmetros pertinentes de entrada;

6) determinar os parâmetros permitidos do cabo;

7) verificar se o nível de isolação do terra é aceitável, ou se os requisitos de aterramento do circuito foram atendidos, ou mesmo se o circuito é isolado do terra.

O subgrupo do circuito intrinsecamente seguro é o mais crítico de qualquer dos subgrupos que fazem parte desse circuito (por exemplo, um circuito com subgrupos IIB e IIC deve ser considerado um circuito do subgrupo IIB).

O nível de proteção de um circuito intrinsecamente seguro é o menor nível de proteção que faz parte do circuito (por exemplo, um circuito com níveis de proteção "ib" e "ic" deve ser considerado como nível de proteção "ic").

A classe de temperatura do equipamento instalado em área classificada deve ser determinada a partir da marcação ou da documentação de cada equipamento. Este pode apresentar diferentes classes de temperatura, para diferentes condições de utilização, normalmente relacionadas à temperatura ambiente ou dos valores dos parâmetros de entrada *U*i, *I*i e *P*i.

Com relação aos parâmetros elétricos de capacitância ou indutância ($C_C$ e $L_C$) para os cabos utilizados em circuitos intrinsecamente seguros podem ser utilizados, dentre outros critérios especificados na norma ABNT NBR IEC 60079-14, os valores "típicos conservativos" de 200 pF/m (ou 200 μF/km) e 1 μH/m (ou 1 mH/km), ou 30 μH/Ω, para cabos com dois ou três fios; por exemplo, um cabo industrial para instrumentação, com ou sem malha (*shield*).

O somatório de todas as indutâncias e a capacitâncias dos equipamentos conectados ao circuito no sistema, incluindo todas as indutâncias e capacitâncias dos cabos de interligação, devem ser menores ou iguais aos valores de *Lo* e *Co* da fonte de alimentação (barreira de proteção). A capacitância permitida do cabo (*C*c) é determinada pela subtração da capacitância de entrada do equipamento de campo (*C*i) da capacitância de saída permitida da fonte de alimentação (*C*o), isto é, *C*c = *C*o – *C*i. De forma análoga, a indutância permitida do cabo (*L*c) é determinada pela subtração da indutância de entrada do equipamento de campo (*L*i) da indutância de saída permitida da fonte de alimentação (*L*o), isto é, *L*c = *Lo* – *L*i.

Se esses critérios forem atendidos na fase de projeto dos circuitos intrinsecamente seguros, então, a conexão do circuito intrinsecamente seguro pode ser implementada com segurança, independentemente do modelo e do fabricante do equipamento intrinsecamente seguro (Ex "i") e do equipamento seguro associado ([Ex "i"]) que compõem o sistema intrinsecamente seguro.

Uma maneira adequada de registrar essa análise é por meio de um documento ou de uma memória de cálculo, como apresentado na tabela a seguir. O exemplo apresentado utiliza valores oriundos de um documento de sistema típico ou dos respectivos certificados de conformidade, comparando os dados da interface intrinsecamente segura (equipamento associado [Ex "i"], por exemplo, uma barreira) e o equipamento intrinsecamente seguro Ex "i" (por exemplo, um instrumento transmissor de temperatura, vazão, nível ou pressão).

**Tabela 39.7 –** Exemplo de análise dos parâmetros de limitação, de acordo com o conceito de entidade de um sistema intrinsecamente seguro simples

| Etapa | Item de verificação do circuito Ex "i" | Interface de Segurança Intrínseca (barreira) [Ex "i"] | Transmissor de temperatura intrinsecamente seguro Ex "i" | Circuito intrinsecamente seguro |
|---|---|---|---|---|
| [1] | **Grupo de equipamentos** | IIC | IIC | IIC |
| [2] | **Nível de proteção** | ia | ia | ia |
| [3] | **Classe de temperatura** | Não aplicável | T4 | |
| [4] | **Temperatura ambiente** | – 20 °C a + 60 °C | – 40 °C a + 80 °C | |
| [5] | **Comparação dos parâmetros de entrada e saída entre equipamento Ex "i" e equipamento associado [Ex "i"]** | | | |
| | **Tensão** | *Uo*: 28 V | *Ui*: 30 V | Atendido |
| | **Corrente** | *Io*: 93 mA | *Ii*: 120 mA | Atendido |
| | **Potência** | *Po*: 650 mW | *Pi*: 1 W | Atendido |
| [6] | **Parâmetros do cabo** | | | |
| | **Capacitância** | *Co* > 83 nF | *Ci*: 3 nF | *Cc*: 80 nF |
| | **Indutância** | *Lo*> 4,21 mH | *Li*: 10 µH | *Lc*: 4,21 mH |
| | **Razão *L/R*** | *Lo/Ro*: 54 µH/Ω | | *Lc/Rc*: 54 µH/Ω |
| [7] | **Aterramento** | Isolado | Isolado | Isolado |

Dessa forma, deve ser elaborada pelo projetista do circuito intrinsecamente seguro uma documentação descritiva do sistema na qual estejam especificados e indicados os itens dos equipamentos elétricos e os parâmetros elétricos do sistema, incluindo aqueles da fiação de interconexão.

O método utilizado para manter as informações na documentação descritiva do sistema, necessárias para assegurar a segurança, pode ser feito, por exemplo, por meio de desenhos, diagramas, memórias de cálculo ou documentos similares. Os documentos necessitam ser elaborados e mantidos de forma que as informações necessárias para uma instalação específica possam ser facilmente acessíveis pelo pessoal de projeto, de montagem, de inspeção e de manutenção.

Um exemplo de documento descritivo de um sistema, com a representação de um diagrama de malha "*típico*", contendo circuitos intrinsecamente seguros é apresentado na figura a seguir.

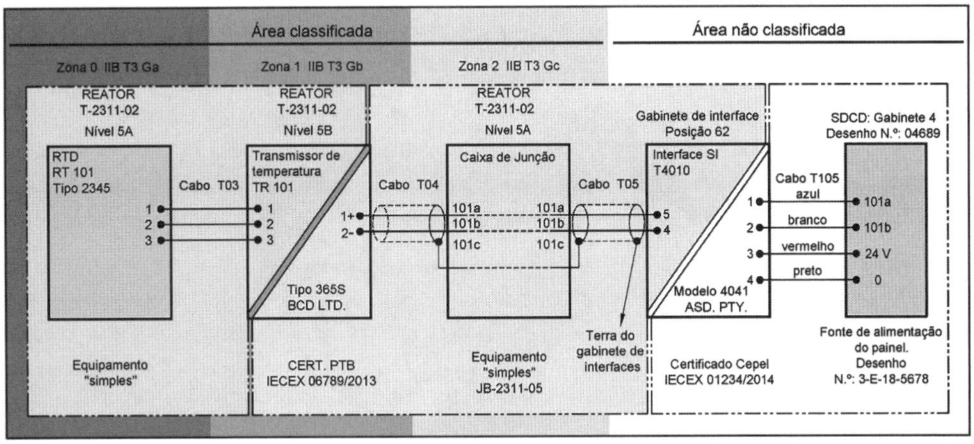


**Figura 39.12 –** Exemplo de documento descritivo de sistema com a representação de um diagrama de malha de controle *"típico"*, contendo circuitos intrinsecamente seguros. Referência: norma ABNT NBR IEC 60079-25.

*Fonte*: acervos pessoais dos autores.

Nas figuras a seguir, são apresentados alguns exemplos de equipamentos intrinsecamente seguros associados ([Ex "i"]) e equipamentos intrinsecamente seguros (Ex "i").

**Figura 39.13 –** Exemplo de barreira de proteção com segurança intrínseca, com isolação galvânica, certificada com marcação [Ex ia Ga/Ex ia Da].

*Fonte*: Sense Eletrônica.

**Figura 39.14 –** Exemplo de conjunto de equipamentos para monitoração de posição de válvula incluindo tipos de proteção por segurança intrínseca (Ex "i"), segurança aumentada (Ex "e") e proteção por invólucro (Ex "t"), EPL Gb e Db.

*Fonte*: Sense Eletrônica.

**Figura 39.15 –** Exemplo de atuador intrinsecamente seguro para válvula de controle de processo instalado em área classificada, durante processo de montagem.

*Fonte*: acervo do autor.

## 39.13 EQUIPAMENTOS "SIMPLES" PROTEGIDOS POR CIRCUITOS INTRINSECAMENTE SEGUROS

Equipamento "simples" são componentes elétricos ou combinação de componentes de construção *simples*, com parâmetros elétricos bem definidos, que são compatíveis com a segurança intrínseca ou energia limitada de segurança do circuito no qual eles são utilizados.

Os níveis de proteção de equipamentos "Ex" não são aplicáveis para os equipamentos "simples" que sejam protegidos por circuitos intrinsecamente seguros.

Equipamentos "simples" devem ser identificados por uma marcação durável. A marcação para equipamentos simples pode ser realizada pelo fabricante ou pelo usuário, e pode ser constituída por qualquer designação ou codificação de marcação adequada para a instalação, contanto que esses equipamentos sejam claramente identificados como equipamentos "simples". Informações adicionais para auxiliar na identificação de equipamentos simples, como uma referência ao número ou *tag* da malha do instrumento, podem ser também utilizadas.

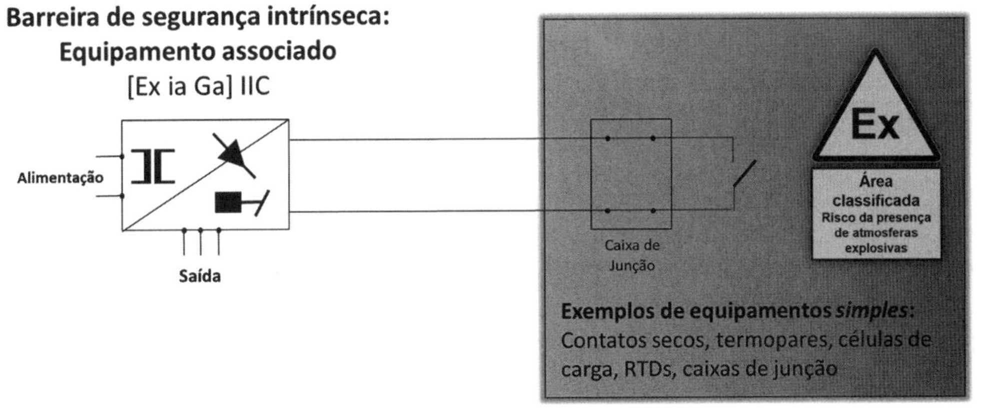


**Figura 39.16 –** Exemplo de equipamentos "simples", como contato eletromecânico e caixa de junção instalados em áreas classificadas, sem certificação "Ex", protegidos por circuito intrinsecamente seguro.

*Fonte*: acervos pessoais dos autores.

São considerados como equipamentos "simples" os componentes passivos, por exemplo, chaves ou contatos eletromecânicos, caixas de junção, resistores e dispositivos semicondutores simples. Podem ser também considerados como equipamentos simples as fontes de armazenamento de energia, consistindo em componentes singelos em circuitos simples, com parâmetros bem definidos, como capacitores e indutores, cujos valores tenham sido considerados quando da determinação do nível geral de proteção do sistema; ou, então, fontes de geração de energia, como termopares e fotocélulas, as quais não gerem mais do que 1,5 V, 100 mA e 25 mW. Os equipamentos "simples" devem estar de acordo com os requisitos aplicáveis das normas ABNT NBR IEC 60079-0 e ABNT NBR IEC 60079-11.

Na figura a seguir, são representados símbolos de exemplos de equipamentos "simples", que não necessitam de certificação "Ex" caso estejam incluídos em circuitos intrinsecamente seguros.

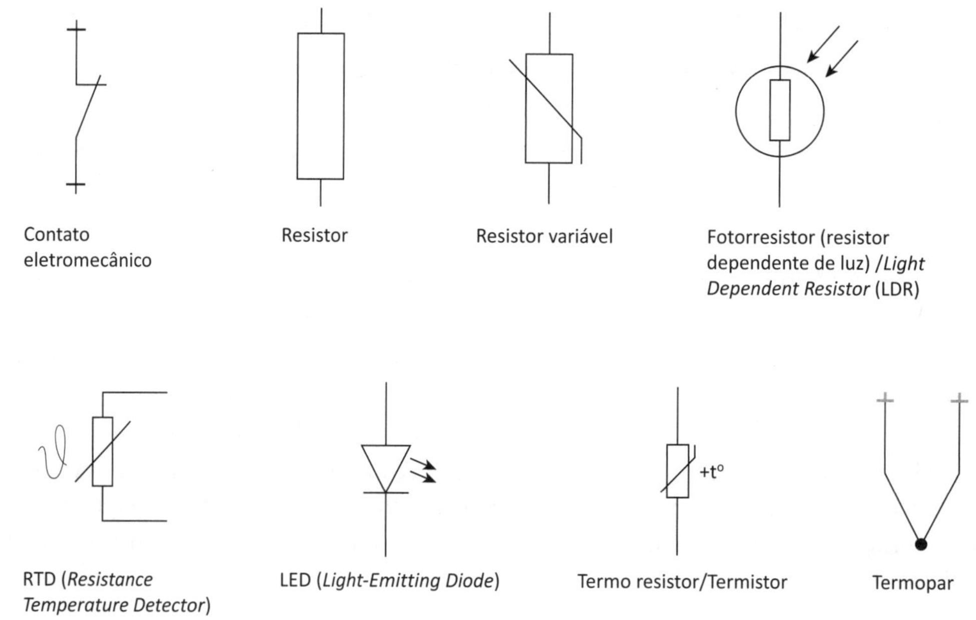


**Figura 39.17 –** Símbolos de equipamentos "simples" utilizados em circuitos intrinsecamente seguros.

Para mais detalhes de especificação e instalação de equipamentos "simples", ver requisitos especificados nas normas técnicas brasileiras adotadas ABNT NBR IEC 60079-11 (*Tipo de proteção Ex "i"*), ABNT NBR IEC 60079-14 (*Projeto e montagem "Ex"*), ABNT NBR IEC 60079-25 (*Sistemas intrinsecamente seguros*) e ABNT NBR IEC 60079-47 (*2-WISE*).

## 39.14 REQUISITOS DE SISTEMAS DE REDES DE COMUNICAÇÃO DE DADOS DE CAMPO INTRINSECAMENTE SEGUROS – FISCO

O desenvolvimento da eletrônica e dos equipamentos digitais tornam cada vez mais baixos os níveis de corrente, tensão, potência e energia requeridos para a operação dos equipamentos e instrumentos aplicáveis aos sistemas de instrumentação de processo industrial. Dessa forma, a elevação dos casos de desenvolvimento e aplicação das redes de comunicação de dados de campo (*fieldbus*) em áreas classificadas representa um fundamental fator motivador para o desenvolvimento e novas edições das normas técnicas brasileiras adotadas ABNT NBR IEC 60079-11 e ABNT NBR IEC 60079-25, incorporando estudos e práticas de sucesso apresentadas por diversos fabricantes e usuários em diversos países do mundo.

Os sistemas de *fieldbus* intrinsecamente seguros são aplicáveis para instalação em áreas classificadas contendo gases inflamáveis (Zonas 0, 1 ou 2) ou poeiras combustíveis (Zonas 20, 21 ou 22). O nível de proteção ("ia", "ib" ou "ic") proporcionado por um sistema FISCO é determinado pelo menor nível de proteção dos dispositivos de campo interligados ao circuito da rede de dados de campo (*fieldbus*).

Os instrumentos de campo podem ser instalados até mesmo em áreas classificadas do tipo Zona 0 ou Zona 20. Existem modelos de barreiras de segurança intrínseca (componentes associados com isolação galvânica) para interligação com a rede *fieldbus* FISCO apropriadas para instalação em áreas seguras e para instalação direta em áreas classificadas dos tipos Zona 2, Zona 22, Zona 1 ou Zona 21.

Os terminadores possuem a função de igualar a impedância da rede e, para isso, devem ser instalados em todas as extremidades da rede (tronco). Dessa forma, o efeito de reflexão do circuito pode ser eliminado, permitindo a operação normal de tráfego de dados na rede de comunicação de campo FISCO.

Os terminadores de linha necessários ao sistema devem ser compostos por uma combinação resistor/capacitor que apresente em seus terminais um circuito equivalente a um resistor de 90 Ω em série com um capacitor de, no máximo, 2,2 μF (incluindo tolerâncias). Os terminadores devem estar situados nas extremidades do circuito da rede de dados de campo (cabo tronco).

A fonte de alimentação deve ser posicionada a menos de 60 m de uma das extremidades do cabo tronco. Quando a fonte de alimentação é conectada via derivação, o comprimento da derivação é limitado a 60 m. Os terminadores podem ser incorporados nos dispositivos de campo ou nas fontes de alimentação.

Caixas de junção (*Junction Boxes*) ou distribuidores podem ser adicionados a um sistema FISCO sem modificar ou comprometer seus parâmetros de certificação de conformidade. Outros tipos de equipamentos "simples", compatíveis com as limitações de tensão e corrente indicados na ABNT NBR IEC 60079-11, podem ser conectados a um sistema FISCO, desde que a indutância e capacitância de cada equipamento "simples" seja inferior a 10 μH e 5 nF respectivamente, e o número total de equipamentos simples mais os dispositivos de campo não exceda a um total de 32.

O grupo de sistema FISCO (IIA, IIB, IIC, IIIA, IIIB ou IIIC) é determinado pelo grupo da fonte de alimentação do sistema, indicado no processo de certificação daquele dispositivo.

Todos os equipamentos utilizados em um sistema FISCO devem ser certificados para o grupo de equipamento (I, II ou III), como apropriado para a instalação pretendida dos sistemas. Deve ser conferido um nível de proteção para o sistema ("ia", "ib" ou "ic"), o qual é determinado pelo nível de proteção menos rigoroso dos equipamentos utilizados no sistema. A documentação descritiva do sistema deve indicar o nível de proteção considerado. Subsistemas do sistema FISCO podem possuir diferentes níveis de proteção, quando isso tiver sido documentado e justificado pela avaliação e indicado na documentação descritiva do sistema. Por exemplo, pode ser criada uma derivação (*spur*) "ia" a partir de um tronco (*trunk*) "ib", pela instalação de uma interface adequadamente certificada.

Na figura a seguir, é representado um exemplo de sistema um FISCO, com fonte de alimentação segura instalada em área não classificada. Com essa topologia, o sistema mostrado é composto por fonte de alimentação do sistema, circuito da rede *fieldbus* de campo (cabo tronco), terminadores e instrumentos intrinsecamente seguros interligados ao *fieldbus*.

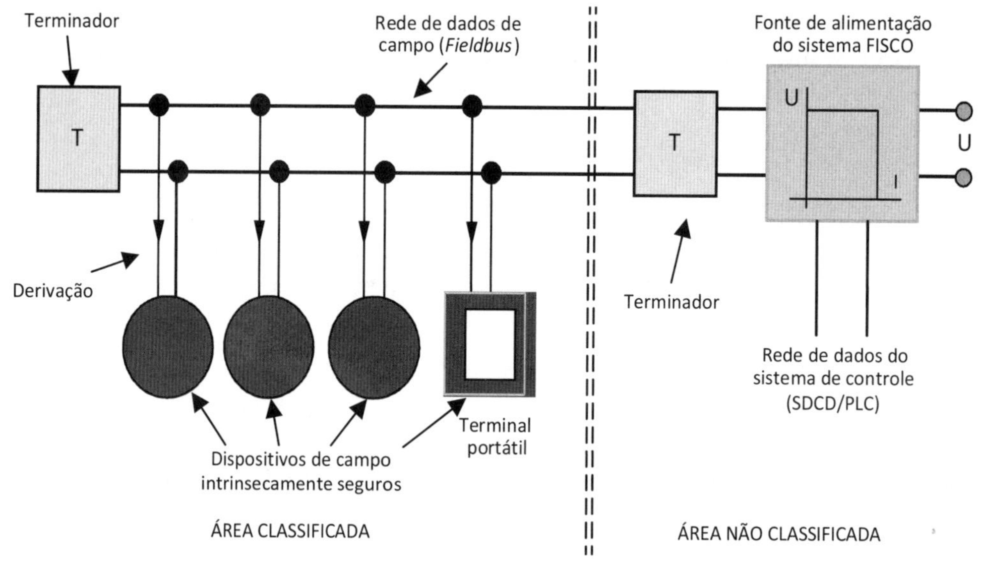


**Figura 39.18 –** Sistema típico de uma rede *fieldbus* para área classificada baseada no conceito FISCO, contendo fonte de alimentação segura (neste exemplo, instalada em área não classificada), terminadores, instrumentos e dispositivos de campo Ex "i" e rede de comunicação de dados em área classificada.

Os sistemas FISCO incorporam em seu dimensionamento os recentes estudos de capacidade de ignição causados por uma fonte de corrente constante. Assim, as fontes de alimentação desses sistemas são projetadas para operarem de forma a apresentarem níveis de risco aceitáveis para os valores de corrente, potência e energia admissíveis nessas redes de comunicação de dados em áreas classificadas.

Os níveis de energia são determinados pelo subgrupo das substâncias explosivas presentes no local da instalação, indicadas nos respectivos estudos de classificação de áreas. Por exemplo, podem ser utilizados níveis mais elevados de potência em áreas classificadas com a presença de atmosferas explosivas dos grupos IIA ou IIB, o que representa a maioria dos casos encontrados na indústria petroquímica e do petróleo, em relação aos casos mais rigorosos de aplicação em áreas do grupo IIC, em que os níveis de energia capazes de gerar ignição são bastante baixos.

Na figura a seguir, é representado um sistema FISCO, composto por instrumentos de campo e de distribuidores de circuitos com tipo de proteção intrinsecamente seguro desenvolvidos para serem conectados em forma de rede de comunicação de dados.

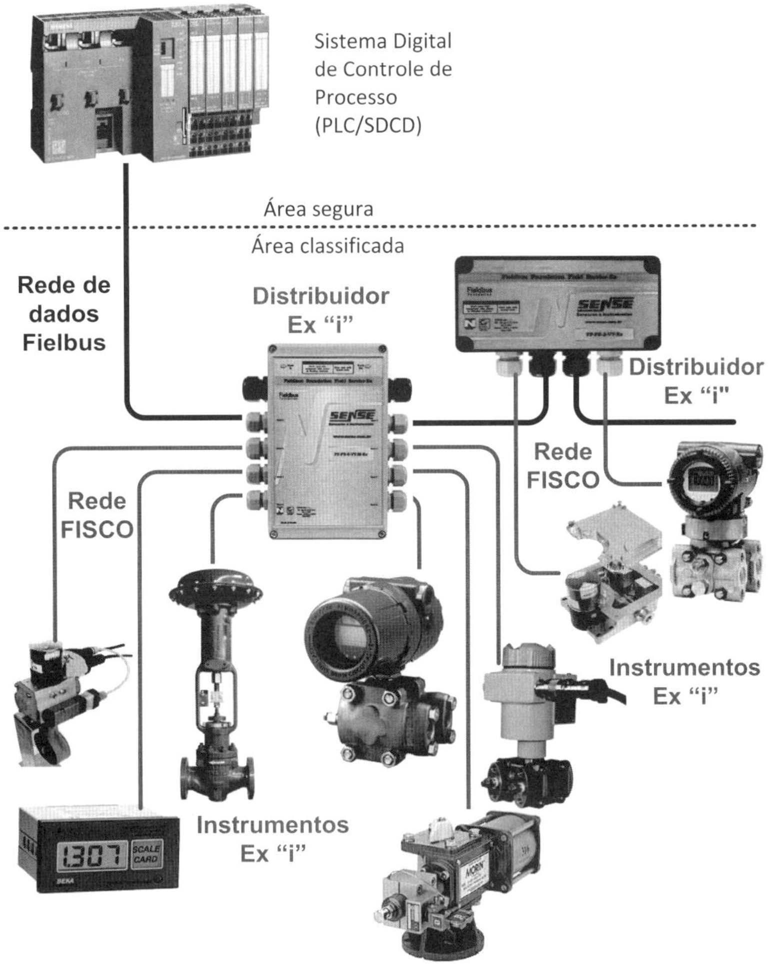


**Figura 39.19 –** Exemplo de sistema *fieldbus* intrinsecamente seguro (FISCO) contendo instrumentos Ex "i" interconectados a fontes de alimentação e barreiras instaladas no campo.

*Fonte*: acervos pessoais dos autores.

Mais detalhes sobre especificação, dimensionamento e instalação de sistemas FISCO podem ser encontrados na norma técnica brasileira adotada ABNT NBR IEC 60079-25.

## *Requisitos de especificação para caixas de terminais (Junction Boxes) para circuitos intrinsecamente seguros*

As caixas de terminais podem ser consideradas como equipamentos "simples", nos frequentes casos em que contenham somente réguas de terminais para a conexão dos cabos dos circuitos intrinsecamente seguros. Muito frequentemente, as caixas de terminais são montadas com multicabos que fazem interligação com os painéis de rearranjo ou painéis de interfaces de sistemas digitais de controle (como PLC ou DCS) e com cabos com um par de fios, para conexão dos sensores ou atuadores Ex "i" de campo.

As caixas de terminais de circuitos intrinsecamente seguros podem ser consideradas como possuindo uma elevação de temperatura menor que 40 K, e podem, dessa forma, ser consideradas com uma classe de temperatura de T6 em uma temperatura ambiente que não exceda 40 °C; T5, em uma temperatura ambiente que não exceda 55 °C; ou T4, em uma temperatura ambiente que não exceda 80 °C.

Quando o ingresso de umidade ou poeira ou acesso de partes condutoras pode prejudicar as propriedades de separação dos circuitos intrinsecamente seguros (SI) com os circuitos não intrinsecamente seguros (NIS) ou levar a uma combinação não avaliada de circuitos intrinsecamente seguros, eles devem ser instalados em uma caixa de terminais de forma que a segregação não seja prejudicada.

As caixas de terminais utilizadas devem ser adequadas para o ambiente no qual estas são instaladas, por exemplo, normalmente um invólucro com grau de proteção mínimo IP54 é especificado, com gaxetas submetidas ao ciclo de envelhecimento térmico (norma técnica brasileira adotada ABNT NBR IEC 60079-0). Os dispositivos de entradas de cabos devem manter esse grau de proteção do invólucro. A segregação entre os terminais da fiação intrinsecamente segura deve ser de, pelo menos, 3 mm das partes aterradas e 6 mm entre circuitos intrinsecamente seguros isolados.

As caixas de terminais contendo circuitos Ex "i" devem ser marcadas com a seguinte advertência: "Atenção – Circuitos intrinsecamente seguros" ou com um texto tecnicamente equivalente.

Nos frequentes casos em que as caixas de terminais contêm diversos circuitos intrinsecamente seguros (IS) e não intrinsecamente seguros (NIS), as caixas de terminais devem atender aos seguintes requisitos:

a) o invólucro deve atender aos requisitos especificados na norma ABNT NBR IEC 60079-0, relacionados a invólucros não metálicos e partes não metálicas de invólucros, invólucros metálicos e partes metálicas do invólucro, de acordo com o material utilizado para a fabricação da caixa de terminais;
b) os requisitos da norma ABNT NBR IEC 60079-0 para invólucros não metálicos e partes não metálicas de invólucros incluem o atendimento dos requisitos de resistência ao impacto, resistência à luz e envelhecimento térmico acelerado;
c) os requisitos da norma ABNT NBR IEC 60079-0 para invólucros metálicos e partes metálicas de invólucros incluem o atendimento dos requisitos de resistência ao impacto e quantidade de metal leve utilizado em ligas;
d) as distâncias de escoamento entre partes condutoras expostas de dispositivos de conexão devem ser de pelo menos 6 mm entre os circuitos separados de segurança intrínseca.

Em muitos casos, as caixas de terminais (junção) são especificadas com o tipo de proteção Ex "e" (segurança aumentada), para instalação em áreas classificadas do grupo II, contendo gases inflamáveis; ou Ex "t" (proteção por invólucro) para instalação em áreas classificadas do grupo III, contendo poeiras combustíveis, em função de suas características de resistência a impacto, resistência ao ciclo térmico, resistência às influências externas (resistência à corrosão ou salinidade), bem como simplicidade de montagem, inspeção e manutenção. Em muitos casos, as caixas de junção com circuitos Ex "i" são também especificadas com tipo de proteção Ex "e" ou Ex "t" por questões de padronização de materiais, mantendo a especificação utilizada para as demais caixas de terminais para circuitos não Ex "i".

Um circuito intrinsecamente seguro individual é também seguro sob condições de curto-circuito. O curto-circuito entre dois circuitos intrinsecamente seguros independentes, dentro de uma caixa de terminais, não é considerado. Dessa forma, a caixa de terminais deve atender aos requisitos adicionais para o grau de proteção (código IP), bem como para impactos mecânicos, de forma a assegurar que a integridade do invólucro seja mantida também sob essas condições mais rigorosas.

São apresentados nas figuras a seguir alguns exemplos de instalação de caixas de terminais (*junção*) contendo somente circuitos intrinsecamente seguros, nas quais podem ser observados os cabos com capa externa em azul-claro e instalação de prensa-cabos "Ex" somente na parte inferior dos invólucros, de forma a reduzir a possibilidade de ingresso de água em caso de alguma eventualidade de falta de montagem ou de aperto dos prensa-cabos.

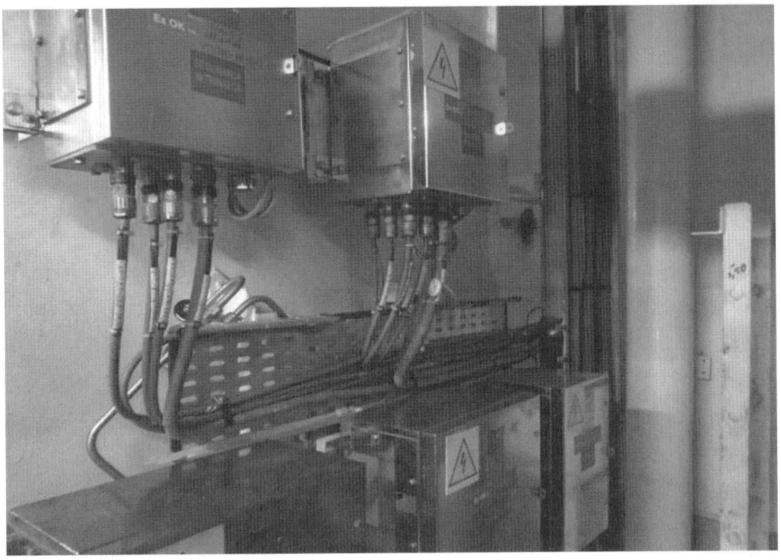

**Figura 39.20 –** Caixas de junção fabricadas em aço inoxidável com tipo de proteção Ex "e" contendo circuitos intrinsecamente seguros, instaladas em uma casa de bombas (*pump house*), no caso de navio do tipo FPSO.

*Fonte*: acervos pessoais dos autores.

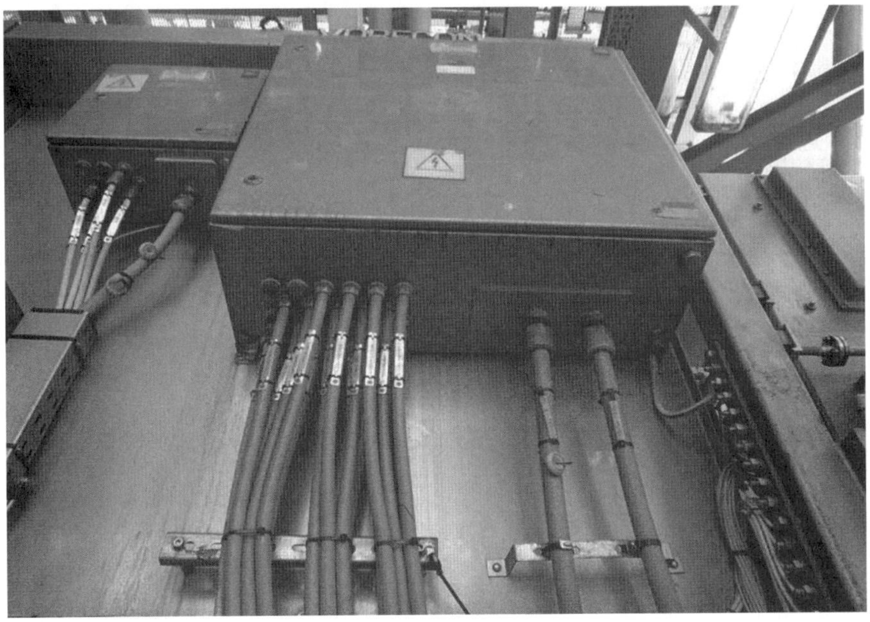

**Figura 39.21 –** Caixa de junção fabricada em aço inoxidável com tipo de proteção Ex "e" contendo circuitos intrinsecamente seguros instalada em módulo de produção no *topside* de um navio do tipo FPSO.

*Fonte*: acervos pessoais dos autores.

**Figura 39.22 –** Caixas de junção fabricadas em poliéster reforçado com fibra de vidro (FGRP) com tipo de proteção Ex "e" contendo circuitos intrinsecamente seguros instaladas em unidade petroquímica.

*Fonte*: acervos pessoais dos autores.

**Figura 39.23 –** Caixa de junção fabricada em aço inoxidável com tipo de proteção Ex "e" contendo circuitos intrinsecamente seguros instalada em módulo de produção no *topside* de navio do tipo FPSO.

*Fonte*: acervos pessoais dos autores.

**Figura 39.24** – Caixas de terminais (junção) fabricadas em poliéster reforçado com fibra de vidro (FGRP), com tipo de proteção Ex "e" contendo circuitos intrinsecamente seguros, instaladas em planta de tratamento de refinaria de petróleo.

*Fonte*: acervos pessoais dos autores.

## 39.15 REQUISITOS PARA ESPECIFICAÇÃO PARA CAIXAS TERMINAIS CONTENDO TANTO CIRCUITOS INTRINSECAMENTE SEGUROS COMO NÃO INTRINSECAMENTE SEGUROS

As caixas de terminais que contenham tanto circuitos intrinsecamente seguros (IS) e não intrinsecamente seguros (NIS) devem adicionalmente às especificações para somente circuitos IS atender aos seguintes requisitos mínimos:

- nos casos em que a caixa de terminal é instalada em área classificada, o invólucro e qualquer parte não intrinsecamente segura devem atender a um tipo de proteção "Ex", grupo, classe de temperatura e EPL apropriado, adequado à classificação de área do local de instalação, como o tipo de proteção segurança aumentada (Ex "e");
- as distâncias de escoamento entre partes condutoras expostas de circuitos intrinsecamente seguros e não intrinsecamente seguros devem ser de, pelo menos, 50 mm, ou estar de acordo com a norma ABNT NBR IEC 60079-11;
- as tampas do invólucro que permitam acesso a circuitos não intrinsecamente seguros energizados devem possuir uma placa de advertência com os dizeres: *Atenção – não abra quando energizado*; ou
- as partes condutoras expostas não protegidas pelo tipo de proteção "i" devem possuir uma tampa de separação interna que proporcione um grau de proteção mínimo IP30, quando o invólucro do equipamento estiver aberto. Adicionalmente, uma placa deve ser instalada sobre a tampa interna, com os dizeres: *Atenção – circuitos não intrinsecamente seguros protegidos por uma tampa IP30.* O objetivo dessa tampa interna, ao ser instalada, é proporcionar um grau de proteção

mínimo aceitável contra o acesso de circuitos não intrinsecamente seguros energizados, quando o invólucro for aberto por curtos períodos, para permitir a manutenção de circuitos intrinsecamente seguros energizados. Essa tampa interna não é destinada a proporcionar uma proteção contra choques elétricos.

Os terminais dos circuitos intrinsecamente seguros devem ser marcados para uma adequada identificação e diferenciados dos terminais de circuitos não intrinsecamente seguros. Essa marcação pode ser realizada pelo usuário pela utilização do azul-claro.

É apresentado na figura a seguir um exemplo de instalação de caixa de junção contendo circuitos intrinsecamente seguros (IS) e não intrinsecamente seguros (NIS), na qual podem ser observados os cabos com capa externa em azul-claro e instalação de prensa-cabos "Ex" somente na parte inferior dos invólucros, de forma a reduzir a possibilidade de ingresso de água em caso de alguma eventualidade de falta de montagem ou de aperto dos prensa-cabos.

**Figura 39.25 –** Caixa de junção fabricada em poliéster reforçado com fibra de vidro (FGRP) com tipo de proteção Ex "e"/Ex "t" contendo circuitos intrinsecamente seguros (IS) e não intrinsecamente seguros (NIS), em fase de instalação em planta petroquímica.

*Fonte*: acervos pessoais dos autores.

## 39.16 REQUISITO DE SEGURANÇA DE NÃO EXECUÇÃO DE EMENDAS DE CABOS EM ÁREAS CLASSIFICADAS

Até a edição de 2009 da norma técnica brasileira ABNT NBR IEC 60079-14, era permitida a execução de "*emendas*" de cabos em áreas classificadas, desde que fossem feitas de acordo com os requisitos indicados, por exemplo: não serem sujeitas a esforços mecânicos, serem preenchidas com "epóxi", composto de enchimento ou buchas com tubos termocontráteis a quente ou a frio, de acordo com as instruções do fabricante. No entanto, na edição de 2016, foram retirados ou excluídos da norma sobre instalações elétricas em atmosferas explosivas os requisitos sobre a possibilidade de execução de "*emendas*" de cabos em áreas classificadas.

Conforme os requisitos dessa norma, as derivações de cabos e de circuitos devem ser feitas somente no interior de caixa de ligação (*Junction Box*), com invólucro e terminais com o tipo de proteção "Ex" apropriado para os requisitos de EPL do local da instalação.

A Seção "*Terminações de condutores*" da ABNT NBR IEC 60079-14/2016 apresenta os seguintes requisitos para a conexão de cabos ou derivação de circuitos em áreas classificadas, em terminais no interior de caixa de junção com tipo de proteção adequado para a classificação de área do local da instalação:

- as conexões devem ser executadas de forma adequada com o tipo do terminal, o tipo de proteção, as instruções do fabricante e não podem introduzir esforços indevidos nas conexões;
- se condutores encordoados formados por fios muito finos, as terminações devem ser protegidas contra separação dos fios, por exemplo, por meio de conectores de cabos ou buchas de terminação, ou por meio de terminal, mas não por meio de soldagem com estanho;
- as distâncias de escoamento e de isolação, de acordo com o tipo de proteção do equipamento, não devem ser reduzidas pelo método no qual os condutores são conectados aos terminais.

Deve ser ressaltado que a soldagem dos cabos com pontas de fios flexíveis por meio de soldagem com estanho não é permitida em função da ocorrência de problemas relacionados com mau contato e, em consequência, aquecimento. Isso se deve ao fato de que o estanho (material metálico relativamente macio, com elevado escoamento e baixa elasticidade) sob a pressão de contato do terminal cede (ou flui, ou escoa) e, com isso, a pressão de contato entre o cabo e o terminal fica diminuída. Essa baixa pressão de contato pode levar à ocorrência de pontos quentes que podem representar fontes de ignição, no caso de a temperatura atingir valores acima da temperatura de ignição das substâncias inflamáveis que possam estar presentes no ambiente.

## 39.17 INSTALAÇÃO DE INTERFACES, EQUIPAMENTOS INTRINSECAMENTE SEGUROS ASSOCIADOS OU BARREIRAS [Ex "i"]

Com relação às interfaces de proteção (barreiras de segurança intrínseca) ou aos equipamentos intrinsecamente seguros associados [Ex "i"], a sua instalação deve ser realizada no interior de painéis ou armários de rearranjo de sistemas digitais de controle de processo (como DCS ou PLC), normalmente instalados em áreas não classificadas, como salas de painéis ou salas locais de controle, caso as barreiras não possuam algum tipo de proteção "Ex" adequado para instalação em áreas classificadas.

Nos casos de instalação em salas de controle ou de automação, os painéis de barreiras ou de rearranjo devem possuir um grau de proteção adequado ao local da instalação, por exemplo, IP41.

São apresentados a seguir alguns exemplos de instalação de barreiras de segurança intrínseca ([Ex "i"]) no interior de painéis de rearranjo ou painéis de automação contendo I/O de DCS ou PLC, localizados em áreas não classificadas.

**Figura 39.26 –** Painéis de rearranjo, barreiras de segurança intrínseca e I/O de DCS instalada em sala de automação de planta de tratamento em refinaria de petróleo.

*Fonte*: acervos pessoais dos autores.

**Figura 39.27 –** Interfaces intrinsecamente seguras [Ex "i"] instaladas em armário de automação de planta de fertilizante nitrogenado.

*Fonte*: acervos pessoais dos autores.

**Figura 39.28 –** Isoladores galvânicos intrinsecamente seguros [Ex "i"] instalados em armário de rearranjo de planta de fertilizante nitrogenado.

*Fonte*: acervos pessoais dos autores.

**Figura 39.29 –** Barreiras de segurança intrínseca com isolação galvânica [Ex "i"] instaladas em armário de rearranjo de planta de fertilizante nitrogenado.

*Fonte*: acervos pessoais dos autores.

**Figura 39.30 –** Isoladores galvânicos intrinsecamente seguros [Ex "i"] instalados em armário de rearranjo de sala de automação de planta de tratamento em refinaria de petróleo.

*Fonte*: acervos pessoais dos autores.

**Figura 39.31 –** Barreiras de segurança intrínseca [Ex "i"] instaladas em armário de rearranjo de DCS de planta de tratamento em refinaria de petróleo.

*Fonte*: acervos pessoais dos autores.

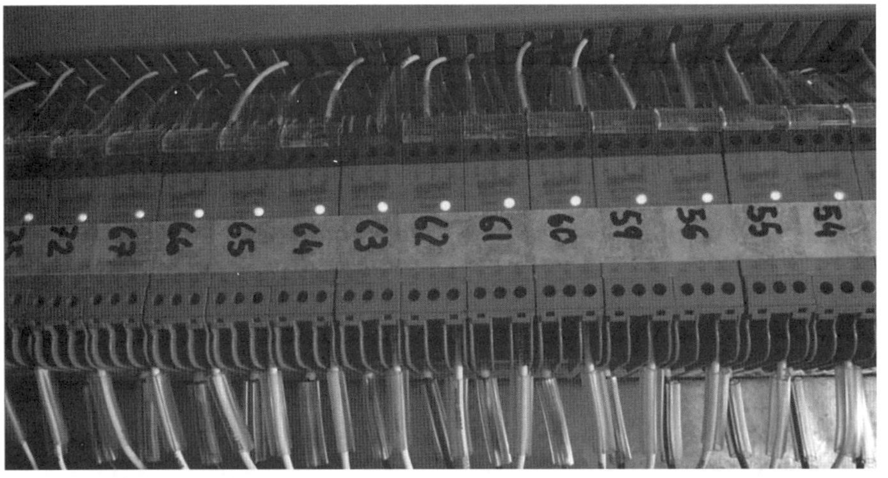

**Figura 39.32 –** Isoladores galvânicos intrinsecamente seguros [Ex "i"] instalados em armário de rearranjo de planta de fertilizantes nitrogenados.

*Fonte*: acervos pessoais dos autores.

**Figura 39.33 –** Barreiras de segurança intrínseca com isolação galvânica [Ex ia Ga], integradas a sistema de I/O de DCS, instaladas em armário de rearranjo de sala de automação de planta de tratamento de refinaria de petróleo.

*Fonte*: acervos pessoais dos autores.

Os painéis de rearranjo ou de conjuntos de estações remotas de I/O são também frequentemente instalados no interior de painéis com invólucros pressurizados, com tipos de proteção Ex "pxb" ou Ex "pzc", instalados em áreas classificadas Zona 1, Zona 21, Zona 2 ou Zona 22, de acordo com o EPL proporcionado.

Na figura a seguir, é apresentado um exemplo de instalação de painel pressurizado, localizado em área classificada contendo gases inflamáveis Zona 2 – grupo IIC – Classe de Temperatura T3, marcação Ex db pzc IIC T6 Gc, contendo barreiras de segurança intrínseca e estação remota I/O de DCS.

**Figura 39.34 –** Painel pressurizado, marcação Ex db [Ex ia Ga] pzc IIC T6 Gc, instalado em área classificada, contendo barreiras de segurança intrínseca e estação remota I/O de DCS, em unidade de tratamento de diesel, em refinaria de petróleo.

*Fonte*: acervos pessoais dos autores.

Nos casos em que as barreiras possuem tipos de proteção "Ex", elas podem ser instaladas em áreas classificadas que requeiram um EPL que seja atendido pelos tipos de proteção integrados às barreiras. Nesses casos, essas barreiras devem ser instaladas no interior de um caixa de junção que atenda aos requisitos de EPL do local da instalação. Podem ser citadas como exemplo as barreiras com marcação, como Ex db eb q [ia Ga] IIC Gb (U) ou Ex db eb mb [ia Ga] IIC Gb (U).

Nesses casos, as barreiras [Ex i] são envolvidas em invólucros plásticos com tipo à prova de explosão (Ex "d") e imersas em areia (Ex "q"), ou encapsuladas em resina (Ex "m"), com terminais externos do tipo segurança aumentada (Ex "e"), para alimentação de força e conexão dos circuitos de controle intrinsecamente seguros e não intrinsecamente seguros.

Nas figuras a seguir, são apresentados exemplos de instalação de Unidades Terminais Remotas (UTR) contendo barreiras de proteção com marcação Ex db eb mb [ia Ga] IIC Gb (U), instaladas em áreas classificadas.

**Figura 39.35 –** Unidade Terminal Remota instalada no interior de caixa de junção fabricada em poliéster reforçado com fibra de vidro (FGRP) com tipo de proteção Ex "e" contendo barreiras de segurança intrínseca adequadas para instalação diretamente em áreas classificadas, com marcação Ex db eb mb [ia Ga] IIC Gb (U) e circuitos intrinsecamente seguros e não intrinsecamente seguros, instalada em terminal de distribuição de derivados de petróleo.

*Fonte*: acervos pessoais dos autores.

**Figura 39.36 –** Unidade Terminal Remota, com fontes de alimentação, *gateways* para DCS e módulo de I/O, instalada no interior de caixa de junção fabricada em poliéster reforçado com fibra de vidro (FGRP), com tipo de proteção Ex "e", contendo barreiras de segurança intrínseca adequadas para instalação diretamente em áreas classificadas, com marcação Ex db eb mb [ia Ga] IIC Gb (U) e circuitos intrinsecamente seguros e não intrinsecamente seguros, instalada em planta de tratamento de refinaria de petróleo.

*Fonte*: acervos pessoais dos autores.

**Figura 39.37 –** Exemplo de instalação de painel "Ex" do tipo Unidade Terminal Remota (RTU), instalado em refinaria de petróleo, para a distribuição de circuitos de automação, com invólucro externo em aço inoxidável, com marcação **Ex "eb"** e **Ex "tb"**, contendo fontes de alimentação, módulos de redes de comunicação de dados (*gateways*) com o DCS e módulos de entrada e saída (I/O) **intrinsecamente seguros** (**[Ex "i"]**) combinados com os tipos de proteção **Ex "eb mb IIC Gb"**, adequado para instalação em áreas classificadas do **Grupo IIC** (Acetileno) e **Grupo IIIC** (Poeiras condutivas). Marcações do equipamento completo: **Ex eb mb [ia Ga] IIC T4 Gb / Ex tb [ia Da] T 135 °C Db**.

*Fonte*: acervos pessoais dos autores.

Com a implantação de sistemas e equipamentos Ex "i" com o padrão da *Ethernet APL* a dois fios intrinsecamente segura (2-WISE), os equipamentos associados (barreiras de segurança intrínseca [Ex ia]) passam a ser incorporados de forma integrada aos *switches* ópticos intrinsecamente seguros, instalados em áreas classificadas contendo gases inflamáveis ou poeiras combustíveis. Com a implantação do padrão *Ethernet* APL / 2-WISE, fica dispensada a necessidade de instalação de sistema *FieldBus*, bem como a necessidade de verificação dos parâmetros de entidade (parâmetros de limitação) entre as portas *Ethernet* dos dispositivos de campo 2-WISE e as portas dos *switches* de campo 2-WISE, uma vez que estes parâmetros são definidos de forma "*padronizada*" na ABNT IEC TS 60079-47.

Capítulo **40**

# Como documentar o atendimento aos parâmetros de entidade ou de limitação dos circuitos intrinsecamente seguros

**Sinopse**: este capítulo aborda como documentar que o circuito de segurança intrínseca (Ex "i") atende aos requisitos normativos. É apresentado, por meio de um exemplo simples, que a elaboração dessa documentação não é um "bicho de sete cabeças" e que a norma técnica brasileira adotada ABNT NBR IEC 60079 25 pode ser considerada uma boa ferramenta para essa tarefa.

Como apresentado em outros capítulos deste livro, o tipo de proteção "segurança intrínseca – Ex i" é baseado na limitação de energia no circuito para valores abaixo da capacidade de provocar a ignição de uma atmosfera explosiva. O circuito como um todo deve ser analisado para assegurar essa limitação de energia.

Para facilitar essa análise, existem os parâmetros de entidade ou de limitação dos equipamentos intrinsecamente seguros, definidos na norma técnica brasileira adotada ABNT NBR IEC 60079-11 e detalhados em outros capítulos deste livro.

Um dos requisitos da ABNT NBR IEC 60079-14 com relação a circuitos de segurança intrínseca é documentar que o circuito foi analisado e atende aos requisitos normativos da limitação de energia em relação ao grupo de equipamentos (I; IIA, IIB, IIC; IIIA, IIIB e IIIC), limitação de temperatura em relação à classe de temperatura e nível de proteção exigido pelo local de instalação (classificação de áreas). A primeira avaliação ao projetar um circuito de segurança intrínseca é verificar se os casamentos dos parâmetros do circuito atendem aos requisitos básicos da tabela a seguir.

**Tabela 40.1** – Requisitos de interconexão para "casamento" dos parâmetros de entidade ou de limitação Ex "i"

| Equipamento associado | Critério | Equipamento intrinsecamente seguro |
|---|---|---|
| ∑ Uo | ≤ | Ui |
| ∑ Io | ≤ | Ii |
| ∑ Po | ≤ | Pi |
| Co | ≥ | ∑ Ci + Cc |
| Lo | ≥ | ∑ Li + Lc |
| $U_M$ | ≥ | ∑ tensões máximas aplicadas |

É importante observar que a soma das capacitâncias $C_i$ e das indutâncias $L_i$ inclui as capacitâncias ($C_c$) e indutâncias ($L_c$) do cabeamento, assumindo esses valores como capacitâncias e indutâncias concentradas ou abordando o atendimento desse requisito de limitação sob outro ponto de vista. A diferença entre as capacitâncias $C_o$ e indutâncias $L_o$ permitidas e as respectivas somas das capacitâncias e indutâncias dos equipamentos intrinsecamente seguros do circuito determina o *comprimento máximo* do cabeamento de interligação.

Se a soma das capacitâncias ($C_i$) e a soma das indutâncias ($L_i$) de todos os equipamentos no circuito, sem considerar os valores do cabeamento, foram simultaneamente maiores de 1% dos respectivos valores de $L_o$ e $C_o$ da fonte de alimentação, esses valores ($L_o$ e $C_o$) devem ser divididos por dois.

É importante observar que, nessas condições, o valor para $C_o$ não pode ser maior de que 1 μF para os grupos I, IIA, IIB e III, e não maior de que 600 nF para o grupo IIC. As indutâncias e capacitâncias permitidas para o cabeamento do circuito de interligação entre os instrumentos e as barreiras ($L_c$ e $C_c$) devem ser determinadas com base dos valores $L_o$ e $C_o$ reduzidos dos valores de indutância e capacitância dos instrumentos Ex "i".

Existe ainda o parâmetro L/R, o qual, quando o valor máximo permitido é informado na documentação da fonte ($L_o/R_o$), pode permitir um cabeamento de maior comprimento, porque não considera a indutância do cabeamento ($L_c$) como *concentrada*, mas como uma ligação em série de infinitas combinações de resistor e indutância em série. Quando a soma das capacitâncias ($C_i$) de todos os equipamentos for menor ou igual a 1% do valor $C_o$ e a soma das indutâncias ($L_i$) de todos os equipamentos for menor ou igual a 1% do valor, vale a seguinte relação:

$$L_o/R_o > L_c/R_c$$

Caso a soma das capacitâncias ($C_i$) de todos os equipamentos for maior a 1% do valor $C_o$, o parâmetro L/R não pode ser utilizado.

A norma técnica brasileira adotada ABNT NBR IEC 60079-25 deve ser consultada para os casos em que a soma das indutâncias ($L_i$) de todos os equipamentos for maior a 1% e quando existir mais de uma fonte no circuito.

Para documentar o atendimento às limitações dos parâmetros, recomenda-se a utilização de um *diagrama de blocos*. Como a segurança intrínseca é utilizada em larga escala na automação, seja de processo ou de manufatura, ocorrem muitas "repetições" de circuitos, como medição de temperatura, pressão, vazão ou indicação de status (posição), que são compostos pelos mesmos equipamentos e somente divergem nos comprimentos do cabeamento. Uma *boa prática* nesses casos é criar diagramas "*típicos*" para as várias aplicações e determinar o comprimento máximo para o cabeamento. Esses diagramas "típicos" podem ser referenciados na documentação dos circuitos individuais. Um sistema eletrônico de documentação de circuitos intrinsecamente seguros, com base em bancos de dados, também assegura uma solução adequada para diversos circuitos "repetidos".

Como exemplo para um diagrama típico, utilizamos um circuito de medição de temperatura composto de um termo de resistência (Pt 100), como um sensor instalado em tubo de proteção (*poço*) metálico, um transmissor diretamente montado no cabeçote do sensor e uma fonte repetidora de sinal com separação galvânica entre o circuito intrinsecamente seguro, a saída e a fonte de energia. Essa fonte é um equipamento associado [Ex "i"] que não possui tipos de proteção "Ex" adicionais na sua fabricação e, por isso, deve ser instalado em área não classificada.

O sensor é considerado um equipamento *simples* (equipamento *passivo*), puramente resistivo, ($C_i$ = 0 e $L_i$ = 0). A folha de dados do sensor indica para a corrente de medição uma faixa de 0,1 a 1,0 mA e informa também que a potência disponibilizada para o sensor não pode ultrapassar 1,5 W ($P_i$).

A indutância e a capacitância do cabo com isolação mineral de conexão entre o resistor Pt 100 e o transmissor montado no cabeçote do sensor são *negligenciáveis*, devido ao "curto" comprimento (comercialmente disponível com poços até 3 m) e ao tipo de isolamento. A classe de temperatura do sensor depende primordialmente da temperatura do meio a ser medido e da condução do calor pelo tubo de proteção. A temperatura no cabeçote do sensor não pode ultrapassar a temperatura máxima ambiente permitida para o transmissor instalado.

O transmissor escolhido e instalado no cabeçote do sensor possui marcação Ex ia IIC T6 Ga (a classe de temperatura pode variar dependendo da temperatura do ambiente para T5 ou T4) e os seguintes parâmetros: circuito do sensor com característica linear: $U_o$ = 30 V; $I_o$ = 8,2 mA; $P_o$ = 62 mW; $C_o$ = 30 nF; $L_o$ = 1 mH.

É importante não confundir **I**o, que é a máxima corrente de curto-circuito disponibilizado pela fonte e é um parâmetro de segurança intrínseca, com a corrente de medição que neste caso é informado pela folha de dados do transmissor como sendo no máximo 0,2 mA. Este valor deve ficar dentro da faixa de corrente de medição indicado pelo fabricante do sensor Pt 100 para evitar erros na medição devido ao aquecimento próprio do sensor.

Parâmetros do circuito de saída / alimentação (malha de 4 a 20 mA): $U_i$ = 30 V; $I_i$ = 130 mA; $P_i$ = 800 mW; $C_i$ = 18,4 nF; $L_i$ = 20 μH.

A fonte repetidora possui marcação [Ex ia Ga] IIC, característica linear e os seguintes parâmetros: $U_m$ = 253 V; $U_o$ = 25,8 V: $I_o$ = 93 mA; $P_o$ = 603 mW; $C_o$ = 101 nF; $L_o$ = 4 mH.

Analisando os parâmetros, podemos afirmar que ambos os circuitos atendem aos requisitos para "casamento" dos parâmetros de entidade ou de limitação Ex "i".

Como o parâmetro $L_0/R_0$ não foi definido para a fonte repetidora, é necessário determinar a máxima capacitância ($C_c$) e a máxima indutância ($L_c$) permitida para o cabeamento, e, assim, com base nas características do cabo, determinar o comprimento máximo do cabeamento de interligação entre a fonte repetidora e o transmissor. Considerando que $C_c = C_o - C_i$ e $L_c = L_o - L_i$, obtemos $C_c$ = 82,60 nF e $L_c$ = 3,98 mH. Com a capacitância $C_i$ do transmissor correspondendo a 18,22 % da capacitância $C_o$ da fonte e a indutância $L_i$ representando somente 0,5% da indutância $L_o$ da fonte, não há necessidade de reduzir dos valores $C_o$ e $L_o$ permitido para o circuito.

Para esse exemplo, vamos assumir os parâmetros informados nas normas técnicas brasileiras adotadas ABNT NBR IEC 60079-14 e ABNT NBR IEC 60079-25 para um cabo industrial "comum" ou "típico" ou "conservativo" de $C'_c$ = 200 pF/m e $L'_c$ = 1 μH/m. Esses dados já mostram que a capacitância determinará o comprimento máximo do cabeamento. Com o comprimento máximo permitido $L = C_c/C'_c$ (82,60 nF / 200 pF/m), obtemos L = 413 m. Para fins da documentação, vamos assumir L = 400 m.

A figura a seguir mostra o resultado da análise em forma de um diagrama de blocos.

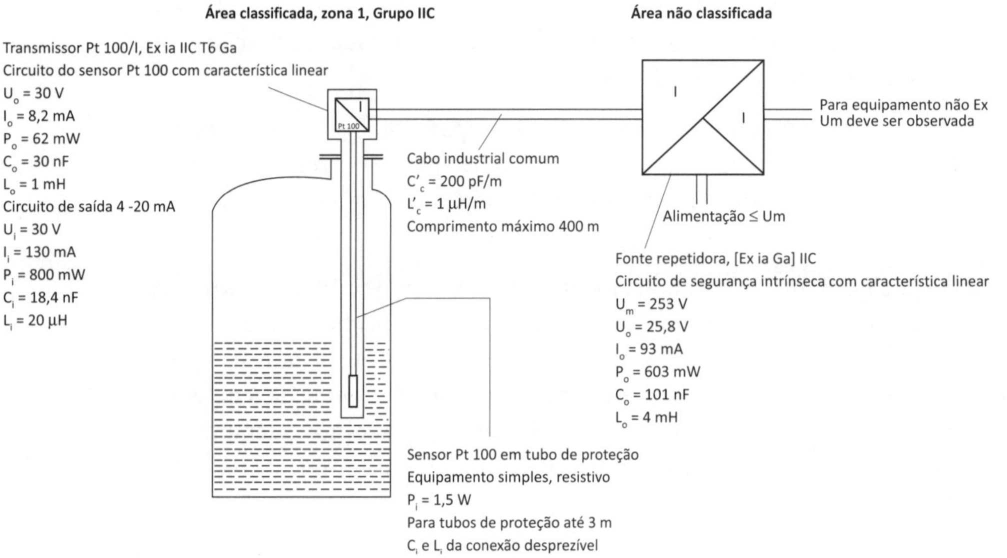


**Figura 40.1 –** Exemplo de um diagrama de blocos "típico" documentando o atendimento aos requisitos de segurança intrínseca de um circuito de medição de temperatura.

*Fonte*: acervos pessoais dos autores.

Propositalmente, a apresentação do sensor Pt 100 no diagrama não foi em forma de bloco, mas como a *figura estilizada* de uma medição de temperatura dentro de um tanque contendo um líquido inflamável, formando uma área classificada Zona 0 acima da superfície do líquido. Vamos, com base nessa figura, discutir se o circuito intrinsecamente seguro do sensor precisa ou não atender aos requisitos de nível de proteção EPL "Ga" ("ia"). Como o sensor Pt 100 está alojado em um tubo de proteção (*poço*), existe a possibilidade de esse tubo de proteção caracterizar uma "parede de separação" entre a Zona 0 e o ambiente dentro do tubo de proteção, o qual pode ser considerado Zona 1, requerendo, dessa forma, somente nível de proteção EPL "Gb" do circuito intrinsecamente seguro do sensor ("ib").

Os requisitos aos quais o tubo de proteção precisa atender para ser considerado como essa "parede de separação" estão definidos na norma técnica brasileira adotada ABNT NBR IEC 60079-26. Esses requisitos se referem ao material (resistente à corrosão) e ao projeto (resistência mecânica, espessura mínima da parede) do tubo de proteção. Como o mercado oferece uma ampla gama de transmissores para várias grandezas de processo com certificação "Ex" para o nível de proteção EPL "Ga" ("ia"), raramente há a necessidade de recorrer a uma "parede de separação".

A Figura 40.1 foi concebida como exemplo comercialmente "neutro", e por isso não contém as informações necessárias para um documento "real", no qual deve haver indicações sobre a marca, o tipo e o número do certificado de conformidade "Ex" dos componentes do circuito. Um documento "real" deve, ainda, obviamente, atender aos requisitos e procedimentos do emissor do documento, como formato, numeração, identificação do "*Tag*" do circuito da malha e a identificação dos profissionais envolvidos na elaboração e aprovação dos documentos.

O exemplo escolhido é um circuito "simples" para demonstrar o conceito da avaliação. Para circuitos mais "complexos", por exemplo, em que haja mais de uma fonte, existem considerações "adicionais" a serem avaliadas, como a forma de ligação das fontes (*série* ou *paralelo*) e a consequente soma das tensões ou correntes dessas fontes, de acordo com a forma de ligação. A norma técnica brasileira adotada ABNT NBR IEC 60079-25 apresenta nos seus anexos mais informações para esses casos mais "complexos".

A avaliação e a documentação para um sistema predefinido como o FISCO (*Fieldbus Intrinsically Safe Concept*), de acordo com a norma técnica brasileira adotada ABNT NBR IEC 60079-25 pode ser mais "simples", em função da "normalização" ou "padronização" dos parâmetros de entidade ou limitação para os componentes de um circuito FISCO. Ver também o Capítulo 29 (FISCO) e o Capítulo 30 ("*Power*-i") deste livro. Os componentes desse sistema são avaliados e certificados para atender aos requisitos para as capacitâncias e indutâncias do sistema, cabendo aos usuários somente avaliar se a comparação dos parâmetros elétricos $U_o$, $I_o$, $P_o$, com $U_i$, $I_i$, $P_i$ demonstra a devida compatibilidade com o restante do sistema.

O cabeamento deve ser efetuado com cabos que atendem aos requisitos da norma técnica brasileira adotada ABNT NBR IEC 60079-25, em relação a resistência, indutância e capacitância; e sem cabos de derivação (*spur*) que possuam comprimento maior de 60 m. Além disso, o comprimento total do cabeamento (tronco/*trunk* e derivações/*spur*) não deve ultrapassar 1 km para grupo IIC e 5 km para os grupos I, IIB e III.

Outro sistema intrinsecamente seguro predefinido é o 2-WISE (*2-Wire Intrinsically Safe Ethernet Concept*), apresentado na ABNT IEC TS 60079-47. Mais informações sobre esse assunto são apresentadas no Capítulo 31 (2-WISE) deste Livro. Nesse caso a compatibilidade das portas *Ethernet* intrinsecamente seguras a dois fios deve ser avaliada, e, assim como no FISCO, existem especificações "normalizadas" ou "padronizadas" para os cabos do cabeamento de interligação. O comprimento máximo permitido para o cabeamento depende de se este é utilizado somente para a comunicação entre os componentes do circuito ou também para a alimentação dos equipamentos 2-WISE de campo.

Capítulo **41**

# Detalhes práticos de instalação de campo de equipamentos e circuitos intrinsecamente seguros

**Sinopse**: este capítulo aborda os principais aspectos práticos envolvendo a instalação de circuitos intrinsecamente seguros, sob os pontos de vista de instalação de equipamentos associados ([Ex "i"]), equipamentos intrinsecamente seguros (Ex "i"), especificação e distribuição de fiação de campo, segregação de cabos em sistemas de fiação e no interior de painéis de barreiras e de caixas de junção em áreas classificadas, bem como requisitos para aterramento de circuitos Ex "i".

## 41.1 A TEORIA

As instalações elétricas em atmosferas potencialmente explosivas são, por natureza, uma das fontes potenciais de ignição que podem causar uma explosão com danos materiais e físicos irreparáveis. A ignição pode ocorrer por conta de uma faísca elétrica ou pela temperatura de superfície de um equipamento ou seu cabo de interligação.

Os métodos de proteção normalizados são equivalentes, mas a segurança intrínseca tem importante destaque por prevenir a ignição, atuando na causa raiz, evitando que as condições que possam gerar uma centelha ou temperaturas excessivas sejam limitadas a valores incapazes de causar a ignição da atmosfera explosiva.

Os equipamentos "Ex" devidamente certificados representam um dos *envoltórios* para compor os "elos" de uma "corrente de segurança" das instalações em áreas classificadas. No entanto, tanto os fabricantes como os organismos de certificação de produtos "Ex" têm limites no escopo e no controle para evitar que uma explosão realmente ocorra na prática.

O primeiro nível da proteção está baseado nos serviços de projeto das instalações dos equipamentos de processo, em que a correta análise dos riscos dos processos gera uma vista *tridimensional* da planta com a documentação de classificação das áreas, identificando os locais e os níveis de riscos de formação das atmosferas explosivas formadas por gases inflamáveis ou poeiras combustíveis.

Ainda nesse nível de projeto de processo, as equipes devem utilizar técnicas que evitem ou minimizem a formação das atmosferas explosivas, tanto utilizando processos adequados a essa redução da presença de atmosferas explosivas como promovendo a redução das áreas de risco, por exemplo, aumentando a dispersão por ventilação para diluição ou captação dos elementos combustíveis, ou especificando sistemas e equipamentos de processo fechados ou enclausurados, de forma a se evitar a liberação de produtos inflamáveis ou combustíveis para o meio ambiente.

Na sequência dos serviços relacionados com a segurança em áreas classificadas, a proteção baseia-se no projeto das instalações de instrumentação, automação, telecomunicações, elétricas ou mecânicas "Ex", em que a correta análise dos riscos do processo e a devida classificação das áreas devem servir como base para a correta especificação técnica e a seleção dos equipamentos "Ex".

Ainda no nível de projeto, encontra-se o projeto dos sistemas de distribuição dos circuitos de força, controle, aterramento e automação das fiações de campo dos diversos equipamentos "Ex", incluindo os circuitos dos equipamentos intrinsecamente seguros e seu encaminhamento, devidamente segregado dos circuitos não intrinsecamente seguros.

Uma etapa importante na "corrente de segurança" das instalações "Ex" é a correta montagem dos equipamentos "Ex", atendendo aos requisitos específicos e particulares para os tipos de proteção "Ex", incluindo os equipamentos Ex "i".

Na fase seguinte dos serviços envolvendo instalações de instrumentação, automação, telecomunicações elétricas e mecânicas "Ex", está a execução das instalações envolvendo o lançamento dos cabos para os circuitos elétricos e de instrumentação e os cabos de fibras ópticas, desde os painéis elétricos, de instrumentação ou de automação, que podem estar instalados tanto em áreas classificadas como em áreas não classificadas, até os elementos de campo. Caso esses serviços sejam mal executados e indevidamente inspecionados após as montagens, isso pode acarretar a existência de indevidos "desvios" de montagem. Esses tipos de "não conformidades", que podem ser causados por profissionais sem as devidas *competências pessoais* e *certificações* "Ex", podem representar um grande potencial de problemas futuros, principalmente na isolação dos cabos sobre as superfícies metálicas onde são encaminhados.

Durante a etapa de comissionamento e de execução dos "*loop* testes", os circuitos e a funcionalidade das conexões são conferidos. É uma fase fundamental para que os equipamentos associados sejam realmente conectados aos seus respectivos equipamentos de campo intrinsecamente seguros.

Fechando o *primeiro envoltório* de segurança das instalações "Ex", encontram-se as inspeções visuais, apuradas e detalhadas das instalações, de forma a confirmar que o projeto da instalação foi adequadamente verificado e montado dentro do planejado.

Então, iniciam-se os ciclos de operação, manutenção e inspeção de rotina, os quais, ao longo do tempo e do ciclo total de vida das instalações, devem ser devidamente executados, para que a segurança inicialmente planejada seja mantida.

## 41.2 A PRÁTICA

Imaginem uma indústria organizada, metódica e muito rigorosa com a segurança. Se você pensou na indústria da aviação ou na indústria espacial, acertou!

Pois bem. Mesmo nessas indústrias, as fases do envoltório de segurança citadas foram aplicadas, mas não foram suficientes para evitar um acidente que tomou centenas de vidas.

A agência norte-americana NTSB (*National Transportation Safety Board*) analisou o desastre do voo TWA 800, ocorrido em 17 de julho 1996, que resultou na explosão da aeronave sobre o oceano Atlântico, logo após partir do aeroporto de Nova Iorque. A conclusão da agência identificou que o acidente ocorreu devido a uma explosão no tanque de combustível do avião, provocada por uma centelha elétrica no circuito do medidor de nível do tanque.

Na verdade, a fiação do sensor de nível do tanque que seguia para o instrumento de medição do nível no painel do avião (modelo 747) utilizava o mesmo encaminhamento de outros circuitos, e, por questões de *fadiga* e *desgaste* dos materiais isolantes da capa dos cabos, a isolação do circuito de baixa energia não foi suficiente para impedir o contato com a fiação do sistema de iluminação da cabine, o que acabou gerando uma centelha no tanque de combustível, causando uma explosão que resultou na separação física da parte dianteira da aeronave, a qual caiu sobre o oceano, causando a morte de todos a bordo.

Esse pode ser um exemplo de um acidente catastrófico um tanto "grosseiro", mas que identifica as responsabilidades envolvidas da correta execução de serviços de montagem, manutenção e inspeção das instalações de campo em indústrias com a presença de áreas classificadas.

## 41.3 OS RISCOS

A instalação de equipamentos intrinsecamente seguros deve atender aos requisitos indicados na norma técnica brasileira adotada ABNT NBR IEC 60079-14 – *Atmosferas explosivas – Projeto e montagem "Ex"*. Os riscos envolvendo a instalação dos circuitos intrinsecamente seguros estão presentes em todos os "envoltórios" já identificados, com destaque para os tópicos a seguir.

### 41.3.1 O PROJETO DA INSTALAÇÃO

*Parametrização pelos conceitos de entidade ou de limitação:* os equipamentos intrinsecamente seguros (Ex "i") devem ser corretamente conectados aos seus respectivos equipamentos associados ([Ex "i"]), pois um engano que leve à indevida conexão com outro equipamento associado, mesmo que com certificação "Ex", pode colocar em risco todo o projeto da instalação.

*Segregação dos circuitos intrinsecamente seguros:* as fiações dos circuitos intrinsecamente seguros devem ser separadas ou segregadas dos outros circuitos não intrinsecamente seguros, desde o ponto onde os circuitos partem dos equipamentos associados [Ex "i"] até a sua conexão nos instrumentos Ex "i" de campo, em áreas classificadas.

*Aterramento dos equipamentos intrinsecamente seguros e seus equipamentos associados:* o aterramento é fundamental para se evitar a introdução de energia externa nos circuitos de segurança intrínseca, principalmente pelo acoplamento de sinais transitórios de origem eletromagnética. Esse assunto é abordado em outros capítulos deste livro, bem como na norma técnica brasileira adotada ABNT NBR IEC 60079-14, em que são apresentados detalhes para o aterramento dos circuitos intrinsecamente seguros que sejam protegidos por barreira do tipo Zener.

### 41.3.2 A INSTALAÇÃO DE CABOS E FIAÇÕES DE CAMPO INTRINSECAMENTE SEGURAS

As instalações com circuitos intrinsecamente seguros devem ser projetadas e executadas de forma que a segurança intrínseca não seja adversamente afetada por campos elétricos ou magnéticos externos, como pela proximidade de circuitos de força de alta tensão ou cabos unipolares conduzindo corrente elevadas.

Esse tipo de segurança e segregação de circuitos pode ser obtido, por exemplo, pela utilização de fios ou cabos contendo condutores com malhas ou blindagens. Essa segregação pode ser obtida também pela manutenção de uma distância adequada de fontes de campos elétricos ou magnéticos oriundas de circuitos não intrinsecamente seguros.

Os cabos dos circuitos de segurança intrínseca, tanto em áreas classificadas como em áreas e não classificadas, devem ser instalados de forma a assegurar que cabos de circuitos intrinsecamente seguros não possam ser conectados inadvertidamente aos circuitos de cabos que não sejam intrinsecamente seguros, que pode ser alcançado por meio de:

- segregação dos cabos dos diferentes tipos de circuitos IS e não IS; ou
- instalação dos cabos de modo a protegê-los contra o risco de sofrerem danos mecânicos; ou
- utilização de cabos armados, com coberturas metálicas ou com malhas, para tipos de circuitos específicos. Por exemplo, todos os circuitos que não sejam intrinsecamente seguros utilizam cabos armados ou "shieldados", ou todos os circuitos que sejam intrinsecamente seguros utilizam cabos armados ou "shieldados".

## 41.4 A PREVENÇÃO DE DANOS AOS CABOS DOS CIRCUITOS Ex "i"

Os cabos dos circuitos intrinsecamente seguros devem ser instalados em locais que evitem exposição a corrosão, influência de produtos químicos ou sujeitos a choques mecânicos. Quando não for possível evitar essas influências, medidas de proteção devem ser adotadas, como a instalação de cabos por sistema de bandejamento com tampas metálicas, ou sistema de eletrodutos; ou deve-se utilizar cabos armados com capa de proteção metálica para minimizar o risco de danos por choques mecânicos.

Quando o sistema de cabos estiver sujeito a vibrações ou flexões constantes, estes devem ser especificados e projetados para suportar essas condições sem danos. Nos casos em que os cabos sejam instalados em ambientes com temperaturas abaixo de -5 °C, é recomendado que sejam tomadas medidas de proteção para se evitar danos à sua cobertura e isolação.

Para cabos fixados diretamente aos equipamentos ou que adentrem leitos de cabos, é recomendado que o raio de curvatura esteja de acordo com os dados do fabricante, ou no mínimo oito vezes diâmetro do cabo. O raio de curvatura deve ser iniciado a, pelo menos, 25 mm da extremidade do cabo.

## 41.5 CARACTERÍSTICA DOS CABOS INTRINSECAMENTE SEGUROS

Nada de "excepcional" é requerido dos cabos utilizados nos circuitos intrinsecamente seguros, mas algumas condições devem ser observadas, como as elencadas a seguir.

*Diâmetro dos condutores:* como restrição, é requerido o diâmetro mínimo do condutor utilizado no campo, com o valor de pelo menos 0,1 mm. Na grande maioria das instalações, deve-se utilizar diâmetros muito maiores, não por questões de queda de tensão ou aquecimento, mas por resistência mecânica dos fios, evitando quebras que podem causar incômodos com manutenção futura.

*Isolação dos fios:* os fios e cabos utilizados em circuitos de segurança intrínseca devem possuir isolamento capaz de suportar um ensaio dielétrico de duas vezes a tensão do circuito ou 500 V eficaz. No caso de multicabos, é exigida ainda uma espessura mínima do cabo de isolação individual de 0,2 mm.

*Armazenamento de energia nos cabos intrinsecamente seguros:* os cabos elétricos possuem "intrinsecamente" ou "inerentemente" elementos armazenadores de energia em forma de indutâncias e capacitâncias, de modo que, quanto mais longo forem os cabos, mais armazenamento de energia pode ocorrer. As características das taxas de armazenamento em função do comprimento variam de acordo com a construção e os materiais envolvidos na fabricação dos cabos.

Em geral, os fabricantes dos cabos informam as taxas dos elementos armazenadores, mas, quando não estiverem disponíveis, pode-se determinar por medição de amostras. A norma técnica brasileira adotada ABNT NBR IEC 60079-14 sobre instalações "Ex" possui um Anexo que trata da "Determinação dos parâmetros dos cabos". Quando um cabo industrial comum de dois ou três fios, com ou sem malha, for utilizado para a interconexão de um circuito intrinsecamente seguro, pode-se adotar os seguintes paramentos "conservativos": 200 pF/m, 1 μH/m e 30 μH/Ω.

*Identificação dos cabos:* os cabos de circuitos intrinsecamente seguros devem ser marcados de forma que seja fácil sua identificação e diferenciação dos cabos de circuitos não intrinsecamente seguros. É recomendada a utilização de cabos com isolação em azul-claro para identificação rápida e visual dos circuitos intrinsecamente seguros. Da mesma forma, essa cor não pode ser utilizada em circuitos não intrinsecamente seguros, a fim de se evitar confusão e prevenir a conexão de equipamentos a circuitos não protegidos.

**Figura 41.1 –** Exemplo de cabo para circuitos intrinsecamente seguros, com capa externa em azul-claro.

*Fonte*: Sense Sensores e Instrumentos.

Em instalações dentro de painéis de controle ou equipamentos de distribuição, em que existe um risco maior de confusão dos cabos, medidas adicionais de marcação devem ser adotadas, como:

- segregação e fixação, em um conjunto padrão com braçadeiras em azul-claro;
- identificação com placas de TAG em todos equipamentos e circuitos;
- arranjo visível e separação física entre circuitos IS e NIS.

## 41.6 SEGREGAÇÃO DE CABOS INTRINSECAMENTE SEGUROS E NÃO INTRINSECAMENTE SEGUROS

As instalações intrinsecamente seguras devem ser realizadas de modo que a segurança intrínseca não seja afetada por campos elétricos ou magnéticos externos, com a proximidade com circuitos de potência ou cabos conduzindo corrente elevada.

Dessa forma, a devida segregação dos circuitos intrinsecamente seguros pode ser obtida das seguintes formas:

- cabos de circuitos intrinsecamente seguros distanciados da fonte do campo elétrico ou magnético ou cabos de potência de circuitos não intrinsecamente seguros;
- cabos de circuitos intrinsecamente seguros com malhas ou blindagem.

*Segregação dos cabos:* um dos principais requisitos de instalação dos cabos de segurança intrínseca, que passaremos a chamar apenas de cabos SI, é a isolação em relação aos circuitos não intrinsecamente seguros, que chamaremos de NSI.

A intenção da isolação e da segregação é de não permitir que, em casos de falhas, o limitador de energia não seja eliminado do *loop* intrinsecamente seguro ou que sejam acoplados via interferência eletromagnética a energias extras ao circuito.

Visando a esclarecer os procedimentos práticos, apresentamos as configurações mais indicadas para as fiações intrinsecamente seguras no encaminhamento dos cabos entre os equipamentos intrinsecamente seguros e seus respectivos equipamentos associados:

*Canaletas separadas:* os cabos para circuitos IS podem ser separados dos cabos para circuitos NIS, por meio de canaletas para cabos separadas. Especialmente indicadas para fiações internas de painéis de automação e armários de barreiras e rearranjo.

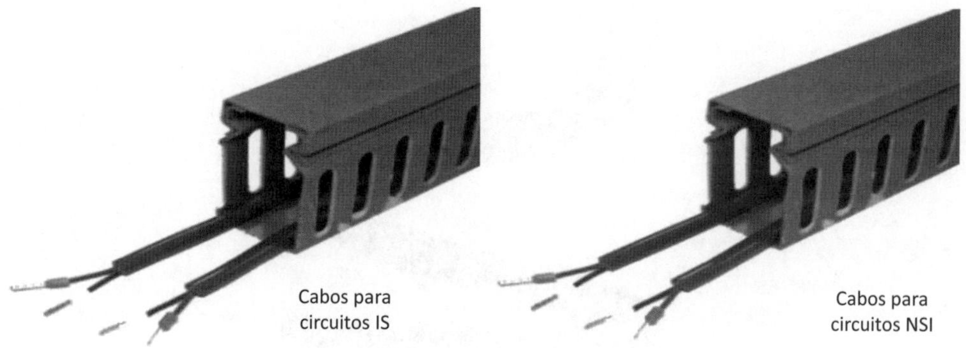


**Figura 41.2 –** Canaletas plásticas independentes para a separação física entre cabos de circuitos IS (à esquerda) e NIS (à direita).

*Fonte*: Sense Sensores e Instrumentos.

*Canaletas metálicas:* as canaletas metálicas podem ser utilizadas para separar as fiações SI das NSI, desde que devidamente aterradas no mesmo aterramento das estruturas metálicas das áreas classificadas (não precisa ser o aterramento integro com impedância menor que 1 Ω). Normalmente indicado para as bandejas e os leitos de cabos.

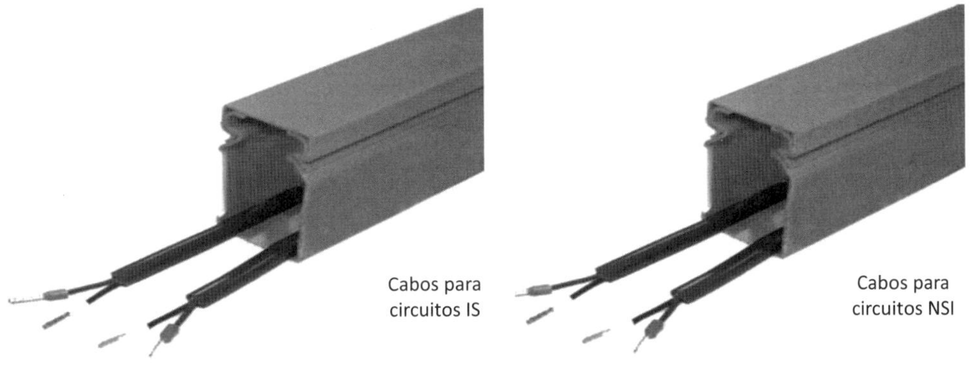


**Figura 41.3 –** Canaletas metálicas separadas para separação física entre cabos de circuitos IS *(à esquerda)* e NIS (*à direita*).

*Fonte*: Sense Sensores e Instrumentos.

*Cabos blindados:* quando a separação dos cabos em canaletas distintas não for prática, pode-se utilizar cabos blindados com malha de terra devidamente aterrada no condutor equipotencial, no mesmo ponto que o circuito SI do qual ele faz parte. Caso haja necessidade de aterramento por razões funcionais em outros pontos, deve-se utilizar capacitores cerâmicos inferiores a 1 nF/1.500 V.

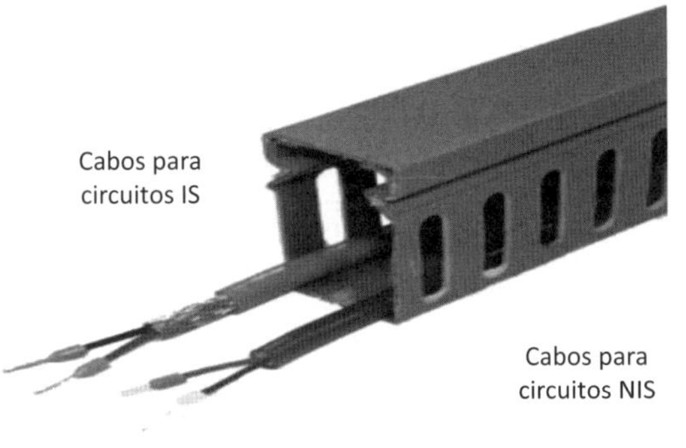


**Figura 41.4 –** Canaleta sem separação física entre cabos "blindados" de circuitos IS e NIS.

*Fonte*: Sense Sensores e Instrumentos.

*Amarração dos cabos:* os cabos dos circuitos IS e NIS podem ser montados em uma mesma canaleta desde que separados com uma distância superior a 50 mm, e devidamente presos. Técnica normalmente empregada em painéis com circuitos IS, nos quais o encaminhamento por meio de canaletas separadas não é prático ou viável por falta de espaço.

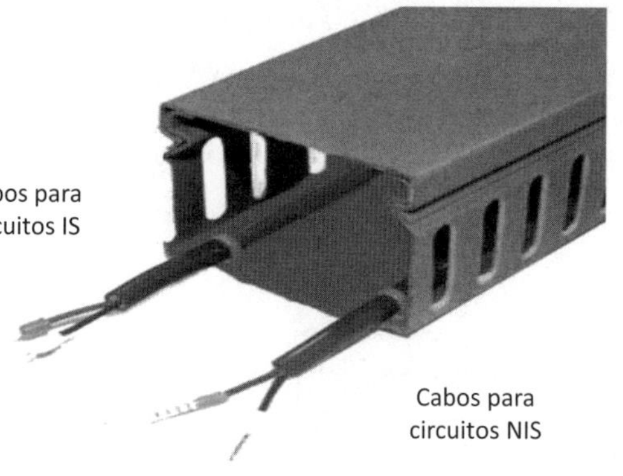


**Figura 41.5 –** Canaleta com separação física (amarração) entre cabos SI e NSI.

*Fonte*: Sense Sensores e Instrumentos.

*Separação física dos cabos:* a separação física entre cabos dos circuitos IS e cabos dos circuitos NIS é uma forma simples e eficaz para a separação dos circuitos. Quando se utilizam canaletas metálicas, deve-se aterrar junto as estruturas metálicas.

**Figura 41.6 –** Canaleta com separação mecânica entre cabos SI e NSI.

*Fonte*: Sense Sensores e Instrumentos.

## 41.7 SEGREGAÇÃO NOS MULTICABOS

*Multicabos sem malhas:* multicabos sem malha de proteção individual não podem ser utilizados com circuitos não intrinsecamente seguros. Adicionalmente, o multicabo só pode conter diversos circuitos intrinsecamente seguros se todos possuírem tensão inferior a 60 V.

Caso circuitos com tensão superior sejam utilizados, um especialista pode ainda verificar a viabilidade de sua utilização analisando as falhas e os fatores de segurança aplicados.

**Figura 41.7 –** Exemplo de multicabo com blindagem geral.

*Fonte*: Sense Sensores e Instrumentos.

*Multicabos com malhas individuais:* cabos multivias que possuam malha individual para os circuitos intrinsecamente seguros podem ser utilizados em conjunto com outros circuitos, pois a malha do par do cabo do circuito IS, desde que possua cobertura de 60% da área, é suficiente para fornecem proteção individual para circuitos de segurança intrínseca, de forma a evitar que estes fiquem conectados um ao outro.

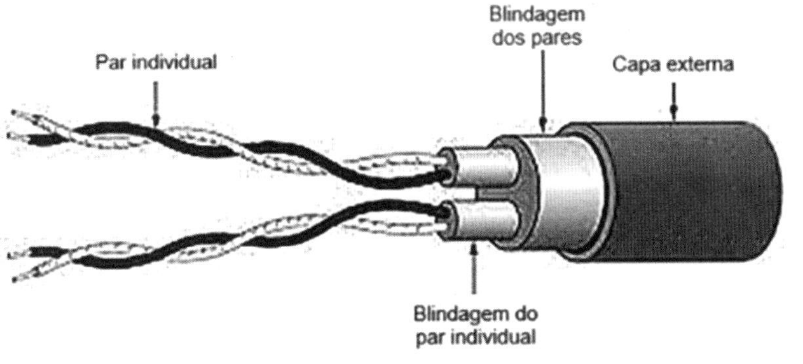


**Figura 41.8 –** Exemplo de multicabo com blindagem geral e individual dos pares de cabos.

*Fonte*: Sense Sensores e Instrumentos.

*Condutores não utilizados em multicabos:* os condutores não utilizados devem ser isolados dos outros condutores do multicabo e conectados a terminais ou bornes-reserva que devem ser deixados no interior de caixas de junção ou caixa de terminais.

Pode-se, ainda, conectar uma das extremidades ao ponto de aterramento de um dos circuitos intrinsecamente seguros associados que utiliza o mesmo multicabo.

## 41.8 SEGREGAÇÃO DOS CIRCUITOS NO INTERIOR DE PAINÉIS DE BARREIRAS

As regras de segregação dos circuitos intrinsecamente seguros e os não intrinsecamente seguros devem ser seguidas dentro de caixas de distribuição, rearranjo, painéis de campo e armários de barreiras.

A figura a seguir ilustra o arranjo interno de um painel onde as fiações intrinsecamente seguras são encaminhadas por canaletas separadas devidamente identificadas na cor azul até a chegada ao equipamento ou borne de conexão de seus circuitos.

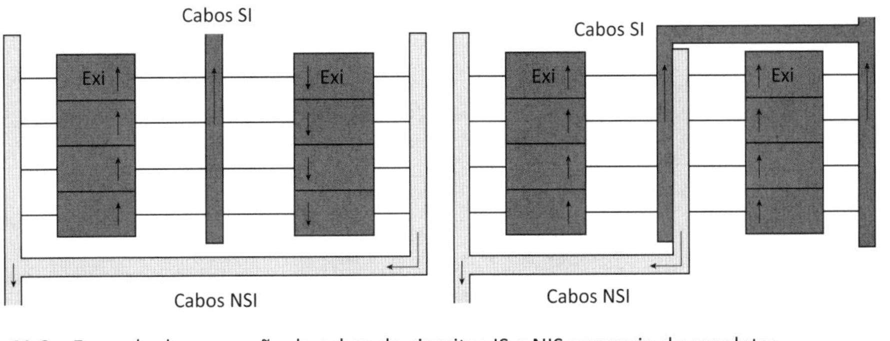


**Figura 41.9 –** Exemplo de separação de cabos de circuitos IS e NIS por meio de canaletas.

*Fonte*: Sense Sensores e Instrumentos.

A figura a seguir apresenta um exemplo de instalação física de dispositivos, canaletas, réguas de bornes terminais e fiação de circuitos IS e NIS, no interior de painéis com barreiras de segurança intrínseca.

**Figura 41.10 –** Exemplo de instalação física de dispositivos, canaletas, réguas de bornes terminais e fiação de circuitos IS e NIS, no interior de painéis de automação contendo barreiras de segurança intrínseca.

*Fonte*: Sense Sensores e Instrumentos.

*Cuidados na montagem:* a separação dos circuitos intrinsecamente seguros e não intrinsecamente seguros pode também ser efetivada por placas de separação, metálicas ou plásticas, ou por uma distância maior que 50 mm, como ilustrado na figura a seguir.

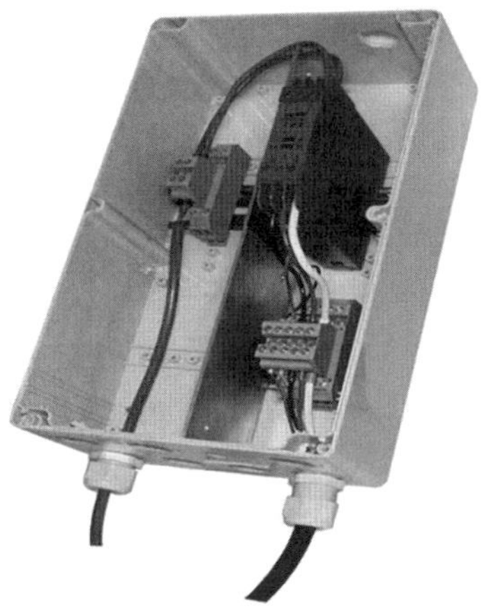

Exemplo de montagem com entradas SEPARADAS para cabos de circuitos IS e NIS.

Exemplo de montagem com SEPARADOR entre cabos de circuitos IS e NIS.

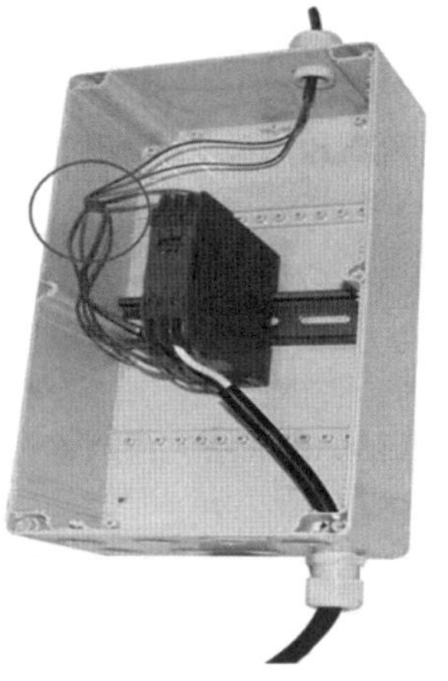

Exemplo de indevida falta de AMARRAÇÃO dos cabos dos circuitos IS e NIS.

**Figura 41.11** – Exemplos de montagem de barreiras de segurança intrínseca em painéis.

*Fonte*: Sense Sensores e Instrumentos.

Além de um projeto apropriado, cuidados adicionais devem ser observados na montagem dos painéis contendo equipamentos e circuitos intrinsecamente seguros, pois, com a falta de amarração nos cabos, uma falha pode ocorrer.

## 41.9 ENTRADA DE CABOS PARA O INTERIOR DOS INVÓLUCROS "Ex"

As entradas de cabos dos invólucros e das caixas de terminais, painéis de distribuição e de barreiras de segurança intrínseca de campo, os chamados *field barrier*, devem possuir prensa-cabos adequados, de acordo com o solicitado na certificação dos produtos "Ex".

Os equipamentos com mais de um circuito intrinsecamente seguro ou com circuitos não intrinsecamente seguros devem ser protegidos pelo invólucro e pelos prensa-cabos contra o ingresso de umidade ou poeira nas partes condutoras, o que pode prejudicar a isolação dos circuitos e levar a uma combinação não prevista que pode gerar uma situação "não segura".

Analogamente, os equipamentos que possuem *plugs* tipo macho/fêmea para sua conexão elétrica devem estar de acordo com a certificação do produto "Ex" e devem proporcionar o grau de proteção adequado, de forma a evitar o curto-circuito de combinações não previstas para a instalação.

É recomendada a existência de pontos de fixação dos cabos próximos às suas entradas nos invólucros, para se evitar a transmissão de esforços de torção ou de tração (por exemplo, pela força externa ou pelo próprio peso dos cabos), de forma a se evitar que esses esforços possam chegar os terminais dos condutores no interior do invólucro, o que poderia causar um mau contato ou curto-circuito.

## 41.10 ATERRAMENTO DOS EQUIPAMENTOS INTRINSECAMENTE SEGUROS

São dois os tipos de aterramentos requeridos para os circuitos intrinsecamente seguros:

- aterramento dos equipamentos associados (barreiras de segurança intrínseca);
- aterramento dos equipamentos de campo intrinsecamente seguros.

*Aterramento das barreiras de segurança intrínseca:* o aterramento das barreiras do tipo Zener (sem isolação galvânica) são fundamentais para "desviar" as sobretensões perigosas, capazes de provocar uma centelha elétrica na área classificada, de acordo com o apresentado nas figuras indicadas a seguir:

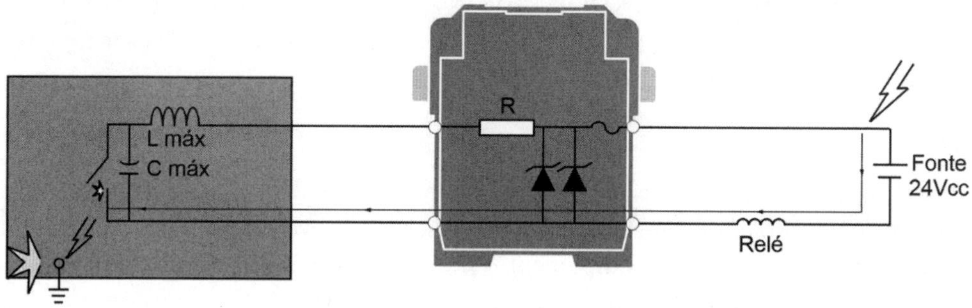


**Figura 41.12 –** Circuito contendo barreira do tipo Zener com falta de aterramento terra.

*Fonte*: Sense Sensores e Instrumentos.

As *barreiras Zener* devem utilizar um aterramento *íntegro* com impedância menor do que 1 Ω.

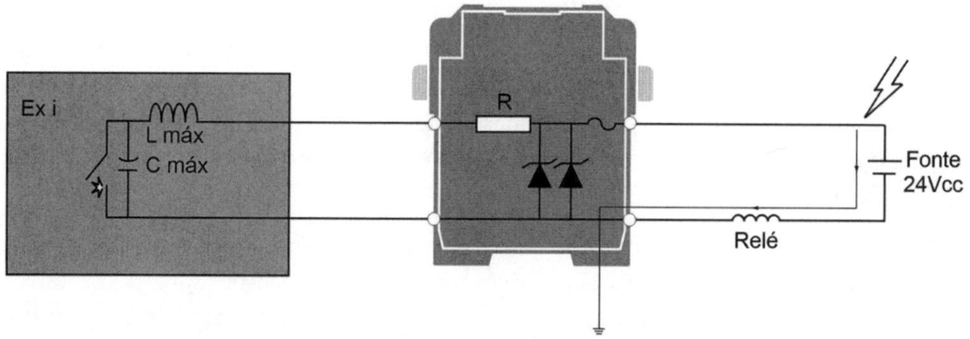


**Figura 41.13 –** Circuito contendo barreira do tipo Zener com aterramento íntegro.

*Fonte*: Sense Sensores e Instrumentos.

A seção transversal da conexão de terra deve ser composta de, no mínimo, dois condutores separados, cada um dimensionado para conduzir a corrente máxima que pode circular continuamente, com um mínimo de 1,5 $mm^2$ de cobre, ou no mínimo um condutor de 4 $mm^2$ de cobre.

*Equipotencialidade do sistema de aterramento:* especial cuidado deve ser tomado para que todos os aterramentos íntegros tenham a mesma impedância. Para evitar que correntes de fuga possam circular entre os diversos sistemas de aterramentos, barras de aterramento devem ser utilizadas para unificar os aterramentos íntegros.

*Barreiras com isolação galvânica:* as barreiras que utilizam isolação galvânica não dependem do terra íntegro para proteger os circuitos de campo.

## 41.11 ATERRAMENTO DOS EQUIPAMENTOS DE CAMPO INTRINSECAMENTE SEGUROS

Quando se fala de aterramento no campo, de equipamento intrinsecamente seguro, são três temas a serem abordados:

### 41.11.1 ATERRAMENTO DOS INVÓLUCROS

*Invólucros metálicos:* os equipamentos com invólucros metálicos, como boa prática de instalação de todos os equipamentos elétricos, devem ser aterrados.

*Invólucros não metálicos (materiais isolantes):* invólucros com materiais isolantes em condições normais de utilização, manutenção e limpeza estão sujeitos ao carregamento eletrostático com potencial risco de ignição. Invólucros com área de superfície acima de 400 $mm^2$ em áreas classificadas que demandem EPL Ga ou 2.000 $mm^2$ para áreas classificadas que requeiram EPL Gb com instalação no grupo IIC estão passíveis de carregamento e devem apresentar uma marcação de *advertência* com instruções de utilização segura. Mais detalhes das áreas de superfície e características dos materiais isolantes são apresentadas na norma técnica brasileira adotada ABNT IEC 60079-0 (*Requisitos gerais para equipamentos "Ex"*), Seção "Evitando carga eletrostática".

## 41.12 ATERRAMENTO DO CIRCUITO INTERNO DOS EQUIPAMENTOS DE CAMPO INTRINSECAMENTE SEGUROS

Quando tratamos do circuito interno do equipamento de campo intrinsecamente seguro, há ainda duas opções:

- circuitos completamente isolados do terra;
- circuito ou uma de suas partes aterrados em um único ponto.

Caso, por questão funcional, um equipamento seja naturalmente aterrado em campo, por exemplo, um termopar que é soldado à bainha metálica que está aterrada na estrutura de um tanque, recomenda-se a utilização de um equipamento associado com isolação galvânica para que haja somente um ponto de aterramento.

Analogamente, equipamentos que não suportem o ensaio de isolação de 500 V também são considerados aterrados em campo, e a mesma recomendação do associado com isolação galvânica deve ser aplicada.

É recomendada, ainda, a avaliação de um profissional "competente", de forma a se evitar a circulação de corrente de falha se não for possível ter o aterramento em um único ponto, como o caso em que se utiliza uma barreira Zener.

## 41.13 ATERRAMENTOS DAS MALHAS DOS CABOS DE INTERLIGAÇÃO DOS EQUIPAMENTOS INTRINSECAMENTE SEGUROS

Nos casos de cabos ou multicabos de interligação que utilizam malha condutora, esta deve estar eletricamente conectada ao terra, em um único ponto. Tratando-se de instrumentos de medição e controle, é recomendado que a malha seja aterrada somente na área não classificada, ou seja, no mesmo aterramento do equipamento associado, contendo as barreiras de segurança intrínseca, como indicado na Figura a seguir.

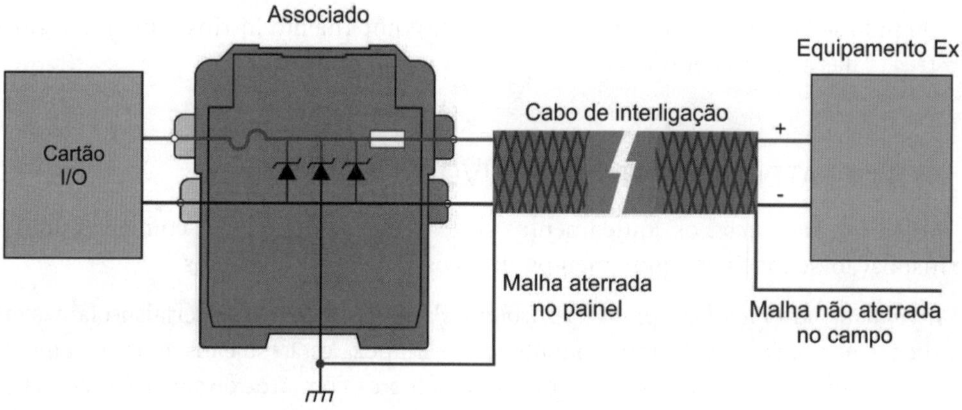


**Figura 41.14 –** Exemplo de circuito intrinsecamente seguro contendo barreira do tipo Zener e aterramento da malha do cabo de interligação em um único ponto, somente no painel das barreiras de segurança intrínseca.

*Fonte*: Sense Sensores e Instrumentos.

Deve ser evitada a conexão da malha condutora em dois pontos, ao longo dos cabos de interligação do instrumento de campo e seu associado, pois pode haver diferenças de potencial entre os dois pontos aterrados, e a corrente circulante poderia causar um centelhamento. Ou seja, na malha condutora, não deve haver corrente circulante devido à diferença de potenciais.

Nos casos em que, por questões operacionais do equipamento, para evitar interferência eletromagnética, seja necessário o aterramento da malha junto ao equipamento no campo ou em pontos intermediários, podem ser utilizados capacitores cerâmicos de 1 μF / 1 500 V, totalizando no máximo 10 μF.

Na figura a seguir, o aterramento intermediário da malha do cabo de interligação do transmissor à sua barreira de segurança intrínseca que possui isolação galvânica é executado no interior de uma caixa de terminais (*Junction Box*), a qual interliga a malha do cabo ao aterramento via um capacitor cerâmico. Observe-se, ainda, que o transmissor, no "final" do circuito, possui a carcaça metálica aterrada e, internamente, um capacitor cerâmico no ponto de aterramento da malha do cabo.

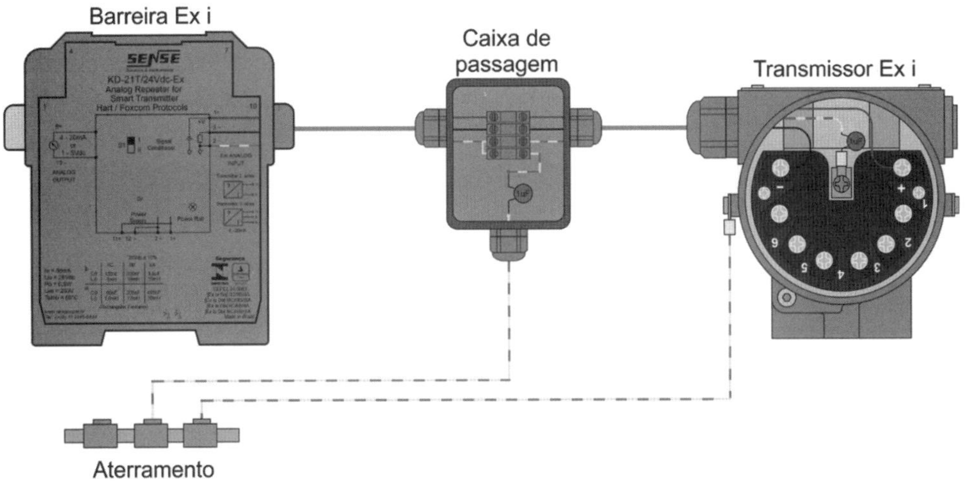


**Figura 41.15 –** Exemplo de circuito intrinsecamente seguro com dois pontos de aterramento: no interior da caixa de junção (caixa de terminais) e no equipamento Ex "i" de campo, ambos por meio de um capacitor de 1 μF / 1.500 V.

*Fonte*: Sense Sensores e Instrumentos.

Capítulo **42**

# A evolução da tecnologia Ex "i" e da aplicação da segurança intrínseca

**Sinopse**: este capítulo aborda os principais aspectos da continuada evolução dos equipamentos, circuitos e sistemas intrinsecamente seguros, incluindo equipamentos de controle, instrumentação, automação, telecomunicações e elétricos, para instalação fixa ou para utilização portátil ou pessoal, em indústrias diversas, terrestres ou marítimas, como petroquímicas, químicas, de petróleo e gás, siderúrgicas, farmacêuticas e portuárias. Aborda também a acelerada evolução da aplicação da tecnologia Ex "i" desde as suas aplicações "tradicionais" ou "convencionais" com circuitos individuais para dispositivos de campo e barreiras de proteção [Ex "i"] individuais, passando pelas redes *fieldbus*, sistemas FNICO e FISCO e sistemas HPTC, até a aplicação de circuitos *Ethernet* intrinsecamente seguros a dois fios, de acordo com o padrão 2-WISE.

Como abordado em capítulos anteriores deste livro Ex "i", foi um caminho destacado por "descobertas" e "evoluções" o desenvolvimento ocorrido desde os primeiros insights, de que seria possível mensurar e controlar a energia elétrica de forma segura em uma atmosfera explosiva, sem o risco de provocar a detonação de gás inflamável ou uma poeira combustível, até os conceitos de circuitos *Ethernet* a dois fios intrinsecamente seguros.

A tecnologia Ex "i" provou sua eficácia e seus benefícios desde a segunda metade do século XX, e o tipo de proteção "segurança intrínseca" tornou-se uma das formas de proteção "Ex" mais aplicadas no mundo para equipamentos para instalação fixa ou utilização pessoal ou portátil, nas áreas de controle, instrumentação, automação e telecomunicações Ex "i", instalados em áreas classificadas contendo atmosferas explosivas formadas por gases inflamáveis ou poeiras combustíveis.

**Figura 42.1** – Exemplo de smartphone intrinsecamente seguro certificado com marcações Ex ib op is IIC T4 Gb IP 64 / Ex ib op IS IIC T120 °C Db, adequado para ser utilizado em áreas classificadas contendo gases inflamáveis (Zona 1 ou Zona 2) ou poeiras combustíveis (Zona 21 ou Zona 22).

*Fonte*: P+F Brasil.

Ainda durante o século XX, as instalações industriais terrestres e marítimas passaram a utilizar de forma extensiva equipamentos, circuitos e sistemas intrinsecamente seguros, e a indústria adotou o conceito de entidade ou de limitação como um fator preponderante de independência para os usuários.

Na primeira metade desse mesmo século, as certificações dos equipamentos Ex "i" de campo com seus associados [Ex "i"] chegaram a utilizar o conceito "sistema" intrinsecamente seguro" ou de "par casado", em que o organismo de certificação analisava detalhadamente a compatibilidade entre esses dois componentes de um determinado circuito intrinsecamente seguro, considerando ainda os limites de comprimento das fiações de campo. A certificação então, emitida para o "sistema" como um todo, determinando os modelos e fabricantes tanto do instrumento intrinsecamente seguro como da respectiva barreira de segurança intrínseca.

Não que essa prática ainda não seja adotada atualmente de forma "indireta", desde que um determinado circuito seja projetado e documentado com a especificação tanto do instrumento de campo como o seu respectivo equipamento "associado" (barreira), especificando e documentando os respectivos marcas e modelos, os quais não devem ser alterados ao longo do ciclo de vida dos equipamentos.

No entanto a *liberdade de escolha* promovida pelo *conceito de entidade* ou de limitação está disponível desde o século XX, ou seja, os usuários finais, por qualquer motivo, como produtos que não são mais fabricados ou interesses mercadológicos, podem escolher novos equipamentos para substituir os originais, simplesmente analisando os parâmetros de entidade dos possíveis equipamentos similares a serem utilizados em substituição dos equipamentos até então utilizados.

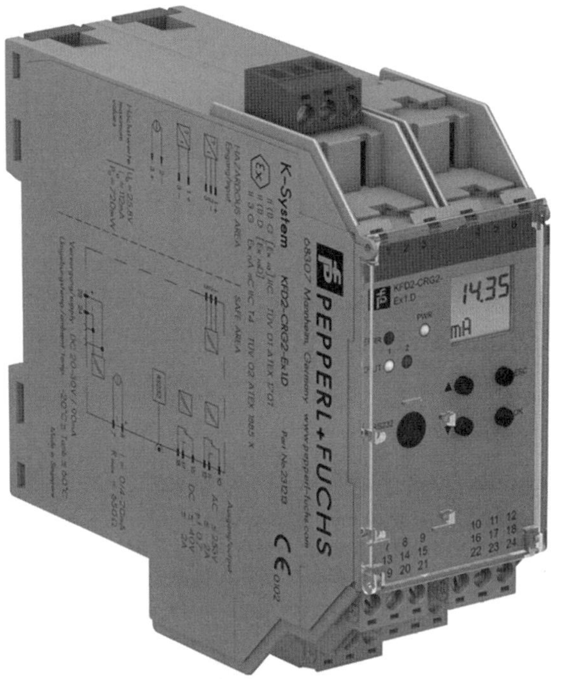


**Figura 42.2 –** Exemplo de barreira de segurança intrínseca certificada, com marcação [Ex ia Ga] IIC, com isolação galvânica, de acordo com a norma ABNT NBR IEC 60079-11.

*Fonte*: P+F Brasil.

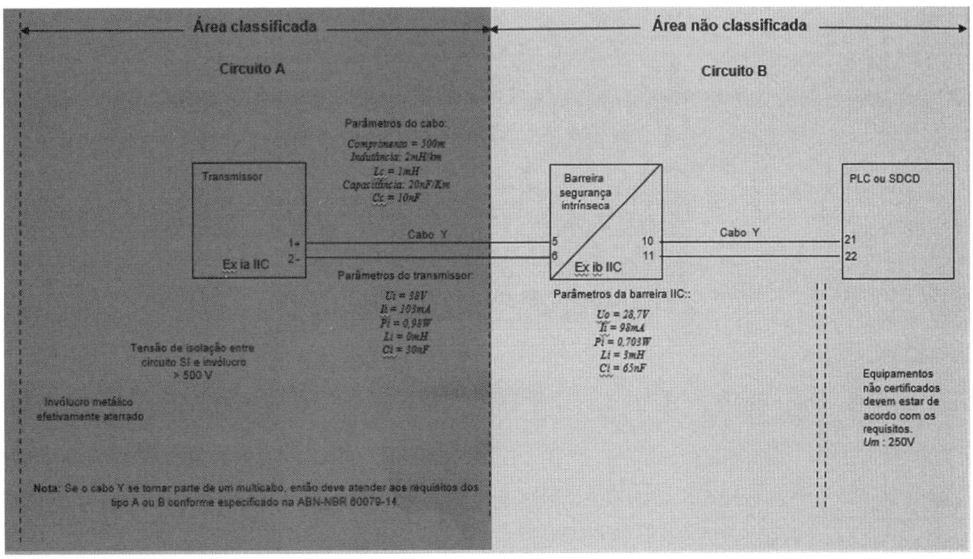


**Figura 42.3 –** Exemplo de desenho de documentação de uma malha intrinsecamente segura, com a aplicação do *conceito de entidade ou de limitação*.

*Fonte*: acervos pessoais dos autores.

## 42.1 INSTALAÇÃO FÍSICA DOS EQUIPAMENTOS INTRINSECAMENTE SEGUROS ASSOCIADOS

Em termos de instalação física dos equipamentos, diversas formas construtivas são adotadas pela indústria, dependendo da complexidade e do tamanho dos processos.

São apresentados a seguir os principais componentes e equipamentos intrinsecamente seguros utilizados em instalações industriais.

Pequenas automações podem ser projetadas utilizando-se painéis com barreiras ou isoladores galvânicos interfaceando os equipamentos intrinsecamente seguros e os sistemas de controle (PLC ou DCS). Os painéis podem estar instalados em salas de controle ou pontos estratégicos, em áreas não classificadas.

As barreiras de segurança intrínseca podem ainda ser instaladas diretamente em áreas classificadas, com a barreira de segurança intrínseca em um invólucro "Ex", apropriado à utilização em atmosferas explosivas, como no interior de um *painel pressurizado* (Ex "p") ou de um invólucro do tipo "*à prova de explosão*" (Ex "d"), ou, ainda, a instalação em áreas classificadas de barreiras de segurança intrínseca com proteções "Ex" adicionais, com a combinação de diferentes tipos de proteção "Ex", como Ex eb mb [ia Ga] IIC Gb, que as tornem adequadas para instalação em áreas classificadas, instaladas no interior de painéis com invólucros de *segurança aumentada* (Ex "e") ou de painel com *proteção por invólucro contra a ignição de poeiras combustíveis* (Ex "t").

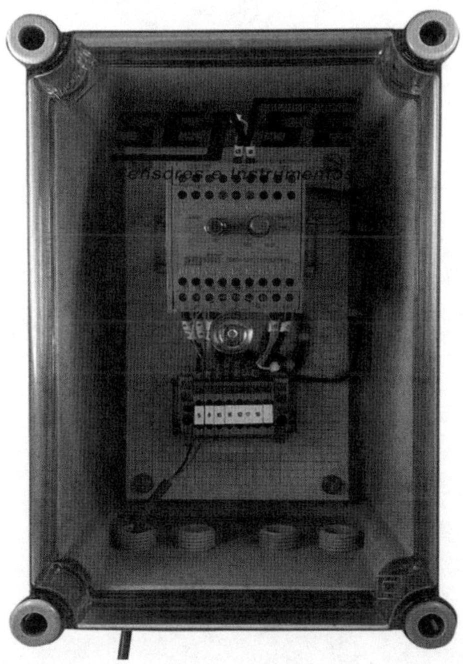

**Figura 42.4** – Exemplo de barreira de segurança intrínseca instalada dentro de painel em área não classificada.

*Fonte*: Sense Sensores e instrumentos.

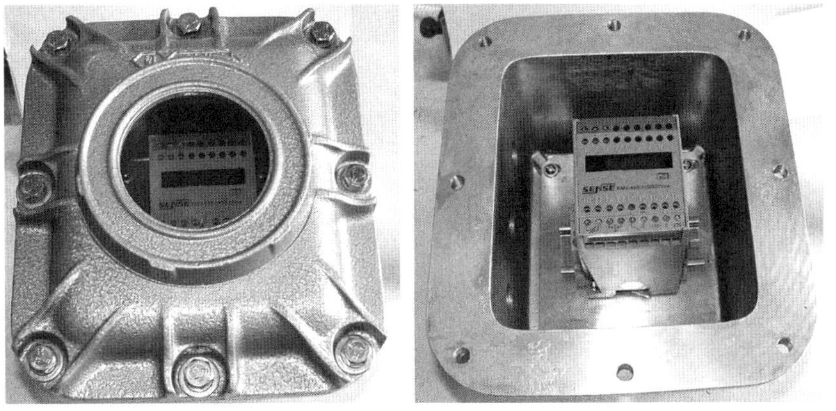

**Figura 42.5 –** Exemplo de barreira de segurança intrínseca instalada em área classificada, no interior de invólucro Ex "d".

*Fonte*: Sense Sensores e instrumentos.

## 42.2 UNIDADES TERMINAIS REMOTAS DE CONTROLADORES LÓGICOS

Outras opções de instalação incluem as *Unidades Terminais Remotas* (UTR) de controladores lógicos programáveis (PLC), em que os módulos eletrônicos possuem conexão para os cabos dos sinais de entrada e saída de equipamentos intrinsecamente seguros instalados em atmosferas explosivas. As remotas sintetizam os sinais individuais das entradas e saídas I/O e enviam por meio de cabos que utilizam uma rede industrial, comunicando-se com o controlador principal, dispensando a necessidade de cabos individuais para cada circuito ou cada ponto de I/O.

Os painéis das UTR podem ser instalados em pontos estratégicos da planta em áreas não classificadas, ou podem ser utilizados painéis que incorporam outros tipos de proteção "Ex" que os tornam capazes para serem instalados diretamente em áreas classificadas, como em Zona 1, Zona 2, Zona 21 ou Zona 22.

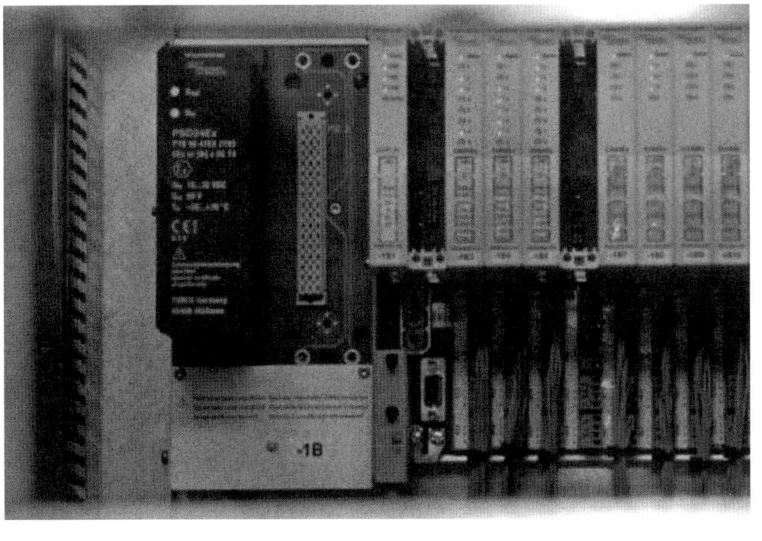

**Figura 42.6 –** Exemplo de instalação de painel do tipo Unidade Terminal Remota (RTU) com módulos de I/O [Ex i], certificada para instalação em áreas classificadas.

*Fonte*: Turck.

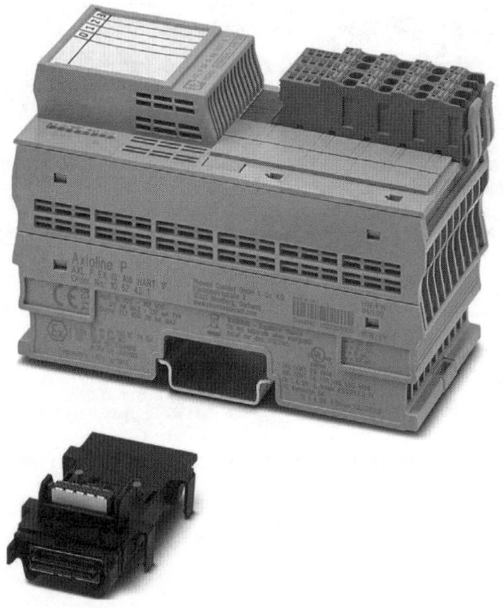

**Figura 42.7 –** Exemplo de módulo I/O de entradas e saídas de sinais analógicos incorporando barreiras de segurança intrínseca, para instalação em UTR certificada para instalação em áreas classificadas.

*Fonte*: Phoenix Contact Brasil.

**Figura 42.8 –** Exemplo de UTR, interligada a sistemas de controle e processo com base em PLC ou DCS, contendo barreiras de segurança, incorporando diversos tipos de proteção "Ex", certificadas para serem instaladas diretamente em áreas classificadas.

*Fonte*: P+F Brasil.

## 42.3 PAINÉIS COM BARREIRAS DE SEGURANÇA INTRÍNSECA

Para instalações industriais de maior porte, como as instalações das indústrias petroquímicas, de petróleo e gás, farmaceuticas ou portuárias, são projetados painéis capazes de monitorar e controlar, com a instalação de circuitos físicos individuais com cabos de cobre, milhares de instrumentos intrinsecamente seguros, como sensores e transmissores Ex "i" de temperatura, pressão, vazão, bem como solenoides e posicionadores de válvulas de controle Ex "i", em uma época em que as redes industriais de comunicação ainda não haviam sido adotadas como um padrão de circuitos de campo.

Instalações deste tipo podem possuir milhares de cabos que são roteados a painéis de rearranjo e são posteriormente conectados, também fisicamente por meio de cabos para os circuitos individuais, a painéis de barreiras de segurança intrínseca, para o interfaceamento com controladores digitais, os chamados DCS.

### 42.3.1 PAINÉIS DE BARREIRAS COM TRILHO DIN 35 MM

Os painéis contendo trilhos do tipo DIN são adequados para a instalação em seu interior de barreiras de segurança intrínseca, tanto na versão barreiras Zener como Unidades Galvânicas intrinsecamente seguras, disponíveis por parte de diversos fabricantes e para as mais variadas aplicações, como:

- sinais discretos de entrada, por exemplo, para sensores de proximidade e contatos secos;
- sinais discretos de saídas para sinalizadores sonoros, luminosos e válvulas solenoides;
- sinais analógicos de corrente, por exemplo, para transmissores de pressão, vazão e temperatura;
- sinais analógicos de controle, por exemplo, para posicionadores de válvulas;
- sinais de termoelemento, por exemplo, termorresistências RTD (Pt100) ou termopares;
- interface de sinais de comunicação;
- diversas outras aplicações específicas.

A figura a seguir ilustra um exemplo de painel de barreiras de segurança intrínseca do tipo com isolação galvânica, que também serve como painel rearranjo de cabos. Os circuitos intrinsecamente seguros (IS) são devidamente afastados ou segregados dos circuitos não intrinsecamente (NIS) seguros e utilizam canaletas separadas para as fiações, que não se cruzam. São utilizadas identificações em azul-claro para os fios, bornes terminais e canaletas dos circuitos intrinsecamente seguros (IS).

**Figura 42.9** – Exemplo de painel de automação contendo barreiras de segurança intrínseca montadas em trilho do tipo DIN 35 mm.

*Fonte*: Sense Sensores e Instrumentos.

## 42.3.2 PAINEL DE BARREIRAS COM CARTÕES

A figura a seguir ilustra um exemplo de painel de barreiras intrinsecamente seguras utilizado por volta dos anos 1980/1990, com a utilização de cartões do tipo "Eurocard", montados em *racks* com dimensões de 19", o que facilitava a substituição em caso de necessidade.

**Figura 42.10** – Exemplo de painel de automação contendo barreiras de segurança intrínseca do tipo *Eurocard*.

*Fonte*: Sense Sensores e Instrumentos.

Estes tipos de painéis apresentavam a vantagem de maior compactação quando comparados com as barreiras modulares individuais, permitindo que um grande número de barreiras sejam instaladas no interior de um mesmo painel.

### 42.3.3 PAINÉIS DE AUTOMAÇÃO CONTENDO BARREIRAS DE SEGURANÇA INTRÍNSECA E DCS

Alguns fabricantes de DCS (*Distributed Control System* / Sistema de Controle Distribuído) disponibilizam soluções de cabeamento, por meio de placas eletrônicas do tipo *motherboards* para as conexões de I/O (entradas e saídas discretas ou analógicas), as quais possuem bornes aparafusáveis para receber a fiação de campo dos instrumentos Ex "i".

Em algumas versões iniciais desse tipo de aplicação, as saídas das barreiras intrinsecamente seguras com isolação galvânica possuem bornes para os circuitos de campo Ex "i", sendo os sinais de interligação das barreiras ao DCS implementados por meio de multicabos com conectores do tipo *plug-in*, os quais conectam os sinais de todas as barreiras Ex "i" aos controladores do DCS. Nesses casos, as placas *motherboard* possuem bornes para prover a alimentação de cada barreira, além de encaminhar os sinais ao conector *plug-in* para o DCS.

**Figura 42.11 –** Exemplo de *motherboard* contendo barreiras de segurança intrínseca conectadas a DCS.

*Fonte*: P+F Brasil.

Com o desenvolvimento desse tipo de aplicação, os multicabos de saída foram substituídos por cabos de rede digital de comunicação. Com a utilização de apenas um ou dois pares de fios metálicos de redes de comunicação de dados ou cabos de fibra óptica, todos os sinais de campo provenientes dos instrumentos Ex "i" são conectados às portas de comunicação dos controladores do DCS.

## 42.4 SISTEMAS FISCO

Com o desenvolvimento da tecnologia, as redes de comunicação industrial foram adotadas na automação da indústria de processos, inclusive em áreas classificadas dos grupos I, II e III.

Dentre os diversos padrões de redes industriais do tipo *fieldbus*, a *Profibus-PA* e a *Foundation H1* se tornaram muito aplicadas a processos. Esses dois tipos de redes *fieldbus* utilizam o mesmo tipo de cabo como "meio físico", de acordo com a norma técnica internacional IEC 61158-2 (*Industrial communication networks - Fieldbus specifications - Part 2: Physical layer specification and service definition*).

Esses dois tipos de padrão de redes industriais *fieldbus* utilizam o sinal de comunicação sobreposto à alimentação elétrica em corrente contínua, com um único par de fios trançados e blindados. Esses circuitos são protegidos contra ruídos elétricos dos ambientes industriais e podem ter o comprimento de até 1.900 metros, com uma limitação de até 32 instrumentos Ex "i" de campo por rede.

O conceito de entidade ou de limitação deve ser também integralmente aplicado para as redes industriais do tipo *fieldbus*. No entanto, essas redes envolvem a conexão de vários instrumentos em um único cabo de rede; os procedimentos de verificação da compatibilidade do conceito de entidade ou de limitação podem ser bastante "complexos" de serem comprovados e documentados.

No exemplo apresentado na figura a seguir, para a verificação do conceito de entidade ou de limitação, deve ser aplicada a regra (em destaque no quadro), o que envolve comparar todas as tensões, correntes e potências dos elementos de campo com as respectivas características das barreiras. Adicionalmente, deve-se somar todas as capacitâncias e indutâncias dos elementos de campo com os valores equivalentes de capacitância e indutância dos cabos de interligação, com o especial detalhe de que são proporcionais ao comprimento de cada trecho de cabo.

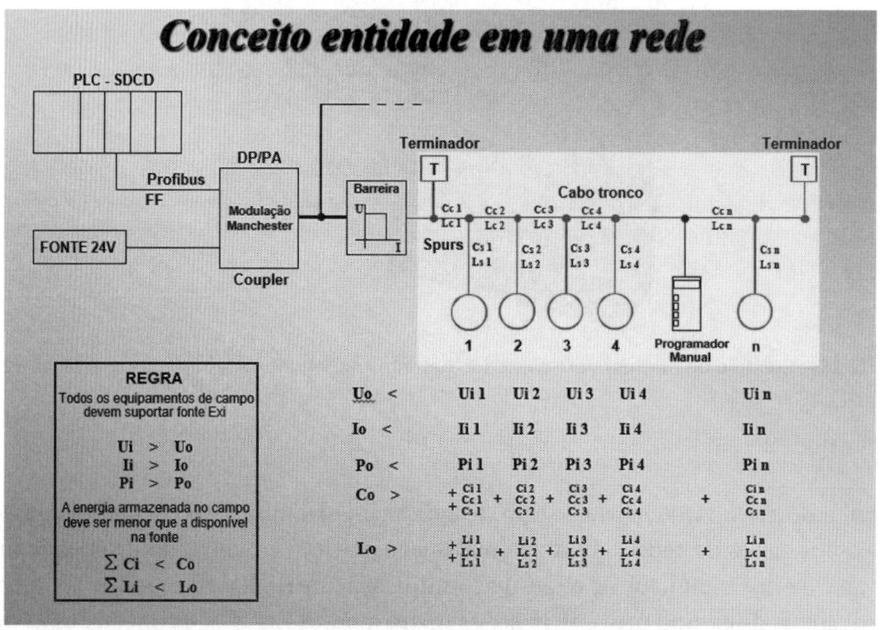


**Figura 42.12 –** Exemplo de aplicação do conceito de entidade ou de limitação em circuitos intrinsecamente seguros em um sistema *fieldbus*.

*Fonte*: Sense Sensores e Instrumentos.

Como esse sistema *fieldbus* em áreas classificadas pode ser considerado "complexo" para ser devidamente documentado e com restrições de aplicações práticas, pois somente três ou quatro elementos de campo podem ser instalados sem ultrapassar os limites de corrente impostos pelas barreiras, as redes *fieldbus* em áreas classificadas ficaram impraticáveis e pouco vantajosas quando comparadas com os 32 instrumentos de campo que podem ser instalados se não estivessem em áreas classificadas ou protegidos por outros tipos de proteção "Ex".

Em função dessas "limitações", a indústria "Ex" e o instituto de física alemão realizaram estudos para verificar a segurança no intuito de "simplificar" as avaliações, em vez de utilizar o conceito de entidade literalmente, pois, na prática, os componentes de campo envolvidos sempre são similares, e os cabos sempre utilizam o mesmo tipo "padronizado" na norma técnica internacional IEC 61158-2 (cabo do tipo "A").

Para aplicações de sistemas de redes de campo do tipo *fieldbus* em áreas classificadas, incorporando os conceitos da segurança intrínseca, foi desenvolvido o sistema FISCO, que *otimiza* e *simplifica* a análise e a aplicação do conceito de entidade ou de limitação, pois, com a utilização de barreiras de segurança intrínseca com *fontes de alimentação ativas Ex "i"*, as capacitâncias e indutâncias dos instrumentos e dos cabos não apresentam impacto significativo na limitação dos parâmetros de entidade. Esse *desenvolvimento* ou essa *padronização* das redes *fieldbus* intrinsecamente seguras FISCO proporcionou que a potência disponível tivesse seu valor dobrado, e, consequentemente, o número de dispositivos Ex "i" permitidos em um segmento de *fieldbus* simplificou a verificação necessária, definindo parâmetros máximos para os elementos de campo, para os cabos das redes de comunicação de dados e para as barreiras de segurança intrínseca.

Com essa abordagem de *simplificação* ou de *padronização* de parâmetros dos componentes dos circuitos *fieldbus* Ex "i", se todos os elementos de uma rede possuem certificação de conformidade "FISCO", ou seja, possuem os parâmetros padronizados na norma técnica brasileira adotada ABNT NBR IEC 60079-11 (tipo de proteção Ex "i"), identificados na figura a seguir, ficam dispensados da análise de soma dos parâmetros de entidade dos diversos componentes.

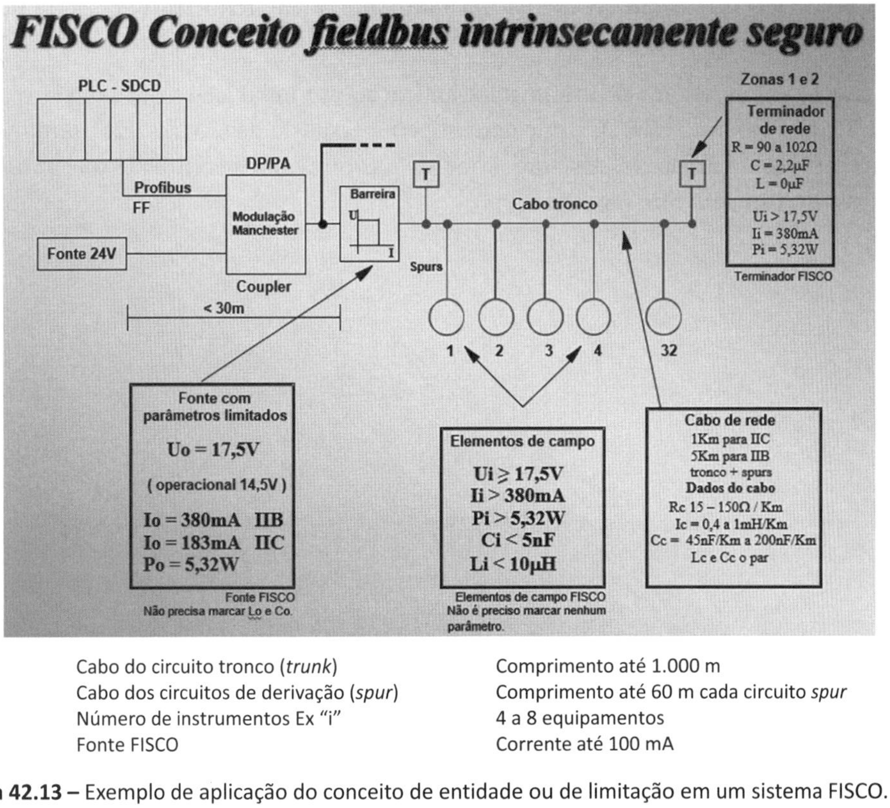


| | |
|---|---|
| Cabo do circuito tronco (*trunk*) | Comprimento até 1.000 m |
| Cabo dos circuitos de derivação (*spur*) | Comprimento até 60 m cada circuito *spur* |
| Número de instrumentos Ex "i" | 4 a 8 equipamentos |
| Fonte FISCO | Corrente até 100 mA |

**Figura 42.13 –** Exemplo de aplicação do conceito de entidade ou de limitação em um sistema FISCO.

*Fonte*: Sense Sensores e Instrumentos.

## 42.5 FNICO

O conceito FNICO foi idealizado considerando-se a ideia de utilização do método de proteção "não acendível", similar ao FISCO, porém operando com maior nível potência e permitindo o dobro de dispositivos em campo. No entanto, devido aos fatores de segurança menos "rigorosos", esse tipo de sistema era aplicável somente para áreas classificadas Zona 2 ou Zona 22.

## 42.6 *HIGH POWER TRUNK CONCEPT* (HPTC)

O sistema FISCO trouxe melhorias que simplificaram e padronizaram a documentação de projeto em termos de análise de compatibilidade dos instrumentos em comparação ao conceito de entidade. No entanto, ainda existiam alguns problemas operacionais:

- cada cabo de rede somente conecta no máximo seis instrumentos Ex "i";
- Em caso de ocorrência de um curto-circuito no cabo de rede, é perdida a comunicação de todos os instrumentos Ex "i" daquele trecho.

Dessa forma, o conceito de *protetor de segmento* foi criado com caixas de distribuição de campo, com derivações ativas, primeiramente para as aplicações de utilização geral, em áreas não classificadas, onde as derivações *spur* possuíam proteção contra curto-circuito que impedem a perda da comunicação dos demais instrumentos, no caso de algum cabo da rede sofrer um curto-circuito.

Além disso, possuem o cabo tronco principal que pode interligar várias caixas de distribuição ou de derivação de campo, reduzindo, assim, o lançamento de vários cabos de rede para poucos instrumentos e melhora na organização das caixas de distribuição ou de derivação de campo, as quais, normalmente, proporcionam opções de quatro, seis, oito ou até doze instrumentos.

O mesmo conceito foi utilizado para aplicação em áreas classificadas via o "*High Power Trunk Concept*" (HPTC), que consiste em caixas de derivação "Ex" para instalação em campo, em áreas classificadas, com os *spur* protegidos contra curto-circuito em circuitos ***intrinsecamente seguros***.

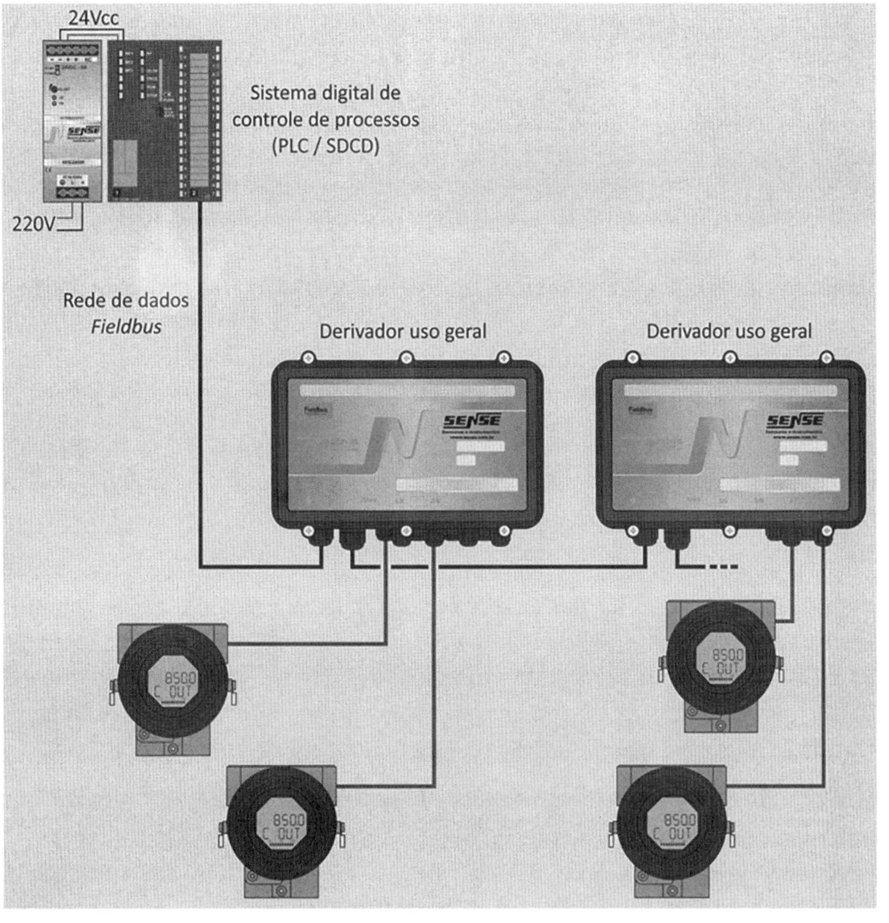


**Figura 42.14** – Exemplo de aplicação de derivador e protetor de segmento em redes de comunicação *fieldbus* para utilização "geral", em áreas não classificadas.

*Fonte*: Sense Sensores e Instrumentos.

## 42.7 *FIELD BARRIERS* INTRINSECAMENTE SEGURAS

O conceito dos *protetores de segmento* que toleram a ocorrência de um curto-circuito no circuito de derivação (*spur*) de um instrumento, de forma que não afete todos os outros equipamentos conectados à linha tronco da rede, foi também aplicado para equipamentos para atmosferas explosivas, sendo criado o conceito de *Field Barrier*.

Os *Field Barriers* combinam a função de barreira de segurança intrínseca, proteção contra curto-circuito dos instrumentos e caixa de derivação, com facilidades de conexão dos fios dos instrumentos Ex "i".

Os invólucros "Ex" nos quais esses dispositivos *Field Barriers* são instalados em áreas classificadas devem ser adequados às intempéries e influências externas existentes nos locais de instalação, bem como às restrições dos tipos de proteção "Ex" indicadas nas normas técnicas brasileiras adotadas da Série ABNT NBR IEC 60079, inclusive em termos de materiais, resistência mecânica e grau de proteção (códigos IP).

Os cabos tronco (*trunk*) da rede de comunicação devem ser conectados a equipamentos "Ex" que utilizem um dos tipos de proteção "Ex" adequados, em muitos casos, para Zona 2 ou Zona 22, como *segurança aumentada* (Ex "eb"), não acendível (Ex "ec"), proteção por invólucro (Ex "t"), ou mesmo invólucros do tipo *à prova de explosão* (Ex "d"). Esses cabos tronco não permitem sua manipulação em áreas classificadas quando energizados, a menos que haja uma permissão de trabalho prevendo a monitoração da ausência de explosividade no local da instalação.

Mesmo em aplicações de utilização geral, em áreas não classificadas, normalmente não se executa manutenção em intervenções do tipo "a quente", no cabo tronco principal, quando o circuito se encontra energizado e em operação, não somente por questões de segurança, mas também devido aos riscos de um possível ou eventual curto-circuito interromper a comunicação simultânea de todos os instrumentos interligados na linha tronco, causando uma perda de comunicação.

Dessa forma, caso seja necessário fazer uma intervenção preventiva, ou mesmo substituir o cabo tronco ou substituir o invólucro "Ex" em que o *Field Barrier* se encontra instalado, deve ser feito o planejamento de um serviço de manutenção preventiva, no qual seja previsto o desligamento e a liberação do circuito tronco.

Por outro lado, os circuitos das *derivações* dos instrumentos Ex "i", os denominados circuitos *spurs*, são isolados galvanicamente do cabo tronco e utilizam a tecnologia de segurança intrínseca, o que permite a manipulação "a quente", inclusive com testes e substituição dos instrumentos de campo energizados, sem os riscos de provocar a ignição de uma atmosfera explosiva que possa estar presente no local da instalação.

Outro detalhe importante é que os *spurs* possuem a proteção contra curto-circuito, de forma que, caso um instrumento Ex "i" de campo sofra um defeito do tipo "fatal", que provoque a queda de sua impedância, isso não afete os demais instrumentos Ex "i" conectados aos outros *spurs* do *Field Barrier.*

Os *Field Barrier* são projetados de forma que os usuários tenham acesso direto e facilitado às conexões dos instrumentos Ex "i" de campo. Apesar de o mesmo invólucro "Ex" possuir os dispositivos de conexão dos cabos tronco da rede, esses bornes terminais de conexão não são diretamente ou facilmente acessíveis, possuindo proteções e identificações de advertência de que aqueles circuitos não podem ser normalmente desconectados quando estiverem energizados.

O conceito FISCO normalmente está presente aos *Field Barriers*, e a análise de compatibilidade dos instrumentos Ex "i" de campo com a barreira pode ser realizada e documentada de duas formas: pelo conceito de entidade ou pela compatibilidade FISCO.

A figura a seguir ilustra o *Field Barrier* instalado em atmosfera explosiva, recebendo o cabo tronco com invólucros e conectores com tipo de proteção Ex "e" (*segurança aumentada*), os quais possuem também facilidade de terminais de conexão para que o cabo tronco seja encaminhado para as próximas unidades de derivação *Field Barriers* na rede de comunicação de dados do sistema FISCO.

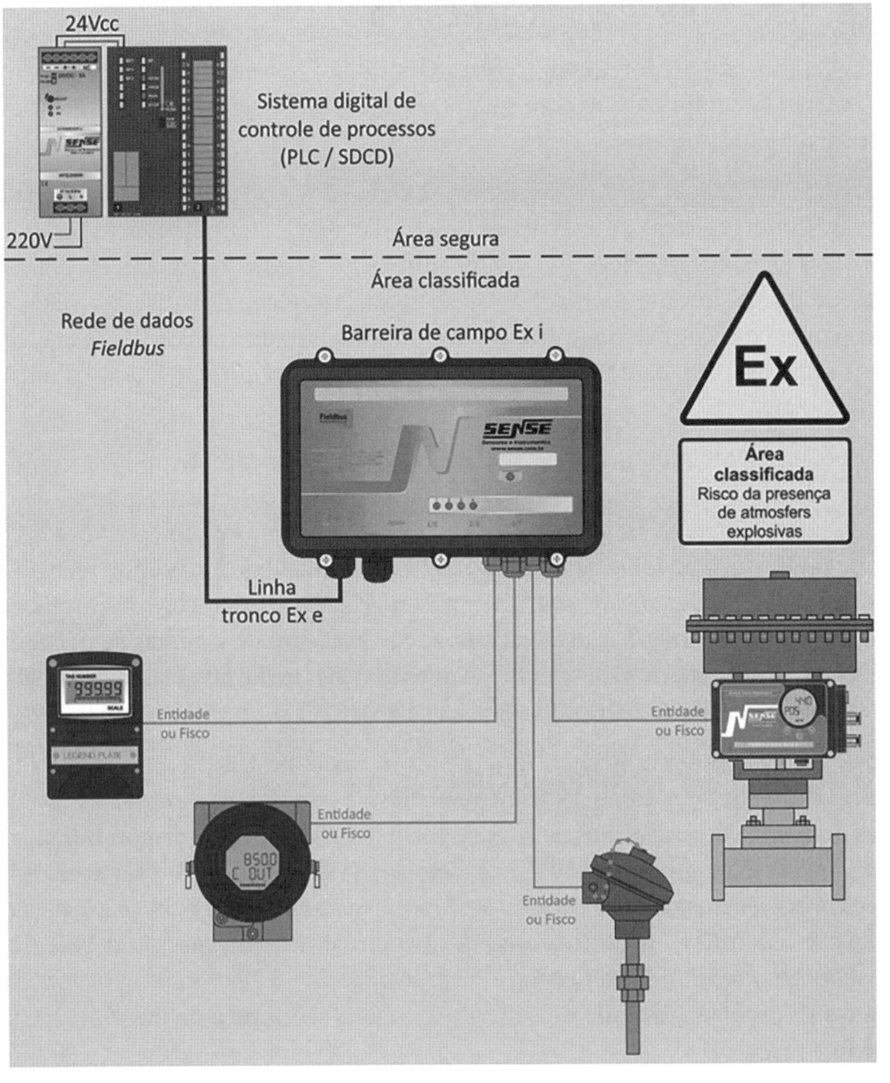


**Figura 42.15** – Exemplo de aplicação de *Field Barriers* Ex "i" em redes de comunicação *fieldbus* para utilização em áreas classificadas.

*Fonte*: Sense Sensores e Instrumentos.

Pode ser observado que esse modelo de *Field Barrier* permite a conexão de quatro instrumentos intrinsecamente seguros, distribuindo de forma integrada seus sinais de alimentação e de comunicação.

Além de *Field Barriers* e protetores de segmento, são disponíveis condicionadores de energia *fieldbus* com redundância integrada e recursos de diagnósticos on-line na camada física. Esses condicionadores de energia "inteligentes" são capazes de monitorar e detectar de forma on-line:

- nível de ruído do segmento;
- nível de tensão e corrente;
- falhas de aterramento.

## 42.8 PoE – *POWER OVER ETHERNET*

As redes de computadores com o padrão mundial *Ethernet* são amplamente utilizadas, conectando computadores com softwares de controle de processos comerciais, administrativos e industriais.

No início das aplicações de redes *Ethernet*, durante a segunda metade do século XX, ainda não eram previstas as aplicações desses sistemas em ambientes industriais, em função de suas características "não determinísticas" e devido à possível "colisão" ou "perda" de dados durante o acesso ao meio físico por parte dos diversos dispositivos "participantes" da rede de comunicação, existindo o risco de as informações não chegarem aos seus dispositivos de destino nos baixos tempos requeridos na automação dos processos industriais.

Com o desenvolvimento das capacidades de processamento, tempos de resposta da microeletrônica e dos processadores, e dos recursos de arquiteturas de redes de comunicação "redundantes" e "tolerante a falhas", as redes *Ethernet* são aplicadas de forma "padronizada" nas mais diversas indústrias "Ex" e utilizadas também de forma padronizada em todas as camadas mais altas da automação industrial, desde os níveis de rede mais baixos de equipamentos, dispositivos, robôs, máquinas e sistemas de instrumentação "Ex" de campo, até os níveis mais *elevados* de rede, incluindo os sistemas de supervisão e controle, controle avançado e gestão de ativos.

Nos sistemas de comunicação *Ethernet* com taxas de transferência de dados em 100 Mb/s e 1 Gb/s, bem como *switches* gerenciáveis que isolam a comunicação de segmentos de redes e de protocolos de redundância de rede com alta disponibilidade, tolerantes a falhas de componentes da rede, sem perda de informações ou atrasos, como protocolos internacionais PRP (*Parallel Redundancy Protocol*) ou HSR (*High-availability Seamless Redundancy*), especificados na norma técnica internacional IEC 62439-3 (*Industrial communication networks - High availability automation networks*), foram superados os problema de falta de confiança ou de a segurança da informação não ser trocada a tempo.

As redes *Ethernet* de comunicação utilizadas em aplicações industriais, inclusive nas indústrias "Ex", para os sistemas de instrumentação "Ex" de campo, como a *Ethernet/IP*, *ProfiNet* e a *EtherCAT*, conseguem atingir aplicações de automação de fábrica com altas velocidades e com processamento em tempo real.

Nas aplicações de redes *Ethernet* para a automação residencial, comercial e industrial, incorporam-se soluções de cabeamento que permitem levar a alimentação aos equipamentos remotos utilizando um único par de fios (SPE – *Single Pair Ethernet*), com simplificação da comunicação digital "sobreposta" e *full-duplex*, como em sistemas de monitoramento e alarme de câmeras de CFTV e em sistemas de automação industrial.

Os sistemas SPE incorporando o PoE (*Power over Ethernet*), aplicado na automação de processos industriais, proporcionam os benefícios de utilizar o mesmo cabeamento de rede existente em muitas instalações industriais, nas quais um cabo contendo um único par de fios blindados serve como meio físico para levar simultaneamente a alimentação e a comunicação digital aos diversos elementos e instrumentos Ex "i" de campo.

## 42.9 PADRÕES *ETHERNET* APL (*ADVANCED PHYSICAL LAYER*) E 2-WISE (*TWO WIRES INTRINSICALLY SAFE ETHERNET*)

Com foco na utilização da rede *Ethernet* na indústria de processos, um grupo formado por diversas empresas envolvidas com comunicação industrial se mobilizou para normatizar uma tecnologia para o meio físico com cabos contendo dois fios, apresentando requisitos específicos que englobassem as aplicações de longa distância e a utilização de circuitos intrinsecamente seguros em áreas classificadas contendo gases inflamáveis ou poeiras combustíveis.

Foi criado em 2019 o meio físico *Ethernet* APL (*Advanced Physical Layer*), de acordo com a norma IEEE 802.3cg (*Ethernet - Amendment 5: Physical Layer Specifications and Management Parameters for 10 Mb/s Operation and Associated Power Delivery over a Single Balanced Pair of Conductors*), que representa uma "adaptação", com cabos somente a dois fios, do *Physical Layer* do consagrado padrão *Ethernet*, mantendo as seis demais camadas do modelo ISO/OSI definidas na norma técnica internacional ISO/IEC 7498-1 (*Information Technology - Open Systems Interconnection - Basic Reference Model: The Basic Model*).

A finalidade do modelo definido na norma técnica internacional ISO/IEC 7498-1 sobre *Modelo de referência de interconexão de sistemas abertos* é proporcionar uma base comum para a coordenação do desenvolvimento de normas técnicas para fins de interconexão de sistemas de comunicação, ao mesmo tempo que permite que os diversos padrões de comunicação sejam colocados em perspectiva dentro do *modelo de referência geral*.

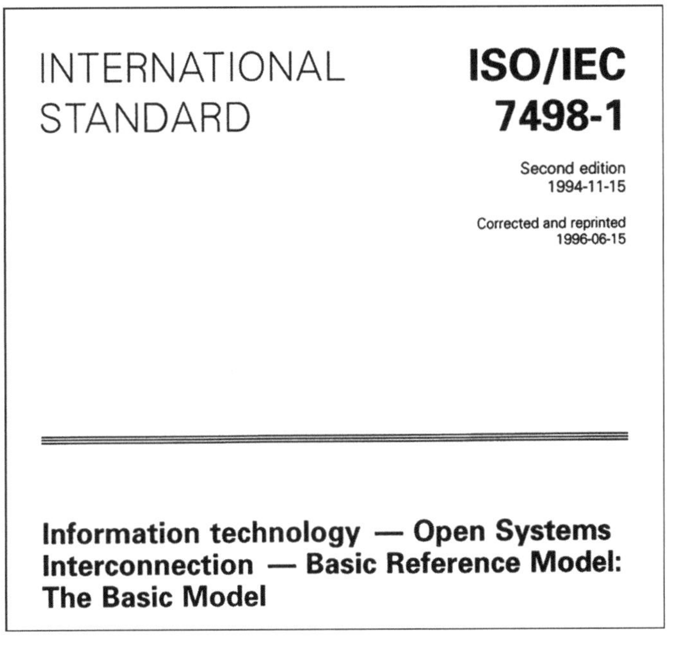
INTERNATIONAL STANDARD

ISO/IEC 7498-1

Second edition 1994-11-15

Corrected and reprinted 1996-06-15

**Information technology — Open Systems Interconnection — Basic Reference Model: The Basic Model**

**Figura 42.16 –** Folha de rosto da norma técnica internacional ISO/IEC 7498-1 (*Information Technology – Open Systems Interconnection – Basic Reference Model: The Basic Model*), na qual são definidas as sete camadas (*layers*) do modelo ISO/OSI.

*Fonte*: ISO/IEC.

O termo *Open Systems Interconnection* (OSI) qualifica os padrões para a troca de sistemas de informação que sejam *abertos* para esse fim, em virtude da utilização mútua dos padrões aplicáveis. O fato de esse sistema OSI ser *aberto* não implica diretamente a possibilidade de interligação, mas remete para a possibilidade de um reconhecimento "mútuo" na implementação de sistemas de comunicação e apoio para normas técnicas aplicáveis.

Também é objetivo do modelo de referência da norma técnica internacional ISO/IEC 7498-1 identificar áreas para o desenvolvimento ou a melhoria de normas técnicas internacionais e proporcionar uma *referência comum* para manter a consistência de todos as normas relacionadas. Não é intenção desse modelo de referência servir como uma *especificação de implementação* ou servir como base para avaliar a *conformidade* de implementações reais nem proporcionar um nível de detalhes suficiente para definir precisamente os serviços e os protocolos das arquiteturas de interconexão entre os diversos sistemas de comunicação.

Em vez disso, o *modelo de referência* da norma técnica internacional ISO/IEC 7498-1 representa uma estrutura "*conceitual e funcional*" que permite que grupos de trabalho ou comitês técnicos internacionais de especialistas trabalhem de forma produtiva e independente no desenvolvimento de normas técnicas internacionais para cada uma das sete camadas (*layers*) do *modelo de referência* do Sistema OSI. O modelo de referência tem flexibilidade suficiente para acomodar os avanços tecnológicos e a expansão das demandas e das aplicações dos usuários. Essa flexibilidade também se destina a permitir a devida *transição* em fases das implementações até então existentes para os padrões internacionais OSI. Embora o escopo dos princípios gerais de arquitetura exigidos para OSI seja muito *amplo*, esse modelo de referência se aplica principalmente a sistemas que incluem terminais, computadores e dispositivos associados, e os meios para transferir informações entre sistemas de comunicação de dados.

São apresentadas na tabela a seguir as sete camadas (*layers*) do modelo de referência do Sistema OSI.

**Tabela 43.1** – Identificação das sete camadas (*layers*) do modelo ISO/OSI, definidas na norma técnica internacional ISO/IEC 7498-1 (*Information Technology – Open Systems Interconnection – Basic Reference Model: The Basic Model*)

<table>
<tr><th>OSI</th><th>Layers</th><th colspan="5">Standard</th></tr>
<tr><td>7</td><td>Aplication Layer</td><td colspan="5">EtherNet/IP,</td></tr>
<tr><td>6</td><td>Presentation Layer</td><td colspan="5">ProfiNet</td></tr>
<tr><td>5</td><td>Session Layer</td><td colspan="5">Hart-IP, OPC-UA</td></tr>
<tr><td>4</td><td>Transportation Layer</td><td colspan="5">TCP</td></tr>
<tr><td>3</td><td>Network</td><td colspan="5">IP</td></tr>
<tr><td>2</td><td>Data Link Layer</td><td colspan="5">Ethernet</td></tr>
<tr><td>1</td><td>Physical Layer</td><td>Ethernet</td><td>Fast Ethernet</td><td>WiFi</td><td>....</td><td>APL</td></tr>
</table>

Tendo como base o modelo de referência do Sistema OSI, o padrão *Ethernet* APL, de acordo com a norma IEEE 802.3cg, baseou-se em desenvolver um chip ASIC (*Application-Specific Integrated Circuit*), que pode ser compartilhado pelas empresas, proporcionando a devida integração, ampliando o volume de produção do chip com os benefícios de redução de custo e viabilização econômica da tecnologia.

A comunicação *full-duplex*, ou seja, em ambos os "sentidos" da comunicação (*transmissão* e *recepção* de dados), foi implementada, utilizando-se um cabo de um único par de fios simples, com blindagem (Tipo A), seguindo o padrão normalizado pela norma técnica internacional IEC 61158-2, utilizado pelas redes *fieldbus* "predecessoras", os quais permitem o *upgrade* dos instrumentos de campo, sem a necessidade de troca das fiações existentes, reduzindo os custos de migração de tecnologias do *fieldbus* para o *Ethernet* APL.

A utilização do padrão *Ethernet* APL com cabos de par único apresenta grande desempenho com relação à imunidade contra interferências eletromagnéticas, além de alta resistência a pulsos de alta energia (*surge*), presentes em ambientes industriais, mesmo com a aplicação de cabos de longo alcance, até 1.000 metros.

O padrão *Ethernet* APL foi desenvolvido para ser de instalação "simples", admitindo a conexão dos cabos por meio de terminais "simples" aparafusáveis, com entrada de cabos por meio de prensa-cabos ou por conectores do tipo *plug-in* nos padrões M8 e M12.

Com o objetivo de permitir a aplicação do padrão *Ethernet* APL em áreas classificadas, foi elaborada a norma para a fabricação, instalação e certificação dos produtos 2-WISE, a ABNT IEC 60079-47 – *Conceito de Ethernet Intrinsecamente Segura a Dois Fios*, que proporciona uma análise simplificada, sem a necessidade de nenhum cálculo com os parâmetros de entidade entre as portas *Ethernet* dos dispositivos de campo 2-WISE ou dos *switches* de campo 2-WISE, de forma similar ao FISCO.

A tecnologia para utilização em atmosferas explosivas baseou-se na topologia dos *Field Barriers*, com linha tronco e derivações (*spurs*). Os cabos *trunk* de mais alta energia (60 W, o suficiente para conectar até cinquenta dispositivos "Ex") podem ser estendidos por 1.000 metros e conectados a bornes terminais protegidos pela segurança aumentada (Ex "e"), permitindo a comunicação e a alimentação para os *switches* de campo (*field switches*), que distribuem e segmentam a comunicação dos dispositivos, além de levar alimentação intrinsecamente segura através dos *spurs* de até 200 metros de comprimento, aos dispositivos de campo Ex "i" / 2-WISE.

A tecnologia *Ethernet* APL representa um meio de acesso ao *Physical Layer*, dispensando protocolos de conversão, *gateways*, promovendo uma ampla comunicação de forma paralela e simultânea como todo equipamento que utiliza a *Ethernet*, rompendo as barreiras de acesso a informações dos instrumentos Ex "i".

A figura a seguir apresenta um exemplo de arquitetura de um sistema intrinsecamente seguro a dois fios 2-WISE com o padrão *Ethernet* APL em áreas classificadas.

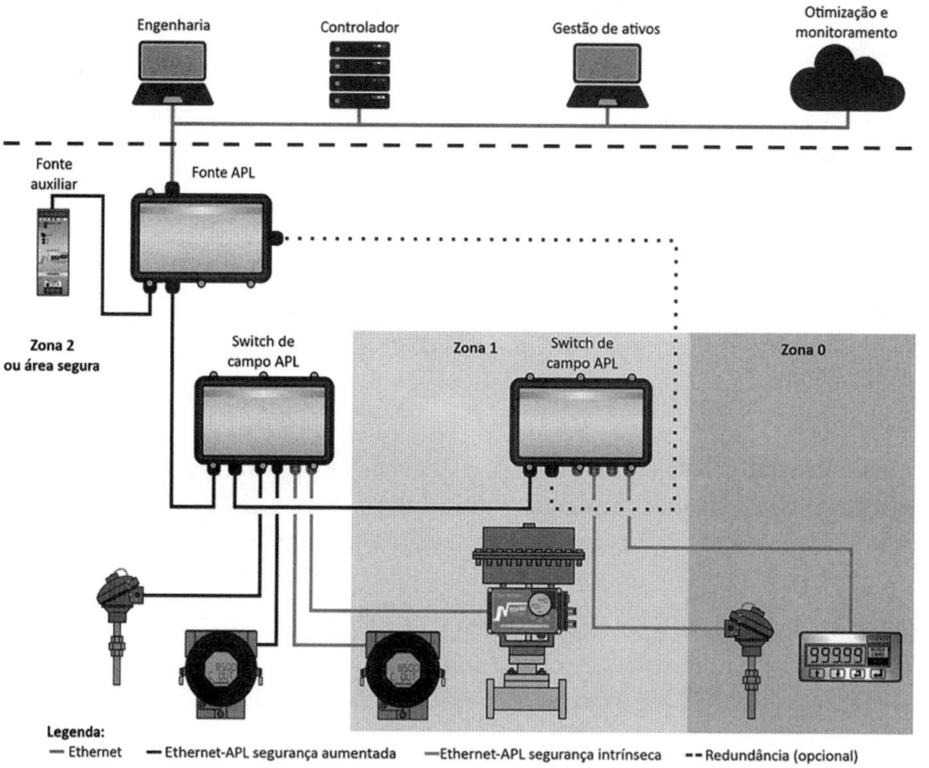


**Figura 42.17** – Exemplo de arquitetura de um sistema 2-WISE com o padrão *Ethernet* APL em áreas classificadas.

*Fonte*: Sense Sensores e Instrumentos.

As figuras a seguir apresentam exemplos de dispositivos e sistemas intrinsecamente seguros, utilizando circuitos *Ethernet* a dois fios, incorporando o padrão 2-WISE, para instalação em áreas classificadas.

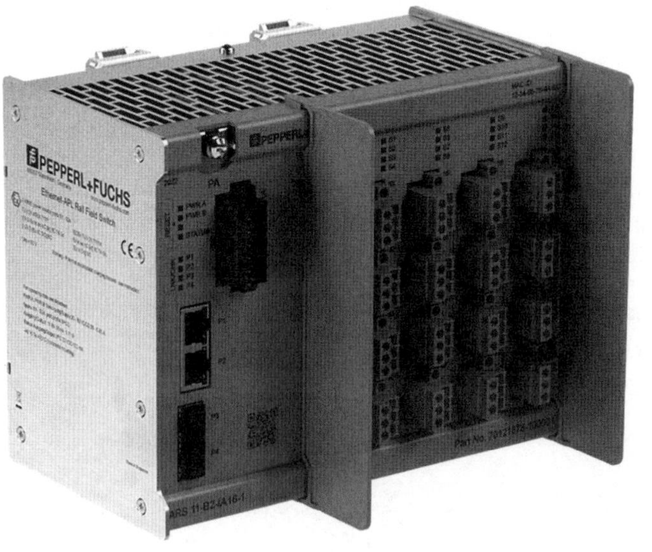


**Figura 42.18** – Exemplo de *switch* de campo (*field switch*) com certificação "Ex", incorporando os conceitos dos padrões *Ethernet* APL e 2-WISE, de acordo com a ABNT IEC TS 60079-47.

*Fonte*: P+F Brasil.

**Figura 42.19 –** Exemplo de aplicação de sistema de automação com o padrão 2-WISE em áreas classificadas, com a instalação de painel com certificação "Ex" contendo *field switch* "Ex" 2-WISE e dispositivos de campo "Ex" 2-WISE, de acordo com a ABNT IEC TS 60079-47.

*Fonte*: P+F Brasil.

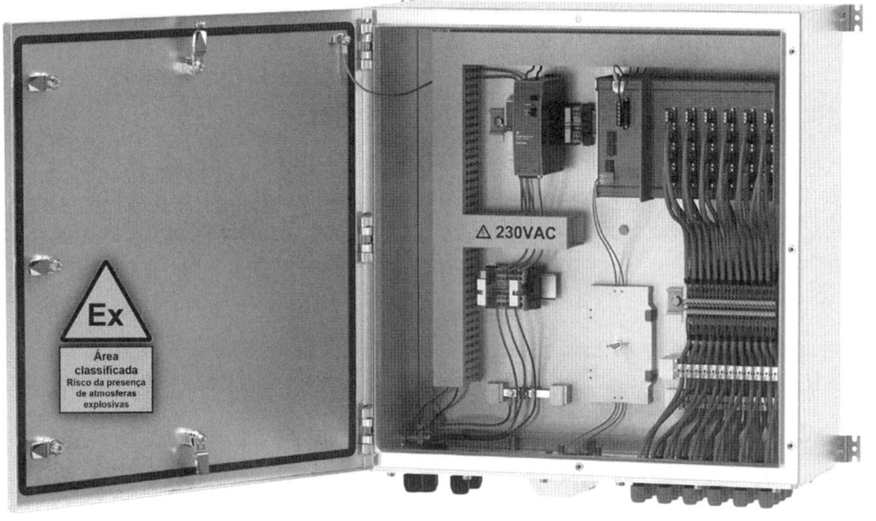


**Figura 42.20 –** Exemplo de painel com certificação "Ex" para sistema de automação contendo *field switch* "Ex" 2-WISE, de acordo com a ABNT IEC TS 60079-47.

*Fonte*: P+F Brasil.

**Figura 42.21 –** Exemplo de aplicação de sistema com o padrão 2-WISE em áreas classificadas, com a instalação de painel de automação com certificação "Ex" contendo *field switch* "Ex" 2-WISE e dispositivos de campo "Ex" 2-WISE, de acordo com a ABNT IEC TS 60079-47.

*Fonte*: P+F Brasil.

Sobre o aspecto da normalização técnica internacional da IEC, no âmbito do Subcomitê SC65E (*Industrial networks*) do Comitê Técnico TC 65 (*Industrial-process measurement, control and automation*), a respeito dos requisitos de portas APL e 2-WISE, foi elaborado o documento IEC TS 63444 (*Redes industriais - Especificação de portas com perfil Ethernet APL*). Esse documento é aplicável a equipamentos de automação de processo que utilizam a camada física (*PHY – Physical Layer*) 10BASE-T1L (ver IEEE Std 802.cg).

Os perfis de portas *Ethernet* APL em circuitos intrinsecamente seguros, com valores de entidade predefinidos para cada tipo de porta (por exemplo, alimentação, alcance e comunicação), colaboram na simplificação da verificação da interconexão de diferentes portas *Ethernet* APL. As seguintes características técnicas fazem parte do documento IEC TS 63444:

- topologia, com capacidade de instalação de circuitos tronco (*trunk*)/circuitos de derivação (*spur*);
- tecnologia a dois fios (comunicação *full-duplex* com taxa de transmissão 10 Mbit/s);
- longo alcance (comprimentos de cabos que vão desde várias centenas de metros até 1.000 m);
- segurança intrínseca: instalação de dispositivos de campo com capacidade *Ethernet* em áreas classificadas contendo atmosferas explosivas de gases inflamáveis ou poeiras combustíveis;
- alimentação de força aos dispositivos de campo sobre os mesmos dois fios utilizados para a comunicação de dados.

Mais informações e detalhes sobre as redes de comunicação utilizando sistemas intrinsecamente seguros no conceito *Ethernet* a dois fios (*2-WISE*) com o padrão *Ethernet* APL são apresentados em outros capítulos deste livro.

Capítulo **43**

# Requisitos de serviços de inspeção e manutenção de equipamentos e sistemas intrinsecamente seguros

**Sinopse**: Este capítulo aborda os principais requisitos para as atividades de inspeção e manutenção de equipamentos e sistemas intrinsecamente seguros instalados em áreas classificadas contendo atmosferas explosivas de gases inflamáveis ou poeiras combustíveis. São abordados também critérios "gerais" de serviços de manutenção e inspeção de equipamentos e instalações "Ex" que são aplicáveis a diversos tipos de proteção "Ex", incluindo a proteção por segurança intrínseca. É destacada neste capítulo a importância das inspeções iniciais, periódicas e por amostragem para assegurar a continuidade da segurança proporcionada pelos tipos de proteção aplicados aos equipamentos com certificação "Ex", bem como a importância da garantia da conformidade normativa dos equipamentos e instalações em áreas classificadas ao longo do seu ciclo total de vida.

## 43.1 INTRODUÇÃO

A segurança intrínseca é um tipo de proteção "Ex" comumente utilizado nos equipamentos de instrumentação, de automação e de telecomunicações em áreas classificadas, uma vez que pode ser considerado como um dos métodos mais seguros, avançados e desenvolvidos de proteção contra a ocorrência de fontes de ignição em áreas classificadas de gases ou poeiras, na medida em que o tipo de proteção Ex "i" assegura que a energia transferida para a área classificada é insuficiente para provocar uma ignição, que poderia levar a uma explosão de uma atmosfera explosiva presente no local da instalação. No entanto, para garantir uma confiança continuada dessa "segurança intrínseca", existe a necessidade de implantação de um sistema de gestão de equipamentos e instalações "Ex", no qual seja incorporado um programa de inspeção e manutenção regular e periódico dos equipamentos e sistemas intrinsecamente seguros.

Ao longo de seu ciclo total de vida, os equipamentos e sistemas intrinsecamente seguros podem sofrer danos ou apresentar degradações de suas características elétricas, eletrônicas, eletromecânicas ou mecânicas, de forma a assegurar que os equipamentos e as instalações Ex "i", além dos equipamentos associados [Ex "i"], sejam mantidos em condições adequadas e seguras de operação para uma utilização continuada em áreas classificadas ou associadas às áreas classificadas e estejam inclusos em um sistema de gestão de ativos "Ex", abrangendo-se atividades programadas de inspeções periódicas, bem como de serviços de manutenção, sempre que requerido, de acordo com os resultados dos relatórios de inspeções "Ex".

Quando equipamentos elétricos, de instrumentação, de automação, de telecomunicações ou mecânicos com certificação "Ex", fixos ou portáteis, são instalados ou utilizados em áreas classificadas, existem diferentes atividades de inspeção e manutenção que necessitam ser executadas para assegurar que eles não se tornem uma fonte de ignição, conforme visto no *triângulo do fogo* ou *triângulo da explosão*, em que são mostrados os três elementos que compõem uma ignição: oxigênio (comburente), combustível (gases ou poeiras) e calor (por exemplo, faíscas, centelhas, alta energia ou alta temperatura).

A primeira etapa das inspeções "Ex" deve ocorrer antes de os equipamentos e instalações "Ex" serem colocadas em serviço. Deve ser realizada, de forma rotineira, uma inspeção inicial detalhada, sempre que uma instalação ou um equipamento "Ex" novos forem montados, ou sempre que um equipamento ou instalação "Ex" existente passar por uma intervenção que requeira a sua desmontagem e posterior remontagem. Essas inspeções iniciais detalhadas têm como objetivo verificar e validar que os equipamentos e instalações "Ex" atendem aos requisitos especificados nas normas técnicas brasileiras ABNT NBR IEC 60079-14 (*Projeto, seleção de equipamentos e montagem de instalações "Ex"*) e ABNT NBR IEC 60079-17 (*Inspeção e manutenção de instalações "Ex"*), bem como aos requisitos dos fabricantes dos equipamentos "Ex" e aos requisitos específicos de instalação, indicados nos respectivos certificados de conformidade (Sufixo "X").

Após os equipamentos elétricos, de instrumentação, de automação, de telecomunicações ou mecânicos com certificação "Ex" terem sido devidamente instalados em atmosferas explosivas, existe a necessidade de um programa de inspeções periódicas, a ser aplicado a cada um dos itens "Ex" existentes em uma determinada instalação, de forma a assegurar que os itens com certificação "Ex" atendam aos requisitos de segurança e proteção contra o risco de tornarem-se uma fonte de ignição pela existência de indevidos desvios introduzidos por falhas humanas nas atividades de montagem, manutenção ou recuperação ao longo de seu ciclo total de vida.

Os elevados níveis de não conformidades e de desvios que são verificados durante as inspeções e auditorias das instalações elétricas, de instrumentação, de automação, de telecomunicações e mecânicas em atmosferas explosivas mostram que a simples aquisição de equipamentos com certificação "Ex" não é suficiente para garantir a segurança dessas instalações e das pessoas que nelas trabalham. Enquanto a fabricação de novos equipamentos "Ex" possui um processo bem controlado e submetido a sistemas de certificação e a regulamentos legais, os níveis requeridos de competências pessoais para as atividades de estudos de classificação de áreas, seleção e especificação de equipamentos "Ex", projeto, montagem, inspeção e manutenção para atmosferas explosivas não são processos tão bem controlados.

Essas falhas na estruturação de competências pessoais frequentemente levam as pessoas envolvidas em atividades ou serviços "Ex" às deficiências nos conhecimentos e habilidades requeridos para os serviços em atmosferas explosivas. Essas deficiências comprometem os níveis de segurança de toda a cadeia de atividades e, consequentemente, a segurança das instalações em áreas classificadas, as quais são existentes em uma grande quantidade de instalações das indústrias de petróleo, gás, álcool, açúcar, alimentos, petroquímica, química, farmacêutica, instalações portuárias e silos de armazenagem de grãos ou poeiras combustíveis.

Além disso, a terceirização de serviços também requer programas de avaliação de conformidade para a determinação dos níveis mínimos de conhecimentos, qualificação, competências pessoais e certificação dos profissionais "Ex" envolvidos. Podem ser verificados no mercado elevados índices de rotatividade no setor de prestação de serviços industriais, inclusive naqueles envolvendo atividades de projeto, montagem, inspeção, manutenção e reparo de equipamentos e instalações em atmosferas explosivas. Nos casos de instalações em áreas classificadas, essa rotatividade de pessoal de execução e supervisão pode comprometer o nível de qualificação ou competência dos profissionais que executam os serviços, uma vez que essas pessoas podem não possuir os devidos treinamentos e certificações de competências pessoais "Ex". Tais deficiências de competências pessoais podem levar a desconhecimentos dos requisitos normativos e legais aplicáveis, comprometendo a confiança nos serviços executados.

Neste capítulo, são apresentados detalhes de serviços de manutenção e inspeção "Ex", bem como requisitos de competências pessoais e de sistemas de gestão de segurança em atmosferas explosivas, de forma que os equipamentos fixos ou móveis e as instalações "Ex", inclusive os equipamentos intrinsecamente seguros, estejam sempre em condições adequadas de instalação ou utilização, sob os pontos de vista normativo e legal.

## 43.2 REQUISITOS GERAIS E PRINCIPAIS OBJETIVOS DOS SERVIÇOS DE INSPEÇÃO E MANUTENÇÃO DE EQUIPAMENTOS E INSTALAÇÕES "Ex"

As etapas de inspeção e manutenção dos equipamentos e das instalações "Ex", no presente caso, particularmente aplicável aos equipamentos e instalações intrinsecamente seguras, podem ser consideradas um dos "elos" mais importantes na "corrente de ações de segurança", que englobam as instalações em áreas classificadas, desde as etapas iniciais de classificação de áreas, projeto e seleção dos equipamentos "Ex" até os serviços de montagem, manutenção preditiva, manutenção preventiva e reparos ou recuperação, passando pelos processos de certificação de conformidade dos equipamentos elétricos, de instrumentação, de automação, de telecomunicações ou mecânicos "Ex", certificação das empresas de serviços "Ex" e de certificação das competências pessoais "Ex".

Como exemplos dos "Elos Ex" dessa "corrente de segurança Ex", podem ser citados os serviços de classificação de áreas, especificação e seleção dos equipamentos "Ex", montagem, inspeção, manutenção, reparos, recuperação, auditorias e gestão das instalações e dos equipamentos com certificação "Ex", como mostrado na figura a seguir.

Nessa analogia, o "elo" representado pelas atividades rotineiras e periódicas de serviços de inspeção e manutenção de equipamentos de instrumentação, automação, telecomunicações, elétricos e mecânicos "Ex" representa um dos mais importantes e fundamentais dessa "corrente de segurança" das instalações "Ex".

Sob o ponto de vista de definições, as atividades de manutenção "Ex" são consideradas as combinações de quaisquer ações realizadas para se manterem os equipamentos, dispositivos ou sistemas "Ex" em suas condições operacionais, nas quais sejam capazes de atender aos requisitos das especificações aplicáveis e realizar adequadamente suas funções requeridas.

**Figura 43.1** – A segurança das instalações em atmosferas explosivas pode ser comparada com uma *corrente*: todos os *elos* devem estar fortes para que os equipamentos com certificação "Ex" não representem fontes de ignição em casos de perda de contenção de gases inflamáveis ou poeiras combustíveis.

*Fonte*: acervos pessoais dos autores.

Nesse contexto de definições, as atividades de inspeções "Ex" são consideradas aquelas que incluem cuidadosos exame, avaliação e testes de equipamentos, dispositivos ou sistemas "Ex", realizados com ou sem a sua desmontagem, ou com o auxílio de desmontagem parcial, se requerido, complementados por medições e testes, de forma a se chegar a uma conclusão confiável das condições de segurança contra o risco de estes se tornarem uma fonte de ignição, com o objetivo de evitar a eventual ocorrência da explosão de uma atmosfera explosiva que possa estar presente.

As atividades de inspeções iniciais e periódicas das instalações em atmosferas explosivas fazem com que as eventuais "não conformidades" ou "desvios" existentes que forem detectados possam ser prontamente tratados e corrigidos, de forma a assegurar que os equipamentos "Ex" continuem apresentando suas funções e seus tipos de proteção "Ex" para os quais foram originalmente fabricados e certificados.

Equipamentos e instalações elétricas, de instrumentação, de automação, de telecomunicações e mecânicas para áreas classificadas, sejam de instalação fixa ou portátil, possuem características específicas de fabricação, seleção, montagem, utilização, inspeção, manutenção e reparo, de modo a torná-los adequados para atmosferas contendo gases inflamáveis ou poeiras combustíveis, de acordo com a classificação de área do local pretendido de instalação ou utilização. É essencial, por razões de segurança, durante o ciclo total de vida desses equipamentos ou instalações, que a integridade dessas características específicas e dos tipos de proteção "Ex" dos equipamentos seja preservada, por meio de atividades adequadas de inspeções periódicas "Ex" e de serviços de manutenção "Ex" de rotina, seja do tipo preventiva ou preditiva.

Sob o ponto de vista de segurança das instalações industriais "Ex" e das pessoas que nelas trabalham, bem como da preservação da vida e do meio ambiente, ao longo do ciclo total de vida das instalações "Ex", a norma técnica brasileira adotada ABNT NBR IEC 60079-17 pode ser considerada como uma das normas "Ex" mais importantes.

A figura a seguir apresenta a página de rosto da norma ABNT NBR IEC 60079-17 – *Atmosferas explosivas – Parte 17: Inspeção e manutenção de instalações elétricas.*

NORMA BRASILEIRA

ABNT NBR IEC 60079-17

Terceira edição
27.10.2014

Versão corrigida
10.10.2017

**Atmosferas explosivas**
**Parte 17: Inspeção e manutenção de instalações elétricas**

*Explosive atmospheres*
*Part 17: Electrical installations inspection and maintenance*

**Figura 43.2 –** Folha de rosto da norma ABNT NBR IEC 60079-17 – *Atmosferas explosivas – Parte 17: Inspeção e manutenção de instalações elétricas.*

*Fonte*: ABNT.

Isso se deve ao fato de a aplicação adequada e periódica dos procedimentos, as listas de verificação e os requisitos especificados nessa norma contribuírem para assegurar que as instalações em atmosferas explosivas estejam continuamente de acordo com os requisitos de proteção proporcionados pelos equipamentos "Ex", bem como estejam adequados em termos das influências externas e dos agentes agressivos presentes no ambiente industrial de instalações terrestres (como poeira, sujeira, poluição, salinidade, umidade, ataques químicos corrosivos), bem como dos agentes agressivos para as instalações marítimas (como ventos, umidade, salinidade, água do mar, intempéries, corrosão galvânica e corrosão atmosférica).

É com base nos requisitos e nas listas de verificação indicados na norma ABNT NBR IEC 60079-17 que devem ser estabelecidos os programas de inspeções iniciais e periódicas nas instalações "Ex", de forma que as características construtivas dos equipamentos sejam mantidas ao longo de todo o tempo da instalação dos equipamentos em locais onde existe o risco da presença de atmosferas explosivas e de eventuais acidentes que podem apresentar consequências catastróficas.

Considerando-se, por exemplo, uma vida útil de cinquenta anos para uma instalação industrial "Ex", podem ser verificados a importância e o impacto das atividades rotineiras de inspeção e manutenção de equipamentos "Ex", no sentido de se manter e assegurar a conformidade das instalações e dos requisitos de proteção dos equipamentos ao longo de todo o tempo em que permanecem instalados em áreas classificadas. Dentro do ciclo total de vida de uma instalação industrial "Ex", as atividades iniciais de classificação de áreas, projeto, especificação técnica dos equipamentos "Ex", compra, parecer técnico sobre as propostas, recebimento, montagem e comissionamento são realizadas em período relativamente "curto", da ordem de meses, dependendo do porte das instalações.

Os requisitos para a realização dessas atividades e desses serviços "iniciais" em áreas classificadas são estabelecidos nas normas técnicas brasileiras ABNT NBR IEC 60079-10-1 (*Classificação de áreas contendo gases inflamáveis*), ABNT NBR IEC 60079-10-2 (*Classificação de áreas contendo poeiras combustíveis*) e ABNT NBR IEC 60079-14 (*Seleção de equipamentos e montagem de instalações "Ex"*).

No entanto, a partir do momento da conclusão das etapas "iniciais" de montagem e de comissionamento, são iniciados as atividades e os serviços periódicos de inspeção "Ex" e os serviços rotineiros de manutenção "Ex". Além disso, sempre que requerido, devem ser realizados os serviços de reparo, revisão e recuperação dos equipamentos de instrumentação, automação, telecomunicações e elétricos com tipos de proteção "Ex". Os requisitos para a execução dessas atividades são estabelecidos respectivamente nas normas técnicas brasileiras adotadas ABNT NBR IEC 60079-17 e ABNT NBR IEC 60079-19.

Ao contrário do relativamente "curto" período das atividades "iniciais" de classificação de áreas, projeto, seleção de equipamentos e montagem, as atividades de inspeção e a manutenção "Ex" são de caráter periódico e rotineiro, e aplicadas não em termos de meses, mas durante muitos anos ou muitas décadas, ao longo do ciclo total de vida de operação das plantas industriais. Durante todo esse longo período, os equipamentos "Ex" permanecem expostos a atmosferas explosivas e às condições de risco de ignição. Dessa forma, pode ser verificada a importância e a relevância da aplicação dos requisitos de inspeção e manutenção de equipamentos "Ex", no sentido de garantir a segurança desse tipo de instalações e das pessoas que nelas trabalham.

De forma a ressaltar essa importância para as instalações "Ex", pode ser feita a analogia de as atividades de inspeção e manutenção de equipamentos e instalações "Ex" serem consideradas como o "coração" de todo o processo de gestão de segurança e de gestão de ativos "Ex", relacionado à segurança em áreas classificadas. Para assegurar que os equipamentos intrinsecamente seguros (Ex "i") ou equipamentos associados ([Ex "i"]) se encontram em condições adequadas de instalação em áreas classificadas ou associadas às áreas classificadas, é fundamental que esses equipamentos estejam devidamente cadastrados em um sistema de gestão "Ex" e que tenham um planejamento de inspeções periódicas.

Com base na implantação de uma sistemática de inspeções "Ex" periódicas, as empresas podem manter um sistema ativo de inspeções para cada um dos itens "Ex" existentes, de forma a garantir que as inspeções visuais, apuradas ou detalhadas estejam sendo devidamente realizadas nas datas programadas, sem atrasos, considerando as particularidades das instalações, da deterioração dos equipamentos ao longo do tempo e as orientações de manutenção e inspeção determinadas pelos fabricantes dos equipamentos "Ex". Os intervalos entre as inspeções periódicas não podem exceder três anos sem que seja emitido um parecer por um profissional com competências pessoais na área de instalações e inspeções "Ex".

Assim, a parametrização de um adequado programa de inspeção e manutenção de equipamentos e sistemas "Ex", incluindo-se os equipamentos intrinsecamente seguros e associados, colabora para a elevação dos requisitos de conformidade normativa e legal das instalações ao longo de seu ciclo total de vida. Portanto, para assegurar que equipamentos e circuitos intrinsecamente seguros permanecem em condições adequadas para instalação em áreas classificadas, é fundamental que seja definido um planejamento contínuo de inspeções periódicas.

## 43.3 REQUISITOS DE SERVIÇOS DE MANUTENÇÃO DE EQUIPAMENTOS E INSTALAÇÕES INTRINSECAMENTE SEGURAS (Ex "i")

As atividades de manutenção "Ex" podem ser executadas em equipamentos intrinsecamente seguros energizados, desde que sejam adotadas medidas de segurança para se evitarem intervenções indevidas nos circuitos, quando mais do que um circuito estiver presente em um mesmo equipamento Ex "i" ou caixa de junção. Nos casos das atividades de manutenção "Ex" serem realizadas em equipamentos ou circuitos localizados em áreas classificadas, os serviços devem ser restritos às atividades de desconexão, remoção ou substituição de partes componentes de equipamentos elétricos e fiações, ou ajustes de controles que sejam necessários para a calibração do equipamento ou circuito Ex "i", ou remoção e substituição de componentes de encaixe rápido (tipo "*plug-in*"), ou utilização de instrumentos de medição ou atividades de manutenção especificados na documentação do fabricante.

As pessoas responsáveis por trabalhos de manutenção de equipamentos e circuitos Ex "i" devem se assegurar de que os sistemas ou equipamentos intrinsecamente seguros atendam aos requisitos indicados na documentação aplicável, como nos documentos descritos dos sistemas, após a conclusão dos trabalhos de manutenção.

Nos casos de as atividades de manutenção "Ex" serem realizadas em equipamentos ou circuitos localizados em áreas não classificadas, como nos painéis de barreiras [Ex "i"], frequentemente instalados em salas de painéis ou salas de controle, os serviços nos equipamentos associados e nas partes de circuitos intrinsecamente seguros localizados em áreas não classificadas devem ficar restritos aos requisitos de serviços para áreas classificadas indicadas anteriormente, enquanto esses equipamentos associados ou partes de circuitos Ex "i" permanecerem interligados com as partes dos sistemas intrinsecamente seguros localizados em áreas classificadas.

As ligações de aterramento nos equipamentos associados [Ex "i"] geralmente não podem ser removidas sem que antes as suas ligações tenham sido desconectadas dos circuitos instalados nas áreas classificadas. Outras atividades de manutenção em equipamentos associados, ou em partes dos circuitos intrinsecamente seguros instalados em área não classificada, devem ser executadas somente se os equipamentos associados ou se a parte do circuito instalado em área não classificada forem desconectados da parte do circuito instalado na área classificada.

A resistência de isolação dos equipamentos Ex "i" e dos cabos dos circuitos de interligação aos equipamentos associados [Ex "i"] deve ser medida com a aplicação de uma tensão de 500 V c.a. ou 700 V c.c. e deve ser igual ou superior a 1,0 MΩ, a menos que especificamente definida na documentação de projeto. Deve ser efetuada a medição de isolação de circuitos intrinsecamente seguros de forma a assegurar que eles estão devidamente isolados do terra ou devidamente aterrados, de acordo com o requerido no projeto de cada instalação ou circuito em particular.

Essas medições de isolação podem ser desnecessárias nos casos em que uma falha do circuito intrinsecamente seguro para terra gerar um alarme, e naqueles em que um circuito apresente uma falha de "modo seguro" na qual haja uma falha para terra, ou se o circuito utiliza um dispositivo de monitoração de corrente de fuga para terra. As medições de isolação de equipamentos ou circuitos intrinsecamente seguros devem ser realizadas utilizando-se somente equipamentos de medição que tenham sido especificamente certificados para conexões nesses tipos de circuitos Ex "i".

As atividades de manutenção nos equipamentos Ex "i" devem considerar as condições específicas de instalação aplicáveis (certificados com sufixo "X") aos equipamentos Ex "i". Os certificados de conformidade e os manuais dos fabricantes devem ser verificados para assegurar que essas condições específicas de utilização tenham sido devidamente atendidas antes, durante e após a execução dos serviços de manutenção dos equipamentos Ex "i".

Os equipamentos elétricos e mecânicos "Ex" instalados em atmosferas explosivas devem ser mantidos em um estado de integridade de acordo com as suas especificações de montagem. Isso não requer, normalmente, que os equipamentos existentes atendam, em todos os casos, aos requisitos e especificações de montagem posteriores à época de sua instalação original. Todos os equipamentos "Ex" devem, porém, estar de acordo com as respectivas especificações e instruções de instalação elaboradas pelos fabricantes e de acordo com os requisitos de projeto e montagem vigentes à época de elaboração de cada projeto ou à época de execução de cada montagem.

Também a execução dos serviços rotineiros de manutenção de equipamentos elétricos e mecânicos "Ex" fabricados de acordo com especificações já alteradas pelas frequentes e periódicas atualizações da normalização técnica aplicável ou pela alteração do projeto do equipamento "Ex" feito pelo fabricante não requer que os equipamentos "Ex" instalados sejam substituídos ou modificados. Um pré-requisito para os serviços de manutenção "Ex" é que, após sua execução, utilizando peças sobressalentes originais onde necessário, o equipamento "Ex" ainda corresponda e atenda a todas as especificações originais de fabricação ou certificação.

## 43.4 REQUISITOS DE SERVIÇOS DE INSPEÇÕES INICIAIS E PERIÓDICAS EM EQUIPAMENTOS E INSTALAÇÕES "Ex"

Os equipamentos e as instalações em atmosferas explosivas requerem uma supervisão e um acompanhamento durante o seu ciclo total de vida. As atividades de classificação de áreas, especificação e seleção dos equipamentos, aquisição de equipamentos "Ex" com certificação de conformidade e montagem de equipamentos e instalações "Ex" não são suficientes para assegurar a continuidade da segurança das instalações, como pode ser verificado nos casos que são noticiados no Brasil e no mundo, envolvendo incêndios, explosões, acidentes fatais e contaminações do meio ambiente em instalações industriais contendo atmosferas explosivas.

Por esse motivo, é necessário manter um sistema de gestão e uma rotina periódica de inspeções, com base em procedimentos normalizados, durante toda a vida útil das instalações. As inspeções periódicas visam a detectar eventuais "desvios", não conformidades ou modificações de campo "não autorizadas", a fim de que esses desvios sejam devidamente corrigidos, mantendo as instalações "Ex" adequadas de acordo com os requisitos normativos estabelecidos nas normas técnicas brasileiras aplicáveis da Série ABNT NBR IEC 60079, bem como seguras e de acordo com os requisitos legais existentes, como aqueles especificados em normas regulamentadoras como a NR-10 (*Segurança em instalações elétricas e serviços em eletricidade*), a NR-20 (*Segurança e saúde no trabalho com inflamáveis e combustíveis*) e NR-37 (*Segurança e saúde em plataformas de petróleo*).

Somente por meio da aplicação de inspeções iniciais e periódicas dos equipamentos e das instalações "Ex" é possível evitar casos de potenciais riscos de existências de fontes de ignição ou de "desvios" representados por equipamentos "Ex" incorretamente especificados, instalados, mantidos, recuperados. Alguns exemplos desses desvios que podem ser encontrados nas instalações "Ex" são: falta de segregação entre circuitos intrinsecamente seguros (IS) e não intrinsecamente seguros (NIS), instalação de barreiras ou interfaces [Ex "i"] ou equipamentos Ex "i" que não correspondem aos modelos indicados na documentação descritiva do sistema, tampas de invólucros "Ex" abertas ou danificadas, falta de instalação de parafusos de fixação das tampas, parafusos sem o devido aperto, espanamento das roscas de fixação nos invólucros, invólucros e juntas de equipamentos "Ex" danificados pela utilização indevida de marreta e talhadeira para a sua abertura, falta de instalação de unidades seladoras, unidades seladoras instaladas sem a colocação de composto selante interno ou execução de modificações não autorizadas de campo em invólucros de equipamentos "Ex" (por exemplo, abertura de novas furações nos invólucros de equipamentos existentes).

Também podem ser indicados como pontos de desvios encontrados em instalações de equipamentos "Ex" a existência de equipamentos Ex "d" (*à prova de explosão*) instalados em áreas classificadas contendo poeiras combustíveis, invólucros pressurizados com pressurização interna deficiente ou inoperante; e circuitos de segurança intrínseca (SI), sem a devida instalação da barreira de proteção [Ex "i"], ou indevidamente instalados em multicabos, sem a devida segregação dos circuitos não intrinsecamente seguros (NIS).

É nessas fases de execução de serviços de inspeções iniciais e periódicas que podem ser percebidos os benefícios e vantagens da utilização, por critérios de projeto, de equipamentos elétricos, de instrumentação, de automação e de telecomunicações com tipos de proteção "Ex" que exijam procedimentos mais simples de montagem e manutenção, como os equipamentos intrinsecamente seguros, quando comparados com os procedimentos mais "complexos" requeridos por equipamentos com outros tipos de proteção "Ex", com invólucros que necessitam de diversos acessórios do tipo "à prova de explosão" (como bujões, plugues, adaptadores de rosca, niples ou uniões macho/fêmea) ou de fixação de uma grande quantidade de parafusos em tampas flangeadas. Na figura a seguir, é apresentado um exemplo de um instrumento transmissor com certificação "Ex" encontrado durante inspeção sem a instalação do devido bujão "Ex" de plugueamento de entrada de cabo não utilizada.

**Figura 43.3 –** Exemplo de instrumento transmissor com certificação "Ex" encontrado durante inspeção "Ex" sem a instalação do devido bujão "Ex" para plugueamento de entrada de cabo não utilizada.

*Fonte*: acervos pessoais dos autores.

Deve ser ressaltado, nesse caso, que todos os tipos de proteção "Ex", incluindo Ex "i" ou Ex "e", Ex "p", Ex "op", 2-WISE ou Ex "d", podem ser considerados seguros, desde que os equipamentos sejam devidamente especificados, montados, inspecionados, mantidos ou recuperados ao longo de seu ciclo total de vida. No entanto, existem tipos de proteção "Ex" que requerem "complexos" procedimentos de montagem, caso esses procedimentos não sejam devidamente executados, ou executados ou supervisionados por profissionais sem as devidas competências pessoais ou certificações.

Como exemplos de "complexos" procedimentos de montagem requeridos por determinados tipos de proteção "Ex", podem ser citadas, dentre outros, a necessidade de rosqueamento mínimo de cinco fios de rosca entre o invólucro e o eletroduto, a selagem interna de unidades seladores Ex "d", a selagem de prensa-cabos Ex "d" do tipo "barreira" e a fixação de uma grande quantidade de parafusos, cuja execução incorreta frequentemente compromete as características de proteção contra explosão dos respectivos equipamentos com certificação "Ex", tendo como base as experiências práticas de inspeções de campo, em que são encontrados diversos equipamentos certificados "Ex" com uma série de "normalização de desvios". Na figura a seguir, é mostrado um exemplo de equipamento com certificação "Ex" encontrado durante inspeção, instalado com um prensa-cabo com certificação Ex "d", com mais que um cabo no mesmo prensa-cabo.

**Figura 43.4 –** Exemplo de equipamento com certificação "Ex" encontrado durante inspeção "Ex" indevidamente instalado com um prensa-cabo com certificação Ex "d", com mais de um cabo no mesmo prensa-cabo.

*Fonte*: acervos pessoais dos autores.

Durante as inspeções de campo, fazendo-se uma comparação entre as diferentes instalações com equipamentos com diferentes tipos de proteção "Ex", pode ser verificada a maior conformidade normativa e a menor quantidade de "desvios" de equipamentos e sistemas intrinsecamente seguros em relação às instalações com equipamentos utilizando outros tipos de proteção contra a ocorrência de uma explosão.

Com relação aos equipamentos com tipo de proteção por segurança intrínseca, quando da aplicação dos procedimentos de inspeção, mesmo às partes dos equipamentos e circuitos localizados fora das áreas classificadas, deve ser levada em consideração a segregação da instalação de circuitos e sistemas intrinsecamente seguros, na qual os equipamentos associados (barreiras e isoladores galvânicos com marcação [Ex "i"]) são frequentemente instalados em áreas não classificadas, como no interior de casas de controle ou no interior de painéis locais de controle com invólucros pressurizados.

Os equipamentos elétricos "Ex" instalados em atmosferas explosivas devem ser inspecionados, pelo menos a cada três anos, por pessoal devidamente treinado, qualificado ou certificado. Os resultados dos ensaios e os relatórios das inspeções "Ex" devem ser arquivados no prontuário da instalação.

## 43.5 TIPOS E GRAUS DE INSPEÇÕES INICIAIS E PERIÓDICAS EM EQUIPAMENTOS E INSTALAÇÕES "Ex"

Os procedimentos, requisitos e listas de verificação indicados na norma técnica brasileira ABNT NBR IEC 60079-17 devem ser aplicados quando da execução de serviços de inspeção e manutenção de sistemas elétricos, de instrumentação, de automação ou de telecomunicações em atmosferas explosivas contendo gases inflamáveis ou poeiras combustíveis.

É necessário manter uma rigorosa rotina periódica de inspeções "Ex", com base em procedimentos normalizados, durante toda a vida útil das instalações. As inspeções periódicas visam a detectar "desvios" ou "não conformidades" e modificações de campo "não autorizadas", de forma que esses "desvios" ou "incorreções" sejam prontamente corrigidos, mantendo-se as instalações "Ex" adequadas de acordo com os requisitos das normas da Série ABNT NBR IEC 60079, bem como seguras e de acordo com os requisitos legais aplicáveis.

A norma ABNT NBR IEC 60079-17 determina três tipos de inspeção de equipamentos e instalações em áreas classificadas: *iniciais*, *periódicas* ou *por amostragem*, de acordo com os requisitos a seguir.

Inspeções INICIAIS: Inspeções de todos os equipamentos, sistemas e instalações elétricas, de instrumentação, de automação, de telecomunicações e mecânicos "Ex", antes que estes sejam colocados em serviço.

As inspeções iniciais proporcionam uma avaliação dos equipamentos "Ex", com o objetivo de identificar se estes foram devidamente selecionados com relação ao tipo de proteção, grupo de gás ou de poeira, classe de temperatura, temperatura máxima de superfície e EPL, bem como verificação completa, interna e externa, que eles foram devidamente instalados, de acordo com a norma técnica brasileira adotada ABNT NBR IEC 60079-14, bem como se houve a verificação do atendimento dos requisitos específicos de instalação (nos casos em que os respectivos certificados de conformidade possuam sufixo "X") e dos requisitos dos fabricantes. Nesse tipo de inspeção, é utilizado o grau detalhado.

Inspeções PERIÓDICAS: inspeções de todos os equipamentos, sistemas e instalações elétricas, de instrumentação, de automação e de telecomunicações "Ex", realizadas de forma rotineira. Nesse tipo de inspeção, é normalmente utilizado o grau visual ou apurado.

As inspeções periódicas, além de representar um requisito normativo, servem como uma importante ferramenta diagnóstica sobre o estado dos equipamentos e das instalações "Ex", além de indicarem a adequação e a efetividade dos procedimentos de gestão "Ex" aplicados nos equipamentos e nas instalações de instrumentação, automação, telecomunicações, elétricas e mecânicas "Ex".

Nestas inspeções "Ex" periódicas, são verificados os critérios de seleção e os requisitos de instalação de equipamentos "Ex", de acordo com os requisitos da norma técnica brasileira adotada ABNT NBR IEC 60079-14, bem como aplicados os programas de inspeção "Ex" indicados na norma técnica brasileira adotada ABNT NBR IEC 60079-17.

Nas inspeções periódicas podem ser identificadas possíveis mudanças não documentadas ou modificações não autorizadas introduzidas ao longo do ciclo total de vida das instalações "Ex".

As inspeções "Ex" periódicas podem também indicar uma eventual necessidade de aplicação de inspeções **detalhadas** em equipamentos ou sistemas "Ex" específicos, nos casos em que as inspeções "Ex" somente de grau **visual** ou **apurado** não sejam suficientes para a identificação de evidências que assegurem a devida conformidade do equipamento ou da instalação "Ex" que esteja sendo inspecionada.

Inspeções por AMOSTRAGEM: inspeções de uma parte representativa de equipamentos, sistemas e instalações elétricas, de instrumentação, de automação e de telecomunicações "Ex", que é utilizada para o ajuste do intervalo de tempo das inspeções periódicas. Nesse tipo de inspeção, é normalmente utilizado o grau visual ou apurado.

As inspeções por amostragem proporcionam diagnóstico de curto prazo de parte das instalações "Ex" existentes. A partir da determinação de uma parte que seja representativa das instalações "Ex", é possível identificar a necessidade de intervenções a nível de atividades de operação, manutenção e gestão das instalações "Ex".

A definição da parte das instalações a serem submetidas a inspeções por amostragem pode ter como base uma porcentagem específica das instalações-alvo ou composta por sistemas "Ex" escolhidos de acordo com a necessidade particular das instalações, por exemplo, instalações com incidentes já ocorridos durante seu ciclo total de vida, ou equipamentos com funções específicas, por exemplo, equipamentos "Ex" que fazem parte do sistemas de Fogo & Gás ou instrumentos "Ex" sensores ou atuadores que fazem parte do Sistema Instrumentado de Segurança (SIS).

Com base nos resultados das inspeções "Ex" por amostragem é possível identificar a necessidade de alteração do período entre as inspeções "Ex" periódicas ou a necessidade de reavaliação das competências pessoais "Ex" dos profissionais envolvidos com as atividades de manutenção ou inspeção dos equipamentos e das instalações de instrumentação, automação, telecomunicações, elétricas ou mecânicas "Ex".

A figura a seguir apresenta os três tipos de inspeção aplicados a equipamentos e instalações de instrumentação, automação, telecomunicações e elétricas em áreas classificadas, indicados na norma técnica brasileira adotada ABNT NBR IEC 60079-17.

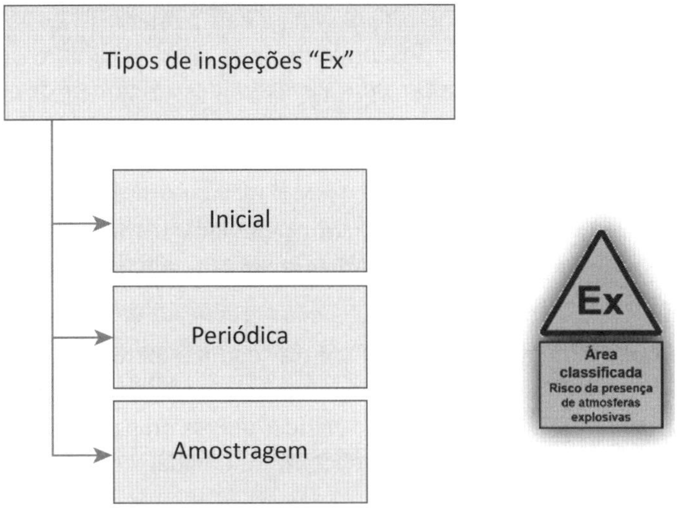


**Figura 43.5 –** Tipos de inspeções de equipamentos e instalações em atmosferas explosivas, em função da periodicidade e da abrangência das instalações "Ex" a serem inspecionadas, indicados na norma técnica brasileira adotada ABNT NBR IEC 60079-17.

*Fonte*: acervos pessoais dos autores.

A norma ABNT NBR IEC 60079-17 define também três graus de inspeção que podem ser aplicados nas inspeções que são feitas em áreas classificadas: *visuais*, *apuradas* ou *detalhadas*.

Inspeções VISUAIS: esse grau de inspeção identifica, sem a utilização de equipamentos de acesso ou ferramentas, defeitos que são evidentes visualmente, como ausência de parafusos de fixação de tampas com juntas flangeadas, equipamentos com invólucros abertos, danificados ou quebrados ou equipamentos sem aterramento ou ligação equipotencial, falta de instalação de unidades seladoras ou modificações não autorizadas, que sejam visivelmente aparentes.

As inspeções visuais representam as intervenções menos "invasivas" dos equipamentos e instalações em áreas classificadas. Essas inspeções são realizadas com os equipamentos "Ex" energizados e em operação, e não requerem que os equipamentos sejam desenergizados ou liberados, bem como não requerem a utilização de ferramentas especiais, permitindo que sejam encontrados desvios que são obviamente detectados pela verificação visual externa dos equipamentos "Ex".

Inspeções APURADAS: inspeções periódicas que englobam os aspectos cobertos pela inspeção visual e, além disso, identificam outros defeitos ou desvios, como equipamentos "Ex" que são encontrados com parafusos soltos, os quais são detectáveis somente pela utilização de ferramentas.

As inspeções apuradas são também aplicáveis a equipamentos "Ex" que se encontram localizados em pontos elevados, onde não seja possível uma inspeção visual a partir do nível do piso da instalação, com necessidades adicionais de acessos, como a utilização de escadas, andaimes ou por meio de acesso por corda (*rope access*).

As inspeções apuradas são realizadas com requisitos adicionais àqueles utilizados nas inspeções visuais, sendo realizadas também com os equipamentos "Ex" energizados e em operação.

Essas inspeções apuradas permitem encontrar equipamentos com certificação "Ex" contendo desvios que não são detectados somente pela avaliação visual e requerem a utilização de ferramentas, por exemplo, para verificar que os prensa-cabos ou parafusos de fixação das tampas dos invólucros "Ex" se encontram devidamente apertados.

Inspeções DETALHADAS: inspeções que verificam a existência de "desvios" que somente são visíveis com a abertura dos invólucros ou utilizando instrumentos de testes. Representam inspeções que podem ser executadas somente com os equipamentos desenergizados.

O grau de inspeção detalhado engloba os aspectos cobertos pelas inspeções apuradas e, adicionalmente, identifica defeitos ou desvios, danos nas juntas e áreas de passagem de chama ou parafusos quebrados ou com roscas espanadas em invólucros metálicos do tipo "*à prova de explosão*", bem como terminais sem aperto, que somente são detectáveis com a abertura do invólucro ou utilização, quando necessário, de ferramentas e equipamentos de ensaios. As inspeções do tipo "iniciais" de uma instalação nova devem ser executadas com grau detalhado.

As inspeções detalhadas são as inspeções mais completas que podem ser realizadas em equipamentos e instalações "Ex". Elas são realizadas com requisitos adicionais àqueles utilizados nas inspeções apuradas, sendo realizadas com os equipamentos "Ex" desenergizados e fora de operação, incluindo a verificação externa e interna dos invólucros, inclusive a verificação dos dispositivos existentes no interior dos equipamentos "Ex". As inspeções detalhadas são capazes de encontrar equipamentos com certificação "Ex" que estejam instalados com gaxetas degradadas ou ressecadas, ou com terminais que estejam com conexões soltas ou corroídas, que podem causar mau contato, arcos, centelhas ou pontos quentes.

As inspeções detalhadas incluem também a verificação das juntas dos invólucros metálicos do tipo à prova de explosão com juntas flangeadas, com tampas fixadas por meio de parafusos, de forma a assegurar que as faces dessas juntas estão livres de danos ou riscos ou sinais de corrosão; e incluem também a devida aplicação de graxa ou vaselina contra o ingresso indevido de água, antes do fechamento dos invólucros, além de verificar o devido aperto de cada um dos diversos parafusos.

As inspeções detalhadas incluem ainda a verificação, dentre diversos outros requisitos, da devida selagem das unidades seladoras Ex "d", do aperto dos prensa-cabos Ex "d", do atendimento dos requisitos específicos de utilização (certificados com sufixo "X") e da compatibilidade dos parâmetros de segurança intrínseca de cada circuito, incluindo barreira ou equipamento associado [Ex "i"], equipamento de campo Ex "i" e os cabos de interligação.

Toda inspeção inicial de uma instalação nova ou de instalação existente cujo equipamento "Ex" tenha sido temporariamente removido para serviços de manutenção preventiva (em bancada, por exemplo), ou serviços de recuperação (em oficinas certificadas, por exemplo), e, posteriormente, reinstalado deve ser do tipo detalhada. As inspeções detalhadas devem ser realizadas sempre que um equipamento "Ex" for reparado ou recuperado, bem como nos equipamentos que tenham sido encontrados com algum tipo de desvio, como uma modificação não autorizada.

Uma inspeção detalhada deve ser realizada sempre que forem feitos serviços rotineiros de manutenção que envolvam a abertura ou a desmontagem dos equipamentos "Ex".

O grau das inspeções "Ex", bem como o intervalo entre inspeções, deve considerar também os resultados das inspeções anteriores, os fatores de agressividade do meio ambiente e as influências externas, os tipos de equipamento "Ex" instalados e as recomendações dos fabricantes, contidas nos respectivos manuais de inspeção e manutenção.

A figura a seguir apresenta os três graus de inspeção de equipamentos e instalações "Ex" em áreas classificadas, a serem aplicados dependendo do nível de detalhamento das inspeções a serem realizadas.

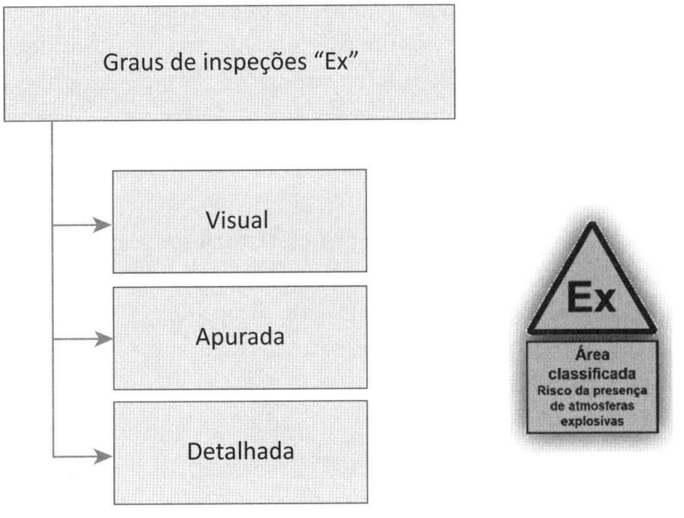


**Figura 43.6 –** Graus de inspeção de equipamentos e instalações "Ex" em áreas classificadas, indicados na norma técnica brasileira adotada ABNT NBR IEC 60079-17.

*Fonte*: acervos pessoais dos autores.

É apresentado na tabela a seguir um resumo das principais características dos três graus de inspeções de equipamentos e instalações "Ex".

**Tabela 43.1** – Principais características dos três graus de inspeções de equipamentos e instalações "Ex"

| | Inspeções EXTERNAS dos equipamentos "Ex" | Inspeções INTERNAS dos equipamentos "Ex" | Ferramentas e meio de acesso requeridos |
|---|---|---|---|
| Inspeções VISUAIS |  | ------ | ------ |
| Inspeções APURADAS |  | ------ |  |
| Inspeções DETALHADAS |  |  |  |

## 43.6 INSPEÇÃO E MANUTENÇÃO DE EQUIPAMENTOS "Ex" QUE TENHAM PERDIDO SUA PLAQUETA ORIGINAL DE MARCAÇÃO DE CERTIFICAÇÃO

Quando a plaqueta original de certificação ou de marcação de um equipamento "Ex" estiver faltando ou estiver ilegível, métodos alternativos podem ser utilizados para a determinação da *rastreabilidade* dos detalhes de informações contidas na certificação desse equipamento. O método utilizado necessita incluir a confecção e a instalação de plaquetas adicionais de identificação, as quais sejam elaboradas com base nos números únicos de *tag*, números de série ou referência aos bancos de dados de documentação técnica da instalação.

Os métodos utilizados para tagueamento e identificação do inventário e gerenciamento dos equipamentos "Ex" devem ser capazes de rastrear a substituição dos equipamentos "Ex" por equipamentos "reservas" ou reparados, os quais podem possuir diferentes marcações de certificação e diferentes características técnicas, em relação aos equipamentos "Ex" originalmente instalados.

Podem ser utilizados, nesses casos, os seguintes critérios para a elaboração de novas plaquetas de marcação de equipamentos "Ex":

1) a referência a um número de série do equipamento "Ex" sobre o qual o respectivo fabricante seja consultado e apresente o respectivo certificado de conformidade;
2) a existência de uma *tag* do equipamento "Ex" para o qual exista um determinado certificado de conformidade no sistema de documentação técnica;
3) a existência de outros equipamentos "Ex" idênticos, como instrumentos sensores ou atuadores ou caixas de junção "Ex", do mesmo fabricante e modelo, para os quais existam os respectivos certificados de conformidade "Ex".

Na figura a seguir, é apresentado um exemplo de plaqueta confeccionada para substituição de plaqueta original de dados de certificação que havia sido perdida de equipamento com certificação "Ex".

**Figura 43.7** – Exemplo de plaqueta confeccionada para substituição de plaqueta original que havia sido perdida em equipamento com certificação "Ex".

*Fonte*: acervos pessoais dos autores.

## 43.7 MARCAÇÃO "DIGITAL" DE EQUIPAMENTOS "Ex" (*AUTO ID*)

Com o desenvolvimento das técnicas de identificação digital de equipamentos, utilizadas de forma consolidada nas operações diárias em ambientes comerciais e industriais, estão sendo estudadas maneiras de normalização de formas e procedimentos de identificação digital (*Auto ID*) de equipamentos "Ex".

Da forma "tradicional" como se encontram as etiquetas de marcação de equipamentos "Ex", podem ser verificadas a grande quantidade de informações necessárias para atendimento de diversas informações de diversos sistemas de certificação e a falta de espaço físico para a colocação de todas essas informações em plaquetas ou inscrições nos equipamentos. Para os equipamentos "Ex" de pequenas dimensões, frequentemente pode ser verificada a impossibilidade de identificação de todas as informações requeridas pelo mercado global.

As marcações "Ex" digitais, no âmbito da IoT (*Internet of Things*), permitem uma leitura eletrônica que possibilita recursos integrados de gestão de ativos, como controles customizados, registro e cadastro de inventário de equipamentos "Ex" e planejamento de recursos empresariais, bem como automação de execução e registros de serviços de campo de inspeção, manutenção e reparos.

Detalhes sobre os requisitos para a marcação eletrônica ou digital de equipamentos foram elaborados pelo DIN (*Deutsches Institut für Normung/German Institute for Standardisation*) e VDE (*Verband Deutscher Elektrotechnik, Elektronik und Informationstechnik/German Commission for Electrical Engineering, Electronic and IT*), sendo indicados na norma alemã DIN/VDE 0170-100 – *Digital name plate – Part 100: Digital product marking*, elaborada pela Comissão DKE/K-241 – *Firedamp and explosion-proof electrical Equipment* da DKE (*German Commission for Electrical, Electronic and Information Technologies in DIN and VDE*).

Com esse tipo de marcação "digital" "Ex", todos os dados dos equipamentos elétricos, de instrumentação, de automação, de telecomunicações ou mecânicos "Ex" se tornam digitalmente disponíveis para os proprietários das instalações e para o pessoal envolvido com as atividades de projeto, montagem, inspeção, manutenção, reparo, recuperação e auditorias de equipamentos e instalações em áreas classificadas.

A norma técnica alemã DIN/VDE 0170-100 sobre "marcação digital" foi originariamente elaborada em função de demandas e motivações por parte de fabricantes de equipamentos "Ex" fixos, portáteis ou pessoais com certificação para instalação ou utilização em atmosferas explosivas. De um lado, existe a necessidade de uma maior quantidade de informações nas plaquetas de marcações "Ex", uma vez que uma grande quantidade de dados é requerida para os diversos tipos de proteção "Ex", grupos, classes de temperatura para gases inflamáveis, temperatura de ignição para poeiras combustíveis, EPL e requisitos específicos de instalação, além de diversos sistemas de certificação de equipamentos "Ex", requeridos por diversos países do mundo.

Frequentemente, não se torna "fisicamente possível" a colocação dessa grande quantidade de informações em plaquetas de marcações "Ex" convencionais, fazendo com que os fabricantes tenham de desenvolver múltiplos e complexos sistemas de marcação de produtos, muitas vezes com marcações específicas para mercados específicos, como para os mercados europeu, norte-americano, russo, brasileiro ou chinês. Por outro lado, existe a necessidade de disponibilização de todas essas informações de forma digital, a fim de permitir a sua incorporação automática e sem erros em sistemas de gestão de ativos dos usuários finais dos equipamentos "Ex".

Dentre as possibilidades de identificação digital, de forma a complementar (ou mesmo substituir, no futuro) as "tradicionais" marcações físicas, podem ser citados o *QR Code*, RFID (*Radio Frequency Identification*) e NFC (*Near Field Communication*). Na figura a seguir, são apresentados exemplos de métodos de identificação digital de equipamentos com certificação "Ex", como *QR Code*, RFID e leitores digitais (tablets ou smartphones).

| *QR Code* | *Data Matrix* | RFID/NFC | Leitor digital |
|---|---|---|---|

**Figura 43.8** – Exemplos de marcações digitais, em substituição de plaqueta *"convencional"* original que havia sido perdida em equipamento com certificação "Ex".

Na figura a seguir é apresentado um exemplo "*ilustrativo*" de identificação **digital** de equipamento com certificação "Ex", com a utilização de *QR Code*.

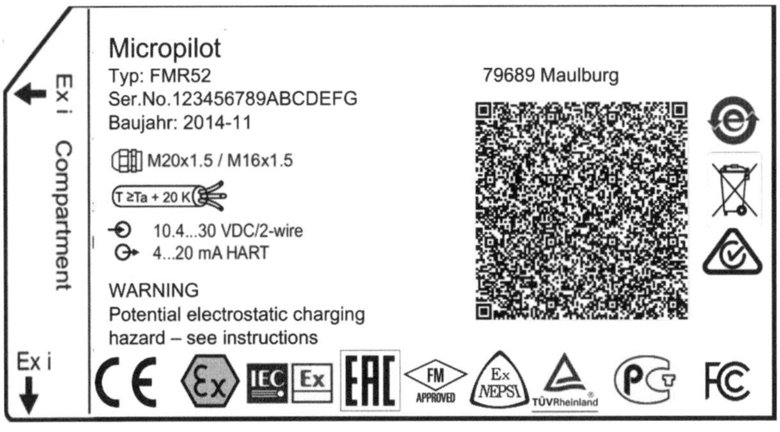


**Figura 43.9** – Exemplo ilustrativo de identificação *digital* de equipamento com certificação "Ex", por meio de *QR Code*.

Mais detalhes e informações sobre os requisitos da marcação "digital" de equipamentos "Ex" podem ser encontrados neste livro, no Capítulo 28 (*Marcação digital de equipamentos*).

## 43.8 MARCAÇÃO DIGITAL DE PRODUTOS – NORMA ABNT NBR IEC 63365

Com a evolução do assunto relacionado com a necessidade de "marcação digital de produtos", no âmbito do Subcomitê SC 65E (*Devices and integration in enterprise systems*), do Comitê Técnico TC 65 (*Industrial Process Measurement, control and automation*) da IEC foi publicada em 10/2022 a norma internacional IEC 63365: *Medição, controle e automação de processos industriais - Marcação digital.*

A principal motivação para os trabalhos de elaboração dessa norma técnica internacional sobre marcação digital é oriunda de fabricantes de produtos "Ex" e de usuários de equipamentos "Ex". Em função das diversas marcações dos equipamentos "Ex", a marcação digital permite que os produtos "Ex" possam proporcionar todas as informações necessárias de uma forma eletrônica, off-line, com um menor espaço de marcação.

Sob o ponto de vista dos usuários, a marcação eletrônica permite uma adequada gestão dos equipamentos de instrumentação, automação, telecomunicações, elétricos e mecânicos "Ex", desde a fase de projeto, criação do inventário, montagem, *As-Built*, inspeções, manutenção e recuperação, ao longo do ciclo total de vida das instalações "Ex", permitindo uma conectividade e integração com os sistemas informatizados de gestão de ativos "Ex".

De acordo com aquela norma, o objetivo primário das placas de dados é a clara identificação do produto e de seu fabricante. A existência de marcações legais ou de símbolos de aprovação indicam a devida conformidade com relação aos regulamentos aplicáveis para a colocação dos produtos no mercado e para sua instalação ou utilização segura.

O projeto *marcação digital* foi iniciado por motivação decorrente de necessidades de fabricantes de equipamentos com tipos de proteção "Ex" e de usuários ou proprietários de instalações "Ex". Um dos objetivos da marcação digital é o de assegurar que todas as informações necessárias possam ser marcadas nos equipamentos "Ex", particularmente considerando-se as informações requeridas na área de proteção "Ex". Os requisitos para a marcação de produtos para os mercados globais têm se tornado muito extensivos e abrangentes, fazendo com que, frequentemente, não seja mais possível incluir todas as informações necessárias na placa de dados *física*, em especial para produtos “Ex” de pequenas dimensões, como os sensores.

Nos frequentes casos em que os produtos “Ex” são comercializados em diferentes mercados de diferentes países ou regiões econômicas, diversos símbolos de aprovação são requeridos, como IECEx, Inmetro, UKCA (Reino Unido), CCC (China), EAC (*Eurasian Economic Area*), RCM (Austrália) e Estados Unidos.

De acordo com a ABNT NBR IEC 63365, “no presente momento, as marcações digitais estão sendo implementadas e aceitas nos mercados internacionais, de forma crescente e contínua”. Podem ser citados como exemplos de países onde entidades regulamentadoras reconhecem e aceitam a marcação digital em diferentes tipos de produtos: África do Sul, Argentina, Austrália, Brasil, Canadá, China, Coreia do Sul, Emirados Árabes, Estados Unidos, Filipinas, Gana, Índia, Japão, Malásia, México, Nova Zelândia, Samoa, Singapura, Taiwan, Tailândia e Vietnã.

No Brasil, por exemplo, a ANATEL (Agência Nacional de Telecomunicações) especifica e reconhece a marcação digital em produtos de telecomunicações desde 2020. De acordo com os requisitos do Ato Regulatório ANATEL 4088 (31 de julho de 2020): no *Procedimento Operacional para Marcação da Identificação da Homologação Anatel em Produtos para Telecomunicações*, é prevista a possibilidade da marcação digital por meio de *QR Code* (<https://informacoes.anatel.gov.br/legislacao/atos-de-certificacao-de-produtos/2020/1451-ato-4088>).

No contexto da “fabricação inteligente”, no âmbito da IIoT, alinhado com os objetivos da “indústria 4.0”, também é previsto que os produtos tenham de ser eletronicamente identificáveis. Os fabricantes de equipamentos podem usar marcação diretamente “legível por máquina” (*machine-readable*) no processo de produção para controlar automaticamente o fluxo de material, utilizando, por exemplo, um *QR Code* ou um *transponder* do tipo RFID.

Os usuários ou proprietários de instalações “Ex” podem identificar facilmente os produtos digitalmente marcados logo na inspeção de entrada nas instalações. Os técnicos e engenheiros envolvidos com as atividades e serviço de campo ou as autoridades responsáveis podem verificar eletronicamente todos os dados e informações necessários para as atividades de instalação, inspeção, manutenção, recuperação, aplicação e utilização segura.

Os dados das placas digitais de identificação legíveis por máquina podem ser transmitidos diretamente para um sistema ERP (*Enterprise Resource Planning System*, ou sistema de planejamento de recursos empresariais), para a constituição de um inventário sem a ocorrência de eventuais “erros” que poderiam ocorrer nos casos em que os dados são digitados manualmente. Os usuários ou proprietários de instalações “Ex” têm, dentre outros, o benefício de acesso aos dados do dispositivo em formato digital, sem mais a necessidade de leitura das placas de dados físicas, evitando os erros de leitura pessoal e digitação manual que podem ocorrer.

Um dos objetivos da marcação digital é também a redução do espaço necessário da placa de identificação *convencional* ou física. É previsto que as placas de identificação digitais possam substituir o texto convencional nas placas de identificação físicas, economizando muito espaço, especialmente em produtos “Ex” pequenos.

A norma técnica brasileira adotada ABNT NBR IEC 63365 apresenta soluções "alternativas" de leitura eletrônica para a marcação convencional de textos simples, dos meio de marcação digital produtos ou nas suas embalagens. A norma ABNT NBR IEC 63365 descreve também tecnologias de marcação que utilizam códigos 2D (*QR Codes* ou *Data Matrix*), *transponders* (*RFID*) ou o *firmware* dos produtos.

No caso de um código 2D ou *transponder*, os dados armazenados podem ser lidos por dispositivos de varredura comumente disponíveis, como smartphones ou tablets. Se a marcação estiver armazenada no *firmware* do produto, a placa de identificação pode ser exibida, por exemplo, no *display* do produto, ou os dados podem ser lidos remotamente por meio de uma interface eletrônica.

Além disso, existe também a norma internacional IEC 61406 (*Link de identificação*), destinada para uma identificação exclusiva do produto por meio de um link. A norma IEC 61406 permite que os fabricantes apresentem todos os dados e documentos relacionados ao produto por meio de um endereço da internet, de onde a documentação do produto pode ser diretamente baixada, bem como informações técnicas, instruções de operação, manuais de montagem, inspeção, manutenção e recuperação, além dos certificados de conformidade do produto. A norma IEC 61406 define um código 2D ou RFID específico, que contém apenas uma linha (*string*) contendo o *link* de identificação, com os caracteres limitados necessários.

De acordo com a norma ABNT NBR IEC 63365, as informações das marcações digitais são contidas em meios lidos eletronicamente (por máquinas), afixados aos produtos, às suas embalagens ou aos documentos que os acompanham. As informações das marcações digitais são disponíveis de forma off-line, sem uma conexão com a internet. Após a leitura eletrônica, todas as informações das marcações digitais são mostradas na forma de textos, a serem lidos em uma tela, como a de um smartphone ou tablet, ou no display do próprio produto. As marcações digitais também incluem um link de identificação, de acordo com a IEC 61406-1 (*Identification link*), que provê informações adicionais dos produtos na forma on-line, nos casos em que uma conexão com a internet esteja disponível.

Na norma ABNT NBR IEC 63365, o *string* do link de identificação é incluído como a primeira propriedade na placa de identificação digital, seguida pelas propriedades de marcação detalhadas. Se uma conexão de internet com o site do fabricante estiver disponível, todos os dados adicionais do produto (*Digital Twins*/gêmeos digitais) e toda a documentação podem ser acessados. Caso contrário, todas as informações estão disponíveis para serem apresentadas na tela de um leitor comumente disponível no mercado, como um smartphone ou tablet.

A norma ABNT NBR IEC 63365 também tem como objetivo aumentar a aceitação de placas de identificação digitais entre os órgãos reguladores. Um dos objetivos da ABNT NBR IEC 63365 é também substituir, tanto quanto possível, as placas de identificação "convencionais", "físicas" ou "analógicas" por uma placa de identificação "digital", legível eletronicamente, diretamente por máquinas.

As normas técnicas e os órgãos regulamentadores exigem que a marcação dos produtos seja aplicada de forma permanente, clara e legível. Esse requisito também é atendido com a marcação "digital". As placas de identificação digitais que são afixadas permanentemente nos produtos e fornecem os dados necessários sem a necessidade de uma conexão com a internet se aproximam-se muito da marcação de *textos simples* indicada nas placas de identificação "convencionais", "físicas" ou "analógicas".

Para assegurar uma maior aceitação sob os pontos de vista técnico, normativo e legal, as placas digitais de identificação apresentam uma quantidade mínima de marcação em texto simples, com os requisitos mínimos requeridos, sob os pontos de vista normativo ou legal, para a identificação dos produtos.

Durante um período de *transição*, tanto o texto simples quanto a marcação digital podem ser aplicados simultaneamente nos produtos. Pode ser verificado, no entanto, com o desenvolvimento da indústria 4.0, que a marcação eletrônica e digital está sendo cada vez mais implementada e aceita nos mercados internacionais.

Nas figuras a seguir, são mostrados exemplos de placas de marcação de dados nos formatos "tradicionais" e no formato "digital", destacando o conteúdo e a redução de tamanho permitido.

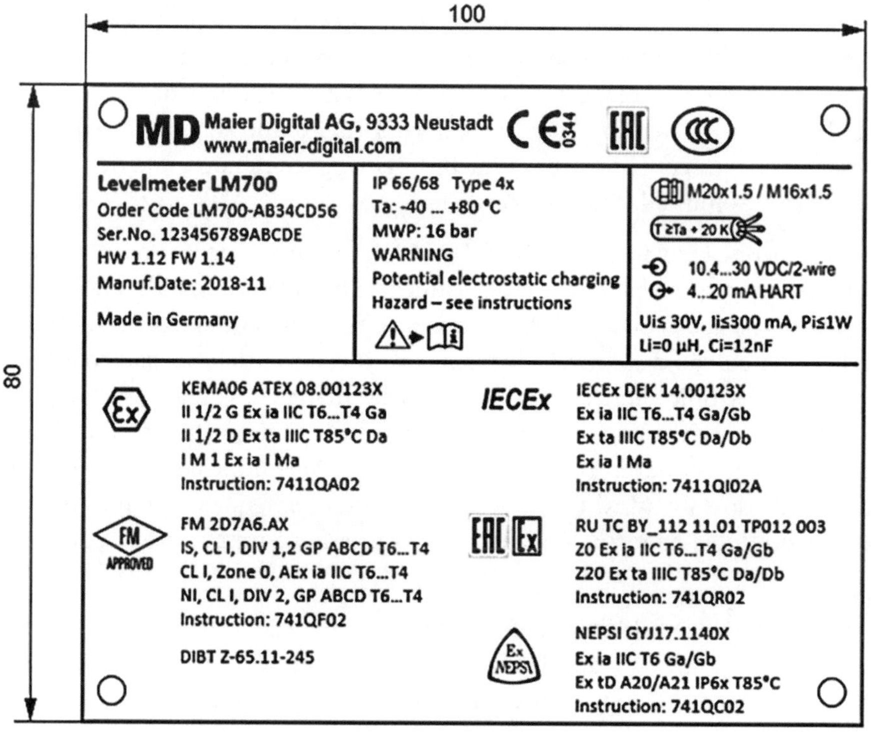


**Figura 43.10 –** Exemplo de uma placa de marcação "clássica" ou "tradicional" ou "analógica" ou "convencional" de um produto "Ex".

*Fonte*: norma ABNT NBR IEC 63365 – *Marcação digital*.

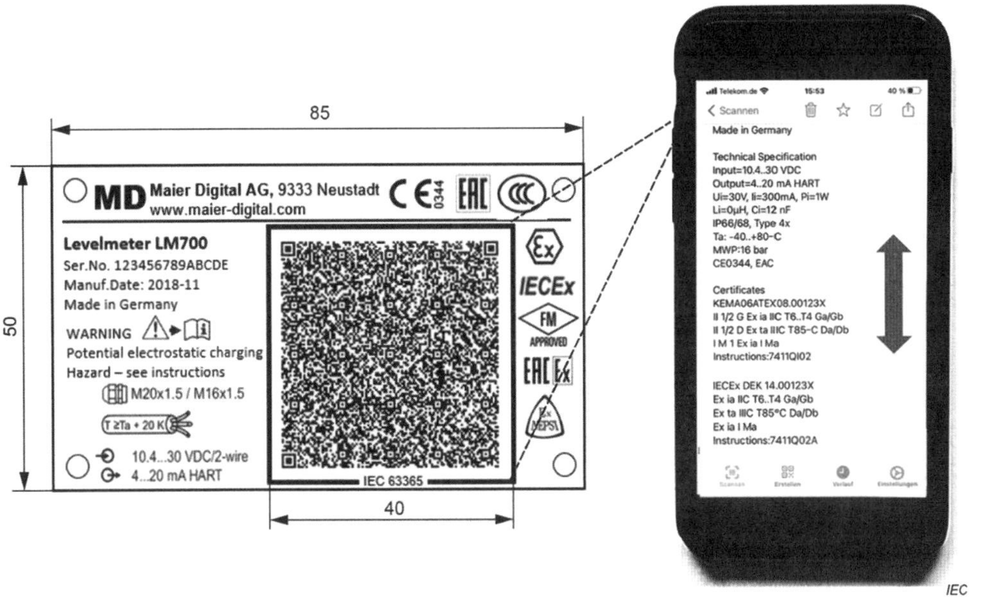


**Figura 43.11** – Exemplo de uma placa de marcação "digital" de um produto "Ex".

*Fonte*: norma ABNT NBR IEC 63365 – *Marcação digital.*

## 43.9 IMPACTOS DAS INFLUÊNCIAS EXTERNAS DO AMBIENTE NAS ATIVIDADES DE MANUTENÇÃO E INSPEÇÃO DE EQUIPAMENTOS E INSTALAÇÕES "Ex"

Os equipamentos "Ex" podem ser adversamente afetados pelas influências externas e condições ambientais em que são utilizados. Alguns dos principais fatores a serem considerados são temperaturas baixas ou elevadas; ambiente corrosivo; vibrações, impactos mecânicos, fricção ou abrasão; vento; radiação solar; agentes químicos; umidade e poeiras ou sujeira. A existência dessas influências externas deve ser considerada quando da determinação dos intervalos, tipos e graus das inspeções, bem como aos requisitos específicos das inspeções, quando condições adversas estão previstas.

Existem dois tipos principais de instalações em atmosferas explosivas: as instalações com equipamentos *fixos* (como sensores, atuadores ou analisadores) e equipamentos *portáteis*, *manuais* ou *pessoais*, como rádios transceptores, *drones*, *wearables*, instrumentos de testes ou de medição, notebooks, tablets, *smartwatches*, câmeras fotográficas, detectores de gases ou smartphones.

A utilização de equipamentos "Ex" portáteis, pessoais ou manuais ou pessoais intrinsecamente seguros são mais propensos a danos decorrentes de utilização indevida, incluindo a possibilidade de quedas, do que os equipamentos com instalação fixas e, dessa forma, devem ser inspecionados com mais frequência. É recomendado que todos os equipamentos "Ex" portáteis, pessoais ou manuais sejam inspecionados antes de cada utilização, por profissional com as devidas competências pessoais nas atividades de inspeção "Ex", com o objetivo de assegurar que não apresentem danos aos invólucros, tampas, telas, displays ou aos terminais externos de conexão de cabos de alimentação ou de portas de comunicação.

É recomendado também, nesses casos, que esses equipamentos "Ex" portáteis, pessoais ou manuais sejam totalmente inspecionados a cada doze meses, de forma a se verificar a sua adequação ao uso, a fim de evitar o risco de que esses equipamentos "Ex" certificados possam representar uma fonte de ignição devido a danos decorrentes de utilização indevida ou quedas e impactos mecânicos.

É recomendado que os invólucros desses equipamentos portáteis ou manuais que necessitem ser abertos periodicamente, como os alojamentos de baterias recarregáveis, as quais necessitam ser removidas para recarga externa, sejam visualmente inspecionados em intervalos de seis meses, de forma a se assegurar que não se encontram com tampas quebradas ou invólucros danificados.

Deterioração dos equipamentos e instalações "Ex": quando da determinação dos intervalos de inspeções periódicas, com período máximo de três anos, devem ser consideradas adicionalmente as influências externas existentes no meio ambiente do local da instalação em que se encontram os equipamentos e instalações "Ex", as quais podem representar um fator mais rigoroso de fonte potencial de deterioração ou degradação dos equipamentos ou de seus invólucros, ou de seus acessórios de instalação (como porcas, parafusos, arruelas e dispositivos de fixação). Dentre essas influências externas, podem ser citadas a susceptibilidade dos equipamentos à corrosão externa, a exposição a produtos químicos corrosivos ou solventes, a probabilidade de acúmulo de camada de poeira ou sujeira sobre os invólucros dos equipamentos "Ex", a probabilidade de ingresso de água no interior dos invólucros, os riscos de impactos mecânicos (como em áreas com movimentação de guindastes) e a exposição a vibrações.

Requisitos e orientações dos fabricantes dos equipamentos "Ex": as recomendações e os requisitos de inspeção periódica e manutenção preventiva e preditiva apresentados pelos fabricantes dos equipamentos "Ex" devem ser considerados quando da determinação dos intervalos das inspeções periódicas. Isso se deve ao fato de que os fabricantes necessitam submeter seus equipamentos a rigorosos procedimentos normalizados de avaliações e ensaios laboratoriais, de forma a evidenciar que seus produtos suportam os requisitos especificados nas normas técnicas brasileiras adotadas aplicáveis das Séries ABNT NBR IEC 60079 e ABNT NBR ISO 80079, os quais são verificados pelos organismos de certificação "Ex" que emitem os respectivos certificados de conformidade, com base nos documentos que embasam a certificação. O conhecimento desses procedimentos e processos de certificação faz com que os fabricantes tenham informações detalhadas sobre as reais capacidades de seus produtos, incluindo os requisitos de inspeções e manutenções preditivas e preventivas necessárias para assegurar as devidas operação e segurança dos equipamentos "Ex" ao longo de seu ciclo total de vida.

A corrosão das partes metálicas ou as influências devido ao ataque de produtos químicos, como os produtos solventes, em componentes plásticos ou elastoméricos, pode afetar o grau de proteção (IP) e o tipo de proteção "Ex" do equipamento. As juntas de vedações (*gaxetas*) que forem encontradas danificadas ou ressecadas devem ser substituídas por outras idênticas ou com características similares, na medida em que é fundamental se manter o grau de proteção (IP) provido pelos invólucros dos equipamentos "Ex", de forma a não comprometer as distâncias de isolação e de escoamento entre as partes energizadas internas, bem como evitar a corrosão dos dispositivos e terminais de fixação dos cabos, o que pode causar pontos de mau contato, centelhamento ou alta temperatura.

Nesse sentido, as instalações e os equipamentos "Ex" devem ser mantidos limpos e livres de acúmulo de poeira e outras substâncias agressivas que possam causar danos por corrosão nos invólucros ou a elevação na temperatura dos equipamentos "Ex". Com relação à temperatura do ambiente da instalação dos equipamentos "Ex", se a marcação não indicar uma faixa da temperatura ambiente específica, esse equipamento deve ser utilizado somente no intervalo de temperatura ambiente "normalizada", especificada na ABNT NBR IEC 60079-0 (*Requisitos gerais para equipamentos "Ex"*). Se a faixa de temperatura ambiente for indicada na marcação, o equipamento "Ex" deve ser utilizado somente naquele intervalo de temperatura ambiente informado na certificação.

Nos casos em que os equipamentos "Ex" forem sujeitos a vibrações do local da instalação, devem ser tomadas providências para assegurar que os parafusos de fixação de tampas, os parafusos de fixação dos terminais dos cabos e os dispositivos das entradas de cabos permaneçam apertados. Além disso, cuidados devem ser tomados para se evitar a geração de eletricidade estática durante os serviços de manutenção e limpeza de partes não condutivas dos equipamentos elétricos, de instrumentação, de automação ou de telecomunicações "Ex".

Se os invólucros dos equipamentos "Ex" estiverem corroídos, devem ser substituídos nas atividades de manutenção preventiva. Os invólucros fabricados com materiais plásticos podem apresentar trincas superficiais que afetariam a integridade do grau de proteção ou do tipo de proteção do invólucro. Os invólucros metálicos devem ser fabricados com um material adequado às condições externas (como aço inoxidável ou alumínio do tipo *copper-free*) ou serem protegidos com um sistema de pintura de proteção apropriado para as condições ambientais existentes.

## 43.10 COMPETÊNCIAS PESSOAIS PARA A EXECUÇÃO E A SUPERVISÃO DE ATIVIDADES DE INSPEÇÃO E MANUTENÇÃO DE EQUIPAMENTOS E INSTALAÇÕES "Ex"

Os profissionais envolvidos com a execução e a supervisão de atividades de inspeção e manutenção de equipamentos e instalações "Ex" devem evidenciar seus conhecimentos, qualificações e experiências de acordo com as seguintes Unidades de Competências "Ex", de acordo com os requisitos especificados no Documento Operacional IECEx OD 504 (*Especificações para a avaliação dos resultados das unidades de competência*):

- unidade Ex 001: Aplicação dos princípios básicos de segurança em atmosferas explosivas;
- unidade Ex 004: Manutenção de equipamentos em atmosferas explosivas;
- unidade Ex 007: Execução de inspeções visuais e apuradas de equipamentos e instalações em ou associadas a atmosferas explosivas;
- unidade Ex 008: Execução de inspeções detalhadas de equipamentos ou instalações elétricas em, ou associadas a atmosferas explosivas.

A certificação das competências pessoais "Ex" dos executantes e supervisores deve ser atribuída e verificada em intervalos que não excedam cinco anos, com base na evidência suficiente de que essas pessoas possuem as habilidades necessárias requeridas para o escopo dos serviços de inspeção e manutenção a serem realizados, que podem atuar competentemente, de acordo com a faixa especificada de atividades de inspeção e manutenção "Ex", e de que possuem os conhecimentos que servem de base para a certificação de suas competências.

A certificação das competências pessoais nas unidades de competências pessoais Ex 001, Ex 004, Ex 007 e Ex 008 por parte dos executantes e supervisores das atividades de inspeção e manutenção tem por objetivo, dentre outros, obter a devida e necessária confiança de que os serviços estão sendo realizados de forma correta, de acordo com os requisitos normativos especificados na norma ABNT NBR IEC 60079-17, na medida em que os profissionais foram devidamente submetidos a exames teóricos e práticos e a processos de acompanhamento periódicos de suas competências pessoais "Ex" por parte do organismo de certificação que emitiu o certificado de competências pessoais "Ex".

## 43.11 ATIVIDADES E LISTA DE VERIFICAÇÃO DE INSPEÇÃO DE EQUIPAMENTOS E INSTALAÇÕES Ex "i" E [Ex "i"]

Os equipamentos associados [Ex "i"] devem ser inspecionados para assegurar que estes são do tipo, modelo e fabricante corretos, com características nominais de acordo com o especificado na documentação descritiva do sistema ou de cada malha de instrumentação. Onde o equipamento associado for uma barreira de segurança a diodo de derivação, devem também ser verificadas as respectivas conexões de aterramento.

Quando os sistemas de automação implementados na instalação permitirem o monitoramento frequente do estado de uma malha de instrumentação, algumas partes dos procedimentos de inspeção Ex "i" podem ser dispensadas, por exemplo, nos casos em que uma instalação puder confirmar a presença de um instrumento intrinsecamente seguro de modelo específico, pela verificação de um número de série único, não existe a necessidade da leitura periódica de campo da marcação do equipamento Ex "i", uma vez que essas informações são associadas ao modelo do instrumento instalado.

As caixas de junção e painéis contendo equipamentos associados [Ex "i"] devem ser inspecionados para assegurar que esteja mantida a segregação entre a fiação de circuitos intrinsecamente seguros (IS) e não intrinsecamente seguros (NIS), e que esses circuitos contenham somente a fiação especificada na documentação de projeto para os circuitos que sejam instalados no interior dessas caixas de junção ou desses painéis de barreiras.

As instalações e os circuitos intrinsecamente seguros devem ser inspecionados para garantir que os cabos e multicabos utilizados estejam de acordo com as especificações indicadas nos documentos do projeto. Nos casos em que forem utilizados condutores "reserva" em cabos e multicabos contendo mais do que um circuito intrinsecamente seguro, deve ser assegurada a devida segregação, quando cabos contendo circuitos intrinsecamente seguros (IS) e outros cabos com circuitos não intrinsecamente seguros (NIS) forem instalados no mesmo eletroduto, duto ou sistema de bandejamento. Um mesmo multicabo não pode conter circuitos IS e NIS.

Cada equipamento e circuito intrinsecamente seguro deve ser submetido a uma inspeção inicial e às inspeções periódicas. A lista de inspeção indicada a seguir é oriunda da norma ABNT NBR IEC 60079-17, para inspeções iniciais em instalações elétricas, de instrumentação, de automação ou de telecomunicações Ex "i", para os diferentes graus de inspeção.

A tabela a seguir deve ser utilizada para a execução das atividades de inspeções detalhadas, apuradas ou visuais em equipamentos Ex "i" ou instalações intrinsecamente seguras ou para equipamentos associados [Ex "i"].

**Tabela 43.2 –** Lista de verificação para inspeção de equipamentos e instalações com tipo de proteção Ex "i"

| | Verificar que: | Grau de inspeção DETALHADO | Grau de inspeção APURADO | Grau de inspeção VISUAL |
|---|---|---|---|---|
| **A** | **Equipamento Ex "i" ou equipamento associado [Ex "i"]** | | | |
| 1 | A documentação do circuito ou equipamento "Ex" está apropriada com os requisitos de EPL ou Zona do local da instalação | ✓ | ✓ | ✓ |
| 2 | O equipamento "Ex" instalado é aquele especificado na documentação | ✓ | ✓ | |
| 3 | O nível de proteção e o grupo do circuito ou equipamento "Ex" estão corretos | ✓ | ✓ | |
| 4 | O grau de proteção (código IP) é apropriado para materiais presentes do grupo III | ✓ | ✓ | |
| 5 | A classe de temperatura do equipamento "Ex" está correta | ✓ | ✓ | |
| 6 | A faixa de temperatura ambiente do equipamento "Ex" é correta para a instalação | ✓ | ✓ | |
| 7 | A faixa de temperatura de serviço do equipamento "Ex" é correta para a instalação | ✓ | ✓ | |
| 8 | A instalação está claramente identificada | ✓ | ✓ | |
| 9 | O invólucro, as partes de vidro e vedações ou compostos de selagem vidro ou metal estão satisfatórios | ✓ | | |
| 10 | Os prensa-cabos e bujões de vedação são dos tipos corretos, completos e apertados. Verificação física ou verificação visual | ✓ | ✓ | ✓ |
| 11 | Não existem modificações não autorizadas | ✓ | | |
| 12 | Não existem modificações não autorizadas visíveis | | ✓ | ✓ |
| 13 | As barreiras de segurança a diodo, isoladores galvânicos, relé e outros dispositivos de limitação de energia são dos tipos aprovados, instalados de acordo com os requisitos da certificação e, quando requerido, solidamente aterrados | ✓ | ✓ | ✓ |
| 14 | As condições do invólucro e das juntas de vedação estão satisfatórias | ✓ | | |
| 15 | As conexões elétricas estão apertadas | ✓ | | |

(*continua*)

**Tabela 43.2** – Lista de verificação para inspeção de equipamentos e instalações com tipo de proteção Ex "i" (*continuação*)

| | Verificar que: | Grau de inspeção DETALHADO | Grau de inspeção APURADO | Grau de inspeção VISUAL |
|---|---|---|---|---|
| 16 | As placas de circuito impresso estão limpas e não danificadas | ✓ | | |
| 17 | A tensão máxima *U*m dos equipamentos associados não está excedida | ✓ | ✓ | |
| B | **INSTALAÇÃO de equipamentos Ex "i"** | | | |
| 1 | Os cabos estão instalados de acordo com a documentação | ✓ | | |
| 2 | As blindagens dos cabos estão aterradas de acordo com a documentação | ✓ | | |
| 3 | Não existem danos evidentes nos cabos | ✓ | ✓ | ✓ |
| 4 | A selagem de eletrodutos, dutos e elementos de passagem está satisfatória | ✓ | ✓ | ✓ |
| 5 | Todas as conexões ponto a ponto estão corretas | ✓ | | |
| 6 | A continuidade de aterramento está satisfatória (por exemplo, as conexões estão apertadas, e os condutores possuem seção transversal adequada) para circuitos não isolados galvanicamente | ✓ | | |
| 7 | As conexões de aterramento mantêm a integridade do tipo de proteção "Ex" | ✓ | | |
| 8 | O aterramento de circuitos intrinsecamente seguros está satisfatório | ✓ | | |
| 9 | A resistência de isolamento está satisfatória | ✓ | | |
| 10 | Está mantida a separação entre os circuitos intrinsecamente seguros e os circuitos não intrinsecamente seguros nas caixas de junção ou nos painéis de relés ou de barreiras | ✓ | | |
| 11 | A proteção contra curto-circuito da fonte de alimentação das barreiras de proteção está de acordo com a documentação | ✓ | | |
| 12 | As condições específicas de utilização estão atendidas (certificados de conformidade com sufixo "X", se aplicável) | ✓ | | |
| 13 | Os cabos não utilizados estão com os terminais adequadamente isolados | ✓ | | |

(*continua*)

**Tabela 43.2** – Lista de verificação para inspeção de equipamentos e instalações com tipo de proteção Ex "i" (*continuação*)

| | Verificar que: | Grau de inspeção DETALHADO | Grau de inspeção APURADO | Grau de inspeção VISUAL |
|---|---|---|---|---|
| **C** | **Meio ambiente e influências externas do local da instalação Ex "i"** | | | |
| **1** | O equipamento "Ex" está adequadamente protegido contra corrosão, intempéries, vibração e outros fatores adversos |  |  |  |
| **2** | Não há acúmulo indevido de poeira e sujeira |  |  |  |

## 43.12 SISTEMA INFORMATIZADO DE GESTÃO DE ATIVOS E DE INSPEÇÃO DE EQUIPAMENTOS E INSTALAÇÕES "Ex"

Sob o ponto de vista de melhor gestão de montagem, de redução de resserviços e de redução de custos de instalação de equipamentos e sistema "Ex", é recomendada a implantação de um sistema informatizado de inspeção dos equipamentos elétricos, de instrumentação, de automação e de telecomunicações "Ex".

Sobre o tema "Sistema de gestão de segurança", a norma internacional ISO 45001 (*Sistemas de gestão de saúde e segurança ocupacional – Requisitos com orientação para uso*), publicada em português pela ABNT em 2018, apresenta os requisitos para um *Sistema de Gestão de Saúde e Segurança Ocupacional* (SSO), permitindo que as organizações proporcionem locais de trabalho seguros e saudáveis, prevenindo lesões e problemas de saúde relacionados ao trabalho, bem como melhorando proativamente o seu desempenho de SSO. Nos moldes da norma internacional ISO 45001, pode ser proposto um SPIE (*Sistema Próprio de Inspeção de Equipamentos*) "Ex", similar aos sistemas aplicados para controle de caldeiras e vasos de pressão (NR-13), que inclua a análise de perigos e riscos dos equipamentos e das instalações contendo atmosferas explosivas, bem como das competências pessoais dos trabalhadores com a certificação de competências pessoais "Ex".

De acordo a Organização Internacional do Trabalho (OIT), ocorrem anualmente cerca de 2,78 milhões de acidentes fatais no trabalho. Isso significa que, todos os dias, quase 7.700 pessoas morrem em decorrência de ferimentos, lesões ou doenças relacionadas ao trabalho. Pode-se esperar que esse cenário mude com a devida aplicação de um sistema de gestão de segurança, com base na norma internacional ISO 45001, incluindo o sistema de gestão "Ex".

Deve ser reconhecida a necessidade de execução de muitas ações para uma adequada gestão dos ativos "Ex" existentes, incluindo o conhecimento do inventário dos equipamentos "Ex" instalados no campo, o seu cadastramento e o planejamento diário de inspeções, de forma a se obter a inspeção de cada um dos equipamentos a cada três anos, de acordo com o requerido na norma ABNT NBR IEC 60079-17 – *Inspeção de equipamentos e instalações em atmosferas explosivas.*

Deve ser reconhecido também que, dependendo do porte das instalações ou das empresas, podem existir dezenas ou centenas de milhares de equipamentos elétricos, de instrumentação, de automação, de telecomunicações ou mecânicos "Ex" instalados em cada instalação ou empresa, e que um sistema de inspeção "Ex" executado manualmente com base em sistema em papel ou na inspeção parcial somente de alguns dos equipamentos "Ex" existentes não é suficiente para a gestão adequada de cada um dos itens "Ex" instalados, considerando que cada um deles pode representar individualmente uma fonte de ignição, em caso da existência de desvios de montagem, manutenção ou reparos.

Para fins de ilustração de instalações "Ex" existentes, em uma "pequena" plataforma *offshore* de produção de óleo e gás, por exemplo, pode existir um inventário de cerca de 3 mil itens "Ex", entre equipamentos elétricos, de instrumentação, de automação, de telecomunicações e mecânicos "Ex". Considerando a necessidade de inspeção de todos esses itens "Ex" a cada três anos, existe a necessidade um planejamento de inspeção de mil itens "Ex" por ano, o que equivale à execução de serviços de inspeção de cerca de quatro itens "Ex" por dia.

Em um navio do tipo FPSO, para processamento e armazenamento de óleo e gás, por exemplo, pode existir um inventário de cerca de 30 mil itens "Ex", entre equipamentos elétricos, de instrumentação, de automação, de telecomunicações e mecânicos "Ex". Considerando-se a necessidade de inspeção de todos estes itens "Ex" a cada três anos, existe a necessidade, nesse caso, um planejamento de inspeção de 10 mil itens "Ex" por ano, o que equivale à execução de serviços de inspeção de cerca de quarenta itens "Ex" por dia.

Em uma refinaria de petróleo de médio ou grande porte, por exemplo, pode existir um inventário de cerca de 120 mil equipamentos "Ex", entre equipamentos de instrumentação, automação, telecomunicações, elétricos e mecânicos "Ex". Considerando-se a necessidade de inspeção de todos esses itens "Ex" a cada três anos, existe, nesse caso, a necessidade um planejamento de inspeção de 40 mil equipamentos "Ex" por ano, o que equivale à execução de serviços de inspeção de cerca de 150 equipamentos "Ex" por dia.

De forma a se efetuarem adequados cadastramento, inspeção e gestão de cada um dos equipamentos de instrumentação, automação, telecomunicações, elétricos ou mecânicos "Ex" instalados em áreas classificadas, muitas empresas utilizam, ao longo das últimas décadas, sistemas informatizados, elaborados especificamente para essa finalidade de aplicação em áreas classificadas contendo gases inflamáveis ou poeiras combustíveis.

O gerenciamento dessa grande quantidade de informações de equipamentos e instalações "Ex", bem como de programação de inspeções diárias e acompanhamento técnico e gerencial da evolução dessa programação, claramente evidencia a impossibilidade de execução dessas atividades de forma "manual", com base em registros e relatórios em "papel" em planilhas eletrônicas do tipo Excel, ou arquivos no formato PDF.

Os sistemas eletrônicos de cadastro do inventário e de inspeção de equipamentos "Ex" e de gestão de ativos "Ex" contam com o escaneamento de RFID por meio de tablets ou PDA "Ex", permitindo a acesso ao banco de dados do equipamento "Ex" a ser inspecionado. Esses sistemas informatizados devem ser elaborados com base nas listas de verificação indicadas na norma ABNT NBR IEC 60079-17. Esses sistemas devem também permitir o cadastramento dos tipos de proteção e marcações dos equipamentos "Ex", bem como dos respectivos certificados de conformidade.

Esses sistemas de gestão de ativos "Ex" devem permitir o cadastramento dos dados de classificação de áreas do local da instalação, de acordo com as respectivas plantas de classificação de áreas, a fim de permitir que o sistema verifique automaticamente se os tipos de proteção e características dos equipamentos "Ex" instalados estão de acordo ou não com os requisitos de classificação de áreas do local da instalação. Nos casos em que os equipamentos "Ex" estejam inadequados para os requisitos de classificação de áreas, um alerta é gerado automaticamente pelo sistema, de forma que o equipamento "Ex" seja imediatamente substituído, evitando retrabalhos de montagem, comissionamento e inspeção.

Para que esses sistemas de gestão de ativos "Ex" possam operar de maneira automática e adequada, devem ser afixados em cada um dos equipamentos elétricos, de instrumentação, de automação, de telecomunicações ou mecânicos "Ex" componentes para identificação por radiofrequência (do tipo RFID), os quais são automaticamente escaneados por tablets "Ex" a serem utilizados pelos inspetores "Ex". Esses tablets devem conter o sistema informatizado e as listas de verificação de inspeção "Ex", a serem aplicadas a cada um dos equipamentos "Ex" existentes e identificados por RFID. Esses tablets "Ex" devem ser adequados para utilização industrial ao tempo, possuir resistência mecânica a impactos, grau de proteção mínimo IP65 (ABNT NBR IEC 60529) e tipos de proteção "Ex", grupo, classe de temperatura e EPL adequado para áreas classificadas contendo gases inflamáveis ou poeiras combustíveis para as quais podem ser transportados. Exemplos de marcações básicas: Ex ib op is IIC T4 Gb (para utilização em áreas classificadas contendo gases inflamáveis – Zona 1 ou Zona 2) / Ex ib op is IIIC 120 °C Db (para utilização em áreas classificadas contendo poeiras combustíveis – Zona 21 ou Zona 22).

As inspeções devem ser feitas tendo como base a documentação de classificação de área do local a ser inspecionado, levando em consideração os requisitos de zona, grupo e classe de temperatura do local da instalação. Devem também ser levados em consideração os certificados de conformidade dos equipamentos "Ex" existentes, bem como os dados de marcação indicados nas respectivas plaquetas de marcação "Ex", as quais contém informações sobre os tipos de proteção "Ex" aplicados ao equipamento, bem como informações sobre grupo e classe de temperatura do equipamento "Ex".

Cada um dos equipamentos elétricos, de instrumentação, de telecomunicações, de automação e mecânicos "Ex" devem ser cadastrados com dados e informações sobre suas características, identificação, marcações, certificação e documentação de fabricantes. São listados a seguir os dados mínimos a serem cadastrados no sistema informatizado de gestão de ativos "Ex" para cada um dos equipamentos fixos ou móveis ou portáteis "Ex" instalados ou utilizados em cada instalação ou planta.

1) *Tag* do equipamento "Ex";
2) descrição do equipamento e das características técnicas do equipamento "Ex";
3) disciplina do equipamento "Ex" (instrumentação, automação, telecomunicação, elétrico ou mecânico);
4) tipo de equipamento "Ex", como transmissor, posicionador, solenoide, sensor, termopar, atuador, analisador, motor, luminária, botoeira, caixa de junção, tomada, plugue, painel de distribuição de força, painel de controle, painel de automação, traço elétrico, válvula de controle, câmera de CFTV, *switch* óptico, posicionador PAN/TILT, roteador Wi-Fi, bomba, compressor, ventilador, caixa de engrenagem, esteira transportadora, ponte rolante ou elevador;
5) fabricante;
6) modelo;
7) número de série;
8) número do certificado de conformidade "Ex";
9) organismo de certificação emissor do certificado de conformidade "Ex";
10) marcações do equipamento "Ex" para gases inflamáveis (exemplo: Ex db eb mb op is IIB+$H_2$ T5 Gb);
11) marcações do equipamento "Ex" para poeiras combustíveis (exemplo: Ex tb op-is IIIB 100 °C Db);

12) EPL (*Equipment Protection Level*) para gases inflamáveis (Ga, Gb, Gc);
13) EPL (*Equipment Protection Level*) para poeiras combustíveis (Da, Db, Dc);
14) grau de proteção do invólucro (código IP);
15) requisitos específicos de instalação (certificado com sufixo "X");
16) número da folha de dados;
17) barreira de segurança intrínseca [Ex "i"]: número do certificado de conformidade "Ex";
18) barreira de segurança intrínseca [Ex "i"]: fabricante, modelo, marcação "Ex". Exemplo: [Ex ia IIA/IIB/IIC Ga];
19) barreira de segurança intrínseca [Ex "i"]: parâmetros de entidade: Uo, Io, Po, Lo, Co;
20) características de marcação de equipamento Ex "i". Parâmetros de entidade: Ui, Ii, Pi, Li, Ci;
21) características e dados dos cabos de interligação entre instrumentos e barreiras (Lc, Cc, Lc/Rc);
22) faixa de temperatura de operação do equipamento "Ex" (-20/+40, -20/+60, -40/+50, -20/+85);
23) tensão nominal do equipamento "Ex" (relacionada com o risco de ignição) ([*alta*], [*média*], [*baixa*]);
24) risco de ignição do equipamento "Ex" (alto, médio, baixo em função da tensão nominal do equipamento, sistema de F&G, sistema SI);
25) *tag* do circuito do equipamento "Ex";
26) abertura frequente necessária ([*Sim*]/[*Não*]);
27) ocorrência de falha no equipamento "Ex" afeta a produção ([*Sim*]/[*Não*]);
28) número do RFID;
29) informações adicionais do equipamento;
30) campos livres adicionais para preenchimento pelo usuário;
31) cadastramento de fotos dos equipamentos e dos locais onde estão instalados;
32) cadastramento de documentos do fabricante, incluindo folha de dados, especificação técnica, diagramas de interligação, desenhos dimensionais, manual de instalação, manual de manutenção, manual de operação, manual de reparo ou recuperação, manual de inspeção, lista de *part-number.*

Adicionalmente, os equipamentos "Ex" devem ser cadastrados com dados e informações sobre as características do seu local de instalação, incluindo localização e classificação de áreas. São listados a seguir os dados mínimos a serem cadastrados para cada equipamento "Ex" existente em cada instalação ou planta.

1) Área primária (planta ou unidade de processo);
2) área secundária (suplanta ou subárea de processo dentro da unidade);
3) número da planta de arranjo indicando o local da instalação;
4) número do desenho de classificação de área do local da instalação;

5) número do diagrama de malha ou unifilar;
6) número do diagrama P&I identificando os instrumentos sensores, transmissores e atuadores;
7) zonas, incluindo gases inflamáveis (Zonas 0, 1, 2) e poeiras combustíveis (Zonas 20, 21, 22);
8) subgrupo de gases inflamáveis (grupo II: IIA, IIB ou IIC);
9) subgrupo de poeiras combustíveis (grupo III: IIIA, IIIB ou IIIC);
10) classe de temperatura do equipamento "Ex" (para equipamentos "Ex" para gases inflamáveis) ou temperatura máxima de superfície (para equipamentos "Ex" para poeiras combustíveis);
11) requisito de acesso (fácil acesso, escada, andaime, acesso restrito, acesso por corda);
12) nível de corrosão do local da instalação ([*baixo*], [*médio*] ou [*alto*]);
13) categoria de severidade do risco do ambiente do local da instalação ([*severo*], [*moderado*], [*baixo*]);
14) temperatura ambiente do local de instalação ([*normal*], [*alta*], [*baixa*]);
15) exposição a raios ultravioleta – UV ([*normal*], [*alta*], [*baixa*]);
16) exposição a jatos de água ([*baixo*], [*médio*], [*elevado*]);
17) vibração do local da instalação ([*normal*], [*alta*], [*baixa*]);
18) elevação em relação ao piso (m);
19) requisitos específicos de instalação (certificado com sufixo "X") atendidos ([*Sim*]/[*Não*]);
20) campos livres adicionais para preenchimento pelo usuário.

O sistema de gestão de ativos "Ex", contendo o banco de dados de equipamentos elétricos, de instrumentação, de telecomunicações, de automação e mecânicos "Ex", deve conter também informações referentes às inspeções que tenham sido executadas em cada um dos equipamentos "Ex" fixos ou móveis existentes em cada instalação ou planta. São listadas as informações mínimas a serem cadastradas.

1) Data programada para inspeção "Ex" (DD:MM:AAAA);
2) grau da inspeção "Ex" ([*Visual*], [*Apurada*], [*Detalhada*]);
3) comentário sobre inspeção "Ex" (texto livre);
4) tipo da inspeção "Ex" (inicial, periódica, amostragem);
5) data da inspeção "Ex" (DD:MM:AAAA);
6) número da ordem de inspeção "Ex";
7) desvio "Ex" encontrado? (Sim/Não);
8) número da ordem de manutenção (SAP) para a correção dos desvios "Ex";
9) prioridade de correção (PC) (PC0/PC1/PC2/PC3/PC4/PC5);
10) tempo para a correção dos desvios "Ex" encontrados (imediata, 30 dias, 90 dias, 180 dias);

11) desvio "Ex" encontrado foi corrigido? ([*Sim*]/[*Não*]);

12) comentário sobre correção do desvio "Ex" (texto livre);

13) informações adicionais sobre o local de instalação;

14) campos livres adicionais para preenchimento pelo usuário.

O aplicativo deve permitir o cadastramento dos documentos aplicáveis, incluindo documentação do fabricante, certificados de conformidade, diagramas funcionais, unifilares e de malha dos circuitos, listas de cabos e documentos de classificação de áreas e de imagens de registro fotográfico de cada equipamento "Ex" instalado.

O aplicativo deve permitir que sejam configurados os critérios de priorização das ações de correção dos desvios encontrados durante as inspeções "Ex", tendo como base os conceitos de RBI (*Risk Based Inspection*), levando-se em consideração, dentre outros requisitos, a classificação de áreas do local da instalação, os riscos representados pelo local da instalação e os riscos de ignição apresentados pelos equipamentos "Ex" com desvios de instalação.

O aplicativo deve ser capaz de gerar automaticamente relatórios gerenciais, apresentando, dentre outras, as seguintes funcionalidades, de forma tabular e gráfica (distribuição normal, distribuição em escala de tempo, gráficos do tipo pizza, gráfico de tendências).

- Total de itens cadastrados por unidade de processo, módulo de processo ou *skid*;
- relatório dos itens "Ex" a serem inspecionados por dia, semana, mês, ano;
- relatório de equipamentos "Ex" inspecionados;
- relatório de equipamentos "Ex" com inspeção em atraso;
- estado das ações provenientes das inspeções;
- relatório dos desvios encontrados nos equipamentos e nas instalações "Ex", por unidade de processo, local da instalação, tipo de equipamento ou tipo de proteção "Ex".

O aplicativo deve ser capaz de gerar gráficos analíticos, com possibilidade de estes serem também definidos e customizados pelo usuário. Os dados podem ser comparados no tempo para se obter uma visão "histórica" das condições da segurança dos equipamentos "Ex", de forma a determinar uma melhora ou piora durante o tempo (análise de tendências).

O aplicativo deve permitir a criação de relatórios customizados pelo cliente, com base nas informações dos bancos de dados de equipamentos "Ex" e de resultados de inspeções "Ex". Os relatórios devem ser visualizados em tela de computador, tablet ou telefone celular, enviados por e-mail ou impresso em arquivo do tipo PDF.

O aplicativo deve permitir que as ações requisitadas de inspeções sejam incluídas em um calendário e possam ser automaticamente enviadas por e-mail previamente cadastrados, para rastreamento e monitoração de conclusão. Somente pessoal autorizado definido no aplicativo pode concluir as ações de correção dos desvios "Ex".

O aplicativo deve permitir que seus bancos de dados e informações sejam exportados para backups locais ou em servidores de rede, incluindo sistema de servidores na nuvem (*cloud server*). O aplicativo deve possuir recursos de importação, exportação e restauração de banco de dados.

## 43.13 EXEMPLOS DE EQUIPAMENTOS COM IDENTIFICAÇÃO POR RFID PARA SISTEMA INFORMATIZADO DE GESTÃO DE ATIVOS E DE INSPEÇÃO E INSTALAÇÕES "Ex"

As figuras apresentadas a seguir mostram exemplos de *tag* do tipo RFID utilizados em equipamentos "Ex" instalados no campo e de tablet "Ex" utilizado para a execução das inspeções com base em sistema informatizado de gestão de ativos "Ex".

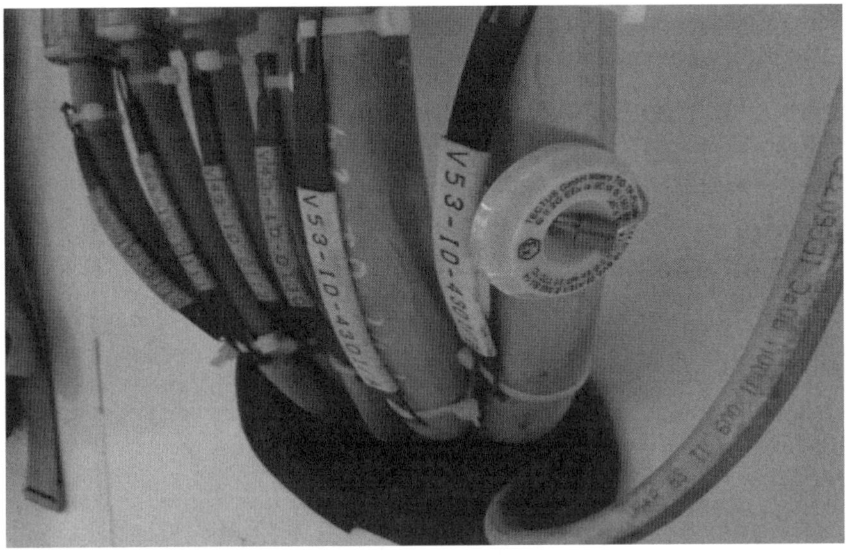

**Figura 43.12 –** Exemplo de dispositivo do tipo RFID afixado em cabo de equipamentos "Ex", para inspeção por meio de sistema informatizado para gestão de ativos das instalações elétricas, de instrumentação, de telecomunicações e mecânicas "Ex".

*Fonte*: acervos pessoais dos autores.

**Figura 43.13 –** Exemplo de dispositivo do tipo RFID afixado em caixa de junção contendo circuitos Ex "i", para inspeção por meio de sistema informatizado para gestão de ativos das instalações elétricas, de instrumentação, de telecomunicações e mecânicas "Ex".

*Fonte*: acervos pessoais dos autores.

**Figura 43.14 –** Exemplo de dispositivo do tipo RFID afixado em cabos de caixas de junção contendo circuitos Ex "i", para inspeção por meio de sistema informatizado para gestão de ativos das instalações "Ex".

*Fonte*: acervos pessoais dos autores.

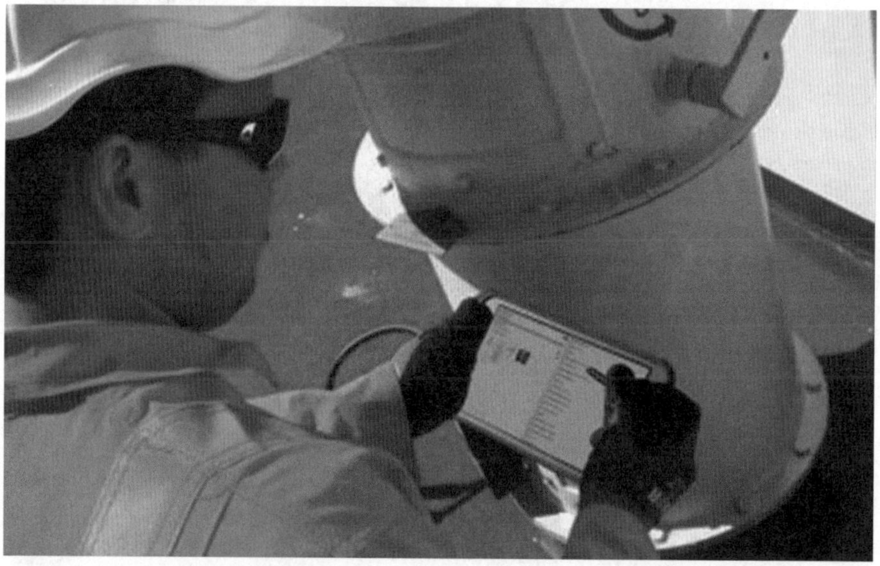

**Figura 43.15 –** Exemplo de inspeção "Ex" por meio de sistema informatizado para gestão da montagem das instalações elétricas, de instrumentação e de telecomunicações "Ex", com a utilização de tablet "Ex"

*Fonte*: acervos pessoais dos autores.

**Figura 43.16 –** Exemplo de inspeção "Ex" por meio de sistema informatizado para gestão da montagem das instalações elétricas, de instrumentação e de telecomunicações "Ex", com a utilização de PDA "Ex".

*Fonte*: acervos pessoais dos autores.

Essa *boa prática* de gestão de ativos "Ex" e sistema informatizado de cadastro de equipamentos e inspeções "Ex", embora não seja um requisito "obrigatório" ou "normativo", apresenta como benefícios, dentre outros, a elevação dos níveis de conformidade e de segurança das instalações "Ex", servindo também como evidências em casos de auditorias técnicas ou legais, internas ou externas. Entre os diversos benefícios que podem ser obtidos com a utilização de um sistema informatizado de inspeção "Ex" com base nos requisitos especificados na norma técnica brasileira adotada ABNT NBR IEC 60079-17, podem ser destacados os seguintes:

1) atendimento dos requisitos normativos e legais sobre inspeções de equipamentos e instalações "Ex";
2) dispensa de necessidade de documentação em papel para inspeções de campo;
3) sistema unificado para cadastro, inspeção e gestão de equipamentos e instalações "Ex";
4) redução de tempo e de custo para inspeções iniciais e periódicas "Ex";
5) acompanhamento gerencial de programação diária de inspeções, gestão sobre itens "Ex" em atraso de inspeção ou ações de correção de desvios "Ex" em atraso;
6) plataforma multiusuário unificada via web para visualização e gestão dos ativos "Ex" de diversas plantas localizadas em locais diferentes, incluindo diversas unidades terrestres, plataformas *offshore* ou FPSO;
7) melhoria no controle da integridade dos equipamentos e das instalações "Ex" existentes;
8) confiança de que os equipamentos "Ex" estão devidamente instalados sem representar possíveis "fontes de ignição";

9) padronização de procedimento de inspeções iniciais e periódicas para toda a organização;
10) planejamento de datas das inspeções periódicas de cada um dos itens "Ex" existentes em cada instalação;
11) programação e rastreamento de ações corretivas para a correção dos desvios encontrados;
12) rastreamento das certificações de competências pessoais dos inspetores "Ex";
13) listas de verificação customizadas para o tipo de proteção dos equipamentos "Ex" existentes;
14) listas de verificação customizadas para os dados de classificação de áreas do local da instalação dos equipamentos "Ex" ou do EPL requerido;
15) possibilidade de elaboração de diagramas dos circuitos de segurança intrínseca e verificação da compatibilidade dos parâmetros de entidade entre as barreiras e circuitos de campo, incluindo os instrumentos Ex "i" e cabos de interligação;
16) possibilidade de inclusão de itens específicos de inspeção "Ex", como *verificação do nível de óleo*, de forma a consolidar experiências existentes de inspeção para os novos inspetores "Ex";
17) sistema e registros de inspeção permanentemente disponível para toda a equipe de inspetores "Ex", em sistema 24/7;
18) facilidade de evidências de gerenciamento de inspeções "Ex" em casos de auditorias de seguradoras ou entidades legais;
19) recursos de análise gerencial por tipo de falhas, identificação de problemas devido a fabricantes, materiais ou condições ambientais específicas;
20) visão gerencial dos desvios de montagem ou manutenção ou reparos "Ex" encontrados, por tipo de equipamento ou tipo de proteção "Ex" ou área de instalação, possibilitando a tomada de ações para minimizar novas ocorrências;
21) possibilidade de integração do sistema informatizado de inspeções e de gestão de ativos "Ex" com sistemas de planejamento de recursos empresariais do tipo ERP, como o sistema SAP, para a emissão de ordens de manutenção, dentre outros recursos e funcionalidades.

## 43.14 EVOLUÇÃO DOS SISTEMAS DE INSPEÇÕES DE EQUIPAMENTOS E INSTALAÇÕES DE INSTRUMENTAÇÃO, AUTOMAÇÃO, TELECOMUNICAÇÕES, ELÉTRICAS E MECÂNICAS "Ex"

A execução dos serviços de inspeções dos equipamentos e das instalações em áreas classificadas é uma necessidade reconhecida desde o início dos anos 1900, quando foram introduzidos os primeiros equipamentos elétricos em áreas classificadas.

De forma incipiente e ainda não padronizada ou normatizada, as inspeções eram primordialmente executadas pelas pessoas que operavam ou faziam serviços de manutenção nos equipamentos "Ex", na maioria das vezes de forma visual e sem um efetivo sistema de registro dos itens que haviam sido inspecionados ou dos resultados dos eventuais "desvios" ou "não conformidades" encontrados naquelas inspeções.

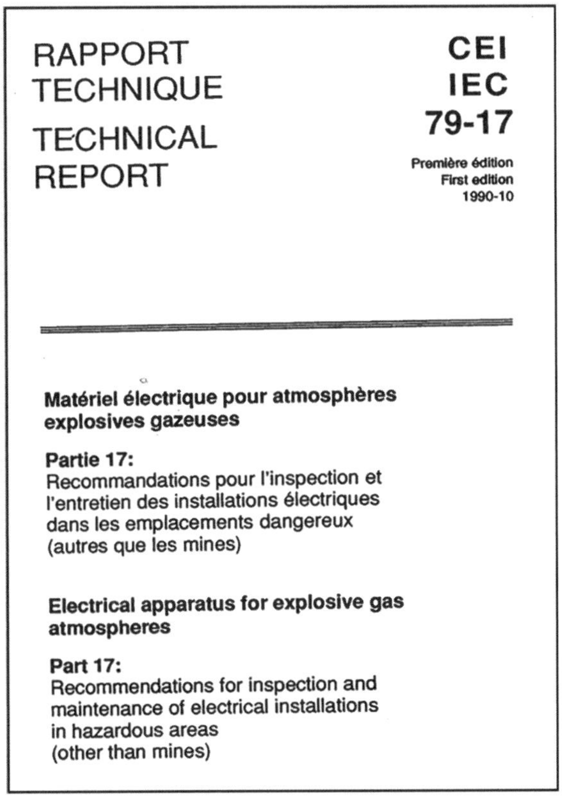

RAPPORT TECHNIQUE

TECHNICAL REPORT

**CEI IEC 79-17**

Première édition
First edition
1990-10

**Matériel électrique pour atmosphères explosives gazeuses**

**Partie 17:**
Recommandations pour l'inspection et l'entretien des installations électriques dans les emplacements dangereux (autres que les mines)

**Electrical apparatus for explosive gas atmospheres**

**Part 17:**
Recommendations for inspection and maintenance of electrical installations in hazardous areas (other than mines)

**Figura 43.17 –** Folha de rosto da primeira edição (1990) do relatório técnico IEC 79-17 – *Electrical apparatus for explosive gas atmospheres – Part 17: Recommendations for inspection and maintenance of electrical installations in Hazardous areas (other than mines).*

*Fonte*: IEC.

A primeira edição da norma internacional da IEC sobre inspeções de equipamentos e instalações "Ex" foi publicada em outubro de 1990, ainda na forma de uma relatório técnico, IEC 79-17 – *Electrical apparatus for explosive gas atmospheres – Part 17: Recommendations for inspection and maintenance of electrical installations in Hazardous areas (other than mines).* Aquele documento da IEC foi inicialmente elaborado tendo como base a norma internacional IEC 364-6-61 (1986) – *Electrical installations of buildings, Part 6: Verification. Chapter 61: Initial verification.*

Com base na tecnologia disponível naquela época pré-internet, as inspeções passaram a ser feitas na forma de relatórios em papel, preenchidos rusticamente à mão, utilizando-se as listas de verificação e de inspeções "Ex" indicadas naquela norma. Os relatórios de inspeção "Ex" elaborados em papel apresentavam um elevado trabalho de preenchimento no campo, bem como a necessidade de carregamento de diversos outros documentos, como certificados de conformidade, documentos de classificação de áreas, manuais dos equipamentos e diagramas de interligação, tornando a execução das inspeções de campo bastante "complexas" e "trabalhosas", em especial em locais elevados e em dias de chuva. Além disso, os relatórios elaborados em papel apresentavam também as desvantagens de elevados espaços para arquivamento físico e elevado peso.

Citando como exemplo uma empresa que possua um total de cerca de 150 mil equipamentos "Ex", incluindo equipamentos de instrumentação, automação, telecomunicações, elétricos e mecânicos "Ex", os quais possuam um tempo de vida útil de cerca de vinte anos, é previsto que sejam elaborados, para cada equipamento "Ex", um total de sete relatórios de inspeções "Ex", sendo um relatório para a inspeção inicial e seis relatórios para as inspeções periódicas (as quais devem ser executadas a intervalos de três anos). Dessa forma, para essa quantidade de equipamentos e de inventário de equipamentos "Ex", é prevista a elaboração de mais de 1 milhão de relatórios de inspeções "Ex". Podem ser estimados os significativos problemas, dificuldades, complexidades e desafios em elaborar, arquivar e manter armazenada essa elevada quantidade de documentos, caso tivessem sido elaborados em papel.

Além disso, os relatórios em papel também apresentam os problemas decorrentes de não permitirem nenhum tipo de integração com sistemas de gestão nem de indexação de registros fotográficos. Os relatórios de inspeções "Ex" elaborados em papel também apresentavam as deficiências de não permitirem o acompanhamento informatizado das ações de planejamento ou rastreamento das ações de correção das eventuais *não conformidades* ou *desvios* encontrados durante as inspeções "Ex" no campo, em áreas classificadas.

Com o desenvolvimento da tecnologia, os relatórios de inspeção "Ex", que eram inicialmente executados em papel, passaram a ser substituídos por relatórios preenchidos, ainda de forma manual, em planilhas eletrônicas, as quais já apresentavam o benefício de poderem ser armazenadas de forma digital, muitas vezes no formato PDF, porém, ainda sem nenhum tipo de integração com sistemas de gestão empresarial ou com sistemas de gestão de ativos "Ex".

De forma evolutiva, com o objetivo de tornar as inspeções "Ex" mais completas e integradas com sistemas empresariais, os relatórios de campo das inspeções dos equipamentos e das instalações "Ex" passaram a ser elaborados em aplicativos com base em *web servers*, instalados em tablets ou smartphones "Ex", devidamente integrados aos sistemas de gestão de ativos "Ex". Nesses relatórios, passaram a ser automaticamente incluídos no sistema e no banco de dados os arquivos digitais dos registros fotográficos dos equipamentos e das instalações "Ex" feitos durante os serviços de inspeção.

A partir dos anos 2000, as inspeções "Ex" passaram a incorporar a identificação e a marcação digital (*leitura por máquinas*), com base em RFID ou *QR Code* fixados aos equipamentos de instrumentação, automação, telecomunicações, elétricos e mecânicos "Ex". Os detalhes da marcação digital de produtos estão indicados na norma técnica brasileira ABNT NBR IEC 63365 - *Medição, controle e automação de processos industriais - Marcação digital*. Desde aquela época, com a popularização e os benefícios proporcionados por essa tecnologia os Requisitos de Avaliação da Conformidade (RAC) de diversos tipos de produtos passaram a incluir requisitos de marcação digital.

São indicados na figura a seguir alguns exemplos de marcação digital de equipamentos "Ex", por meio de *QR Code* ou de RFID.

Marcação digital de equipamento "Ex" por meio de *QR Code*.

Marcação digital de equipamento "Ex" por meio de RFID.

**Figura 43.18** – Exemplos de marcação de digital de equipamentos "Ex", por meio de *QR Code* ou de RFID, com base nos requisitos da norma técnica brasileira adotada ABNT NBR IEC 63365 (*Marcação digital*).

*Fonte*: acervos pessoais dos autores.

Com o desenvolvimento dos sistemas de gestão de ativos "Ex", as inspeções "Ex" passaram a ser feitas com base em cadastramento e inventário de cada um dos equipamentos "Ex" e em programa de inspeções "Ex", com interface direta para o Sistema integrado de Gestão Empresarial (ERP). Por meio desses aplicativos e sistemas, é determinada uma data específica para a inspeção periódica de cada equipamento "Ex", instalado de forma fixa ou utilizado de forma pessoal ou portátil, de forma que não seja ultrapassado o limite de três anos entre cada inspeção periódica "Ex", indicado na norma técnica brasileira ABNT NBR IEC 60079-17.

Com a popularização de sistemas baseados em servidores de dados na internet (*web servers* ou *cloud servers*) e nos benefícios proporcionados pelo acesso remoto desses bancos de dados, por meio de sistemas de proteção de dados e senhas de acesso, as inspeções "Ex" evoluíram com base em sistemas de gestão de ativos "Ex", incluindo planejamento de inspeções iniciais, periódicas e por amostragem "Ex" e acompanhamento gerencial on-line, por parte de qualquer computador ou smartphone com acesso ao sistema informatizado, do cumprimento do programa de inspeções "Ex".

Com o desenvolvimento dos robôs, representados por drones e robôs com esteiras, com quatro pernas, as inspeções autônomas "Ex" robotizadas, em regime 24/7, incorporando recursos e algoritmos de inteligência artificial (IA), conceitos da IIoT, *Machine Learning*, *Digital Twin* e *Cybersecurity*, aplicáveis aos conceitos e necessidades de conectividade da "indústria 4.0". Os robôs possuem capacidade de comunicação e interação on-line com os demais robôs "Ex" existentes na instalação (com comunicação do tipo *nuvem de borda*), com os sistemas digitais de controle de processo (DCS, PLC) e com os sistemas de gestão ERP.

Com a aplicação das tecnologias disponíveis no mercado, as indústrias do setor de óleo e gás, petroquímicas, siderúrgicas, mineração e portuárias, dentre outras, têm se beneficiado da utilização de robôs autônomos para inspeções industriais de estruturas e instalações, tanto para acessar locais que eram anteriormente impossíveis ou agressivos para os seres humanos quanto para inspecionar, mapear e executar outras funções automatizadas e autônomas em áreas de risco e com a presença de atmosferas explosivas ou tóxicas.

Em serviços de inspeções robotizadas, os pilotos dos *drones* e os operadores que acompanham, por exemplo, a captação de imagens e dos sinais gerados de forma on-line pelos robôs, permanecem fisicamente em locais seguros, em ambientes controlados ou em salas de controle remotas, enquanto os robôs realizam as inspeções de tanques, vasos, fornos, reatores, tubulações, *flares*, torres de destilação e outras estruturas verticais que antes exigiam equipamentos de escalada por corda (*rapel*), andaimes, barcos, navios e interdição dos locais confinados, quando esses serviços de inspeção eram anteriormente realizados com a presença de pessoas.

Na figura a seguir, é mostrada uma representação da benéfica evolução dos sistemas informatizados de cadastramento de inventário dos equipamentos "Ex", marcação digital dos equipamentos "Ex", sistemas de gestão de ativos "Ex" e inspeções autônomas robotizadas "Ex", nos quais as inspeções iniciais, periódicas e por amostragem dos equipamentos e instalações de instrumentação, automação, telecomunicações, elétricas e mecânicas em áreas classificadas têm se beneficiado ao longo das últimas décadas.

**Figura 43.19 –** Representação da evolução dos sistemas de inspeções de equipamentos e instalações de instrumentação, automação, telecomunicações, elétricas e mecânicas "Ex": dos relatórios primitivamente preenchidos manualmente em papel, em época pré-internet, passando pelos sistemas on-line de inventário e gestão de ativos "Ex" até as inspeções autônomas "Ex" robotizadas, incorporando os recursos de IIoT, AI, *Digital Twin*, *Machine Learning* e *Cybersecurity*, aplicáveis aos conceitos e necessidades de conectividade da indústria 4.0.

*Fonte*: acervos pessoais dos autores.

## 43.15 CONSIDERAÇÕES SOBRE OS BENEFÍCIOS DE SISTEMAS INFORMATIZADOS DE INVENTÁRIO, GESTÃO DE ATIVOS E INSPEÇÕES DE EQUIPAMENTOS E INSTALAÇÕES "Ex"

A *boa prática* de gestão de ativos "Ex" e de aplicação de sistema informatizado de cadastro de inventário de equipamentos de instrumentação, automação, telecomunicações, elétricos ou mecânicos "Ex" e de inspeções iniciais e periódicas de equipamentos e instalações "Ex", embora não seja um requisito "obrigatório" ou "normativo", apresenta como benefícios, dentre outros, a elevação dos níveis de conformidade e de segurança das instalações "Ex", servindo também como evidências em casos de auditorias técnicas ou legais, internas ou externas.

Dentre os principais benefícios que podem ser obtidos com a utilização de um sistema informatizado de inspeção "Ex", com base nos requisitos especificados na norma técnica brasileira adotada ABNT NBR IEC 60079-17, podem ser destacados os seguintes:

1) atendimento dos requisitos normativos e legais sobre inspeções de equipamentos e instalações "Ex";

2) dispensa de necessidade de documentação em papel para inspeções iniciais e periódicas "Ex" de campo, tornando os registros digitais dos relatórios das inspeções "Ex" mais confiáveis e integrados aos demais sistemas de gestão ou sistemas informatizados existentes na empresa;

3) sistema unificado para cadastro e inventário dos ativos "Ex", inspeção e gestão de equipamentos e instalações "Ex";

4) possibilidade de uma significativa redução de tempo e de custo para inspeções iniciais e periódicas "Ex";
5) possibilidade do acompanhamento gerencial de programação diária de inspeções, gestão sobre itens "Ex" em atraso de inspeção ou ações de correção de desvios "Ex" em atraso;
6) plataforma multiusuário unificada via web para visualização e gestão dos ativos "Ex" de diversas plantas localizadas geograficamente em locais diferentes, incluindo diversas unidades terrestres, plataformas *offshore* ou FPSO;
7) possibilidade da introdução de melhorias no controle da integridade dos equipamentos e das instalações "Ex" existentes;
8) Confiança de que os equipamentos "Ex" estão devidamente instalados, sem representar indevidas *fontes de ignição*, evitando a ocorrência da indevida *normalização* dos desvios "Ex";
9) possibilidade da devida padronização informatizada de procedimento de inspeções iniciais e periódicas "Ex" e do acompanhamento do *programa de inspeções Ex* para todas as instalações da organização;
10) possibilidade de um necessário planejamento de datas das inspeções periódicas de cada um dos itens "Ex" existentes em cada instalação, estabelecendo o devido *programa de inspeções periódicas Ex*.
11) possibilidade da implantação de um algoritmo de priorização, programação e o rastreamento de ações corretivas para os eventuais e indevidos *desvios* que forem encontrados nas inspeções iniciais e periódicas "Ex";
12) possibilidade do cadastramento dos inspetores autorizados para executar as inspeções iniciais e periódicas "Ex", bem como o rastreamento dos prazos de validade das certificações de competências pessoais dos inspetores "Ex" (Unidades de Competências Pessoais Ex 007 e Ex 008);
13) possibilidade da geração de listas de verificação customizadas para o tipo de proteção dos equipamentos "Ex" existentes;
14) possibilidade da geração de listas de verificação customizadas para os dados de classificação de áreas do local da instalação dos equipamentos "Ex" ou do EPL requerido;
15) possibilidade de elaboração de diagramas dos circuitos de segurança intrínseca e verificação da compatibilidade dos parâmetros de entidade ou de limitação entre as barreiras e circuitos de campo, incluindo os instrumentos Ex "i" e cabos de interligação;
16) possibilidade de inclusão de itens específicos de inspeção "Ex", como "verificação do nível de óleo", de forma a consolidar experiências existentes de inspeção para os novos inspetores "Ex";
17) possibilidade de que os relatórios de inspeções "Ex", incluindo os registros fotográficos digitais dos respectivos equipamentos e instalações "Ex", estejam permanentemente disponíveis para toda a equipe de inspetores "Ex" e de gestores dos sistemas de SMS/EHS, em sistema disponível 24 h por dia/sete dias por semana, com base em servidores de rede (*web servers*) ou servidores em "nuvem" (*cloud servers*);
18) facilidades de evidências imediatas e on-line de gerenciamento dos ativos "Ex" e das inspeções "Ex", em casos de auditorias ou avaliações internas e auditorias

externas de empresas seguradoras ou auditorias de entidades legais e regulamentadoras, por exemplo, Ministério do Trabalho ou ANP;

19) possibilidade de recursos para análise gerencial do programa de inspeções "Ex", por exemplo, análise dos eventuais "desvios" por tipo de falhas "Ex", identificação de problemas devido a fabricantes de produtos "Ex", materiais ou condições ambientais específicas;

20) visão gerencial dos eventuais "desvios" encontrados, por exemplo, por falha de montagem ou manutenção ou reparos "Ex", por tipo de equipamento ou tipo de proteção "Ex" ou área de instalação, possibilitando a tomada de ações para minimizar novas ocorrências

21) possibilidade de integração do sistema informatizado de inspeções e de gestão de ativos "Ex" com sistemas de planejamento de recursos empresariais do tipo ERP, como o sistema SAP, dentre outros, para a emissão de ordens de manutenção, dentre outros recursos e funcionalidades.

## 43.16 CONSIDERAÇÕES SOBRE SERVIÇOS DE INSPEÇÃO, MANUTENÇÃO E SISTEMA DE GESTÃO DE ATIVO DE EQUIPAMENTOS E INSTALAÇÕES "Ex"

São relacionadas a seguir algumas considerações e conclusões sobre a necessidade da execução adequada dos serviços de inspeção, manutenção e da implantação de um sistema de gestão de ativo de equipamentos e instalações "Ex".

1) As etapas de inspeção e manutenção dos equipamentos e das instalações "Ex", em particular no presente caso dos equipamentos e instalações intrinsecamente seguras, podem ser consideradas um dos "elos" mais importantes na "corrente de ações de segurança" que englobam as instalações "Ex" ao longo de seu ciclo total de vida, desde as etapas iniciais de classificação de áreas, projeto e de seleção dos equipamentos até os serviços de montagem e manutenção, passando pelos processos de certificação de conformidade dos equipamentos "Ex", certificação das oficinas de reparos de equipamentos "Ex" e de certificação das competências pessoais "Ex".

2) As atividades de inspeção e manutenção de equipamentos e instalações "Ex" podem ser consideradas como o "coração" de todo o processo de gestão de segurança e de gestão de ativos "Ex", relacionadas à segurança em áreas classificadas.

3) De forma a assegurar que os equipamentos intrinsecamente seguros (Ex "i") ou equipamentos associados ([Ex "i"]) se encontram em condições adequadas de instalação em áreas classificadas ou associadas às áreas classificadas, é fundamental que esses equipamentos estejam devidamente cadastrados em um sistema de gestão "Ex" e que tenham um planejamento de inspeções periódicas.

4) Com base na implementação de um sistema de gestão de ativos "Ex" é possível haver uma confiança de que os equipamentos com certificação "Ex" não representem uma fonte de ignição e que não haverá uma eventual explosão em casos de liberação inesperada de gases inflamáveis ou de poeiras combustíveis, oriundas de eventuais perdas de contenção por parte dos equipamentos de processo e de vasos de pressão.

5) Pode ser verificada, na prática, a existência de empresas que realizam serviços de classificação de áreas, projeto, seleção de equipamentos, montagem, inspeção

e manutenção em áreas classificadas, que não possuem os devidos procedimentos de trabalho, sistemas de gestão da qualidade, equipamentos, ferramentas, instrumentos e pessoal devidamente competente para a execução e supervisão destas atividades "Ex".

6) Em função de deficiências de competências pessoais e de empresas de serviços "Ex", podem ser verificadas nas instalações industriais terrestres e marítimas, durante as inspeções das instalações "Ex", a ocorrência de uma indevida "normalização de desvios Ex", oriundas de falhas humanas e de falhas de qualificações, conhecimento e experiências nas atividades de execução e supervisão de projeto, montagem, inspeção, manutenção, reparo e recuperação "Ex".

7) Para a obtenção dos níveis necessários de segurança nas instalações elétricas, de instrumentação, de automação, de telecomunicações e mecânicas em atmosferas explosivas, é necessário que os serviços necessários sejam realizados de acordo com respectivos requisitos normativos especificados nas normas técnicas brasileiras adotadas aplicáveis da Série ABNT NBR IEC 60079, os quais dependem dos treinamentos, experiências, habilidades, qualificações e certificação das competências das pessoas envolvidas na execução destes serviços "Ex".

8) Em termos de segurança industrial, deve ser ressaltada a importância da existência de sistemas de certificação de competências pessoais e de empresas de serviços para atmosferas explosivas para elevar os níveis de confiança que os serviços "Ex" executados em áreas classificadas são realizados de forma correta e para garantir a segurança dos equipamentos das instalações "Ex" durante o seu ciclo total de vida.

9) Sob o ponto de vista de segurança das instalações contendo áreas classificadas formadas por gases inflamáveis ou poeiras combustíveis, pode ser verificado, considerando-se a quantidade de "desvios" de serviços de auditorias, gestão de ativo, classificação de áreas, projeto, montagem, manutenção, inspeção e reparo dos equipamentos e instalações em atmosferas explosivas, que são encontradas durante as inspeções periódicas das instalações "Ex", que somente a certificação dos equipamentos elétricos ou mecânicos "Ex" é insuficiente para garantir a segurança dessas instalações, ou das pessoas que nelas trabalham. Pode ser considerado um "mito" o entendimento indevido de que a simples aquisição de equipamentos elétricos ou mecânicos "certificados" possa garantir essa segurança.

10) É necessária a adoção de uma nova abordagem de segurança, sob o ponto de vista do ciclo total de vida das instalações em atmosferas explosivas, considerando a necessidade de certificação prioritária das empresas de serviços "Ex" e da certificação prioritária das competências pessoais dos executantes e supervisores envolvidos em serviços em áreas classificadas, englobando as pessoas e as empresas envolvidas nos serviços de inspeção e manutenção de equipamentos e instalações "Ex", incluindo os equipamentos intrinsecamente seguros.

# Capítulo **44**

# Requisitos de serviços de reparo, revisão e recuperação de equipamentos intrinsecamente seguros

**Sinopse:** este capítulo aborda os principais requisitos para as atividades de reparo, revisão e recuperação de equipamentos intrinsecamente seguros (Ex "i") e equipamentos intrinsecamente seguros associados ([Ex "i"]). São abordados também critérios "gerais" de serviços de reparo, revisão e recuperação "Ex" aplicáveis a diversos tipos de proteção "Ex", incluindo a proteção por segurança intrínseca.

## 44.1 INTRODUÇÃO

Os equipamentos "Ex" podem eventualmente apresentar falhas ou defeitos que os fazem se tornar inoperantes ou ter operação inadequada. Nesses casos, existe a necessidade de que eles sejam submetidos a serviços de reparo, revisão, recuperação ou modificações, de forma que retornem às suas condições originais de operação, dentro dos seus parâmetros nominais originais. Deve ser reconhecido que as atividades de manutenção preditiva e preventiva, aplicáveis muitas vezes de forma rotineira aos equipamentos "Ex", nem sempre são capazes de fazer com que os equipamentos "Ex" sejam sempre mantidos em suas condições operacionais, devido à ocorrência de falhas não previstas ou previamente não detectadas em seus estágios iniciais.

Para que os equipamentos "Ex" possam ser considerados seguros após a execução de serviços de reparo, revisão, recuperação ou modificação, existe a necessidade de serem atendidos os requisitos especificados na norma técnica brasileira adotada ABNT NBR IEC 60079-19 (*Atmosferas explosivas – Parte 19: Reparo, revisão e recuperação de equipamentos "Ex"*).

Essa parte da série de normas técnicas brasileiras adotadas ABNT NBR IEC 60079 apresenta orientações sobre os procedimentos práticos de serviços para manter a segurança e os requisitos de desempenho dos equipamentos "Ex" reparados e recuperados, bem como define os procedimentos para se manter, após a execução dos serviços de reparo, revisão ou recuperação e a conformidade do equipamento "Ex" com os requisitos do certificado de conformidade original ou com os requisitos das normas dos tipos de proteção "Ex" aplicáveis ao equipamento "Ex", sempre que a documentação de certificação não for disponível.

Na figura a seguir, é mostrada a folha de rosto da norma técnica brasileira adotada ABNT NBR IEC 60079-19.

NORMA BRASILEIRA

ABNT NBR IEC 60079-19

Quarta edição
01.09.2020

**Atmosferas explosivas**
**Parte 19: Reparo, revisão e recuperação de equipamentos**

*Explosive atmospheres*
*Part 19: Equipment repair, overhaul and reclamation*

**Figura 44.1** – Folha de rosto da norma técnica brasileira adotada ABNT NBR IEC 60079-19 – *Atmosferas explosivas – Parte 19: Reparo, revisão e recuperação de equipamentos.*

*Fonte*: ABNT.

## 44.2 REQUISITOS DE COMPETÊNCIAS PESSOAIS DE EXECUTANTES E PESSOAS RESPONSÁVEIS PELA APROVAÇÃO DOS SERVIÇOS DE REPARO, REVISÃO, RECUPERAÇÃO OU MODIFICAÇÃO DOS EQUIPAMENTOS "Ex"

Uma vez que a natureza da proteção contra o risco de ignição de uma atmosfera explosiva provida por cada tipo de proteção "Ex" varia de acordo com as suas respectivas características, devem ser consultadas as normas técnicas brasileiras adotadas da Série ABNT NBR IEC 60079, aplicáveis aos tipos de proteção aplicados aos equipamentos "Ex" que estiverem sendo submetidos aos serviços de recuperação ou reparo. Na norma técnica brasileira adotada ABNT NBR IEC 60079-19, é indicada a necessidade da existência de competências pessoais "Ex" adequadas para os serviços de reparo, revisão e recuperação dos equipamentos "Ex", tanto do ponto de vista dos executantes como dos supervisores e das pessoas responsáveis pela aprovação dos serviços "Ex" executados.

Com relação à qualificação e às competências pessoais dos profissionais envolvidos com a execução ou supervisão (e aprovação) os serviços de reparo e recuperação de equipamentos "Ex", para o atendimento dos requisitos normativos indicados na norma ABNT NBR IEC 60079-19, as empresas de serviços de reparo e recuperação de equipamentos "Ex" necessitam possuir pessoal devidamente treinado, capacitado e competente, de forma a possuírem os conhecimentos necessários para a execução das atividades para as quais são responsáveis, tanto em nível de execução como de supervisão dos serviços. A unidade de competência pessoal aplicável para a certificação dessas atividades é a da Unidade Ex 005 (*Reparo e revisão de equipamentos com tipos de proteção "Ex"*), especificada no documento operacional IECEx OD 504 (*Especificações para a avaliação dos resultados das unidades de competência*).

Além dos devidos recursos humanos necessários, as oficinas de serviços de reparos devem também possuir os recursos físicos requeridos, como ferramental, autoclaves para impregnação de verniz a vácuo, máquinas de balanceamento, sistemas de soldagem e tornos, instrumentos de medição e outros necessários.

## 44.3 CERTIFICAÇÃO DE EMPRESAS DE SERVIÇOS DE REPARO, REVISÃO, RECUPERAÇÃO E MODIFICAÇÃO DE EQUIPAMENTOS "Ex"

No âmbito internacional, foi lançado pelo IECEx, em 2007, um esquema de certificação de empresas de serviços "Ex". No caso de certificação de empresas de serviços de reparo, revisão e recuperação de equipamentos "Ex", os organismos de certificação utilizam como base para as auditorias de avaliação da conformidade a norma IEC 60079-19 e os documentos operacionais IECEx OD 314-5 – *Requisitos do Sistema de Gestão da Qualidade para Empresas de Serviços do IECEx envolvidas em reparo, revisão e recuperação de equipamentos "Ex"*, e IECEx OD 315-5 – *Requisitos adicionais para empresas de serviços IECEx envolvidas em reparo, revisão e recuperação de equipamentos "Ex"*.

Desde o lançamento desse esquema de certificação de empresas de serviços "Ex", foram certificadas muitas centenas de empresas de serviços "Ex", incluindo empresas brasileiras. Desde 2016, existe um organismo de certificação brasileiro reconhecido pelo IECEx para emitir certificados internacionais sobre empresas de serviços de reparo e recuperação de equipamentos "Ex".

Existem no Brasil mais de noventa empresas de serviços de reparo, revisão ou recuperação de equipamentos "Ex" certificadas, que vêm buscando suas certificações de serviços "Ex", desde 2009, após a publicação da norma técnica brasileira adotada ABNT NBR IEC 60079-19. Essas empresas de serviços "Ex" estão localizadas em quatorze estados (AL, BA, CE, ES, GO, MG, MT, PE, PR, RJ, RS, SC e SP), envolvendo serviços em equipamentos "Ex" de diversos tipos, como aquecedores elétricos, motores elétricos de alta e baixa tensão, invólucros de painéis elétricos, caixas de terminais, luminárias, projetores portáteis, lanternas, sistemas de intercomunicação industrial, sistemas de CFTV, cabeçotes de impressão, rádios transceptores e motobombas submersíveis "Ex".

Os tipos de proteção "Ex" abrangidos no escopo dessas certificações incluem: Ex "e" (*segurança aumentada* – Ex "eb" / Ex "ec"), Ex "i" (*segurança intrínseca*), Ex "t" (*proteção por invólucro para poeiras combustível*); Ex "p" (*invólucros pressurizados*), Ex "d" (*invólucros à prova de explosão*) e Ex "n" (*não acendível*).

Com relação aos requisitos técnicos, de competências pessoais e do Sistema de Gestão da Qualidade (SGQ) indicados na norma ABNT NBR IEC 60079-19, os principais pontos a serem auditados para verificar a capacidade da empresa em realizar adequadamente os serviços de reparo são os seguintes:

- Sistema de Gestão da Qualidade, com base nos requisitos da norma ABNT NBR ISO 9001;
- sistema de arquivamento e rastreabilidade da documentação técnica e dos relatórios de reparos e recuperação;

- sistema de calibração de máquinas, instrumentos de medição, calibres e paquímetros;
- sistema de gerenciamento de documentação técnica;
- controle de matérias-primas, como vernizes, tintas, materiais consumíveis para soldagem, fios para enrolamento de bobinas;
- sistema de gerenciamento de treinamento, qualificação, competências e reciclagem do pessoal de execução e de supervisão;
- análise crítica de contratos de clientes para prestação de serviços;
- requisitos de subcontratação de serviços e de controle da qualidade de serviços terceirizados, como soldagem, metalização, usinagem e tratamentos superficiais;
- procedimentos de execução de trabalhos, tanto no interior da oficina (*on-site*) como para serviços em campo (*off-site*):
  - ▹ soldagem;
  - ▹ usinagem;
  - ▹ metalização;
  - ▹ embuchamento;
  - ▹ tratamentos térmicos;
  - ▹ ensaios não destrutivos;
  - ▹ tratamentos superficiais;
  - ▹ sistemas de pintura de invólucros e de carcaças, de acordo com os requisitos de ambientes industriais e agressivos por gases corrosivos, altas temperaturas e elevada umidade;
  - ▹ procedimentos para obtenção de sobressalentes dos fabricantes originais dos equipamentos "Ex", se existentes, como tampas de invólucros Ex "d", resistências de aquecimento, instrumentos e componentes eletrônicos.
- Requisitos sobre conhecimentos, habilidades e competências de pessoas responsáveis, supervisores e executantes – Anexo B (Normativo) da norma técnica brasileira adotada ABNT NBR IEC 60079-19 e sistema de competências do IECEx:
  - ▹ evidências sobre treinamentos, diplomas, cursos de especialização;
  - ▹ evidências sobre conhecimentos em classificação de áreas, grupos IIA, IIB e IIC de gases inflamáveis e grupos IIIA, IIIB e IIIC de poeiras combustíveis, classes de temperaturas, temperatura de autoignição e MESG;
  - ▹ experiências ou conhecimentos sobre requisitos de graus de proteção IP54, IP55, IP65, IP66;
  - ▹ experiências ou conhecimentos sobre requisitos dos tipos de proteção envolvidos nos equipamentos a serem reparados ou recuperados, como Ex "d", Ex "e", Ex "nA", Ex "nC", Ex "nR", Ex "pz", Ex "px", Ex "tD";
  - ▹ experiências na realização dos ensaios requeridos para cada tipo de proteção "Ex";
  - ▹ periodicidade de reciclagem de treinamentos.

## 44.4 REQUISITOS DE SERVIÇOS DE REPARO, REVISÃO E RECUPERAÇÃO DE EQUIPAMENTOS INTRINSECAMENTE SEGUROS Ex "i" E EQUIPAMENTOS ASSOCIADOS [Ex "i"]

Os serviços de reparo, revisão ou recuperação para o tipo de proteção "i" devem ser efetuados somente de acordo com os requisitos especificados nos respectivos documentos de certificação que são relacionados no certificado de conformidade. Isso se deve ao fato de que a substituição de componentes ou os serviços de recuperação de equipamentos eletrônicos ou placas de circuito impresso podem comprometer as características de proteção da segurança intrínseca, incluindo as eventuais perdas das distâncias de isolação, de escoamento ou de separação entre circuitos intrinsecamente seguros (IS) e não intrinsecamente seguros (NIS).

Caso os serviços de reparo, revisão ou recuperação de equipamentos intrinsecamente seguros não sejam efetuados de acordo com as orientações do fabricante ou de acordo com os requisitos especificados na norma técnica brasileira adotada ABNT NBR IEC 60079-19, existe também o risco da perda das características nominais dos componentes e das características dos parâmetros de entidade (como tensão, corrente, potência, indutância ou capacitância), bem como da redundância dos componentes, o que compromete a segurança intrínseca do circuito nos quais os equipamentos Ex "i" ou equipamentos associados [Ex "i"] estão inseridos. Os requisitos para reparo, revisão ou recuperação de equipamentos intrinsecamente seguros ou associados são aplicáveis a todos os níveis de proteção ("ia", "ib" ou "ic"), independentemente da classificação da área na qual o equipamento Ex "i" é instalado.

A segurança de sistemas intrinsecamente seguros depende de todas as partes dos equipamentos das quais eles são formados, assim como da fiação de interconexão entre os equipamentos Ex "i" e os equipamentos associados [Ex "i"]. É recomendado que a mesma consideração seja realizada tanto nas partes do sistema que são instaladas em áreas não classificadas como nas partes que são instaladas em áreas classificadas.

É recomendado que a superfície externa seja completamente limpa antes da avaliação. Umidade, sujeira ou outros poluentes devem ser removidos dos componentes intrinsecamente seguros e do interior dos seus invólucros antes do início dos serviços de revisão, reparo ou recuperação.

Pode ser necessária a aplicação de revestimentos adicionais quando da execução de serviços de reparo ou recuperação de equipamentos Ex "i", uma vez que a corrosão ou falta de limpeza pode invalidar a segurança intrínseca.

Nos casos em que a segurança intrínseca for dependente dos invólucros de equipamentos intrinsecamente seguros (Ex "i") ou de equipamentos associados ([Ex "i"]), as atividades de reparo, revisão ou recuperação não podem reduzir o grau de proteção (código IP) provido pelo invólucro. As entradas de cabos por meio de prensa-cabos são utilizadas para manter o grau de proteção do invólucro. Dessa forma, os serviços de reparo não podem resultar na redução do grau de proteção contra ingresso (código IP) proporcionado pelos prensa-cabos ou invólucros.

Nos casos de reparo ou recuperação de compartimentos de terminais, os terminais substituídos devem ser normalmente do mesmo tipo daquele que foi substituído. Caso o mesmo tipo de terminal não esteja disponível, para evitar conexões cruzadas indevidas, deve ser utilizado um tipo alternativo de terminal que atenda aos requisitos da distância de escoamento, de acordo com o Índice Comparativo de Resistência Superficial

(ICRS/CTI) e da distância de isolação para a distância separação requerida, especificados na norma ABNT NBR IEC 60079-11 para a tensão máxima do equipamento. As conexões primárias e redundantes de terra ou de equipotencialização a terra, internas e externas ao equipamento intrinsecamente seguro, devem ser refeitas na conclusão dos serviços de reparo ou recuperação de equipamentos intrinsecamente seguros.

Nos casos em que seja necessária a substituição de fusíveis de proteção em equipamentos intrinsecamente seguros associados, os fusíveis de reposição devem possuir características idênticas do fusível original ou estar de acordo com as opções que sejam indicadas na documentação de certificação. A substituição de um fusível de proteção pode ser realizada somente nos casos em que o fusível defeituoso estiver diretamente acessível.

Quando não for possível a substituição de um fusível de proteção defeituoso por um fusível "idêntico", no lado da "entrada de alimentação" de equipamento associado [Ex "i"], os fusíveis podem ser substituídos por um tipo "alternativo", mas somente caso este possua as mesmas características nominais, a mesma capacidade de interrupção (ou superior), a mesma característica de curva tempo/corrente, o mesmo tipo construtivo e o mesmo tamanho físico. Não é permitida a substituição de fusível em equipamentos associados ou barreiras de proteção encapsuladas, ou em conjuntos de baterias encapsuladas.

Não devem ser realizados serviços de reparo ou de recuperação em barreiras de segurança (equipamentos associados [Ex "i"]) dos tipos diodos de derivação do tipo Zener ou com isoladores galvânicos. Quando houver necessidade de substituição de um dispositivo desse tipo, a barreira substituta deve possuir a mesma descrição de segurança, sendo que o valor da tensão "*Um*" da barreira substituta deve ser igual ou superior ao valor da tensão *Um* da barreira original.

Deve ser lembrado, nesse caso, que o valor da tensão "*Um*" representa a máxima tensão que pode ser aplicada aos terminais de conexão não intrinsecamente seguros do equipamento associado sem invalidar o tipo de proteção Ex "i", e que isso se aplica também à máxima tensão que pode ser aplicada aos terminais de conexão não intrinsecamente seguros do equipamento intrinsecamente seguro, como conexões para carga de equipamentos alimentados por bateria, nas quais a carga é feita somente em áreas não classificadas.

No caso de necessidade de serviços de reparo ou recuperação em barreiras de segurança [Ex "i"], os parâmetros de entidade devem ser verificados como adequados. Devem ser tomados os cuidados para que uma diferença física construtiva não prejudique a distância de separação de 50 mm requerida entre os circuitos intrinsecamente seguros (IS) e os circuitos não intrinsecamente seguros (NIS).

Em sistemas ou circuitos intrinsecamente seguros, a substituição de barreiras por um tipo "alternativo", de modelos ou fabricantes não relacionados nos documentos da certificação do sistema requer uma nova verificação de todos os parâmetros de entidade do sistema, de forma a assegurar a compatibilidade dos parâmetros do equipamento Ex "i" de campo com o novo modelo ou fabricante da barreira [Ex "i"].

Serviços de reparo ou recuperação de placas de circuito impresso (PCI): os requisitos de substituição de componentes são aplicáveis às placas de circuito impresso de camada única ou multicamadas quando todas as conexões dos circuitos estiverem claramente visíveis sobre a superfície da placa de circuito impresso e somente quando forem utilizados componentes convencionais com fiação e com um tamanho que possam ser manuseados.

As placas de circuito impresso multicamadas ou qualquer placa de circuito impresso com componentes do tipo SMD (*Surface Mounted Device*) devem ser reparadas somente pelo fabricante original ou devem ser substituídas por uma placa de circuito impresso substituta, fornecida pelo fabricante original do equipamento.

As placas de circuito impresso possuem distâncias críticas entre trilhas condutoras (distâncias de escoamento) que não podem ser reduzidas quando da execução de serviços de reparo ou recuperação. Assim, quando os componentes das placas são substituídos, devem ser adotados cuidados no posicionamento destes sobre a placa. Quando houver reparo de placas de circuito impresso, é importante que sejam evitados danos aos componentes e aos seus cabos durante o reparo e que seja assegurado o alinhamento dos componentes após o reparo, de forma a se manterem as devidas conexão, distâncias de escoamento e isolação e propriedades térmicas. Devem também ser evitados danos às trilhas ou ao material de base da placa de circuito impresso (em particular em placas de circuito impresso do tipo multicamadas).

Devem ser mantidas as conexões de terra ou de conexões equivalentes a outras partes do equipamento, bem como a integridade da montagem das placas de circuito impresso. Deve ser assegurado também que, quando o revestimento isolante ou revestimento de proteção (*conformal coating*) for danificado durante o reparo, um revestimento do tipo especificado pelo fabricante seja aplicado por um procedimento adequado (por exemplo, uma camada de revestimento, se for utilizado o método de imersão, ou duas camadas, se forem utilizados outros métodos).

Se for necessária a execução de serviços de reparo ou recuperação que requeiram a utilização de técnicas de soldagem, devem ser adotados procedimentos para assegurar que o tipo de proteção "i" não seja invalidado. Quando a realização desse tipo de serviço de soldagem for possível, devem ser previamente avaliados o processo de soldagem a ser utilizado, a verificação de que as distâncias de isolação e escoamento originais sejam mantidas, a limpeza e a verificação de materiais de revestimentos às propriedades térmicas e outras propriedades da soldagem, a compatibilidade do método de soldagem a ser utilizado de acordo com a documentação do fabricante ou da certificação e a compatibilidade dos materiais de soldagem, conforme a documentação do fabricante ou a certificação.

Quando os serviços de reparo ou recuperação por meio de soldagem forem concluídos, devem ser removidos os resíduos materiais ou respingos de solda. A existência de saliências de soldagem pode comprometer as distâncias de escoamento e isolação dos circuitos e componentes dos quais depende a segurança intrínseca.

No caso de um revestimento de proteção ser danificado durante o trabalho de reparo ou recuperação de equipamentos intrinsecamente seguros, este revestimento deve ser reparado com a utilização de um revestimento original ou com um revestimento de mesmas propriedades térmicas do revestimento original, desde que este não reaja com outros materiais sobre a placa de circuito impresso. Os requisitos básicos e os meios requeridos de aplicação de revestimentos de proteção são especificados na norma ABNT NBR IEC 60079-11.

As baterias dos equipamentos "Ex" portáteis não devem ser reparadas ou recuperadas, devendo ser substituídas por outras, de acordo com o tipo e modelo especificados no certificado ou na documentação do fabricante.

São apresentados a seguir, para ilustração e entendimento mais fácil dos requisitos indicados, alguns exemplos de placas de circuitos impressos de equipamentos Ex "i" ou [Ex "i"].

**Figura 44.2** – Exemplo de placa de circuito impresso populado com componentes discretos de equipamento intrinsecamente seguro associado com isolação galvânica, com marcações [Ex ia Ga] IIC.

*Fonte*: acervos pessoais dos autores.

**Figura 44.3** – Exemplo de placa de circuito impresso populado com componentes SMD e discretos de equipamento intrinsecamente seguro associado com isolação galvânica e protocolo HART, com marcações [Ex ia Ga] IIC, [Ex ia Da] IIIC e [Ex ia Ma] I.

*Fonte*: acervos pessoais dos autores.

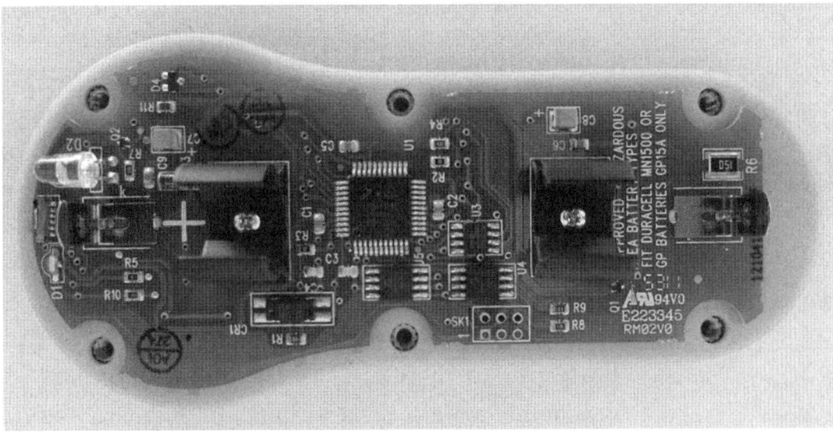


**Figura 44.4** – Exemplo de placa de circuito impresso populada com componentes SMD de equipamento portátil intrinsecamente seguro (vista interna sem a bateria), do tipo controle remoto para configuração de atuador elétrico de válvula motorizada, com marcação Ex ia IIC T4 Ga.

*Fonte*: acervos pessoais dos autores.

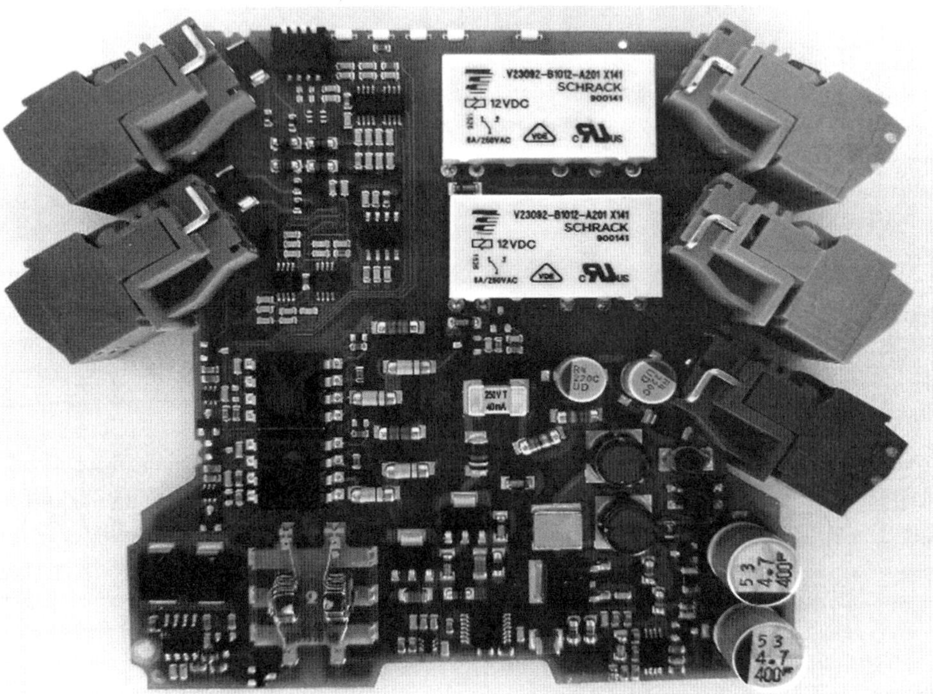


**Figura 44.5** – Exemplo de placa de circuito impresso populado com componentes SMD e discretos de equipamento intrinsecamente seguro associado com isolação galvânica e protocolo HART, com marcações [Ex ia Ga] IIC, [Ex ia Da] IIIC e Ex nA nC [ia Ga] IIC T4 Gc.

*Fonte*: acervos pessoais dos autores.

## Plaquetas adicionais de marcação de equipamentos "Ex" reparados, revisados, recuperados ou modificados

De acordo com os requisitos da norma ABNT NBR IEC 60079-19, as plaquetas de marcação indicadas a seguir devem ser afixadas nos equipamentos "Ex" que tiverem sido reparados, revisados ou recuperados atendendo aos requisitos indicados naquela norma. São apresentadas a seguir os dois tipos de marcação que são aplicáveis para equipamentos "Ex" que tenham sido submetidos a serviços de reparo, revisão, revisão ou modificação, de acordo com essa norma ABNT NBR IEC 60079-19.

Nos casos em que os serviços de reparo, revisão ou recuperação tenham sido executados de acordo com os requisitos da documentação de certificação do equipamento "Ex", deve ser afixada ao equipamento "Ex" uma plaqueta de marcação adicional de acordo com o indicado na figura a seguir.

**Figura 44.6 –** Marcação adicional utilizada quando os serviços de reparo, revisão, recuperação ou modificação do equipamento "Ex" se encontram de acordo com a os documentos de certificação original.

*Fonte*: acervos pessoais dos autores.

Essa marcação adicional de serviços de reparo, revisão, recuperação ou modificação de equipamento "Ex" com a letra "R" no interior de um quadrado deve ser utilizada quando os serviços estiverem de acordo com os requisitos especificados na norma ABNT NBR IEC 60079-19 e o reparador tiver evidências suficientes da conformidade com os documentos de certificação ou especificações do fabricante.

Nos casos em que os serviços de reparo, revisão, recuperação ou modificação tenham sido executados de acordo com os requisitos das normas técnicas da Série ABNT NBR IEC 60079 aplicáveis aos tipos de proteção do equipamento "Ex", deve ser afixada ao equipamento "Ex" uma plaqueta de marcação adicional de acordo com o indicado na figura a seguir.

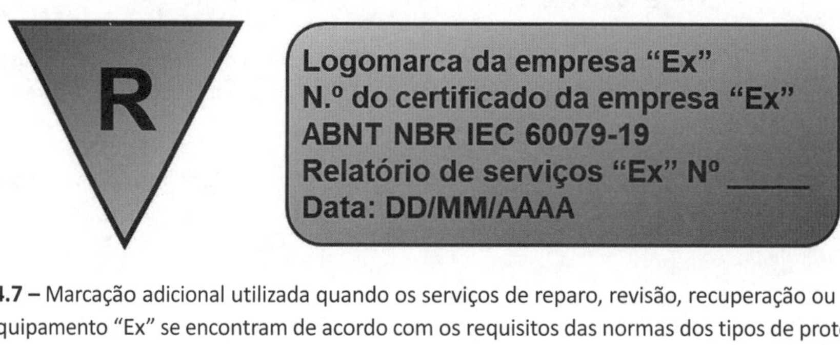


**Figura 44.7 –** Marcação adicional utilizada quando os serviços de reparo, revisão, recuperação ou modificação do equipamento "Ex" se encontram de acordo com os requisitos das normas dos tipos de proteção "Ex" aplicáveis para a data de fabricação do equipamento "Ex", mas não com os documentos da certificação.

*Fonte*: acervos pessoais dos autores.

Essa marcação adicional de serviços de reparo, revisão, recuperação ou modificação de equipamento "Ex" com a letra "R" no interior de um triângulo com vértice para baixo deve ser utilizada nas duas condições seguintes:

- Condição 1: se o equipamento "Ex" for alterado durante os serviços de reparo, recuperação ou modificação, de forma que esteja de acordo com os requisitos especificados na norma ABNT NBR IEC 60079-19 e com as normas da Série ABNT NBR IEC 60079 aplicáveis aos tipos de proteções "Ex" utilizados para a fabricação do equipamento "Ex" (nas edições vigentes à época de fabricação do equipamento "Ex"), mas o reparador não possuir evidências suficientes da total conformidade com os documentos da certificação original (em muitos casos decorrente da falta dessa documentação de fabricação por parte dos usuários dos equipamentos "Ex" a serem reparados ou recuperados).
- Condição 2: se as normas para as quais o equipamento "Ex" certificado foi fabricado não forem conhecidas, mas os requisitos da norma ABNT NBR IEC 60079-19 e a edição atual das normas da Série ABNT NBR IEC 60079 aplicáveis aos tipos de proteção "Ex" utilizados para a fabricação do equipamento "Ex" tiverem sido aplicados, porém, o reparador não possuir evidências suficientes da total conformidade com os documentos de certificação (em muitos casos, decorrente da falta dessa documentação de fabricação por parte dos usuários dos equipamentos "Ex" a serem reparados ou recuperados).

Nesses casos, deve ser feita uma avaliação por uma pessoa responsável, competente em serviços de recuperação de equipamentos "Ex", para verificar a conformidade do equipamento "Ex" reparado ou recuperado com o nível aplicável de segurança antes da liberação do equipamento "Ex" pelo reparador.

Tanto no caso da marcação adicional com a letra "R" no interior de um "quadrado" como no interior de um "triângulo com vértice para baixo", as plaquetas originais de marcação da certificação "Ex" devem ser mantidas. As marcações "adicionais" de serviços de reparo ou recuperação de equipamentos "Ex", além de representarem um requisito obrigatório da norma ABNT NBR IEC 60079-19, são também requeridas para permitir a rastreabilidade dos serviços que tiverem sido executados, bem como para a informação dos reparadores subsequentes. A única diferença entre as duas marcações da letra "R" (quadrado ou triângulo) é o nível da conformidade em relação aos requisitos da norma ABNT NBR IEC 60079-19. No entanto, em ambos os casos, o equipamento "Ex" pode ser considerado "seguro" para voltar a ser instalado e operar em área classificada, assim como o certificado "original" continuar a ser considerado válido, que são as condições necessárias sob o ponto de vista de segurança dos usuários e das instalações "Ex".

## 44.5 RECUPERAÇÃO DE ROSCAS ESPANADAS EM INVÓLUCROS À PROVA DE EXPLOSÃO (Ex "d") FABRICADOS EM ALUMÍNIO

Muitos equipamentos fabricados para instalação em áreas classificadas contendo atmosferas explosivas possuem tipo de proteção "à prova de explosão", denominado de *tipo de proteção Ex "d"*.

Os atuais conceitos de invólucros *à prova de explosão* estão associados com a utilização de componentes centelhantes em atmosferas explosivas (como disjuntores, contatores ou chaves de comutação de força ou de controle), individualmente certificados em invólucros plásticos, atendendo aos requisitos da norma sobre invólucros *à prova de explosão* – norma ABNT NBR IEC 60079-1. Esse tipo de fabricação de componentes à prova de explosão encapsulados em plástico torna os equipamentos mais "amigáveis", em termos de facilidades de procedimentos de serviços de campo montagem, inspeção, manutenção e reparos.

No entanto, muitos equipamentos à prova de explosão, em especial os de fabricação mais antiga, possuem invólucros metálicos em alumínio, com técnica de entrada direta de cabos no interior do invólucro, com tampas flangeadas, as quais são fixadas ao corpo do invólucro por meio de parafusos fabricados de aço.

Esse tipo de equipamentos com invólucros metálicos à prova de explosão tem sido certificado e colocado no mercado desde a década de 1920, tendo sido utilizado com frequência em antigas instalações brasileiras de refinarias e plantas petroquímicas construídas nos anos de 1940 a 1980. Nesse tipo de equipamentos, pode ser considerada frequente a ocorrência de defeitos relacionados com o espanamento dos fios das roscas de fixação dos parafusos. O alumínio é frequentemente utilizado na fabricação desses tipos de equipamentos com invólucros metálicos *à prova de explosão* por se tratar de um material que permite maiores facilidades no processo de fundição em areia.

No entanto, por se tratar de um material com relativamente baixa resistência mecânica (quando esta é comparada, por exemplo, com a resistência do aço), as roscas que são feitas nos invólucros de alumínio para fixar os parafusos de fixação (fabricados em aço) das tampas frequentemente ficam espanadas, devido a torques que são aplicados pelos usuários e pelos profissionais envolvidos nas atividades de campo de montagem, inspeção e manutenção desse tipo de equipamentos "Ex".

A norma ABNT NBR IEC 60079-19 apresenta os requisitos e os procedimentos a serem seguidos para as atividades de revisão, reparo e recuperação de equipamentos elétricos para atmosferas explosivas, incluindo para equipamentos com invólucros à prova de explosão.

Com relação aos métodos de recuperação de invólucros metálicos à prova de explosão que podem ser aplicados, essa norma indica a possibilidade de utilização de soldagem, brasagem, costura metálica, embuchamento e eletrodeposição. Nos frequentes casos de necessidade de recuperação de roscas espanadas dos furos para alojamentos dos parafusos de fixação das tampas em invólucros de alumínio à prova de explosão com juntas flangeadas, uma técnica muito útil é a utilização de insertos metálicos helicoidais fabricados em aço inoxidável. Esse tipo de dispositivo é utilizado para o reparo de uma rosca que tenha sido danificada, por meio da colocação, no local da rosca originalmente existente, de um dispositivo metálico helicoidal que tem por função "recompor" a rosca original.

Os insertos roscados de aço são utilizados, por alguns fabricantes, em invólucros à prova de explosão fabricados em alumínio, com o objetivo específico de evitar o desgaste das roscas no invólucro de alumínio, decorrente das atividades previstas de abertura e fechamento das tampas, durante a execução da atividade de instalação e das rotineiras atividades de inspeção, manutenção preventiva, manutenção preditiva, reparos, revisão ou recuperação.

Nos casos de invólucros à prova de explosão de alumínio com parafusos de aço, a melhor opção para fabricação ou recuperação é frequentemente a utilização de insertos roscados de aço. Nesses casos, os pontos de contato entre as roscas do metal macio do invólucro de alumínio e do metal duro do parafuso de aço não são submetidos a esforços e desgastes, nos casos frequentes de abertura e fechamento do invólucro à prova de explosão com entradas diretas e tampas aparafusadas.

Com relação a requisitos de serviços de recuperação de equipamentos "Ex", é indicado na norma ABNT NBR IEC 60079-19 que, dependendo do tipo de proteção "Ex" existente no equipamento a ser recuperado, os furos roscados para dispositivos de fixação (por exemplo, para alojar parafusos de fixação de tampas dos invólucros) que tenham sido danificados além de uma extensão aceitável podem ser recuperados por meio de um dos seguintes métodos:

- fazendo um furo com um diâmetro maior, refazendo a rosca com um "macho" e instalando um inserto metálico helicoidal com uma rosca própria, a qual passe no ensaio apropriado de tração, de acordo com o especificado pelo fabricante do inserto metálico helicoidal;
- fazendo um furo com um diâmetro maior e refazendo a rosca com um "macho";
- fazendo um furo com um diâmetro maior, plugueando-o, executando um novo furo e refazendo a rosca;
- fechando o furo existente por meio de um plugue e executando um novo furo e uma rosca em outro local;
- executando uma solda de fechamento do furo existente, executando um novo furo e rosqueando o novo furo.

**Figura 44.8 –** Exemplos de insertos roscados de aço utilizados para recuperar roscas espanadas de furos roscados em invólucros Ex "d" fabricados em alumínio.

No âmbito do sistema de certificação internacional "Ex" da IEC, o IECEx, foi apresentada ao grupo do conselho de técnico (ExTAG - *Technical Advisory Group*), em 2015, uma consulta sobre a possibilidade de utilização desses insertos helicoidais fabricados em aço em furos roscados em invólucros Ex "d" fabricados em alumínio. Após discussões sobre o assunto, levando em consideração os aspectos de segurança e de proteção requeridos por esses equipamentos, bem como o fato de que tradicionais laboratórios e organismos de certificação "Ex" da Alemanha já praticam a avaliação e a certificação de equipamentos Ex "d" utilizando esses dispositivos de insertos metálicos helicoidais, de acordo com a Folha de Decisão IECEx ExTAG DS 2015/006, nesses casos, a utilização de insertos de aço roscados em invólucro de alumínio Ex "d" é permitida desde que:

- os desenhos de certificação do fabricante incluam informações sobre os detalhes da instalação de insertos roscados de aço e indiquem uma classe de tolerância 6H para a rosca de recebimento no invólucro de alumínio Ex "d" e uma classe de tolerância 6g para a rosca de recebimento no inserto roscado de aço (norma técnica brasileira adotada ABNT NBR ISO 965-3);

- no processo de fabricação do fabricante a classe de tolerância 6H do inserto roscado de aço, instalado em sua posição final, deve ser verificada com um calibre de rosca ou pela documentação do fornecedor do inserto roscado, de acordo com a norma técnica brasileira adotada ABNT NBR ISO/IEC 17050-1 - *Avaliação da conformidade - Declaração de conformidade de fornecedor - Parte 1: Requisitos gerais*;
- se for o caso, os requisitos da Seção "Dispositivos de fixação e aberturas" da norma técnica brasileira adotada ABNT NBR IEC 60079-1 devem ser aplicados sobre o furo cego feito para receber o inserto roscado metálico;
- o invólucro completo montado, incluindo os insertos roscados de aço, deve suportar os ensaios de sobrepressão, definidos na norma técnica brasileira adotada ABNT NBR IEC 60079-1;
- se requerido, o invólucro metálico completo, incluindo os insertos metálicos, deve suportar o ensaio de rotina de sobrepressão, definidos na norma técnica brasileira adotada ABNT NBR IEC 60079-1;
- se o diâmetro externo do inserto roscado de aço for maior que o diâmetro cego do furo para o dispositivo de fixação, a dimensão "L", indicada em figura da norma técnica brasileira adotada ABNT NBR IEC 60079-1, deve ser aplicada para o diâmetro externo do inserto roscado metálico.

Os insertos roscados de aço devem ser efetivamente fixados, de forma a se evitar o seu afrouxamento quando o parafuso for inserido ou extraído do respectivo furo roscado. Um requisito deve ser incluído no manual de instruções do fabricante do invólucro Ex "d" para que seja verificado que o inserto roscado de aço não tenha se soltado quando o parafuso for inserido ou extraído do inserto. Em caso de afrouxamento do inserto roscado de aço, o fabricante do invólucro de alumínio Ex "d" deve ser informado.

Deve ser ressaltado que não se permite que os insertos roscados metálicos façam parte de uma junta de passagem de chama à prova de explosão, de acordo com a Seção "*Juntas roscadas*" da ABNT NBR IEC 60079-1. Esse tipo de consulta tem como base as experiências existentes por parte de diversos fabricantes de invólucros Ex "d" em alumínio, em que é verificado que a instalação de insertos helicoidais fabricados em aço apresenta maior resistência mecânica ao torque dos parafusos, proporcionando maior vida útil das roscas e menor ocorrência de "espanamento" das roscas que, de outra forma, são feitas diretamente no alumínio dos invólucros Ex "d".

Com a utilização dos requisitos indicados para a utilização de insertos roscados metálicos em invólucros de equipamentos com invólucros à prova de explosão fabricados em alumínio, a durabilidade das roscas é elevada, aumentando-se, também, a confiabilidade e a segurança dos invólucros metálicos Ex "d".

Essa boa prática colabora para a elevação dos níveis de segurança desse tipo de equipamento Ex "d" com invólucro metálico, na medida em que são minimizadas as ocorrências de espanamento das frágeis roscas em invólucros de alumínio, o que compromete seriamente a fixação dos parafusos e das tampas, comprometendo, assim, o interstício e a área de passagem de chama, o que pode resultar na propagação para o meio externo de uma eventual explosão que possa ocorrer no interior de um invólucro Ex "d".

Mais informações sobre a utilização de insertos roscados metálicos em invólucros com tipo de proteção à prova de explosão fabricados em alumínio podem ser encontradas na Folha de Decisão IECEx ExTAG DS 2015/006, disponível em português do Brasil, para acesso público no site do IECEx: <https://www.iecex.com/publications/extag-decision-sheets/downloadaltdocument/60/1932>.

## 44.6 RELATÓRIOS PARA O USUÁRIO DOS SERVIÇOS DE REPARO, REVISÃO, RECUPERAÇÃO OU MODIFICAÇÃO DO EQUIPAMENTO "Ex" ELABORADOS PELAS EMPRESAS DE SERVIÇOS "Ex"

De acordo com os requisitos especificados na norma ABNT NBR IEC 60079-19, na conclusão dos trabalhos, os relatórios de serviços de reparo, revisão, recuperação ou modificação dos equipamentos "Ex" elaborados pelas empresas de serviços de "Ex" devem ser submetidos ao usuário, para inclusão no seu prontuário das instalações.

Esses relatórios de serviços de reparo ou recuperação "Ex" devem conter, no mínimo, informações sobre os detalhes das falhas detectadas, sobre os detalhes completos dos serviços de reparo, revisão, recuperação ou modificação executados, sobre a lista das partes substituídas ou recuperadas, os resultados das verificações e dos ensaios (em detalhes suficientes para serem utilizados pela próxima empresa de serviço de reparo "Ex".

Esses relatórios de serviços de reparo ou recuperação "Ex" devem conter também uma comparação entre os resultados e os critérios que foram utilizados para se determinar a conformidade dos serviços com base nos requisitos da norma ABNT NBR IEC 60079-19, bem como uma declaração de que as condições específicas de utilização (certificados com sufixo "X") foram avaliadas e que estas foram identificadas e consideradas nos serviços realizados.

Devem ser incluídas também nesses relatórios uma referência ao número (ou uma cópia) do pedido ou do contrato de serviços "Ex" entre o usuário e a empresa de serviços e uma representação da marcação aplicada ao equipamento "Ex" reparado, de acordo com os requisitos da norma ABNT NBR IEC 60079-19, incluindo o número do relatório dos serviços "Ex", a data da realização dos serviços e a letra "R" dentro de um *quadrado* ou dentro de um *triângulo* com vértice para baixo.

Para os casos em que os serviços de reparo ou recuperação foram realizados sem a disponibilidade do certificado original do equipamento "Ex" ou sem os documentos de certificação, deve ser incluído nos relatórios uma declaração de que os serviços estão de acordo com as instruções do fabricante (caso sejam disponíveis) ou com os requisitos aplicáveis das normas técnicas brasileiras adotadas da Série ABNT NBR IEC 60079, relacionadas aos tipos de proteção "Ex" para os quais o equipamento "Ex" foi originalmente fabricado e certificado. Nesses casos, em que a marcação dos serviços de recuperação "Ex" é feita na forma de uma letra "R" no interior de um triângulo, deve ser incluída, nos respectivos relatórios, uma declaração da empresa de serviço de reparo "Ex" informando que não existem evidências suficientes do pleno cumprimento dos requisitos da documentação de certificação original do equipamento "Ex", mas que foram atendidos todos os requisitos técnicos normativos "Ex" aplicáveis.

As empresas de serviços de reparo, revisão ou recuperação de equipamentos "Ex" devem manter registros e arquivos de cópias das normas técnicas aplicáveis nas edições atuais e anteriores, em adição às normas dos tipos de proteção "Ex", avaliação do Sistema de Gestão da Qualidade (SGQ) da empresa de serviço "Ex", registros de serviços realizados e registro de recuperação dos componentes reparados. Esses registros devem ser mantidos por um período mínimo de dez anos, ou conforme o acordado com o usuário.

Os relatórios de serviços de reparo, revisão, recuperação ou modificação dos equipamentos "Ex", elaborados pelas empresas de serviços "Ex", devem ser arquivados por um período acordado com o usuário. O arquivamento das informações deve ser adequadamente controlado, de forma a assegurar a sua facilidade de rastreamento e recuperação quando da necessidade e consulta.

## 44.7 CONSIDERAÇÕES SOBRE SERVIÇOS DE REPARO, REVISÃO E RECUPERAÇÃO DE EQUIPAMENTOS Ex "i" E [Ex "i"]

1) os serviços de reparo, revisão ou recuperação de equipamento "Ex", em particular os equipamentos intrinsecamente seguros (Ex "i") e os equipamentos intrinsecamente seguros associados ([Ex "i"]), devem ser feitos de forma criteriosa, a fim de se manterem as características originais dos equipamentos para as quais foram originalmente certificados;

2) devem ser analisados e atendidos os requisitos de reparo e recuperação especificados no certificado de conformidade ou na documentação de certificação dos equipamentos Ex "i" ou [Ex "i"], bem como nos requisitos especificados na norma técnica brasileira adotada ABNT NBR IEC 60079-19;

3) existem equipamentos intrinsecamente seguros, em particular os equipamentos associados [Ex "i"], para os quais é recomendado que não sejam executados serviços de reparo e recuperação, em função da complexidade das placas de circuito impresso multicamadas e dos componentes do tipo SMD utilizados na sua montagem;

4) as pessoas que executam ou os seus supervisores, que são responsáveis pela aprovação dos serviços executados, devem possuir os devidos conhecimentos, experiências, treinamentos, qualificações, competências pessoais e certificação, de forma a evidenciar que os serviços foram devidamente realizados, proporcionando a devida confiança de que os equipamentos reparados ou recuperados mantêm as suas características originais de proteção e podem ser utilizados de forma segura em áreas classificadas, após a realização destes serviços "Ex";

5) as empresas de serviços de reparo, revisão e recuperação de equipamentos "Ex", em especial aquelas que executam serviços sobre os equipamentos Ex "i" ou [Ex "i"], devem possuir um sistema de gestão da qualidade implantado, de forma a evidenciar o atendimento dos requisitos especificados na norma ABNT NBR IEC 60079-19 bem como aqueles especificados nas normas técnicas brasileiras adotadas aplicáveis da Série ABNT NBR IEC 60079, que apresentam os requisitos para os diversos tipos de proteção "Ex" que tenham sido utilizados para a fabricação dos equipamentos "Ex" a serem reparados ou recuperados. Existem no Brasil muitas dezenas de empresas brasileiras de serviços de reparo e recuperação de equipamentos "Ex" que são certificadas por organismo de certificação "Ex" brasileiros, com base na norma ABNT NBR IEC 60079-19;

6) os equipamentos "Ex" reparados ou recuperados necessitam ser devidamente marcados, com plaquetas adicionais de marcação contendo a letra "R" no interior de um *quadrado* ou de um *triângulo*, incluindo o número do relatório elaborado pela empresa de serviços "Ex", de forma a evidenciar que estes foram realizados de acordo com os requisitos da norma técnica brasileira adotada ABNT NBR IEC 60079-19;

7) os relatórios de serviços de reparo e recuperação "Ex" devem ser mantidos pelos usuários no prontuário das instalações, vinculados aos respectivos equipamentos "Ex", de forma a permitir a devida rastreabilidade dos serviços que foram realizados;

8) os equipamentos "Ex" devem ser mantidos seguros ao longo de seu ciclo total de vida, inclusive após os serviços de reparo, revisão e recuperação, além dos serviços de montagem, inspeção e manutenção "Ex". Esse tipo de abordagem serve para desfazer o "mito" de que a segurança das instalações "Ex" pode ser obtida somente pela aquisição de equipamentos "Ex" certificados, na condição de "novos", quando saem das fábricas dos respectivos fabricantes. Esse fato ressalta a importância da existência, no mercado, de empresas de serviços "Ex" certificadas, de forma a proporcionar a devida confiança de que os serviços "Ex" são executados de forma correta, atendendo aos requisitos das normas técnicas brasileiras aplicáveis das Séries ABNT NBR IEC 60079 e ABNT NBR ISO 80079.

Capítulo **45**

# Integração de redes *wireless* e digitalização de sistemas intrinsecamente seguros para a indústria 4.0

**Sinopse:** este capítulo aborda aspectos de integração e incorporação de redes de comunicação sem fio (*wireless*) com equipamentos intrinsecamente seguros, bem como aspectos relacionados com a digitalização de sistemas intrinsecamente seguros para a indústria do petróleo, gás, petroquímica, farmacêutica, de grãos e de alimentos, no caminho da aplicação dos recursos da IIoT, inteligência artificial, robótica, leitura por máquinas, *machine learning*, comunicação entre máquinas (M2M), *Digital Twins* e integração com a Indústria 4.0.

## 45.1 APLICAÇÃO DE EQUIPAMENTOS INTRINSECAMENTE SEGUROS COM A TECNOLOGIA *WIRELESS*

Equipamentos com comunicação sem fio vêm sendo explorados há alguns anos pela indústria, a princípio em locais remotos, adicionando monitoramento onde a infraestrutura tradicional não estava disponível ou era difícil de se justificar em termos de custos de implementação. Assim, os exemplos de aplicações limitavam-se a:

- estações remotas de bombeamento;
- monitoramento de nível em tanques e reservatórios;
- sensoriamento de equipamentos rotativos ou móveis; e
- outros poucos exemplos de aplicações.

Ainda assim, existem instrumentos intrinsecamente seguros para controle, monitoramento e diagnósticos dos processos de aquecimento, resfriamento, mistura e bombeamento, além dos empregados na medição de pressão, fluxo, nível, temperatura, vibração, bem como sensoriamento de posição, monitoramento e posicionamento de válvulas discretas e de controle, e uma variedade de outra funções específicas.

A tecnologia vem ganhando aceitação em muitos setores industriais devido a redução de custos, implantação rápida e flexibilidade de modificação/ampliação, ou até mesmo o emprego em medições temporárias, visando a diagnósticos e otimização.

Os custos são beneficiados, pois são empregados menos cabos de interconexão dos instrumentos no campo, reduzindo eletrodutos, caixas de junção, painéis de rearranjo, cartões de entrada e saída de controladores, além da consequente mão de obra para projeto, instalação e manutenção. São afetados positivamente os custos com comissionamento, configuração e calibração dos equipamentos no campo.

Em termos de confiabilidade, as tecnologias vêm provando seu valor e diminuindo a resistência inicial de que falhas poderiam ser frequentes, devido a não se possuir uma conexão física dos equipamentos.

Apesar de já existirem produtos certificados com a tecnologia *wireless* HART ou ISA-100, não se observa uma vasta oferta, sendo um dos principais motivos a falta de sinergia e interesses das organizações, o que ainda não levou à padronização unificada dos fornecedores. Dessa forma, os usuários finais não têm a devida confiança em aplicar massivamente a tecnologia.

Claramente existem preocupações dos usuários em termos de segurança, visto que diversos protocolos podem compartilhar a mesma região, e a coexistência pode levar a interferências, principalmente se for levado em consideração que muitas tecnologias utilizam a mesma banda de 2.4 GHz, que, normalmente, é livre de licenças regulatórias em termos mundiais, com poucas exceções.

No entanto, com o crescente uso de sistemas sem fio nas áreas industriais, a ocupação da banda livre de licença tem crescido dramaticamente. Os sistemas sem fio operando na mesma banda de frequência, no mesmo espaço físico, ao mesmo tempo, podem causar interferências, gerando retransmissões de mensagens. Desse modo, o problema pode ser endereçado com o planejamento, analisando-se prioridades e definindo canais diferentes, manual ou automaticamente, para segmentos de produtos *wireless.*

Ainda em termos de estabilidade da comunicação, as redes sem fio, são especificadas para uma área de cobertura, tomando-se em conta a visada livre entre os transmissores e receptores, e são dependentes da potência transmitida, da antena e da sensibilidade dos receptores. Além das restrições de potência de transmissão segura para as atmosferas explosivas, observa-se que a potência efetivamente nos receptores cai drasticamente com o aumento da distância. Por exemplo, se a distância dobrar, a potência no receptor cai para ¼ da originalmente observada.

De fato, as redes *wireless* sofrem pouco com essas interferências ou variações do clima ao redor do planeta, mas são bastante sensíveis às barreiras físicas entre os transmissores e receptores, como as tubulações e os equipamentos, e, assim, redes auto-organizáveis e autorrecuperáveis tipo MESH são sempre uma necessidade de interoperabilidade, junto com as baterias de longa duração e o monitoramento de sua carga.

Em termos de potencial de aplicação da tecnologia *wireless*, existe a necessidade da execução de análises de riscos para cada caso em particular, em que as aplicações de segurança não tenham ainda sido contempladas com a utilização dessa tecnologia sem fio.

A tabela a seguir apresenta exemplos ou recomendações de utilização de redes de comunicação sem fio aplicadas para a automação industrial, inclusive em áreas classificadas.

**Tabela 45.1** – Exemplos de aplicação da comunicação sem fio (*wireless*) em automação industrial

| Tipo de aplicação | Classificação das aplicações | Potencial de utilização *wireless* |
|---|---|---|
| **Segurança** | *Loops* fechados de controle críticos em termos de segurança | Não aplicado |
| **Controle** | *Loops* fechados de supervisão, normalmente não críticos | Aplicável |
| **Controle** | *Loops* de controle aberto normalmente com participação humana | Aplicável |
| **Monitoramento** | Alarme operacionais | Aplicável |
| **Monitoramento** | Alarme históricos de tendência | Aplicável |

Pode ser observada uma elevação de aplicação de sistemas de segurança funcional em redes industriais, tendo sido desenvolvidas aplicações de duas formas distintas. Uma possibilidade é a de utilização de sistemas sem fio de emergência tipo *stop safety switch*, normalmente desenvolvidos com protocolos específicos de determinados fabricantes. Outra possibilidade de sinais de segurança utilizarem as redes sem fio é por meio de protocolos específicos para aplicação de segurança, como o *PROFIsafe* e o *CIP Safety over EtherNet/IP*, conhecidos como *Black Channel Protocol*, nos quais os mecanismos de segurança dos dados transmitidos são independentes do meio físico.

## 45.2 REDES SEM FIO INTRINSECAMENTE SEGURAS

Um instrumento de campo com comunicação digital via rádio é o sonho de consumo da tecnologia de segurança intrínseca, pois simplifica tremendamente o circuito, visto que não possui fiações de campo, que precisam de sua infraestrutura, com cabos identificados e encaminhamento segregado dos demais circuitos até a barreira intrinsecamente segura, que pode ser dispensada se o instrumento for alimentado por baterias.

O projeto da instalação de campo é brutalmente enxugado, pois, além de eliminar toda a infraestrutura de destruição de cabos, elimina o painel de rearranjo das fiações e o painel de barreiras.

Toda a documentação de análise de compatibilidade do instrumento de campo com a sua barreira é eliminada, o que simplifica também as inspeções periódicas, reduzindo sensivelmente o custo de longo prazo dos ativos.

Em relação ao equipamento de campo intrinsecamente seguro com comunicação sem fio, na grande maioria dos casos também se observa uma simplificação nas facilidades de conexão, pois não possui fiações com a barreira, apesar de alguns instrumentos possuírem comunicação em redes industriais ou sinais padrão de 4 a 20mA, aliados a comunicação sem fio.

De forma geral, um instrumento de campo intrinsecamente seguro com comunicação sem fio possui os seguintes módulos básicos que devem ser avaliados segundo as normas:

- o módulo de bateria, seja encapsulado ou com compartimento que permita a sua substituição;
- a bateria propriamente dita;

- o circuito eletrônico com os controladores e sensores (quando necessários);
- o sistema de antena, incorporado internamente ou externo.

Cada um dos subconjuntos destacados anteriormente deve ser estudado para sua compatibilidade com as normas de segurança intrínseca, encapsulamento, invólucros etc.

Todo o sistema de fiação deve atender aos requisitos de instalação da norma técnica brasileira adotada ABNT NBR IEC 60079-14, e, em alguns casos, não somente para a segurança intrínseca como também um tipo de proteção "complementar" ou "combinada", aplicadas aos produtos "Ex", como transmissores que incorporam a combinação dos tipos de proteção Ex "db ia".

Completando o ciclo total de vida dos equipamentos em atmosferas explosivas, as inspeções, de acordo com os requisitos da norma técnica brasileira adotada ABNT NBR IEC 60079-17, demandam inspeções iniciais detalhadas ou inspeções periódicas detalhadas, apuradas ou visuais, cujos serviços são muito simplificados com a utilização de instrumentos de campo "Ex" "sem fio".

## 45.3 BATERIAS PARA EQUIPAMENTOS *WIRELESS*

Impulsionado pela demanda de fontes de energias sustentáveis, o segmento de baterias recebeu investimentos vultuosos nos últimos anos, tanto no intuito da sua fabricação como desenvolvimento de produtos e de tecnologias de armazenamento.

Um exemplo das tecnologias disponíveis no mercado são as baterias de estado sólido (*solid state batteries*) que possuem um eletrólito sólido no lugar de líquidos ou gel, geralmente utilizados nas baterias de lítio. Essa tecnologia proporciona uma maior densidade de carga, menor tempo de recarga, maior número de ciclos de descarregamento, aumentando a sua vida útil, e, para as aplicações em atmosferas explosivas, traz o benefício de não ter a química "corrosiva" em suas células.

O meio ambiente também é beneficiado com as tecnologias disponíveis no mercado, pois a utilização de baterias traz riscos ambientais, de reciclagem e da mineração para obtenção dos metais utilizados nas baterias, tornando-se um desafio para as indústrias e a sociedade de forma geral.

Os veículos elétricos são realidade ao redor do mundo, incluindo o transporte de carga com os caminhões tecnológicos se movimentado via baterias de alta densidade energética, e logo veremos os veículos elétricos, que ganharão os céus das cidades, revolucionando a forma como nos movimentamos.

No campo industrial, não é diferente, pois já existem baterias muito eficientes e duradouras, que, em conjunto com as redes de comunicação, geram uma revolução na automação de processos. Existem equipamentos industriais com comunicação sem fio, em que se proporcionam baterias com tempo de utilização previsto para dez anos.

Baterias instaladas em atmosferas explosivas são amplamente utilizadas há muitas décadas, principalmente em:

- comunicação, em rádios portáteis;
- smartphones e tablets;
- notebooks e computadores portáteis;
- equipamentos de iluminação individual e de emergência;

- detectores de gases para proteção individual; e
- acumuladores tipo *nobreak*.

Existem equipamentos intrinsecamente seguros tanto com células primárias simples como para as baterias secundárias que podem ser recarregáveis e compostas de múltiplas células interligadas.

Para a utilização em atmosferas explosivas, as células invariavelmente devem ser blindadas em compartimentos que possam promover a proteção dos componentes eletrônicos associados contra a umidade, poeira e os contaminantes corrosivos.

A seleção do tipo e dos elementos químicos que compõem as células é um fator primordial para um equipamento intrinsecamente seguro com baterias; inclusive, deve-se observar a temperatura de operação das instalações industriais, que, além do ambiente agressivo, estão sujeitas a variações bruscas de temperatura, que, com certeza, comprometem a eficiência energética da bateria, em especial a velocidade de descarregamento, principalmente se sujeitas a baixas temperaturas.

A segurança intrínseca aplicada às baterias torna-se essencial para os equipamentos de automação industrial sem fio. No entanto, as medidas de limitação da corrente e do aquecimento das células e acumuladores, bem como a selagem das células, devem seguir os requisitos especificamente mais detalhados em outros capítulos deste livro.

Em automação industrial, a falta de energia em um dispositivo de campo pode causar uma falha e até colocar em risco a operacionalidade da planta, o que torna o monitoramento da bateria um fator primordial.

Alguns fatores influenciam no descarregamento das baterias, em especial a corrente drenada e a temperatura, mas a composição dos materiais dos eletrodos e a química do eletrólito são os principais elementos que denotam a sua curva característica de descarga.

Na figura a seguir, é apresentado um exemplo de curva de descarregamento de uma célula, na qual pode ser observada a característica de pouca variação ao longo de sua vida. Dessa forma, é possível monitorar o nível de energia disponível na célula ou acumulador.

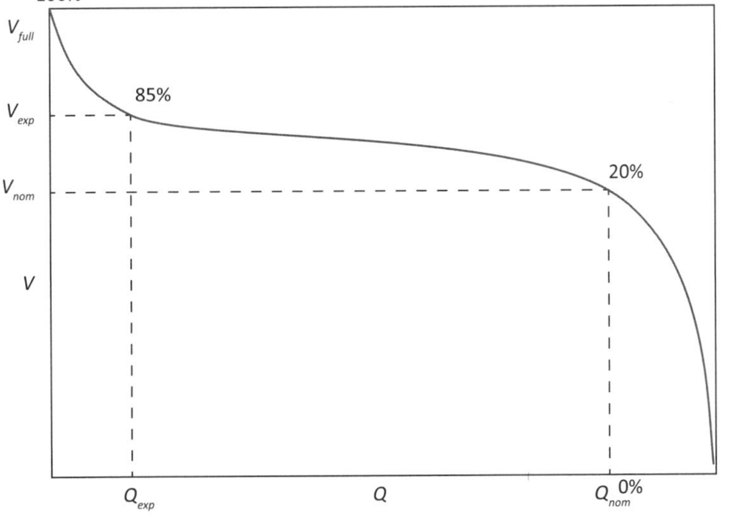


**Figura 45.1 –** Exemplo de curva característica de descarga de baterias.

Quando o equipamento "Ex" que utiliza uma bateria intrinsecamente segura possui comunicação sem fio, a segurança de operação do instrumento torna-se melhor, pois os chips dedicados a controle de carga e operação da bateria podem enviar alarmes de que a bateria precisa ser substituídas, inclusive em tempo hábil para que a troca seja realizada em momento apropriado, antes do completo descarregamento das células.

## 45.4 LIMITE DE NÍVEIS DE ENERGIA NAS REDES SEM FIO

As ondas eletromagnéticas das redes de comunicação sem fio podem trazer riscos para atmosferas explosivas e acoplar-se a equipamentos e estruturas metálicas que funcionam como antenas, podendo gerar situações de risco.

Há quase duas décadas se iniciou a análise e a mensuração dos riscos dos rádios de transmissão em áreas classificadas, e as normalizações técnicas IEC e ABNT proveem atualmente limites para a energia irradiada pelas antenas, e, analogamente aos sistemas intrinsecamente seguros, os limites de energia estão segmentados para os três grupos de equipamentos "Ex" (grupos I, II e III), de acordo com a tabela a seguir.

**Tabela 45.2 –** Limites para fontes de radiofrequências

| Grupo | Limite de potência (W) | Limite de tempo de iniciação térmica (μs) | Limite de energia *Zth* (μJ) |
|---|---|---|---|
| Grupo I | 6 | 200 | 1 500 |
| Grupo IIA | 6 | 100 | 950 |
| Grupo IIB | 3,5 | 80 | 250 |
| Grupo IIC | 2 | 20 | 50 |
| Grupo III | 6 | 200 | 1 500 |

*Fonte*: norma técnica brasileira adotada ABNT NBR IEC 60079-0.

Os limites de radiofrequência indicados nas normalizações técnicas brasileira e internacional englobam a faixa de frequências de 9 kHz a 60 GHz, que cobrem a vasta gama de protocolos existentes, como o Wi-Fi, *bluetooth*, *zigbee* e muitos outros, além das antenas dos dispositivos de RFID.

Os equipamentos que distribuem as redes sem fio nas plantas industriais normalmente empregam invólucros à prova de explosão, segurança aumentada ou não acendível, mas, na maioria, com antenas externas.

A análise da energia irradiada deve ser realizada observando-se o tipo de antena unidirecional para comunicação ponto a ponto e omnidirecional, com um lóbulo de distribuição das ondas eletromagnéticas que chegam aos dispositivos distribuídos no campo.

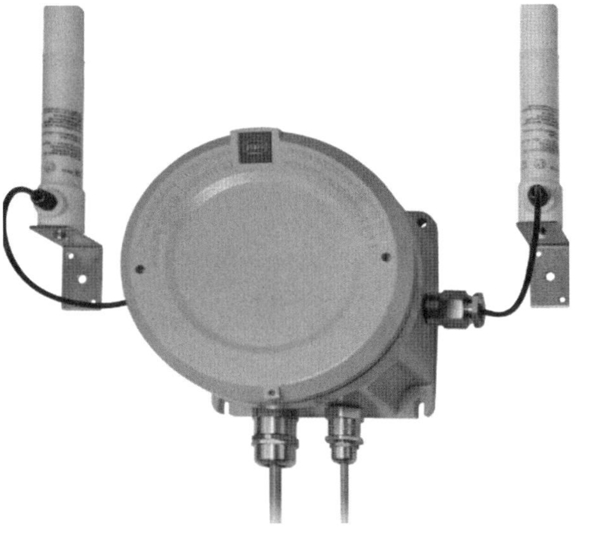

**Figura 45.2 –** Exemplo de equipamentos "Ex" para pontos de acesso *wireless* e antenas com certificação para instalação em áreas classificadas.

*Fonte*: Stahl.

**Figura 45.3 –** Exemplo de equipamentos "Ex" para pontos de acesso *wireless* e antenas com certificação para instalação em áreas classificadas.

*Fonte*: Extronics.

## 45.5 INVÓLUCROS "Ex" PARA ANTENAS DE REDES SEM FIO

Existem algumas técnicas diferentes para se disponibilizarem as redes sem fio em atmosferas potencialmente explosivas, mas, de modo geral, sempre existe um rádio transceptor que emite e recebe as ondas eletromagnéticas e uma antena para distribuir as ondas pela planta industrial.

Os rádios transceptores são dependentes do tipo de tecnologia adotada pela rede sem fio; por exemplo, em uma rede Wi-Fi, utiliza-se um modem (que traz o serviço de internet) e um roteador (que compartilha o sinal com os dispositivos via *wireless* ou com o cabo *Ethernet*). Em alguns casos, o modem está integrado ao roteador.

Como esses dispositivos não são apropriados para serem instalados em atmosferas explosivas, normalmente são instalados em invólucros apropriados para utilização em áreas classificadas. Existem basicamente os seguintes invólucros e tecnologias para utilização em atmosferas explosivas:

### 45.5.1 INVÓLUCROS Ex "e" OU Ex "t"

Uma solução simples para se instalarem os transceptores em Zona 2 ou Zona 20 é a adoção de uma caixa plástica Ex "e" ou Ex "t", com robustez adequada para os ensaios da norma técnica brasileira adotada ABNT NBR IEC 60079-0, complementada pelos requisitos das normas técnicas brasileiras adotadas ABNT NBR IEC 60079-7 – *Tipo de proteção Ex "e"* (para instalação em áreas classificadas contendo gases inflamáveis) ou ABNT NBR IEC 60079-31 – *Tipo de proteção Ex "t"* (para instalação em áreas classificadas contendo poeiras combustíveis). Caso não sejam tomadas essas medidas adicionais, a antena deve ser instalada dentro do invólucro "Ex", o que pode ser aceitável para "pequenas" áreas de cobertura.

### 45.5.2 SOLUÇÃO INTRINSECAMENTE SEGURA COM EQUIPAMENTO SIMPLES E BARREIRA RF

A grande solução para distribuir a cobertura da rede sem fio em toda a planta industrial pode ser a adoção da segurança intrínseca, que, aplicada com um isolador galvânico, protege a antena, que pode ser livremente escolhida e instalada em Zona 0 ou Zona 20.

O isolador galvânico protege contra transientes, tornando a maioria das saídas de RF padrão em intrinsecamente seguras. Isso significa que você não está mais restrito a utilizar apenas antenas certificadas; permite a escolha de uma grande variedade de antenas não certificadas que atendem aos requisitos de equipamentos simples.

Como as saídas de RF se tornam intrinsecamente seguras, permitem que as antenas possam ser trocadas a quente, minimizando o tempo de indisponibilidade da rede sem fio.

Lembrando que, de acordo com a norma de instalação em atmosferas explosivas (norma técnica brasileira adotada ABNT NBR IEC 60079-14), o equipamento simples – nesse caso, a estrutura metálica de suporte da antena e o conector metálico do cabo coaxial – deve ser isolado do aterramento e da carcaça dos equipamentos metálicos de produção. Dessa forma, os usuários são responsáveis por assegurar o limite de 500 $V_{ef}$ de isolação.

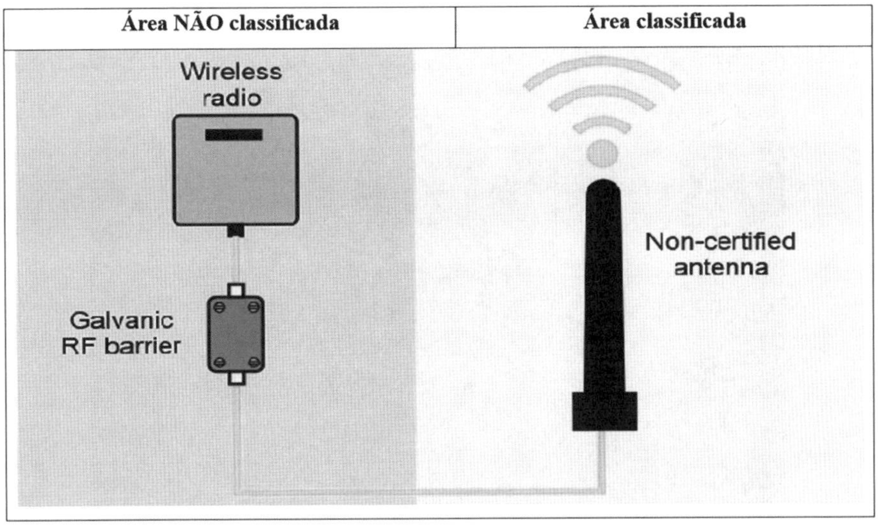


**Figura 45.4** – Antena (equipamento simples) instalada em área classificada, protegida por barreira intrinsecamente segura, com isolação galvânica.

*Fonte*: Extronics.

Outro detalhe importante é a limitação imposta por questões operacionais dos roteadores que não permitem cabos muitos longos para as antenas. Cerca de 25 m é o que normalmente estaria disponível para deslocar o roteador para uma área segura.

Como nem sempre é possível encontrar uma área segura próxima ao processo em que a antena deve ser alocada, existem soluções para instalar modem, roteador e barreira de RF no interior de um invólucro "Ex", como exemplificado nos dois casos de tipos de proteções combinados, apresentados a seguir.

### 45.5.3 INVÓLUCRO DE SEGURANÇA AUMENTADA INCORPORANDO BARREIRA INTRINSECAMENTE SEGURA – PROTEÇÃO COMBINADA EX EB [IA]

No exemplo a seguir, a solução utiliza uma caixa plástica ou metálica que atende aos requisitos de invólucro segundo as normas técnicas brasileiras adotadas ABNT NBR IEC 60079-0 e os de *Segurança Aumentada*, de acordo com a norma ABNT NBR IEC 60079-7, além da barreira de RF devidamente certificada como intrinsecamente segura.

Essa solução é aplicável às Zonas 1 e 2, atendendo a quase todos os mercados, exceto o norte-americano, que ainda não reconhece esse tipo de proteção Ex "e", o qual é aplicado com sucesso há décadas na normalização internacional da IEC e de muitos países, como o Brasil.

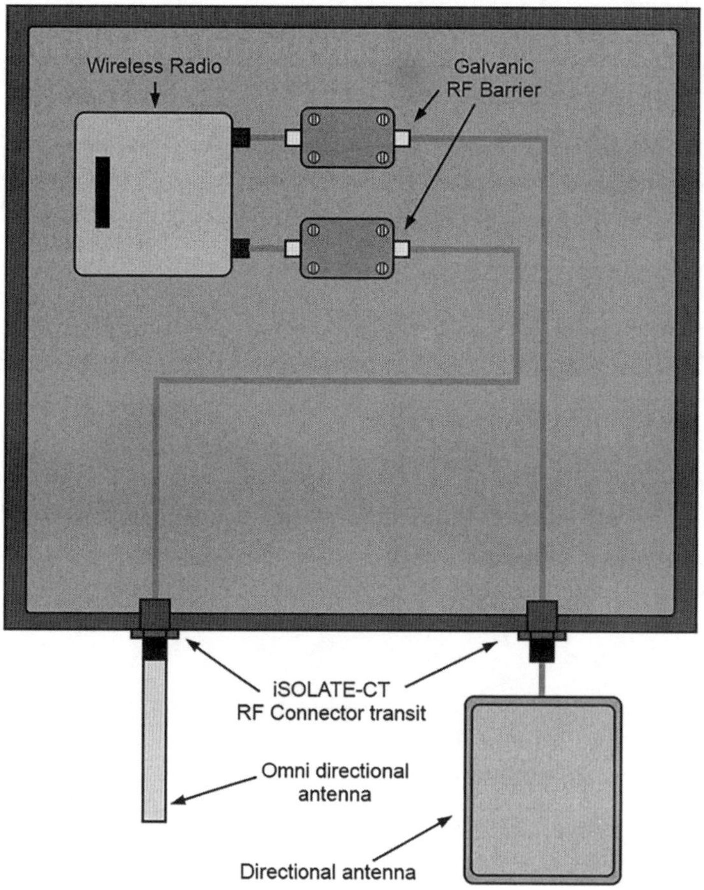


**Figura 45.5 –** Antena intrinsecamente segura (Ex "ia") conectada a invólucro de segurança aumentada (Ex "eb"), contendo dispositivos "Ex" certificados.

*Fonte*: Extronics.

## 45.5.4 INVÓLUCRO À PROVA DE EXPLOSÃO INCORPORANDO BARREIRA INTRINSECAMENTE SEGURA – PROTEÇÃO COMBINADA Ex db [IA]

No exemplo a seguir, a solução utiliza uma caixa metálica do tipo "*à prova de explosão*" e com "*proteção por invólucro contra ignição de poeiras combustíveis*", que atende aos requisitos de invólucro, de acordo com a norma técnica brasileira adotada ABNT NBR IEC 60079-0 (Requisitos gerais para equipamentos "Ex"), bem como os requisitos das normas técnicas brasileiras adotadas ABNT NBR IEC 60079-1 (Ex "d") e ABNT NBR IEC 60079-31 (Ex "t"), além da barreira de RF devidamente certificada como intrinsecamente segura ([Ex "ia"]).

Essa solução é aplicável a Zona 1, Zona 2, Zona 21 e Zona 22, além da possibilidade de ser também certificada para o mercado norte-americano, atendendo aos requisitos para instalação de Divisão 1 e Divisão 2 (NEC Art. 500).

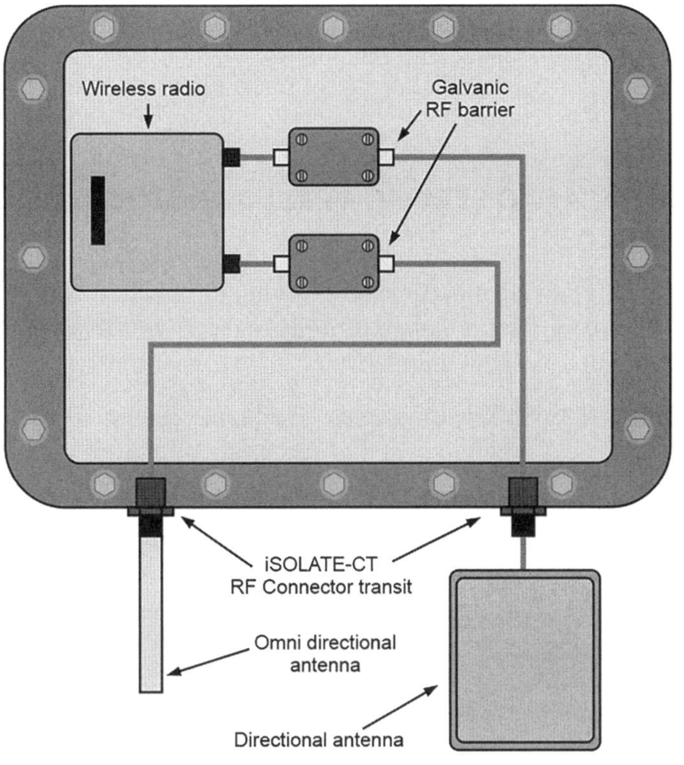


**Figura 45.6 –** Antena intrinsecamente segura – instalação no interior de invólucro Ex "d" e Ex "t".

*Fonte*: Extronics.

## 45.6 ANTENAS COM CERTIFICAÇÃO "Ex"

O mercado oferece uma variedade de antenas certificadas especialmente para a Zona 2 que possuem soluções casadas com a adequação do roteador. Como exemplo, podemos citar invólucros de utilização geral com caixa de conexões "Ex", invólucros pressurizados etc.

**Figura 45.7 –** Exemplo de antena com certificação "Ex".

*Fonte*: Stahl.

Também existe uma variedade de formatos de antenas com aplicações específicas, de modo a maximizar a área de cobertura, especialmente para o ambiente industrial, que tem sérios obstáculos para a visada entre os instrumentos de campo e a antena.

## 45.7 COMUNICAÇÃO SEM FIO *VERSUS* PROTOCOLOS DE MERCADO

As redes industriais não são mais questionadas quanto à viabilidade de utilização na indústria de processos, mas foi um longo caminho percorrido até que os benefícios ganhassem a confiança dos usuários e projetistas.

Não existe um consenso de que uma determinada rede industrial venha a ser adotada como padrão único, e o convívio com diversos protocolos ainda será uma constante por bastante tempo.

Segundo levantamento feito em 2023, publicado pela MHS Networks (*Hardware Meets Software*), o *market share* dos protocolos utilizados no mercado vem destacando o crescente e volumoso desempenho das redes sem fio, de acordo com a figura a seguir.

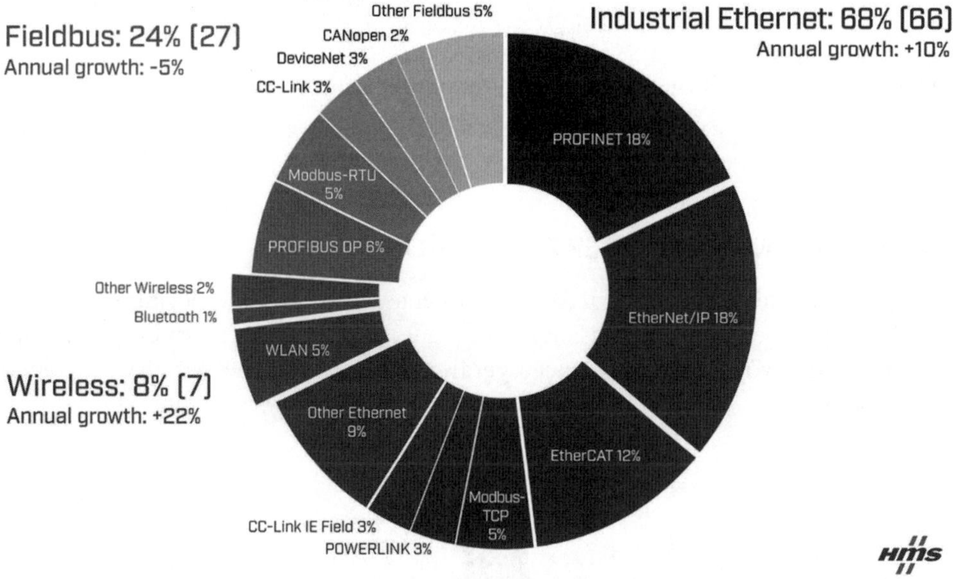


**Figura 45.8 –** *Market share* 2023 de protocolos em aplicações industriais e comerciais.

*Fonte: HMS – Hardware Meets Software Networks.*

O levantamento da HMS indica o crescimento das redes industriais baseadas na *Ethernet* e o declínio das *tradicionais* redes industriais.

Ainda de acordo com o levantamento feito pela HMS em 2023, podem ser observadas as seguintes tendências em relação aos protocolos utilizados em aplicações industriais e comerciais:

- a *Ethernet* industrial continua a apresentar o maior **crescimento** em 2023, com 68% de novos nós instalados (66% em 2022, 65% em 2021 e 54% em 2020);
- as redes sem fio (*wireless*) continuam a **subir** e estão, em 2023, nos 8% (7% em 2022);

- as redes *fieldbus* continuam em **queda**, com 24% (27% em 2022, 28% em 2021 e 30% em 2020);
- As redes PROFINET estão no mesmo nível de aplicação em relação às redes *Ethernet*/IP, ambas no topo das classificações de redes industriais *Ethernet*, com uma parcela de mercado de 18% em 2023 (17% em 2022, 17% em 2021 e 18% em 2020).

Notoriamente, o crescimento das redes sem fio (*wireless*) está se aproveitando da mudança de cenário e vem despontando nos últimos anos, representando atualmente um papel importante na indústria de processos.

As redes sem fio ganharam a confiança dos usuários, que experimentaram a tecnologia em automação secundária, assim como ocorreu no início das redes industriais; e, a cada ano, novas possibilidades mostram o seu valor e o indicativo de que vieram para ficar.

A necessidade de rápida obtenção de dados, informação em tempo real e agilidade na montagem e configuração dos equipamentos em campo, além da economia e simplificação da infraestrutura, tem feito as indústrias optarem cada vez mais por redes sem fio, tanto para captação de dados quanto para controle de processos não críticos.

As possibilidades de protocolos para a indústria de processo são muito vastas; a diversidade de aplicações *versus* as características específicas de utilização podem demandar diferentes tecnologias sem fio. Vamos destacar alguns dos protocolos, mas sem a pretensão de cobrir todos os atualmente disponíveis no mercado:

- Wi-Fi
- *wireless* HART
- ISA100
- UHF RFID
- *bluetooth*
- *LoRa*

## 45.8 REDE WI-FI

O Wi-Fi está presente em nosso dia a dia, em casas, escritórios, restaurantes e ambientes públicos, onde podemos conectar nossos dispositivos portáteis, como celulares e notebooks, à internet, sem a utilização de fios (*wireless*).

As indústrias contam com um grande número de dispositivos e aplicativos móveis, inclusive para a aplicação em áreas classificadas. Surgem, com grande frequência, novos equipamentos com Wi-Fi integrado, certificados para utilização em atmosferas explosivas, como os destacados:

**Tabela 45.3** – Exemplo de dispositivos "Ex" com Wi-Fi com aplicação em atmosferas explosivas

| Equipamentos pessoais "Ex" | Dispositivos "Ex" relacionados aos trabalhos em campo |
|---|---|
| Celulares e smartphones | *walkie-talkies* |
| Câmeras | Multímetros |
| Dispositivos auditivos | Tablets e PDA |
| Rastreadores de sinais vitais | Detectores de gases |
| *smartwatches* e *smartbands* | Leitores de *QR Code* e RFID |
| Uniformes e EPI inteligentes | Instrumentos de testes |

## 45.8.1 A TECNOLOGIA WI-FI

O funcionamento da rede Wi-Fi baseia-se na transmissão de ondas de rádio na faixa ISM de 2,4 GHz ou 5 GHz, lembrando-se de que, quanto mais alta a frequência, maior será a capacidade de transmissão de dados; porém, menor será o alcance.

As faixas de frequência ISM (*Industrial, Scientific and Medical*) são bandas reservadas internacionalmente para o desenvolvimento industrial, científico e médico. Parte do espectro é destinado para desenvolvimentos livres. Não possui necessidade de licenciamento de utilização de frequência, na maioria dos países.

O sinal da internet é enviado via cabo (coaxial ou fibra óptica) ao roteador, que interpreta, decodifica e converte esse sinal em ondas de rádio, que são transmitidas por meio de suas antenas, estabelecendo a comunicação com os dispositivos da rede dentro do *hotspot*, ou seja, dentro de um determinado raio de alcance.

## 45.8.2 PADRÕES DE COMUNICAÇÃO WI-FI

A normalização da rede *Ethernet* iniciou-se nos anos 1990, pelo IEEE (*Institute of Electrical and Electronics Engineers*), e, após alguns anos de pesquisa e desenvolvimento, foi, em seguida, formado um grupo de empresas, o Wi-Fi Alliance, com o padrão 802.11, o qual, em 1997, atingia taxa de comunicação de apenas 1 Mb/s.

Desde o início de seu desenvolvimento, a tecnologia vem sendo aprimorada, e novos padrões foram criados. O atual Wi-Fi 6 chega a transmitir até 9,6 Gb/s, o que permite expansão e sua utilização para além do uso doméstico, tornando-se mais presente nas industriais, incluindo as de atmosferas explosivas; por exemplo, no entrelaçamento da análise de dados prevendo falhas e interrupções do processo.

A comunicação das redes Wi-Fi é padronizada pela IEEE 802.11, que trata das redes locais (LAN). O padrão vem evoluindo desde a sua criação e pode ser identificado por meio das letras após os números. Os padrões normalmente estão ligados às frequências de operação, modulação e velocidade suportada, e atualmente temos seis padrões.

A seguir, são indicados os padrões de comunicação mais utilizados na indústria e as características de cada um deles.

**Wi-Fi: Padrão IEEE 802.11a - 1997**

- Opera em 2,4 GHz a 2,4835 GHz (dentro da faixa ISM) - 1 Mb/s ou 2 Mb/s
- *Frequency Hopping Spread Spectrum* (FHSS) e *Direct Sequence Spread Spectrum* (DSSS)

**Wi-Fi 1: Padrão IEEE 802.11b - 1999**

- Opera em 2,4 GHz a 2,4835 GHz (dentro da faixa ISM) - 1 Mb/s, 2 Mb/s, 5,5 Mb/s e 11 Mb/s
- *Direct Sequence Spread Spectrum* (DSSS) *Complementary Code Keying* (CCK)
- Área de cobertura de 50 m (locais fechados) a 400 m (em ambiente aberto)

**Wi-Fi 2: Padrão IEEE 802.11a - 1999**

- Opera em 5 GHz, com canais de 20 MHz, taxas: de 6, 9, 12, 18, 24, 36, 48 e 54 Mb/s
- Área de cobertura de 50 m
- *Orthogonal Frequency Division Multiplexing* - OFDM

**Wi-Fi 3: Padrão IEEE 802.11g - 2003**

- Opera em 2,4 GHz, com canais de 20 MHz, taxas: de 6, 9, 12, 18, 24, 36, 48 e 54 Mb/s
- *Orthogonal Frequency Division Multiplexing* - OFDM

**Wi-Fi 4: Padrão IEEE 802.11n - 2009**

- Opera em e 5 GHz, com canais de 80 MHz, taxas: de 6, 9, 12, 18, 24, 36, 48 e 54 Mb/s
- *Orthogonal Frequency Division Multiplexing* e *Multiple-Input Multiple-Output* - OFDM MIMO
- Conta com três ou quatro antenas: cobrem até 400 m em ambientes abertos

**Wi-Fi 5: Padrão IEEE 802.11ac - 2013**

- Opera em 5 GHz, com canais de 40 MHz, taxas de 433 Mb/s
- *Multi-User* MIMO modulação 256-QAM
- Conta com três ou quatro antenas: cobrem até 400 m em ambientes abertos

**Wi-Fi 6: Padrão IEEE 802.11ax - 2021**

- Opera em 2,4 GHz e 5 GHz, com canais de 40 MHz, taxas de 1,2 Gb/s
- Multi-User MIMO modulação 1024-QAM

**FHSS e DSSS:** são técnicas que possibilitam transmissões utilizando vários canais dentro de uma frequência. A técnica FHSS é baseada em um esquema de "salto de frequência". Nela, a informação transmitida utiliza determinada frequência por um curto período e, em seguida, muda para outra, de modo aleatório. A técnica DSSS tem proposta parecida, mas faz a mudança de canais seguindo uma ordem sequencial.

**OFDM:** consiste em uma técnica que divide a informação a ser transportada em vários pequenos conjuntos de dados que são transmitidos simultaneamente em diferentes frequências. Essas frequências são acessadas de forma a impedir que uma interfira na outra, característica que torna a técnica OFDM bastante confiável e funcional.

**MIMO e MU-MIMO:** capazes de aumentar consideravelmente as taxas de transferência de dados por meio da combinação de várias vias de transmissão (antenas). O segundo adota a transmissão de sinal simultânea para vários dispositivos.

**256 e 1024-QAM:** métodos de modulação que ampliam a quantidade de dados que podem ser enviados de uma só vez.

### 45.8.3 O QUE É O SSID?

Para que uma rede seja estabelecida, é necessário que os dispositivos se conectem a um transmissor do sinal de rádio, os chamados *Access Point* (AP). Quando um ou mais dispositivos se conectam ao AP, forma-se uma rede, denominada *Basic Service Set* (BSS).

Por segurança, onde pode haver mais de uma rede BSS próxima, é essencial que cada uma delas receba uma identificação chamada de *Service Set Identifier* (SSID), composta por um conjunto de letras e números, ou seja, o SSID é o nome dado a cada rede Wi-Fi.

### 45.8.4 SEGURANÇA DAS REDES WI-FI

É prudente proteger redes *wireless* para evitar que pessoas não autorizadas se conectem a ela e possam, por exemplo, "roubar" a internet ou invadir dispositivos conectados. O Wi-Fi traz alguns mecanismos:

**WEP:** sigla para *Wired Equivalent Privacy*, desde o padrão 802.11 original, e consiste em um mecanismo de autenticação com chaves de 64 bits ou 128 bits. O problema reside no fato de o WEP ser baseado em vetores de inicialização que, com a aplicação de algumas técnicas, permitem que a chave seja facilmente quebrada.

**WPA:** diante das limitações do WEP, disponibilizou-se outra solução, em 2003: o *Wired Protected Access* (WPA), que usa o protocolo WEP2 com uma chave de 128 bits combinada com o MAC Address.

**WPA2:** apesar de o WPA ser bem mais seguro que o WEP, buscou-se um esquema de segurança ainda mais confiável, o WPA2, que utiliza um padrão de criptografia denominado *Advanced Encryption Standard* (AES).

**WPS:** em 2007, apareceu o WPS, por meio do qual é possível fazer, por exemplo, uma sequência numérica chamada PIN (*Personal Identification Number*) ser atribuída a um roteador sem fio, e a maioria dos roteadores conta com um botão de WPS, que, quando pressionado, permite que um dispositivo se conecte à rede.

**WPA3:** o WPA3 foi apresentado em 2018 como uma evolução mais segura do WPA2. Esse padrão é mais resistente a ataques de "força bruta", como os que tentam adivinhar a senha da rede com numerosas combinações testadas continuamente.

***Firewalls***: para que ladrões não entrem em sua casa, você deve trancar suas portas e janelas, instalar grades, alarmes e sistemas de segurança, dificultando o acesso ao interior do imóvel. O *firewall* tem função similar, pois "tranca" todas as portas e janelas do seu dispositivo para que só os autorizados possam entrar e sair. Os *firewalls* já são instalados com predefinições de quais portas poderão permanecer abertas para que os programas as usem.

É possível usar dois tipos de *firewall* de software e hardware, que podem vir incorporados aos roteadores e modems, e ainda existem equipamentos para indústrias que segmentam completamente a comunicação externa dos equipamentos de processo, aumentando significativamente a confiabilidade da operação.

### 45.8.5 TOPOLOGIA WI-FI EM ATMOSFERAS EXPLOSIVAS

A utilização do Wi-Fi no ambiente industrial oferece muitos benefícios, até se comparado à rede com fio, especialmente tratando-se de ambientes industriais com áreas classificadas, devido à eliminação dos riscos de a fiação elétrica provocar uma ignição.

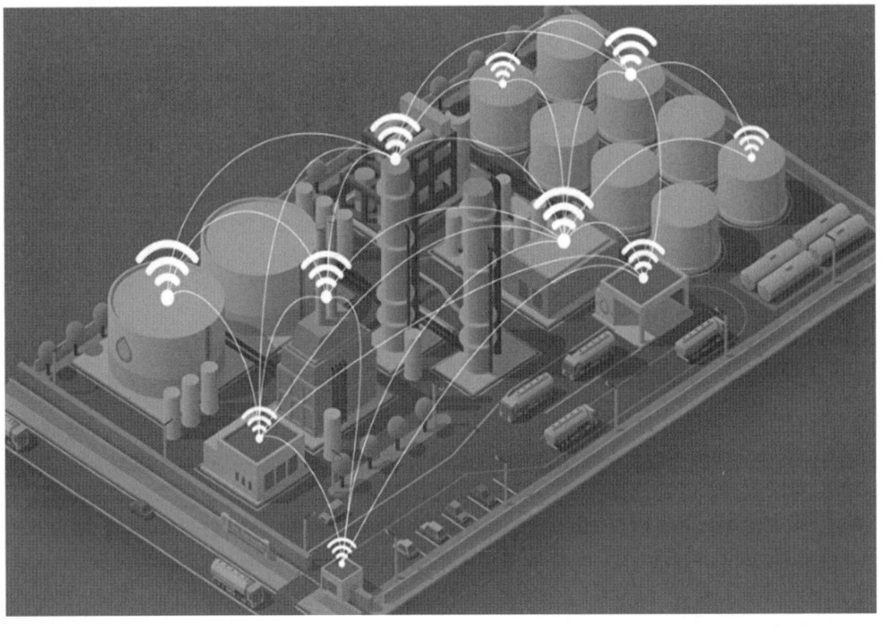

**Figura 45.9 –** Exemplo de aplicações de redes *Wi-Fi* em áreas classificadas da indústria de processo contendo gases inflamáveis ou poeiras combustíveis.

*Fonte*: disponível ao público na internet.

Com uma instalação limpa e de fácil configuração, e com apenas os pontos de acesso instalados em áreas classificadas, é possível atender a vários dispositivos e processos ao mesmo tempo, logicamente se dentro dos raios de alcance das antenas, além de estar alinhada com conceitos de IIoT (internet industrial das coisas), M2M – *Machine to Machine (comunicação máquina a máquina), Digital Twins, Machine Learning* e indústria 4.0.

Na figura a seguir, vemos a topologia da rede Wi-Fi aplicada à indústria com áreas classificadas, com a aplicação dos conceitos do *access point* e sua antena.

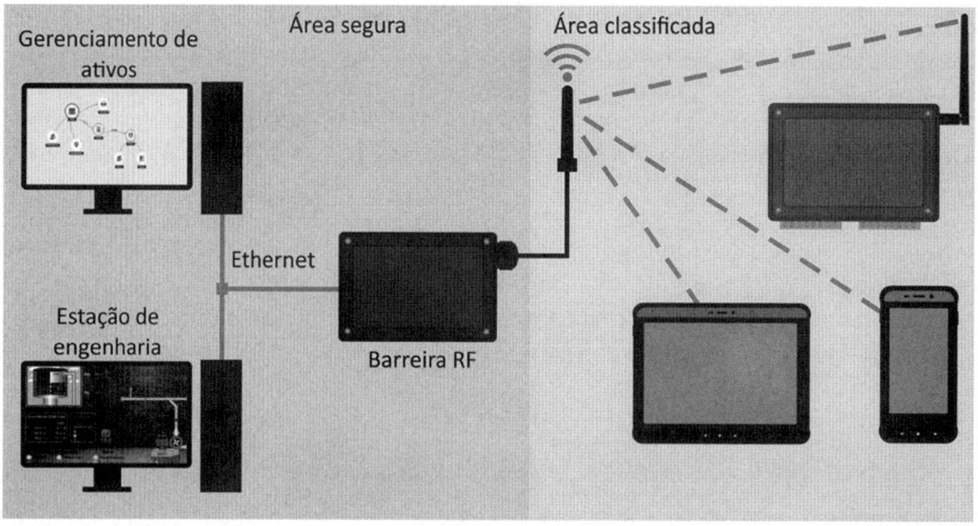


**Figura 45.10 –** Aplicação de rede Wi-Fi em áreas classificadas.

*Fonte*: Sense Sensores e Instrumentos.

## 45.9 *WIRELESS* HART

Dente os padrões de rede *wireless* utilizados na indústria, podemos destacar o *wireless HART*, que adiciona recursos sem fio ao já "tradicional" e amplamente utilizado protocolo HART.

O *wireless* HART destaca-se pela possibilidade de transmissão de dados de forma simples, segura e confiável, alcançando longas distâncias.

### 45.9.1 A EVOLUÇÃO DO PROTOCOLO HART

No final da década de 1980, o protocolo HART (*Highway Addressable Remote Transducer*) foi introduzido nas aplicações industriais. É um protocolo de comunicação bidirecional padronizado internacionalmente que utiliza um par de fios para transmissão e recepção de dados digitais, simultaneamente com o velho sinal de controle no *loop* de corrente 4 a 20 mA.

O protocolo utiliza a comunicação mestre/escravo, e sua topologia pode ser ponto a ponto ou *multidrop*. O modo *multidrop* nas primeiras versões do protocolo permitia apenas dezesseis equipamentos conectados.

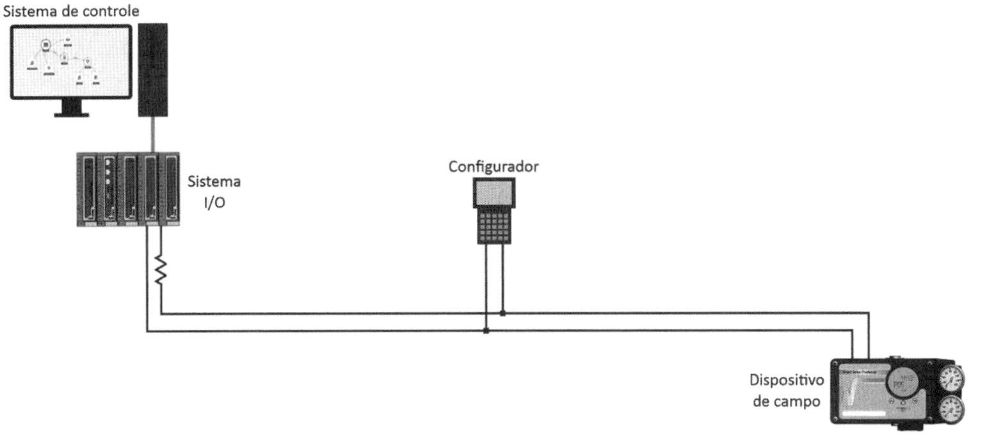


**Figura 45.11 –** Exemplo de aplicação de topologia HART ponto a ponto.

*Fonte*: Sense Sensores e Instrumentos.

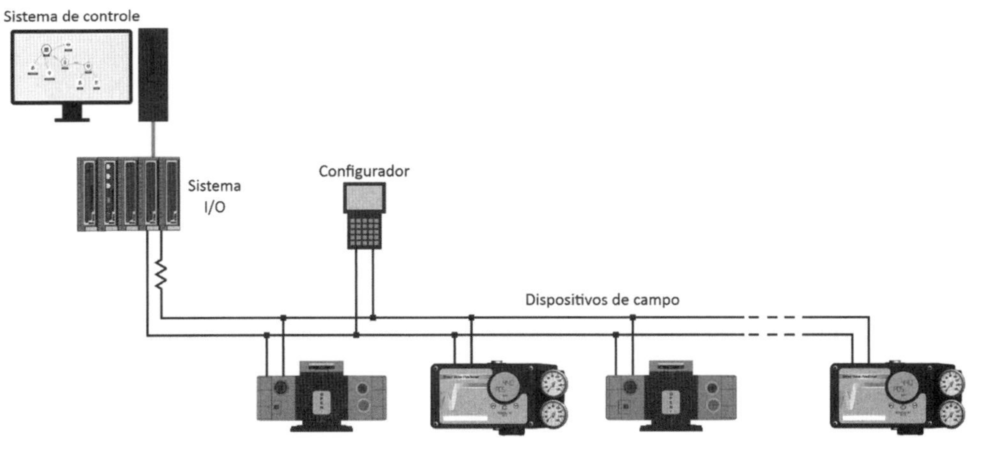


**Figura 45.12 –** Exemplo de aplicação de topologia HART *Multidrop*.

*Fonte*: Sense Sensores e Instrumentos.

Devido às constantes evoluções da indústria, demandando maior quantidade de equipamentos conectados e maior velocidade de comunicação, o protocolo passou por algumas revisões que, em 2007, deram origem ao HART 7, com maior capacidade de instrumentos conectados em *multidrop*, admitindo até 64.

Também no ano de 2007, em conjunto com a revisão para o HART 7, foi incluído o *wireless* HART, permitindo a comunicação dos dispositivos sem fio. A grande diferença em relação ao protocolo convencional, além da conexão sem fio, foi a inclusão da camada de rede para suportar a topologia MESH. Dessa forma o *wireless* HART possui cinco camadas, e o protocolo convencional, apenas quatro.

Foram realizadas também alterações na camada física e de enlace. A tabela a seguir ilustra as diferenças entre as camadas dos protocolos com fio e sem fio.

**Tabela 45.4** – Modelo OSI de camadas para HART e *wireless* HART

<table>
<tr><th colspan="2">Modelo OSI</th><th colspan="2">Arquitetura HART</th></tr>
<tr><th colspan="2">Camadas/Layers</th><th>FSK, PSK e RS485</th><th>Wireless 2.4 GHz</th></tr>
<tr><td>7</td><td>Aplicação</td><td colspan="2">Ordenados a comando, tipos de dados predefinidos a aplicações</td></tr>
<tr><td>4</td><td>Transporte</td><td colspan="2">Autossegmentado em pacotes com tamanhos negociais, confiável</td></tr>
<tr><td>3</td><td>Rede</td><td>Não possui esta camada</td><td>Rede MESH com caminhos redundantes</td></tr>
<tr><td>2</td><td>Enlace</td><td>Protocolo binário, orientado a byte, baseado na passagem de token e modelo mestre/escravo</td><td>Síncrono, confiável e seguro (TDMA/CSMA)</td></tr>
<tr><td>1</td><td>Física</td><td>Sinal digital sobreposto ao sinal de corrente analógico 4 a 20 mA</td><td>2.4 GHz padrão IEEE 802.15.4</td></tr>
</table>

## 45.9.2 O QUE É E COMO FUNCIONA O *WIRELESS* HART?

Como visto anteriormente, o *wireless* HART adiciona tecnologia sem fio ao já consagrado protocolo HART, preservando a compatibilidade entre os dispositivos já existentes. Utiliza a tecnologia de rede MESH, com base no padrão IEEE 802.15.4, operando na frequência de 2.4 GHz.

Os rádios utilizam o método de DSSS (*Direct Sequence Spread Spectrum*) ou FHSS (*Frequency Hopping Spread Spectrum*) para uma comunicação segura e confiável, assim como TDMA (*Time Division Multiple Access*), assegurando uma comunicação sincronizada entre os instrumentos conectados à rede.

Cada equipamento funciona como roteador ou repetidor, permitindo que equipamentos vizinhos se comuniquem entre si, não dependendo apenas de um *gateway* central, aumentando o alcance da rede e criando uma rota de comunicação redundante, o que eleva a confiabilidade das operações industriais, uma vez que, se uma rota está bloqueada, uma rota alternativa é automaticamente formada, garantindo que a mensagem enviada chegue ao seu destino.

A rede permite que equipamentos cabeados já existentes sejam integrados por meio de *adaptadores de comunicação*, que convertem o sinal dos equipamentos em *wireless* HART e transmite esse sinal para a rede.

As redes *wireless* HART possuem três componentes principais:

- dispositivos sem fio (com *wireless* integrado ou com adaptadores);
- *gateways* que fazem a comunicação entre os dispositivos;
- *network manager*, que é responsável por configurar a rede e agendar a comunicação entre os dispositivos, gerenciando as rotas das mensagens e monitorando a integridade da rede.

Na figura a seguir, é mostrado um exemplo de um transmissor intrinsecamente seguro com comunicação *wireless* HART.

**Figura 45.13 –** Exemplo de transmissor de pressão, intrinsecamente seguro (Ex ia IIC T6 ...T4 Ga), com comunicação *wireless* HART, para instalação em áreas classificadas contendo gases inflamáveis.

*Fonte*: Nova Smar – Manual do produto, disponível na internet.

## 45.9.3 TOPOLOGIA *WIRELESS* HART

Diferentemente do protocolo convencional, uma rede *wireless* HART pode ser do tipo estrela (*star*) ou malha (MESH).

**Topologia estrela:** geralmente utilizada em pequenas automações, é caracterizada pela baixa latência e por possuir comunicação direta entre o *gateway* e os equipamentos.

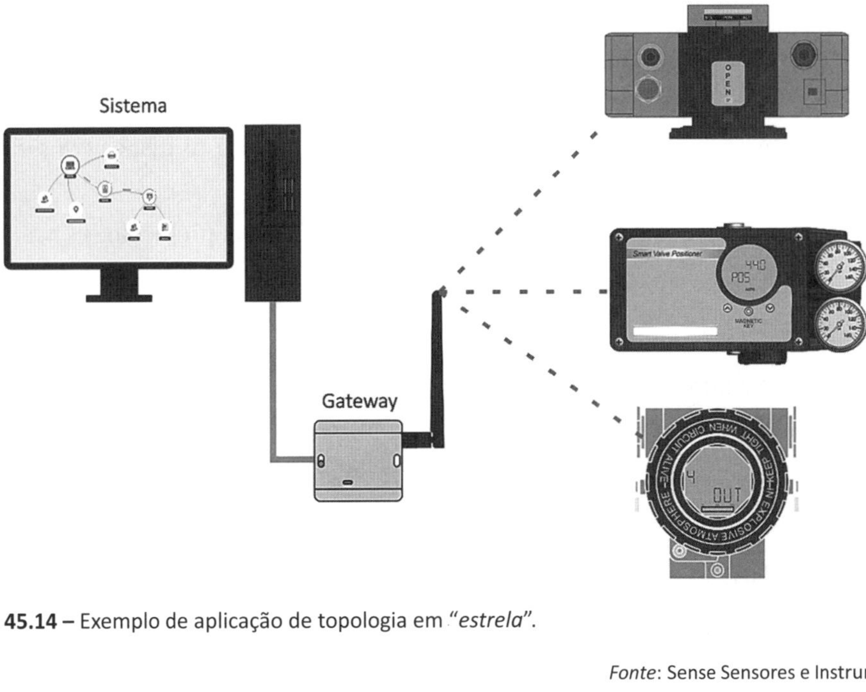


**Figura 45.14 –** Exemplo de aplicação de topologia em *"estrela"*.

*Fonte*: Sense Sensores e Instrumentos.

### 45.9.4 TOPOLOGIA MESH

Quando a rede possui muitos equipamentos, deve-se migrar para a topologia MESH, na qual todos os equipamentos são roteadores, garantindo maior alcance. Essa topologia possui uma latência maior, mas torna-se uma rede muito confiável, com redundância de caminhos para as mensagens.

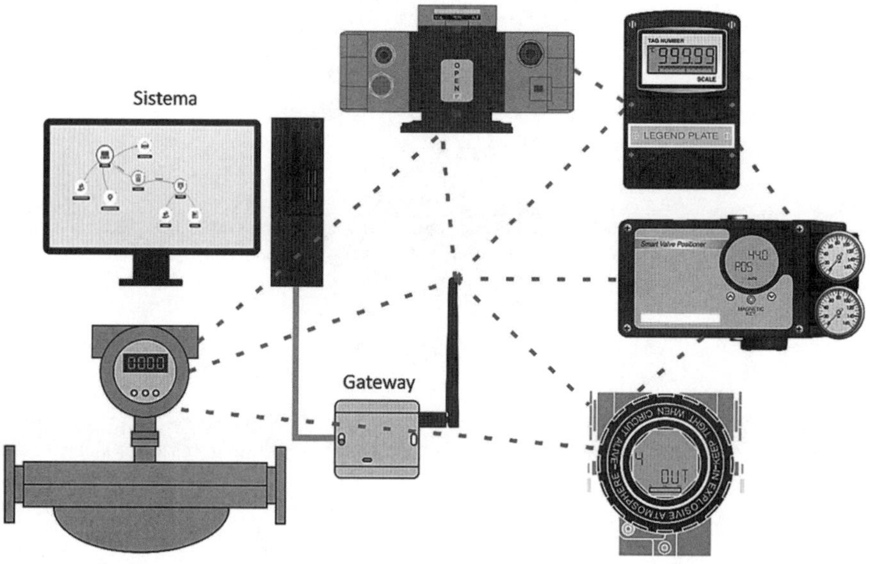


**Figura 45.15 –** Exemplo de aplicação de topologia MESH.

*Fonte*: Sense Sensores e Instrumentos.

### 45.9.5 SEGURANÇA DA REDE *WIRELESS* HART

Você deve estar se perguntando se a rede *wireless* HART é segura. A resposta é sim, a rede é segura.

O protocolo foi projetado com medidas de segurança integradas que estão sempre ativas. Entre outras medidas, utiliza criptografia AES de 128 bits, disponibilizando uma chave para cada mensagem e autenticação do dispositivo.

Os equipamentos da rede são configurados para monitorar os dispositivos que têm permissão de acesso.

Listamos a seguir algumas das muitas características desse protocolo.

- Permite uma instalação limpa e flexível;
- máxima segurança, mesmo em área classificada;
- equipamentos preexistentes podem ser integrados por meio de adaptadores de comunicação;
- taxa de comunicação de 250 kb/s operando em 2.4 GHz;
- dezesseis canais de rádio disponível;
- modulação digital baseada em DSSS;
- equipamentos nativos *wireless* HART possuem baixo consumo de energia;

- utilizado para monitoramento, aplicações ON-OFF e controle não crítico;
- a segurança dos dados e dos dispositivos utiliza criptografia AES 128 bits.

## 45.10 COMUNICAÇÃO *WIRELESS BLUETOOTH*

Você pode estar pensando: "*bluetooth*, aquele mesmo protocolo que uso no meu celular para utilizar os fones sem fio, em aplicações de atmosferas explosivas?". Isso mesmo! Um protocolo tão corriqueiro que utilizamos com muitos dispositivos do dia a dia pode ser aplicado na indústria de processos. A ideia não é substituir o controle dos equipamentos, mas permitir que a rede sem fio *bluetooth* complemente a automação e trabalhe de forma independente e complementar.

No exemplo indicado a seguir, o controle do posicionador de válvulas, que comanda a abertura proporcional do atuador pneumático em função do sinal de controle, foi implementado com o padrão tradicional de 4-20 mA intrinsecamente seguro com a utilização de barreiras instaladas fora das áreas classificadas.

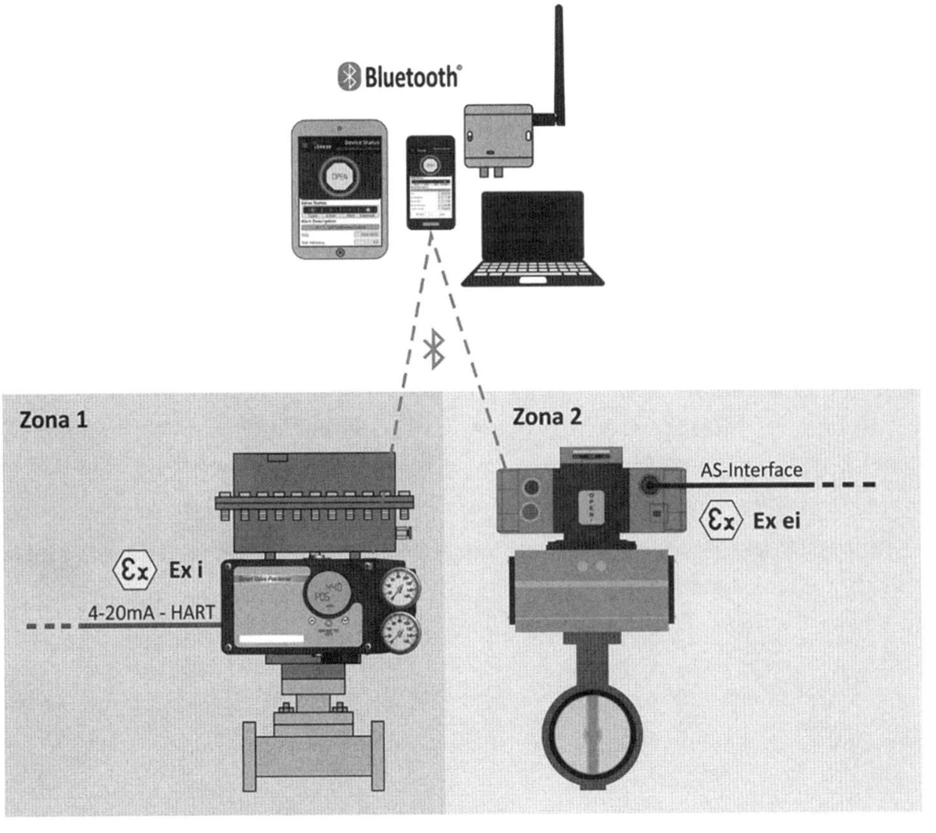


**Figura 45.16** – Aplicação topologia com comunicação *bluetooth* em áreas classificadas.

*Fonte*: Sense Sensores e Instrumentos.

O sinal digital do protocolo HART, que é sobreposto ao sinal analógico de corrente 4 a 20 mA, pode ser utilizado para a configuração do posicionador, ou, ainda, pode ser integralmente utilizado no controle e configuração, além de permitir a troca de informações, tais como: alarmes operacionais e de diagnóstico.

Já o monitor de válvulas, que sinaliza a posição aberto e fechado e comanda, por meio de uma válvula solenoide, o controle do atuador pneumático, utiliza uma rede muito comum para equipamentos discretos. Existem no mercado diversas opções com segurança aumentada em combinação com segurança intrínseca.

Ambos os equipamentos de campo normalmente admitem a configuração de seus parâmetros localmente; corriqueiramente, os instrumentistas de campo se deslocam próximo aos equipamentos para a solução de problemas, ou mesmo nas configurações iniciais do *startup* ou em caso de retorno de manutenções preventivas ou corretivas.

Nem sempre os equipamentos estão localizados em locais de fácil acesso, e, neste caso em especial, a comunicação *bluetooth* pode servir como uma aliada na configuração do equipamento.

### 45.10.1 TECNOLOGIA *BLUETOOTH*

A tecnologia *bluetooth* é muito comum no dia a dia das pessoas e vem ganhando popularidade no ambiente industrial, seguindo a norma IEEE 802.15.1 e utilizando as faixas de rádio ISM 2.4 a 2.5 GHz.

Como a faixa ISM é aberta, isto é, pode ser utilizada por qualquer sistema de comunicação, é necessário garantir que o sinal do *bluetooth* não sofra interferência, assim como não a gere. O esquema de comunicação FH-CDMA (*Frequency Hopping - Code-Division Multiple Access*), utilizado no *bluetooth*, possibilita essa proteção, pois faz a frequência ser dividida em vários canais.

O dispositivo que estabelece a conexão muda de um canal para outro em um *salto de frequência* (*frequency hopping*) e permite que a largura de banda seja pequena, diminuindo sensivelmente as chances de interferência.

Como um dispositivo se comunicando via *bluetooth* pode tanto receber quanto transmitir dados (modo *full-duplex*), a transmissão é alternada entre *slots* para transmitir e *slots* para receber, um esquema denominado FH/TDD (*Frequency Hopping/Time Division Duplex*). Esses *slots* são canais divididos em períodos de 625 μs (microssegundos), ou seja, 1.600 saltos em um segundo.

O protocolo possui categorias de produtos diferentes, que, dependendo da potência, apresentam maior distância entre os dispositivos:

- Classe 1: potência máxima de 100 mW (miliwatt), alcance de até 200 m
- Classe 2: potência máxima de 2,5 mW, alcance de até 10 m
- Classe 3: potência máxima de 1 mW, alcance de até 1 m

A tecnologia é extremamente confiável, mesmo em ambiente industrial, devido à utilização de canais de frequências que são alternados a cada comunicação, e possui ainda um algoritmo adaptativo que elimina a utilização de alguns canais que possam estar sendo utilizados por outras redes tipo WLAN, que operam no mesmo espectro de frequência, eliminando, dessa forma, os conflitos.

O *bluetooth* 5.0, que possui taxa de comunicação de 50 Mbit/s, pode ser aplicado em rede com poucos dispositivos (*piconet* com um mestre e sete escravos) e várias *piconets* podem ser comunicar; mas o mais comum é a comunicação ponto a ponto tipo mestre-

-escravo, o que permite o acesso ao equipamento, facilitando sua configuração remota, sem ter os riscos de se abrir o equipamento para uma configuração em campo com a presença de uma atmosfera explosiva.

### 45.10.2 *WIRELESS HART, BLUETOOTH* E I²OT

O *wireless HART* é designado para a interface com o sistema de controle da planta, trocando as informações de controle e diagnóstico. Já o *bluetooth* pode ser a interface de acesso local, para a configuração do dispositivo, bem como a verificação, por exemplo, de status, alarmes, códigos de erros, via um smartphone ou tablet industrial.

É também possível por meio da interface *bluetooth* que *logs* de diagnósticos e alarmes, além da operação dos dispositivos, cheguem em uma nuvem a qual, por meio de algoritmos de *data mining*, possa estabelecer tendências que levem a tornar a manutenção corretiva em preditiva.

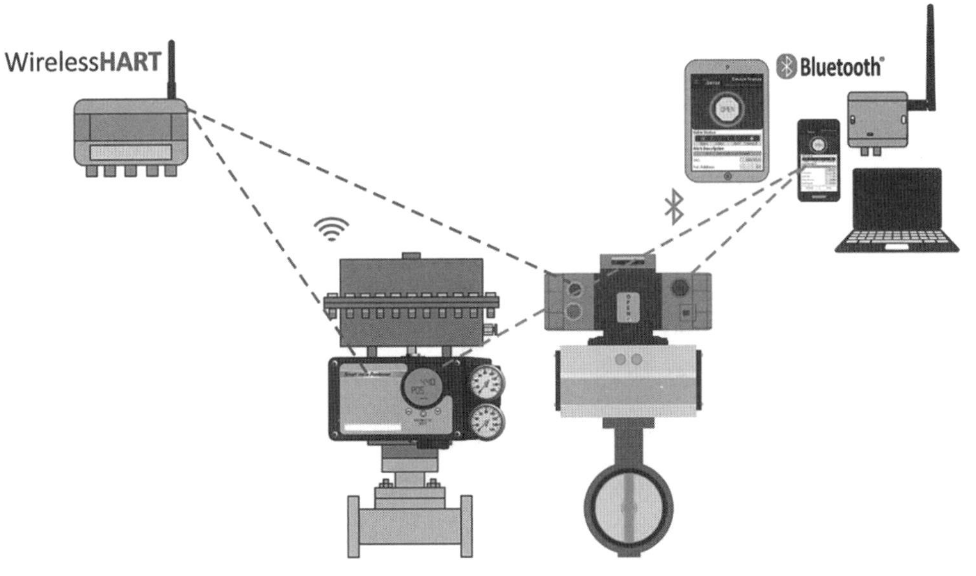


**Figura 45.17 –** Exemplo de aplicação de dispositivos "Ex" com comunicação *bluetooth* em áreas classificadas.

*Fonte*: Sense Sensores e Instrumentos.

## 45.11 SISTEMA *WIRELESS LoRa* (*LONG RANGE*)

Uma das bases mais bem estruturadas para a *IoT* (*internet of things*) é o sistema com comunicação *wireless* do tipo *LoRa* (*Long Range*), a qual permite a real implementação de redes privadas ou públicas, em que há um único *gateway* com conexão na internet e, possivelmente, uma *cloud* para armazenar e disponibilizar os dados de milhares de dispositivos instalados em campo, separados por longas distâncias, alimentados por baterias que podem durar muitos anos.

Os dispositivos de campo podem ter suas versões em segurança intrínseca, com uma bateria acoplada, e transmitir de forma cíclica ao *gateway* diversos sinais de monitoramento onde não seria viável economicamente a aplicação das redes tradicionais, ou por causa dos custos de projeto e instalação, ou em locais de difícil acesso/remotos.

Os dispositivos, quando aplicados a monitoramento de grandezas com variações lentas, como: movimentações raras, temperaturas e alarmes, podem transmitir somente quando ocorrerem *variações* ou *exceções* (*exception reports*) dentro de uma faixa de valores de dados preestabelecida (*banda morta*).

O dispositivo pode, ainda, entrar no modo de suspensão (*sleep*) pelo tempo definido por seu próprio algoritmo, sem ou com "despertares" periódicos relativamente longos, sempre visando a prolongar a vida da bateria.

Dentre as principais características, recursos e benefícios do *LoRa*, podemos destacar:

- baixíssimo consumo de energia, de modo que baterias podem operar em ciclos de dez anos ou mais;
- distância de comunicação do dispositivo de campo ao *gateway* de até 16 km, com visada direta;
- visada de até 5 km em ambientes com obstruções mecânicas, como em uma instalação industrial;
- imune a outros protocolos de comunicação operando no mesmo ambiente;
- pouco afetado pelas interferências do clima, como chuva e neve;
- um único *gateway* pode gerenciar milhares de dispositivos;
- autenticação mútua de origem e destino dos dados que são criptografados em dois níveis de 128 bits;
- possibilidade de *update* remoto dos dispositivos.

A aplicação do protocolo tem inúmeras possibilidades práticas, como:

- controle de áreas de estacionamento público;
- iluminação das cidades com controle de acionamento;
- controle de temperatura e nível de $CO_2$ em prédios e estações de metrô;
- irrigação na agricultura aplicada a vastas áreas remotas.

Um exemplo de automação de processos em áreas classificadas contendo gases inflamáveis ou poeiras combustíveis, com equipamentos Ex "i" com comunicação *LoRa* é a automação de monitoração de atuação de válvulas manuais de bloqueio em instalações de refinarias de petróleo, químicas, petroquímicas ou parques distribuição de combustíveis.

Em uma abordagem "tradicional", em um grande parque industrial, com tubulações, *manifolds*, tanques de armazenamento e outros equipamentos de processo localizados em locais de difícil acesso ou distantes dos centros de controle, não seria economicamente viável a instalação de sensores para confirmar a posição de estado "aberto" ou "fechado" das válvulas de bloqueio, considerando-se a necessidade de estrutura de projeto e instalação de longos cabos, caixas de junção e barreiras de segurança intrínseca, interfaceando os sinais para os controladores digitais, como PLC ou DCS.

As muitas centenas de válvulas de bloqueio que são utilizadas esporadicamente em processo ou operações de partida ou parada (*shutdown*) ou na modificação esporádica de alinhamento de processo, com a implantação de um sistema de monitoramento, viabilizam a coleta e a análise de possíveis falhas que tenham levado à necessidade de eventuais desligamentos ou fechamento de tubulações.

Por meio de programas de *data mining* sobre o histórico de movimentação das válvulas, cruzados com os dados de comandos de outros dispositivos, e cruzados ainda com o histórico de operações anteriores, pode-se predizer tendências que podem levar a falhas de operação, aumentando a segurança das instalações e das operações, levando a uma menor ocorrência de paradas de emergência ou não programadas.

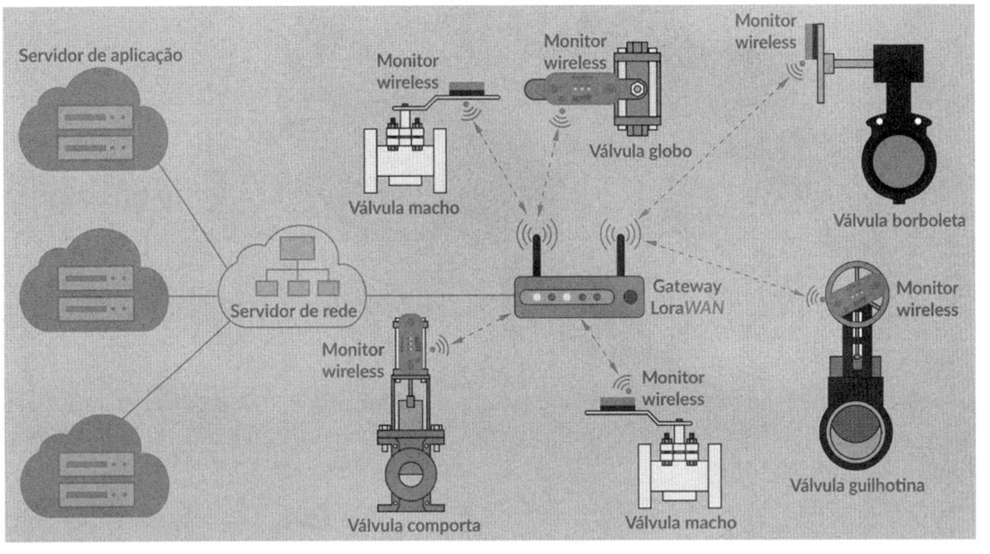


**Figura 45.18 –** Aplicação do *LoRa* em monitoração de válvulas manuais em áreas classificadas.

*Fonte*: Sense Sensores e Instrumentos.

Outros exemplos na indústria de processos podem ser destacados com a tecnologia de comunicação sem fio de baixo consumo e longo alcance em áreas classificadas: monitoramento de pessoas, profissionais da própria empresa, as equipes de manutenção e engenharia e até de funcionários de terceiros, que seriam monitorados dentro das instalações com atmosferas explosivas por meio de *crachás eletrônicos*, incorporando chip de localização, baterias "Ex", e, por meio do protocolo *LoRa*, poderiam disponibilizar em uma aplicação na nuvem a posição das pessoas na planta, o que seria estratégico em caso de uma evacuação.

O monitoramento da posição de equipamentos cruciais, como motores, bombas, válvulas etc., pode ser acompanhado em tempo real, por exemplo, desde a saída de áreas classificadas para o setor de manutenção, ou mesmo em parceiros externos, até a reinstalação na área, por meio de um simples *TAG Ex LoRa*.

Outro exemplo de aplicação da tecnologia *LoRA* é o monitoramento de correias transportadoras de grãos, verificando temperatura dos mancais, diminuição da rotação de roletes, desalinhamento da esteira, todas condições que podem gerar uma ignição da poeira combustível em locais de difícil acesso para as tecnologias "Ex" com fio.

Ainda pode ser citada como exemplo de utilização da tecnologia *LoRA* a monitoração de vibração, temperatura e posição em locais de difícil acesso ou muito remotos, que podem apresentar riscos ou provocar acidentes.

Nas figuras a seguir, são mostrados exemplos de um monitor de posição de válvula, em tempo real, do tipo intrinsecamente seguro, com detecção com base em giroscópio e acelerômetro, com comunicação *wireless* do tipo *LoRa*, alimentado por bateria de lítio de

3.6 V, adequado para instalação em áreas classificadas Zona 0, Zona 1, Zona 2, Zona 20, Zona 21 ou Zona 22, com marcações Ex ia IIC T4 Ga e Ex ia IIIC T85 °C Da.

**Figura 45.19 –** Vista externa e interna de monitor de posição, em tempo real, de válvula, do tipo intrinsecamente segura, com detecção com base em giroscópio e acelerômetro, com comunicação *wireless* do tipo *LoRa* (*Long Range*), alimentado por bateria de lítio de 3.6 V, com marcações Ex ia IIC T4 Ga e Ex ia IIIC T85 °C Da.

*Fonte*: Sense Sensores e Instrumentos.

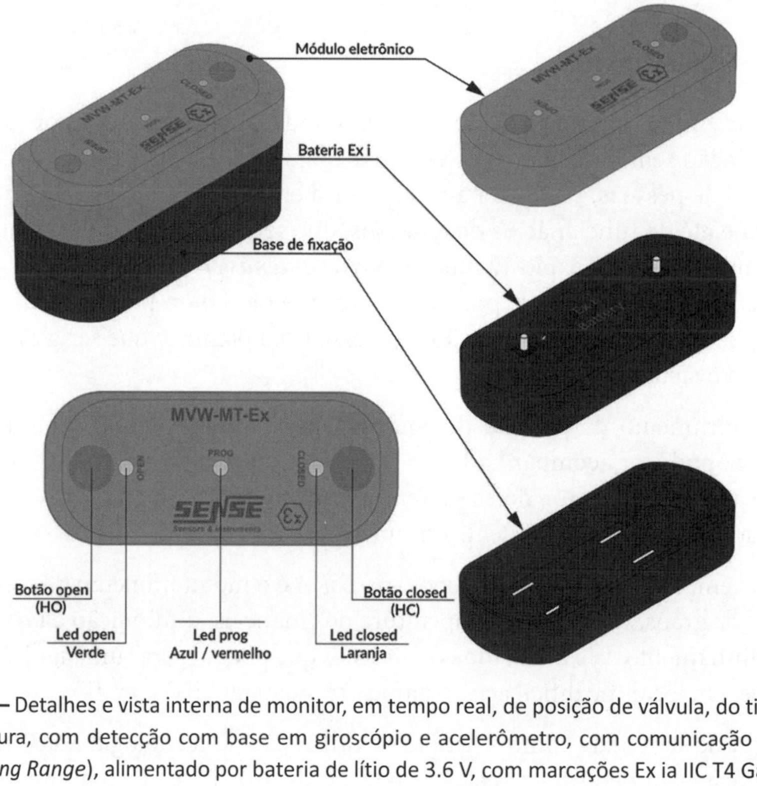


**Figura 45.20 –** Detalhes e vista interna de monitor, em tempo real, de posição de válvula, do tipo intrinsecamente segura, com detecção com base em giroscópio e acelerômetro, com comunicação *wireless* do tipo *LoRa* (*Long Range*), alimentado por bateria de lítio de 3.6 V, com marcações Ex ia IIC T4 Ga e Ex ia IIIC T85 °C Da.

*Fonte*: Sense Sensores e Instrumentos.

**Figura 45.21 –** Exemplo de aplicação de monitor de posição em tempo real de válvula intrinsecamente segura, com detecção com base em giroscópio e acelerômetro, com comunicação *wireless* do tipo *LoRa* (*Long Range*), alimentado por bateria de lítio de 3.6 V, , com marcações Ex ia IIC T4 Ga / Ex ia IIIC T85 °C Da.

*Fonte*: Sense Sensores e Instrumentos.

# Capítulo **46**

# O "*mito*": a segurança pode ser obtida pela simples aquisição de equipamentos elétricos ou mecânicos "Ex" certificados?

**Sinopse**: este capítulo trata dos requisitos para a elevação dos níveis de segurança e conformidade técnica, normativa e legal em instalações terrestres e marítimas, com a presença de áreas classificadas contendo atmosferas explosivas formadas por gases inflamáveis ou poeiras combustíveis. Aborda também os requisitos para a elevação dos níveis de confiança de que os serviços de campo "Ex" que são realizados em áreas classificadas sejam, de fato, executados de forma correta, atendendo aos requisitos normativos indicados nas normas técnicas brasileiras aplicáveis das Séries ABNT NBR IEC 60079 e ABNT NBR ISO 80079.

A indústria do petróleo no Brasil foi iniciada por volta da década de 1930, com a construção da Refinaria Rio Grandense, na cidade de Rio Grande, no Rio Grande do Sul. Nas décadas de 1940 e 1950, foram construídas outras refinarias de petróleo em São Francisco do Conde (BA), Capuava (SP) e Cubatão (SP). Naquelas instalações industriais pioneiras, contendo equipamentos elétricos instalados em áreas classificadas, os equipamentos "Ex" eram, na sua maioria, de procedência estrangeira, com certificação emitida nos respectivos países de origem, como Estados Unidos, França, Reino Unido e Alemanha.

No final da década de 1970, com a descoberta de petróleo na Bacia de Campos, no estado do Rio de Janeiro, houve uma grande demanda por equipamentos com invólucros metálicos do tipo "à prova de explosão". Ao mesmo tempo que existiam no mercado diversos fabricantes brasileiros pioneiros na fabricação de equipamentos com invólucro metálicos à prova de explosão, houve também o aparecimento no mercado, infelizmente, de produtos do tipo "à prova de explosão" fundidos em areia, com fabricação falsificada, e com casos verificados de certificados ou relatórios de ensaios também falsificados. Naquela época, foram registrados casos de incêndios e explosões, alguns deles provocados por equipamentos elétricos supostamente do tipo "à prova de explosão", utilizados ou instalados em atmosferas explosivas.

De forma a tentar solucionar os graves problemas existentes, dentro de um cenário de "gestão por espasmo", naquele período, setores da sociedade do Brasil se mobilizaram para iniciar os esforços no sentido que houvesse no país um regulamento para a certificação compulsória de equipamentos elétricos para instalação em atmosferas explosivas de gases inflamáveis.

Este tipo de regulamento já existia há décadas em diversos outros países, como Estados Unidos, Reino Unido, Alemanha e França. A expectativa das partes envolvidas da sociedade era de que, com esse tipo de certificação de equipamentos "Ex", houvesse uma redução nos acidentes e explosões envolvendo a presença de gases inflamáveis em áreas classificadas. Naquela época, a criação do Laboratório de Atmosferas Explosivas (LABEx) no Centro de Pesquisas de Energia Elétrica (CEPEL) da Eletrobras, no Rio de Janeiro, representou um importante marco na história de certificação de equipamentos "Ex" no Brasil, uma vez que permitiu a implantação do sistema nacional de certificação compulsória de equipamentos elétricos "Ex".

Em função daquele cenário de risco e de falta de segurança apresentada por algumas instalações "Ex", foi publicada em 16 de julho de 1991, pelo Ministério da Justiça, a Portaria Inmetro 0164. Essa Portaria foi elaborada "considerando que existem falsificações tanto de produtos quanto da própria marca do fabricante, colocando em risco a vida de cidadãos e a preservação do meio ambiente".

Nela, foi determinado que "*É obrigatória a certificação de conformidade para todos os equipamentos, dispositivos ou componentes elétricos ou eletrônicos, destinados a aplicação em atmosferas explosivas, fabricados no Brasil ou no exterior, conforme Regulamento aprovado por esta Portaria.*"

No presente momento, como fruto dos regulamentos sobre certificação de equipamentos de instrumentação, automação, telecomunicações e elétricos para atmosferas explosivas, pode ser verificado que os equipamentos "Ex", tanto de fabricação nacional como importada, possuem a devida certificação de conformidade emitida no Brasil, de acordo com os regulamentos locais.

Dessa forma, pode ser verificada a existência tanto por parte dos usuários como dos fabricantes de equipamentos elétricos "Ex", de um certo "*mito*", com base na hipótese de que somente a aquisição de equipamentos certificados com certificação "Inmetro", atendendo aos requisitos legais existentes, seria suficiente para garantir a segurança das instalações em atmosferas explosivas.

Como pode ser verificado na prática, nas inspeções das instalações em atmosferas explosivas, esse tipo de certificação de equipamentos elétricos "Ex" tem se mostrado insuficiente para garantir a segurança das instalações "Ex" e das pessoas que nelas trabalham. Isso pode ser verificado em função de diversos acidentes e explosões envolvendo instalações em indústrias químicas, petroquímicas, alimentícias, siderúrgicas, portuárias e de petróleo e gás (tanto em instalações *terrestres* como em instalações *marítimas*). Nessas instalações, mesmo com a existência e a instalação de equipamentos de instrumentação, automação, telecomunicações, elétricos e mecânicos "Ex" certificados, em diversos casos, os equipamentos representaram indevidas fontes de ignição da atmosfera explosiva encontrada no ambiente, que podem provocar grandes explosões e acidentes de grandes proporções e de elevada gravidade, muitas vezes catastróficos.

Sob o ponto de vista prático, com base em resultados de inspeções de equipamentos e instalações em atmosferas explosivas *terrestres* e *marítimas*, pode ser verificado que equipamentos "Ex" com invólucros metálicos do tipo "*à prova de explosão*" (Ex "d") e equipamentos com outros tipos de proteção "Ex", como do tipo "*invólucros pressurizados*" (Ex "p"), de "*segurança aumentada*" (Ex "e") e do tipo "*proteção por invólucro contra ignição de poeiras combustíveis*" (Ex "t"), apresentam diversos "desvios" em relação aos requisitos de serviços de campo "Ex" para seleção, montagem, inspeção, manutenção, reparo e recuperação. São listados a seguir os "desvios Ex" mais frequentemente encontrados nesses tipos de equipamentos "Ex":

1) juntas flangeadas com parafusos faltantes;
2) juntas roscadas com utilização indevida de fita do tipo veda-rosca;
3) invólucros pressurizados encontrados sem pressurização interna;
4) juntas flangeadas com parafusos sem o devido aperto;
5) falta de instalação de unidades seladoras Ex "d" de eletrodutos;
6) circuitos intrinsecamente seguros sem proteção por barreiras de segurança intrínseca;
7) juntas flangeadas com parafusos soltos, devido ao espanamento das roscas do invólucro de alumínio;
8) instalação indevida de unidades seladoras Ex "d" de eletrodutos, em locais incorretos, distantes dos invólucros metálicos Ex "d";
9) invólucros de "segurança aumentada" (Ex "e"), com "proteção por invólucro contra ignição de poeiras combustíveis" (Ex "t") ou "à prova de explosão" (Ex "d") com furos para entradas de cabos reservas encontrados abertos, sem o devido fechamento por plugues "Ex" adequados para os tipos de proteção "Ex" dos invólucros;
10) juntas flangeadas com parafusos indevidamente fixados por meio de contraporca devido ao espanamento das roscas dos invólucros de alumínio;
11) unidades seladoras Ex "d" de eletrodutos sem selagem interna (vazias);
12) juntas flangeadas com parafusos quebrados;
13) juntas flangeadas danificadas, quebradas ou corroídas;
14) unidades seladoras Ex "d" indevidamente seladas (utilização indevida de diversos produtos, como massa de calafetar vidro ou silicone);
15) furos não utilizados para entrada de cabos reservas em invólucros Ex "d" indevidamente plugueados com bujões metálicos ou plásticos com certificação Ex "e";
16) invólucros de alumínio supostamente *copper-free* instalados em ambientes marítimos ou próximos ao mar, com grave corrosão externa, comprometendo o tipo de proteção Ex "d";
17) instalação indevida de uniões macho/fêmea ou niples em invólucros Ex "d", sem certificação Ex "d";
18) Instalação incorreta de prensa-cabos Ex "d" com dimensão incompatível com o diâmetro do cabo instalado;
19) utilização indevida de fita isolante para "engordar" o cabo para permitir um mínimo aperto pelos prensa-cabos Ex "d";

20) invólucros Ex "d" com marcação do grupo IIA ou grupo IIB instalados em áreas do grupo IIC;

21) juntas flangeadas com faces danificadas, com riscos, mossas, empenamento ou corrosão;

22) evidências de modificações não autorizadas, não atendendo à norma de modificações "Ex";

23) juntas flangeadas indevidamente vedadas e seladas com silicone;

24) instalação indevida de "*joelhos*" sem certificação Ex "d" (acessórios para uso em "encanamentos" domésticos);

25) instalação incorreta de prensa-cabos "Ex" (prensa-cabos soltos sem aperto nos invólucros);

26) instalação incorreta de invólucros do tipo "à prova de explosão" interligados, com a soma indevida de volumes, com o risco de ocorrência de pré-compressão;

27) instalação indevida de invólucros Ex "d" com certificação incompleta com sufixo "U" (*Uncomplete*) (componente "Ex");

28) juntas flangeadas apresentando ingresso de água e processo de corrosão;

29) instalação indevida de eletrodutos flexíveis "à prova de explosão" conectados diretamente aos invólucros Ex "d";

30) juntas roscadas de equipamentos "Ex" com parafusos fixados com menos de cinco fios de fios conectados;

31) utilização incorreta de conduletes (caixas de passagem) "à prova de explosão" indevidamente modificados, com instalação indevida e não autorizada de terminais internos sem certificação "Ex";

32) juntas flangeadas com faces indevidamente pintadas;

33) instalação indevida de conduletes "à prova de explosão" conectados diretamente aos invólucros Ex "d";

34) instalação indevida de prensa-cabos sem certificação Ex "d";

35) Instalação incorreta de invólucros do tipo "à prova de explosão" muito próximos a obstruções adjacentes;

36) juntas flangeadas com sinais de utilização indevida de talhadeira e marreta ou pé de cabra para abertura das tampas;

37) furos não utilizados para entradas de cabos deixados *abertos* (sem instalação dos respectivos bujões "Ex");

38) juntas flangeadas com a utilização indevida "juntas postiças" feitas de cortiça ou borracha;

39) instalação incorreta de prensa-cabos Ex "d" para a passagem de mais de um cabo;

40) furos não utilizados para entradas de cabos indevidamente plugueados com bujão plástico sem certificação "Ex".

Esses exemplos de "desvios" encontrados nas inspeções de equipamentos e instalações "Ex" descaracterizam os tipos de proteção para os quais os equipamentos "Ex" foram originalmente certificados, colocando em risco as instalações e as pessoas, nos casos de perda de contenção pelos equipamentos de processo e de liberação de líquidos, gases ou vapores para o meio externo. Deve ser ressaltado que, nos casos apresentados, os equipamentos com diversos tipos de proteção "Ex" foram devidamente ensaiados em laboratórios "Ex" especializados e avaliados e certificados por organismos de certificação "Ex".

Na figura a seguir, é mostrado um exemplo de "desvio Ex", com a instalação em área classificada de equipamento elétrico com invólucro metálico do tipo "segurança aumentada" (Ex "e"), indevidamente encontrado sem a instalação de bujão "Ex" para o fechamento de entradas de cabos não utilizadas.

**Figura 46.1 –** Exemplo de "desvios Ex": instalação em área classificada de equipamento elétrico com invólucro metálico do tipo *"segurança aumentada"* (Ex "e"), indevidamente encontrado sem a instalação de bujões "Ex" para o fechamento de entradas de cabos não utilizadas.

*Fonte*: acervos pessoais dos autores.

Na figura a seguir, é mostrado um exemplo de "desvio Ex", com a instalação em área classificada de equipamento com invólucro metálico do tipo "à prova de explosão" com entradas diretas de cabos por meio de eletroduto, indevidamente encontrado com a instalação em local incorreto de unidade seladora Ex "d", com a indevida instalação de eletroduto flexível com capa de PVC localizado entre o invólucro Ex "d" e a unidade seladora Ex "d".

**Figura 46.2 –** Exemplos de "desvios Ex": instalação em área classificada de equipamento com invólucro metálico do tipo *"à prova de explosão"* com entradas diretas de cabos por meio de eletroduto, indevidamente encontrado com a instalação em local incorreto de unidade seladora Ex "d", com a indevida instalação de eletroduto flexível com capa de PVC localizado entre o invólucro Ex "d" e a unidade seladora Ex "d".

*Fonte*: acervos pessoais dos autores.

Na figura a seguir, é mostrado um exemplo de "desvio Ex", com a instalação em área classificada de equipamento com invólucro tipo *"pressurizado"* (*Ex "pzc"*) indevidamente encontrado operando sem pressurização interna.

**Figura 46.3 –** Exemplo de *"desvio Ex"*: instalação em área classificada de equipamento com invólucro tipo *"pressurizado"* (*Ex "pzc"*) indevidamente encontrado operando sem pressurização interna.

*Fonte*: acervos pessoais dos autores.

Na figura a seguir, é mostrado um exemplo de "*desvios Ex*", com a instalação indevida, em área classificada, de equipamento elétrico com invólucro metálico do tipo "*à prova de explosão*", com tampa flangeada aparafusada, com entrada direta de cabos, com a instalação de entrada por eletroduto sem a instalação das respectivas unidades seladoras.

**Figura 46.4** – Exemplos de "*desvios Ex*": Instalação em área classificada de equipamento com invólucro metálico do tipo "*à prova de explosão*" com entradas diretas de cabos por meio de eletroduto, indevidamente encontrado sem a necessária instalação de unidades seladoras Ex "d".

*Fonte*: acervos pessoais dos autores.

Nesse exemplo, pode ser verificado que a certificação do equipamento Ex "d" não é suficiente para garantir a segurança do local da instalação em área classificada e que houve diversos "desvios Ex", por deficiência na aplicação dos requisitos especificados nas normas ABNT NBR IEC 60079-14 (*Projeto, seleção de equipamentos e montagem de instalações elétricas "Ex"*) e ABNT NBR IEC 60079-17 (*Inspeção e manutenção de equipamentos e instalações elétricas "Ex"*) por parte dos executantes, supervisores e fiscais de contratos envolvidos nas atividades de projeto, seleção de equipamentos, montagem e inspeção inicial detalhada de equipamentos e instalações "Ex".

Sob o ponto de vista de segurança industrial, pode ser verificado que de pouco adianta que os equipamentos elétricos "Ex" tenham sido certificados por organismos de certificação se eles não são devidamente especificados, instalados, inspecionados, mantidos ou reparados ao longo do ciclo total de vida em que permanecem instalados em locais de elevados riscos de explosão, contendo atmosferas explosivas de gases inflamáveis ou de poeiras combustíveis.

O que pode ser verificado é que a falta de segurança das instalações "Ex" ocorre, em diversos casos, por falta de documentação de classificação de áreas, por falha de especificação dos equipamentos "Ex" (tipos de proteção, grupos, classes de temperatura ou EPL), por falhas de projeto, falhas de montagem, falhas de inspeção, falhas de manutenção ou por falhas de serviços de reparo ou recuperação dos equipamentos "Ex".

Na figura a seguir, é mostrado um exemplo de um "desvio Ex", com a instalação incompleta, em área classificada, de unidade seladora de eletroduto do tipo "à prova de explosão", sem a colocação da respectiva massa de vedação, em área de "fronteira" entre área classificada (local de instalação dos eletrodutos) e área não classificada.

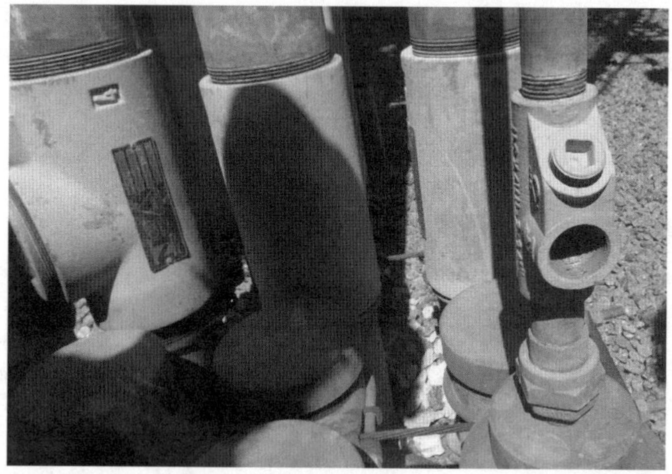

**Figura 46.5 –** Exemplo de "desvios Ex": instalação em área classificada de unidade seladora de eletroduto do tipo "à prova de explosão" indevidamente encontrada vazia, sem selagem interna.

*Fonte*: acervos pessoais dos autores.

Nesse exemplo, pode ser verificado que a certificação do equipamento Ex "d" não é suficiente para garantir a segurança do local da instalação em área classificada.

Esses "desvios Ex" podem ser atribuídos, em muitos casos, à falta de qualificações, treinamentos, experiências, competências e de certificações das pessoas que executam ou que supervisionam e aprovam as atividades de projeto, montagem, inspeção, manutenção e reparos dos equipamentos e instalações "Ex", bem como na falta de qualificações, competências e certificações das respectivas empresas de prestação de serviços em áreas classificadas.

Na figura a seguir, é mostrado um exemplo de um "desvio Ex", com a instalação indevida, em área classificada, de caixa de terminais com invólucro metálico do tipo "à prova de explosão", com certificação "incompleta", com certificado com sufixo "U" ("*Uncomplete*"). Pode ser verificado, no detalhe da plaqueta de certificação, colocada indevidamente, neste caso, no lado externo da caixa de terminais Ex "d", que foi certificada (nesses casos, a plaqueta incompleta deve ser fixada no lado interno do invólucro com certificado "U"), o número do certificado com sufixo "U" e a respectiva ausência da indicação da classe de temperatura.

**Figura 46.6 –** Exemplo de "desvio Ex": instalação em área classificada de caixa de terminais constituída por invólucro metálico do tipo "*à prova de explosão*" com certificação incompleta, com sufixo "U" (*Uncomplete*).

*Fonte*: acervos pessoais dos autores.

De acordo com a norma ABNT NBR IEC 60079-14, equipamentos Ex "d" com certificação incompleta (Sufixo "U") não podem ser instalados em áreas classificadas. Além disso, não podem ser instalados em áreas classificadas equipamentos "Ex" que tenham sido indevidamente modificados, sem autorização. Por exemplo, invólucros vazios Ex "d" (componentes com certificados com sufixo "U") não podem ser utilizados para a colocação, por parte de terceiros, de componentes internos, sem a necessária complementação da certificação, determinação da classe de temperatura, remoção da plaqueta "provisória" da certificação incompleta de componente ("U") e colocação de nova plaqueta de marcação "definitiva", com certificação "completa".

Podem ser encontradas no mercado empresas de serviços de projeto, montagem, inspeção, manutenção e recuperação de equipamentos "Ex" que apresentam deficiências de gestão, de procedimentos e de qualificação ou certificação do seu pessoal de execução e de supervisão, o qual não possui as devidas experiências, conhecimentos e habilidades que o tornem competente para desempenhar com a necessária eficiência e segurança as atividades para as quais são solicitados.

Na figura a seguir, é mostrado um exemplo de um "*desvio Ex*", com a instalação indevida, em área classificada, de instrumento transmissor com invólucro metálico do tipo "à prova de explosão", com entrada direta de cabos, com prensa-cabos fabricado com material plástico, sem certificação Ex "d".

**Figura 46.7 –** Exemplo de "desvio Ex": instalação em área classificada de instrumento transmissor com invólucro do tipo *"à prova de explosão"* indevidamente encontrado com prensa-cabo plástico, sem certificação Ex "d".

*Fonte*: acervos pessoais dos autores.

Nesse exemplo, pode ser verificado que a certificação do equipamento Ex "d" não é suficiente para garantir a segurança do local da instalação em área classificada e que houve diversos "*desvios Ex*", por *deficiência* na aplicação dos requisitos especificados nas normas ABNT NBR IEC 60079-14 e ABNT NBR IEC 60079-17, por parte dos executantes, supervisores e fiscais de contratos envolvidos nas atividades de projeto, seleção de equipamentos, montagem e inspeção inicial detalhada dos equipamentos e instalações "Ex".

Podem ser encontrados nas instalações da indústria "Ex" serviços de classificação de áreas, projetos, montagem e inspeções, envolvendo instalações de instrumentação, automação, telecomunicações e elétricas, em atmosferas explosivas, que não atendem aos requisitos normativos indicados nas partes aplicáveis das normas técnicas brasileiras da Série ABNT NBR IEC 60079. Pode ser verificado, com base na qualidade dos serviços que são realizados, que a mão de obra de profissionais envolvendo projetistas, montadores, instaladores e inspetores é *carente* com relação ao acesso a cursos de formação e qualificação e a treinamentos de reciclagem envolvendo as atividades relacionadas com as instalações de instrumentação, automação, telecomunicações e elétricas em áreas classificadas.

Na figura a seguir, é mostrado um exemplo de "desvios Ex", com a instalação indevida, em área classificada, de equipamento com invólucro metálico do tipo "à prova de explosão", com tampa flangeada aparafusada, com entrada direta de cabos, com a instalação de entrada por eletroduto sem a instalação de unidade seladora, pela instalação indevida de bujões de vedação de entradas não utilizadas sem certificação Ex "d", pela utilização indevida de parafusos de fixação da tampa diferentes dos originais.

**Figura 46.8 –** Exemplo de "desvios Ex": instalação em área classificada de equipamento elétrico com invólucro metálico do tipo "à prova de explosão" com entrada direta de cabos por eletroduto indevidamente encontrado sem a instalação da necessária unidade seladora Ex "d", instalação de bujões de selagem sem certificação Ex "d" e instalação de parafusos de fixação da tampa diferentes dos originais.

*Fonte*: acervos pessoais dos autores.

Nesse exemplo, pode ser verificado que houve diversos "desvios Ex", por deficiência na aplicação dos requisitos especificados nas normas ABNT NBR IEC 60079-14, ABNT NBR IEC 60079-17 e ABNT NBR IEC 60079-19, por parte dos executantes, supervisores e fiscais de contratos envolvidos nas atividades de projeto, seleção de equipamentos, montagem, inspeção inicial detalhada e manutenção de equipamentos e instalações "Ex".

Na figura a seguir, é mostrado um exemplo de "desvios Ex", com a instalação indevida, em área classificada, de equipamento elétrico com invólucro metálico do tipo "à prova de explosão", com entrada direta de cabos, com prensa-cabos fabricados com material plástico, sem certificação Ex "d" e com a instalação de união macho/fêmea e niple de eletroduto sem certificação Ex "d".

**Figura 46.9** – Exemplo de "desvio Ex": instalação em área classificada de invólucro metálico do tipo "*à prova de explosão*" encontrado indevidamente com prensa-cabos plásticos sem certificação Ex "d".

*Fonte*: acervos pessoais dos autores.

Nesse exemplo, pode ser verificado que houve diversos "desvios Ex" por deficiência na aplicação dos requisitos especificados nas normas ABNT NBR IEC 60079-14 e ABNT NBR IEC 60079-17, por parte dos executantes, supervisores e fiscais de contratos envolvidos nas atividades de projeto, seleção de equipamentos, montagem e inspeção inicial detalhada de equipamentos e instalações "Ex".

## 46.1 PROBLEMAS, DESAFIOS, OPORTUNIDADES, PROPOSTAS E SOLUÇÕES RELACIONADOS COM A SEGURANÇA DAS INSTALAÇÕES "Ex"

Tendo como base a quantidade de não conformidades que são encontradas durante as inspeções e auditorias realizadas nas instalações em áreas classificadas, pode ser verificada em diversos países que possuem regulamentos para a certificação somente de produtos "Ex" a necessidade de implantação complementar de processos de certificação das competências pessoais "Ex" dos profissionais que trabalham em áreas classificadas e das empresas que prestam serviços "Ex" de projeto, montagem, inspeção, manutenção e recuperação de equipamentos para atmosferas explosivas. Essas complementações de regulamentos é necessária, de forma que a legislação não fique restrita somente à certificação dos equipamentos elétricos que são instalados nestas áreas de risco de explosões.

A abordagem de certificação com base no "ciclo total de vida" das instalações "Ex" reconhece o fato de que somente a "tradicional" certificação de equipamentos elétricos e mecânicos "Ex" não é suficiente para garantir a segurança das instalações em atmosferas explosivas, das pessoas que nelas trabalham ou do meio ambiente. As explosões que são verificadas nessas áreas de risco, com resultados catastróficos, resultam em grandes perdas de vidas humanas, em destruição do patrimônio e em grandes desastres ambientais.

Sob o ponto de vista do ciclo total de vida das instalações elétricas em atmosferas explosivas, os equipamentos elétricos "Ex" devem estar seguros durante todo o tempo em que permanecem instalados em áreas classificadas, ao longo de décadas, e não somente na condição de "novos", quando estes equipamentos saem das fábricas dos respectivos fabricantes.

Para que esses níveis de segurança das instalações "Ex" possam ser mantidos elevados, conforme requeridos, existe a necessidade de uma nova postura com relação a esse problema, com a adoção de um ponto de vista de certificação que não fique limitado somente à certificação dos equipamentos elétricos "Ex", mas também à certificação prioritária das competências pessoais "Ex" dos profissionais que executam atividades de projeto, montagem, inspeção, manutenção e reparos em atmosferas explosivas, bem como da certificação prioritária das empresas de serviços "Ex" em áreas classificadas, tendo como base os requisitos especificados nas normas técnicas brasileiras adotadas das Séries ABNT NBR IEC 60079 e ABNT NBR ISO/IEC 80079.

A abordagem de segurança para sistemas de certificação para o ciclo total de vida das instalações de instrumentação, automação, telecomunicações, elétricas e mecânicas "Ex" é uma necessidade de diversos países do mundo, inclusive do Brasil, sendo uma preocupação da comunidade técnica internacional. Nesse sentido, grandes e continuados esforços envolvendo a participação de dezenas de países mundo, incluindo o Brasil, coordenados pelo Comitê de Avaliação da Conformidade da IEC, resultaram na criação do IECEx, em 7 de maio de 1996, com foco na utilização das normas internacionais da Série IEC 60079 para a elaboração de sistemas internacionais de certificação para a área "Ex".

Desde 2014, os esquemas de certificação do Sistema IECEx estão disponíveis no Brasil para profissionais "Ex" brasileiros, empresas brasileiras de serviços "Ex" e fabricantes brasileiros de equipamentos "Ex", por meio de organismos de certificação "Ex" brasileiros, reconhecidos internacionalmente no sistema IECEx, incluindo o esquema de certificação de competências pessoais "Ex", o esquema de certificação de empresas de serviços "Ex" e o esquema de certificação de equipamentos "Ex".

Além disso, de forma a se elevar o nível de confiança nos serviços "Ex" de campo em áreas classificadas, diversas empresas proprietárias de equipamentos "Ex" e usuárias de instalações "Ex" que possuem a presença de áreas classificadas estão incluindo em seus contratos requisitos contratuais exigindo a certificação das Empresas de Serviços "Ex", com base nas respectivas normas técnicas brasileiras adotada da Série ABNT NBR IEC 60079, como as normas sobre serviços de inspeção, manutenção ou recuperação de equipamentos "Ex". Estão sendo incluídas também nos contratos das empresas contratantes, a exigência da certificação das competências pessoais "Ex" dos profissionais executantes e supervisores a serem alocados pelas empresas de serviços "Ex".

Sob o ponto de vista da segurança intrínseca, que é o escopo principal deste livro, deve ser ressaltado que esse tipo de proteção requer procedimentos mais simples de instalação, manutenção e inspeção, quando comparados a outros tipos de proteção "Ex", como aos invólucros pressurizados ou invólucros metálicos do tipo "à prova de explosão". Esses benefícios de facilidades de serviços de montagem, inspeção e manutenção "Ex" contribuem para que ocorra uma menor quantidade de "desvios", decorrentes de eventuais falhas humanas, ajudando na elevação dos níveis de conformidade normativa e legal da instalação dos equipamentos Ex "i" e, dessa forma, para a elevação dos níveis de segurança das instalações e das pessoas em áreas classificadas.

Capítulo **47**

# A indevida "normalização" dos desvios "Ex": como evitar?

**Sinopse**: este capítulo aborda os desafios, problemas, oportunidades, propostas e soluções relacionados com a indevida existência de "desvios" em áreas classificadas, decorrentes de falhas pessoais nas atividades de seleção de equipamentos "Ex", projeto de instalações "Ex", montagem de instalações "Ex" (incluindo a segurança intrínseca), manutenção e inspeção de equipamentos e instalações "Ex" ou de reparo e recuperação de equipamentos "Ex". Tem como principal objetivo alertar e conscientizar sobre a existência desses indevidos desvios "Ex", bem como indicar as ações necessárias para que essas "não conformidades" sejam evitadas, equacionadas, tratadas ou corrigidas, com foco nas competências pessoais e na sistemática da avaliação da conformidade com base na certificação dos profissionais "Ex" envolvidos com serviços de campo em áreas classificadas.

## 47.1 INTRODUÇÃO

Em diversas inspeções que são feitas a equipamentos e instalações de instrumentação, automação, telecomunicações, elétricas e mecânicas "Ex" em áreas classificadas, podem ser encontrados indevidos "desvios" ou "falhas" relacionados com os serviços de projeto, montagem, inspeção, manutenção ou recuperação de equipamentos ou instalações "Ex".

Esses "desvios", "falhas" ou "não conformidades", que comprometem o nível da segurança proporcionado pelos equipamentos e instalações "Ex", podem fazer com que estes, mesmo tendo sido devidamente e originalmente *certificados*, tornem-se indevidas fontes de ignição, no caso da presença de uma atmosfera explosiva no local da instalação.

Essas situações de risco podem ser atribuídas, dentre outros, ao fato de que as falhas existentes em equipamentos ou instalações "Ex" não originam uma explosão ou acidente catastrófico *imediatos*, na medida em que podem perdurar na instalação até que haja efetivamente uma *perda de contenção* por parte dos equipamentos de processo, com a presença de fontes de liberação de gases inflamáveis ou poeiras combustíveis, as quais formam atmosferas explosivas, resultando nas conhecidas e graves explosões, com catastróficas consequências para a vida das pessoas, para o meio ambiente e para o patrimônio e instalações.

Em função de esses "desvios" aparentemente não apresentarem um *risco* imediato de explosão, sua correção em equipamentos e instalações "Ex" é eventualmente postergada, fazendo com que tais "desvios" passem, aos poucos, a ser perigosamente *aceitos* e a fazer parte "da paisagem", inclusive sob o incorreto argumento de que "o equipamento "Ex" se encontra com esse tipo de desvio há muito tempo, e até o presente momento não provocou nenhuma explosão".

Essas situações envolvendo a perda de características de proteção dos equipamentos elétricos ou mecânicos "Ex" podem ser consideradas diferentes daquelas que envolvem a perda de contenção ou o vazamento de substâncias inflamáveis ou combustíveis em vasos de pressão ou equipamentos e tubulações de processo e são prontamente tratadas e sanadas, em função do risco "iminente" de acidente catastrófico ou explosão.

Por outro lado, são também verificados casos práticos muito mais graves e de maior risco operacional, nos quais a falha na execução de serviços adequados de manutenção preventiva ou corretiva faz com ocorram vazamentos "frequentes" através de válvulas de bloqueio ou de tubulações de processo, que levam fontes de liberações de grau *secundário* a atuarem indevidamente como fontes de liberações de grau *primário*. Uma medida indevida de mitigação, nesse caso, seria considerar a área do local do vazamento *frequente* como Zona 1, em vez de Zona 2, devido à presença, na "prática", de uma atmosfera explosiva em condição "normal" de operação. As normas técnicas sobre classificação de áreas especificam que essa classificação é considerada sob condições "normais" de operação, incluindo-se a aplicação dos serviços adequados de manutenção de rotina.

Nesses casos, pode ser verificada a ocorrência uma indevida "aceitação" da existência de desvios nos equipamentos ou instalações "Ex", fazendo com que sua correção seja adiada, em razão de uma *insensibilidade* ou de uma *falta de percepção de potencial de risco*, que podem ser denominadas como um fenômeno de indevida *normalização dos desvios "Ex"*, sendo priorizada a execução de outros serviços de manutenção que apresentem um impacto ou risco mais "imediato", sob os pontos de vista de confiabilidade, produção ou segurança.

A expressão *normalização dos desvios* foi inicialmente utilizada pela socióloga Diane Vaughan durante as análises das causas da explosão ocorrida com o ônibus espacial Challenger, durante seu lançamento, em 28 de janeiro de 1986, como mostrado na figura a seguir.

Vaughan observou que a causa raiz do desastre do Challenger estava ligada à decisão repetida dos oficiais da NASA de lançar o ônibus espacial apesar da existência de uma perigosa e reconhecida falha de projeto relacionada à perda de resiliência, a baixas temperaturas, dos anéis de vedação dos tanques de combustível dos foguetes. Diane Vaughan afirma que esse fenômeno ocorre quando "as pessoas de uma organização se tornam tão insensíveis a uma prática irregular que esta passa a não parecer errada".

**Figura 47.1** – Explosão do ônibus espacial Challenger, em 28 de janeiro de 1986, lançado pela NASA, apesar dos reconhecidos problemas existentes de perda de resiliência, em baixas temperaturas, nas juntas de vedação dos tanques de combustíveis dos foguetes.

*Fonte*: NASA.

Essa *insensibilidade* surge de forma gradual, às vezes ao longo de anos, pois os desastres, catástrofes ou explosões não acontecem de forma imediata, até que outros desvios e fatores críticos estejam "alinhados" e simultaneamente presentes, como nos casos de alinhamento dos *furos de um queijo suíço*, na analogia com a perda das importantes *barreiras de proteção*, como mostrado na figura a seguir.

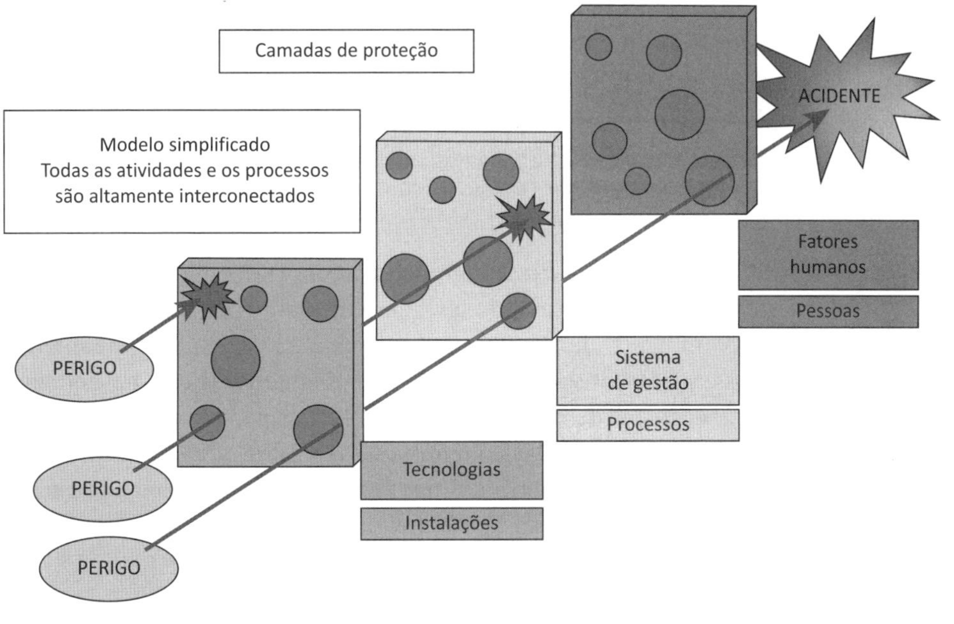


**Figura 47.2** – Perdas de camadas de proteção levam ao alinhamento de causas básicas que podem levar a um acidente catastrófico, no caso de existência simultânea de fontes de ignição e de atmosferas explosivas.

*Fonte*: imagem disponível na internet.

De uma forma geral, a expressão *normalização dos desvios* é aplicada para descrever as situações em que a degradação de equipamentos ou a adoção de práticas inseguras passam a ser indevidamente aceitas pela organização por não gerarem consequências catastróficas *imediatas*. Com o tempo, as situações degradadas passam a ser vistas como normais, e riscos que não eram assumidos originalmente passam a tornar-se indevidamente *aceitos*.

Nesse sentido, a normalização dos desvios pode ser considerada como um processo gradual, por meio do qual uma prática ou um procedimento inaceitável se tornam indevidamente aceitáveis. Na medida em que o comportamento indevido é repetido sem a ocorrência de resultados catastróficos, ele passa a se tornar aceito ou mesmo normalizado pela organização. Isso significa que as pessoas de dentro da organização se tornam tão acostumadas com um comportamento de desvio que não mais consideram o "desvio" como tal, apesar do fato de que eles não atendem aos requisitos normativos ou regras de segurança.

Quanto mais os desvios ocorrem, mais as pessoas se tornam acostumadas com eles. Para pessoas de fora da organização, a execução de atividades com desvios são claras, mas as pessoas de dentro da organização passam a não reconhecer esses desvios, porque eles parecem como ocorrências *comuns*, passando a "*fazer parte da paisagem*".

Aplicando-se essa abordagem de experiências existentes na indústria aeroespacial na área da indústria petroquímica e do petróleo e gás, a expressão *normalização de desvios "Ex"*, relacionada com a segurança de equipamentos e instalações em atmosferas explosivas, pode ser aplicada para descrever as situações em que a degradação de equipamentos ou instalações "Ex" ou a adoção de práticas inseguras passam a ser aceitas pela organização por não gerarem consequências catastróficas ou explosões de uma forma imediata. Com o tempo, a degradação de equipamentos ou instalações "Ex" passa a ser vista como normal, e os riscos podem se tornar indevidamente tolerados.

Considerando-se os aspectos das instalações elétricas, de instrumentação, de automação e de telecomunicações em atmosferas explosivas, pode ser verificado, sob um ponto de vista prático, levando-se em consideração as inspeções de campo que são executadas em equipamentos e instalações em áreas classificadas, que a *normalização dos desvios* pode ocorrer também pela existência de *obstáculos* à utilização do processo correto, tendo como base fatores relacionados ao tempo ou ao custo para a execução do serviço, necessidade de continuidade operacional, desconhecimento das normas técnicas, "pressão" dos colegas ou por falta de procedimentos adequados por parte da organização.

É necessário explorar o impacto desse fenômeno comportamental da indevida *normalização dos desvios "Ex"* sobre as fatalidades, a destruição do patrimônio e os impactos negativos ao meio ambiente, decorrentes em explosões envolvendo equipamentos e instalações em atmosferas explosivas. É necessário também aplicar essa aprendizagem e conceito de *normalização dos desvios*, trazido da indústria aeroespacial, adotando as medidas que as organizações envolvidas com processos de alto risco encontraram, para evitar tal *normalização*, também encontrada nas indústrias do petróleo e gás natural (terrestre e marítima), petroquímica, de alimentos, silos de armazenamento de grãos e portuária, entre outras.

## 47.2 EXEMPLOS DE INDEVIDOS "DESVIOS" ENCONTRADOS EM EQUIPAMENTOS E INSTALAÇÕES "Ex" DURANTE INSPEÇÕES DE CAMPO

São apresentados a seguir alguns exemplos de indevidos "desvios" que são encontrados nos equipamentos com certificação "Ex" durante as inspeções de campo em equipamentos e instalações em áreas classificadas de indústrias "Ex" *terrestres* e *marítimas*, contendo atmosferas explosivas formadas por gases inflamáveis ou poeiras combustíveis.

Esses tipos de "desvios" invalidam as características de segurança contra a ocorrência de explosão pretendida pelos equipamentos *certificados*, fazendo com que eles, mesmo tendo sido originalmente certificados pelos respectivos fabricantes junto a organismos de certificação reconhecidos e considerados como "seguros" na condição de "novos", quando saem das fábricas, possam representar um potencial risco de ignição em áreas classificadas, em função de "desvios" introduzidos em atividades de campo, por profissionais responsáveis pelas atividades de execução ou supervisão de serviços de montagem, manutenção ou recuperação de equipamentos e instalações em áreas classificadas.

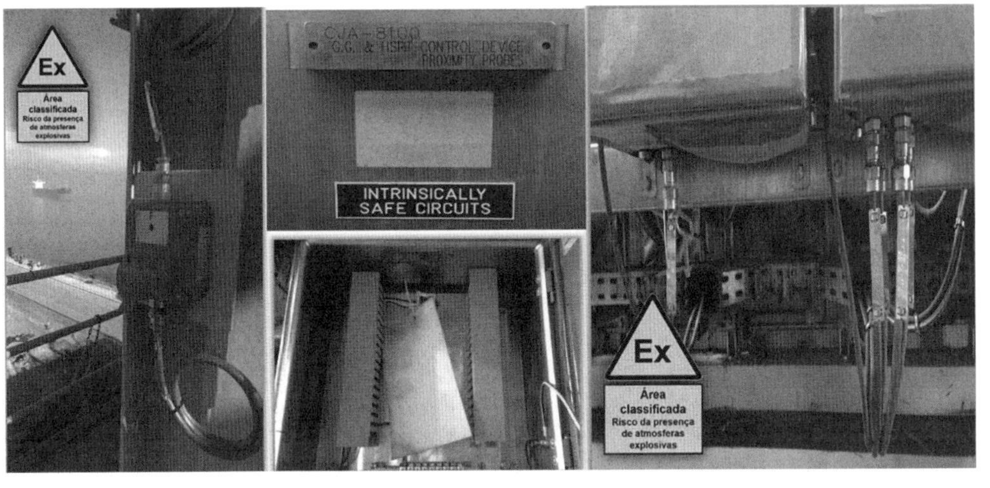


**Figura 47.3 –** Exemplo de equipamentos *intrinsecamente seguros,* com certificação Ex "i", instalados em área classificada, conectados a caixas de junção com cabos com capa externa em azul-claro, sem a instalação de barreiras de segurança intrínseca ([Ex "i"]) para a proteção dos respectivos circuitos.

*Fonte*: acervos pessoais dos autores.

**Figura 47.4** – Exemplo de luminária do tipo "segurança aumentada", com certificação Ex "e", encontrada em área classificada com prensa-cabo indevidamente sem aperto, com ingresso de água para o interior do invólucro.

*Fonte*: acervos pessoais dos autores.

**Figura 47.5** – Exemplo de motor elétrico com certificação "não acendível" (Ex "nA"), indevidamente encontrado, instalado em área classificada com tampa defletora corroída e danificada, com a exposição do ventilador externo.

*Fonte*: acervos pessoais dos autores.

**Figura 47.6 –** Exemplo de acionador elétrico de válvula de bloqueio motorizada, com invólucro metálico certificado "à prova de explosão", encontrado com indevido sinal de dano ao invólucro em razão da necessidade de utilização de talhadeira, marreta ou pé de cabra para abertura da tampa e instalação incorreta de prensa-cabo Ex "e" de material plástico.

*Fonte*: acervos pessoais dos autores.

**Figura 47.7 –** Exemplo de caixa de passagem de cabos (condulete para eletroduto) encontrada em área classificada, com a instalação interna indevida e não autorizada de uma ponte de conectores sem certificação "Ex".

*Fonte*: acervos pessoais dos autores.

**Figura 47.8** – Exemplo de equipamento elétrico com invólucro pressurizado com certificação Ex "p" encontrado indevidamente instalado em área classificada sem pressurização interna.

*Fonte*: acervos pessoais dos autores.

**Figura 47.9** – Exemplo de equipamento elétrico com invólucro metálico com certificação do tipo "à prova de explosão" indevidamente encontrado instalado em área classificada com danos no flange de fixação da tampa, devido à necessidade de utilização de talhadeira, marreta ou ferramenta do tipo pé de cabra para a remoção da tampa.

*Fonte*: acervos pessoais dos autores.

**Figura 47.10** – Exemplo de equipamento elétrico com invólucro metálico com certificação do tipo "à prova de explosão" indevidamente encontrado instalado em área classificada com entrada direta de cabo para o interior do invólucro sem a instalação de prensa-cabo Ex "d" ou unidade seladora Ex "d" para eletroduto.

*Fonte*: acervos pessoais dos autores.

**Figura 47.11** – Exemplo de caixa de junção com certificação "segurança aumentada" (Ex "e") encontrada instalada em área classificada com entradas de cabos não utilizadas, indevidamente abertas, sem a instalação dos devidos bujões "Ex".

*Fonte*: acervos pessoais dos autores.

**Figura 47.12 –** Exemplo de instrumento com invólucro metálico com certificação "à prova de explosão" encontrado instalado em área classificada com prensa-cabos Ex "d" que indevidamente não aperta de maneira adequada o cabo.

*Fonte*: acervos pessoais dos autores.

**Figura 47.13 –** Exemplo de botoeira com invólucro metálico com certificação "à prova de explosão" encontrada instalada em área classificada, com a indevida falta de parafusos para a fixação da tampa.

*Fonte*: acervos pessoais dos autores.

**Figura 47.14 –** Exemplo de unidade seladora de eletroduto com certificação "à prova de explosão" encontrada instalada em área classificada, indevidamente sem a necessária selagem interna (vazia).

*Fonte*: acervos pessoais dos autores.

**Figura 47.15 –** Exemplo de indevido desvio "Ex": invólucro metálico com certificação Ex "d" encontrado instalado em campo, em área classificada, com a indevida falta de colocação de parafusos para fixação da tampa na junta flangeada.

*Fonte*: acervos pessoais dos autores.

**Figura 47.16** – Exemplo de indevido desvio "Ex": Invólucro metálico com certificação Ex "d" encontrado instalado em campo, em área classificada, com a indevida instalação de prensa-cabos plásticos com tipo de proteção Ex "e" nas entradas diretas de cabos para o interior do invólucro.

*Fonte*: acervos pessoais dos autores.

Nos exemplos apresentados de indevidos "desvios" nos equipamentos e instalações em áreas classificadas, podem ser identificados dois fatores em comum:

1) todos os equipamentos "Ex" haviam sido originalmente certificados pelos respectivos fabricantes, junto a organismos de certificação "Ex";
2) todos os serviços "Ex" foram executados ou supervisionados por profissionais autorizados pelas respectivas empresas responsáveis, para intervenção em equipamentos e instalações elétricas, inclusive em áreas classificadas, de acordo com os requisitos legais vigentes.

Esses indevidos "desvios" evidenciam que somente a certificação de equipamentos "Ex" tem se mostrado insuficiente para garantir a segurança das instalações elétricas em áreas classificadas. A sistemática da avaliação da conformidade, por meio da certificação, aplicável para equipamentos elétricos "Ex" deve ser aplicada também para a certificação das empresas de serviços "Ex" e para a certificação das competências pessoais "Ex".

"Desvios" como esses, encontrados em equipamentos e instalações em áreas classificadas, devem ser corrigidos o mais rapidamente possível, de forma a evitar que os equipamentos com certificação "Ex" possam se tornar indevidas fontes de ignição no caso de presença de atmosferas explosivas, decorrentes de perdas de contenção pelos equipamentos de processo, as quais podem dar origem a acidentes com consequências catastróficas tanto para as instalações quanto para as pessoas e para o meio ambiente.

Esses frequentes "desvios" de instalação, inspeção e manutenção, que, com o tempo, passam a ser "aceitos", por não ocasionarem consequências catastróficas imediatas, podem ser considerados como parte do fenômeno da indevida *normalização de desvios Ex*, comprometendo a segurança originalmente prevista para esses equipamentos "Ex" e colocando a instalação e as pessoas em risco, em caso de presença de uma atmosfera explosiva.

Deve ser ressaltado que todos os tipos de proteção "Ex" podem ser considerados "*seguros*", desde que os equipamentos "Ex" sejam devidamente selecionados, especificados, instalados, inspecionados, mantidos e recuperados ao longo de seu ciclo total de vida, que pode perdurar por décadas. No entanto, são encontrados no campo, em áreas classificadas, diversos equipamentos com certificação "Ex" com "desvios" de serviços de montagem, manutenção ou recuperação que fazem com que eles percam as características de proteção "Ex" para os quais foram originariamente certificados.

## 47.3 COMO EVITAR A INDEVIDA NORMALIZAÇÃO DOS DESVIOS "Ex"?

São apresentadas a seguir algumas ações que contribuem para evitar a indevida ocorrência ou a continuidade da normalização dos desvios "Ex" e que devem ser seguidas para a elevação do nível de segurança industrial dos equipamentos e instalações de instrumentação, automação, telecomunicações, elétricas e mecânicas "Ex" em áreas classificadas contendo atmosferas explosivas de gases inflamáveis ou poeiras combustíveis, tanto em instalações terrestres como marítimas.

### 47.3.1 ABORDAGEM DA SEGURANÇA DAS INSTALAÇÕES ELÉTRICAS E MECÂNICAS EM ATMOSFERAS EXPLOSIVAS SOB O PONTO DE VISTA DO CICLO TOTAL DE VIDA DAS INSTALAÇÕES "Ex"

Existe a necessidade de focar a segurança dos equipamentos e instalações em áreas classificadas não somente sob o ponto de vista "restrito" dos equipamentos "Ex" certificados, de acordo com os atuais regulamentos existentes no Brasil, mas também na segurança desses equipamentos ao longo de todo o tempo em que permanecem instalados em áreas classificadas, sujeitas aos riscos de explosões.

O que pode ser verificado, na prática, é que muitos equipamentos "Ex", mesmo sendo certificados, são indevidamente especificados, ou instalados ou mantidos ou inspecionados ou reparados, fazendo com que eles percam as características dos tipos proteção "Ex" para os quais foram certificados, na condição de "novos", como saem das respectivas "fábricas", e passem a representar uma fonte de ignição por desvios de atividades de "campo". Sob o enfoque da indevida "normalização dos desvios Ex", essas falhas de equipamentos ou instalações "Ex" passam a ser "aceitos" com o passar do tempo, em função de não apresentarem consequências catastróficas imediatas e por falhas humanas relacionadas com atividades de projeto, montagem, inspeção, manutenção, reparo ou recuperação "Ex".

Nessas situações, quando houver a presença de uma atmosfera explosiva ao redor desses equipamentos "Ex", eles podem provocar uma explosão, mesmo tendo sido devidamente certificados, em função de falhas introduzidas pelos usuários dos equipamentos, as quais não são tratadas com a devida prioridade.

Fazendo-se uma analogia com uma corrente, composta por diversos elos, a resistência de uma corrente depende do seu elo mais fraco. De forma similar, a segurança das instalações em atmosferas explosivas pode ser entendida como uma "corrente ex" composta por diversos "elos de segurança Ex", os quais necessitam estar fortes, para evitar que a existência de uma fonte de liberação (de gases inflamáveis ou poeiras combustíveis) possa entrar em contato com uma fonte de ignição (como os equipamentos "Ex" certificados com a existência de desvios de montagem ou manutenção), causando uma explosão.

Como exemplos dos "elos Ex" dessa "corrente de segurança Ex", podem ser citados os serviços de classificação de áreas, especificação e seleção dos equipamentos "Ex", montagem, inspeção, manutenção, reparos, recuperação, auditorias e gestão das instalações e dos equipamentos elétricos, de instrumentação, de automação e de telecomunicações e mecânicos "Ex", como mostrado na figura a seguir.

**Figura 47.17 –** A segurança das instalações em atmosferas explosivas pode ser comparada com uma "corrente": todos os "elos" devem estar *fortes* para que não ocorram explosões em casos de vazamentos de gases ou poeiras.

*Fonte*: acervos pessoais dos autores.

Nessa analogia, o elo representado pelos equipamentos elétricos ou mecânicos "Ex", dentro do qual estão incluídos os fabricantes, os laboratórios de ensaios e os organismos de certificação, é apenas um dos elos da corrente de segurança das instalações "Ex".

A simples aquisição de equipamentos elétricos ou mecânicos "Ex" certificados e a posse dos respectivos certificados de conformidade dos equipamentos "Ex" instalados não é suficiente para garantir a segurança das instalações e das pessoas que trabalham em áreas classificadas, apesar de essa ainda ser a preocupação *básica* de muitas empresas usuárias, empresas de seguros ou entidades responsáveis pelas auditorias e avaliação da conformidade de instalações em áreas classificadas.

Cada um dos elos da "corrente de segurança Ex" somente pode ser considerado "forte" caso os respectivos serviços sejam executados por pessoas ou empresas de serviços devidamente competentes ou certificadas, evidenciando o conhecimento na aplicação dos requisitos normativos indicados nas respectivas normas técnicas brasileiras das Séries ABNT NBR IEC 60079 e ABNT NBR ISO/IEC 80079.

Um exemplo de consequência catastrófica da indevida normalização de desvios é a explosão de uma instalação contendo atmosferas explosivas, como mostrado na figura a seguir.

Contando com empresas de serviços "Ex" e profissionais "Ex" comprovadamente competentes e certificadas, as empresas proprietárias de equipamentos "Ex" e empresas usuárias de instalações "Ex" podem ter uma devida confiança de que as instalações "Ex" estão seguras no caso de eventual perda de contenção dos equipamentos de processo e eventuais vazamentos de substâncias inflamáveis ou combustíveis, as quais podem entrar em contato com equipamentos de instrumentação, automação, telecomunicações, eletrônicos, elétricos ou mecânicos "Ex" sem que haja o risco da ocorrência de uma explosão.

A abordagem de certificação com base no ciclo total de vida das instalações "Ex" reconhece esse fato de que somente a "tradicional" certificação de equipamentos "Ex" não é suficiente para garantir a segurança das instalações em atmosferas explosivas, do meio ambiente ou das pessoas que nelas trabalham, sendo que a indevida normalização dos desvios "Ex" contribui para que as falhas e os desvios em equipamentos e instalações permaneçam ocorrendo, apesar de esses desvios serem reconhecidamente existentes.

**Figura 47.18** – Exemplo de consequência catastrófica da indevida *normalização dos desvios "Ex"*: existência de "elos fracos", representados por falhas pessoais de executantes, supervisores, fiscais e gerentes envolvidos com atividades e serviços "Ex" em áreas classificadas.

Sob o ponto de vista do ciclo total de vida das instalações de instrumentação, automação, telecomunicações, elétricas e mecânicas em atmosferas explosivas, os equipamentos "Ex" devem estar seguros durante todo o tempo em que permanecem instalados em áreas classificadas, ao longo de décadas, e não somente na sua condição de "novos", quando esses equipamentos "Ex" saem das fábricas dos respectivos fabricantes.

### 47.3.2 INVESTIR EM QUALIFICAÇÃO, TREINAMENTOS, RECICLAGEM, COMPETÊNCIAS E CERTIFICAÇÃO "Ex" DAS PESSOAS

Investir na competência das pessoas que executam, supervisionam ou fiscalizam serviços em atmosferas explosivas, incluindo serviços de classificação de áreas, projeto, seleção de equipamentos "Ex", inspeção, manutenção, reparo, revisão e recuperação de equipamentos elétricos e mecânicos e instalações "Ex", auditorias do sistema de gestão de ativos "Ex", contribui para que não ocorra uma "normalização de desvios Ex".

Isso se deve ao fato de que, sendo as pessoas devidamente "competentes" em suas atividades e estando devidamente "*cientes*" dos requisitos normativos aplicáveis e com a devida "percepção do risco" da possibilidade de ocorrência de uma explosão catastrófica em áreas classificadas, os serviços sejam executados ou supervisionados de forma adequada e que eventuais falhas de equipamentos e instalações "Ex" sejam devidamente evitados ou, caso já existentes, devidamente registrados em sistemas de manutenção para a devida correção dos desvios.

De forma a se evitar a indevida "normalização de desvios Ex", deve ser requerida a devida qualificação, treinamento, experiência, conhecimento, competência e certificação de técnicos e engenheiros envolvidos com atividades em atmosferas explosivas, incluindo:

- usuários de equipamentos e instalações de equipamentos elétricos, eletrônicos, de instrumentação, de telecomunicações ou mecânicos "Ex";
- executantes, supervisores, técnicos e engenheiros envolvidos com atividades de operação, segurança industrial, projeto, montagem, inspeção, manutenção, reparos e auditorias em áreas classificadas;
- empresas de serviços de classificação de áreas, projeto, montagem, inspeção e manutenção de instalações elétricas e mecânicas "Ex";
- empresas de serviços de reparo, revisão e recuperação de equipamentos elétricos, de instrumentação, de automação, de telecomunicações ou mecânicos "Ex";
- provedores de treinamentos "Ex";
- empresas de consultoria sobre equipamentos e instalações "Ex";
- organismos de certificação de competências pessoais "Ex", certificação de serviços "Ex" e certificação de equipamentos "Ex";
- fabricantes de equipamentos de instrumentação, automação, telecomunicações, elétricos e eletrônicos "Ex";
- fabricantes de equipamentos mecânicos "Ex";
- auditores de equipamentos e instalações elétricas e mecânicas "Ex";
- laboratórios de ensaios de equipamentos elétricos e mecânicos "Ex";
- representantes técnicos e comerciais de equipamentos elétricos e mecânicos "Ex";
- empresas de seguros de instalações industriais contendo áreas classificadas de gases inflamáveis ou poeiras combustíveis;
- empregados próprios e contratados de empresas usuárias de equipamentos e instalações "Ex", como empresas da indústria do petróleo (terrestre e *offshore*), petroquímica, sucroalcooleira, de biocombustíveis, de alimentos, portuária, farmacêutica, de cosméticos, de fertilizantes, de tecelagem, de silos de armazenamento de grãos, de transporte de produtos inflamáveis, aeroportos e postos de serviços (GNV, gasolina, diesel, álcool ou hidrogênio).

Para esses profissionais "Ex" e para as respectivas empresas de serviços "Ex" ou empresas usuárias "Ex", é necessário que seja requerida a devida qualificação, experiências, conhecimentos, competências e certificação, em particular para os serviços de classificação de áreas, projeto, seleção de equipamentos elétricos e mecânicos "Ex", inspeção, manutenção, reparo, revisão e recuperação de equipamentos elétricos e mecânicos e instalações "Ex" e auditorias de instalações em áreas classificadas.

Na medida em que essas pessoas e empresas de serviços "Ex" tenham o devido conhecimento dos requisitos normativos das normas aplicáveis das Séries ABNT NBR IEC 60079 e ABNT NBR ISO 80079, existe um menor risco de que haja uma *normalização de desvios "Ex"*, ou para evitar que esses desvios passem a ser "aceitos" com o tempo, em função de não estarem causando um acidente catastrófico "imediato".

### 47.3.3 INVESTIR NA ESPECIFICAÇÃO, SELEÇÃO E AQUISIÇÃO DE EQUIPAMENTOS "Ex" QUE PROPORCIONEM SERVIÇOS DE CAMPO MAIS SIMPLIFICADOS

Com o desenvolvimento da tecnologia, ao longo das últimas décadas, foram desenvolvidos equipamentos de instrumentação, automação, telecomunicações, elétricos e mecânicos "Ex" que incorporam processos de fabricação, tipos de proteção "Ex" combinados, que proporcionam aos usuários finais os benefícios de serviços de campo mais *simplificados* em termos de serviços de instalação, inspeção e manutenção "Ex", em áreas classificadas.

São disponíveis no mercado equipamentos "Ex" que incorporam a combinação, em um mesmo produto, de diversos tipos de proteção "Ex", como Ex "de", Ex "e", Ex "i", Ex "["i"], Ex "m", Ex "op is" e Ex "q", fazendo com que o produto "Ex" seja fabricado de forma *otimizada*, aproveitando e combinando as melhores características proporcionadas por cada um dos diversos tipos de proteção "Ex" para cada parte ou peça em particular que forma o produto "Ex".

Deve ser ressaltado que todos os tipos de proteção "Ex" podem ser considerados seguros, sob o ponto de vista da avaliação da conformidade, por meio da certificação, por meio da qual é atestada a conformidade dos produtos, na condição de "novo", quando os equipamentos saem das fábricas.

No entanto, sob o ponto de vista do ciclo total de vida, esses equipamentos "Ex" somente proporcionam as proteções "Ex" para os quais foram certificados caso sejam submetidos a serviços adequados de campo, como seleção, montagem, inspeção e manutenção e recuperação, de acordo com as normas técnicas brasileiras adotadas aplicáveis da Série ABNT NBR IEC 60079.

Como uma das formas de se evitar a ocorrência da indevida "normalização dos desvios Ex", as empresas usuárias e proprietárias de equipamentos e instalações "Ex" devem buscar a especificação, seleção e aquisição de equipamentos "Ex" que apresentem características construtivas que proporcionem serviços de campo mais *simplificados* de montagem, inspeção e manutenção "Ex", em áreas classificadas.

Esses benefícios de facilidades de serviços de montagem, inspeção e manutenção "Ex" contribuem para que ocorram uma menor quantidade de "desvios" decorrentes de eventuais falhas humanas, contribuindo para a elevação dos níveis de conformidade normativa e legal da instalação dos equipamentos Ex "i" e para a elevação dos níveis de segurança das instalações e das pessoas em áreas classificadas.

### 47.3.4 IMPLANTAÇÃO DE SISTEMA DE GESTÃO DE SEGURANÇA E DE ATIVOS DE EQUIPAMENTOS E INSTALAÇÕES "Ex"

Pode ser feito um comparativo com os requisitos aplicados aos equipamentos de processo, como os vasos de pressão, que são especificados na NR-13 – *Caldeiras e vasos de pressão*. Para atendimento dessa norma e dos respectivos prazos de parada periódica para inspeção e manutenção, muitas empresas optam por possuir um SPIE (*sistema próprio de inspeção de equipamentos*), que passa periodicamente por processo de avaliação e de auditorias externas. A existência de um SPIE faz com que o acompanhamento contínuo das caldeiras e dos vasos de pressão representados pelos equipamentos de processo permita um maior intervalo entre as paradas programadas para as inspeções e manutenção.

De forma *similar*, na área de instalações de *instrumentação, automação, telecomunicações, elétricas e mecânicas "Ex"* em atmosferas explosivas, existe a necessidade de que haja um tipo de SPIE "Ex", representado também por um sistema de cadastro de equipamentos "Ex", acompanhamento, gestão, inspeções periódicas e manutenção dos equipamentos "Ex", de forma a assegurar que esses equipamentos estejam devidamente instalados, mantidos ou reparados, ao longo do seu ciclo total de vida.

Com base nesse sistema de gestão de ativos "Ex", é possível haver uma confiança de que os equipamentos "Ex" não representam uma fonte de ignição e de que não haverá uma explosão em uma eventualidade de liberação inesperada de produtos inflamáveis ou combustíveis, devido a eventuais perdas de contenção por parte dos equipamentos de processo e vasos de pressão.

Se, por um lado, o SPIE assegura a integridade dos equipamentos de processo (como caldeiras, vasos de pressão, tanques, fornos, caldeiras, reatores e torres de destilação), evitando a perda de contenção e a liberação de gases inflamáveis ou poeiras combustíveis para o meio ambiente, o SPIE "Ex" pode assegurar a integridade dos equipamentos e instalações "Ex", de forma que eles não representem indevidas fontes de ignição que sejam capazes de causar uma explosão, caso haja falha de algum equipamento de processo, com perda de sua capacidade de contenção e a consequente formação de uma atmosfera explosiva.

Um sistema de gestão "Ex" para os equipamentos e instalações em atmosferas explosivas inclui, dentre outros requisitos, uma documentação de classificação de áreas, do controle do inventário dos equipamentos de instrumentação, automação, telecomunicações, elétricos e mecânicos "Ex" existentes, tanto fixos como móveis, controle do inventário dos certificados de conformidade dos equipamentos "Ex" instalados, documentação de serviços de projeto de instalações "Ex" (norma ABNT NBR IEC 60079-14), programa de inspeções iniciais e periódicas "Ex" (norma ABNT NBR IEC 60079-17), relatórios de serviços de manutenção preventivas e preditivas (norma ABNT NBR IEC 60079-17), relatórios de serviços de reparos e recuperação (norma ABNT NBR IEC 60079-19), controle de treinamento e de reciclagem sobre "atmosferas explosivas" dos profissionais envolvidos com serviços em áreas classificadas, controle de certificação de executantes e supervisores (próprios e contratados), de acordo com as unidades de competências pessoais "Ex" aplicáveis a cada atividade "Ex" e programa de auditorias internas para a verificação da continuidade e atualização da aplicação dos requisitos das normas técnicas brasileiras adotadas da Série ABNT NBR IEC 60079 – *Atmosferas explosivas.*

Uma situação possível para atender a esses requisitos "mútuos" de segurança seria se o próprio sistema SPIE existente, que é aplicável a equipamentos de caldeiraria, tivesse seu escopo ampliado, de forma a abranger também o cadastro, o controle e a inspeção periódica dos equipamentos elétricos, de instrumentação, de telecomunicações e mecânicos "Ex". De forma similar, como a documentação das inspeções rotineiras executadas no SPIE serve de base para as auditorias periódicas das empresas com caldeiras e vasos de pressão (NR-13), a documentação do sistema SPIE "Ex" pode servir de base para as auditorias periódicas dos equipamentos e instalações em áreas classificadas.

Com a implantação da sistemática especificada na norma ABNT NBR IEC 60079-17 (*Inspeção e manutenção de instalações "Ex"*), de inspeções iniciais e periódicas de equipamentos e instalações em atmosferas explosivas, e, posteriormente, da criação dos devidos registros dos "desvios" ou das "*falhas*" encontradas em ordens de manutenção do sistema de gestão utilizado na empresa, pode ser assegurado que as falhas existentes em especificação de equipamentos ou em instalações em atmosferas explosivas sejam devidamente identificadas, priorizadas e corrigidas nos prazos especificados, evitando que ocorra essa indevida *normalização de desvios Ex*.

Similarmente, como a documentação das inspeções rotineiras executadas no SPIE serve de base para as auditorias periódicas que as empresas com caldeiras e vasos de pressão (NR-13), a documentação do sistema SPIE "Ex" pode servir de base para as auditorias periódicas dos equipamentos e instalações em áreas classificadas.

## 47.4 A VISÃO INTERNACIONAL DA ISO E DA IEC SOBRE A AVALIAÇÃO DA CONFORMIDADE E CERTIFICAÇÃO DE PRODUTOS, SERVIÇOS E PESSOAS

A IEC e a ISO desenvolveram e publicaram uma série de normas internacionais especificando como a avaliação da conformidade deve ser realizada. As normas técnicas internacionais série ISO/IEC 17000 (*Avaliação da conformidade*), bem como uma série de guias ISO/IEC, estão contidas no que é familiarmente chamado de *CASCO toolbox*, conceito já apresentado neste livro.

De acordo com o IEC/CAB, a avaliação da conformidade é a atividade de verificar se uma norma técnica foi aplicada em um produto, serviço ou pessoa, como no projeto, fabricação, instalação, manutenção, inspeção ou reparo de um equipamento ou sistema. A atividade da avaliação da conformidade deve ser realizada de acordo com um conjunto de regras bem definidas para assegurar resultados consistentes e replicáveis. Em outras palavras, a própria avaliação da conformidade deve aplicar uma abordagem padronizada.

De acordo o sistema internacional *CASCO*, "a sistemática de certificação por meio da avaliação da conformidade de produtos, serviços ou pessoas é a forma mais adequada e eficaz para evidenciar o atendimento de requisitos especificados em normas técnicas, por exemplo, relacionadas com o tema "equipamentos e instalações em atmosferas explosivas", nas normas brasileiras adotadas das Séries ABNT NBR IEC 60079 e ABNT NBR ISO 80079: <https://www.iso.org/sites/cascoregulators/index.html>.

## 47.5 CONSIDERAÇÕES GERAIS SOBRE A INDEVIDA "NORMALIZAÇÃO" DOS DESVIOS "Ex" E A GESTÃO DE SEGURANÇA EM ÁREAS CLASSIFICADAS

Pode ser verificado que muitos acidentes e explosões ocorrem porque não foram devidamente analisados os potenciais de consequências catastróficas decorrentes de erros humanos nas atividades relacionadas com serviços realizados em atmosferas explosivas.

De forma a contribuir para se evitar a ocorrência de acidentes e explosões em atmosferas explosivas, considerando as ocorrências encontradas de normalização de desvios "Ex", é importante que sejam atualizados os critérios de projeto e de especificação técnica de equipamentos "Ex", incorporando os produtos disponíveis no mercado, que proporcionam procedimentos de montagem, inspeção, manutenção e reparos mais simplificados.

Nesse sentido, devem ser ressaltados os benefícios de seleção e instalação de equipamentos elétricos, de instrumentação, de automação ou de telecomunicações com tipo de proteção por segurança intrínseca, em função de seus requisitos mais "simplificados" de montagem, inspeção e manutenção, quando comparados com outros tipos de proteção que eventualmente possam possuir procedimentos de montagem e manutenção de campo mais "complexos".

É fundamental que os equipamentos "Ex" sejam especificados, de forma a se minimizarem as consequências de erros humanos, bem como se implantarem procedimentos de inspeções iniciais detalhadas e de inspeções periódicas apuradas, fazendo os devidos registros dos desvios "Ex" encontrados, cujas correções devem ser devidamente priorizadas, de acordo com a gravidade de cada um dos desvios eventualmente encontrados.

Devem também ser analisadas as consequências nas investigações dos "quase acidentes" ou "desvios Ex" que tornam os equipamentos e instalações "Ex" prováveis fontes de ignição, incluindo treinamentos periódicos, revalidações de certificação de competências pessoais "Ex" de executantes e de supervisores.

Além disso, é necessário também que exista implantado um adequado sistema de gestão de segurança dos equipamentos e instalações elétricas, de instrumentação, de automação, de telecomunicações e mecânicas "Ex", que acompanhe e monitore os requisitos técnicos, de gestão e de competências pessoais requeridas.

Pode ser verificado que muitos acidentes e explosões ocorrem porque não foram devidamente analisados os potenciais de consequências catastróficas decorrentes de erros humanos nas atividades relacionadas com atmosferas explosivas.

Na figura a seguir, é feita uma representação do histórico que pode ser encontrado nas instalações elétricas, de instrumentação e de telecomunicações em atmosferas explosivas, com a existência de desvios "Ex" ocasionados por *falhas humanas* decorrentes de falta de certificação de competências pessoais "Ex". Diversas barreiras de proteção são indevidamente "invalidadas" em função da existência de desvios "Ex" nas instalações em áreas classificadas, que podem levar à existência de fontes de ignição capazes de gerar acidentes e explosões.

Nesse sentido, deve ser percebido, entendido e reconhecido que as pessoas cometem erros, reforçando a importância de se especificarem e instalarem equipamentos elétricos e mecânicos "Ex" que considerem a possibilidade de ocorrência desses erros, por meio de especificação e instalação de equipamentos que possuam procedimentos mais simplificados de serviços de campo de montagem, inspeção, manutenção, reparo, revisão, recuperação.

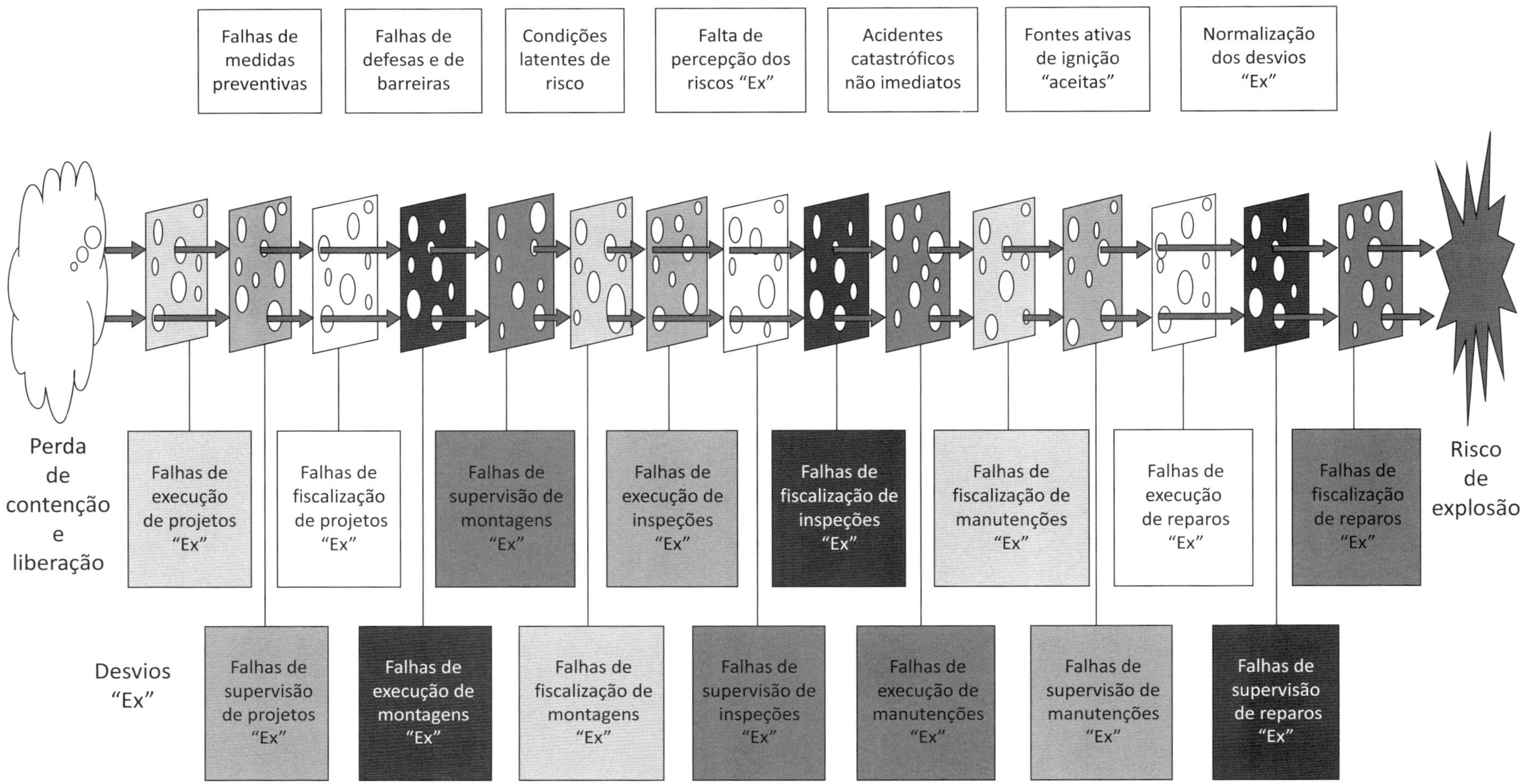


**Figura 47.19 –** A indevida normalização dos desvios "Ex": múltiplas camadas de proteção falham em suas funções de gerenciamento de controle da integridade dos ativos "Ex".

*Fonte*: acervos pessoais dos autores.

## 47.6 CONSIDERAÇÕES SOBRE A INDEVIDA "NORMALIZAÇÃO" DOS DESVIOS "Ex" E SOBRE A NECESSIDADE DE CERTIFICAÇÃO DE COMPETÊNCIAS PESSOAIS "Ex" E EMPRESAS DE SERVIÇOS "Ex"

1) Deve ser reconhecido, como valor empresarial, sob o ponto de vista de segurança industrial, que as pessoas podem cometer "falhas", "desvios" ou "erros", reforçando a importância da certificação das competências pessoais dos executantes, supervisores e fiscais de contratos, envolvendo os serviços "Ex" de projeto, montagem, inspeção, manutenção e reparos de equipamentos de instrumentação, automação, telecomunicações, elétricos e mecânicos "Ex".

2) Sob o ponto de vista de segurança das instalações contendo áreas classificadas, considerando-se a quantidade de "desvios Ex" de serviços de classificação de áreas, projeto, montagem, manutenção, inspeção e reparo dos equipamentos e instalações em atmosferas explosivas, encontrados durante inspeções das instalações "Ex", pode ser verificado que somente a certificação dos equipamentos elétricos ou mecânicos "Ex" tem se mostrado insuficiente para garantir a segurança dessas instalações ou das pessoas que nelas trabalham.

3) Pode ser considerado um "mito" o entendimento de que a simples aquisição de equipamentos "Ex" com *certificação Inmetro* possa garantir a segurança necessária das pessoas, do patrimônio e do meio ambiente em áreas classificadas. É necessária a adoção de uma nova abordagem, sob o ponto de vista da avaliação da conformidade para o ciclo total de vida das instalações em atmosferas explosivas, considerando-se a necessidade de avaliação da conformidade por meio da certificação das empresas de serviços "Ex" e das competências pessoais dos executantes e supervisores envolvidos com serviços em áreas classificadas.

4) Todos os tipos de proteção "Ex" podem ser considerados seguros, sob o ponto de vista da avaliação da conformidade por meio da certificação, na qual é atestada a conformidade dos produtos, na condição de "novos", quando os equipamentos saem das fábricas. No entanto, sob o ponto de vista do ciclo total de vida, esses equipamentos somente proporcionam as proteções "Ex" para os quais foram certificados caso sejam submetidos a serviços adequados de campo, como seleção, montagem, inspeção e manutenção e recuperação, de acordo com as normas técnicas brasileiras adotadas aplicáveis da Série ABNT NBR IEC 60079.

5) Como uma das formas de se evitar a ocorrência da indevida "normalização dos desvios Ex", as empresas usuárias e proprietárias de equipamentos e instalações "Ex" devem buscar a especificação, seleção e aquisição de equipamentos "Ex" que apresentem características construtivas que proporcionem serviços de campo mais simplificados de montagem, inspeção e manutenção "Ex", em áreas classificadas.

6) Pode ser verificado que os desvios encontrados em equipamentos e instalações em áreas classificadas são executados ou supervisionados por profissionais que atendem aos requisitos legais vigentes, incluindo qualificação, capacitação, treinamentos e autorização por parte das respectivas empresas responsáveis. Esse

tipo de situação evidencia que existem *lacunas* nos requisitos legais aplicáveis, nos quais não estão prescritos, com os necessários níveis de detalhes, os requisitos específicos para as competências pessoais para execução ou supervisão de serviços em áreas classificadas, levando à ocorrência dos desvios "Ex" encontrados nos equipamentos e nas instalações

7) Diversas ações feitas ao longo das últimas décadas relacionadas com o tema "Competências Pessoais Ex", realizadas em diversos países do mundo, evidenciam os esforços que são realizados em fóruns normativos, legais e empresariais, de forma a se evitar a indevida "normalização dos desvios Ex", verificada nas inspeções que são realizadas nas instalações terrestres e marítimas "Ex". Esse tipo de ocorrência tem como base falhas humanas relacionadas com a falta das devidas competências pessoais dos executantes e supervisores de serviços "Ex".

8) Os indevidos desvios "Ex" em relação aos requisitos normativos especificados nas normas técnicas brasileiras ABNT NBR IEC 60079 – Parte 14, Parte 17 e Parte 19 fazem com que múltiplas camadas de proteção falhem em suas funções de gerenciamento de controle da integridade dos ativos "Ex".

9) As certificações de competências pessoais "Ex" (Unidades Ex 000 a Ex 011) são efetuadas com base nessas normas técnicas e proporcionam a confiança de que os profissionais certificados foram devidamente avaliados por um organismo de certificação de competências pessoais, por meio de exames teóricos e práticos em seus conhecimentos e experiências, sendo periodicamente acompanhados na atualização de seus conhecimentos e competências pelos organismos de certificação "Ex" emissores dos certificados.

10) Os indevidos desvios encontrados no campo são realizados por pessoas autorizadas pelas respectivas empresas a intervirem em equipamentos e instalações elétricas, inclusive em áreas classificadas, evidenciando *lacunas* em requisitos legais vigentes no Brasil e em outros países.

11) A sistemática da avaliação da conformidade por meio da certificação, aplicada a equipamentos de instrumentação, automação, telecomunicações, elétricos e mecânicos "Ex" deve ser aplicada também na certificação de empresas de serviços "Ex" e na certificação de competências pessoais "Ex".

12) Se encontra disponível no Brasil, por meio de organismos de certificação "Ex" brasileiros, a certificação de produtos, serviços e competências pessoais "Ex", para empresas brasileiras e profissionais brasileiros

13) Empresas brasileiras das indústrias de petróleo e petroquímica, usuárias e proprietárias de equipamentos e instalações "Ex", passaram a incluir em seus contratos as exigências de certificação de competências pessoais "Ex" e de empresas de serviços "Ex", como forma de obter maior confiança de que suas instalações estejam, de fato, seguras, com serviços sendo realizados de forma correta, de acordo com os requisitos técnicos e normativos existentes.

## 47.7 BIBLIOGRAFIA RELACIONADA À SOLUÇÃO DE PROBLEMAS RELACIONADOS COM A *INDEVIDA* NORMALIZAÇÃO DE DESVIOS "Ex"


[1] Associação Brasileira de Normas Técnicas (ABNT). *ABNT NBR IEC 60079-14*: Atmosferas explosivas - Parte 14: Projeto, seleção e montagem de instalações elétricas.

[2] Associação Brasileira de Normas Técnicas (ABNT). *ABNT NBR IEC 60079-17*: Atmosferas explosivas - Parte 17: Inspeção e manutenção de instalações elétricas.

[3] Associação Brasileira de Normas Técnicas (ABNT). *ABNT NBR IEC 60079-19*: Atmosferas explosivas - Parte 19: Reparo, revisão e recuperação de equipamentos.

[4] Associação Brasileira de Normas Técnicas (ABNT). *ABNT IEC TS 60079-32-1:* Atmosferas explosivas – Parte 32-1: Riscos eletrostáticos – Orientações.

[5] Associação Brasileira de Normas Técnicas (ABNT). *ABNT IEC TS 60079-44:* Atmosferas explosivas – Parte 44 – Competências pessoais "Ex".

[6] Associação Brasileira de Normas Técnicas (ABNT). *ABNT NBR IEC 61892-7:* Instalações elétricas marítimas – Parte 7: Áreas classificadas.

[7] Associação Brasileira de Normas Técnicas (ABNT). *ABNT NBR ISO 10015:* Gestão da qualidade – Diretrizes para gestão da competência e desenvolvimento de pessoas.

[8] Associação Brasileira de Normas Técnicas (ABNT). *ABNT NBR ISO 45001:* Sistema de gestão de saúde e segurança ocupacional – Requisitos com orientação e uso.

[9] Associação Brasileira de Normas Técnicas (ABNT). *NR 10*: Segurança em Instalações e Serviços em Eletricidade (Secretaria do Trabalho).

[10] Associação Brasileira de Normas Técnicas (ABNT). *NR 20*: Segurança e saúde no trabalho com inflamáveis e combustíveis (Secretaria do Trabalho).

[11] Associação Brasileira de Normas Técnicas (ABNT). *NR 37*: Segurança e saúde em plataformas de petróleo (Secretaria do Trabalho).

[12] Vaughan, Diane. The normalization of deviance, 1996

[13] Vaughan, Diane. The Challenger Launch Decision: Risky Technology, Culture, and Deviance at NASA. Chicago, IL: University of Chicago Press; 1996.

[14] Wilcutt, T., Bell, H. The Cost of Silence: Normalization of Deviance and Groupthink, NASA, 2014.

[15] Price, M., Williams, T. When Doing Wrong Feels So Right: Normalization of Deviance, 2018.

[16] Bulgarelli, R. (Org.). O ciclo total de vida das instalações em atmosferas explosivas. Paco Editorial, 2018.

[17] Bulgarelli, R. Quando o errado parece certo em instalações elétricas em atmosferas explosivas, Revista Potência, 2021.

[18] Normalization of deviance, Wikipedia. <https://en.wikipedia.org/wiki/Normalization_of_deviance>.

Capítulo **48**

# IECEx – sistema internacional da IEC para a avaliação da conformidade em atmosferas explosivas

**Sinopse:** este capítulo apresenta os principais características, objetivos, histórico de evolução, conceitos, fundamentos, abordagens, formas de trabalho e esquemas de avaliação da conformidade elaborados pelos países participantes do IECEx para a certificação de competências pessoais "Ex", certificação de empresas de serviços "Ex", certificação de equipamentos elétricos e eletrônicos (inclusive equipamentos intrinsecamente seguros Ex "i" e equipamentos associados [Ex "i"]) e certificação de equipamentos mecânicos "Ex". São apresentados também neste capítulo os requisitos básicos desses esquemas de certificação "Ex", as normas técnicas aplicáveis das Séries IEC 60079 e ISO/IEC 80079, bem como a participação do Brasil e de organismos de certificação "Ex" brasileiros aprovados nesse sistema internacional da IEC sobre atmosferas explosivas, com foco no seu ciclo total de vida.

## 48.1 INTRODUÇÃO, INFORMAÇÕES GERAIS E OBJETIVOS DO IECEx

O Sistema IECEx, fundado em 1996, é um sistema de avaliação da conformidade existente dentro da estrutura da IEC, com o objetivo de definir, em um nível internacional, os sistemas de avaliação da conformidade de equipamentos, serviços e competências pessoais relacionados com o tema "atmosferas explosivas". De forma a melhor se entender o sistema IECEx dentro da IEC, deve ser ressaltado que a IEC incorpora, dentro da sua estrutura, o conselho sobre as normas técnicas internacionais e o conselho sobre os sistemas internacionais da avaliação da conformidade.

Na figura a seguir, é apresentada a estrutura básica da IEC, com destaque para o SMB (*Standardization Management Board*), em que são elaboradas as normas técnicas internacionais sobre eletrotecnologia da IEC e o CAB (*Conformity Assessment Board*), em que são administrados os sistemas internacionais de avaliação da conformidade da IEC, dentro dos quais se encontra o IECEx.

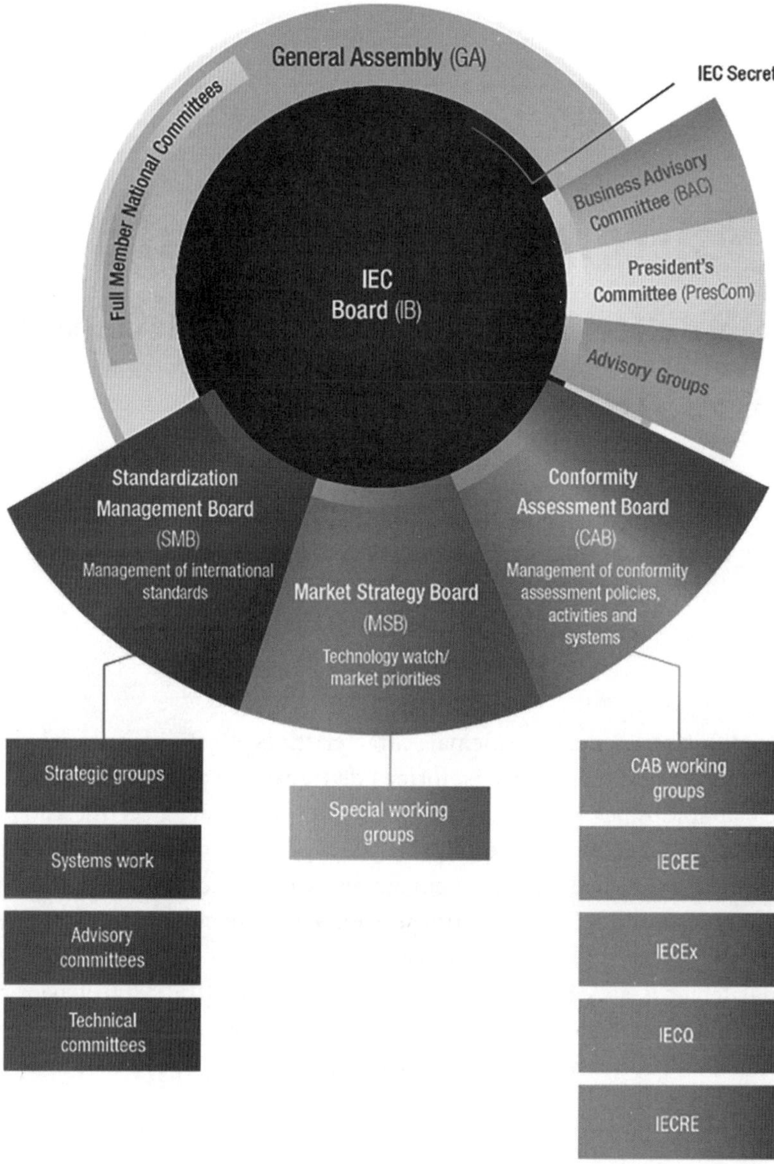


**Figura 48.1 –** Estrutura básica da IEC, com destaque para o SMB (*Standardization Management Board*) e para o CAB (*Conformity Assessment Board*), dentro do qual se encontra o Sistema IECEx.

*Fonte*: IEC.

O CAB (*Conformity Assessment Board*) da IEC, é responsável pela gestão das atividades de avaliação da conformidade da IEC, incluindo a supervisão dos quatro sistemas internacionais de avaliação da conformidade da IEC, proporcionando uma abordagem normalizada para os ensaios e certificação de componentes, produtos e sistemas, bem como de competências pessoais "Ex":

- IECEE – Equipamentos e componentes eletrotécnicos
- IECQ – Sistema de avaliação da qualidade dos componentes eletrônicos

- IECRE – Energias renováveis
- IECEx – Sistema internacional para certificação de equipamentos, empresas e competências pessoais em atmosferas explosivas

O IECEx tem por missão elaborar, manter e gerenciar sistemas internacionais de certificação de competências pessoais, empresas de serviços e equipamentos "Ex". O logotipo do IECEx é apresentado na figura a seguir.

**Figura 48.2 –** IECEx: sistema internacional de avaliação da conformidade da IEC para a segurança durante o ciclo total de vida dos equipamentos e instalações "Ex".

*Fonte*: IECEx.

O IECEx tem por objetivo atender às necessidades do mercado com relação à segurança de equipamentos e instalações em atmosferas explosivas ao longo de seu ciclo total de vida, por meio de sistemas internacionais de certificação, não somente de equipamentos elétricos e mecânicos "Ex", mas também de competências pessoais para trabalhos em áreas classificadas e de empresas de serviços em áreas classificadas, como empresas projetistas, de montagem, de inspeção, de manutenção e de reparos ou recuperação de equipamentos "Ex".

## 48.2 A POSIÇÃO DA ISO/CASCO E DA IEC/CAB SOBRE AVALIAÇÃO DA CONFORMIDADE E CERTIFICAÇÃO DE PRODUTOS, SERVIÇOS E PESSOAS

A IEC e a ISO desenvolveram e publicaram uma série de normas internacionais especificando como a avaliação da conformidade deve ser realizada. A série de normas internacionais ISO/IEC 17000, bem como uma série de guias ISO/IEC, está contida no que é familiarmente chamado de *CASCO toolbox*, já mencionada anteriormente, que apresenta um conjunto completo de ferramentas para realizar uma conformidade consistente e avaliação internacionalmente confiável.

De acordo com o IEC/CAB (*Conformity Assessment Board*), a avaliação da conformidade é a atividade de verificar se uma norma técnica foi aplicada em um produto, serviço ou pessoa, como em projeto, fabricação, instalação, manutenção, inspeção ou reparo de um equipamento ou sistema. A atividade da avaliação da conformidade deve ser realizada de acordo com um conjunto de regras bem definidas para assegurar resultados consistentes e replicáveis. Em outras palavras, a própria avaliação da conformidade deve aplicar uma abordagem padronizada.

De acordo o sistema internacional CASCO, a sistemática de certificação por meio da avaliação da conformidade de produtos, serviços ou pessoas é a forma mais adequada e eficaz para evidenciar o atendimento de requisitos especificados em normas técnicas, como nas normas brasileiras adotadas das Séries ABNT NBR IEC 60079 e ABNT NBR ISO 80079: <https://www.iso.org/sites/cascoregulators/index.html>.

Na aba "*EXAMPLES*", no link "*CASCO REGULATORS*" da ISO, são indicados alguns exemplos de políticas públicas baseadas em certificação. No caso específico de certificação envolvendo atmosferas explosivas, é citado o apoio dado pelas Nações Unidas, em 2011, na aplicação, por parte dos países participantes, dos esquemas internacionais de certificação de competências pessoais "Ex", empresas de serviços "Ex" e de equipamentos elétricos e mecânicos "Ex" elaborados de comum acordo pelos 36 países integrantes do IECEx (inclusive o Brasil).

É mostrado também pela ISO/CASCO, nessa área de certificação sobre "atmosferas explosivas", o exemplo da Guarda Costeira dos Estados Unidos (USCG), que revisou, em 2012, o regulamento norte-americano para instalações estrangeiras, como visto anteriormente.

Desde aquela revisão de 2012, passaram a ser recomendados pelo IMO MODU Code 2009, para instalações estrangeiras, equipamentos "Ex" que tenham certificação internacional IECEx, em função de representarem um sistema internacional de avaliação da conformidade elaborado somente com base em normas da IEC ou da ISO, sendo que todos os certificados de conformidade emitidos por organismos de certificação "Ex" devidamente avaliados e reconhecidos:

> The 2009 IMO MODU Code recommends that electrical installations in hazardous areas be tested and certified in accordance with the International Electrotechnical Commission (IEC) 60079 series of standard(s). The IEC offers an international certification system called the "Certification to Standards Relating to Equipment for use in Explosive Atmospheres" (IECEx). The IECEx system requires full compliance with the applicable international IEC 60079 series of standard(s), including the testing of equipment by an independent laboratory.
>
> Approval under the IECEx system involves an explosive atmospheres (Ex) Certification Body (ExCB) and an Ex-Testing Laboratory (ExTL) that have been accepted into the IECEx system after meeting competency requirements established by the International Organization for Standardization ISO/IEC 17025 and related IECEx Operational Documents. For these foreign-flagged MODUs, the Coast Guard recommends that electrical equipment installations in hazardous areas obtain independent certification under the IECEx System, which includes the appropriate IECEx Certificate of Conformities.
>
> (Disponível em: <https://casco.iso.org/examples.html>.)

## 48.3 CARACTERÍSTICAS GERAIS SOBRE O IECEx

O IECEx é caracterizado por possuir sistemas de certificação na área "Ex" totalmente baseados em normas internacionais das Séries IEC 60079 e ISO/IEC 80079, elaboradas pelo TC-31 da IEC – *Equipment for Explosive Atmospheres.*

Os organismos de certificação "Ex" de empresas de serviços "Ex", de competências pessoais "Ex" e de equipamentos elétricos e mecânicos "Ex", e os laboratórios de ensaios

"Ex" são aprovados dentro do IECEx após um processo de auditoria e avaliação por pares, de acordo com as normas internacionais ISO/IEC 17024 (*Requisitos para organismos de certificação de pessoas*), ISO/IEC 17065 (*Requisitos para organismos de certificação de produtos, processos e serviços*) e ISO/IEC 17025 (*Requisitos gerais para a competência de laboratórios de ensaio e calibração*), além de regras de procedimentos e documentos operacionais do IECEx para cada um dos esquemas de certificação "Ex".

Outra característica fundamental do IECEx é que os sistemas de certificação abrangem o ciclo total de vida das instalações industriais que possuem áreas classificadas, incluindo a certificação das competências das pessoas que nela trabalham, bem como a certificação das empresas de serviços para esse tipo de instalações, como empresas de serviços de classificação de áreas, projeto, montagem, inspeção, manutenção e as oficinas de serviços de reparos e recuperação de equipamentos "Ex".

O IECEx não atua como um organismo de certificação, uma vez que os certificados internacionais de conformidade "Ex" são emitidos pelos organismos de certificação mutuamente aprovados no sistema. O IECEx também não atua como um organismo de acreditação, uma vez que a aprovação dentro do sistema é feita entre os próprios organismos e laboratórios que já participam do sistema (*peer evaluation*). O IECEx possui uma estrutura suficiente para elaborar, atualizar e gerir os sistemas de certificação elaborados em conjunto pelos países participantes.

O IECEx é um sistema internacional de certificação "Ex" no qual a avaliação dos candidatos a ExCBs (*certification body*) e ExTLs (*testing laboratory*) é feita pelos pares (*peer evaluation*), sendo as avaliações mútuas realizadas por representantes de organismos de certificação "Ex" e laboratórios de ensaios de equipamentos "Ex" já integrantes do sistema.

A abordagem de certificação com base no ciclo total de vida das instalações "Ex" reconhece o fato de que somente a "tradicional" certificação de equipamentos "Ex" não é suficiente para garantir a segurança das instalações em atmosferas explosivas nem das pessoas que nelas trabalham.

Isso pode ser verificado em função das diversas não conformidades de projeto, montagem, inspeção, manutenção e reparos que são frequentemente verificadas nas instalações em áreas classificadas de diversas indústrias das áreas do petróleo, petroquímica, química, silagem de armazenamento de grãos, siderúrgica, portuária, sucroalcooleira e de alimentos. Essas não conformidades podem invalidar as proteções proporcionadas pelos equipamentos "Ex" certificados e colocar em risco as instalações em atmosferas explosivas nas quais esses equipamentos "Ex" estão instalados. Nesse sentido, existe a necessidade prioritária de certificação também das competências pessoais "Ex" que realizam atividades em áreas classificadas, bem como da certificação das empresas de serviços "Ex", como empresas projetistas, de montagem, de inspeção, de manutenção e oficinas de reparos e recuperação de equipamentos "Ex".

Dentre os principais benefícios da obtenção da certificação internacional pelo IECEx, está a não necessidade de repetição, nos diversos países onde são requeridas certificações "locais", dos diversos e complexos ensaios laboratoriais já realizados por outros laboratórios de ensaios "Ex" avaliados e aprovados pelo IECEx. Além disso, com a certificação internacional IECEx, é também assegurada a certificação de terceira parte, assim como a padronização de procedimentos de avaliações e ensaios para a certificação tendo como base a convergência das normas internacionais das Séries IEC 60079 e ISO/IEC 80079 – *Explosive Atmospheres.*

O IECEx é constituído pela participação voluntária dos países participantes, que englobam mais de 50% da população do planeta e cerca de 70 % do PIB mundial, evidenciando a sua representatividade em nível global. O IECEx representa um sistema de avaliação da conformidade da IEC sem fins lucrativos. De acordo com o documento "Business Plan Ed. 2.0", com relação às suas finanças, o IECEx "Opera com recuperação de custos, sem fins lucrativos, com orçamentos aprovados pelo ExMC e pelo IEC CAB".

Dentre as principais características do IECEx, podem ser destacadas as seguintes:

- sistemas internacionais de avaliação da conformidade elaborados com foco na segurança durante o ciclo total de vida das instalações "Ex";
- sistema de certificação de empresas de prestação de serviços "Ex", como classificação de áreas, projeto, montagem, inspeção, manutenção e as oficinas de serviços de reparos de equipamentos "Ex";
- sistema de certificação de competências pessoais "Ex";
- sistema de certificação de equipamentos elétricos e mecânicos "Ex";
- sistemas de certificação "Ex" com base somente nas normas internacionais das séries IEC 60079 e ISO 80079;
- sistemas de avaliação da conformidade elaborados, votados e aprovados de comum acordo e consenso entre todos os países participantes do IECEx, compilando as experiências, lições aprendidas e as melhores práticas internacionais;
- ensaios de equipamentos "Ex" executados por laboratórios de ensaios avaliados e aprovados pelos "pares" (*peer evaluation*) participantes do IECEx, com base as normas internacionais das séries IEC 60079 e ISO/IEC 80079;
- certificação de terceira parte para todos os tipos de proteção "Ex", por meio de organismos de certificação avaliados e reconhecidos pelos "pares" (*peer-evaluation*) participantes do IECEx.

Um resumo das principais informações sobre o IECEx é apresentado a seguir, com base na data de publicação deste livro:

- países participantes: 36 (incluindo o Brasil, desde 2009);
- esquema de certificação de equipamentos elétricos e mecânicos "Ex" (*IECEx Certified Equipment Scheme*): 62 ExCB (*Certification Body*/Organismos de Certificação "Ex"), 69 ExTL (*Testing Laboratory*/Laboratórios de ensaios "Ex") e dez ATF (*Additional Testing Facility*/Laboratórios de Ensaios "Ex" adicional);
- esquema de certificação de empresas de serviços "Ex" (*IECEx Certified Service Facilities Scheme* - ExSF): dezoito ExCBs;
- esquema de certificação de competências pessoais "Ex" (*IECEx Certification of Personnel Competencies Scheme* – ExCoPC): dezesseis ExCBs;
- programa de reconhecimento de provedores de treinamentos "Ex" (*IECEx Recognized Training Provider Program* – RTPP): 35 RTPs (*Recognized Training Providers*);
- mais de 135 mil documentos emitidos, incluindo certificados de conformidade "Ex" (ExCoC), relatórios de ensaios "Ex" (ExTR) e relatórios de avaliação de sistema de gestão da qualidade "Ex" (ExQAR);
- utilizado por mais de 4.500 fabricantes de equipamentos "Ex", localizados em cinquenta países;
- certificados de conformidade emitidos por mais de cem organismos de certificação "Ex" mutuamente reconhecidos no Sistema IECEx.

O IECEx representa um sistema de avaliação da conformidade "Ex", com base nas normas internacionais da Série IEC 60079 e da Série ISO/IEC 80079, as quais são adotadas no Brasil na íntegra e publicadas pela ABNT nas Séries ABNT NBR IEC 60079 e ABNT NBR ISO/IEC 80079, de acordo com os requisitos especificados no documento ABNT DIRETIVA 3 - *Adoção de documentos técnicos internacionais*. Tendo como base os requisitos especificados na DIRETIVA 3 da ABNT, as normas internacionais das Séries IEC 60079 e ISO/IEC 80079 são adotadas no Brasil como normas técnicas brasileiras adotadas idênticas das Séries ABNT NBR IEC 60079 e ABNT NBR ISO/IEC 80079, elaboradas e atualizadas por comissões de estudo do Subcomitê SCB 003:031 (*Atmosferas explosivas*) da ABNT/CB-003 (*Eletricidade*) e publicadas pela ABNT sem desvios nacionais em relação às respectivas normas internacionais.

As normas internacionais das Séries IEC 60079 e ISO/IEC 80079 são também utilizadas ou aceitas nos principais mercados do mundo, como base para a obtenção da certificação "local" "Ex". Conforme os resultados indicados nos relatórios de ensaios (ExTR), que fazem parte das certificações internacionais IECEx, de acordo com os requisitos legais atualmente vigentes no Brasil, publicados pelo Inmetro, que contêm os Requisitos de Avaliação da Conformidade (RAC) para equipamentos elétricos "Ex" para gases inflamáveis e poeiras combustíveis, um fabricante brasileiro ou estrangeiro de equipamentos "Ex" pode obter a certificação "local" (nacional), por um organismo de certificação acreditado "localmente". Nesses casos, o organismo de certificação "Ex" nacional pode emitir uma certificação "local" com base na análise dos respectivos relatórios de ensaios (ExTR) emitidos pelos laboratórios de ensaios (ExTL) e organismos de certificação (ExCB) avaliados e aprovados no sistema IECEx (*Sistema Fast-Track*).

O Brasil participa das reuniões do IECEx desde 2002. A partir de então, organismos de certificação brasileiros e empresas usuárias de equipamentos e instalações "Ex" brasileiras participam ativamente da elaboração dos sistemas internacionais de certificação de empresas de prestação de serviços "Ex", competências pessoais "Ex" e de equipamentos "Ex". O Brasil é um país membro do IECEx desde 2009. Existem no Brasil organismos de certificação que são acreditados nacionalmente pelo Inmetro e que também foram avaliados e reconhecidos internacionalmente no IECEx desde 2011 (no esquema de certificação de equipamentos "Ex" - IECEx 02), desde 2016 (no esquema de certificação de competências pessoais "Ex" - IECEx 05 e de equipamentos "Ex" - IECEx 02) e desde 2017 (no sistema de certificação de empresas de serviços "Ex" - IECEx 03).

## 48.4 OS ESQUEMAS INTERNACIONAIS DE CERTIFICAÇÃO "Ex" DO IECEx

Sob o ponto de vista do ciclo total de vida das instalações "Ex", o IECEx possui três esquemas internacionais de avaliação da conformidade, tendo como base os requisitos normativos estabelecidos nas normas técnicas internacionais publicadas pelo TC 31 da IEC (*Equipment for Explosive Atmospheres*):

- esquema de certificação de empresas de serviços "Ex";
- esquema de certificação de competências pessoais "Ex";
- esquema de certificação de equipamentos de instrumentação, automação, telecomunicações, elétricos e mecânicos "Ex".

A figura a seguir apresenta, de forma geral, os três esquemas internacionais de certificação do IECEx para empresas de serviços, competências pessoais e equipamentos elétricos e mecânicos "Ex".

**Figura 48.3 –** Esquemas internacionais de certificação do IECEx para empresas de serviços, competências pessoais e equipamentos elétricos e mecânicos "Ex".

A abrangência dos sistemas de avaliação da conformidade do IECEx para certificação para o ciclo total de vida dos equipamentos e instalações "Ex" é apresentada na figura a seguir.

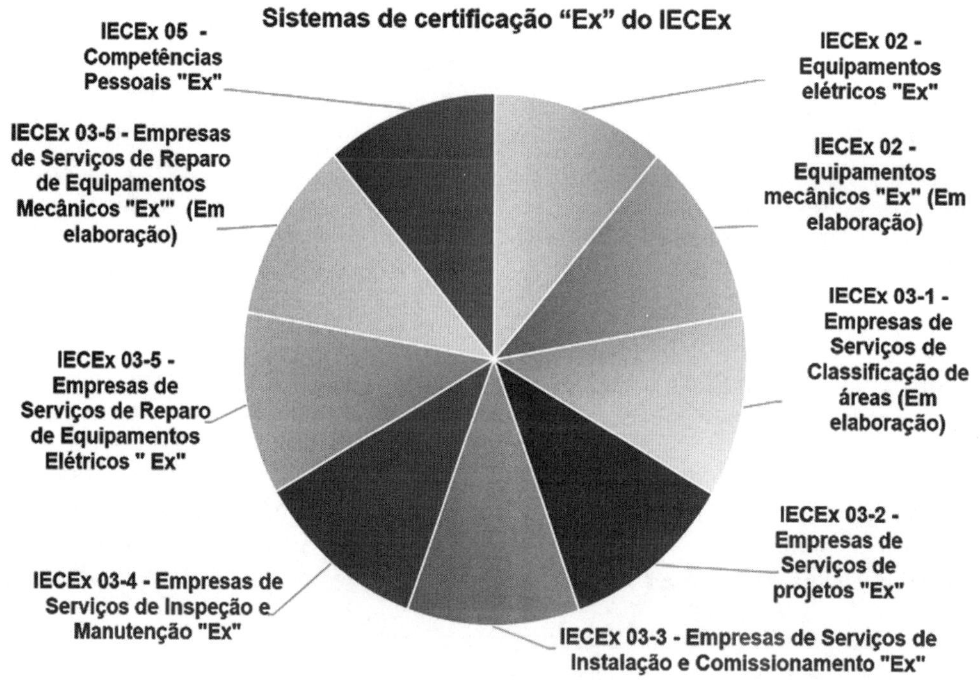


**Figura 48.4 –** Panorama geral dos sistemas de certificação "Ex" do IECEx, com base nas normas internacionais das Séries IEC 60079 e ISO/IEC 80079, com foco na segurança durante o *ciclo total de vida* dos equipamentos e instalações "Ex".

## 48.5 A EVOLUÇÃO SUSTENTADA DOS ESQUEMAS DE CERTIFICAÇÃO "Ex" O IECEx

Foi oficialmente aprovado nas reuniões do SMB da IEC (*Standardization Management Board*) durante as reuniões gerais da IEC, em 2016, um *liaison* (termo de cooperação) entre os sistemas de certificação do IECEx e o Comitê Técnico TC 31 da IEC, em cujas normas são baseados os sistemas internacionais de avaliação da conformidade do IECEx. Com esse termo de cooperação formal, são discutidas e estabelecidas as relações entre os sistemas de certificação "Ex" da IEC (elaborados pelo IECEx) e as normas técnicas "Ex" da IEC (elaboradas pelo TC 31 da IEC). O Brasil é membro participante tanto no IECEx como no TC 31 da IEC.

Havia sido publicado até 2023, pelo sistema de certificação do IECEx, desde o seu lançamento, em 2003, um total de mais de 140 mil documentos, entre certificados de conformidade (ExCoC), relatórios de ensaios (ExTR) e relatórios de avaliação de sistema de gestão da qualidade (ExQAR), como indicado na figura a seguir.

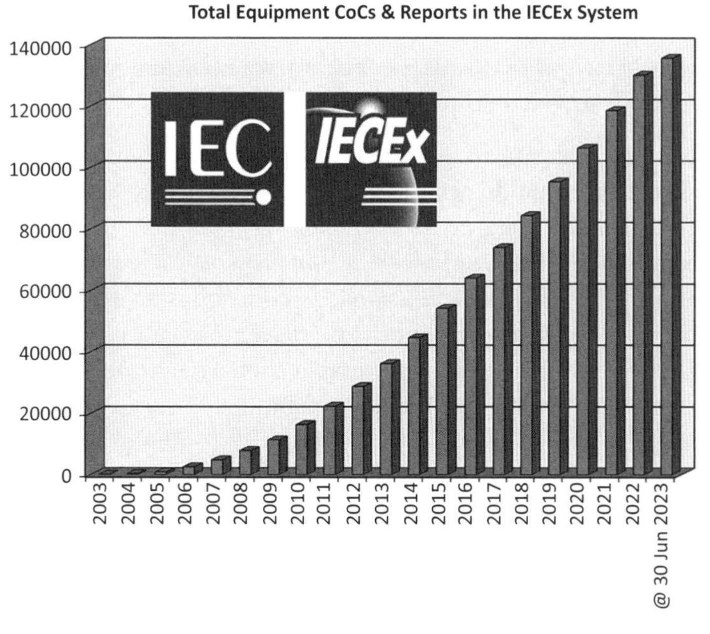


**Figura 48.5 –** Evolução de emissão, dentro do sistema internacional IECEx, desde o início de sua operação, de documentos, incluindo relatórios de ensaios "Ex" (*ExTR*), relatórios de avaliação de sistema de gestão da qualidade (*ExQAR*) e certificados de conformidade (*ExCoC*) para equipamentos de instrumentação, automação, telecomunicações, elétricos e mecânicos "Ex", empresas de serviços "Ex" e competências pessoais "Ex".

*Fonte*: IECEx.

## 48.6 REQUISITOS DE COMPETÊNCIAS PESSOAIS PARA EXECUÇÃO E SUPERVISÃO DE SERVIÇOS EM ATMOSFERAS EXPLOSIVAS E A IMPORTÂNCIA DO PROFISSIONAL "Ex" CERTIFICADO

As normas técnicas brasileiras adotadas da Série ABNT NBR IEC 60079 – Parte 10-1, Parte 10-2, Parte 14, Parte 17 e Parte 19 apresentam os requisitos sobre conhecimentos, habilidades, competências, treinamentos e avaliação de profissionais envolvidos com serviços de projeto, instalação, inspeção, manutenção e reparos de equipamentos e instalações de instrumentação, automação, telecomunicações e elétricas em atmosferas explosivas.

São indicadas a seguir as respectivas normas técnicas brasileiras aplicáveis aos serviços de classificação de áreas, projeto, seleção de equipamentos, inspeção, manutenção e recuperação de equipamentos "Ex":

- ABNT NBR IEC 60079-10-1: Classificação de áreas contendo gases inflamáveis
- ABNT NBR IEC 60079-10-2: Classificação de áreas contendo poeiras combustíveis
- ABNT NBR IEC 60079-14: Projeto, montagem e inspeção inicial de instalações "Ex"
- ABNT NBR IEC 60079-17: Inspeção e manutenção de instalações "Ex"
- ABNT NBR IEC 60079-19: Reparo, revisão e recuperação de equipamentos "Ex"

Esses requisitos têm como objetivo assegurar que todas as pessoas envolvidas com esses tipos de instalações "Ex" possuam os necessários conhecimentos, experiências e competências, de forma que as instalações possam ser mantidas em níveis adequados de segurança industrial, ao longo do seu ciclo de vida.

Existem documentos operacionais do IECEx que foram elaborados especificamente para o sistema internacional de certificação de competências pessoais em atmosferas explosivas. Dentre esses, o documento operacional IECEx OD 504 (*Especificações para a avaliação dos resultados das Unidades de Competência "Ex"*) especifica as competências requeridas para as atividades relacionadas com todas as atividades relacionadas com atmosferas explosivas, como também os requisitos para os quais a competência deva ser avaliada e atribuída, e ainda apresenta uma orientação para a avaliação das competências com base nos conhecimentos e habilidades que definem as Unidades de Competências "Ex".

São indicadas a seguir as Unidades de Competências Pessoais "Ex" internacionalmente padronizadas e definidas, que são indicadas no documento operacional IECEx OD 504 (*Especificações para a avaliação dos resultados das Unidades de Competência "Ex"*), as quais abordam atividades e serviços que são realizados em áreas classificadas:

- Ex 000: Conhecimentos e percepções básicas para entrar em áreas classificadas
- Ex 001: Aplicação dos princípios básicos de proteção em atmosferas explosivas
- Ex 002: Execução de classificação de áreas
- Ex 003: Instalação de equipamentos com tipos de proteção "Ex" e respectivos sistemas de fiação
- Ex 004: Manutenção de equipamentos em atmosferas explosivas
- Ex 005: Reparo e revisão de equipamentos com tipos de proteção "Ex"
- Ex 006: Ensaios de equipamentos e instalações elétricas em, ou associadas a atmosferas explosivas
- Ex 007: Execução de inspeções visuais e apuradas de equipamentos e instalações em, ou associadas a atmosferas explosivas
- Ex 008: Execução de inspeções detalhadas de equipamentos ou instalações elétricas em, ou associadas a atmosferas explosivas

- Ex 009: Projeto de instalações elétricas em, ou associadas a atmosferas explosivas
- Ex 010: Execução de inspeções de auditoria ou de avaliação das instalações elétricas em, ou associadas a atmosferas explosivas
- Ex 011: Conhecimentos básicos para a segurança de sistemas com hidrogênio

As competências especificadas no documento operacional IECEx OD 504 são destinadas a serem competências adicionais àquelas previamente adquiridas para o mesmo tipo de atividade em áreas não classificadas.

O Brasil participa da elaboração e atualização desses documentos operacionais do IECEx desde 2009, ano em que foi oficializada a inscrição do país no sistema IECEx. O Brasil possui representantes nos grupos de trabalho do Subcomitê para Competências Pessoais "Ex" do IECEx (ExPCC), que acompanham os processos de elaboração, revisão, atualização, comentários, votação e publicação dos Documentos Operacionais, Guias e Regras de Procedimentos do Esquema de Certificação de Competências Pessoais "Ex" do IECEx.

Os requisitos sobre qualificação e competências pessoais "Ex" que estão indicados nas normas técnicas brasileiras adotadas ABNT NBR IEC 60079 – Parte 10-1, Parte 10-2, Parte 14, Parte 17 e Parte 19 são baseados, de forma simplificada e condensada, em requisitos indicados em documentos do IECEx sobre o esquema internacional de certificação de competências pessoais "Ex".

As atividades de projeto, seleção, especificação técnica dos equipamentos e a montagem de sistemas "Ex", abrangida pelas normas técnicas brasileiras adotadas ABNT NBR IEC 60079-14 e ABNT NBR IEC 61892-7, devem ser realizadas somente por pessoal cujo treinamento tenha incluído instruções sobre os vários tipos de proteção e práticas de instalação, regras e regulamentos aplicáveis e sobre os princípios gerais de classificação de área. Para a obtenção da certificação dessas competências pessoais "Ex", esses profissionais devem ter passado por treinamentos teóricos e práticos de formação e reciclagem, bem como possuir as devidas qualificações (técnicos ou engenheiros), experiências e conhecimentos, os quais são especificados nos documentos operacionais aplicáveis do IECEx.

São indicados a seguir os principais documentos que fazem parte do sistema internacional IECEx de certificação de competências pessoais "Ex".

- Guia IECEx 05 A: *Orientações e instruções para inscrição para obter um Certificado de Competências Pessoais "Ex"*
- IECEx 05 A: *Orientações e instruções para inscrição para obter um Certificado de Competências Pessoais "Ex"*
- IECEx OD 502: *Inscrição para um certificado de competências pessoais do IECEx – requisitos de documentação e de informações*
- IECEx OD 503: *Procedimentos para a emissão e manutenção de Certificados de Competências Pessoais IECEx*

Deve ser ressaltado que esses sistemas de certificação de empresas de serviços "Ex" estão intimamente relacionados com o sistema de certificação de Competências Pessoais "Ex", uma vez que os empregados dessas empresas de serviços "Ex" devem demonstrar as suas competências pessoais, de acordo com uma ou mais Unidades Certificação de

Competências "Ex" (Ex 000 a Ex 011) que estejam relacionadas com as atividades que executam em áreas classificadas.

Devem ser destacadas as diferenças e as interfaces que existem entre as Unidades de Competências Ex 000 a Ex 011 e as funções de trabalho das pessoas que possuam essas competências. As certificações de acordo com as Unidades de Competências "Ex" não definem a função de uma pessoa, mas somente as atividades para as quais a pessoa demonstra ser competente.

A definição do escopo das funções de trabalho, normalmente, é feita pelo proprietário ou operador da planta ou pelo empregador (empresa contratante dos serviços "Ex"). Uma definição geral do escopo das funções dos profissionais que trabalham em áreas classificadas foi também considerada nos sistemas do IECEx de certificação de empresas de serviços de projeto, montagem, inspeção e manutenção, os quais também definem os requisitos de competências pessoais dos empregados dessas empresas.

Podem ser citados como exemplos das interfaces entre as funções de trabalho e as Unidades de Competências Ex 000 a Ex 011 os sistemas do IECEx de certificação de empresas de serviços "Ex" de projeto, instalação, montagem, inspeção, manutenção e reparo. Nos respectivos documentos operacionais do IECEx para esses sistemas de certificação de serviços para atmosferas explosivas são indicados os seguintes requisitos de Unidades de Competência "Ex" para cada uma das seguintes funções de trabalho:

- as pessoas envolvidas com a função de montagem das instalações "Ex" devem possuir certificação nas Unidades de Certificação de Competência Ex 001, Ex 003, Ex 006 e Ex 008;
- as pessoas envolvidas com a função de inspeção das instalações "Ex" devem possuir certificação nas Unidades de Certificação de Competência Ex 001, Ex 004, Ex 007 e Ex 008;
- as pessoas envolvidas com a função de manutenção das instalações "Ex" devem possuir certificação nas Unidades de Certificação de Competência Ex 001 e Ex 004;
- as pessoas envolvidas com a função de projeto das instalações "Ex" devem possuir certificação nas Unidades de Certificação de Competência Ex 001 e Ex 009;
- as pessoas envolvidas com a função de reparo e recuperação de equipamentos "Ex" devem possuir certificação na Unidade de Certificação de Competência Ex 005.

O guia IECEx 05 A (*Orientações e instruções para inscrição para obter um Certificado de Competências Pessoais*) apresenta o processo "passo a passo" para a obtenção da certificação de competências pessoais "Ex" junto a organismos de certificação de pessoas reconhecidos (<http://www.iecex.com/assets/Uploads/IECEx-Guide-05A-Ed2.1-pt-rev-3.pdf>).

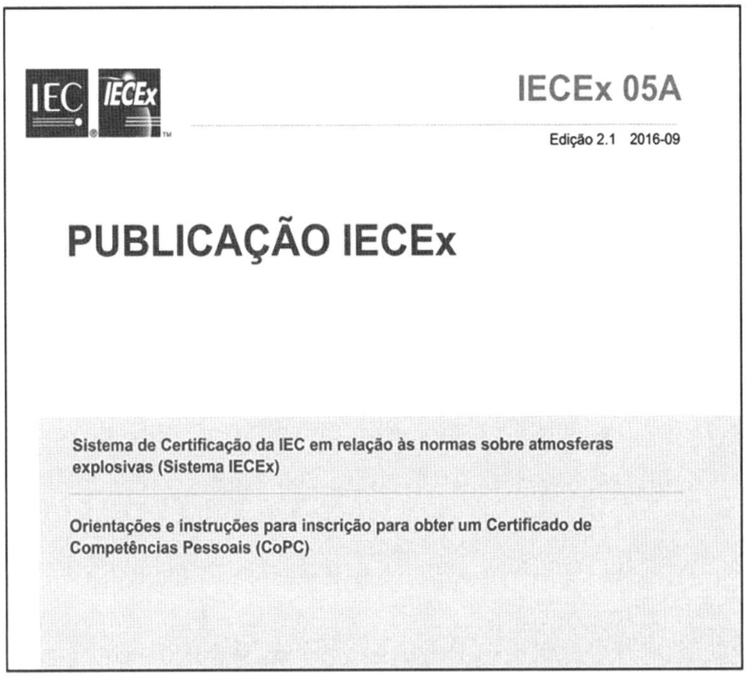

IECEx 05A

Edição 2.1 2016-09

PUBLICAÇÃO IECEx

Sistema de Certificação da IEC em relação às normas sobre atmosferas explosivas (Sistema IECEx)

Orientações e instruções para inscrição para obter um Certificado de Competências Pessoais (CoPC)

**Figura 48.6 –** Folha de rosto do guia IECEx contendo orientações para a obtenção de certificados de conformidade de competências pessoais "Ex" pelo IECEx.

*Fonte*: IECEx.

Um fluxograma simplificado do processo de certificação de competências pessoais é apresentado na figura a seguir.

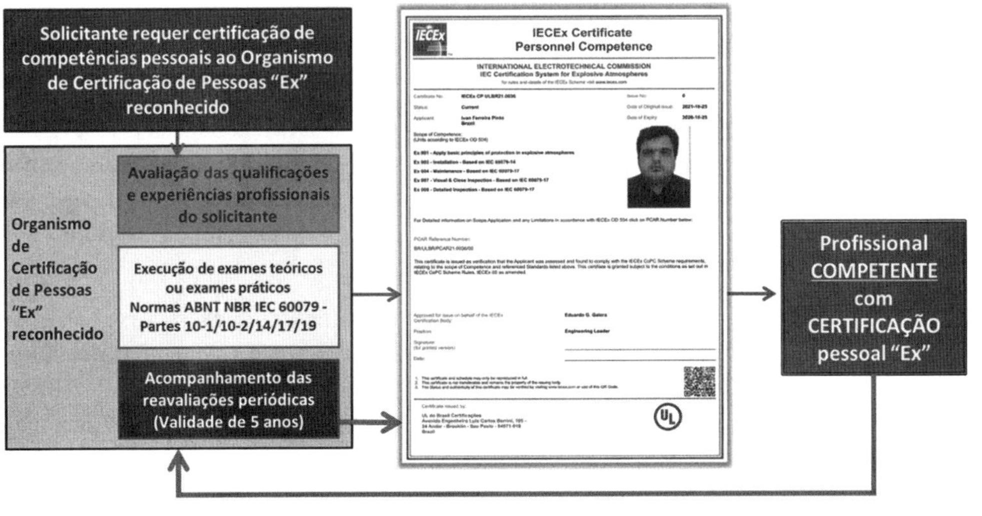


**Figura 48.7 –** Fluxograma simplificado de obtenção de certificação de competências pessoais "Ex" por um candidato e dos ciclos periódicos de revalidação.

*Fonte*: acervos pessoais dos autores.

## 48.7 REQUISITOS PARA A CERTIFICAÇÃO DE EMPRESAS DE SERVIÇOS DE PROJETO, MONTAGEM, INSPEÇÃO, MANUTENÇÃO E RECUPERAÇÃO "Ex"

Para que essas empresas de serviços "Ex" possam ser certificadas, um dos requisitos básicos é que elas evidenciem que conhecem e aplicam os requisitos técnicos indicados nas respectivas normas da Série ABNT NBR IEC 60079 (*Atmosferas explosivas*), aplicáveis a cada tipo de serviço "Ex".

São indicadas a seguir as respectivas normas técnicas brasileiras aplicáveis aos serviços de classificação de áreas, projeto, seleção de equipamentos, inspeção, manutenção e reparo de equipamentos "Ex":

- ABNT NBR IEC 60079-10-1: Classificação de áreas contendo gases inflamáveis
- ABNT NBR IEC 60079-10-2: Classificação de áreas contendo poeiras combustíveis
- ABNT NBR IEC 60079-14: Projeto, montagem e inspeção inicial de instalações "Ex"
- ABNT NBR IEC 60079-17: Inspeção e manutenção de instalações "Ex"
- ABNT NBR IEC 60079-19: Reparo, revisão e recuperação de equipamentos "Ex"

Além de atenderem a esse requisito básico, de demonstração de suas capacidades no atendimento dos requisitos técnicos indicados nas normas indicadas, as empresas de serviços "Ex" necessitam também evidenciar o atendimento de outros requisitos de avaliação e de certificação, como:

- implantação e manutenção de um Sistema de Gestão da Qualidade (SGQ), com base nos requisitos da norma ABNT NBR ISO 9001. Embora não seja obrigatória a certificação de terceira para um SGQ com base na ABNT NBR ISO 9001, esse tipo de certificação auxilia o processo de certificação "Ex", o qual se baseia nos requisitos dessa norma;
- existência de padrões escritos e rastreáveis para a execução dos serviços aplicáveis, como projeto, montagem, inspeção, manutenção e reparos. Esses padrões de execução de serviços devem estar alinhados com os requisitos das respectivas normas técnicas brasileiras adotadas da Série ABNT NBR IEC 60079, como Parte 10-1, Parte 10-2, Parte 14, Parte 17 e Parte 19;
- existência de instalações, equipamentos, instrumentos e de recursos físicos e materiais adequados para a execução dos serviços. Esses instalações e recursos físicos devem estar adequados aos serviços executados. Nos casos dos instrumentos de medição, devem estar devidamente calibrados e aferidos, por meio de procedimentos por escrito e rastreáveis;
- os recursos humanos das empresas certificadas para serviços "Ex" devem ser devidamente treinados, qualificados e competentes, de acordo com os requisitos indicados nas respectivas normas técnicas aplicáveis. Nesse caso, a situação mais indicada é que essas pessoas sejam devidamente certificadas, de acordo com as respectivas Unidades de Competência "Ex" indicadas no documento operacional IECEx OD 504;
- enquadram-se nesse requisito de competências pessoais tanto os executantes pelas atividades "Ex" como as pessoas responsáveis pela supervisão e aprovação

dessas atividades. São exemplos desses profissionais as pessoas executantes e supervisores das empresas de serviços de classificação de áreas, empresas de serviços de projeto "Ex", montadoras "Ex", empresas de serviços de inspeção "Ex", empresas de serviços de manutenção "Ex" e as empresas de serviços de reparo de equipamentos "Ex".

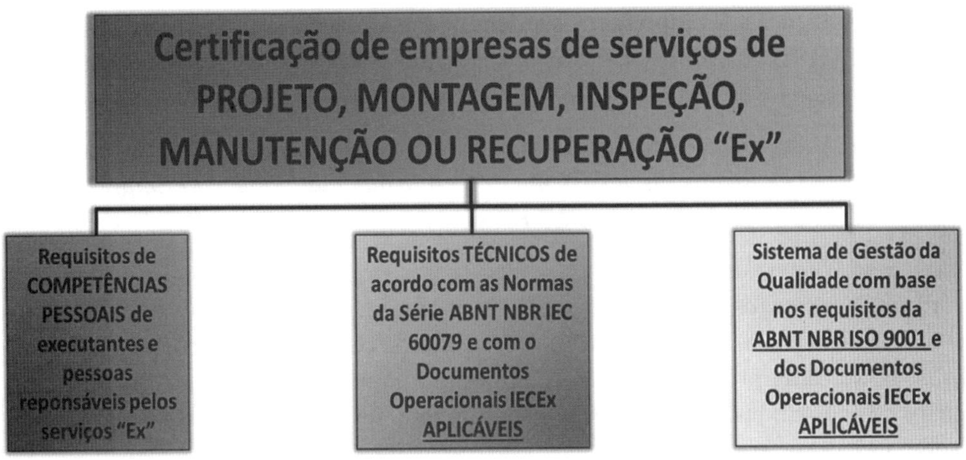


**Figura 48.8 –** O "tripé" para a avaliação da conformidade para a certificação de empresa de serviços "Ex" de acordo com os requisitos do IECEx.

*Fonte*: acervos pessoais dos autores.

Nesse contexto, foi publicado o documento IECEx 03 A, representando um guia de inscrição para empresas de serviços "Ex" que buscam a sua certificação, disponível para acesso público em português do Brasil no *website* do IECEx (<https://www.iecex.com/assets/dmsdocuments/1832/iecex03A-Ed2.1-pt.pdf>).

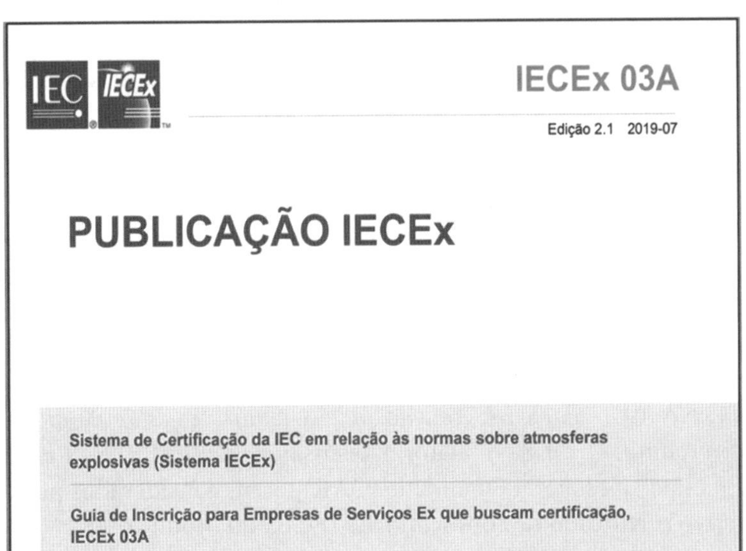

IECEx 03A

Edição 2.1 2019-07

PUBLICAÇÃO IECEx

Sistema de Certificação da IEC em relação às normas sobre atmosferas explosivas (Sistema IECEx)

Guia de Inscrição para Empresas de Serviços Ex que buscam certificação, IECEx 03A

**Figura 48.9 –** Guia de inscrição para empresas de serviços que buscam as suas certificações "Ex".

*Fonte*: IECEx.

São indicados a seguir os documentos operacionais do IECEx para cada uma dessas empresas de serviços "Ex".

- Certificação de empresas de serviços de seleção de equipamentos "Ex" e projeto de instalações "Ex": IECEx OD 314-2: *Requisitos do Sistema de Gestão da Qualidade para Empresas de Serviços de seleção de equipamentos e projeto de instalações "Ex".*
- Certificação de empresas de serviços de instalação e inspeção inicial "Ex": IECEx OD 314-3: *Requisitos do Sistema de Gestão da Qualidade para Empresas de Serviços de instalação e inspeção inicial "Ex".*
- Certificação de empresas de serviços de inspeção e manutenção "Ex": IECEx OD 314-4: *Requisitos do Sistema de Gestão da Qualidade para Empresas de Serviços de inspeção e manutenção "Ex".*

Esses documentos operacionais do IECEx apresentam os requisitos para a certificação de terceira parte, emitida por um organismo de certificação acreditado, de empresas de serviços de projeto, instalação, inspeção, manutenção e oficinas de serviços de reparo de equipamentos "Ex" e de pessoas competentes que executem trabalhos relacionados com atmosferas explosivas.

Esses documentos operacionais apresentam também especificações que permitem a adequada contratação dessas empresas e pessoas competentes "Ex" que sejam capazes de evidenciar suas competências no atendimento dos requisitos indicados nas respectivas normas técnicas brasileira adotadas da Série ABNT NBR IEC 60079.

## 48.8 CONFORMIDADE DE EQUIPAMENTOS, COMPONENTES E MONTAGENS "Ex"

Os fabricantes de equipamentos e componentes de instrumentação, automação, telecomunicações, elétricos e mecânicos "Ex" e seus clientes se beneficiam do ensaio único de seus produtos "Ex" com base em padrões internacionais, estabelecidos nas normas técnicas das Séries IEC 60079 e ISO 80079, sem requisitos nacionais e regionais adicionais que geralmente aumentam os *custos* sem aumentar os níveis de segurança proporcionados pelos produtos "Ex".

Para que os produtos "Ex" recebam um certificado de conformidade IECEx, eles devem passar nos ensaios de tipo relevantes para receberem um relatório de ensaio (ExTL) de um laboratório de ensaio "Ex" reconhecido. Além disso, um organismo de certificação reconhecido pelo IECEx é responsável pela auditoria continuada do Sistema de Gestão da Qualidade (SGQ) do fabricante do produto, com base nas normas internacionais ISO 9001 (*Sistemas de gestão da qualidade – Requisitos*) e ISO/IEC 80079-34 (*Atmosferas explosivas – Parte 34: Aplicação de sistemas de gestão da qualidade para a fabricação de produtos "Ex"*). Se o relatório de ensaio "Ex" (ExTR) e o Relatório de Avaliação do Sistema de Gestão da Qualidade (QAR) forem considerados positivos, é emitido o respectivo certificado de conformidade IECEx do produto "Ex".

IECEx Certificate of Conformity

INTERNATIONAL ELECTROTECHNICAL COMMISSION
IEC Certification System for Explosive Atmospheres
for rules and details of the IECEx Scheme visit www.iecex.com
Ex COMPONENT CERTIFICATE

Certificate No.: IECEx ULBR 20.0004U Page 1 of 3 Certificate history:

Status: Current Issue No: 0

Date of Issue: 2020-09-29

Applicant: ACE Schmersal Eletroeletrônica Industrial Ltda
Av. Brasil, 815 – Jardim Esplanada
CEP: 18.550 – 000 – Boituva - SP
Brazil

Ex Component: Switching Element, Ex-SE Series

*This component is NOT intended to be used alone and requires additional consideration when incorporated into other equipment or systems for use in explosive atmospheres (refer to IEC 60079-0).*

Type of Protection: Flameproof "db", Increased Safety "eb"

Marking: Ex db eb IIC Gb
Ex db eb I Mb

Approved for issue on behalf of the IECEx Certification Body: Erin LaRocco

Position: Staff Engineer

Signature: (for printed version)

Date:

1. This certificate and schedule may only be reproduced in full.
2. This certificate is not transferable and remains the property of the issuing body.
3. The Status and authenticity of this certificate may be verified by visiting www.iecex.com or use of this QR Code.

Certificate issued by:

UL do Brasil Certificações
Avenida Engenheiro Luis Carlos Berrini, 105 -
24 Andar - Brooklin - Sao Paulo
Brazil

**Figura 48.10 –** Exemplo de certificado de conformidade IECEx conquistado por fabricante de produtos "Ex" brasileiro, emitido por organismo de certificação "Ex" brasileiro, reconhecido no IECEx (ExCB), para linha de componentes centelhantes do tipo *"à prova de explosão"* com invólucros plásticos e bornes terminais do tipo "segurança aumentada", com tipos de proteção combinados Ex "db" e Ex "eb", com marcações Ex db eb IIC Gb / Ex db eb I Mb. Componentes individualmente certificados (certificado com Sufixo "U").

*Fonte*: IECEx / Schmersal do Brasil.

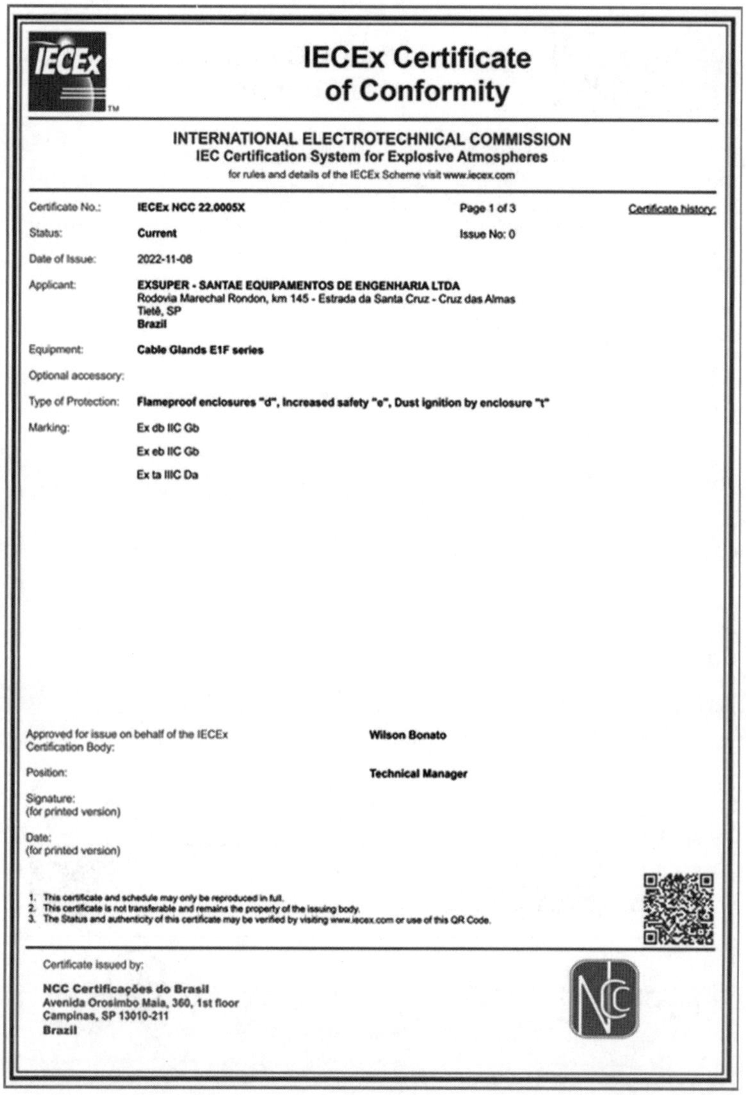

IECEx Certificate of Conformity

INTERNATIONAL ELECTROTECHNICAL COMMISSION
IEC Certification System for Explosive Atmospheres
for rules and details of the IECEx Scheme visit www.iecex.com

Certificate No.: IECEx NCC 22.0005X — Page 1 of 3 — Certificate history:

Status: Current — Issue No: 0

Date of Issue: 2022-11-08

Applicant: EXSUPER - SANTAE EQUIPAMENTOS DE ENGENHARIA LTDA
Rodovia Marechal Rondon, km 145 - Estrada da Santa Cruz - Cruz das Almas
Tietê, SP
Brazil

Equipment: Cable Glands E1F series

Optional accessory:

Type of Protection: Flameproof enclosures "d", Increased safety "e", Dust ignition by enclosure "t"

Marking: Ex db IIC Gb
Ex eb IIC Gb
Ex ta IIIC Da

Approved for issue on behalf of the IECEx Certification Body: Wilson Bonato

Position: Technical Manager

Signature:
(for printed version)

Date:
(for printed version)

1. This certificate and schedule may only be reproduced in full.
2. This certificate is not transferable and remains the property of the issuing body.
3. The Status and authenticity of this certificate may be verified by visiting www.iecex.com or use of this QR Code.

Certificate issued by:

NCC Certificações do Brasil
Avenida Orosimbo Maia, 360, 1st floor
Campinas, SP 13010-211
Brazil

**Figura 48.11** – Exemplo de certificado de conformidade IECEx conquistado por fabricante de produtos "Ex" brasileiro, emitido por organismo de certificação "Ex" brasileiro, reconhecido no IECEx (ExCB), para linha de produtos com marcações Ex db IIC Gb, Ex eb IIC Gb e Ex ta IIIC Da.

*Fonte*: IECEx / ExSuper.

A obtenção de certificação internacional IECEx pode ser considerada como uma "*boa prática*" adotada por vários fabricantes de equipamentos eletrônicos, de automação, instrumentação, telecomunicações, elétricos e mecânicos "Ex" que pretendem também exportar e comercializar seus produtos em outros países, dentro do atual mercado internacional. Pela sua ampla aceitação e reconhecimento mundial, a obtenção de certificação IECEx tem sido considerada como um "passaporte" para o mercado internacional.

Com base nas informações públicas disponibilizadas no sistema on-line de certificação do IECEx, podem ser citados como exemplos de alguns fabricantes brasileiros de produtos "Ex" que já buscaram, até o presente momento, a certificação internacional "Ex", de forma a comercializar no mercado externo: Consistec Controles e Sistemas de Automação, ExSuper Santae, Nova Smar, GEVISA, Haenke Tubos Flexíveis, Schmersal

Eletroeletrônica, Sense Sensores e Instrumentos, Sermatex Grun Equipamentos Elétricos, Telbra Ex, Tramontina Eletrik, Valtek Sulamericana, XPERT Empreendimentos Eletrônicos e WEG Equipamentos Elétricos.

Dentre os principais benefícios da obtenção da certificação internacional de produtos "Ex" pelo IECEx, pode ser destacada a não necessidade de repetição, nos diversos países onde são requeridas certificações "locais" para atmosferas explosivas, dos diversos avaliações e ensaios laboratoriais já realizados por outros laboratórios de ensaios "Ex" reconhecidos pelo IECEx.

Com a certificação internacional IECEx é assegurada, dentre diversos outros benefícios, a padronização de procedimentos de avaliações e ensaios para a certificação, tendo como base a convergência das normas internacionais das Séries IEC 60079 - *Atmosferas explosivas* e ISO 80079 - *Equipamentos mecânicos "Ex"*, as quais são adotadas no Brasil pela ABNT nas Séries ABNT NBR IEC 60079 e ABNT NBR ISO 80079.

O IECEx introduziu um processo "acelerado" (*fast-track*) no qual os certificados e relatórios de ensaios emitidos pelos organismos de certificação (ExCB) e laboratórios de teste (ExTL) do IECEx devem ser reconhecidos por outros organismos de certificação e laboratório de ensaios "Ex" reconhecidos. O endosso do IECEx é reconhecido por todos os órgãos nacionais. Um banco de dados on-line está disponível com uma lista pesquisável de certificados IECEx emitidos.

No âmbito do Brasil, o processo de certificação *fast-track* foi introduzido em 2010, sob o ponto de vista legal, no RAC para produtos elétricos e eletrônicos "Ex", publicado pelo Inmetro. Esse tipo de ação, por parte do Inmetro, evidencia os devidos *alinhamento* e *harmonização* da legislação brasileira sobre a avaliação internacional da conformidade de produtos "Ex", elaborados por consenso pelos países participantes do IECEx (incluindo o Brasil).

## 48.9 FOLHETOS, GUIAS DE ORIENTAÇÃO E VÍDEOS DIDÁTICOS SOBRE OS SISTEMAS DE CERTIFICAÇÃO "Ex" DO IECEx

Os folhetos contendo informações gerais sobre o Sistema IECEx e sobre os sistemas internacionais de certificação de empresas de serviços "Ex" e de competências pessoais estão disponíveis de forma pública, diretamente na página da IEC:

- Folheto informativo sobre o Sistema IECEx – Informações gerais sobre o Sistema <https://www.iec.ch/basecamp/iecex-system>
- Folheto informativo sobre o esquema de certificação de empresas de serviços "Ex" do IECEx <https://www.iec.ch/basecamp/iecex-certified-service-facilities-scheme>
- Folheto informativo sobre o esquema de certificação de competências pessoais "Ex" do IECEx <https://www.iec.ch/basecamp/iecex-scheme-certification-personnel-competence>

**Figura 48.12 –** Folheto informativo do sistema IECEx.

*Fonte*: IECEx.

**Figura 48.13 –** Folheto informativo do sistema IECEx para a certificação de empresas de serviços "Ex".

*Fonte*: IECEx.

**Figura 48.14 –** Folheto informativo do Sistema IECEx para a certificação de competências pessoais "Ex".

*Fonte*: IECEx.

São indicados a seguir os links para acesso aos vídeos didáticos e aos guias de orientações sobre os esquemas de certificação "Ex" do IECEx, disponíveis para acesso público:

### *Certificação de competências pessoais "Ex"*

Guia de orientações e instruções para obter um certificado de competências pessoais "Ex":

<https://www.iecex.com/assets/Uploads/IECEx-Guide-05A-Ed2.1-pt-rev-3.pdf>

Vídeo didático:

<https://www.iecex.com/assets/Uploads/Video/IECEx-personnel-competence--scheme-final.mp4-1080p.mp4>

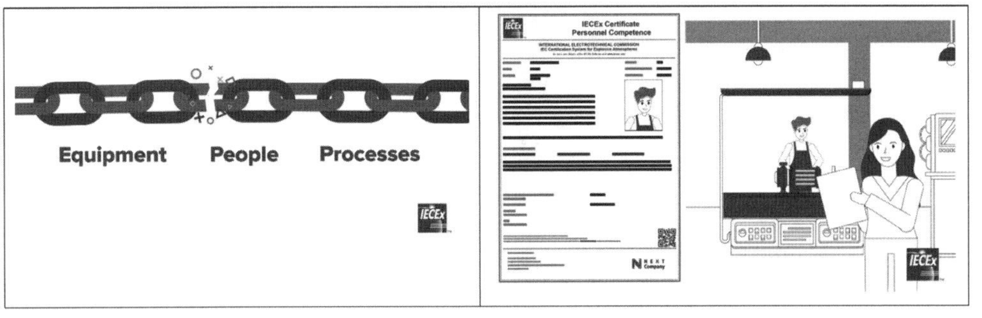


### *Certificação de Empresas de Serviços "Ex"*

Guia de orientações para empresas de serviços "Ex" que buscam certificação:

<https://www.iecex.com/assets/dmsdocuments/1832/iecex03A-Ed2.1-pt.pdf>

Vídeo didático:

<https://www.iecex.com/assets/Uploads/Video/iecex-service-facilities-scheme-final.mp4-1080p.mp4>

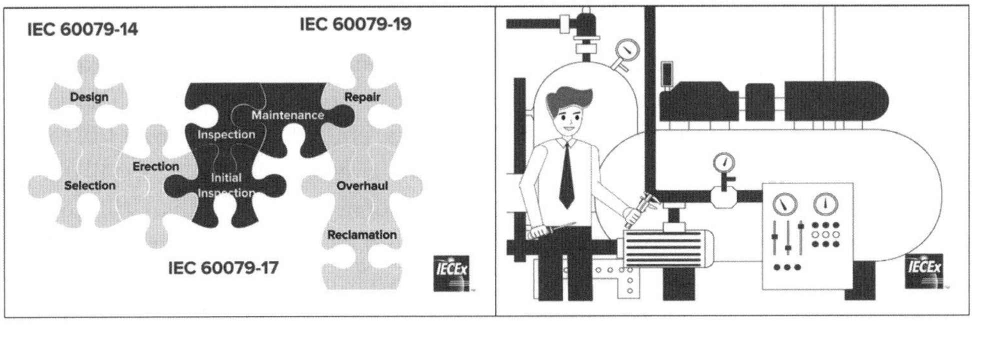

### *Certificação de equipamentos de instrumentação, automação, telecomunicações, elétricos e mecânicos "Ex"*

Guia de orientações para fabricantes de produtos que buscam certificação "Ex":

<https://www.iecex.com/dmsdocument/468>

Vídeo didático:

<https://www.iecex.com/assets/Uploads/Video/iecex-final-export-portuguese-final-360p.mp4>

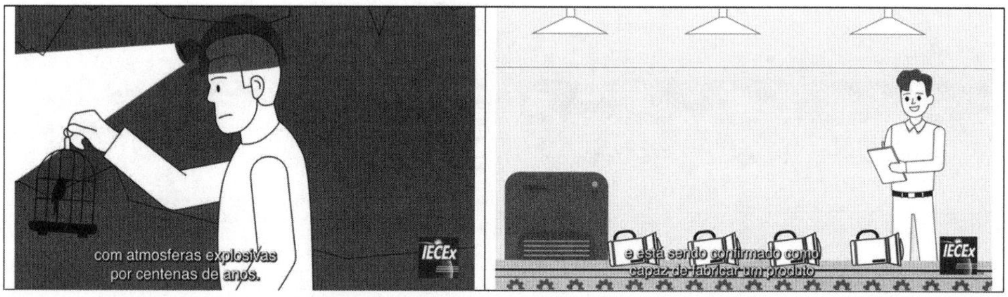


## 48.10 O APOIO E O RECONHECIMENTO INTERNACIONAL DAS NAÇÕES UNIDAS SOBRE O IECEx

A Organização das Nações Unidas (ONU), por meio da UNECE (*The United Nations Economic Commission for Europe*), tem trabalhado em estreita cooperação com a IEC e com IECEx, de forma a desenvolver um modelo comum de regulamento na área de equipamentos e instalações em ambientes com áreas classificadas, que pode ser utilizado de forma harmonizada por diversos países do mundo.

Em função desses trabalhos e dessa cooperação, as Nações Unidas têm apoiado e incentivado a aplicação dos requisitos de certificação de competências pessoais "Ex", de empresas de prestação de serviços "Ex" e de equipamentos elétricos e mecânicos "Ex" do IECEx na legislação de cada país.

De forma a fornecer a base para um regulamento comum sobre atmosferas explosivas, com foco em normas internacionais da IEC e da ISO, que possa ser utilizado por diversos países do mundo, foi elaborado pelas Nações Unidas, em 2011, junto com o IECEx, um documento do tipo CRO (*Common Regulatory Objectives* – Objetivos de Regulamentos Comuns), intitulado "Marco Regulatório Comum para Equipamentos Utilizados em Ambientes de Atmosferas Explosivas". Esse documento, mostrado na figura a seguir, tem como base a abordagem do ciclo total de vida das instalações, adotado pelo IECEx, e está disponível neste link: <https://storage-iecwebsite-prd-iec-ch.s3.eu-west-1.amazonaws.com/2019-09/content/media/files/iec_a_common_regulatory_framework_un_pt.pdf>.

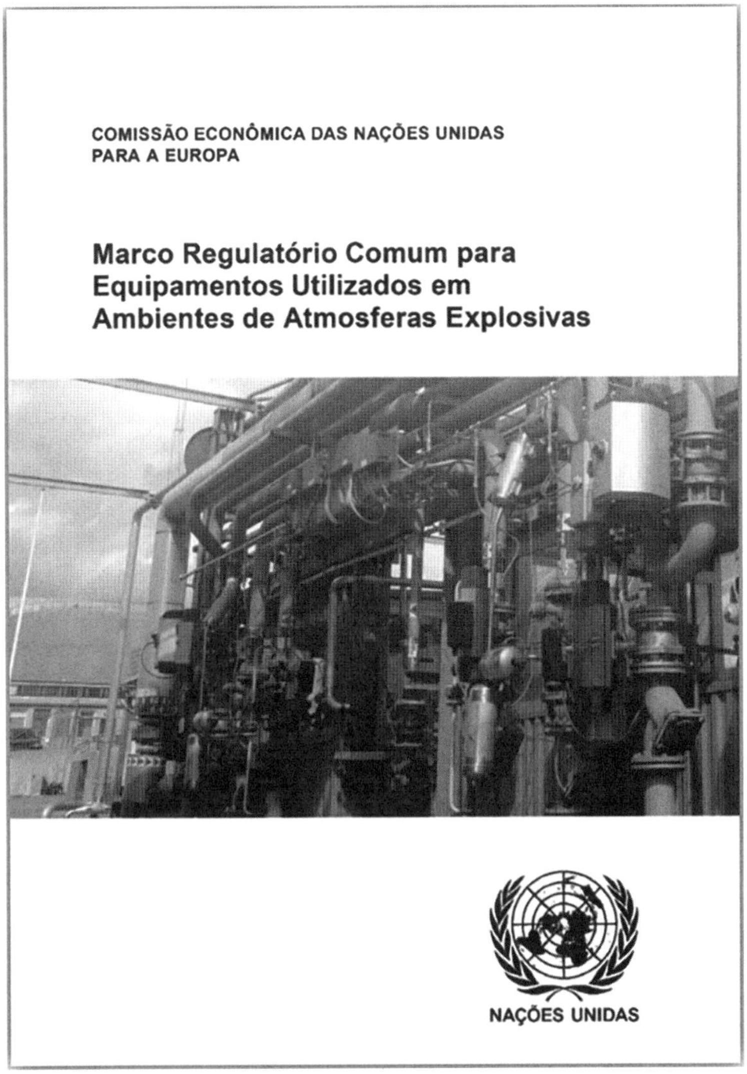


**Figura 48.15** – Marco Regulatório Comum para Equipamentos Utilizados em Ambientes de Atmosferas Explosivas.

*Fonte*: Nações Unidas.

Os países membros das Nações Unidas que não possuam programas de legislação no setor sobre "atmosferas explosivas" para certificação de empresas de prestação de serviços "Ex", para certificação de competências pessoais "Ex" ou para certificação de equipamentos elétricos ou mecânicos "Ex" são encorajados a adotar o modelo comum elaborado e proposto pelas Nações Unidas como base para a sua legislação local.

Em países que já possuam esses programas, é recomendado que haja uma convergência regulatória mundial gradual dos modelos existentes para o novo modelo internacional proposto pelas Nações Unidas, de forma a assegurar um processo "suave" de transição. Uma vez que o modelo comum tiver sido adotado na legislação nacional dos diversos países membros, o setor passará a operar sob um regulamento comum unificado em todos os países participantes.

De acordo com as Nações Unidas, os esquemas de certificação "Ex" do IECEx devem ser utilizados para o alinhamento de regulamentos nacionais existentes nos diversos países participantes com as melhores práticas internacionalmente harmonizadas sobre o assunto "Ex".

## 48.11 O SUBCOMITÊ SC IECEX BR DO Cobei

Fundado em 26 de maio de 2008, o Subcomitê SC IECEx BR do Cobei tem, dentre seus objetivos, o acompanhamento dos assuntos relacionados com o desenvolvimento dos sistemas internacionais de certificação elaborados pelo IECEx, bem como promover a integração dos organismos brasileiros de certificação de sistemas, de pessoas e de produtos "Ex" e os laboratórios de ensaios brasileiros "Ex" com esses sistemas internacionais.

Como decorrência da existência de organismos de certificação "Ex" brasileiros e de laboratórios de ensaios "Ex" brasileiros aprovados no IECEx, torna-se facilitada a obtenção das respectivas certificações internacionais IECEx por meio dos fabricantes brasileiros de produtos "Ex", das empresas brasileiras de serviços "Ex" e dos profissionais brasileiros interessados em obter a certificação de suas competências pessoais "Ex".

O Subcomitê SC IECEx BR do Cobei tem também por objetivo participar e acompanhar, em nome do *Brazil National Committee of the IECEx*, a elaboração e o aperfeiçoamento dos sistemas internacionais elaborados pelo IECEx, incluindo o sistema para a certificação de empresas de serviços "Ex" (classificação de áreas, projeto, instalação, inspeção, manutenção e reparos de equipamentos "Ex"), sistema para a certificação de competências pessoais "Ex" e sistema para a certificação de equipamentos de instrumentação, automação, telecomunicações, elétricos e mecânicos "Ex".

A reunião da fundação do Subcomitê SC IECEx BR do Cobei foi realizada na Abinee (*Associação Brasileira da Indústria Elétrica e Eletrônica*), em 26 de maio de 2008, contando com a participação de representantes de Cobei, Inmetro, Petrobras, IEC CAB, Abinee, NCC Certificações do Brasil, IEx Certificações, UL do Brasil, Bureau Veritas Certification, IEE/USP (CERTUSP), CEPEL e TÜV Rheinland do Brasil, como mostrado na figura a seguir.

**Figura 48.16 –** Reunião de fundação do Subcomitê SC IECEx BR do Cobei, realizada na Abinee, em 26 de maio de 2008.

*Fonte*: acervos pessoais dos autores.

International Electrotechnical Commission

IEC IECEx

International Electrotechnical Commission System for Certification to Standards relating to equipment for use in Explosive Atmospheres

CERTIFICATE OF MEMBERSHIP

TO PARTICIPATE IN THE INTERNATIONAL ELECTROTECHNICAL COMMISSION SYSTEM FOR CERTIFICATION TO STANDARDS RELATING TO EQUIPMENT FOR USE IN EXPLOSIVE ATMOSPHERES (IECEx SYSTEM)

COBEI – COMITÊ BRASILEIRO DE ELECTRICIDADE, ELETRÔNICA, ILUMINAÇÃO E TELECOMUNICAÇÕES

Avenida Paulista no 1439 - 11o andar, conj. 114 CEP 01311-200 - São Paulo Brazil

*has been accepted into the IECEx System in accordance with the IEC Statutes and the IECEx 01, Basic Rules*

Therefore COBEI of Brazil is confirmed as the **Brazilian Member Body** of the IECEx System.

Cobei

Chris Agius
IECEx Executive Secretary

**Figura 48.17 –** Certificado de afiliação emitido em 2009 pelo IECEx para o Cobei, confirmando esse Comitê Brasileiro de Eletricidade como *Brazilian Member Body*, perante o IECEx.

*Fonte*: IECEx.

O Subcomitê SC IECEx BR do Cobei se reúne mensalmente desde 2008 e conta com a participação de diversas empresas, instituições, associações ou entidades envolvidas com o setor "Ex", incluindo fabricantes de equipamentos, organismos de certificação, provedores de treinamentos e empresas usuárias de instalações e equipamentos elétricos e mecânicos "Ex".

Faz parte dos objetivos desse Subcomitê acompanhar o processo de atualização e aperfeiçoamento dos sistemas internacionais de certificação de empresas de serviços, competências pessoais e equipamentos "Ex" elaborados pelo IECEx, com base na necessária abordagem do ciclo total de vida das instalações em atmosferas explosivas.

## 48.12 CONSIDERAÇÕES SOBRE O SISTEMA INTERNACIONAL DE AVALIAÇÃO DA CONFORMIDADE "Ex" DA IEC E SUA APLICAÇÃO GLOBAL

1) É um dos principais objetivos da normalização internacional "Ex" da IEC e da respectiva normalização "Ex" adotada no Brasil pela ABNT, bem como dos esquemas internacionais de avaliação da conformidade "Ex" do IECEx, a contribuição para a melhoria na qualidade de vida, por meio da contribuição para a elevação dos níveis de segurança industrial, para a saúde e para a proteção dos trabalhadores, das instalações e do meio ambiente.

2) O Comitê CASCO reconhece que a sistemática de certificação, por meio da avaliação da conformidade de produtos, serviços ou pessoas, é a forma mais adequada e eficaz para evidenciar o atendimento de requisitos especificados em normas técnicas.

3) A abordagem de certificação com base no ciclo total de vida das instalações "Ex" reconhece o fato de que somente a "tradicional" certificação de equipamentos elétricos ou mecânicos "Ex" não é suficiente para garantir a segurança das instalações em atmosferas explosivas, nem das pessoas que nelas trabalham.

4) A existência de programas internacionais de avaliação da conformidade da IEC elaborados pelo IECEx abrangendo o ciclo total de vida das instalações, como competências pessoais "Ex" e empresas de serviços "Ex", serve para preencher uma grande lacuna existente no processo de certificação "Ex", algumas vezes limitada aos equipamentos elétricos "Ex".

5) O apoio manifestado pelas Nações Unidas no reconhecimento e na aplicação dos sistemas internacionais de certificação do IECEx representa um grande impulso para a adoção desses sistemas pelos países participantes, tanto no sentido de se elevarem os níveis de segurança nas instalações industriais "Ex" como no de reduzirem-se barreiras técnicas e comerciais existentes, os quais estabelecem, em níveis de legislação locais, requisitos específicos e particulares para a certificação de produtos "Ex".

6) De acordo com estudos e levantamentos efetuados pelas Nações Unidas, a simples existência de diferentes regulamentos sobre atmosferas explosivas em diferentes países já se constitui uma situação a ser equacionada, uma vez que os diferentes requisitos legais levam frequentemente a diferentes interpretações ou diferentes entendimentos técnicos. Além disso, a existência de múltiplos regulamentos "locais" não representa, na prática, um nível mais elevado de segurança para os trabalhadores e usuários finais de equipamentos e instalações terrestres ou marítimas "Ex".

7) A crescente participação de diversos países do mundo, inclusive do Brasil, nas atividades do Sistema Internacional de Certificação "Ex" da IEC, o IECEx, tem apresentado como um dos principais resultados o maior envolvimento com as normas da IEC abrangendo a certificação de equipamentos elétricos e mecânicos "Ex", empresas de serviços "Ex" e de competências pessoais "Ex". Pode ser verificada, ao longo das últimas décadas, a crescente participação no processo de revisão e atualização das normas internacionais "Ex" elaboradas pelo TC-31 da IEC, em função de sua aplicação direta nos esquemas internacionais de avaliação da conformidade "Ex" do IECEx.

8) A iniciativa do IECEx no sentido de obter um maior envolvimento de entidades regulamentadoras dos diversos países participantes, como MTE, ANP e Inmetro, no Brasil, representa um passo importante para um melhor entendimento dos sistemas de certificação "Ex", contribuindo para um melhor posicionamento sobre o assunto.

9) As empresas, entidades e os organismos participantes dos processos de fabricação, ensaios, certificação, classificação de áreas, projeto, seleção de equipamentos, montagem, inspeção, manutenção e recuperação de equipamentos e instalações "Ex" necessitam se estruturar, capacitar e preparar para atender aos crescentes e cada vez mais rigorosos requisitos contratuais, legais e normativos, investindo em recursos materiais e humanos para acompanhar a contínua evolução das normas técnicas da Série IEC 60079 para equipamentos elétricos e da Série ISO 80079 para equipamentos mecânicos "Ex", na medida em que essas normas são utilizadas como base nos sistemas internacionais de certificação do IECEx.

10) A existência da normalização brasileira adotada "Ex", totalmente harmonizada com a normalização internacional dado TC 31 da IEC facilita a participação das empresas, entidades e instituições do Brasil no IECEx, bem como facilita os organismos brasileiros na certificação de empresas de serviços "Ex", de competências pessoais em atmosferas explosivas e de equipamentos "Ex" em seus trabalhos de integração a esses sistemas internacionais de certificação.

11) A existência, no Brasil, de organismos de certificação brasileiros, reconhecidos internacionalmente pelo IECEx para os esquemas de certificação de equipamentos "Ex", de competências pessoais "Ex" e de empresas de serviços "Ex" representa um significativo fator no sentido de permitir aos fabricantes brasileiros de produtos "Ex", às empresas brasileiras de serviços "Ex" e aos profissionais brasileiros envolvidos com serviços em áreas classificadas a obtenção de certificações internacionais, as quais atestam suas qualidades e competências técnicas.

12) Para garantir a segurança das instalações elétricas em atmosferas explosivas, bem como dos trabalhadores envolvidos nas indústrias das áreas de óleo e gás, petroquímica, química, sucroalcooleira, farmacêutica, de grãos e de outras áreas, é necessário que haja uma abordagem de avaliação da conformidade para todo o ciclo total de vida das instalações "Ex", não somente para os produtos elétricos e mecânicos "Ex", mas também para as pessoas e para as empresas "Ex". Essa abordagem do ciclo de vida constitui a base para os sistemas internacionais de certificação do IECEx.

# Capítulo 49

# Esquemas internacionais de certificação de competências pessoais "Ex" e de empresas de serviços "Ex"

**Sinopse:** este capítulo aborda os principais objetivos, características e aplicação dos esquemas internacionais de certificação de competências pessoais "Ex" e certificação de empresas de serviços "Ex", elaborados em consenso pelos países participantes do IECEx. Com relação à certificação de competências pessoais "Ex", são incluídas as competências de execução ou supervisão de serviços de projeto, montagem, inspeção, manutenção, recuperação e auditorias em equipamentos e instalações "Ex", incluindo os equipamentos, circuitos e sistemas intrinsecamente seguros. Com relação à certificação de empresas de serviços "Ex", são incluídos os serviços de seleção de equipamentos Ex "i", serviços de projeto e montagem de equipamentos Ex "i", circuitos e sistemas Ex "i", inspeção e manutenção de equipamentos e circuitos Ex "i" e serviços de reparo e recuperação de equipamentos intrinsecamente seguros e associados.

## 49.1 A VISÃO DA ISO E DA IEC SOBRE A AVALIAÇÃO DA CONFORMIDADE E A CERTIFICAÇÃO DE PRODUTOS, SERVIÇOS E PESSOAS

A IEC e a ISO desenvolveram e publicaram uma série de normas internacionais especificando como a avaliação da conformidade deve ser realizada. A série de normas internacionais ISO/IEC 17000 (Avaliação da conformidade), bem como uma série de guias ISO/IEC, está contida no que é familiarmente chamado de *CASCO toolbox* (caixa de ferramentas), que apresenta um conjunto completo de ferramentas para realizar uma conformidade consistente e uma avaliação internacionalmente confiável.

De acordo com o IEC/CAB (*Conformity Assessment Board*), a avaliação da conformidade é a atividade de verificar se uma norma técnica foi aplicada em um produto, serviço ou pessoa, como em projeto, fabricação, instalação, manutenção, inspeção ou reparo de um equipamento ou sistema. A atividade da avaliação da conformidade deve ser realizada de acordo com um conjunto de regras bem definidas para assegurar resultados consistentes e replicáveis. Em outras palavras, a própria avaliação da conformidade deve aplicar uma abordagem padronizada.

De acordo o sistema internacional CASCO, a sistemática de certificação, por meio da avaliação da conformidade de produtos, serviços ou pessoas, é a forma mais adequada e eficaz para evidenciar o atendimento de requisitos especificados em normas técnicas, como nas normas brasileiras adotadas das Séries ABNT NBR IEC 60079 e ABNT NBR ISO 80079: <https://www.iso.org/sites/cascoregulators/index.html>.

Os organismos de certificação "Ex" de empresas de serviços "Ex", de competências pessoais "Ex" e de equipamentos elétricos e mecânicos "Ex" e os laboratórios de ensaios "Ex" são aprovados dentro do IECEx após um processo de auditoria e avaliação por pares, de acordo com as normas internacionais ISO/IEC 17024 (Requisitos para Organismos de Certificação de Pessoas), ISO/IEC 17065 (Requisitos para organismos de certificação de produtos, processos e serviços) e ISO/IEC 17025 (Requisitos gerais para a competência de laboratórios de ensaio e calibração), além de regras de procedimentos e documentos operacionais do IECEx para cada um dos esquemas de certificação "Ex".

## 49.2 O ESQUEMA INTERNACIONAL DE CERTIFICAÇÃO DE COMPETÊNCIAS PESSOAIS "Ex" DO IECEx

### 49.2.1 INTRODUÇÃO

A busca contínua por maiores níveis de segurança industrial levou diversos países a exigirem certificações cada vez mais rígidas no que tange a instalações elétricas e mecânicas atmosferas explosivas. Pode ser verificado, tendo como base a grande quantidade de "desvios" ou de "não conformidades" de serviços de auditoria, projeto, montagem, inspeção, manutenção e recuperação dos equipamentos e instalações "Ex" existentes em diversas instalações industriais terrestres e marítimas, que a simples certificação de equipamentos elétricos ou mecânicos "Ex" não é suficiente para garantir a segurança das instalações em atmosferas explosivas nem das pessoas que nelas trabalham. As explosões que são verificadas nessas áreas de elevado risco, com resultados catastróficos para pessoas, instalações e meio ambiente, resultam muitas vezes em perdas de vidas humanas, em destruição do patrimônio e em grandes desastres ambientais.

O mundo está sempre elevando os requisitos técnicos, principalmente as indústrias "Ex". Como a procura por petróleo e gás se expande pelo mundo e com a escalada de preços, os métodos utilizados para a sua extração se tornam cada vez mais *complexos.* As plantas de processamento que são construídas para extrair e processar esses produtos necessitam ser fabricadas de forma a atender aos requisitos das normas técnicas aplicáveis e necessitam operar de forma segura, a fim de evitar que as pessoas que trabalham nessas instalações se acidentem, ou que as instalações se danifiquem e as áreas ao seu redor sofram as consequências ambientais de um acidente "Ex".

Além disso, as plantas que estão operando atualmente podem estar eventualmente operando acima dos parâmetros para os quais foram originalmente projetadas há décadas, motivo pelo qual as atividades de inspeção, manutenção e recuperação dos equipamentos elétricos e de instrumentação "Ex" dessas plantas podem ser consideradas críticas para a continuidade de sua operação segura, elevando a necessidade de alocação de profissionais com certificação de suas competências pessoais "Ex".

Sob o ponto de vista de segurança industrial, ao longo de todo o período de operação dessas instalações industriais, pode ser verificado que de pouco adianta que os equipamentos de instrumentação, automação, telecomunicações, elétricos ou mecânicos "Ex" tenham sido certificados por organismos de certificação "Ex", acreditados *localmente* ou reconhecidos *internacionalmente* se esses equipamentos com certificação "Ex" não são devidamente especificados, selecionados, montados, inspecionados, mantidos ou reparados ao longo das décadas em que normalmente são utilizados ou permanecem instalados em locais de elevado riscos de explosão, contendo atmosferas explosivas de gases inflamáveis ou de poeiras combustíveis.

Isso pode ser verificado em função da ocorrência de "desvios" ou "não conformidades" de atividades pessoais de classificação de áreas, projeto, montagem, inspeção, manutenção e reparos que são verificadas nas instalações elétricas e mecânicas em áreas classificadas de diversas indústrias das áreas do petróleo, petroquímica, química, farmacêutica, silos de grãos, sucroalcooleira, siderúrgica, de fertilizantes, de alimentos ou portuária. Esses "desvios" muitas vezes invalidam as proteções "Ex" originalmente proporcionadas pelos equipamentos "Ex" certificados nas condições de "novos" e podem colocar em risco as instalações em atmosferas explosivas nas quais esses equipamentos "Ex" foram instalados ou utilizados.

Para que esses níveis de segurança possam ser mantidos nos elevados níveis requeridos, existe a necessidade de uma nova postura com relação a esse problema, com a adoção de um ponto de vista de certificação que não fique limitado somente à certificação dos equipamentos "Ex", mas também à certificação prioritária das competências pessoais dos profissionais que executam atividades de projeto, montagem, inspeção, manutenção e reparos em atmosferas explosivas, bem como da certificação prioritária das empresas de serviços em áreas classificadas.

As deficiências e não conformidades que são introduzidas durante a execução das atividades de montagem, manutenção ou reparos, fazem com que os equipamentos elétricos e mecânicos "Ex" percam as suas características originais de proteção (tipos de proteção "Ex", como Ex "b", Ex "c", Ex "k", Ex "e", Ex "i", Ex "m", Ex "de", Ex "op", Ex "p", Ex "q" ou Ex "t") contra a ignição de atmosferas explosivas de gases inflamáveis ou poeiras combustíveis, que podem estar presentes em seus locais de instalação. Essas deficiências são, muitas vezes, decorrentes de *falhas pessoais* resultantes da falta dos devidos treinamentos, conhecimentos, experiências, habilidades, qualificações ou certificações dos executantes ou supervisores destes serviços "Ex".

## 49.2.2 OBJETIVOS E APLICAÇÃO DA CERTIFICAÇÃO DE COMPETÊNCIAS PESSOAIS "Ex"

O objetivo do esquema de certificação de competências pessoais "Ex" do IECEx é tornar o mundo um lugar mais seguro e utilizar os princípios da avaliação da conformidade para proporcionar aos empregadores e a outras organizações a confiança de que as pessoas que trabalham em áreas classificadas contendo atmosferas explosivas, ou próximas a elas, foram certificadas de forma independente como competentes para fazer os trabalhos de acordo com os requisitos das melhores práticas mundiais. Os organismos de certificação "Ex" são organizações parceiras essenciais da IEC e fornecedores da indústria "Ex" nesse esforço.

As empresas de serviços "Ex" para o projeto das instalações, seleção de equipamentos, montagem, inspeção, manutenção, reparo e recuperação são avaliadas e certificadas por especialistas externos independentes, que auxiliam a solucionar eventuais lacunas e que podem colaborar em minimizar os riscos e as consequências dos acidentes. Por sua vez, o esquema IECEx para a certificação de competências pessoais "Ex" proporciona uma avaliação independente dos conhecimentos e habilidades das pessoas que trabalham em áreas classificadas, e essas pessoas podem ser empregadas "próprias" das companhias ou de provedores externos de serviços, com as empresas de serviços "Ex".

Embora diversas normas técnicas internacionais e nacionais e diversos requisitos legais ou regulatórios aplicáveis determinem critérios padronizados para a fabricação, instalação, utilização e manutenção de equipamentos elétricos ou mecânicos para atmosferas explosivas, esses requisitos normalmente não existem para as "competências pessoais" requeridas para as atividades associadas com esses equipamentos e instalações em atmosferas explosivas.

É indiscutível a necessidade da competência "Ex" do pessoal que trabalha em atmosferas explosivas. O potencial catastrófico de acidentes em áreas "Ex" é elevado, caso o pessoal envolvido na execução e supervisão dos trabalhos não seja devidamente "competente" e se não forem atendidos os requisitos normativos especificados nas normas técnicas brasileiras adotadas aplicáveis da Série ABNT NBR IEC 60079. A necessidade das competências requeridas das pessoas é frequentemente incluída em muitos documentos legais (regulamentos), não sendo, porém, em função de seu caráter *amplo* e *genérico* de abrangência, claramente definida em detalhes suficientes que definam o seu conteúdo. As competências pessoais "Ex" incluem a habilidade de realização de tarefas específicas em áreas classificadas, em vez dos requisitos *gerais* ou *genéricos* normalmente prescritos e especificados em regulamentos e procedimentos de instalação.

As competências pessoais "Ex" dependem de conhecimentos, habilidades, experiências e treinamentos. A medição da competência é uma tarefa complexa e requer métodos específicos de avaliação, que foram desenvolvidos pelo esquema de certificação de competências pessoais do IECEx. A competência evolui com o tempo, mas pode também se deteriorar, de forma que são necessários treinamentos e avaliações continuadas a fim de evidenciar que os profissionais com competências pessoais "Ex" continuam devidamente "competentes".

Os proprietários das instalações necessitam que seu pessoal mantenha as habilidades que são requeridas pela legislação, o que pode variar entre os diversos países do mundo, de forma a assegurar que essas plantas sejam operadas de forma segura e possuam a responsabilidade de garantir a proteção de seus executantes. A utilização de pessoal que mantém um certificado de competências pessoais "Ex" proporciona ao contratante a devida confiança necessária de que esse pessoal trabalha de forma responsável em suas áreas, contando com pessoas que possuem suficientes conhecimentos técnicos teóricos e habilidades práticas, e experiências para executar seus serviços de acordo com os requisitos técnicos normativos aplicáveis.

Uma empresa de serviços "Ex" que emprega pessoas que possuam um certificado de competências pessoais "Ex" pode demonstrar para um potencial "cliente" (contratante) que seus empregados possuem as competências pessoais "Ex" requeridas para trabalhar com segurança em áreas classificadas. Nesses casos, essas empresas de serviços "Ex" podem ser consideradas "empregadores responsáveis", e, adotando esse posicionamento, os seus clientes podem ter uma maior confiança da competência do pessoal utilizado e dos serviços de projeto, montagem, inspeção, manutenção ou reparos "Ex" a serem realizados.

Sob o ponto de vista das pessoas certificadas, um certificado de competências pessoais "Ex" pode ser considerado um "passaporte" para o seu portador, que permite a essas pessoas levar as suas competências pessoais "Ex", tanto como profissionais autônomos como empregados, para todas as partes do mundo, bem como proporcionar um maior nível de confiança para as empresas contratantes e elevar os níveis de segurança na indústria "Ex".

O que um organismo de certificação "Ex" certifica quando emite um certificado de conformidade de competências pessoais "Ex" para uma pessoa?

A capacidade da pessoa certificada de consistentemente realizar suas atividades de acordo com as normas técnicas aplicáveis ABNT NBR IEC 60079 – Parte 10-1 / Parte 10-2 / Parte 14 / Parte 17 / Parte 19 e os requisitos dos documentos operacionais aplicáveis dos esquemas IECEx, dentro do escopo das unidades de certificação de competências pessoais "Ex" indicado no certificado de conformidade emitido.

O que uma pessoa com certificação de competências pessoais "Ex" assegura em relação às suas atividades?

A sua capacidade de executar ou supervisionar seus serviços e atividades de acordo com os requisitos especificados nas normas técnicas aplicáveis da Série ABNT NBR IEC 60079, de acordo com o seu escopo de competências pessoais "Ex" certificadas, oferecendo a devida confiança para as empresas onde forem alocados ou que tenham contratado seus serviços.

### 49.2.3 PRINCIPAIS MOTIVAÇÕES PARA A CRIAÇÃO DO ESQUEMA INTERNACIONAL DE CERTIFICAÇÃO DE COMPETÊNCIAS PESSOAIS "Ex"

As pessoas certamente representam o "elo mais fraco" na maior parte da "cadeia de segurança" envolvendo as fontes de ignição, as explosões e suas consequências catastróficas em atmosferas explosivas. As investigações geralmente concluem que a maioria dos acidentes é causada por falta de competências, responsabilidades claras e comprometimento, que podem resultar em negligência ou de imperícia. Infelizmente, os acidentes continuam a acontecer em países industrializados e em desenvolvimento. Nesse sentido, pode ser verificada uma continuidade de ocorrência de acidentes em áreas classificadas onde atmosferas explosivas podem estar presentes.

O sistema IECEx elaborou o esquema internacional para a certificação de competências pessoais "Ex", abrangendo os diversos aspectos aplicáveis para trabalhos com equipamentos e instalações em áreas classificadas. Esse esquema de certificação foi originalmente desenvolvido para atender às solicitações da indústria "Ex", particularmente do setor de óleo e gás, em que os trabalhadores contratados necessitam ser avaliados com relação à sua capacidade de trabalhar de forma correta, em qualquer lugar e a qualquer tempo, de acordo com os requisitos normativos "Ex" aplicáveis.

Pode ser verificado, tendo como base a grande quantidade de não conformidades de projeto, montagem, inspeção, manutenção e reparo dos equipamentos e instalações elétricas "Ex" existentes em diversas instalações industriais terrestres e marítimas, que a simples certificação de equipamentos de instrumentação, automação, telecomunicações, elétricos ou mecânicos "Ex" é insuficiente para garantir a segurança das instalações em atmosferas explosivas ou das pessoas que nelas trabalham.

Sob o ponto de vista de segurança industrial, ao longo de todo o período de operação dessas instalações industriais, pode ser verificado que não é suficiente que os "Ex" tenham sido originalmente "certificados" por organismo de certificação, acreditados localmente ou aprovados internacionalmente, se esses equipamentos com certificação "Ex" não são devidamente auditados, selecionados, montados, inspecionados, mantidos ou recuperados, ao longo das décadas em que normalmente são utilizados ou permanecem instalados em locais de elevado riscos de explosão, contendo atmosferas explosivas de gases inflamáveis ou de poeiras combustíveis.

Isso pode ser verificado em função dos diversos "desvios" ou "não conformidades" de projeto, montagem, inspeção, manutenção e reparos que são frequentemente verificados nas instalações em áreas classificadas de diversas indústrias das áreas do petróleo, petroquímica, química, silos de grãos, sucroalcooleira, de alimentos, siderúrgica, mineração ou portuárias. Essas não conformidades, na maioria das vezes, invalidam as proteções originais proporcionadas pelos equipamentos "Ex" certificados e podem colocar em risco as instalações em atmosferas explosivas nas quais esses equipamentos "Ex" inicialmente certificados foram instalados ou utilizados. Deve ser destacado que os "desvios" ou "não conformidades" encontrados nos equipamentos e instalações "Ex" foram executados ou supervisionados por profissionais que atendem aos requisitos legais aplicáveis, incluindo qualificação, capacitação, treinamentos e autorizações, sob responsabilidade das respectivas empresas.

Para que esses níveis de segurança possam ser mantidos nos elevados níveis requeridos, existe a necessidade de uma nova postura com relação a esse assunto, com a adoção de um ponto de vista de certificação que não fique limitado somente à certificação dos equipamentos elétricos "Ex", mas também à certificação prioritária das competências pessoais dos profissionais que executam atividades como de projeto, montagem, inspeção, manutenção e reparos em atmosferas explosivas, bem como da certificação prioritária das empresas de prestação desses serviços "Ex" em áreas classificadas.

O sistema de certificação de competências pessoais tem como objetivo assegurar que as pessoas certificadas possuem os devidos conhecimentos, experiências, qualificações, treinamentos, habilidades e competências para desempenhar, de forma autônoma e segura, as atividades "Ex" que lhes são atribuídas.

### 49.2.4 PRINCIPAIS CARACTERÍSTICAS DO ESQUEMA DE CERTIFICAÇÃO DE COMPETÊNCIAS PESSOAIS "Ex"

O esquema de certificação de competências pessoais "Ex" do IECEx proporciona o meio para que as pessoas obtenham um certificado de competências pessoais, o qual é destinado a fornecer para a comunidade "Ex" internacional uma confiança de que essas pessoas mantêm conhecimentos, habilidades, experiências e competências para realizar trabalhos ou fornecer serviços de acordo com os requisitos técnicos e da qualidade requeridos pelo esquema de certificação de competências pessoais "Ex" do IECEx.

Esse esquema opera como um esquema voluntário e pode ser utilizado dentro de uma estrutura de regulamentos nacionais sobre equipamentos e instalações em atmosferas explosivas. Ele está alinhado com os requisitos da norma ABNT NBR ISO/IEC 17024 – *Avaliação de conformidade – Requisitos gerais para organismos que realizam certificação de pessoas*. Nesse esquema de certificação de pessoas, o ciclo de recertificação é parte integrante do esquema, fazendo com que as pessoas certificadas estejam periodicamente sob acompanhamento do organismo de certificação "Ex" que emitiu o certificado.

A certificação de competências pessoais "Ex" tem também por objetivo assegurar que as pessoas certificadas conhecem os requisitos especificados das normas técnicas brasileiras adotadas da Série ABNT NBR IEC 60079 aplicáveis às atividades a serem executadas, como projeto, montagem, inspeção, manutenção ou reparo de equipamentos e instalações "Ex".

Os certificados de conformidade de competências pessoais emitidos possuem um prazo de validade de cinco anos, fazendo com que, após esse período, os profissionais certificados necessitem evidenciar que continuam envolvidos com as atividades "Ex" para as quais foram certificados e que conhecem as atualizações das normas técnicas aplicáveis da Série IEC 60079.

### 49.2.5 A APLICAÇÃO DAS NORMAS TÉCNICAS NACIONAIS E INTERNACIONAIS SOBRE SERVIÇOS "Ex" NA CERTIFICAÇÃO DE COMPETÊNCIAS PESSOAIS "Ex"

As principais normas técnicas brasileiras adotadas da Série ABNT NBR IEC 60079 aplicáveis para a certificação nas unidades de competências pessoais "Ex" são as seguintes:

- ABNT NBR IEC 60079-10-1: Classificação de áreas contendo gases inflamáveis
- ABNT NBR IEC 60079-10-2: Classificação de áreas contendo poeiras combustíveis
- ABNT NBR IEC 60079-14: Projeto, montagem e inspeção inicial de instalações "Ex"
- ABNT NBR IEC 60079-17: Inspeção e manutenção de instalações "Ex"
- ABNT NBR IEC 60079-19: Reparo, revisão e recuperação de equipamentos "Ex"

A aplicação dessas normas técnicas sobre *serviços Ex*, aplicadas por pessoas, e dos princípios e processos de avaliação da conformidade na verificação e medição das competências pessoais "Ex" proporciona uma validação independente da capacidade pessoal em aplicar seus conhecimentos e habilidades práticas em um nível requerido de desempenho nos ambientes de trabalho em áreas classificadas.

Deve ser ressaltado que os esquemas internacionais de certificação de empresas de serviços "Ex" estão diretamente associados com esse esquema internacional de certificação de competências pessoais "Ex", uma vez que os empregados das empresas certificadas, tanto em nível de execução como de supervisão, devem demonstrar as devidas competências pessoais, de acordo com as unidades de competências "Ex" (Ex 000 a Ex 011), aplicáveis às atividades que executam em áreas classificadas.

As normas técnicas internacionais e brasileiras sobre "serviços" em áreas classificadas requerem a instalação ou a utilização de equipamentos elétricos ou mecânicos "Ex" certificados, de forma a evitar a ignição de uma atmosfera explosiva. Se esses equipamentos certificados não forem devidamente selecionados, instalados, operados, inspecionados, mantidos, reparados ou recuperados de forma correta, ao longo do seu ciclo total de vida, eles podem não proporcionar a necessária proteção "Ex" prevista, representando possíveis fontes de ignição para uma explosão e, dessa forma, tornar as instalações potencialmente inseguras, mesmo tendo sido originariamente "certificados", na condição de "novos".

O emprego de pessoas competentes "Ex" para trabalhar em áreas classificadas ou próximas a elas pode assegurar que os equipamentos são selecionados, instalados, inspecionados, utilizados, mantidos, reparados ou recuperados de forma correta e, portanto, manter a proteção "Ex" prevista durante todo seu tempo em operação.

Além disso, muitos países possuem requisitos legais relacionados com a segurança em eletricidade no local de trabalho. No Brasil, por exemplo, a norma regulamentadora NR-10 – *Segurança em instalações e serviços em eletricidade* estabelece os requisitos e as condições mínimas objetivando a implementação de medidas de controle e sistemas preventivos, de forma a garantir a segurança e a saúde dos trabalhadores que, direta ou indiretamente, interajam em instalações elétricas e serviços com eletricidade. A NR-10 requer que sejam observadas "as normas técnicas oficiais estabelecidas pelos órgãos competentes e, na ausência ou omissão destas, as normas internacionais cabíveis".

Por sua vez, as normas internacionais e as respectivas normas técnicas brasileiras adotadas idênticas IEC 60079-10-1 (*Classificação de áreas de gases inflamáveis*), IEC 60079-10-2 (*Classificação de áreas de poeiras combustíveis*), IEC 60079-14 (*Projeto, seleção e montagem de instalações "Ex"*), IEC 60079-17 (*Inspeção e manutenção de instalações "Ex"*) e IEC 60079-19 (*Reparo, revisão e recuperação de equipamentos "Ex"*) definem as competências "Ex" requeridas do pessoal sob os aspectos de serviços em atmosferas explosivas, em todos os estágios de seu ciclo total de vida.

A aplicação dessas normas e dos princípios e processos de avaliação da conformidade na verificação e medição das competências pessoais "Ex" proporciona uma validação independente da capacidade pessoal, por parte de um organismo de certificação, em aplicar seus conhecimentos e habilidades práticas a um nível requerido de desempenho nos ambientes de trabalho "Ex". Assim, o esquema internacional para a certificação de competências pessoais "Ex" representa uma certificação de que alguém é competente para aplicar os requisitos das normas IEC 60079 relacionadas no certificado emitido no sistema IECEx.

## 49.2.6 UNIDADES DE COMPETÊNCIAS PESSOAIS "Ex"

De acordo com o documento operacional IECEx OD 504 (*Especificações para a avaliação dos resultados das unidades de competência "Ex"*), são as seguintes as unidades de competências "Ex" aplicáveis para o processo de certificação de competências pessoais "Ex":

- Unidade Ex 000: Conhecimentos e percepções básicas para adentrar em uma instalação contendo áreas classificadas
- Unidade Ex 001: Aplicação dos princípios básicos de segurança em atmosferas explosivas
- Unidade Ex 002: Execução de classificação de áreas
- Unidade Ex 003: Instalação de equipamentos com tipos de proteção "Ex" e respectivos sistemas de fiação
- Unidade Ex 004: Manutenção de equipamentos em atmosferas explosivas
- Unidade Ex 005: Reparo e revisão de equipamentos com tipos de proteção "Ex"
- Unidade Ex 006: Testes de equipamentos e instalações elétricas em, ou associadas a atmosferas explosivas
- Unidade Ex 007: Execução de inspeções visuais e apuradas de equipamentos e instalações em, ou associadas a atmosferas explosivas
- Unidade Ex 008: Execução de inspeções detalhadas de equipamentos ou instalações elétricas em, ou associadas a atmosferas explosivas
- Unidade Ex 009: Projeto de instalações elétricas em/ou associadas a atmosferas explosivas

- Unidade Ex 010: Execução de inspeções de auditoria ou de avaliação das instalações elétricas em/ou associadas a atmosferas explosivas
- Unidade Ex 011: Conhecimentos básicos para a segurança de sistemas com hidrogênio

Essas unidades de competências "Ex" detalham, para cada atividade em áreas classificadas, os requisitos de conhecimentos, experiências, qualificações e treinamentos requeridos para o processo de certificação, bem como determinam os aspectos críticos de evidências para os quais os candidatos devem ser avaliados, por meio de exames teóricos e práticos.

Podem ser citados como exemplos de pessoas que trabalham em áreas classificadas e que devem evidenciar os seus conhecimentos, qualificações e experiências requeridas nessas unidades de competências "Ex" os profissionais envolvidos nas atividades de classificação de áreas, projeto, montagem, inspeção, manutenção, reparos, segurança, supervisão, gerenciamento, operação e outros profissionais técnicos e gerenciais que executam ou supervisionam trabalhos relacionados a atmosferas explosivas.

Essas atividades incluem, entre outros, profissionais que atuam nas áreas de segurança industrial, operação, processo, eletricidade, instrumentação, automação, telecomunicações, mecânica, caldeiraria, pintura, inspeção de equipamentos, inspeção de fabricação, suprimento e contratos.

### 49.2.7 RELAÇÃO E INTERFACES ENTRE COMPETÊNCIAS PESSOAIS "Ex" E AS FUNÇÕES DE TRABALHO

Devem ser destacadas as diferenças e as interfaces que existem entre as unidades de competências Ex 000 a Ex 011 e as funções de trabalho das pessoas que possuam essas competências. As certificações de acordo com as unidades de competências Ex não definem a função de uma pessoa, mas somente as atividades para as quais a pessoa demonstrou ser competente.

A definição do escopo das funções de trabalho normalmente é feita pelo empregador (ou empresa contratante dos serviços), pelo proprietário ou operador da planta. Uma definição geral do escopo das funções dos profissionais que trabalham em áreas classificadas foi também considerada nos sistemas do IECEx de certificação de empresas de prestação de serviços de projeto, montagem, inspeção e manutenção, os quais também definem os requisitos de competências pessoais dos empregados dessas empresas certificadas.

Podem ser citados como exemplos das interfaces entre as funções de trabalho e as unidades de competências Ex 001 a Ex 011 os sistemas do IECEx de certificação de empresas de prestação de serviços "Ex" de projeto, instalação, montagem, inspeção, manutenção e reparo. Nos respectivos documentos operacionais do IECEx para esses sistemas de certificação de serviços para atmosferas explosivas, são indicados os seguintes requisitos de unidades de competência "Ex" para cada uma das seguintes funções de trabalho:

- as pessoas envolvidas com as atividades de instalações "Ex" devem possuir certificação nas unidades de competência Ex 001, Ex 003, Ex 006 e Ex 008;
- as pessoas envolvidas com as atividades de inspeções "Ex" devem possuir certificação nas unidades de competência Ex 001, Ex 004, Ex 007 e Ex 008;
- as pessoas envolvidas com as atividades de manutenção "Ex" devem possuir certificação nas unidades de competência Ex 001 e Ex 004;

- as pessoas envolvidas com as atividades de projetos "Ex" devem possuir certificação nas unidades de competência Ex 001 e Ex 009;
- as pessoas envolvidas com as atividades de reparo e recuperação de equipamentos "Ex" devem possuir certificação na unidade de competência Ex 005.

De acordo com os requisitos do Sistema de Certificação de Competências Pessoais do IECEx, os profissionais que obtêm sua certificação da Unidade de Competência Ex 000 recebem o Certificado de Orientação nas Instalações "Ex" (EFOC - *Ex Facility Orientation Certificate*) e a carteirinha de identificação pessoal do IECEx. Já os profissionais que obtêm sua certificação em uma das dez Unidades de Competência "Ex" (Ex 001 a Ex 011) recebem o Certificado de Competências Pessoais (CoPC - *Ex Certificate of Personnel Competence*) e a carteirinha de identificação pessoal do IECEx.

### 49.2.8 IMPORTÂNCIA DA CERTIFICAÇÃO DAS COMPETÊNCIAS PESSOAIS "Ex" NAS AVALIAÇÕES DE RISCO E NA LEGISLAÇÃO

Muitos países possuem requisitos legais que abordam aspectos de segurança e, em muitos casos, o proprietário ou o operador é o responsável pelas atividades de projeto, montagem, manutenção e inspeção dos equipamentos elétricos e mecânicos em suas instalações, bem como a sua operação segura. As normas técnicas internacionais especificam as competências do pessoal para todos os aspectos das instalações elétricas e não elétricas, bem como para as atividades de projeto, seleção, instalação, inspeção, manutenção e reparo ou recuperação adequados.

No caso de ocorrência de um incidente, é claramente atribuída a responsabilidade do proprietário ou do operador responsável pelas instalações. É do interesse dos proprietários ou dos operadores responsáveis pelas instalações que as pessoas envolvidas nos trabalhos em atmosferas explosivas sejam competentes, especialmente quando utilizando serviços terceirizados. As maiores dificuldades eram associadas à possibilidade de identificar um mecanismo adequado pelo qual esses proprietários e operadores pudessem obter a devida confiança que pessoas competentes "Ex" estejam executando os trabalhos. O esquema IECEx de certificação de competências pessoais "Ex" torna isso possível, de forma internacional.

O esquema de certificação de competências pessoais "Ex" do IECEx foi estabelecido para proporcionar uma abordagem consistente para a avaliação das competências das pessoas que trabalham em áreas classificadas, em conformidade com as normas internacionais da IEC, como relacionadas no certificado de competências pessoais emitidos.

Esse esquema de certificação de competências pessoais "Ex" é destinado a avaliar as competências das pessoas, e não as competências de uma organização. Isso significa que esse esquema se aplica diretamente sobre cada pessoa e não é referenciado ou conferido a uma companhia completa, simplesmente pelo fato de que é nela que as pessoas estão trabalhando no momento.

Não é uma preocupação do esquema a forma como os conhecimentos e as habilidades são obtidos, utilizando somente a avaliação de evidências objetivas. Isso significa que não é mandatório que treinamentos tenham sido realizados como parte do processo de avaliação; isso também colabora na remoção de quaisquer conflitos de interesse que um provedor de treinamento "Ex" possa ter, por meio da remoção dos requisitos sobre treinamentos da avaliação das competências pessoais "Ex".

### 49.2.9 DOCUMENTOS DO IECEX SOBRE CERTIFICAÇÃO DE COMPETÊNCIAS PESSOAIS "Ex"

Os documentos que definem o esquema internacional de certificação de competências pessoais "Ex" do IECEx, incluindo a definição das respectivas unidades de competências pessoais, são indicados na tabela a seguir.

**Tabela 49.1 –** Documentos que compõem o esquema internacional de certificação de competências pessoais "Ex" do IECEx

| Documento | Título |
|---|---|
| **IECEx 05 A** | Orientações e instruções para inscrição para obter um Certificado de Competências Pessoais "Ex" |
| **IECEx OD 501** | Procedimentos de avaliação para a aceitação pelo IECEx de Organismos de Certificação com o objetivo de emissão e manutenção de Certificados de Competências Pessoais (CoPC) |
| **IECEx OD 502** | Inscrição para um certificado de competências pessoais do IECEx, requisitos de documentação e informações |
| **IECEx OD 503** | Procedimentos para a emissão e manutenção de Certificados de Competências Pessoais IECEx |
| **IECEx OD 504** | Especificações para a avaliação dos resultados das Unidades de Competência Ex |
| **IECEx OD 505** | Relatório de reavaliação das instalações para Avaliação de Organismo de Certificação Ex (ExCBs) Candidatos e Aceitos do IECEx para o Esquema IECEx 05 de Certificação de Competências Pessoais (CoPC) |
| **IECEx OD 506** | Orientações sobre a utilização do Banco de Questões do Esquema de Avaliação de Competências Pessoais para Atmosferas Explosivas do IECEx |
| **IECEx OD 521** | Programa de Reconhecimento de Provedores de Treinamento IECEx |

## 49.3 ESQUEMA INTERNACIONAL DE CERTIFICAÇÃO DE EMPRESAS DE SERVIÇOS "Ex" – OBJETIVOS E APLICAÇÃO

A certificação de empresas de serviços "Ex" relacionados com classificação de áreas, projeto, seleção de equipamentos, montagem, inspeção, manutenção e reparos de equipamentos "Ex" tem por objetivo assegurar que essas empresas foram avaliadas e estão aptas, sob o ponto de vista técnico, de gestão e de competências pessoais de seus empregados, a executar essas atividades em áreas classificadas de acordo com os requisitos normativos aplicáveis das normas técnicas internacionais da Série IEC 60079 (*Explosive Atmospheres*), como IEC 60079-10-1 (*Classificação de áreas – Atmosferas explosivas de gás*), IEC 60079-10-2 (*Classificação de áreas – Atmosferas de poeiras explosivas*), IEC 60079-14 (*Projeto, seleção de equipamentos e montagem de instalações elétricas "Ex"*), IEC 60079-17 (*Inspeção e manutenção de instalações elétricas "Ex"*) e IEC 60079-19 (*Reparo, revisão e recuperação de equipamentos "Ex"*) ou as suas respectivas normas técnicas brasileiras adotadas da Série ABNT NBR IEC 60079 (*Atmosferas explosivas*).

O que um organismo de certificação "Ex" certifica quando emite um certificado de conformidade para uma empresa de serviços "Ex"?

A capacidade da empresa certificada de consistentemente realizar os serviços e atividades de acordo com as normas técnicas aplicáveis ABNT NBR IEC 60079 - Parte 10-1 / Parte 10-2 / Parte 14 / Parte 17 / Parte 19 e os requisitos dos documentos operacionais aplicáveis dos esquemas IECEx, dentro do escopo de serviços "Ex" indicado no certificado de conformidade emitido.

O que um empresa de serviços "Ex" certificada assegura em relação aos seus serviços oferecidos?

A sua capacidade de realizar seus serviços e atividades de acordo com os requisitos especificados nas normas técnicas aplicáveis da Série ABNT NBR IEC 60079, de acordo com o seu escopo de serviços de certificação, possuindo profissionais devidamente competentes, procedimentos e estrutura técnica adequada e um efetivo sistema de gestão da qualidade "Ex" específico, oferecendo a devida confiança para as empresas contratantes de seus serviços.

O Esquema de Certificação de Empresas de Serviços "Ex" do IECEx (*"Ex" Service Facilities*) apresenta os meios para que as empresas de serviços "Ex" possam obter um certificado de conformidade que proporcione para a comunidade internacional "Ex" a devida confiança de que aquela empresa se compromete a realizar os trabalhos de acordo com as normas técnicas aplicáveis, bem como com um sistema de gestão da qualidade "Ex" e com os requisitos do programa de certificação para empresas de serviço "Ex" do IECEx para as atividades de classificação de áreas, projeto, instalação, inspeção, manutenção e reparo de equipamentos "Ex".

### 49.3.1 PRINCIPAIS CARACTERÍSTICAS DOS ESQUEMAS DE CERTIFICAÇÃO DE EMPRESAS DE SERVIÇOS "Ex"

Os esquemas de certificação de empresas de serviços "Ex" do IECEx incluem a avaliação das instalações físicas, equipamentos e instrumentos de medição e testes, bem como das competências pessoais dos executantes e das pessoas responsáveis pela aprovação dos serviços dessas empresas. O processo de avaliação e de certificação inclui também a verificação da existência de um Sistema de Gestão da Qualidade (SGQ) específico para as atividades "Ex" executadas, bem como de procedimentos técnicos de trabalho específicos para os serviços "Ex", de acordo com os requisitos especificados nas normas técnicas aplicáveis da Série IEC 60079.

As empresas de serviços "Ex" devem assegurar que as pessoas envolvidas com a execução ou supervisão das atividades sejam devidamente treinadas, qualificadas, experientes e competentes para os respectivos trabalhos "Ex" que são realizados.

A obtenção de um certificado IECEx para uma empresa de serviços "Ex" proporciona para a organização uma declaração internacional de que a empresa de serviços "Ex":

a) executa os serviços "Ex" atendendo aos requisitos das normas técnicas IEC 60079-10-1, IEC 60079-10-2, IEC 60079-14, IEC 60079-17 ou IEC 60079-19, de acordo com o escopo dos serviços "Ex" oferecidos, incluindo os requisitos de competências pessoais de executantes e pessoas responsáveis;

b) está operando um Sistema da Gestão da Qualidade (SGQ), atendendo aos requisitos específicos do IECEx; e

c) está sob uma supervisão continuada de um organismo de certificação internacionalmente avaliado.

São apresentados a seguir alguns detalhes dos esquemas internacionais de certificação de empresas de serviços "Ex" de acordo com os requisitos elaborados pelo IECEx – *IEC System for Certification to Standards Relating to Equipment for Use in Explosive Atmospheres.*

Os esquemas de certificação de empresas de serviços "Ex" possuem como base três "pilares" fundamentais para a obtenção de certificação de empresa de serviços de classificação de áreas, projeto, montagem, inspeção, manutenção ou reparo, revisão e recuperação de equipamentos "Ex":

1) requisitos de competências pessoais de executantes e de pessoas responsáveis, de acordo com os requisitos especificados nas respectivas normas técnicas brasileiras adotadas ABNT NBR IEC 60079 – Parte 10-1, Parte 10-2, Parte 14, Parte 17 e Parte 19 e no documento operacional IECEx OD 504 (*Unidade de Certificação de Competências pessoais "Ex"*);

2) requisitos técnicos de procedimentos de trabalho, equipamentos, instalações, de acordo com as normas técnicas aplicáveis da Série ABNT NBR IEC 60079;

3) requisitos específicos de sistema de gestão da qualidade "Ex" aplicáveis a serviços de classificação de áreas, projeto, montagem, inspeção, manutenção ou reparo, revisão e recuperação de equipamentos "Ex", de acordo com as normas técnicas aplicáveis da Série ABNT NBR IEC 60079 e dos respectivos documentos operacionais do IECEx.

Podem ser destacados os seguintes principais requisitos a serem avaliados e atendidos para a certificação de uma empresa de serviços "Ex":

- sistema de gestão da qualidade documentado, com base nos requisitos da norma ABNT NBR ISO 9001 (Sistemas de gestão da qualidade – Requisitos);
- sistema de controle dos procedimentos de trabalho e documentação específicos para os serviços "Ex" a serem executados;
- controle efetivo dos processos de serviços "Ex", incluindo programa de testes a serem realizados antes, durante e depois dos serviços, bem como a definição dos respectivos critérios de aceitação;
- sistema de controle de empresas subcontratadas, em particular aquelas empresas ou aqueles fornecedores externos que ofereçam partes, peças ou serviços que possam impactar de forma negativa nos tipos de proteção "Ex" dos equipamentos montados, inspecionados, mantidos ou recuperados;
- controle efetivo de instrumentos de testes e de medições, com sistema de aferição e calibração, de acordo com padrões nacionais ou internacionais, como a Rede Brasileira de Calibração (RBC);
- equipamentos adequados e suficientes para executar os serviços de projeto, montagem, inspeção, manutenção, inspeção ou reparos sob escopo de certificação, como instrumentos de medição e de testes a serem utilizados em campo e em oficina, pontes rolantes, estufas, fornos, ferramentas, bancadas, morsas, furadeiras, balanceadoras, fresas, tornos e meios de transporte;

- pessoas envolvidas com a execução e a supervisão dos serviços devidamente experientes, treinadas e competentes.

### 49.3.2 ESQUEMAS DE CERTIFICAÇÃO DE EMPRESAS DE SERVIÇOS "Ex" DE ACORDO COM O ESCOPO DOS SERVIÇOS A SEREM REALIZADOS

As interfaces entre os diferentes esquemas de certificação de empresas de serviços "Ex" do IECEx, de acordo com os seus respectivos escopos de serviços a serem realizados, com as correspondentes normas técnicas de serviços "Ex" e as respectivas unidades de competências pessoais "Ex", aplicáveis para a avaliação e certificação de empresas de serviços "Ex" certificadas são indicadas na tabela a seguir.

**Tabela 49.2** – Esquemas de certificação de empresas de serviços "Ex" com a indicação das respectivas normas técnicas e unidades de competências pessoais "Ex"

| Esquema de certificação de Empresas de Serviços "Ex" | | Norma Técnica aplicável de Serviços "Ex" da Série ABNT NBR IEC 60079 | Unidade de Competência "Ex" aplicável |
|---|---|---|---|
| **IECEx 03-1** | Certificação de Empresas de Serviços de **classificação de áreas** contendo gases inflamáveis ou poeiras combustíveis (em elaboração pelo IECEx) | ABNT NBR IEC 60079-10-1<br>ABNT NBR IEC 60079-10-2 | Ex 002 |
| **IECEx 03-2** | Certificação de Empresas de Serviços de **seleção de equipamentos "Ex" e projeto de instalações** "Ex" | ABNT NBR IEC 60079-14 | Ex 009 |
| **IECEx 03-3** | Certificação de Empresas de Serviços **de instalação e inspeção inicial** "Ex" | ABNT NBR IEC 60079-14<br>ABNT NBR IEC 60079-17 | Ex 003, Ex 006, Ex 008 |
| **IECEx 03-4** | Certificação de Empresas de Serviços de **inspeção e manutenção** "Ex" | ABNT NBR IEC 60079-17 | Ex 004, Ex 007, Ex 008 |
| **IECEx 03-5** | Certificação de Empresas de Serviços de **reparo, revisão e recuperação de equipamentos** "Ex" | ABNT NBR IEC 60079-19 | Ex 005 |

### 49.3.3 PRINCIPAIS PILARES PARA O PROCESSO DE CERTIFICAÇÃO DE UMA EMPRESA DE SERVIÇOS "Ex"

A figura a seguir resume os requisitos necessários para os três "pilares" para a certificação de empresas de serviços "Ex", de acordo com os requisitos apresentados no documento IECEx 03 – guia de inscrição para empresas de prestação de serviços "Ex" que buscam certificação.

NOTA 1: "IEC 60079-##-##" denota as normas técnicas relacionadas com os serviços "Ex" a serem certificados, de acordo com o escopo aplicável de serviços "Ex" (Normas ABNT NBR IEC 60079 – Parte 10-1, Parte 10-2, Parte 14, Parte 17 e Parte 19).

NOTA 2: "IECEx OD 31Z-P" indica o documento operacional aplicável de acordo com o objetivo do documento ("Z") e o "Esquema" de certificação associado ("P").

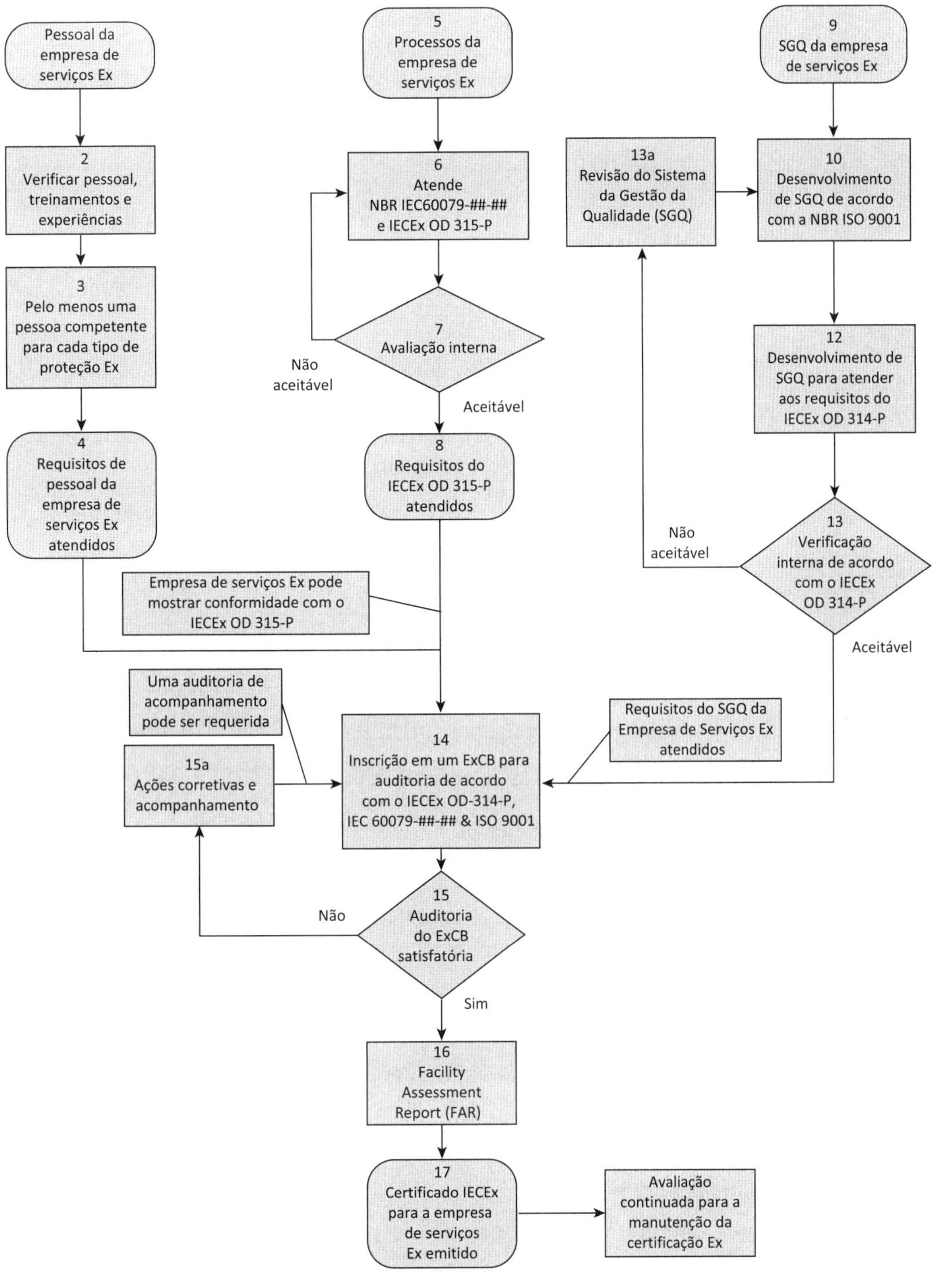


**Figura 49.1 –** Requisitos necessários para a certificação de empresas de serviços "Ex".

*Fonte*: Documento IECEx 03 – *Guia de Inscrição para Empresas de Serviços "Ex" que buscam certificação.*

Avaliação das competências pessoais de executantes e pessoas responsáveis "Ex" no processo de certificação de empresa de serviços "Ex".

A avaliação de experiências, conhecimentos, habilidades e competências das pessoas envolvidas com a execução ou supervisão dos serviços que trabalham na empresa faz parte do processo de avaliação e certificação de uma empresa de serviços "Ex" certificada. Podem ser citados como itens de verificação de avaliação das competências pessoais "Ex" das pessoas que compõem o quadro de empregados das Empresas de Serviços "Ex":

- avaliação de acordo com os requisitos de competências, experiências indicadas nas normas técnicas aplicáveis da Série ABNT NBR IEC 60079 (*Conhecimentos, habilidades e competências de pessoas responsáveis e executantes*);
- avaliação de qualificações, treinamentos, experiências na função e histórico de serviços realizados;
- entrevistas e avaliações práticas de aplicação de procedimentos de trabalho;
- reavaliação periódica de conhecimentos e habilidades por parte do organismo de certificação emitente do certificado para a empresa de serviços "Ex".

No processo de avaliação dos conhecimentos e competências dos executantes e supervisores das empresas de serviços "Ex", são realizadas entrevistas pelo organismo de certificação. Podem ser citados como exemplos de tópicos a serem abordados em entrevistas com executantes e pessoas responsáveis "Ex":

- O que é uma atmosfera explosiva contendo gases inflamáveis ou poeiras combustíveis?
- O que é uma área classificada?
- O que significa limite inferior de explosividade?
- O que significam Zona 0, Zona 1, Zona 2, Zona 20, Zona 21 e Zona 22?
- O que significam Grupos I, IIA, IIB, IIC, IIIA, IIIB e IIIC?
- O que significa Classe de Temperatura T1, T2, T3, T4, T5 e T6?
- O que significa temperatura máxima de superfície de equipamentos "Ex"?
- O que significa MESG?
- Descrever as principais características de tipos de proteção (Ex "d", Ex "e", Ex "i", Ex "p", Ex "t")
- O que significa interstício em equipamentos com invólucros do tipo "à prova de explosão" (Ex "d")?
- Descrever as suas atividades em serviços relacionados com equipamentos ou instalações "Ex"
- Relatar sobre a análise e a interpretação de certificados de conformidade de equipamentos "Ex"
- Interpretação dos "requisitos específicos de instalação" (certificados com sufixo "X")
- Descrever a execução de um método de recuperação (desmontagem, medições, montagem, testes de aceitação) (caso aplicável)

Uma das melhores formas de se evidenciarem esses conhecimentos, habilidades e competências é a obtenção de certificação de competências pessoais "Ex" por organismo de certificação "Ex", com base nas unidades de competências pessoais (Ex 000 a Ex 011) aplicáveis aos serviços "Ex" a serem executados.

A relação nominal de executantes e pessoas responsáveis faz parte da documentação de certificação da Empresa "Ex". Em caso de alterações de pessoas, o organismo de certificação necessita ser comunicado.

### 49.3.4 ESCOPO DE CERTIFICAÇÃO DA EMPRESA DE SERVIÇOS "Ex"

Uma empresa de serviços "Ex" deve possuir um escopo de operações e de serviços "Ex" a serem prestados. Esse escopo deve indicar os tipos de proteção "Ex" e os tipos de equipamentos e instalações "Ex" para os quais a empresa proporcionará os serviços certificados. Além disso, a potência nominal, o porte ou o tamanho dos equipamentos devem ser indicados.

O escopo é definido pelos tipos de serviços que são normalmente executados pela empresa de serviços "Ex", bem como pela capacidade da organização em termos do máximo porte dos equipamentos, bem como dos equipamentos e materiais de montagem e de medições ou testes requeridos para a execução dos serviços certificados.

O escopo requerido para os serviços a serem cobertos pela certificação IECEx necessita ser definido quando a empresa de serviços "Ex" se inscreve para a certificação junto a um organismo de certificação.

### 49.3.5 SISTEMA DE GESTÃO DA QUALIDADE (SGQ) DE EMPRESAS DE SERVIÇOS "Ex"

A norma básica para o Sistema de Gestão da Qualidade (SGQ) para a certificação IECEx é a ISO 9001. Aquela norma necessita ser atendida pela empresa de serviços "Ex" que se inscreve para a certificação pelo IECEx. Embora não seja um requisito do IECEx que a empresa de serviços "Ex" possua uma certificação ISO 9001 em separado, essa certificação pode ser benéfica como uma cultura de conformidade que possa existir em toda a organização com a gestão da qualidade.

Alguns ExCBs também possuem acreditação nacional para emitir esse tipo de certificação ISO 9001. Quando a certificação ISO 9001 já tiver sido obtida, isso pode ser benéfico para a empresa de serviços "Ex" que se inscreve para a certificação IECEx, uma vez que todos os trabalhos de certificação podem ser executados por um único organismo de certificação.

Nos casos em que a certificação ISO 9001 ainda não tiver sido obtida pela empresa de serviços "Ex" que busca a sua certificação, o organismo de certificação avaliará a conformidade do SGQ da Empresa de Serviços "Ex" com base nos requisitos especificados da ISO 9001, como parte de suas avaliações, de acordo com o respectivo documento operacional IECEx OD 314-P. Orientações sobre a implantação de um sistema da gestão da qualidade não podem ser fornecidas pelo ExCB. Essas orientações necessitam ser feitas por pessoas ou organizações que sejam independentes do processo de certificação da empresa de serviços "Ex". O SGQ de uma empresa de Serviços "Ex" certificada necessita ser mantido e auditado em intervalos regulares.

Quando o organismo de certificação "Ex" executa as auditorias na empresa de serviços "Ex", o objetivo principal não é verificar o atendimento dos requisitos de gestão da qualidade de acordo com a ABNT NBR ISO 9001.

O organismo de certificação "Ex" audita a efetividade do sistema de gestão da qualidade em assegurar a conformidade com os requisitos da norma aplicável da Série ABNT NBR IEC 60079 e do documento operacional aplicável IECEx OD 314-P – *Sistema de Gestão da Qualidade para Empresas de Serviços "Ex"*.

### 49.3.6 SUBCONTRATAÇÃO DE EMPRESAS PARA SERVIÇOS "Ex"

As empresas subcontratadas para execução de serviços que podem ter um impacto no tipo de proteção "Ex" devem ser submetidas a auditorias pelo organismo de certificação de empresas de serviços "Ex".

Os seguintes requisitos relacionados com a subcontratação devem ser verificados pelo Organismo de certificação no processo de avaliação de uma empresa de serviços "Ex":

- o organismo de certificação deve avaliar o método de controle que a empresa de serviços "Ex" mantém sobre as empresas subcontratadas para executarem partes dos processos dos serviços sob seu escopo de certificação, incluindo atividades de testes e de calibrações;
- a empresa de serviços "Ex" deve concordar em fornecer ao organismo de certificação a documentação pertinente para avaliação e em organizar as visitas às empresas subcontratadas consideradas necessárias;
- todas as empresas subcontratadas que realizem atividades que tenham potencial de impacto sobre os tipos de proteção "Ex" devem ser submetidas a auditorias pelo organismo de certificação;
- a subcontratação por parte da empresa de serviços "Ex" deve estar declarada para o organismo de certificação;
- o escopo das atividades subcontratadas deve estar declarado para o organismo de certificação, bem como as evidências das competências das empresas subcontratadas (por exemplo, certificados, relatórios, auditorias inicial e anual pelo organismo de certificação);
- as atividades subcontratadas devem ser utilizadas de forma limitada, principalmente quando os investimentos para as atividades forem elevados e a demanda para os serviços para a empresa de serviços "Ex" forem baixas, como subcontratação de técnicas de metalização, aberturas de orifícios, acabamento de flanges em juntas à prova de explosão no caso de empresas de serviços de reparo, revisão e recuperação de equipamentos "Ex";
- não é permitida a subcontratação de atividades relacionadas com o escopo principal de reparo, revisão ou recuperação de equipamentos "Ex" indicadas no certificado emitido pelo organismo de certificação.

Por exemplo, de acordo com a ABNT NBR IEC 60079-19, quando componentes não puderem ser fornecidos pelo fabricante original, o reparador pode fabricar ou obter, por meio de uma empresa subcontratada, partes de componentes de reposição, desde que a especificação completa para o componente esteja disponível, e esse tipo de subcontratação esteja previsto no sistema de gestão da qualidade da empresa de serviço de reparo "Ex".

### 49.3.7 DOCUMENTOS OPERACIONAIS DO IECEX APLICÁVEIS AOS ESQUEMAS DE CERTIFICAÇÃO DE EMPRESAS DE SERVIÇOS "Ex"

São relacionados nas tabelas a seguir os documentos operacionais do IECEx aplicáveis para cada um dos respectivos esquemas de certificação de empresas de serviços "Ex", dependendo do escopo dos serviços a serem certificados.

**Tabela 49.3** – Esquema de certificação de empresas de serviços de seleção de equipamentos e projeto de instalações "Ex"

| Documento Operacional | Serviços de seleção de equipamentos e projeto de instalações "Ex" |
|---|---|
| IECEx OD 313-2 | Esquema IECEx de certificação de empresas de serviços – Parte 2: Seleção de equipamentos "Ex" e projeto de instalações "Ex" – Avaliação e certificação de Empresas de Serviços relacionados com seleção de equipamentos "Ex" e projeto de instalações "Ex" – Procedimentos |
| IECEx OD 314-2 | Esquema IECEx de Certificação de Empresas de Serviços – Parte 2: Seleção de equipamentos "Ex" e projeto de instalações "Ex" – Requisitos do Sistema de Gestão da Qualidade do IECEx para empresas que prestam serviços relacionados com seleção de equipamentos "Ex" e projeto de instalações "Ex" |
| IECEx OD 316-2 | Esquema IECEx de Certificação de Empresas de Serviços – Parte 2: Seleção de equipamentos "Ex" e projeto de instalações "Ex" – Procedimentos de avaliação para aceitação pelo IECEx de organismos de certificação candidatos com o objetivo de emissão de Certificados IECEx para empresas de serviços "Ex" relacionados com seleção de equipamentos "Ex" e projeto de instalações "Ex" |

**Tabela 49.4** – Esquema de certificação de empresas de serviços de instalação e inspeção inicial "Ex"

| Documento Operacional | Serviços de instalação e inspeção inicial "Ex" |
|---|---|
| IECEx OD 313-3 | Esquema IECEx de Certificação de Empresas de Serviços – Parte 3: Instalação e inspeção inicial "Ex" – Avaliação e certificação de Empresas de Serviços relacionados com instalação e inspeção inicial "Ex" – Procedimentos |
| IECEx OD 314-3 | Esquema IECEx de Certificação de Empresas de Serviços – Parte 3: Instalação e inspeção inicial "Ex" – Requisitos do Sistema de Gestão da Qualidade do IECEx para Empresas que prestam serviços relacionados com instalação e inspeção inicial "Ex" |
| IECEx OD 316-3 | Esquema IECEx de Certificação de Empresas de Serviços – Parte 3: Instalação e inspeção inicial "Ex" – Procedimentos de avaliação para aceitação pelo IECEx de Organismos de Certificação candidatos com o objetivo de emissão de Certificados IECEx para Empresas de Serviços "Ex" relacionados com instalação e inspeção inicial "Ex" |

**Tabela 49.5** – Esquema de certificação de Empresas de Serviços de inspeção e manutenção "Ex"

| Documento Operacional | Serviços de inspeção e manutenção "Ex" |
|---|---|
| IECEx OD 313-4 | Esquema IECEx de Certificação de Empresas de Serviços – Parte 4: Inspeção e manutenção "Ex" – Avaliação e certificação de Empresas de Serviços relacionados com inspeção e manutenção "Ex" – Procedimentos |
| IECEx OD 314-4 | Esquema IECEx de Certificação de Empresas de Serviços – Parte 4: Inspeção e manutenção "Ex" – Requisitos do Sistema de Gestão da Qualidade do IECEx para Empresas que prestam serviços relacionados com inspeção e manutenção "Ex" |
| IECEx OD 316-4 | Esquema IECEx de Certificação de Empresas de Serviços – Parte 4: Inspeção e manutenção "Ex" – Procedimentos de avaliação para aceitação pelo IECEx de Organismos de Certificação candidatos com o objetivo de emissão de Certificados IECEx para Empresas de Serviços "Ex" relacionados com inspeção e manutenção "Ex" |

**Tabela 49.6** – Esquema de certificação de empresas de serviços de reparo, revisão e recuperação de equipamentos "Ex"

| Documento Operacional | Serviços de reparo, revisão e recuperação de equipamentos "Ex" |
|---|---|
| IECEx OD 313-5 | Esquema IECEx de Certificação de Empresas de Serviços – Parte 5: Reparo, revisão e recuperação de equipamentos "Ex" – Avaliação e certificação de Empresas de Serviços relacionados com reparo, revisão e recuperação de equipamentos "Ex" – Procedimentos |
| IECEx OD 314-5 | Esquema IECEx de Certificação de Empresas de Serviços – Parte 5: Reparo, revisão e recuperação de equipamentos "Ex" – Requisitos do Sistema de Gestão da Qualidade do IECEx para Empresas de Serviços relacionados com reparo, revisão e recuperação de equipamentos "Ex" |
| IECEx OD 315-5 | Esquema IECEx de Certificação de Empresas de Serviços – Parte 5: Reparo, revisão e recuperação de equipamentos "Ex" – Requisitos adicionais do IECEx para Empresas de Serviços envolvidas com reparo, revisão e recuperação de equipamentos "Ex" |
| IECEx OD 316-5 | Esquema IECEx de Certificação de Empresas de Serviços – Parte 5: Reparo, revisão e recuperação de equipamentos "Ex" – Procedimentos de avaliação para aceitação pelo IECEx de Organismos de Certificação candidatos com o objetivo de emissão de Certificados IECEx para Empresas de Serviços "Ex" relacionados com reparo, revisão e recuperação de equipamentos "Ex" |

## 49.4 CONSIDERAÇÕES SOBRE OS ESQUEMAS INTERNACIONAIS DE CERTIFICAÇÃO DE COMPETÊNCIAS PESSOAIS "Ex" E DE EMPRESAS DE SERVIÇOS "Ex"

São relacionadas a seguir algumas considerações sobre os esquemas internacionais de avaliação da conformidade por meio de certificação de competências pessoais "Ex" e de empresas de serviços "Ex":

1) o comitê CASCO, da ISO, reconhece que a sistemática de certificação por meio da avaliação da conformidade de produtos, serviços ou pessoas é a forma mais adequada e eficaz para evidenciar o atendimento de requisitos especificados em normas técnicas;

2) os mercados nacional e internacional já disponibilizam uma ampla e abrangente gama de equipamentos, componentes, produtos, materiais e sistemas elétricos, de instrumentação, de automação, de telecomunicações ou mecânicos "Ex" devidamente certificados por sistemas nacionais ou internacionais de certificação para atmosferas explosivas, com base em certificação de terceira parte, emitida por organismos de certificação;

3) sob o ponto de vista do ciclo total de vida das instalações elétricas e mecânicas em atmosferas explosivas, os equipamentos "Ex" necessitam estar seguros durante todo o tempo em que permanecem instalados em áreas classificadas, ao longo de décadas, e não somente quando estes equipamentos saem das fábricas dos respectivos fabricantes;

4) os diversos "desvios Ex" encontrados nas instalações em áreas classificadas, decorrentes de falhas pessoais em atividades de montagem, inspeção, manutenção, reparo ou recuperação que são encontrados nos equipamentos "Ex" instalados em áreas classificadas invalidam os tipos de proteção para os quais eles foram originalmente certificados, na condição de "novos", fazendo com que possam representar possíveis fontes de ignição de atmosferas explosivas existentes;

5) pode ser verificada nas plantas industriais, durante as inspeções das instalações "Ex", a existência de uma grande quantidade de "desvios Ex" ou de "não conformidades Ex", oriunda, em muitos casos, de falhas pessoais de projeto, montagem, inspeção, manutenção e reparos de equipamentos certificados para atmosferas explosivas;
6) pode ser verificado nas instalações que possuem áreas classificadas que muitas empresas de serviços de projeto, montagem, inspeção, manutenção e reparos "Ex" apresentam deficiências de qualificação de pessoal, que, mesmo atendendo aos requisitos legais aplicáveis, incluindo qualificação, capacitação, treinamentos e autorização por parte das empresas, não possui os devidos experiências, conhecimentos, habilidades e competências que o tornem "competente" para desempenhar, de acordo com os requisitos normativos, as atividades "Ex" para as quais é solicitado;
7) pode ser verificado, na prática, que uma grande parte das empresas de serviços de projeto, montagem, inspeção e manutenção de instalações em áreas classificadas não possui os devidos procedimentos técnicos de trabalho, sistemas de gestão da qualidade, equipamentos, ferramentas, instrumentos de testes e pessoal devidamente "competente" para a execução ou supervisão dos serviços "Ex" prestados;
8) é frequente a verificação da existência de serviços de classificação de áreas, projetos, montagens e inspeções, envolvendo equipamentos e instalações em atmosferas explosivas que não atendem aos requisitos normativos indicados nas respectivas partes das normas da Série ABNT NBR IEC 60079;
9) pode ser verificado que o sistema de certificação de equipamentos elétricos e mecânicos "Ex" não é suficiente para garantir a segurança das instalações "Ex" das pessoas e do meio ambiente, não sendo suficiente também para os plenos objetivos de elevação dos atuais níveis de segurança das instalações contendo atmosferas explosivas;
10) é reconhecida por diversos países do mundo a necessidade da adoção de uma nova abordagem de segurança ao longo do ciclo total de vida das instalações "Ex", desde a classificação de áreas e o projeto até as atividades rotineiras de inspeção, manutenção, recuperação e auditorias de equipamentos e instalações "Ex";
11) é reconhecida a necessidade básica de certificação prioritária das competências das pessoas que realizam atividades em áreas classificadas bem como da certificação prioritária das empresas de serviços em atmosferas explosivas, como empresas projetistas, de montagem, de inspeção, de manutenção e de reparo ou recuperação de equipamentos "Ex";
12) sob o ponto de vista da segurança em áreas classificadas, existe a necessidade da alocação de profissionais "Ex" certificados e de contratação de empresas de serviços "Ex" certificadas por organismos de certificação "Ex", para que seja possível a obtenção da devida confiança de que os serviços serão executados de forma correta, de acordo com os requisitos normativos especificados nas normas da Série ABNT NBR IEC 60079 – *Atmosferas explosivas*;
13) para a obtenção dos níveis necessários de segurança nas instalações elétricas, de instrumentação, de automação e de telecomunicações em atmosferas explosivas, é necessário que sejam corretamente realizadas as atividades das

quais dependem os treinamentos, experiências, habilidades, qualificações e competências das pessoas envolvidas na execução ou supervisão de trabalhos em áreas classificadas;

14) uma forma adequada e efetiva para que as pessoas e as empresas de serviços "Ex" possam evidenciar o atendimento dos requisitos normativos das Séries ABNT NBR IEC 60079 e ABNT NBR ISO 80079 é a certificação, emitida por um organismo de certificação, avaliado com base nas normas ABNT NBR ISO/IEC 17024 (*Avaliação da conformidade - Requisitos gerais para organismos que certificam pessoas*) e ABNT NBR ISO/IEC 17065 (*Avaliação da conformidade - Requisitos para organismos de certificação de produtos, processos e serviços*), aprovado para a emissão de certificados no escopo "Ex";

15) os países participantes do IECEx já elaboraram, por consenso das melhores práticas internacionais, os esquemas de certificação de competências pessoais "Ex" e de empresas de serviços "Ex";

16) o Brasil possui organismos de certificação "Ex" reconhecidos internacionalmente para a certificação de competências pessoais "Ex", de empresas de serviços "Ex" e de equipamentos "Ex", disponibilizando estas certificações para os profissionais e empresas brasileiras;

17) a existência, no Brasil, de sistemas de certificação de competências pessoais "Ex" e de certificação de empresas de serviços "Ex" torna possível a contratação de empresas que realmente tenham evidenciado a capacidade no atendimento dos requisitos de certificação e das normas técnicas brasileiras adotadas aplicáveis da Série ABNT NBR IEC 60079;

18) muitas empresas brasileiras da indústria do petróleo, petroquímico e do agronegócio estão incluindo, ao longo dos últimos anos, por meio de seus contratos, requisitos de certificação de empresas de serviços "Ex" e de competências pessoais "Ex", de forma a obter a devida confiança de que os serviços em áreas classificadas serão corretamente executados, de acordo com as normas técnicas aplicáveis e, consequentemente, que os equipamentos e as instalações "Ex" estão "seguros".

Capítulo **50**

# Convergência normativa e regulatória sobre atmosferas explosivas

**Sinopse:** este capítulo mostra o papel das normas técnicas internacionais elaboradas pelo TC 31 da IEC das Séries IEC 60079 e ISO/IEC 80079 e as respectivas normas técnicas brasileiras adotadas pela ABNT, bem como os benefícios na utilização de normas técnicas internacionais da IEC ou da ISO na elaboração de regulamentos públicos, de forma a se evitar a criação de barreiras técnicas ou conflitos de interesse na elaboração de normas técnicas "nacionais". O capítulo trata também da aplicação de sistemas de avaliação da conformidade para a avaliação de produtos, serviços e pessoas elaborados pela ISO/CASCO e pela IEC/CAB, com base nas normas da Série ABNT NBR ISO/IEC 17000 – *Avaliação da conformidade*. Na medida em que as normas internacionais sobre atmosferas explosivas representam uma convergência normativa internacional adotada por muitos países do mundo, a elaboração de regulamentos ou programas de certificação "Ex" tendo como base essas normas representa uma convergência regulatória sobre a certificação de produtos elétricos e mecânicos "Ex", certificação de serviços "Ex" e certificação de competências pessoais em atmosferas explosivas.

## 50.1 A POSIÇÃO DA ISO/CASCO E DA IEC/CAB SOBRE AVALIAÇÃO DA CONFORMIDADE E CERTIFICAÇÃO DE PRODUTOS, SERVIÇOS E PESSOAS

A IEC e a ISO desenvolveram e publicaram uma série de normas internacionais especificando como a avaliação da conformidade deve ser realizada. A série de normas técnicas internacionais ISO/IEC 17000, bem como uma série de guias ISO/IEC, está contida no que é familiarmente chamado de *CASCO toolbox* (caixa de ferramentas), que apresenta um conjunto completo de ferramentas para realizar uma conformidade consistente e avaliação internacionalmente confiável (<https://casco.iso.org/home.html>).

Dentre as normas da Série ABNT NBR ISO/IEC 17000 sobre requisitos para a avaliação da conformidade, podem ser destacadas as seguintes, aplicáveis aos esquemas internacionais de certificação de produtos, serviços ou pessoas relacionadas com atmosferas explosivas:

- ABNT NBR ISO/IEC 17000: Avaliação da conformidade - Vocabulário e princípios gerais
- ABNT NBR ISO/IEC 17011: Avaliação da conformidade - Requisitos para os organismos de acreditação que acreditam organismos de avaliação da conformidade
- ABNT NBR ISO/IEC 17020: Avaliação da conformidade - Requisitos para o funcionamento de diferentes tipos de organismos que executam inspeção
- ABNT NBR ISO/IEC 17021-1: Avaliação da conformidade - Requisitos para organismos que fornecem auditoria e certificação de sistemas de gestão - Parte 1: Requisitos
- ABNT ISO/IEC TS 17021-5: Avaliação da conformidade - Requisitos para organismos que fornecem auditoria e certificação de sistemas de gestão - Parte 5: Requisitos de competência para a auditoria e certificação de sistemas de gestão de ativos
- ABNT NBR ISO/IEC 17024: Avaliação da conformidade - Requisitos gerais para organismos que certificam pessoas
- ABNT NBR ISO/IEC 17025: Avaliação da conformidade - Requisitos gerais para a competência de laboratórios de ensaio e calibração
- ABNT NBR ISO/IEC 17029: Avaliação da conformidade - Princípios gerais e requisitos para organismos de validação e verificação
- ABNT NBR ISO/IEC 17030: Avaliação da conformidade - Requisitos gerais para marcas de conformidade de terceira parte
- ABNT NBR ISO/IEC 17040: Avaliação da conformidade - Requisitos gerais para avaliação entre pares de organismos de avaliação de conformidade e organismos de acreditação
- ABNT NBR ISO/IEC 17043: Avaliação da conformidade - Requisitos gerais para ensaios de proficiência
- ABNT NBR ISO/IEC 17050-1: Avaliação da conformidade - Declaração de conformidade de fornecedor - Parte 1: Requisitos gerais
- ABNT NBR ISO/IEC 17050-2: Avaliação da conformidade - Declaração de conformidade de fornecedor - Parte 2: Documentação de suporte
- ABNT NBR ISO/IEC 17065: Avaliação da conformidade - Requisitos para organismos de certificação de produtos, processos e serviços
- ABNT NBR ISO/IEC 17067: Avaliação da conformidade - Fundamentos para a certificação de produtos e diretrizes para esquemas de certificação de produtos

De acordo com a IEC/CAB (*Conformity Assessment Board*), a avaliação da conformidade é a atividade de verificar se uma norma técnica foi aplicada em um produto, serviço ou pessoa, como em projeto, fabricação, instalação, manutenção, inspeção ou reparo de um equipamento ou sistema. A atividade da avaliação da conformidade deve ser realizada de acordo com um conjunto de regras bem definidas, para assegurar resultados consistentes e replicáveis. Em outras palavras, a própria avaliação da conformidade deve aplicar uma abordagem padronizada.

De acordo o sistema internacional CASCO (*Conformity Assessment Tools to Support Public Policy*) da ISO (*International Organization for Standardization*), do qual o Brasil é um país participante (sendo representado pelo Instituto Nacional de Metrologia, Qualidade e Tecnologia – Inmetro), a sistemática de certificação por meio da avaliação da conformidade de produtos, serviços ou pessoas é a forma mais adequada e eficaz para evidenciar o atendimento de requisitos especificados em normas técnicas (<https://www.iso.org/sites/cascoregulators/index.html>).

No caso específico de certificação de produtos elétricos ou mecânicos "Ex", certificação de empresas de serviços "Ex" e certificação de competências pessoais "Ex", são aplicáveis as normas técnicas brasileiras adotadas das Séries ABNT NBR IEC 60079 e ABNT NBR ISO 80079.

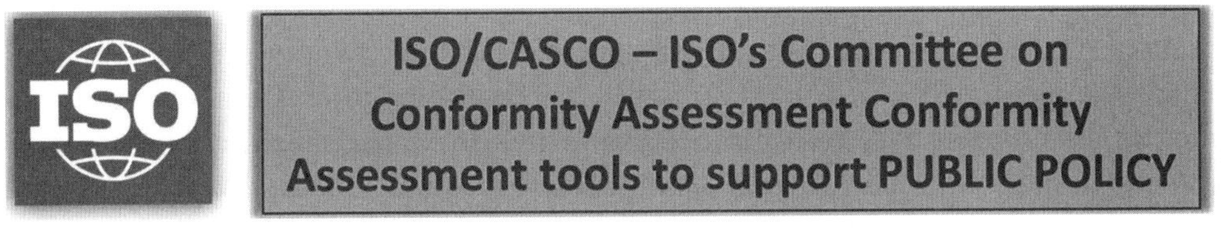


**Figura 50.1 –** ISO/CASCO: Comitê de Avaliação da Conformidade da ISO, com ferramentas para embasar as políticas públicas.

Na aba "*EXAMPLES*", no link "*CASCO REGULATORS*" da ISO/CASCO, são indicados alguns exemplos de políticas públicas baseadas em CERTIFICAÇÃO. No caso específico de certificação envolvendo atmosferas explosivas, são citados o apoio dado pelas Nações Unidas em 2011 na aplicação, por parte dos países participantes, dos esquemas internacionais de certificação de competências pessoais "Ex", empresas de serviços "Ex" e de equipamentos elétricos e mecânicos "Ex" elaborados de comum acordo pelos 35 países integrantes do IECEx (inclusive o Brasil) (<https://casco.iso.org/examples.html>).

É mostrado também pela ISO/CASCO, nesta área de certificação sobre "atmosferas explosivas", o exemplo da Guarda Costeira dos Estados Unidos, que revisou, em 2012, o regulamento norte-americano para instalações estrangeiras "Ex" *Offshore – Electrical equipment installed in hazardous areas on foreign-flagged Mobile Offshore Drilling Units (**MODUs**)*, decorrente das lições aprendidas do grande acidente catastrófico com explosão da plataforma Deepwater Horizon, no Golfo do México, ocorrido em 2010, já citado neste livro.

Desde aquela revisão de 2012, passou a ser recomendado pelo IMO MODU Code 2009, para instalações estrangeiras, equipamentos "Ex" que tenham certificação internacional IECEx, em função de representar um sistema internacional de avaliação da conformidade elaborado somente com base em normas da IEC ou da ISO, sendo que todos os certificados de conformidade são emitidos por organismos de certificação "Ex" devidamente avaliados e reconhecidos, incluindo a certificação de equipamentos "Ex" destinados à instalação em Zona 2:

> The 2009 IMO MODU Code recommends that electrical installations in hazardous areas be tested and certified in accordance with the International Electrotechnical Commission (IEC) 60079 series of standard(s). The IEC offers an international certification system called the "Certification to Standards Relating to Equipment for use in Explosive Atmospheres"

(IECEx). The IECEx system requires full compliance with the applicable international IEC 60079 series of standards, including the testing of equipment by an independent laboratory.

Approval under the IECEx system involves an explosive atmospheres (Ex) Certification Body (ExCB) and an Ex-Testing Laboratory (ExTL) that have been accepted into the IECEx system after meeting **competency** requirements established by the International Organization for Standardization ISO/IEC 17025 and related IECEx Operational Documents. For these foreign-flagged MODUs, the Coast Guard recommends that electrical equipment installations in hazardous areas obtain independent certification under the IECEx System, which includes the appropriate IECEx Certificate of Conformities.

(Disponível em: <http://www.gpo.gov/fdsys/pkg/FR-2012-12-03/html/2012-29138.htm>).

## 50.2 AS NORMAS TÉCNICAS INTERNACIONAIS DA IEC E DA ISO E SUA ADOÇÃO NACIONAL

As normas técnicas internacionais são normas estabelecidas por um organismo internacional de normalização para aplicação em escala mundial. Existem organismos internacionais de normalização em áreas específicas do conhecimento, como a IEC – *International Electrotechnical Commission* (para as áreas relacionadas com elétrica e eletrônica e eletrotecnologia) e a ISO – *International Organization for Standardization* (para a os setores não ligados às áreas da eletricidade).

As normas técnicas internacionais têm uma significativa contribuição para a maioria dos aspectos de nossas vidas. Quando as normas técnicas internacionais da IEC ou da ISO estão ausentes, rapidamente é percebida a falta de padronização.

As normas internacionais são reconhecidas pela Organização Mundial do Comércio (OMC) como a base para o comércio internacional. O atendimento por parte de um produto, serviço ou pessoa a uma norma internacional significa contar com as melhores condições para ultrapassar eventuais barreiras técnicas. Os benefícios trazidos pela normalização técnica internacional para toda a sociedade atual são muito abrangentes, mesmo que esta não tenha uma plena consciência disso.

Fundada em 1906, a IEC é a maior organização mundial para o desenvolvimento e a publicação de normas técnicas internacionais para todas as áreas de tecnologia relacionadas com a eletrotécnica e a eletrônica. Conta com a participação de mais de 170 países, incluindo países-membros e países afiliados, bem como com cinco escritórios regionais, nos Estados Unidos, Brasil, Quênia, Singapura e Austrália, além do escritório central na Suíça, como indicado na figura a seguir.

Podem ser citados, dentre os pontos de destaque da IEC, os mais de 110 anos de experiência de normalização internacional, além da existência de mais de duzentos comitês e subcomitês técnicos e da participação de cerca de 20 mil especialistas, incluindo representantes de indústrias, laboratórios de pesquisa, laboratórios de ensaios, organismos de certificação (equipamentos, serviços e pessoas), organismos governamentais, organismos de normalização, academia e grupos de consumidores. A IEC possui mais de 10 mil normas técnicas internacionais no seu catálogo (*IEC Catalogue*). Ela conta também com quatro sistemas globais de avaliação da conformidade: IECEE, IECEx, IECQ, IECRE, tendo sido emitidos mais de 1 milhão de certificados e outros documentos relacionados com a avaliação da conformidade.

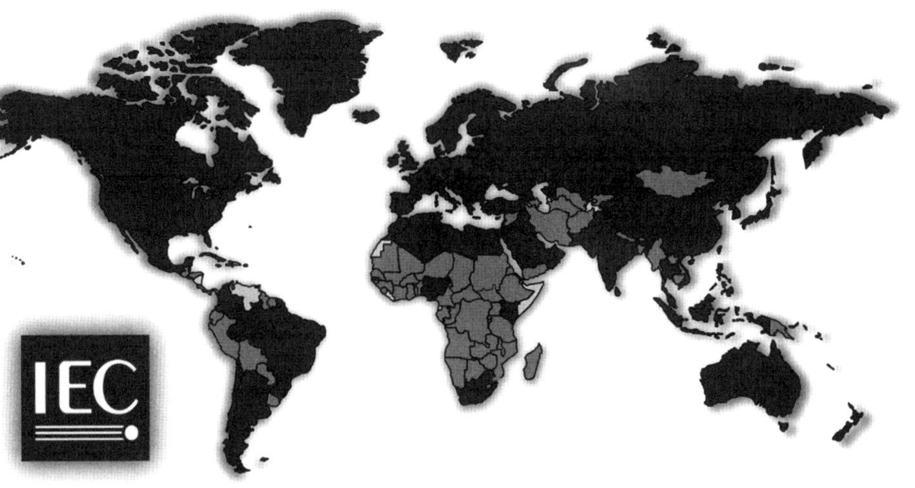

**Figura 50.2 –** IEC: Participação de mais de 170 países, englobando 99% da população mundial e 99% da geração mundial de energia elétrica.

*Fonte*: IEC.

## 50.3 A ORGANIZAÇÃO MUNDIAL DO COMÉRCIO E A QUEBRA DE BARREIRAS TÉCNICAS

O Acordo de Barreiras Técnicas ao Comércio da OMC (*TBT - Technical Barriers to Trade*) estabelece uma série de princípios com o objetivo de eliminar entraves desnecessários ao comércio, em particular as barreiras técnicas, que são aquelas relacionadas com normas técnicas, regulamentos técnicos e procedimentos de avaliação da conformidade, que podem dificultar o acesso de produtos aos mercados.

Um dos pontos essenciais do acordo é o entendimento de que as normas internacionais (que são aquelas elaboradas pelos organismos internacionais de normalização) constituem a referência para o comércio internacional. O acordo considera que as normas técnicas internacionais não constituem barreiras técnicas e recomenda que as normas internacionais sejam efetivamente utilizadas como referência para os regulamentos técnicos e adotadas como normas nacionais.

Por essa razão, assiste-se a uma forte tendência de cada vez mais os organismos nacionais de normalização de diversos países do mundo adotarem as normas internacionais integralmente como normas nacionais. Assim, é extremamente importante para os agentes econômicos que querem ser competitivos, no presente momento, seguirem de perto os trabalhos de normalização internacional e procurarem que os seus produtos, serviços e sistemas de gestão atendam aos requisitos das normas internacionais. Exemplos dessa tendência e convergência normativa são as normas internacionais das séries ISO 9000 (*Sistemas de Gestão da Qualidade*), ISO 14000 (*Gestão ambiental*), ISO 17000 (*Avaliação da conformidade*), IEC 60079 (*Atmosferas explosivas*) e IEC 61850 (*Automação de sistemas elétricos*).

Pode ser citado, por exemplo, que, nos países europeus, menos de 5% das normas adotadas anualmente são especificamente nacionais. Os outros 95% correspondem à adoção como normas nacionais de normas europeias (EN, por exemplo), as quais são geralmente idênticas às respectivas normas internacionais da ISO e da IEC.

Nesse sentido, no âmbito da normalização técnica brasileira, a ABNT possui a sua Diretiva 3 (Adoção de documentos técnicos internacionais), apresentada na figura a seguir, na qual são especificados os procedimentos da elaboração de normas brasileiras adotadas idênticas, do tipo ABNT NBR IEC ou ABNT NBR ISO, harmonizadas com as respectivas normas técnicas internacionais, sem desvios nacionais (<https://transparencia.caubr.gov.br/arquivos/ABNT_DIRETIVA_3_2017.pdf>).

ABNT
DIRETIVA 3

Primeira edição
Dezembro/2017

**Adoção de Documentos Técnicos Internacionais**

*Adoption of International Technical Documents*

**Figura 50.3 –** ABNT Diretiva 3: Adoção de documentos técnicos internacionais.

*Fonte*: ABNT.

A Diretiva 3 da ABNT tem um teor de alinhamento e harmonização normativa com as melhores práticas internacionais similar ao Guia ISO/IEC 21-1 – *Adoção regional ou nacional de normas internacionais e outros entregáveis internacionais – Parte 1: Adoção de normas internacionais*, apresentado na figura a seguir.

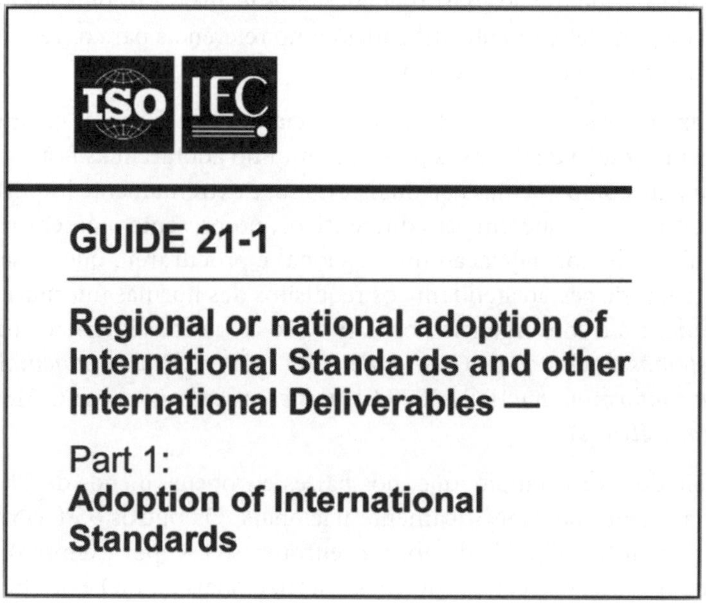

ISO IEC

**GUIDE 21-1**

**Regional or national adoption of International Standards and other International Deliverables —**

Part 1:
**Adoption of International Standards**

**Figura 50.4 –** Guia ISO/IEC 21-1: Adoção de normas internacionais.

*Fonte*: ISO/IEC.

O guia ISO/IEC 21-1 proporciona uma orientação sobre o processo de adoção de normas técnicas internacionais da ISO e da IEC, apresentando os métodos a serem utilizados para a adoção de normas internacionais como normas nacionais ou regionais. É apresentado também um sistema para indicar o grau de correspondência entre as normas internacionais e as respectivas normas adotadas nacionais ou regionais.

Além da existência de normas internacionais, é cada vez mais reconhecida a importância da participação dos países no processo de normalização internacional, em vista da tendência de convergência normativa, de modo a procurar interferir de forma proativa nos seus resultados dos processos de elaboração, comentários, revisão, aprovação e publicação das normas internacionais. Assume-se que não basta apenas conhecer as normas internacionais publicadas pela IEC e pela ISO, mas, também, acompanhar e participar dos trabalhos dos respectivos comitês técnicos, de modo a participar e atuar ativamente nos processos de elaboração e atualização das normas técnicas internacionais, tendo como base as experiências, boas práticas e lições aprendidas existentes em cada país.

Atualmente, pode ser verificada por parte da sociedade de diversos países, inclusive no Brasil, a intensa adoção das normas técnicas IEC e ISO como normas nacionais, como consequência da percepção de que as normas internacionais são um dos instrumentos ideais para se alcançar competitividade internacional.

Sempre que um governo decidir adotar um regulamento técnico que eventualmente não siga uma norma internacional, deve notificar formalmente os demais membros da OMC com antecedência mínima de sessenta dias, apresentando as devidas justificativas. Os demais membros da OMC podem solicitar esclarecimentos e apresentar comentários e sugestões ao regulamento proposto. Essas informações são veiculadas pelos chamados *pontos focais* (*enquiry points*). As organizações designadas por cada um dos países-membros da OMC são as responsáveis por efetuar as notificações da regulamentação a ser adotada por esse país e pelo recebimento da comunicação das notificações efetuadas pelos outros países.

## 50.4 PRINCIPAIS BENEFÍCIOS DAS NORMAS TÉCNICAS INTERNACIONAIS DA IEC E DA ISO E SUA ADOÇÃO NACIONAL

Podem ser relacionados como os principais benefícios pela aplicação ou adoção das normas técnicas internacionais da IEC e da ISO:

- para as empresas, a aplicação de normas internacionais significa que os fornecedores podem desenvolver e oferecer produtos e serviços que atendam às especificações que têm ampla aceitação em seus setores. Empresas que utilizam normas internacionais podem competir em muito mais mercados ao redor do mundo;
- para os inovadores de novas tecnologias, as normas internacionais sobre aspectos como terminologia, compatibilidade e segurança aceleram a disseminação das inovações e seu desenvolvimento em produtos possíveis de serem fabricados e negociados;
- para os clientes, a compatibilidade da tecnologia em todo o mundo, que é atingida quando produtos e serviços são baseados em normas internacionais, fornece aos clientes uma ampla gama de ofertas. Eles também se beneficiam dos efeitos da concorrência entre fornecedores;
- para os governos, as normas internacionais proporcionam as bases tecnológicas e científicas que sustentam a saúde, a segurança e a legislação ambiental;

- para o comércio internacional, as normas internacionais criam uma "igualdade" para todos os concorrentes nesses mercados. A existência de normas nacionais ou regionais divergentes pode criar barreiras técnicas ao comércio. As normas internacionais são os recursos técnicos pelos quais a política de acordos comerciais pode ser colocada em prática;
- para os países em desenvolvimento, as normas internacionais, que representam um consenso internacional sobre o estado da arte, são uma fonte importante de *know-how* tecnológico. Ao definirem as características dos produtos e serviços esperados para atender aos mercados de exportação, as normas internacionais fornecem aos países em desenvolvimento uma base para estes tomarem as decisões certas ao investirem seus escassos recursos, evitando, assim, desperdícios;
- para os consumidores, a conformidade dos produtos e serviços de acordo com as normas internacionais oferece confiança sobre sua qualidade, segurança, confiabilidade e eficiência energética;
- para todas as pessoas, as normas técnicas internacionais contribuem para a qualidade de vida em geral, assegurando, por exemplo, que os meios de transporte, as máquinas, as ferramentas e os equipamentos utilizados sejam seguros e eficientes;
- para o planeta, as normas internacionais sobre a qualidade do ar, da água e dos solos, sobre as emissões de gases, eficiência energética e sobre os aspectos ambientais de produtos, podem contribuir para os esforços em preservar o meio ambiente.

## 50.5 PRINCIPAIS BENEFÍCIOS E RAZÕES DA UTILIZAÇÃO DA NORMALIZAÇÃO INTERNACIONAL DA IEC E DA ISO EM REGULAMENTOS PÚBLICOS

Dentre os principais benefícios decorrentes da utilização da normalização internacional da IEC e da ISO nos regulamentos públicos, podem ser destacados os seguintes:

- ambiente participativo com representantes dos consumidores, produtores e neutros;
- aumento da competitividade;
- compatibilidade e interoperabilidade de equipamentos e sistemas entre os diferentes fabricantes;
- controle sobre a variedade e a utilização eficiente dos materiais, energia e recursos humanos;
- economia de matérias-primas e dos tempos de produção, reduzindo os desperdícios;
- eliminação das barreiras ao comércio;
- facilidade de entrada em novos mercados;
- proteção dos consumidores e dos interesses da comunidade;
- redução do grau de incerteza do mercado;
- reflexo de investigação, desenvolvimento e inovação;
- segurança, saúde, proteção da vida e do ambiente;
- simplificação da grande variedade de produtos e procedimentos na vida cotidiana.

Dentre as principais razões para a utilização das normas técnicas internacionais da IEC e da ISO nos regulamentos públicos "nacionais" dos diversos países, podem ser destacadas as seguintes:

**Melhora dos produtos e serviços:** a partilha de melhores práticas, provenientes do trabalho normativo, leva ao desenvolvimento de melhores produtos e serviços. As normas passaram, ainda, a considerar de forma efetiva e partilhada pela sociedade a resposta sustentada a um conjunto de preocupações nos domínios não apenas da qualidade, da segurança e da saúde, mas também do ambiente, da ética e da responsabilidade social e da inovação.

Atração de novos clientes: as normas técnicas internacionais IEC e ISO são um caminho consistente e sustentado para convencer potenciais clientes de que são amplamente respeitados níveis elevados de qualidade, segurança e fiabilidade, resultando, certamente, no aumento de vendas. Os consumidores raramente são tentados a comprar produtos de qualidade questionável. Além disso, agregar qualidade a um produto ou serviço aumenta o nível de satisfação dos clientes e consumidores e é uma das melhores formas de mantê-los.

**Aumento da competitividade internacional**: as normas técnicas internacionais IEC e ISO conferem uma notória vantagem competitiva, demonstrando, de forma relevante, que o fornecedor partilha os mesmos valores e exigências do cliente em áreas como o compromisso de trabalho sustentado, a prática de ética na organização, a qualidade e normas de produto.

**Maior confiança ao negócio**: a utilização de normas técnicas internacionais IEC e ISO pressupõe a aplicação, com rigor, das práticas nelas estabelecidas, conferindo ao cliente confiança redobrada, pois saberá de antemão o que esperar, quer em nível do serviço prestado, quer em nível do produto fabricado.

**Diminuição de erros**: seguir uma norma técnica internacional implica cumprir metodologias e requisitos que foram analisados e ensaiados por especialistas de diversos países e que sugerem uma produção com menos erros de processo e menor desperdício de tempo.

**Redução de custos**: a utilização de normas técnicas internacionais IEC e ISO, na medida em que tende à redução de erros de processo, visa também a reduzir custos, de modo intrínseco. No entanto, esses custos podem ainda ser mais reduzidos pelo fato de se evitarem despesas com desenvolvimento e inovação, seguindo-se exemplos existentes, previamente testados e aprovados internacionalmente. Além disso, a utilização de normas técnicas internacionais no âmbito de um Sistema de Gestão da Qualidade (SGQ) permite o desenvolvimento e a dinamização das empresas, tornando-as mais eficientes e rentáveis.

**Compatibilidade e interoperabilidade entre produtos de diferentes fabricantes**: a aplicação das normas técnicas internacionais IEC e ISO pode assegurar a compatibilidade e a interoperabilidade internacional dos seus produtos com outros componentes, o que não seria possível somente com a utilização de normas técnicas locais ou nacionais.

**Facilidade dos atos contratuais**: a utilização de normas técnicas internacionais IEC e ISO em processos de aquisição e contratos confere eficácia e torna mais clara a relação entre clientes e fornecedores, eliminando ambiguidades e incompatibilidades entre diversas normas locais, as quais tendem a representar uma barreira técnica.

**Facilidade da entrada em novos mercados**: a garantia de que os produtos estão conformes com normas técnicas internacionais IEC e ISO facilita a entrada nos mercados locais, regionais e internacionais, uma vez que as normas técnicas internacionais

IEC e ISO são reconhecidas, compreendidas e respeitadas tanto nacional (ABNT NBR IEC e ABNT NBR ISO) como internacionalmente, também enquanto suporte das atividades da avaliação da conformidade.

**Aumento da hipótese de sucesso**: manter e motivar as pessoas essenciais ao sucesso do negócio é importante em qualquer empresa. As normas técnicas internacionais IEC e ISO não são apenas importantes para evidenciar externamente a qualidade da empresa. Internamente, podem constituir um importante fator de motivação, pelo compromisso existente com a qualidade e com as melhores práticas.

## 50.6 UTILIZANDO E REFERENCIANDO NORMAS TÉCNICAS INTERNACIONAIS IEC E ISO COMO BASE DE REGULAMENTOS PÚBLICOS NACIONAIS

Nesse sentido e contexto, foi elaborado em conjunto entre a ISO e a IEC um documento intitulado "*Using and referencing ISO and IEC standards to support public policy*", como mostrado na figura a seguir (<http://www.iso.org/iso/PUB100358.pdf>).

**Figura 50.5** – IEC & ISO: utilizando e referenciando normas internacionais como base de regulamentos públicos.

*Fonte*: ISO/IEC.

Naquele documento são destacados os principais benefícios e as razões para a existência de regulamentos nacionais alinhados e harmonizados com as normas técnicas internacionais da IEC e da ISO. São destacados os benefícios da existência de regulamentos nacionais alinhados e harmonizados com as normas técnicas internacionais da IEC e da ISO. Podem ser citados como exemplos desses benefícios, obtidos pelas sociedades dos países que adotam as normas técnicas internacionais em sua normalização nacional:

- o ambiente participativo dos diversos interessados: consumidores, neutros e produtores (*stakeholders*);
- a aplicação de requisitos técnicos amplamente discutidos e globalmente consensados;
- a transparência dos requisitos técnicos utilizados nos regulamentos locais;
- a proteção do consumidor;
- uma melhor avaliação da conformidade para uma maior confiança em produtos, serviços e competências pessoais.

São mostrados também naquele documento alguns exemplos de regulamentos públicos elaborados por diversos países que possuem como base normativa as normas internacionais da IEC, incluindo Brasil, Canadá, China, Europa, Japão, México, África do Sul e Estados Unidos.

A figura a seguir representa de forma simplificada a grande aplicação e utilização de normas técnicas internacionais da IEC e da ISO, bem como a sua integração na elaboração, dentre outros, de regulamentos técnicos, regulamentos legais, contratação de bens e serviços, políticas comerciais, proteção do consumidor e proteção ambiental.

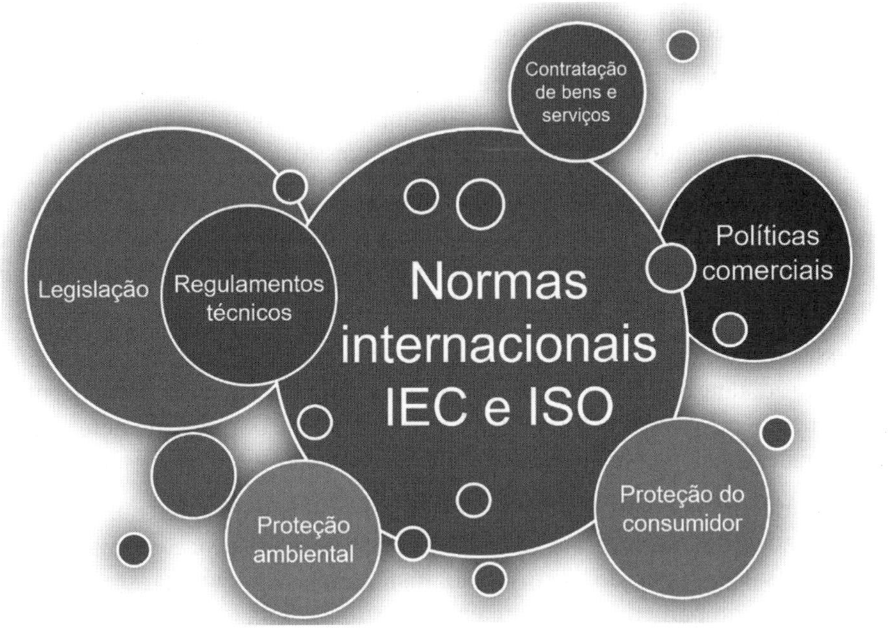


**Figura 50.6 –** IEC & ISO – normas técnicas internacionais são mais do que um modo de regular.

*Fonte*: ISO/IEC.

## 50.7 EXEMPLO DE REGULAMENTO BRASILEIRO ELABORADO COM BASE EM NORMAS INTERNACIONAIS IEC E ISO

Como exemplo de regulamento público elaborado com base em normas técnicas internacionais, pode ser indicada a Portaria Inmetro 0179/2010, contendo os *Requisitos de Avaliação da Conformidade* (RAC) para equipamentos elétricos para atmosferas explosivas, nas condições de gases e vapores inflamáveis e poeiras combustíveis. São indicadas nos RAC sobre equipamentos "Ex" as normas técnicas ABNT NBR IEC e IEC sobre atmosferas explosivas para gases e poeiras como normas de referência àquele regulamento, que são utilizadas como base normativa para a avaliação, ensaios e certificação de equipamentos "Ex".

Para fins comparativos da evolução normativa sobre atmosferas explosivas no âmbito da ABNT e da IEC, pode ser verificado que o RAC "Ex" vigente até 2009 (Portaria Inmetro 83/2006), continha "apenas" quinze normas técnicas como referências normativas, ao passo que o RAC "Ex", publicado em 2010, continha 39 normas técnicas internacionais (IEC) ou equivalentes (ABNT NBR IEC) como referências normativas.

As normas técnicas brasileiras adotadas das Séries ABNT NBR IEC 60079 e ABNT NBR ISO 80079, elaboradas por Comissões de Estudo da ABNT/CB-003 e publicadas pela ABNT, são idênticas em conteúdo técnico, estrutura e redação e sem desvios técnicos nacionais em relação às respectivas normas internacionais da IEC.

Seguindo a tendência e a convergência normativa mundial dos países-membros da IEC, incluindo o Brasil, as normas que envolvem os processos de certificação de conformidade de empresas de prestação de serviços "Ex", de competências pessoais "Ex" e de equipamentos elétricos e mecânicos "Ex" são normas equivalentes IEC.

Esse tipo de abordagem normativa nacional atende aos requisitos estabelecidos na ABNT Diretiva 3 (Adoção de documentos técnicos internacionais). De acordo com esta Diretiva 3 da ABNT, os documentos técnicos internacionais são amplamente adotados no mundo e aplicados por fabricantes, organizações de comércio, compradores, consumidores, laboratórios de ensaio, autoridades e outras partes interessadas.

Destaca-se, ainda, que esses documentos brasileiros adotados geralmente refletem a melhor experiência da indústria, dos pesquisadores, dos consumidores e dos regulamentadores em todo o mundo, bem como cobrem as necessidades comuns em vários países.

Os documentos técnicos internacionais constituem uma das mais importantes bases para a remoção das barreiras técnicas ao comércio. Isso é explicitamente reconhecido no Acordo sobre Barreiras Técnicas ao Comércio (*TBT - Technical Barriers to Trade*), da Organização Mundial do Comércio (OMC).

Por essas razões, de acordo com a ABNT, é importante que seja feito todo o esforço possível para adotar e utilizar os documentos técnicos internacionais e, consequentemente, eliminar documentos técnicos ABNT conflitantes. Somente por meio do desenvolvimento de um enfoque global os benefícios da normalização podem ser plenamente obtidos.

Essa política de normalização tem por objetivo harmonizar as normas nacionais com a normalização internacional, de forma a padronizar os procedimentos de projeto, fabricação, ensaios, marcação, certificação, instalação, inspeção, manutenção, reparos, recuperação de equipamentos e competências pessoais "Ex".

Na Portaria Inmetro 179/2010, contendo o RAC para a certificação de equipamentos elétricos "Ex" é indicado o seguinte mecanismo de base normativa para certificação de equipamentos "Ex" de acordo com normas atualizadas publicadas pela ABNT e da IEC: *"Na publicação da Norma Técnica Brasileira ABNT NBR (ABNT NBR IEC ou ABNT NBR NM) revisada e correspondente à Norma internacional IEC relacionada neste capí-*

*tulo, essa Norma Técnica Brasileira passa a vigorar em substituição à correspondente Norma IEC aqui relacionada. (Brasil, 2010)"*

Além disso, naquele RAC publicado pelo Inmetro é indicado também que "*Os equipamentos fabricados em atendimento à última versão da Norma IEC devem ser certificados em atendimento a este RAC e seus desvios validados pela Comissão de Certificação do respectivo OCP.*"

Na Portaria Inmetro 115/2022, contendo o RAC para a certificação de equipamentos elétricos "Ex", é indicado o seguinte mecanismo de base normativa para certificação de equipamentos "Ex" de acordo com normas atualizadas publicadas pela ABNT e da IEC: "*Os equipamentos fabricados em atendimento à última versão da Norma IEC disponível devem ser certificados em atendimento a este RAC e seus desvios validados pelo OCP*".

Esses mecanismos visam a atender a solicitações generalizadas feitas pelos organismos de certificação "Ex", laboratórios de ensaios "Ex", fabricantes de equipamentos "Ex" e usuários de instalações "Ex", que desejam utilizar as versões mais recentes das normas que são frequentemente publicadas pela IEC e pela ABNT, não necessitando ficar "engessados" nas revisões das normas indicadas nas respectivas portarias contendo os RAC "Ex".

Como exemplo de adoção de normas técnicas internacionais, foram incluídas como referências na base normativa da Portaria Inmetro 179/2010 as normas nacionais equivalentes às respectivas normas internacionais, não somente aplicáveis à certificação de equipamentos "Ex", mas também sobre serviços de classificação de áreas (ABNT NBR IEC 60079-10-1), projeto, seleção de equipamentos "Ex", montagem (ABNT NBR IEC 60079-14), inspeção e manutenção (ABNT NBR IEC 60079-17), e reparo, revisão, recuperação e modificações de equipamentos "Ex" (ABNT NBR IEC 60079-19).

Além dessa convergência normativa internacional, o RAC "Ex" publicado pela Portaria Inmetro 179/2010 apresentou, como destaque e benefício, a convergência regulatória mundial "Ex" que se verifica atualmente nos regulamentos de diversos países, com a aceitação de avaliação de relatórios de ensaios (ExTR) emitidos por laboratórios de ensaios de equipamentos "Ex" (ExTL) avaliados e reconhecidos no IECEx (Sistema *Fast-Track*). A Seção 14 da Portaria Inmetro 179/2010 apresenta estes requisitos sobre "Emissão de certificados de conformidade baseada na análise de relatórios de ensaios (ExTR) emitidos por laboratórios (ExTL) reconhecidos pelo IECEx".

## 50.8 CONVERGÊNCIA REGULATÓRIA "Ex" – MARCO REGULATÓRIO COMUM ELABORADO PELAS NAÇÕES UNIDAS

O apoio demonstrado pelas Nações Unidas no sentido de aceitação das normas técnicas internacionais da Série IEC 60079 elaboradas pelo TC-31 da IEC e dos sistemas de certificação do IECEx, indicados no documento "Marco Regulatório Comum para Equipamentos Utilizados em Ambientes de Atmosferas Explosivas" (*Common Regulatory Objective* – CRO), publicado em 2011, tem motivado diversos países a adotarem ações no sentido do alinhamento de seus regulamentos "locais" com as normas técnicas internacionais da Série IEC 60079 e com os sistemas de certificação sob o ponto de vista do ciclo total de vida segurança das instalações "Ex", adotado pelos países participantes do IECEx.

De acordo com as Nações Unidas, os programas de certificação "Ex" do IECEx devem ser utilizados para o alinhamento dos regulamentos nacionais existentes nos diversos países com essas melhores práticas internacionalmente harmonizadas sobre o assunto

"Ex". Quaisquer dos países-membros que ainda não possuam programas de legislação no setor de atmosferas explosivas podem utilizar o modelo elaborado e proposto pelas Nações Unidas como base para a sua legislação "local". Em países que já possuam tais programas, estes podem considerar a convergência regulatória gradual dos modelos existentes para o novo modelo internacional proposto. De acordo com a ONU, uma vez que o modelo comum tiver sido adotado na legislação nacional dos diversos países-membros, o setor passará a operar sob um regulamento comum unificado, como marco de convergência regulatória "Ex" entre os países participantes.

De acordo com declarações de entidades e associações norte-americanas, como a NEMA (*National Electrical Manufacturer Association*), que estão sujeitas a uma normalização e uma legislação ainda atadas "localmente" ao NEC (*National Electric Code*), caso os Estados Unidos não se alinhem com a normalização internacional "Ex" da IEC e com os sistemas de certificação do IECEx, existe o risco de os fabricantes de equipamentos "Ex" dos Estados Unidos ficarem em um posição de desvantagem comercial, perdendo sua competividade perante o mercado, em função da falta de alinhamento com as normas técnicas internacionais "Ex" da IEC utilizadas no atual mundo globalizado.

De acordo com as Nações Unidas, muitos regulamentos "nacionais" (como o do Brasil) já se baseiam nas normas técnicas internacionais da Série IEC 60079 – *Atmosferas explosivas*, elaboradas pelo TC 31 da IEC. Entretanto, esses regulamentos nacionais "Ex" são ainda, em alguns casos, "divergentes, omissos ou conflitantes" em seus requisitos, em termos de certificação de empresas de serviços "Ex", competências pessoais e equipamentos elétricos ou mecânicos para atmosferas explosivas.

O Marco Regulatório Comum para Equipamentos Utilizados em Ambientes de Atmosferas Explosivas tem como base o ciclo total de vida dos equipamentos e das instalações em atmosferas explosivas, incluindo as atividades de classificação de áreas, projeto, seleção de equipamentos, montagem, inspeção, manutenção, recuperação e auditorias de equipamentos e instalações "Ex". Um dos principais objetivos desse Marco Regulatório Comum é a obtenção da devida confiança que as atividades e os processos que são realizados em áreas classificadas podem ser realizados de forma segura, atendendo aos requisitos especificados nas normas técnicas internacionais aplicáveis.

Esse Marco Regulatório Comum foi elaborado com base nas normas técnicas internacionais da IEC e da ISO, bem como nos procedimentos de avaliação da conformidade desenvolvidos pela ISO/CASCO e pelo IEC/CAB. De acordo com as Nações Unidas, a aplicação de normas internacionais como base para os esquemas de certificação elaborados pelo IECEx representa as melhores práticas mundiais para a segurança das instalações contendo atmosferas explosivas.

## 50.9 CONSIDERAÇÕES SOBRE A CONVERGÊNCIA NORMATIVA E A CONVERGÊNCIA REGULATÓRIA INTERNACIONAL SOBRE ATMOSFERAS EXPLOSIVAS

Tendo como base as ações realizadas em conjunto pela IEC, ISO, Nações Unidas, entidades, organizações e empresas envolvidas com a segurança "Ex", podem ser verificados, em nível global, esforços para uma convergência normativa e convergência regulatória sobre equipamentos, empresas de serviços e pessoas envolvidos com o tema "atmosferas explosivas".

As demandas geradas pela indústria por níveis mais elevados de segurança, confiança e de certificação, com base na avaliação da conformidade, tem resultado na elaboração de regulamentos ou requisitos contratuais que requerem não somente a certificação de equipamentos elétricos ou mecânicos para instalação em atmosferas explosivas, mas também a certificação de competências pessoais e das empresas envolvidas em serviços em áreas classificadas.

De forma sintetizada, sob o ponto de vista da necessária convergência normativa e regulatória sobre o tema "segurança dos equipamentos e instalações em atmosferas explosivas", pode ser verificado que:

1) a sistemática da avaliação da conformidade, por meio da certificação é considerada pela ISO/CASCO e pelo IEC/CAB como a sistemática mais adequada e eficaz para demonstrar que um produto, serviço ou pessoa atende a requisitos especificados em normas técnicas;
2) a sistemática da avaliação da conformidade é aplicável não somente a equipamentos elétricos ou mecânicos "Ex", mas também às competências pessoais "Ex" às empresas de serviços "Ex";
3) a certificação de produtos "Ex", competências pessoais "Ex" e serviços "Ex" proporciona a devida e necessária confiança de que os requisitos técnicos aplicáveis foram atendidos, além de assegurar a continuidade dessa confiança por meio de processos de acompanhamentos periódicos de manutenção dos certificados, mediante processos aplicados regularmente pelos respectivos organismos de certificação emitentes dos certificados;
4) as normas elaboradas pela IEC e da ISO constituem a base para um marco sobre a convergência normativa internacional "Ex" verificada na normalização de diversos países do mundo, inclusive no Brasil;
5) as Nações Unidas publicaram um Marco Regulatório Comum para equipamentos para atmosferas explosivas, que pode ser utilizado por qualquer país-membro, incluindo o alinhamento de regulamentos "locais" existentes sobre o tema "atmosferas explosivas" com as melhores práticas internacionais, representadas pelos esquemas internacionais de certificação elaborados em consenso pelos países participantes do IECEx;
6) na área de certificação de equipamentos elétricos e mecânicos "Ex", como exemplo de convergência regulatória, pode ser verificado que muitos países incluem em seus regulamentos nacionais sobre atmosferas explosivas a possibilidade de emissão de um certificado "local" com base na análise de relatórios de ensaios (ExTR) emitidos por laboratórios de ensaios "Ex" (ExTL) reconhecidos pelo IECEx (Sistema *Fast-Track*);
7) a sistemática de certificação, com base na avaliação da conformidade, de equipamentos elétricos e mecânicos "Ex", tem como objetivo proporcionar para os usuários de equipamentos e instalações "Ex" a devida confiança que os equipamentos "Ex" foram devidamente avaliados de forma independente e atendem, de forma continuada, aos requisitos das normas técnicas aplicáveis;
8) de forma idêntica, a sistemática de certificação, com base na avaliação da conformidade de competências pessoais "Ex" e de empresas de serviços "Ex", tem também como objetivo proporcionar para os usuários de equipamentos e instalações "Ex" a devida confiança de que os profissionais competentes "Ex" e as empresas de serviços "Ex" foram devidamente avaliados de forma independente e atendem, de forma continuada, aos requisitos das normas técnicas aplicáveis;
9) somente a compra de equipamentos elétricos ou mecânicos com certificação "Ex" não é suficiente para garantir a segurança dos equipamentos e instalações em atmosferas explosivas, ao longo do seu ciclo total de vida, em função

de "desvios" que são introduzidos decorrentes de falhas pessoais durante a execução ou supervisão de atividades de montagem, inspeção, manutenção e reparos de equipamentos "Ex", mesmo por parte de profissionais que atendem aos requisitos "genéricos" dos regulamentos aplicáveis, incluindo capacitação, treinamento e autorização pelas respectivas empresas;

10) demandas e motivação da indústria: inclusão de requisitos contratuais de certificação de competências pessoais "Ex" e de certificação de empresas de serviços "Ex", tendo como base os requisitos especificados nas normas técnicas internacionais da Série IEC 60079, como os esquemas internacionais de certificação elaborados pelo IECEx.

Capítulo **51**

# Requisitos recomendados para definição de escopo na contratação de empresas de serviços "Ex"

**Sinopse**: este capítulo aborda os requisitos recomendados para se compor a definição de escopo na contratação de empresas de serviços "Ex". Os requisitos indicados a seguir têm como base os requisitos técnicos, de gestão e de competências pessoais especificados nas normas técnicas brasileiras aplicáveis sobre serviços "Ex" da Série ABNT NBR IEC 60079, bem como a existência de um Sistema de Gestão da Qualidade (SGQ) por parte das empresas de serviços "Ex" que inclui as atividades a serem realizadas sobre equipamentos ou instalações em atmosferas explosivas, tanto para serviços a serem realizados no campo (*off-site*) como nas instalações das empresas de serviços (*on-site*). São abordados também nessas definições de escopo os requisitos aplicáveis à certificação de competências pessoais "Ex" dos profissionais executantes e supervisores (pessoas responsáveis) pelos serviços a serem realizados em áreas classificadas.

## 51.1 CONSIDERAÇÕES GERAIS SOBRE EMPRESAS DE SERVIÇOS "Ex"

Para que uma empresa de serviços "Ex" possa executar, adequadamente, com competência, qualidade e segurança suas atividades, é necessário que possua um Sistema de Gestão da Qualidade (SGQ) elaborado com base nos requisitos indicados nas normas técnicas aplicáveis da série ABNT NBR IEC 60079. Nesse sentido, são indicadas a seguir boas práticas recomendadas que estabelecem alguns requisitos mínimos para a definição de escopo e dos requisitos para a contratação de empresas de serviços "Ex".

As boas práticas e as recomendações indicadas a seguir têm como base os requisitos especificados nas normas técnicas brasileiras adotadas ABNT NBR IEC 60079-14 (*Projeto, seleção de equipamentos e montagens "Ex"*), ABNT NBR IEC 60079-17 (*Inspeção e manutenção de equipamentos e instalações "Ex"*) e ABNT NBR IEC 60079-19 (*Reparo, revisão e recuperação de equipamentos "Ex"*), bem como os especificados em documentos operacionais do IECEx aplicáveis para o sistema de certificação de empresas de serviços "Ex", para cada uma das atividades abrangidas por aquelas normas, como projeto, instalação, inspeção, manutenção e reparo de equipamentos e instalações "Ex".

As recomendações apresentadas neste capítulo consideram também que as empresas de serviços "Ex" devem evidenciar, de forma consistente, por meio da sistemática da avaliação da conformidade, por meio de certificação, emitida por Organismo de Certificação "Ex", o atendimento aos requisitos das normas técnicas brasileiras aplicáveis da Série ABNT NBR IEC 60079, bem como possuir um Sistema de Gestão da Qualidade (SGQ) tendo como foco os requisitos dos serviços especificados nessas normas técnicas "Ex", bem como empregar pessoas qualificadas, treinadas, experientes e competentes e certificadas para executar suas atividades de acordo com o escopo de serviços a serem prestados.

## 51.2 REQUISITOS RECOMENDADOS PARA A CONTRATAÇÃO DE EMPRESA DE SERVIÇOS DE PROJETO DE INSTALAÇÕES EM ATMOSFERAS EXPLOSIVAS

É recomendado que os seguintes requisitos façam parte do escopo de contratação de empresas de serviços de projetos de instalações elétricas, de instrumentação, automação e de telecomunicações em áreas classificadas:

1) os serviços de projeto "Ex" devem ser realizados de acordo com os requisitos indicados na norma técnica brasileira adotada ABNT NBR IEC 60079-14 – *Atmosferas explosivas - Parte 14: Projeto, seleção e montagem de instalações elétricas*;

2) nos casos aplicáveis de projetos em instalações "Ex" marítimas (*offshore*), devem ser atendidos adicionalmente os requisitos especificados na norma técnica brasileira adotada ABNT NBR IEC 61892 7 – *Unidades marítimas fixas e móveis – Instalações elétricas – Parte 7: Áreas classificadas*;

3) as empresas de serviços de projeto de instalações "Ex" devem possuir um Sistema de Gestão da Qualidade (SGQ) de acordo com os requisitos indicados no documento operacional IECEx OD 314-2 – *Requisitos do Sistema de Gestão da Qualidade para Empresas que prestam serviços de seleção de equipamentos e projeto de instalações "Ex"*;

4) os profissionais envolvidos na execução e as pessoas responsáveis pelas atividades de projeto "Ex" devem evidenciar o atendimento dos requisitos de qualificações, conhecimentos, habilidades, experiências e competências pessoais "Ex" indicados na norma ABNT NBR IEC 60079-14;

5) as unidades de competências "Ex" aplicáveis para as atividades de projeto de instalações em atmosferas explosivas, de acordo com os Documentos Operacionais IECEx OD 504 (*Especificações para a avaliação dos resultados das Unidades de Competência "Ex"*) e IECEx OD 314-2 (*Requisitos do Sistema de Gestão da Qualidade para Empresas de Serviços que prestam serviços relacionados com seleção de equipamentos "Ex" e projeto de instalações "Ex"*) são as seguintes:

- Ex 001 – Aplicação dos princípios básicos de proteção em atmosferas explosivas
- Ex 009 – Projeto de instalações elétricas em, ou associadas a atmosferas explosivas

## 51.3 REQUISITOS RECOMENDADOS PARA A CONTRATAÇÃO DE EMPRESA DE SERVIÇOS DE MONTAGEM E INSPEÇÃO INICIAL DETALHADA DE INSTALAÇÕES EM ATMOSFERAS EXPLOSIVAS

É recomendado que os seguintes requisitos façam parte do escopo de contratação de empresas de serviços de montagem e inspeção inicial detalhada de instalações de instrumentação, automação, telecomunicações e elétricas em áreas classificadas:

1) Os serviços de montagem e inspeção inicial "Ex" devem ser realizados de acordo com os requisitos indicados nas normas técnicas brasileiras adotadas ABNT NBR IEC 60079-14 - *Atmosferas explosivas - Parte 14: Projeto, seleção e montagem de instalações elétricas* e ABNT NBR IEC 60079-17 - *Atmosferas explosivas - Parte 17: Inspeção e manutenção de instalações elétricas.*
2) Nos casos aplicáveis de montagens e inspeções iniciais detalhadas em instalações "Ex" marítimas (*offshore*), devem ser atendidos adicionalmente os requisitos especificados na norma técnica brasileira adotada ABNT NBR IEC 61892 7 - *Unidades marítimas fixas e móveis - Instalações elétricas - Parte 7: Áreas classificadas.*
3) Nos casos aplicáveis, devem ser realizados os serviços de levantamento do inventário de cada um dos equipamentos de instrumentação, automação, telecomunicações e elétricos "Ex" existentes nos locais de instalação abrangidos pelo contrato.

Para cada um dos equipamentos "Ex" fixos, móveis, pessoais, portáteis, manuais ou transportáveis, existentes ou a serem utilizados (incluindo instrumentos, sensores, atuadores, transmissores, analisadores, luminárias, botoeiras, caixas de junção, painéis de controle, painéis de circuitos de distribuição de força, tomadas, plugues, motores, analisadores, equipamentos de CFTV, equipamentos de sistemas de intercomunicações fixos e móveis, smartphones, PDA, tablets, *drones*, *wearables*, câmeras fotográficas, lanternas manuais, luminárias portáteis, rádios intercomunicadores, detectores de gases e RFID), devem ser identificadas as informações relacionadas com as características do equipamento "Ex" (incluindo *tag* de identificação, local da instalação, tipo de equipamento, marcações para gases e poeiras, número do certificado, fabricante, modelo, diagramas de projeto), bem como as características do local da instalação (incluindo documentação de classificação de área, zona, grupo, classe de temperatura, temperatura de ignição, risco do local da instalação e influências externas).

Essas informações, incluindo o levantamento fotográfico de cada um dos equipamentos "Ex", devem ser compiladas em planilha, banco de dados ou sistema eletrônico de inventário de cada um dos equipamentos fixos, pessoais, móveis ou portáteis, bem como das informações sobre as instalações "Ex", nas quais devem ser integrados os respectivos relatórios de inspeção "Ex".

1) As inspeções iniciais das instalações elétricas, de instrumentação, de automação e de telecomunicações "Ex", a serem executadas imediatamente após a conclusão dos serviços de montagem ou de remontagem de cada um desses equipamentos ou sistemas, devem possuir grau detalhado, de acordo com os requisitos indicados nas normas técnicas brasileiras adotadas ABNT NBR IEC 60079-14 e ABNT NBR IEC 60079-17.

2) A empresa de serviços "Ex" contratada deve utilizar as listas de inspeção indicadas nas normas técnicas brasileiras adotadas ABNT NBR IEC 60079-14 e ABNT NBR IEC 60079-17, para cada tipo de proteção "Ex" aplicável aos equipamentos instalados, incluindo equipamentos elétricos, de instrumentação, de automação e de telecomunicações "Ex". Os relatórios das inspeções, tanto inspeções detalhadas (inspeções iniciais) como as inspeções visuais ou apuradas (inspeções periódicas) "Ex", devem ser analisados, aprovados e assinados por pessoa responsável da empresa contratada e, posteriormente, submetidos à aprovação da fiscalização.

3) Os serviços de montagem e inspeções "Ex" dos equipamentos e sistemas elétricos, de instrumentação, de automação ou de telecomunicações "Ex" a serem executados pela empresa de serviços "Ex" contratada devem ser também realizados de acordo com os requisitos e instruções dos fabricantes dos equipamentos ou sistemas "Ex", dos requisitos de instalação segura indicadas na Seção "Condições específicas de utilização" dos respectivos certificados de conformidade "Ex" (sufixo "X"), bem como dos desenhos e detalhes típicos de montagem aplicáveis do usuário da instalação.

4) Os documentos de projeto "Ex" e as atividades de montagens "Ex" devem ser verificados com base nos requisitos especificados na norma técnica brasileira adotada ABNT NBR IEC 60079-14 (bem como nos requisitos da norma ABNT NBR IEC 61892-7, nos casos de instalações marítimas "Ex").

5) As atividades de inspeções iniciais detalhadas de equipamentos e sistemas "Ex" devem ser executadas de acordo com as listas de verificação (LV) para os diversos tipos de proteção "Ex" apresentados na ABNT NBR IEC 60079-17.

6) A empresa de serviços de montagem e inspeção inicial detalhada "Ex" contratada deve possuir um Sistema de Gestão da Qualidade (SGQ) de acordo com os requisitos indicados no documento operacional IECEx OD 314-3: *Requisitos do Sistema de Gestão da Qualidade para Empresas de Serviços que prestam serviços de instalação e inspeção inicial "Ex"*.

7) As unidades de competências "Ex" aplicáveis para as atividades de montagem e inspeção inicial detalhada de instalações em atmosferas explosivas são as seguintes, de acordo com os documentos operacionais IECEx OD 314-3 (*Requisitos do sistema de gestão da qualidade para empresas de serviços que prestam serviços de instalação e inspeção inicial "Ex"*) e IECEx OD 504 (*Especificações para a avaliação dos resultados das unidades de competência "Ex"*):

- ▷ Ex 001 – Aplicação dos princípios básicos de proteção em atmosferas explosivas
- ▷ Ex 003 – Instalação de equipamentos com tipos de proteção e respectivos sistemas de fiação
- ▷ Ex 006 – Testes de equipamentos e instalações elétricas em, ou associadas a atmosferas explosivas
- ▷ Ex 008 – Execução de inspeções detalhadas de equipamentos ou instalações elétricas em, ou associadas a atmosferas explosivas.

## 51.4 REQUISITOS RECOMENDADOS PARA A CONTRATAÇÃO DE EMPRESA DE SERVIÇOS DE INSPEÇÃO E MANUTENÇÃO DE INSTALAÇÕES EM ATMOSFERAS EXPLOSIVAS

É recomendado que os seguintes requisitos façam parte do escopo de contratação de empresas de serviços de inspeção e manutenção de instalações elétricas, de instrumentação, de automação e de telecomunicações em áreas classificadas:

1) Os serviços de inspeção e manutenção "Ex" devem ser realizados de acordo com os requisitos indicados nas normas técnicas brasileiras adotadas ABNT NBR IEC 60079-14 - *Atmosferas explosivas - Parte 14: Projeto, seleção e montagem de instalações elétricas* e ABNT NBR IEC 60079-17 - *Atmosferas explosivas - Parte 17: Inspeção e manutenção de instalações elétricas.*

2) Nos casos aplicáveis de montagens e inspeções iniciais detalhadas em instalações "Ex" marítimas (*offshore*), devem ser também atendidos os requisitos especificados na norma técnica brasileira adotada ABNT NBR IEC 61892 7 - *Unidades marítimas fixas e móveis - Instalações elétricas - Parte 7: Áreas classificadas.*

3) Nos casos aplicáveis, devem ser realizados os serviços de levantamento do inventário de cada um dos equipamentos elétricos, de instrumentação, de automação e de telecomunicações "Ex" existentes nos locais de instalação abrangidos pelo contrato. Para cada um dos equipamentos "Ex" fixos, móveis, pessoais, portáteis, manuais ou transportáveis, existentes ou a serem utilizados (incluindo instrumentos, sensores, atuadores, transmissores, analisadores, luminárias, botoeiras, caixas de junção, painéis de controle, painéis de circuitos de distribuição de força, tomadas, plugues, motores, analisadores, equipamentos de CFTV, equipamentos de sistemas de intercomunicações fixos e móveis, smartphones, PDA, tablets, *drones*, *wearables*, câmeras fotográficas, lanternas manuais, luminárias portáteis, rádios intercomunicadores, detectores de gases e RFID), devem ser identificadas as informações relacionadas com as características do equipamento "Ex" (incluindo *tag* de identificação, local da instalação, tipo de equipamento, marcações para gases e poeiras, número do certificado, fabricante, modelo, diagramas de projeto), bem como as características do local das instalação (incluindo documentação de classificação de área, zona, grupo, classe de temperatura, temperatura de ignição, risco do local da instalação e influências externas). Essas informações, incluindo o levantamento fotográfico de cada um dos equipamentos "Ex", devem ser compiladas em planilha, banco de dados ou sistema eletrônico de inventário de cada um dos equipamentos fixos, pessoais, móveis ou portáteis, bem como das informações sobre as instalações "Ex", nas quais devem ser integrados os respectivos relatórios de inspeção.

4) As inspeções periódicas das instalações elétricas, de instrumentação, de automação e de telecomunicações "Ex", a serem executadas em intervalos predeterminados, em cada um desses equipamentos ou sistemas, devem possuir grau visual ou apurado, de acordo com os requisitos indicados na norma técnica brasileira adotada ABNT NBR IEC 60079-17.

5) A empresa de serviços "Ex" contratada deve utilizar as listas de inspeção indicadas nas normas técnicas brasileiras adotadas ABNT NBR IEC 60079-14 e ABNT NBR IEC 60079-17, para cada tipo de proteção "Ex" aplicável aos equipamentos instalados, incluindo equipamentos elétricos, de instrumentação, de automação e de telecomunicações "Ex".

6) Os serviços de montagem e inspeções "Ex" dos equipamentos e sistemas elétricos, de instrumentação, automação ou de telecomunicações "Ex" a serem executados pela empresa de serviços "Ex" contratada devem ser também realizados de acordo com os requisitos e instruções dos fabricantes dos equipamentos ou sistemas "Ex", dos requisitos de instalação segura indicadas na Seção "Condições específicas de utilização" dos respectivos certificados de conformidade "Ex" (sufixo "X"), bem como dos desenhos e detalhes típicos de montagem aplicáveis do usuário da instalação.

7) Os relatórios das inspeções, tanto as detalhadas (inspeções iniciais) como as visuais ou apuradas (inspeções periódicas) "Ex" devem ser analisados, aprovados e assinados por pessoa responsável da empresa de serviços "Ex" contratada e, posteriormente, submetidos à aprovação da fiscalização.

8) A empresa de serviços de inspeção e manutenção "Ex" contratada deve possuir um Sistema de Gestão da Qualidade (SGQ), de acordo com os requisitos indicados no documento operacional IECEx OD 314-4 – *Requisitos do sistema de gestão da qualidade para empresas de serviços que prestam serviços de inspeção e manutenção "Ex"*.

9) Os profissionais envolvidos na execução das inspeções e manutenção "Ex", bem como as pessoas responsáveis pelas atividades de inspeção e manutenção "Ex", devem evidenciar o atendimento dos requisitos de qualificações, conhecimentos, habilidades, experiências e competências pessoais "Ex" indicados na norma técnica brasileira adotada ABNT NBR IEC 60079-17.

10) As unidades de competências "Ex" aplicáveis para as atividades de montagem e inspeção inicial detalhada de instalações em atmosferas explosivas são as seguintes, de acordo com os documentos operacionais IECEx OD 314-4 (*Requisitos do sistema de gestão da qualidade para empresas de serviços que prestam serviços de inspeção e manutenção "Ex"*) e IECEx OD 504 (*Especificações para a avaliação dos resultados das unidades de competência "Ex"*):

- Ex 001 – Aplicação dos princípios básicos de proteção em atmosferas explosivas
- Ex 003 – Instalação de equipamentos com tipos de proteção e respectivos sistemas de fiação
- Ex 004 – Manutenção de equipamentos em atmosferas explosivas
- Ex 007 – Execução de inspeções visuais ou apuradas de equipamentos ou instalações elétricas em, ou associadas a atmosferas explosivas
- Ex 008 – Execução de inspeções detalhadas de equipamentos ou instalações elétricas em, ou associadas a atmosferas explosivas

## 51.5 REQUISITOS RECOMENDADOS PARA A CONTRATAÇÃO DE EMPRESAS DE SERVIÇOS DE REPARO, REVISÃO E RECUPERAÇÃO DE EQUIPAMENTOS "Ex"

É recomendado que os seguintes requisitos façam parte do escopo de contratação de empresas de serviços de reparo, revisão e recuperação de equipamentos elétricos, de instrumentação, de automação e de telecomunicações em áreas classificadas:

1) Os serviços de reparo, revisão e recuperação de equipamentos certificados para atmosferas explosivas de gases inflamáveis ou de poeiras combustíveis devem ser realizados de acordo com os requisitos especificados na norma técnica brasileira adotada ABNT NBR IEC 60079-19 – *Atmosferas explosivas – Parte 19: Reparo, revisão e recuperação de equipamentos.*

2) A empresa de serviços contratada para reparo, revisão e recuperação de equipamentos "Ex" deve possuir um Sistema de Gestão da Qualidade (SGQ), de acordo com os requisitos indicados no Documento Operacional IECEx OD 314-5 – *Requisitos do Sistema de Gestão da Qualidade para Empresas de serviços de reparo, revisão e recuperação de equipamentos "Ex".*

3) A empresa de serviços contratada para serviços de reparo, revisão e recuperação de equipamentos "Ex" deve possuir em seu escopo de serviços indicados na sua certificação de serviços "Ex" os tipos de equipamentos "Ex" a serem reparados ou recuperados relacionados com o escopo do contrato, como motores elétricos, sistemas de CFTV, rádios de intercomunicação, tomadas, caixas de junção, painéis de força ou controle, ou sistemas de aquecimento elétrico.

4) A definição de escopo da empresa de serviços contratada para serviços de reparo, revisão e recuperação de equipamentos "Ex" deve indicar os tipos de proteção "Ex" que estão incluídos no escopo da certificação, como os tipos de proteção Ex "d", Ex "e", Ex "i", Ex "n", Ex "p" ou Ex "t". Além disso, deve indicar também os níveis de tensão aplicáveis para os equipamentos "Ex" a serem reparados ou recuperados, como 250 V, 1,0 kV, 4.16 kV ou 13.8 kV.

5) Os profissionais envolvidos na execução e as pessoas responsáveis pelas atividades de reparo, revisão e recuperação de equipamentos "Ex" da empresa contratada devem evidenciar o atendimento dos requisitos de qualificações, conhecimentos, habilidades, experiências e competências pessoais "Ex" indicados na norma técnica brasileira adotada ABNT NBR IEC 60079-19.

6) A unidade de competência "Ex" aplicável para as atividades de reparo, revisão e recuperação de equipamentos para atmosferas explosivas, de acordo com os documentos operacionais IECEx OD 314-5 e IECEx OD 504 é a Ex 005: Reparo e revisão de equipamentos com tipos de proteção "Ex".

7) Os equipamentos "Ex" reparados, revisados ou recuperados devem ser marcados, de acordo com os requisitos da norma ABNT NBR IEC 60079-19. As placas adicionais de marcação de serviços de reparo ou recuperação a serem instaladas devem ser fabricadas em aço inoxidável AISI 316, com inscrições em baixo relevo.

8) As placas adicionais de marcação de serviços de reparo e recuperação devem conter as informações indicadas a seguir, dependendo do atendimento dos requisitos da documentação de certificação "Ex" do equipamento (letra "R" no interior de um quadrado) ou do atendimento dos requisitos das normas

dos tipos de proteção aplicáveis ao equipamento "Ex" (letra "R" no interior de um triângulo com vértice para baixo), respectivamente de acordo com as figuras indicadas a seguir:

**Figura 51.1** – Marcação de serviço de reparo ou recuperação com o atendimento dos requisitos da documentação de certificação "Ex".

**Figura 51.2** – Marcação de serviço de reparo ou recuperação com o atendimento dos requisitos das normas dos tipos de proteção aplicáveis ao equipamento "Ex".

## 51.6 CONSIDERAÇÕES SOBRE REQUISITOS CONTRATUAIS RECOMENDADOS PARA A CONTRATAÇÃO DE EMPRESAS DE SERVIÇOS "Ex"

São relacionadas a seguir algumas considerações e conclusões sobre a necessidade da especificação do escopo para a contratação de empresas de serviços "Ex" que atuam em serviços de projeto, montagem, inspeção, manutenção e recuperação de equipamentos "Ex", com o objetivo de elevar o nível de confiança no atendimento dos requisitos normativos e legais aplicáveis.

1) A definição clara do escopo dos serviços a serem contratados e dos requisitos contratuais das empresas de serviços "Ex" é requerida de forma a assegurar que os serviços a serem executados em áreas classificadas atendam aos requisitos normativos aplicáveis das normas técnicas brasileiras adotadas da Série ABNT NBR IEC 60079, proporcionando a devida e necessária confiança de que os serviços "Ex" serão realizados de forma correta, sem a ocorrência de "desvios" ou de "não conformidades", que podem colocar em risco os equipamentos, as instalações e as pessoas que trabalham em áreas classificadas.

2) As empresas de serviços "Ex" devem ser contratadas com base em requisitos contratuais que estabeleçam claramente o escopo da contratação e os requisitos técnicos, de gestão da qualidade e de competências pessoais aplicáveis e requeridos para cada serviço "Ex".

3) Os contratos das empresas de serviços "Ex" devem estabelecer os requisitos das normas técnicas brasileiras adotadas relacionadas com serviços em áreas classificadas, como as normas ABNT NBR IEC 60079 – Parte 14, Part 17 ou Parte 19.
4) Os contratos das empresas de serviços "Ex" devem estabelecer os requisitos técnicos e de gestão da qualidade a serem atendidos, tendo como base os requisitos especificados nas normas técnicas brasileiras aplicáveis da Série ABNT NBR IEC 60079.
5) Os contratos das empresas de serviços "Ex" devem especificar as competências pessoais dos profissionais executantes e supervisores (pessoas responsáveis) pelos serviços a serem realizados, com base nas unidades de competências pessoais "Ex" especificadas no documento operacional IECEx OD 504.
6) Os contratos das empresas de serviços "Ex" devem especificar a elaboração ou apresentação de procedimentos de trabalho para a execução dos serviços a serem realizados, com base no atendimento das normas ABNT NBR IEC 60079 – Parte 14, Part 17 ou Parte 19.
7) Para instalações "Ex" marítimas (*offshore*), os contratos das empresas de serviços "Ex" devem especificar o atendimento adicional da norma técnica brasileira adotada ABNT NBR IEC 61892-7.
8) Os contratos das empresas de serviços "Ex" de inspeções iniciais ou periódicas dos equipamentos e instalações "Ex" devem especificar, sempre que aplicável ou requerido, a elaboração de um sistema eletrônico (planilha, banco de dados ou sistema) para o cadastramento e criação de um inventário dos equipamentos elétricos, de instrumentação, de automação ou de telecomunicações "Ex", sejam equipamentos fixos, móveis, pessoais, portáteis, manuais ou transportáveis.
9) O Brasil possui organismos de certificação "Ex" reconhecidos internacionalmente para a certificação de competências pessoais "Ex", de empresas de serviços "Ex" e de equipamentos "Ex", disponibilizando essas certificações para os profissionais e empresas brasileiras.
10) A existência, no Brasil, de sistemas de certificação de competências pessoais "Ex" e de certificação de empresas de serviços "Ex" torna possível a contratação de empresas que realmente tenham evidenciado a capacidade no atendimento dos requisitos de certificação e das normas técnicas nacionais adotadas aplicáveis da Série ABNT NBR IEC 60079.

Muitas empresas brasileiras da indústria de petróleo, petroquímica, siderúrgica, portuária e do agronegócio estão incluindo, ao longo dos últimos anos, por meio de seus contratos, exigências contratuais de certificação de empresas de serviços "Ex" e de competências pessoais "ex", de forma a obter a devida confiança de que os serviços em áreas classificadas serão corretamente executados, de acordo com as normas técnicas aplicáveis e, consequentemente, que os equipamentos e as instalações "Ex" estão "seguros".

Capítulo **52**

# Considerações sobre a abordagem de segurança ao longo do ciclo total de vida dos equipamentos e instalações "Ex"

**Sinopse:** este capítulo aborda os aspectos da convergência normativa e legal, tendo como base as normas internacionais e brasileiras adotadas sobre o tema "atmosferas explosivas". São citados também os benefícios da abordagem da avaliação da conformidade, por meio da certificação, não somente para os equipamentos elétricos ou mecânicos "Ex", mas também para a certificação das empresas de serviços "Ex" e de competências pessoais "Ex". São ainda discutidos os benefícios da avaliação da conformidade sob o ponto de vista de longo prazo, para o ciclo total de vida dos equipamentos e instalações "Ex", para fins de elevação dos níveis de conformidade normativa, conformidade regulatória e segurança em áreas classificadas.

## 52.1 INTRODUÇÃO

Pode ser verificado, sob o ponto de vista de segurança industrial, levando-se em consideração a grande quantidade de não conformidades que são verificadas nas inspeções das instalações "Ex" existentes e os graves acidentes e explosões que ocorrem nesse tipo de instalações, que somente a certificação dos equipamentos elétricos e mecânicos "Ex" tem se mostrado insuficiente para garantir a segurança das instalações em atmosferas explosivas, das pessoas que nelas trabalham e do meio ambiente.

Para a elevação dos níveis de conformidade normativa e de segurança industrial das instalações "Ex", ao longo do ciclo total de vida das instalações "Ex", existe a necessidade da certificação prioritária das empresas de serviços "Ex" (incluindo classificação de áreas, projeto, montagem, inspeção, manutenção e reparos de equipamentos e instalações "Ex"), bem como da certificação prioritária das competências pessoais "Ex" dos profissionais que executam tais atividades.

## 52.2 SOLUÇÃO PARA OS PROBLEMAS RELACIONADOS COM OS "DESVIOS" ENCONTRADOS EM ÁREAS CLASSIFICADAS

Em função dos "desvios" e "não conformidades" que são encontrados durante as inspeções das instalações de instrumentação, automação, telecomunicações, elétricas e mecânicas "Ex" em áreas classificadas contendo gases inflamáveis ou poeiras combustíveis, pode ser verificado que, sob o ponto de vista de segurança, de pouco adianta que os equipamentos "Ex" tenham sido originalmente certificados se estes não são devidamente selecionados, instalados, inspecionados, mantidos ou reparados.

Dessa forma, para que os devidos níveis de segurança sejam alcançados pelas instalações industriais "Ex", é necessário que haja um adequado sistema de gestão "Ex" implantado, incluindo um sistema de gestão da mudança, abrangendo todas as atividades relacionadas com os equipamentos "Ex", ao longo de todo o tempo de vida útil em que esses equipamentos e instalações estejam em operação, expostos aos riscos de geração de fontes de ignição em atmosferas explosivas.

Os sistemas internacionais de certificação de empresas de serviços "Ex" e de competências pessoais "Ex" têm como motivação e objetivo o atendimento de demandas da indústria usuária de equipamentos e instalações "Ex", no sentido de obter a redução dos diversos "desvios" encontrados em áreas classificadas. Isso pode ser verificado em função de diversos "desvios" que podem ser encontrados em serviços de classificação de áreas, projeto, montagem, inspeção, manutenção e reparos, frequentemente verificados nas instalações "Ex" de diversas indústrias das áreas do petróleo, petroquímica, química, portuária, silos de armazenamento de grãos, fertilizantes e produtos químicos, sucroalcooleira e de alimentos.

Esses "desvios" podem invalidar os tipos de proteção proporcionados pelos equipamentos "Ex" certificados e colocar em risco as instalações em atmosferas explosivas nas quais esses equipamentos foram instalados, gerando o risco de ocorrência de grandes explosões, com consequências catastróficas.

A abordagem de segurança durante todo o ciclo de vida das instalações "Ex" vai além da simples preocupação de aquisição de equipamentos elétricos ou mecânicos "Ex" certificados, a qual possui uma aplicação restrita e com escopo de abrangência limitado. Na abordagem do ciclo total de vida "Ex", é considerada também a devida execução das atividades de classificação de áreas, projeto, seleção de equipamentos "Ex", inspeção, manutenção, reparos e auditorias dos equipamentos e instalações em atmosferas explosivas, fazendo com que a preocupação da segurança não fique focada apenas na avaliação da conformidade para os equipamentos "Ex" na condição de "novos", quando estes saem das fábricas dos respectivos fabricantes.

Nesse sentido, as atividades de "campo" em áreas classificadas devem ser realizadas por empresas de serviços "Ex" devidamente competentes e certificadas, de acordo com os requisitos indicados nas normas técnicas brasileiras aplicáveis da Série ABNT NBR IEC 60079 e nos sistemas internacionais de certificação "Ex". De forma similar, os profissionais que executam ou supervisionam atividades em áreas classificadas necessitam estar devidamente treinados, qualificados, competentes e certificados, de acordo com o sistema internacional de certificação de competências pessoais "Ex".

**Figura 52.1 –** Segurança durante o ciclo total de vida das instalações em atmosferas explosivas: a segurança total depende do *"elo mais fraco"* da corrente "Ex".

*Fonte*: acervos pessoais dos autores.

**Figura 52.2 –** A segurança das instalações em atmosferas explosivas depende de que todas as atividades sejam realizadas por pessoas e por empresas de serviços "Ex" devidamente competentes e certificadas.

*Fonte*: acervos pessoais dos autores.

## 52.3 A CONTRIBUIÇÃO DAS NORMAS TÉCNICAS INTERNACIONAIS E BRASILEIRAS ADOTADAS "Ex" PARA A "CONVERGÊNCIA NORMATIVA" MUNDIAL

Sob o ponto de vista normativo no Brasil, o maior envolvimento com as normas técnicas internacionais da IEC elaboradas pelo TC 31 da IEC permitiu que tivesse sido alcançado pela normalização brasileira da ABNT o mesmo nível de equivalência e atualização com relação às normas internacionais da IEC. O fato de a normalização brasileira estar totalmente alinhada, atualizada, equivalente e idêntica às respectivas normas internacionais contribui para a elevação dos níveis de segurança, confiabilidade, tecnologia e qualidade dos equipamentos, instalações, serviços e competências pessoais "Ex" do Brasil.

Essa característica foi de fundamental importância para o ingresso do Brasil no sistema internacional de certificação "Ex" da IEC, o IECEx, no qual foram elaborados, por consenso dos países participantes, incluindo o Brasil, os esquemas de certificação de equipamentos, empresas de prestação de serviços e de competências pessoais para atmosferas explosivas.

O maior envolvimento verificado no Brasil por parte dos fabricantes de equipamentos "Ex", organismos de certificação, laboratórios de ensaios, empresas de serviços e empresas brasileiras usuárias de equipamentos e instalações "Ex" com a normas técnicas internacionais da IEC sobre atmosferas explosivas e com as respectivas normas técnicas brasileiras adotadas tem contribuído para a elevação dos níveis de segurança e de conformidade normativa das instalações "Ex" nacionais.

Pode ser verificado que estão sendo realizadas no Brasil e em diversos outros países ações no sentido de aumentar a abrangência dos sistemas de avaliação da conformidade com base na certificação de produtos, serviços e pessoas envolvidos com o tema "atmosferas explosivas", bem como de sua convergência normativa e regulatória.

Seguindo as recomendações das Nações Unidas, indicadas no Marco Regulatório Comum para Atmosferas Explosivas, para adoção dos sistemas internacionais de certificação "Ex" do IECEx, estão sendo disponibilizados no Brasil, por parte de organismos de certificação brasileiros avaliados e reconhecidos pelo IECEx, programas de certificação de competências pessoais e empresas de serviços em atmosferas explosivas, facilitando o acesso dos profissionais brasileiros e das empresas brasileiras interessadas em obter essas certificações internacionais "Ex".

Tendo como base as normas técnicas brasileiras aplicáveis da Série ABNT NBR IEC 60079 e dos documentos operacionais aplicáveis do IECEx, sobre as atividades relacionadas com as instalações "Ex", é também necessário que as empresas de serviços "Ex", bem como as pessoas envolvidas nessas atividades, possuam as necessárias qualificações e competências para a correta execução dos serviços de campo sobre projeto, seleção, especificação técnica, instalação, montagem, inspeção, manutenção e reparos dos equipamentos e instalações elétricas, de instrumentação, de telecomunicações e mecânicas em atmosferas explosivas.

Ações como essas são necessárias no sentido de elevar os níveis de segurança das instalações industriais elétricas, de instrumentação, de telecomunicações e mecânicas em áreas classificadas contendo atmosferas explosivas, tanto terrestres como marítimas, bem como das pessoas que nelas trabalham.

## 52.4 RESULTADOS ESPERADOS NA AVALIAÇÃO DA CONFORMIDADE DE EMPRESAS DE SERVIÇOS E DE COMPETÊNCIAS PESSOAIS "Ex"

É de esperar que, com a implantação progressiva e contínua da sistemática da avaliação da conformidade, por meio da certificação, utilizada pelos esquemas de certificação de empresas de serviços "Ex" e de competências pessoais "Ex", de acordo com o sistema internacional de certificação "Ex" da IEC, o IECEx, sejam reduzidos os números de acidentes e os índices das estatísticas envolvendo vazamentos de produtos inflamáveis, acidentes e explosões que são verificados, no Brasil e no mundo, envolvendo a indústria de petróleo e gás, plataformas *offshore*, indústrias alimentícias e plantas químicas e petroquímicas, bem como o número de vítimas fatais decorrentes desses acidentes catastróficos envolvendo a presença de fontes de ignição em atmosferas explosivas.

Alinhada com esses conceitos de segurança e de convergência regulatória, a Guarda Costeira dos Estados Unidos (USCG), por exemplo, após a grave explosão ocorrida em 2010 na plataforma Deepwater Horizon, no Golfo do México, que resultou na perda de vida de onze pessoas, além das graves consequências catastróficas para o meio ambiente, revisou, em 2012, o regulamento norte-americano sobre equipamentos para instalações em atmosferas explosivas para unidades marítimas estrangeiras que operam na bacia continental daquele país, requerendo que sejam aceitos equipamentos com certificados de terceira parte emitidos com base nas normas internacionais da Série IEC 60079, incluindo os equipamentos com certificados internacionais emitidos no sistema IECEx.

Ações como essas servem para mostrar o atual momento de convergência normativa mundial "Ex", tendo como base nas normas internacionais da Série IEC 60079, de forma similar ao que o Brasil tem feito ao longo das últimas décadas. Esse tipo de ação mostra também o atual momento de convergência regulatória mundial "Ex", tendo como base as normas internacionais "Ex", como os sistemas internacionais de certificação do IECEx para o ciclo total de vida das instalações em atmosferas explosivas.

Como resultado do nível atual de evolução normativa "Ex" nacional, vários setores da sociedade brasileira, em especial os usuários de equipamentos e instalações em atmosferas explosivas, passam a usufruir dos benefícios de todos os processos que são baseados em normalização, incluindo a elevação dos níveis de segurança, qualidade, eficiência, tecnologia de produtos, serviços e de competências pessoais, resultando em melhores níveis de qualidade de vida e de proteção ao meio ambiente.

## 52.5 CONSIDERAÇÕES SOBRE O TIPO DE PROTEÇÃO Ex "i" E A ABORDAGEM DA SEGURANÇA AO LONGO DO CICLO TOTAL DE VIDA DOS EQUIPAMENTOS E INSTALAÇÕES "Ex"

São relacionadas a seguir algumas considerações sobre o tipo de proteção Ex "i" e a necessidade da abordagem da avaliação da conformidade por meio de certificação para equipamentos elétricos e mecânicos "Ex", competências pessoais "Ex" e de empresas de serviços "Ex":

1) o tipo de proteção por segurança intrínseca proporciona um dos mais elevados níveis de segurança para instalações em áreas classificadas contendo atmosferas explosivas. De forma consistente e defensável, esse tipo de proteção Ex "i" pode ser considerado como sendo o mais seguro e o menos propenso a erros ou falhas humanas, quando comparado com os outros tipos de proteção "Ex";

2) a ABNT disponibiliza para a sociedade brasileira todas as normas aplicáveis aos requisitos de projeto, instalação, inspeção, manutenção e reparos necessários para equipamentos e sistemas intrinsecamente seguros. As normas técnicas brasileiras da Série ABNT NBR IEC 60079 – Parte 11, Parte 14, Parte 17, Parte 19, Parte 25, Parte 39 e Parte 47 são normas brasileiras idênticas às respectivas normas internacionais, em conteúdo técnico, de acordo com os requisitos especificados na ABNT Diretiva 3 – *Adoção de documentos técnicos internacionais*;

3) o tipo de proteção Ex "i" é internacionalmente aceito, existindo ainda uma aceitação progressiva de certificados de conformidade internacionais emitidos pelo IECEx, o que faz com que esse tipo de proteção seja cada vez difundido e aplicado nos recentes projetos das indústrias das áreas químicas e petroquímicas, entre outras;

4) todos os tipos de proteção "Ex" podem, por princípio, ser considerados "seguros", uma vez que são definidos em normas técnicas internacionais da IEC e nas respectivas normas técnicas nacionais da ABNT. No entanto, essa proteção "Ex" somente é proporcionada se os equipamentos "Ex" certificados forem devidamente selecionados, instalados, inspecionados, mantidos e recuperados, ao longo do seu ciclo total de vida. Por esse motivo, as empresas usuárias de instalações "Ex" devem se empenhar em selecionar, especificar e adquirir equipamentos de instrumentação, automação, telecomunicações, elétricos e mecânicos que proporcionem mais facilidades de serviços de montagem, inspeção e manutenção "Ex" de campo, em áreas classificadas;

5) apesar dos elevados níveis de segurança proporcionados pelos equipamentos e sistemas Ex "i", para assegurar que estes continuem apresentando os requisitos de proteção e segurança para os quais foram fabricados e certificados, há a necessidade de que haja um sistema de inspeções periódicas e de manutenção, ao longo de todo o tempo em que esses instrumentos, equipamentos, dispositivos e sistemas permanecem instalados em áreas classificadas, ao longo dos anos ou décadas de operação das plantas industriais;

6) as atividades de inspeção e manutenção de equipamentos e instalações Ex "i" podem ser consideradas como uma das mais importantes ações no sentido de se atingirem os níveis requeridos de segurança dessas instalações. Essas atividades podem ser consideradas como o "coração" de todo um processo de gestão de pessoas em instalações envolvendo atmosferas explosivas;

7) a abordagem de certificação com base no ciclo total de vida das instalações "Ex" reconhece o fato de que somente a "tradicional" certificação de equipamentos "Ex" é insuficiente para garantir a segurança das instalações em atmosferas explosivas ou das pessoas que nelas trabalham;

8) sob o ponto de vista do ciclo total de vida das instalações elétricas em atmosferas explosivas, os equipamentos de instrumentação, automação, telecomunicações, elétricos e mecânicos "Ex" necessitam estar seguros durante todo o tempo em que permanecem instalados em áreas classificadas, ao longo de décadas, e não somente quando saem das fábricas, na condição de novos. Nesse sentido, existe a necessidade básica de certificação também das competências das pessoas "Ex" que realizam atividades em áreas classificadas, bem como das empresas de serviços "Ex", como empresas projetistas, de montagem, de inspeção, de manutenção e oficinas de serviços de reparo, revisão e recuperação de equipamentos "Ex";

9) muito mais do que na simples certificação de equipamentos "Ex", é na certificação prioritária das empresas de serviços "Ex" e na certificação prioritária das competências pessoais "Ex" das pessoas envolvidas com as diversas atividades abrangendo equipamentos e instalações "Ex" que reside grande parte da segurança e da conformidade das instalações industriais que processam substâncias inflamáveis e poeiras combustíveis, como as indústrias de petróleo e gás, petroquímica, química, siderúrgica, portuária, silos de grãos, farelos, adubo e fertilizantes, farmacêutica, de alimentos e sucroalcooleira;

10) de acordo com os trabalhos realizados em conjunto entre a ISO (CASCO – *Conformity Assessment Committee*) e a IEC (CAB – *Conformity Assessment Board*), a sistemática da avaliação da conformidade por meio da certificação pode ser considerada como a melhor prática para a avaliação de produtos, serviços ou pessoas, com relação a requisitos especificados em normas técnicas;

11) avaliação da conformidade "Ex" não deve ficar restrita apenas à certificação de equipamentos de instrumentação, automação, telecomunicações, elétricos e mecânicos "Ex". Pode ser verificado que somente a certificação de equipamentos "Ex" tem se mostrado insuficiente para garantir a segurança das instalações em áreas classificadas ou das pessoas que nelas trabalham, ou para proteção do meio ambiente, dados os diversos "desvios" que são encontrados nos equipamentos e instalações em áreas classificadas;

12) a sistemática da avaliação da conformidade, por meio da certificação, de forma análoga ao que é feito para a certificação de equipamentos elétricos e mecânicos "Ex", deve abranger também a certificação das competências pessoais "Ex" de executantes e supervisores e a certificação de empresas de serviços "Ex";

13) as Nações Unidas, por meio de seu documento Marco Regulatório Comum sobre Atmosferas Explosivas, recomenda e apoia ações por parte dos países participantes, no sentido de alinhamento seus regulamentos nacionais com as melhores práticas internacionais sobre certificação de produtos, serviços ou

pessoas "Ex", especificados nos respectivos esquemas elaborados de comum acordo pelos países participantes do IECEx;

14) as normas técnicas internacionais das Séries IEC 60079 e ISO 80079, elaboradas de comum acordo pelos países participantes do TC 31 da IEC, incluindo o Brasil, representam uma convergência normativa internacional sobre o tema "equipamentos, serviços e instalações em atmosferas explosivas";

15) a existência das normas técnicas brasileiras adotadas das Séries ABNT NBR IEC 60079 e ABNT NBR ISO 80079, elaboradas pelas comissões de estudo do Subcomitê SCB 003:031 (*Atmosferas explosivas*) da ABNT/CB-003 (*Eletricidade*), elaboradas com base na Diretiva 3 da ABNT (*Adoção de documentos técnicos internacionais*), contribui para que sejam aplicadas no Brasil as melhores práticas internacionalmente consensadas sobre os aspectos de segurança, instalações, tecnologia de equipamentos, ensaios, avaliação da conformidade, competências pessoais sobre o tema "atmosferas explosivas";

16) a abordagem da segurança sob o ponto de vista do ciclo total de vida dos equipamentos e instalações elétricas e mecânicas em áreas classificadas contribui para que sejam aplicados requisitos da avaliação da conformidade por meio de certificação e de avaliações periódicas para equipamentos, empresas de serviços e pessoas envolvidas com atmosferas explosivas, ajudando na elevação dos níveis de conformidade normativa, conformidade legal e segurança dessas instalações;

17) sob o ponto de vista de demanda por parte das indústrias usuárias envolvidas com equipamentos e instalações em atmosferas explosivas, pode ser verificada a inclusão de requisitos contratuais exigindo a certificação não somente de equipamentos elétricos ou mecânicos "Ex", mas também a certificação de empresas de serviços "Ex" e de competências pessoais dos profissionais envolvidos com execução ou supervisão de serviços em áreas classificadas;

18) a avaliação da conformidade por meio da certificação proporciona a devida e necessária confiança de que os produtos, os serviços e as pessoas são periodicamente acompanhados por organismos de certificação "Ex", de forma a assegurar a continuidade das competências dos respectivos fabricantes, empresas de serviços e pessoas certificadas, com base nas respectivas normas técnicas;

19) são verificados no Brasil e em outros países do mundo diversas ações no sentido da elevação dos níveis de conformidade normativas e legal com relação à segurança das instalações em áreas classificadas contendo gases inflamáveis ou poeiras combustíveis, por meio de certificação de produtos, serviços e pessoas "Ex";

20) ações desse tipo contribuem para a proteção das instalações terrestres e marítimas contendo atmosferas explosivas, bem como das pessoas que nelas trabalham, evitando também acidentes catastróficos com sérias consequências para o meio ambiente.

# Avisos legais

Todos os esforços foram feitos pelos autores para que esta obra fosse disponibilizada da forma mais correta, inteligível, clara e didática possível. No entanto, apesar de todo o empenho nesse sentido, podem ainda eventualmente haver erros de digitação, ortografia ou gramática.

Alguns links (endereços de sites da internet) são apresentados nesta obra, porém, devido à natureza dinâmica da internet, não é possível assegurar que todos esses sites permanecerão inalterados ou disponíveis após a sua publicação.

Os autores se esforçaram para manter o conteúdo desta obra atualizado, até o momento de sua publicação. Mesmo assim, é impossível assegurar 100% de integridade dos sites de terceiros aqui citados.

Os autores não assumem quaisquer responsabilidades por eventuais perdas ou danos a pessoas ou bens originados da utilização das informações contidas nesta obra. Cada leitor deve avaliar e assumir pessoalmente quaisquer riscos que possam advir de aplicação das técnicas, estratégias ou recomendações aqui indicadas. São aplicáveis de forma "oficial" ou "normativa" os requisitos normativos e legais vigentes sobre o tema "equipamentos e instalações 'Ex'".

Apesar do cuidado e da atenção que os autores dispensaram à elaboração do conteúdo desta obra e às informações nela contidas, os autores não podem assegurar a integridade, exatidão ou atualidade de seus dados e de seu conteúdo após a publicação.

As normas técnicas, os códigos e regulamentos referenciados nesta obra estão em contínuo processo de revisão, aperfeiçoamento e atualização. Dessa forma, é recomendado que sejam consultadas as edições atualizadas das normas técnicas, dos códigos e regulamentos aqui referenciados.

As informações contidas nesta obra são atualizadas à data de sua publicação, não assumindo os autores qualquer obrigação de atualizá-las ou de notificar os leitores sobre qualquer requisito técnico ou legal que venha a ser alterado após sua publicação.

Os autores receberão com muito apreço os comentários, sugestões e alertas de necessidade de eventuais correções que possam contribuir para o aperfeiçoamento desta obra.

No interesse da difusão da cultura e do conhecimento, os autores e editores desta obra envidaram o máximo esforço para localizar os detentores dos direitos autorais de qualquer material utilizado, dispondo-se a possíveis correções posteriores, caso, inadvertidamente, a identificação de algum deles tenha sido omitida.

# Referências

Este capítulo relaciona algumas normas técnicas nacionais e internacionais, documentos operacionais, documentos legais, artigos técnicos, livros e outras referências bibliográficas que serviram de base, junto com experiências, conhecimentos, lições aprendidas e boas práticas dos autores, para a elaboração deste livro sobre equipamentos e instalações intrinsecamente seguras.


[1] Krämer, Martin. (2003). A avaliação da inflamabilidade intrinsecamente segura – Circuitos baseados em um método de cálculo (*Die Bewertung der Zündfähigkeit eigensicherer – Stromkreise anhand eines Rechenverfahrens*) – *iSpark*, PTB-Mitteilungen.

[2] Associação Brasileira de Normas Técnicas (ABNT). www.abnt.org.br

[3] Associação Brasileira de Normas Técnicas (ABNT). *Diretiva 3:* Adoção de documentos técnicos internacionais. https://transparencia.caubr.gov.br/arquivos/ABNT_DIRETIVA_3_2017.pdf

[4] Associação Brasileira de Normas Técnicas (ABNT). Normas técnicas brasileiras adotadas idênticas da Série ABNT NBR IEC 60079 – Atmosferas explosivas.

[5] Associação Brasileira de Normas Técnicas (ABNT). Normas técnicas brasileiras adotadas idênticas da Série ABNT NBR ISO/IEC 80079 – Atmosferas explosivas – Equipamentos não elétricos.

[6] Associação Brasileira de Normas Técnicas (ABNT). *NBR IEC 60079-11:* Atmosferas explosivas – Parte 11: Proteção de equipamentos por segurança intrínseca "i".

[7] Associação Brasileira de Normas Técnicas (ABNT). *NBR IEC 60079-14:* Atmosferas explosivas – Parte 14: Projeto, seleção de equipamentos e montagem de instalações elétricas em atmosferas explosivas.

[8] Associação Brasileira de Normas Técnicas (ABNT). *NBR IEC 60079-17:* Atmosferas explosivas – Parte 17: Inspeção e manutenção de instalações elétricas.

[9] Associação Brasileira de Normas Técnicas (ABNT). *NBR IEC 60079-19:* Atmosferas explosivas – Parte 19: Reparo, revisão e recuperação de equipamentos.

[10] Associação Brasileira de Normas Técnicas (ABNT). *NBR IEC 60079-25:* Atmosferas explosivas - Parte 25: Sistemas elétricos intrinsecamente seguros.

[11] Associação Brasileira de Normas Técnicas (ABNT). *IEC TS 60079-44:* Atmosferas explosivas - Parte 44 - Competências pessoais "Ex".

[12] Associação Brasileira de Normas Técnicas (ABNT). *IEC TS 60079-47:* Atmosferas explosivas - Parte 47: Conceito de *Ethernet* intrinsecamente segura a dois fios (2-WISE - *2-Wire Intrinsically Safe Ethernet Concept*).

[13] Associação Brasileira de Normas Técnicas (ABNT). *IEC TS 63444:* Redes industriais - Especificação de portas *Ethernet* com o perfil APL.

[14] Associação Brasileira de Normas Técnicas (ABNT). *IEC 63365:* Medição, controle e automação de processos industriais - Marcação digital.

[15] Associação Brasileira de Normas Técnicas (ABNT). *NR 10:* Segurança em instalações e serviços em eletricidade.

[16] Associação Brasileira de Normas Técnicas (ABNT). *NR 20:* Segurança e saúde no trabalho com inflamáveis e combustíveis.

[17] Associação Brasileira de Normas Técnicas (ABNT). *NR 37:* Segurança e saúde em plataformas de petróleo.

[18] Borges, G. H. *Manual da segurança intrínseca - Ex "i"* - Do projeto à instalação, ISBN-85-900336-1-2, 1997.

[19] Bulgarelli, R. *O Setor Elétrico* - Coluna mensal sobre Instalações "Ex". <https://www.osetoreletrico.com.br/colunistas/roberval-bulgarelli/>.

[20] Bulgarelli, R. (2013). Os 100 primeiros anos da segurança intrínseca. *Revista Lumiére.*

[21] Bulgarelli, R. (2015). O centenário da segurança intrínseca. *Revista Potência*, p. 82-89. Caderno "Atmosferas explosivas".

[22] Bulgarelli, R. (Org.). (2018). *O ciclo total de vida das instalações em atmosferas explosivas.* Paco Editorial.

[23] Bulgarelli, R. (2019). Sistemas de automação intrinsecamente seguros - Ex "i": Do projeto à instalação. *Revista O Setor Elétrico.*

[24] Comissão Econômica das Nações Unidas para a Europa. (2011). *Marco Regulatório Comum para Equipamentos Utilizados em Ambientes de Atmosferas Explosivas* (Edição 1.0). <https://storage-iecwebsite-prd-iec-ch.s3.eu-west-1.amazonaws.com/2019-09/content/media/files/iec_a_common_regulatory_framework_un_pt.pdf>.

[25] Inmetro. Requisitos de Avaliação da Conformidade (RAC) para Equipamentos Elétricos para Atmosferas Explosivas, 2022.

[26] McMillan, Alan. (1998). *Electrical Installation in Hazardous Areas.* Butterworth-Heinemann.

[27] International Electrotechnical Commission (IEC). *Making electrotechnology work for you.* www.iec.ch.

[28] International Electrotechnical Commission (2016). IECEx 05 A: Orientações e instruções para inscrição para obter um Certificado de Competências Pessoais, em português do Brasil.

[29] International Electrotechnical Commission. (2017). IECEx 03 A: Guia de Inscrição para Empresas de Serviços "Ex" que buscam certificação, em português do Brasil.

[30] International Electrotechnical Commission. (2020). Folheto IECEx sobre o Esquema de certificação de Competências Pessoais "Ex", em português do Brasil. <https://storage-iecwebsite-prd-iec-ch.s3.eu-west-1.amazonaws.com/2021-07/content/media/files/iecex_2021_brochure_copc_a4_pt_lr_0.pdf>.

[31] International Electrotechnical Commission (2021). Folheto sobre o Sistema IECEx, em português do Brasil. <https://www.iec.ch/basecamp/iecex-system>.

[32] International Electrotechnical Commission. (2021). Folheto IECEx sobre o Esquema de certificação de Empresas de Serviços "Ex", em português do Brasil.

[33] International Electrotechnical Commission. (IEC). Documentos Operacionais do Sistema IECEx, em português do Brasil <https://www.iecex.com/publications/operational-od/>.

[34] International Organization for Standardization (ISO). *Great things happen when the world agrees.* <www.iso.org>.

[35] International Organization for Standardization (ISO) (2014). *Using and referencing ISO and IEC standards to support public policy* (Documento). <https://www.iso.org/publication/PUB100358.html>.

[36] International Organization for Standardization (ISO) (2020). *Using and referencing ISO and IEC standards to support public policy* (Apresentação).

[37] International Organization for Standardization (ISO) & International Electrotechnical Commission (IEC). *ISO/IEC Guide 21-1* – Regional or national adoption of International Standards and other International Deliverables – Part 1: Adoption of International Standards.

[38] Blog Subcomitê SCB 003:031 *(Atmosferas Explosivas)* da ABNT/CB-003 (*Eletricidade*). <http://cobei-sc-31-atmosferas-explosivas.blogspot.com/>.

[39] Olenik, H., Rentzsch, H., & Wettstein, W. (1983). *Explosion Protection Manual.* BBC Brown Boveri.

[40] Poidl, J. (2014). Controlling and distribution panels for hazardous areas and the technology development over the last 40 years. *R. Sthal Ex Magazine.*

[41] IEEE – Institute of Electrical and Electronics Engineers. (2019). IEEE Standard 802.3cg – *Physical Layer Specifications and Management Parameters for 10 Mb/s Operation and Associated Power Delivery over a Single Balanced Pair of Conductors.*

[42] IEEE – Institute of Electrical and Electronics Engineers. (2018). IEEE P802.3cg – *10 Mb/s Single Pair Ethernet: A guide.*

[43] Spielmann, Benedikt. (2020). *Ethernet-APL,* ODVA 2020 Industry Conference.

[44] *Enabling Seamless Ethernet to the Field with 10BASE-T1L Connectivity.* Analog Devices, 2020.

[45] *Ethernet APL Optimization Process Automation with actionable insights.* Analog Devices, 2020.

[46] *Ethernet To the Field, Whitepaper.* FieldComm Group, 2020.

[47] *How 10BASE-T1L single-pair Ethernet brings the network edge closer with fewer cables.* Texas Instruments, 2020.

[48] Jüttner, B. (1997). Properties of Arc Cathode Spots. Humboldt-Universität zu Berlin and Max-Planck--Institute for Plasma Physics, Mohrenstrasse 41, 10117 Berlin, Germany.

# Sobre os autores deste livro Ex "i"

São apresentados a seguir os currículos resumidos de cada um dos autores que participaram dos trabalhos de pesquisa e elaboração deste livro.

**Diego Henrique de Oliveira**

Engenheiro de controle e automação. Possui MBA em Gestão de Produção e Qualidade. Qualificado como Profissional Competente Ex12A (*Non-Intrinsically Safe Equipment*) e Ex12B (*Intrinsically Safe Equipment*) no CompEx. Tem conhecimentos consolidados sobre a aplicação dos requisitos das normas da Série IEC 60079 (*Atmosferas explosivas*), EN 60079, UL 60079, CSA C22.2 60079 e ABNT NBR IEC 60079 para a certificação, instalação e manutenção de equipamentos para atmosferas explosivas. Membro de Comissões de Estudo do Subcomitê SCB 003:01 (*Atmosferas explosivas*) da ABNT/CB-003 (*Eletricidade*). Conhecimentos consolidados sobre a aplicação dos requisitos das normas ISO 9001 (*Sistema de Gestão da Qualidade*), IEC/ISO 17025 (*Avaliação da Conformidade de Laboratórios de Ensaios*), ISO/IEC 17020 (*Avaliação da conformidade - Requisitos para o funcionamento de diferentes tipos de organismos que executam inspeção*), ISO/IEC 80079-34 (*Aplicação de sistemas de gestão da qualidade para a fabricação de produtos "Ex"*). Experiências na implantação, coordenação e gerenciamento de sistema de gestão da qualidade e no desenvolvimento e coordenação de novos produtos para certificação nos sistemas IECEx (Sistema Internacional), ATEX (Diretiva da Comunidade Europeia), NEC (Estados Unidos), CEC (Canadá) e Inmetro (Brasil). Atuou como engenheiro de certificação e auditor-líder na NCC Certificações do Brasil. Atuou como gerente da qualidade e certificação na EATON. Experiências na coordenação de equipes e projetos para a melhoria contínua e a solução de desvios e não conformidades. IEC *Young Professional* (2010/2011). Engenheiro sênior de certificação e gerente da seção de certificação em segurança intrínseca na ExVeritas (Reino Unido). Representante do Comitê Brasileiro de Normalização (BR NC) no Grupo de Trabalho MT-4 (*Spark Test Apparatus*) no Subcomitê SC 31 G (*Intrinsically-safe apparatus*) do TC 31 (*Equipment for explosive atmospheres*) da IEC.

### Giovanni Hummel Borges

Engenheiro eletricista, com pós-graduação em Teoria de Circuitos. Mais de trinta e cinco anos de experiência no setor de certificação de produtos para atmosferas explosivas. Atuou na criação do laboratório de segurança intrínseca do Labex, na gerência e na área de certificação do Cepel. Criou o departamento de engenharia da UL do Brasil e obteve a acreditação desta como Organismo de Certificação de Produtos, em 2002. Foi coordenador das unidades de atmosferas explosivas da UL do Brasil, Alemanha, Dinamarca e Inglaterra. Atuou como sócio e gerente técnico e de certificação da Associação IEx Certificações, participando no desenvolvimento e na implementação da acreditação desse organismo de certificação junto ao Inmetro. Sócio fundador da HG Inspeção e Análise em Sistemas Ltda. Atuou na área de certificação em atmosferas explosivas na UL do Brasil. Participou da normalização sobre atmosferas explosivas brasileira no Grupo Regional de Instrumentação e

Automação (Grinst) Rio de Janeiro e da ISA – Seções Rio de Janeiro e São Paulo. Participou na elaboração do NEC 2005. Publicou diversos artigos técnicos nacionais e internacionais sobre segurança intrínseca e atmosferas explosivas. Membro da comissão de estudo do Subcomitê SCB 003:031 (*Atmosferas explosivas*) da ABNT/CB-003 (*Eletricidade*) sobre normas técnicas brasileiras adotadas da Série ABNT BR IEC 60079. Autor do livro *Manual de Segurança Intrínseca - Ex "i" - Do projeto à instalação* (1997). Instrutor de diversos cursos sobre equipamentos para atmosferas explosivas, ministrados no Brasil e no exterior. Atuou de forma pioneira nos anos de 2000 e 2001 como representante do Brasil nas reuniões iniciais de criação dos sistemas internacionais de certificação do IECEx – *sistemas internacionais de avaliação da conformidade para o ciclo total de vida das instalações "Ex"*. Representante do Brasil no IECEx. Coordenador do Subcomitê SC IECEx BR do Cobei. Certificado pela Abendi na Unidade de Competência Pessoal em Atmosferas Explosivas Ex 001. Coautor do livro *O ciclo total de vida das instalações em atmosferas explosivas* (2018).

**Ricardo Rossit**

Técnico mecânico e engenheiro eletrônico, com formação continuada em Projetos de Instrumentação (ITM), MBA *in company* pela Fundação Dom Cabral e formação em Inteligência de Mercado. Profissional da Sense Eletrônica há mais de trinta anos, atualmente no cargo de gerente técnico de marketing, com forte atuação na seleção de novos produtos e tecnologias. Coordena há muitos anos o Grupo Técnico de Atmosferas Explosivas na Associação Brasileira da Indústria Elétrica Eletrônica (Abinee), representando a entidade junto à Comissão Técnica sobre Atmosferas Explosivas do Inmetro. Atuou na Comissão de Certificação Externa do Cepel. Membro da Comissão de Estudo do Subcomitê SCB 003:031 (*Atmosferas explosivas*) da ABNT/CB-003 (*Eletricidade*) para elaboração de normas técnicas brasileiras adotadas da Série ABNT NBR IEC 60079. Membro do Subcomitê SC IECEx BR do Cobei. Membro do Comitê Setorial de Certificações de Competências Pessoais "Ex" da Abendi. Certificado pela UL do Brasil nas Unidades de Competências Pessoais Ex 000 e Ex 001, no sistema internacional de Certificação IECEx. Coautor do livro *O ciclo total de vida das instalações em atmosferas explosivas* (2018).

**Roberval Bulgarelli**

Engenheiro eletricista, com mestrado em proteção de sistemas elétricos de potência na Poli/USP. Consultor sobre equipamentos e instalações em atmosferas explosivas. Experiência de mais de quarenta anos em atividades na indústria do petróleo, incluindo classificação de áreas, projetos, especificação de equipamentos, montagem, inspeção, manutenção, reparo, recuperação e auditorias de equipamentos e instalações elétricas, de instrumentação, de automação e de telecomunicações "Ex" em instalações *onshore* e *offshore*. Atuou como consultor técnico "Ex" na Petrobras. Atuou como docente da Universidade Petrobras, nas disciplinas "*Segurança ao longo do ciclo total de vida das instalações em atmosferas explosivas*" e "*Automação de Sistemas Elétricos com base nas Normas internacionais IEC 61850*". Membro de grupos de trabalho no Comitê Técnico TC 31 da IEC – *Equipment for explosive atmospheres*. Membro de grupos de trabalho do Sistema IECEx – *Sistemas Internacionais de Avaliação da Conformidade para o ciclo total de vida das instalações "Ex"*. Membro das Comissões de Estudo do Subcomitê SCB 003:031 (*Atmosferas explosivas*) da ABNT/CB-003 (*Eletricidade*), sobre equipamentos e instalações em atmosferas explosivas, participando da elaboração e da atualização de normas técnicas brasileiras adotadas das Séries ABNT NBR IEC 60079 e ABNT NBR ISO/IEC 80079. Membro do Subcomitê SC IECEx BR do Cobei. Membro dos *Work Groups* WG-4 (*Ex Inspection & Maintenance*) e WG-5 (*Ex Repair & Overhaul*) do ExSFC – *Service Facilities Committee* do IECEx. Membro da Comissão de Estudo CE 003:057.001 sobre automação de sistemas elétricos de potência (normas da Série IEC 61850). Coordenador da Comissão de Estudo CE 003:065.001 sobre automação de sistemas de controle de processo. Colunista mensal da revista técnica *O Setor Elétrico*, na seção "Instalações Ex". Membro de Comissões Externas de Certificação "Ex" de Organismos de Certificação "Ex" brasileiros. Membro do Comitê Setorial de Certificações de Competências Pessoais "Ex" da Abendi. Condecorado com o prêmio de reconhecimento *IEC Award 1906* pelas contribuições para a normalização técnica internacional da IEC sobre eletrotecnologia. Certificado pela UL do Brasil nas Unidades de Competências Pessoais Ex 000 e Ex 001, no sistema internacional de Certificação IECEx. Organizador e coautor do livro *O ciclo total de vida das instalações em atmosferas explosivas* (2018).

Obrigado por ler este livro que publicamos! Esperamos que esta obra tenha correspondido às suas expectativas.

Compartilhe conosco suas dúvidas sobre os temas abordados e sugestões para melhoria de novas edições.

**GRÁFICA PAYM**
Tel. [11] 4392-3344
paym@graficapaym.com.br